大師系列15

傳世典藏版

命理大師桌上最常見的萬年曆

施賀日◎校正

彩色精華版

中國五術教育協會
中國五術風水命理學會
指定用書

關於作者

施賀日

受教於紅鳳鳥老師，精勤研習「曆法、易經、五行」。

八字論命，以一個人出生時間的「年、月、日、時」，轉換成用「天干地支」表示的「四柱八字」，是論命最重要的一個依據。

《歸藏萬年曆》可「簡單、快速、準確」的提供論命者一組正確的「四柱八字」干支，實為一本最有價值的萬年曆工具書，分享給對「五行八字命學」有興趣的朋友。

關於《歸藏萬年曆》

究天人之際、通生命之變。

「五行八字命學」立論於我們所處的世界是一個大宇宙，每個人自身是一個小宇宙。世界大宇宙的運行變化相對於陰陽五行的運作變化，自身小宇宙的運行變化也相對於陰陽五行的運作變化。所以推知一個人命局五行的變化，就可以預測一個人生命起伏的變化。

時間就是力量，最基礎就是最重要的。

八字論命以個人出生時間的「年、月、日、時」為基礎，轉換成以「天干地支」表示時間的八個字，是論命時最重要的一個依據。八字論命再依據八字中「沖刑會合、生剋制化、寒熱燥濕」的交互關係，判斷生命在某段時間的變化狀態。最後假借「六神」

闡釋說明生命在人世間種種「欲求」的面象。本書《歸藏萬年曆》的編寫，提供論命者一個正確的論命時間依據。

《歸藏萬年曆》起自西元一九〇〇年迄至西元二一〇〇年，共二百零一年。曆法採「干支紀年」法，以「立春寅月」為歲始，以「節氣」為月令，循環記載國曆和農曆的「年、月、日」干支。「節氣」時間以「中原時區標準時、東經一百二十度經線」為準，採「定氣法」推算。「節氣」的日期和時間標示於日期表的上方，「中氣」則標示於下方。節氣和中氣的日期以「國曆」標示，並詳列「時、分、時辰」時間。時間以「分」為最小單位，秒數捨棄不進位，以防止實未到時，卻因進秒位而錯置節氣時間。查閱時只要使用「五鼠遁日起時表」取得「時干」後，就可輕易準確的排出「四柱八字」干支。

《歸藏萬年曆》有別於一般萬年曆，採用橫閱方式編排，易於閱讀查詢。記載年表實有「二百零一年、四千八百二十四節氣、七萬三千四百一十三日」，紀曆詳實精確。可簡易快速地提供論命者一組正確的「四柱八字」干支，實為一本最有價值的萬年曆工具書。

《歸藏萬年曆》之編寫，以「中央氣象局天文站」及「台北市立天文科學教育館」發行之天文日曆為標準，並參考引用諸多先賢、專家之觀念與資料，謹在此表達致敬及感謝。

《歸藏萬年曆》的完成，需萬分感謝 紅鳳鳥 老師的教授與指導。

施賀日

如何使用《歸藏萬年曆》

《歸藏萬年曆》的編排說明

（1）《歸藏萬年曆》採用橫閱方式編排，易於閱讀查詢。

（2）年表以「二十四節氣」為一年週期，始於「立春」終於「大寒」。

（3）年表的頁邊直排列出「西元紀年、生肖、國曆紀年」易於查閱所需紀年。

（4）年表的編排按「年干支、月干支、節氣、日期表、中氣」順序直列。

（5）年表直列就得「年、月、日」干支，快速準確絕不錯置年、月干支。

（6）節氣和中氣按「國曆日期、時、分、時辰」順序標示。

（7）日期表按「國曆月日、農曆月日、日干支」順序橫列。

（8）日期表第一行為各月令的「節氣日期」，易於計算行運歲數。

（9）農曆「閏月」在其月份數字下加一橫線，以為區別易於判讀。

（10）日光節約時間其月份為粗體並頁下加註，以為區別易於判讀。

使用《歸藏萬年曆》快速定「八字」

橫查出生年月日；直列年月日干支；五鼠遁日得時干；正好四柱共八字。
大運排列從月柱；行運歲數由日起；順數到底再加一；逆數到頂是節氣。

（1）根據出生者的「年、月、日」時間，由年表橫向取得生日所屬的「日干支」，再向上直列得「月干支、年干支」，最後查「五鼠遁日起時表」取得「時干」。

（2）大運排列從「月柱」干支，陽男陰女「順排」、陰男陽女「逆排」六十甲子。

（3）行運歲數由「生日」起算，陽男陰女「順數」、陰男陽女「逆數」至節氣日。

（4）簡易大運行運歲數換算：三天為一年、一天為四月、一時辰為十日。

目 錄

小姐 先生 現居地：
出生地：

貴 乾坤 造 農曆 國曆 年 月 日 時生

46-120	31-45	16-30	1-15
	日元		

大運

六十甲子表

甲子	乙丑	丙寅	丁卯	戊辰	己巳	庚午	辛未	壬申	癸酉
甲戌	乙亥	丙子	丁丑	戊寅	己卯	庚辰	辛巳	壬午	癸未
甲申	乙酉	丙戌	丁亥	戊子	己丑	庚寅	辛卯	壬辰	癸巳
甲午	乙未	丙申	丁酉	戊戌	己亥	庚子	辛丑	壬寅	癸卯
甲辰	乙巳	丙午	丁未	戊申	己酉	庚戌	辛亥	壬子	癸丑
甲寅	乙卯	丙辰	丁巳	戊午	己未	庚申	辛酉	壬戌	癸亥

五虎遁年起月表

月令	正月	二月	三月	四月	五月	六月	七月	八月	九月	十月	十一月	十二月
節氣	立春	驚蛰	清明	立夏	芒種	小暑	立秋	白露	寒露	立冬	大雪	小寒
中氣	雨水	春分	穀雨	小滿	夏至	大暑	處暑	秋分	霜降	小雪	冬至	大寒
月支 年干	寅	卯	辰	巳	午	未	申	酉	戌	亥	子	丑
甲己	丙寅	丁卯	戊辰	己巳	庚午	辛未	壬申	癸酉	甲戌	乙亥	丙子	丁丑
乙庚	戊寅	己卯	庚辰	辛巳	壬午	癸未	甲申	乙酉	丙戌	丁亥	戊子	己丑
丙辛	庚寅	辛卯	壬辰	癸巳	甲午	乙未	丙申	丁酉	戊戌	己亥	庚子	辛丑
丁壬	壬寅	癸卯	甲辰	乙巳	丙午	丁未	戊申	己酉	庚戌	辛亥	壬子	癸丑
戊癸	甲寅	乙卯	丙辰	丁巳	戊午	己未	庚申	辛酉	壬戌	癸亥	甲子	乙丑

五鼠遁日起時表

太陽時	23-1	1-3	3-5	5-7	7-9	9-11	11-13	13-15	15-17	17-19	19-21	21-23
時支 日干	子	丑	寅	卯	辰	巳	午	未	申	酉	戌	亥
甲己	甲子	乙丑	丙寅	丁卯	戊辰	己巳	庚午	辛未	壬申	癸酉	甲戌	乙亥
乙庚	丙子	丁丑	戊寅	己卯	庚辰	辛巳	壬午	癸未	甲申	乙酉	丙戌	丁亥
丙辛	戊子	己丑	庚寅	辛卯	壬辰	癸巳	甲午	乙未	丙申	丁酉	戊戌	己亥
丁壬	庚子	辛丑	壬寅	癸卯	甲辰	乙巳	丙午	丁未	戊申	己酉	庚戌	辛亥
戊癸	壬子	癸丑	甲寅	乙卯	丙辰	丁巳	戊午	己未	庚申	辛酉	壬戌	癸亥

五行	相生	相剋	天干	五合	四沖	二剋
木-慈生	水生木生火	金剋木剋土	甲-陽木	甲己合化土	甲庚沖	
			乙-陰木	乙庚合化金	乙辛沖	
火-滿願	木生火生土	水剋火剋金	丙-陽火	丙辛合化水	丙壬沖	丙庚剋
			丁-陰火	丁壬合化木	丁癸沖	丁辛剋
土-承載	火生土生金	木剋土剋水	戊-陽土	戊癸合化火		
			己-陰土	甲己合化土		
金-肅殺	土生金生水	火剋金剋木	庚-陽金	乙庚合化金	甲庚沖	丙庚剋
			辛-陰金	丙辛合化水	乙辛沖	丁辛剋
水-伏藏	金生水生木	土剋水剋火	壬-陽水	丁壬合化木	丙壬沖	
			癸-陰水	戊癸合化火	丁癸沖	

地支	六合	三合局	三會方	六沖	三刑	六害
子-冬季 癸	子丑合化土	申子辰合水	亥子丑會水	子午沖	子卯相刑	子未害
丑-冬季 己癸辛	子丑合化土	巳酉丑合金	亥子丑會水	丑未沖	丑戌未三刑	丑午害
寅-春季 甲丙	寅亥合化木	寅五戌合火	寅卯辰會木	寅申沖	寅巳申三刑	寅巳害
卯-春季 乙	卯戌合化火	亥卯未合木	寅卯辰會木	卯酉沖	子卯相刑	卯辰害
辰-春季 戊乙癸	辰酉合化金	申子辰合水	寅卯辰會木	辰戌沖	辰辰自刑	卯辰害
巳-夏季 丙庚	巳申合化水	巳酉丑合金	巳午未會火	巳亥沖	寅巳申三刑	寅巳害
午-夏季 丁	午未合化火	寅五戌合火	巳午未會火	子午沖	午午自刑	丑午害
未-夏季 己丁乙	午未合化火	亥卯未合木	巳午未會火	丑未沖	丑戌未三刑	子未害
申-秋季 庚壬	巳申合化水	申子辰合水	申酉戌會金	寅申沖	寅巳申三刑	申亥害
酉-秋季 辛	辰酉合化金	巳酉丑合金	申酉戌會金	卯酉沖	酉酉自刑	酉戌害
戌-秋季 戊辛丁	卯戌合化火	寅五戌合火	申酉戌會金	辰戌沖	丑戌未三刑	酉戌害
亥-冬季 壬甲	寅亥合化木	亥卯未合木	亥子丑會水	巳亥沖	亥亥自刑	申亥害

六神	生我者：正印、偏印。我生者：傷官、食神。剋我者：正官、七殺。我剋者：正財、偏財。同我者：劫財、比肩。

日主\天干	甲	乙	丙	丁	戊	己	庚	辛	壬	癸
甲-陽木	比肩	劫財	食神	傷官	偏財	正財	七殺	正官	偏印	正印
乙-陰木	劫財	比肩	傷官	食神	正財	偏財	正官	七殺	正印	偏印
丙-陽火	偏印	正印	比肩	劫財	食神	傷官	偏財	正財	七殺	正官
丁-陰火	正印	偏印	劫財	比肩	傷官	食神	正財	偏財	正官	七殺
戊-陽土	七殺	正官	偏印	正印	比肩	劫財	食神	傷官	偏財	正財
己-陰土	正官	七殺	正印	偏印	劫財	比肩	傷官	食神	正財	偏財
庚-陽金	偏財	正財	七殺	正官	偏印	正印	比肩	劫財	食神	傷官
辛-陰金	正財	偏財	正官	七殺	正印	偏印	劫財	比肩	傷官	食神
壬-陽水	食神	傷官	偏財	正財	七殺	正官	偏印	正印	比肩	劫財
癸-陰水	傷官	食神	正財	偏財	正官	七殺	正印	偏印	劫財	比肩

相生 相剋	比肩生食神生正財生正官生正印生比肩 劫財生傷官生偏財生七殺生偏印生劫財	比肩剋正財剋正印剋傷官剋正官剋比肩 劫財剋偏財剋偏印剋食神剋七殺剋劫財

天干	甲	乙	丙	丁	戊	己	庚	辛	壬	癸	以日柱天干 見年月時支
陽刃	卯		午				酉		子		
紅豔煞	午	午	寅	未	辰	辰	戌	酉	子	申	
天乙貴人	未	申	酉	亥	丑	子	丑	寅	卯	巳	
	丑	子	亥	酉	未	申	未	午	巳	卯	
文昌貴人	巳	午	申	酉	申	酉	亥	子	寅	卯	

地支	子	丑	寅	卯	辰	巳	午	未	申	酉	戌	亥
	以日柱地支 見年月時支											
咸池	酉	午	卯	子	酉	午	卯	子	酉	午	卯	子
驛馬	寅	亥	申	巳	寅	亥	申	巳	寅	亥	申	巳
	以月柱地支 見日柱干支											
天德貴人	巳	庚	丁	申	壬	辛	亥	甲	癸	寅	丙	乙
月德貴人	壬	庚	丙	甲	壬	庚	丙	甲	壬	庚	丙	甲

魁罡	日柱				地支不見沖刑 見「沖、刑」者為破格
	庚辰	壬辰	庚戌	戊戌	

金神	日柱	時柱			四柱須見「火」局
	甲或己	乙丑	己巳	癸酉	

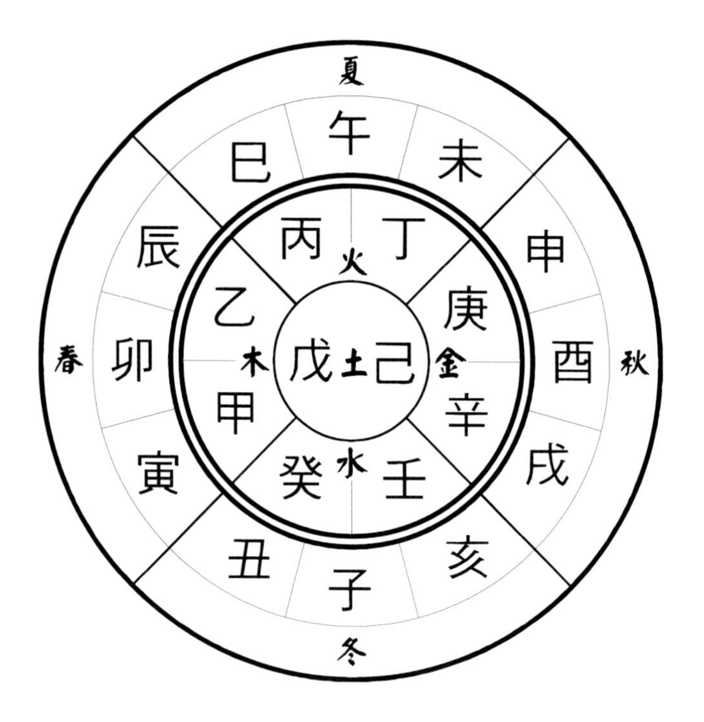

地支	子	午	卯	酉
藏天干	癸	丁	乙	辛

地支	寅		申		巳		亥	
藏天干	甲	丙	庚	壬	丙	庚	壬	甲

地支	辰			戌			丑			未		
藏天干	戊	乙	癸	戊	辛	丁	己	癸	辛	己	丁	乙

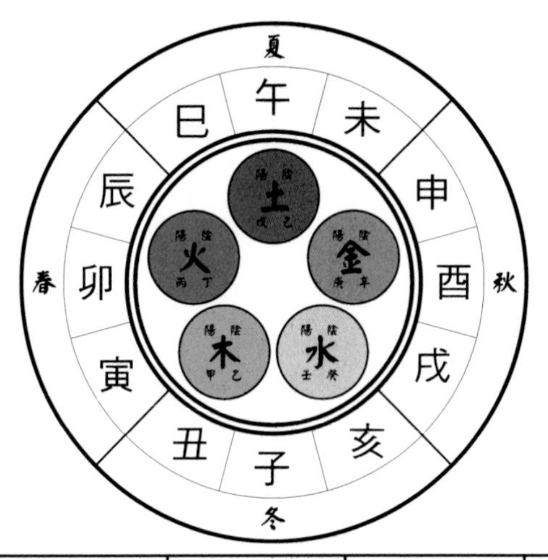

月令	子	午	卯	酉
五行	癸	丁	乙	辛
能量強度	1	1	1	1

月令	寅		申		巳		亥	
五行	甲	丙	庚	壬	丙	庚	壬	甲
能量強度	0.7	0.3	0.7	0.3	0.7	0.3	0.7	0.3

月令	辰			戌			丑			未		
五行	戊	乙	癸	戊	辛	丁	己	癸	辛	己	丁	乙
能量強度	0.5	0.3	0.2	0.5	0.3	0.2	0.5	0.3	0.2	0.5	0.3	0.2
「辰戌丑未」為土庫，受「沖刑害無合化」時則開庫，轉化成其五行庫。												
五行	癸（水庫）			丁（火庫）			辛（金庫）			乙（木庫）		
能量強度	1			1			1			1		

基礎圖識

基礎圖識是「五行八字命學」的理論根本。

基礎圖識有「太極、河圖、洛書、五行羅盤、七曜」。

太 極

太極：「天地生命相對的本相」。

河 圖

河圖：「天地生命運行的規律」。

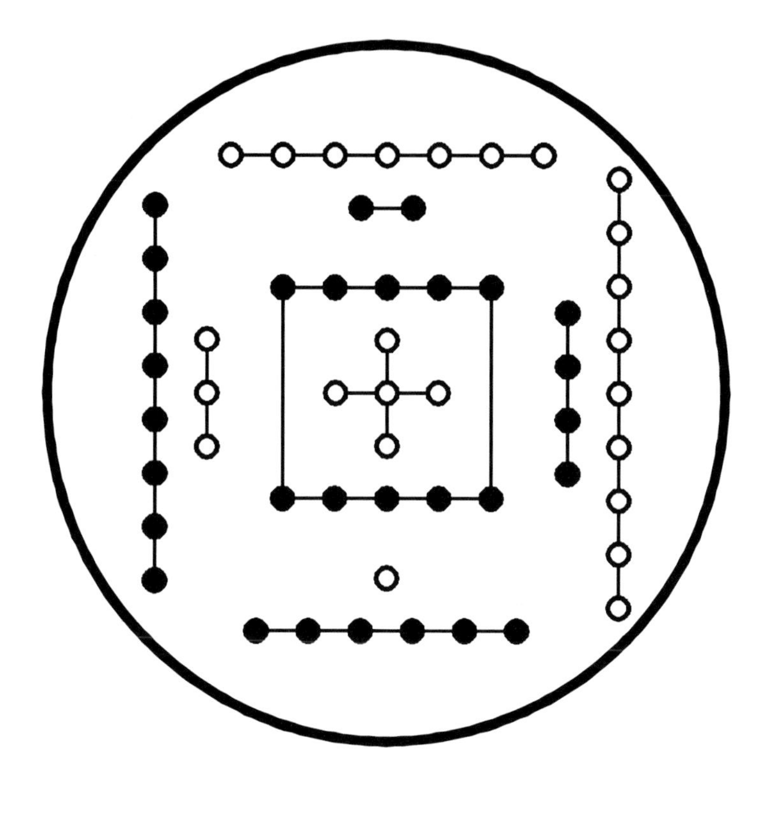

洛書

洛書：「天地生命調和的法則」。

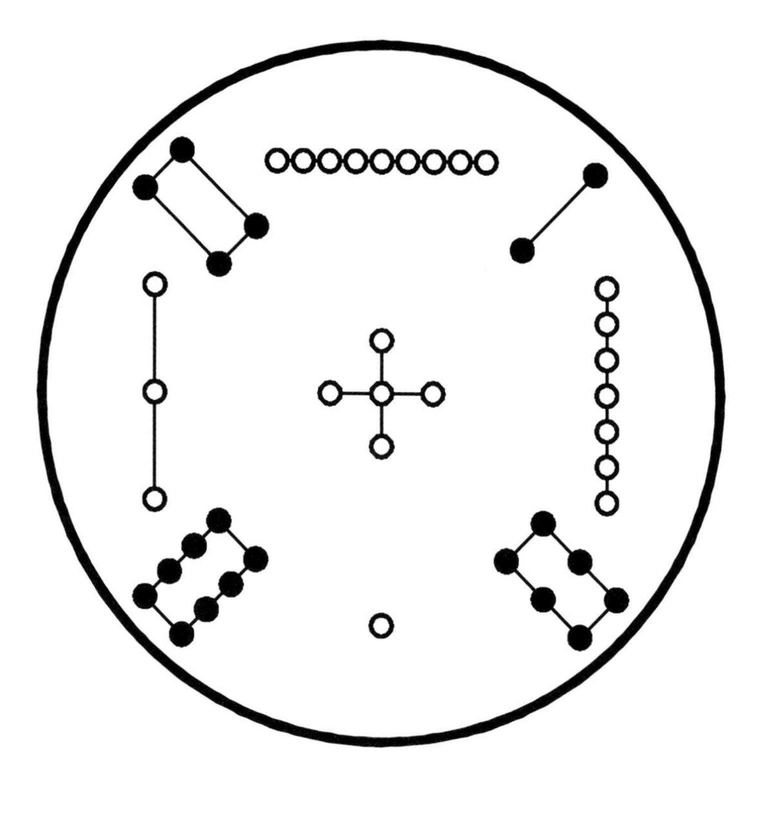

五行羅盤

五行羅盤：「五行天干地支關係圖」。

七 曜

七曜：「太陽系的日月五行星」。

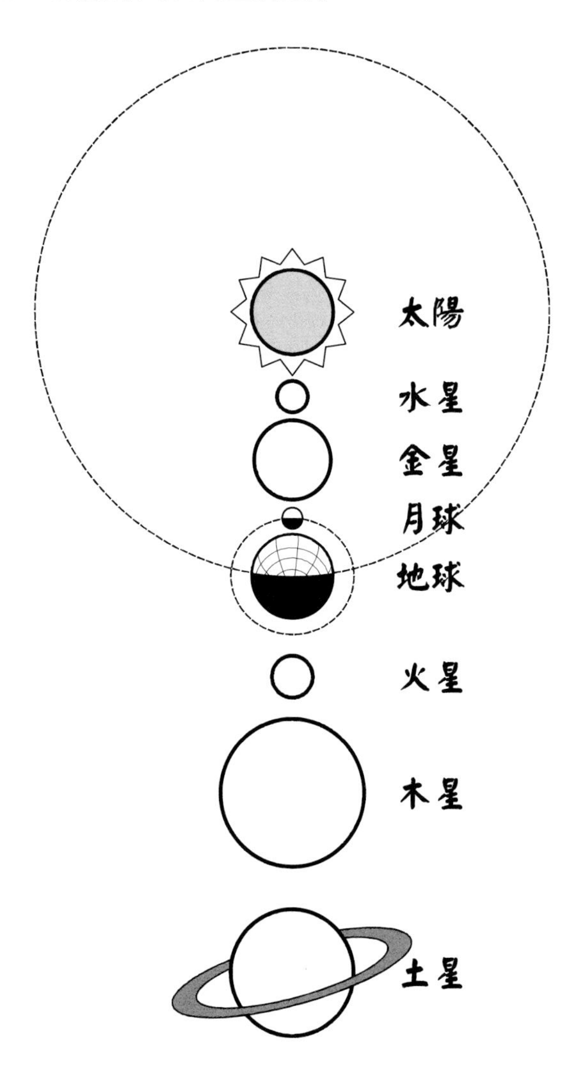

八字論命流程

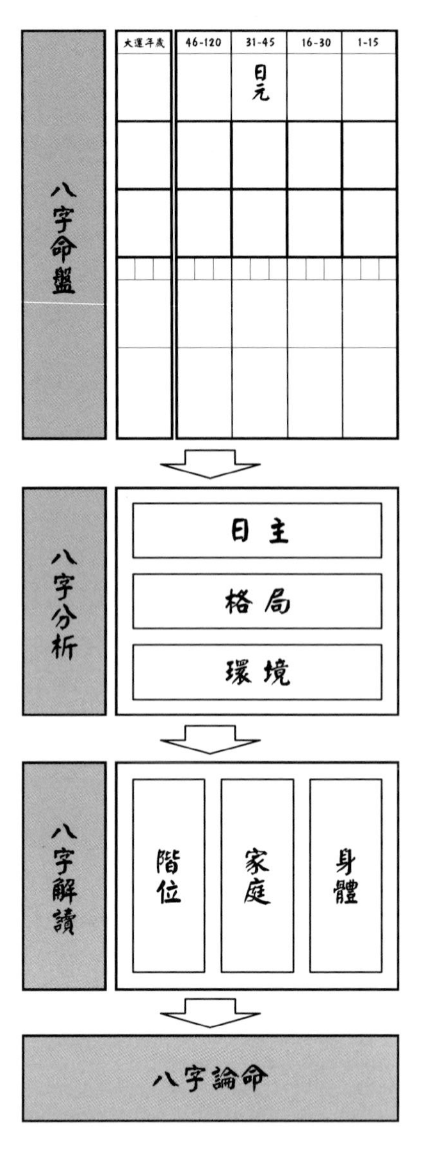
八字命盤
大運年歲
46-120
31-45
16-30
1-15
日元
八字分析
日主
格局
環境
八字解讀
階位
家庭
身體
八字論命

八字命盤

排定「命局」之「本命、大運、流年」。

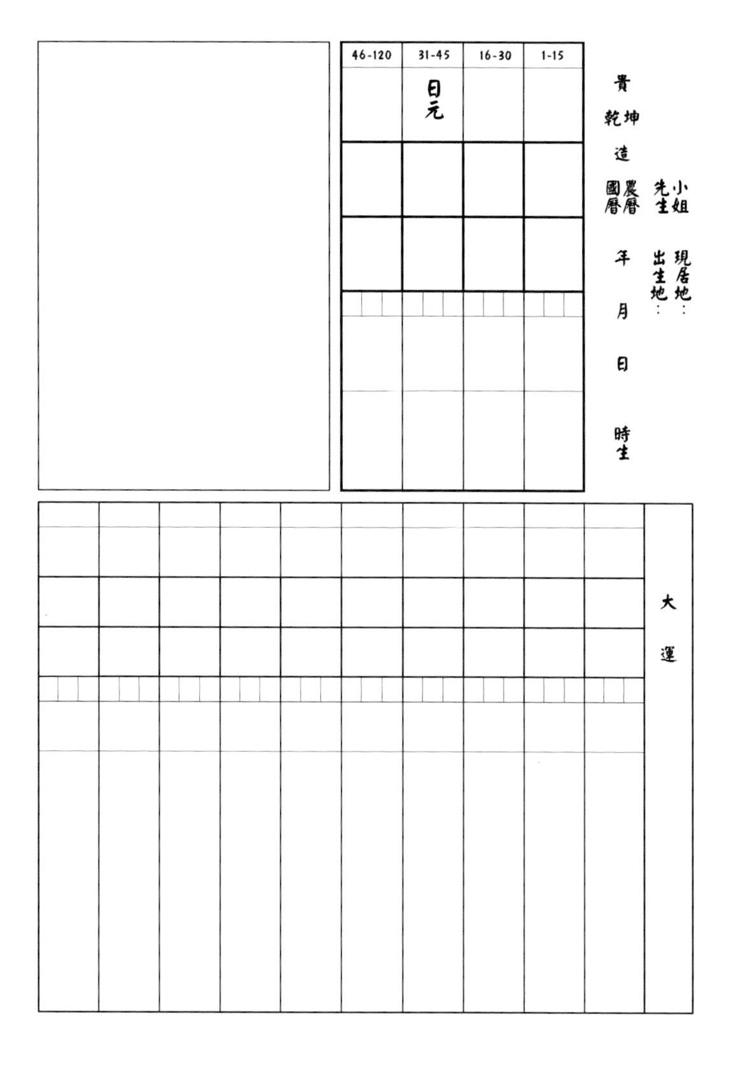

46-120
31-45
16-30
1-15
日元
貴
乾坤
造
農曆
國曆
年
月
日
時生
小姐
先生
現居地：
出生地：
大
運

八字分析

分析「命局」之「日主、格局、環境」。

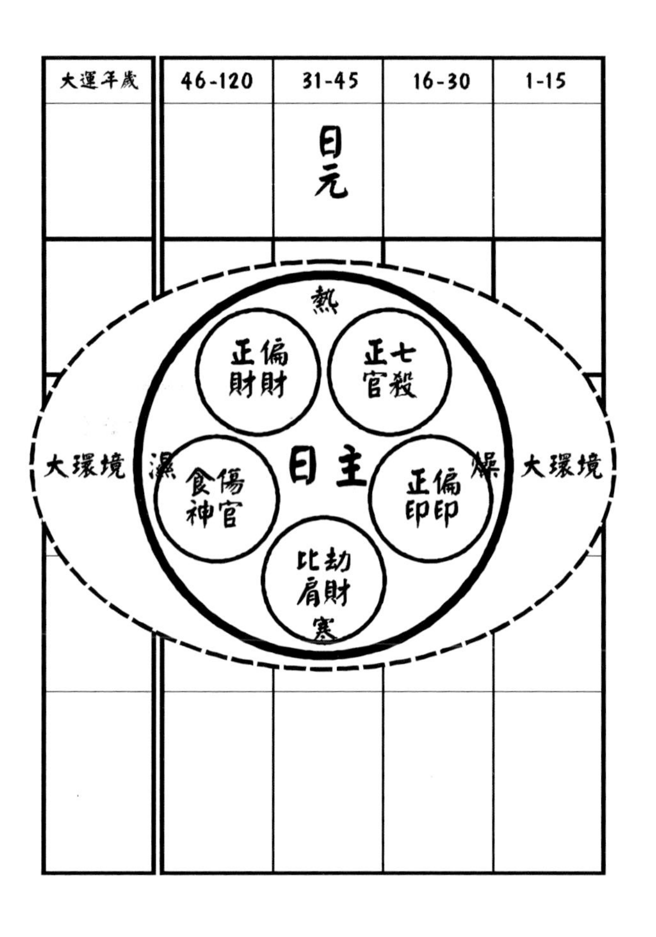

八字解讀

解讀「命局」之「階位、家庭、身體」。

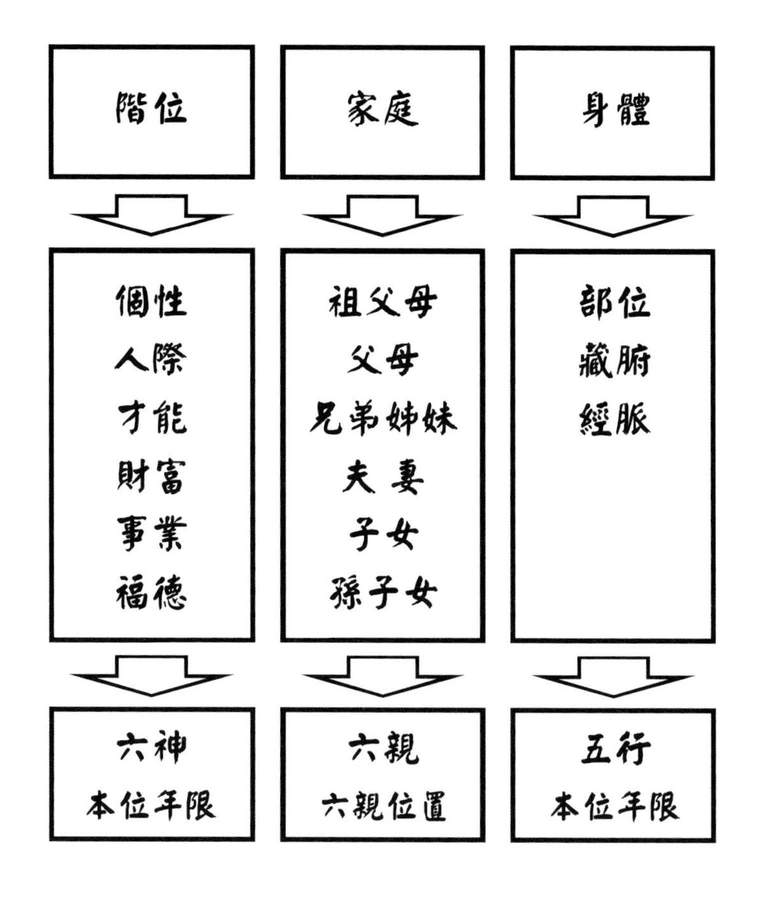

論述「命局」之「命象」(論階位、論家庭、論身體)。

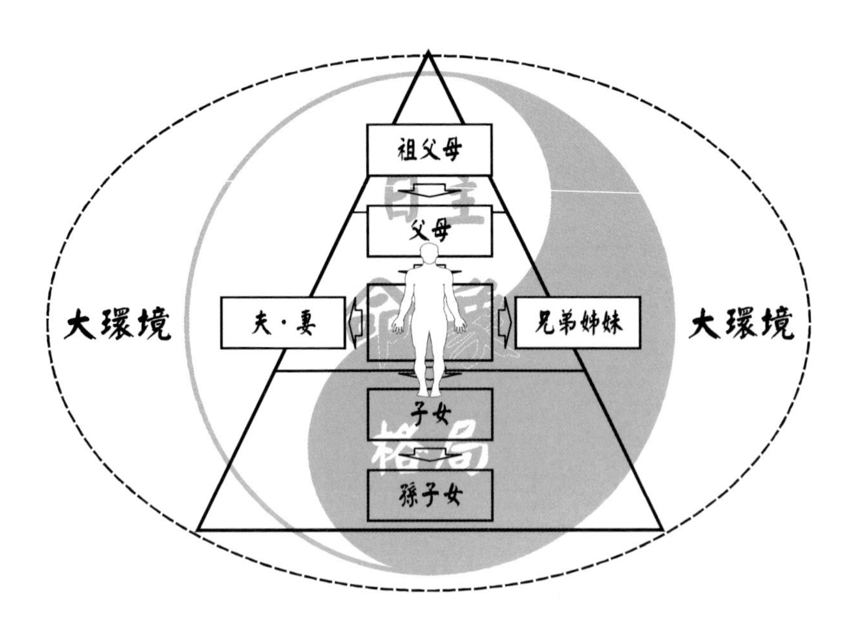

八字命盤

認識命盤

八字論命以個人出生時間的「年、月、日、時」為基礎，轉換成以「天干地支」表示時間的八個字，再依據八字中「沖刑會合、生剋制化、寒熱燥濕」的交互關係，判斷生命在某段時間的變化狀態。最後假借「六神」闡釋說明生命在人世間種種「欲求」的面象。所以推知一個人命局五行的變化，就可以預測一個人生命起伏的變化。

八字命盤講述如何排定「命局」之「本命、大運、流年」，包含「八字命盤、正確的「生辰時間」推算法、八字定盤（本命、大運、流年）」等內容。

八字命盤是八字論命的依據，有了正確的八字命盤，方能正確的八字論命。八字論命，全由了解八字命盤的結構和含義與原理開始。本八字命盤循序漸進的說明，如何建立自己特色的八字命盤表格與如何排定正確的八字命盤。

八字命盤

八字命盤的格式非常簡單。八字命盤的繪製，重點在其「正確、簡明、易讀」的內容資訊，而不在於其格式的型式。您可以參考本書的八字命盤，也可以發揮自己的創意，繪製一張自己專屬的八字命盤，甚至只是一張隨意大小空白的紙張也行。

八字命盤的內容，主要具有「基本資料、本命、大運」三組資訊。

基本資料	姓　　名
	性　　別
	出生時間
	出 生 地
	現 居 地
本命	年 干 支
	月 干 支
	日 干 支
	時 干 支
大運	大運干支
	行運年歲

46-120	31-45	16-30	1-15
	日元		

貴乾坤造 國曆農曆 年 月 日 時生

小姐先生

現居地：

出生地：

										大運

命盤說明

(一)

貴(2)乾坤 (1) 小姐 先生

造(3)國曆 農曆 年 月 日 時生

出生地：(4)

現居地：(5)

(二)

(1)	16-30	31-45	46-120
(2)		日元	
(3)			
(4)			
(5)			
(6)			
(7)			

(8)

(三) 大運

(1)									
(2)									
(3)									
(4)									
(5)									
(6)									
(7)									

一、基本資料

（1）姓　　名：命主姓名。

（2）性　　別：男乾、女坤。

（3）出生時間：年、月、日、時。

（4）出 生 地：用來校對出生時間。

（5）現 居 地：用來調候命局五行。

二、本命

（1）本位年限：每一柱所影響的年歲。

（2）天干六神：四柱之天干六神。

（3）本命天干：四柱之天干。

（4）本命地支：四柱之地支。

（5）地支藏干：四柱地支所藏之天干。

（6）地支六神：四柱之地支六神。

（7）年限紀要：四柱「生命特點」記錄。

（8）命局批明：命局批文說明。

三、大運

（1）行運年歲：大運所影響的年歲。

（2）天干六神：大運之天干六神。

（3）大運天干：大運之天干。

（4）大運地支：大運之地支。

（5）地支藏干：大運地支所藏之天干。

（6）地支六神：大運之地支六神。

（7）大運紀要：大運「生命特點」記錄與大運批文說明。

正確的「生辰時間」推算法

時間就是力量。人出生時，出生地的「真太陽時」（日晷時）時間，是命理學上論命最重要的一個依據。但出生地的「真太陽時」時間，並非是我們一般日常生活上所使用的當地標準時區時間的「平均太陽時」（鐘錶時），而是使用「視太陽黃經時」。「視太陽黃經時」就是「日晷時」，太陽所在位置的真正時刻，也就是依地球繞行太陽軌道而定的自然時間。這個「真太陽時」才是命理學上論命所使用的「生辰時間」。

已知「生辰時間」的條件：

一、出生時間（年、月、日、時－出生地標準時區的時間）

二、出生地（出生地的經緯度）例如：

台北市（東經 121 度 31 分）（北緯 25 度 2 分）

台中市（東經 120 度 44 分）（北緯 24 度 8 分）

高雄市（東經 120 度 16 分）（北緯 22 度 34 分）

※ 經度與時間有關（時區經度時差）。

※ 緯度與寒熱有關（赤道熱兩極寒）。

修正「生辰時間」的方法

「生辰真太陽時」＝（1）減（2）加減（3）加減（4）

（1）出生地的「標準時」

（2）日光節約時

（3）時區時差

（4）真太陽時均時差

※「生辰時間」在「節氣前後」和「時辰頭尾」者，請特別留心參酌修正。

（1）出生地的「標準時」

依出生地的標準時刻為「標準時」。

如在臺灣出生者，以「中原標準時間」為準。官方標準時間的取得，可使用室內電話提供的「117 報時台」服務同步對時。

（2）日光節約時

日光節約時（Daylight Saving Time），也叫夏令時（Summer Time）。其辦法將地方標準時撥快一小時，分秒不變，恢復時再撥慢一小時。日光節約時每年實施起迄日期及名稱，均由各國政府公布施行。凡在「日光節約時」時間出生者，須將「生辰時間」減一小時。

我國實施「日光節約時」歷年起迄日期

年 代	名 稱	起迄日期
民國 34～40 年	夏令時	5 月 1 日～9 月 30 日
民國 41 年	日光節約時	3 月 1 日～10 月 31 日
民國 42～43 年	日光節約時	4 月 1 日～10 月 31 日
民國 44～45 年	日光節約時	4 月 1 日～9 月 30 日
民國 46～48 年	夏令時	4 月 1 日～9 月 30 日
民國 49～50 年	夏令時	6 月 1 日～9 月 30 日
民國 51～62 年		停止夏令時
民國 63～64 年	日光節約時	4 月 1 日～9 月 30 日
民國 65～67 年		停止日光節約時
民國 68 年	日光節約時	7 月 1 日～9 月 30 日
民國 69～迄今		停止日光節約時

(3) 時區時差

全球劃分了二十四個標準時區，一個時區時差一個小時。

地球自轉一周需時二十四小時（平均太陽時），因為世界各地的時間晝夜不一樣，為了世界各地有一個統一的全球時間，在西元 1884 年全球劃分了二十四個標準時區，各區實行分區計時，一個時區時差一個小時，這種時間稱為「世界標準時」，世界標準時所形成的時差稱為「時區時差」。

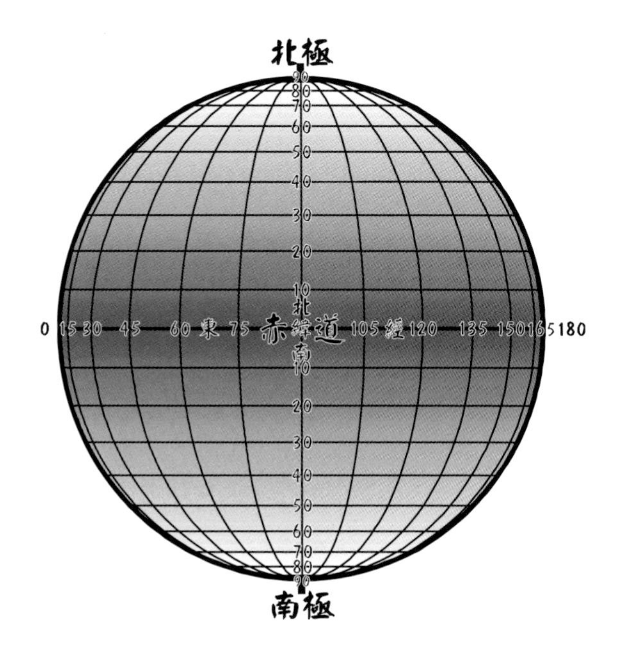

時區

時區劃分的方式是以通過英國倫敦格林威治天文台的經線訂為零度經線，把西經 7.5 度到東經 7.5 度定為世界時零時區（又稱為中區）。由零時區分別向東與向西每隔 15 度劃為一時區，每一標準時區所包含的範圍是中央經線向東西各算 7.5 度，東西各有十二個時區。東十二時區與西十二時區重合，此區有一條國際換日線，作為國際日期變換的基準線，全球合計共有二十四個標準時區。

一個時區時差一個小時，同一時區內使用同一時刻，每向東過一時區則鐘錶撥快一小時，向西則撥慢一小時，所以說標準時區的時間不是自然的時間（真太陽時）而是行政的時間。

雖然時區界線按照經度劃分，但各國領土大小的範圍不一定全在同一時區內，為了行政統一方便，在實務上各國都會自行加以調整，取其行政區界線或自然界線來劃分時區。

我國疆土幅員廣闊，西起東經 71 度，東至東經 135 度 4 分，所跨經度達 64 度 4 分，全國共分為五個時區（自西往東）：

一、崑崙時區：以東經 82 度 30 分之時間為標準時。

二、新藏時區：以東經 90 度之時間為標準時。

三、隴蜀時區：以東經 105 度之時間為標準時。

四、中原時區：以東經 120 度之時間為標準時。

五、長白時區：以東經 127 度 30 分之時間為標準時。

但現為行政統一因素，規定全國皆採行「中原時區東經 120 度平太陽時」的標準時為全國行政標準時。中原時區東經 120 度（東八時區）包含東經 112.5 度到東經 127.5 度共 15 度的範圍，亦即以地球經線起點格林威治平太陽時的「世界時」加上 8 小時為準。所以我們稱呼現行的行政時間為「中原標準時間」。

世界各國時區表	
東 12	紐西蘭、堪察加半島
東 11	庫頁島、千島群
東 10	關島、澳洲東部（雪梨、坎培拉、墨爾本）
東 9	日本、琉球、韓國、澳洲中部
東 8	中華民國、臺灣、中國大陸、香港、菲律賓、新加坡、馬來西亞、西里伯、婆羅洲、澳洲西部
東 7	柬埔寨、寮國、泰國、越南、印尼（蘇門答臘、爪哇）
東 6	緬甸、孟加拉
東 5	印度、巴基斯坦、錫蘭
東 4	阿富汗
東 3	伊朗、伊拉克、肯亞、科威特、沙烏地阿拉伯、馬拉加西、衣索匹亞、約旦、蘇丹
東 2	保加利亞、希臘、埃及、利比亞、南非共和國、芬蘭、以色列、黎巴嫩、敘利亞、土耳其、羅馬尼亞
東 1	奧地利、比利時、匈牙利、盧森堡、西班牙、瑞典、瑞士、突尼西亞、捷克、法國、德國、荷蘭、意大利、挪威、丹麥、波蘭、南斯拉夫、阿爾巴尼亞

世界各國時區表	
中區	英國、多哥共和國、冰島、象牙海岸、賴比瑞亞、摩洛哥、愛爾蘭、葡萄牙
西 1	亞速群島（葡）
西 2	綠角群島（葡）
西 3	阿根廷、烏拉圭、圭亞那（法）、格陵蘭西海岸
西 4	玻利維亞、智利、巴拉圭、波多黎各、委內瑞拉、福克蘭群島（英）、百慕達
西 5	美國東部、古巴、厄瓜多爾、牙買加、巴拿馬、秘魯、加拿大東部、多明尼加、巴西西部
西 6	美國中部、哥斯達黎加、宏都拉斯、墨西哥、薩爾瓦多
西 7	美國山地區、加拿大（亞伯達）
西 8	美國太平洋區、加拿大（溫哥華）
西 9	阿拉斯加
西 10	夏威夷、馬貴斯群島、阿留申群島
西 11	中途島
西 12	紐西蘭、堪察加半島

修正「時區時差」

一個時區範圍共 15 經度，時差一個小時。因一經度等於六十經分，所以換算得時差計算式為「每一經度時差 4 分鐘、每一經分時差 4 秒鐘、東加西減」。出生者的「生辰時間」應根據其出生地的「標準時」加減其出生地的「時區時差」。

臺灣主要城市時區時刻相差表
東經一百二十度標準時區（東八時區）
（每一經度時差 4 分鐘、每一經分時差 4 秒鐘、東加西減）

地名	東經度	加減時間	地名	東經度	加減時間
基隆	121 度 46 分	+7 分 04 秒	嘉義	120 度 27 分	+1 分 48 秒
台北	121 度 31 分	+6 分 04 秒	台南	120 度 13 分	+0 分 52 秒
桃園	121 度 18 分	+5 分 12 秒	高雄	120 度 16 分	+1 分 04 秒
新竹	121 度 01 分	+4 分 04 秒	屏東	120 度 30 分	+2 分 00 秒
苗栗	120 度 49 分	+3 分 16 秒	宜蘭	121 度 45 分	+7 分 00 秒
台中	120 度 44 分	+2 分 56 秒	花蓮	121 度 37 分	+6 分 28 秒
彰化	120 度 32 分	+2 分 08 秒	台東	121 度 09 分	+4 分 36 秒
南投	120 度 41 分	+2 分 44 秒	澎湖	120 度 27 分	+1 分 48 秒
雲林	120 度 32 分	+2 分 08 秒	金門	118 度 24 分	-6 分 24 秒

臺灣極東為東經 123 度 34 分（宜蘭縣赤尾嶼東端）
臺灣極西為東經 119 度 18 分（澎湖縣望安鄉花嶼西端）

大陸主要城市時區時刻相差表

東經一百二十度標準時區（東八時區）

（每一經度時差 4 分鐘、每一經分時差 4 秒鐘、東加西減）

地名	東經度	加減時間	地名	東經度	加減時間
哈爾濱	126 度 38 分	+26 分 32 秒	南昌	115 度 53 分	-16 分 28 秒
吉林	126 度 36 分	+26 分 24 秒	保定	115 度 28 分	-18 分 08 秒
長春	125 度 18 分	+21 分 12 秒	贛州	114 度 56 分	-20 分 16 秒
瀋陽	123 度 23 分	+13 分 32 秒	張家口	114 度 55 分	-20 分 20 秒
錦州	123 度 09 分	+12 分 36 秒	石家莊	114 度 26 分	-22 分 16 秒
鞍山	123 度 00 分	+12 分 00 秒	開封	114 度 23 分	-22 分 28 秒
大連	121 度 38 分	+6 分 32 秒	武漢	114 度 20 分	-22 分 40 秒
寧波	121 度 34 分	+6 分 16 秒	香港	114 度 10 分	-23 分 20 秒
上海	121 度 26 分	+5 分 44 秒	許昌	113 度 48 分	-24 分 48 秒
紹興	120 度 40 分	+2 分 40 秒	深圳	113 度 33 分	-25 分 48 秒
蘇州	120 度 39 分	+2 分 36 秒	廣州	113 度 18 分	-26 分 48 秒
青島	120 度 19 分	+1 分 16 秒	珠海	113 度 18 分	-26 分 48 秒
無錫	120 度 18 分	+1 分 12 秒	澳門	113 度 18 分	-26 分 48 秒
杭州	120 度 10 分	+0 分 40 秒	大同	113 度 13 分	-27 分 08 秒
福州	119 度 19 分	-2 分 44 秒	長沙	112 度 55 分	-28 分 20 秒
南京	118 度 46 分	-4 分 56 秒	太原	112 度 33 分	-29 分 48 秒
泉州	118 度 37 分	-5 分 32 秒	洛陽	112 度 26 分	-30 分 16 秒
唐山	118 度 09 分	-7 分 24 秒	桂林	110 度 10 分	-39 分 20 秒
廈門	118 度 04 分	-7 分 44 秒	延安	109 度 26 分	-42 分 16 秒

承德	117度52分	-8分32秒	西安	108度55分	-44分20秒
合肥	117度16分	-10分56秒	貴陽	106度43分	-53分08秒
天津	117度10分	-11分20秒	重慶	106度33分	-53分48秒
濟南	117度02分	-11分52秒	蘭州	103度50分	-64分40秒
汕頭	116度40分	-13分20秒	昆明	102度42分	-69分12秒
北京	116度28分	-14分08秒	成都	101度04分	-75分44秒

「臺灣、大陸主要城市時區時刻相差表」表列時間僅供參考，正確加減時間，需以出生地之「經度」計算。未列出的地名，可依據「世界地圖」或「地球儀」的經度自行計算。

（4）真太陽時均時差

「真太陽時」，就是「日晷時」，太陽所在位置的真正時刻。「真太陽時」正午時刻的定義，為太陽直射點正落在所在「經線」上。如在東經一百二十度，真太陽時正午十二時，就是太陽直射點正落在東經一百二十度的經線上，此時的「太陽視位置」仰角高度是一日中的最大值。也就是說，太陽直射點所落在的經線，該經線上的在地時間就是「真太陽時」正午時刻。

「真太陽時」是依地球繞行太陽軌道而定的自然時間，由於地球環繞太陽公轉的軌道是橢圓形，且地球自轉軸相對於太陽公轉軌道平面有 23.45 度的交角，所以地球在軌道上運行的速率並不是等速進行。地球軌道的傾角與離心率會造成不規則運動，以致每日的時間均不相等。地球每日實際的時間長短不一定，有時一日多於 24 小時，有時一日少於 24 小時。

我們日常所用的 24 小時是「平均太陽時」，和真正的太陽時間有所差異。如在東經一百二十度，真太陽時正午十二時，太陽一定在中天，但平均太陽時的時間可能就不是正午十二時，兩者會有略微的時間差異，這個「真太陽時」（日晷時）與「平均太陽時」（鐘錶時）的時間差異值我們稱為「均時差」。

太陽視位置

太陽視位置，指從地面上看到的太陽的位置，為太陽的仰角高度。

太陽視位置的仰角高度，與我們觀察太陽時所在的緯度有關，和經度無關。

太陽正午時刻的時間點，與我們觀察太陽時所在的經度有關，和緯度無關。

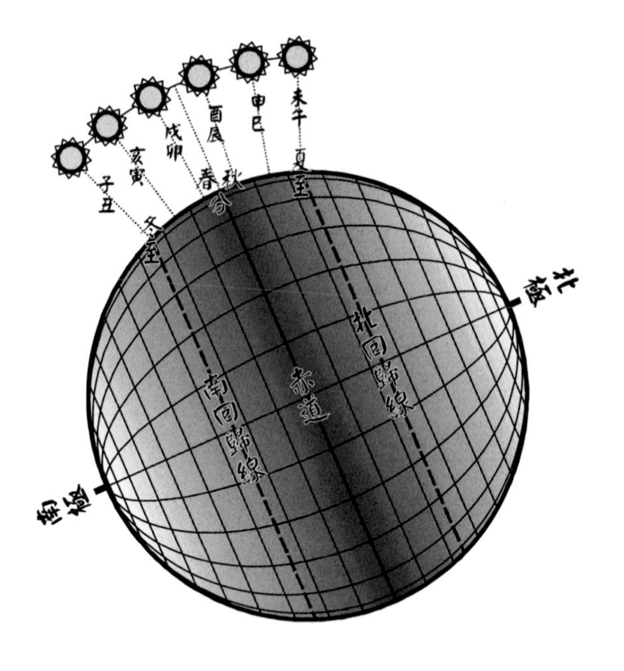

修正「真太陽時均時差」

均時差＝真太陽時－平均太陽時

均時差為真太陽時（日晷時）與平均太陽時（鐘錶時）的時間差異值。真太陽時均時差的正確時間，需經過精算，每年時間皆略有不同，但變化極小（均時差的變化每 24.23 年會移動一天至對應位置）。為了方便查詢使用，編者製作了均時差圖表一張，應用本圖表可快速查得出生日大約的均時差時間。

本表係「太陽過東經一百二十度子午圈之日中平時（正午十二時）均時差」，橫向是日期軸，直向是時間軸。使用者只需以出生者的出生日期為基準點，向上對應到表中的曲線，再由所得的曲線點為基準點，向左應對到時間軸，就可查得出生日期的「均時差」(如二月一日查表得值約為 -13 分)。最後再將出生者的「出生時間」加減「均時差」值，就可得出出生者在其出生地的「真正出生時間」。

「均時差」一年之中時差最多的是二月中需減到 14 分之多，時差最少的是十一月初需加到 16 分之多，真正平一天 24 小時的天數約只有 4 天。

均時差圖表

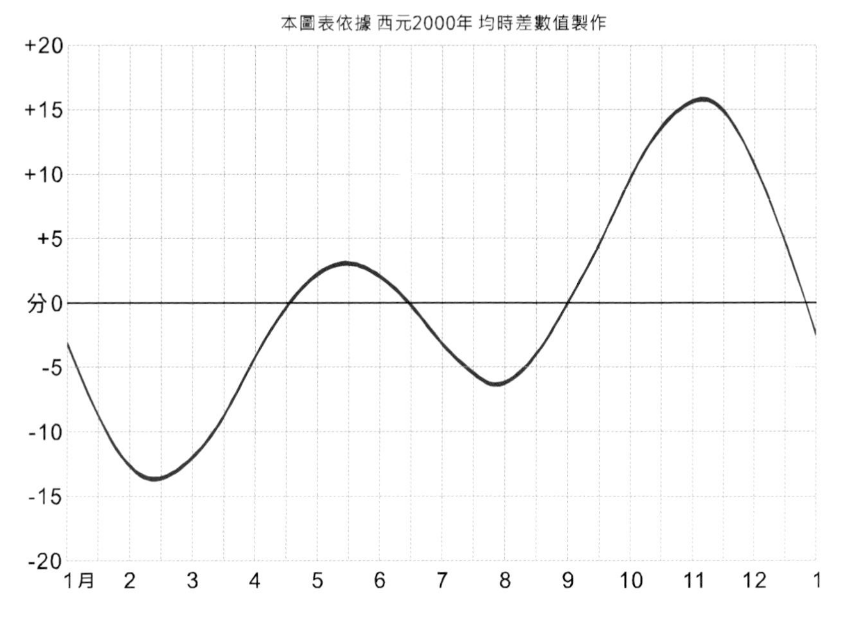
太陽過東經一百二十度子午圈之日中平時（正午十二時）均時差
本圖表依據 西元2000年 均時差數值製作
+20
+15
+10
+5
分 0
-5
-10
-15
-20
1月
2
3
4
5
6
7
8
9
10
11
12
1

八字定盤

八字論命以八字命盤為基礎，八字命盤主體為命主的「本命與大運」干支組合。借助完善的「八字命盤」格式，可快速、正確的排出命主命局。

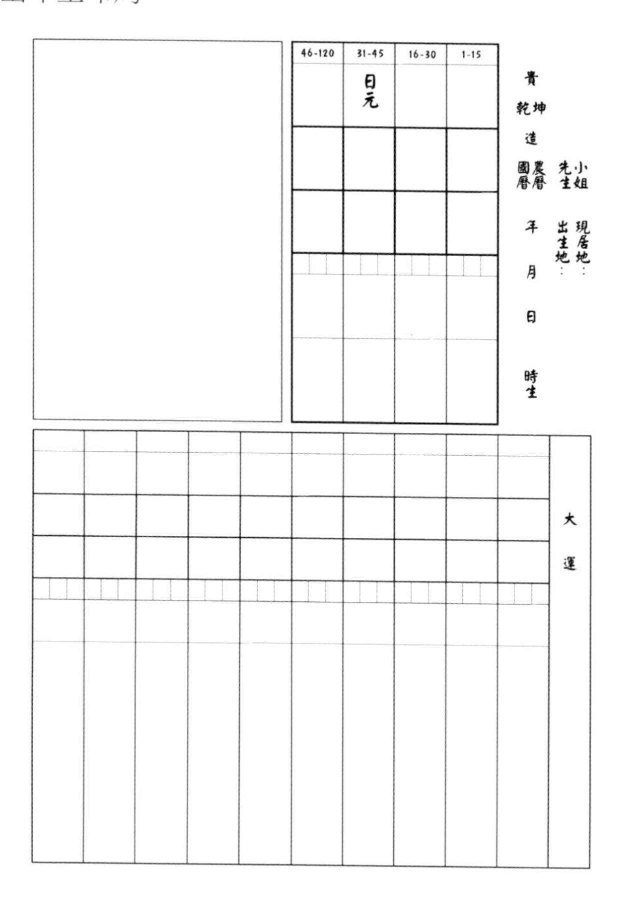

生命原點

出生那一刻，即生命座標「時間、空間、人」的交會點，解讀這個「生命原點」，可見一生縮影。

八字命理定義「出生時間」為「生命原點」，由「生命原點」二十四節氣循環「歸零」等於「人一生縮影」。「出生時間」為八字命局的「本命」，「節氣時間」為八字命局的「大運」。人生命的天年為「120 年」，故「萬年曆」上一個時間單位的「時間倍數」為真實生命中的「120 倍」。

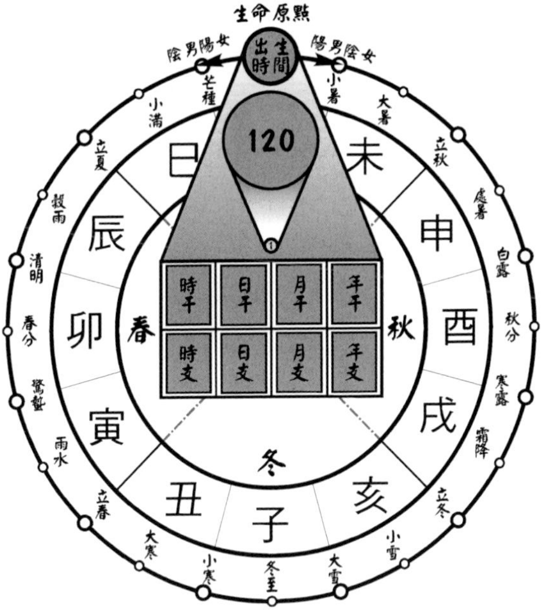

八字論命時間定義

年：以「立春」為歲始。 月：以「節氣」為月建。

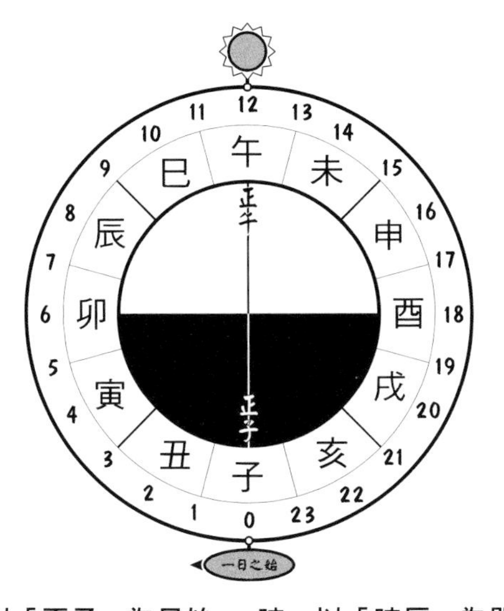

日：以「正子」為日始。 時：以「時辰」為單位。

六十甲子表									
甲子	乙丑	丙寅	丁卯	戊辰	己巳	庚午	辛未	壬申	癸酉
甲戌	乙亥	丙子	丁丑	戊寅	己卯	庚辰	辛巳	壬午	癸未
甲申	乙酉	丙戌	丁亥	戊子	己丑	庚寅	辛卯	壬辰	癸巳
甲午	乙未	丙申	丁酉	戊戌	己亥	庚子	辛丑	壬寅	癸卯
甲辰	乙巳	丙午	丁未	戊申	己酉	庚戌	辛亥	壬子	癸丑
甲寅	乙卯	丙辰	丁巳	戊午	己未	庚申	辛酉	壬戌	癸亥

五虎遁年起月表	月令	正月	二月	三月	四月	五月	六月	七月	八月	九月	十月	十一月	十二月
	節氣	立春	驚蟄	清明	立夏	芒種	小暑	立秋	白露	寒露	立冬	大雪	小寒
	中氣	雨水	春分	穀雨	小滿	夏至	大暑	處暑	秋分	霜降	小雪	冬至	大寒
	月支 年干	寅	卯	辰	巳	午	未	申	酉	戌	亥	子	丑
	甲己	丙寅	丁卯	戊辰	己巳	庚午	辛未	壬申	癸酉	甲戌	乙亥	丙子	丁丑
	乙庚	戊寅	己卯	庚辰	辛巳	壬午	癸未	甲申	乙酉	丙戌	丁亥	戊子	己丑
	丙辛	庚寅	辛卯	壬辰	癸巳	甲午	乙未	丙申	丁酉	戊戌	己亥	庚子	辛丑
	丁壬	壬寅	癸卯	甲辰	乙巳	丙午	丁未	戊申	己酉	庚戌	辛亥	壬子	癸丑
	戊癸	甲寅	乙卯	丙辰	丁巳	戊午	己未	庚申	辛酉	壬戌	癸亥	甲子	乙丑

日	查 萬年曆

五鼠遁日起時表	太陽時	23-1	1-3	3-5	5-7	7-9	9-11	11-13	13-15	15-17	17-19	19-21	21-23
	時支 日干	子	丑	寅	卯	辰	巳	午	未	申	酉	戌	亥
	甲己	甲子	乙丑	丙寅	丁卯	戊辰	己巳	庚午	辛未	壬申	癸酉	甲戌	乙亥
	乙庚	丙子	丁丑	戊寅	己卯	庚辰	辛巳	壬午	癸未	甲申	乙酉	丙戌	丁亥
	丙辛	戊子	己丑	庚寅	辛卯	壬辰	癸巳	甲午	乙未	丙申	丁酉	戊戌	己亥
	丁壬	庚子	辛丑	壬寅	癸卯	甲辰	乙巳	丙午	丁未	戊申	己酉	庚戌	辛亥
	戊癸	壬子	癸丑	甲寅	乙卯	丙辰	丁巳	戊午	己未	庚申	辛酉	壬戌	癸亥

大運	大運干支：從「月柱」干支起算，陽男陰女順排六十甲子，陰男陽女逆排六十甲子。 行運歲數換算：三天為一年、一天為四月、一時辰為十日。行運歲數時間倍數：120

本命

本命為生命的基本盤。根據命主的出生「年、月、日」時間，論命者可直接查詢「萬年曆」取得「年干支、月干支、日干支」，再根據命主的出生「時支」查詢「五鼠遁日起時表」取得「時干」，就可準確的排出命主的本命「四柱八字」干支。

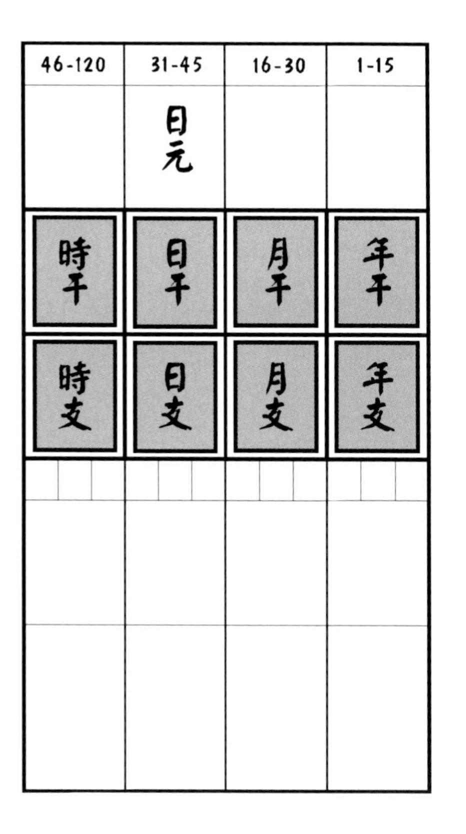

年干支

「立春」為論命年柱之換算點（立春換年柱）。傳統生活上我們皆以農曆正月初一為新的一年開始，但八字論命不以正月初一為新的一年，而是以「立春」作為新的一年之換算點。

查「萬年曆」，可直接得知出生年份的「年柱干支」。或用「六十甲子表」計算出「年柱干支」。

生辰時間在「立春前後」者，請特別留心「年柱干支」。

六十甲子表										
	甲子	乙丑	丙寅	丁卯	戊辰	己巳	庚午	辛未	壬申	癸酉
	甲戌	乙亥	丙子	丁丑	戊寅	己卯	庚辰	辛巳	壬午	癸未
	甲申	乙酉	丙戌	丁亥	戊子	己丑	庚寅	辛卯	壬辰	癸巳
	甲午	乙未	丙申	丁酉	戊戌	己亥	庚子	辛丑	壬寅	癸卯
	甲辰	乙巳	丙午	丁未	戊申	己酉	庚戌	辛亥	壬子	癸丑
	甲寅	乙卯	丙辰	丁巳	戊午	己未	庚申	辛酉	壬戌	癸亥

月干支

「節氣」為論命月柱之換算點（交節換月柱）。傳統生活上我們皆以農曆初一為月首，但八字論命不以初一為月首，而是以「節氣」為月令依據。如節氣到了「清明」才算辰月（三月），不論日曆上是幾月初幾。月支十二個月，配屬十二個地支，以立春「寅」月為「正月」。

查「萬年曆」，可直接得知出生月份的「月柱干支」。或先確定出生時間「月柱地支」，再用「五虎遁年起月表」求出「月柱天干」。

生辰時間在「節氣前後」者，請特別留心「月柱干支」。

五虎遁年起月表	月令	正月	二月	三月	四月	五月	六月	七月	八月	九月	十月	十一月	十二月
	節氣	立春	驚蟄	清明	立夏	芒種	小暑	立秋	白露	寒露	立冬	大雪	小寒
	中氣	雨水	春分	穀雨	小滿	夏至	大暑	處暑	秋分	霜降	小雪	冬至	大寒
	月支 年干	寅	卯	辰	巳	午	未	申	酉	戌	亥	子	丑
	甲己	丙寅	丁卯	戊辰	己巳	庚午	辛未	壬申	癸酉	甲戌	乙亥	丙子	丁丑
	乙庚	戊寅	己卯	庚辰	辛巳	壬午	癸未	甲申	乙酉	丙戌	丁亥	戊子	己丑
	丙辛	庚寅	辛卯	壬辰	癸巳	甲午	乙未	丙申	丁酉	戊戌	己亥	庚子	辛丑
	丁壬	壬寅	癸卯	甲辰	乙巳	丙午	丁未	戊申	己酉	庚戌	辛亥	壬子	癸丑
	戊癸	甲寅	乙卯	丙辰	丁巳	戊午	己未	庚申	辛酉	壬戌	癸亥	甲子	乙丑

日干支

干支紀日，六十甲子循環不息，迄今已有五千年之久。日柱的天干地支，可由「萬年曆」直接查知。

查「萬年曆」，可直接得知出生日的「日柱干支」。

生辰時間在「節氣前後」者，請特別留心「日柱干支」。

六十甲子表									
甲子	乙丑	丙寅	丁卯	戊辰	己巳	庚午	辛未	壬申	癸酉
甲戌	乙亥	丙子	丁丑	戊寅	己卯	庚辰	辛巳	壬午	癸未
甲申	乙酉	丙戌	丁亥	戊子	己丑	庚寅	辛卯	壬辰	癸巳
甲午	乙未	丙申	丁酉	戊戌	己亥	庚子	辛丑	壬寅	癸卯
甲辰	乙巳	丙午	丁未	戊申	己酉	庚戌	辛亥	壬子	癸丑
甲寅	乙卯	丙辰	丁巳	戊午	己未	庚申	辛酉	壬戌	癸亥

時干支

時柱的時間，以「時辰」為單位。「零時」（正子時－太陽下中天）為論命日柱之換算點（零時換日柱）。零時之前的子時（23～0），為當日的「夜子時」。零時之後的子時（0～1），為新日的「早子時」。

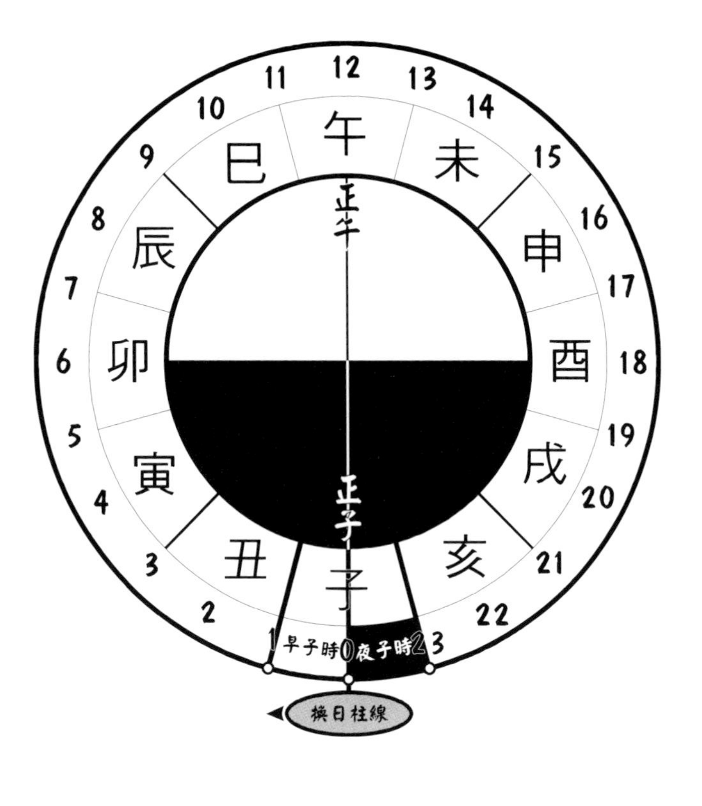

先確定出生時辰「時柱地支」，再用「五鼠遁日起時表」求出「時柱天干」。

生辰時間在「零時前後」者，請特別留心「日柱干支」。

生辰時間在「時辰頭尾」者，請特別留心「時柱干支」。

五鼠遁日起時表	太陽時	23-1	1-3	3-5	5-7	7-9	9-11	11-13	13-15	15-17	17-19	19-21	21-23
	時支 日干	子	丑	寅	卯	辰	巳	午	未	申	酉	戌	亥
	甲己	甲子	乙丑	丙寅	丁卯	戊辰	己巳	庚午	辛未	壬申	癸酉	甲戌	乙亥
	乙庚	丙子	丁丑	戊寅	己卯	庚辰	辛巳	壬午	癸未	甲申	乙酉	丙戌	丁亥
	丙辛	戊子	己丑	庚寅	辛卯	壬辰	癸巳	甲午	乙未	丙申	丁酉	戊戌	己亥
	丁壬	庚子	辛丑	壬寅	癸卯	甲辰	乙巳	丙午	丁未	戊申	己酉	庚戌	辛亥
	戊癸	壬子	癸丑	甲寅	乙卯	丙辰	丁巳	戊午	己未	庚申	辛酉	壬戌	癸亥

多胞胎的生辰時間

多胞胎生辰時間的定盤原則：

（1）第一個與一般生辰時間相同定義法。

（2）第二個如與第一個「不同」出生時辰，按其生辰時間。

（3）第二個如與第一個「相同」出生時辰，按其生辰時間再加一個時辰。

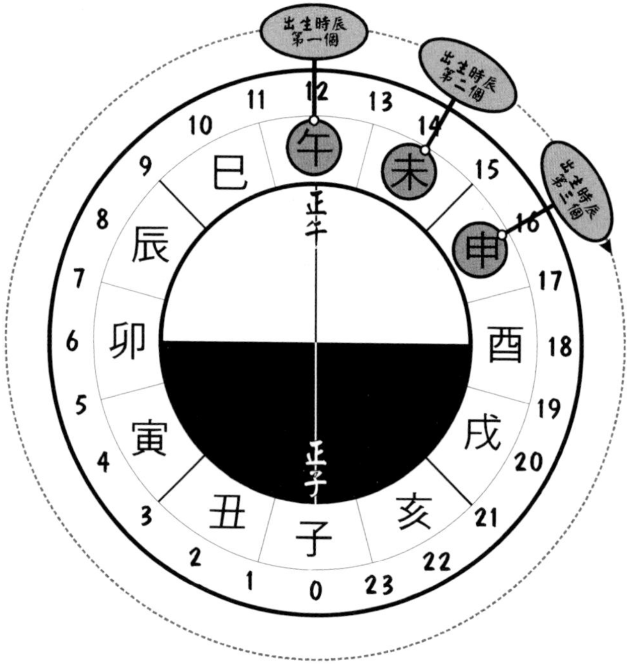

南半球出生者的八字

南半球出生者八字的定盤原則：

（1）年柱：南半球與北半球「相同」。

（2）月柱：南半球與北半球「相反」。（四季寒熱「節氣時間」相反）

（3）日柱：南半球與北半球「相同」。

（4）時柱：南半球與北半球「相同」。（出生地的「真太陽時」時間）

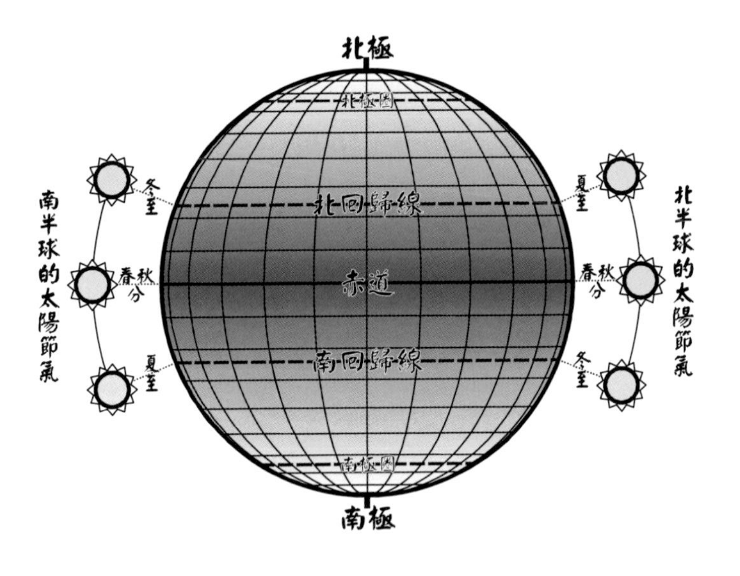

北半球與南半球節氣表

太陽視黃經度													
	節氣	315度	345度	15度	45度	75度	105度	135度	165度	195度	225度	255度	285度
	中氣	330度	0度	30度	60度	90度	120度	150度	180度	210度	240度	270度	300度

北半球													
	節氣	立春	驚蛰	清明	立夏	芒種	小暑	立秋	白露	寒露	立冬	大雪	小寒
	中氣	雨水	春分	穀雨	小滿	夏至	大暑	處暑	秋分	霜降	小雪	冬至	大寒
	地支	寅	卯	辰	巳	午	未	申	酉	戌	亥	子	丑

南半球													
	節氣	立秋	白露	寒露	立冬	大雪	小寒	立春	驚蛰	清明	立夏	芒種	小暑
	中氣	處暑	秋分	霜降	小雪	冬至	大寒	雨水	春分	穀雨	小滿	夏至	大暑
	地支	申	酉	戌	亥	子	丑	寅	卯	辰	巳	午	未

大運

大運為生命的排程。每一人的「生命排程」皆不相同，在不同排程下，生命有著種種變化的展現體驗。

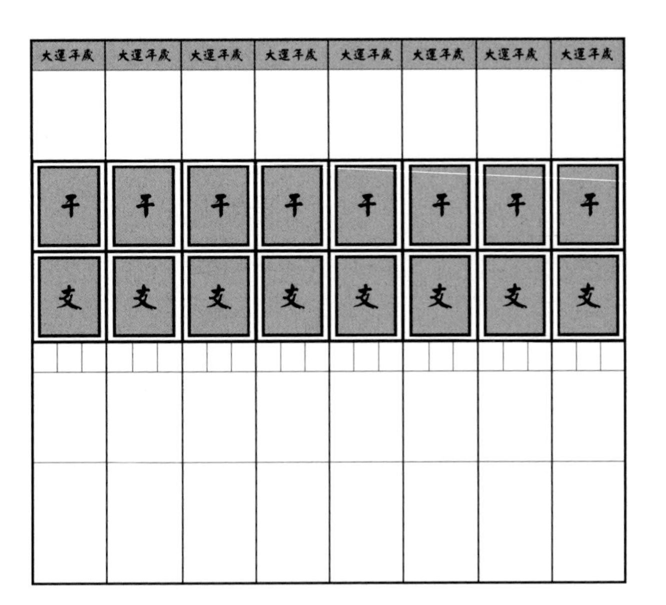

六十甲子表									
甲子	乙丑	丙寅	丁卯	戊辰	己巳	庚午	辛未	壬申	癸酉
甲戌	乙亥	丙子	丁丑	戊寅	己卯	庚辰	辛巳	壬午	癸未
甲申	乙酉	丙戌	丁亥	戊子	己丑	庚寅	辛卯	壬辰	癸巳
甲午	乙未	丙申	丁酉	戊戌	己亥	庚子	辛丑	壬寅	癸卯
甲辰	乙巳	丙午	丁未	戊申	己酉	庚戌	辛亥	壬子	癸丑
甲寅	乙卯	丙辰	丁巳	戊午	己未	庚申	辛酉	壬戌	癸亥

排列大運

大運干支排列從「月柱」干支起算：

陽男、陰女「順排」六十甲子。

陽男：年柱天干為「甲、丙、戊、庚、壬」出生年的男命。

陰女：年柱天干為「乙、丁、己、辛、癸」出生年的女命。

陰男、陽女「逆排」六十甲子。

陰男：年柱天干為「乙、丁、己、辛、癸」出生年的男命。

陽女：年柱天干為「甲、丙、戊、庚、壬」出生年的女命。

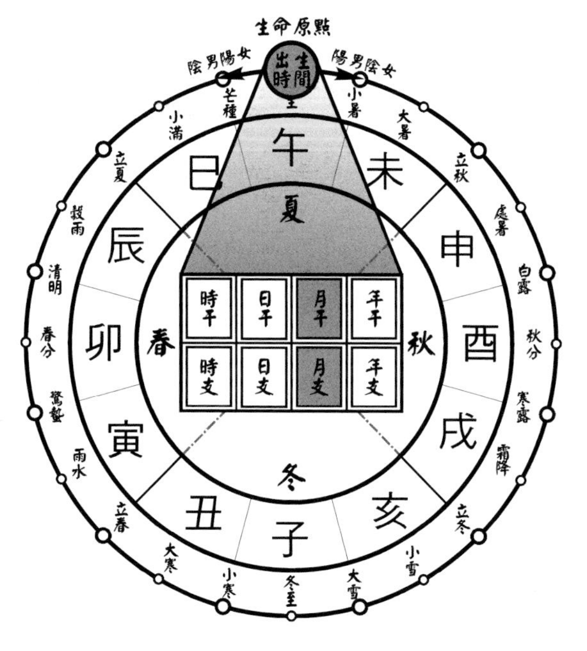

八字命盤第一組大運為「出生月干支」，也就是「出生時間」的「節氣干支」。

因為「出生大運」與「月柱干支」相同，八字命盤上皆從第二組大運開始排列。

第一組大運在分析命主幼年命局時相當重要。

行運年歲

大運行運歲數由「出生時間」起算：

陽男陰女「順數」至「節氣日」。

陰男陽女「逆數」至「節氣日」。

計算「出生時間」至第一個「節氣日」共有幾天幾時辰，將所得「天數與時辰乘上 120」可換算得大運行運歲數。簡易大運行運歲數換算為「三天為一年、一天為四月、一時辰為十日」。

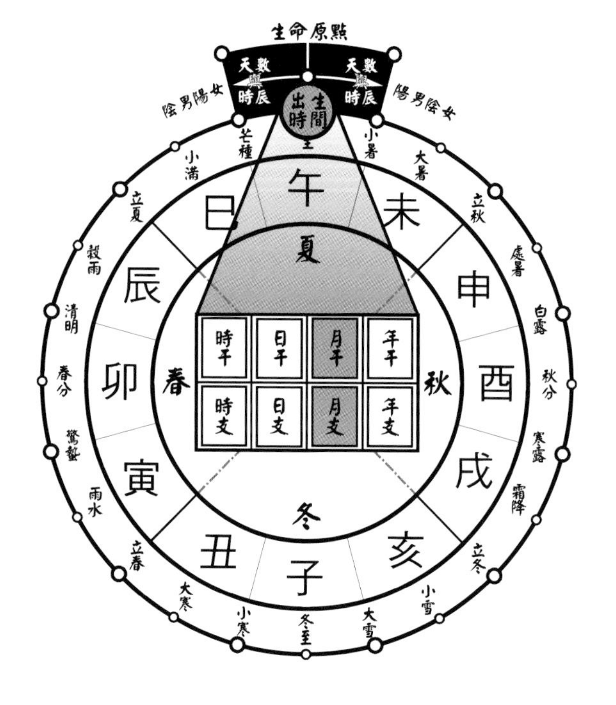

每組大運行運時間皆不相同，大運行運實際時間需計算每一「節氣日」至下一「節氣日」的節氣時間天數與時辰，將所得「天數與時辰乘上 120」可換算得大運行運時間。

一組大運行運時間約「十年」左右，「節氣日」後大運天干行運約「五年」，「中氣日」後大運地支行運約「五年」。但分析命局時，需天干地支整組大運一起分析，不可天干地支拆開單獨一字分析。

流 年

流年為生命的過程。時間如流水，每一人的「生命」隨著時間的流走，會有著種種不同的過程狀態。每一年的「年干支」就是當年的「流年干支」，例如 2010 年為「庚寅」年，流年干支就是「庚寅」。

如果要知道每一年的流年干支為何，可直接查詢「萬年曆」取得。如果要知道命主某年歲的流年干支，可用命主出生「年柱干支」順排六十甲子，算出其某年歲之「流年干支」，男女相同。

「立春」為論命流年之換算點（立春換流年）。傳統生活上我們皆以農曆正月初一為新的一年開始，但八字論命不以正月初一為新的一年，而是以「立春」作為新的一年之換算點。

查「萬年曆」，可直接得知某年份的「流年干支」。或用「六十甲子流年表」直接查得「流年干支」，男女相同。

流年										
	1984 甲子	1985 乙丑	1986 丙寅	1987 丁卯	1988 戊辰	1989 己巳	1990 庚午	1991 辛未	1992 壬申	1993 癸酉
	1994 甲戌	1995 乙亥	1996 丙子	1997 丁丑	1998 戊寅	1999 己卯	2000 庚辰	2001 辛巳	2002 壬午	2003 癸未
	2004 甲申	2005 乙酉	2006 丙戌	2007 丁亥	2008 戊子	2009 己丑	2010 庚寅	2011 辛卯	2012 壬辰	2013 癸巳
	2014 甲午	2015 乙未	2016 丙申	2017 丁酉	2018 戊戌	2019 己亥	2020 庚子	2021 辛丑	2022 壬寅	2023 癸卯
	2024 甲辰	2025 乙巳	2026 丙午	2027 丁未	2028 戊申	2029 己酉	2030 庚戌	2031 辛亥	2032 壬子	2033 癸丑
	2034 甲寅	2035 乙卯	2036 丙辰	2037 丁巳	2038 戊午	2039 己未	2040 庚申	2041 辛酉	2042 壬戌	2043 癸亥

基礎曆法

基礎曆法

遠古時期，人們通過用肉眼觀察「太陽、月亮、星星」運動變化的規律，來確定日的長短，四季的變化，安排耕作農務，制定曆法。五千年前，中國古天文學家用「圭、表」測量日影，確定日的長短與一年四季、冬至、夏至、二十四個節氣的變化。執政者編制曆法，指導人民安排農牧耕作等生活事宜。

天文數據是曆法編制的根據，曆法與天文的發展有著緊密不可分的關係。天文學是最早研究時間的科學，起先最重要的任務就是測量時間。這是最早推動觀測宇宙天體的力量。

曆法的制定，在人類的文明史與實際的生活中佔有非常重要的地位。在世界歷史上，曆法是一個時代文明的象徵，是人類生活與記錄歷史的依據，內容具有豐富的文化資產。古今中外在不同時期和不同地區，每一個民族都有其自己的曆法，中國是世界上最早有曆法的國家之一。

曆法，主要分為「太陽曆、太陰曆、陰陽曆」三種。曆法隨著人類在「天文和科技」的能力提升，不斷的發展與改革。現代曆法，涵蓋「天文、數學、歷史」三方面知識。

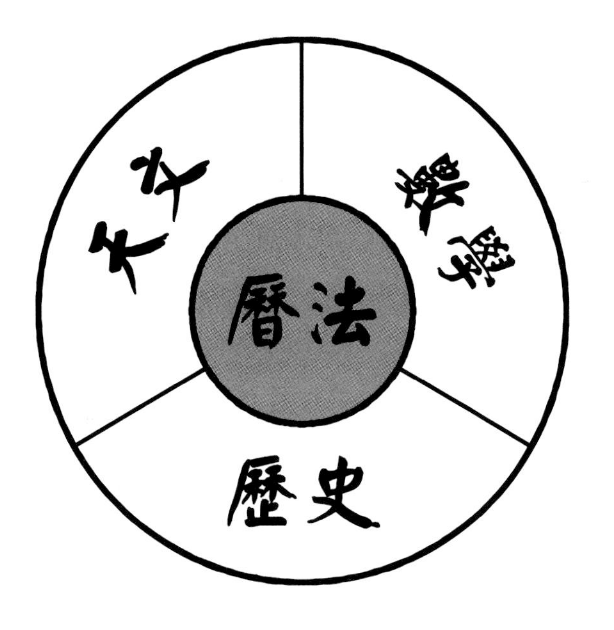

基礎曆法說明有關曆法的基礎常識，包含「地理座標系統、黃道座標系、黃道十二宮、三垣二十八宿、太陽視運動、月球視運動、地球運動、日食與月食、星曆表、曆法、時間、曆法時間、國曆、星期、西曆源流、儒略日、儒略日的計算、農曆、農曆置閏法、生肖、朔望、節氣、干支、中國歷代曆法、中國曆法年表、中國歷代年表」等內容。

地理座標系統

地理座標系統是標示地球地理位置的座標系統。地理座標系統中，將地球平分為兩個半球的假想幾何平面，定義為座標「赤道平面」。將垂直「赤道平面」的自轉軸與地球表面相交會的兩個交點，定義為座標「極點」。北半球的極點稱為「北極」，南半球的極點稱為「南極」，平分地球南北兩半球周長最長的圓周線稱為「赤道」。地理座標系統，使用經度與緯度來標示地球地理的位置。

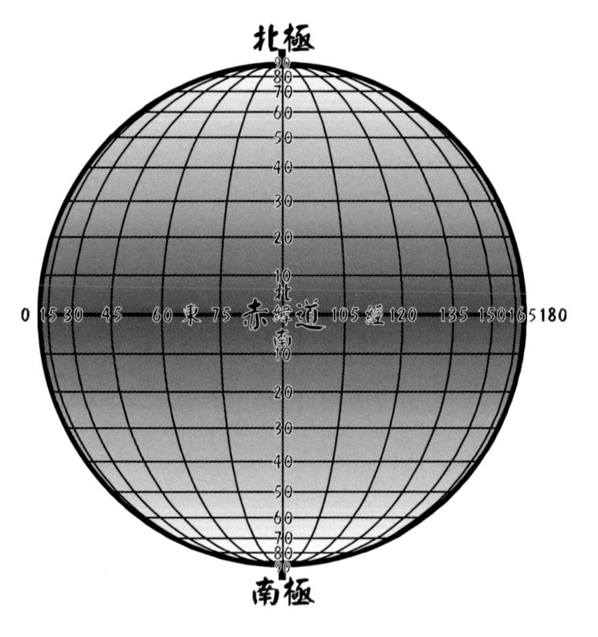

經度γ

連接南極與北極的子午線稱為「經線」。將通過「英國倫敦格林威治天文台」的經線訂為「零度」經線，零度以東稱為「東經」，以西稱為「西經」，東西經度各有 180 度。經度與時間有關（時區經度時差）。

緯度ψ

平分地球南北兩半球的圓周線稱為「赤道」，平行赤道的圓圈線就是「緯線」。赤道的緯線訂為「零度」緯線，零度以北稱為「北緯」，以南稱為「南緯」，南北緯度各有 90 度。緯度與寒熱有關（赤道熱兩極寒）。

黃道座標系

黃道座標系是以「黃道面」做為基準平面的天球座標系統。在黃道座標系中，天球被「黃道面」分割為南北兩個半球，對應的兩個幾何黃道極點稱為「北黃極」與「南黃極」，使用黃經與黃緯來標示天球上所有天體的位置。

黃道座標系主要用於研究太陽系天體的運動，例如在曆法上就以太陽位置的黃經度來確定節氣。黃道座標系有歲差現象需標示曆元。

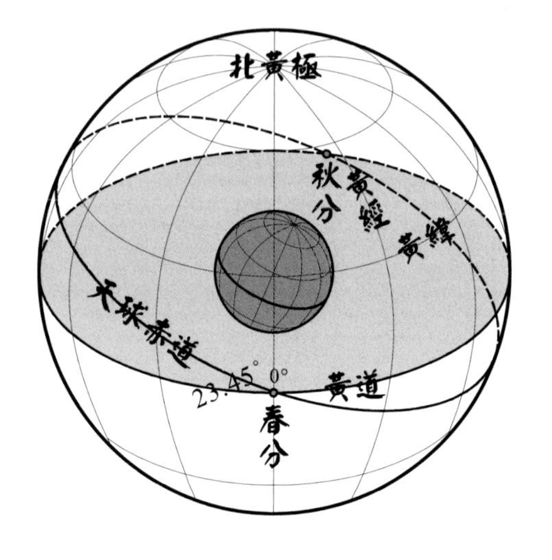

黃經 λ

黃道座標系的經度，稱作黃經，符號為 λ。黃經以「度、角分、角秒」來標示天體的位置。黃經一圓周為 360 度，每度為 60 角分，每分為 60 角秒。黃經以春分點為 0 度，由西向東依太陽移動的方向量度。

黃緯 β

黃道座標系的緯度，稱作黃緯，符號為 β。黃緯以「度、角分、角秒」來標示天體的位置。黃緯是以天球中心為原點，以黃道面做為基準平面，將黃道面與南北黃極之間各劃分為 90 度，每度為 60 角分，每分為 60 角秒。黃道面的黃緯為 0 度，北黃極的黃緯為＋90 度，南黃極的赤緯為－90 度。由地球上觀測太陽一年中在天球上的視運動所經過的路徑，太陽永遠在黃緯 0 度上運動。

黃道十二宮

五千年前古巴比倫時代，古巴比倫人為了能正確掌握太陽在黃道上運行所在的位置，把黃道帶劃分成十二個天區，以「黃經0度春分點」為起算點，每隔30度為一宮，表示為太陽所在的宮殿，稱為「黃道十二宮」。每一宮依據其天空的星象命名，共有「十二星座」。

黃道十二宮以「春分點」的「白羊座」為第一宮（二千年前春分點正位於白羊座），由春分點起向東依序為「白羊座、金牛座、雙子座、巨蟹座、獅子座、處女座、天秤座、天蠍座、射手座、摩羯座、水瓶座、雙魚座」，也就是占星學所定義的星座。

占星學定義的黃道十二宮與天文學上的黃道星座不同。由於歲差的關係，春分點每年平均向西退行約 50.28 角秒，現今春分點已退到「雙魚座」。

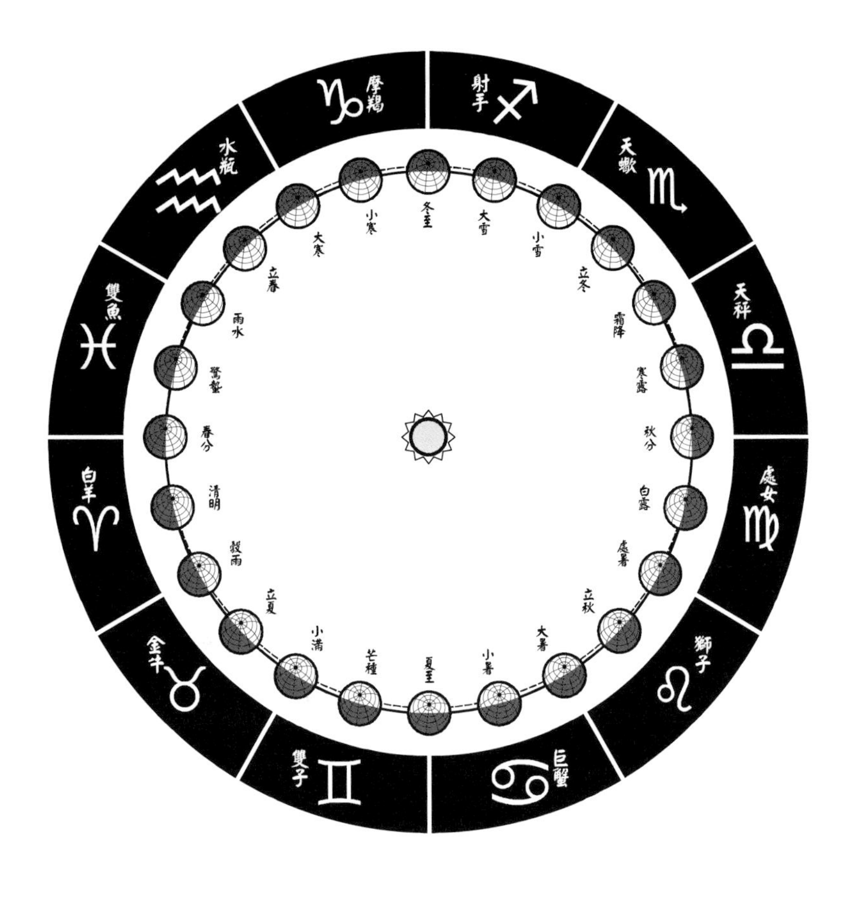
摩羯
射手
天蠍
天秤
處女
獅子
巨蟹
雙子
金牛
白羊
雙魚
水瓶
冬至
大雪
小雪
立冬
霜降
寒露
秋分
白露
處暑
立秋
大暑
小暑
夏至
芒種
小滿
立夏
穀雨
清明
春分
驚蟄
雨水
立春
大寒
小寒

三垣二十八宿

中國古代天文學家，為了能正確掌握太陽和月亮與五行星「水星、金星、火星、木星、土星」的運行天象，利用天空中星星的位置來做為天空定位的標記，將天空劃分成中央與四方名為「三垣二十八宿」的星區。

中央的天空，以「北極星」為中心點。將北極天空劃分成三個星區，上垣「太微垣」、中垣「紫微垣」、下垣「天市垣」，合稱「三垣」。

四方的天空，以「黃道面」為基準面。將環天一周的黃道帶劃分成四個星區，以「春分」日黃昏天空所見之星象命名。東方星象名「青龍」、北方星象名「玄武」、西方星象名「白虎」、南方星象名「朱雀」，合稱「四象」。「四象」再依「七曜」，每象劃分成七個不同大小的「星宿」，合稱「二十八宿」。

青龍七宿「角、亢、氐、房、心、尾、箕」。

玄武七宿「斗、牛、女、虛、危、室、壁」。

白虎七宿「奎、婁、胃、昴、畢、觜、參」。

朱雀七宿「井、鬼、柳、星、張、翼、軫」。

「二十八宿」的每一星宿，再由不同數量的恆星群組成「星官」。「星官」相較於現代天文學的星座，「星官」的涵蓋範圍較小，但數量較多。

中國曆法，以「月亮朔望定月份」，以「太陽位置定節氣」。中國歷代曆法編製，就是依據每宿星象的出沒和中天時刻，推算太陽和月亮與五行星「水星、金星、火星、木星、土星」的運行位置，計算「二十四節氣」交節氣的時刻。

太陽視運動

太陽視運動，指從地面上看到太陽在天空中位置的變化。太陽每日東昇西落，太陽視位置的仰角高度，與我們觀察太陽時所在的緯度有關，和經度無關。太陽正午時刻的時間點，與我們觀察太陽時所在的經度有關，和緯度無關。

春分秋分

在北半球觀察太陽的運行，只有在「春分秋分」兩日，太陽是從正東方昇起，正西方落下。「春分、秋分」陽光直射赤道，南北半球晝夜平分之日。

夏至

從春分到夏至到秋分的半年中，太陽從東偏北的方向昇起，在西偏北的方向落下。「夏至」日太陽仰角高度最大，陽光直射北回歸線，北半球晝最長夜最短之日。

冬至

從秋分到冬至到春分的半年中，太陽從東偏南的方向昇起，在西偏南的方向落下。「冬至」日太陽仰角高度最小，陽光直射南回歸線，北半球晝最短夜最長之日。

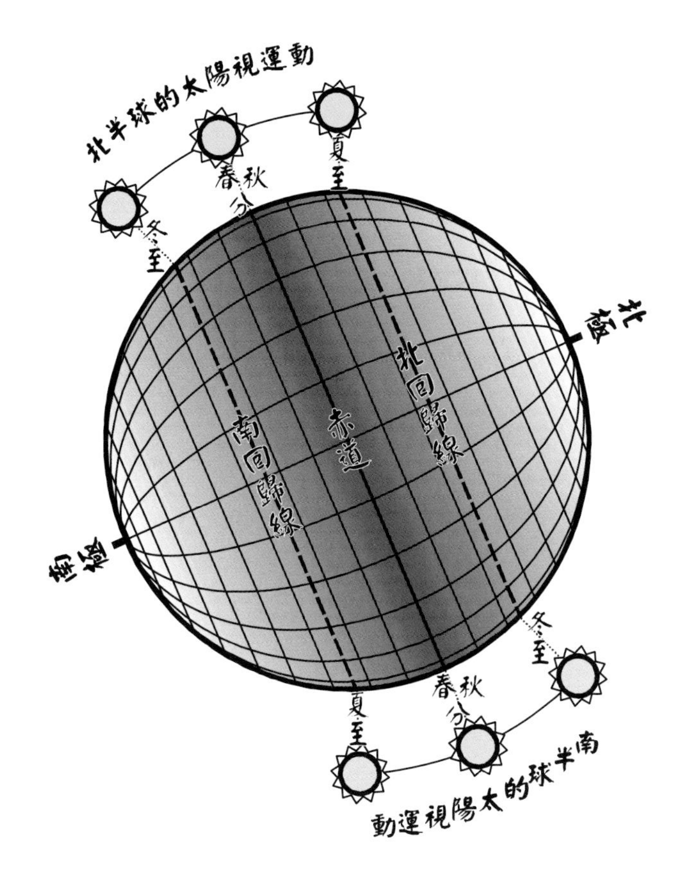

月球視運動

月球視運動，指從地面上看到月球在天空中位置的變化。月球運行的白道面相對於地球赤道面（地球赤道面以 23.45 度傾斜於黃道面）的夾角會在 28.59 度（23.45 度＋5.14 度）至 18.31 度（23.45 度－5.14 度）之間變化。月球運行每日逆時針公轉約 13.2 度，每小時上升約 15 度，每天慢約 50 分鐘升起。

因月球的公轉週期和自轉週期時間相同，所以我們永遠只能看到月亮面向地球的一面。月球環繞地球公轉時與太陽的相對位置每日皆會改變，在地球上只能看見月球被太陽光照亮的部分。

朔

新月，日月經度交角 0 度，月球和太陽在天上的方向相同。

望

滿月，日月經度交角 180 度，月球和太陽在天上的方向相反。

上弦

弦月，日月經度交角 90 度，月球在太陽東邊 90 度。（月東日西）

下弦

弦月，日月經度交角 90 度，月球在太陽西邊 90 度。（日東月西）

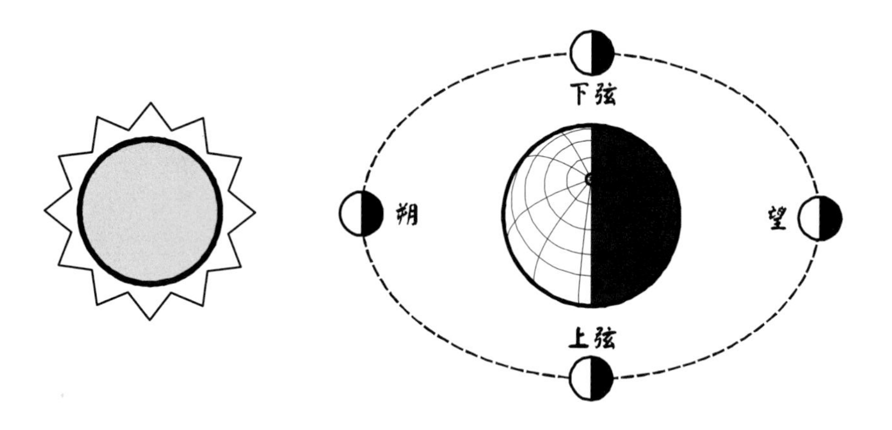

地球運動

地球運動，指地球自轉與環繞太陽公轉時位置的變化。

地球赤道的周長是 40,075 公里，兩極的周長是 39,942 公里。

自轉

從地球北極上空觀看，地球「自西向東」繞着自轉軸自轉。

地球表面各點自轉的「角速度」均為每小時 15 度。

地球表面各點自轉的「線速度」隨著緯度而變化。

地球赤道上的「線速度」最大，約為每秒 465 公尺。

地球兩極上的「線速度」最小，兩極點的「線速度」為零。

地球自轉速度不均勻，存在著時快時慢的不規則變化，並有長期減慢現象。

公轉

地球以每秒約 30 公里的速度，在軌道上環繞着太陽公轉。

太陽系以每秒約 220 公里的速度，在軌道上環繞着銀河系中心公轉。

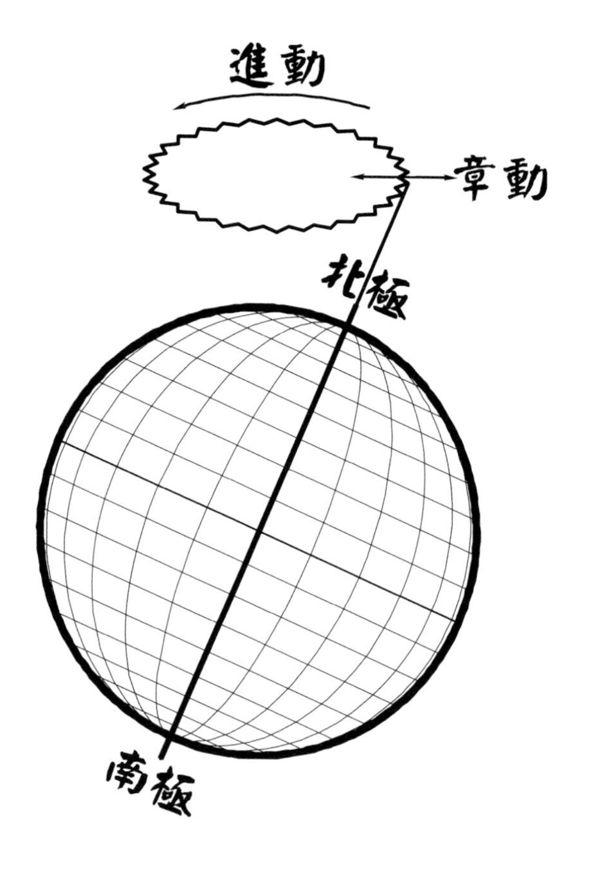

歲差

歲差為地球自轉軸的「進動」和「章動」引起春分點位移的現象。天球赤道與黃道的交點（春分點）每年會因地球自轉軸的進動和章動向西退行約 50.28 角秒，地球在公轉軌道上運行此段距離約需 20 分 24 秒，故回歸年（以春分點為準）較地球實際環繞太陽一周 360 度的時間短約 20 分 24 秒左右。完整的歲差圈要經歷 25,776 年，分點在黃道上正好退行一周 360 度。

進動

進動為地球環繞太陽公轉時，地球的自轉軸受到太陽和月球等天體共同引力的影響，而在空中做圓錐形轉動的極軸運動現象。地球自轉軸進動依逆時針方向環繞黃道軸轉圓圈，轉動週期大約是 25,800 年。

章動

章動為地球自轉軸在進動過程中，因太陽和月球兩天體共同引力循環的改變相對的位置，造成地球自轉軸一種輕微不規則振動的現象。地球自轉軸章動最大分量的振動週期大約是 18.6 年，振幅小於 20 角秒。

極移

極移為地球自轉軸在自轉過程中，因自轉軸中心受到潮汐洋流攪動、大氣蒸發凝結融化循環、地函和地核的運動等多種因素影響，造成地球自轉軸一種輕微不規則擺動的現象。地極的移動只有幾公尺，擺動週期大約一年多。因為極移擺動的變化迅速且不規則，目前只能預測未來短期的變化。

攝動

攝動是天文學上用於描述一個天體的軌道，因其他天體的重力場（引力）影響，產生交互作用而改變或偏離其原本運行軌道的現象。

日食與月食

日食與月食，是地球上能直接觀測到最奇特的天文現象。日食與月食必須是太陽、地球與月球三天體的相對位置，在黃道與白道交點附近才會發生，食限值為「日食在 18.52 度內、月食在 12.85 度內」。

日食一定發生在月朔日（農曆初一），月球運行至太陽與地球之間（日月經度交角 0 度）。月食一定發生在月望日（農曆十五或十六），地球運行至太陽與月球之間（日月經度交角 180 度）。但因黃道面（地球公轉軌道面）與白道面（月球公轉軌道面）約成 5.14 度的交角，所以並非每次月朔望日皆會發生日食與月食。

由於太陽、地球和月亮的運動都是有規律的週期性運動，因此日食和月食的發生也是有一定的規律性週期。古巴比倫時代，巴比倫人根據對日食和月食的長期統計，發現日食和月食的天體運動在一定的時間後又會規律的循環出現。在這段時間內，太陽、月亮和黃道與白道交點的相對位置在經常改變著，而經過一段時間之後，太陽、月亮和黃道與白道交點又會回到原來相對的位置。亦即每次日月交食後再經過一定的時間，必會再發生另一次類似的日月交食現象，這個循環週期稱為「沙羅週期」。

沙羅週期的時間為 223 個朔望月，一朔望月是 29.530,588,2 日，223 個朔望月等於 6585.32 日（223×29.5305882），即為 18 年 11.3 日，如果在這段時期內有 5 個閏年，就成為 18 年 10.3 日。

依據沙羅週期的推論，同樣的日月交食時間每 223 個朔望月或 6585.32 日會發生一次，但能觀測到的地區並不一樣，日月交食的類型也不一定一樣。因為一個沙羅週期的時間長度是 6585.32 日，並不是個整數日，所以需三個沙羅週期大約 54 年 33 日（19756 日），才會重複出現相同的日月交食時間與相同的觀測地區。

歷史學中應用日食與月食的天文現象，考證歷史事件發生的時間，是可信度高且實用的方法。在歷史時間的考證中，根據歷史中的日月交食記載，可以精確地確定歷史事件的具體時間。

星曆表

星曆表是現代天文學上最重要的天文工具。星曆表刊載著「太陽、月球、太陽系行星和主要恆星」等天體，每日「赤道座標位置、天體亮度、離地球距離、行星軌道、運行速度、視直徑、相位角、出沒時刻、上下中天時刻」等的天文數據資料。星曆表依據天體力學高精度的計算，可以推導過去與未來數個世紀的天體位置，在天文觀測與定位工作上，提供重要精準的資訊。

現代的星曆表可分成三種。一是提供給天文軟體開發者的一個工具集資料庫，二是提供給一般使用者的天文星曆星盤軟體，三是書冊式星曆表可簡易直接查閱各天體資訊。星曆表使用者，可根據自己的需求做適當的選擇。

DE 星曆表

美國「國家航空暨太空總署」(NASA)的噴射推進實驗室(Jet Propulsion Laboratory，JPL)最新的高精度星曆表 DE406，精度可達 0.001 角秒，時間涵蓋跨度為西元前 5400 年到西元 5400 年，共 10,800 年。DE 星曆表不是一個一般使用者的產品，它是提供給天文軟體開發者的一個工具集資料庫。

參考網站：http://ssd.jpl.nasa.gov/?ephemerides

適用領域：開發天文星曆星盤軟體

瑞士星曆表

瑞士星曆表(Swiss Ephemeris)是依據最新的 NASA JPL DE406 星曆表，發展而來的一個高精度星曆表，精度可達 0.001 角秒，時間涵蓋跨度為西元前 5400 年到西元 5400 年，共 10,800 年。瑞士星曆表不是一個一般使用者的產品，它是提供給天文軟體開發者的一個工具集資料庫。

參考網站：http://www.astro.com/swisseph

適用領域：開發西洋占星術占星盤

曆法

依據「太陽、月球、地球」三天體運行的週期，使用「年、月、日」三個時間單位，來計算時間的方法，稱為曆法。曆法紀年的起算年，稱為「紀元」。

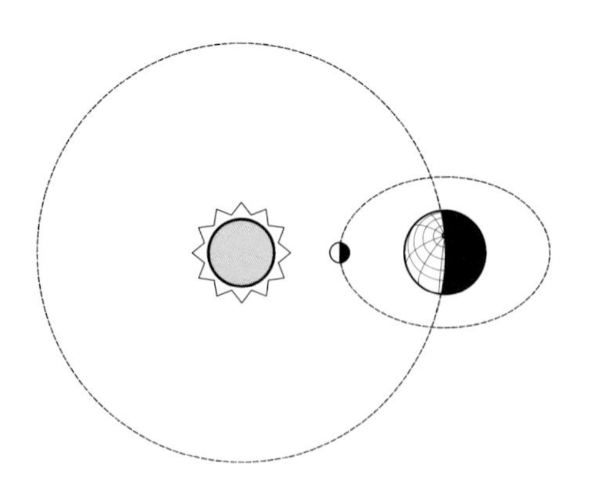

全世界曆法主要分成三種

一、太陽曆：依據地球環繞太陽公轉週期所定出來的曆法。

二、太陰曆：依據月球環繞地球朔望週期所定出來的曆法。

三、陰陽曆：依據太陰曆和太陽曆的週期所定出來的曆法。

我中華民族所特有的曆法：干支紀年。

我國現行的曆法為「國曆、農曆、干支」三種曆法並用。

時 間

時間數據是曆法編制的根據，依據「太陽、月球、地球」三天體運行的週期，「年、月、日」有多種不同的時間長度。

年：恆星年、回歸年、交點年、近點年

恆星年

一恆星年 = 365.256,360,42 日 = 365 日 6 時 9 分 10 秒

恆星年是地球環繞太陽真正的公轉週期。恆星年是以太陽和同在一位置上的某一顆很遙遠的恆星為觀測起點，當從地球看出去，太陽再回到相同觀測點時所經過的時間。因為春分點受到歲差的影響在黃道上退行，因此恆星年比回歸年長。恆星年應用於天文。恆星年比回歸年長 20 分 24 秒。

回歸年

一回歸年 = 365.242,190,419 日 = 365 日 5 時 48 分 45.25 秒

從春分點（冬至點）再回到春分點（冬至點）所經過的時間。由地球上觀察，太陽在黃道上運行，環繞太陽視黃經 360 度，再回到黃道上相同的點所經過的時間。精確的回歸年時間長度，取決於在黃道上所選擇的起算點。歲實是中國用的回歸年，是從冬至再回到冬至所經過的時間。回歸年也稱為太陽年，應用於曆法。

交點年

一交點年 = 346.620 日 = 346 日 14 時 52 分 48 秒

交點年是太陽連續兩次通過軌道上同一黃白交點（昇交點）所經過的時間。黃白交點並不固定，兩個交點之間的連線沿黃道向西移動，稱為交點退行。交點退行每日約 0.054 度，每年約 19 度 21 分，退行週期大約是 18.6 年環繞一周。交點年也稱為食年，應用於日月食的預測。

近點年

一近點年 = 365.259,635,864 日 = 365 日 6 時 13 分 52.54 秒

近點年是地球環繞太陽的軌道運動中，相繼兩次經過近日點所經過的時間，是地球的「平均軌道週期」。地球的軌道因受其它行星的攝動影響，所以並不固定。地球的近日點每年有少許的移動，移動週期大約是 112,000 年。

月：恆星月、朔望月、回歸月、交點月、近點月

恆星月

一恆星月 = 27.321,582 日 = 27 日 7 時 43 分 4.6 秒

恆星月是月球環繞地球真正的公轉週期。恆星月是以月球和同在一位置上的某一顆很遙遠的恆星為觀測起點，當從地球看出去，月球再回到相同觀測點時所經過的時間。因為月球在環繞地球公轉時，地球本身也在環繞太陽公轉而在軌道上前進了一段距離，因此恆星月比朔望月短。月球的公轉和自轉週期時間相同。恆星月應用於天文。恆星月比朔望月短 2 日 5 時 0 分 58.2 秒。

朔望月

一朔望月 = 29.530,588,2 日 = 29 日 12 時 44 分 2.8 秒

從月朔再回到月朔所經過的時間。朔望月應用於曆法。

回歸月

一回歸月 = 27.321,582 日 = 27 日 7 時 43 分 4.7 秒

回歸月是月球連續兩次通過天球上相對於春分點的位置所經過的時間。由於黃白交點和春分點西移，因此月球回到相對於春分點的位置的時間就會短於恆星月的時間，所以回歸月比恆星月短。回歸月也稱為分點月。

交點月

一交點月 = 27.212,220 日 = 27 日 5 時 5 分 35.8 秒

交點月是月球連續兩次通過軌道上同一黃白交點（昇交點）所經過的時間。黃白交點並不固定，兩個交點之間的連線沿黃道向西移動，稱為交點退行。交點退行每日約 0.054 度，每年約 19 度 21 分，退行週期大約是 18.6 年環繞一周。交點月應用於日月食的預測。

近點月

一近點月 = 27.554, 551 日 = 27 日 13 時 18 分 33.2 秒

近點月是月球環繞地球的軌道運動中，連續兩次經過近地點所經過的時間。月球的軌道是橢圓而非圓形，所以軌道的方向並不固定。月球的軌道因受鄰近天體攝動影響，所以並不固定。月球的近地點每月東移約 3 度，移動週期大約是 8.9 年，因此近點月比恆星月長。月球的視直徑會隨着近點月週期改變，而日月食的變化週期也與近點月有關，包括見食地區、持續時間與食相（全食或環食）等等。滿月的視直徑，會隨著近點月和朔望月兩者結合的週期變化。

日：恆星日、真太陽日、平均太陽日

恆星日

一恆星日＝23 時 56 分 4 秒

恆星日是地球環繞地軸真正的自轉週期。恆星日是地球上某點對某一顆恆星連續兩次經過其上中天所經過的時間。因為地球的自轉和公轉是相同方向，因此恆星日比太陽日短。恆星日應用於天文。

真太陽日（日晷時）

一真太陽日約 24 小時左右

真太陽日為太陽連續兩次過中天的時間間隔，為每日實際經過的時間，每一真太陽日的實際時間皆長短不一。由於地球環繞太陽公轉的軌道是橢圓形，且地球自轉軸與太陽公轉軌道平面有 23.45 度的交角，所以地球在軌道上運行的速率並不是等速進行。

地球軌道的傾角與離心率會造成不規則運動，以致每日的時間均不相等。地球每日實際的時間長短不一定，有時一日多於 24 小時，有時一日少於 24 小時。因為真太陽日，每日長短不一，為了便於計算時間，在一般日常生活上，我們都使用平均太陽日來替代真太陽日。

平均太陽日（鐘錶時）

一平均太陽日等於 24 小時

平均太陽日，不是一種自然的時間單位。平均太陽日是假定，地球環繞太陽公轉的軌道是正圓形，且地球自轉軸與太陽公轉軌道平面相垂直，所以地球在軌道上運行的速率為等速進行。這樣地球面對太陽自轉一周，所經歷的時間每日均相等。平均太陽日就是我們一般日常生活所用的時間，每一平均太陽日為 24 小時，每一小時為 60 分鐘，每一分鐘為 60 秒。

均時差

均時差 = 真太陽時 - 平均太陽時

均時差為真太陽時（日晷時）與平均太陽時（鐘錶時）的時間差異值。

真太陽時均時差的正確時間，需經過精算，每年時間皆略有不同，但變化極小（均時差的變化每 24.23 年會移動一天至對應位置）。

「均時差」一年之中時差最多的是二月中需減到 14 分之多，時差最少的是十一月初需加到 16 分之多，真正平一天 24 小時的天數約只有 4 天。

曆法時間

年、月、日的定義

一年＝地球環繞太陽公轉一周。（四季寒暑變化的週期）

一月＝月球環繞地球公轉一周。（月亮朔望變化的週期）

一日＝地球環繞地軸自轉一周。（晝夜交替變化的週期）

年、月、日的時間

一回歸年＝365.242,190,419 日＝365 日 5 時 48 分 45.25 秒。

一朔望月＝29.530,588,2 日＝29 日 12 時 44 分 2.8 秒。

一太陽日＝24 小時，每一小時為 60 分鐘，每一分鐘為 60 秒。

曆法時間	
世紀	一世紀為一百年。
甲子	一甲子為六十年。
年代	一年代為十年。
季	一季為三個月，一年分四個季。
旬	一旬為十日，一個月可分成上旬、中旬、下旬。
週	一週為七日，又稱星期，古稱七曜（日月五行星）。
時辰	一時辰為二小時。
刻	一刻為 15 分鐘，一日為 96 刻。

閏年

為了使曆法時間能符合大自然時間的天象，曆法家運用置閏方式調整曆法日數與回歸年時間的差異，這種有置閏的年份稱為「閏年」。在曆法應用上，閏年有「置閏日」與「置閏月」兩種。

國曆為置閏日，曆年逢閏年的年份加一日。

農曆為置閏月，曆年逢閏年的年份加一月。

干支紀年無閏，六十甲子循環紀年月日時。

閏秒

目前世界上有兩種時間計時系統「世界時（UT）」與「世界協調時（UTC）」。世界時，是根據地球自轉為準的時間計量系統，為天文觀測時間。世界協調時，是以銫原子振動週期作為參考的高精度原子時。國際原子時（TAI），是由各國國家時頻實驗室之原子鐘群加權產生，再由國際度量衡局（BIPM）負責發佈及維護。現為全球國際標準時間，也就是我們日常生活所用的時間。

由於地球自轉並不穩定，會受到潮汐洋流攪動、大氣蒸發凝結融化循環、地函和地核的運動等多種因素影響，使地球自轉逐漸以不規則的速度減緩。所以「世界時」與「世界協調時」的時間並不是穩定一致同步，每經過一段時間後，兩者的時差就會加大。為了確保原子鐘與地球自轉的時間相差不會超過「0.9 秒」，有需要時，會在世界協調時作出加一秒或減一秒的調整，這一調整機制稱為「閏秒」。閏秒沒有一定週期規則，完全是視實際時差而加減。是否加入閏秒，由位於巴黎的國際地球自轉組織（International Earth Rotation Service, IERS）決定，在每年的 6 月 30 日或 12 月 31 日的最後一分鐘進行跳秒或不跳秒（23:59:60）。自西元 1972 年世界首度實施「閏秒」，至今都是「正閏秒」。

時區時差

全球劃分了二十四個標準時區，一個時區時差一個小時。

地球自轉一周需時二十四小時（平均太陽時），因為世界各地的時間晝夜不一樣，為了世界各地有一個統一的全球時間，在西元 1884 年全球劃分了二十四個標準時區，各區實行分區計時，一個時區時差一個小時，這種時間稱為「世界標準時」，世界標準時所形成的時差稱為「時區時差」。

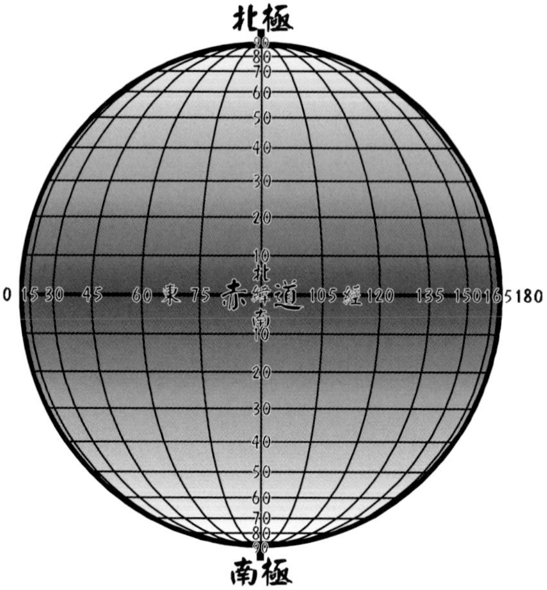

時區

時區劃分的方式是以通過英國倫敦格林威治天文台的經線訂為零度經線，把西經 7.5 度到東經 7.5 度定為世界時零時區（又稱為中區）。由零時區分別向東與向西每隔 15 度劃為一時區，每一標準時區所包含的範圍是中央經線向東西各算 7.5 度，東西各有十二個時區。東十二時區與西十二時區重合，此區有一條國際換日線，作為國際日期變換的基準線，全球合計共有二十四個標準時區。

一個時區時差一個小時，同一時區內使用同一時刻，每向東過一時區則鐘錶撥快一小時，向西則撥慢一小時，所以說標準時區的時間不是自然的時間（真太陽時）而是行政的時間。

雖然時區界線按照經度劃分，但各國領土大小的範圍不一定全在同一時區內，為了行政統一方便，在實務上各國都會自行加以調整，取其行政區界線或自然界線來劃分時區。

國曆

國曆，我國現代所使用的曆法。

西元 1582 年，羅馬天主教皇格勒哥里十三世（Gregory XIII），頒行由義大利醫生兼哲學家里利烏斯（Aloysius Lilius）改革修正古羅馬「儒略曆」制定的新曆法，稱為「格勒哥里曆」。

格勒哥里曆以太陽周年為主，又稱「太陽曆」，現通行世界各國。

西元 1912，我國於「中華民國元年」，開始正式採用格勒哥里曆為國家曆法，故稱「國曆」。國曆又稱「太陽曆、新曆、西曆、格里曆、格勒哥里曆」。

頒行日期

西元 1582 年 10 月 15 日。

曆法規則

大月 31 日、小月 30 日。

平年 365 日、閏年 366 日。

大小月規則

大月：一月、三月、五月、七月、八月、十月、十二月。

小月：四月、六月、九月、十一月。

二月：平年 28 日、閏年 29 日。

置閏規則

曆年逢閏年的年份加一日，置閏日為「2 月 29 日」。

四年倍數閏	百年倍數不閏	四百年倍數閏	四千年倍數不閏
4 年 1 閏	100 年 24 閏	400 年 97 閏	4000 年 969 閏

置閏說明

四年倍數閏（4 年 1 閏）

曆法定義地球環繞太陽公轉一週為一年，全年 365 日，稱為「平年」。但實際上地球環繞太陽公轉一週為 365.242,190,419 日，因此每四年就會多出 0.968,761,676 日。為了使曆法時間能符合實際地球環繞太陽公轉的天象，曆法規定當西元年數是四年的倍數時，二月就增加「2 月 29 日」一日，該年二月就有 29 日，稱為「閏年」。

一回歸年 365.242,190,419 日－一平年 365 日＝0.242,190,419 日

每一年多出 0.242,190,419 日×4 年＝每四年多出 0.968,761,676 日

置閏一日 1－0.968,761,676 日＝0.031,238,324 日（置閏後每四年多出日）

百年倍數不閏（100 年 24 閏）

四百年倍數閏（400 年 97 閏）

每四年置閏一日後又會多出 0.031,238,324 日，所以再規定每四百年需減三日，當西元年數是百年的倍數時，必需是四百年的倍數才是閏年。

0.031,238,324 日×100 個閏年＝3.123,832,4 日（置閏後每四百年多出日）

3.123,832,4 日－3 日（每四百年減三日）＝0.123,832,4 日（百年倍數不閏）

百年倍數不閏：2100 年、2200 年、2300 年、2500 年、2600 年、2700 年、2900 年、3000 年、3100 年

四百年倍數閏：2000 年、2400 年、2800 年、3200 年

四千年倍數不閏（4000 年 969 閏）

置閏後每四千年又會多出 1.238,324 日，所以再規定每四千年需再減一日。

0.123,832,4 日×1000 個閏年＝1.238,324 日（置閏後每四千年多出日）

1.238,324 日－1 日（四千年倍數不閏）＝0.238,324 日

總結 四千年置閏共多出約 0.238,324 日＝5 時 43 分 11 秒

星 期

星曜星期

日曜日、月曜日、火曜日、水曜日、木曜日、金曜日、土曜日

數字星期

星期日、星期一、星期二、星期三、星期四、星期五、星期六

英文星期

Sunday、Monday、Tuesday、Wednesday、Thursday、Friday、Saturday

星期,「七日週期」的循環,與現代人的生活最為息息相關。七日週期之星期概念,源自於古巴比倫時代,觀念來自太陽系七曜:「太陽、月亮、水星、金星、火星、木星、土星」的關係。當時七曜的排序是以地球為宇宙的中心,從地球上的角度來看日月五星的關係,由遠而近依序為「土星、木星、火星、太陽、金星、水星、月亮」(與實際太陽系行星的排序不同)。

最初七曜依序配合於一日之24小時，從土曜開始各曜各主一小時七曜輪替當令，而每日首時當令的七曜即為該日主星。後取每日七曜主星配合七日為名，再取「日曜」為主日，成為通行至今的星曜星期。近代為求更簡單明瞭，演變成為數字星期：星期日、星期一、星期二、星期三、星期四、星期五、星期六的名稱。

每日24小時 除7（土木火日金水月）餘3（各曜每小時輪替當令後餘3曜）。

第一日首時當令主星為「土」。

第二日首時當令主星為「日」。

第三日首時當令主星為「月」。

第四日首時當令主星為「火」。

第五日首時當令主星為「水」。

第六日首時當令主星為「木」。

第七日首時當令主星為「金」。

第八日首時當令主星為「土」…依序循環類推七日週期。

取每日首時之曜名順次得「土、日、月、火、水、木、金」之次序，後再取「日曜」為主日，遂成為通行至今的星期次序「日、月、火、水、木、金、土」。

西曆源流

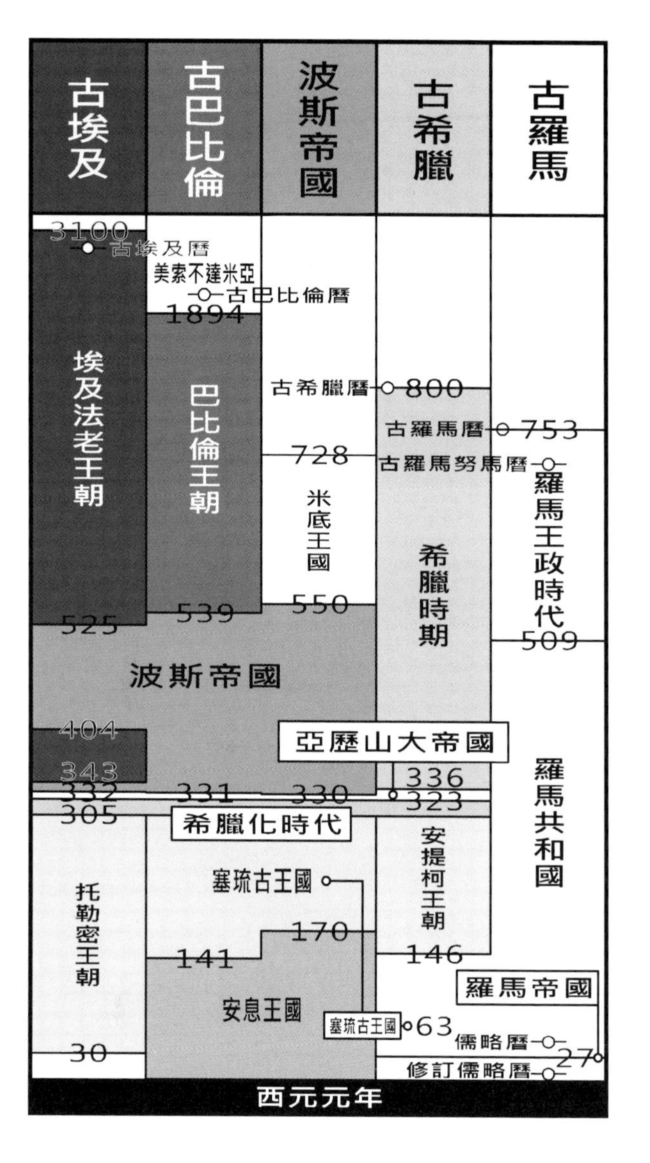

古埃及
古巴比倫
波斯帝國
古希臘
古羅馬
3100
古埃及曆
美索不達米亞
古巴比倫曆
1894
埃及法老王朝
巴比倫王朝
古希臘曆
800
古羅馬曆
753
728
古羅馬努馬曆
米底王國
希臘時期
羅馬王政時代
550
539
525
509
波斯帝國
404
亞歷山大帝國
343
336
332
331
330
323
305
希臘化時代
羅馬共和國
安提柯王朝
托勒密王朝
塞琉古王國
170
141
146
羅馬帝國
安息王國
塞琉古王國
63
儒略曆
27
30
修訂儒略曆
西元元年

現在世界通用的曆法《西曆》，源自於《古羅馬曆》，後參考《古埃及曆》修訂《古羅馬曆》成《儒略曆》，最後再修正《儒略曆》成《格勒哥里曆》。

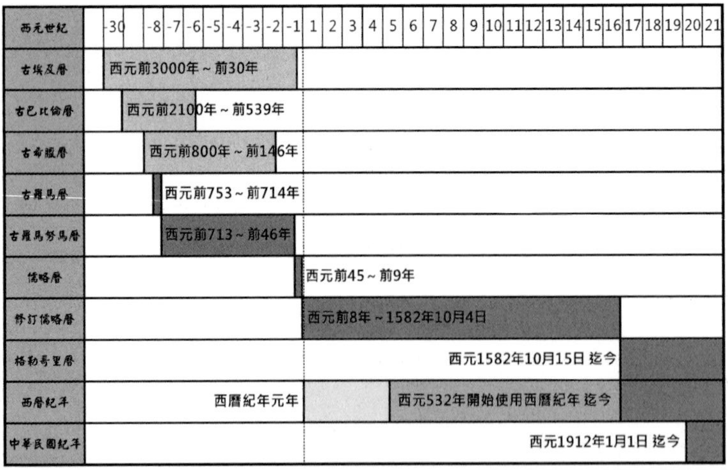

西元世紀　-30　-8　-7　-6　-5　-4　-3　-2　-1　1　2　3　4　5　6　7　8　9　10　11　12　13　14　15　16　17　18　19　20　21

古埃及曆　西元前3000年～前30年

古巴比倫曆　西元前2100年～前539年

古希臘曆　西元前800年～前146年

古羅馬曆　西元前753～前714年

古羅馬努馬曆　西元前713～前46年

儒略曆　西元前45～前9年

修訂儒略曆　西元前8年～1582年10月4日

格勒哥里曆　西元1582年10月15日 迄今

西曆紀年　西曆紀年元年　西元532年開始使用西曆紀年 迄今

中華民國紀年　西元1912年1月1日 迄今

曆 法	頒 行 期 間
古埃及曆	西元前 3000 年～前 30 年。
古巴比倫曆	西元前 2100 年～前 539 年。
古希臘曆	西元前 800 年～前 146 年。
古羅馬曆	西元前 753 年～前 714 年。
古羅馬努馬曆	西元前 713 年～前 46 年。
儒略曆	西元前 45 年～前 9 年。
修訂儒略曆	西元前 8 年～1582 年 10 月 4 日。
格勒哥里曆	西元 1582 年 10 月 15 日迄今。
西曆紀年	西元 532 年開始使用西曆紀年迄今。
中華民國紀年	西元 1912 年 1 月 1 日迄今。

古埃及曆

西元前 3000 年前，古埃及人為了確定每年農耕種植季節與宗教祭祀日期，有一定遵循的運作規律，制定了古埃及曆法。古埃及曆，是以恆星年（天狼星）所制定的曆法，為一「太陽曆」。

古埃及人根據對尼羅河河水上漲和天狼星（古埃及稱名為「索卜烏德」意思是水上之星）的長期觀察後，發現大自然一個十分規律的循環。每年七月，當天狼星第一次在黎明晨曦中從東方地平線附近昇起的時候，尼羅河就開始氾濫。於是古埃及人就把天狼星第一次和太陽同時昇起來的那天定為新的一年的開始。古埃及人根據尼羅河河水的漲落和農作物生長的變化，將一年分為「氾濫季（七月至十月）、播種季（十一月至二月）和收割季（三月至六月）」三個季節，每一季節有四個月（四次月圓週期），每個月有 30 日，一年共十二個月 360 日。古埃及曆全年共有 365 日，一年的最後 5 日，不包含在三個季節裡，古埃及人將其作為節日，舉行年終祭祀儀式慶祝新年。

古埃及人通過對天狼星準確的觀測，確定一年（天狼年）的長度為 365 日，與現在回歸年 365.2422 日的長度相較精確度已相當高。

古巴比倫曆

西元前 2100 年前，古巴比倫人為了確定每年農耕種植季節與宗教祭祀日期，有一定遵循的運作規律，制定了古巴比倫曆法。古巴比倫曆，是以月亮的月相兩朔週期所制定的曆法，為一「太陰曆」。

古巴比倫人根據對月亮的長期觀察後，發現月亮的月相變化是一個十分規律的循環。於是古巴比倫人，就以新月初見的那天定為新的一月的開始，按月亮的月相兩朔週期來安排一個月的日數。古巴比倫人將一年分成十二個月，大小月相間分佈，月份名稱以神祇命名，第「1、3、5、7、9、11」六個月為大月每月 30 日，第「2、4、6、8、10、12」六個月為小月每月 29 日，一年共有 354 日。古巴比倫曆以日落為 1 日的開始，從日落到第二天日落為 1 日。1 日時間分 6 更 12 小時，1 時分為 30 分，1 分等於現今的 4 分鐘。

由於古巴比倫曆法一年只有 354 日，比一回歸年日數相差約 11 日多。在曆法實施幾年後，每年的農耕種植季節與宗教祭祀日期就不對了。為了維持曆法與實際天象的正確關係，古巴比倫曆法加入了太陽回歸年，確定一年的長度為 365 日。並採用設置閏月，調整曆法與回歸年之差，以每年春分後的第一個新月為一年的開始。古巴比倫曆的年按太陽的回歸年計算，月按月亮月亮的朔望計算，通過日月變化週期所制定的曆法就成為一個「陰陽合曆」。

古巴比倫曆置閏的規則，一開始採用 8 年 3 閏法，後來改採用 27 年 10 閏法，最後採用 19 年 7 閏法。置閏年為 3、3、2、3、3、3、2 年，以亞達月為閏月，亞達月為 12 月，即為閏 12 月。古巴比倫曆將七日定為一星期，各日名稱以太陽系七曜「太陽、月亮、水星、金星、火星、木星、土星」命名。星期，「七日週期」循環的觀念通行至今。

古希臘曆

西元前 800 年前，早期的古希臘人為了確定每年農耕種植季節，依據大自然的天象把一年劃分成「春、夏、冬」3 個季節，其中夏季長達 6 個月，相當於現代的夏秋二季，後才劃分成「春、夏、秋、冬」4 個季節。古希臘人又為了確定宗教祭祀日期，以月亮的月相朔望循環劃分月份，制定了古希臘曆法。古希臘曆的年按太陽的回歸年計算，月按月亮月亮的朔望計算，通過日月變化週期所制定的曆法就成為一個「陰陽合曆」。

古希臘曆的年按太陽的回歸年計算，以夏至為一年的開始，由夏至到翌年的夏至為 1 年。月按月亮月亮的朔望計算，新月為該月的 1 日，滿月為該月的 15 日，以月亮的月相兩朔週期來定一個月的日數，大月 30 日，小月 29 日。1 年 12 個月約為 354 日至 355 日，採用設置閏月，調整曆法與回歸年之差。

古希臘各城邦沒有統一的希臘曆法，各城邦都是實行自己的曆法，各曆法的紀年不一樣，置閏的規則也不一樣。西元前 776 年，首屆奧林匹克競技會系在夏至日的雅典舉行後，古希臘曆法才有一個統一的紀年依據。

西元前 432 年，古希臘雅典天文學家默冬（Merton，西元前 5 世紀）在雅典的奧林匹克競技會上，宣布實測太陽「19 回歸年」與太陰「235 朔望月」共相等 6940 日的運行週期，提出了「十九年置七閏」的置閏規則，相應的回歸年長為 365.2632 日，朔望月長為 29.53192 日。這種置閏方法稱為「默冬章」，可以很方便地用來添加「閏月」調整陰陽曆法。

「默冬章」的置閏規則一開始是雅典率先使用，後各城邦也紛紛採用，古希臘曆法才有一個統一的置閏規則。不過，因為「默冬章」沒有明確規定 19 年中的第幾年需要置閏，各城邦都是在 19 年裡隨意地加置 7 個閏月，所以古希臘各城邦曆法置閏的年仍然沒有一致。

古羅馬曆

西元前 753 年，第一任古羅馬王羅穆盧斯（Romulus）建立古羅馬城。古羅馬城建立後，古羅馬王羅穆盧斯頒布第一部「古羅馬曆」，以西元前 753 年作為元年，即古羅馬紀元。

古羅馬曆是按月亮的月相週期來安排的「太陰曆」，一年只有十個月。第「1、3、5、8」四個月每月 31 日，第「2、4、6、7、9、10」六個月每月 30 日，一年共有 304 日。這十個月的名稱分別是「Martius、Aprilis、Maius、Junius、Quintilis、Sextilis、Septembrius、Octobrius、Novembrius 及 Decembrius」，每年的第一個月以農神（戰神）Martius 為名。

古羅馬曆的曆年與一回歸年相差了 61 日，這 61 日沒有月份與名稱。當時的古羅馬人將其作為冬天年末休息日，直到時序來到春天，新的一年開始。

古羅馬努馬曆

西元前 713 年，第二任古羅馬王努馬・龐皮留斯（Numa Pompilius）參照希臘曆法曆年總日數 354 日，對古羅馬曆法進行改革，找回一年中無名稱的 61 日。

古羅馬努馬曆按月亮的月相週期，規定一年為十二個月，在原來的一年十個月中增加了第十一月和第十二月，年初加上 Januarius，年末加上 Februarius，同時調整各月的日數，改為「1、3、5、8」四個月每月 31 日，「2、4、6、7、9、10、11」七個月每月 29 日，12 月最短只有 28 日，一年共有 355 日。

因曆年 355 日與一回歸年相差 10 日多，為了調整曆法日期與天象季節逐年脫離的日差，曆法中規定每四年中增加兩個閏月，第二年的閏月是 22 日、第四年的閏月是 23 日，所增加的日數放在第十二月 Februarius 的 24 日與 25 日之間。如此，每四年的平均日數共為 366.25 日，只比回歸年 365.2422 日約多一日。西元前 452 年，古羅馬人又把 Februarius 移至 Januarius 和 Martius 中間。自此，一年十二個月有了固定的順序與名稱。古羅馬努馬曆在實施多年後，因人為的因素，導致曆法時序天象混亂顛倒，到了西元前 46 年時，古羅馬努馬曆日期已落後太陽年達 90 日。

儒略曆

西元前 46 年，羅馬共和國終身獨裁官（Perpetual Dictator）儒略．凱撒（Julius Caesar，西元前 102 年～前 44），依埃及亞歷山卓的古希臘數學家兼天文學家索西澤尼（Sosigenes）的建議，以古埃及太陽曆為藍本修訂古羅馬曆，用太陽曆代替太陰曆制定新曆法。一年長度採用古希臘天文學家卡里普斯（Callippus）所提出的 365.25 日，改革曆法頒行「儒略曆」。儒略曆從羅馬紀元 709 年，即西元前 45 年 1 月 1 日開始實行。

儒略曆將一年分為十二個月，一月定為 Januarius，七月名稱改成生日在七月份的儒略．凱撒之名，稱為 Julius，並將該月份定為大月。於是全部的單數月份定為大月 31 日，全部的雙數月份定為小月 30 日，平年二月為 29 日，閏年二月為 30 日。每四年閏年一次（閏日），全年平年共 365 日，閏年共 366 日，平均每曆年日數 365.25 日。

儒略曆的新法

（1）更改七月名稱為 Julius，並訂定各月份的大小。

（2）大月 31 日有一月、三月、五月、七月、九月、十一月。

（3）小月 30 日有四月、六月、八月、十月、十二月。

（4）二月平年 29 日、閏年 30 日（2 月 30 日）。

（5）每四年閏年一次，全年平年共 365 日，閏年共 366 日。

（6）平均每曆年日數 365.25 日。

古羅馬努馬曆在實施多年後，因人為的因素，導致曆法時序天象混亂顛倒，到了西元前 46 年時，古羅馬努馬曆日期已落後太陽年達 90 日。為了讓新頒行的曆法「儒略曆」能實際配合太陽時序天象，西元前 46 年那年調整長達 445 日，為歷史上最長的一年，史稱〈亂年〉。

修訂儒略曆

西元前 8 年，羅馬帝國的開國君主奧古斯都皇帝（Augustus Caesar，西元前 63 年～14 年），修訂儒略曆。

羅馬議會將八月名稱改成生日在八月份的奧古斯都皇帝之名，稱為 August。同時將八月改為大月成 31 日，使八月和紀念儒略．凱撒的七月（July）日數相同，以彰顯他的功績和儒略凱撒的同等偉大。但當時的八月是小月只有 30 日，九月是大月，如將八月改成大月，便會有連續三個月的大月。於是又規定八月以後的大小月相反過來，也就是九月和十一月改為小月 30 日，十月和十二月改為大月 31 日。八月所增加的一日從二月扣減，於是平年二月變為 28 日，閏年變為 29 日。此大小月份的排列法使用至今。

儒略曆的修訂

（1）更改八月名稱為 August，並改變各月份的大小。

（2）大月 31 日有一月、三月、五月、七月、八月、十月、十二月。

（3）小月 30 日有四月、六月、九月、十一月。

（4）二月平年 28 日、閏年 29 日（2 月 29 日）。

（5）儒略曆每四年閏年一次，全年平年 365 日，閏年 366 日，平均每曆年日數 365.25 日的基本曆法規則不變。

（6）修正從西元前 45 年到西元前 9 年共 36 年，閏年多 3 次的誤差。

從西元前 45 年儒略曆開始實施到西元前 9 年共 36 年，當時掌管編制和頒布曆法的大祭司誤解儒略曆〈每隔三年設一閏年〉的規則為〈每三年設一閏年〉，應該閏年 9 次的，卻閏年了 12 次。這個錯誤直到西元前 9 年，才由奧古斯都皇帝下令改正過來。從西元前 8 年至西元 4 年停止閏年 3 次，用以修正 36 年多閏年 3 次的誤差。

格勒哥里曆

由於儒略曆平均每曆年日數 365.25 日與一回歸年 365.242,2 日相差 0.0078 日，每 128 年就會相差 1 日，到西元 16 世紀時，曆法日期已落後春分點十日之多。因為儒略曆偏差日數累積太多，導致曆法無法配合實際地球環繞太陽公轉的天象與重要宗教節日日期錯亂，於是羅馬天主教提出修正儒略曆的方案。

西元 1582 年，羅馬天主教皇格勒哥里十三世（Gregory XIII），頒行由義大利醫生兼哲學家里利烏斯（Aloysius Lilius）改革修正古羅馬「儒略曆」制定的新曆法，稱為「格勒哥里曆」，就是現在通行世界各國的「西曆」。

格勒哥里曆月份的大小承襲儒略曆的曆法。儒略曆月份的大小是人定分配的結果，與「太陽節氣」或「月亮朔望」變化的週期皆無關。

十二月份名稱		
一月 January	二月 February	三月 March
四月 April	五月 May	六月 June
七月 July	八月 August	九月 September
十月 October	十一月 November	十二月 December

格勒哥里曆的新法一：修正日期誤差

規定西元 1582 年 10 月 4 日之翌日為 10 月 15 日，從儒略曆中減去 10 月 5 日至 10 月 14 日共 10 日，以調整儒略曆與太陽年 10 日的差距。

西元 1581 年春分 3 月 11 日；冬至 12 月 12 日。

西元 1582 年春分 3 月 11 日；冬至 12 月 22 日。

西元 1583 年春分 3 月 21 日；冬至 12 月 22 日。

格勒哥里曆的新法二：修正置閏誤差

為了使曆年的平均時間更接近回歸年，格勒哥里曆修改了儒略曆每四百年多出 3.125 日誤差的置閏計算方式。

儒略曆的置閏方式為每四年閏年一次，每 400 年閏年 100 次。格勒哥里曆改成每四年閏年一次，每 400 年閏年 97 次，減去每 400 年多出 3.125 日的誤差。

格勒哥里曆平均每年日數$(97\times366+303\times365)\div400=365.2425$日，和一回歸年的時間只相差 26.75 秒。

西曆紀年

西曆紀年元年，簡稱〈西元〉，是現在世界通用的曆法紀年。

西曆紀年以傳說中耶穌的出生年做為〈紀年元年〉。

西元 525 年，基督教會傳教士狄奧尼修斯（Dionysius Exiguus）推算耶穌是出生於古羅馬建國 754 年（中國西漢平帝元始元年），提案將該年定為〈紀年元年〉。

現代學者研究，一般以耶穌出生在西元前 7～前 4 年間的時間較為正確。

西元 532 年，基督教會正式在教會中使用西曆紀年。但到八世紀後，西曆紀年才被西歐基督教國家採用。一直到十一至十四世紀時，西曆紀年的使用才普及。

西元 1582 年，羅馬天主教皇格勒哥里十三世頒行新曆法「格勒哥里曆」，西曆紀年才有一個統一全新的曆法。現在西曆紀年與格勒哥里曆已成為國際通行的紀年曆法標準。

中華民國紀年

中華民國紀年，以黃帝紀元 4609 年 11 月 13 日（農曆），西元 1912 年 1 月 1 日，為中華民國元年 1 月 1 日。

中華民國建立後，頒訂使用〈中華民國紀年〉為國家紀年。

中華民國正式採用「西曆」為國家曆法，稱為「國曆」。

中華民國曆法，年用〈中華民國〉，月與日同「西曆」。

中華民國現行的曆法為「國曆、農曆、干支」三種曆法並用。

儒略日

儒略日（Julian Day）是由 16 世紀的紀年學家史迦利日 Joseph Scaliger（1540～1609）在西元 1583 年所創。這名稱是為了紀念他的父親意大利學者 Julius Caesar Scaliger（1484～1558）。

儒略日（Julian Day）與儒略曆（Julian Calendar）不同。儒略曆是一種使用年月日的紀年法，儒略日是一種不用年月的連續記日法。儒略日應用在天文學和歷史學上，為現代天文家及歷史家所常用的統一計日法。以儒略日計日是為方便計算年代相隔久遠，或是不同曆法的兩事件所間隔的日數。儒略日可將所有歷史日期用同一時間年表表示，把不同曆法的年表統一。

儒略日的週期，是依據太陽和月亮的運行週期以及當時稅收的時間間隔而訂出來的。太陽週期，每 28 年一循環，星期的日序會相同。太陰週期，每 19 年一循環，陰曆的日序會相同。小紀週期，每 15 年間隔，古羅馬政府會重新評定財產價值以供課稅。儒略日以這三個週期的最小公倍數 7980（28×19×15＝7980）作為儒略日的週期。為避免使用負數表達過去的年份，儒略日選擇了這三個循環週期同時開始的久遠年份，作為儒略日的起算點。

儒略日以西元前 4713 年，儒略曆法的 1 月 1 日正午 12 時世界時（Universal Time），作為儒略日第 0 日的起算點。儒略日，每日順數而下，按順序排列給予一個唯一的連續自然數，一儒略日週期 7980 年，簡寫為 JD。

簡化儒略日

由於儒略日數字位數太多，國際天文學聯合會於西元 1973 年採用簡化儒略日，簡寫為 MJD。

簡化儒略日的定義為 MJD＝JD－2400000.5。

MJD 的第 0 日起算點是西元 1858 年 11 月 17 日 0 時世界時。

MJD	西元日期	儒略日	星期	日干支
0	1858 年 11 月 17 日 0 時	2400000.5	三	甲寅

儒略日的計算

西元世紀		-48		-8	-7	-6	-5	-4	-3	-2	-1	1	2	3	4	5	6	7	8	9	10	11	12	13	14	15	16	17	18	19	20	21
儒略日		儒略日第0日 西元前4713年儒略曆法的1月1日正午12時世界時																														
儒略曆		西元1582年10月4日以前儒略日按儒略曆法計算																														
格勒哥里曆		西元1582年10月15日以後儒略日按格勒哥里曆法計算																														

儒略日計算數據表

修正日數（儒略曆與格里曆的日數差異）

西元年	修正日數	說明
1500	0	儒略曆 1500年
1582/10/15	10	儒略曆改成格里曆的日期 儒略曆1582年10月4日(四) 次日 格里曆1582年10月15日(五)
1600	10	格里曆 1600年 閏年 (400年閏)
1700	11	格里曆 1700年 平年 (100年不閏)
1800	12	格里曆 1800年 平年 (100年不閏)
1900	13	格里曆 1900年 平年 (100年不閏)
2000	13	格里曆 2000年 閏年 (400年閏)
2100	14	格里曆 2100年 平年 (100年不閏)
2200	15	格里曆 2200年 平年 (100年不閏)
2300	16	格里曆 2300年 平年 (100年不閏)
2400	16	格里曆 2400年 閏年 (400年閏)

月日數

月份	一	二	三	四	五	六	七	八	九	十	十一	十二
月累計日數	0	31	59	90	120	151	181	212	243	273	304	334

由 西元日期 求 儒略日

儒略日 JD = Y + M + D

年日數 Y＝（4712＋西元年）×365.25－修正日數

月日數 M＝月累計日數

日日數 D＝日數（如當年閏年一月與二月日數需減 1 日）

計算說明

（1）儒略日以西元前 4713 年儒略曆法的 1 月 1 日（一）正午 12 時世界時（Universal Time）作為儒略日第 0 日的起算點。

（2）儒略曆法改成格里曆法時中間取消 10 日。儒略曆 1582 年 10 月 4 日（四）～格里曆 1582 年 10 月 15 日（五）。

（3）儒略日，1582 年 10 月 4 日（四）以前使用儒略曆，平均一年 365.25 日（400 年 100 閏）。

（4）儒略日，1582 年 10 月 15 日（五）以後使用格里曆，平均一年 365.2425 日（400 年 97 閏）。

（5）儒略日公式使用儒略曆平均一年 365.25 日為基準日，1582 年後扣除兩曆差異修正日數成格里曆平均一年 365.2425 日。

（6）西元前年數，用年數減 1 後取負值之數字表示。如西元前 4713 年數學上記為－4712。（因西曆起算年是西元 1 年，其前 1 年是西元前 1 年，無西元 0 年。）

（7）Y 年日數的小數表 4 年 1 閏的循環，小數.25 時表第一年，小數.5 時表第二年，小數.75 時表第三年，整數時表第四年閏年。

（8）Y 年日數整數時表當年閏年，一月與二月日數需減 1 日。（因閏年是二月 28 日後才加 1 日）

由 儒略日 求 西元日期

年Y · 月M · 日D

年 Y：年數＝儒略日 JD÷365.25－4712

月 M：總日數＝年數小數值×365.25＋1＋修正日數

日 D：日數＝總日數－月累計日數

計算說明

（1）年 Y，整數值為年數，小數值用於計算月 M 總日數。年數如是負值，需再減 1 成為西元前年數。如－4712 為西元前 4713 年。（因西曆起算年是西元 1 年，其前 1 年是西元前 1 年，無西元 0 年。）

（2）月 M，整數值為總日數，小數值捨棄不計。

（3）日 D，總日數減月累計日數得出月份，餘數為日數。

由 儒略日 求 星期

星期順序＝（儒略日 JD＋1）÷ 7 取「餘數」

星期順序表

星期順序	0	1	2	3	4	5	6
數字星期	星期日	星期一	星期二	星期三	星期四	星期五	星期六
星曜星期	日曜日	月曜日	火曜日	水曜日	木曜日	金曜日	土曜日

儒略日 JD0 為「星期一」。

儒略日 JD6 為「星期日」。

由 西元日期 求 年干支

年干支順序 = （西元年 Y - 3）÷ 60 取「餘數」

年干支順序表

六十甲子表										
	1 甲子	2 乙丑	3 丙寅	4 丁卯	5 戊辰	6 己巳	7 庚午	8 辛未	9 壬申	10 癸酉
	11 甲戌	12 乙亥	13 丙子	14 丁丑	15 戊寅	16 己卯	17 庚辰	18 辛巳	19 壬午	20 癸未
	21 甲申	22 乙酉	23 丙戌	24 丁亥	25 戊子	26 己丑	27 庚寅	28 辛卯	29 壬辰	30 癸巳
	31 甲午	32 乙未	33 丙申	34 丁酉	35 戊戌	36 己亥	37 庚子	38 辛丑	39 壬寅	40 癸卯
	41 甲辰	42 乙巳	43 丙午	44 丁未	45 戊申	46 己酉	47 庚戌	48 辛亥	49 壬子	50 癸丑
	51 甲寅	52 乙卯	53 丙辰	54 丁巳	55 戊午	56 己未	57 庚申	58 辛酉	59 壬戌	60 癸亥

西元元年之年干支為「辛酉」。

西元 4 年之年干支為「甲子」。

由 儒略日 求 日干支

日干支順序 = (儒略日 JD - 10) ÷ 60 取「餘數」

日干支順序表

六十甲子表									
1 甲子	2 乙丑	3 丙寅	4 丁卯	5 戊辰	6 己巳	7 庚午	8 辛未	9 壬申	10 癸酉
11 甲戌	12 乙亥	13 丙子	14 丁丑	15 戊寅	16 己卯	17 庚辰	18 辛巳	19 壬午	20 癸未
21 甲申	22 乙酉	23 丙戌	24 丁亥	25 戊子	26 己丑	27 庚寅	28 辛卯	29 壬辰	30 癸巳
31 甲午	32 乙未	33 丙申	34 丁酉	35 戊戌	36 己亥	37 庚子	38 辛丑	39 壬寅	40 癸卯
41 甲辰	42 乙巳	43 丙午	44 丁未	45 戊申	46 己酉	47 庚戌	48 辛亥	49 壬子	50 癸丑
51 甲寅	52 乙卯	53 丙辰	54 丁巳	55 戊午	56 己未	57 庚申	58 辛酉	59 壬戌	60 癸亥

儒略日 JD0 之日干支為「癸丑」。

儒略日 JD11 之日干支為「甲子」。

西元日期儒略日參考表

西元日期	儒略日	星期	年干支	日干支
-4713 年 1 月 1 日	0	一	丁亥	癸丑
-4713 年 1 月 12 日	11	五	丁亥	甲子
-4677 年 5 月 2 日	13271	日	甲子	甲子
-2817 年 1 月 18 日	692531	一	癸亥	甲子
-2817 年 3 月 18 日	692591	五	甲子	甲子
-2698 年 12 月 19 日	736331	二	癸亥	甲子
-2697 年 2 月 17 日	736391	六	癸亥	甲子
-2697 年 4 月 17 日	736451	三	甲子	甲子
1 年 1 月 1 日	1721424	六	庚申	丁丑
1 年 2 月 17 日	1721471	四	辛酉	甲子
4 年 4 月 2 日	1722611	三	甲子	甲子
1000 年 1 月 1 日	2086308	一	己亥	辛丑
1582 年 10 月 4 日	2299160	四	壬午	癸酉
1582 年 10 月 15 日	2299161	五	壬午	甲戌
1858 年 11 月 17 日	2400001	三	戊午	甲寅
1900 年 1 月 1 日	2415021	一	己亥	甲戌
1923 年 12 月 17 日	2423771	一	癸亥	甲子
1924 年 2 月 15 日	2423831	五	甲子	甲子
2000 年 1 月 1 日	2451545	六	己卯	戊午
2100 年 1 月 1 日	2488070	五	己未	癸卯
2200 年 1 月 1 日	2524594	三	己亥	丁亥

農曆

農曆，我國歷代所使用的曆法。

我國從古六曆到清朝時憲曆，中國曆法在歷朝皇帝中歷經多次的變革，每部曆法都隨著每一朝代和皇帝的更迭而變更，整個中國曆法體系歷史上一共制定過一百多部的曆法，我們統稱歷朝皇帝紀年所使用的曆法為「夏曆」。

我國自中華民國元年（西元 1912）採用世界通行之西曆後，才定名為「農曆」。農曆以月球朔望定月份，以不含中氣之月份為閏月，俗稱為「陰曆」，實際乃是「陰陽合曆」。

農曆習慣上，第一個月稱為「正月」，每月的前十天按順序稱為「初日」，如初一、初二、初三、…初十。

農曆深具中華民族文化之特色，如春節（農曆新年正月初一）、端午節（五月初五）、中秋節（八月十五）等，皆用農曆定日。農曆又稱「農民曆、舊曆、陰曆、中曆」。

曆法規則

小月 29 日、大月 30 日。

平年 12 個月、閏年 13 個月。

大小月規則

農曆定日月合朔之日為「初一」。(日月經度交角 0 度)

月建的大小取決於合朔日期間的日數，即根據兩個月朔中所含的日數來決定大月或小月。一個朔望月為 29.530,588,2 日（29 日 12 時 44 分 2.8 秒），以朔為初一到下一個朔的前一天，順數得 29 日為小月，順數得 30 日為大月。

小月	日數		初一	2	3	4	5	6	7	8	9	10	11	12	13	14	15	16	17	18	19	20	21	22	23	24	25	26	27	28	29	初一	
	朔望月		月朔																													月朔	

大月	日數		初一	2	3	4	5	6	7	8	9	10	11	12	13	14	15	16	17	18	19	20	21	22	23	24	25	26	27	28	29	30	初一
	朔望月		月朔																														月朔

置閏規則

無中置閏，十九年七閏。

置閏月，曆年逢閏年的年份加一月。閏月加在第一個無中氣月份，月份名稱和前一月相同。

置閏說明

農曆所行的曆法是屬「陰陽合曆」，年是根據「四季寒暑」變化的週期，月是根據「月亮圓缺」變化的週期。

一回歸年有 365.242,190,419 日，一朔望月有 29.530,588,2 日。一年 12 個朔望月，共約有 354 日，與一回歸年相差約 11 日。三回歸年相差共約 32 日，已達一個朔望月。

為了使曆法時間，能符合實際地球環繞太陽公轉的天象。曆法以曆年「歲實」配合「二十四節氣」，來判斷該年是否要加閏月，稱為「閏年」。

應用餘數定理（大衍求一術）計算置閏週期兩數誤差值

一回歸年 365.242,190,419÷一朔望月 29.530,588,2＝12.368,267

12.368,267－12 月＝0.368,267（一回歸年誤差值）

（1）1/2＝0.5（2 年置閏 1 次，誤差值-0.131,733。）

（2）1/3＝0.333,333（3 年置閏 1 次，誤差值 0.034,934。）

（3）3/8＝0.375（8 年置閏 3 次，誤差值-0.006,733。）

（4）4/11＝0.363,636（11 年置閏 4 次，誤差值 0.004,631。）

（5）7/19＝0.368,421（19 年置閏 7 次，誤差值-0.000154。）

※ 19 年置閏 7 次，誤差值已小於千分之一。

（6）116/315＝0.368,254（315 年置閏 116 次，誤差值 0.000013。）

※ 315 年置閏 116 次，置閏週期太長，不易使用。

19 個回歸年＝19 年×365.242,190,419 日＝6,939.601,617,961 日

12 個朔望月×19 年＋7 個置閏朔望月＝235 月

235 月×29.530,588,2 日＝6939.688,227 日

十九年七閏共多出約 0.086,609,039 日＝2 時 4 分 43 秒

19 個回歸年和 235 個朔望月的日數趨近相等，每一農曆年的平均長度相當於一回歸年，故整個農曆置閏的週期為「十九年七閏」。

農曆置閏法

我國農曆曆年皆以「冬至」為二十四氣之首，各個中氣所在農曆月份均為固定。

如包含「冬至」中氣的月為十一月、「大寒」中氣的月為十二月、「雨水」中氣的月為正月、「春分」中氣的月為二月、「穀雨」中氣的月為三月…（詳見節氣月令表）。

節氣	立春	驚蟄	清明	立夏	芒種	小暑	立秋	白露	寒露	立冬	大雪	小寒
中氣	雨水	春分	穀雨	小滿	夏至	大暑	處暑	秋分	霜降	小雪	冬至	大寒
月令	正月	二月	三月	四月	五月	六月	七月	八月	九月	十月	十一月	十二月
	寅	卯	辰	巳	午	未	申	酉	戌	亥	子	丑

農曆平年

如曆年「歲實」實有「十一個完整朔望月」，該曆年就有十二個月（含冬至所在月份），則曆年無需置閏，即使曆年中有出現無中氣的月份也無需置閏，稱為「平年」。

平年（無需置閏）																
	月令	亥	子	丑	寅	卯	辰	巳	午	未	申	酉	戌	亥	子	丑
		十月	十一月	十二月	正月	二月	三月	四月	五月	六月	七月	八月	九月	十月	十一月	十二月
	節氣中氣	立冬 小雪	大雪 **冬至**	小寒 大寒	立春 雨水	驚蟄 春分	清明 穀雨	立夏 小滿	芒種 夏至	小暑 大暑	立秋 處暑	白露 秋分	寒露 霜降	立冬 小雪	大雪 **冬至**	小寒 大寒
	歲實															
	完整朔望月數	初一	初一	初一	初一	初一	初一	初一	初一	初一	初一	初一	初一	初一	初一	初一
				1	2	3	4	5	6	7	8	9	10	11		

農曆閏年

如曆年「歲實」實有「十二個完整朔望月」，該曆年就有十三個月（含冬至所在月份），則曆年需置一閏月以處理多出的一個朔望月。

曆年中除了冬至所在的朔望月（冬至為十一月），其它的朔望月份中至少會有一個朔望月無中氣。

（曆年 13 個月）－（12 中氣）＝1 餘一個月無分配到中氣。

依「無中置閏」規則，閏前不閏後，第一個無中氣的朔望月就為「閏月」，月份名稱和前一月相同，稱為「閏年」。

閏年（無中置閏）

	亥	子	丑	寅	卯	辰	巳	午	未	申	酉	戌	亥	子	丑
月令	十月	十一月	十二月	正月	二月	三月	四月	五月	六月	七月	八月	九月	十月	十一月	十二月
節氣中氣	立冬 小雪	大雪 冬至	小寒 大寒	立春 雨水	驚蟄 春分	清明 穀雨	立夏 小滿	芒種 夏至	小暑 大暑	立秋 處暑	白露 秋分	寒露 霜降	立冬 小雪	大雪 冬至	小寒 大寒

完整朔望月數	初一	初一	初一	初一	初一	初一	初一	初一	初一	初一	初一	初一	初一	初一	初一	初一
			1	2	3	4	5	6	7	8	9	10	11	12		

置閏月份的差異

歲實：以「日」為單位，從冬至再回到冬至所經過一回歸年的時間。

年實：是以「秒」為單位，從冬至再回到冬至所經過一回歸年的時間。

朔策：是以「日」為單位，從月朔再回到月朔所經過一朔望月的時間。

月朔和中氣為「同一日」時，以「歲實」和「年實」計算置閏的月份會有所差異。農曆曆法現採「歲實置閏」。

歲實置閏：如月朔和中氣「同一日」，則該月包含中氣。（月朔和中氣同日）

年實置閏：如月朔和中氣「同時刻」，則該月包含中氣。（月朔在中氣之前）

生肖

農曆傳統每一曆年都配有一種專屬動物作為生肖代表該年。生肖是用來代表年份和人出生年的十二種動物，按順序為「鼠、牛、虎、兔、龍、蛇、馬、羊、猴、雞、狗、豬」，合稱十二生肖。十二生肖依序對應於十二地支「子、丑、寅、卯、辰、巳、午、未、申、酉、戌、亥」。農曆用生肖代表該年，是所有曆法中一種最簡單、最有趣的紀年法。

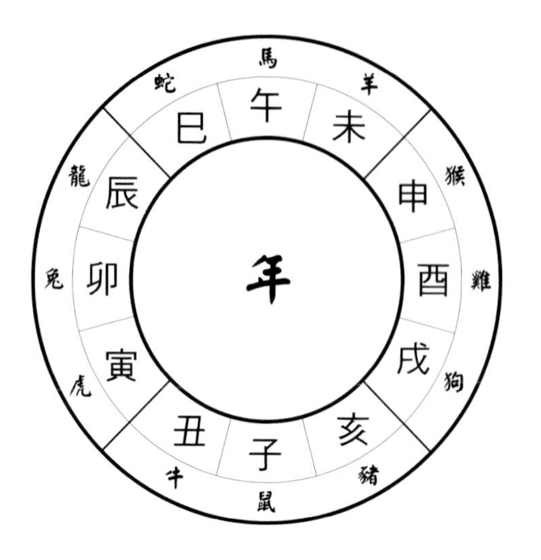

地支．年	子	丑	寅	卯	辰	巳	午	未	申	酉	戌	亥
生肖	鼠	牛	虎	兔	龍	蛇	馬	羊	猴	雞	狗	豬

農曆月份別稱

農曆和農業生產有緊密的關連，傳統上習慣用當月生長的作物來做其別稱。

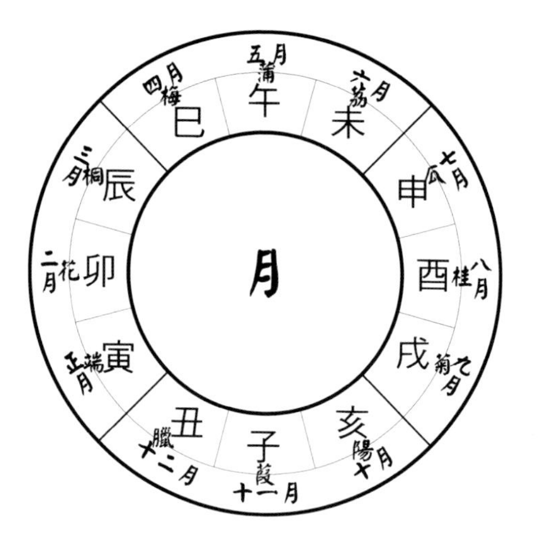

農曆月份別稱	正月	二月	三月	四月	五月	六月	七月	八月	九月	十月	十一月	十二月
	孟春	仲春	季春	孟夏	仲夏	季夏	孟秋	仲秋	季秋	孟冬	仲冬	季冬
	端	花	桐	梅	蒲	荔	瓜	桂	菊	陽	葭	臘

朔望

月球位相變化的週期稱為「朔望月」，朔望兩弦均以太陽及太陰視黃經為準。

月球運行，每日逆時針公轉約 13.2 度，每小時上升約 15 度，每天慢約 50 分鐘升起。

因月球的公轉週期和自轉週期時間相同，所以我們永遠只能看到月亮面向地球的一面。月球環繞地球公轉時與太陽的相對位置每日皆會改變，在地球上只能看見月球被太陽光照亮的部分。

因為每日看見月球的角度不同，觀看月球光亮形狀的變化，便可得知農曆的日期。

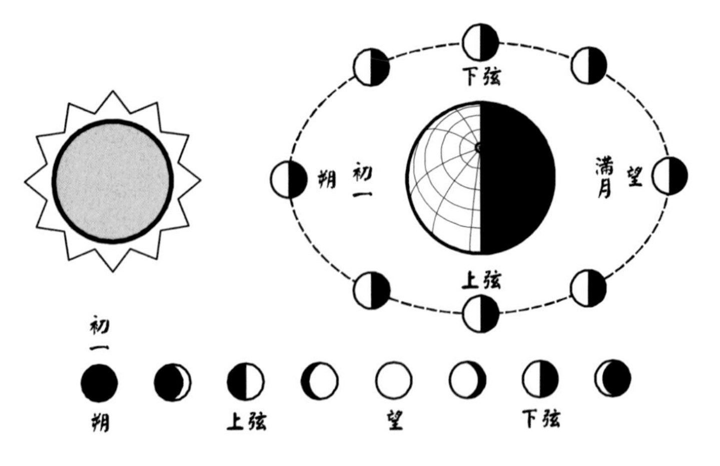

朔（新月）：日月經度交角 0 度，月球和太陽在天上的方向相同。新月時，月球和太陽同出同落，整夜不可見。農曆初一的月形。

望（滿月）：日月經度交角 180 度，月球和太陽在天上的方向相反。滿月時，月球和太陽日落月出，整夜可見。農曆十五或十六的月形。

弦（弦月）：日月經度交角 90 度，月球和太陽在天上的方向呈一夾角。

上弦月時，月球在太陽東邊 90 度（月東日西），月球亮面朝西方，出現於上半夜的西方夜空。農曆初二到十四的月形。

下弦月時，月球在太陽西邊 90 度（日東月西），月球亮面朝東方，出現在下半夜的東方夜空。農曆十七到三十的月形。

節氣

我國以農立國，二十四節氣是我國農曆的一大特點。節氣的名稱，乃是用來指出一年中氣候寒暑的變化，春耕、夏耘、秋收、冬藏，自古以來農民都把節氣當作農事耕耘的標準時序依據。由於長期以來大家在習慣上把農曆稱為「陰曆」，因而大多數的人都誤認為節氣是屬於陰曆的時令特點。實際上，節氣是完全依據地球環繞太陽公轉所定訂出來的時令點，是「陽曆」中非常重要的一個時令特點，所以說農曆實際為「陰陽合曆」的曆法。

我國古代曆法皆以「冬至」為二十四節氣起算點，將每一年冬至到次一年冬至整個回歸年的時間，平分為十二等分，每個分點稱為「中氣」，再將二個中氣間的時間等分，其分點稱為「節氣」，十二個中氣加十二個節氣，總稱「二十四節氣」。每個農曆月份皆各有一個節氣和一個中氣，每一中氣都配定屬於某月份，如冬至必在十一月。

我國現代曆法定訂二十四節氣以地球環繞太陽公轉的軌道稱為「黃道」為準，節氣反映了地球在軌道上運行時所到達的不同位置，假設由地球固定來看太陽運行，則節氣就是太陽在黃道上運行時所到達位置的里程標誌。地球環繞太陽公轉運行一周為三百六十度，節氣以太陽視黃經為準，從「春分」起算為黃經零度，每增黃經十五度為一節氣，依序為「清明、穀雨、立夏、小滿、芒種、夏至、小暑、大暑、立秋、處暑、白露、秋分、寒露、霜降、立冬、小雪、大雪、冬至、小寒、大寒、立春、雨水、驚蟄」，一年共分二十四節氣，每個節氣名稱都反映出當令氣候寒暑的實況意義。

我國春、夏、秋、冬四季的起始，是以「立春、立夏、立秋、立冬」為始，歐美則以「春分、夏至、秋分、冬至」為始，我國比歐美的季節提早了三個節氣約一個半月的時間。

二十四節氣圖

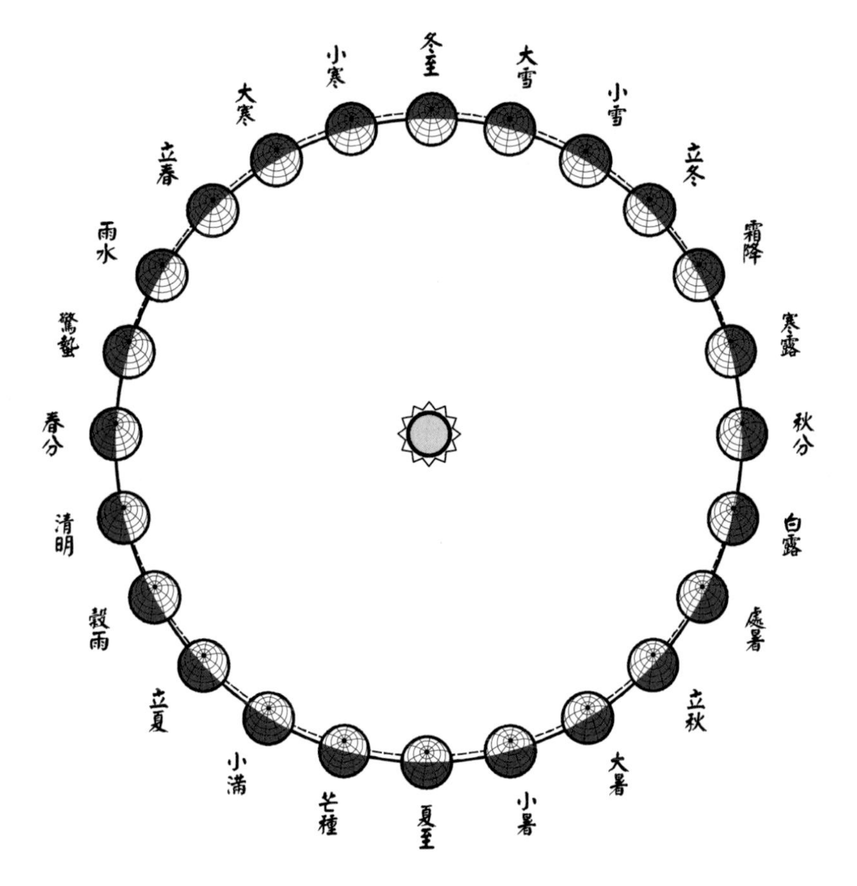

為了方便記憶二十四節氣的名稱及順序，以立春為首，將每個節氣名稱各取一字意，按節氣順序記誦：

春雨驚春清穀天；夏滿芒夏暑相連；

秋處露秋寒霜降；冬雪雪冬小大寒。

二十四節氣表

節氣	氣候的意義	太陽黃經度
立春	春季開始	315
雨水	春雨綿綿	330
驚蟄	蟲類冬眠驚醒	345
春分	陽光直射赤道 晝夜平分	0
清明	春暖花開景色清明	15
穀雨	農民布穀後望雨	30
立夏	夏季開始	45
小滿	稻穀行將結實	60
芒種	稻穀成穗	75
夏至	陽光直射北回歸線 晝長夜短	90
小暑	氣候稍熱	105
大暑	氣候酷暑	120
立秋	秋季開始	135
處暑	暑氣漸消	150
白露	夜涼水氣凝結成露	165
秋分	陽光直射赤道 晝夜平分	180
寒露	夜露寒意沁心	195
霜降	露結成霜	210
立冬	冬季開始	225
小雪	氣候寒冷逐漸降雪	240
大雪	大雪紛飛	255
冬至	陽光直射南回歸線 晝短夜長	270
小寒	氣候稍寒	285
大寒	氣候嚴寒	300

「四季寒暑、日夜時間、節氣時間」變化

地球自轉軸與環繞太陽公轉的軌道黃道面有 23.45 度的交角，形成一年「四季寒暑」的變化和影響「日夜時間」的長短不同。夏季正午時太陽仰角高度較高，晝長夜短。冬季正午時太陽仰角高度較低，晝短夜長。

地球環繞太陽公轉的軌道是橢圓形（地球公轉軌道的半長軸 AU 為 149,597,887.5 公里，公轉軌道的偏心率為 0.0167，近日點與遠日點的距離差距有 4%。），在軌道上運行的速率並不是等速進行，形成每一「節氣時間」的長短不同。冬至時地球運行至近日點附近（地球在每年的一月初離太陽最近），太陽在黃道上移動速度較快，一個節氣的時間大約 29.46 日。夏至時地球運行至遠日點附近（地球在每年的七月初離太陽最遠），太陽在黃道上移動速度較慢，一個節氣的時間大約 31.42 日。

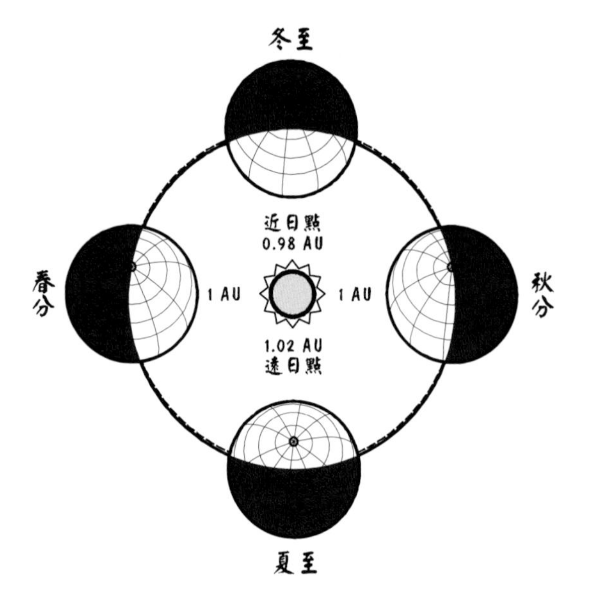

「春分、秋分」陽光直射赤道，南北半球晝夜平分之日。

「夏至」陽光直射北回歸線，北半球晝最長夜最短之日。

「冬至」陽光直射南回歸線，北半球晝最短夜最長之日。

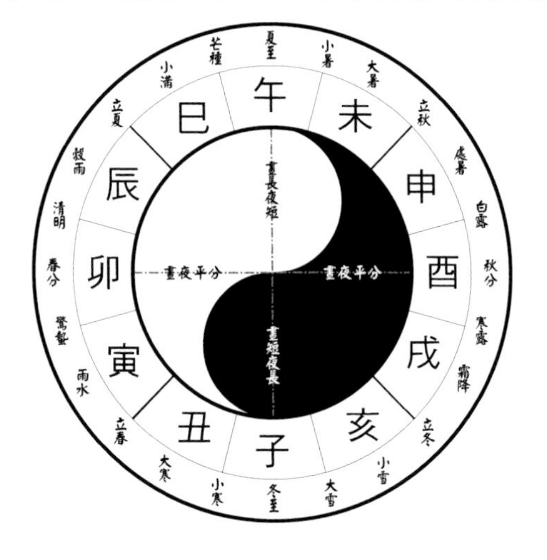

定節氣–平氣法

我國古代曆法以「平氣」定節氣，稱為「平氣法」。

平氣法，是以太陽週期的平均數來定中氣。古代曆法以「冬至」為二十四節氣起算點，將每一年冬至到次一年冬至整個回歸年的時間 365.242,190,419 日，平分為十二等分。每個分點稱為「中氣」，再將二個中氣間的時間等分，其分點稱為「節氣」。每一中氣和節氣平均為 15.218425 日，十二個中氣加十二個節氣，總稱「二十四節氣」。

實際天象上，採用平氣法以回歸年時間平分成二十四等分給予各節氣的計算方法，並不能真確地反映地球在公轉軌道上的真正位置，平均差距一至二日。

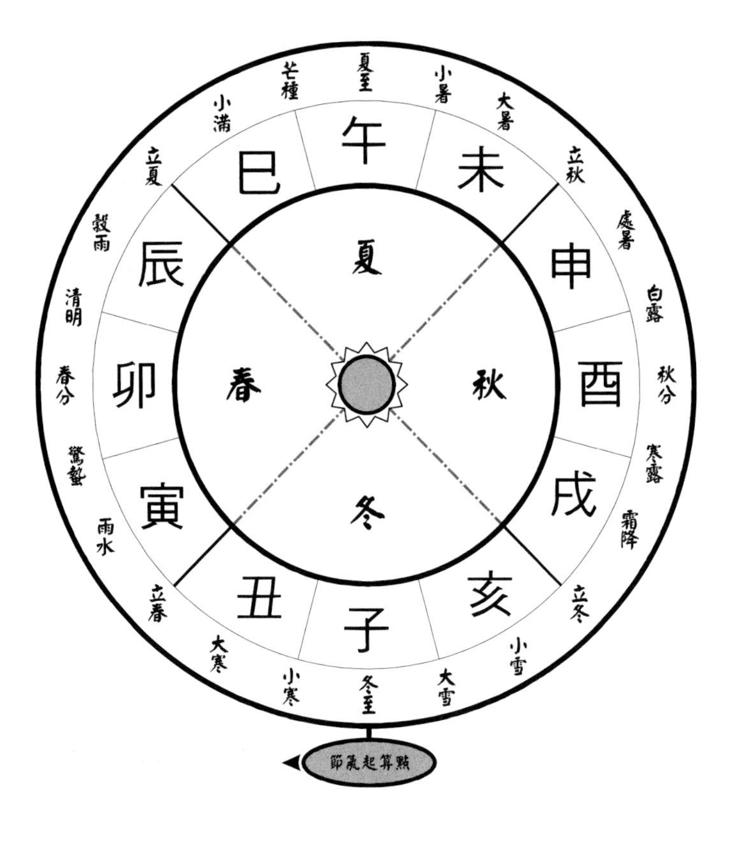

節氣	立春	驚蟄	清明	立夏	芒種	小暑	立秋	白露	寒露	立冬	大雪	小寒
中氣	雨水	春分	穀雨	小滿	夏至	大暑	處暑	秋分	霜降	小雪	冬至	大寒
月令	正月	二月	三月	四月	五月	六月	七月	八月	九月	十月	十一月	十二月
	寅	卯	辰	巳	午	未	申	酉	戌	亥	子	丑

定節氣–定氣法

我國現代曆法以「定氣」定節氣，稱為「定氣法」。

我國從清初（西元 1645 年）的《時憲曆》（德國傳教士湯若望依西洋新法推算編制的曆法）起，節氣時刻的推算開始由平節氣改為定節氣。

定氣法是以「太陽視黃經」為準，以太陽在黃道位置度數來定節氣，即依據地球在軌道上的真正位置為「定氣」標準。由「春分」為起始點，將地球環繞太陽公轉的軌道（黃道）每十五度（黃經度）定一節氣，一周三百六十度共有「二十四節氣」。

實際天象上，採用定氣法推算出來的節氣日期，能精確地表示地球在公轉軌道上的真正位置，並反映當時的氣候寒暑狀況。如一年中在晝夜平分的那兩天，定然是春分和秋分二中氣；晝長夜短日定是夏至中氣；晝短夜長日定是冬至中氣。

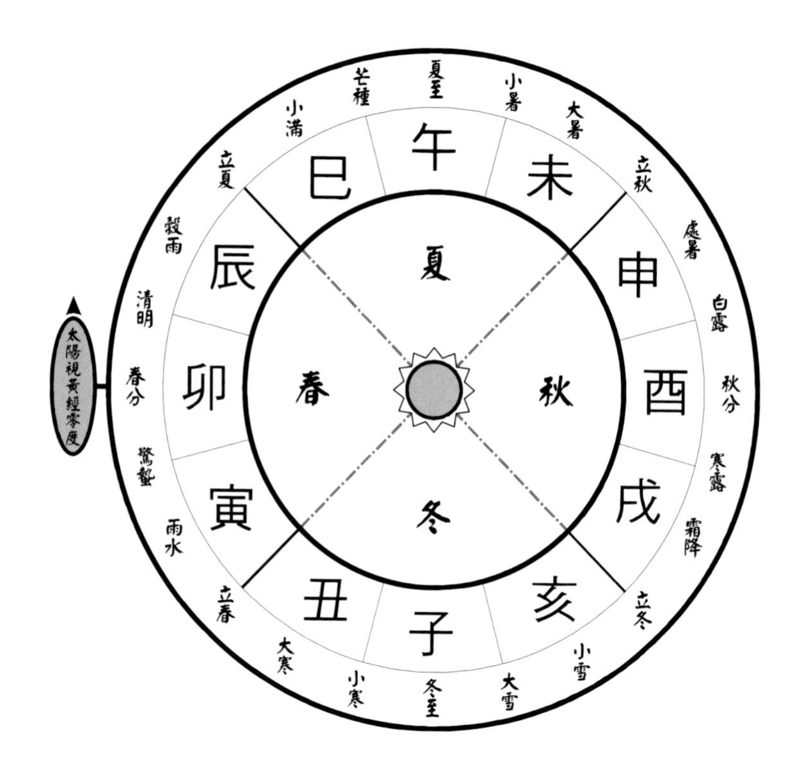

節氣	立春	驚蟄	清明	立夏	芒種	小暑	立秋	白露	寒露	立冬	大雪	小寒
黃經度	315度	345度	15度	45度	75度	105度	135度	165度	195度	225度	255度	285度

中氣	雨水	春分	穀雨	小滿	夏至	大暑	處暑	秋分	霜降	小雪	冬至	大寒
黃經度	330度	0度	30度	60度	90度	120度	150度	180度	210度	240度	270度	300度

干支

我中華民族所特有的曆法：干支紀年。

干支就是「十天干」和「十二地支」的簡稱。

十天干：甲、乙、丙、丁、戊、己、庚、辛、壬、癸。

十二地支：子、丑、寅、卯、辰、巳、午、未、申、酉、戌、亥。

中華民族始祖黃帝，觀察星象，制訂曆法，探究天地「五行四時」之生命變化。定「陰陽五行」為十天干「甲、乙、丙、丁、戊、己、庚、辛、壬、癸」。定「四時節氣」為十二地支「子、丑、寅、卯、辰、巳、午、未、申、酉、戌、亥」。

曆法將十天干配合十二地支，按順序組合成「甲子、乙丑、丙寅⋯」等，用於「記年、記月、記日、記時」。十天干配合十二地支的組合，由「甲子」開始到「癸亥」共有六十組，可循環記年六十年，所以稱「一甲子」是六十年。

中華民族使用「干支紀年」，是全世界最早的〔記年法〕與〔記日法〕。干支紀年，使用天干地支六十甲子循環「記年、記月、記日、記時」，迄今已有五千年之久，中間從未間斷毫無脫節混沌之處，實為世界上最先進實用的紀年曆法。

六十甲子表										
	甲子	乙丑	丙寅	丁卯	戊辰	己巳	庚午	辛未	壬申	癸酉
	甲戌	乙亥	丙子	丁丑	戊寅	己卯	庚辰	辛巳	壬午	癸未
	甲申	乙酉	丙戌	丁亥	戊子	己丑	庚寅	辛卯	壬辰	癸巳
	甲午	乙未	丙申	丁酉	戊戌	己亥	庚子	辛丑	壬寅	癸卯
	甲辰	乙巳	丙午	丁未	戊申	己酉	庚戌	辛亥	壬子	癸丑
	甲寅	乙卯	丙辰	丁巳	戊午	己未	庚申	辛酉	壬戌	癸亥

干支紀年曆法《記年》規則

年：以「立春」為歲首。

月：以「節氣」為月建。

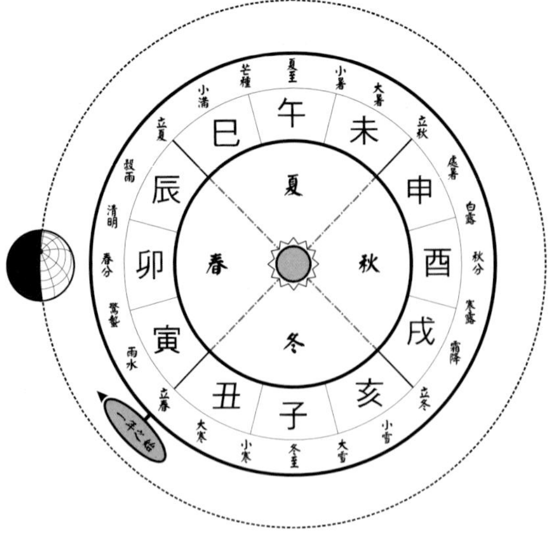

「年、月」兩組干支記錄「地球公轉」的循環

五虎遁年起月表

月令	正月	二月	三月	四月	五月	六月	七月	八月	九月	十月	十一月	十二月
節氣	立春	驚蟄	清明	立夏	芒種	小暑	立秋	白露	寒露	立冬	大雪	小寒
中氣	雨水	春分	穀雨	小滿	夏至	大暑	處暑	秋分	霜降	小雪	冬至	大寒
月支 年干	寅	卯	辰	巳	午	未	申	酉	戌	亥	子	丑
甲己	丙寅	丁卯	戊辰	己巳	庚午	辛未	壬申	癸酉	甲戌	乙亥	丙子	丁丑
乙庚	戊寅	己卯	庚辰	辛巳	壬午	癸未	甲申	乙酉	丙戌	丁亥	戊子	己丑
丙辛	庚寅	辛卯	壬辰	癸巳	甲午	乙未	丙申	丁酉	戊戌	己亥	庚子	辛丑
丁壬	壬寅	癸卯	甲辰	乙巳	丙午	丁未	戊申	己酉	庚戌	辛亥	壬子	癸丑
戊癸	甲寅	乙卯	丙辰	丁巳	戊午	己未	庚申	辛酉	壬戌	癸亥	甲子	乙丑

干支紀年曆法《記日》規則

日：以「正子」為日始。

時：以「時辰」為單位。

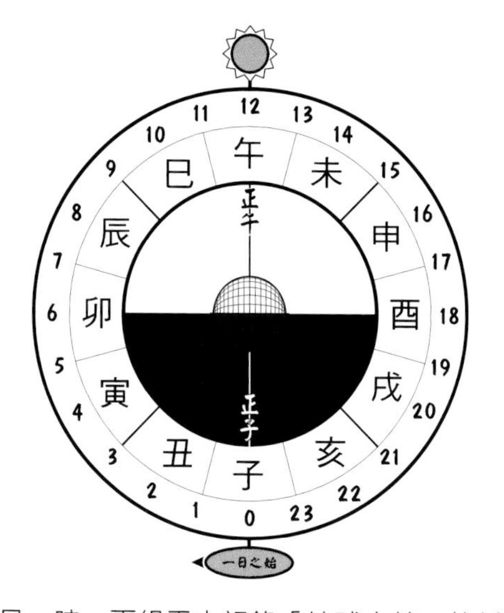

「日、時」兩組干支記錄「地球自轉」的循環

五鼠遁日起時表	太陽時	23-1	1-3	3-5	5-7	7-9	9-11	11-13	13-15	15-17	17-19	19-21	21-23
	時支 日干	子	丑	寅	卯	辰	巳	午	未	申	酉	戌	亥
	甲己	甲子	乙丑	丙寅	丁卯	戊辰	己巳	庚午	辛未	壬申	癸酉	甲戌	乙亥
	乙庚	丙子	丁丑	戊寅	己卯	庚辰	辛巳	壬午	癸未	甲申	乙酉	丙戌	丁亥
	丙辛	戊子	己丑	庚寅	辛卯	壬辰	癸巳	甲午	乙未	丙申	丁酉	戊戌	己亥
	丁壬	庚子	辛丑	壬寅	癸卯	甲辰	乙巳	丙午	丁未	戊申	己酉	庚戌	辛亥
	戊癸	壬子	癸丑	甲寅	乙卯	丙辰	丁巳	戊午	己未	庚申	辛酉	壬戌	癸亥

中國歷代曆法

我國從《古六曆》到清朝《時憲曆》，中國曆法在歷朝皇帝中歷經多次的變革，每部曆法都隨著每一朝代和皇帝的更迭而變更。整個中國曆法體系歷史上，包括在各歷史朝代中頒行過的和沒有頒行過的曆法，共約制定過一百多部。中國自西漢劉歆編製的《三統曆譜》起，就有完整體系的天文曆法著作留傳至今。現在大部分的天文曆法著作，都收集在《二十四史》的《律曆志》中。本表按年代順序，表列中國歷代曾經頒布實行的曆法。

中國歷代曆法				
黃帝曆	夏曆	殷曆	周曆	魯曆
顓頊曆	太初曆	三統曆	四分曆	乾象曆
景初曆	三紀曆	玄始曆	元嘉曆	大明曆
正光曆	興和曆	天保曆	天和曆	大象曆
開皇曆	皇極曆	大業曆	戊寅元曆	麟德曆
大衍曆	五紀曆	正元曆	觀象曆	宣明曆
崇玄曆	調元曆	欽天曆	應天曆	乾元曆
儀天曆	崇天曆	明天曆	奉元曆	觀天曆
占天曆	紀元曆	大明曆	重修大明曆	統元曆
乾道曆	淳熙曆	會元曆	統天曆	開禧曆
淳祐曆	會天曆	成天曆	授時曆	大統曆
時憲曆	註：《皇極曆》未曾頒布實行。			

曆法歲首

中國歷代曆法在「歲首」上有多次的變更：

朝代	變更年號	曆法	歲首
東周	春秋戰國時期	夏曆	寅
東周	春秋戰國時期	殷曆	丑
東周	春秋戰國時期	周曆	子
秦朝	秦始皇帝 二十六年	顓頊曆	亥
西漢	漢武帝 太初元年	太初曆	寅
西漢	漢成帝 綏和二年	三統曆	寅
新朝	王莽 始建國元年	三統曆	丑
東漢	漢光武帝 建武元年	三統曆	寅
唐朝	唐高祖 武德二年	戊寅元曆	寅
唐朝	唐高宗 麟德元年	麟德曆	寅
武周	武則天 天授元年	麟德曆	子
唐朝	唐中宗 神龍元年	麟德曆	寅
唐朝《大衍曆》後，皆以夏正「立春寅月」為歲首沿用至今。			

節氣	立春	驚蟄	清明	立夏	芒種	小暑	立秋	白露	寒露	立冬	大雪	小寒
中氣	雨水	春分	穀雨	小滿	夏至	大暑	處暑	秋分	霜降	小雪	冬至	大寒
月令	正月	二月	三月	四月	五月	六月	七月	八月	九月	十月	十一月	十二月
	寅	卯	辰	巳	午	未	申	酉	戌	亥	子	丑

中國曆法史上的五次大改革

朝 代	曆 法	曆法編制	頒行期間
西漢	太初曆	落下閎	前 104 年～84 年
南北朝南梁	大明曆	祖沖之	510 年～589 年
唐朝	戊寅元曆	傅仁鈞	619 年～664 年
元朝	授時曆	郭守敬	1281 年～1644 年
清朝	時憲曆	湯若望	1645 年～1911 年

古六曆

曆法編制：古六曆。

頒行起年：東周 春秋時期（西元前 770 年）。

實行迄年：東周 戰國時期（西元前 222 年）。

我國最早的曆法為《黃帝曆、夏曆、殷曆、周曆、魯曆、顓頊曆》六種古曆，合稱《古六曆》。《古六曆》並非「黃帝、帝顓頊」時期之曆法，其制定流通的時期，據推考都是在東周春秋戰國時期，當時各諸侯國分別使用。

《古六曆》定一回歸年為 365 又 1/4 日（365.25 日），一朔望月為 29 又 499/940 日（29.53085 日），235 個朔望月對應 19 個回歸年，在 19 年中設置 7 個閏月。《古六曆》一年有十二個月，每個月以日月合朔日為初一，稱為「朔」，最後一日稱為「晦」。《古六曆》歲餘四分之一日，所以又稱為《古四分曆》。古六曆間不同之處，主要在「歲首」。由於歲首不同，各曆「春、夏、秋、冬」四季的定義，也是分別不同。

古六曆曆法歲首

曆 法	歲 首	夏曆月份
夏曆	寅	正月
殷曆	丑	十二月
周曆	子	十一月
顓頊曆	亥	十月

《史記・五帝本紀》

五帝為「黃帝、顓頊、帝嚳、唐堯、虞舜」。

顓頊曆

曆法編制：古六曆之一。

頒行起年：秦朝 始皇帝二十六年 庚辰年（西元前 221 年）。

實行迄年：西漢 漢武帝 元封七年 丁丑年（西元前 104 年）。

秦王嬴政二十六年庚辰年（西元前 221 年），統一中國，建立大秦帝國。秦王嬴政自稱「功高三皇，德高五帝」，創建「皇帝」尊號，自號為「始皇帝」。秦始皇在統一中國之後，實行了一系列加強中央集權、鞏固皇權與國家統一的措施，並在全國頒行《顓頊曆》。《顓頊曆》一直使用到西漢武帝元封七年丁丑年（西元前 104 年）頒行《太初曆》止。

《顓頊曆》定一回歸年為 365 又 1/4 日（365.25 日），一朔望月為 29 又 499/940 日（29.53085 日），235 個朔望月對應 19 個回歸年，在 19 年中設置 7 個閏月。《顓頊曆》一年有十二個月，每個月以日月合朔日為初一，稱為「朔」，最後一日稱為「晦」。以建「亥」之月（夏曆十月）為歲首，閏月置在年終九月之後，稱「後九月」。《顓頊曆》不改正月，四季完全和《夏曆》相同。

太初曆

曆法編制：鄧平、落下閎。

頒行起年：西漢 漢武帝 太初元年 丁丑年（西元前 104 年）。

實行迄年：西漢 漢成帝 綏和元年 癸丑年（西元前 8 年）。

漢武帝元封六年丙子年（西元前 105 年），鄧平（太史丞）、落下閎（西元前 156～前 87 年、西漢巴郡閬中人、民間天文學家、渾天儀創造者）等人編制《太初曆》。《太初曆》的編制，是中國曆法史上的第一次大改革。

西漢初期，曆法沿用秦朝《顓頊曆》。漢武帝元封七年丙子年（西元前 105 年）《顓頊曆》的二月（庚子月）初一，也就是《太初曆》的太初前一年十一月（庚子月）初一，適逢「甲子日、夜半月朔甲子時、冬至交節氣」。司馬遷（西元前 145～前 86 年）等人上書提議改曆，說明以此日做為新曆的起點，是改元換曆的最佳時機。

漢武帝元封六年（西元前 105 年）下令制訂新曆法，將元封七年改為太初元年（西元前 104 年）頒行《太初曆》。

《太初曆》採用「夏正」以「寅月」為歲首，與《顓頊曆》以「亥月」(夏曆十月)為歲首，二曆相差三個月份時間。因此太初元年正月前的十月到十二月(《顓頊曆》的正月、二月、三月)也算在太初元年內。太初元年因改曆，當年共有十五個月。

《太初曆》定一回歸年為 365 又 385/1539 日(365.25016 日)，一朔望月為 29 又 43/81 日(29.53086 日)，由於分母為 81，又稱做《八十一分律曆》。

《太初曆》首次將二十四節氣編入曆法，將冬至到次年冬至「歲實」(回歸年)按時間等分的二十四節氣(平氣法)，分配於十二個月中。並沿用夏曆「十九年七閏」的置閏法，以沒有中氣的月份為閏月，將春夏秋冬四個季節的變化和十二個月份的關係相互配合。

《太初曆》以天象實測和多年天文記錄為依據，內容包含有編制曆法的理論、朔望、節氣、置閏法、日月交食週期、五行星的運動會合週期、恒星出沒等的常數和位置的推算方法，與基本的恆星位置數據。

三統曆

曆法編制：劉歆。

頒行起年：西漢 漢成帝 綏和二年 甲寅年（西元前 7 年）。

實行迄年：東漢 漢章帝 元和元年 甲申年（西元 84 年）。

漢成帝綏和二年甲寅年（西元前 7 年），劉歆（西元前 50～23 年）重新編訂《太初曆》，改稱《三統曆》。

《三統曆》選取一個「上元」作為曆法的起算點，並明確規定，以無中氣的月份置閏。《三統曆》中加入了許多新的天文曆法內容，是首先使用交點年和恆星月的曆法。

劉歆編製的《三統曆譜》是現存最早的一部完整的天文曆法著作，歷代曆法的基本內容在這本著作中大體都已具備。《三統曆譜》有體系地講述了天文學知識，與分析考證了歷代流傳下來的天文文獻和天文記錄。《三統曆譜》對後代曆法影響極大，部份的內容沿用至今，是世界上最早的天文年曆的雛型。

《三統曆譜》共有「統母、統術、紀母、紀術、五步、歲術、世經」等七卷。

統母和統術，講述日月運動的基本常數和推算方法，內容包含有「回歸年長度、朔望月長度、一年的月數、日月交食週期、計算朔日和節氣的方法」。

紀母、紀術和五步，講述行星運動的基本常數和推算方法，內容包含有「五大行星的會合週期、運行動態、出沒規律、預告行星位置」。

歲術，講述星歲紀年的推算方法。世經，講述考古年代學。

劉歆是中國古代第一個提出接近正確的日食和月食交食週期的天文學家。劉歆說明日食和月食都是有規律可循的自然現象，提出了 135 個朔望月有 23 次交食的交食週期值。

《太初曆》與《三統曆》從西漢武帝太初元年（西元前 104 年）頒行，實施至東漢章帝元和元年（西元 84 年），方改曆使用《四分曆》。在中國歷史上，歷經「西漢、新朝、東漢」三朝代，共實行了 188 年。其中「新朝」王莽時期，曾變更《三統曆》歲首為「丑月」，至「東漢」時期，才又變更回「寅月」。

乾象曆

曆法編制：劉洪。

頒行起年：三國 東吳孫權 黃武二年 癸卯年（西元 223 年）。

實行迄年：三國 東吳孫皓 天紀四年 庚子年（西元 280 年）。

東漢獻帝建安十一年丙戌年（西元 206 年），劉洪（西元 129～210 年、算盤發明者）編制《乾象曆》。

《乾象曆》完成後，並沒有在東漢年間頒行，直至西元 223 年《乾象曆》才正式在三國東吳孫權黃武二年頒行。

《乾象曆》定一回歸年為 365 又 145/589 日（365.246180 日），一朔望月為 29 又 773/1457 日（29.530542 日）。《乾象曆》與東漢章帝元和元年（西元 84 年）頒行的《四分曆》比較天文曆算更加精準。

《乾象曆》是曆法史上，第一部考慮到〔月球視運動不均勻性〕的曆法。劉洪提出了近點月的概念，計算月亮近地點的移動，算出近點月長度，並在一近點月裏逐日編出月離表。

太陽運行的軌道稱為「黃道」，月亮運行的軌道稱為「白道」，黃道與白道的交點叫做「黃白交點」。劉洪首先發現「黃白交點」並不固定，每日沿「黃道」向西移動，並計算出每日黃白交點退行約 148/47 分（約 0.053 度）的變化。

劉洪又發現「黃道」和「白道」不在同一個平面上，首次提出「黃道面」和「白道面」有六度的交角，所以並非每次月朔望日皆會發生日食與月食。劉洪創立定朔算法，準確地推算出日月合朔和日月食發生的時刻。劉洪並推算出日月合朔時，月亮離「黃白交點」超過十四度半，就不會發生交食的食限判斷數據（食限值）。

東漢靈帝熹平三年（西元 174 年），劉洪公佈了他的天文學專著《七曜術》，七曜為「太陽和月亮與木、火、土、金、水五行星」。劉洪在《七曜術》專著中，精確地推算出了「五星會合」的週期，以及五行星運行的規律。

大明曆

曆法編制：祖沖之。

頒行起年:南北朝南梁梁武帝天監九年庚寅年(西元 510 年)。

實行迄年:南北朝南陳陳後主禎明三年己酉年(西元 589 年)。

南北朝南宋孝武帝大明六年壬寅年(西元 462 年),祖沖之(西元 429～500 年)編制《大明曆》。

《大明曆》完成後，並沒有在南北朝南宋代年間頒行。直至西元 510 年,《大明曆》才正式在南北朝南梁梁武帝天監九年頒行。《大明曆》的編制，是中國曆法史上的第二次大改革。

《大明曆》是曆法史上，第一部考慮到〔歲差值〕的曆法。《大明曆》定一回歸年為 365.2428 日，一朔望月為 29.5309 日，並將東晉天文學家虞喜（西元 281～356 年）發現的「歲差」現象曆算在曆法中。

《大明曆》調整了制訂曆法的起算點「冬至點」，定出了每 45 年 11 個月差 1 度的「歲差值」。祖沖之在《大明曆》中，特別提出了以「391 年置 144 閏月」來代替「19 年置 7 閏月」的曆算置閏方法。《大明曆》與現代天文曆算的比較已相當的精準。

祖沖之是南北朝時期，偉大的數學家和天文學家，他是世界上第一個正確地把圓周率推算到小數點後七位的人。

祖沖之著名的圓周率不等式：$3.1415926 < \pi < 3.1415927$

虞喜發現「歲差」

西元 330 年，東晉天文學家虞喜（西元 281～356 年），把他觀測得黃昏時某恆星過南中天的時刻，與古代記載進行比較時發現，春分夏至秋分冬至四點都已經向西移動了。

虞喜發現太陽在恆星背景中的某一位置，運行一圈再回到原來的位置所用的時間，並不等於一個冬至到下一個冬至的時間間隔，而是冬至點每經五十年沿赤道西移一度。於是他提出了「天自為天，歲自為歲」的觀點，並作《安天論》，這就是現代「歲差」的概念。

皇極曆

曆法編制：劉焯。

頒行起年：無正式頒行。

實行迄年：無正式實行。

隋文帝開皇二十年庚申年（西元 600 年），劉焯（西元 544～610 年）編制《皇極曆》。

《皇極曆》的曆算法，是中國曆法史上的重大改革，但因政治因素的阻撓，而未能在隋朝與後世朝代中頒行實行。

《皇極曆》是曆法史上，第一部考慮到〔太陽視運動不均勻性〕的曆法。劉焯創立了用「等間距二次差內插法」來計算日月視差運動速度，推算出五行星位置，日食與月食的交食時間。這在中國天文學史和數學史上都有重要地位，後代曆法計算日月五星運動，多是應用內插法的原理。

《皇極曆》改革了推算二十四節氣的方法，廢除傳統的「平氣法」，使用新創立的「定氣法」。劉焯更精確地計算出歲差，推定出了春分點每 76.5 年在黃道上西移 1 度的「歲差值」。

《皇極曆》是一部優秀的曆法，對後世曆法有重大影響。唐朝《麟德曆》曆法編制李淳風研究後，將其詳細記入《律曆志》，成為中國曆法史上，唯一被正史記載而未頒行的曆法。

戊寅元曆

曆法編制：傅仁鈞。

頒行起年：唐朝 唐高祖 武德二年 己卯年（西元 619 年）。

實行迄年：唐朝 唐高宗 麟德元年 甲子年（西元 664 年）。

唐高祖武德元年戊寅年（西元 618 年），傅仁鈞編制《戊寅元曆》。《戊寅元曆》的編制，是中國曆法史上的第三次大改革。

《戊寅元曆》基本上採用隋朝張胄玄編制的《大業曆》（實行期間：西元 597 年～618 年）的計算方法。

《戊寅元曆》主要以廢除唐朝以前曆法所使用古代的「上元積年」，並改「平朔」採用「定朔」來編制曆譜。

在《戊寅元曆》之前，曆法都用「平朔」，即用日月相合週期的平均數值來定朔望月。《戊寅元曆》首先考慮到月球視運動不均勻性，用日月相合的真實時刻來定朔日，進而定朔望月，要求做到「月行，晦不東見，朔不西眺」。

《戊寅元曆》的曆法改革，因計算方法存在著許多明顯的缺點和錯誤，頒行一年後，對計算合朔時刻，就常較實際時刻提前而失準。西元 626 年，唐高祖武德九年（丙戌年）崔善為恢復了「上元積年」。

《戊寅元曆》的曆法規定，月只能有連續三大月或連續三小月。但在西元 644 年，唐太宗貞觀十八年（甲辰年），預推次年曆譜時。發現貞觀十九年九月以後，會出現連續四個大月。因和以往大小月相間差得太多，當時認為這是曆法上不應有的現象。

最後，《戊寅元曆》的「定朔」又被改回「平朔」，所有曆法改革的主張全部失敗。

麟德曆

曆法編制：李淳風。

頒行起年：唐朝 唐高宗 麟德二年 乙丑年（西元 665 年）。

實行迄年：唐朝 唐玄宗 開元十六年 戊辰年（西元 728 年）。

唐高宗麟德元年甲子年（西元 664 年），李淳風（西元 602～670 年）以隋朝劉焯《皇極曆》為基礎，編制《麟德曆》。

《麟德曆》在中國曆法史上首次廢除古曆中「章、蔀、紀、元」的計算，並立「總法」1340 作為計算各種天體運動週期（如回歸年、朔望月、近點月、交點月等）的奇零部分的公共分母，大大簡化了許多繁瑣計算步驟。

古曆法，「日」以「夜半」為始；「月」以「朔日」為始；「歲」以「冬至」為始；「紀元」以「甲子」為始。

章：冬至交節時刻與合朔同在一日的週期。

蔀：冬至交節時刻與合朔同在一日之夜半的週期。

紀：冬至交節時刻與合朔同在甲子日之夜半的週期。

元：冬至交節時刻與合朔同在甲子年甲子日之夜半的週期。

《麟德曆》重新採用「定朔」安排曆譜。李淳風為了改進推算定朔的方法，使用劉焯創立的「等間距二次差內插法」公式，來計算定朔的時刻。

《麟德曆》廢除 19 年 7 閏「閏周定閏」的置閏規則，完全由觀測和統計來求得回歸年和朔望月長度。採用「進朔遷就」的方法，避免曆法上出現連續四個大月或小月的現象。在日食計算中提出蝕差的校正項，用於調整視黃白交點離真黃白交點的距離。《麟德曆》未考慮「歲差」的變化，為其曆法最大的缺點。

《麟德曆》在「武周」武則天天授元年時，曾變更歲首為「子月」，至「唐朝」唐中宗神龍元年時，才又變更回「寅月」。

《麟德曆》於唐高宗乾封元年丙寅年（西元 666 年）傳入日本，並於天武天皇五年（西元 667 年）被採用，改稱為《儀鳳歷》。

太衍曆

曆法編制：僧一行（原名張遂）。

頒行起年：唐朝 唐玄宗 開元十七年 己巳年（西元 729 年）。

實行迄年：唐朝 唐肅宗上元二年 辛丑年（西元 761 年）。

唐玄宗開元九年辛巳年（西元 721 年），僧一行（西元 683～727 年）編制《太衍曆》。唐玄宗開元十七年頒行《太衍曆》。

一行比較前朝各代曆法的優缺點，以科學的方法經過實際觀測，對太陽和月亮視運動不均勻性現象，有了正確的基本運行數據，掌握了太陽在黃道上視運行速度變化的規律，並加入了「歲差」的變化。一行在計算中進一步創造了「不等間距二次差內插法」公式，對天文計算有重要意義，也是在數學史上的創舉。

經過多年的研究，一行撰寫成了《開元大衍曆》一卷，《曆議》十卷、《曆成》十二卷、《曆書》二十四卷、《七政長曆》三卷，一共五部五十卷。一行初稿完成不久，未及奏上即已圓寂，後經張說與陳玄景等整理成文。《太衍曆》首創在曆法上有結構體系的編寫，是後世在曆法編制上的經典範本。

《太衍曆》共有曆術七卷

步氣朔術：講述計算二十四節氣和朔望弦晦的時刻。

步發斂術：講述計算七十二候與置閏規則等。

步日躔術：講述計算太陽的運行。

步月離術：講述計算月亮的運行。

步晷漏術：講述計算表影和晝夜漏刻長度的時刻。

步交會術：講述計算日食和月食的時刻。

步五星術：講述計算五大行星的運行。

《太衍曆》於唐玄宗開元二十一年癸酉年（西元 733 年）傳入日本，在日本實行近百年。

授時曆

曆法編制：郭守敬、王恂、許衡。

頒行起年：元朝 元世祖 至元十八年 辛巳年(西元 1281 年)。

實行迄年：清朝 清世祖 順治元年 甲申年（西元 1644 年）。

元世祖忽必烈至元十三年丙子年（西元 1276 年）六月，郭守敬（西元 1231～1316 年）、王恂（西元 1235～1281 年）、許衡（西元 1209～1281 年）等人編制《授時曆》，原著及史書均稱其為《授時曆經》。《授時曆》的編制，是中國曆法史上的第四次大改革。

《授時曆》是曆法史上，第一部應用「弧矢割圓術」來處理黃經和赤經、赤緯之間的換算，與採用「等間距三次差內插法」推算太陽、月球和行星的運行度數的曆法。

《授時曆》定一回歸年為 365.2425 日，一朔望月為 29.530593 日，與現在所使用的國曆的數值完全相同。《授時曆》的節氣推算方法，是採用「平氣」法，將一年的 1/24 作為一氣，以沒有中氣的月份為閏月，19 年置 7 閏月。它正式廢除了古代的「上元積年」，而截取近世任意一年為曆元，所定的數據全憑實測，打破古代制曆的習慣。

大統曆

《授時曆》從元朝元世祖至元十八年辛巳年（西元 1281 年）正式頒布實行，至明朝時曆名改稱《大統曆》繼續使用其曆法。

《授時曆》改名的《大統曆》一直使用到清朝清世祖順治二年（西元 1645 年）頒行《時憲曆》止，總共實行了 364 年，是中國古典曆法體系中實行最久的曆法。

崇禎曆書

曆法編制：徐光啟（主編）、李天經（續成）。

頒行起年：無正式頒行。

實行迄年：無正式實行。

《崇禎曆書》由徐光啟（西元 1562～1633 年）主編，李天經（西元 1579～1659 年）續成。明思宗崇禎二年己巳年（西元 1629 年）九月開始編撰，編撰工作由專設的曆局負責，德國傳教士湯若望參與翻譯歐洲天文學知識。到崇禎七年甲戌年（西元 1634 年）十一月，歷時五年全書完成。

《崇禎曆書》完成後，尚未實行，崇禎十七年甲申年（西元 1644 年）清兵入關，滿清入主中原，建立清朝，明朝滅亡。

《崇禎曆書》是中國明朝崇禎年間，為改革曆法而編的一部叢書，全書從多方面引進了歐洲古典天文學知識。歐洲丹麥天文學家的第谷宇宙體系也在此時，透過耶穌會士的宣教而傳入。徐光啟編制《崇禎曆書》時，就是採用第谷宇宙體系和幾何學的計算方法與第谷的觀測的數據。

《崇禎曆書》內容包括天文學基本理論、天文表、三角學、幾何學、天文儀器、日月和五大行星的運動、交食、全天星圖、中西單位換算等，全書共四十六種，一百三十七卷（內有星圖一折和恆星屏障一架）。

《崇禎曆書》全書理論部分共佔全書三分之一篇幅，引進了歐洲當時的地球概念和地理經緯度觀念，以及球面天文學、視差、大氣折射（濛氣差）等重要天文概念和有關的計算方法。全書還採用了西方的度量單位：一周天分為 360 度，一晝夜分為 24 小時共 96 刻（15 分鐘 1 刻），度與時單位採用 60 進位制。

《崇禎曆書》曆法計算不用中國傳統的代數學方法，而改用幾何學方法。這是中國曆法史上，中國天文學體系開始轉成歐洲近代天文學體系的轉折點。

時憲曆

曆法編制：德國傳教士 湯若望。

頒行起年：清朝 清世祖 順治元年 甲申年（西元 1644 年）。

實行迄年：清朝 宣統三年 辛亥年（西元 1911）。

清世祖順治元年甲申年（西元 1644 年）七月，經禮部左侍郎李明睿上書提議，依照歷代改朝換代另立新曆的慣例，明朝舊曆法《大統曆》需更名改曆。由於需要新的曆法，清政府遂下令，依據德國傳教士湯若望（西元 1591～1666 年）根據《崇禎曆書》刪改而成的《西洋新法曆書》之西洋新法，推算編制新的曆法。

新曆法完成後，清攝政王多爾袞（西元 1612～1650 年）奉旨批准，將新曆法定名《時憲曆》，頒行全國。《時憲曆》的編制，是中國曆法史上的第五次大改革，也是最後一次大改革。

《時憲曆》正式採用「定氣」定節氣，取代歷代曆法使用的「平氣」，稱為「定氣法」。定氣法是以「太陽視黃經」為準，以太陽在黃道位置度數來定節氣，即依據地球在軌道上的真正位置為「定氣」標準。

定氣法以「春分」為起始點，將地球環繞太陽公轉的軌道（黃道）每十五度（黃經度）定一節氣，一周三百六十度共有「二十四節氣」。

地球環繞太陽公轉的軌道是橢圓形（地球公轉軌道的半長軸AU為149,597,887.5公里，公轉軌道的偏心率為0.0167，近日點與遠日點的距離差距有4%。），在軌道上運行的速率並不是等速進行，形成每一「節氣時間」的長短不同。冬至時地球運行至近日點附近（地球在每年的一月初離太陽最近），太陽在黃道上移動速度較快，一個節氣的時間大約 29.46 日。夏至時地球運行至遠日點附近（地球在每年的七月初離太陽最遠），太陽在黃道上移動速度較慢，一個節氣的時間大約31.42日。

實際天象上，採用定氣法推算出來的節氣日期，能精確地表示地球在公轉軌道上的真正位置，並反映當時的氣候寒暑狀況。如一年中在晝夜平分的那兩天，定然是春分和秋分二中氣；晝長夜短日定是夏至中氣；晝短夜長日定是冬至中氣。

《時憲曆》在中華民國元年，壬子年（西元1912）曆名改稱《農曆》使用至今。

中國曆法年表

<table>
<tr><th colspan="3">朝　代</th><th>曆　法</th><th>頒行期間</th></tr>
<tr><td rowspan="3">周朝</td><td colspan="2">西周</td><td>干支紀元</td><td>遠古～現在</td></tr>
<tr><td rowspan="2">東周</td><td>春秋</td><td rowspan="2">古六曆</td><td rowspan="2">前 770～前 222</td></tr>
<tr><td>戰國</td></tr>
<tr><td colspan="3">秦朝</td><td rowspan="3">顓頊曆</td><td rowspan="3">前 221～前 104</td></tr>
<tr><td colspan="3">楚漢</td></tr>
<tr><td rowspan="6">漢朝</td><td colspan="2" rowspan="2">西漢</td></tr>
<tr><td>太初曆</td><td>前 104～前 8</td></tr>
<tr><td colspan="2">新朝</td><td rowspan="3">三統曆</td><td rowspan="3">前 7～84</td></tr>
<tr><td colspan="2">更始</td></tr>
<tr><td colspan="2" rowspan="2">東漢</td></tr>
<tr><td rowspan="2">四分曆</td><td rowspan="2">85～236</td></tr>
<tr><td rowspan="5">三國</td><td rowspan="2">魏</td><td rowspan="2"></td></tr>
<tr><td>景初曆</td><td>237～265</td></tr>
<tr><td rowspan="3"></td><td>蜀</td><td>四分曆</td><td>221～263</td></tr>
<tr><td rowspan="2">吳</td><td>四分曆</td><td>222</td></tr>
<tr><td>乾象曆</td><td>223～280</td></tr>
<tr><td rowspan="3">晉朝</td><td colspan="2">西晉</td><td rowspan="2">景初曆</td><td>265～317</td></tr>
<tr><td>東晉</td><td></td><td>317～420</td></tr>
<tr><td>十六</td><td>後秦</td><td>三紀曆</td><td>384～417</td></tr>
</table>

	國	北涼	玄始曆	412～439
南北朝	南朝	宋	景初曆	420～444
		宋、齊、梁	元嘉曆	445～509
		梁、陳	大明曆	510～589
	北朝	北魏	景初曆	386～451
		北魏	玄始曆	452～522
		北魏	正光曆	523～534
		東魏	正光曆	535～539
		東魏	興和曆	540～550
		西魏	正光曆	535～556
		北齊	天保曆	551～577
		北周	正光曆	556～565
		北周	天和曆	566～578
		北周	大象曆	579～581
隋朝			大象曆	581～583
			開皇曆	584～596
			皇極曆	無正式頒行
			大業曆	597～618
唐朝	李唐		戊寅元曆	619～664
			麟德曆	665～689
	武周			690～704

朝代			曆法	年代
	李唐			705～728
			大衍曆	729～761
			五紀曆	762～783
			正元曆	784～806
			觀象曆	807～821
			宣明曆	822～892
			崇玄曆	893～906
五代	後梁			907～923
	後唐			923～936
	後晉			936～938
			調元曆	939～947
	後漢		崇玄曆	947～951
	後周			951～955
			欽天曆	956～960
宋朝		遼	調元曆	907～993
			大明曆	994～1125
	北宋		欽天曆	960～963
			應天曆	963～981
			乾元曆	981～1001
			儀天曆	1001～1023
			崇天曆	1024～1065
			明天曆	1065～1068
			崇天曆	1068～1075
			奉元曆	1075～1093

			觀天曆	1094～1102
			占天曆	1103～1105
			紀元曆	1106～1127
		金	大明曆	1137～1181
			重修大明曆	1182～1234
	南宋		紀元曆	1127～1135
			統元曆	1136～1167
			乾道曆	1168～1176
			淳熙曆	1177～1190
			會元曆	1191～1198
			統天曆	1199～1207
			開禧曆	1208～1251
			淳祐曆	1252
			會天曆	1253～1270
			成天曆	1271～1276
元朝			重修大明曆	1271～1280
			授時曆	1281～1367
明朝			大統曆	1368～1644
清朝			時憲曆	1645～1911
中華民國			國曆、農曆、干支	1912～現在
中華人民共和國			國曆、農曆、干支	1949～現在

中國歷代年表

朝代			黃帝紀年	西曆紀年
燧人氏			遠古～前 1781	遠古～前 4478
伏羲氏			前 1780 甲申（-30）	前 4477
神農氏			前 520 甲申（-9）	前 3217
黃帝			元年甲子（1）	前 2697
少昊			101 甲辰（2）	前 2597
帝顓頊			185 戊辰（4）	前 2513
帝嚳			263 丙戌（5）	前 2435
帝摯			333 丙申（6）	前 2365
唐堯			341 甲辰（6）	前 2357
虞舜			441 甲申（8）	前 2257
夏朝			491 甲戌（9）	前 2207
商朝			932 乙未（16）	前 1766
周朝	西周		1576 己卯（27）	前 1122
	東周	春秋	1928 辛未（33）	前 770
		戰國	2223 丙寅（38）	前 475
秦朝			2477 庚辰（42）	前 221
楚漢			2492 乙未（42）	前 206
漢朝	西漢		2496 己亥（42）	前 202
	新朝		2706 己巳（46）	9
	更始		2720 癸未（46）	23

	東漢		2722 乙酉（46）	25
三國	魏		2917 庚子（49）	220
		蜀	2918 辛丑（49）～	221～263
		吳	2919 壬寅（49）～	222～280
晉朝	西晉		2962 乙酉（50）	265
	東晉		3014 丁丑（51）	317
	五胡十六國 匈奴鮮卑羯氐羌	前趙	3001 甲子（51）～	304～329
		成漢	3001 甲子（51）～	304～347
		後趙	3016 己卯（51）～	319～350
		前涼	3021 甲申（51）～	324～376
		前燕	3034 丁酉（51）～	337～370
		前秦	3048 辛亥（51）～	351～394
		後秦	3081 甲申（52）～	384～417
		後燕	3081 甲申（52）～	384～409
		西秦	3082 乙酉（52）～	385～431
		後涼	3083 丙戌（52）～	386～403
		南涼	3094 丁酉（52）～	397～414
		南燕	3095 戊戌（52）～	398～410
		西涼	3097 庚子（52）～	400～420
		北涼	3098 辛丑（52）～	401～439
		夏	3104 丁未（52）～	407～431
		北燕	3106 己酉（52）～	409～436
	南朝	宋	3117 庚申（52）	420
		齊	3176 己未（53）	479

南北朝		梁	3199 壬午（54）	502
		陳	3254 丁丑（55）	557
	北朝	北魏	3083 丙戌（52）～	386～534
		東魏	3231 甲寅（54）～	534～550
		西魏	3232 已卯（54）～	535～557
		北齊	3247 庚午（55）～	550～577
		北周	3254 丁丑（55）～	557～581
隋朝			3286 己酉（55）	589
唐朝	李唐		3315 戊寅（56）	618
	武周		3387 庚寅（57）	690
	李唐		3402 乙巳（57）	705
五代	後梁		3604 丁卯（61）	907
	後唐		3620 癸未（61）	923
	後晉		3633 丙申（61）	936
	後漢		3644 丁未（61）	947
	後周		3648 辛亥（61）	951
	十國	吳	3599 壬戌（60）～	902～937
		前蜀	3604 丁卯（61）～	907～925
		楚	3604 丁卯（61）～	907～951
		吳越	3604 丁卯（61）～	907～978
		閩	3606 己巳（61）～	909～945
		南漢	3614 丁丑（61）～	917～971
		荊南	3621 甲申（61）～	924～963
		後蜀	3631 甲午（61）～	934～965

		南唐	3634 丁酉（61）～	937～975
		北漢	3648 辛亥（61）～	951～979
宋朝		遼	3604 丁卯（61）～	907～1125
	北宋		3657 庚申（61）	960
		西夏	3735 戊寅（63）～	1038～1227
		金	3812 乙未（64）～	1115～1234
	南宋		3824 丁未（64）	1127
元朝			3977 庚辰（67）	1280
明朝			4065 戊申（68）	1368
清朝			4341 甲申（73）	1644
中華民國			4609 壬子（77）	1912
中華民國 台灣			4646 己丑（78）	1949
中華人民共和國			4646 己丑（78）	1949

中國歷代年表說明

（1）年表朝代起始時間以〔黃帝紀年〕與〔西曆紀年〕記載。

（2）年表以〔黃帝紀年元年歲次甲子〕〔西曆紀年前 2697 年〕為起始時間。

（3）年表黃帝紀年欄位中（A）表黃帝紀年第 A 甲子。

（4）三皇為「燧人氏、伏羲氏、神農氏」。

（5）伏羲氏十六帝，計 1260 年。

（6）神農氏八帝，計 520 年。

（7）五帝為「黃帝、顓頊、帝嚳、唐堯、虞舜」《史記・五帝本紀》。

（8）年表朝代共處者有：三國魏蜀吳、東晉與五胡十六國、南朝與北朝、五代與十國、宋朝與遼西夏金、中華民國台灣與中華人民共和國。

（9）中國朝代正統者，西曆紀年僅標示起始年，後接下一正統者。

（10）中國朝代副統者，西曆紀年皆標示起迄年。

歸藏萬年曆

年	庚子																	
月	戊寅			己卯			庚辰			辛巳			壬午			癸未		
節氣	立春 2/4 13時51分 未時			驚蟄 3/6 8時21分 辰時			清明 4/5 13時52分 未時			立夏 5/6 7時55分 辰時			芒種 6/6 12時39分 午時			小暑 7/7 23時10分 子時		
日	國曆	農曆	干支	國曆	農曆	干支	國曆	農曆	干支	國曆	農曆	干支	國曆	農曆	干支	國曆	農曆	干支
1900	2 4	1 5	戊申	3 6	2 6	戊寅	4 5	3 6	戊申	5 6	4 8	己卯	6 6	5 10	庚戌	7 7	6 11	辛巳
	2 5	1 6	己酉	3 7	2 7	己卯	4 6	3 7	己酉	5 7	4 9	庚辰	6 7	5 11	辛亥	7 8	6 12	壬午
	2 6	1 7	庚戌	3 8	2 8	庚辰	4 7	3 8	庚戌	5 8	4 10	辛巳	6 8	5 12	壬子	7 9	6 13	癸未
	2 7	1 8	辛亥	3 9	2 9	辛巳	4 8	3 9	辛亥	5 9	4 11	壬午	6 9	5 13	癸丑	7 10	6 14	甲申
	2 8	1 9	壬子	3 10	2 10	壬午	4 9	3 10	壬子	5 10	4 12	癸未	6 10	5 14	甲寅	7 11	6 15	乙酉
	2 9	1 10	癸丑	3 11	2 11	癸未	4 10	3 11	癸丑	5 11	4 13	甲申	6 11	5 15	乙卯	7 12	6 16	丙戌
	2 10	1 11	甲寅	3 12	2 12	甲申	4 11	3 12	甲寅	5 12	4 14	乙酉	6 12	5 16	丙辰	7 13	6 17	丁亥
	2 11	1 12	乙卯	3 13	2 13	乙酉	4 12	3 13	乙卯	5 13	4 15	丙戌	6 13	5 17	丁巳	7 14	6 18	戊子
	2 12	1 13	丙辰	3 14	2 14	丙戌	4 13	3 14	丙辰	5 14	4 16	丁亥	6 14	5 18	戊午	7 15	6 19	己丑
	2 13	1 14	丁巳	3 15	2 15	丁亥	4 14	3 15	丁巳	5 15	4 17	戊子	6 15	5 19	己未	7 16	6 20	庚寅
	2 14	1 15	戊午	3 16	2 16	戊子	4 15	3 16	戊午	5 16	4 18	己丑	6 16	5 20	庚申	7 17	6 21	辛卯
	2 15	1 16	己未	3 17	2 17	己丑	4 16	3 17	己未	5 17	4 19	庚寅	6 17	5 21	辛酉	7 18	6 22	壬辰
	2 16	1 17	庚申	3 18	2 18	庚寅	4 17	3 18	庚申	5 18	4 20	辛卯	6 18	5 22	壬戌	7 19	6 23	癸巳
鼠	2 17	1 18	辛酉	3 19	2 19	辛卯	4 18	3 19	辛酉	5 19	4 21	壬辰	6 19	5 23	癸亥	7 20	6 24	甲午
	2 18	1 19	壬戌	3 20	2 20	壬辰	4 19	3 20	壬戌	5 20	4 22	癸巳	6 20	5 24	甲子	7 21	6 25	乙未
	2 19	1 20	癸亥	3 21	2 21	癸巳	4 20	3 21	癸亥	5 21	4 23	甲午	6 21	5 25	乙丑	7 22	6 26	丙申
	2 20	1 21	甲子	3 22	2 22	甲午	4 21	3 22	甲子	5 22	4 24	乙未	6 22	5 26	丙寅	7 23	6 27	丁酉
	2 21	1 22	乙丑	3 23	2 23	乙未	4 22	3 23	乙丑	5 23	4 25	丙申	6 23	5 27	丁卯	7 24	6 28	戊戌
清光緒二十六年	2 22	1 23	丙寅	3 24	2 24	丙申	4 23	3 24	丙寅	5 24	4 26	丁酉	6 24	5 28	戊辰	7 25	6 29	己亥
	2 23	1 24	丁卯	3 25	2 25	丁酉	4 24	3 25	丁卯	5 25	4 27	戊戌	6 25	5 29	己巳	7 26	7 1	庚子
	2 24	1 25	戊辰	3 26	2 26	戊戌	4 25	3 26	戊辰	5 26	4 28	己亥	6 26	5 30	庚午	7 27	7 2	辛丑
	2 25	1 26	己巳	3 27	2 27	己亥	4 26	3 27	己巳	5 27	4 29	庚子	6 27	6 1	辛未	7 28	7 3	壬寅
	2 26	1 27	庚午	3 28	2 28	庚子	4 27	3 28	庚午	5 28	5 1	辛丑	6 28	6 2	壬申	7 29	7 4	癸卯
	2 27	1 28	辛未	3 29	2 29	辛丑	4 28	3 29	辛未	5 29	5 2	壬寅	6 29	6 3	癸酉	7 30	7 5	甲辰
	2 28	1 29	壬申	3 30	2 30	壬寅	4 29	4 1	壬申	5 30	5 3	癸卯	6 30	6 4	甲戌	7 31	7 6	乙巳
民國前十二年	3 1	2 1	癸酉	3 31	3 1	癸卯	4 30	4 2	癸酉	5 31	5 4	甲辰	7 1	6 5	乙亥	8 1	7 7	丙午
	3 2	2 2	甲戌	4 1	3 2	甲辰	5 1	4 3	甲戌	6 1	5 5	乙巳	7 2	6 6	丙子	8 2	7 8	丁未
	3 3	2 3	乙亥	4 2	3 3	乙巳	5 2	4 4	乙亥	6 2	5 6	丙午	7 3	6 7	丁丑	8 3	7 9	戊申
	3 4	2 4	丙子	4 3	3 4	丙午	5 3	4 5	丙子	6 3	5 7	丁未	7 4	6 8	戊寅	8 4	7 10	己酉
	3 5	2 5	丁丑	4 4	3 5	丁未	5 4	4 6	丁丑	6 4	5 8	戊申	7 5	6 9	己卯	8 5	7 11	庚戌
							5 5	4 7	戊寅	6 5	5 9	己酉	7 6	6 10	庚辰	8 6	7 12	辛亥
																8 7	7 13	壬子
中氣	雨水 2/19 10時1分 巳時			春分 3/21 9時39分 巳時			穀雨 4/20 21時27分 亥時			小滿 5/21 21時17分 亥時			夏至 6/22 5時39分 卯時			大暑 7/23 16時36分 申時		

年	庚子																	
月	甲申			乙酉			丙戌			丁亥			戊子			己丑		
節氣	立秋 8/8 8時50分 辰時			白露 9/8 11時16分 午時			寒露 10/9 2時13分 丑時			立冬 11/8 4時39分 寅時			大雪 12/7 20時55分 戌時			小寒 1/6 7時53分 辰時		
日	國曆	農曆	干支	國曆	農曆	干支	國曆	農曆	干支	國曆	農曆	干支	國曆	農曆	干支	國曆	農曆	干支
	8 8	7 14	癸丑	9 8	8 15	甲申	10 9	8 16	乙卯	11 8	9 17	乙酉	12 7	10 16	甲寅	1 6	11 16	甲申
	8 9	7 15	甲寅	9 9	8 16	乙酉	10 10	8 17	丙辰	11 9	9 18	丙戌	12 8	10 17	乙卯	1 7	11 17	乙酉
	8 10	7 16	乙卯	9 10	8 17	丙戌	10 11	8 18	丁巳	11 10	9 19	丁亥	12 9	10 18	丙辰	1 8	11 18	丙戌
	8 11	7 17	丙辰	9 11	8 18	丁亥	10 12	8 19	戊午	11 11	9 20	戊子	12 10	10 19	丁巳	1 9	11 19	丁亥
	8 12	7 18	丁巳	9 12	8 19	戊子	10 13	8 20	己未	11 12	9 21	己丑	12 11	10 20	戊午	1 10	11 20	戊子
	8 13	7 19	戊午	9 13	8 20	己丑	10 14	8 21	庚申	11 13	9 22	庚寅	12 12	10 21	己未	1 11	11 21	己丑
	8 14	7 20	己未	9 14	8 21	庚寅	10 15	8 22	辛酉	11 14	9 23	辛卯	12 13	10 22	庚申	1 12	11 22	庚寅
	8 15	7 21	庚申	9 15	8 22	辛卯	10 16	8 23	壬戌	11 15	9 24	壬辰	12 14	10 23	辛酉	1 13	11 23	辛卯
	8 16	7 22	辛酉	9 16	8 23	壬辰	10 17	8 24	癸亥	11 16	9 25	癸巳	12 15	10 24	壬戌	1 14	11 24	壬辰
	8 17	7 23	壬戌	9 17	8 24	癸巳	10 18	8 25	甲子	11 17	9 26	甲午	12 16	10 25	癸亥	1 15	11 25	癸巳
	8 18	7 24	癸亥	9 18	8 25	甲午	10 19	8 26	乙丑	11 18	9 27	乙未	12 17	10 26	甲子	1 16	11 26	甲午
	8 19	7 25	甲子	9 19	8 26	乙未	10 20	8 27	丙寅	11 19	9 28	丙申	12 18	10 27	乙丑	1 17	11 27	乙未
	8 20	7 26	乙丑	9 20	8 27	丙申	10 21	8 28	丁卯	11 20	9 29	丁酉	12 19	10 28	丙寅	1 18	11 28	丙申
	8 21	7 27	丙寅	9 21	8 28	丁酉	10 22	8 29	戊辰	11 21	9 30	戊戌	12 20	10 29	丁卯	1 19	11 29	丁酉
	8 22	7 28	丁卯	9 22	8 29	戊戌	10 23	9 1	己巳	11 22	10 1	己亥	12 21	10 30	戊辰	1 20	12 1	戊戌
	8 23	7 29	戊辰	9 23	8 30	己亥	10 24	9 2	庚午	11 23	10 2	庚子	12 22	11 1	己巳	1 21	12 2	己亥
	8 24	7 30	己巳	9 24	閏8 1	庚子	10 25	9 3	辛未	11 24	10 3	辛丑	12 23	11 2	庚午	1 22	12 3	庚子
	8 25	8 1	庚午	9 25	8 2	辛丑	10 26	9 4	壬申	11 25	10 4	壬寅	12 24	11 3	辛未	1 23	12 4	辛丑
	8 26	8 2	辛未	9 26	8 3	壬寅	10 27	9 5	癸酉	11 26	10 5	癸卯	12 25	11 4	壬申	1 24	12 5	壬寅
	8 27	8 3	壬申	9 27	8 4	癸卯	10 28	9 6	甲戌	11 27	10 6	甲辰	12 26	11 5	癸酉	1 25	12 6	癸卯
	8 28	8 4	癸酉	9 28	8 5	甲辰	10 29	9 7	乙亥	11 28	10 7	乙巳	12 27	11 6	甲戌	1 26	12 7	甲辰
	8 29	8 5	甲戌	9 29	8 6	乙巳	10 30	9 8	丙子	11 29	10 8	丙午	12 28	11 7	乙亥	1 27	12 8	乙巳
	8 30	8 6	乙亥	9 30	8 7	丙午	10 31	9 9	丁丑	11 30	10 9	丁未	12 29	11 8	丙子	1 28	12 9	丙午
	8 31	8 7	丙子	10 1	8 8	丁未	11 1	9 10	戊寅	12 1	10 10	戊申	12 30	11 9	丁丑	1 29	12 10	丁未
	9 1	8 8	丁丑	10 2	8 9	戊申	11 2	9 11	己卯	12 2	10 11	己酉	12 31	11 10	戊寅	1 30	12 11	戊申
	9 2	8 9	戊寅	10 3	8 10	己酉	11 3	9 12	庚辰	12 3	10 12	庚戌	1 1	11 11	己卯	1 31	12 12	己酉
	9 3	8 10	己卯	10 4	8 11	庚戌	11 4	9 13	辛巳	12 4	10 13	辛亥	1 2	11 12	庚辰	2 1	12 13	庚戌
	9 4	8 11	庚辰	10 5	8 12	辛亥	11 5	9 14	壬午	12 5	10 14	壬子	1 3	11 13	辛巳	2 2	12 14	辛亥
	9 5	8 12	辛巳	10 6	8 13	壬子	11 6	9 15	癸未	12 6	10 15	癸丑	1 4	11 14	壬午	2 3	12 15	壬子
	9 6	8 13	壬午	10 7	8 14	癸丑	11 7	9 16	甲申				1 5	11 15	癸未			
	9 7	8 14	癸未	10 8	8 15	甲寅												
中氣	處暑 8/23 23時19分 子時			秋分 9/23 20時20分 戌時			霜降 10/24 4時55分 寅時			小雪 11/23 1時47分 丑時			冬至 12/22 14時41分 未時			大寒 1/21 1時16分 丑時		

1900・1901

鼠

清光緒二十六年

民國前十二・十一年

年	辛丑																													
月	庚寅					辛卯					壬辰					癸巳					甲午					乙未				
節氣	立春 2/4 19時39分 戌時					驚蟄 3/6 14時10分 未時					清明 4/5 19時44分 戌時					立夏 5/6 13時50分 未時					芒種 6/6 18時36分 酉時					小暑 7/8 5時7分 卯時				
日	國曆		農曆		干支	國曆		農曆		干支	國曆		農曆		干支	國曆		農曆		干支	國曆		農曆		干支	國曆		農曆		干支
1901	2	4	12	16	癸丑	3	6	1	16	癸未	4	5	2	17	癸丑	5	6	3	18	甲申	6	6	4	20	乙卯	7	8	5	23	丁亥
	2	5	12	17	甲寅	3	7	1	17	甲申	4	6	2	18	甲寅	5	7	3	19	乙酉	6	7	4	21	丙辰	7	9	5	24	戊子
	2	6	12	18	乙卯	3	8	1	18	乙酉	4	7	2	19	乙卯	5	8	3	20	丙戌	6	8	4	22	丁巳	7	10	5	25	己丑
	2	7	12	19	丙辰	3	9	1	19	丙戌	4	8	2	20	丙辰	5	9	3	21	丁亥	6	9	4	23	戊午	7	11	5	26	庚寅
	2	8	12	20	丁巳	3	10	1	20	丁亥	4	9	2	21	丁巳	5	10	3	22	戊子	6	10	4	24	己未	7	12	5	27	辛卯
	2	9	12	21	戊午	3	11	1	21	戊子	4	10	2	22	戊午	5	11	3	23	己丑	6	11	4	25	庚申	7	13	5	28	壬辰
	2	10	12	22	己未	3	12	1	22	己丑	4	11	2	23	己未	5	12	3	24	庚寅	6	12	4	26	辛酉	7	14	5	29	癸巳
	2	11	12	23	庚申	3	13	1	23	庚寅	4	12	2	24	庚申	5	13	3	25	辛卯	6	13	4	27	壬戌	7	15	5	30	甲午
	2	12	12	24	辛酉	3	14	1	24	辛卯	4	13	2	25	辛酉	5	14	3	26	壬辰	6	14	4	28	癸亥	7	16	6	1	乙未
	2	13	12	25	壬戌	3	15	1	25	壬辰	4	14	2	26	壬戌	5	15	3	27	癸巳	6	15	4	29	甲子	7	17	6	2	丙申
	2	14	12	26	癸亥	3	16	1	26	癸巳	4	15	2	27	癸亥	5	16	3	28	甲午	6	16	5	1	乙丑	7	18	6	3	丁酉
	2	15	12	27	甲子	3	17	1	27	甲午	4	16	2	28	甲子	5	17	3	29	乙未	6	17	5	2	丙寅	7	19	6	4	戊戌
	2	16	12	28	乙丑	3	18	1	28	乙未	4	17	2	29	乙丑	5	18	4	1	丙申	6	18	5	3	丁卯	7	20	6	5	己亥
牛	2	17	12	29	丙寅	3	19	1	29	丙申	4	18	2	30	丙寅	5	19	4	2	丁酉	6	19	5	4	戊辰	7	21	6	6	庚子
	2	18	12	30	丁卯	3	20	2	1	丁酉	4	19	3	1	丁卯	5	20	4	3	戊戌	6	20	5	5	己巳	7	22	6	7	辛丑
	2	19	1	1	戊辰	3	21	2	2	戊戌	4	20	3	2	戊辰	5	21	4	4	己亥	6	21	5	6	庚午	7	23	6	8	壬寅
	2	20	1	2	己巳	3	22	2	3	己亥	4	21	3	3	己巳	5	22	4	5	庚子	6	22	5	7	辛未	7	24	6	9	癸卯
	2	21	1	3	庚午	3	23	2	4	庚子	4	22	3	4	庚午	5	23	4	6	辛丑	6	23	5	8	壬申	7	25	6	10	甲辰
	2	22	1	4	辛未	3	24	2	5	辛丑	4	23	3	5	辛未	5	24	4	7	壬寅	6	24	5	9	癸酉	7	26	6	11	乙巳
清光緒二十七年	2	23	1	5	壬申	3	25	2	6	壬寅	4	24	3	6	壬申	5	25	4	8	癸卯	6	25	5	10	甲戌	7	27	6	12	丙午
	2	24	1	6	癸酉	3	26	2	7	癸卯	4	25	3	7	癸酉	5	26	4	9	甲辰	6	26	5	11	乙亥	7	28	6	13	丁未
	2	25	1	7	甲戌	3	27	2	8	甲辰	4	26	3	8	甲戌	5	27	4	10	乙巳	6	27	5	12	丙子	7	29	6	14	戊申
	2	26	1	8	乙亥	3	28	2	9	乙巳	4	27	3	9	乙亥	5	28	4	11	丙午	6	28	5	13	丁丑	7	30	6	15	己酉
	2	27	1	9	丙子	3	29	2	10	丙午	4	28	3	10	丙子	5	29	4	12	丁未	6	29	5	14	戊寅	7	31	6	16	庚戌
	2	28	1	10	丁丑	3	30	2	11	丁未	4	29	3	11	丁丑	5	30	4	13	戊申	6	30	5	15	己卯	8	1	6	17	辛亥
民國前十一年	3	1	1	11	戊寅	3	31	2	12	戊申	4	30	3	12	戊寅	5	31	4	14	己酉	7	1	5	16	庚辰	8	2	6	18	壬子
	3	2	1	12	己卯	4	1	2	13	己酉	5	1	3	13	己卯	6	1	4	15	庚戌	7	2	5	17	辛巳	8	3	6	19	癸丑
	3	3	1	13	庚辰	4	2	2	14	庚戌	5	2	3	14	庚辰	6	2	4	16	辛亥	7	3	5	18	壬午	8	4	6	20	甲寅
	3	4	1	14	辛巳	4	3	2	15	辛亥	5	3	3	15	辛巳	6	3	4	17	壬子	7	4	5	19	癸未	8	5	6	21	乙卯
	3	5	1	15	壬午	4	4	2	16	壬子	5	4	3	16	壬午	6	4	4	18	癸丑	7	5	5	20	甲申	8	6	6	22	丙辰
											5	5	3	17	癸未	6	5	4	19	甲寅	7	6	5	21	乙酉	8	7	6	23	丁巳
																					7	7	5	22	丙戌					
中氣	雨水 2/19 15時45分 申時					春分 3/21 15時23分 申時					穀雨 4/21 3時13分 寅時					小滿 5/22 3時4分 寅時					夏至 6/22 11時27分 午時					大暑 7/23 22時23分 亥時				

辛丑																														年
丙申					丁酉					戊戌					己亥					庚子					辛丑					月
立秋					白露					寒露					立冬					大雪					小寒					節氣
8/8 14時46分 未時					9/8 17時10分 酉時					10/9 8時6分 辰時					11/8 10時34分 巳時					12/8 2時52分 丑時					1/6 13時51分 未時					
國曆		農曆		干支	國曆		農曆		干支	國曆		農曆		干支	國曆		農曆		干支	國曆		農曆		干支	國曆		農曆		干支	日
8	8	6	24	戊午	9	8	7	26	己丑	10	9	8	27	庚申	11	8	9	28	庚寅	12	8	10	28	庚申	1	6	11	27	己丑	
8	9	6	25	己未	9	9	7	27	庚寅	10	10	8	28	辛酉	11	9	9	29	辛卯	12	9	10	29	辛酉	1	7	11	28	庚寅	
8	10	6	26	庚申	9	10	7	28	辛卯	10	11	8	29	壬戌	11	10	9	30	壬辰	12	10	10	30	壬戌	1	8	11	29	辛卯	1901・1902
8	11	6	27	辛酉	9	11	7	29	壬辰	10	12	9	1	癸亥	11	11	10	1	癸巳	12	11	11	1	癸亥	1	9	11	30	壬辰	
8	12	6	28	壬戌	9	12	7	30	癸巳	10	13	9	2	甲子	11	12	10	2	甲午	12	12	11	2	甲子	1	10	12	1	癸巳	
8	13	6	29	癸亥	9	13	8	1	甲午	10	14	9	3	乙丑	11	13	10	3	乙未	12	13	11	3	乙丑	1	11	12	2	甲午	
8	14	7	1	甲子	9	14	8	2	乙未	10	15	9	4	丙寅	11	14	10	4	丙申	12	14	11	4	丙寅	1	12	12	3	乙未	
8	15	7	2	乙丑	9	15	8	3	丙申	10	16	9	5	丁卯	11	15	10	5	丁酉	12	15	11	5	丁卯	1	13	12	4	丙申	
8	16	7	3	丙寅	9	16	8	4	丁酉	10	17	9	6	戊辰	11	16	10	6	戊戌	12	16	11	6	戊辰	1	14	12	5	丁酉	
8	17	7	4	丁卯	9	17	8	5	戊戌	10	18	9	7	己巳	11	17	10	7	己亥	12	17	11	7	己巳	1	15	12	6	戊戌	
8	18	7	5	戊辰	9	18	8	6	己亥	10	19	9	8	庚午	11	18	10	8	庚子	12	18	11	8	庚午	1	16	12	7	己亥	
8	19	7	6	己巳	9	19	8	7	庚子	10	20	9	9	辛未	11	19	10	9	辛丑	12	19	11	9	辛未	1	17	12	8	庚子	
8	20	7	7	庚午	9	20	8	8	辛丑	10	21	9	10	壬申	11	20	10	10	壬寅	12	20	11	10	壬申	1	18	12	9	辛丑	
8	21	7	8	辛未	9	21	8	9	壬寅	10	22	9	11	癸酉	11	21	10	11	癸卯	12	21	11	11	癸酉	1	19	12	10	壬寅	牛
8	22	7	9	壬申	9	22	8	10	癸卯	10	23	9	12	甲戌	11	22	10	12	甲辰	12	22	11	12	甲戌	1	20	12	11	癸卯	
8	23	7	10	癸酉	9	23	8	11	甲辰	10	24	9	13	乙亥	11	23	10	13	乙巳	12	23	11	13	乙亥	1	21	12	12	甲辰	
8	24	7	11	甲戌	9	24	8	12	乙巳	10	25	9	14	丙子	11	24	10	14	丙午	12	24	11	14	丙子	1	22	12	13	乙巳	
8	25	7	12	乙亥	9	25	8	13	丙午	10	26	9	15	丁丑	11	25	10	15	丁未	12	25	11	15	丁丑	1	23	12	14	丙午	
8	26	7	13	丙子	9	26	8	14	丁未	10	27	9	16	戊寅	11	26	10	16	戊申	12	26	11	16	戊寅	1	24	12	15	丁未	清光緒二十七年
8	27	7	14	丁丑	9	27	8	15	戊申	10	28	9	17	己卯	11	27	10	17	己酉	12	27	11	17	己卯	1	25	12	16	戊申	
8	28	7	15	戊寅	9	28	8	16	己酉	10	29	9	18	庚辰	11	28	10	18	庚戌	12	28	11	18	庚辰	1	26	12	17	己酉	
8	29	7	16	己卯	9	29	8	17	庚戌	10	30	9	19	辛巳	11	29	10	19	辛亥	12	29	11	19	辛巳	1	27	12	18	庚戌	
8	30	7	17	庚辰	9	30	8	18	辛亥	10	31	9	20	壬午	11	30	10	20	壬子	12	30	11	20	壬午	1	28	12	19	辛亥	
8	31	7	18	辛巳	10	1	8	19	壬子	11	1	9	21	癸未	12	1	10	21	癸丑	12	31	11	21	癸未	1	29	12	20	壬子	
9	1	7	19	壬午	10	2	8	20	癸丑	11	2	9	22	甲申	12	2	10	22	甲寅	1	1	11	22	甲申	1	30	12	21	癸丑	民國前十一・十年
9	2	7	20	癸未	10	3	8	21	甲寅	11	3	9	23	乙酉	12	3	10	23	乙卯	1	2	11	23	乙酉	1	31	12	22	甲寅	
9	3	7	21	甲申	10	4	8	22	乙卯	11	4	9	24	丙戌	12	4	10	24	丙辰	1	3	11	24	丙戌	2	1	12	23	乙卯	
9	4	7	22	乙酉	10	5	8	23	丙辰	11	5	9	25	丁亥	12	5	10	25	丁巳	1	4	11	25	丁亥	2	2	12	24	丙辰	
9	5	7	23	丙戌	10	6	8	24	丁巳	11	6	9	26	戊子	12	6	10	26	戊午	1	5	11	26	戊子	2	3	12	25	丁巳	
9	6	7	24	丁亥	10	7	8	25	戊午	11	7	9	27	己丑	12	7	10	27	己未						2	4	12	26	戊午	
9	7	7	25	戊子	10	8	8	26	己未																					
處暑					秋分					霜降					小雪					冬至					大寒					中氣
8/24 5時7分 卯時					9/24 2時9分 丑時					10/24 10時46分 巳時					11/23 7時41分 辰時					12/22 20時36分 戌時					1/21 7時12分 辰時					

年	壬寅																	
月	壬寅			癸卯			甲辰			乙巳			丙午			丁未		
節氣	立春 2/5 1時38分 丑時			驚蟄 3/6 20時7分 戌時			清明 4/6 1時37分 丑時			立夏 5/6 19時38分 戌時			芒種 6/7 0時19分 子時			小暑 7/8 10時46分 巳時		
日	國曆	農曆	干支	國曆	農曆	干支	國曆	農曆	干支	國曆	農曆	干支	國曆	農曆	干支	國曆	農曆	干支
	2 5	12 27	己未	3 6	1 27	戊子	4 6	2 28	己未	5 6	3 29	己丑	6 7	5 2	辛酉	7 8	6 4	壬辰
	2 6	12 28	庚申	3 7	1 28	己丑	4 7	2 29	庚申	5 7	3 30	庚寅	6 8	5 3	壬戌	7 9	6 5	癸巳
	2 7	12 29	辛酉	3 8	1 29	庚寅	4 8	3 1	辛酉	5 8	4 1	辛卯	6 9	5 4	癸亥	7 10	6 6	甲午
	2 8	1 1	壬戌	3 9	1 30	辛卯	4 9	3 2	壬戌	5 9	4 2	壬辰	6 10	5 5	甲子	7 11	6 7	乙未
1902	2 9	1 2	癸亥	3 10	2 1	壬辰	4 10	3 3	癸亥	5 10	4 3	癸巳	6 11	5 6	乙丑	7 12	6 8	丙申
	2 10	1 3	甲子	3 11	2 2	癸巳	4 11	3 4	甲子	5 11	4 4	甲午	6 12	5 7	丙寅	7 13	6 9	丁酉
	2 11	1 4	乙丑	3 12	2 3	甲午	4 12	3 5	乙丑	5 12	4 5	乙未	6 13	5 8	丁卯	7 14	6 10	戊戌
	2 12	1 5	丙寅	3 13	2 4	乙未	4 13	3 6	丙寅	5 13	4 6	丙申	6 14	5 9	戊辰	7 15	6 11	己亥
	2 13	1 6	丁卯	3 14	2 5	丙申	4 14	3 7	丁卯	5 14	4 7	丁酉	6 15	5 10	己巳	7 16	6 12	庚子
	2 14	1 7	戊辰	3 15	2 6	丁酉	4 15	3 8	戊辰	5 15	4 8	戊戌	6 16	5 11	庚午	7 17	6 13	辛丑
	2 15	1 8	己巳	3 16	2 7	戊戌	4 16	3 9	己巳	5 16	4 9	己亥	6 17	5 12	辛未	7 18	6 14	壬寅
	2 16	1 9	庚午	3 17	2 8	己亥	4 17	3 10	庚午	5 17	4 10	庚子	6 18	5 13	壬申	7 19	6 15	癸卯
	2 17	1 10	辛未	3 18	2 9	庚子	4 18	3 11	辛未	5 18	4 11	辛丑	6 19	5 14	癸酉	7 20	6 16	甲辰
虎	2 18	1 11	壬申	3 19	2 10	辛丑	4 19	3 12	壬申	5 19	4 12	壬寅	6 20	5 15	甲戌	7 21	6 17	乙巳
	2 19	1 12	癸酉	3 20	2 11	壬寅	4 20	3 13	癸酉	5 20	4 13	癸卯	6 21	5 16	乙亥	7 22	6 18	丙午
	2 20	1 13	甲戌	3 21	2 12	癸卯	4 21	3 14	甲戌	5 21	4 14	甲辰	6 22	5 17	丙子	7 23	6 19	丁未
	2 21	1 14	乙亥	3 22	2 13	甲辰	4 22	3 15	乙亥	5 22	4 15	乙巳	6 23	5 18	丁丑	7 24	6 20	戊申
	2 22	1 15	丙子	3 23	2 14	乙巳	4 23	3 16	丙子	5 23	4 16	丙午	6 24	5 19	戊寅	7 25	6 21	己酉
	2 23	1 16	丁丑	3 24	2 15	丙午	4 24	3 17	丁丑	5 24	4 17	丁未	6 25	5 20	己卯	7 26	6 22	庚戌
清光緒二十八年	2 24	1 17	戊寅	3 25	2 16	丁未	4 25	3 18	戊寅	5 25	4 18	戊申	6 26	5 21	庚辰	7 27	6 23	辛亥
	2 25	1 18	己卯	3 26	2 17	戊申	4 26	3 19	己卯	5 26	4 19	己酉	6 27	5 22	辛巳	7 28	6 24	壬子
	2 26	1 19	庚辰	3 27	2 18	己酉	4 27	3 20	庚辰	5 27	4 20	庚戌	6 28	5 23	壬午	7 29	6 25	癸丑
	2 27	1 20	辛巳	3 28	2 19	庚戌	4 28	3 21	辛巳	5 28	4 21	辛亥	6 29	5 24	癸未	7 30	6 26	甲寅
	2 28	1 21	壬午	3 29	2 20	辛亥	4 29	3 22	壬午	5 29	4 22	壬子	6 30	5 25	甲申	7 31	6 27	乙卯
	3 1	1 22	癸未	3 30	2 21	壬子	4 30	3 23	癸未	5 30	4 23	癸丑	7 1	5 26	乙酉	8 1	6 28	丙辰
民國前十年	3 2	1 23	甲申	3 31	2 22	癸丑	5 1	3 24	甲申	5 31	4 24	甲寅	7 2	5 27	丙戌	8 2	6 29	丁巳
	3 3	1 24	乙酉	4 1	2 23	甲寅	5 2	3 25	乙酉	6 1	4 25	乙卯	7 3	5 28	丁亥	8 3	6 30	戊午
	3 4	1 25	丙戌	4 2	2 24	乙卯	5 3	3 26	丙戌	6 2	4 26	丙辰	7 4	5 29	戊子	8 4	7 1	己未
	3 5	1 26	丁亥	4 3	2 25	丙辰	5 4	3 27	丁亥	6 3	4 27	丁巳	7 5	6 1	己丑	8 5	7 2	庚申
				4 4	2 26	丁巳	5 5	3 28	戊子	6 4	4 28	戊午	7 6	6 2	庚寅	8 6	7 3	辛酉
				4 5	2 27	戊午				6 5	4 29	己未	7 7	6 3	辛卯	8 7	7 4	壬戌
										6 6	5 1	庚申						
中氣	雨水 2/19 21時39分 亥時			春分 3/21 21時16分 亥時			穀雨 4/21 9時4分 巳時			小滿 5/22 8時53分 辰時			夏至 6/22 17時15分 酉時			大暑 7/24 4時9分 寅時		

年	壬寅																													
月	戊申					己酉					庚戌					辛亥					壬子					癸丑				
節氣	立秋 8/8 20時22分 戌時					白露 9/8 22時46分 亥時					寒露 10/9 13時45分 未時					立冬 11/8 16時17分 申時					大雪 12/8 8時41分 辰時					小寒 1/6 19時43分 戌時				
日	國曆		農曆		干支	國曆		農曆		干支	國曆		農曆		干支	國曆		農曆		干支	國曆		農曆		干支	國曆		農曆		干支
	8	8	7	5	癸亥	9	8	8	7	甲午	10	9	9	8	乙丑	11	8	10	9	乙未	12	8	11	9	乙丑	1	6	12	8	甲午
	8	9	7	6	甲子	9	9	8	8	乙未	10	10	9	9	丙寅	11	9	10	10	丙申	12	9	11	10	丙寅	1	7	12	9	乙未
	8	10	7	7	乙丑	9	10	8	9	丙申	10	11	9	10	丁卯	11	10	10	11	丁酉	12	10	11	11	丁卯	1	8	12	10	丙申
	8	11	7	8	丙寅	9	11	8	10	丁酉	10	12	9	11	戊辰	11	11	10	12	戊戌	12	11	11	12	戊辰	1	9	12	11	丁酉
	8	12	7	9	丁卯	9	12	8	11	戊戌	10	13	9	12	己巳	11	12	10	13	己亥	12	12	11	13	己巳	1	10	12	12	戊戌
	8	13	7	10	戊辰	9	13	8	12	己亥	10	14	9	13	庚午	11	13	10	14	庚子	12	13	11	14	庚午	1	11	12	13	己亥
	8	14	7	11	己巳	9	14	8	13	庚子	10	15	9	14	辛未	11	14	10	15	辛丑	12	14	11	15	辛未	1	12	12	14	庚子
	8	15	7	12	庚午	9	15	8	14	辛丑	10	16	9	15	壬申	11	15	10	16	壬寅	12	15	11	16	壬申	1	13	12	15	辛丑
	8	16	7	13	辛未	9	16	8	15	壬寅	10	17	9	16	癸酉	11	16	10	17	癸卯	12	16	11	17	癸酉	1	14	12	16	壬寅
	8	17	7	14	壬申	9	17	8	16	癸卯	10	18	9	17	甲戌	11	17	10	18	甲辰	12	17	11	18	甲戌	1	15	12	17	癸卯
	8	18	7	15	癸酉	9	18	8	17	甲辰	10	19	9	18	乙亥	11	18	10	19	乙巳	12	18	11	19	乙亥	1	16	12	18	甲辰
	8	19	7	16	甲戌	9	19	8	18	乙巳	10	20	9	19	丙子	11	19	10	20	丙午	12	19	11	20	丙子	1	17	12	19	乙巳
	8	20	7	17	乙亥	9	20	8	19	丙午	10	21	9	20	丁丑	11	20	10	21	丁未	12	20	11	21	丁丑	1	18	12	20	丙午
	8	21	7	18	丙子	9	21	8	20	丁未	10	22	9	21	戊寅	11	21	10	22	戊申	12	21	11	22	戊寅	1	19	12	21	丁未
	8	22	7	19	丁丑	9	22	8	21	戊申	10	23	9	22	己卯	11	22	10	23	己酉	12	22	11	23	己卯	1	20	12	22	戊申
	8	23	7	20	戊寅	9	23	8	22	己酉	10	24	9	23	庚辰	11	23	10	24	庚戌	12	23	11	24	庚辰	1	21	12	23	己酉
	8	24	7	21	己卯	9	24	8	23	庚戌	10	25	9	24	辛巳	11	24	10	25	辛亥	12	24	11	25	辛巳	1	22	12	24	庚戌
	8	25	7	22	庚辰	9	25	8	24	辛亥	10	26	9	25	壬午	11	25	10	26	壬子	12	25	11	26	壬午	1	23	12	25	辛亥
	8	26	7	23	辛巳	9	26	8	25	壬子	10	27	9	26	癸未	11	26	10	27	癸丑	12	26	11	27	癸未	1	24	12	26	壬子
	8	27	7	24	壬午	9	27	8	26	癸丑	10	28	9	27	甲申	11	27	10	28	甲寅	12	27	11	28	甲申	1	25	12	27	癸丑
	8	28	7	25	癸未	9	28	8	27	甲寅	10	29	9	28	乙酉	11	28	10	29	乙卯	12	28	11	29	乙酉	1	26	12	28	甲寅
	8	29	7	26	甲申	9	29	8	28	乙卯	10	30	9	29	丙戌	11	29	10	30	丙辰	12	29	11	30	丙戌	1	27	12	29	乙卯
	8	30	7	27	乙酉	9	30	8	29	丙辰	10	31	10	1	丁亥	11	30	11	1	丁巳	12	30	12	1	丁亥	1	28	12	30	丙辰
	8	31	7	28	丙戌	10	1	8	30	丁巳	11	1	10	2	戊子	12	1	11	2	戊午	12	31	12	2	戊子	1	29	1	1	丁巳
	9	1	7	29	丁亥	10	2	9	1	戊午	11	2	10	3	己丑	12	2	11	3	己未	1	1	12	3	己丑	1	30	1	2	戊午
	9	2	8	1	戊子	10	3	9	2	己未	11	3	10	4	庚寅	12	3	11	4	庚申	1	2	12	4	庚寅	1	31	1	3	己未
	9	3	8	2	己丑	10	4	9	3	庚申	11	4	10	5	辛卯	12	4	11	5	辛酉	1	3	12	5	辛卯	2	1	1	4	庚申
	9	4	8	3	庚寅	10	5	9	4	辛酉	11	5	10	6	壬辰	12	5	11	6	壬戌	1	4	12	6	壬辰	2	2	1	5	辛酉
	9	5	8	4	辛卯	10	6	9	5	壬戌	11	6	10	7	癸巳	12	6	11	7	癸亥	1	5	12	7	癸巳	2	3	1	6	壬戌
	9	6	8	5	壬辰	10	7	9	6	癸亥	11	7	10	8	甲午	12	7	11	8	甲子						2	4	1	7	癸亥
	9	7	8	6	癸巳	10	8	9	7	甲子																				
中氣	處暑 8/24 10時53分 巳時					秋分 9/24 7時55分 辰時					霜降 10/24 16時35分 申時					小雪 11/23 13時35分 未時					冬至 12/23 2時35分 丑時					大寒 1/21 13時13分 未時				

1902・1903

虎

清光緒二十八年 民國前十・九年

1903 兔 清光緒二十九年 民國前九年

年	癸卯					
月	甲寅	乙卯	丙辰	丁巳	戊午	己未
節氣	立春 2/5 7時31分 辰時	驚蟄 3/7 1時58分 丑時	清明 4/6 7時26分 辰時	立夏 5/7 1時25分 丑時	芒種 6/7 6時7分 卯時	小暑 7/8 16時36分 申時
中氣	雨水 2/20 3時40分 寅時	春分 3/22 3時14分 寅時	穀雨 4/21 14時58分 未時	小滿 5/22 14時45分 未時	夏至 6/22 23時5分 子時	大暑 7/24 9時58分 巳時

國曆	農曆	干支	國曆	農曆	干支	國曆	農曆	干支	國曆	農曆	干支	國曆	農曆	干支	國曆	農曆	干支
2 5	1 8	甲子	3 7	2 9	甲午	4 6	3 9	甲子	5 7	4 11	乙未	6 7	5 12	丙寅	7 8	5 14	丁酉
2 6	1 9	乙丑	3 8	2 10	乙未	4 7	3 10	乙丑	5 8	4 12	丙申	6 8	5 13	丁卯	7 9	5 15	戊戌
2 7	1 10	丙寅	3 9	2 11	丙申	4 8	3 11	丙寅	5 9	4 13	丁酉	6 9	5 14	戊辰	7 10	5 16	己亥
2 8	1 11	丁卯	3 10	2 12	丁酉	4 9	3 12	丁卯	5 10	4 14	戊戌	6 10	5 15	己巳	7 11	5 17	庚子
2 9	1 12	戊辰	3 11	2 13	戊戌	4 10	3 13	戊辰	5 11	4 15	己亥	6 11	5 16	庚午	7 12	5 18	辛丑
2 10	1 13	己巳	3 12	2 14	己亥	4 11	3 14	己巳	5 12	4 16	庚子	6 12	5 17	辛未	7 13	5 19	壬寅
2 11	1 14	庚午	3 13	2 15	庚子	4 12	3 15	庚午	5 13	4 17	辛丑	6 13	5 18	壬申	7 14	5 20	癸卯
2 12	1 15	辛未	3 14	2 16	辛丑	4 13	3 16	辛未	5 14	4 18	壬寅	6 14	5 19	癸酉	7 15	5 21	甲辰
2 13	1 16	壬申	3 15	2 17	壬寅	4 14	3 17	壬申	5 15	4 19	癸卯	6 15	5 20	甲戌	7 16	5 22	乙巳
2 14	1 17	癸酉	3 16	2 18	癸卯	4 15	3 18	癸酉	5 16	4 20	甲辰	6 16	5 21	乙亥	7 17	5 23	丙午
2 15	1 18	甲戌	3 17	2 19	甲辰	4 16	3 19	甲戌	5 17	4 21	乙巳	6 17	5 22	丙子	7 18	5 24	丁未
2 16	1 19	乙亥	3 18	2 20	乙巳	4 17	3 20	乙亥	5 18	4 22	丙午	6 18	5 23	丁丑	7 19	5 25	戊申
2 17	1 20	丙子	3 19	2 21	丙午	4 18	3 21	丙子	5 19	4 23	丁未	6 19	5 24	戊寅	7 20	5 26	己酉
2 18	1 21	丁丑	3 20	2 22	丁未	4 19	3 22	丁丑	5 20	4 24	戊申	6 20	5 25	己卯	7 21	5 27	庚戌
2 19	1 22	戊寅	3 21	2 23	戊申	4 20	3 23	戊寅	5 21	4 25	己酉	6 21	5 26	庚辰	7 22	5 28	辛亥
2 20	1 23	己卯	3 22	2 24	己酉	4 21	3 24	己卯	5 22	4 26	庚戌	6 22	5 27	辛巳	7 23	5 29	壬子
2 21	1 24	庚辰	3 23	2 25	庚戌	4 22	3 25	庚辰	5 23	4 27	辛亥	6 23	5 28	壬午	7 24	6 1	癸丑
2 22	1 25	辛巳	3 24	2 26	辛亥	4 23	3 26	辛巳	5 24	4 28	壬子	6 24	5 29	癸未	7 25	6 2	甲寅
2 23	1 26	壬午	3 25	2 27	壬子	4 24	3 27	壬午	5 25	4 29	癸丑	6 25	閏5 1	甲申	7 26	6 3	乙卯
2 24	1 27	癸未	3 26	2 28	癸丑	4 25	3 28	癸未	5 26	4 30	甲寅	6 26	5 2	乙酉	7 27	6 4	丙辰
2 25	1 28	甲申	3 27	2 29	甲寅	4 26	3 29	甲申	5 27	5 1	乙卯	6 27	5 3	丙戌	7 28	6 5	丁巳
2 26	1 29	乙酉	3 28	2 30	乙卯	4 27	4 1	乙酉	5 28	5 2	丙辰	6 28	5 4	丁亥	7 29	6 6	戊午
2 27	2 1	丙戌	3 29	3 1	丙辰	4 28	4 2	丙戌	5 29	5 3	丁巳	6 29	5 5	戊子	7 30	6 7	己未
2 28	2 2	丁亥	3 30	3 2	丁巳	4 29	4 3	丁亥	5 30	5 4	戊午	6 30	5 6	己丑	7 31	6 8	庚申
3 1	2 3	戊子	3 31	3 3	戊午	4 30	4 4	戊子	5 31	5 5	己未	7 1	5 7	庚寅	8 1	6 9	辛酉
3 2	2 4	己丑	4 1	3 4	己未	5 1	4 5	己丑	6 1	5 6	庚申	7 2	5 8	辛卯	8 2	6 10	壬戌
3 3	2 5	庚寅	4 2	3 5	庚申	5 2	4 6	庚寅	6 2	5 7	辛酉	7 3	5 9	壬辰	8 3	6 11	癸亥
3 4	2 6	辛卯	4 3	3 6	辛酉	5 3	4 7	辛卯	6 3	5 8	壬戌	7 4	5 10	癸巳	8 4	6 12	甲子
3 5	2 7	壬辰	4 4	3 7	壬戌	5 4	4 8	壬辰	6 4	5 9	癸亥	7 5	5 11	甲午	8 5	6 13	乙丑
3 6	2 8	癸巳	4 5	3 8	癸亥	5 5	4 9	癸巳	6 5	5 10	甲子	7 6	5 12	乙未	8 6	6 14	丙寅
						5 6	4 10	甲午	6 6	5 11	乙丑	7 7	5 13	丙申	8 7	6 15	丁卯
															8 8	6 16	戊辰

癸卯																														年
庚申					辛酉					壬戌					癸亥					甲子					乙丑					月
立秋 8/9 2時15分 丑時					白露 9/9 4時42分 寅時					寒露 10/9 19時41分 戌時					立冬 11/8 22時13分 亥時					大雪 12/8 14時35分 未時					小寒 1/7 1時37分 丑時					節氣
國曆		農曆		干支	國曆		農曆		干支	國曆		農曆		干支	國曆		農曆		干支	國曆		農曆		干支	國曆		農曆		干支	日
8	9	6	17	己巳	9	9	7	18	庚子	10	9	8	19	庚午	11	8	9	20	庚子	12	8	10	20	庚午	1	7	11	20	庚子	1903・1904
8	10	6	18	庚午	9	10	7	19	辛丑	10	10	8	20	辛未	11	9	9	21	辛丑	12	9	10	21	辛未	1	8	11	21	辛丑	
8	11	6	19	辛未	9	11	7	20	壬寅	10	11	8	21	壬申	11	10	9	22	壬寅	12	10	10	22	壬申	1	9	11	22	壬寅	
8	12	6	20	壬申	9	12	7	21	癸卯	10	12	8	22	癸酉	11	11	9	23	癸卯	12	11	10	23	癸酉	1	10	11	23	癸卯	
8	13	6	21	癸酉	9	13	7	22	甲辰	10	13	8	23	甲戌	11	12	9	24	甲辰	12	12	10	24	甲戌	1	11	11	24	甲辰	
8	14	6	22	甲戌	9	14	7	23	乙巳	10	14	8	24	乙亥	11	13	9	25	乙巳	12	13	10	25	乙亥	1	12	11	25	乙巳	
8	15	6	23	乙亥	9	15	7	24	丙午	10	15	8	25	丙子	11	14	9	26	丙午	12	14	10	26	丙子	1	13	11	26	丙午	
8	16	6	24	丙子	9	16	7	25	丁未	10	16	8	26	丁丑	11	15	9	27	丁未	12	15	10	27	丁丑	1	14	11	27	丁未	
8	17	6	25	丁丑	9	17	7	26	戊申	10	17	8	27	戊寅	11	16	9	28	戊申	12	16	10	28	戊寅	1	15	11	28	戊申	
8	18	6	26	戊寅	9	18	7	27	己酉	10	18	8	28	己卯	11	17	9	29	己酉	12	17	10	29	己卯	1	16	11	29	己酉	
8	19	6	27	己卯	9	19	7	28	庚戌	10	19	8	29	庚辰	11	18	9	30	庚戌	12	18	10	30	庚辰	1	17	12	1	庚戌	
8	20	6	28	庚辰	9	20	7	29	辛亥	10	20	9	1	辛巳	11	19	10	1	辛亥	12	19	11	1	辛巳	1	18	12	2	辛亥	
8	21	6	29	辛巳	9	21	8	1	壬子	10	21	9	2	壬午	11	20	10	2	壬子	12	20	11	2	壬午	1	19	12	3	壬子	
8	22	6	30	壬午	9	22	8	2	癸丑	10	22	9	3	癸未	11	21	10	3	癸丑	12	21	11	3	癸未	1	20	12	4	癸丑	
8	23	7	1	癸未	9	23	8	3	甲寅	10	23	9	4	甲申	11	22	10	4	甲寅	12	22	11	4	甲申	1	21	12	5	甲寅	兔
8	24	7	2	甲申	9	24	8	4	乙卯	10	24	9	5	乙酉	11	23	10	5	乙卯	12	23	11	5	乙酉	1	22	12	6	乙卯	
8	25	7	3	乙酉	9	25	8	5	丙辰	10	25	9	6	丙戌	11	24	10	6	丙辰	12	24	11	6	丙戌	1	23	12	7	丙辰	
8	26	7	4	丙戌	9	26	8	6	丁巳	10	26	9	7	丁亥	11	25	10	7	丁巳	12	25	11	7	丁亥	1	24	12	8	丁巳	
8	27	7	5	丁亥	9	27	8	7	戊午	10	27	9	8	戊子	11	26	10	8	戊午	12	26	11	8	戊子	1	25	12	9	戊午	清光緒二十九年
8	28	7	6	戊子	9	28	8	8	己未	10	28	9	9	己丑	11	27	10	9	己未	12	27	11	9	己丑	1	26	12	10	己未	
8	29	7	7	己丑	9	29	8	9	庚申	10	29	9	10	庚寅	11	28	10	10	庚申	12	28	11	10	庚寅	1	27	12	11	庚申	
8	30	7	8	庚寅	9	30	8	10	辛酉	10	30	9	11	辛卯	11	29	10	11	辛酉	12	29	11	11	辛卯	1	28	12	12	辛酉	
8	31	7	9	辛卯	10	1	8	11	壬戌	10	31	9	12	壬辰	11	30	10	12	壬戌	12	30	11	12	壬辰	1	29	12	13	壬戌	
9	1	7	10	壬辰	10	2	8	12	癸亥	11	1	9	13	癸巳	12	1	10	13	癸亥	12	31	11	13	癸巳	1	30	12	14	癸亥	
9	2	7	11	癸巳	10	3	8	13	甲子	11	2	9	14	甲午	12	2	10	14	甲子	1	1	11	14	甲午	1	31	12	15	甲子	民國前九・八年
9	3	7	12	甲午	10	4	8	14	乙丑	11	3	9	15	乙未	12	3	10	15	乙丑	1	2	11	15	乙未	2	1	12	16	乙丑	
9	4	7	13	乙未	10	5	8	15	丙寅	11	4	9	16	丙申	12	4	10	16	丙寅	1	3	11	16	丙申	2	2	12	17	丙寅	
9	5	7	14	丙申	10	6	8	16	丁卯	11	5	9	17	丁酉	12	5	10	17	丁卯	1	4	11	17	丁酉	2	3	12	18	丁卯	
9	6	7	15	丁酉	10	7	8	17	戊辰	11	6	9	18	戊戌	12	6	10	18	戊辰	1	5	11	18	戊戌	2	4	12	19	戊辰	
9	7	7	16	戊戌	10	8	8	18	己巳	11	7	9	19	己亥	12	7	10	19	己巳	1	6	11	19	己亥						
9	8	7	17	己亥																										
處暑 8/24 16時41分 申時					秋分 9/24 13時43分 未時					霜降 10/24 22時23分 亥時					小雪 11/23 19時21分 戌時					冬至 12/23 8時20分 辰時					大寒 1/21 18時57分 酉時					中氣

年	甲辰																	
月	丙寅			丁卯			戊辰			己巳			庚午			辛未		
節氣	立春 2/5 13時24分 未時			驚蟄 3/6 7時51分 辰時			清明 4/5 13時18分 未時			立夏 5/6 7時18分 辰時			芒種 6/6 12時1分 午時			小暑 7/7 22時31分 亥時		
日	國曆	農曆	干支	國曆	農曆	干支	國曆	農曆	干支	國曆	農曆	干支	國曆	農曆	干支	國曆	農曆	干支
1904	2 5	12 20	己巳	3 6	1 20	己亥	4 5	2 20	己巳	5 6	3 21	庚子	6 6	4 23	辛未	7 7	5 24	壬寅
	2 6	12 21	庚午	3 7	1 21	庚子	4 6	2 21	庚午	5 7	3 22	辛丑	6 7	4 24	壬申	7 8	5 25	癸卯
	2 7	12 22	辛未	3 8	1 22	辛丑	4 7	2 22	辛未	5 8	3 23	壬寅	6 8	4 25	癸酉	7 9	5 26	甲辰
	2 8	12 23	壬申	3 9	1 23	壬寅	4 8	2 23	壬申	5 9	3 24	癸卯	6 9	4 26	甲戌	7 10	5 27	乙巳
	2 9	12 24	癸酉	3 10	1 24	癸卯	4 9	2 24	癸酉	5 10	3 25	甲辰	6 10	4 27	乙亥	7 11	5 28	丙午
	2 10	12 25	甲戌	3 11	1 25	甲辰	4 10	2 25	甲戌	5 11	3 26	乙巳	6 11	4 28	丙子	7 12	5 29	丁未
	2 11	12 26	乙亥	3 12	1 26	乙巳	4 11	2 26	乙亥	5 12	3 27	丙午	6 12	4 29	丁丑	7 13	6 1	戊申
	2 12	12 27	丙子	3 13	1 27	丙午	4 12	2 27	丙子	5 13	3 28	丁未	6 13	4 30	戊寅	7 14	6 2	己酉
	2 13	12 28	丁丑	3 14	1 28	丁未	4 13	2 28	丁丑	5 14	3 29	戊申	6 14	5 1	己卯	7 15	6 3	庚戌
	2 14	12 29	戊寅	3 15	1 29	戊申	4 14	2 29	戊寅	5 15	4 1	己酉	6 15	5 2	庚辰	7 16	6 4	辛亥
	2 15	12 30	己卯	3 16	1 30	己酉	4 15	2 30	己卯	5 16	4 2	庚戌	6 16	5 3	辛巳	7 17	6 5	壬子
	2 16	1 1	庚辰	3 17	2 1	庚戌	4 16	3 1	庚辰	5 17	4 3	辛亥	6 17	5 4	壬午	7 18	6 6	癸丑
	2 17	1 2	辛巳	3 18	2 2	辛亥	4 17	3 2	辛巳	5 18	4 4	壬子	6 18	5 5	癸未	7 19	6 7	甲寅
龍	2 18	1 3	壬午	3 19	2 3	壬子	4 18	3 3	壬午	5 19	4 5	癸丑	6 19	5 6	甲申	7 20	6 8	乙卯
	2 19	1 4	癸未	3 20	2 4	癸丑	4 19	3 4	癸未	5 20	4 6	甲寅	6 20	5 7	乙酉	7 21	6 9	丙辰
	2 20	1 5	甲申	3 21	2 5	甲寅	4 20	3 5	甲申	5 21	4 7	乙卯	6 21	5 8	丙戌	7 22	6 10	丁巳
	2 21	1 6	乙酉	3 22	2 6	乙卯	4 21	3 6	乙酉	5 22	4 8	丙辰	6 22	5 9	丁亥	7 23	6 11	戊午
	2 22	1 7	丙戌	3 23	2 7	丙辰	4 22	3 7	丙戌	5 23	4 9	丁巳	6 23	5 10	戊子	7 24	6 12	己未
	2 23	1 8	丁亥	3 24	2 8	丁巳	4 23	3 8	丁亥	5 24	4 10	戊午	6 24	5 11	己丑	7 25	6 13	庚申
清光緒三十年	2 24	1 9	戊子	3 25	2 9	戊午	4 24	3 9	戊子	5 25	4 11	己未	6 25	5 12	庚寅	7 26	6 14	辛酉
	2 25	1 10	己丑	3 26	2 10	己未	4 25	3 10	己丑	5 26	4 12	庚申	6 26	5 13	辛卯	7 27	6 15	壬戌
	2 26	1 11	庚寅	3 27	2 11	庚申	4 26	3 11	庚寅	5 27	4 13	辛酉	6 27	5 14	壬辰	7 28	6 16	癸亥
	2 27	1 12	辛卯	3 28	2 12	辛酉	4 27	3 12	辛卯	5 28	4 14	壬戌	6 28	5 15	癸巳	7 29	6 17	甲子
	2 28	1 13	壬辰	3 29	2 13	壬戌	4 28	3 13	壬辰	5 29	4 15	癸亥	6 29	5 16	甲午	7 30	6 18	乙丑
	2 29	1 14	癸巳	3 30	2 14	癸亥	4 29	3 14	癸巳	5 30	4 16	甲子	6 30	5 17	乙未	7 31	6 19	丙寅
民國前八年	3 1	1 15	甲午	3 31	2 15	甲子	4 30	3 15	甲午	5 31	4 17	乙丑	7 1	5 18	丙申	8 1	6 20	丁卯
	3 2	1 16	乙未	4 1	2 16	乙丑	5 1	3 16	乙未	6 1	4 18	丙寅	7 2	5 19	丁酉	8 2	6 21	戊辰
	3 3	1 17	丙申	4 2	2 17	丙寅	5 2	3 17	丙申	6 2	4 19	丁卯	7 3	5 20	戊戌	8 3	6 22	己巳
	3 4	1 18	丁酉	4 3	2 18	丁卯	5 3	3 18	丁酉	6 3	4 20	戊辰	7 4	5 21	己亥	8 4	6 23	庚午
	3 5	1 19	戊戌	4 4	2 19	戊辰	5 4	3 19	戊戌	6 4	4 21	己巳	7 5	5 22	庚子	8 5	6 24	辛未
							5 5	3 20	己亥	6 5	4 22	庚午	7 6	5 23	辛丑	8 6	6 25	壬申
																8 7	6 26	癸酉
中氣	雨水 2/20 9時24分 巳時			春分 3/21 8時58分 辰時			穀雨 4/20 20時42分 戌時			小滿 5/21 20時29分 戌時			夏至 6/22 4時51分 寅時			大暑 7/23 15時49分 申時		

年	甲辰																	
月	壬申			癸酉			甲戌			乙亥			丙子			丁丑		
節氣	立秋			白露			寒露			立冬			大雪			小寒		
	8/8 8時11分 辰時			9/8 10時38分 巳時			10/9 1時35分 丑時			11/8 4時5分 寅時			12/7 20時25分 戌時			1/6 7時27分 辰時		
日	國曆	農曆	干支	國曆	農曆	干支	國曆	農曆	干支	國曆	農曆	干支	國曆	農曆	干支	國曆	農曆	干支
	8 8	6 27	甲戌	9 8	7 29	乙巳	10 9	9 1	丙子	11 8	10 2	丙午	12 7	11 1	乙亥	1 6	12 1	乙巳
	8 9	6 28	乙亥	9 9	7 30	丙午	10 10	9 2	丁丑	11 9	10 3	丁未	12 8	11 2	丙子	1 7	12 2	丙午
	8 10	6 29	丙子	9 10	8 1	丁未	10 11	9 3	戊寅	11 10	10 4	戊申	12 9	11 3	丁丑	1 8	12 3	丁未
1	8 11	7 1	丁丑	9 11	8 2	戊申	10 12	9 4	己卯	11 11	10 5	己酉	12 10	11 4	戊寅	1 9	12 4	戊申
9	8 12	7 2	戊寅	9 12	8 3	己酉	10 13	9 5	庚辰	11 12	10 6	庚戌	12 11	11 5	己卯	1 10	12 5	己酉
0	8 13	7 3	己卯	9 13	8 4	庚戌	10 14	9 6	辛巳	11 13	10 7	辛亥	12 12	11 6	庚辰	1 11	12 6	庚戌
4	8 14	7 4	庚辰	9 14	8 5	辛亥	10 15	9 7	壬午	11 14	10 8	壬子	12 13	11 7	辛巳	1 12	12 7	辛亥
•	8 15	7 5	辛巳	9 15	8 6	壬子	10 16	9 8	癸未	11 15	10 9	癸丑	12 14	11 8	壬午	1 13	12 8	壬子
1	8 16	7 6	壬午	9 16	8 7	癸丑	10 17	9 9	甲申	11 16	10 10	甲寅	12 15	11 9	癸未	1 14	12 9	癸丑
9	8 17	7 7	癸未	9 17	8 8	甲寅	10 18	9 10	乙酉	11 17	10 11	乙卯	12 16	11 10	甲申	1 15	12 10	甲寅
0	8 18	7 8	甲申	9 18	8 9	乙卯	10 19	9 11	丙戌	11 18	10 12	丙辰	12 17	11 11	乙酉	1 16	12 11	乙卯
5	8 19	7 9	乙酉	9 19	8 10	丙辰	10 20	9 12	丁亥	11 19	10 13	丁巳	12 18	11 12	丙戌	1 17	12 12	丙辰
	8 20	7 10	丙戌	9 20	8 11	丁巳	10 21	9 13	戊子	11 20	10 14	戊午	12 19	11 13	丁亥	1 18	12 13	丁巳
龍	8 21	7 11	丁亥	9 21	8 12	戊午	10 22	9 14	己丑	11 21	10 15	己未	12 20	11 14	戊子	1 19	12 14	戊午
	8 22	7 12	戊子	9 22	8 13	己未	10 23	9 15	庚寅	11 22	10 16	庚申	12 21	11 15	己丑	1 20	12 15	己未
	8 23	7 13	己丑	9 23	8 14	庚申	10 24	9 16	辛卯	11 23	10 17	辛酉	12 22	11 16	庚寅	1 21	12 16	庚申
	8 24	7 14	庚寅	9 24	8 15	辛酉	10 25	9 17	壬辰	11 24	10 18	壬戌	12 23	11 17	辛卯	1 22	12 17	辛酉
	8 25	7 15	辛卯	9 25	8 16	壬戌	10 26	9 18	癸巳	11 25	10 19	癸亥	12 24	11 18	壬辰	1 23	12 18	壬戌
	8 26	7 16	壬辰	9 26	8 17	癸亥	10 27	9 19	甲午	11 26	10 20	甲子	12 25	11 19	癸巳	1 24	12 19	癸亥
清	8 27	7 17	癸巳	9 27	8 18	甲子	10 28	9 20	乙未	11 27	10 21	乙丑	12 26	11 20	甲午	1 25	12 20	甲子
光	8 28	7 18	甲午	9 28	8 19	乙丑	10 29	9 21	丙申	11 28	10 22	丙寅	12 27	11 21	乙未	1 26	12 21	乙丑
緒	8 29	7 19	乙未	9 29	8 20	丙寅	10 30	9 22	丁酉	11 29	10 23	丁卯	12 28	11 22	丙申	1 27	12 22	丙寅
三	8 30	7 20	丙申	9 30	8 21	丁卯	10 31	9 23	戊戌	11 30	10 24	戊辰	12 29	11 23	丁酉	1 28	12 23	丁卯
十	8 31	7 21	丁酉	10 1	8 22	戊辰	11 1	9 24	己亥	12 1	10 25	己巳	12 30	11 24	戊戌	1 29	12 24	戊辰
年	9 1	7 22	戊戌	10 2	8 23	己巳	11 2	9 25	庚子	12 2	10 26	庚午	12 31	11 25	己亥	1 30	12 25	己巳
民	9 2	7 23	己亥	10 3	8 24	庚午	11 3	9 26	辛丑	12 3	10 27	辛未	1 1	11 26	庚子	1 31	12 26	庚午
國	9 3	7 24	庚子	10 4	8 25	辛未	11 4	9 27	壬寅	12 4	10 28	壬申	1 2	11 27	辛丑	2 1	12 27	辛未
前	9 4	7 25	辛丑	10 5	8 26	壬申	11 5	9 28	癸卯	12 5	10 29	癸酉	1 3	11 28	壬寅	2 2	12 28	壬申
八	9 5	7 26	壬寅	10 6	8 27	癸酉	11 6	9 29	甲辰	12 6	10 30	甲戌	1 4	11 29	癸卯	2 3	12 29	癸酉
•	9 6	7 27	癸卯	10 7	8 28	甲戌	11 7	10 1	乙巳				1 5	11 30	甲辰			
七	9 7	7 28	甲辰	10 8	8 29	乙亥												
年																		
中氣	處暑			秋分			霜降			小雪			冬至			大寒		
	8/23 22時36分 亥時			9/23 19時40分 戌時			10/24 4時19分 寅時			11/23 1時15分 丑時			12/22 14時14分 未時			1/21 0時52分 子時		

年	乙巳																													
月	戊寅					己卯					庚辰					辛巳					壬午					癸未				
節氣	立春 2/4 19時15分 戌時					驚蟄 3/6 13時45分 未時					清明 4/5 19時14分 戌時					立夏 5/6 13時14分 未時					芒種 6/6 17時53分 酉時					小暑 7/8 4時20分 寅時				
日	國曆		農曆		干支	國曆		農曆		干支	國曆		農曆		干支	國曆		農曆		干支	國曆		農曆		干支	國曆		農曆		干支
	2	4	1	1	甲戌	3	6	2	1	甲辰	4	5	3	1	甲戌	5	6	4	3	乙巳	6	6	5	4	丙子	7	8	6	6	戊申
	2	5	1	2	乙亥	3	7	2	2	乙巳	4	6	3	2	乙亥	5	7	4	4	丙午	6	7	5	5	丁丑	7	9	6	7	己酉
	2	6	1	3	丙子	3	8	2	3	丙午	4	7	3	3	丙子	5	8	4	5	丁未	6	8	5	6	戊寅	7	10	6	8	庚戌
	2	7	1	4	丁丑	3	9	2	4	丁未	4	8	3	4	丁丑	5	9	4	6	戊申	6	9	5	7	己卯	7	11	6	9	辛亥
1905	2	8	1	5	戊寅	3	10	2	5	戊申	4	9	3	5	戊寅	5	10	4	7	己酉	6	10	5	8	庚辰	7	12	6	10	壬子
	2	9	1	6	己卯	3	11	2	6	己酉	4	10	3	6	己卯	5	11	4	8	庚戌	6	11	5	9	辛巳	7	13	6	11	癸丑
	2	10	1	7	庚辰	3	12	2	7	庚戌	4	11	3	7	庚辰	5	12	4	9	辛亥	6	12	5	10	壬午	7	14	6	12	甲寅
	2	11	1	8	辛巳	3	13	2	8	辛亥	4	12	3	8	辛巳	5	13	4	10	壬子	6	13	5	11	癸未	7	15	6	13	乙卯
	2	12	1	9	壬午	3	14	2	9	壬子	4	13	3	9	壬午	5	14	4	11	癸丑	6	14	5	12	甲申	7	16	6	14	丙辰
	2	13	1	10	癸未	3	15	2	10	癸丑	4	14	3	10	癸未	5	15	4	12	甲寅	6	15	5	13	乙酉	7	17	6	15	丁巳
	2	14	1	11	甲申	3	16	2	11	甲寅	4	15	3	11	甲申	5	16	4	13	乙卯	6	16	5	14	丙戌	7	18	6	16	戊午
	2	15	1	12	乙酉	3	17	2	12	乙卯	4	16	3	12	乙酉	5	17	4	14	丙辰	6	17	5	15	丁亥	7	19	6	17	己未
	2	16	1	13	丙戌	3	18	2	13	丙辰	4	17	3	13	丙戌	5	18	4	15	丁巳	6	18	5	16	戊子	7	20	6	18	庚申
蛇	2	17	1	14	丁亥	3	19	2	14	丁巳	4	18	3	14	丁亥	5	19	4	16	戊午	6	19	5	17	己丑	7	21	6	19	辛酉
	2	18	1	15	戊子	3	20	2	15	戊午	4	19	3	15	戊子	5	20	4	17	己未	6	20	5	18	庚寅	7	22	6	20	壬戌
	2	19	1	16	己丑	3	21	2	16	己未	4	20	3	16	己丑	5	21	4	18	庚申	6	21	5	19	辛卯	7	23	6	21	癸亥
	2	20	1	17	庚寅	3	22	2	17	庚申	4	21	3	17	庚寅	5	22	4	19	辛酉	6	22	5	20	壬辰	7	24	6	22	甲子
	2	21	1	18	辛卯	3	23	2	18	辛酉	4	22	3	18	辛卯	5	23	4	20	壬戌	6	23	5	21	癸巳	7	25	6	23	乙丑
	2	22	1	19	壬辰	3	24	2	19	壬戌	4	23	3	19	壬辰	5	24	4	21	癸亥	6	24	5	22	甲午	7	26	6	24	丙寅
清光緒三十一年	2	23	1	20	癸巳	3	25	2	20	癸亥	4	24	3	20	癸巳	5	25	4	22	甲子	6	25	5	23	乙未	7	27	6	25	丁卯
	2	24	1	21	甲午	3	26	2	21	甲子	4	25	3	21	甲午	5	26	4	23	乙丑	6	26	5	24	丙申	7	28	6	26	戊辰
	2	25	1	22	乙未	3	27	2	22	乙丑	4	26	3	22	乙未	5	27	4	24	丙寅	6	27	5	25	丁酉	7	29	6	27	己巳
	2	26	1	23	丙申	3	28	2	23	丙寅	4	27	3	23	丙申	5	28	4	25	丁卯	6	28	5	26	戊戌	7	30	6	28	庚午
	2	27	1	24	丁酉	3	29	2	24	丁卯	4	28	3	24	丁酉	5	29	4	26	戊辰	6	29	5	27	己亥	7	31	6	29	辛未
	2	28	1	25	戊戌	3	30	2	25	戊辰	4	29	3	25	戊戌	5	30	4	27	己巳	6	30	5	28	庚子	8	1	7	1	壬申
民國前七年	3	1	1	26	己亥	3	31	2	26	己巳	4	30	3	26	己亥	5	31	4	28	庚午	7	1	5	29	辛丑	8	2	7	2	癸酉
	3	2	1	27	庚子	4	1	2	27	庚午	5	1	3	27	庚子	6	1	4	29	辛未	7	2	5	30	壬寅	8	3	7	3	甲戌
	3	3	1	28	辛丑	4	2	2	28	辛未	5	2	3	28	辛丑	6	2	4	30	壬申	7	3	6	1	癸卯	8	4	7	4	乙亥
	3	4	1	29	壬寅	4	3	2	29	壬申	5	3	3	29	壬寅	6	3	5	1	癸酉	7	4	6	2	甲辰	8	5	7	5	丙子
	3	5	1	30	癸卯	4	4	2	30	癸酉	5	4	4	1	癸卯	6	4	5	2	甲戌	7	5	6	3	乙巳	8	6	7	6	丁丑
											5	5	4	2	甲辰	6	5	5	3	乙亥	7	6	6	4	丙午	8	7	7	7	戊寅
																					7	7	6	5	丁未					
中氣	雨水 2/19 15時21分 申時					春分 3/21 14時57分 未時					穀雨 4/21 2時43分 丑時					小滿 5/22 2時31分 丑時					夏至 6/22 10時51分 巳時					大暑 7/23 21時45分 亥時				

乙巳																													
甲申					乙酉					丙戌					丁亥					戊子					己丑				
立秋					白露					寒露					立冬					大雪					小寒				
8/8 13時57分 未時					9/8 16時21分 申時					10/9 7時19分 辰時					11/8 9時49分 巳時					12/8 2時10分 丑時					1/6 13時13分 未時				
國曆		農曆		干支	國曆		農曆		干支	國曆		農曆		干支	國曆		農曆		干支	國曆		農曆		干支	國曆		農曆		干支
8	8	7	8	己卯	9	8	8	10	庚戌	10	9	9	11	辛巳	11	8	10	12	辛亥	12	8	11	12	辛巳	1	6	12	12	庚戌
8	9	7	9	庚辰	9	9	8	11	辛亥	10	10	9	12	壬午	11	9	10	13	壬子	12	9	11	13	壬午	1	7	12	13	辛亥
8	10	7	10	辛巳	9	10	8	12	壬子	10	11	9	13	癸未	11	10	10	14	癸丑	12	10	11	14	癸未	1	8	12	14	壬子
8	11	7	11	壬午	9	11	8	13	癸丑	10	12	9	14	甲申	11	11	10	15	甲寅	12	11	11	15	甲申	1	9	12	15	癸丑
8	12	7	12	癸未	9	12	8	14	甲寅	10	13	9	15	乙酉	11	12	10	16	乙卯	12	12	11	16	乙酉	1	10	12	16	甲寅
8	13	7	13	甲申	9	13	8	15	乙卯	10	14	9	16	丙戌	11	13	10	17	丙辰	12	13	11	17	丙戌	1	11	12	17	乙卯
8	14	7	14	乙酉	9	14	8	16	丙辰	10	15	9	17	丁亥	11	14	10	18	丁巳	12	14	11	18	丁亥	1	12	12	18	丙辰
8	15	7	15	丙戌	9	15	8	17	丁巳	10	16	9	18	戊子	11	15	10	19	戊午	12	15	11	19	戊子	1	13	12	19	丁巳
8	16	7	16	丁亥	9	16	8	18	戊午	10	17	9	19	己丑	11	16	10	20	己未	12	16	11	20	己丑	1	14	12	20	戊午
8	17	7	17	戊子	9	17	8	19	己未	10	18	9	20	庚寅	11	17	10	21	庚申	12	17	11	21	庚寅	1	15	12	21	己未
8	18	7	18	己丑	9	18	8	20	庚申	10	19	9	21	辛卯	11	18	10	22	辛酉	12	18	11	22	辛卯	1	16	12	22	庚申
8	19	7	19	庚寅	9	19	8	21	辛酉	10	20	9	22	壬辰	11	19	10	23	壬戌	12	19	11	23	壬辰	1	17	12	23	辛酉
8	20	7	20	辛卯	9	20	8	22	壬戌	10	21	9	23	癸巳	11	20	10	24	癸亥	12	20	11	24	癸巳	1	18	12	24	壬戌
8	21	7	21	壬辰	9	21	8	23	癸亥	10	22	9	24	甲午	11	21	10	25	甲子	12	21	11	25	甲午	1	19	12	25	癸亥
8	22	7	22	癸巳	9	22	8	24	甲子	10	23	9	25	乙未	11	22	10	26	乙丑	12	22	11	26	乙未	1	20	12	26	甲子
8	23	7	23	甲午	9	23	8	25	乙丑	10	24	9	26	丙申	11	23	10	27	丙寅	12	23	11	27	丙申	1	21	12	27	乙丑
8	24	7	24	乙未	9	24	8	26	丙寅	10	25	9	27	丁酉	11	24	10	28	丁卯	12	24	11	28	丁酉	1	22	12	28	丙寅
8	25	7	25	丙申	9	25	8	27	丁卯	10	26	9	28	戊戌	11	25	10	29	戊辰	12	25	11	29	戊戌	1	23	12	29	丁卯
8	26	7	26	丁酉	9	26	8	28	戊辰	10	27	9	29	己亥	11	26	10	30	己巳	12	26	12	1	己亥	1	24	12	30	戊辰
8	27	7	27	戊戌	9	27	8	29	己巳	10	28	10	1	庚子	11	27	11	1	庚午	12	27	12	2	庚子	1	25	1	1	己巳
8	28	7	28	己亥	9	28	8	30	庚午	10	29	10	2	辛丑	11	28	11	2	辛未	12	28	12	3	辛丑	1	26	1	2	庚午
8	29	7	29	庚子	9	29	9	1	辛未	10	30	10	3	壬寅	11	29	11	3	壬申	12	29	12	4	壬寅	1	27	1	3	辛未
8	30	8	1	辛丑	9	30	9	2	壬申	10	31	10	4	癸卯	11	30	11	4	癸酉	12	30	12	5	癸卯	1	28	1	4	壬申
8	31	8	2	壬寅	10	1	9	3	癸酉	11	1	10	5	甲辰	12	1	11	5	甲戌	12	31	12	6	甲辰	1	29	1	5	癸酉
9	1	8	3	癸卯	10	2	9	4	甲戌	11	2	10	6	乙巳	12	2	11	6	乙亥	1	1	12	7	乙巳	1	30	1	6	甲戌
9	2	8	4	甲辰	10	3	9	5	乙亥	11	3	10	7	丙午	12	3	11	7	丙子	1	2	12	8	丙午	1	31	1	7	乙亥
9	3	8	5	乙巳	10	4	9	6	丙子	11	4	10	8	丁未	12	4	11	8	丁丑	1	3	12	9	丁未	2	1	1	8	丙子
9	4	8	6	丙午	10	5	9	7	丁丑	11	5	10	9	戊申	12	5	11	9	戊寅	1	4	12	10	戊申	2	2	1	9	丁丑
9	5	8	7	丁未	10	6	9	8	戊寅	11	6	10	10	己酉	12	6	11	10	己卯	1	5	12	11	己酉	2	3	1	10	戊寅
9	6	8	8	戊申	10	7	9	9	己卯	11	7	10	11	庚戌	12	7	11	11	庚辰						2	4	1	11	己卯
9	7	8	9	己酉	10	8	9	10	庚辰																				
處暑					秋分					霜降					小雪					冬至					大寒				
8/24 4時28分 寅時					9/24 1時30分 丑時					10/24 10時8分 巳時					11/23 7時5分 辰時					12/22 20時3分 戌時					1/21 6時43分 卯時				

年 月 節氣 日

1905・1906

蛇

清光緒三十一年 民國前七・六年

中氣

年	丙午																	
月	庚寅			辛卯			壬辰			癸巳			甲午			乙未		
節氣	立春 2/5 1時3分 丑時			驚蟄 3/6 19時36分 戌時			清明 4/6 1時7分 丑時			立夏 5/6 19時8分 戌時			芒種 6/6 23時49分 子時			小暑 7/8 10時15分 巳時		
日	國曆	農曆	干支	國曆	農曆	干支	國曆	農曆	干支	國曆	農曆	干支	國曆	農曆	干支	國曆	農曆	干支
1906 馬 清光緒三十二年 民國六年	2 5	1 12	庚辰	3 6	2 12	己酉	4 6	3 13	庚辰	5 6	4 13	庚戌	6 6	4 15	辛巳	7 8	5 17	癸丑
	2 6	1 13	辛巳	3 7	2 13	庚戌	4 7	3 14	辛巳	5 7	4 14	辛亥	6 7	4 16	壬午	7 9	5 18	甲寅
	2 7	1 14	壬午	3 8	2 14	辛亥	4 8	3 15	壬午	5 8	4 15	壬子	6 8	4 17	癸未	7 10	5 19	乙卯
	2 8	1 15	癸未	3 9	2 15	壬子	4 9	3 16	癸未	5 9	4 16	癸丑	6 9	4 18	甲申	7 11	5 20	丙辰
	2 9	1 16	甲申	3 10	2 16	癸丑	4 10	3 17	甲申	5 10	4 17	甲寅	6 10	4 19	乙酉	7 12	5 21	丁巳
	2 10	1 17	乙酉	3 11	2 17	甲寅	4 11	3 18	乙酉	5 11	4 18	乙卯	6 11	4 20	丙戌	7 13	5 22	戊午
	2 11	1 18	丙戌	3 12	2 18	乙卯	4 12	3 19	丙戌	5 12	4 19	丙辰	6 12	4 21	丁亥	7 14	5 23	己未
	2 12	1 19	丁亥	3 13	2 19	丙辰	4 13	3 20	丁亥	5 13	4 20	丁巳	6 13	4 22	戊子	7 15	5 24	庚申
	2 13	1 20	戊子	3 14	2 20	丁巳	4 14	3 21	戊子	5 14	4 21	戊午	6 14	4 23	己丑	7 16	5 25	辛酉
	2 14	1 21	己丑	3 15	2 21	戊午	4 15	3 22	己丑	5 15	4 22	己未	6 15	4 24	庚寅	7 17	5 26	壬戌
	2 15	1 22	庚寅	3 16	2 22	己未	4 16	3 23	庚寅	5 16	4 23	庚申	6 16	4 25	辛卯	7 18	5 27	癸亥
	2 16	1 23	辛卯	3 17	2 23	庚申	4 17	3 24	辛卯	5 17	4 24	辛酉	6 17	4 26	壬辰	7 19	5 28	甲子
	2 17	1 24	壬辰	3 18	2 24	辛酉	4 18	3 25	壬辰	5 18	4 25	壬戌	6 18	4 27	癸巳	7 20	5 29	乙丑
	2 18	1 25	癸巳	3 19	2 25	壬戌	4 19	3 26	癸巳	5 19	4 26	癸亥	6 19	4 28	甲午	7 21	6 1	丙寅
	2 19	1 26	甲午	3 20	2 26	癸亥	4 20	3 27	甲午	5 20	4 27	甲子	6 20	4 29	乙未	7 22	6 2	丁卯
	2 20	1 27	乙未	3 21	2 27	甲子	4 21	3 28	乙未	5 21	4 28	乙丑	6 21	4 30	丙申	7 23	6 3	戊辰
	2 21	1 28	丙申	3 22	2 28	乙丑	4 22	3 29	丙申	5 22	4 29	丙寅	6 22	5 1	丁酉	7 24	6 4	己巳
	2 22	1 29	丁酉	3 23	2 29	丙寅	4 23	3 30	丁酉	5 23	閏4 1	丁卯	6 23	5 2	戊戌	7 25	6 5	庚午
	2 23	2 1	戊戌	3 24	2 30	丁卯	4 24	4 1	戊戌	5 24	4 2	戊辰	6 24	5 3	己亥	7 26	6 6	辛未
	2 24	2 2	己亥	3 25	3 1	戊辰	4 25	4 2	己亥	5 25	4 3	己巳	6 25	5 4	庚子	7 27	6 7	壬申
	2 25	2 3	庚子	3 26	3 2	己巳	4 26	4 3	庚子	5 26	4 4	庚午	6 26	5 5	辛丑	7 28	6 8	癸酉
	2 26	2 4	辛丑	3 27	3 3	庚午	4 27	4 4	辛丑	5 27	4 5	辛未	6 27	5 6	壬寅	7 29	6 9	甲戌
	2 27	2 5	壬寅	3 28	3 4	辛未	4 28	4 5	壬寅	5 28	4 6	壬申	6 28	5 7	癸卯	7 30	6 10	乙亥
	2 28	2 6	癸卯	3 29	3 5	壬申	4 29	4 6	癸卯	5 29	4 7	癸酉	6 29	5 8	甲辰	7 31	6 11	丙子
	3 1	2 7	甲辰	3 30	3 6	癸酉	4 30	4 7	甲辰	5 30	4 8	甲戌	6 30	5 9	乙巳	8 1	6 12	丁丑
	3 2	2 8	乙巳	3 31	3 7	甲戌	5 1	4 8	乙巳	5 31	4 9	乙亥	7 1	5 10	丙午	8 2	6 13	戊寅
	3 3	2 9	丙午	4 1	3 8	乙亥	5 2	4 9	丙午	6 1	4 10	丙子	7 2	5 11	丁未	8 3	6 14	己卯
	3 4	2 10	丁未	4 2	3 9	丙子	5 3	4 10	丁未	6 2	4 11	丁丑	7 3	5 12	戊申	8 4	6 15	庚辰
	3 5	2 11	戊申	4 3	3 10	丁丑	5 4	4 11	戊申	6 3	4 12	戊寅	7 4	5 13	己酉	8 5	6 16	辛巳
				4 4	3 11	戊寅	5 5	4 12	己酉	6 4	4 13	己卯	7 5	5 14	庚戌	8 6	6 17	壬午
				4 5	3 12	己卯				6 5	4 14	庚辰	7 6	5 15	辛亥	8 7	6 18	癸未
													7 7	5 16	壬子			
中氣	雨水 2/19 21時14分 亥時			春分 3/21 20時52分 戌時			穀雨 4/21 8時39分 辰時			小滿 5/22 8時25分 辰時			夏至 6/22 16時41分 申時			大暑 7/24 3時32分 寅時		

年	丙午																													
月	丙申					丁酉					戊戌					己亥					庚子					辛丑				
節氣	立秋 8/8 19時51分 戌時					白露 9/8 22時16分 亥時					寒露 10/9 13時15分 未時					立冬 11/8 15時47分 申時					大雪 12/8 8時9分 辰時					小寒 1/6 19時11分 戌時				
日	國曆		農曆		干支	國曆		農曆		干支	國曆		農曆		干支	國曆		農曆		干支	國曆		農曆		干支	國曆		農曆		干支
	8	8	6	19	甲申	9	8	7	20	乙卯	10	9	8	22	丙戌	11	8	9	22	丙辰	12	8	10	23	丙戌	1	6	11	22	乙卯
	8	9	6	20	乙酉	9	9	7	21	丙辰	10	10	8	23	丁亥	11	9	9	23	丁巳	12	9	10	24	丁亥	1	7	11	23	丙辰
	8	10	6	21	丙戌	9	10	7	22	丁巳	10	11	8	24	戊子	11	10	9	24	戊午	12	10	10	25	戊子	1	8	11	24	丁巳
	8	11	6	22	丁亥	9	11	7	23	戊午	10	12	8	25	己丑	11	11	9	25	己未	12	11	10	26	己丑	1	9	11	25	戊午
	8	12	6	23	戊子	9	12	7	24	己未	10	13	8	26	庚寅	11	12	9	26	庚申	12	12	10	27	庚寅	1	10	11	26	己未
	8	13	6	24	己丑	9	13	7	25	庚申	10	14	8	27	辛卯	11	13	9	27	辛酉	12	13	10	28	辛卯	1	11	11	27	庚申
	8	14	6	25	庚寅	9	14	7	26	辛酉	10	15	8	28	壬辰	11	14	9	28	壬戌	12	14	10	29	壬辰	1	12	11	28	辛酉
	8	15	6	26	辛卯	9	15	7	27	壬戌	10	16	8	29	癸巳	11	15	9	29	癸亥	12	15	10	30	癸巳	1	13	11	29	壬戌
1906・1907	8	16	6	27	壬辰	9	16	7	28	癸亥	10	17	8	30	甲午	11	16	10	1	甲子	12	16	11	1	甲午	1	14	12	1	癸亥
	8	17	6	28	癸巳	9	17	7	29	甲子	10	18	9	1	乙未	11	17	10	2	乙丑	12	17	11	2	乙未	1	15	12	2	甲子
	8	18	6	29	甲午	9	18	8	1	乙丑	10	19	9	2	丙申	11	18	10	3	丙寅	12	18	11	3	丙申	1	16	12	3	乙丑
	8	19	6	30	乙未	9	19	8	2	丙寅	10	20	9	3	丁酉	11	19	10	4	丁卯	12	19	11	4	丁酉	1	17	12	4	丙寅
	8	20	7	1	丙申	9	20	8	3	丁卯	10	21	9	4	戊戌	11	20	10	5	戊辰	12	20	11	5	戊戌	1	18	12	5	丁卯
馬	8	21	7	2	丁酉	9	21	8	4	戊辰	10	22	9	5	己亥	11	21	10	6	己巳	12	21	11	6	己亥	1	19	12	6	戊辰
	8	22	7	3	戊戌	9	22	8	5	己巳	10	23	9	6	庚子	11	22	10	7	庚午	12	22	11	7	庚子	1	20	12	7	己巳
	8	23	7	4	己亥	9	23	8	6	庚午	10	24	9	7	辛丑	11	23	10	8	辛未	12	23	11	8	辛丑	1	21	12	8	庚午
	8	24	7	5	庚子	9	24	8	7	辛未	10	25	9	8	壬寅	11	24	10	9	壬申	12	24	11	9	壬寅	1	22	12	9	辛未
	8	25	7	6	辛丑	9	25	8	8	壬申	10	26	9	9	癸卯	11	25	10	10	癸酉	12	25	11	10	癸卯	1	23	12	10	壬申
	8	26	7	7	壬寅	9	26	8	9	癸酉	10	27	9	10	甲辰	11	26	10	11	甲戌	12	26	11	11	甲辰	1	24	12	11	癸酉
清光緒三十二年	8	27	7	8	癸卯	9	27	8	10	甲戌	10	28	9	11	乙巳	11	27	10	12	乙亥	12	27	11	12	乙巳	1	25	12	12	甲戌
	8	28	7	9	甲辰	9	28	8	11	乙亥	10	29	9	12	丙午	11	28	10	13	丙子	12	28	11	13	丙午	1	26	12	13	乙亥
	8	29	7	10	乙巳	9	29	8	12	丙子	10	30	9	13	丁未	11	29	10	14	丁丑	12	29	11	14	丁未	1	27	12	14	丙子
	8	30	7	11	丙午	9	30	8	13	丁丑	10	31	9	14	戊申	11	30	10	15	戊寅	12	30	11	15	戊申	1	28	12	15	丁丑
	8	31	7	12	丁未	10	1	8	14	戊寅	11	1	9	15	己酉	12	1	10	16	己卯	12	31	11	16	己酉	1	29	12	16	戊寅
	9	1	7	13	戊申	10	2	8	15	己卯	11	2	9	16	庚戌	12	2	10	17	庚辰	1	1	11	17	庚戌	1	30	12	17	己卯
民國六・五年	9	2	7	14	己酉	10	3	8	16	庚辰	11	3	9	17	辛亥	12	3	10	18	辛巳	1	2	11	18	辛亥	1	31	12	18	庚辰
	9	3	7	15	庚戌	10	4	8	17	辛巳	11	4	9	18	壬子	12	4	10	19	壬午	1	3	11	19	壬子	2	1	12	19	辛巳
	9	4	7	16	辛亥	10	5	8	18	壬午	11	5	9	19	癸丑	12	5	10	20	癸未	1	4	11	20	癸丑	2	2	12	20	壬午
	9	5	7	17	壬子	10	6	8	19	癸未	11	6	9	20	甲寅	12	6	10	21	甲申	1	5	11	21	甲寅	2	3	12	21	癸未
	9	6	7	18	癸丑	10	7	8	20	甲申	11	7	9	21	乙卯	12	7	10	22	乙酉						2	4	12	22	甲申
	9	7	7	19	甲寅	10	8	8	21	乙酉																				
中氣	處暑 8/24 10時13分 巳時					秋分 9/24 7時15分 辰時					霜降 10/24 15時54分 申時					小雪 11/23 12時53分 午時					冬至 12/23 1時53分 丑時					大寒 1/21 12時30分 午時				

年	丁未																	
月	壬寅			癸卯			甲辰			乙巳			丙午			丁未		
節氣	立春 2/5 6時58分 卯時			驚蛰 3/7 1時27分 丑時			清明 4/6 6時54分 卯時			立夏 5/7 0時53分 子時			芒種 6/7 5時33分 卯時			小暑 7/8 15時59分 申時		
日	國曆	農曆	干支	國曆	農曆	干支	國曆	農曆	干支	國曆	農曆	干支	國曆	農曆	干支	國曆	農曆	干支
1907 羊 清光緒三十三年 民國前五年	2 5	12 23	乙酉	3 7	1 23	乙卯	4 6	2 24	乙酉	5 7	3 25	丙辰	6 7	4 27	丁亥	7 8	5 28	戊午
	2 6	12 24	丙戌	3 8	1 24	丙辰	4 7	2 25	丙戌	5 8	3 26	丁巳	6 8	4 28	戊子	7 9	5 29	己未
	2 7	12 25	丁亥	3 9	1 25	丁巳	4 8	2 26	丁亥	5 9	3 27	戊午	6 9	4 29	己丑	7 10	6 1	庚申
	2 8	12 26	戊子	3 10	1 26	戊午	4 9	2 27	戊子	5 10	3 28	己未	6 10	4 30	庚寅	7 11	6 2	辛酉
	2 9	12 27	己丑	3 11	1 27	己未	4 10	2 28	己丑	5 11	3 29	庚申	6 11	5 1	辛卯	7 12	6 3	壬戌
	2 10	12 28	庚寅	3 12	1 28	庚申	4 11	2 29	庚寅	5 12	4 1	辛酉	6 12	5 2	壬辰	7 13	6 4	癸亥
	2 11	12 29	辛卯	3 13	1 29	辛酉	4 12	2 30	辛卯	5 13	4 2	壬戌	6 13	5 3	癸巳	7 14	6 5	甲子
	2 12	12 30	壬辰	3 14	2 1	壬戌	4 13	3 1	壬辰	5 14	4 3	癸亥	6 14	5 4	甲午	7 15	6 6	乙丑
	2 13	1 1	癸巳	3 15	2 2	癸亥	4 14	3 2	癸巳	5 15	4 4	甲子	6 15	5 5	乙未	7 16	6 7	丙寅
	2 14	1 2	甲午	3 16	2 3	甲子	4 15	3 3	甲午	5 16	4 5	乙丑	6 16	5 6	丙申	7 17	6 8	丁卯
	2 15	1 3	乙未	3 17	2 4	乙丑	4 16	3 4	乙未	5 17	4 6	丙寅	6 17	5 7	丁酉	7 18	6 9	戊辰
	2 16	1 4	丙申	3 18	2 5	丙寅	4 17	3 5	丙申	5 18	4 7	丁卯	6 18	5 8	戊戌	7 19	6 10	己巳
	2 17	1 5	丁酉	3 19	2 6	丁卯	4 18	3 6	丁酉	5 19	4 8	戊辰	6 19	5 9	己亥	7 20	6 11	庚午
	2 18	1 6	戊戌	3 20	2 7	戊辰	4 19	3 7	戊戌	5 20	4 9	己巳	6 20	5 10	庚子	7 21	6 12	辛未
	2 19	1 7	己亥	3 21	2 8	己巳	4 20	3 8	己亥	5 21	4 10	庚午	6 21	5 11	辛丑	7 22	6 13	壬申
	2 20	1 8	庚子	3 22	2 9	庚午	4 21	3 9	庚子	5 22	4 11	辛未	6 22	5 12	壬寅	7 23	6 14	癸酉
	2 21	1 9	辛丑	3 23	2 10	辛未	4 22	3 10	辛丑	5 23	4 12	壬申	6 23	5 13	癸卯	7 24	6 15	甲戌
	2 22	1 10	壬寅	3 24	2 11	壬申	4 23	3 11	壬寅	5 24	4 13	癸酉	6 24	5 14	甲辰	7 25	6 16	乙亥
	2 23	1 11	癸卯	3 25	2 12	癸酉	4 24	3 12	癸卯	5 25	4 14	甲戌	6 25	5 15	乙巳	7 26	6 17	丙子
	2 24	1 12	甲辰	3 26	2 13	甲戌	4 25	3 13	甲辰	5 26	4 15	乙亥	6 26	5 16	丙午	7 27	6 18	丁丑
	2 25	1 13	乙巳	3 27	2 14	乙亥	4 26	3 14	乙巳	5 27	4 16	丙子	6 27	5 17	丁未	7 28	6 19	戊寅
	2 26	1 14	丙午	3 28	2 15	丙子	4 27	3 15	丙午	5 28	4 17	丁丑	6 28	5 18	戊申	7 29	6 20	己卯
	2 27	1 15	丁未	3 29	2 16	丁丑	4 28	3 16	丁未	5 29	4 18	戊寅	6 29	5 19	己酉	7 30	6 21	庚辰
	2 28	1 16	戊申	3 30	2 17	戊寅	4 29	3 17	戊申	5 30	4 19	己卯	6 30	5 20	庚戌	7 31	6 22	辛巳
	3 1	1 17	己酉	3 31	2 18	己卯	4 30	3 18	己酉	5 31	4 20	庚辰	7 1	5 21	辛亥	8 1	6 23	壬午
	3 2	1 18	庚戌	4 1	2 19	庚辰	5 1	3 19	庚戌	6 1	4 21	辛巳	7 2	5 22	壬子	8 2	6 24	癸未
	3 3	1 19	辛亥	4 2	2 20	辛巳	5 2	3 20	辛亥	6 2	4 22	壬午	7 3	5 23	癸丑	8 3	6 25	甲申
	3 4	1 20	壬子	4 3	2 21	壬午	5 3	3 21	壬子	6 3	4 23	癸未	7 4	5 24	甲寅	8 4	6 26	乙酉
	3 5	1 21	癸丑	4 4	2 22	癸未	5 4	3 22	癸丑	6 4	4 24	甲申	7 5	5 25	乙卯	8 5	6 27	丙戌
	3 6	1 22	甲寅	4 5	2 23	甲申	5 5	3 23	甲寅	6 5	4 25	乙酉	7 6	5 26	丙辰	8 6	6 28	丁亥
							5 6	3 24	乙卯	6 6	4 26	丙戌	7 7	5 27	丁巳	8 7	6 29	戊子
																8 8	6 30	己丑
中氣	雨水 2/20 2時58分 丑時			春分 3/22 2時33分 丑時			穀雨 4/21 14時17分 未時			小滿 5/22 14時3分 未時			夏至 6/22 22時23分 亥時			大暑 7/24 9時18分 巳時		

1907・1908 羊 清光緒三十三年 民國前五・四年

年	丁未																	
月	戊申			己酉			庚戌			辛亥			壬子			癸丑		
節氣	立秋 8/9 1時36分 丑時			白露 9/9 4時2分 寅時			寒露 10/9 19時2分 戌時			立冬 11/8 21時36分 亥時			大雪 12/8 13時59分 未時			小寒 1/7 1時1分 丑時		
日	國曆	農曆	干支	國曆	農曆	干支	國曆	農曆	干支	國曆	農曆	干支	國曆	農曆	干支	國曆	農曆	干支
	8 9	7 1	庚寅	9 9	8 2	辛酉	10 9	9 3	辛卯	11 8	10 3	辛酉	12 8	11 4	辛卯	1 7	12 4	辛酉
	8 10	7 2	辛卯	9 10	8 3	壬戌	10 10	9 4	壬辰	11 9	10 4	壬戌	12 9	11 5	壬辰	1 8	12 5	壬戌
	8 11	7 3	壬辰	9 11	8 4	癸亥	10 11	9 5	癸巳	11 10	10 5	癸亥	12 10	11 6	癸巳	1 9	12 6	癸亥
	8 12	7 4	癸巳	9 12	8 5	甲子	10 12	9 6	甲午	11 11	10 6	甲子	12 11	11 7	甲午	1 10	12 7	甲子
	8 13	7 5	甲午	9 13	8 6	乙丑	10 13	9 7	乙未	11 12	10 7	乙丑	12 12	11 8	乙未	1 11	12 8	乙丑
	8 14	7 6	乙未	9 14	8 7	丙寅	10 14	9 8	丙申	11 13	10 8	丙寅	12 13	11 9	丙申	1 12	12 9	丙寅
	8 15	7 7	丙申	9 15	8 8	丁卯	10 15	9 9	丁酉	11 14	10 9	丁卯	12 14	11 10	丁酉	1 13	12 10	丁卯
	8 16	7 8	丁酉	9 16	8 9	戊辰	10 16	9 10	戊戌	11 15	10 10	戊辰	12 15	11 11	戊戌	1 14	12 11	戊辰
	8 17	7 9	戊戌	9 17	8 10	己巳	10 17	9 11	己亥	11 16	10 11	己巳	12 16	11 12	己亥	1 15	12 12	己巳
	8 18	7 10	己亥	9 18	8 11	庚午	10 18	9 12	庚子	11 17	10 12	庚午	12 17	11 13	庚子	1 16	12 13	庚午
	8 19	7 11	庚子	9 19	8 12	辛未	10 19	9 13	辛丑	11 18	10 13	辛未	12 18	11 14	辛丑	1 17	12 14	辛未
	8 20	7 12	辛丑	9 20	8 13	壬申	10 20	9 14	壬寅	11 19	10 14	壬申	12 19	11 15	壬寅	1 18	12 15	壬申
	8 21	7 13	壬寅	9 21	8 14	癸酉	10 21	9 15	癸卯	11 20	10 15	癸酉	12 20	11 16	癸卯	1 19	12 16	癸酉
	8 22	7 14	癸卯	9 22	8 15	甲戌	10 22	9 16	甲辰	11 21	10 16	甲戌	12 21	11 17	甲辰	1 20	12 17	甲戌
	8 23	7 15	甲辰	9 23	8 16	乙亥	10 23	9 17	乙巳	11 22	10 17	乙亥	12 22	11 18	乙巳	1 21	12 18	乙亥
	8 24	7 16	乙巳	9 24	8 17	丙子	10 24	9 18	丙午	11 23	10 18	丙子	12 23	11 19	丙午	1 22	12 19	丙子
	8 25	7 17	丙午	9 25	8 18	丁丑	10 25	9 19	丁未	11 24	10 19	丁丑	12 24	11 20	丁未	1 23	12 20	丁丑
	8 26	7 18	丁未	9 26	8 19	戊寅	10 26	9 20	戊申	11 25	10 20	戊寅	12 25	11 21	戊申	1 24	12 21	戊寅
	8 27	7 19	戊申	9 27	8 20	己卯	10 27	9 21	己酉	11 26	10 21	己卯	12 26	11 22	己酉	1 25	12 22	己卯
	8 28	7 20	己酉	9 28	8 21	庚辰	10 28	9 22	庚戌	11 27	10 22	庚辰	12 27	11 23	庚戌	1 26	12 23	庚辰
	8 29	7 21	庚戌	9 29	8 22	辛巳	10 29	9 23	辛亥	11 28	10 23	辛巳	12 28	11 24	辛亥	1 27	12 24	辛巳
	8 30	7 22	辛亥	9 30	8 23	壬午	10 30	9 24	壬子	11 29	10 24	壬午	12 29	11 25	壬子	1 28	12 25	壬午
	8 31	7 23	壬子	10 1	8 24	癸未	10 31	9 25	癸丑	11 30	10 25	癸未	12 30	11 26	癸丑	1 29	12 26	癸未
	9 1	7 24	癸丑	10 2	8 25	甲申	11 1	9 26	甲寅	12 1	10 26	甲申	12 31	11 27	甲寅	1 30	12 27	甲申
	9 2	7 25	甲寅	10 3	8 26	乙酉	11 2	9 27	乙卯	12 2	10 27	乙酉	1 1	11 28	乙卯	1 31	12 28	乙酉
	9 3	7 26	乙卯	10 4	8 27	丙戌	11 3	9 28	丙辰	12 3	10 28	丙戌	1 2	11 29	丙辰	2 1	12 29	丙戌
	9 4	7 27	丙辰	10 5	8 28	丁亥	11 4	9 29	丁巳	12 4	10 29	丁亥	1 3	11 30	丁巳	2 2	1 1	丁亥
	9 5	7 28	丁巳	10 6	8 29	戊子	11 5	9 30	戊午	12 5	11 1	戊子	1 4	12 1	戊午	2 3	1 2	戊子
	9 6	7 29	戊午	10 7	9 1	己丑	11 6	10 1	己未	12 6	11 2	己丑	1 5	12 2	己未	2 4	1 3	己丑
	9 7	7 30	己未	10 8	9 2	庚寅	11 7	10 2	庚申	12 7	11 3	庚寅	1 6	12 3	庚申			
	9 8	8 1	庚申															
中氣	處暑 8/24 16時3分 申時			秋分 9/24 13時8分 未時			霜降 10/24 21時51分 亥時			小雪 11/23 18時52分 酉時			冬至 12/23 7時51分 辰時			大寒 1/21 18時28分 酉時		

年	戊申																	
月	甲寅			乙卯			丙辰			丁巳			戊午			己未		
節氣	立春 2/5 12時47分 午時			驚蟄 3/6 7時13分 辰時			清明 4/5 12時39分 午時			立夏 5/6 6時38分 卯時			芒種 6/6 11時19分 午時			小暑 7/7 21時48分 亥時		
日	國曆	農曆	干支	國曆	農曆	干支	國曆	農曆	干支	國曆	農曆	干支	國曆	農曆	干支	國曆	農曆	干支
1908 猴 清光緒三十四年 民國前四年	2 5	1 4	庚寅	3 6	2 4	庚申	4 5	3 5	庚寅	5 6	4 7	辛酉	6 6	5 8	壬辰	7 7	6 9	癸亥
	2 6	1 5	辛卯	3 7	2 5	辛酉	4 6	3 6	辛卯	5 7	4 8	壬戌	6 7	5 9	癸巳	7 8	6 10	甲子
	2 7	1 6	壬辰	3 8	2 6	壬戌	4 7	3 7	壬辰	5 8	4 9	癸亥	6 8	5 10	甲午	7 9	6 11	乙丑
	2 8	1 7	癸巳	3 9	2 7	癸亥	4 8	3 8	癸巳	5 9	4 10	甲子	6 9	5 11	乙未	7 10	6 12	丙寅
	2 9	1 8	甲午	3 10	2 8	甲子	4 9	3 9	甲午	5 10	4 11	乙丑	6 10	5 12	丙申	7 11	6 13	丁卯
	2 10	1 9	乙未	3 11	2 9	乙丑	4 10	3 10	乙未	5 11	4 12	丙寅	6 11	5 13	丁酉	7 12	6 14	戊辰
	2 11	1 10	丙申	3 12	2 10	丙寅	4 11	3 11	丙申	5 12	4 13	丁卯	6 12	5 14	戊戌	7 13	6 15	己巳
	2 12	1 11	丁酉	3 13	2 11	丁卯	4 12	3 12	丁酉	5 13	4 14	戊辰	6 13	5 15	己亥	7 14	6 16	庚午
	2 13	1 12	戊戌	3 14	2 12	戊辰	4 13	3 13	戊戌	5 14	4 15	己巳	6 14	5 16	庚子	7 15	6 17	辛未
	2 14	1 13	己亥	3 15	2 13	己巳	4 14	3 14	己亥	5 15	4 16	庚午	6 15	5 17	辛丑	7 16	6 18	壬申
	2 15	1 14	庚子	3 16	2 14	庚午	4 15	3 15	庚子	5 16	4 17	辛未	6 16	5 18	壬寅	7 17	6 19	癸酉
	2 16	1 15	辛丑	3 17	2 15	辛未	4 16	3 16	辛丑	5 17	4 18	壬申	6 17	5 19	癸卯	7 18	6 20	甲戌
	2 17	1 16	壬寅	3 18	2 16	壬申	4 17	3 17	壬寅	5 18	4 19	癸酉	6 18	5 20	甲辰	7 19	6 21	乙亥
	2 18	1 17	癸卯	3 19	2 17	癸酉	4 18	3 18	癸卯	5 19	4 20	甲戌	6 19	5 21	乙巳	7 20	6 22	丙子
	2 19	1 18	甲辰	3 20	2 18	甲戌	4 19	3 19	甲辰	5 20	4 21	乙亥	6 20	5 22	丙午	7 21	6 23	丁丑
	2 20	1 19	乙巳	3 21	2 19	乙亥	4 20	3 20	乙巳	5 21	4 22	丙子	6 21	5 23	丁未	7 22	6 24	戊寅
	2 21	1 20	丙午	3 22	2 20	丙子	4 21	3 21	丙午	5 22	4 23	丁丑	6 22	5 24	戊申	7 23	6 25	己卯
	2 22	1 21	丁未	3 23	2 21	丁丑	4 22	3 22	丁未	5 23	4 24	戊寅	6 23	5 25	己酉	7 24	6 26	庚辰
	2 23	1 22	戊申	3 24	2 22	戊寅	4 23	3 23	戊申	5 24	4 25	己卯	6 24	5 26	庚戌	7 25	6 27	辛巳
	2 24	1 23	己酉	3 25	2 23	己卯	4 24	3 24	己酉	5 25	4 26	庚辰	6 25	5 27	辛亥	7 26	6 28	壬午
	2 25	1 24	庚戌	3 26	2 24	庚辰	4 25	3 25	庚戌	5 26	4 27	辛巳	6 26	5 28	壬子	7 27	6 29	癸未
	2 26	1 25	辛亥	3 27	2 25	辛巳	4 26	3 26	辛亥	5 27	4 28	壬午	6 27	5 29	癸丑	7 28	7 1	甲申
	2 27	1 26	壬子	3 28	2 26	壬午	4 27	3 27	壬子	5 28	4 29	癸未	6 28	5 30	甲寅	7 29	7 2	乙酉
	2 28	1 27	癸丑	3 29	2 27	癸未	4 28	3 28	癸丑	5 29	4 30	甲申	6 29	6 1	乙卯	7 30	7 3	丙戌
	2 29	1 28	甲寅	3 30	2 28	甲申	4 29	3 29	甲寅	5 30	5 1	乙酉	6 30	6 2	丙辰	7 31	7 4	丁亥
	3 1	1 29	乙卯	3 31	2 29	乙酉	4 30	4 1	乙卯	5 31	5 2	丙戌	7 1	6 3	丁巳	8 1	7 5	戊子
	3 2	1 30	丙辰	4 1	3 1	丙戌	5 1	4 2	丙辰	6 1	5 3	丁亥	7 2	6 4	戊午	8 2	7 6	己丑
	3 3	2 1	丁巳	4 2	3 2	丁亥	5 2	4 3	丁巳	6 2	5 4	戊子	7 3	6 5	己未	8 3	7 7	庚寅
	3 4	2 2	戊午	4 3	3 3	戊子	5 3	4 4	戊午	6 3	5 5	己丑	7 4	6 6	庚申	8 4	7 8	辛卯
	3 5	2 3	己未	4 4	3 4	己丑	5 4	4 5	己未	6 4	5 6	庚寅	7 5	6 7	辛酉	8 5	7 9	壬辰
							5 5	4 6	庚申	6 5	5 7	辛卯	7 6	6 8	壬戌	8 6	7 10	癸巳
																8 7	7 11	甲午
中氣	雨水 2/20 8時54分 辰時			春分 3/21 8時27分 辰時			穀雨 4/20 20時11分 戌時			小滿 5/21 19時58分 戌時			夏至 6/22 4時19分 寅時			大暑 7/23 15時14分 申時		

戊申																		年
庚申			辛酉			壬戌			癸亥			甲子			乙丑			月
立秋			白露			寒露			立冬			大雪			小寒			節氣
8/8 7時26分 辰時			9/8 9時52分 巳時			10/9 0時50分 子時			11/8 3時22分 寅時			12/7 19時43分 戌時			1/6 6時45分 卯時			
國曆	農曆	干支	國曆	農曆	干支	國曆	農曆	干支	國曆	農曆	干支	國曆	農曆	干支	國曆	農曆	干支	日
8 8	7 12	乙未	9 8	8 13	丙寅	10 9	9 15	丁酉	11 8	10 15	丁卯	12 7	11 14	丙申	1 6	12 15	丙寅	
8 9	7 13	丙申	9 9	8 14	丁卯	10 10	9 16	戊戌	11 9	10 16	戊辰	12 8	11 15	丁酉	1 7	12 16	丁卯	
8 10	7 14	丁酉	9 10	8 15	戊辰	10 11	9 17	己亥	11 10	10 17	己巳	12 9	11 16	戊戌	1 8	12 17	戊辰	
8 11	7 15	戊戌	9 11	8 16	己巳	10 12	9 18	庚子	11 11	10 18	庚午	12 10	11 17	己亥	1 9	12 18	己巳	
8 12	7 16	己亥	9 12	8 17	庚午	10 13	9 19	辛丑	11 12	10 19	辛未	12 11	11 18	庚子	1 10	12 19	庚午	
8 13	7 17	庚子	9 13	8 18	辛未	10 14	9 20	壬寅	11 13	10 20	壬申	12 12	11 19	辛丑	1 11	12 20	辛未	
8 14	7 18	辛丑	9 14	8 19	壬申	10 15	9 21	癸卯	11 14	10 21	癸酉	12 13	11 20	壬寅	1 12	12 21	壬申	
8 15	7 19	壬寅	9 15	8 20	癸酉	10 16	9 22	甲辰	11 15	10 22	甲戌	12 14	11 21	癸卯	1 13	12 22	癸酉	
8 16	7 20	癸卯	9 16	8 21	甲戌	10 17	9 23	乙巳	11 16	10 23	乙亥	12 15	11 22	甲辰	1 14	12 23	甲戌	
8 17	7 21	甲辰	9 17	8 22	乙亥	10 18	9 24	丙午	11 17	10 24	丙子	12 16	11 23	乙巳	1 15	12 24	乙亥	
8 18	7 22	乙巳	9 18	8 23	丙子	10 19	9 25	丁未	11 18	10 25	丁丑	12 17	11 24	丙午	1 16	12 25	丙子	
8 19	7 23	丙午	9 19	8 24	丁丑	10 20	9 26	戊申	11 19	10 26	戊寅	12 18	11 25	丁未	1 17	12 26	丁丑	
8 20	7 24	丁未	9 20	8 25	戊寅	10 21	9 27	己酉	11 20	10 27	己卯	12 19	11 26	戊申	1 18	12 27	戊寅	
8 21	7 25	戊申	9 21	8 26	己卯	10 22	9 28	庚戌	11 21	10 28	庚辰	12 20	11 27	己酉	1 19	12 28	己卯	
8 22	7 26	己酉	9 22	8 27	庚辰	10 23	9 29	辛亥	11 22	10 29	辛巳	12 21	11 28	庚戌	1 20	12 29	庚辰	
8 23	7 27	庚戌	9 23	8 28	辛巳	10 24	9 30	壬子	11 23	10 30	壬午	12 22	11 29	辛亥	1 21	12 30	辛巳	
8 24	7 28	辛亥	9 24	8 29	壬午	10 25	10 1	癸丑	11 24	11 1	癸未	12 23	12 1	壬子	1 22	1 1	壬午	
8 25	7 29	壬子	9 25	9 1	癸未	10 26	10 2	甲寅	11 25	11 2	甲申	12 24	12 2	癸丑	1 23	1 2	癸未	
8 26	7 30	癸丑	9 26	9 2	甲申	10 27	10 3	乙卯	11 26	11 3	乙酉	12 25	12 3	甲寅	1 24	1 3	甲申	
8 27	8 1	甲寅	9 27	9 3	乙酉	10 28	10 4	丙辰	11 27	11 4	丙戌	12 26	12 4	乙卯	1 25	1 4	乙酉	
8 28	8 2	乙卯	9 28	9 4	丙戌	10 29	10 5	丁巳	11 28	11 5	丁亥	12 27	12 5	丙辰	1 26	1 5	丙戌	
8 29	8 3	丙辰	9 29	9 5	丁亥	10 30	10 6	戊午	11 29	11 6	戊子	12 28	12 6	丁巳	1 27	1 6	丁亥	
8 30	8 4	丁巳	9 30	9 6	戊子	10 31	10 7	己未	11 30	11 7	己丑	12 29	12 7	戊午	1 28	1 7	戊子	
8 31	8 5	戊午	10 1	9 7	己丑	11 1	10 8	庚申	12 1	11 8	庚寅	12 30	12 8	己未	1 29	1 8	己丑	
9 1	8 6	己未	10 2	9 8	庚寅	11 2	10 9	辛酉	12 2	11 9	辛卯	12 31	12 9	庚申	1 30	1 9	庚寅	
9 2	8 7	庚申	10 3	9 9	辛卯	11 3	10 10	壬戌	12 3	11 10	壬辰	1 1	12 10	辛酉	1 31	1 10	辛卯	
9 3	8 8	辛酉	10 4	9 10	壬辰	11 4	10 11	癸亥	12 4	11 11	癸巳	1 2	12 11	壬戌	2 1	1 11	壬辰	
9 4	8 9	壬戌	10 5	9 11	癸巳	11 5	10 12	甲子	12 5	11 12	甲午	1 3	12 12	癸亥	2 2	1 12	癸巳	
9 5	8 10	癸亥	10 6	9 12	甲午	11 6	10 13	乙丑	12 6	11 13	乙未	1 4	12 13	甲子	2 3	1 13	甲午	
9 6	8 11	甲子	10 7	9 13	乙未	11 7	10 14	丙寅				1 5	12 14	乙丑				
9 7	8 12	乙丑	10 8	9 14	丙申													
處暑			秋分			霜降			小雪			冬至			大寒			中氣
8/23 21時57分 亥時			9/23 18時58分 酉時			10/24 3時36分 寅時			11/23 0時34分 子時			12/22 13時33分 未時			1/21 0時11分 子時			

1908・1909

猴

清光緒三十四年

民國前四・三年

年	己酉																													
月	丙寅					丁卯					戊辰					己巳					庚午					辛未				
節氣	立春 2/4 18時32分 酉時					驚蟄 3/6 13時0分 未時					清明 4/5 18時29分 酉時					立夏 5/6 12時30分 午時					芒種 6/6 17時14分 酉時					小暑 7/8 3時44分 寅時				
日	國曆		農曆		干支	國曆		農曆		干支	國曆		農曆		干支	國曆		農曆		干支	國曆		農曆		干支	國曆		農曆		干支
1909 雞 清宣統元年 民國前三年	2	4	1	14	乙未	3	6	2	15	乙丑	4	5	2	15	乙未	5	6	3	17	丙寅	6	6	4	19	丁酉	7	8	5	21	己巳
	2	5	1	15	丙申	3	7	2	16	丙寅	4	6	2	16	丙申	5	7	3	18	丁卯	6	7	4	20	戊戌	7	9	5	22	庚午
	2	6	1	16	丁酉	3	8	2	17	丁卯	4	7	2	17	丁酉	5	8	3	19	戊辰	6	8	4	21	己亥	7	10	5	23	辛未
	2	7	1	17	戊戌	3	9	2	18	戊辰	4	8	2	18	戊戌	5	9	3	20	己巳	6	9	4	22	庚子	7	11	5	24	壬申
	2	8	1	18	己亥	3	10	2	19	己巳	4	9	2	19	己亥	5	10	3	21	庚午	6	10	4	23	辛丑	7	12	5	25	癸酉
	2	9	1	19	庚子	3	11	2	20	庚午	4	10	2	20	庚子	5	11	3	22	辛未	6	11	4	24	壬寅	7	13	5	26	甲戌
	2	10	1	20	辛丑	3	12	2	21	辛未	4	11	2	21	辛丑	5	12	3	23	壬申	6	12	4	25	癸卯	7	14	5	27	乙亥
	2	11	1	21	壬寅	3	13	2	22	壬申	4	12	2	22	壬寅	5	13	3	24	癸酉	6	13	4	26	甲辰	7	15	5	28	丙子
	2	12	1	22	癸卯	3	14	2	23	癸酉	4	13	2	23	癸卯	5	14	3	25	甲戌	6	14	4	27	乙巳	7	16	5	29	丁丑
	2	13	1	23	甲辰	3	15	2	24	甲戌	4	14	2	24	甲辰	5	15	3	26	乙亥	6	15	4	28	丙午	7	17	6	1	戊寅
	2	14	1	24	乙巳	3	16	2	25	乙亥	4	15	2	25	乙巳	5	16	3	27	丙子	6	16	4	29	丁未	7	18	6	2	己卯
	2	15	1	25	丙午	3	17	2	26	丙子	4	16	2	26	丙午	5	17	3	28	丁丑	6	17	4	30	戊申	7	19	6	3	庚辰
	2	16	1	26	丁未	3	18	2	27	丁丑	4	17	2	27	丁未	5	18	3	29	戊寅	6	18	5	1	己酉	7	20	6	4	辛巳
	2	17	1	27	戊申	3	19	2	28	戊寅	4	18	2	28	戊申	5	19	4	1	己卯	6	19	5	2	庚戌	7	21	6	5	壬午
	2	18	1	28	己酉	3	20	2	29	己卯	4	19	2	29	己酉	5	20	4	2	庚辰	6	20	5	3	辛亥	7	22	6	6	癸未
	2	19	1	29	庚戌	3	21	2	30	庚辰	4	20	3	1	庚戌	5	21	4	3	辛巳	6	21	5	4	壬子	7	23	6	7	甲申
	2	20	2	1	辛亥	3	22	閏2	1	辛巳	4	21	3	2	辛亥	5	22	4	4	壬午	6	22	5	5	癸丑	7	24	6	8	乙酉
	2	21	2	2	壬子	3	23	2	2	壬午	4	22	3	3	壬子	5	23	4	5	癸未	6	23	5	6	甲寅	7	25	6	9	丙戌
	2	22	2	3	癸丑	3	24	2	3	癸未	4	23	3	4	癸丑	5	24	4	6	甲申	6	24	5	7	乙卯	7	26	6	10	丁亥
	2	23	2	4	甲寅	3	25	2	4	甲申	4	24	3	5	甲寅	5	25	4	7	乙酉	6	25	5	8	丙辰	7	27	6	11	戊子
	2	24	2	5	乙卯	3	26	2	5	乙酉	4	25	3	6	乙卯	5	26	4	8	丙戌	6	26	5	9	丁巳	7	28	6	12	己丑
	2	25	2	6	丙辰	3	27	2	6	丙戌	4	26	3	7	丙辰	5	27	4	9	丁亥	6	27	5	10	戊午	7	29	6	13	庚寅
	2	26	2	7	丁巳	3	28	2	7	丁亥	4	27	3	8	丁巳	5	28	4	10	戊子	6	28	5	11	己未	7	30	6	14	辛卯
	2	27	2	8	戊午	3	29	2	8	戊子	4	28	3	9	戊午	5	29	4	11	己丑	6	29	5	12	庚申	7	31	6	15	壬辰
	2	28	2	9	己未	3	30	2	9	己丑	4	29	3	10	己未	5	30	4	12	庚寅	6	30	5	13	辛酉	8	1	6	16	癸巳
	3	1	2	10	庚申	3	31	2	10	庚寅	4	30	3	11	庚申	5	31	4	13	辛卯	7	1	5	14	壬戌	8	2	6	17	甲午
	3	2	2	11	辛酉	4	1	2	11	辛卯	5	1	3	12	辛酉	6	1	4	14	壬辰	7	2	5	15	癸亥	8	3	6	18	乙未
	3	3	2	12	壬戌	4	2	2	12	壬辰	5	2	3	13	壬戌	6	2	4	15	癸巳	7	3	5	16	甲子	8	4	6	19	丙申
	3	4	2	13	癸亥	4	3	2	13	癸巳	5	3	3	14	癸亥	6	3	4	16	甲午	7	4	5	17	乙丑	8	5	6	20	丁酉
	3	5	2	14	甲子	4	4	2	14	甲午	5	4	3	15	甲子	6	4	4	17	乙未	7	5	5	18	丙寅	8	6	6	21	戊戌
											5	5	3	16	乙丑	6	5	4	18	丙申	7	6	5	19	丁卯	8	7	6	22	己亥
																					7	7	5	20	戊辰					
中氣	雨水 2/19 14時38分 未時					春分 3/21 14時13分 未時					穀雨 4/21 1時57分 丑時					小滿 5/22 1時44分 丑時					夏至 6/22 10時5分 巳時					大暑 7/23 21時0分 亥時				

年	己酉																	
月	壬申			癸酉			甲戌			乙亥			丙子			丁丑		
節氣	立秋 8/8 13時22分 未時			白露 9/8 15時46分 申時			寒露 10/9 6時43分 卯時			立冬 11/8 9時13分 巳時			大雪 12/8 1時34分 丑時			小寒 1/6 12時38分 午時		
日	國曆	農曆	干支	國曆	農曆	干支	國曆	農曆	干支	國曆	農曆	干支	國曆	農曆	干支	國曆	農曆	干支
	8 8	6 23	庚子	9 8	7 24	辛未	10 9	8 26	壬寅	11 8	9 26	壬申	12 8	10 26	壬寅	1 6	11 25	辛未
	8 9	6 24	辛丑	9 9	7 25	壬申	10 10	8 27	癸卯	11 9	9 27	癸酉	12 9	10 27	癸卯	1 7	11 26	壬申
	8 10	6 25	壬寅	9 10	7 26	癸酉	10 11	8 28	甲辰	11 10	9 28	甲戌	12 10	10 28	甲辰	1 8	11 27	癸酉
1	8 11	6 26	癸卯	9 11	7 27	甲戌	10 12	8 29	乙巳	11 11	9 29	乙亥	12 11	10 29	乙巳	1 9	11 28	甲戌
9	8 12	6 27	甲辰	9 12	7 28	乙亥	10 13	8 30	丙午	11 12	9 30	丙子	12 12	10 30	丙午	1 10	11 29	乙亥
0	8 13	6 28	乙巳	9 13	7 29	丙子	10 14	9 1	丁未	11 13	10 1	丁丑	12 13	11 1	丁未	1 11	12 1	丙子
9	8 14	6 29	丙午	9 14	8 1	丁丑	10 15	9 2	戊申	11 14	10 2	戊寅	12 14	11 2	戊申	1 12	12 2	丁丑
•	8 15	6 30	丁未	9 15	8 2	戊寅	10 16	9 3	己酉	11 15	10 3	己卯	12 15	11 3	己酉	1 13	12 3	戊寅
1	8 16	7 1	戊申	9 16	8 3	己卯	10 17	9 4	庚戌	11 16	10 4	庚辰	12 16	11 4	庚戌	1 14	12 4	己卯
9	8 17	7 2	己酉	9 17	8 4	庚辰	10 18	9 5	辛亥	11 17	10 5	辛巳	12 17	11 5	辛亥	1 15	12 5	庚辰
1	8 18	7 3	庚戌	9 18	8 5	辛巳	10 19	9 6	壬子	11 18	10 6	壬午	12 18	11 6	壬子	1 16	12 6	辛巳
0	8 19	7 4	辛亥	9 19	8 6	壬午	10 20	9 7	癸丑	11 19	10 7	癸未	12 19	11 7	癸丑	1 17	12 7	壬午
	8 20	7 5	壬子	9 20	8 7	癸未	10 21	9 8	甲寅	11 20	10 8	甲申	12 20	11 8	甲寅	1 18	12 8	癸未
雞	8 21	7 6	癸丑	9 21	8 8	甲申	10 22	9 9	乙卯	11 21	10 9	乙酉	12 21	11 9	乙卯	1 19	12 9	甲申
	8 22	7 7	甲寅	9 22	8 9	乙酉	10 23	9 10	丙辰	11 22	10 10	丙戌	12 22	11 10	丙辰	1 20	12 10	乙酉
	8 23	7 8	乙卯	9 23	8 10	丙戌	10 24	9 11	丁巳	11 23	10 11	丁亥	12 23	11 11	丁巳	1 21	12 11	丙戌
	8 24	7 9	丙辰	9 24	8 11	丁亥	10 25	9 12	戊午	11 24	10 12	戊子	12 24	11 12	戊午	1 22	12 12	丁亥
	8 25	7 10	丁巳	9 25	8 12	戊子	10 26	9 13	己未	11 25	10 13	己丑	12 25	11 13	己未	1 23	12 13	戊子
	8 26	7 11	戊午	9 26	8 13	己丑	10 27	9 14	庚申	11 26	10 14	庚寅	12 26	11 14	庚申	1 24	12 14	己丑
清	8 27	7 12	己未	9 27	8 14	庚寅	10 28	9 15	辛酉	11 27	10 15	辛卯	12 27	11 15	辛酉	1 25	12 15	庚寅
宣	8 28	7 13	庚申	9 28	8 15	辛卯	10 29	9 16	壬戌	11 28	10 16	壬辰	12 28	11 16	壬戌	1 26	12 16	辛卯
統	8 29	7 14	辛酉	9 29	8 16	壬辰	10 30	9 17	癸亥	11 29	10 17	癸巳	12 29	11 17	癸亥	1 27	12 17	壬辰
元	8 30	7 15	壬戌	9 30	8 17	癸巳	10 31	9 18	甲子	11 30	10 18	甲午	12 30	11 18	甲子	1 28	12 18	癸巳
年	8 31	7 16	癸亥	10 1	8 18	甲午	11 1	9 19	乙丑	12 1	10 19	乙未	12 31	11 19	乙丑	1 29	12 19	甲午
民	9 1	7 17	甲子	10 2	8 19	乙未	11 2	9 20	丙寅	12 2	10 20	丙申	1 1	11 20	丙寅	1 30	12 20	乙未
國	9 2	7 18	乙丑	10 3	8 20	丙申	11 3	9 21	丁卯	12 3	10 21	丁酉	1 2	11 21	丁卯	1 31	12 21	丙申
前	9 3	7 19	丙寅	10 4	8 21	丁酉	11 4	9 22	戊辰	12 4	10 22	戊戌	1 3	11 22	戊辰	2 1	12 22	丁酉
三	9 4	7 20	丁卯	10 5	8 22	戊戌	11 5	9 23	己巳	12 5	10 23	己亥	1 4	11 23	己巳	2 2	12 23	戊戌
•	9 5	7 21	戊辰	10 6	8 23	己亥	11 6	9 24	庚午	12 6	10 24	庚子	1 5	11 24	庚午	2 3	12 24	己亥
二	9 6	7 22	己巳	10 7	8 24	庚子	11 7	9 25	辛未	12 7	10 25	辛丑				2 4	12 25	庚子
年	9 7	7 23	庚午	10 8	8 25	辛丑												
中氣	處暑 8/24 3時43分 寅時			秋分 9/24 0時44分 子時			霜降 10/24 9時22分 巳時			小雪 11/23 6時20分 卯時			冬至 12/22 19時19分 戌時			大寒 1/21 5時59分 卯時		

年	庚戌																	
月	戊寅			己卯			庚辰			辛巳			壬午			癸未		
節氣	立春			驚蟄			清明			立夏			芒種			小暑		
	2/5 0時27分 子時			3/6 18時56分 酉時			4/6 0時23分 子時			5/6 18時19分 酉時			6/6 22時56分 亥時			7/8 9時21分 巳時		
日	國曆	農曆	干支	國曆	農曆	干支	國曆	農曆	干支	國曆	農曆	干支	國曆	農曆	干支	國曆	農曆	干支
	2 5	12 26	辛丑	3 6	1 25	庚午	4 6	2 27	辛丑	5 6	3 27	辛未	6 6	4 29	壬寅	7 8	6 2	甲戌
	2 6	12 27	壬寅	3 7	1 26	辛未	4 7	2 28	壬寅	5 7	3 28	壬申	6 7	5 1	癸卯	7 9	6 3	乙亥
	2 7	12 28	癸卯	3 8	1 27	壬申	4 8	2 29	癸卯	5 8	3 29	癸酉	6 8	5 2	甲辰	7 10	6 4	丙子
	2 8	12 29	甲辰	3 9	1 28	癸酉	4 9	2 30	甲辰	5 9	4 1	甲戌	6 9	5 3	乙巳	7 11	6 5	丁丑
1910	2 9	12 30	乙巳	3 10	1 29	甲戌	4 10	3 1	乙巳	5 10	4 2	乙亥	6 10	5 4	丙午	7 12	6 6	戊寅
	2 10	1 1	丙午	3 11	2 1	乙亥	4 11	3 2	丙午	5 11	4 3	丙子	6 11	5 5	丁未	7 13	6 7	己卯
	2 11	1 2	丁未	3 12	2 2	丙子	4 12	3 3	丁未	5 12	4 4	丁丑	6 12	5 6	戊申	7 14	6 8	庚辰
	2 12	1 3	戊申	3 13	2 3	丁丑	4 13	3 4	戊申	5 13	4 5	戊寅	6 13	5 7	己酉	7 15	6 9	辛巳
	2 13	1 4	己酉	3 14	2 4	戊寅	4 14	3 5	己酉	5 14	4 6	己卯	6 14	5 8	庚戌	7 16	6 10	壬午
	2 14	1 5	庚戌	3 15	2 5	己卯	4 15	3 6	庚戌	5 15	4 7	庚辰	6 15	5 9	辛亥	7 17	6 11	癸未
	2 15	1 6	辛亥	3 16	2 6	庚辰	4 16	3 7	辛亥	5 16	4 8	辛巳	6 16	5 10	壬子	7 18	6 12	甲申
	2 16	1 7	壬子	3 17	2 7	辛巳	4 17	3 8	壬子	5 17	4 9	壬午	6 17	5 11	癸丑	7 19	6 13	乙酉
	2 17	1 8	癸丑	3 18	2 8	壬午	4 18	3 9	癸丑	5 18	4 10	癸未	6 18	5 12	甲寅	7 20	6 14	丙戌
狗	2 18	1 9	甲寅	3 19	2 9	癸未	4 19	3 10	甲寅	5 19	4 11	甲申	6 19	5 13	乙卯	7 21	6 15	丁亥
	2 19	1 10	乙卯	3 20	2 10	甲申	4 20	3 11	乙卯	5 20	4 12	乙酉	6 20	5 14	丙辰	7 22	6 16	戊子
	2 20	1 11	丙辰	3 21	2 11	乙酉	4 21	3 12	丙辰	5 21	4 13	丙戌	6 21	5 15	丁巳	7 23	6 17	己丑
	2 21	1 12	丁巳	3 22	2 12	丙戌	4 22	3 13	丁巳	5 22	4 14	丁亥	6 22	5 16	戊午	7 24	6 18	庚寅
	2 22	1 13	戊午	3 23	2 13	丁亥	4 23	3 14	戊午	5 23	4 15	戊子	6 23	5 17	己未	7 25	6 19	辛卯
	2 23	1 14	己未	3 24	2 14	戊子	4 24	3 15	己未	5 24	4 16	己丑	6 24	5 18	庚申	7 26	6 20	壬辰
	2 24	1 15	庚申	3 25	2 15	己丑	4 25	3 16	庚申	5 25	4 17	庚寅	6 25	5 19	辛酉	7 27	6 21	癸巳
清宣統二年	2 25	1 16	辛酉	3 26	2 16	庚寅	4 26	3 17	辛酉	5 26	4 18	辛卯	6 26	5 20	壬戌	7 28	6 22	甲午
	2 26	1 17	壬戌	3 27	2 17	辛卯	4 27	3 18	壬戌	5 27	4 19	壬辰	6 27	5 21	癸亥	7 29	6 23	乙未
	2 27	1 18	癸亥	3 28	2 18	壬辰	4 28	3 19	癸亥	5 28	4 20	癸巳	6 28	5 22	甲子	7 30	6 24	丙申
	2 28	1 19	甲子	3 29	2 19	癸巳	4 29	3 20	甲子	5 29	4 21	甲午	6 29	5 23	乙丑	7 31	6 25	丁酉
民國前二年	3 1	1 20	乙丑	3 30	2 20	甲午	4 30	3 21	乙丑	5 30	4 22	乙未	6 30	5 24	丙寅	8 1	6 26	戊戌
	3 2	1 21	丙寅	3 31	2 21	乙未	5 1	3 22	丙寅	5 31	4 23	丙申	7 1	5 25	丁卯	8 2	6 27	己亥
	3 3	1 22	丁卯	4 1	2 22	丙申	5 2	3 23	丁卯	6 1	4 24	丁酉	7 2	5 26	戊辰	8 3	6 28	庚子
	3 4	1 23	戊辰	4 2	2 23	丁酉	5 3	3 24	戊辰	6 2	4 25	戊戌	7 3	5 27	己巳	8 4	6 29	辛丑
	3 5	1 24	己巳	4 3	2 24	戊戌	5 4	3 25	己巳	6 3	4 26	己亥	7 4	5 28	庚午	8 5	7 1	壬寅
				4 4	2 25	己亥	5 5	3 26	庚午	6 4	4 27	庚子	7 5	5 29	辛未	8 6	7 2	癸卯
				4 5	2 26	庚子				6 5	4 28	辛丑	7 6	5 30	壬申	8 7	7 3	甲辰
													7 7	6 1	癸酉			
中氣	雨水			春分			穀雨			小滿			夏至			大暑		
	2/19 20時28分 戌時			3/21 20時2分 戌時			4/21 7時45分 辰時			5/22 7時30分 辰時			6/22 15時48分 申時			7/24 2時43分 丑時		

庚戌																														年
甲申					乙酉					丙戌					丁亥					戊子					己丑					月
立秋 8/8 18時57分 酉時					白露 9/8 21時22分 亥時					寒露 10/9 12時21分 午時					立冬 11/8 14時53分 未時					大雪 12/8 7時17分 辰時					小寒 1/6 18時21分 酉時					節氣
國曆		農曆		干支	國曆		農曆		干支	國曆		農曆		干支	國曆		農曆		干支	國曆		農曆		干支	國曆		農曆		干支	日
8	8	7	4	乙巳	9	8	8	5	丙子	10	9	9	7	丁未	11	8	10	7	丁丑	12	8	11	7	丁未	1	6	12	6	丙子	1910・1911
8	9	7	5	丙午	9	9	8	6	丁丑	10	10	9	8	戊申	11	9	10	8	戊寅	12	9	11	8	戊申	1	7	12	7	丁丑	
8	10	7	6	丁未	9	10	8	7	戊寅	10	11	9	9	己酉	11	10	10	9	己卯	12	10	11	9	己酉	1	8	12	8	戊寅	
8	11	7	7	戊申	9	11	8	8	己卯	10	12	9	10	庚戌	11	11	10	10	庚辰	12	11	11	10	庚戌	1	9	12	9	己卯	
8	12	7	8	己酉	9	12	8	9	庚辰	10	13	9	11	辛亥	11	12	10	11	辛巳	12	12	11	11	辛亥	1	10	12	10	庚辰	
8	13	7	9	庚戌	9	13	8	10	辛巳	10	14	9	12	壬子	11	13	10	12	壬午	12	13	11	12	壬子	1	11	12	11	辛巳	
8	14	7	10	辛亥	9	14	8	11	壬午	10	15	9	13	癸丑	11	14	10	13	癸未	12	14	11	13	癸丑	1	12	12	12	壬午	
8	15	7	11	壬子	9	15	8	12	癸未	10	16	9	14	甲寅	11	15	10	14	甲申	12	15	11	14	甲寅	1	13	12	13	癸未	
8	16	7	12	癸丑	9	16	8	13	甲申	10	17	9	15	乙卯	11	16	10	15	乙酉	12	16	11	15	乙卯	1	14	12	14	甲申	
8	17	7	13	甲寅	9	17	8	14	乙酉	10	18	9	16	丙辰	11	17	10	16	丙戌	12	17	11	16	丙辰	1	15	12	15	乙酉	
8	18	7	14	乙卯	9	18	8	15	丙戌	10	19	9	17	丁巳	11	18	10	17	丁亥	12	18	11	17	丁巳	1	16	12	16	丙戌	
8	19	7	15	丙辰	9	19	8	16	丁亥	10	20	9	18	戊午	11	19	10	18	戊子	12	19	11	18	戊午	1	17	12	17	丁亥	
8	20	7	16	丁巳	9	20	8	17	戊子	10	21	9	19	己未	11	20	10	19	己丑	12	20	11	19	己未	1	18	12	18	戊子	
8	21	7	17	戊午	9	21	8	18	己丑	10	22	9	20	庚申	11	21	10	20	庚寅	12	21	11	20	庚申	1	19	12	19	己丑	
8	22	7	18	己未	9	22	8	19	庚寅	10	23	9	21	辛酉	11	22	10	21	辛卯	12	22	11	21	辛酉	1	20	12	20	庚寅	狗
8	23	7	19	庚申	9	23	8	20	辛卯	10	24	9	22	壬戌	11	23	10	22	壬辰	12	23	11	22	壬戌	1	21	12	21	辛卯	
8	24	7	20	辛酉	9	24	8	21	壬辰	10	25	9	23	癸亥	11	24	10	23	癸巳	12	24	11	23	癸亥	1	22	12	22	壬辰	
8	25	7	21	壬戌	9	25	8	22	癸巳	10	26	9	24	甲子	11	25	10	24	甲午	12	25	11	24	甲子	1	23	12	23	癸巳	
8	26	7	22	癸亥	9	26	8	23	甲午	10	27	9	25	乙丑	11	26	10	25	乙未	12	26	11	25	乙丑	1	24	12	24	甲午	
8	27	7	23	甲子	9	27	8	24	乙未	10	28	9	26	丙寅	11	27	10	26	丙申	12	27	11	26	丙寅	1	25	12	25	乙未	清宣統二年
8	28	7	24	乙丑	9	28	8	25	丙申	10	29	9	27	丁卯	11	28	10	27	丁酉	12	28	11	27	丁卯	1	26	12	26	丙申	
8	29	7	25	丙寅	9	29	8	26	丁酉	10	30	9	28	戊辰	11	29	10	28	戊戌	12	29	11	28	戊辰	1	27	12	27	丁酉	
8	30	7	26	丁卯	9	30	8	27	戊戌	10	31	9	29	己巳	11	30	10	29	己亥	12	30	11	29	己巳	1	28	12	28	戊戌	
8	31	7	27	戊辰	10	1	8	28	己亥	11	1	9	30	庚午	12	1	10	30	庚子	12	31	11	30	庚午	1	29	12	29	己亥	
9	1	7	28	己巳	10	2	8	29	庚子	11	2	10	1	辛未	12	2	11	1	辛丑	1	1	12	1	辛未	1	30	1	1	庚子	民國前二・一年
9	2	7	29	庚午	10	3	9	1	辛丑	11	3	10	2	壬申	12	3	11	2	壬寅	1	2	12	2	壬申	1	31	1	2	辛丑	
9	3	7	30	辛未	10	4	9	2	壬寅	11	4	10	3	癸酉	12	4	11	3	癸卯	1	3	12	3	癸酉	2	1	1	3	壬寅	
9	4	8	1	壬申	10	5	9	3	癸卯	11	5	10	4	甲戌	12	5	11	4	甲辰	1	4	12	4	甲戌	2	2	1	4	癸卯	
9	5	8	2	癸酉	10	6	9	4	甲辰	11	6	10	5	乙亥	12	6	11	5	乙巳	1	5	12	5	乙亥	2	3	1	5	甲辰	
9	6	8	3	甲戌	10	7	9	5	乙巳	11	7	10	6	丙子	12	7	11	6	丙午						2	4	1	6	乙巳	
9	7	8	4	乙亥	10	8	9	6	丙午																					
處暑 8/24 9時27分 巳時					秋分 9/24 6時30分 卯時					霜降 10/24 15時11分 申時					小雪 11/23 12時10分 午時					冬至 12/23 1時11分 丑時					大寒 1/21 11時51分 午時					中氣

1911 豬 清宣統三年 民國前一年

年	辛亥																	
月	庚寅			辛卯			壬辰			癸巳			甲午			乙未		
節氣	立春 2/5 6時10分 卯時			驚蟄 3/7 0時38分 子時			清明 4/6 6時4分 卯時			立夏 5/7 0時0分 子時			芒種 6/7 4時37分 寅時			小暑 7/8 15時5分 申時		
日	國曆	農曆	干支	國曆	農曆	干支	國曆	農曆	干支	國曆	農曆	干支	國曆	農曆	干支	國曆	農曆	干支
	2 5	1 7	丙午	3 7	2 7	丙子	4 6	3 8	丙午	5 7	4 9	丁丑	6 7	5 11	戊申	7 8	6 13	己卯
	2 6	1 8	丁未	3 8	2 8	丁丑	4 7	3 9	丁未	5 8	4 10	戊寅	6 8	5 12	己酉	7 9	6 14	庚辰
	2 7	1 9	戊申	3 9	2 9	戊寅	4 8	3 10	戊申	5 9	4 11	己卯	6 9	5 13	庚戌	7 10	6 15	辛巳
	2 8	1 10	己酉	3 10	2 10	己卯	4 9	3 11	己酉	5 10	4 12	庚辰	6 10	5 14	辛亥	7 11	6 16	壬午
	2 9	1 11	庚戌	3 11	2 11	庚辰	4 10	3 12	庚戌	5 11	4 13	辛巳	6 11	5 15	壬子	7 12	6 17	癸未
	2 10	1 12	辛亥	3 12	2 12	辛巳	4 11	3 13	辛亥	5 12	4 14	壬午	6 12	5 16	癸丑	7 13	6 18	甲申
	2 11	1 13	壬子	3 13	2 13	壬午	4 12	3 14	壬子	5 13	4 15	癸未	6 13	5 17	甲寅	7 14	6 19	乙酉
	2 12	1 14	癸丑	3 14	2 14	癸未	4 13	3 15	癸丑	5 14	4 16	甲申	6 14	5 18	乙卯	7 15	6 20	丙戌
	2 13	1 15	甲寅	3 15	2 15	甲申	4 14	3 16	甲寅	5 15	4 17	乙酉	6 15	5 19	丙辰	7 16	6 21	丁亥
	2 14	1 16	乙卯	3 16	2 16	乙酉	4 15	3 17	乙卯	5 16	4 18	丙戌	6 16	5 20	丁巳	7 17	6 22	戊子
	2 15	1 17	丙辰	3 17	2 17	丙戌	4 16	3 18	丙辰	5 17	4 19	丁亥	6 17	5 21	戊午	7 18	6 23	己丑
	2 16	1 18	丁巳	3 18	2 18	丁亥	4 17	3 19	丁巳	5 18	4 20	戊子	6 18	5 22	己未	7 19	6 24	庚寅
	2 17	1 19	戊午	3 19	2 19	戊子	4 18	3 20	戊午	5 19	4 21	己丑	6 19	5 23	庚申	7 20	6 25	辛卯
	2 18	1 20	己未	3 20	2 20	己丑	4 19	3 21	己未	5 20	4 22	庚寅	6 20	5 24	辛酉	7 21	6 26	壬辰
	2 19	1 21	庚申	3 21	2 21	庚寅	4 20	3 22	庚申	5 21	4 23	辛卯	6 21	5 25	壬戌	7 22	6 27	癸巳
	2 20	1 22	辛酉	3 22	2 22	辛卯	4 21	3 23	辛酉	5 22	4 24	壬辰	6 22	5 26	癸亥	7 23	6 28	甲午
	2 21	1 23	壬戌	3 23	2 23	壬辰	4 22	3 24	壬戌	5 23	4 25	癸巳	6 23	5 27	甲子	7 24	6 29	乙未
	2 22	1 24	癸亥	3 24	2 24	癸巳	4 23	3 25	癸亥	5 24	4 26	甲午	6 24	5 28	乙丑	7 25	6 30	丙申
	2 23	1 25	甲子	3 25	2 25	甲午	4 24	3 26	甲子	5 25	4 27	乙未	6 25	5 29	丙寅	7 26	閏6 1	丁酉
	2 24	1 26	乙丑	3 26	2 26	乙未	4 25	3 27	乙丑	5 26	4 28	丙申	6 26	6 1	丁卯	7 27	6 2	戊戌
	2 25	1 27	丙寅	3 27	2 27	丙申	4 26	3 28	丙寅	5 27	4 29	丁酉	6 27	6 2	戊辰	7 28	6 3	己亥
	2 26	1 28	丁卯	3 28	2 28	丁酉	4 27	3 29	丁卯	5 28	5 1	戊戌	6 28	6 3	己巳	7 29	6 4	庚子
	2 27	1 29	戊辰	3 29	2 29	戊戌	4 28	3 30	戊辰	5 29	5 2	己亥	6 29	6 4	庚午	7 30	6 5	辛丑
	2 28	1 30	己巳	3 30	3 1	己亥	4 29	4 1	己巳	5 30	5 3	庚子	6 30	6 5	辛未	7 31	6 6	壬寅
	3 1	2 1	庚午	3 31	3 2	庚子	4 30	4 2	庚午	5 31	5 4	辛丑	7 1	6 6	壬申	8 1	6 7	癸卯
	3 2	2 2	辛未	4 1	3 3	辛丑	5 1	4 3	辛未	6 1	5 5	壬寅	7 2	6 7	癸酉	8 2	6 8	甲辰
	3 3	2 3	壬申	4 2	3 4	壬寅	5 2	4 4	壬申	6 2	5 6	癸卯	7 3	6 8	甲戌	8 3	6 9	乙巳
	3 4	2 4	癸酉	4 3	3 5	癸卯	5 3	4 5	癸酉	6 3	5 7	甲辰	7 4	6 9	乙亥	8 4	6 10	丙午
	3 5	2 5	甲戌	4 4	3 6	甲辰	5 4	4 6	甲戌	6 4	5 8	乙巳	7 5	6 10	丙子	8 5	6 11	丁未
	3 6	2 6	乙亥	4 5	3 7	乙巳	5 5	4 7	乙亥	6 5	5 9	丙午	7 6	6 11	丁丑	8 6	6 12	戊申
							5 6	4 8	丙子	6 6	5 10	丁未	7 7	6 12	戊寅	8 7	6 13	己酉
																8 8	6 14	庚戌
中氣	雨水 2/20 2時20分 丑時			春分 3/22 1時54分 丑時			穀雨 4/21 13時36分 未時			小滿 5/22 13時18分 未時			夏至 6/22 21時35分 亥時			大暑 7/24 8時28分 辰時		

年	辛亥								
月	丙申			丁酉			戊戌		
節氣	立秋 8/9 0時44分 子時			白露 9/9 3時13分 寅時			寒露 10/9 18時15分 酉時		
日	國曆	農曆	干支	國曆	農曆	干支	國曆	農曆	干支
	8 9	6 15	辛亥	9 9	7 17	壬午	10 9	8 18	壬子
	8 10	6 16	壬子	9 10	7 18	癸未	10 10	8 19	癸丑
	8 11	6 17	癸丑	9 11	7 19	甲申	10 11	8 20	甲寅
	8 12	6 18	甲寅	9 12	7 20	乙酉	10 12	8 21	乙卯
	8 13	6 19	乙卯	9 13	7 21	丙戌	10 13	8 22	丙辰
	8 14	6 20	丙辰	9 14	7 22	丁亥	10 14	8 23	丁巳
	8 15	6 21	丁巳	9 15	7 23	戊子	10 15	8 24	戊午
	8 16	6 22	戊午	9 16	7 24	己丑	10 16	8 25	己未
	8 17	6 23	己未	9 17	7 25	庚寅	10 17	8 26	庚申
	8 18	6 24	庚申	9 18	7 26	辛卯	10 18	8 27	辛酉
	8 19	6 25	辛酉	9 19	7 27	壬辰	10 19	8 28	壬戌
	8 20	6 26	壬戌	9 20	7 28	癸巳	10 20	8 29	癸亥
	8 21	6 27	癸亥	9 21	7 29	甲午	10 21	8 30	甲子
	8 22	6 28	甲子	9 22	8 1	乙未	10 22	9 1	乙丑
	8 23	6 29	乙丑	9 23	8 2	丙申	10 23	9 2	丙寅
	8 24	7 1	丙寅	9 24	8 3	丁酉	10 24	9 3	丁卯
	8 25	7 2	丁卯	9 25	8 4	戊戌	10 25	9 4	戊辰
	8 26	7 3	戊辰	9 26	8 5	己亥	10 26	9 5	己巳
	8 27	7 4	己巳	9 27	8 6	庚子	10 27	9 6	庚午
	8 28	7 5	庚午	9 28	8 7	辛丑	10 28	9 7	辛未
	8 29	7 6	辛未	9 29	8 8	壬寅	10 29	9 8	壬申
	8 30	7 7	壬申	9 30	8 9	癸卯	10 30	9 9	癸酉
	8 31	7 8	癸酉	10 1	8 10	甲辰	10 31	9 10	甲戌
	9 1	7 9	甲戌	10 2	8 11	乙巳	11 1	9 11	乙亥
	9 2	7 10	乙亥	10 3	8 12	丙午	11 2	9 12	丙子
	9 3	7 11	丙子	10 4	8 13	丁未	11 3	9 13	丁丑
	9 4	7 12	丁丑	10 5	8 14	戊申	11 4	9 14	戊寅
	9 5	7 13	戊寅	10 6	8 15	己酉	11 5	9 15	己卯
	9 6	7 14	己卯	10 7	8 16	庚戌	11 6	9 16	庚辰
	9 7	7 15	庚辰	10 8	8 17	辛亥	11 7	9 17	辛巳
	9 8	7 16	辛巳						
中氣	處暑 8/24 15時13分 申時			秋分 9/24 12時17分 午時			霜降 10/24 20時58分 戌時		

年	辛亥								
月	己亥			庚子			辛丑		
節氣	立冬 11/8 20時47分 戌時			大雪 12/8 13時7分 未時			小寒 1/7 0時7分 子時		
日	國曆	農曆	干支	國曆	農曆	干支	國曆	農曆	干支
	11 8	9 18	壬午	12 8	10 18	壬子	1 7	11 19	壬午
	11 9	9 19	癸未	12 9	10 19	癸丑	1 8	11 20	癸未
	11 10	9 20	甲申	12 10	10 20	甲寅	1 9	11 21	甲申
	11 11	9 21	乙酉	12 11	10 21	乙卯	1 10	11 22	乙酉
	11 12	9 22	丙戌	12 12	10 22	丙辰	1 11	11 23	丙戌
	11 13	9 23	丁亥	12 13	10 23	丁巳	1 12	11 24	丁亥
	11 14	9 24	戊子	12 14	10 24	戊午	1 13	11 25	戊子
	11 15	9 25	己丑	12 15	10 25	己未	1 14	11 26	己丑
	11 16	9 26	庚寅	12 16	10 26	庚申	1 15	11 27	庚寅
	11 17	9 27	辛卯	12 17	10 27	辛酉	1 16	11 28	辛卯
	11 18	9 28	壬辰	12 18	10 28	壬戌	1 17	11 29	壬辰
	11 19	9 29	癸巳	12 19	10 29	癸亥	1 18	11 30	癸巳
	11 20	9 30	甲午	12 20	11 1	甲子	1 19	12 1	甲午
	11 21	10 1	乙未	12 21	11 2	乙丑	1 20	12 2	乙未
	11 22	10 2	丙申	12 22	11 3	丙寅	1 21	12 3	丙申
	11 23	10 3	丁酉	12 23	11 4	丁卯	1 22	12 4	丁酉
	11 24	10 4	戊戌	12 24	11 5	戊辰	1 23	12 5	戊戌
	11 25	10 5	己亥	12 25	11 6	己巳	1 24	12 6	己亥
	11 26	10 6	庚子	12 26	11 7	庚午	1 25	12 7	庚子
	11 27	10 7	辛丑	12 27	11 8	辛未	1 26	12 8	辛丑
	11 28	10 8	壬寅	12 28	11 9	壬申	1 27	12 9	壬寅
	11 29	10 9	癸卯	12 29	11 10	癸酉	1 28	12 10	癸卯
	11 30	10 10	甲辰	12 30	11 11	甲戌	1 29	12 11	甲辰
	12 1	10 11	乙巳	12 31	11 12	乙亥	1 30	12 12	乙巳
	12 2	10 12	丙午	1 1	11 13	丙子	1 31	12 13	丙午
	12 3	10 13	丁未	1 2	11 14	丁丑	2 1	12 14	丁未
	12 4	10 14	戊申	1 3	11 15	戊寅	2 2	12 15	戊申
	12 5	10 15	己酉	1 4	11 16	己卯	2 3	12 16	己酉
	12 6	10 16	庚戌	1 5	11 17	庚辰	2 4	12 17	庚戌
	12 7	10 17	辛亥	1 6	11 18	辛巳			
中氣	小雪 11/23 17時55分 酉時			冬至 12/23 6時53分 卯時			大寒 1/21 17時29分 酉時		

1911・1912

豬

清宣統三年　民國前一年・民國元年

年	壬子																													
月	壬寅					癸卯					甲辰					乙巳					丙午					丁未				
節氣	立春 2/5 11時53分 午時					驚蟄 3/6 6時21分 卯時					清明 4/5 11時48分 午時					立夏 5/6 5時47分 卯時					芒種 6/6 10時27分 巳時					小暑 7/7 20時56分 戌時				
日	國曆		農曆		干支	國曆		農曆		干支	國曆		農曆		干支	國曆		農曆		干支	國曆		農曆		干支	國曆		農曆		干支
1912	2	5	12	18	辛亥	3	6	1	18	辛巳	4	5	2	18	辛亥	5	6	3	20	壬午	6	6	4	21	癸丑	7	7	5	23	甲申
	2	6	12	19	壬子	3	7	1	19	壬午	4	6	2	19	壬子	5	7	3	21	癸未	6	7	4	22	甲寅	7	8	5	24	乙酉
	2	7	12	20	癸丑	3	8	1	20	癸未	4	7	2	20	癸丑	5	8	3	22	甲申	6	8	4	23	乙卯	7	9	5	25	丙戌
	2	8	12	21	甲寅	3	9	1	21	甲申	4	8	2	21	甲寅	5	9	3	23	乙酉	6	9	4	24	丙辰	7	10	5	26	丁亥
	2	9	12	22	乙卯	3	10	1	22	乙酉	4	9	2	22	乙卯	5	10	3	24	丙戌	6	10	4	25	丁巳	7	11	5	27	戊子
	2	10	12	23	丙辰	3	11	1	23	丙戌	4	10	2	23	丙辰	5	11	3	25	丁亥	6	11	4	26	戊午	7	12	5	28	己丑
	2	11	12	24	丁巳	3	12	1	24	丁亥	4	11	2	24	丁巳	5	12	3	26	戊子	6	12	4	27	己未	7	13	5	29	庚寅
	2	12	12	25	戊午	3	13	1	25	戊子	4	12	2	25	戊午	5	13	3	27	己丑	6	13	4	28	庚申	7	14	6	1	辛卯
	2	13	12	26	己未	3	14	1	26	己丑	4	13	2	26	己未	5	14	3	28	庚寅	6	14	4	29	辛酉	7	15	6	2	壬辰
	2	14	12	27	庚申	3	15	1	27	庚寅	4	14	2	27	庚申	5	15	3	29	辛卯	6	15	5	1	壬戌	7	16	6	3	癸巳
	2	15	12	28	辛酉	3	16	1	28	辛卯	4	15	2	28	辛酉	5	16	3	30	壬辰	6	16	5	2	癸亥	7	17	6	4	甲午
	2	16	12	29	壬戌	3	17	1	29	壬辰	4	16	2	29	壬戌	5	17	4	1	癸巳	6	17	5	3	甲子	7	18	6	5	乙未
	2	17	12	30	癸亥	3	18	1	30	癸巳	4	17	3	1	癸亥	5	18	4	2	甲午	6	18	5	4	乙丑	7	19	6	6	丙申
鼠	2	18	1	1	甲子	3	19	2	1	甲午	4	18	3	2	甲子	5	19	4	3	乙未	6	19	5	5	丙寅	7	20	6	7	丁酉
	2	19	1	2	乙丑	3	20	2	2	乙未	4	19	3	3	乙丑	5	20	4	4	丙申	6	20	5	6	丁卯	7	21	6	8	戊戌
	2	20	1	3	丙寅	3	21	2	3	丙申	4	20	3	4	丙寅	5	21	4	5	丁酉	6	21	5	7	戊辰	7	22	6	9	己亥
	2	21	1	4	丁卯	3	22	2	4	丁酉	4	21	3	5	丁卯	5	22	4	6	戊戌	6	22	5	8	己巳	7	23	6	10	庚子
	2	22	1	5	戊辰	3	23	2	5	戊戌	4	22	3	6	戊辰	5	23	4	7	己亥	6	23	5	9	庚午	7	24	6	11	辛丑
	2	23	1	6	己巳	3	24	2	6	己亥	4	23	3	7	己巳	5	24	4	8	庚子	6	24	5	10	辛未	7	25	6	12	壬寅
	2	24	1	7	庚午	3	25	2	7	庚子	4	24	3	8	庚午	5	25	4	9	辛丑	6	25	5	11	壬申	7	26	6	13	癸卯
	2	25	1	8	辛未	3	26	2	8	辛丑	4	25	3	9	辛未	5	26	4	10	壬寅	6	26	5	12	癸酉	7	27	6	14	甲辰
	2	26	1	9	壬申	3	27	2	9	壬寅	4	26	3	10	壬申	5	27	4	11	癸卯	6	27	5	13	甲戌	7	28	6	15	乙巳
中華民國元年	2	27	1	10	癸酉	3	28	2	10	癸卯	4	27	3	11	癸酉	5	28	4	12	甲辰	6	28	5	14	乙亥	7	29	6	16	丙午
	2	28	1	11	甲戌	3	29	2	11	甲辰	4	28	3	12	甲戌	5	29	4	13	乙巳	6	29	5	15	丙子	7	30	6	17	丁未
	2	29	1	12	乙亥	3	30	2	12	乙巳	4	29	3	13	乙亥	5	30	4	14	丙午	6	30	5	16	丁丑	7	31	6	18	戊申
	3	1	1	13	丙子	3	31	2	13	丙午	4	30	3	14	丙子	5	31	4	15	丁未	7	1	5	17	戊寅	8	1	6	19	己酉
	3	2	1	14	丁丑	4	1	2	14	丁未	5	1	3	15	丁丑	6	1	4	16	戊申	7	2	5	18	己卯	8	2	6	20	庚戌
	3	3	1	15	戊寅	4	2	2	15	戊申	5	2	3	16	戊寅	6	2	4	17	己酉	7	3	5	19	庚辰	8	3	6	21	辛亥
	3	4	1	16	己卯	4	3	2	16	己酉	5	3	3	17	己卯	6	3	4	18	庚戌	7	4	5	20	辛巳	8	4	6	22	壬子
	3	5	1	17	庚辰	4	4	2	17	庚戌	5	4	3	18	庚辰	6	4	4	19	辛亥	7	5	5	21	壬午	8	5	6	23	癸丑
											5	5	3	19	辛巳	6	5	4	20	壬子	7	6	5	22	癸未	8	6	6	24	甲寅
																										8	7	6	25	乙卯
中氣	雨水 2/20 7時55分 辰時					春分 3/21 7時29分 辰時					穀雨 4/20 19時12分 戌時					小滿 5/21 18時57分 酉時					夏至 6/22 3時16分 寅時					大暑 7/23 14時13分 未時				

年	王子					
月	戊申	己酉	庚戌	辛亥	壬子	癸丑
節氣	立秋 8/8 6時37分 卯時	白露 9/8 9時5分 巳時	寒露 10/9 0時6分 子時	立冬 11/8 2時38分 丑時	大雪 12/7 18時59分 酉時	小寒 1/6 5時58分 卯時

國曆	農曆	干支	國曆	農曆	干支	國曆	農曆	干支	國曆	農曆	干支	國曆	農曆	干支	國曆	農曆	干支
8 8	6 26	丙辰	9 8	7 27	丁亥	10 9	8 29	戊午	11 8	9 30	戊子	12 7	10 29	丁巳	1 6	11 29	丁亥
8 9	6 27	丁巳	9 9	7 28	戊子	10 10	9 1	己未	11 9	10 1	己丑	12 8	10 30	戊午	1 7	12 1	戊子
8 10	6 28	戊午	9 10	7 29	己丑	10 11	9 2	庚申	11 10	10 2	庚寅	12 9	11 1	己未	1 8	12 2	己丑
8 11	6 29	己未	9 11	8 1	庚寅	10 12	9 3	辛酉	11 11	10 3	辛卯	12 10	11 2	庚申	1 9	12 3	庚寅
8 12	6 30	庚申	9 12	8 2	辛卯	10 13	9 4	壬戌	11 12	10 4	壬辰	12 11	11 3	辛酉	1 10	12 4	辛卯
8 13	7 1	辛酉	9 13	8 3	壬辰	10 14	9 5	癸亥	11 13	10 5	癸巳	12 12	11 4	壬戌	1 11	12 5	壬辰
8 14	7 2	壬戌	9 14	8 4	癸巳	10 15	9 6	甲子	11 14	10 6	甲午	12 13	11 5	癸亥	1 12	12 6	癸巳
8 15	7 3	癸亥	9 15	8 5	甲午	10 16	9 7	乙丑	11 15	10 7	乙未	12 14	11 6	甲子	1 13	12 7	甲午
8 16	7 4	甲子	9 16	8 6	乙未	10 17	9 8	丙寅	11 16	10 8	丙申	12 15	11 7	乙丑	1 14	12 8	乙未
8 17	7 5	乙丑	9 17	8 7	丙申	10 18	9 9	丁卯	11 17	10 9	丁酉	12 16	11 8	丙寅	1 15	12 9	丙申
8 18	7 6	丙寅	9 18	8 8	丁酉	10 19	9 10	戊辰	11 18	10 10	戊戌	12 17	11 9	丁卯	1 16	12 10	丁酉
8 19	7 7	丁卯	9 19	8 9	戊戌	10 20	9 11	己巳	11 19	10 11	己亥	12 18	11 10	戊辰	1 17	12 11	戊戌
8 20	7 8	戊辰	9 20	8 10	己亥	10 21	9 12	庚午	11 20	10 12	庚子	12 19	11 11	己巳	1 18	12 12	己亥
8 21	7 9	己巳	9 21	8 11	庚子	10 22	9 13	辛未	11 21	10 13	辛丑	12 20	11 12	庚午	1 19	12 13	庚子
8 22	7 10	庚午	9 22	8 12	辛丑	10 23	9 14	壬申	11 22	10 14	壬寅	12 21	11 13	辛未	1 20	12 14	辛丑
8 23	7 11	辛未	9 23	8 13	壬寅	10 24	9 15	癸酉	11 23	10 15	癸卯	12 22	11 14	壬申	1 21	12 15	壬寅
8 24	7 12	壬申	9 24	8 14	癸卯	10 25	9 16	甲戌	11 24	10 16	甲辰	12 23	11 15	癸酉	1 22	12 16	癸卯
8 25	7 13	癸酉	9 25	8 15	甲辰	10 26	9 17	乙亥	11 25	10 17	乙巳	12 24	11 16	甲戌	1 23	12 17	甲辰
8 26	7 14	甲戌	9 26	8 16	乙巳	10 27	9 18	丙子	11 26	10 18	丙午	12 25	11 17	乙亥	1 24	12 18	乙巳
8 27	7 15	乙亥	9 27	8 17	丙午	10 28	9 19	丁丑	11 27	10 19	丁未	12 26	11 18	丙子	1 25	12 19	丙午
8 28	7 16	丙子	9 28	8 18	丁未	10 29	9 20	戊寅	11 28	10 20	戊申	12 27	11 19	丁丑	1 26	12 20	丁未
8 29	7 17	丁丑	9 29	8 19	戊申	10 30	9 21	己卯	11 29	10 21	己酉	12 28	11 20	戊寅	1 27	12 21	戊申
8 30	7 18	戊寅	9 30	8 20	己酉	10 31	9 22	庚辰	11 30	10 22	庚戌	12 29	11 21	己卯	1 28	12 22	己酉
8 31	7 19	己卯	10 1	8 21	庚戌	11 1	9 23	辛巳	12 1	10 23	辛亥	12 30	11 22	庚辰	1 29	12 23	庚戌
9 1	7 20	庚辰	10 2	8 22	辛亥	11 2	9 24	壬午	12 2	10 24	壬子	12 31	11 23	辛巳	1 30	12 24	辛亥
9 2	7 21	辛巳	10 3	8 23	壬子	11 3	9 25	癸未	12 3	10 25	癸丑	1 1	11 24	壬午	1 31	12 25	壬子
9 3	7 22	壬午	10 4	8 24	癸丑	11 4	9 26	甲申	12 4	10 26	甲寅	1 2	11 25	癸未	2 1	12 26	癸丑
9 4	7 23	癸未	10 5	8 25	甲寅	11 5	9 27	乙酉	12 5	10 27	乙卯	1 3	11 26	甲申	2 2	12 27	甲寅
9 5	7 24	甲申	10 6	8 26	乙卯	11 6	9 28	丙戌	12 6	10 28	丙辰	1 4	11 27	乙酉	2 3	12 28	乙卯
9 6	7 25	乙酉	10 7	8 27	丙辰	11 7	9 29	丁亥				1 5	11 28	丙戌			
9 7	7 26	丙戌	10 8	8 28	丁巳												

中氣	處暑 8/23 21時1分 亥時	秋分 9/23 18時8分 酉時	霜降 10/24 2時50分 丑時	小雪 11/22 23時48分 子時	冬至 12/22 12時44分 午時	大寒 1/20 23時19分 子時

1912・1913

鼠

中華民國元・二年

年	癸丑																	
月	甲寅			乙卯			丙辰			丁巳			戊午			己未		
節氣	立春			驚蟄			清明			立夏			芒種			小暑		
	2/4 17時42分 酉時			3/6 12時9分 午時			4/5 17時35分 酉時			5/6 11時34分 午時			6/6 16時13分 申時			7/8 2時38分 丑時		
日	國曆	農曆	干支	國曆	農曆	干支	國曆	農曆	干支	國曆	農曆	干支	國曆	農曆	干支	國曆	農曆	干支
	2 4	12 29	丙辰	3 6	1 29	丙戌	4 5	2 29	丙辰	5 6	4 1	丁亥	6 6	5 2	戊午	7 8	6 5	庚寅
	2 5	12 30	丁巳	3 7	1 30	丁亥	4 6	2 30	丁巳	5 7	4 2	戊子	6 7	5 3	己未	7 9	6 6	辛卯
	2 6	1 1	戊午	3 8	2 1	戊子	4 7	3 1	戊午	5 8	4 3	己丑	6 8	5 4	庚申	7 10	6 7	壬辰
	2 7	1 2	己未	3 9	2 2	己丑	4 8	3 2	己未	5 9	4 4	庚寅	6 9	5 5	辛酉	7 11	6 8	癸巳
1	2 8	1 3	庚申	3 10	2 3	庚寅	4 9	3 3	庚申	5 10	4 5	辛卯	6 10	5 6	壬戌	7 12	6 9	甲午
9	2 9	1 4	辛酉	3 11	2 4	辛卯	4 10	3 4	辛酉	5 11	4 6	壬辰	6 11	5 7	癸亥	7 13	6 10	乙未
1	2 10	1 5	壬戌	3 12	2 5	壬辰	4 11	3 5	壬戌	5 12	4 7	癸巳	6 12	5 8	甲子	7 14	6 11	丙申
3	2 11	1 6	癸亥	3 13	2 6	癸巳	4 12	3 6	癸亥	5 13	4 8	甲午	6 13	5 9	乙丑	7 15	6 12	丁酉
	2 12	1 7	甲子	3 14	2 7	甲午	4 13	3 7	甲子	5 14	4 9	乙未	6 14	5 10	丙寅	7 16	6 13	戊戌
	2 13	1 8	乙丑	3 15	2 8	乙未	4 14	3 8	乙丑	5 15	4 10	丙申	6 15	5 11	丁卯	7 17	6 14	己亥
	2 14	1 9	丙寅	3 16	2 9	丙申	4 15	3 9	丙寅	5 16	4 11	丁酉	6 16	5 12	戊辰	7 18	6 15	庚子
	2 15	1 10	丁卯	3 17	2 10	丁酉	4 16	3 10	丁卯	5 17	4 12	戊戌	6 17	5 13	己巳	7 19	6 16	辛丑
	2 16	1 11	戊辰	3 18	2 11	戊戌	4 17	3 11	戊辰	5 18	4 13	己亥	6 18	5 14	庚午	7 20	6 17	壬寅
牛	2 17	1 12	己巳	3 19	2 12	己亥	4 18	3 12	己巳	5 19	4 14	庚子	6 19	5 15	辛未	7 21	6 18	癸卯
	2 18	1 13	庚午	3 20	2 13	庚子	4 19	3 13	庚午	5 20	4 15	辛丑	6 20	5 16	壬申	7 22	6 19	甲辰
	2 19	1 14	辛未	3 21	2 14	辛丑	4 20	3 14	辛未	5 21	4 16	壬寅	6 21	5 17	癸酉	7 23	6 20	乙巳
	2 20	1 15	壬申	3 22	2 15	壬寅	4 21	3 15	壬申	5 22	4 17	癸卯	6 22	5 18	甲戌	7 24	6 21	丙午
	2 21	1 16	癸酉	3 23	2 16	癸卯	4 22	3 16	癸酉	5 23	4 18	甲辰	6 23	5 19	乙亥	7 25	6 22	丁未
	2 22	1 17	甲戌	3 24	2 17	甲辰	4 23	3 17	甲戌	5 24	4 19	乙巳	6 24	5 20	丙子	7 26	6 23	戊申
	2 23	1 18	乙亥	3 25	2 18	乙巳	4 24	3 18	乙亥	5 25	4 20	丙午	6 25	5 21	丁丑	7 27	6 24	己酉
	2 24	1 19	丙子	3 26	2 19	丙午	4 25	3 19	丙子	5 26	4 21	丁未	6 26	5 22	戊寅	7 28	6 25	庚戌
中	2 25	1 20	丁丑	3 27	2 20	丁未	4 26	3 20	丁丑	5 27	4 22	戊申	6 27	5 23	己卯	7 29	6 26	辛亥
華	2 26	1 21	戊寅	3 28	2 21	戊申	4 27	3 21	戊寅	5 28	4 23	己酉	6 28	5 24	庚辰	7 30	6 27	壬子
民	2 27	1 22	己卯	3 29	2 22	己酉	4 28	3 22	己卯	5 29	4 24	庚戌	6 29	5 25	辛巳	7 31	6 28	癸丑
國	2 28	1 23	庚辰	3 30	2 23	庚戌	4 29	3 23	庚辰	5 30	4 25	辛亥	6 30	5 26	壬午	8 1	6 29	甲寅
二	3 1	1 24	辛巳	3 31	2 24	辛亥	4 30	3 24	辛巳	5 31	4 26	壬子	7 1	5 27	癸未	8 2	7 1	乙卯
年	3 2	1 25	壬午	4 1	2 25	壬子	5 1	3 25	壬午	6 1	4 27	癸丑	7 2	5 28	甲申	8 3	7 2	丙辰
	3 3	1 26	癸未	4 2	2 26	癸丑	5 2	3 26	癸未	6 2	4 28	甲寅	7 3	5 29	乙酉	8 4	7 3	丁巳
	3 4	1 27	甲申	4 3	2 27	甲寅	5 3	3 27	甲申	6 3	4 29	乙卯	7 4	6 1	丙戌	8 5	7 4	戊午
	3 5	1 28	乙酉	4 4	2 28	乙卯	5 4	3 28	乙酉	6 4	4 30	丙辰	7 5	6 2	丁亥	8 6	7 5	己未
							5 5	3 29	丙戌	6 5	5 1	丁巳	7 6	6 3	戊子	8 7	7 6	庚申
													7 7	6 4	己丑			
中氣	雨水			春分			穀雨			小滿			夏至			大暑		
	2/19 13時44分 未時			3/21 13時18分 未時			4/21 1時2分 丑時			5/22 0時49分 子時			6/22 9時9分 巳時			7/23 20時3分 戌時		

年	癸丑																													
月	庚申					辛酉					壬戌					癸亥					甲子					乙丑				
節氣	立秋 8/8 12時15分 午時					白露 9/8 14時42分 未時					寒露 10/9 5時43分 卯時					立冬 11/8 8時17分 辰時					大雪 12/8 0時41分 子時					小寒 1/6 11時42分 午時				
日	國曆		農曆		干支	國曆		農曆		干支	國曆		農曆		干支	國曆		農曆		干支	國曆		農曆		干支	國曆		農曆		干支
	8	8	7	7	辛酉	9	8	8	8	壬辰	10	9	9	10	癸亥	11	8	10	11	癸巳	12	8	11	11	癸亥	1	6	12	11	壬辰
	8	9	7	8	壬戌	9	9	8	9	癸巳	10	10	9	11	甲子	11	9	10	12	甲午	12	9	11	12	甲子	1	7	12	12	癸巳
	8	10	7	9	癸亥	9	10	8	10	甲午	10	11	9	12	乙丑	11	10	10	13	乙未	12	10	11	13	乙丑	1	8	12	13	甲午
1	8	11	7	10	甲子	9	11	8	11	乙未	10	12	9	13	丙寅	11	11	10	14	丙申	12	11	11	14	丙寅	1	9	12	14	乙未
9	8	12	7	11	乙丑	9	12	8	12	丙申	10	13	9	14	丁卯	11	12	10	15	丁酉	12	12	11	15	丁卯	1	10	12	15	丙申
1	8	13	7	12	丙寅	9	13	8	13	丁酉	10	14	9	15	戊辰	11	13	10	16	戊戌	12	13	11	16	戊辰	1	11	12	16	丁酉
3	8	14	7	13	丁卯	9	14	8	14	戊戌	10	15	9	16	己巳	11	14	10	17	己亥	12	14	11	17	己巳	1	12	12	17	戊戌
・	8	15	7	14	戊辰	9	15	8	15	己亥	10	16	9	17	庚午	11	15	10	18	庚子	12	15	11	18	庚午	1	13	12	18	己亥
1	8	16	7	15	己巳	9	16	8	16	庚子	10	17	9	18	辛未	11	16	10	19	辛丑	12	16	11	19	辛未	1	14	12	19	庚子
9	8	17	7	16	庚午	9	17	8	17	辛丑	10	18	9	19	壬申	11	17	10	20	壬寅	12	17	11	20	壬申	1	15	12	20	辛丑
1	8	18	7	17	辛未	9	18	8	18	壬寅	10	19	9	20	癸酉	11	18	10	21	癸卯	12	18	11	21	癸酉	1	16	12	21	壬寅
4	8	19	7	18	壬申	9	19	8	19	癸卯	10	20	9	21	甲戌	11	19	10	22	甲辰	12	19	11	22	甲戌	1	17	12	22	癸卯
	8	20	7	19	癸酉	9	20	8	20	甲辰	10	21	9	22	乙亥	11	20	10	23	乙巳	12	20	11	23	乙亥	1	18	12	23	甲辰
	8	21	7	20	甲戌	9	21	8	21	乙巳	10	22	9	23	丙子	11	21	10	24	丙午	12	21	11	24	丙子	1	19	12	24	乙巳
牛	8	22	7	21	乙亥	9	22	8	22	丙午	10	23	9	24	丁丑	11	22	10	25	丁未	12	22	11	25	丁丑	1	20	12	25	丙午
	8	23	7	22	丙子	9	23	8	23	丁未	10	24	9	25	戊寅	11	23	10	26	戊申	12	23	11	26	戊寅	1	21	12	26	丁未
	8	24	7	23	丁丑	9	24	8	24	戊申	10	25	9	26	己卯	11	24	10	27	己酉	12	24	11	27	己卯	1	22	12	27	戊申
	8	25	7	24	戊寅	9	25	8	25	己酉	10	26	9	27	庚辰	11	25	10	28	庚戌	12	25	11	28	庚辰	1	23	12	28	己酉
	8	26	7	25	己卯	9	26	8	26	庚戌	10	27	9	28	辛巳	11	26	10	29	辛亥	12	26	11	29	辛巳	1	24	12	29	庚戌
	8	27	7	26	庚辰	9	27	8	27	辛亥	10	28	9	29	壬午	11	27	10	30	壬子	12	27	12	1	壬午	1	25	12	30	辛亥
	8	28	7	27	辛巳	9	28	8	28	壬子	10	29	10	1	癸未	11	28	11	1	癸丑	12	28	12	2	癸未	1	26	1	1	壬子
中	8	29	7	28	壬午	9	29	8	29	癸丑	10	30	10	2	甲申	11	29	11	2	甲寅	12	29	12	3	甲申	1	27	1	2	癸丑
華	8	30	7	29	癸未	9	30	9	1	甲寅	10	31	10	3	乙酉	11	30	11	3	乙卯	12	30	12	4	乙酉	1	28	1	3	甲寅
民	8	31	7	30	甲申	10	1	9	2	乙卯	11	1	10	4	丙戌	12	1	11	4	丙辰	12	31	12	5	丙戌	1	29	1	4	乙卯
國	9	1	8	1	乙酉	10	2	9	3	丙辰	11	2	10	5	丁亥	12	2	11	5	丁巳	1	1	12	6	丁亥	1	30	1	5	丙辰
二	9	2	8	2	丙戌	10	3	9	4	丁巳	11	3	10	6	戊子	12	3	11	6	戊午	1	2	12	7	戊子	1	31	1	6	丁巳
・	9	3	8	3	丁亥	10	4	9	5	戊午	11	4	10	7	己丑	12	4	11	7	己未	1	3	12	8	己丑	2	1	1	7	戊午
三	9	4	8	4	戊子	10	5	9	6	己未	11	5	10	8	庚寅	12	5	11	8	庚申	1	4	12	9	庚寅	2	2	1	8	己未
年	9	5	8	5	己丑	10	6	9	7	庚申	11	6	10	9	辛卯	12	6	11	9	辛酉	1	5	12	10	辛卯	2	3	1	9	庚申
	9	6	8	6	庚寅	10	7	9	8	辛酉	11	7	10	10	壬辰	12	7	11	10	壬戌										
	9	7	8	7	辛卯	10	8	9	9	壬戌																				
中氣	處暑 8/24 2時48分 丑時					秋分 9/23 23時52分 子時					霜降 10/24 8時34分 辰時					小雪 11/23 5時35分 卯時					冬至 12/22 18時34分 酉時					大寒 1/21 5時11分 卯時				

年：甲寅

1914　虎　中華民國三年

月：丙寅　節氣：立春 2/4 23時29分 子時　中氣：雨水 2/19 19時38分 戌時

國曆		農曆		干支
2	4	1	10	辛酉
2	5	1	11	壬戌
2	6	1	12	癸亥
2	7	1	13	甲子
2	8	1	14	乙丑
2	9	1	15	丙寅
2	10	1	16	丁卯
2	11	1	17	戊辰
2	12	1	18	己巳
2	13	1	19	庚午
2	14	1	20	辛未
2	15	1	21	壬申
2	16	1	22	癸酉
2	17	1	23	甲戌
2	18	1	24	乙亥
2	19	1	25	丙子
2	20	1	26	丁丑
2	21	1	27	戊寅
2	22	1	28	己卯
2	23	1	29	庚辰
2	24	1	30	辛巳
2	25	2	1	壬午
2	26	2	2	癸未
2	27	2	3	甲申
2	28	2	4	乙酉
3	1	2	5	丙戌
3	2	2	6	丁亥
3	3	2	7	戊子
3	4	2	8	己丑
3	5	2	9	庚寅

月：丁卯　節氣：驚蟄 3/6 17時55分 酉時　中氣：春分 3/21 19時10分 戌時

國曆		農曆		干支
3	6	2	10	辛卯
3	7	2	11	壬辰
3	8	2	12	癸巳
3	9	2	13	甲午
3	10	2	14	乙未
3	11	2	15	丙申
3	12	2	16	丁酉
3	13	2	17	戊戌
3	14	2	18	己亥
3	15	2	19	庚子
3	16	2	20	辛丑
3	17	2	21	壬寅
3	18	2	22	癸卯
3	19	2	23	甲辰
3	20	2	24	乙巳
3	21	2	25	丙午
3	22	2	26	丁未
3	23	2	27	戊申
3	24	2	28	己酉
3	25	2	29	庚戌
3	26	2	30	辛亥
3	27	3	1	壬子
3	28	3	2	癸丑
3	29	3	3	甲寅
3	30	3	4	乙卯
3	31	3	5	丙辰
4	1	3	6	丁巳
4	2	3	7	戊午
4	3	3	8	己未
4	4	3	9	庚申

月：戊辰　節氣：清明 4/5 23時21分 子時　中氣：穀雨 4/21 6時53分 卯時

國曆		農曆		干支
4	5	3	10	辛酉
4	6	3	11	壬戌
4	7	3	12	癸亥
4	8	3	13	甲子
4	9	3	14	乙丑
4	10	3	15	丙寅
4	11	3	16	丁卯
4	12	3	17	戊辰
4	13	3	18	己巳
4	14	3	19	庚午
4	15	3	20	辛未
4	16	3	21	壬申
4	17	3	22	癸酉
4	18	3	23	甲戌
4	19	3	24	乙亥
4	20	3	25	丙子
4	21	3	26	丁丑
4	22	3	27	戊寅
4	23	3	28	己卯
4	24	3	29	庚辰
4	25	4	1	辛巳
4	26	4	2	壬午
4	27	4	3	癸未
4	28	4	4	甲申
4	29	4	5	乙酉
4	30	4	6	丙戌
5	1	4	7	丁亥
5	2	4	8	戊子
5	3	4	9	己丑
5	4	4	10	庚寅
5	5	4	11	辛卯

月：己巳　節氣：立夏 5/6 17時20分 酉時　中氣：小滿 5/22 6時37分 卯時

國曆		農曆		干支
5	6	4	12	壬辰
5	7	4	13	癸巳
5	8	4	14	甲午
5	9	4	15	乙未
5	10	4	16	丙申
5	11	4	17	丁酉
5	12	4	18	戊戌
5	13	4	19	己亥
5	14	4	20	庚子
5	15	4	21	辛丑
5	16	4	22	壬寅
5	17	4	23	癸卯
5	18	4	24	甲辰
5	19	4	25	乙巳
5	20	4	26	丙午
5	21	4	27	丁未
5	22	4	28	戊申
5	23	4	29	己酉
5	24	4	30	庚戌
5	25	5	1	辛亥
5	26	5	2	壬子
5	27	5	3	癸丑
5	28	5	4	甲寅
5	29	5	5	乙卯
5	30	5	6	丙辰
5	31	5	7	丁巳
6	1	5	8	戊午
6	2	5	9	己未
6	3	5	10	庚申
6	4	5	11	辛酉
6	5	5	12	壬戌

月：庚午　節氣：芒種 6/6 22時0分 亥時　中氣：夏至 6/22 14時55分 未時

國曆		農曆		干支
6	6	5	13	癸亥
6	7	5	14	甲子
6	8	5	15	乙丑
6	9	5	16	丙寅
6	10	5	17	丁卯
6	11	5	18	戊辰
6	12	5	19	己巳
6	13	5	20	庚午
6	14	5	21	辛未
6	15	5	22	壬申
6	16	5	23	癸酉
6	17	5	24	甲戌
6	18	5	25	乙亥
6	19	5	26	丙子
6	20	5	27	丁丑
6	21	5	28	戊寅
6	22	5	29	己卯
6	23	閏5	1	庚辰
6	24	5	2	辛巳
6	25	5	3	壬午
6	26	5	4	癸未
6	27	5	5	甲申
6	28	5	6	乙酉
6	29	5	7	丙戌
6	30	5	8	丁亥
7	1	5	9	戊子
7	2	5	10	己丑
7	3	5	11	庚寅
7	4	5	12	辛卯
7	5	5	13	壬辰
7	6	5	14	癸巳
7	7	5	15	甲午

月：辛未　節氣：小暑 7/8 8時27分 辰時　中氣：大暑 7/24 1時46分 丑時

國曆		農曆		干支
7	8	5	16	乙未
7	9	5	17	丙申
7	10	5	18	丁酉
7	11	5	19	戊戌
7	12	5	20	己亥
7	13	5	21	庚子
7	14	5	22	辛丑
7	15	5	23	壬寅
7	16	5	24	癸卯
7	17	5	25	甲辰
7	18	5	26	乙巳
7	19	5	27	丙午
7	20	5	28	丁未
7	21	5	29	戊申
7	22	5	30	己酉
7	23	6	1	庚戌
7	24	6	2	辛亥
7	25	6	3	壬子
7	26	6	4	癸丑
7	27	6	5	甲寅
7	28	6	6	乙卯
7	29	6	7	丙辰
7	30	6	8	丁巳
7	31	6	9	戊午
8	1	6	10	己未
8	2	6	11	庚申
8	3	6	12	辛酉
8	4	6	13	壬戌
8	5	6	14	癸亥
8	6	6	15	甲子
8	7	6	16	乙丑

年	甲寅																	
月	壬申			癸酉			甲戌			乙亥			丙子			丁丑		
節氣	立秋 8/8 18時5分 酉時			白露 9/8 20時32分 戌時			寒露 10/9 11時34分 午時			立冬 11/8 14時11分 未時			大雪 12/8 6時37分 卯時			小寒 1/6 17時40分 酉時		
日	國曆	農曆	干支	國曆	農曆	干支	國曆	農曆	干支	國曆	農曆	干支	國曆	農曆	干支	國曆	農曆	干支
1914・1915 虎 中華民國三・四年	8 8	6 17	丙寅	9 8	7 19	丁酉	10 9	8 20	戊辰	11 8	9 21	戊戌	12 8	10 21	戊辰	1 6	11 21	丁酉
	8 9	6 18	丁卯	9 9	7 20	戊戌	10 10	8 21	己巳	11 9	9 22	己亥	12 9	10 22	己巳	1 7	11 22	戊戌
	8 10	6 19	戊辰	9 10	7 21	己亥	10 11	8 22	庚午	11 10	9 23	庚子	12 10	10 23	庚午	1 8	11 23	己亥
	8 11	6 20	己巳	9 11	7 22	庚子	10 12	8 23	辛未	11 11	9 24	辛丑	12 11	10 24	辛未	1 9	11 24	庚子
	8 12	6 21	庚午	9 12	7 23	辛丑	10 13	8 24	壬申	11 12	9 25	壬寅	12 12	10 25	壬申	1 10	11 25	辛丑
	8 13	6 22	辛未	9 13	7 24	壬寅	10 14	8 25	癸酉	11 13	9 26	癸卯	12 13	10 26	癸酉	1 11	11 26	壬寅
	8 14	6 23	壬申	9 14	7 25	癸卯	10 15	8 26	甲戌	11 14	9 27	甲辰	12 14	10 27	甲戌	1 12	11 27	癸卯
	8 15	6 24	癸酉	9 15	7 26	甲辰	10 16	8 27	乙亥	11 15	9 28	乙巳	12 15	10 28	乙亥	1 13	11 28	甲辰
	8 16	6 25	甲戌	9 16	7 27	乙巳	10 17	8 28	丙子	11 16	9 29	丙午	12 16	10 29	丙子	1 14	11 29	乙巳
	8 17	6 26	乙亥	9 17	7 28	丙午	10 18	8 29	丁丑	11 17	9 30	丁未	12 17	11 1	丁丑	1 15	12 1	丙午
	8 18	6 27	丙子	9 18	7 29	丁未	10 19	9 1	戊寅	11 18	10 1	戊申	12 18	11 2	戊寅	1 16	12 2	丁未
	8 19	6 28	丁丑	9 19	7 30	戊申	10 20	9 2	己卯	11 19	10 2	己酉	12 19	11 3	己卯	1 17	12 3	戊申
	8 20	6 29	戊寅	9 20	8 1	己酉	10 21	9 3	庚辰	11 20	10 3	庚戌	12 20	11 4	庚辰	1 18	12 4	己酉
	8 21	7 1	己卯	9 21	8 2	庚戌	10 22	9 4	辛巳	11 21	10 4	辛亥	12 21	11 5	辛巳	1 19	12 5	庚戌
	8 22	7 2	庚辰	9 22	8 3	辛亥	10 23	9 5	壬午	11 22	10 5	壬子	12 22	11 6	壬午	1 20	12 6	辛亥
	8 23	7 3	辛巳	9 23	8 4	壬子	10 24	9 6	癸未	11 23	10 6	癸丑	12 23	11 7	癸未	1 21	12 7	壬子
	8 24	7 4	壬午	9 24	8 5	癸丑	10 25	9 7	甲申	11 24	10 7	甲寅	12 24	11 8	甲申	1 22	12 8	癸丑
	8 25	7 5	癸未	9 25	8 6	甲寅	10 26	9 8	乙酉	11 25	10 8	乙卯	12 25	11 9	乙酉	1 23	12 9	甲寅
	8 26	7 6	甲申	9 26	8 7	乙卯	10 27	9 9	丙戌	11 26	10 9	丙辰	12 26	11 10	丙戌	1 24	12 10	乙卯
	8 27	7 7	乙酉	9 27	8 8	丙辰	10 28	9 10	丁亥	11 27	10 10	丁巳	12 27	11 11	丁亥	1 25	12 11	丙辰
	8 28	7 8	丙戌	9 28	8 9	丁巳	10 29	9 11	戊子	11 28	10 11	戊午	12 28	11 12	戊子	1 26	12 12	丁巳
	8 29	7 9	丁亥	9 29	8 10	戊午	10 30	9 12	己丑	11 29	10 12	己未	12 29	11 13	己丑	1 27	12 13	戊午
	8 30	7 10	戊子	9 30	8 11	己未	10 31	9 13	庚寅	11 30	10 13	庚申	12 30	11 14	庚寅	1 28	12 14	己未
	8 31	7 11	己丑	10 1	8 12	庚申	11 1	9 14	辛卯	12 1	10 14	辛酉	12 31	11 15	辛卯	1 29	12 15	庚申
	9 1	7 12	庚寅	10 2	8 13	辛酉	11 2	9 15	壬辰	12 2	10 15	壬戌	1 1	11 16	壬辰	1 30	12 16	辛酉
	9 2	7 13	辛卯	10 3	8 14	壬戌	11 3	9 16	癸巳	12 3	10 16	癸亥	1 2	11 17	癸巳	1 31	12 17	壬戌
	9 3	7 14	壬辰	10 4	8 15	癸亥	11 4	9 17	甲午	12 4	10 17	甲子	1 3	11 18	甲午	2 1	12 18	癸亥
	9 4	7 15	癸巳	10 5	8 16	甲子	11 5	9 18	乙未	12 5	10 18	乙丑	1 4	11 19	乙未	2 2	12 19	甲子
	9 5	7 16	甲午	10 6	8 17	乙丑	11 6	9 19	丙申	12 6	10 19	丙寅	1 5	11 20	丙申	2 3	12 20	乙丑
	9 6	7 17	乙未	10 7	8 18	丙寅	11 7	9 20	丁酉	12 7	10 20	丁卯				2 4	12 21	丙寅
	9 7	7 18	丙申	10 8	8 19	丁卯												
中氣	處暑 8/24 8時29分 辰時			秋分 9/24 5時33分 卯時			霜降 10/24 14時17分 未時			小雪 11/23 11時20分 午時			冬至 12/23 0時22分 子時			大寒 1/21 10時59分 巳時		

年	乙卯																													
月	戊寅					己卯					庚辰					辛巳					壬午					癸未				
節氣	立春 2/5 5時25分 卯時					驚蟄 3/6 23時48分 子時					清明 4/6 5時9分 卯時					立夏 5/6 23時2分 子時					芒種 6/7 3時40分 寅時					小暑 7/8 14時7分 未時				
日	國曆		農曆		干支	國曆		農曆		干支	國曆		農曆		干支	國曆		農曆		干支	國曆		農曆		干支	國曆		農曆		干支
	2	5	12	22	丁卯	3	6	1	21	丙申	4	6	2	22	丁卯	5	6	3	23	丁酉	6	7	4	25	己巳	7	8	5	26	庚子
	2	6	12	23	戊辰	3	7	1	22	丁酉	4	7	2	23	戊辰	5	7	3	24	戊戌	6	8	4	26	庚午	7	9	5	27	辛丑
	2	7	12	24	己巳	3	8	1	23	戊戌	4	8	2	24	己巳	5	8	3	25	己亥	6	9	4	27	辛未	7	10	5	28	壬寅
	2	8	12	25	庚午	3	9	1	24	己亥	4	9	2	25	庚午	5	9	3	26	庚子	6	10	4	28	壬申	7	11	5	29	癸卯
1	2	9	12	26	辛未	3	10	1	25	庚子	4	10	2	26	辛未	5	10	3	27	辛丑	6	11	4	29	癸酉	7	12	6	1	甲辰
9	2	10	12	27	壬申	3	11	1	26	辛丑	4	11	2	27	壬申	5	11	3	28	壬寅	6	12	4	30	甲戌	7	13	6	2	乙巳
1	2	11	12	28	癸酉	3	12	1	27	壬寅	4	12	2	28	癸酉	5	12	3	29	癸卯	6	13	5	1	乙亥	7	14	6	3	丙午
5	2	12	12	29	甲戌	3	13	1	28	癸卯	4	13	2	29	甲戌	5	13	3	30	甲辰	6	14	5	2	丙子	7	15	6	4	丁未
	2	13	12	30	乙亥	3	14	1	29	甲辰	4	14	3	1	乙亥	5	14	4	1	乙巳	6	15	5	3	丁丑	7	16	6	5	戊申
	2	14	1	1	丙子	3	15	1	30	乙巳	4	15	3	2	丙子	5	15	4	2	丙午	6	16	5	4	戊寅	7	17	6	6	己酉
	2	15	1	2	丁丑	3	16	2	1	丙午	4	16	3	3	丁丑	5	16	4	3	丁未	6	17	5	5	己卯	7	18	6	7	庚戌
	2	16	1	3	戊寅	3	17	2	2	丁未	4	17	3	4	戊寅	5	17	4	4	戊申	6	18	5	6	庚辰	7	19	6	8	辛亥
	2	17	1	4	己卯	3	18	2	3	戊申	4	18	3	5	己卯	5	18	4	5	己酉	6	19	5	7	辛巳	7	20	6	9	壬子
兔	2	18	1	5	庚辰	3	19	2	4	己酉	4	19	3	6	庚辰	5	19	4	6	庚戌	6	20	5	8	壬午	7	21	6	10	癸丑
	2	19	1	6	辛巳	3	20	2	5	庚戌	4	20	3	7	辛巳	5	20	4	7	辛亥	6	21	5	9	癸未	7	22	6	11	甲寅
	2	20	1	7	壬午	3	21	2	6	辛亥	4	21	3	8	壬午	5	21	4	8	壬子	6	22	5	10	甲申	7	23	6	12	乙卯
	2	21	1	8	癸未	3	22	2	7	壬子	4	22	3	9	癸未	5	22	4	9	癸丑	6	23	5	11	乙酉	7	24	6	13	丙辰
	2	22	1	9	甲申	3	23	2	8	癸丑	4	23	3	10	甲申	5	23	4	10	甲寅	6	24	5	12	丙戌	7	25	6	14	丁巳
	2	23	1	10	乙酉	3	24	2	9	甲寅	4	24	3	11	乙酉	5	24	4	11	乙卯	6	25	5	13	丁亥	7	26	6	15	戊午
	2	24	1	11	丙戌	3	25	2	10	乙卯	4	25	3	12	丙戌	5	25	4	12	丙辰	6	26	5	14	戊子	7	27	6	16	己未
	2	25	1	12	丁亥	3	26	2	11	丙辰	4	26	3	13	丁亥	5	26	4	13	丁巳	6	27	5	15	己丑	7	28	6	17	庚申
中	2	26	1	13	戊子	3	27	2	12	丁巳	4	27	3	14	戊子	5	27	4	14	戊午	6	28	5	16	庚寅	7	29	6	18	辛酉
華	2	27	1	14	己丑	3	28	2	13	戊午	4	28	3	15	己丑	5	28	4	15	己未	6	29	5	17	辛卯	7	30	6	19	壬戌
民	2	28	1	15	庚寅	3	29	2	14	己未	4	29	3	16	庚寅	5	29	4	16	庚申	6	30	5	18	壬辰	7	31	6	20	癸亥
國	3	1	1	16	辛卯	3	30	2	15	庚申	4	30	3	17	辛卯	5	30	4	17	辛酉	7	1	5	19	癸巳	8	1	6	21	甲子
四	3	2	1	17	壬辰	3	31	2	16	辛酉	5	1	3	18	壬辰	5	31	4	18	壬戌	7	2	5	20	甲午	8	2	6	22	乙丑
年	3	3	1	18	癸巳	4	1	2	17	壬戌	5	2	3	19	癸巳	6	1	4	19	癸亥	7	3	5	21	乙未	8	3	6	23	丙寅
	3	4	1	19	甲午	4	2	2	18	癸亥	5	3	3	20	甲午	6	2	4	20	甲子	7	4	5	22	丙申	8	4	6	24	丁卯
	3	5	1	20	乙未	4	3	2	19	甲子	5	4	3	21	乙未	6	3	4	21	乙丑	7	5	5	23	丁酉	8	5	6	25	戊辰
						4	4	2	20	乙丑	5	5	3	22	丙申	6	4	4	22	丙寅	7	6	5	24	戊戌	8	6	6	26	己巳
						4	5	2	21	丙寅						6	5	4	23	丁卯	7	7	5	25	己亥	8	7	6	27	庚午
																6	6	4	24	戊辰										
中氣	雨水 2/20 1時23分 丑時					春分 3/22 0時51分 子時					穀雨 4/21 12時28分 午時					小滿 5/22 12時10分 午時					夏至 6/22 20時29分 戌時					大暑 7/24 7時26分 辰時				

年	乙卯																	
月	甲申			乙酉			丙戌			丁亥			戊子			己丑		
節氣	立秋 8/8 23時47分 子時			白露 9/9 2時17分 丑時			寒露 10/9 17時20分 酉時			立冬 11/8 19時57分 戌時			大雪 12/8 12時23分 午時			小寒 1/6 23時27分 子時		
日	國曆	農曆	干支	國曆	農曆	干支	國曆	農曆	干支	國曆	農曆	干支	國曆	農曆	干支	國曆	農曆	干支
	8 8	6 28	辛未	9 9	8 1	癸卯	10 9	9 1	癸酉	11 8	10 2	癸卯	12 8	11 2	癸酉	1 6	12 2	壬寅
	8 9	6 29	壬申	9 10	8 2	甲辰	10 10	9 2	甲戌	11 9	10 3	甲辰	12 9	11 3	甲戌	1 7	12 3	癸卯
	8 10	6 30	癸酉	9 11	8 3	乙巳	10 11	9 3	乙亥	11 10	10 4	乙巳	12 10	11 4	乙亥	1 8	12 4	甲辰
1	8 11	7 1	甲戌	9 12	8 4	丙午	10 12	9 4	丙子	11 11	10 5	丙午	12 11	11 5	丙子	1 9	12 5	乙巳
9	8 12	7 2	乙亥	9 13	8 5	丁未	10 13	9 5	丁丑	11 12	10 6	丁未	12 12	11 6	丁丑	1 10	12 6	丙午
1	8 13	7 3	丙子	9 14	8 6	戊申	10 14	9 6	戊寅	11 13	10 7	戊申	12 13	11 7	戊寅	1 11	12 7	丁未
5	8 14	7 4	丁丑	9 15	8 7	己酉	10 15	9 7	己卯	11 14	10 8	己酉	12 14	11 8	己卯	1 12	12 8	戊申
•	8 15	7 5	戊寅	9 16	8 8	庚戌	10 16	9 8	庚辰	11 15	10 9	庚戌	12 15	11 9	庚辰	1 13	12 9	己酉
1	8 16	7 6	己卯	9 17	8 9	辛亥	10 17	9 9	辛巳	11 16	10 10	辛亥	12 16	11 10	辛巳	1 14	12 10	庚戌
9	8 17	7 7	庚辰	9 18	8 10	壬子	10 18	9 10	壬午	11 17	10 11	壬子	12 17	11 11	壬午	1 15	12 11	辛亥
1	8 18	7 8	辛巳	9 19	8 11	癸丑	10 19	9 11	癸未	11 18	10 12	癸丑	12 18	11 12	癸未	1 16	12 12	壬子
6	8 19	7 9	壬午	9 20	8 12	甲寅	10 20	9 12	甲申	11 19	10 13	甲寅	12 19	11 13	甲申	1 17	12 13	癸丑
	8 20	7 10	癸未	9 21	8 13	乙卯	10 21	9 13	乙酉	11 20	10 14	乙卯	12 20	11 14	乙酉	1 18	12 14	甲寅
	8 21	7 11	甲申	9 22	8 14	丙辰	10 22	9 14	丙戌	11 21	10 15	丙辰	12 21	11 15	丙戌	1 19	12 15	乙卯
兔	8 22	7 12	乙酉	9 23	8 15	丁巳	10 23	9 15	丁亥	11 22	10 16	丁巳	12 22	11 16	丁亥	1 20	12 16	丙辰
	8 23	7 13	丙戌	9 24	8 16	戊午	10 24	9 16	戊子	11 23	10 17	戊午	12 23	11 17	戊子	1 21	12 17	丁巳
	8 24	7 14	丁亥	9 25	8 17	己未	10 25	9 17	己丑	11 24	10 18	己未	12 24	11 18	己丑	1 22	12 18	戊午
	8 25	7 15	戊子	9 26	8 18	庚申	10 26	9 18	庚寅	11 25	10 19	庚申	12 25	11 19	庚寅	1 23	12 19	己未
	8 26	7 16	己丑	9 27	8 19	辛酉	10 27	9 19	辛卯	11 26	10 20	辛酉	12 26	11 20	辛卯	1 24	12 20	庚申
	8 27	7 17	庚寅	9 28	8 20	壬戌	10 28	9 20	壬辰	11 27	10 21	壬戌	12 27	11 21	壬辰	1 25	12 21	辛酉
	8 28	7 18	辛卯	9 29	8 21	癸亥	10 29	9 21	癸巳	11 28	10 22	癸亥	12 28	11 22	癸巳	1 26	12 22	壬戌
中	8 29	7 19	壬辰	9 30	8 22	甲子	10 30	9 22	甲午	11 29	10 23	甲子	12 29	11 23	甲午	1 27	12 23	癸亥
華	8 30	7 20	癸巳	10 1	8 23	乙丑	10 31	9 23	乙未	11 30	10 24	乙丑	12 30	11 24	乙未	1 28	12 24	甲子
民	8 31	7 21	甲午	10 2	8 24	丙寅	11 1	9 24	丙申	12 1	10 25	丙寅	12 31	11 25	丙申	1 29	12 25	乙丑
國	9 1	7 22	乙未	10 3	8 25	丁卯	11 2	9 25	丁酉	12 2	10 26	丁卯	1 1	11 26	丁酉	1 30	12 26	丙寅
四	9 2	7 23	丙申	10 4	8 26	戊辰	11 3	9 26	戊戌	12 3	10 27	戊辰	1 2	11 27	戊戌	1 31	12 27	丁卯
•	9 3	7 24	丁酉	10 5	8 27	己巳	11 4	9 27	己亥	12 4	10 28	己巳	1 3	11 28	己亥	2 1	12 28	戊辰
五	9 4	7 25	戊戌	10 6	8 28	庚午	11 5	9 28	庚子	12 5	10 29	庚午	1 4	11 29	庚子	2 2	12 29	己巳
年	9 5	7 26	己亥	10 7	8 29	辛未	11 6	9 29	辛丑	12 6	10 30	辛未	1 5	12 1	辛丑	2 3	1 1	庚午
	9 6	7 27	庚子	10 8	8 30	壬申	11 7	10 1	壬寅	12 7	11 1	壬申				2 4	1 2	辛未
	9 7	7 28	辛丑															
	9 8	7 29	壬寅															
中氣	處暑 8/24 14時15分 未時			秋分 9/24 11時23分 午時			霜降 10/24 20時9分 戌時			小雪 11/23 17時13分 酉時			冬至 12/23 6時15分 卯時			大寒 1/21 16時53分 申時		

年	丙辰																													
月	庚寅					辛卯					壬辰					癸巳					甲午					乙未				
節氣	立春					驚蟄					清明					立夏					芒種					小暑				
	2/5 11時14分 午時					3/6 5時37分 卯時					4/5 10時57分 巳時					5/6 4時49分 寅時					6/6 9時25分 巳時					7/7 19時53分 戌時				
日	國曆		農曆		干支	國曆		農曆		干支	國曆		農曆		干支	國曆		農曆		干支	國曆		農曆		干支	國曆		農曆		干支
	2	5	1	3	壬申	3	6	2	3	壬寅	4	5	3	3	壬申	5	6	4	5	癸卯	6	6	5	6	甲戌	7	7	6	8	乙巳
	2	6	1	4	癸酉	3	7	2	4	癸卯	4	6	3	4	癸酉	5	7	4	6	甲辰	6	7	5	7	乙亥	7	8	6	9	丙午
	2	7	1	5	甲戌	3	8	2	5	甲辰	4	7	3	5	甲戌	5	8	4	7	乙巳	6	8	5	8	丙子	7	9	6	10	丁未
	2	8	1	6	乙亥	3	9	2	6	乙巳	4	8	3	6	乙亥	5	9	4	8	丙午	6	9	5	9	丁丑	7	10	6	11	戊申
1916	2	9	1	7	丙子	3	10	2	7	丙午	4	9	3	7	丙子	5	10	4	9	丁未	6	10	5	10	戊寅	7	11	6	12	己酉
	2	10	1	8	丁丑	3	11	2	8	丁未	4	10	3	8	丁丑	5	11	4	10	戊申	6	11	5	11	己卯	7	12	6	13	庚戌
	2	11	1	9	戊寅	3	12	2	9	戊申	4	11	3	9	戊寅	5	12	4	11	己酉	6	12	5	12	庚辰	7	13	6	14	辛亥
	2	12	1	10	己卯	3	13	2	10	己酉	4	12	3	10	己卯	5	13	4	12	庚戌	6	13	5	13	辛巳	7	14	6	15	壬子
	2	13	1	11	庚辰	3	14	2	11	庚戌	4	13	3	11	庚辰	5	14	4	13	辛亥	6	14	5	14	壬午	7	15	6	16	癸丑
	2	14	1	12	辛巳	3	15	2	12	辛亥	4	14	3	12	辛巳	5	15	4	14	壬子	6	15	5	15	癸未	7	16	6	17	甲寅
	2	15	1	13	壬午	3	16	2	13	壬子	4	15	3	13	壬午	5	16	4	15	癸丑	6	16	5	16	甲申	7	17	6	18	乙卯
	2	16	1	14	癸未	3	17	2	14	癸丑	4	16	3	14	癸未	5	17	4	16	甲寅	6	17	5	17	乙酉	7	18	6	19	丙辰
	2	17	1	15	甲申	3	18	2	15	甲寅	4	17	3	15	甲申	5	18	4	17	乙卯	6	18	5	18	丙戌	7	19	6	20	丁巳
龍	2	18	1	16	乙酉	3	19	2	16	乙卯	4	18	3	16	乙酉	5	19	4	18	丙辰	6	19	5	19	丁亥	7	20	6	21	戊午
	2	19	1	17	丙戌	3	20	2	17	丙辰	4	19	3	17	丙戌	5	20	4	19	丁巳	6	20	5	20	戊子	7	21	6	22	己未
	2	20	1	18	丁亥	3	21	2	18	丁巳	4	20	3	18	丁亥	5	21	4	20	戊午	6	21	5	21	己丑	7	22	6	23	庚申
	2	21	1	19	戊子	3	22	2	19	戊午	4	21	3	19	戊子	5	22	4	21	己未	6	22	5	22	庚寅	7	23	6	24	辛酉
	2	22	1	20	己丑	3	23	2	20	己未	4	22	3	20	己丑	5	23	4	22	庚申	6	23	5	23	辛卯	7	24	6	25	壬戌
	2	23	1	21	庚寅	3	24	2	21	庚申	4	23	3	21	庚寅	5	24	4	23	辛酉	6	24	5	24	壬辰	7	25	6	26	癸亥
	2	24	1	22	辛卯	3	25	2	22	辛酉	4	24	3	22	辛卯	5	25	4	24	壬戌	6	25	5	25	癸巳	7	26	6	27	甲子
	2	25	1	23	壬辰	3	26	2	23	壬戌	4	25	3	23	壬辰	5	26	4	25	癸亥	6	26	5	26	甲午	7	27	6	28	乙丑
	2	26	1	24	癸巳	3	27	2	24	癸亥	4	26	3	24	癸巳	5	27	4	26	甲子	6	27	5	27	乙未	7	28	6	29	丙寅
中華民國五年	2	27	1	25	甲午	3	28	2	25	甲子	4	27	3	25	甲午	5	28	4	27	乙丑	6	28	5	28	丙申	7	29	6	30	丁卯
	2	28	1	26	乙未	3	29	2	26	乙丑	4	28	3	26	乙未	5	29	4	28	丙寅	6	29	5	29	丁酉	7	30	7	1	戊辰
	2	29	1	27	丙申	3	30	2	27	丙寅	4	29	3	27	丙申	5	30	4	29	丁卯	6	30	6	1	戊戌	7	31	7	2	己巳
	3	1	1	28	丁酉	3	31	2	28	丁卯	4	30	3	28	丁酉	5	31	4	30	戊辰	7	1	6	2	己亥	8	1	7	3	庚午
	3	2	1	29	戊戌	4	1	2	29	戊辰	5	1	3	29	戊戌	6	1	5	1	己巳	7	2	6	3	庚子	8	2	7	4	辛未
	3	3	1	30	己亥	4	2	2	30	己巳	5	2	4	1	己亥	6	2	5	2	庚午	7	3	6	4	辛丑	8	3	7	5	壬申
	3	4	2	1	庚子	4	3	3	1	庚午	5	3	4	2	庚子	6	3	5	3	辛未	7	4	6	5	壬寅	8	4	7	6	癸酉
	3	5	2	2	辛丑	4	4	3	2	辛未	5	4	4	3	辛丑	6	4	5	4	壬申	7	5	6	6	癸卯	8	5	7	7	甲戌
											5	5	4	4	壬寅	6	5	5	5	癸酉	7	6	6	7	甲辰	8	6	7	8	乙亥
																										8	7	7	9	丙子
中氣	雨水					春分					穀雨					小滿					夏至					大暑				
	2/20 7時18分 辰時					3/21 6時46分 卯時					4/20 18時24分 酉時					5/21 18時5分 酉時					6/22 2時24分 丑時					7/23 13時21分 未時				

年	丙辰																	
月	丙申			丁酉			戊戌			己亥			庚子			辛丑		
節氣	立秋 8/8 5時35分 卯時			白露 9/8 8時5分 辰時			寒露 10/8 23時7分 子時			立冬 11/8 1時42分 丑時			大雪 12/7 18時6分 酉時			小寒 1/6 5時9分 卯時		
日	國曆	農曆	干支	國曆	農曆	干支	國曆	農曆	干支	國曆	農曆	干支	國曆	農曆	干支	國曆	農曆	干支
	8 8	7 10	丁丑	9 8	8 11	戊申	10 8	9 12	戊寅	11 8	10 13	己酉	12 7	11 13	戊寅	1 6	12 13	戊申
	8 9	7 11	戊寅	9 9	8 12	己酉	10 9	9 13	己卯	11 9	10 14	庚戌	12 8	11 14	己卯	1 7	12 14	己酉
	8 10	7 12	己卯	9 10	8 13	庚戌	10 10	9 14	庚辰	11 10	10 15	辛亥	12 9	11 15	庚辰	1 8	12 15	庚戌
	8 11	7 13	庚辰	9 11	8 14	辛亥	10 11	9 15	辛巳	11 11	10 16	壬子	12 10	11 16	辛巳	1 9	12 16	辛亥
1916·1917	8 12	7 14	辛巳	9 12	8 15	壬子	10 12	9 16	壬午	11 12	10 17	癸丑	12 11	11 17	壬午	1 10	12 17	壬子
	8 13	7 15	壬午	9 13	8 16	癸丑	10 13	9 17	癸未	11 13	10 18	甲寅	12 12	11 18	癸未	1 11	12 18	癸丑
	8 14	7 16	癸未	9 14	8 17	甲寅	10 14	9 18	甲申	11 14	10 19	乙卯	12 13	11 19	甲申	1 12	12 19	甲寅
	8 15	7 17	甲申	9 15	8 18	乙卯	10 15	9 19	乙酉	11 15	10 20	丙辰	12 14	11 20	乙酉	1 13	12 20	乙卯
	8 16	7 18	乙酉	9 16	8 19	丙辰	10 16	9 20	丙戌	11 16	10 21	丁巳	12 15	11 21	丙戌	1 14	12 21	丙辰
	8 17	7 19	丙戌	9 17	8 20	丁巳	10 17	9 21	丁亥	11 17	10 22	戊午	12 16	11 22	丁亥	1 15	12 22	丁巳
	8 18	7 20	丁亥	9 18	8 21	戊午	10 18	9 22	戊子	11 18	10 23	己未	12 17	11 23	戊子	1 16	12 23	戊午
	8 19	7 21	戊子	9 19	8 22	己未	10 19	9 23	己丑	11 19	10 24	庚申	12 18	11 24	己丑	1 17	12 24	己未
	8 20	7 22	己丑	9 20	8 23	庚申	10 20	9 24	庚寅	11 20	10 25	辛酉	12 19	11 25	庚寅	1 18	12 25	庚申
	8 21	7 23	庚寅	9 21	8 24	辛酉	10 21	9 25	辛卯	11 21	10 26	壬戌	12 20	11 26	辛卯	1 19	12 26	辛酉
龍	8 22	7 24	辛卯	9 22	8 25	壬戌	10 22	9 26	壬辰	11 22	10 27	癸亥	12 21	11 27	壬辰	1 20	12 27	壬戌
	8 23	7 25	壬辰	9 23	8 26	癸亥	10 23	9 27	癸巳	11 23	10 28	甲子	12 22	11 28	癸巳	1 21	12 28	癸亥
	8 24	7 26	癸巳	9 24	8 27	甲子	10 24	9 28	甲午	11 24	10 29	乙丑	12 23	11 29	甲午	1 22	12 29	甲子
	8 25	7 27	甲午	9 25	8 28	乙丑	10 25	9 29	乙未	11 25	11 1	丙寅	12 24	11 30	乙未	1 23	1 1	乙丑
	8 26	7 28	乙未	9 26	8 29	丙寅	10 26	9 30	丙申	11 26	11 2	丁卯	12 25	12 1	丙申	1 24	1 2	丙寅
	8 27	7 29	丙申	9 27	9 1	丁卯	10 27	10 1	丁酉	11 27	11 3	戊辰	12 26	12 2	丁酉	1 25	1 3	丁卯
	8 28	7 30	丁酉	9 28	9 2	戊辰	10 28	10 2	戊戌	11 28	11 4	己巳	12 27	12 3	戊戌	1 26	1 4	戊辰
	8 29	8 1	戊戌	9 29	9 3	己巳	10 29	10 3	己亥	11 29	11 5	庚午	12 28	12 4	己亥	1 27	1 5	己巳
	8 30	8 2	己亥	9 30	9 4	庚午	10 30	10 4	庚子	11 30	11 6	辛未	12 29	12 5	庚子	1 28	1 6	庚午
中華民國五·六年	8 31	8 3	庚子	10 1	9 5	辛未	10 31	10 5	辛丑	12 1	11 7	壬申	12 30	12 6	辛丑	1 29	1 7	辛未
	9 1	8 4	辛丑	10 2	9 6	壬申	11 1	10 6	壬寅	12 2	11 8	癸酉	12 31	12 7	壬寅	1 30	1 8	壬申
	9 2	8 5	壬寅	10 3	9 7	癸酉	11 2	10 7	癸卯	12 3	11 9	甲戌	1 1	12 8	癸卯	1 31	1 9	癸酉
	9 3	8 6	癸卯	10 4	9 8	甲戌	11 3	10 8	甲辰	12 4	11 10	乙亥	1 2	12 9	甲辰	2 1	1 10	甲戌
	9 4	8 7	甲辰	10 5	9 9	乙亥	11 4	10 9	乙巳	12 5	11 11	丙子	1 3	12 10	乙巳	2 2	1 11	乙亥
	9 5	8 8	乙巳	10 6	9 10	丙子	11 5	10 10	丙午	12 6	11 12	丁丑	1 4	12 11	丙午	2 3	1 12	丙子
	9 6	8 9	丙午	10 7	9 11	丁丑	11 6	10 11	丁未				1 5	12 12	丁未			
	9 7	8 10	丁未				11 7	10 12	戊申									
中氣	處暑 8/23 20時8分 戌時			秋分 9/23 17時14分 酉時			霜降 10/24 1時57分 丑時			小雪 11/22 22時57分 亥時			冬至 12/22 11時58分 午時			大寒 1/20 22時37分 亥時		

年	丁巳																	
月	壬寅			癸卯			甲辰			乙巳			丙午			丁未		
節氣	立春 2/4 16時57分 申時			驚蟄 3/6 11時24分 午時			清明 4/5 16時49分 申時			立夏 5/6 10時45分 巳時			芒種 6/6 15時23分 申時			小暑 7/8 1時50分 丑時		
日	國曆	農曆	干支	國曆	農曆	干支	國曆	農曆	干支	國曆	農曆	干支	國曆	農曆	干支	國曆	農曆	干支
	2 4	1 13	丁丑	3 6	2 13	丁未	4 5	2 14	丁丑	5 6	3 16	戊申	6 6	4 17	己卯	7 8	5 20	辛亥
	2 5	1 14	戊寅	3 7	2 14	戊申	4 6	2 15	戊寅	5 7	3 17	己酉	6 7	4 18	庚辰	7 9	5 21	壬子
	2 6	1 15	己卯	3 8	2 15	己酉	4 7	2 16	己卯	5 8	3 18	庚戌	6 8	4 19	辛巳	7 10	5 22	癸丑
	2 7	1 16	庚辰	3 9	2 16	庚戌	4 8	2 17	庚辰	5 9	3 19	辛亥	6 9	4 20	壬午	7 11	5 23	甲寅
	2 8	1 17	辛巳	3 10	2 17	辛亥	4 9	2 18	辛巳	5 10	3 20	壬子	6 10	4 21	癸未	7 12	5 24	乙卯
1917	2 9	1 18	壬午	3 11	2 18	壬子	4 10	2 19	壬午	5 11	3 21	癸丑	6 11	4 22	甲申	7 13	5 25	丙辰
	2 10	1 19	癸未	3 12	2 19	癸丑	4 11	2 20	癸未	5 12	3 22	甲寅	6 12	4 23	乙酉	7 14	5 26	丁巳
	2 11	1 20	甲申	3 13	2 20	甲寅	4 12	2 21	甲申	5 13	3 23	乙卯	6 13	4 24	丙戌	7 15	5 27	戊午
	2 12	1 21	乙酉	3 14	2 21	乙卯	4 13	2 22	乙酉	5 14	3 24	丙辰	6 14	4 25	丁亥	7 16	5 28	己未
	2 13	1 22	丙戌	3 15	2 22	丙辰	4 14	2 23	丙戌	5 15	3 25	丁巳	6 15	4 26	戊子	7 17	5 29	庚申
	2 14	1 23	丁亥	3 16	2 23	丁巳	4 15	2 24	丁亥	5 16	3 26	戊午	6 16	4 27	己丑	7 18	5 30	辛酉
	2 15	1 24	戊子	3 17	2 24	戊午	4 16	2 25	戊子	5 17	3 27	己未	6 17	4 28	庚寅	7 19	6 1	壬戌
	2 16	1 25	己丑	3 18	2 25	己未	4 17	2 26	己丑	5 18	3 28	庚申	6 18	4 29	辛卯	7 20	6 2	癸亥
蛇	2 17	1 26	庚寅	3 19	2 26	庚申	4 18	2 27	庚寅	5 19	3 29	辛酉	6 19	5 1	壬辰	7 21	6 3	甲子
	2 18	1 27	辛卯	3 20	2 27	辛酉	4 19	2 28	辛卯	5 20	3 30	壬戌	6 20	5 2	癸巳	7 22	6 4	乙丑
	2 19	1 28	壬辰	3 21	2 28	壬戌	4 20	2 29	壬辰	5 21	4 1	癸亥	6 21	5 3	甲午	7 23	6 5	丙寅
	2 20	1 29	癸巳	3 22	2 29	癸亥	4 21	3 1	癸巳	5 22	4 2	甲子	6 22	5 4	乙未	7 24	6 6	丁卯
	2 21	1 30	甲午	3 23	閏2 1	甲子	4 22	3 2	甲午	5 23	4 3	乙丑	6 23	5 5	丙申	7 25	6 7	戊辰
	2 22	2 1	乙未	3 24	2 2	乙丑	4 23	3 3	乙未	5 24	4 4	丙寅	6 24	5 6	丁酉	7 26	6 8	己巳
	2 23	2 2	丙申	3 25	2 3	丙寅	4 24	3 4	丙申	5 25	4 5	丁卯	6 25	5 7	戊戌	7 27	6 9	庚午
	2 24	2 3	丁酉	3 26	2 4	丁卯	4 25	3 5	丁酉	5 26	4 6	戊辰	6 26	5 8	己亥	7 28	6 10	辛未
	2 25	2 4	戊戌	3 27	2 5	戊辰	4 26	3 6	戊戌	5 27	4 7	己巳	6 27	5 9	庚子	7 29	6 11	壬申
中華民國六年	2 26	2 5	己亥	3 28	2 6	己巳	4 27	3 7	己亥	5 28	4 8	庚午	6 28	5 10	辛丑	7 30	6 12	癸酉
	2 27	2 6	庚子	3 29	2 7	庚午	4 28	3 8	庚子	5 29	4 9	辛未	6 29	5 11	壬寅	7 31	6 13	甲戌
	2 28	2 7	辛丑	3 30	2 8	辛未	4 29	3 9	辛丑	5 30	4 10	壬申	6 30	5 12	癸卯	8 1	6 14	乙亥
	3 1	2 8	壬寅	3 31	2 9	壬申	4 30	3 10	壬寅	5 31	4 11	癸酉	7 1	5 13	甲辰	8 2	6 15	丙子
	3 2	2 9	癸卯	4 1	2 10	癸酉	5 1	3 11	癸卯	6 1	4 12	甲戌	7 2	5 14	乙巳	8 3	6 16	丁丑
	3 3	2 10	甲辰	4 2	2 11	甲戌	5 2	3 12	甲辰	6 2	4 13	乙亥	7 3	5 15	丙午	8 4	6 17	戊寅
	3 4	2 11	乙巳	4 3	2 12	乙亥	5 3	3 13	乙巳	6 3	4 14	丙子	7 4	5 16	丁未	8 5	6 18	己卯
	3 5	2 12	丙午	4 4	2 13	丙子	5 4	3 14	丙午	6 4	4 15	丁丑	7 5	5 17	戊申	8 6	6 19	庚辰
							5 5	3 15	丁未	6 5	4 16	戊寅	7 6	5 18	己酉	8 7	6 20	辛巳
													7 7	5 19	庚戌			
中氣	雨水 2/19 13時4分 未時			春分 3/21 12時37分 午時			穀雨 4/21 0時17分 子時			小滿 5/21 23時58分 子時			夏至 6/22 8時14分 辰時			大暑 7/23 19時7分 戌時		

年	丁巳																	
月	戊申			己酉			庚戌			辛亥			壬子			癸丑		
節氣	立秋 8/8 11時30分 午時			白露 9/8 13時59分 未時			寒露 10/9 5時2分 卯時			立冬 11/8 7時37分 辰時			大雪 12/8 0時1分 子時			小寒 1/6 11時4分 午時		
日	國曆	農曆	干支	國曆	農曆	干支	國曆	農曆	干支	國曆	農曆	干支	國曆	農曆	干支	國曆	農曆	干支
	8 8	6 21	壬午	9 8	7 22	癸丑	10 9	8 24	甲申	11 8	9 24	甲寅	12 8	10 24	甲申	1 6	11 24	癸丑
	8 9	6 22	癸未	9 9	7 23	甲寅	10 10	8 25	乙酉	11 9	9 25	乙卯	12 9	10 25	乙酉	1 7	11 25	甲寅
1	8 10	6 23	甲申	9 10	7 24	乙卯	10 11	8 26	丙戌	11 10	9 26	丙辰	12 10	10 26	丙戌	1 8	11 26	乙卯
9	8 11	6 24	乙酉	9 11	7 25	丙辰	10 12	8 27	丁亥	11 11	9 27	丁巳	12 11	10 27	丁亥	1 9	11 27	丙辰
1	8 12	6 25	丙戌	9 12	7 26	丁巳	10 13	8 28	戊子	11 12	9 28	戊午	12 12	10 28	戊子	1 10	11 28	丁巳
7	8 13	6 26	丁亥	9 13	7 27	戊午	10 14	8 29	己丑	11 13	9 29	己未	12 13	10 29	己丑	1 11	11 29	戊午
·	8 14	6 27	戊子	9 14	7 28	己未	10 15	8 30	庚寅	11 14	9 30	庚申	12 14	11 1	庚寅	1 12	11 30	己未
1	8 15	6 28	己丑	9 15	7 29	庚申	10 16	9 1	辛卯	11 15	10 1	辛酉	12 15	11 2	辛卯	1 13	12 1	庚申
9	8 16	6 29	庚寅	9 16	8 1	辛酉	10 17	9 2	壬辰	11 16	10 2	壬戌	12 16	11 3	壬辰	1 14	12 2	辛酉
1	8 17	6 30	辛卯	9 17	8 2	壬戌	10 18	9 3	癸巳	11 17	10 3	癸亥	12 17	11 4	癸巳	1 15	12 3	壬戌
8	8 18	7 1	壬辰	9 18	8 3	癸亥	10 19	9 4	甲午	11 18	10 4	甲子	12 18	11 5	甲午	1 16	12 4	癸亥
	8 19	7 2	癸巳	9 19	8 4	甲子	10 20	9 5	乙未	11 19	10 5	乙丑	12 19	11 6	乙未	1 17	12 5	甲子
	8 20	7 3	甲午	9 20	8 5	乙丑	10 21	9 6	丙申	11 20	10 6	丙寅	12 20	11 7	丙申	1 18	12 6	乙丑
	8 21	7 4	乙未	9 21	8 6	丙寅	10 22	9 7	丁酉	11 21	10 7	丁卯	12 21	11 8	丁酉	1 19	12 7	丙寅
蛇	8 22	7 5	丙申	9 22	8 7	丁卯	10 23	9 8	戊戌	11 22	10 8	戊辰	12 22	11 9	戊戌	1 20	12 8	丁卯
	8 23	7 6	丁酉	9 23	8 8	戊辰	10 24	9 9	己亥	11 23	10 9	己巳	12 23	11 10	己亥	1 21	12 9	戊辰
	8 24	7 7	戊戌	9 24	8 9	己巳	10 25	9 10	庚子	11 24	10 10	庚午	12 24	11 11	庚子	1 22	12 10	己巳
	8 25	7 8	己亥	9 25	8 10	庚午	10 26	9 11	辛丑	11 25	10 11	辛未	12 25	11 12	辛丑	1 23	12 11	庚午
	8 26	7 9	庚子	9 26	8 11	辛未	10 27	9 12	壬寅	11 26	10 12	壬申	12 26	11 13	壬寅	1 24	12 12	辛未
	8 27	7 10	辛丑	9 27	8 12	壬申	10 28	9 13	癸卯	11 27	10 13	癸酉	12 27	11 14	癸卯	1 25	12 13	壬申
	8 28	7 11	壬寅	9 28	8 13	癸酉	10 29	9 14	甲辰	11 28	10 14	甲戌	12 28	11 15	甲辰	1 26	12 14	癸酉
中	8 29	7 12	癸卯	9 29	8 14	甲戌	10 30	9 15	乙巳	11 29	10 15	乙亥	12 29	11 16	乙巳	1 27	12 15	甲戌
華	8 30	7 13	甲辰	9 30	8 15	乙亥	10 31	9 16	丙午	11 30	10 16	丙子	12 30	11 17	丙午	1 28	12 16	乙亥
民	8 31	7 14	乙巳	10 1	8 16	丙子	11 1	9 17	丁未	12 1	10 17	丁丑	12 31	11 18	丁未	1 29	12 17	丙子
國	9 1	7 15	丙午	10 2	8 17	丁丑	11 2	9 18	戊申	12 2	10 18	戊寅	1 1	11 19	戊申	1 30	12 18	丁丑
六	9 2	7 16	丁未	10 3	8 18	戊寅	11 3	9 19	己酉	12 3	10 19	己卯	1 2	11 20	己酉	1 31	12 19	戊寅
·	9 3	7 17	戊申	10 4	8 19	己卯	11 4	9 20	庚戌	12 4	10 20	庚辰	1 3	11 21	庚戌	2 1	12 20	己卯
七	9 4	7 18	己酉	10 5	8 20	庚辰	11 5	9 21	辛亥	12 5	10 21	辛巳	1 4	11 22	辛亥	2 2	12 21	庚辰
年	9 5	7 19	庚戌	10 6	8 21	辛巳	11 6	9 22	壬子	12 6	10 22	壬午	1 5	11 23	壬子	2 3	12 22	辛巳
	9 6	7 20	辛亥	10 7	8 22	壬午	11 7	9 23	癸丑	12 7	10 23	癸未						
	9 7	7 21	壬子	10 8	8 23	癸未												
中氣	處暑 8/24 1時53分 丑時			秋分 9/23 23時0分 子時			霜降 10/24 7時43分 辰時			小雪 11/23 4時44分 寅時			冬至 12/22 17時45分 酉時			大寒 1/21 4時24分 寅時		

年	戊午																	
月	甲寅			乙卯			丙辰			丁巳			戊午			己未		
節氣	立春 2/4 22時53分 亥時			驚蟄 3/6 17時21分 酉時			清明 4/5 22時45分 亥時			立夏 5/6 16時38分 申時			芒種 6/6 21時11分 亥時			小暑 7/8 7時32分 辰時		
日	國曆	農曆	干支	國曆	農曆	干支	國曆	農曆	干支	國曆	農曆	干支	國曆	農曆	干支	國曆	農曆	干支
	2 4	12 23	壬午	3 6	1 24	壬子	4 5	2 24	壬午	5 6	3 26	癸丑	6 6	4 28	甲申	7 8	6 1	丙辰
	2 5	12 24	癸未	3 7	1 25	癸丑	4 6	2 25	癸未	5 7	3 27	甲寅	6 7	4 29	乙酉	7 9	6 2	丁巳
	2 6	12 25	甲申	3 8	1 26	甲寅	4 7	2 26	甲申	5 8	3 28	乙卯	6 8	4 30	丙戌	7 10	6 3	戊午
	2 7	12 26	乙酉	3 9	1 27	乙卯	4 8	2 27	乙酉	5 9	3 29	丙辰	6 9	5 1	丁亥	7 11	6 4	己未
1918	2 8	12 27	丙戌	3 10	1 28	丙辰	4 9	2 28	丙戌	5 10	4 1	丁巳	6 10	5 2	戊子	7 12	6 5	庚申
	2 9	12 28	丁亥	3 11	1 29	丁巳	4 10	2 29	丁亥	5 11	4 2	戊午	6 11	5 3	己丑	7 13	6 6	辛酉
	2 10	12 29	戊子	3 12	1 30	戊午	4 11	3 1	戊子	5 12	4 3	己未	6 12	5 4	庚寅	7 14	6 7	壬戌
	2 11	1 1	己丑	3 13	2 1	己未	4 12	3 2	己丑	5 13	4 4	庚申	6 13	5 5	辛卯	7 15	6 8	癸亥
	2 12	1 2	庚寅	3 14	2 2	庚申	4 13	3 3	庚寅	5 14	4 5	辛酉	6 14	5 6	壬辰	7 16	6 9	甲子
	2 13	1 3	辛卯	3 15	2 3	辛酉	4 14	3 4	辛卯	5 15	4 6	壬戌	6 15	5 7	癸巳	7 17	6 10	乙丑
	2 14	1 4	壬辰	3 16	2 4	壬戌	4 15	3 5	壬辰	5 16	4 7	癸亥	6 16	5 8	甲午	7 18	6 11	丙寅
	2 15	1 5	癸巳	3 17	2 5	癸亥	4 16	3 6	癸巳	5 17	4 8	甲子	6 17	5 9	乙未	7 19	6 12	丁卯
	2 16	1 6	甲午	3 18	2 6	甲子	4 17	3 7	甲午	5 18	4 9	乙丑	6 18	5 10	丙申	7 20	6 13	戊辰
馬	2 17	1 7	乙未	3 19	2 7	乙丑	4 18	3 8	乙未	5 19	4 10	丙寅	6 19	5 11	丁酉	7 21	6 14	己巳
	2 18	1 8	丙申	3 20	2 8	丙寅	4 19	3 9	丙申	5 20	4 11	丁卯	6 20	5 12	戊戌	7 22	6 15	庚午
	2 19	1 9	丁酉	3 21	2 9	丁卯	4 20	3 10	丁酉	5 21	4 12	戊辰	6 21	5 13	己亥	7 23	6 16	辛未
	2 20	1 10	戊戌	3 22	2 10	戊辰	4 21	3 11	戊戌	5 22	4 13	己巳	6 22	5 14	庚子	7 24	6 17	壬申
	2 21	1 11	己亥	3 23	2 11	己巳	4 22	3 12	己亥	5 23	4 14	庚午	6 23	5 15	辛丑	7 25	6 18	癸酉
	2 22	1 12	庚子	3 24	2 12	庚午	4 23	3 13	庚子	5 24	4 15	辛未	6 24	5 16	壬寅	7 26	6 19	甲戌
	2 23	1 13	辛丑	3 25	2 13	辛未	4 24	3 14	辛丑	5 25	4 16	壬申	6 25	5 17	癸卯	7 27	6 20	乙亥
	2 24	1 14	壬寅	3 26	2 14	壬申	4 25	3 15	壬寅	5 26	4 17	癸酉	6 26	5 18	甲辰	7 28	6 21	丙子
	2 25	1 15	癸卯	3 27	2 15	癸酉	4 26	3 16	癸卯	5 27	4 18	甲戌	6 27	5 19	乙巳	7 29	6 22	丁丑
中華民國七年	2 26	1 16	甲辰	3 28	2 16	甲戌	4 27	3 17	甲辰	5 28	4 19	乙亥	6 28	5 20	丙午	7 30	6 23	戊寅
	2 27	1 17	乙巳	3 29	2 17	乙亥	4 28	3 18	乙巳	5 29	4 20	丙子	6 29	5 21	丁未	7 31	6 24	己卯
	2 28	1 18	丙午	3 30	2 18	丙子	4 29	3 19	丙午	5 30	4 21	丁丑	6 30	5 22	戊申	8 1	6 25	庚辰
	3 1	1 19	丁未	3 31	2 19	丁丑	4 30	3 20	丁未	5 31	4 22	戊寅	7 1	5 23	己酉	8 2	6 26	辛巳
	3 2	1 20	戊申	4 1	2 20	戊寅	5 1	3 21	戊申	6 1	4 23	己卯	7 2	5 24	庚戌	8 3	6 27	壬午
	3 3	1 21	己酉	4 2	2 21	己卯	5 2	3 22	己酉	6 2	4 24	庚辰	7 3	5 25	辛亥	8 4	6 28	癸未
	3 4	1 22	庚戌	4 3	2 22	庚辰	5 3	3 23	庚戌	6 3	4 25	辛巳	7 4	5 26	壬子	8 5	6 29	甲申
	3 5	1 23	辛亥	4 4	2 23	辛巳	5 4	3 24	辛亥	6 4	4 26	壬午	7 5	5 27	癸丑	8 6	6 30	乙酉
							5 5	3 25	壬子	6 5	4 27	癸未	7 6	5 28	甲寅	8 7	7 1	丙戌
													7 7	5 29	乙卯			
中氣	雨水 2/19 18時52分 酉時			春分 3/21 18時25分 酉時			穀雨 4/21 6時5分 卯時			小滿 5/22 5時45分 卯時			夏至 6/22 13時59分 未時			大暑 7/24 0時51分 子時		

1918・1919 馬 中華民國七・八年

年：戊午

月	庚申					辛酉					壬戌				
節氣	立秋 8/8 17時7分 酉時					白露 9/8 19時35分 戌時					寒露 10/9 10時40分 巳時				
日	國曆		農曆		干支	國曆		農曆		干支	國曆		農曆		干支
	8	8	7	2	丁亥	9	8	8	4	戊午	10	9	9	5	己丑
	8	9	7	3	戊子	9	9	8	5	己未	10	10	9	6	庚寅
	8	10	7	4	己丑	9	10	8	6	庚申	10	11	9	7	辛卯
	8	11	7	5	庚寅	9	11	8	7	辛酉	10	12	9	8	壬辰
	8	12	7	6	辛卯	9	12	8	8	壬戌	10	13	9	9	癸巳
	8	13	7	7	壬辰	9	13	8	9	癸亥	10	14	9	10	甲午
	8	14	7	8	癸巳	9	14	8	10	甲子	10	15	9	11	乙未
	8	15	7	9	甲午	9	15	8	11	乙丑	10	16	9	12	丙申
	8	16	7	10	乙未	9	16	8	12	丙寅	10	17	9	13	丁酉
	8	17	7	11	丙申	9	17	8	13	丁卯	10	18	9	14	戊戌
	8	18	7	12	丁酉	9	18	8	14	戊辰	10	19	9	15	己亥
	8	19	7	13	戊戌	9	19	8	15	己巳	10	20	9	16	庚子
	8	20	7	14	己亥	9	20	8	16	庚午	10	21	9	17	辛丑
	8	21	7	15	庚子	9	21	8	17	辛未	10	22	9	18	壬寅
	8	22	7	16	辛丑	9	22	8	18	壬申	10	23	9	19	癸卯
	8	23	7	17	壬寅	9	23	8	19	癸酉	10	24	9	20	甲辰
	8	24	7	18	癸卯	9	24	8	20	甲戌	10	25	9	21	乙巳
	8	25	7	19	甲辰	9	25	8	21	乙亥	10	26	9	22	丙午
	8	26	7	20	乙巳	9	26	8	22	丙子	10	27	9	23	丁未
	8	27	7	21	丙午	9	27	8	23	丁丑	10	28	9	24	戊申
	8	28	7	22	丁未	9	28	8	24	戊寅	10	29	9	25	己酉
	8	29	7	23	戊申	9	29	8	25	己卯	10	30	9	26	庚戌
	8	30	7	24	己酉	9	30	8	26	庚辰	10	31	9	27	辛亥
	8	31	7	25	庚戌	10	1	8	27	辛巳	11	1	9	28	壬子
	9	1	7	26	辛亥	10	2	8	28	壬午	11	2	9	29	癸丑
	9	2	7	27	壬子	10	3	8	29	癸未	11	3	9	30	甲寅
	9	3	7	28	癸丑	10	4	8	30	甲申	11	4	10	1	乙卯
	9	4	7	29	甲寅	10	5	9	1	乙酉	11	5	10	2	丙辰
	9	5	8	1	乙卯	10	6	9	2	丙戌	11	6	10	3	丁巳
	9	6	8	2	丙辰	10	7	9	3	丁亥	11	7	10	4	戊午
	9	7	8	3	丁巳	10	8	9	4	戊子					
中氣	處暑 8/24 7時37分 辰時					秋分 9/24 4時45分 寅時					霜降 10/24 13時32分 未時				

月	癸亥					甲子					乙丑				
節氣	立冬 11/8 13時18分 未時					大雪 12/8 5時46分 卯時					小寒 1/6 16時51分 申時				
日	國曆		農曆		干支	國曆		農曆		干支	國曆		農曆		干支
	11	8	10	5	己未	12	8	11	6	己丑	1	6	12	5	戊午
	11	9	10	6	庚申	12	9	11	7	庚寅	1	7	12	6	己未
	11	10	10	7	辛酉	12	10	11	8	辛卯	1	8	12	7	庚申
	11	11	10	8	壬戌	12	11	11	9	壬辰	1	9	12	8	辛酉
	11	12	10	9	癸亥	12	12	11	10	癸巳	1	10	12	9	壬戌
	11	13	10	10	甲子	12	13	11	11	甲午	1	11	12	10	癸亥
	11	14	10	11	乙丑	12	14	11	12	乙未	1	12	12	11	甲子
	11	15	10	12	丙寅	12	15	11	13	丙申	1	13	12	12	乙丑
	11	16	10	13	丁卯	12	16	11	14	丁酉	1	14	12	13	丙寅
	11	17	10	14	戊辰	12	17	11	15	戊戌	1	15	12	14	丁卯
	11	18	10	15	己巳	12	18	11	16	己亥	1	16	12	15	戊辰
	11	19	10	16	庚午	12	19	11	17	庚子	1	17	12	16	己巳
	11	20	10	17	辛未	12	20	11	18	辛丑	1	18	12	17	庚午
	11	21	10	18	壬申	12	21	11	19	壬寅	1	19	12	18	辛未
	11	22	10	19	癸酉	12	22	11	20	癸卯	1	20	12	19	壬申
	11	23	10	20	甲戌	12	23	11	21	甲辰	1	21	12	20	癸酉
	11	24	10	21	乙亥	12	24	11	22	乙巳	1	22	12	21	甲戌
	11	25	10	22	丙子	12	25	11	23	丙午	1	23	12	22	乙亥
	11	26	10	23	丁丑	12	26	11	24	丁未	1	24	12	23	丙子
	11	27	10	24	戊寅	12	27	11	25	戊申	1	25	12	24	丁丑
	11	28	10	25	己卯	12	28	11	26	己酉	1	26	12	25	戊寅
	11	29	10	26	庚辰	12	29	11	27	庚戌	1	27	12	26	己卯
	11	30	10	27	辛巳	12	30	11	28	辛亥	1	28	12	27	庚辰
	12	1	10	28	壬午	12	31	11	29	壬子	1	29	12	28	辛巳
	12	2	10	29	癸未	1	1	11	30	癸丑	1	30	12	29	壬午
	12	3	11	1	甲申	1	2	12	1	甲寅	1	31	12	30	癸未
	12	4	11	2	乙酉	1	3	12	2	乙卯	2	1	1	1	甲申
	12	5	11	3	丙戌	1	4	12	3	丙辰	2	2	1	2	乙酉
	12	6	11	4	丁亥	1	5	12	4	丁巳	2	3	1	3	丙戌
	12	7	11	5	戊子						2	4	1	4	丁亥
中氣	小雪 11/23 10時38分 巳時					冬至 12/22 23時41分 子時					大寒 1/21 10時20分 巳時				

年	己未																	
月	丙寅			丁卯			戊辰			己巳			庚午			辛未		
節	立春			驚蟄			清明			立夏			芒種			小暑		
氣	2/5 4時39分 寅時			3/6 23時5分 子時			4/6 4時28分 寅時			5/6 22時22分 亥時			6/7 2時56分 丑時			7/8 13時20分 未時		
日	國曆	農曆	干支	國曆	農曆	干支	國曆	農曆	干支	國曆	農曆	干支	國曆	農曆	干支	國曆	農曆	干支
	2 5	1 5	戊子	3 6	2 5	丁巳	4 6	3 6	戊子	5 6	4 7	戊午	6 7	5 10	庚寅	7 8	6 11	辛酉
	2 6	1 6	己丑	3 7	2 6	戊午	4 7	3 7	己丑	5 7	4 8	己未	6 8	5 11	辛卯	7 9	6 12	壬戌
	2 7	1 7	庚寅	3 8	2 7	己未	4 8	3 8	庚寅	5 8	4 9	庚申	6 9	5 12	壬辰	7 10	6 13	癸亥
	2 8	1 8	辛卯	3 9	2 8	庚申	4 9	3 9	辛卯	5 9	4 10	辛酉	6 10	5 13	癸巳	7 11	6 14	甲子
1	2 9	1 9	壬辰	3 10	2 9	辛酉	4 10	3 10	壬辰	5 10	4 11	壬戌	6 11	5 14	甲午	7 12	6 15	乙丑
9	2 10	1 10	癸巳	3 11	2 10	壬戌	4 11	3 11	癸巳	5 11	4 12	癸亥	6 12	5 15	乙未	7 13	6 16	丙寅
1	2 11	1 11	甲午	3 12	2 11	癸亥	4 12	3 12	甲午	5 12	4 13	甲子	6 13	5 16	丙申	7 14	6 17	丁卯
9	2 12	1 12	乙未	3 13	2 12	甲子	4 13	3 13	乙未	5 13	4 14	乙丑	6 14	5 17	丁酉	7 15	6 18	戊辰
	2 13	1 13	丙申	3 14	2 13	乙丑	4 14	3 14	丙申	5 14	4 15	丙寅	6 15	5 18	戊戌	7 16	6 19	己巳
	2 14	1 14	丁酉	3 15	2 14	丙寅	4 15	3 15	丁酉	5 15	4 16	丁卯	6 16	5 19	己亥	7 17	6 20	庚午
	2 15	1 15	戊戌	3 16	2 15	丁卯	4 16	3 16	戊戌	5 16	4 17	戊辰	6 17	5 20	庚子	7 18	6 21	辛未
	2 16	1 16	己亥	3 17	2 16	戊辰	4 17	3 17	己亥	5 17	4 18	己巳	6 18	5 21	辛丑	7 19	6 22	壬申
	2 17	1 17	庚子	3 18	2 17	己巳	4 18	3 18	庚子	5 18	4 19	庚午	6 19	5 22	壬寅	7 20	6 23	癸酉
羊	2 18	1 18	辛丑	3 19	2 18	庚午	4 19	3 19	辛丑	5 19	4 20	辛未	6 20	5 23	癸卯	7 21	6 24	甲戌
	2 19	1 19	壬寅	3 20	2 19	辛未	4 20	3 20	壬寅	5 20	4 21	壬申	6 21	5 24	甲辰	7 22	6 25	乙亥
	2 20	1 20	癸卯	3 21	2 20	壬申	4 21	3 21	癸卯	5 21	4 22	癸酉	6 22	5 25	乙巳	7 23	6 26	丙子
	2 21	1 21	甲辰	3 22	2 21	癸酉	4 22	3 22	甲辰	5 22	4 23	甲戌	6 23	5 26	丙午	7 24	6 27	丁丑
	2 22	1 22	乙巳	3 23	2 22	甲戌	4 23	3 23	乙巳	5 23	4 24	乙亥	6 24	5 27	丁未	7 25	6 28	戊寅
	2 23	1 23	丙午	3 24	2 23	乙亥	4 24	3 24	丙午	5 24	4 25	丙子	6 25	5 28	戊申	7 26	6 29	己卯
	2 24	1 24	丁未	3 25	2 24	丙子	4 25	3 25	丁未	5 25	4 26	丁丑	6 26	5 29	己酉	7 27	7 1	庚辰
	2 25	1 25	戊申	3 26	2 25	丁丑	4 26	3 26	戊申	5 26	4 27	戊寅	6 27	5 30	庚戌	7 28	7 2	辛巳
中	2 26	1 26	己酉	3 27	2 26	戊寅	4 27	3 27	己酉	5 27	4 28	己卯	6 28	6 1	辛亥	7 29	7 3	壬午
華	2 27	1 27	庚戌	3 28	2 27	己卯	4 28	3 28	庚戌	5 28	4 29	庚辰	6 29	6 2	壬子	7 30	7 4	癸未
民	2 28	1 28	辛亥	3 29	2 28	庚辰	4 29	3 29	辛亥	5 29	5 1	辛巳	6 30	6 3	癸丑	7 31	7 5	甲申
國	3 1	1 29	壬子	3 30	2 29	辛巳	4 30	4 1	壬子	5 30	5 2	壬午	7 1	6 4	甲寅	8 1	7 6	乙酉
八	3 2	2 1	癸丑	3 31	2 30	壬午	5 1	4 2	癸丑	5 31	5 3	癸未	7 2	6 5	乙卯	8 2	7 7	丙戌
年	3 3	2 2	甲寅	4 1	3 1	癸未	5 2	4 3	甲寅	6 1	5 4	甲申	7 3	6 6	丙辰	8 3	7 8	丁亥
	3 4	2 3	乙卯	4 2	3 2	甲申	5 3	4 4	乙卯	6 2	5 5	乙酉	7 4	6 7	丁巳	8 4	7 9	戊子
	3 5	2 4	丙辰	4 3	3 3	乙酉	5 4	4 5	丙辰	6 3	5 6	丙戌	7 5	6 8	戊午	8 5	7 10	己丑
				4 4	3 4	丙戌	5 5	4 6	丁巳	6 4	5 7	丁亥	7 6	6 9	己未	8 6	7 11	庚寅
				4 5	3 5	丁亥				6 5	5 8	戊子	7 7	6 10	庚申	8 7	7 12	辛卯
										6 6	5 9	己丑						
中	雨水			春分			穀雨			小滿			夏至			大暑		
氣	2/20 0時47分 子時			3/22 0時19分 子時			4/21 11時58分 午時			5/22 11時39分 午時			6/22 19時53分 戌時			7/24 6時44分 卯時		

年	己未																													
月	壬申					癸酉					甲戌					乙亥					丙子					丁丑				
節	立秋					白露					寒露					立冬					大雪					小寒				
氣	8/8 22時58分 亥時					9/9 1時27分 丑時					10/9 16時33分 申時					11/8 19時11分 戌時					12/8 11時37分 午時					1/6 22時40分 亥時				
日	國曆		農曆		干支	國曆		農曆		干支	國曆		農曆		干支	國曆		農曆		干支	國曆		農曆		干支	國曆		農曆		干支
	8	8	7	13	壬辰	9	9	7	16	甲子	10	9	8	16	甲午	11	8	9	16	甲子	12	8	10	17	甲午	1	6	11	16	癸亥
	8	9	7	14	癸巳	9	10	7	17	乙丑	10	10	8	17	乙未	11	9	9	17	乙丑	12	9	10	18	乙未	1	7	11	17	甲子
	8	10	7	15	甲午	9	11	7	18	丙寅	10	11	8	18	丙申	11	10	9	18	丙寅	12	10	10	19	丙申	1	8	11	18	乙丑
1919·1920	8	11	7	16	乙未	9	12	7	19	丁卯	10	12	8	19	丁酉	11	11	9	19	丁卯	12	11	10	20	丁酉	1	9	11	19	丙寅
	8	12	7	17	丙申	9	13	7	20	戊辰	10	13	8	20	戊戌	11	12	9	20	戊辰	12	12	10	21	戊戌	1	10	11	20	丁卯
	8	13	7	18	丁酉	9	14	7	21	己巳	10	14	8	21	己亥	11	13	9	21	己巳	12	13	10	22	己亥	1	11	11	21	戊辰
	8	14	7	19	戊戌	9	15	7	22	庚午	10	15	8	22	庚子	11	14	9	22	庚午	12	14	10	23	庚子	1	12	11	22	己巳
	8	15	7	20	己亥	9	16	7	23	辛未	10	16	8	23	辛丑	11	15	9	23	辛未	12	15	10	24	辛丑	1	13	11	23	庚午
	8	16	7	21	庚子	9	17	7	24	壬申	10	17	8	24	壬寅	11	16	9	24	壬申	12	16	10	25	壬寅	1	14	11	24	辛未
	8	17	7	22	辛丑	9	18	7	25	癸酉	10	18	8	25	癸卯	11	17	9	25	癸酉	12	17	10	26	癸卯	1	15	11	25	壬申
	8	18	7	23	壬寅	9	19	7	26	甲戌	10	19	8	26	甲辰	11	18	9	26	甲戌	12	18	10	27	甲辰	1	16	11	26	癸酉
	8	19	7	24	癸卯	9	20	7	27	乙亥	10	20	8	27	乙巳	11	19	9	27	乙亥	12	19	10	28	乙巳	1	17	11	27	甲戌
	8	20	7	25	甲辰	9	21	7	28	丙子	10	21	8	28	丙午	11	20	9	28	丙子	12	20	10	29	丙午	1	18	11	28	乙亥
	8	21	7	26	乙巳	9	22	7	29	丁丑	10	22	8	29	丁未	11	21	9	29	丁丑	12	21	10	30	丁未	1	19	11	29	丙子
羊	8	22	7	27	丙午	9	23	7	30	戊寅	10	23	8	30	戊申	11	22	10	1	戊寅	12	22	11	1	戊申	1	20	11	30	丁丑
	8	23	7	28	丁未	9	24	8	1	己卯	10	24	9	1	己酉	11	23	10	2	己卯	12	23	11	2	己酉	1	21	12	1	戊寅
	8	24	7	29	戊申	9	25	8	2	庚辰	10	25	9	2	庚戌	11	24	10	3	庚辰	12	24	11	3	庚戌	1	22	12	2	己卯
	8	25	閏7	1	己酉	9	26	8	3	辛巳	10	26	9	3	辛亥	11	25	10	4	辛巳	12	25	11	4	辛亥	1	23	12	3	庚辰
	8	26	7	2	庚戌	9	27	8	4	壬午	10	27	9	4	壬子	11	26	10	5	壬午	12	26	11	5	壬子	1	24	12	4	辛巳
	8	27	7	3	辛亥	9	28	8	5	癸未	10	28	9	5	癸丑	11	27	10	6	癸未	12	27	11	6	癸丑	1	25	12	5	壬午
	8	28	7	4	壬子	9	29	8	6	甲申	10	29	9	6	甲寅	11	28	10	7	甲申	12	28	11	7	甲寅	1	26	12	6	癸未
	8	29	7	5	癸丑	9	30	8	7	乙酉	10	30	9	7	乙卯	11	29	10	8	乙酉	12	29	11	8	乙卯	1	27	12	7	甲申
中華民國八·九年	8	30	7	6	甲寅	10	1	8	8	丙戌	10	31	9	8	丙辰	11	30	10	9	丙戌	12	30	11	9	丙辰	1	28	12	8	乙酉
	8	31	7	7	乙卯	10	2	8	9	丁亥	11	1	9	9	丁巳	12	1	10	10	丁亥	12	31	11	10	丁巳	1	29	12	9	丙戌
	9	1	7	8	丙辰	10	3	8	10	戊子	11	2	9	10	戊午	12	2	10	11	戊子	1	1	11	11	戊午	1	30	12	10	丁亥
	9	2	7	9	丁巳	10	4	8	11	己丑	11	3	9	11	己未	12	3	10	12	己丑	1	2	11	12	己未	1	31	12	11	戊子
	9	3	7	10	戊午	10	5	8	12	庚寅	11	4	9	12	庚申	12	4	10	13	庚寅	1	3	11	13	庚申	2	1	12	12	己丑
	9	4	7	11	己未	10	6	8	13	辛卯	11	5	9	13	辛酉	12	5	10	14	辛卯	1	4	11	14	辛酉	2	2	12	13	庚寅
	9	5	7	12	庚申	10	7	8	14	壬辰	11	6	9	14	壬戌	12	6	10	15	壬辰	1	5	11	15	壬戌	2	3	12	14	辛卯
	9	6	7	13	辛酉	10	8	8	15	癸巳	11	7	9	15	癸亥	12	7	10	16	癸巳						2	4	12	15	壬辰
	9	7	7	14	壬戌																									
	9	8	7	15	癸亥																									
中	處暑					秋分					霜降					小雪					冬至					大寒				
氣	8/24 13時28分 未時					9/24 10時35分 巳時					10/24 19時21分 戌時					11/23 16時25分 申時					12/23 5時27分 卯時					1/21 16時4分 申時				

年	庚申																													
月	戊寅					己卯					庚辰					辛巳					壬午					癸未				
節氣	立春					驚蟄					清明					立夏					芒種					小暑				
	2/5 10時26分 巳時					3/6 4時51分 寅時					4/5 10時15分 巳時					5/6 4時11分 寅時					6/6 8時50分 辰時					7/7 19時18分 戌時				
日	國曆		農曆		干支	國曆		農曆		干支	國曆		農曆		干支	國曆		農曆		干支	國曆		農曆		干支	國曆		農曆		干支
	2	5	12	16	癸巳	3	6	1	16	癸亥	4	5	2	17	癸巳	5	6	3	18	甲子	6	6	4	20	乙未	7	7	5	22	丙寅
	2	6	12	17	甲午	3	7	1	17	甲子	4	6	2	18	甲午	5	7	3	19	乙丑	6	7	4	21	丙申	7	8	5	23	丁卯
	2	7	12	18	乙未	3	8	1	18	乙丑	4	7	2	19	乙未	5	8	3	20	丙寅	6	8	4	22	丁酉	7	9	5	24	戊辰
	2	8	12	19	丙申	3	9	1	19	丙寅	4	8	2	20	丙申	5	9	3	21	丁卯	6	9	4	23	戊戌	7	10	5	25	己巳
1920	2	9	12	20	丁酉	3	10	1	20	丁卯	4	9	2	21	丁酉	5	10	3	22	戊辰	6	10	4	24	己亥	7	11	5	26	庚午
	2	10	12	21	戊戌	3	11	1	21	戊辰	4	10	2	22	戊戌	5	11	3	23	己巳	6	11	4	25	庚子	7	12	5	27	辛未
	2	11	12	22	己亥	3	12	1	22	己巳	4	11	2	23	己亥	5	12	3	24	庚午	6	12	4	26	辛丑	7	13	5	28	壬申
	2	12	12	23	庚子	3	13	1	23	庚午	4	12	2	24	庚子	5	13	3	25	辛未	6	13	4	27	壬寅	7	14	5	29	癸酉
	2	13	12	24	辛丑	3	14	1	24	辛未	4	13	2	25	辛丑	5	14	3	26	壬申	6	14	4	28	癸卯	7	15	5	30	甲戌
	2	14	12	25	壬寅	3	15	1	25	壬申	4	14	2	26	壬寅	5	15	3	27	癸酉	6	15	4	29	甲辰	7	16	6	1	乙亥
	2	15	12	26	癸卯	3	16	1	26	癸酉	4	15	2	27	癸卯	5	16	3	28	甲戌	6	16	5	1	乙巳	7	17	6	2	丙子
	2	16	12	27	甲辰	3	17	1	27	甲戌	4	16	2	28	甲辰	5	17	3	29	乙亥	6	17	5	2	丙午	7	18	6	3	丁丑
	2	17	12	28	乙巳	3	18	1	28	乙亥	4	17	2	29	乙巳	5	18	4	1	丙子	6	18	5	3	丁未	7	19	6	4	戊寅
猴	2	18	12	29	丙午	3	19	1	29	丙子	4	18	2	30	丙午	5	19	4	2	丁丑	6	19	5	4	戊申	7	20	6	5	己卯
	2	19	12	30	丁未	3	20	2	1	丁丑	4	19	3	1	丁未	5	20	4	3	戊寅	6	20	5	5	己酉	7	21	6	6	庚辰
	2	20	1	1	戊申	3	21	2	2	戊寅	4	20	3	2	戊申	5	21	4	4	己卯	6	21	5	6	庚戌	7	22	6	7	辛巳
	2	21	1	2	己酉	3	22	2	3	己卯	4	21	3	3	己酉	5	22	4	5	庚辰	6	22	5	7	辛亥	7	23	6	8	壬午
	2	22	1	3	庚戌	3	23	2	4	庚辰	4	22	3	4	庚戌	5	23	4	6	辛巳	6	23	5	8	壬子	7	24	6	9	癸未
	2	23	1	4	辛亥	3	24	2	5	辛巳	4	23	3	5	辛亥	5	24	4	7	壬午	6	24	5	9	癸丑	7	25	6	10	甲申
	2	24	1	5	壬子	3	25	2	6	壬午	4	24	3	6	壬子	5	25	4	8	癸未	6	25	5	10	甲寅	7	26	6	11	乙酉
	2	25	1	6	癸丑	3	26	2	7	癸未	4	25	3	7	癸丑	5	26	4	9	甲申	6	26	5	11	乙卯	7	27	6	12	丙戌
	2	26	1	7	甲寅	3	27	2	8	甲申	4	26	3	8	甲寅	5	27	4	10	乙酉	6	27	5	12	丙辰	7	28	6	13	丁亥
中華民國九年	2	27	1	8	乙卯	3	28	2	9	乙酉	4	27	3	9	乙卯	5	28	4	11	丙戌	6	28	5	13	丁巳	7	29	6	14	戊子
	2	28	1	9	丙辰	3	29	2	10	丙戌	4	28	3	10	丙辰	5	29	4	12	丁亥	6	29	5	14	戊午	7	30	6	15	己丑
	2	29	1	10	丁巳	3	30	2	11	丁亥	4	29	3	11	丁巳	5	30	4	13	戊子	6	30	5	15	己未	7	31	6	16	庚寅
	3	1	1	11	戊午	3	31	2	12	戊子	4	30	3	12	戊午	5	31	4	14	己丑	7	1	5	16	庚申	8	1	6	17	辛卯
	3	2	1	12	己未	4	1	2	13	己丑	5	1	3	13	己未	6	1	4	15	庚寅	7	2	5	17	辛酉	8	2	6	18	壬辰
	3	3	1	13	庚申	4	2	2	14	庚寅	5	2	3	14	庚申	6	2	4	16	辛卯	7	3	5	18	壬戌	8	3	6	19	癸巳
	3	4	1	14	辛酉	4	3	2	15	辛卯	5	3	3	15	辛酉	6	3	4	17	壬辰	7	4	5	19	癸亥	8	4	6	20	甲午
	3	5	1	15	壬戌	4	4	2	16	壬辰	5	4	3	16	壬戌	6	4	4	18	癸巳	7	5	5	20	甲子	8	5	6	21	乙未
											5	5	3	17	癸亥	6	5	4	19	甲午	7	6	5	21	乙丑	8	6	6	22	丙申
																										8	7	6	23	丁酉
中氣	雨水					春分					穀雨					小滿					夏至					大暑				
	2/20 6時29分 卯時					3/21 5時59分 卯時					4/20 17時39分 酉時					5/21 17時21分 酉時					6/22 1時39分 丑時					7/23 12時34分 午時				

年	庚申																	
月	甲申			乙酉			丙戌			丁亥			戊子			己丑		
節氣	立秋 8/8 4時58分 寅時			白露 9/8 7時26分 辰時			寒露 10/8 22時29分 亥時			立冬 11/8 1時5分 丑時			大雪 12/7 17時30分 酉時			小寒 1/6 4時33分 寅時		
日	國曆	農曆	干支	國曆	農曆	干支	國曆	農曆	干支	國曆	農曆	干支	國曆	農曆	干支	國曆	農曆	干支
	8 8	6 24	戊戌	9 8	7 26	己巳	10 8	8 27	己亥	11 8	9 28	庚午	12 7	10 27	己亥	1 6	11 28	己巳
	8 9	6 25	己亥	9 9	7 27	庚午	10 9	8 28	庚子	11 9	9 29	辛未	12 8	10 28	庚子	1 7	11 29	庚午
	8 10	6 26	庚子	9 10	7 28	辛未	10 10	8 29	辛丑	11 10	9 30	壬申	12 9	10 29	辛丑	1 8	11 30	辛未
1	8 11	6 27	辛丑	9 11	7 29	壬申	10 11	8 30	壬寅	11 11	10 1	癸酉	12 10	11 1	壬寅	1 9	12 1	壬申
9	8 12	6 28	壬寅	9 12	8 1	癸酉	10 12	9 1	癸卯	11 12	10 2	甲戌	12 11	11 2	癸卯	1 10	12 2	癸酉
2	8 13	6 29	癸卯	9 13	8 2	甲戌	10 13	9 2	甲辰	11 13	10 3	乙亥	12 12	11 3	甲辰	1 11	12 3	甲戌
0	8 14	7 1	甲辰	9 14	8 3	乙亥	10 14	9 3	乙巳	11 14	10 4	丙子	12 13	11 4	乙巳	1 12	12 4	乙亥
•	8 15	7 2	乙巳	9 15	8 4	丙子	10 15	9 4	丙午	11 15	10 5	丁丑	12 14	11 5	丙午	1 13	12 5	丙子
1	8 16	7 3	丙午	9 16	8 5	丁丑	10 16	9 5	丁未	11 16	10 6	戊寅	12 15	11 6	丁未	1 14	12 6	丁丑
9	8 17	7 4	丁未	9 17	8 6	戊寅	10 17	9 6	戊申	11 17	10 7	己卯	12 16	11 7	戊申	1 15	12 7	戊寅
2	8 18	7 5	戊申	9 18	8 7	己卯	10 18	9 7	己酉	11 18	10 8	庚辰	12 17	11 8	己酉	1 16	12 8	己卯
1	8 19	7 6	己酉	9 19	8 8	庚辰	10 19	9 8	庚戌	11 19	10 9	辛巳	12 18	11 9	庚戌	1 17	12 9	庚辰
	8 20	7 7	庚戌	9 20	8 9	辛巳	10 20	9 9	辛亥	11 20	10 10	壬午	12 19	11 10	辛亥	1 18	12 10	辛巳
	8 21	7 8	辛亥	9 21	8 10	壬午	10 21	9 10	壬子	11 21	10 11	癸未	12 20	11 11	壬子	1 19	12 11	壬午
猴	8 22	7 9	壬子	9 22	8 11	癸未	10 22	9 11	癸丑	11 22	10 12	甲申	12 21	11 12	癸丑	1 20	12 12	癸未
	8 23	7 10	癸丑	9 23	8 12	甲申	10 23	9 12	甲寅	11 23	10 13	乙酉	12 22	11 13	甲寅	1 21	12 13	甲申
	8 24	7 11	甲寅	9 24	8 13	乙酉	10 24	9 13	乙卯	11 24	10 14	丙戌	12 23	11 14	乙卯	1 22	12 14	乙酉
	8 25	7 12	乙卯	9 25	8 14	丙戌	10 25	9 14	丙辰	11 25	10 15	丁亥	12 24	11 15	丙辰	1 23	12 15	丙戌
	8 26	7 13	丙辰	9 26	8 15	丁亥	10 26	9 15	丁巳	11 26	10 16	戊子	12 25	11 16	丁巳	1 24	12 16	丁亥
	8 27	7 14	丁巳	9 27	8 16	戊子	10 27	9 16	戊午	11 27	10 17	己丑	12 26	11 17	戊午	1 25	12 17	戊子
	8 28	7 15	戊午	9 28	8 17	己丑	10 28	9 17	己未	11 28	10 18	庚寅	12 27	11 18	己未	1 26	12 18	己丑
中	8 29	7 16	己未	9 29	8 18	庚寅	10 29	9 18	庚申	11 29	10 19	辛卯	12 28	11 19	庚申	1 27	12 19	庚寅
華	8 30	7 17	庚申	9 30	8 19	辛卯	10 30	9 19	辛酉	11 30	10 20	壬辰	12 29	11 20	辛酉	1 28	12 20	辛卯
民	8 31	7 18	辛酉	10 1	8 20	壬辰	10 31	9 20	壬戌	12 1	10 21	癸巳	12 30	11 21	壬戌	1 29	12 21	壬辰
國	9 1	7 19	壬戌	10 2	8 21	癸巳	11 1	9 21	癸亥	12 2	10 22	甲午	12 31	11 22	癸亥	1 30	12 22	癸巳
九	9 2	7 20	癸亥	10 3	8 22	甲午	11 2	9 22	甲子	12 3	10 23	乙未	1 1	11 23	甲子	1 31	12 23	甲午
•	9 3	7 21	甲子	10 4	8 23	乙未	11 3	9 23	乙丑	12 4	10 24	丙申	1 2	11 24	乙丑	2 1	12 24	乙未
十	9 4	7 22	乙丑	10 5	8 24	丙申	11 4	9 24	丙寅	12 5	10 25	丁酉	1 3	11 25	丙寅	2 2	12 25	丙申
年	9 5	7 23	丙寅	10 6	8 25	丁酉	11 5	9 25	丁卯	12 6	10 26	戊戌	1 4	11 26	丁卯	2 3	12 26	丁酉
	9 6	7 24	丁卯	10 7	8 26	戊戌	11 6	9 26	戊辰				1 5	11 27	戊辰			
	9 7	7 25	戊辰				11 7	9 27	己巳									
中氣	處暑 8/23 19時21分 戌時			秋分 9/23 16時28分 申時			霜降 10/24 1時12分 丑時			小雪 11/22 22時15分 亥時			冬至 12/22 11時17分 午時			大寒 1/20 21時54分 亥時		

年	辛酉																													
月	庚寅					辛卯					壬辰					癸巳					甲午					乙未				
節氣	立春					驚蟄					清明					立夏					芒種					小暑				
	2/4 16時20分 申時					3/6 10時45分 巳時					4/5 16時8分 申時					5/6 10時4分 巳時					6/6 14時41分 未時					7/8 1時6分 丑時				
日	國曆		農曆		干支	國曆		農曆		干支	國曆		農曆		干支	國曆		農曆		干支	國曆		農曆		干支	國曆		農曆		干支
	2	4	12	27	戊戌	3	6	1	27	戊辰	4	5	2	27	戊戌	5	6	3	29	己巳	6	6	5	1	庚子	7	8	6	4	壬申
	2	5	12	28	己亥	3	7	1	28	己巳	4	6	2	28	己亥	5	7	3	30	庚午	6	7	5	2	辛丑	7	9	6	5	癸酉
	2	6	12	29	庚子	3	8	1	29	庚午	4	7	2	29	庚子	5	8	4	1	辛未	6	8	5	3	壬寅	7	10	6	6	甲戌
	2	7	12	30	辛丑	3	9	1	30	辛未	4	8	3	1	辛丑	5	9	4	2	壬申	6	9	5	4	癸卯	7	11	6	7	乙亥
	2	8	1	1	壬寅	3	10	2	1	壬申	4	9	3	2	壬寅	5	10	4	3	癸酉	6	10	5	5	甲辰	7	12	6	8	丙子
1921	2	9	1	2	癸卯	3	11	2	2	癸酉	4	10	3	3	癸卯	5	11	4	4	甲戌	6	11	5	6	乙巳	7	13	6	9	丁丑
	2	10	1	3	甲辰	3	12	2	3	甲戌	4	11	3	4	甲辰	5	12	4	5	乙亥	6	12	5	7	丙午	7	14	6	10	戊寅
	2	11	1	4	乙巳	3	13	2	4	乙亥	4	12	3	5	乙巳	5	13	4	6	丙子	6	13	5	8	丁未	7	15	6	11	己卯
	2	12	1	5	丙午	3	14	2	5	丙子	4	13	3	6	丙午	5	14	4	7	丁丑	6	14	5	9	戊申	7	16	6	12	庚辰
	2	13	1	6	丁未	3	15	2	6	丁丑	4	14	3	7	丁未	5	15	4	8	戊寅	6	15	5	10	己酉	7	17	6	13	辛巳
	2	14	1	7	戊申	3	16	2	7	戊寅	4	15	3	8	戊申	5	16	4	9	己卯	6	16	5	11	庚戌	7	18	6	14	壬午
	2	15	1	8	己酉	3	17	2	8	己卯	4	16	3	9	己酉	5	17	4	10	庚辰	6	17	5	12	辛亥	7	19	6	15	癸未
	2	16	1	9	庚戌	3	18	2	9	庚辰	4	17	3	10	庚戌	5	18	4	11	辛巳	6	18	5	13	壬子	7	20	6	16	甲申
	2	17	1	10	辛亥	3	19	2	10	辛巳	4	18	3	11	辛亥	5	19	4	12	壬午	6	19	5	14	癸丑	7	21	6	17	乙酉
雞	2	18	1	11	壬子	3	20	2	11	壬午	4	19	3	12	壬子	5	20	4	13	癸未	6	20	5	15	甲寅	7	22	6	18	丙戌
	2	19	1	12	癸丑	3	21	2	12	癸未	4	20	3	13	癸丑	5	21	4	14	甲申	6	21	5	16	乙卯	7	23	6	19	丁亥
	2	20	1	13	甲寅	3	22	2	13	甲申	4	21	3	14	甲寅	5	22	4	15	乙酉	6	22	5	17	丙辰	7	24	6	20	戊子
	2	21	1	14	乙卯	3	23	2	14	乙酉	4	22	3	15	乙卯	5	23	4	16	丙戌	6	23	5	18	丁巳	7	25	6	21	己丑
	2	22	1	15	丙辰	3	24	2	15	丙戌	4	23	3	16	丙辰	5	24	4	17	丁亥	6	24	5	19	戊午	7	26	6	22	庚寅
	2	23	1	16	丁巳	3	25	2	16	丁亥	4	24	3	17	丁巳	5	25	4	18	戊子	6	25	5	20	己未	7	27	6	23	辛卯
	2	24	1	17	戊午	3	26	2	17	戊子	4	25	3	18	戊午	5	26	4	19	己丑	6	26	5	21	庚申	7	28	6	24	壬辰
	2	25	1	18	己未	3	27	2	18	己丑	4	26	3	19	己未	5	27	4	20	庚寅	6	27	5	22	辛酉	7	29	6	25	癸巳
中華民國十年	2	26	1	19	庚申	3	28	2	19	庚寅	4	27	3	20	庚申	5	28	4	21	辛卯	6	28	5	23	壬戌	7	30	6	26	甲午
	2	27	1	20	辛酉	3	29	2	20	辛卯	4	28	3	21	辛酉	5	29	4	22	壬辰	6	29	5	24	癸亥	7	31	6	27	乙未
	2	28	1	21	壬戌	3	30	2	21	壬辰	4	29	3	22	壬戌	5	30	4	23	癸巳	6	30	5	25	甲子	8	1	6	28	丙申
	3	1	1	22	癸亥	3	31	2	22	癸巳	4	30	3	23	癸亥	5	31	4	24	甲午	7	1	5	26	乙丑	8	2	6	29	丁酉
	3	2	1	23	甲子	4	1	2	23	甲午	5	1	3	24	甲子	6	1	4	25	乙未	7	2	5	27	丙寅	8	3	6	30	戊戌
	3	3	1	24	乙丑	4	2	2	24	乙未	5	2	3	25	乙丑	6	2	4	26	丙申	7	3	5	28	丁卯	8	4	7	1	己亥
	3	4	1	25	丙寅	4	3	2	25	丙申	5	3	3	26	丙寅	6	3	4	27	丁酉	7	4	5	29	戊辰	8	5	7	2	庚子
	3	5	1	26	丁卯	4	4	2	26	丁酉	5	4	3	27	丁卯	6	4	4	28	戊戌	7	5	6	1	己巳	8	6	7	3	辛丑
											5	5	3	28	戊辰	6	5	4	29	己亥	7	6	6	2	庚午	8	7	7	4	壬寅
																					7	7	6	3	辛未					
中氣	雨水					春分					穀雨					小滿					夏至					大暑				
	2/19 12時20分 午時					3/21 11時51分 午時					4/20 23時32分 子時					5/21 23時16分 子時					6/22 7時35分 辰時					7/23 18時30分 酉時				

1921・1922 雞 中華民國十・十一年

年	辛酉																													
月	丙申					丁酉					戊戌					己亥					庚子					辛丑				
節氣	立秋 8/8 10時43分 巳時					白露 9/8 13時9分 未時					寒露 10/9 4時10分 寅時					立冬 11/8 6時45分 卯時					大雪 12/7 23時11分 子時					小寒 1/6 10時17分 巳時				
日	國曆		農曆		干支	國曆		農曆		干支	國曆		農曆		干支	國曆		農曆		干支	國曆		農曆		干支	國曆		農曆		干支
	8	8	7	5	癸卯	9	8	8	7	甲戌	10	9	9	9	乙巳	11	8	10	9	乙亥	12	7	11	9	甲辰	1	6	12	9	甲戌
	8	9	7	6	甲辰	9	9	8	8	乙亥	10	10	9	10	丙午	11	9	10	10	丙子	12	8	11	10	乙巳	1	7	12	10	乙亥
	8	10	7	7	乙巳	9	10	8	9	丙子	10	11	9	11	丁未	11	10	10	11	丁丑	12	9	11	11	丙午	1	8	12	11	丙子
	8	11	7	8	丙午	9	11	8	10	丁丑	10	12	9	12	戊申	11	11	10	12	戊寅	12	10	11	12	丁未	1	9	12	12	丁丑
	8	12	7	9	丁未	9	12	8	11	戊寅	10	13	9	13	己酉	11	12	10	13	己卯	12	11	11	13	戊申	1	10	12	13	戊寅
	8	13	7	10	戊申	9	13	8	12	己卯	10	14	9	14	庚戌	11	13	10	14	庚辰	12	12	11	14	己酉	1	11	12	14	己卯
	8	14	7	11	己酉	9	14	8	13	庚辰	10	15	9	15	辛亥	11	14	10	15	辛巳	12	13	11	15	庚戌	1	12	12	15	庚辰
	8	15	7	12	庚戌	9	15	8	14	辛巳	10	16	9	16	壬子	11	15	10	16	壬午	12	14	11	16	辛亥	1	13	12	16	辛巳
	8	16	7	13	辛亥	9	16	8	15	壬午	10	17	9	17	癸丑	11	16	10	17	癸未	12	15	11	17	壬子	1	14	12	17	壬午
	8	17	7	14	壬子	9	17	8	16	癸未	10	18	9	18	甲寅	11	17	10	18	甲申	12	16	11	18	癸丑	1	15	12	18	癸未
	8	18	7	15	癸丑	9	18	8	17	甲申	10	19	9	19	乙卯	11	18	10	19	乙酉	12	17	11	19	甲寅	1	16	12	19	甲申
	8	19	7	16	甲寅	9	19	8	18	乙酉	10	20	9	20	丙辰	11	19	10	20	丙戌	12	18	11	20	乙卯	1	17	12	20	乙酉
	8	20	7	17	乙卯	9	20	8	19	丙戌	10	21	9	21	丁巳	11	20	10	21	丁亥	12	19	11	21	丙辰	1	18	12	21	丙戌
	8	21	7	18	丙辰	9	21	8	20	丁亥	10	22	9	22	戊午	11	21	10	22	戊子	12	20	11	22	丁巳	1	19	12	22	丁亥
	8	22	7	19	丁巳	9	22	8	21	戊子	10	23	9	23	己未	11	22	10	23	己丑	12	21	11	23	戊午	1	20	12	23	戊子
	8	23	7	20	戊午	9	23	8	22	己丑	10	24	9	24	庚申	11	23	10	24	庚寅	12	22	11	24	己未	1	21	12	24	己丑
	8	24	7	21	己未	9	24	8	23	庚寅	10	25	9	25	辛酉	11	24	10	25	辛卯	12	23	11	25	庚申	1	22	12	25	庚寅
	8	25	7	22	庚申	9	25	8	24	辛卯	10	26	9	26	壬戌	11	25	10	26	壬辰	12	24	11	26	辛酉	1	23	12	26	辛卯
	8	26	7	23	辛酉	9	26	8	25	壬辰	10	27	9	27	癸亥	11	26	10	27	癸巳	12	25	11	27	壬戌	1	24	12	27	壬辰
	8	27	7	24	壬戌	9	27	8	26	癸巳	10	28	9	28	甲子	11	27	10	28	甲午	12	26	11	28	癸亥	1	25	12	28	癸巳
	8	28	7	25	癸亥	9	28	8	27	甲午	10	29	9	29	乙丑	11	28	10	29	乙未	12	27	11	29	甲子	1	26	12	29	甲午
	8	29	7	26	甲子	9	29	8	28	乙未	10	30	9	30	丙寅	11	29	11	1	丙申	12	28	11	30	乙丑	1	27	12	30	乙未
	8	30	7	27	乙丑	9	30	8	29	丙申	10	31	10	1	丁卯	11	30	11	2	丁酉	12	29	12	1	丙寅	1	28	1	1	丙申
	8	31	7	28	丙寅	10	1	9	1	丁酉	11	1	10	2	戊辰	12	1	11	3	戊戌	12	30	12	2	丁卯	1	29	1	2	丁酉
	9	1	7	29	丁卯	10	2	9	2	戊戌	11	2	10	3	己巳	12	2	11	4	己亥	12	31	12	3	戊辰	1	30	1	3	戊戌
	9	2	8	1	戊辰	10	3	9	3	己亥	11	3	10	4	庚午	12	3	11	5	庚子	1	1	12	4	己巳	1	31	1	4	己亥
	9	3	8	2	己巳	10	4	9	4	庚子	11	4	10	5	辛未	12	4	11	6	辛丑	1	2	12	5	庚午	2	1	1	5	庚子
	9	4	8	3	庚午	10	5	9	5	辛丑	11	5	10	6	壬申	12	5	11	7	壬寅	1	3	12	6	辛未	2	2	1	6	辛丑
	9	5	8	4	辛未	10	6	9	6	壬寅	11	6	10	7	癸酉	12	6	11	8	癸卯	1	4	12	7	壬申	2	3	1	7	壬寅
	9	6	8	5	壬申	10	7	9	7	癸卯	11	7	10	8	甲戌						1	5	12	8	癸酉					
	9	7	8	6	癸酉	10	8	9	8	甲辰																				
中氣	處暑 8/24 1時15分 丑時					秋分 9/23 22時19分 亥時					霜降 10/24 7時2分 辰時					小雪 11/23 4時4分 寅時					冬至 12/22 17時7分 酉時					大寒 1/21 3時47分 寅時				

年	壬戌																	
月	壬寅			癸卯			甲辰			乙巳			丙午			丁未		
節氣	立春			驚蟄			清明			立夏			芒種			小暑		
	2/4 22時6分 亥時			3/6 16時33分 申時			4/5 21時58分 亥時			5/6 15時52分 申時			6/6 20時30分 戌時			7/8 6時57分 卯時		
日	國曆	農曆	干支	國曆	農曆	干支	國曆	農曆	干支	國曆	農曆	干支	國曆	農曆	干支	國曆	農曆	干支
1922	2 4	1 8	癸卯	3 6	2 8	癸酉	4 5	3 9	癸卯	5 6	4 10	甲戌	6 6	5 11	乙巳	7 8	5 14	丁丑
	2 5	1 9	甲辰	3 7	2 9	甲戌	4 6	3 10	甲辰	5 7	4 11	乙亥	6 7	5 12	丙午	7 9	5 15	戊寅
	2 6	1 10	乙巳	3 8	2 10	乙亥	4 7	3 11	乙巳	5 8	4 12	丙子	6 8	5 13	丁未	7 10	5 16	己卯
	2 7	1 11	丙午	3 9	2 11	丙子	4 8	3 12	丙午	5 9	4 13	丁丑	6 9	5 14	戊申	7 11	5 17	庚辰
	2 8	1 12	丁未	3 10	2 12	丁丑	4 9	3 13	丁未	5 10	4 14	戊寅	6 10	5 15	己酉	7 12	5 18	辛巳
	2 9	1 13	戊申	3 11	2 13	戊寅	4 10	3 14	戊申	5 11	4 15	己卯	6 11	5 16	庚戌	7 13	5 19	壬午
	2 10	1 14	己酉	3 12	2 14	己卯	4 11	3 15	己酉	5 12	4 16	庚辰	6 12	5 17	辛亥	7 14	5 20	癸未
	2 11	1 15	庚戌	3 13	2 15	庚辰	4 12	3 16	庚戌	5 13	4 17	辛巳	6 13	5 18	壬子	7 15	5 21	甲申
	2 12	1 16	辛亥	3 14	2 16	辛巳	4 13	3 17	辛亥	5 14	4 18	壬午	6 14	5 19	癸丑	7 16	5 22	乙酉
	2 13	1 17	壬子	3 15	2 17	壬午	4 14	3 18	壬子	5 15	4 19	癸未	6 15	5 20	甲寅	7 17	5 23	丙戌
	2 14	1 18	癸丑	3 16	2 18	癸未	4 15	3 19	癸丑	5 16	4 20	甲申	6 16	5 21	乙卯	7 18	5 24	丁亥
	2 15	1 19	甲寅	3 17	2 19	甲申	4 16	3 20	甲寅	5 17	4 21	乙酉	6 17	5 22	丙辰	7 19	5 25	戊子
	2 16	1 20	乙卯	3 18	2 20	乙酉	4 17	3 21	乙卯	5 18	4 22	丙戌	6 18	5 23	丁巳	7 20	5 26	己丑
狗	2 17	1 21	丙辰	3 19	2 21	丙戌	4 18	3 22	丙辰	5 19	4 23	丁亥	6 19	5 24	戊午	7 21	5 27	庚寅
	2 18	1 22	丁巳	3 20	2 22	丁亥	4 19	3 23	丁巳	5 20	4 24	戊子	6 20	5 25	己未	7 22	5 28	辛卯
	2 19	1 23	戊午	3 21	2 23	戊子	4 20	3 24	戊午	5 21	4 25	己丑	6 21	5 26	庚申	7 23	5 29	壬辰
	2 20	1 24	己未	3 22	2 24	己丑	4 21	3 25	己未	5 22	4 26	庚寅	6 22	5 27	辛酉	7 24	6 1	癸巳
	2 21	1 25	庚申	3 23	2 25	庚寅	4 22	3 26	庚申	5 23	4 27	辛卯	6 23	5 28	壬戌	7 25	6 2	甲午
	2 22	1 26	辛酉	3 24	2 26	辛卯	4 23	3 27	辛酉	5 24	4 28	壬辰	6 24	5 29	癸亥	7 26	6 3	乙未
	2 23	1 27	壬戌	3 25	2 27	壬辰	4 24	3 28	壬戌	5 25	4 29	癸巳	6 25	閏5 1	甲子	7 27	6 4	丙申
	2 24	1 28	癸亥	3 26	2 28	癸巳	4 25	3 29	癸亥	5 26	4 30	甲午	6 26	5 2	乙丑	7 28	6 5	丁酉
中華民國十一年	2 25	1 29	甲子	3 27	2 29	甲午	4 26	3 30	甲子	5 27	5 1	乙未	6 27	5 3	丙寅	7 29	6 6	戊戌
	2 26	1 30	乙丑	3 28	3 1	乙未	4 27	4 1	乙丑	5 28	5 2	丙申	6 28	5 4	丁卯	7 30	6 7	己亥
	2 27	2 1	丙寅	3 29	3 2	丙申	4 28	4 2	丙寅	5 29	5 3	丁酉	6 29	5 5	戊辰	7 31	6 8	庚子
	2 28	2 2	丁卯	3 30	3 3	丁酉	4 29	4 3	丁卯	5 30	5 4	戊戌	6 30	5 6	己巳	8 1	6 9	辛丑
	3 1	2 3	戊辰	3 31	3 4	戊戌	4 30	4 4	戊辰	5 31	5 5	己亥	7 1	5 7	庚午	8 2	6 10	壬寅
	3 2	2 4	己巳	4 1	3 5	己亥	5 1	4 5	己巳	6 1	5 6	庚子	7 2	5 8	辛未	8 3	6 11	癸卯
	3 3	2 5	庚午	4 2	3 6	庚子	5 2	4 6	庚午	6 2	5 7	辛丑	7 3	5 9	壬申	8 4	6 12	甲辰
	3 4	2 6	辛未	4 3	3 7	辛丑	5 3	4 7	辛未	6 3	5 8	壬寅	7 4	5 10	癸酉	8 5	6 13	乙巳
	3 5	2 7	壬申	4 4	3 8	壬寅	5 4	4 8	壬申	6 4	5 9	癸卯	7 5	5 11	甲戌	8 6	6 14	丙午
							5 5	4 9	癸酉	6 5	5 10	甲辰	7 6	5 12	乙亥	8 7	6 15	丁未
													7 7	5 13	丙子			
中氣	雨水			春分			穀雨			小滿			夏至			大暑		
	2/19 18時16分 酉時			3/21 17時48分 酉時			4/21 5時28分 卯時			5/22 5時10分 卯時			6/22 13時26分 未時			7/24 0時19分 子時		

年	壬戌																													
月	戊申					己酉					庚戌					辛亥					壬子					癸丑				
節氣	立秋 8/8 16時37分 申時					白露 9/8 19時6分 戌時					寒露 10/9 10時9分 巳時					立冬 11/8 12時45分 午時					大雪 12/8 5時10分 卯時					小寒 1/6 16時14分 申時				
日	國曆		農曆		干支	國曆		農曆		干支	國曆		農曆		干支	國曆		農曆		干支	國曆		農曆		干支	國曆		農曆		干支
	8	8	6	16	戊申	9	8	7	17	己卯	10	9	8	19	庚戌	11	8	9	20	庚辰	12	8	10	20	庚戌	1	6	11	20	己卯
	8	9	6	17	己酉	9	9	7	18	庚辰	10	10	8	20	辛亥	11	9	9	21	辛巳	12	9	10	21	辛亥	1	7	11	21	庚辰
	8	10	6	18	庚戌	9	10	7	19	辛巳	10	11	8	21	壬子	11	10	9	22	壬午	12	10	10	22	壬子	1	8	11	22	辛巳
1	8	11	6	19	辛亥	9	11	7	20	壬午	10	12	8	22	癸丑	11	11	9	23	癸未	12	11	10	23	癸丑	1	9	11	23	壬午
9	8	12	6	20	壬子	9	12	7	21	癸未	10	13	8	23	甲寅	11	12	9	24	甲申	12	12	10	24	甲寅	1	10	11	24	癸未
2	8	13	6	21	癸丑	9	13	7	22	甲申	10	14	8	24	乙卯	11	13	9	25	乙酉	12	13	10	25	乙卯	1	11	11	25	甲申
2	8	14	6	22	甲寅	9	14	7	23	乙酉	10	15	8	25	丙辰	11	14	9	26	丙戌	12	14	10	26	丙辰	1	12	11	26	乙酉
•	8	15	6	23	乙卯	9	15	7	24	丙戌	10	16	8	26	丁巳	11	15	9	27	丁亥	12	15	10	27	丁巳	1	13	11	27	丙戌
1	8	16	6	24	丙辰	9	16	7	25	丁亥	10	17	8	27	戊午	11	16	9	28	戊子	12	16	10	28	戊午	1	14	11	28	丁亥
9	8	17	6	25	丁巳	9	17	7	26	戊子	10	18	8	28	己未	11	17	9	29	己丑	12	17	10	29	己未	1	15	11	29	戊子
2	8	18	6	26	戊午	9	18	7	27	己丑	10	19	8	29	庚申	11	18	9	30	庚寅	12	18	11	1	庚申	1	16	11	30	己丑
3	8	19	6	27	己未	9	19	7	28	庚寅	10	20	9	1	辛酉	11	19	10	1	辛卯	12	19	11	2	辛酉	1	17	12	1	庚寅
	8	20	6	28	庚申	9	20	7	29	辛卯	10	21	9	2	壬戌	11	20	10	2	壬辰	12	20	11	3	壬戌	1	18	12	2	辛卯
	8	21	6	29	辛酉	9	21	8	1	壬辰	10	22	9	3	癸亥	11	21	10	3	癸巳	12	21	11	4	癸亥	1	19	12	3	壬辰
狗	8	22	6	30	壬戌	9	22	8	2	癸巳	10	23	9	4	甲子	11	22	10	4	甲午	12	22	11	5	甲子	1	20	12	4	癸巳
	8	23	7	1	癸亥	9	23	8	3	甲午	10	24	9	5	乙丑	11	23	10	5	乙未	12	23	11	6	乙丑	1	21	12	5	甲午
	8	24	7	2	甲子	9	24	8	4	乙未	10	25	9	6	丙寅	11	24	10	6	丙申	12	24	11	7	丙寅	1	22	12	6	乙未
	8	25	7	3	乙丑	9	25	8	5	丙申	10	26	9	7	丁卯	11	25	10	7	丁酉	12	25	11	8	丁卯	1	23	12	7	丙申
	8	26	7	4	丙寅	9	26	8	6	丁酉	10	27	9	8	戊辰	11	26	10	8	戊戌	12	26	11	9	戊辰	1	24	12	8	丁酉
	8	27	7	5	丁卯	9	27	8	7	戊戌	10	28	9	9	己巳	11	27	10	9	己亥	12	27	11	10	己巳	1	25	12	9	戊戌
中	8	28	7	6	戊辰	9	28	8	8	己亥	10	29	9	10	庚午	11	28	10	10	庚子	12	28	11	11	庚午	1	26	12	10	己亥
華	8	29	7	7	己巳	9	29	8	9	庚子	10	30	9	11	辛未	11	29	10	11	辛丑	12	29	11	12	辛未	1	27	12	11	庚子
民	8	30	7	8	庚午	9	30	8	10	辛丑	10	31	9	12	壬申	11	30	10	12	壬寅	12	30	11	13	壬申	1	28	12	12	辛丑
國	8	31	7	9	辛未	10	1	8	11	壬寅	11	1	9	13	癸酉	12	1	10	13	癸卯	12	31	11	14	癸酉	1	29	12	13	壬寅
十	9	1	7	10	壬申	10	2	8	12	癸卯	11	2	9	14	甲戌	12	2	10	14	甲辰	1	1	11	15	甲戌	1	30	12	14	癸卯
一	9	2	7	11	癸酉	10	3	8	13	甲辰	11	3	9	15	乙亥	12	3	10	15	乙巳	1	2	11	16	乙亥	1	31	12	15	甲辰
•	9	3	7	12	甲戌	10	4	8	14	乙巳	11	4	9	16	丙子	12	4	10	16	丙午	1	3	11	17	丙子	2	1	12	16	乙巳
十	9	4	7	13	乙亥	10	5	8	15	丙午	11	5	9	17	丁丑	12	5	10	17	丁未	1	4	11	18	丁丑	2	2	12	17	丙午
二	9	5	7	14	丙子	10	6	8	16	丁未	11	6	9	18	戊寅	12	6	10	18	戊申	1	5	11	19	戊寅	2	3	12	18	丁未
年	9	6	7	15	丁丑	10	7	8	17	戊申	11	7	9	19	己卯	12	7	10	19	己酉						2	4	12	19	戊申
	9	7	7	16	戊寅	10	8	8	18	己酉																				
中氣	處暑 8/24 7時4分 辰時					秋分 9/24 4時9分 寅時					霜降 10/24 12時52分 午時					小雪 11/23 9時55分 巳時					冬至 12/22 22時56分 亥時					大寒 1/21 9時34分 巳時				

年	癸亥																	
月	甲寅			乙卯			丙辰			丁巳			戊午			己未		
節氣	立春 2/5 4時0分 寅時			驚蟄 3/6 22時24分 亥時			清明 4/6 3時45分 寅時			立夏 5/6 21時38分 亥時			芒種 6/7 2時14分 丑時			小暑 7/8 12時42分 午時		
日	國曆	農曆	干支	國曆	農曆	干支	國曆	農曆	干支	國曆	農曆	干支	國曆	農曆	干支	國曆	農曆	干支
1923	2 5	12 20	己酉	3 6	1 19	戊寅	4 6	2 21	己酉	5 6	3 21	己卯	6 7	4 23	辛亥	7 8	5 25	壬午
	2 6	12 21	庚戌	3 7	1 20	己卯	4 7	2 22	庚戌	5 7	3 22	庚辰	6 8	4 24	壬子	7 9	5 26	癸未
	2 7	12 22	辛亥	3 8	1 21	庚辰	4 8	2 23	辛亥	5 8	3 23	辛巳	6 9	4 25	癸丑	7 10	5 27	甲申
	2 8	12 23	壬子	3 9	1 22	辛巳	4 9	2 24	壬子	5 9	3 24	壬午	6 10	4 26	甲寅	7 11	5 28	乙酉
	2 9	12 24	癸丑	3 10	1 23	壬午	4 10	2 25	癸丑	5 10	3 25	癸未	6 11	4 27	乙卯	7 12	5 29	丙戌
	2 10	12 25	甲寅	3 11	1 24	癸未	4 11	2 26	甲寅	5 11	3 26	甲申	6 12	4 28	丙辰	7 13	5 30	丁亥
	2 11	12 26	乙卯	3 12	1 25	甲申	4 12	2 27	乙卯	5 12	3 27	乙酉	6 13	4 29	丁巳	7 14	6 1	戊子
	2 12	12 27	丙辰	3 13	1 26	乙酉	4 13	2 28	丙辰	5 13	3 28	丙戌	6 14	5 1	戊午	7 15	6 2	己丑
	2 13	12 28	丁巳	3 14	1 27	丙戌	4 14	2 29	丁巳	5 14	3 29	丁亥	6 15	5 2	己未	7 16	6 3	庚寅
	2 14	12 29	戊午	3 15	1 28	丁亥	4 15	2 30	戊午	5 15	3 30	戊子	6 16	5 3	庚申	7 17	6 4	辛卯
	2 15	12 30	己未	3 16	1 29	戊子	4 16	3 1	己未	5 16	4 1	己丑	6 17	5 4	辛酉	7 18	6 5	壬辰
	2 16	1 1	庚申	3 17	2 1	己丑	4 17	3 2	庚申	5 17	4 2	庚寅	6 18	5 5	壬戌	7 19	6 6	癸巳
	2 17	1 2	辛酉	3 18	2 2	庚寅	4 18	3 3	辛酉	5 18	4 3	辛卯	6 19	5 6	癸亥	7 20	6 7	甲午
豬	2 18	1 3	壬戌	3 19	2 3	辛卯	4 19	3 4	壬戌	5 19	4 4	壬辰	6 20	5 7	甲子	7 21	6 8	乙未
	2 19	1 4	癸亥	3 20	2 4	壬辰	4 20	3 5	癸亥	5 20	4 5	癸巳	6 21	5 8	乙丑	7 22	6 9	丙申
	2 20	1 5	甲子	3 21	2 5	癸巳	4 21	3 6	甲子	5 21	4 6	甲午	6 22	5 9	丙寅	7 23	6 10	丁酉
	2 21	1 6	乙丑	3 22	2 6	甲午	4 22	3 7	乙丑	5 22	4 7	乙未	6 23	5 10	丁卯	7 24	6 11	戊戌
	2 22	1 7	丙寅	3 23	2 7	乙未	4 23	3 8	丙寅	5 23	4 8	丙申	6 24	5 11	戊辰	7 25	6 12	己亥
	2 23	1 8	丁卯	3 24	2 8	丙申	4 24	3 9	丁卯	5 24	4 9	丁酉	6 25	5 12	己巳	7 26	6 13	庚子
	2 24	1 9	戊辰	3 25	2 9	丁酉	4 25	3 10	戊辰	5 25	4 10	戊戌	6 26	5 13	庚午	7 27	6 14	辛丑
	2 25	1 10	己巳	3 26	2 10	戊戌	4 26	3 11	己巳	5 26	4 11	己亥	6 27	5 14	辛未	7 28	6 15	壬寅
中華民國十二年	2 26	1 11	庚午	3 27	2 11	己亥	4 27	3 12	庚午	5 27	4 12	庚子	6 28	5 15	壬申	7 29	6 16	癸卯
	2 27	1 12	辛未	3 28	2 12	庚子	4 28	3 13	辛未	5 28	4 13	辛丑	6 29	5 16	癸酉	7 30	6 17	甲辰
	2 28	1 13	壬申	3 29	2 13	辛丑	4 29	3 14	壬申	5 29	4 14	壬寅	6 30	5 17	甲戌	7 31	6 18	乙巳
	3 1	1 14	癸酉	3 30	2 14	壬寅	4 30	3 15	癸酉	5 30	4 15	癸卯	7 1	5 18	乙亥	8 1	6 19	丙午
	3 2	1 15	甲戌	3 31	2 15	癸卯	5 1	3 16	甲戌	5 31	4 16	甲辰	7 2	5 19	丙子	8 2	6 20	丁未
	3 3	1 16	乙亥	4 1	2 16	甲辰	5 2	3 17	乙亥	6 1	4 17	乙巳	7 3	5 20	丁丑	8 3	6 21	戊申
	3 4	1 17	丙子	4 2	2 17	乙巳	5 3	3 18	丙子	6 2	4 18	丙午	7 4	5 21	戊寅	8 4	6 22	己酉
	3 5	1 18	丁丑	4 3	2 18	丙午	5 4	3 19	丁丑	6 3	4 19	丁未	7 5	5 22	己卯	8 5	6 23	庚戌
				4 4	2 19	丁未	5 5	3 20	戊寅	6 4	4 20	戊申	7 6	5 23	庚辰	8 6	6 24	辛亥
				4 5	2 20	戊申				6 5	4 21	己酉	7 7	5 24	辛巳	8 7	6 25	壬子
										6 6	4 22	庚戌						
中氣	雨水 2/19 23時59分 子時			春分 3/21 23時28分 子時			穀雨 4/21 11時5分 午時			小滿 5/22 10時45分 巳時			夏至 6/22 19時2分 戌時			大暑 7/24 6時0分 卯時		

年	癸亥																	
月	庚申			辛酉			壬戌			癸亥			甲子			乙丑		
節氣	立秋 8/8 22時24分 亥時			白露 9/9 0時57分 子時			寒露 10/9 16時3分 申時			立冬 11/8 18時40分 酉時			大雪 12/8 11時4分 午時			小寒 1/6 22時5分 亥時		
日	國曆	農曆	干支	國曆	農曆	干支	國曆	農曆	干支	國曆	農曆	干支	國曆	農曆	干支	國曆	農曆	干支
1923·1924 豬 中華民國十二·十三年	8 8	6 26	癸丑	9 9	7 29	乙酉	10 9	8 29	乙卯	11 8	10 1	乙酉	12 8	11 1	乙卯	1 6	12 1	甲申
	8 9	6 27	甲寅	9 10	7 30	丙戌	10 10	9 1	丙辰	11 9	10 2	丙戌	12 9	11 2	丙辰	1 7	12 2	乙酉
	8 10	6 28	乙卯	9 11	8 1	丁亥	10 11	9 2	丁巳	11 10	10 3	丁亥	12 10	11 3	丁巳	1 8	12 3	丙戌
	8 11	6 29	丙辰	9 12	8 2	戊子	10 12	9 3	戊午	11 11	10 4	戊子	12 11	11 4	戊午	1 9	12 4	丁亥
	8 12	7 1	丁巳	9 13	8 3	己丑	10 13	9 4	己未	11 12	10 5	己丑	12 12	11 5	己未	1 10	12 5	戊子
	8 13	7 2	戊午	9 14	8 4	庚寅	10 14	9 5	庚申	11 13	10 6	庚寅	12 13	11 6	庚申	1 11	12 6	己丑
	8 14	7 3	己未	9 15	8 5	辛卯	10 15	9 6	辛酉	11 14	10 7	辛卯	12 14	11 7	辛酉	1 12	12 7	庚寅
	8 15	7 4	庚申	9 16	8 6	壬辰	10 16	9 7	壬戌	11 15	10 8	壬辰	12 15	11 8	壬戌	1 13	12 8	辛卯
	8 16	7 5	辛酉	9 17	8 7	癸巳	10 17	9 8	癸亥	11 16	10 9	癸巳	12 16	11 9	癸亥	1 14	12 9	壬辰
	8 17	7 6	壬戌	9 18	8 8	甲午	10 18	9 9	甲子	11 17	10 10	甲午	12 17	11 10	甲子	1 15	12 10	癸巳
	8 18	7 7	癸亥	9 19	8 9	乙未	10 19	9 10	乙丑	11 18	10 11	乙未	12 18	11 11	乙丑	1 16	12 11	甲午
	8 19	7 8	甲子	9 20	8 10	丙申	10 20	9 11	丙寅	11 19	10 12	丙申	12 19	11 12	丙寅	1 17	12 12	乙未
	8 20	7 9	乙丑	9 21	8 11	丁酉	10 21	9 12	丁卯	11 20	10 13	丁酉	12 20	11 13	丁卯	1 18	12 13	丙申
	8 21	7 10	丙寅	9 22	8 12	戊戌	10 22	9 13	戊辰	11 21	10 14	戊戌	12 21	11 14	戊辰	1 19	12 14	丁酉
	8 22	7 11	丁卯	9 23	8 13	己亥	10 23	9 14	己巳	11 22	10 15	己亥	12 22	11 15	己巳	1 20	12 15	戊戌
	8 23	7 12	戊辰	9 24	8 14	庚子	10 24	9 15	庚午	11 23	10 16	庚子	12 23	11 16	庚午	1 21	12 16	己亥
	8 24	7 13	己巳	9 25	8 15	辛丑	10 25	9 16	辛未	11 24	10 17	辛丑	12 24	11 17	辛未	1 22	12 17	庚子
	8 25	7 14	庚午	9 26	8 16	壬寅	10 26	9 17	壬申	11 25	10 18	壬寅	12 25	11 18	壬申	1 23	12 18	辛丑
	8 26	7 15	辛未	9 27	8 17	癸卯	10 27	9 18	癸酉	11 26	10 19	癸卯	12 26	11 19	癸酉	1 24	12 19	壬寅
	8 27	7 16	壬申	9 28	8 18	甲辰	10 28	9 19	甲戌	11 27	10 20	甲辰	12 27	11 20	甲戌	1 25	12 20	癸卯
	8 28	7 17	癸酉	9 29	8 19	乙巳	10 29	9 20	乙亥	11 28	10 21	乙巳	12 28	11 21	乙亥	1 26	12 21	甲辰
	8 29	7 18	甲戌	9 30	8 20	丙午	10 30	9 21	丙子	11 29	10 22	丙午	12 29	11 22	丙子	1 27	12 22	乙巳
	8 30	7 19	乙亥	10 1	8 21	丁未	10 31	9 22	丁丑	11 30	10 23	丁未	12 30	11 23	丁丑	1 28	12 23	丙午
	8 31	7 20	丙子	10 2	8 22	戊申	11 1	9 23	戊寅	12 1	10 24	戊申	12 31	11 24	戊寅	1 29	12 24	丁未
	9 1	7 21	丁丑	10 3	8 23	己酉	11 2	9 24	己卯	12 2	10 25	己酉	1 1	11 25	己卯	1 30	12 25	戊申
	9 2	7 22	戊寅	10 4	8 24	庚戌	11 3	9 25	庚辰	12 3	10 26	庚戌	1 2	11 26	庚辰	1 31	12 26	己酉
	9 3	7 23	己卯	10 5	8 25	辛亥	11 4	9 26	辛巳	12 4	10 27	辛亥	1 3	11 27	辛巳	2 1	12 27	庚戌
	9 4	7 24	庚辰	10 6	8 26	壬子	11 5	9 27	壬午	12 5	10 28	壬子	1 4	11 28	壬午	2 2	12 28	辛亥
	9 5	7 25	辛巳	10 7	8 27	癸丑	11 6	9 28	癸未	12 6	10 29	癸丑	1 5	11 29	癸未	2 3	12 29	壬子
	9 6	7 26	壬午	10 8	8 28	甲寅	11 7	9 29	甲申	12 7	10 30	甲寅				2 4	12 30	癸丑
	9 7	7 27	癸未															
	9 8	7 28	甲申															
中氣	處暑 8/24 12時51分 午時			秋分 9/24 10時3分 巳時			霜降 10/24 18時50分 酉時			小雪 11/23 15時53分 申時			冬至 12/23 4時53分 寅時			大寒 1/21 15時28分 申時		

年	甲子									
月	丙寅					丁卯				
節氣	立春 2/5 9時49分 巳時					驚蟄 3/6 4時12分 寅時				
日	國曆		農曆		干支	國曆		農曆		干支
1924 鼠 中華民國十三年	2	5	1	1	甲寅	3	6	2	2	甲申
	2	6	1	2	乙卯	3	7	2	3	乙酉
	2	7	1	3	丙辰	3	8	2	4	丙戌
	2	8	1	4	丁巳	3	9	2	5	丁亥
	2	9	1	5	戊午	3	10	2	6	戊子
	2	10	1	6	己未	3	11	2	7	己丑
	2	11	1	7	庚申	3	12	2	8	庚寅
	2	12	1	8	辛酉	3	13	2	9	辛卯
	2	13	1	9	壬戌	3	14	2	10	壬辰
	2	14	1	10	癸亥	3	15	2	11	癸巳
	2	15	1	11	甲子	3	16	2	12	甲午
	2	16	1	12	乙丑	3	17	2	13	乙未
	2	17	1	13	丙寅	3	18	2	14	丙申
	2	18	1	14	丁卯	3	19	2	15	丁酉
	2	19	1	15	戊辰	3	20	2	16	戊戌
	2	20	1	16	己巳	3	21	2	17	己亥
	2	21	1	17	庚午	3	22	2	18	庚子
	2	22	1	18	辛未	3	23	2	19	辛丑
	2	23	1	19	壬申	3	24	2	20	壬寅
	2	24	1	20	癸酉	3	25	2	21	癸卯
	2	25	1	21	甲戌	3	26	2	22	甲辰
	2	26	1	22	乙亥	3	27	2	23	乙巳
	2	27	1	23	丙子	3	28	2	24	丙午
	2	28	1	24	丁丑	3	29	2	25	丁未
	2	29	1	25	戊寅	3	30	2	26	戊申
	3	1	1	26	己卯	3	31	2	27	己酉
	3	2	1	27	庚辰	4	1	2	28	庚戌
	3	3	1	28	辛巳	4	2	2	29	辛亥
	3	4	1	29	壬午	4	3	2	30	壬子
	3	5	2	1	癸未	4	4	3	1	癸丑
中氣	雨水 2/20 5時51分 卯時					春分 3/21 5時20分 卯時				

年	甲子									
月	戊辰					己巳				
節氣	清明 4/5 9時33分 巳時					立夏 5/6 3時25分 寅時				
日	國曆		農曆		干支	國曆		農曆		干支
1924 鼠 中華民國十三年	4	5	3	2	甲寅	5	6	4	3	乙酉
	4	6	3	3	乙卯	5	7	4	4	丙戌
	4	7	3	4	丙辰	5	8	4	5	丁亥
	4	8	3	5	丁巳	5	9	4	6	戊子
	4	9	3	6	戊午	5	10	4	7	己丑
	4	10	3	7	己未	5	11	4	8	庚寅
	4	11	3	8	庚申	5	12	4	9	辛卯
	4	12	3	9	辛酉	5	13	4	10	壬辰
	4	13	3	10	壬戌	5	14	4	11	癸巳
	4	14	3	11	癸亥	5	15	4	12	甲午
	4	15	3	12	甲子	5	16	4	13	乙未
	4	16	3	13	乙丑	5	17	4	14	丙申
	4	17	3	14	丙寅	5	18	4	15	丁酉
	4	18	3	15	丁卯	5	19	4	16	戊戌
	4	19	3	16	戊辰	5	20	4	17	己亥
	4	20	3	17	己巳	5	21	4	18	庚子
	4	21	3	18	庚午	5	22	4	19	辛丑
	4	22	3	19	辛未	5	23	4	20	壬寅
	4	23	3	20	壬申	5	24	4	21	癸卯
	4	24	3	21	癸酉	5	25	4	22	甲辰
	4	25	3	22	甲戌	5	26	4	23	乙巳
	4	26	3	23	乙亥	5	27	4	24	丙午
	4	27	3	24	丙子	5	28	4	25	丁未
	4	28	3	25	丁丑	5	29	4	26	戊申
	4	29	3	26	戊寅	5	30	4	27	己酉
	4	30	3	27	己卯	5	31	4	28	庚戌
	5	1	3	28	庚辰	6	1	4	29	辛亥
	5	2	3	29	辛巳	6	2	5	1	壬子
	5	3	3	30	壬午	6	3	5	2	癸丑
	5	4	4	1	癸未	6	4	5	3	甲寅
	5	5	4	2	甲申	6	5	5	4	乙卯
中氣	穀雨 4/20 16時58分 申時					小滿 5/21 16時40分 申時				

年	甲子									
月	庚午					辛未				
節氣	芒種 6/6 8時1分 辰時					小暑 7/7 18時29分 酉時				
日	國曆		農曆		干支	國曆		農曆		干支
1924 鼠 中華民國十三年	6	6	5	5	丙辰	7	7	6	6	丁亥
	6	7	5	6	丁巳	7	8	6	7	戊子
	6	8	5	7	戊午	7	9	6	8	己丑
	6	9	5	8	己未	7	10	6	9	庚寅
	6	10	5	9	庚申	7	11	6	10	辛卯
	6	11	5	10	辛酉	7	12	6	11	壬辰
	6	12	5	11	壬戌	7	13	6	12	癸巳
	6	13	5	12	癸亥	7	14	6	13	甲午
	6	14	5	13	甲子	7	15	6	14	乙未
	6	15	5	14	乙丑	7	16	6	15	丙申
	6	16	5	15	丙寅	7	17	6	16	丁酉
	6	17	5	16	丁卯	7	18	6	17	戊戌
	6	18	5	17	戊辰	7	19	6	18	己亥
	6	19	5	18	己巳	7	20	6	19	庚子
	6	20	5	19	庚午	7	21	6	20	辛丑
	6	21	5	20	辛未	7	22	6	21	壬寅
	6	22	5	21	壬申	7	23	6	22	癸卯
	6	23	5	22	癸酉	7	24	6	23	甲辰
	6	24	5	23	甲戌	7	25	6	24	乙巳
	6	25	5	24	乙亥	7	26	6	25	丙午
	6	26	5	25	丙子	7	27	6	26	丁未
	6	27	5	26	丁丑	7	28	6	27	戊申
	6	28	5	27	戊寅	7	29	6	28	己酉
	6	29	5	28	己卯	7	30	6	29	庚戌
	6	30	5	29	庚辰	7	31	6	30	辛亥
	7	1	5	30	辛巳	8	1	7	1	壬子
	7	2	6	1	壬午	8	2	7	2	癸丑
	7	3	6	2	癸未	8	3	7	3	甲寅
	7	4	6	3	甲申	8	4	7	4	乙卯
	7	5	6	4	乙酉	8	5	7	5	丙辰
	7	6	6	5	丙戌	8	6	7	6	丁巳
						8	7	7	7	戊午
中氣	夏至 6/22 0時59分 子時					大暑 7/23 11時57分 午時				

甲子																														年
壬申					癸酉					甲戌					乙亥					丙子					丁丑					月
立秋					白露					寒露					立冬					大雪					小寒					節氣
8/8 4時12分 寅時					9/8 6時45分 卯時					10/8 21時52分 亥時					11/8 0時29分 子時					12/7 16時53分 申時					1/6 3時53分 寅時					
國曆		農曆		干支	國曆		農曆		干支	國曆		農曆		干支	國曆		農曆		干支	國曆		農曆		干支	國曆		農曆		干支	日
8	8	7	8	己未	9	8	8	10	庚寅	10	8	9	10	庚申	11	8	10	12	辛卯	12	7	11	11	庚申	1	6	12	12	庚寅	
8	9	7	9	庚申	9	9	8	11	辛卯	10	9	9	11	辛酉	11	9	10	13	壬辰	12	8	11	12	辛酉	1	7	12	13	辛卯	
8	10	7	10	辛酉	9	10	8	12	壬辰	10	10	9	12	壬戌	11	10	10	14	癸巳	12	9	11	13	壬戌	1	8	12	14	壬辰	
8	11	7	11	壬戌	9	11	8	13	癸巳	10	11	9	13	癸亥	11	11	10	15	甲午	12	10	11	14	癸亥	1	9	12	15	癸巳	1
8	12	7	12	癸亥	9	12	8	14	甲午	10	12	9	14	甲子	11	12	10	16	乙未	12	11	11	15	甲子	1	10	12	16	甲午	9
8	13	7	13	甲子	9	13	8	15	乙未	10	13	9	15	乙丑	11	13	10	17	丙申	12	12	11	16	乙丑	1	11	12	17	乙未	2
8	14	7	14	乙丑	9	14	8	16	丙申	10	14	9	16	丙寅	11	14	10	18	丁酉	12	13	11	17	丙寅	1	12	12	18	丙申	4
8	15	7	15	丙寅	9	15	8	17	丁酉	10	15	9	17	丁卯	11	15	10	19	戊戌	12	14	11	18	丁卯	1	13	12	19	丁酉	·
8	16	7	16	丁卯	9	16	8	18	戊戌	10	16	9	18	戊辰	11	16	10	20	己亥	12	15	11	19	戊辰	1	14	12	20	戊戌	1
8	17	7	17	戊辰	9	17	8	19	己亥	10	17	9	19	己巳	11	17	10	21	庚子	12	16	11	20	己巳	1	15	12	21	己亥	9
8	18	7	18	己巳	9	18	8	20	庚子	10	18	9	20	庚午	11	18	10	22	辛丑	12	17	11	21	庚午	1	16	12	22	庚子	2
8	19	7	19	庚午	9	19	8	21	辛丑	10	19	9	21	辛未	11	19	10	23	壬寅	12	18	11	22	辛未	1	17	12	23	辛丑	5
8	20	7	20	辛未	9	20	8	22	壬寅	10	20	9	22	壬申	11	20	10	24	癸卯	12	19	11	23	壬申	1	18	12	24	壬寅	
8	21	7	21	壬申	9	21	8	23	癸卯	10	21	9	23	癸酉	11	21	10	25	甲辰	12	20	11	24	癸酉	1	19	12	25	癸卯	
8	22	7	22	癸酉	9	22	8	24	甲辰	10	22	9	24	甲戌	11	22	10	26	乙巳	12	21	11	25	甲戌	1	20	12	26	甲辰	鼠
8	23	7	23	甲戌	9	23	8	25	乙巳	10	23	9	25	乙亥	11	23	10	27	丙午	12	22	11	26	乙亥	1	21	12	27	乙巳	
8	24	7	24	乙亥	9	24	8	26	丙午	10	24	9	26	丙子	11	24	10	28	丁未	12	23	11	27	丙子	1	22	12	28	丙午	
8	25	7	25	丙子	9	25	8	27	丁未	10	25	9	27	丁丑	11	25	10	29	戊申	12	24	11	28	丁丑	1	23	12	29	丁未	
8	26	7	26	丁丑	9	26	8	28	戊申	10	26	9	28	戊寅	11	26	10	30	己酉	12	25	11	29	戊寅	1	24	1	1	戊申	
8	27	7	27	戊寅	9	27	8	29	己酉	10	27	9	29	己卯	11	27	11	1	庚戌	12	26	12	1	己卯	1	25	1	2	己酉	
8	28	7	28	己卯	9	28	8	30	庚戌	10	28	10	1	庚辰	11	28	11	2	辛亥	12	27	12	2	庚辰	1	26	1	3	庚戌	中
8	29	7	29	庚辰	9	29	9	1	辛亥	10	29	10	2	辛巳	11	29	11	3	壬子	12	28	12	3	辛巳	1	27	1	4	辛亥	華
8	30	8	1	辛巳	9	30	9	2	壬子	10	30	10	3	壬午	11	30	11	4	癸丑	12	29	12	4	壬午	1	28	1	5	壬子	民
8	31	8	2	壬午	10	1	9	3	癸丑	10	31	10	4	癸未	12	1	11	5	甲寅	12	30	12	5	癸未	1	29	1	6	癸丑	國十
9	1	8	3	癸未	10	2	9	4	甲寅	11	1	10	5	甲申	12	2	11	6	乙卯	12	31	12	6	甲申	1	30	1	7	甲寅	三
9	2	8	4	甲申	10	3	9	5	乙卯	11	2	10	6	乙酉	12	3	11	7	丙辰	1	1	12	7	乙酉	1	31	1	8	乙卯	·
9	3	8	5	乙酉	10	4	9	6	丙辰	11	3	10	7	丙戌	12	4	11	8	丁巳	1	2	12	8	丙戌	2	1	1	9	丙辰	十
9	4	8	6	丙戌	10	5	9	7	丁巳	11	4	10	8	丁亥	12	5	11	9	戊午	1	3	12	9	丁亥	2	2	1	10	丁巳	四
9	5	8	7	丁亥	10	6	9	8	戊午	11	5	10	9	戊子	12	6	11	10	己未	1	4	12	10	戊子	2	3	1	11	戊午	年
9	6	8	8	戊子	10	7	9	9	己未	11	6	10	10	己丑						1	5	12	11	己丑						
9	7	8	9	己丑						11	7	10	11	庚寅																
處暑					秋分					霜降					小雪					冬至					大寒					中氣
8/23 18時47分 酉時					9/23 15時58分 申時					10/24 0時44分 子時					11/22 21時46分 亥時					12/22 10時45分 巳時					1/20 21時20分 亥時					

年	乙丑																	
月	戊寅			己卯			庚辰			辛巳			壬午			癸未		
節氣	立春 2/4 15時36分 申時			驚蟄 3/6 9時59分 巳時			清明 4/5 15時22分 申時			立夏 5/6 9時17分 巳時			芒種 6/6 13時56分 未時			小暑 7/8 0時25分 子時		
日	國曆	農曆	干支	國曆	農曆	干支	國曆	農曆	干支	國曆	農曆	干支	國曆	農曆	干支	國曆	農曆	干支
	2 4	1 12	己未	3 6	2 12	己丑	4 5	3 13	己未	5 6	4 14	庚寅	6 6	4 16	辛酉	7 8	5 18	癸巳
	2 5	1 13	庚申	3 7	2 13	庚寅	4 6	3 14	庚申	5 7	4 15	辛卯	6 7	4 17	壬戌	7 9	5 19	甲午
	2 6	1 14	辛酉	3 8	2 14	辛卯	4 7	3 15	辛酉	5 8	4 16	壬辰	6 8	4 18	癸亥	7 10	5 20	乙未
	2 7	1 15	壬戌	3 9	2 15	壬辰	4 8	3 16	壬戌	5 9	4 17	癸巳	6 9	4 19	甲子	7 11	5 21	丙申
1925	2 8	1 16	癸亥	3 10	2 16	癸巳	4 9	3 17	癸亥	5 10	4 18	甲午	6 10	4 20	乙丑	7 12	5 22	丁酉
	2 9	1 17	甲子	3 11	2 17	甲午	4 10	3 18	甲子	5 11	4 19	乙未	6 11	4 21	丙寅	7 13	5 23	戊戌
	2 10	1 18	乙丑	3 12	2 18	乙未	4 11	3 19	乙丑	5 12	4 20	丙申	6 12	4 22	丁卯	7 14	5 24	己亥
	2 11	1 19	丙寅	3 13	2 19	丙申	4 12	3 20	丙寅	5 13	4 21	丁酉	6 13	4 23	戊辰	7 15	5 25	庚子
	2 12	1 20	丁卯	3 14	2 20	丁酉	4 13	3 21	丁卯	5 14	4 22	戊戌	6 14	4 24	己巳	7 16	5 26	辛丑
	2 13	1 21	戊辰	3 15	2 21	戊戌	4 14	3 22	戊辰	5 15	4 23	己亥	6 15	4 25	庚午	7 17	5 27	壬寅
	2 14	1 22	己巳	3 16	2 22	己亥	4 15	3 23	己巳	5 16	4 24	庚子	6 16	4 26	辛未	7 18	5 28	癸卯
	2 15	1 23	庚午	3 17	2 23	庚子	4 16	3 24	庚午	5 17	4 25	辛丑	6 17	4 27	壬申	7 19	5 29	甲辰
	2 16	1 24	辛未	3 18	2 24	辛丑	4 17	3 25	辛未	5 18	4 26	壬寅	6 18	4 28	癸酉	7 20	5 30	乙巳
牛	2 17	1 25	壬申	3 19	2 25	壬寅	4 18	3 26	壬申	5 19	4 27	癸卯	6 19	4 29	甲戌	7 21	6 1	丙午
	2 18	1 26	癸酉	3 20	2 26	癸卯	4 19	3 27	癸酉	5 20	4 28	甲辰	6 20	4 30	乙亥	7 22	6 2	丁未
	2 19	1 27	甲戌	3 21	2 27	甲辰	4 20	3 28	甲戌	5 21	4 29	乙巳	6 21	5 1	丙子	7 23	6 3	戊申
	2 20	1 28	乙亥	3 22	2 28	乙巳	4 21	3 29	乙亥	5 22	閏4 1	丙午	6 22	5 2	丁丑	7 24	6 4	己酉
	2 21	1 29	丙子	3 23	2 29	丙午	4 22	3 30	丙子	5 23	4 2	丁未	6 23	5 3	戊寅	7 25	6 5	庚戌
	2 22	1 30	丁丑	3 24	3 1	丁未	4 23	4 1	丁丑	5 24	4 3	戊申	6 24	5 4	己卯	7 26	6 6	辛亥
	2 23	2 1	戊寅	3 25	3 2	戊申	4 24	4 2	戊寅	5 25	4 4	己酉	6 25	5 5	庚辰	7 27	6 7	壬子
	2 24	2 2	己卯	3 26	3 3	己酉	4 25	4 3	己卯	5 26	4 5	庚戌	6 26	5 6	辛巳	7 28	6 8	癸丑
中華民國十四年	2 25	2 3	庚辰	3 27	3 4	庚戌	4 26	4 4	庚辰	5 27	4 6	辛亥	6 27	5 7	壬午	7 29	6 9	甲寅
	2 26	2 4	辛巳	3 28	3 5	辛亥	4 27	4 5	辛巳	5 28	4 7	壬子	6 28	5 8	癸未	7 30	6 10	乙卯
	2 27	2 5	壬午	3 29	3 6	壬子	4 28	4 6	壬午	5 29	4 8	癸丑	6 29	5 9	甲申	7 31	6 11	丙辰
	2 28	2 6	癸未	3 30	3 7	癸丑	4 29	4 7	癸未	5 30	4 9	甲寅	6 30	5 10	乙酉	8 1	6 12	丁巳
	3 1	2 7	甲申	3 31	3 8	甲寅	4 30	4 8	甲申	5 31	4 10	乙卯	7 1	5 11	丙戌	8 2	6 13	戊午
	3 2	2 8	乙酉	4 1	3 9	乙卯	5 1	4 9	乙酉	6 1	4 11	丙辰	7 2	5 12	丁亥	8 3	6 14	己未
	3 3	2 9	丙戌	4 2	3 10	丙辰	5 2	4 10	丙戌	6 2	4 12	丁巳	7 3	5 13	戊子	8 4	6 15	庚申
	3 4	2 10	丁亥	4 3	3 11	丁巳	5 3	4 11	丁亥	6 3	4 13	戊午	7 4	5 14	己丑	8 5	6 16	辛酉
	3 5	2 11	戊子	4 4	3 12	戊午	5 4	4 12	戊子	6 4	4 14	己未	7 5	5 15	庚寅	8 6	6 17	壬戌
							5 5	4 13	己丑	6 5	4 15	庚申	7 6	5 16	辛卯	8 7	6 18	癸亥
													7 7	5 17	壬辰			
中氣	雨水 2/19 11時43分 午時			春分 3/21 11時12分 午時			穀雨 4/20 22時51分 亥時			小滿 5/21 22時32分 亥時			夏至 6/22 6時50分 卯時			大暑 7/23 17時44分 酉時		

年	乙丑					
月	甲申	乙酉	丙戌	丁亥	戊子	己丑
節氣	立秋	白露	寒露	立冬	大雪	小寒
	8/8 10時7分 巳時	9/8 12時40分 午時	10/9 3時47分 寅時	11/8 6時26分 卯時	12/7 22時52分 亥時	1/6 9時54分 巳時

國曆	農曆	干支	國曆	農曆	干支	國曆	農曆	干支	國曆	農曆	干支	國曆	農曆	干支	國曆	農曆	干支
8 8	6 19	甲子	9 8	7 21	乙未	10 9	8 22	丙寅	11 8	9 22	丙申	12 7	10 22	乙丑	1 6	11 22	乙未
8 9	6 20	乙丑	9 9	7 22	丙申	10 10	8 23	丁卯	11 9	9 23	丁酉	12 8	10 23	丙寅	1 7	11 23	丙申
8 10	6 21	丙寅	9 10	7 23	丁酉	10 11	8 24	戊辰	11 10	9 24	戊戌	12 9	10 24	丁卯	1 8	11 24	丁酉
8 11	6 22	丁卯	9 11	7 24	戊戌	10 12	8 25	己巳	11 11	9 25	己亥	12 10	10 25	戊辰	1 9	11 25	戊戌
8 12	6 23	戊辰	9 12	7 25	己亥	10 13	8 26	庚午	11 12	9 26	庚子	12 11	10 26	己巳	1 10	11 26	己亥
8 13	6 24	己巳	9 13	7 26	庚子	10 14	8 27	辛未	11 13	9 27	辛丑	12 12	10 27	庚午	1 11	11 27	庚子
8 14	6 25	庚午	9 14	7 27	辛丑	10 15	8 28	壬申	11 14	9 28	壬寅	12 13	10 28	辛未	1 12	11 28	辛丑
8 15	6 26	辛未	9 15	7 28	壬寅	10 16	8 29	癸酉	11 15	9 29	癸卯	12 14	10 29	壬申	1 13	11 29	壬寅
8 16	6 27	壬申	9 16	7 29	癸卯	10 17	8 30	甲戌	11 16	10 1	甲辰	12 15	10 30	癸酉	1 14	12 1	癸卯
8 17	6 28	癸酉	9 17	7 30	甲辰	10 18	9 1	乙亥	11 17	10 2	乙巳	12 16	11 1	甲戌	1 15	12 2	甲辰
8 18	6 29	甲戌	9 18	8 1	乙巳	10 19	9 2	丙子	11 18	10 3	丙午	12 17	11 2	乙亥	1 16	12 3	乙巳
8 19	7 1	乙亥	9 19	8 2	丙午	10 20	9 3	丁丑	11 19	10 4	丁未	12 18	11 3	丙子	1 17	12 4	丙午
8 20	7 2	丙子	9 20	8 3	丁未	10 21	9 4	戊寅	11 20	10 5	戊申	12 19	11 4	丁丑	1 18	12 5	丁未
8 21	7 3	丁丑	9 21	8 4	戊申	10 22	9 5	己卯	11 21	10 6	己酉	12 20	11 5	戊寅	1 19	12 6	戊申
8 22	7 4	戊寅	9 22	8 5	己酉	10 23	9 6	庚辰	11 22	10 7	庚戌	12 21	11 6	己卯	1 20	12 7	己酉
8 23	7 5	己卯	9 23	8 6	庚戌	10 24	9 7	辛巳	11 23	10 8	辛亥	12 22	11 7	庚辰	1 21	12 8	庚戌
8 24	7 6	庚辰	9 24	8 7	辛亥	10 25	9 8	壬午	11 24	10 9	壬子	12 23	11 8	辛巳	1 22	12 9	辛亥
8 25	7 7	辛巳	9 25	8 8	壬子	10 26	9 9	癸未	11 25	10 10	癸丑	12 24	11 9	壬午	1 23	12 10	壬子
8 26	7 8	壬午	9 26	8 9	癸丑	10 27	9 10	甲申	11 26	10 11	甲寅	12 25	11 10	癸未	1 24	12 11	癸丑
8 27	7 9	癸未	9 27	8 10	甲寅	10 28	9 11	乙酉	11 27	10 12	乙卯	12 26	11 11	甲申	1 25	12 12	甲寅
8 28	7 10	甲申	9 28	8 11	乙卯	10 29	9 12	丙戌	11 28	10 13	丙辰	12 27	11 12	乙酉	1 26	12 13	乙卯
8 29	7 11	乙酉	9 29	8 12	丙辰	10 30	9 13	丁亥	11 29	10 14	丁巳	12 28	11 13	丙戌	1 27	12 14	丙辰
8 30	7 12	丙戌	9 30	8 13	丁巳	10 31	9 14	戊子	11 30	10 15	戊午	12 29	11 14	丁亥	1 28	12 15	丁巳
8 31	7 13	丁亥	10 1	8 14	戊午	11 1	9 15	己丑	12 1	10 16	己未	12 30	11 15	戊子	1 29	12 16	戊午
9 1	7 14	戊子	10 2	8 15	己未	11 2	9 16	庚寅	12 2	10 17	庚申	12 31	11 16	己丑	1 30	12 17	己未
9 2	7 15	己丑	10 3	8 16	庚申	11 3	9 17	辛卯	12 3	10 18	辛酉	1 1	11 17	庚寅	1 31	12 18	庚申
9 3	7 16	庚寅	10 4	8 17	辛酉	11 4	9 18	壬辰	12 4	10 19	壬戌	1 2	11 18	辛卯	2 1	12 19	辛酉
9 4	7 17	辛卯	10 5	8 18	壬戌	11 5	9 19	癸巳	12 5	10 20	癸亥	1 3	11 19	壬辰	2 2	12 20	壬戌
9 5	7 18	壬辰	10 6	8 19	癸亥	11 6	9 20	甲午	12 6	10 21	甲子	1 4	11 20	癸巳	2 3	12 21	癸亥
9 6	7 19	癸巳	10 7	8 20	甲子	11 7	9 21	乙未				1 5	11 21	甲午			
9 7	7 20	甲午	10 8	8 21	乙丑												

中氣	處暑	秋分	霜降	小雪	冬至	大寒
	8/24 0時33分 子時	9/23 21時43分 亥時	10/24 6時31分 卯時	11/23 3時35分 寅時	12/22 16時36分 申時	1/21 3時12分 寅時

1925・1926

牛

中華民國十四・十五年

年	丙寅																													
月	庚寅					辛卯					壬辰					癸巳					甲午					乙未				
節氣	立春 2/4 21時38分 亥時					驚蟄 3/6 15時59分 申時					清明 4/5 21時18分 亥時					立夏 5/6 15時8分 申時					芒種 6/6 19時41分 戌時					小暑 7/8 6時5分 卯時				
日	國曆		農曆		干支	國曆		農曆		干支	國曆		農曆		干支	國曆		農曆		干支	國曆		農曆		干支	國曆		農曆		干支
1926	2	4	12	22	甲子	3	6	1	22	甲午	4	5	2	23	甲子	5	6	3	25	乙未	6	6	4	26	丙寅	7	8	5	29	戊戌
	2	5	12	23	乙丑	3	7	1	23	乙未	4	6	2	24	乙丑	5	7	3	26	丙申	6	7	4	27	丁卯	7	9	5	30	己亥
	2	6	12	24	丙寅	3	8	1	24	丙申	4	7	2	25	丙寅	5	8	3	27	丁酉	6	8	4	28	戊辰	7	10	6	1	庚子
	2	7	12	25	丁卯	3	9	1	25	丁酉	4	8	2	26	丁卯	5	9	3	28	戊戌	6	9	4	29	己巳	7	11	6	2	辛丑
	2	8	12	26	戊辰	3	10	1	26	戊戌	4	9	2	27	戊辰	5	10	3	29	己亥	6	10	5	1	庚午	7	12	6	3	壬寅
	2	9	12	27	己巳	3	11	1	27	己亥	4	10	2	28	己巳	5	11	3	30	庚子	6	11	5	2	辛未	7	13	6	4	癸卯
	2	10	12	28	庚午	3	12	1	28	庚子	4	11	2	29	庚午	5	12	4	1	辛丑	6	12	5	3	壬申	7	14	6	5	甲辰
	2	11	12	29	辛未	3	13	1	29	辛丑	4	12	3	1	辛未	5	13	4	2	壬寅	6	13	5	4	癸酉	7	15	6	6	乙巳
	2	12	12	30	壬申	3	14	2	1	壬寅	4	13	3	2	壬申	5	14	4	3	癸卯	6	14	5	5	甲戌	7	16	6	7	丙午
	2	13	1	1	癸酉	3	15	2	2	癸卯	4	14	3	3	癸酉	5	15	4	4	甲辰	6	15	5	6	乙亥	7	17	6	8	丁未
	2	14	1	2	甲戌	3	16	2	3	甲辰	4	15	3	4	甲戌	5	16	4	5	乙巳	6	16	5	7	丙子	7	18	6	9	戊申
	2	15	1	3	乙亥	3	17	2	4	乙巳	4	16	3	5	乙亥	5	17	4	6	丙午	6	17	5	8	丁丑	7	19	6	10	己酉
	2	16	1	4	丙子	3	18	2	5	丙午	4	17	3	6	丙子	5	18	4	7	丁未	6	18	5	9	戊寅	7	20	6	11	庚戌
虎	2	17	1	5	丁丑	3	19	2	6	丁未	4	18	3	7	丁丑	5	19	4	8	戊申	6	19	5	10	己卯	7	21	6	12	辛亥
	2	18	1	6	戊寅	3	20	2	7	戊申	4	19	3	8	戊寅	5	20	4	9	己酉	6	20	5	11	庚辰	7	22	6	13	壬子
	2	19	1	7	己卯	3	21	2	8	己酉	4	20	3	9	己卯	5	21	4	10	庚戌	6	21	5	12	辛巳	7	23	6	14	癸丑
	2	20	1	8	庚辰	3	22	2	9	庚戌	4	21	3	10	庚辰	5	22	4	11	辛亥	6	22	5	13	壬午	7	24	6	15	甲寅
	2	21	1	9	辛巳	3	23	2	10	辛亥	4	22	3	11	辛巳	5	23	4	12	壬子	6	23	5	14	癸未	7	25	6	16	乙卯
	2	22	1	10	壬午	3	24	2	11	壬子	4	23	3	12	壬午	5	24	4	13	癸丑	6	24	5	15	甲申	7	26	6	17	丙辰
	2	23	1	11	癸未	3	25	2	12	癸丑	4	24	3	13	癸未	5	25	4	14	甲寅	6	25	5	16	乙酉	7	27	6	18	丁巳
	2	24	1	12	甲申	3	26	2	13	甲寅	4	25	3	14	甲申	5	26	4	15	乙卯	6	26	5	17	丙戌	7	28	6	19	戊午
中華民國十五年	2	25	1	13	乙酉	3	27	2	14	乙卯	4	26	3	15	乙酉	5	27	4	16	丙辰	6	27	5	18	丁亥	7	29	6	20	己未
	2	26	1	14	丙戌	3	28	2	15	丙辰	4	27	3	16	丙戌	5	28	4	17	丁巳	6	28	5	19	戊子	7	30	6	21	庚申
	2	27	1	15	丁亥	3	29	2	16	丁巳	4	28	3	17	丁亥	5	29	4	18	戊午	6	29	5	20	己丑	7	31	6	22	辛酉
	2	28	1	16	戊子	3	30	2	17	戊午	4	29	3	18	戊子	5	30	4	19	己未	6	30	5	21	庚寅	8	1	6	23	壬戌
	3	1	1	17	己丑	3	31	2	18	己未	4	30	3	19	己丑	5	31	4	20	庚申	7	1	5	22	辛卯	8	2	6	24	癸亥
	3	2	1	18	庚寅	4	1	2	19	庚申	5	1	3	20	庚寅	6	1	4	21	辛酉	7	2	5	23	壬辰	8	3	6	25	甲子
	3	3	1	19	辛卯	4	2	2	20	辛酉	5	2	3	21	辛卯	6	2	4	22	壬戌	7	3	5	24	癸巳	8	4	6	26	乙丑
	3	4	1	20	壬辰	4	3	2	21	壬戌	5	3	3	22	壬辰	6	3	4	23	癸亥	7	4	5	25	甲午	8	5	6	27	丙寅
	3	5	1	21	癸巳	4	4	2	22	癸亥	5	4	3	23	癸巳	6	4	4	24	甲子	7	5	5	26	乙未	8	6	6	28	丁卯
											5	5	3	24	甲午	6	5	4	25	乙丑	7	6	5	27	丙申	8	7	6	29	戊辰
																					7	7	5	28	丁酉					
中氣	雨水 2/19 17時34分 酉時					春分 3/21 17時1分 酉時					穀雨 4/21 4時36分 寅時					小滿 5/22 4時14分 寅時					夏至 6/22 12時30分 午時					大暑 7/23 23時24分 子時				

年	丙寅																	
月	丙申			丁酉			戊戌			己亥			庚子			辛丑		
節氣	立秋 8/8 15時44分 申時			白露 9/8 18時15分 酉時			寒露 10/9 9時24分 巳時			立冬 11/8 12時7分 午時			大雪 12/8 4時38分 寅時			小寒 1/6 15時44分 申時		
日	國曆	農曆	干支	國曆	農曆	干支	國曆	農曆	干支	國曆	農曆	干支	國曆	農曆	干支	國曆	農曆	干支
1926・1927	8 8	7 1	己巳	9 8	8 2	庚子	10 9	9 3	辛未	11 8	10 4	辛丑	12 8	11 4	辛未	1 6	12 3	庚子
	8 9	7 2	庚午	9 9	8 3	辛丑	10 10	9 4	壬申	11 9	10 5	壬寅	12 9	11 5	壬申	1 7	12 4	辛丑
	8 10	7 3	辛未	9 10	8 4	壬寅	10 11	9 5	癸酉	11 10	10 6	癸卯	12 10	11 6	癸酉	1 8	12 5	壬寅
	8 11	7 4	壬申	9 11	8 5	癸卯	10 12	9 6	甲戌	11 11	10 7	甲辰	12 11	11 7	甲戌	1 9	12 6	癸卯
	8 12	7 5	癸酉	9 12	8 6	甲辰	10 13	9 7	乙亥	11 12	10 8	乙巳	12 12	11 8	乙亥	1 10	12 7	甲辰
	8 13	7 6	甲戌	9 13	8 7	乙巳	10 14	9 8	丙子	11 13	10 9	丙午	12 13	11 9	丙子	1 11	12 8	乙巳
	8 14	7 7	乙亥	9 14	8 8	丙午	10 15	9 9	丁丑	11 14	10 10	丁未	12 14	11 10	丁丑	1 12	12 9	丙午
	8 15	7 8	丙子	9 15	8 9	丁未	10 16	9 10	戊寅	11 15	10 11	戊申	12 15	11 11	戊寅	1 13	12 10	丁未
	8 16	7 9	丁丑	9 16	8 10	戊申	10 17	9 11	己卯	11 16	10 12	己酉	12 16	11 12	己卯	1 14	12 11	戊申
	8 17	7 10	戊寅	9 17	8 11	己酉	10 18	9 12	庚辰	11 17	10 13	庚戌	12 17	11 13	庚辰	1 15	12 12	己酉
	8 18	7 11	己卯	9 18	8 12	庚戌	10 19	9 13	辛巳	11 18	10 14	辛亥	12 18	11 14	辛巳	1 16	12 13	庚戌
	8 19	7 12	庚辰	9 19	8 13	辛亥	10 20	9 14	壬午	11 19	10 15	壬子	12 19	11 15	壬午	1 17	12 14	辛亥
	8 20	7 13	辛巳	9 20	8 14	壬子	10 21	9 15	癸未	11 20	10 16	癸丑	12 20	11 16	癸未	1 18	12 15	壬子
	8 21	7 14	壬午	9 21	8 15	癸丑	10 22	9 16	甲申	11 21	10 17	甲寅	12 21	11 17	甲申	1 19	12 16	癸丑
虎	8 22	7 15	癸未	9 22	8 16	甲寅	10 23	9 17	乙酉	11 22	10 18	乙卯	12 22	11 18	乙酉	1 20	12 17	甲寅
	8 23	7 16	甲申	9 23	8 17	乙卯	10 24	9 18	丙戌	11 23	10 19	丙辰	12 23	11 19	丙戌	1 21	12 18	乙卯
	8 24	7 17	乙酉	9 24	8 18	丙辰	10 25	9 19	丁亥	11 24	10 20	丁巳	12 24	11 20	丁亥	1 22	12 19	丙辰
	8 25	7 18	丙戌	9 25	8 19	丁巳	10 26	9 20	戊子	11 25	10 21	戊午	12 25	11 21	戊子	1 23	12 20	丁巳
	8 26	7 19	丁亥	9 26	8 20	戊午	10 27	9 21	己丑	11 26	10 22	己未	12 26	11 22	己丑	1 24	12 21	戊午
	8 27	7 20	戊子	9 27	8 21	己未	10 28	9 22	庚寅	11 27	10 23	庚申	12 27	11 23	庚寅	1 25	12 22	己未
中華民國十五・十六年	8 28	7 21	己丑	9 28	8 22	庚申	10 29	9 23	辛卯	11 28	10 24	辛酉	12 28	11 24	辛卯	1 26	12 23	庚申
	8 29	7 22	庚寅	9 29	8 23	辛酉	10 30	9 24	壬辰	11 29	10 25	壬戌	12 29	11 25	壬辰	1 27	12 24	辛酉
	8 30	7 23	辛卯	9 30	8 24	壬戌	10 31	9 25	癸巳	11 30	10 26	癸亥	12 30	11 26	癸巳	1 28	12 25	壬戌
	8 31	7 24	壬辰	10 1	8 25	癸亥	11 1	9 26	甲午	12 1	10 27	甲子	12 31	11 27	甲午	1 29	12 26	癸亥
	9 1	7 25	癸巳	10 2	8 26	甲子	11 2	9 27	乙未	12 2	10 28	乙丑	1 1	11 28	乙未	1 30	12 27	甲子
	9 2	7 26	甲午	10 3	8 27	乙丑	11 3	9 28	丙申	12 3	10 29	丙寅	1 2	11 29	丙申	1 31	12 28	乙丑
	9 3	7 27	乙未	10 4	8 28	丙寅	11 4	9 29	丁酉	12 4	10 30	丁卯	1 3	11 30	丁酉	2 1	12 29	丙寅
	9 4	7 28	丙申	10 5	8 29	丁卯	11 5	10 1	戊戌	12 5	11 1	戊辰	1 4	12 1	戊戌	2 2	1 1	丁卯
	9 5	7 29	丁酉	10 6	8 30	戊辰	11 6	10 2	己亥	12 6	11 2	己巳	1 5	12 2	己亥	2 3	1 2	戊辰
	9 6	7 30	戊戌	10 7	9 1	己巳	11 7	10 3	庚子	12 7	11 3	庚午				2 4	1 3	己巳
	9 7	8 1	己亥	10 8	9 2	庚午												
中氣	處暑 8/24 6時13分 卯時			秋分 9/24 3時26分 寅時			霜降 10/24 12時18分 午時			小雪 11/23 9時27分 巳時			冬至 12/22 22時33分 亥時			大寒 1/21 9時11分 巳時		

年	丁卯																	
月	壬寅			癸卯			甲辰			乙巳			丙午			丁未		
節氣	立春 2/5 3時30分 寅時			驚蟄 3/6 21時50分 亥時			清明 4/6 3時6分 寅時			立夏 5/6 20時53分 戌時			芒種 6/7 1時24分 丑時			小暑 7/8 11時50分 午時		
日	國曆	農曆	干支	國曆	農曆	干支	國曆	農曆	干支	國曆	農曆	干支	國曆	農曆	干支	國曆	農曆	干支
	2 5	1 4	庚午	3 6	2 3	己亥	4 6	3 5	庚午	5 6	4 6	庚子	6 7	5 8	壬申	7 8	6 10	癸卯
	2 6	1 5	辛未	3 7	2 4	庚子	4 7	3 6	辛未	5 7	4 7	辛丑	6 8	5 9	癸酉	7 9	6 11	甲辰
	2 7	1 6	壬申	3 8	2 5	辛丑	4 8	3 7	壬申	5 8	4 8	壬寅	6 9	5 10	甲戌	7 10	6 12	乙巳
	2 8	1 7	癸酉	3 9	2 6	壬寅	4 9	3 8	癸酉	5 9	4 9	癸卯	6 10	5 11	乙亥	7 11	6 13	丙午
1927	2 9	1 8	甲戌	3 10	2 7	癸卯	4 10	3 9	甲戌	5 10	4 10	甲辰	6 11	5 12	丙子	7 12	6 14	丁未
	2 10	1 9	乙亥	3 11	2 8	甲辰	4 11	3 10	乙亥	5 11	4 11	乙巳	6 12	5 13	丁丑	7 13	6 15	戊申
	2 11	1 10	丙子	3 12	2 9	乙巳	4 12	3 11	丙子	5 12	4 12	丙午	6 13	5 14	戊寅	7 14	6 16	己酉
	2 12	1 11	丁丑	3 13	2 10	丙午	4 13	3 12	丁丑	5 13	4 13	丁未	6 14	5 15	己卯	7 15	6 17	庚戌
	2 13	1 12	戊寅	3 14	2 11	丁未	4 14	3 13	戊寅	5 14	4 14	戊申	6 15	5 16	庚辰	7 16	6 18	辛亥
	2 14	1 13	己卯	3 15	2 12	戊申	4 15	3 14	己卯	5 15	4 15	己酉	6 16	5 17	辛巳	7 17	6 19	壬子
	2 15	1 14	庚辰	3 16	2 13	己酉	4 16	3 15	庚辰	5 16	4 16	庚戌	6 17	5 18	壬午	7 18	6 20	癸丑
	2 16	1 15	辛巳	3 17	2 14	庚戌	4 17	3 16	辛巳	5 17	4 17	辛亥	6 18	5 19	癸未	7 19	6 21	甲寅
	2 17	1 16	壬午	3 18	2 15	辛亥	4 18	3 17	壬午	5 18	4 18	壬子	6 19	5 20	甲申	7 20	6 22	乙卯
兔	2 18	1 17	癸未	3 19	2 16	壬子	4 19	3 18	癸未	5 19	4 19	癸丑	6 20	5 21	乙酉	7 21	6 23	丙辰
	2 19	1 18	甲申	3 20	2 17	癸丑	4 20	3 19	甲申	5 20	4 20	甲寅	6 21	5 22	丙戌	7 22	6 24	丁巳
	2 20	1 19	乙酉	3 21	2 18	甲寅	4 21	3 20	乙酉	5 21	4 21	乙卯	6 22	5 23	丁亥	7 23	6 25	戊午
	2 21	1 20	丙戌	3 22	2 19	乙卯	4 22	3 21	丙戌	5 22	4 22	丙辰	6 23	5 24	戊子	7 24	6 26	己未
	2 22	1 21	丁亥	3 23	2 20	丙辰	4 23	3 22	丁亥	5 23	4 23	丁巳	6 24	5 25	己丑	7 25	6 27	庚申
	2 23	1 22	戊子	3 24	2 21	丁巳	4 24	3 23	戊子	5 24	4 24	戊午	6 25	5 26	庚寅	7 26	6 28	辛酉
	2 24	1 23	己丑	3 25	2 22	戊午	4 25	3 24	己丑	5 25	4 25	己未	6 26	5 27	辛卯	7 27	6 29	壬戌
	2 25	1 24	庚寅	3 26	2 23	己未	4 26	3 25	庚寅	5 26	4 26	庚申	6 27	5 28	壬辰	7 28	6 30	癸亥
中華民國十六年	2 26	1 25	辛卯	3 27	2 24	庚申	4 27	3 26	辛卯	5 27	4 27	辛酉	6 28	5 29	癸巳	7 29	7 1	甲子
	2 27	1 26	壬辰	3 28	2 25	辛酉	4 28	3 27	壬辰	5 28	4 28	壬戌	6 29	6 1	甲午	7 30	7 2	乙丑
	2 28	1 27	癸巳	3 29	2 26	壬戌	4 29	3 28	癸巳	5 29	4 29	癸亥	6 30	6 2	乙未	7 31	7 3	丙寅
	3 1	1 28	甲午	3 30	2 27	癸亥	4 30	3 29	甲午	5 30	4 30	甲子	7 1	6 3	丙申	8 1	7 4	丁卯
	3 2	1 29	乙未	3 31	2 28	甲子	5 1	4 1	乙未	5 31	5 1	乙丑	7 2	6 4	丁酉	8 2	7 5	戊辰
	3 3	1 30	丙申	4 1	2 29	乙丑	5 2	4 2	丙申	6 1	5 2	丙寅	7 3	6 5	戊戌	8 3	7 6	己巳
	3 4	2 1	丁酉	4 2	3 1	丙寅	5 3	4 3	丁酉	6 2	5 3	丁卯	7 4	6 6	己亥	8 4	7 7	庚午
	3 5	2 2	戊戌	4 3	3 2	丁卯	5 4	4 4	戊戌	6 3	5 4	戊辰	7 5	6 7	庚子	8 5	7 8	辛未
				4 4	3 3	戊辰	5 5	4 5	己亥	6 4	5 5	己巳	7 6	6 8	辛丑	8 6	7 9	壬申
				4 5	3 4	己巳				6 5	5 6	庚午	7 7	6 9	壬寅	8 7	7 10	癸酉
										6 6	5 7	辛未						
中氣	雨水 2/19 23時34分 子時			春分 3/21 22時59分 亥時			穀雨 4/21 10時31分 巳時			小滿 5/22 10時7分 巳時			夏至 6/22 18時22分 酉時			大暑 7/24 5時16分 卯時		

丁卯																														年
戊申					己酉					庚戌					辛亥					壬子					癸丑					月
立秋					白露					寒露					立冬					大雪					小寒					節氣
8/8 21時31分 亥時					9/9 0時5分 子時					10/9 15時15分 申時					11/8 17時56分 酉時					12/8 10時26分 巳時					1/6 21時31分 亥時					
國曆		農曆		干支	國曆		農曆		干支	國曆		農曆		干支	國曆		農曆		干支	國曆		農曆		干支	國曆		農曆		干支	日
8	8	7	11	甲戌	9	9	8	14	丙午	10	9	9	14	丙子	11	8	10	15	丙午	12	8	11	15	丙子	1	6	12	14	乙巳	1927・1928
8	9	7	12	乙亥	9	10	8	15	丁未	10	10	9	15	丁丑	11	9	10	16	丁未	12	9	11	16	丁丑	1	7	12	15	丙午	
8	10	7	13	丙子	9	11	8	16	戊申	10	11	9	16	戊寅	11	10	10	17	戊申	12	10	11	17	戊寅	1	8	12	16	丁未	
8	11	7	14	丁丑	9	12	8	17	己酉	10	12	9	17	己卯	11	11	10	18	己酉	12	11	11	18	己卯	1	9	12	17	戊申	
8	12	7	15	戊寅	9	13	8	18	庚戌	10	13	9	18	庚辰	11	12	10	19	庚戌	12	12	11	19	庚辰	1	10	12	18	己酉	
8	13	7	16	己卯	9	14	8	19	辛亥	10	14	9	19	辛巳	11	13	10	20	辛亥	12	13	11	20	辛巳	1	11	12	19	庚戌	
8	14	7	17	庚辰	9	15	8	20	壬子	10	15	9	20	壬午	11	14	10	21	壬子	12	14	11	21	壬午	1	12	12	20	辛亥	
8	15	7	18	辛巳	9	16	8	21	癸丑	10	16	9	21	癸未	11	15	10	22	癸丑	12	15	11	22	癸未	1	13	12	21	壬子	
8	16	7	19	壬午	9	17	8	22	甲寅	10	17	9	22	甲申	11	16	10	23	甲寅	12	16	11	23	甲申	1	14	12	22	癸丑	
8	17	7	20	癸未	9	18	8	23	乙卯	10	18	9	23	乙酉	11	17	10	24	乙卯	12	17	11	24	乙酉	1	15	12	23	甲寅	
8	18	7	21	甲申	9	19	8	24	丙辰	10	19	9	24	丙戌	11	18	10	25	丙辰	12	18	11	25	丙戌	1	16	12	24	乙卯	
8	19	7	22	乙酉	9	20	8	25	丁巳	10	20	9	25	丁亥	11	19	10	26	丁巳	12	19	11	26	丁亥	1	17	12	25	丙辰	
8	20	7	23	丙戌	9	21	8	26	戊午	10	21	9	26	戊子	11	20	10	27	戊午	12	20	11	27	戊子	1	18	12	26	丁巳	
8	21	7	24	丁亥	9	22	8	27	己未	10	22	9	27	己丑	11	21	10	28	己未	12	21	11	28	己丑	1	19	12	27	戊午	
8	22	7	25	戊子	9	23	8	28	庚申	10	23	9	28	庚寅	11	22	10	29	庚申	12	22	11	29	庚寅	1	20	12	28	己未	兔
8	23	7	26	己丑	9	24	8	29	辛酉	10	24	9	29	辛卯	11	23	10	30	辛酉	12	23	11	30	辛卯	1	21	12	29	庚申	
8	24	7	27	庚寅	9	25	8	30	壬戌	10	25	10	1	壬辰	11	24	11	1	壬戌	12	24	12	1	壬辰	1	22	12	30	辛酉	
8	25	7	28	辛卯	9	26	9	1	癸亥	10	26	10	2	癸巳	11	25	11	2	癸亥	12	25	12	2	癸巳	1	23	1	1	壬戌	
8	26	7	29	壬辰	9	27	9	2	甲子	10	27	10	3	甲午	11	26	11	3	甲子	12	26	12	3	甲午	1	24	1	2	癸亥	
8	27	8	1	癸巳	9	28	9	3	乙丑	10	28	10	4	乙未	11	27	11	4	乙丑	12	27	12	4	乙未	1	25	1	3	甲子	
8	28	8	2	甲午	9	29	9	4	丙寅	10	29	10	5	丙申	11	28	11	5	丙寅	12	28	12	5	丙申	1	26	1	4	乙丑	中華民國十六・十七年
8	29	8	3	乙未	9	30	9	5	丁卯	10	30	10	6	丁酉	11	29	11	6	丁卯	12	29	12	6	丁酉	1	27	1	5	丙寅	
8	30	8	4	丙申	10	1	9	6	戊辰	10	31	10	7	戊戌	11	30	11	7	戊辰	12	30	12	7	戊戌	1	28	1	6	丁卯	
8	31	8	5	丁酉	10	2	9	7	己巳	11	1	10	8	己亥	12	1	11	8	己巳	12	31	12	8	己亥	1	29	1	7	戊辰	
9	1	8	6	戊戌	10	3	9	8	庚午	11	2	10	9	庚子	12	2	11	9	庚午	1	1	12	9	庚子	1	30	1	8	己巳	
9	2	8	7	己亥	10	4	9	9	辛未	11	3	10	10	辛丑	12	3	11	10	辛未	1	2	12	10	辛丑	1	31	1	9	庚午	
9	3	8	8	庚子	10	5	9	10	壬申	11	4	10	11	壬寅	12	4	11	11	壬申	1	3	12	11	壬寅	2	1	1	10	辛未	
9	4	8	9	辛丑	10	6	9	11	癸酉	11	5	10	12	癸卯	12	5	11	12	癸酉	1	4	12	12	癸卯	2	2	1	11	壬申	
9	5	8	10	壬寅	10	7	9	12	甲戌	11	6	10	13	甲辰	12	6	11	13	甲戌	1	5	12	13	甲辰	2	3	1	12	癸酉	
9	6	8	11	癸卯	10	8	9	13	乙亥	11	7	10	14	乙巳	12	7	11	14	乙亥						2	4	1	13	甲戌	
9	7	8	12	甲辰																										
9	8	8	13	乙巳																										
處暑					秋分					霜降					小雪					冬至					大寒					中氣
8/24 12時5分 午時					9/24 9時16分 巳時					10/24 18時6分 酉時					11/23 15時14分 申時					12/23 4時18分 寅時					1/21 14時56分 未時					

年	戊辰																	
月	甲寅			乙卯			丙辰			丁巳			戊午			己未		
節氣	立春			驚蟄			清明			立夏			芒種			小暑		
	2/5 9時16分 巳時			3/6 3時37分 寅時			4/5 8時54分 辰時			5/6 2時43分 丑時			6/6 7時17分 辰時			7/7 17時44分 酉時		
日	國曆	農曆	干支	國曆	農曆	干支	國曆	農曆	干支	國曆	農曆	干支	國曆	農曆	干支	國曆	農曆	干支
	2 5	1 14	乙亥	3 6	2 15	乙巳	4 5	2 15	乙亥	5 6	3 17	丙午	6 6	4 19	丁丑	7 7	5 20	戊申
	2 6	1 15	丙子	3 7	2 16	丙午	4 6	2 16	丙子	5 7	3 18	丁未	6 7	4 20	戊寅	7 8	5 21	己酉
	2 7	1 16	丁丑	3 8	2 17	丁未	4 7	2 17	丁丑	5 8	3 19	戊申	6 8	4 21	己卯	7 9	5 22	庚戌
	2 8	1 17	戊寅	3 9	2 18	戊申	4 8	2 18	戊寅	5 9	3 20	己酉	6 9	4 22	庚辰	7 10	5 23	辛亥
1928	2 9	1 18	己卯	3 10	2 19	己酉	4 9	2 19	己卯	5 10	3 21	庚戌	6 10	4 23	辛巳	7 11	5 24	壬子
	2 10	1 19	庚辰	3 11	2 20	庚戌	4 10	2 20	庚辰	5 11	3 22	辛亥	6 11	4 24	壬午	7 12	5 25	癸丑
	2 11	1 20	辛巳	3 12	2 21	辛亥	4 11	2 21	辛巳	5 12	3 23	壬子	6 12	4 25	癸未	7 13	5 26	甲寅
	2 12	1 21	壬午	3 13	2 22	壬子	4 12	2 22	壬午	5 13	3 24	癸丑	6 13	4 26	甲申	7 14	5 27	乙卯
	2 13	1 22	癸未	3 14	2 23	癸丑	4 13	2 23	癸未	5 14	3 25	甲寅	6 14	4 27	乙酉	7 15	5 28	丙辰
	2 14	1 23	甲申	3 15	2 24	甲寅	4 14	2 24	甲申	5 15	3 26	乙卯	6 15	4 28	丙戌	7 16	5 29	丁巳
	2 15	1 24	乙酉	3 16	2 25	乙卯	4 15	2 25	乙酉	5 16	3 27	丙辰	6 16	4 29	丁亥	7 17	6 1	戊午
	2 16	1 25	丙戌	3 17	2 26	丙辰	4 16	2 26	丙戌	5 17	3 28	丁巳	6 17	4 30	戊子	7 18	6 2	己未
	2 17	1 26	丁亥	3 18	2 27	丁巳	4 17	2 27	丁亥	5 18	3 29	戊午	6 18	5 1	己丑	7 19	6 3	庚申
龍	2 18	1 27	戊子	3 19	2 28	戊午	4 18	2 28	戊子	5 19	4 1	己未	6 19	5 2	庚寅	7 20	6 4	辛酉
	2 19	1 28	己丑	3 20	2 29	己未	4 19	2 29	己丑	5 20	4 2	庚申	6 20	5 3	辛卯	7 21	6 5	壬戌
	2 20	1 29	庚寅	3 21	2 30	庚申	4 20	3 1	庚寅	5 21	4 3	辛酉	6 21	5 4	壬辰	7 22	6 6	癸亥
	2 21	2 1	辛卯	3 22	閏2 1	辛酉	4 21	3 2	辛卯	5 22	4 4	壬戌	6 22	5 5	癸巳	7 23	6 7	甲子
	2 22	2 2	壬辰	3 23	2 2	壬戌	4 22	3 3	壬辰	5 23	4 5	癸亥	6 23	5 6	甲午	7 24	6 8	乙丑
	2 23	2 3	癸巳	3 24	2 3	癸亥	4 23	3 4	癸巳	5 24	4 6	甲子	6 24	5 7	乙未	7 25	6 9	丙寅
	2 24	2 4	甲午	3 25	2 4	甲子	4 24	3 5	甲午	5 25	4 7	乙丑	6 25	5 8	丙申	7 26	6 10	丁卯
	2 25	2 5	乙未	3 26	2 5	乙丑	4 25	3 6	乙未	5 26	4 8	丙寅	6 26	5 9	丁酉	7 27	6 11	戊辰
中華民國十七年	2 26	2 6	丙申	3 27	2 6	丙寅	4 26	3 7	丙申	5 27	4 9	丁卯	6 27	5 10	戊戌	7 28	6 12	己巳
	2 27	2 7	丁酉	3 28	2 7	丁卯	4 27	3 8	丁酉	5 28	4 10	戊辰	6 28	5 11	己亥	7 29	6 13	庚午
	2 28	2 8	戊戌	3 29	2 8	戊辰	4 28	3 9	戊戌	5 29	4 11	己巳	6 29	5 12	庚子	7 30	6 14	辛未
	2 29	2 9	己亥	3 30	2 9	己巳	4 29	3 10	己亥	5 30	4 12	庚午	6 30	5 13	辛丑	7 31	6 15	壬申
	3 1	2 10	庚子	3 31	2 10	庚午	4 30	3 11	庚子	5 31	4 13	辛未	7 1	5 14	壬寅	8 1	6 16	癸酉
	3 2	2 11	辛丑	4 1	2 11	辛未	5 1	3 12	辛丑	6 1	4 14	壬申	7 2	5 15	癸卯	8 2	6 17	甲戌
	3 3	2 12	壬寅	4 2	2 12	壬申	5 2	3 13	壬寅	6 2	4 15	癸酉	7 3	5 16	甲辰	8 3	6 18	乙亥
	3 4	2 13	癸卯	4 3	2 13	癸酉	5 3	3 14	癸卯	6 3	4 16	甲戌	7 4	5 17	乙巳	8 4	6 19	丙子
	3 5	2 14	甲辰	4 4	2 14	甲戌	5 4	3 15	甲辰	6 4	4 17	乙亥	7 5	5 18	丙午	8 5	6 20	丁丑
							5 5	3 16	乙巳	6 5	4 18	丙子	7 6	5 19	丁未	8 6	6 21	戊寅
																8 7	6 22	己卯
中氣	雨水			春分			穀雨			小滿			夏至			大暑		
	2/20 5時19分 卯時			3/21 4時44分 寅時			4/20 16時16分 申時			5/21 15時52分 申時			6/22 0時6分 子時			7/23 11時2分 午時		

年	戊辰																	
月	庚申			辛酉			壬戌			癸亥			甲子			乙丑		
節	立秋			白露			寒露			立冬			大雪			小寒		
氣	8/8 3時27分 寅時			9/8 6時1分 卯時			10/8 21時9分 亥時			11/7 23時49分 子時			12/7 16時17分 申時			1/6 3時22分 寅時		
日	國曆	農曆	干支	國曆	農曆	干支	國曆	農曆	干支	國曆	農曆	干支	國曆	農曆	干支	國曆	農曆	干支
	8 8	6 23	庚辰	9 8	7 25	辛亥	10 8	8 25	辛巳	11 7	9 26	辛亥	12 7	10 26	辛巳	1 6	11 26	辛亥
	8 9	6 24	辛巳	9 9	7 26	壬子	10 9	8 26	壬午	11 8	9 27	壬子	12 8	10 27	壬午	1 7	11 27	壬子
	8 10	6 25	壬午	9 10	7 27	癸丑	10 10	8 27	癸未	11 9	9 28	癸丑	12 9	10 28	癸未	1 8	11 28	癸丑
1	8 11	6 26	癸未	9 11	7 28	甲寅	10 11	8 28	甲申	11 10	9 29	甲寅	12 10	10 29	甲申	1 9	11 29	甲寅
9	8 12	6 27	甲申	9 12	7 29	乙卯	10 12	8 29	乙酉	11 11	9 30	乙卯	12 11	10 30	乙酉	1 10	11 30	乙卯
2	8 13	6 28	乙酉	9 13	7 30	丙辰	10 13	9 1	丙戌	11 12	10 1	丙辰	12 12	11 1	丙戌	1 11	12 1	丙辰
8	8 14	6 29	丙戌	9 14	8 1	丁巳	10 14	9 2	丁亥	11 13	10 2	丁巳	12 13	11 2	丁亥	1 12	12 2	丁巳
•	8 15	7 1	丁亥	9 15	8 2	戊午	10 15	9 3	戊子	11 14	10 3	戊午	12 14	11 3	戊子	1 13	12 3	戊午
1	8 16	7 2	戊子	9 16	8 3	己未	10 16	9 4	己丑	11 15	10 4	己未	12 15	11 4	己丑	1 14	12 4	己未
9	8 17	7 3	己丑	9 17	8 4	庚申	10 17	9 5	庚寅	11 16	10 5	庚申	12 16	11 5	庚寅	1 15	12 5	庚申
2	8 18	7 4	庚寅	9 18	8 5	辛酉	10 18	9 6	辛卯	11 17	10 6	辛酉	12 17	11 6	辛卯	1 16	12 6	辛酉
9	8 19	7 5	辛卯	9 19	8 6	壬戌	10 19	9 7	壬辰	11 18	10 7	壬戌	12 18	11 7	壬辰	1 17	12 7	壬戌
	8 20	7 6	壬辰	9 20	8 7	癸亥	10 20	9 8	癸巳	11 19	10 8	癸亥	12 19	11 8	癸巳	1 18	12 8	癸亥
	8 21	7 7	癸巳	9 21	8 8	甲子	10 21	9 9	甲午	11 20	10 9	甲子	12 20	11 9	甲午	1 19	12 9	甲子
龍	8 22	7 8	甲午	9 22	8 9	乙丑	10 22	9 10	乙未	11 21	10 10	乙丑	12 21	11 10	乙未	1 20	12 10	乙丑
	8 23	7 9	乙未	9 23	8 10	丙寅	10 23	9 11	丙申	11 22	10 11	丙寅	12 22	11 11	丙申	1 21	12 11	丙寅
	8 24	7 10	丙申	9 24	8 11	丁卯	10 24	9 12	丁酉	11 23	10 12	丁卯	12 23	11 12	丁酉	1 22	12 12	丁卯
	8 25	7 11	丁酉	9 25	8 12	戊辰	10 25	9 13	戊戌	11 24	10 13	戊辰	12 24	11 13	戊戌	1 23	12 13	戊辰
	8 26	7 12	戊戌	9 26	8 13	己巳	10 26	9 14	己亥	11 25	10 14	己巳	12 25	11 14	己亥	1 24	12 14	己巳
	8 27	7 13	己亥	9 27	8 14	庚午	10 27	9 15	庚子	11 26	10 15	庚午	12 26	11 15	庚子	1 25	12 15	庚午
中	8 28	7 14	庚子	9 28	8 15	辛未	10 28	9 16	辛丑	11 27	10 16	辛未	12 27	11 16	辛丑	1 26	12 16	辛未
華	8 29	7 15	辛丑	9 29	8 16	壬申	10 29	9 17	壬寅	11 28	10 17	壬申	12 28	11 17	壬寅	1 27	12 17	壬申
民	8 30	7 16	壬寅	9 30	8 17	癸酉	10 30	9 18	癸卯	11 29	10 18	癸酉	12 29	11 18	癸卯	1 28	12 18	癸酉
國	8 31	7 17	癸卯	10 1	8 18	甲戌	10 31	9 19	甲辰	11 30	10 19	甲戌	12 30	11 19	甲辰	1 29	12 19	甲戌
十	9 1	7 18	甲辰	10 2	8 19	乙亥	11 1	9 20	乙巳	12 1	10 20	乙亥	12 31	11 20	乙巳	1 30	12 20	乙亥
七	9 2	7 19	乙巳	10 3	8 20	丙子	11 2	9 21	丙午	12 2	10 21	丙子	1 1	11 21	丙午	1 31	12 21	丙子
•	9 3	7 20	丙午	10 4	8 21	丁丑	11 3	9 22	丁未	12 3	10 22	丁丑	1 2	11 22	丁未	2 1	12 22	丁丑
十	9 4	7 21	丁未	10 5	8 22	戊寅	11 4	9 23	戊申	12 4	10 23	戊寅	1 3	11 23	戊申	2 2	12 23	戊寅
八	9 5	7 22	戊申	10 6	8 23	己卯	11 5	9 24	己酉	12 5	10 24	己卯	1 4	11 24	己酉	2 3	12 24	己卯
年	9 6	7 23	己酉	10 7	8 24	庚辰	11 6	9 25	庚戌	12 6	10 25	庚辰	1 5	11 25	庚戌			
	9 7	7 24	庚戌															
中	處暑			秋分			霜降			小雪			冬至			大寒		
氣	8/23 17時53分 酉時			9/23 15時5分 申時			10/23 23時54分 子時			11/22 21時0分 亥時			12/22 10時3分 巳時			1/20 20時42分 戌時		

年	己巳																	
月	丙寅			丁卯			戊辰			己巳			庚午			辛未		
節氣	立春 2/4 15時8分 申時			驚蟄 3/6 9時32分 巳時			清明 4/5 14時51分 未時			立夏 5/6 8時40分 辰時			芒種 6/6 13時10分 未時			小暑 7/7 23時31分 子時		
日	國曆	農曆	干支	國曆	農曆	干支	國曆	農曆	干支	國曆	農曆	干支	國曆	農曆	干支	國曆	農曆	干支
	2 4	12 25	庚辰	3 6	1 25	庚戌	4 5	2 26	庚辰	5 6	3 27	辛亥	6 6	4 29	壬午	7 7	6 1	癸丑
	2 5	12 26	辛巳	3 7	1 26	辛亥	4 6	2 27	辛巳	5 7	3 28	壬子	6 7	5 1	癸未	7 8	6 2	甲寅
	2 6	12 27	壬午	3 8	1 27	壬子	4 7	2 28	壬午	5 8	3 29	癸丑	6 8	5 2	甲申	7 9	6 3	乙卯
	2 7	12 28	癸未	3 9	1 28	癸丑	4 8	2 29	癸未	5 9	4 1	甲寅	6 9	5 3	乙酉	7 10	6 4	丙辰
1	2 8	12 29	甲申	3 10	1 29	甲寅	4 9	2 30	甲申	5 10	4 2	乙卯	6 10	5 4	丙戌	7 11	6 5	丁巳
9	2 9	12 30	乙酉	3 11	2 1	乙卯	4 10	3 1	乙酉	5 11	4 3	丙辰	6 11	5 5	丁亥	7 12	6 6	戊午
2	2 10	1 1	丙戌	3 12	2 2	丙辰	4 11	3 2	丙戌	5 12	4 4	丁巳	6 12	5 6	戊子	7 13	6 7	己未
9	2 11	1 2	丁亥	3 13	2 3	丁巳	4 12	3 3	丁亥	5 13	4 5	戊午	6 13	5 7	己丑	7 14	6 8	庚申
	2 12	1 3	戊子	3 14	2 4	戊午	4 13	3 4	戊子	5 14	4 6	己未	6 14	5 8	庚寅	7 15	6 9	辛酉
	2 13	1 4	己丑	3 15	2 5	己未	4 14	3 5	己丑	5 15	4 7	庚申	6 15	5 9	辛卯	7 16	6 10	壬戌
	2 14	1 5	庚寅	3 16	2 6	庚申	4 15	3 6	庚寅	5 16	4 8	辛酉	6 16	5 10	壬辰	7 17	6 11	癸亥
	2 15	1 6	辛卯	3 17	2 7	辛酉	4 16	3 7	辛卯	5 17	4 9	壬戌	6 17	5 11	癸巳	7 18	6 12	甲子
	2 16	1 7	壬辰	3 18	2 8	壬戌	4 17	3 8	壬辰	5 18	4 10	癸亥	6 18	5 12	甲午	7 19	6 13	乙丑
蛇	2 17	1 8	癸巳	3 19	2 9	癸亥	4 18	3 9	癸巳	5 19	4 11	甲子	6 19	5 13	乙未	7 20	6 14	丙寅
	2 18	1 9	甲午	3 20	2 10	甲子	4 19	3 10	甲午	5 20	4 12	乙丑	6 20	5 14	丙申	7 21	6 15	丁卯
	2 19	1 10	乙未	3 21	2 11	乙丑	4 20	3 11	乙未	5 21	4 13	丙寅	6 21	5 15	丁酉	7 22	6 16	戊辰
	2 20	1 11	丙申	3 22	2 12	丙寅	4 21	3 12	丙申	5 22	4 14	丁卯	6 22	5 16	戊戌	7 23	6 17	己巳
	2 21	1 12	丁酉	3 23	2 13	丁卯	4 22	3 13	丁酉	5 23	4 15	戊辰	6 23	5 17	己亥	7 24	6 18	庚午
	2 22	1 13	戊戌	3 24	2 14	戊辰	4 23	3 14	戊戌	5 24	4 16	己巳	6 24	5 18	庚子	7 25	6 19	辛未
	2 23	1 14	己亥	3 25	2 15	己巳	4 24	3 15	己亥	5 25	4 17	庚午	6 25	5 19	辛丑	7 26	6 20	壬申
	2 24	1 15	庚子	3 26	2 16	庚午	4 25	3 16	庚子	5 26	4 18	辛未	6 26	5 20	壬寅	7 27	6 21	癸酉
中	2 25	1 16	辛丑	3 27	2 17	辛未	4 26	3 17	辛丑	5 27	4 19	壬申	6 27	5 21	癸卯	7 28	6 22	甲戌
華	2 26	1 17	壬寅	3 28	2 18	壬申	4 27	3 18	壬寅	5 28	4 20	癸酉	6 28	5 22	甲辰	7 29	6 23	乙亥
民	2 27	1 18	癸卯	3 29	2 19	癸酉	4 28	3 19	癸卯	5 29	4 21	甲戌	6 29	5 23	乙巳	7 30	6 24	丙子
國	2 28	1 19	甲辰	3 30	2 20	甲戌	4 29	3 20	甲辰	5 30	4 22	乙亥	6 30	5 24	丙午	7 31	6 25	丁丑
十	3 1	1 20	乙巳	3 31	2 21	乙亥	4 30	3 21	乙巳	5 31	4 23	丙子	7 1	5 25	丁未	8 1	6 26	戊寅
八	3 2	1 21	丙午	4 1	2 22	丙子	5 1	3 22	丙午	6 1	4 24	丁丑	7 2	5 26	戊申	8 2	6 27	己卯
年	3 3	1 22	丁未	4 2	2 23	丁丑	5 2	3 23	丁未	6 2	4 25	戊寅	7 3	5 27	己酉	8 3	6 28	庚辰
	3 4	1 23	戊申	4 3	2 24	戊寅	5 3	3 24	戊申	6 3	4 26	己卯	7 4	5 28	庚戌	8 4	6 29	辛巳
	3 5	1 24	己酉	4 4	2 25	己卯	5 4	3 25	己酉	6 4	4 27	庚辰	7 5	5 29	辛亥	8 5	7 1	壬午
							5 5	3 26	庚戌	6 5	4 28	辛巳	7 6	5 30	壬子	8 6	7 2	癸未
																8 7	7 3	甲申
中氣	雨水 2/19 11時6分 午時			春分 3/21 10時34分 巳時			穀雨 4/20 22時10分 亥時			小滿 5/21 21時47分 亥時			夏至 6/22 6時0分 卯時			大暑 7/23 16時53分 申時		

年	己巳																	
月	壬申			癸酉			甲戌			乙亥			丙子			丁丑		
節氣	立秋 8/8 9時8分 巳時			白露 9/8 11時39分 午時			寒露 10/9 2時47分 丑時			立冬 11/8 5時27分 卯時			大雪 12/7 21時56分 亥時			小寒 1/6 9時2分 巳時		
日	國曆	農曆	干支	國曆	農曆	干支	國曆	農曆	干支	國曆	農曆	干支	國曆	農曆	干支	國曆	農曆	干支
	8 8	7 4	乙酉	9 8	8 6	丙辰	10 9	9 7	丁亥	11 8	10 8	丁巳	12 7	11 7	丙戌	1 6	12 7	丙辰
	8 9	7 5	丙戌	9 9	8 7	丁巳	10 10	9 8	戊子	11 9	10 9	戊午	12 8	11 8	丁亥	1 7	12 8	丁巳
	8 10	7 6	丁亥	9 10	8 8	戊午	10 11	9 9	己丑	11 10	10 10	己未	12 9	11 9	戊子	1 8	12 9	戊午
1929・1930	8 11	7 7	戊子	9 11	8 9	己未	10 12	9 10	庚寅	11 11	10 11	庚申	12 10	11 10	己丑	1 9	12 10	己未
	8 12	7 8	己丑	9 12	8 10	庚申	10 13	9 11	辛卯	11 12	10 12	辛酉	12 11	11 11	庚寅	1 10	12 11	庚申
	8 13	7 9	庚寅	9 13	8 11	辛酉	10 14	9 12	壬辰	11 13	10 13	壬戌	12 12	11 12	辛卯	1 11	12 12	辛酉
	8 14	7 10	辛卯	9 14	8 12	壬戌	10 15	9 13	癸巳	11 14	10 14	癸亥	12 13	11 13	壬辰	1 12	12 13	壬戌
	8 15	7 11	壬辰	9 15	8 13	癸亥	10 16	9 14	甲午	11 15	10 15	甲子	12 14	11 14	癸巳	1 13	12 14	癸亥
	8 16	7 12	癸巳	9 16	8 14	甲子	10 17	9 15	乙未	11 16	10 16	乙丑	12 15	11 15	甲午	1 14	12 15	甲子
	8 17	7 13	甲午	9 17	8 15	乙丑	10 18	9 16	丙申	11 17	10 17	丙寅	12 16	11 16	乙未	1 15	12 16	乙丑
	8 18	7 14	乙未	9 18	8 16	丙寅	10 19	9 17	丁酉	11 18	10 18	丁卯	12 17	11 17	丙申	1 16	12 17	丙寅
	8 19	7 15	丙申	9 19	8 17	丁卯	10 20	9 18	戊戌	11 19	10 19	戊辰	12 18	11 18	丁酉	1 17	12 18	丁卯
	8 20	7 16	丁酉	9 20	8 18	戊辰	10 21	9 19	己亥	11 20	10 20	己巳	12 19	11 19	戊戌	1 18	12 19	戊辰
蛇	8 21	7 17	戊戌	9 21	8 19	己巳	10 22	9 20	庚子	11 21	10 21	庚午	12 20	11 20	己亥	1 19	12 20	己巳
	8 22	7 18	己亥	9 22	8 20	庚午	10 23	9 21	辛丑	11 22	10 22	辛未	12 21	11 21	庚子	1 20	12 21	庚午
	8 23	7 19	庚子	9 23	8 21	辛未	10 24	9 22	壬寅	11 23	10 23	壬申	12 22	11 22	辛丑	1 21	12 22	辛未
	8 24	7 20	辛丑	9 24	8 22	壬申	10 25	9 23	癸卯	11 24	10 24	癸酉	12 23	11 23	壬寅	1 22	12 23	壬申
	8 25	7 21	壬寅	9 25	8 23	癸酉	10 26	9 24	甲辰	11 25	10 25	甲戌	12 24	11 24	癸卯	1 23	12 24	癸酉
	8 26	7 22	癸卯	9 26	8 24	甲戌	10 27	9 25	乙巳	11 26	10 26	乙亥	12 25	11 25	甲辰	1 24	12 25	甲戌
	8 27	7 23	甲辰	9 27	8 25	乙亥	10 28	9 26	丙午	11 27	10 27	丙子	12 26	11 26	乙巳	1 25	12 26	乙亥
中華民國十八・十九年	8 28	7 24	乙巳	9 28	8 26	丙子	10 29	9 27	丁未	11 28	10 28	丁丑	12 27	11 27	丙午	1 26	12 27	丙子
	8 29	7 25	丙午	9 29	8 27	丁丑	10 30	9 28	戊申	11 29	10 29	戊寅	12 28	11 28	丁未	1 27	12 28	丁丑
	8 30	7 26	丁未	9 30	8 28	戊寅	10 31	9 29	己酉	11 30	10 30	己卯	12 29	11 29	戊申	1 28	12 29	戊寅
	8 31	7 27	戊申	10 1	8 29	己卯	11 1	10 1	庚戌	12 1	11 1	庚辰	12 30	11 30	己酉	1 29	12 30	己卯
	9 1	7 28	己酉	10 2	8 30	庚辰	11 2	10 2	辛亥	12 2	11 2	辛巳	12 31	12 1	庚戌	1 30	1 1	庚辰
	9 2	7 29	庚戌	10 3	9 1	辛巳	11 3	10 3	壬子	12 3	11 3	壬午	1 1	12 2	辛亥	1 31	1 2	辛巳
	9 3	8 1	辛亥	10 4	9 2	壬午	11 4	10 4	癸丑	12 4	11 4	癸未	1 2	12 3	壬子	2 1	1 3	壬午
	9 4	8 2	壬子	10 5	9 3	癸未	11 5	10 5	甲寅	12 5	11 5	甲申	1 3	12 4	癸丑	2 2	1 4	癸未
	9 5	8 3	癸丑	10 6	9 4	甲申	11 6	10 6	乙卯	12 6	11 6	乙酉	1 4	12 5	甲寅	2 3	1 5	甲申
	9 6	8 4	甲寅	10 7	9 5	乙酉	11 7	10 7	丙辰				1 5	12 6	乙卯			
	9 7	8 5	乙卯	10 8	9 6	丙戌												
中氣	處暑 8/23 23時41分 子時			秋分 9/23 20時52分 戌時			霜降 10/24 5時41分 卯時			小雪 11/23 2時48分 丑時			冬至 12/22 15時52分 申時			大寒 1/21 2時33分 丑時		

年	庚午																	
月	戊寅			己卯			庚辰			辛巳			壬午			癸未		
節氣	立春 2/4 20時51分 戌時			驚蟄 3/6 15時16分 申時			清明 4/5 20時37分 戌時			立夏 5/6 14時27分 未時			芒種 6/6 18時58分 酉時			小暑 7/8 5時19分 卯時		
日	國曆	農曆	干支	國曆	農曆	干支	國曆	農曆	干支	國曆	農曆	干支	國曆	農曆	干支	國曆	農曆	干支
1930	2 4	1 6	乙酉	3 6	2 7	乙卯	4 5	3 7	乙酉	5 6	4 8	丙辰	6 6	5 10	丁亥	7 8	6 13	己未
	2 5	1 7	丙戌	3 7	2 8	丙辰	4 6	3 8	丙戌	5 7	4 9	丁巳	6 7	5 11	戊子	7 9	6 14	庚申
	2 6	1 8	丁亥	3 8	2 9	丁巳	4 7	3 9	丁亥	5 8	4 10	戊午	6 8	5 12	己丑	7 10	6 15	辛酉
	2 7	1 9	戊子	3 9	2 10	戊午	4 8	3 10	戊子	5 9	4 11	己未	6 9	5 13	庚寅	7 11	6 16	壬戌
	2 8	1 10	己丑	3 10	2 11	己未	4 9	3 11	己丑	5 10	4 12	庚申	6 10	5 14	辛卯	7 12	6 17	癸亥
	2 9	1 11	庚寅	3 11	2 12	庚申	4 10	3 12	庚寅	5 11	4 13	辛酉	6 11	5 15	壬辰	7 13	6 18	甲子
	2 10	1 12	辛卯	3 12	2 13	辛酉	4 11	3 13	辛卯	5 12	4 14	壬戌	6 12	5 16	癸巳	7 14	6 19	乙丑
	2 11	1 13	壬辰	3 13	2 14	壬戌	4 12	3 14	壬辰	5 13	4 15	癸亥	6 13	5 17	甲午	7 15	6 20	丙寅
	2 12	1 14	癸巳	3 14	2 15	癸亥	4 13	3 15	癸巳	5 14	4 16	甲子	6 14	5 18	乙未	7 16	6 21	丁卯
	2 13	1 15	甲午	3 15	2 16	甲子	4 14	3 16	甲午	5 15	4 17	乙丑	6 15	5 19	丙申	7 17	6 22	戊辰
	2 14	1 16	乙未	3 16	2 17	乙丑	4 15	3 17	乙未	5 16	4 18	丙寅	6 16	5 20	丁酉	7 18	6 23	己巳
	2 15	1 17	丙申	3 17	2 18	丙寅	4 16	3 18	丙申	5 17	4 19	丁卯	6 17	5 21	戊戌	7 19	6 24	庚午
	2 16	1 18	丁酉	3 18	2 19	丁卯	4 17	3 19	丁酉	5 18	4 20	戊辰	6 18	5 22	己亥	7 20	6 25	辛未
馬	2 17	1 19	戊戌	3 19	2 20	戊辰	4 18	3 20	戊戌	5 19	4 21	己巳	6 19	5 23	庚子	7 21	6 26	壬申
	2 18	1 20	己亥	3 20	2 21	己巳	4 19	3 21	己亥	5 20	4 22	庚午	6 20	5 24	辛丑	7 22	6 27	癸酉
	2 19	1 21	庚子	3 21	2 22	庚午	4 20	3 22	庚子	5 21	4 23	辛未	6 21	5 25	壬寅	7 23	6 28	甲戌
	2 20	1 22	辛丑	3 22	2 23	辛未	4 21	3 23	辛丑	5 22	4 24	壬申	6 22	5 26	癸卯	7 24	6 29	乙亥
	2 21	1 23	壬寅	3 23	2 24	壬申	4 22	3 24	壬寅	5 23	4 25	癸酉	6 23	5 27	甲辰	7 25	6 30	丙子
	2 22	1 24	癸卯	3 24	2 25	癸酉	4 23	3 25	癸卯	5 24	4 26	甲戌	6 24	5 28	乙巳	7 26	閏6 1	丁丑
	2 23	1 25	甲辰	3 25	2 26	甲戌	4 24	3 26	甲辰	5 25	4 27	乙亥	6 25	5 29	丙午	7 27	6 2	戊寅
	2 24	1 26	乙巳	3 26	2 27	乙亥	4 25	3 27	乙巳	5 26	4 28	丙子	6 26	6 1	丁未	7 28	6 3	己卯
中華民國十九年	2 25	1 27	丙午	3 27	2 28	丙子	4 26	3 28	丙午	5 27	4 29	丁丑	6 27	6 2	戊申	7 29	6 4	庚辰
	2 26	1 28	丁未	3 28	2 29	丁丑	4 27	3 29	丁未	5 28	5 1	戊寅	6 28	6 3	己酉	7 30	6 5	辛巳
	2 27	1 29	戊申	3 29	2 30	戊寅	4 28	3 30	戊申	5 29	5 2	己卯	6 29	6 4	庚戌	7 31	6 6	壬午
	2 28	2 1	己酉	3 30	3 1	己卯	4 29	4 1	己酉	5 30	5 3	庚辰	6 30	6 5	辛亥	8 1	6 7	癸未
	3 1	2 2	庚戌	3 31	3 2	庚辰	4 30	4 2	庚戌	5 31	5 4	辛巳	7 1	6 6	壬子	8 2	6 8	甲申
	3 2	2 3	辛亥	4 1	3 3	辛巳	5 1	4 3	辛亥	6 1	5 5	壬午	7 2	6 7	癸丑	8 3	6 9	乙酉
	3 3	2 4	壬子	4 2	3 4	壬午	5 2	4 4	壬子	6 2	5 6	癸未	7 3	6 8	甲寅	8 4	6 10	丙戌
	3 4	2 5	癸丑	4 3	3 5	癸未	5 3	4 5	癸丑	6 3	5 7	甲申	7 4	6 9	乙卯	8 5	6 11	丁亥
	3 5	2 6	甲寅	4 4	3 6	甲申	5 4	4 6	甲寅	6 4	5 8	乙酉	7 5	6 10	丙辰	8 6	6 12	戊子
							5 5	4 7	乙卯	6 5	5 9	丙戌	7 6	6 11	丁巳	8 7	6 13	己丑
													7 7	6 12	戊午			
中氣	雨水 2/19 16時59分 申時			春分 3/21 16時29分 申時			穀雨 4/21 4時5分 寅時			小滿 5/22 3時42分 寅時			夏至 6/22 11時52分 午時			大暑 7/23 22時42分 亥時		

年	庚午																	
月	甲申			乙酉			丙戌			丁亥			戊子			己丑		
節氣	立秋 8/8 14時57分 未時			白露 9/8 17時28分 酉時			寒露 10/9 8時37分 辰時			立冬 11/8 11時20分 午時			大雪 12/8 3時50分 寅時			小寒 1/6 14時55分 未時		
日	國曆	農曆	干支	國曆	農曆	干支	國曆	農曆	干支	國曆	農曆	干支	國曆	農曆	干支	國曆	農曆	干支
	8 8	6 14	庚寅	9 8	7 16	辛酉	10 9	8 18	壬辰	11 8	9 18	壬戌	12 8	10 19	壬辰	1 6	11 18	辛酉
	8 9	6 15	辛卯	9 9	7 17	壬戌	10 10	8 19	癸巳	11 9	9 19	癸亥	12 9	10 20	癸巳	1 7	11 19	壬戌
	8 10	6 16	壬辰	9 10	7 18	癸亥	10 11	8 20	甲午	11 10	9 20	甲子	12 10	10 21	甲午	1 8	11 20	癸亥
	8 11	6 17	癸巳	9 11	7 19	甲子	10 12	8 21	乙未	11 11	9 21	乙丑	12 11	10 22	乙未	1 9	11 21	甲子
	8 12	6 18	甲午	9 12	7 20	乙丑	10 13	8 22	丙申	11 12	9 22	丙寅	12 12	10 23	丙申	1 10	11 22	乙丑
	8 13	6 19	乙未	9 13	7 21	丙寅	10 14	8 23	丁酉	11 13	9 23	丁卯	12 13	10 24	丁酉	1 11	11 23	丙寅
	8 14	6 20	丙申	9 14	7 22	丁卯	10 15	8 24	戊戌	11 14	9 24	戊辰	12 14	10 25	戊戌	1 12	11 24	丁卯
	8 15	6 21	丁酉	9 15	7 23	戊辰	10 16	8 25	己亥	11 15	9 25	己巳	12 15	10 26	己亥	1 13	11 25	戊辰
	8 16	6 22	戊戌	9 16	7 24	己巳	10 17	8 26	庚子	11 16	9 26	庚午	12 16	10 27	庚子	1 14	11 26	己巳
	8 17	6 23	己亥	9 17	7 25	庚午	10 18	8 27	辛丑	11 17	9 27	辛未	12 17	10 28	辛丑	1 15	11 27	庚午
	8 18	6 24	庚子	9 18	7 26	辛未	10 19	8 28	壬寅	11 18	9 28	壬申	12 18	10 29	壬寅	1 16	11 28	辛未
	8 19	6 25	辛丑	9 19	7 27	壬申	10 20	8 29	癸卯	11 19	9 29	癸酉	12 19	10 30	癸卯	1 17	11 29	壬申
	8 20	6 26	壬寅	9 20	7 28	癸酉	10 21	8 30	甲辰	11 20	10 1	甲戌	12 20	11 1	甲辰	1 18	11 30	癸酉
	8 21	6 27	癸卯	9 21	7 29	甲戌	10 22	9 1	乙巳	11 21	10 2	乙亥	12 21	11 2	乙巳	1 19	12 1	甲戌
	8 22	6 28	甲辰	9 22	8 1	乙亥	10 23	9 2	丙午	11 22	10 3	丙子	12 22	11 3	丙午	1 20	12 2	乙亥
	8 23	6 29	乙巳	9 23	8 2	丙子	10 24	9 3	丁未	11 23	10 4	丁丑	12 23	11 4	丁未	1 21	12 3	丙子
	8 24	7 1	丙午	9 24	8 3	丁丑	10 25	9 4	戊申	11 24	10 5	戊寅	12 24	11 5	戊申	1 22	12 4	丁丑
	8 25	7 2	丁未	9 25	8 4	戊寅	10 26	9 5	己酉	11 25	10 6	己卯	12 25	11 6	己酉	1 23	12 5	戊寅
	8 26	7 3	戊申	9 26	8 5	己卯	10 27	9 6	庚戌	11 26	10 7	庚辰	12 26	11 7	庚戌	1 24	12 6	己卯
	8 27	7 4	己酉	9 27	8 6	庚辰	10 28	9 7	辛亥	11 27	10 8	辛巳	12 27	11 8	辛亥	1 25	12 7	庚辰
	8 28	7 5	庚戌	9 28	8 7	辛巳	10 29	9 8	壬子	11 28	10 9	壬午	12 28	11 9	壬子	1 26	12 8	辛巳
	8 29	7 6	辛亥	9 29	8 8	壬午	10 30	9 9	癸丑	11 29	10 10	癸未	12 29	11 10	癸丑	1 27	12 9	壬午
	8 30	7 7	壬子	9 30	8 9	癸未	10 31	9 10	甲寅	11 30	10 11	甲申	12 30	11 11	甲寅	1 28	12 10	癸未
	8 31	7 8	癸丑	10 1	8 10	甲申	11 1	9 11	乙卯	12 1	10 12	乙酉	12 31	11 12	乙卯	1 29	12 11	甲申
	9 1	7 9	甲寅	10 2	8 11	乙酉	11 2	9 12	丙辰	12 2	10 13	丙戌	1 1	11 13	丙辰	1 30	12 12	乙酉
	9 2	7 10	乙卯	10 3	8 12	丙戌	11 3	9 13	丁巳	12 3	10 14	丁亥	1 2	11 14	丁巳	1 31	12 13	丙戌
	9 3	7 11	丙辰	10 4	8 13	丁亥	11 4	9 14	戊午	12 4	10 15	戊子	1 3	11 15	戊午	2 1	12 14	丁亥
	9 4	7 12	丁巳	10 5	8 14	戊子	11 5	9 15	己未	12 5	10 16	己丑	1 4	11 16	己未	2 2	12 15	戊子
	9 5	7 13	戊午	10 6	8 15	己丑	11 6	9 16	庚申	12 6	10 17	庚寅	1 5	11 17	庚申	2 3	12 16	己丑
	9 6	7 14	己未	10 7	8 16	庚寅	11 7	9 17	辛酉	12 7	10 18	辛卯				2 4	12 17	庚寅
	9 7	7 15	庚申	10 8	8 17	辛卯												
中氣	處暑 8/24 5時26分 卯時			秋分 9/24 2時35分 丑時			霜降 10/24 11時26分 午時			小雪 11/23 8時34分 辰時			冬至 12/22 21時39分 亥時			大寒 1/21 8時17分 辰時		

1930・1931

馬

中華民國十九・二十年

年	辛未																	
月	庚寅			辛卯			壬辰			癸巳			甲午			乙未		
節氣	立春			驚蟄			清明			立夏			芒種			小暑		
	2/5 2時40分 丑時			3/6 21時2分 亥時			4/6 2時20分 丑時			5/6 20時9分 戌時			6/7 0時41分 子時			7/8 11時5分 午時		
日	國曆	農曆	干支	國曆	農曆	干支	國曆	農曆	干支	國曆	農曆	干支	國曆	農曆	干支	國曆	農曆	干支
	2 5	12 18	辛卯	3 6	1 18	庚申	4 6	2 19	辛卯	5 6	3 19	辛酉	6 7	4 22	癸巳	7 8	5 23	甲子
	2 6	12 19	壬辰	3 7	1 19	辛酉	4 7	2 20	壬辰	5 7	3 20	壬戌	6 8	4 23	甲午	7 9	5 24	乙丑
	2 7	12 20	癸巳	3 8	1 20	壬戌	4 8	2 21	癸巳	5 8	3 21	癸亥	6 9	4 24	乙未	7 10	5 25	丙寅
	2 8	12 21	甲午	3 9	1 21	癸亥	4 9	2 22	甲午	5 9	3 22	甲子	6 10	4 25	丙申	7 11	5 26	丁卯
1	2 9	12 22	乙未	3 10	1 22	甲子	4 10	2 23	乙未	5 10	3 23	乙丑	6 11	4 26	丁酉	7 12	5 27	戊辰
9	2 10	12 23	丙申	3 11	1 23	乙丑	4 11	2 24	丙申	5 11	3 24	丙寅	6 12	4 27	戊戌	7 13	5 28	己巳
3	2 11	12 24	丁酉	3 12	1 24	丙寅	4 12	2 25	丁酉	5 12	3 25	丁卯	6 13	4 28	己亥	7 14	5 29	庚午
1	2 12	12 25	戊戌	3 13	1 25	丁卯	4 13	2 26	戊戌	5 13	3 26	戊辰	6 14	4 29	庚子	7 15	6 1	辛未
	2 13	12 26	己亥	3 14	1 26	戊辰	4 14	2 27	己亥	5 14	3 27	己巳	6 15	4 30	辛丑	7 16	6 2	壬申
	2 14	12 27	庚子	3 15	1 27	己巳	4 15	2 28	庚子	5 15	3 28	庚午	6 16	5 1	壬寅	7 17	6 3	癸酉
	2 15	12 28	辛丑	3 16	1 28	庚午	4 16	2 29	辛丑	5 16	3 29	辛未	6 17	5 2	癸卯	7 18	6 4	甲戌
	2 16	12 29	壬寅	3 17	1 29	辛未	4 17	2 30	壬寅	5 17	4 1	壬申	6 18	5 3	甲辰	7 19	6 5	乙亥
	2 17	1 1	癸卯	3 18	1 30	壬申	4 18	3 1	癸卯	5 18	4 2	癸酉	6 19	5 4	乙巳	7 20	6 6	丙子
	2 18	1 2	甲辰	3 19	2 1	癸酉	4 19	3 2	甲辰	5 19	4 3	甲戌	6 20	5 5	丙午	7 21	6 7	丁丑
羊	2 19	1 3	乙巳	3 20	2 2	甲戌	4 20	3 3	乙巳	5 20	4 4	乙亥	6 21	5 6	丁未	7 22	6 8	戊寅
	2 20	1 4	丙午	3 21	2 3	乙亥	4 21	3 4	丙午	5 21	4 5	丙子	6 22	5 7	戊申	7 23	6 9	己卯
	2 21	1 5	丁未	3 22	2 4	丙子	4 22	3 5	丁未	5 22	4 6	丁丑	6 23	5 8	己酉	7 24	6 10	庚辰
	2 22	1 6	戊申	3 23	2 5	丁丑	4 23	3 6	戊申	5 23	4 7	戊寅	6 24	5 9	庚戌	7 25	6 11	辛巳
	2 23	1 7	己酉	3 24	2 6	戊寅	4 24	3 7	己酉	5 24	4 8	己卯	6 25	5 10	辛亥	7 26	6 12	壬午
	2 24	1 8	庚戌	3 25	2 7	己卯	4 25	3 8	庚戌	5 25	4 9	庚辰	6 26	5 11	壬子	7 27	6 13	癸未
	2 25	1 9	辛亥	3 26	2 8	庚辰	4 26	3 9	辛亥	5 26	4 10	辛巳	6 27	5 12	癸丑	7 28	6 14	甲申
中	2 26	1 10	壬子	3 27	2 9	辛巳	4 27	3 10	壬子	5 27	4 11	壬午	6 28	5 13	甲寅	7 29	6 15	乙酉
華	2 27	1 11	癸丑	3 28	2 10	壬午	4 28	3 11	癸丑	5 28	4 12	癸未	6 29	5 14	乙卯	7 30	6 16	丙戌
民	2 28	1 12	甲寅	3 29	2 11	癸未	4 29	3 12	甲寅	5 29	4 13	甲申	6 30	5 15	丙辰	7 31	6 17	丁亥
國	3 1	1 13	乙卯	3 30	2 12	甲申	4 30	3 13	乙卯	5 30	4 14	乙酉	7 1	5 16	丁巳	8 1	6 18	戊子
二	3 2	1 14	丙辰	3 31	2 13	乙酉	5 1	3 14	丙辰	5 31	4 15	丙戌	7 2	5 17	戊午	8 2	6 19	己丑
十	3 3	1 15	丁巳	4 1	2 14	丙戌	5 2	3 15	丁巳	6 1	4 16	丁亥	7 3	5 18	己未	8 3	6 20	庚寅
年	3 4	1 16	戊午	4 2	2 15	丁亥	5 3	3 16	戊午	6 2	4 17	戊子	7 4	5 19	庚申	8 4	6 21	辛卯
	3 5	1 17	己未	4 3	2 16	戊子	5 4	3 17	己未	6 3	4 18	己丑	7 5	5 20	辛酉	8 5	6 22	壬辰
				4 4	2 17	己丑	5 5	3 18	庚申	6 4	4 19	庚寅	7 6	5 21	壬戌	8 6	6 23	癸巳
				4 5	2 18	庚寅				6 5	4 20	辛卯	7 7	5 22	癸亥	8 7	6 24	甲午
										6 6	4 21	壬辰						
中氣	雨水			春分			穀雨			小滿			夏至			大暑		
	2/19 22時40分 亥時			3/21 22時6分 亥時			4/21 9時39分 巳時			5/22 9時15分 巳時			6/22 17時28分 酉時			7/24 4時21分 寅時		

辛未																		年
丙申			丁酉			戊戌			己亥			庚子			辛丑			月
立秋			白露			寒露			立冬			大雪			小寒			節
8/8 20時44分 戌時			9/8 23時17分 子時			10/9 14時26分 未時			11/8 17時9分 酉時			12/8 9時40分 巳時			1/6 20時45分 戌時			氣
國曆	農曆	干支	國曆	農曆	干支	國曆	農曆	干支	國曆	農曆	干支	國曆	農曆	干支	國曆	農曆	干支	日
8 8	6 25	乙未	9 8	7 26	丙寅	10 9	8 28	丁酉	11 8	9 29	丁卯	12 8	10 29	丁酉	1 6	11 29	丙寅	1931・1932
8 9	6 26	丙申	9 9	7 27	丁卯	10 10	8 29	戊戌	11 9	9 30	戊辰	12 9	11 1	戊戌	1 7	11 30	丁卯	
8 10	6 27	丁酉	9 10	7 28	戊辰	10 11	9 1	己亥	11 10	10 1	己巳	12 10	11 2	己亥	1 8	12 1	戊辰	
8 11	6 28	戊戌	9 11	7 29	己巳	10 12	9 2	庚子	11 11	10 2	庚午	12 11	11 3	庚子	1 9	12 2	己巳	
8 12	6 29	己亥	9 12	8 1	庚午	10 13	9 3	辛丑	11 12	10 3	辛未	12 12	11 4	辛丑	1 10	12 3	庚午	
8 13	6 30	庚子	9 13	8 2	辛未	10 14	9 4	壬寅	11 13	10 4	壬申	12 13	11 5	壬寅	1 11	12 4	辛未	
8 14	7 1	辛丑	9 14	8 3	壬申	10 15	9 5	癸卯	11 14	10 5	癸酉	12 14	11 6	癸卯	1 12	12 5	壬申	
8 15	7 2	壬寅	9 15	8 4	癸酉	10 16	9 6	甲辰	11 15	10 6	甲戌	12 15	11 7	甲辰	1 13	12 6	癸酉	
8 16	7 3	癸卯	9 16	8 5	甲戌	10 17	9 7	乙巳	11 16	10 7	乙亥	12 16	11 8	乙巳	1 14	12 7	甲戌	
8 17	7 4	甲辰	9 17	8 6	乙亥	10 18	9 8	丙午	11 17	10 8	丙子	12 17	11 9	丙午	1 15	12 8	乙亥	
8 18	7 5	乙巳	9 18	8 7	丙子	10 19	9 9	丁未	11 18	10 9	丁丑	12 18	11 10	丁未	1 16	12 9	丙子	
8 19	7 6	丙午	9 19	8 8	丁丑	10 20	9 10	戊申	11 19	10 10	戊寅	12 19	11 11	戊申	1 17	12 10	丁丑	
8 20	7 7	丁未	9 20	8 9	戊寅	10 21	9 11	己酉	11 20	10 11	己卯	12 20	11 12	己酉	1 18	12 11	戊寅	
8 21	7 8	戊申	9 21	8 10	己卯	10 22	9 12	庚戌	11 21	10 12	庚辰	12 21	11 13	庚戌	1 19	12 12	己卯	羊
8 22	7 9	己酉	9 22	8 11	庚辰	10 23	9 13	辛亥	11 22	10 13	辛巳	12 22	11 14	辛亥	1 20	12 13	庚辰	
8 23	7 10	庚戌	9 23	8 12	辛巳	10 24	9 14	壬子	11 23	10 14	壬午	12 23	11 15	壬子	1 21	12 14	辛巳	
8 24	7 11	辛亥	9 24	8 13	壬午	10 25	9 15	癸丑	11 24	10 15	癸未	12 24	11 16	癸丑	1 22	12 15	壬午	
8 25	7 12	壬子	9 25	8 14	癸未	10 26	9 16	甲寅	11 25	10 16	甲申	12 25	11 17	甲寅	1 23	12 16	癸未	
8 26	7 13	癸丑	9 26	8 15	甲申	10 27	9 17	乙卯	11 26	10 17	乙酉	12 26	11 18	乙卯	1 24	12 17	甲申	
8 27	7 14	甲寅	9 27	8 16	乙酉	10 28	9 18	丙辰	11 27	10 18	丙戌	12 27	11 19	丙辰	1 25	12 18	乙酉	中華民國二十・二十一年
8 28	7 15	乙卯	9 28	8 17	丙戌	10 29	9 19	丁巳	11 28	10 19	丁亥	12 28	11 20	丁巳	1 26	12 19	丙戌	
8 29	7 16	丙辰	9 29	8 18	丁亥	10 30	9 20	戊午	11 29	10 20	戊子	12 29	11 21	戊午	1 27	12 20	丁亥	
8 30	7 17	丁巳	9 30	8 19	戊子	10 31	9 21	己未	11 30	10 21	己丑	12 30	11 22	己未	1 28	12 21	戊子	
8 31	7 18	戊午	10 1	8 20	己丑	11 1	9 22	庚申	12 1	10 22	庚寅	12 31	11 23	庚申	1 29	12 22	己丑	
9 1	7 19	己未	10 2	8 21	庚寅	11 2	9 23	辛酉	12 2	10 23	辛卯	1 1	11 24	辛酉	1 30	12 23	庚寅	
9 2	7 20	庚申	10 3	8 22	辛卯	11 3	9 24	壬戌	12 3	10 24	壬辰	1 2	11 25	壬戌	1 31	12 24	辛卯	
9 3	7 21	辛酉	10 4	8 23	壬辰	11 4	9 25	癸亥	12 4	10 25	癸巳	1 3	11 26	癸亥	2 1	12 25	壬辰	
9 4	7 22	壬戌	10 5	8 24	癸巳	11 5	9 26	甲子	12 5	10 26	甲午	1 4	11 27	甲子	2 2	12 26	癸巳	
9 5	7 23	癸亥	10 6	8 25	甲午	11 6	9 27	乙丑	12 6	10 27	乙未	1 5	11 28	乙丑	2 3	12 27	甲午	
9 6	7 24	甲子	10 7	8 26	乙未	11 7	9 28	丙寅	12 7	10 28	丙申				2 4	12 28	乙未	
9 7	7 25	乙丑	10 8	8 27	丙申													
處暑			秋分			霜降			小雪			冬至			大寒			中
8/24 11時10分 午時			9/24 8時23分 辰時			10/24 17時15分 酉時			11/23 14時24分 未時			12/23 3時29分 寅時			1/21 14時6分 未時			氣

年	壬申																	
月	壬寅			癸卯			甲辰			乙巳			丙午			丁未		
節氣	立春 2/5 8時29分 辰時			驚蟄 3/6 2時49分 丑時			清明 4/5 8時6分 辰時			立夏 5/6 1時55分 丑時			芒種 6/6 6時27分 卯時			小暑 7/7 16時52分 申時		
日	國曆	農曆	干支	國曆	農曆	干支	國曆	農曆	干支	國曆	農曆	干支	國曆	農曆	干支	國曆	農曆	干支
1932 猴 中華民國二十一年	2 5	12 29	丙申	3 6	1 30	丙寅	4 5	2 30	丙申	5 6	4 1	丁卯	6 6	5 3	戊戌	7 7	6 4	己巳
	2 6	1 1	丁酉	3 7	2 1	丁卯	4 6	3 1	丁酉	5 7	4 2	戊辰	6 7	5 4	己亥	7 8	6 5	庚午
	2 7	1 2	戊戌	3 8	2 2	戊辰	4 7	3 2	戊戌	5 8	4 3	己巳	6 8	5 5	庚子	7 9	6 6	辛未
	2 8	1 3	己亥	3 9	2 3	己巳	4 8	3 3	己亥	5 9	4 4	庚午	6 9	5 6	辛丑	7 10	6 7	壬申
	2 9	1 4	庚子	3 10	2 4	庚午	4 9	3 4	庚子	5 10	4 5	辛未	6 10	5 7	壬寅	7 11	6 8	癸酉
	2 10	1 5	辛丑	3 11	2 5	辛未	4 10	3 5	辛丑	5 11	4 6	壬申	6 11	5 8	癸卯	7 12	6 9	甲戌
	2 11	1 6	壬寅	3 12	2 6	壬申	4 11	3 6	壬寅	5 12	4 7	癸酉	6 12	5 9	甲辰	7 13	6 10	乙亥
	2 12	1 7	癸卯	3 13	2 7	癸酉	4 12	3 7	癸卯	5 13	4 8	甲戌	6 13	5 10	乙巳	7 14	6 11	丙子
	2 13	1 8	甲辰	3 14	2 8	甲戌	4 13	3 8	甲辰	5 14	4 9	乙亥	6 14	5 11	丙午	7 15	6 12	丁丑
	2 14	1 9	乙巳	3 15	2 9	乙亥	4 14	3 9	乙巳	5 15	4 10	丙子	6 15	5 12	丁未	7 16	6 13	戊寅
	2 15	1 10	丙午	3 16	2 10	丙子	4 15	3 10	丙午	5 16	4 11	丁丑	6 16	5 13	戊申	7 17	6 14	己卯
	2 16	1 11	丁未	3 17	2 11	丁丑	4 16	3 11	丁未	5 17	4 12	戊寅	6 17	5 14	己酉	7 18	6 15	庚辰
	2 17	1 12	戊申	3 18	2 12	戊寅	4 17	3 12	戊申	5 18	4 13	己卯	6 18	5 15	庚戌	7 19	6 16	辛巳
	2 18	1 13	己酉	3 19	2 13	己卯	4 18	3 13	己酉	5 19	4 14	庚辰	6 19	5 16	辛亥	7 20	6 17	壬午
	2 19	1 14	庚戌	3 20	2 14	庚辰	4 19	3 14	庚戌	5 20	4 15	辛巳	6 20	5 17	壬子	7 21	6 18	癸未
	2 20	1 15	辛亥	3 21	2 15	辛巳	4 20	3 15	辛亥	5 21	4 16	壬午	6 21	5 18	癸丑	7 22	6 19	甲申
	2 21	1 16	壬子	3 22	2 16	壬午	4 21	3 16	壬子	5 22	4 17	癸未	6 22	5 19	甲寅	7 23	6 20	乙酉
	2 22	1 17	癸丑	3 23	2 17	癸未	4 22	3 17	癸丑	5 23	4 18	甲申	6 23	5 20	乙卯	7 24	6 21	丙戌
	2 23	1 18	甲寅	3 24	2 18	甲申	4 23	3 18	甲寅	5 24	4 19	乙酉	6 24	5 21	丙辰	7 25	6 22	丁亥
	2 24	1 19	乙卯	3 25	2 19	乙酉	4 24	3 19	乙卯	5 25	4 20	丙戌	6 25	5 22	丁巳	7 26	6 23	戊子
	2 25	1 20	丙辰	3 26	2 20	丙戌	4 25	3 20	丙辰	5 26	4 21	丁亥	6 26	5 23	戊午	7 27	6 24	己丑
	2 26	1 21	丁巳	3 27	2 21	丁亥	4 26	3 21	丁巳	5 27	4 22	戊子	6 27	5 24	己未	7 28	6 25	庚寅
	2 27	1 22	戊午	3 28	2 22	戊子	4 27	3 22	戊午	5 28	4 23	己丑	6 28	5 25	庚申	7 29	6 26	辛卯
	2 28	1 23	己未	3 29	2 23	己丑	4 28	3 23	己未	5 29	4 24	庚寅	6 29	5 26	辛酉	7 30	6 27	壬辰
	2 29	1 24	庚申	3 30	2 24	庚寅	4 29	3 24	庚申	5 30	4 25	辛卯	6 30	5 27	壬戌	7 31	6 28	癸巳
	3 1	1 25	辛酉	3 31	2 25	辛卯	4 30	3 25	辛酉	5 31	4 26	壬辰	7 1	5 28	癸亥	8 1	6 29	甲午
	3 2	1 26	壬戌	4 1	2 26	壬辰	5 1	3 26	壬戌	6 1	4 27	癸巳	7 2	5 29	甲子	8 2	7 1	乙未
	3 3	1 27	癸亥	4 2	2 27	癸巳	5 2	3 27	癸亥	6 2	4 28	甲午	7 3	5 30	乙丑	8 3	7 2	丙申
	3 4	1 28	甲子	4 3	2 28	甲午	5 3	3 28	甲子	6 3	4 29	乙未	7 4	6 1	丙寅	8 4	7 3	丁酉
	3 5	1 29	乙丑	4 4	2 29	乙未	5 4	3 29	乙丑	6 4	5 1	丙申	7 5	6 2	丁卯	8 5	7 4	戊戌
							5 5	3 30	丙寅	6 5	5 2	丁酉	7 6	6 3	戊辰	8 6	7 5	己亥
																8 7	7 6	庚子
中氣	雨水 2/20 4時28分 寅時			春分 3/21 3時53分 寅時			穀雨 4/20 15時28分 申時			小滿 5/21 15時6分 申時			夏至 6/21 23時22分 子時			大暑 7/23 10時18分 巳時		

年	壬申																	
月	戊申			己酉			庚戌			辛亥			壬子			癸丑		
節氣	立秋 8/8 2時31分 丑時			白露 9/8 5時2分 卯時			寒露 10/8 20時9分 戌時			立冬 11/7 22時49分 亥時			大雪 12/7 15時18分 申時			小寒 1/6 2時23分 丑時		
日	國曆	農曆	干支	國曆	農曆	干支	國曆	農曆	干支	國曆	農曆	干支	國曆	農曆	干支	國曆	農曆	干支
	8 8	7 7	辛丑	9 8	8 8	壬申	10 8	9 9	壬寅	11 7	10 10	壬申	12 7	11 10	壬寅	1 6	12 11	壬申
	8 9	7 8	壬寅	9 9	8 9	癸酉	10 9	9 10	癸卯	11 8	10 11	癸酉	12 8	11 11	癸卯	1 7	12 12	癸酉
	8 10	7 9	癸卯	9 10	8 10	甲戌	10 10	9 11	甲辰	11 9	10 12	甲戌	12 9	11 12	甲辰	1 8	12 13	甲戌
	8 11	7 10	甲辰	9 11	8 11	乙亥	10 11	9 12	乙巳	11 10	10 13	乙亥	12 10	11 13	乙巳	1 9	12 14	乙亥
	8 12	7 11	乙巳	9 12	8 12	丙子	10 12	9 13	丙午	11 11	10 14	丙子	12 11	11 14	丙午	1 10	12 15	丙子
	8 13	7 12	丙午	9 13	8 13	丁丑	10 13	9 14	丁未	11 12	10 15	丁丑	12 12	11 15	丁未	1 11	12 16	丁丑
	8 14	7 13	丁未	9 14	8 14	戊寅	10 14	9 15	戊申	11 13	10 16	戊寅	12 13	11 16	戊申	1 12	12 17	戊寅
	8 15	7 14	戊申	9 15	8 15	己卯	10 15	9 16	己酉	11 14	10 17	己卯	12 14	11 17	己酉	1 13	12 18	己卯
	8 16	7 15	己酉	9 16	8 16	庚辰	10 16	9 17	庚戌	11 15	10 18	庚辰	12 15	11 18	庚戌	1 14	12 19	庚辰
	8 17	7 16	庚戌	9 17	8 17	辛巳	10 17	9 18	辛亥	11 16	10 19	辛巳	12 16	11 19	辛亥	1 15	12 20	辛巳
	8 18	7 17	辛亥	9 18	8 18	壬午	10 18	9 19	壬子	11 17	10 20	壬午	12 17	11 20	壬子	1 16	12 21	壬午
	8 19	7 18	壬子	9 19	8 19	癸未	10 19	9 20	癸丑	11 18	10 21	癸未	12 18	11 21	癸丑	1 17	12 22	癸未
	8 20	7 19	癸丑	9 20	8 20	甲申	10 20	9 21	甲寅	11 19	10 22	甲申	12 19	11 22	甲寅	1 18	12 23	甲申
	8 21	7 20	甲寅	9 21	8 21	乙酉	10 21	9 22	乙卯	11 20	10 23	乙酉	12 20	11 23	乙卯	1 19	12 24	乙酉
	8 22	7 21	乙卯	9 22	8 22	丙戌	10 22	9 23	丙辰	11 21	10 24	丙戌	12 21	11 24	丙辰	1 20	12 25	丙戌
	8 23	7 22	丙辰	9 23	8 23	丁亥	10 23	9 24	丁巳	11 22	10 25	丁亥	12 22	11 25	丁巳	1 21	12 26	丁亥
	8 24	7 23	丁巳	9 24	8 24	戊子	10 24	9 25	戊午	11 23	10 26	戊子	12 23	11 26	戊午	1 22	12 27	戊子
	8 25	7 24	戊午	9 25	8 25	己丑	10 25	9 26	己未	11 24	10 27	己丑	12 24	11 27	己未	1 23	12 28	己丑
	8 26	7 25	己未	9 26	8 26	庚寅	10 26	9 27	庚申	11 25	10 28	庚寅	12 25	11 28	庚申	1 24	12 29	庚寅
	8 27	7 26	庚申	9 27	8 27	辛卯	10 27	9 28	辛酉	11 26	10 29	辛卯	12 26	11 29	辛酉	1 25	12 30	辛卯
	8 28	7 27	辛酉	9 28	8 28	壬辰	10 28	9 29	壬戌	11 27	10 30	壬辰	12 27	12 1	壬戌	1 26	1 1	壬辰
	8 29	7 28	壬戌	9 29	8 29	癸巳	10 29	10 1	癸亥	11 28	11 1	癸巳	12 28	12 2	癸亥	1 27	1 2	癸巳
	8 30	7 29	癸亥	9 30	9 1	甲午	10 30	10 2	甲子	11 29	11 2	甲午	12 29	12 3	甲子	1 28	1 3	甲午
	8 31	7 30	甲子	10 1	9 2	乙未	10 31	10 3	乙丑	11 30	11 3	乙未	12 30	12 4	乙丑	1 29	1 4	乙未
	9 1	8 1	乙丑	10 2	9 3	丙申	11 1	10 4	丙寅	12 1	11 4	丙申	12 31	12 5	丙寅	1 30	1 5	丙申
	9 2	8 2	丙寅	10 3	9 4	丁酉	11 2	10 5	丁卯	12 2	11 5	丁酉	1 1	12 6	丁卯	1 31	1 6	丁酉
	9 3	8 3	丁卯	10 4	9 5	戊戌	11 3	10 6	戊辰	12 3	11 6	戊戌	1 2	12 7	戊辰	2 1	1 7	戊戌
	9 4	8 4	戊辰	10 5	9 6	己亥	11 4	10 7	己巳	12 4	11 7	己亥	1 3	12 8	己巳	2 2	1 8	己亥
	9 5	8 5	己巳	10 6	9 7	庚子	11 5	10 8	庚午	12 5	11 8	庚子	1 4	12 9	庚午	2 3	1 9	庚子
	9 6	8 6	庚午	10 7	9 8	辛丑	11 6	10 9	辛未	12 6	11 9	辛丑	1 5	12 10	辛未			
	9 7	8 7	辛未															
中氣	處暑 8/23 17時6分 酉時			秋分 9/23 14時15分 未時			霜降 10/23 23時3分 子時			小雪 11/22 20時10分 戌時			冬至 12/22 9時14分 巳時			大寒 1/20 19時52分 戌時		

1932・1933

猴

中華民國二十一・二十二年

年	癸酉																	
月	甲寅			乙卯			丙辰			丁巳			戊午			己未		
節氣	立春 2/4 14時9分 未時			驚蟄 3/6 8時31分 辰時			清明 4/5 13時50分 未時			立夏 5/6 7時41分 辰時			芒種 6/6 12時17分 午時			小暑 7/7 22時44分 亥時		
日	國曆	農曆	干支	國曆	農曆	干支	國曆	農曆	干支	國曆	農曆	干支	國曆	農曆	干支	國曆	農曆	干支
1933 雞 中華民國二十二年	2 4	1 10	辛丑	3 6	2 11	辛未	4 5	3 11	辛丑	5 6	4 12	壬申	6 6	5 14	癸卯	7 7	5 15	甲戌
	2 5	1 11	壬寅	3 7	2 12	壬申	4 6	3 12	壬寅	5 7	4 13	癸酉	6 7	5 15	甲辰	7 8	5 16	乙亥
	2 6	1 12	癸卯	3 8	2 13	癸酉	4 7	3 13	癸卯	5 8	4 14	甲戌	6 8	5 16	乙巳	7 9	5 17	丙子
	2 7	1 13	甲辰	3 9	2 14	甲戌	4 8	3 14	甲辰	5 9	4 15	乙亥	6 9	5 17	丙午	7 10	5 18	丁丑
	2 8	1 14	乙巳	3 10	2 15	乙亥	4 9	3 15	乙巳	5 10	4 16	丙子	6 10	5 18	丁未	7 11	5 19	戊寅
	2 9	1 15	丙午	3 11	2 16	丙子	4 10	3 16	丙午	5 11	4 17	丁丑	6 11	5 19	戊申	7 12	5 20	己卯
	2 10	1 16	丁未	3 12	2 17	丁丑	4 11	3 17	丁未	5 12	4 18	戊寅	6 12	5 20	己酉	7 13	5 21	庚辰
	2 11	1 17	戊申	3 13	2 18	戊寅	4 12	3 18	戊申	5 13	4 19	己卯	6 13	5 21	庚戌	7 14	5 22	辛巳
	2 12	1 18	己酉	3 14	2 19	己卯	4 13	3 19	己酉	5 14	4 20	庚辰	6 14	5 22	辛亥	7 15	5 23	壬午
	2 13	1 19	庚戌	3 15	2 20	庚辰	4 14	3 20	庚戌	5 15	4 21	辛巳	6 15	5 23	壬子	7 16	5 24	癸未
	2 14	1 20	辛亥	3 16	2 21	辛巳	4 15	3 21	辛亥	5 16	4 22	壬午	6 16	5 24	癸丑	7 17	5 25	甲申
	2 15	1 21	壬子	3 17	2 22	壬午	4 16	3 22	壬子	5 17	4 23	癸未	6 17	5 25	甲寅	7 18	5 26	乙酉
	2 16	1 22	癸丑	3 18	2 23	癸未	4 17	3 23	癸丑	5 18	4 24	甲申	6 18	5 26	乙卯	7 19	5 27	丙戌
	2 17	1 23	甲寅	3 19	2 24	甲申	4 18	3 24	甲寅	5 19	4 25	乙酉	6 19	5 27	丙辰	7 20	5 28	丁亥
	2 18	1 24	乙卯	3 20	2 25	乙酉	4 19	3 25	乙卯	5 20	4 26	丙戌	6 20	5 28	丁巳	7 21	5 29	戊子
	2 19	1 25	丙辰	3 21	2 26	丙戌	4 20	3 26	丙辰	5 21	4 27	丁亥	6 21	5 29	戊午	7 22	5 30	己丑
	2 20	1 26	丁巳	3 22	2 27	丁亥	4 21	3 27	丁巳	5 22	4 28	戊子	6 22	5 30	己未	7 23	6 1	庚寅
	2 21	1 27	戊午	3 23	2 28	戊子	4 22	3 28	戊午	5 23	4 29	己丑	6 23	閏5 1	庚申	7 24	6 2	辛卯
	2 22	1 28	己未	3 24	2 29	己丑	4 23	3 29	己未	5 24	5 1	庚寅	6 24	5 2	辛酉	7 25	6 3	壬辰
	2 23	1 29	庚申	3 25	2 30	庚寅	4 24	3 30	庚申	5 25	5 2	辛卯	6 25	5 3	壬戌	7 26	6 4	癸巳
	2 24	2 1	辛酉	3 26	3 1	辛卯	4 25	4 1	辛酉	5 26	5 3	壬辰	6 26	5 4	癸亥	7 27	6 5	甲午
	2 25	2 2	壬戌	3 27	3 2	壬辰	4 26	4 2	壬戌	5 27	5 4	癸巳	6 27	5 5	甲子	7 28	6 6	乙未
	2 26	2 3	癸亥	3 28	3 3	癸巳	4 27	4 3	癸亥	5 28	5 5	甲午	6 28	5 6	乙丑	7 29	6 7	丙申
	2 27	2 4	甲子	3 29	3 4	甲午	4 28	4 4	甲子	5 29	5 6	乙未	6 29	5 7	丙寅	7 30	6 8	丁酉
	2 28	2 5	乙丑	3 30	3 5	乙未	4 29	4 5	乙丑	5 30	5 7	丙申	6 30	5 8	丁卯	7 31	6 9	戊戌
	3 1	2 6	丙寅	3 31	3 6	丙申	4 30	4 6	丙寅	5 31	5 8	丁酉	7 1	5 9	戊辰	8 1	6 10	己亥
	3 2	2 7	丁卯	4 1	3 7	丁酉	5 1	4 7	丁卯	6 1	5 9	戊戌	7 2	5 10	己巳	8 2	6 11	庚子
	3 3	2 8	戊辰	4 2	3 8	戊戌	5 2	4 8	戊辰	6 2	5 10	己亥	7 3	5 11	庚午	8 3	6 12	辛丑
	3 4	2 9	己巳	4 3	3 9	己亥	5 3	4 9	己巳	6 3	5 11	庚子	7 4	5 12	辛未	8 4	6 13	壬寅
	3 5	2 10	庚午	4 4	3 10	庚子	5 4	4 10	庚午	6 4	5 12	辛丑	7 5	5 13	壬申	8 5	6 14	癸卯
							5 5	4 11	辛未	6 5	5 13	壬寅	7 6	5 14	癸酉	8 6	6 15	甲辰
																8 7	6 16	乙巳
中氣	雨水 2/19 10時16分 巳時			春分 3/21 9時43分 巳時			穀雨 4/20 21時18分 亥時			小滿 5/21 20時56分 戌時			夏至 6/22 5時11分 卯時			大暑 7/23 16時5分 申時		

年	癸酉																	
月	庚申			辛酉			壬戌			癸亥			甲子			乙丑		
節氣	立秋 8/8 8時25分 辰時			白露 9/8 10時57分 巳時			寒露 10/9 2時3分 丑時			立冬 11/8 4時43分 寅時			大雪 12/7 21時11分 亥時			小寒 1/6 8時16分 辰時		
日	國曆	農曆	干支	國曆	農曆	干支	國曆	農曆	干支	國曆	農曆	干支	國曆	農曆	干支	國曆	農曆	干支
1933・1934 雞 中華民國二十二・二十三年	8 8	6 17	丙午	9 8	7 19	丁丑	10 9	8 20	戊申	11 8	9 21	戊寅	12 7	10 20	丁未	1 6	11 21	丁丑
	8 9	6 18	丁未	9 9	7 20	戊寅	10 10	8 21	己酉	11 9	9 22	己卯	12 8	10 21	戊申	1 7	11 22	戊寅
	8 10	6 19	戊申	9 10	7 21	己卯	10 11	8 22	庚戌	11 10	9 23	庚辰	12 9	10 22	己酉	1 8	11 23	己卯
	8 11	6 20	己酉	9 11	7 22	庚辰	10 12	8 23	辛亥	11 11	9 24	辛巳	12 10	10 23	庚戌	1 9	11 24	庚辰
	8 12	6 21	庚戌	9 12	7 23	辛巳	10 13	8 24	壬子	11 12	9 25	壬午	12 11	10 24	辛亥	1 10	11 25	辛巳
	8 13	6 22	辛亥	9 13	7 24	壬午	10 14	8 25	癸丑	11 13	9 26	癸未	12 12	10 25	壬子	1 11	11 26	壬午
	8 14	6 23	壬子	9 14	7 25	癸未	10 15	8 26	甲寅	11 14	9 27	甲申	12 13	10 26	癸丑	1 12	11 27	癸未
	8 15	6 24	癸丑	9 15	7 26	甲申	10 16	8 27	乙卯	11 15	9 28	乙酉	12 14	10 27	甲寅	1 13	11 28	甲申
	8 16	6 25	甲寅	9 16	7 27	乙酉	10 17	8 28	丙辰	11 16	9 29	丙戌	12 15	10 28	乙卯	1 14	11 29	乙酉
	8 17	6 26	乙卯	9 17	7 28	丙戌	10 18	8 29	丁巳	11 17	9 30	丁亥	12 16	10 29	丙辰	1 15	12 1	丙戌
	8 18	6 27	丙辰	9 18	7 29	丁亥	10 19	9 1	戊午	11 18	10 1	戊子	12 17	11 1	丁巳	1 16	12 2	丁亥
	8 19	6 28	丁巳	9 19	7 30	戊子	10 20	9 2	己未	11 19	10 2	己丑	12 18	11 2	戊午	1 17	12 3	戊子
	8 20	6 29	戊午	9 20	8 1	己丑	10 21	9 3	庚申	11 20	10 3	庚寅	12 19	11 3	己未	1 18	12 4	己丑
	8 21	7 1	己未	9 21	8 2	庚寅	10 22	9 4	辛酉	11 21	10 4	辛卯	12 20	11 4	庚申	1 19	12 5	庚寅
	8 22	7 2	庚申	9 22	8 3	辛卯	10 23	9 5	壬戌	11 22	10 5	壬辰	12 21	11 5	辛酉	1 20	12 6	辛卯
	8 23	7 3	辛酉	9 23	8 4	壬辰	10 24	9 6	癸亥	11 23	10 6	癸巳	12 22	11 6	壬戌	1 21	12 7	壬辰
	8 24	7 4	壬戌	9 24	8 5	癸巳	10 25	9 7	甲子	11 24	10 7	甲午	12 23	11 7	癸亥	1 22	12 8	癸巳
	8 25	7 5	癸亥	9 25	8 6	甲午	10 26	9 8	乙丑	11 25	10 8	乙未	12 24	11 8	甲子	1 23	12 9	甲午
	8 26	7 6	甲子	9 26	8 7	乙未	10 27	9 9	丙寅	11 26	10 9	丙申	12 25	11 9	乙丑	1 24	12 10	乙未
	8 27	7 7	乙丑	9 27	8 8	丙申	10 28	9 10	丁卯	11 27	10 10	丁酉	12 26	11 10	丙寅	1 25	12 11	丙申
	8 28	7 8	丙寅	9 28	8 9	丁酉	10 29	9 11	戊辰	11 28	10 11	戊戌	12 27	11 11	丁卯	1 26	12 12	丁酉
	8 29	7 9	丁卯	9 29	8 10	戊戌	10 30	9 12	己巳	11 29	10 12	己亥	12 28	11 12	戊辰	1 27	12 13	戊戌
	8 30	7 10	戊辰	9 30	8 11	己亥	10 31	9 13	庚午	11 30	10 13	庚子	12 29	11 13	己巳	1 28	12 14	己亥
	8 31	7 11	己巳	10 1	8 12	庚子	11 1	9 14	辛未	12 1	10 14	辛丑	12 30	11 14	庚午	1 29	12 15	庚子
	9 1	7 12	庚午	10 2	8 13	辛丑	11 2	9 15	壬申	12 2	10 15	壬寅	12 31	11 15	辛未	1 30	12 16	辛丑
	9 2	7 13	辛未	10 3	8 14	壬寅	11 3	9 16	癸酉	12 3	10 16	癸卯	1 1	11 16	壬申	1 31	12 17	壬寅
	9 3	7 14	壬申	10 4	8 15	癸卯	11 4	9 17	甲戌	12 4	10 17	甲辰	1 2	11 17	癸酉	2 1	12 18	癸卯
	9 4	7 15	癸酉	10 5	8 16	甲辰	11 5	9 18	乙亥	12 5	10 18	乙巳	1 3	11 18	甲戌	2 2	12 19	甲辰
	9 5	7 16	甲戌	10 6	8 17	乙巳	11 6	9 19	丙子	12 6	10 19	丙午	1 4	11 19	乙亥	2 3	12 20	乙巳
	9 6	7 17	乙亥	10 7	8 18	丙午	11 7	9 20	丁丑				1 5	11 20	丙子			
	9 7	7 18	丙子	10 8	8 19	丁未												
中氣	處暑 8/23 22時52分 亥時			秋分 9/23 20時1分 戌時			霜降 10/24 4時48分 寅時			小雪 11/23 1時53分 丑時			冬至 12/22 14時57分 未時			大寒 1/21 1時36分 丑時		

年	甲戌																	
月	丙寅			丁卯			戊辰			己巳			庚午			辛未		
節氣	立春 2/4 20時3分 戌時			驚蟄 3/6 14時26分 未時			清明 4/5 19時43分 戌時			立夏 5/6 13時30分 未時			芒種 6/6 18時1分 酉時			小暑 7/8 4時24分 寅時		
日	國曆	農曆	干支	國曆	農曆	干支	國曆	農曆	干支	國曆	農曆	干支	國曆	農曆	干支	國曆	農曆	干支
1934	2 4	12 21	丙午	3 6	1 21	丙子	4 5	2 22	丙午	5 6	3 23	丁丑	6 6	4 25	戊申	7 8	5 27	庚辰
	2 5	12 22	丁未	3 7	1 22	丁丑	4 6	2 23	丁未	5 7	3 24	戊寅	6 7	4 26	己酉	7 9	5 28	辛巳
	2 6	12 23	戊申	3 8	1 23	戊寅	4 7	2 24	戊申	5 8	3 25	己卯	6 8	4 27	庚戌	7 10	5 29	壬午
	2 7	12 24	己酉	3 9	1 24	己卯	4 8	2 25	己酉	5 9	3 26	庚辰	6 9	4 28	辛亥	7 11	5 30	癸未
	2 8	12 25	庚戌	3 10	1 25	庚辰	4 9	2 26	庚戌	5 10	3 27	辛巳	6 10	4 29	壬子	7 12	6 1	甲申
	2 9	12 26	辛亥	3 11	1 26	辛巳	4 10	2 27	辛亥	5 11	3 28	壬午	6 11	4 30	癸丑	7 13	6 2	乙酉
	2 10	12 27	壬子	3 12	1 27	壬午	4 11	2 28	壬子	5 12	3 29	癸未	6 12	5 1	甲寅	7 14	6 3	丙戌
	2 11	12 28	癸丑	3 13	1 28	癸未	4 12	2 29	癸丑	5 13	4 1	甲申	6 13	5 2	乙卯	7 15	6 4	丁亥
	2 12	12 29	甲寅	3 14	1 29	甲申	4 13	2 30	甲寅	5 14	4 2	乙酉	6 14	5 3	丙辰	7 16	6 5	戊子
	2 13	12 30	乙卯	3 15	2 1	乙酉	4 14	3 1	乙卯	5 15	4 3	丙戌	6 15	5 4	丁巳	7 17	6 6	己丑
	2 14	1 1	丙辰	3 16	2 2	丙戌	4 15	3 2	丙辰	5 16	4 4	丁亥	6 16	5 5	戊午	7 18	6 7	庚寅
	2 15	1 2	丁巳	3 17	2 3	丁亥	4 16	3 3	丁巳	5 17	4 5	戊子	6 17	5 6	己未	7 19	6 8	辛卯
	2 16	1 3	戊午	3 18	2 4	戊子	4 17	3 4	戊午	5 18	4 6	己丑	6 18	5 7	庚申	7 20	6 9	壬辰
狗	2 17	1 4	己未	3 19	2 5	己丑	4 18	3 5	己未	5 19	4 7	庚寅	6 19	5 8	辛酉	7 21	6 10	癸巳
	2 18	1 5	庚申	3 20	2 6	庚寅	4 19	3 6	庚申	5 20	4 8	辛卯	6 20	5 9	壬戌	7 22	6 11	甲午
	2 19	1 6	辛酉	3 21	2 7	辛卯	4 20	3 7	辛酉	5 21	4 9	壬辰	6 21	5 10	癸亥	7 23	6 12	乙未
	2 20	1 7	壬戌	3 22	2 8	壬辰	4 21	3 8	壬戌	5 22	4 10	癸巳	6 22	5 11	甲子	7 24	6 13	丙申
	2 21	1 8	癸亥	3 23	2 9	癸巳	4 22	3 9	癸亥	5 23	4 11	甲午	6 23	5 12	乙丑	7 25	6 14	丁酉
	2 22	1 9	甲子	3 24	2 10	甲午	4 23	3 10	甲子	5 24	4 12	乙未	6 24	5 13	丙寅	7 26	6 15	戊戌
	2 23	1 10	乙丑	3 25	2 11	乙未	4 24	3 11	乙丑	5 25	4 13	丙申	6 25	5 14	丁卯	7 27	6 16	己亥
	2 24	1 11	丙寅	3 26	2 12	丙申	4 25	3 12	丙寅	5 26	4 14	丁酉	6 26	5 15	戊辰	7 28	6 17	庚子
中華民國二十三年	2 25	1 12	丁卯	3 27	2 13	丁酉	4 26	3 13	丁卯	5 27	4 15	戊戌	6 27	5 16	己巳	7 29	6 18	辛丑
	2 26	1 13	戊辰	3 28	2 14	戊戌	4 27	3 14	戊辰	5 28	4 16	己亥	6 28	5 17	庚午	7 30	6 19	壬寅
	2 27	1 14	己巳	3 29	2 15	己亥	4 28	3 15	己巳	5 29	4 17	庚子	6 29	5 18	辛未	7 31	6 20	癸卯
	2 28	1 15	庚午	3 30	2 16	庚子	4 29	3 16	庚午	5 30	4 18	辛丑	6 30	5 19	壬申	8 1	6 21	甲辰
	3 1	1 16	辛未	3 31	2 17	辛丑	4 30	3 17	辛未	5 31	4 19	壬寅	7 1	5 20	癸酉	8 2	6 22	乙巳
	3 2	1 17	壬申	4 1	2 18	壬寅	5 1	3 18	壬申	6 1	4 20	癸卯	7 2	5 21	甲戌	8 3	6 23	丙午
	3 3	1 18	癸酉	4 2	2 19	癸卯	5 2	3 19	癸酉	6 2	4 21	甲辰	7 3	5 22	乙亥	8 4	6 24	丁未
	3 4	1 19	甲戌	4 3	2 20	甲辰	5 3	3 20	甲戌	6 3	4 22	乙巳	7 4	5 23	丙子	8 5	6 25	戊申
	3 5	1 20	乙亥	4 4	2 21	乙巳	5 4	3 21	乙亥	6 4	4 23	丙午	7 5	5 24	丁丑	8 6	6 26	己酉
							5 5	3 22	丙子	6 5	4 24	丁未	7 6	5 25	戊寅	8 7	6 27	庚戌
													7 7	5 26	己卯			
中氣	雨水 2/19 16時1分 申時			春分 3/21 15時27分 申時			穀雨 4/21 3時0分 寅時			小滿 5/22 2時34分 丑時			夏至 6/22 10時47分 巳時			大暑 7/23 21時42分 亥時		

年	甲戌																													
月	壬申					癸酉					甲戌					乙亥					丙子					丁丑				
節氣	立秋 8/8 14時3分 未時					白露 9/8 16時36分 申時					寒露 10/9 7時45分 辰時					立冬 11/8 10時26分 巳時					大雪 12/8 2時56分 丑時					小寒 1/6 14時2分 未時				
日	國曆		農曆		干支	國曆		農曆		干支	國曆		農曆		干支	國曆		農曆		干支	國曆		農曆		干支	國曆		農曆		干支
	8	8	6	28	辛亥	9	8	7	30	壬午	10	9	9	2	癸丑	11	8	10	2	癸未	12	8	11	2	癸丑	1	6	12	2	壬午
	8	9	6	29	壬子	9	9	8	1	癸未	10	10	9	3	甲寅	11	9	10	3	甲申	12	9	11	3	甲寅	1	7	12	3	癸未
	8	10	7	1	癸丑	9	10	8	2	甲申	10	11	9	4	乙卯	11	10	10	4	乙酉	12	10	11	4	乙卯	1	8	12	4	甲申
	8	11	7	2	甲寅	9	11	8	3	乙酉	10	12	9	5	丙辰	11	11	10	5	丙戌	12	11	11	5	丙辰	1	9	12	5	乙酉
	8	12	7	3	乙卯	9	12	8	4	丙戌	10	13	9	6	丁巳	11	12	10	6	丁亥	12	12	11	6	丁巳	1	10	12	6	丙戌
	8	13	7	4	丙辰	9	13	8	5	丁亥	10	14	9	7	戊午	11	13	10	7	戊子	12	13	11	7	戊午	1	11	12	7	丁亥
	8	14	7	5	丁巳	9	14	8	6	戊子	10	15	9	8	己未	11	14	10	8	己丑	12	14	11	8	己未	1	12	12	8	戊子
	8	15	7	6	戊午	9	15	8	7	己丑	10	16	9	9	庚申	11	15	10	9	庚寅	12	15	11	9	庚申	1	13	12	9	己丑
	8	16	7	7	己未	9	16	8	8	庚寅	10	17	9	10	辛酉	11	16	10	10	辛卯	12	16	11	10	辛酉	1	14	12	10	庚寅
	8	17	7	8	庚申	9	17	8	9	辛卯	10	18	9	11	壬戌	11	17	10	11	壬辰	12	17	11	11	壬戌	1	15	12	11	辛卯
	8	18	7	9	辛酉	9	18	8	10	壬辰	10	19	9	12	癸亥	11	18	10	12	癸巳	12	18	11	12	癸亥	1	16	12	12	壬辰
	8	19	7	10	壬戌	9	19	8	11	癸巳	10	20	9	13	甲子	11	19	10	13	甲午	12	19	11	13	甲子	1	17	12	13	癸巳
	8	20	7	11	癸亥	9	20	8	12	甲午	10	21	9	14	乙丑	11	20	10	14	乙未	12	20	11	14	乙丑	1	18	12	14	甲午
	8	21	7	12	甲子	9	21	8	13	乙未	10	22	9	15	丙寅	11	21	10	15	丙申	12	21	11	15	丙寅	1	19	12	15	乙未
	8	22	7	13	乙丑	9	22	8	14	丙申	10	23	9	16	丁卯	11	22	10	16	丁酉	12	22	11	16	丁卯	1	20	12	16	丙申
	8	23	7	14	丙寅	9	23	8	15	丁酉	10	24	9	17	戊辰	11	23	10	17	戊戌	12	23	11	17	戊辰	1	21	12	17	丁酉
	8	24	7	15	丁卯	9	24	8	16	戊戌	10	25	9	18	己巳	11	24	10	18	己亥	12	24	11	18	己巳	1	22	12	18	戊戌
	8	25	7	16	戊辰	9	25	8	17	己亥	10	26	9	19	庚午	11	25	10	19	庚子	12	25	11	19	庚午	1	23	12	19	己亥
	8	26	7	17	己巳	9	26	8	18	庚子	10	27	9	20	辛未	11	26	10	20	辛丑	12	26	11	20	辛未	1	24	12	20	庚子
	8	27	7	18	庚午	9	27	8	19	辛丑	10	28	9	21	壬申	11	27	10	21	壬寅	12	27	11	21	壬申	1	25	12	21	辛丑
	8	28	7	19	辛未	9	28	8	20	壬寅	10	29	9	22	癸酉	11	28	10	22	癸卯	12	28	11	22	癸酉	1	26	12	22	壬寅
	8	29	7	20	壬申	9	29	8	21	癸卯	10	30	9	23	甲戌	11	29	10	23	甲辰	12	29	11	23	甲戌	1	27	12	23	癸卯
	8	30	7	21	癸酉	9	30	8	22	甲辰	10	31	9	24	乙亥	11	30	10	24	乙巳	12	30	11	24	乙亥	1	28	12	24	甲辰
	8	31	7	22	甲戌	10	1	8	23	乙巳	11	1	9	25	丙子	12	1	10	25	丙午	12	31	11	25	丙子	1	29	12	25	乙巳
	9	1	7	23	乙亥	10	2	8	24	丙午	11	2	9	26	丁丑	12	2	10	26	丁未	1	1	11	26	丁丑	1	30	12	26	丙午
	9	2	7	24	丙子	10	3	8	25	丁未	11	3	9	27	戊寅	12	3	10	27	戊申	1	2	11	27	戊寅	1	31	12	27	丁未
	9	3	7	25	丁丑	10	4	8	26	戊申	11	4	9	28	己卯	12	4	10	28	己酉	1	3	11	28	己卯	2	1	12	28	戊申
	9	4	7	26	戊寅	10	5	8	27	己酉	11	5	9	29	庚辰	12	5	10	29	庚戌	1	4	11	29	庚辰	2	2	12	29	己酉
	9	5	7	27	己卯	10	6	8	28	庚戌	11	6	9	30	辛巳	12	6	10	30	辛亥	1	5	12	1	辛巳	2	3	12	30	庚戌
	9	6	7	28	庚辰	10	7	8	29	辛亥	11	7	10	1	壬午	12	7	11	1	壬子						2	4	1	1	辛亥
	9	7	7	29	辛巳	10	8	9	1	壬子																				
中氣	處暑 8/24 4時32分 寅時					秋分 9/24 1時45分 丑時					霜降 10/24 10時36分 巳時					小雪 11/23 7時44分 辰時					冬至 12/22 20時49分 戌時					大寒 1/21 7時28分 辰時				

1934・1935 狗 中華民國二十三・二十四年

年	乙亥																													
月	戊寅					己卯					庚辰					辛巳					壬午					癸未				
節氣	立春 2/5 1時48分 丑時					驚蟄 3/6 20時10分 戌時					清明 4/6 1時26分 丑時					立夏 5/6 19時12分 戌時					芒種 6/6 23時41分 子時					小暑 7/8 10時5分 巳時				
日	國曆		農曆		干支	國曆		農曆		干支	國曆		農曆		干支	國曆		農曆		干支	國曆		農曆		干支	國曆		農曆		干支
	2	5	1	2	壬子	3	6	2	2	辛巳	4	6	3	4	壬子	5	6	4	4	壬午	6	6	5	6	癸丑	7	8	6	8	乙酉
	2	6	1	3	癸丑	3	7	2	3	壬午	4	7	3	5	癸丑	5	7	4	5	癸未	6	7	5	7	甲寅	7	9	6	9	丙戌
	2	7	1	4	甲寅	3	8	2	4	癸未	4	8	3	6	甲寅	5	8	4	6	甲申	6	8	5	8	乙卯	7	10	6	10	丁亥
	2	8	1	5	乙卯	3	9	2	5	甲申	4	9	3	7	乙卯	5	9	4	7	乙酉	6	9	5	9	丙辰	7	11	6	11	戊子
1935	2	9	1	6	丙辰	3	10	2	6	乙酉	4	10	3	8	丙辰	5	10	4	8	丙戌	6	10	5	10	丁巳	7	12	6	12	己丑
	2	10	1	7	丁巳	3	11	2	7	丙戌	4	11	3	9	丁巳	5	11	4	9	丁亥	6	11	5	11	戊午	7	13	6	13	庚寅
	2	11	1	8	戊午	3	12	2	8	丁亥	4	12	3	10	戊午	5	12	4	10	戊子	6	12	5	12	己未	7	14	6	14	辛卯
	2	12	1	9	己未	3	13	2	9	戊子	4	13	3	11	己未	5	13	4	11	己丑	6	13	5	13	庚申	7	15	6	15	壬辰
	2	13	1	10	庚申	3	14	2	10	己丑	4	14	3	12	庚申	5	14	4	12	庚寅	6	14	5	14	辛酉	7	16	6	16	癸巳
	2	14	1	11	辛酉	3	15	2	11	庚寅	4	15	3	13	辛酉	5	15	4	13	辛卯	6	15	5	15	壬戌	7	17	6	17	甲午
	2	15	1	12	壬戌	3	16	2	12	辛卯	4	16	3	14	壬戌	5	16	4	14	壬辰	6	16	5	16	癸亥	7	18	6	18	乙未
	2	16	1	13	癸亥	3	17	2	13	壬辰	4	17	3	15	癸亥	5	17	4	15	癸巳	6	17	5	17	甲子	7	19	6	19	丙申
	2	17	1	14	甲子	3	18	2	14	癸巳	4	18	3	16	甲子	5	18	4	16	甲午	6	18	5	18	乙丑	7	20	6	20	丁酉
豬	2	18	1	15	乙丑	3	19	2	15	甲午	4	19	3	17	乙丑	5	19	4	17	乙未	6	19	5	19	丙寅	7	21	6	21	戊戌
	2	19	1	16	丙寅	3	20	2	16	乙未	4	20	3	18	丙寅	5	20	4	18	丙申	6	20	5	20	丁卯	7	22	6	22	己亥
	2	20	1	17	丁卯	3	21	2	17	丙申	4	21	3	19	丁卯	5	21	4	19	丁酉	6	21	5	21	戊辰	7	23	6	23	庚子
	2	21	1	18	戊辰	3	22	2	18	丁酉	4	22	3	20	戊辰	5	22	4	20	戊戌	6	22	5	22	己巳	7	24	6	24	辛丑
	2	22	1	19	己巳	3	23	2	19	戊戌	4	23	3	21	己巳	5	23	4	21	己亥	6	23	5	23	庚午	7	25	6	25	壬寅
	2	23	1	20	庚午	3	24	2	20	己亥	4	24	3	22	庚午	5	24	4	22	庚子	6	24	5	24	辛未	7	26	6	26	癸卯
	2	24	1	21	辛未	3	25	2	21	庚子	4	25	3	23	辛未	5	25	4	23	辛丑	6	25	5	25	壬申	7	27	6	27	甲辰
	2	25	1	22	壬申	3	26	2	22	辛丑	4	26	3	24	壬申	5	26	4	24	壬寅	6	26	5	26	癸酉	7	28	6	28	乙巳
中華民國二十四年	2	26	1	23	癸酉	3	27	2	23	壬寅	4	27	3	25	癸酉	5	27	4	25	癸卯	6	27	5	27	甲戌	7	29	6	29	丙午
	2	27	1	24	甲戌	3	28	2	24	癸卯	4	28	3	26	甲戌	5	28	4	26	甲辰	6	28	5	28	乙亥	7	30	7	1	丁未
	2	28	1	25	乙亥	3	29	2	25	甲辰	4	29	3	27	乙亥	5	29	4	27	乙巳	6	29	5	29	丙子	7	31	7	2	戊申
	3	1	1	26	丙子	3	30	2	26	乙巳	4	30	3	28	丙子	5	30	4	28	丙午	6	30	5	30	丁丑	8	1	7	3	己酉
	3	2	1	27	丁丑	3	31	2	27	丙午	5	1	3	29	丁丑	5	31	4	29	丁未	7	1	6	1	戊寅	8	2	7	4	庚戌
	3	3	1	28	戊寅	4	1	2	28	丁未	5	2	3	30	戊寅	6	1	5	1	戊申	7	2	6	2	己卯	8	3	7	5	辛亥
	3	4	1	29	己卯	4	2	2	29	戊申	5	3	4	1	己卯	6	2	5	2	己酉	7	3	6	3	庚辰	8	4	7	6	壬子
	3	5	2	1	庚辰	4	3	3	1	己酉	5	4	4	2	庚辰	6	3	5	3	庚戌	7	4	6	4	辛巳	8	5	7	7	癸丑
						4	4	3	2	庚戌	5	5	4	3	辛巳	6	4	5	4	辛亥	7	5	6	5	壬午	8	6	7	8	甲寅
						4	5	3	3	辛亥						6	5	5	5	壬子	7	6	6	6	癸未	8	7	7	9	乙卯
																					7	7	6	7	甲申					
中氣	雨水 2/19 21時52分 亥時					春分 3/21 21時17分 亥時					穀雨 4/21 8時50分 辰時					小滿 5/22 8時24分 辰時					夏至 6/22 16時37分 申時					大暑 7/24 3時32分 寅時				

年	乙亥																	
月	甲申			乙酉			丙戌			丁亥			戊子			己丑		
節氣	立秋 8/8 19時47分 戌時			白露 9/8 22時24分 亥時			寒露 10/9 13時35分 未時			立冬 11/8 16時17分 申時			大雪 12/8 8時44分 辰時			小寒 1/6 19時46分 戌時		
日	國曆	農曆	干支	國曆	農曆	干支	國曆	農曆	干支	國曆	農曆	干支	國曆	農曆	干支	國曆	農曆	干支
	8 8	7 10	丙辰	9 8	8 11	丁亥	10 9	9 12	戊午	11 8	10 13	戊子	12 8	11 13	戊午	1 6	12 12	丁亥
	8 9	7 11	丁巳	9 9	8 12	戊子	10 10	9 13	己未	11 9	10 14	己丑	12 9	11 14	己未	1 7	12 13	戊子
	8 10	7 12	戊午	9 10	8 13	己丑	10 11	9 14	庚申	11 10	10 15	庚寅	12 10	11 15	庚申	1 8	12 14	己丑
1	8 11	7 13	己未	9 11	8 14	庚寅	10 12	9 15	辛酉	11 11	10 16	辛卯	12 11	11 16	辛酉	1 9	12 15	庚寅
9	8 12	7 14	庚申	9 12	8 15	辛卯	10 13	9 16	壬戌	11 12	10 17	壬辰	12 12	11 17	壬戌	1 10	12 16	辛卯
3	8 13	7 15	辛酉	9 13	8 16	壬辰	10 14	9 17	癸亥	11 13	10 18	癸巳	12 13	11 18	癸亥	1 11	12 17	壬辰
5	8 14	7 16	壬戌	9 14	8 17	癸巳	10 15	9 18	甲子	11 14	10 19	甲午	12 14	11 19	甲子	1 12	12 18	癸巳
・	8 15	7 17	癸亥	9 15	8 18	甲午	10 16	9 19	乙丑	11 15	10 20	乙未	12 15	11 20	乙丑	1 13	12 19	甲午
1	8 16	7 18	甲子	9 16	8 19	乙未	10 17	9 20	丙寅	11 16	10 21	丙申	12 16	11 21	丙寅	1 14	12 20	乙未
9	8 17	7 19	乙丑	9 17	8 20	丙申	10 18	9 21	丁卯	11 17	10 22	丁酉	12 17	11 22	丁卯	1 15	12 21	丙申
3	8 18	7 20	丙寅	9 18	8 21	丁酉	10 19	9 22	戊辰	11 18	10 23	戊戌	12 18	11 23	戊辰	1 16	12 22	丁酉
6	8 19	7 21	丁卯	9 19	8 22	戊戌	10 20	9 23	己巳	11 19	10 24	己亥	12 19	11 24	己巳	1 17	12 23	戊戌
	8 20	7 22	戊辰	9 20	8 23	己亥	10 21	9 24	庚午	11 20	10 25	庚子	12 20	11 25	庚午	1 18	12 24	己亥
	8 21	7 23	己巳	9 21	8 24	庚子	10 22	9 25	辛未	11 21	10 26	辛丑	12 21	11 26	辛未	1 19	12 25	庚子
豬	8 22	7 24	庚午	9 22	8 25	辛丑	10 23	9 26	壬申	11 22	10 27	壬寅	12 22	11 27	壬申	1 20	12 26	辛丑
	8 23	7 25	辛未	9 23	8 26	壬寅	10 24	9 27	癸酉	11 23	10 28	癸卯	12 23	11 28	癸酉	1 21	12 27	壬寅
	8 24	7 26	壬申	9 24	8 27	癸卯	10 25	9 28	甲戌	11 24	10 29	甲辰	12 24	11 29	甲戌	1 22	12 28	癸卯
	8 25	7 27	癸酉	9 25	8 28	甲辰	10 26	9 29	乙亥	11 25	10 30	乙巳	12 25	11 30	乙亥	1 23	12 29	甲辰
	8 26	7 28	甲戌	9 26	8 29	乙巳	10 27	10 1	丙子	11 26	11 1	丙午	12 26	12 1	丙子	1 24	1 1	乙巳
中	8 27	7 29	乙亥	9 27	8 30	丙午	10 28	10 2	丁丑	11 27	11 2	丁未	12 27	12 2	丁丑	1 25	1 2	丙午
華	8 28	7 30	丙子	9 28	9 1	丁未	10 29	10 3	戊寅	11 28	11 3	戊申	12 28	12 3	戊寅	1 26	1 3	丁未
民	8 29	8 1	丁丑	9 29	9 2	戊申	10 30	10 4	己卯	11 29	11 4	己酉	12 29	12 4	己卯	1 27	1 4	戊申
國	8 30	8 2	戊寅	9 30	9 3	己酉	10 31	10 5	庚辰	11 30	11 5	庚戌	12 30	12 5	庚辰	1 28	1 5	己酉
二	8 31	8 3	己卯	10 1	9 4	庚戌	11 1	10 6	辛巳	12 1	11 6	辛亥	12 31	12 6	辛巳	1 29	1 6	庚戌
十	9 1	8 4	庚辰	10 2	9 5	辛亥	11 2	10 7	壬午	12 2	11 7	壬子	1 1	12 7	壬午	1 30	1 7	辛亥
四	9 2	8 5	辛巳	10 3	9 6	壬子	11 3	10 8	癸未	12 3	11 8	癸丑	1 2	12 8	癸未	1 31	1 8	壬子
・	9 3	8 6	壬午	10 4	9 7	癸丑	11 4	10 9	甲申	12 4	11 9	甲寅	1 3	12 9	甲申	2 1	1 9	癸丑
二	9 4	8 7	癸未	10 5	9 8	甲寅	11 5	10 10	乙酉	12 5	11 10	乙卯	1 4	12 10	乙酉	2 2	1 10	甲寅
十	9 5	8 8	甲申	10 6	9 9	乙卯	11 6	10 11	丙戌	12 6	11 11	丙辰	1 5	12 11	丙戌	2 3	1 11	乙卯
五	9 6	8 9	乙酉	10 7	9 10	丙辰	11 7	10 12	丁亥	12 7	11 12	丁巳				2 4	1 12	丙辰
年	9 7	8 10	丙戌	10 8	9 11	丁巳												
中氣	處暑 8/24 10時24分 巳時			秋分 9/24 7時38分 辰時			霜降 10/24 16時29分 申時			小雪 11/23 13時35分 未時			冬至 12/23 2時37分 丑時			大寒 1/21 13時12分 未時		

年	丙子																	
月	庚寅			辛卯			壬辰			癸巳			甲午			乙未		
節氣	立春 2/5 7時29分 辰時			驚蟄 3/6 1時49分 丑時			清明 4/5 7時6分 辰時			立夏 5/6 0時56分 子時			芒種 6/6 5時30分 卯時			小暑 7/7 15時58分 申時		
日	國曆	農曆	干支	國曆	農曆	干支	國曆	農曆	干支	國曆	農曆	干支	國曆	農曆	干支	國曆	農曆	干支
1936	2 5	1 13	丁巳	3 6	2 13	丁亥	4 5	3 14	丁巳	5 6	3 16	戊子	6 6	4 17	己未	7 7	5 19	庚寅
	2 6	1 14	戊午	3 7	2 14	戊子	4 6	3 15	戊午	5 7	3 17	己丑	6 7	4 18	庚申	7 8	5 20	辛卯
	2 7	1 15	己未	3 8	2 15	己丑	4 7	3 16	己未	5 8	3 18	庚寅	6 8	4 19	辛酉	7 9	5 21	壬辰
	2 8	1 16	庚申	3 9	2 16	庚寅	4 8	3 17	庚申	5 9	3 19	辛卯	6 9	4 20	壬戌	7 10	5 22	癸巳
	2 9	1 17	辛酉	3 10	2 17	辛卯	4 9	3 18	辛酉	5 10	3 20	壬辰	6 10	4 21	癸亥	7 11	5 23	甲午
	2 10	1 18	壬戌	3 11	2 18	壬辰	4 10	3 19	壬戌	5 11	3 21	癸巳	6 11	4 22	甲子	7 12	5 24	乙未
	2 11	1 19	癸亥	3 12	2 19	癸巳	4 11	3 20	癸亥	5 12	3 22	甲午	6 12	4 23	乙丑	7 13	5 25	丙申
	2 12	1 20	甲子	3 13	2 20	甲午	4 12	3 21	甲子	5 13	3 23	乙未	6 13	4 24	丙寅	7 14	5 26	丁酉
	2 13	1 21	乙丑	3 14	2 21	乙未	4 13	3 22	乙丑	5 14	3 24	丙申	6 14	4 25	丁卯	7 15	5 27	戊戌
	2 14	1 22	丙寅	3 15	2 22	丙申	4 14	3 23	丙寅	5 15	3 25	丁酉	6 15	4 26	戊辰	7 16	5 28	己亥
	2 15	1 23	丁卯	3 16	2 23	丁酉	4 15	3 24	丁卯	5 16	3 26	戊戌	6 16	4 27	己巳	7 17	5 29	庚子
	2 16	1 24	戊辰	3 17	2 24	戊戌	4 16	3 25	戊辰	5 17	3 27	己亥	6 17	4 28	庚午	7 18	6 1	辛丑
	2 17	1 25	己巳	3 18	2 25	己亥	4 17	3 26	己巳	5 18	3 28	庚子	6 18	4 29	辛未	7 19	6 2	壬寅
鼠	2 18	1 26	庚午	3 19	2 26	庚子	4 18	3 27	庚午	5 19	3 29	辛丑	6 19	5 1	壬申	7 20	6 3	癸卯
	2 19	1 27	辛未	3 20	2 27	辛丑	4 19	3 28	辛未	5 20	3 30	壬寅	6 20	5 2	癸酉	7 21	6 4	甲辰
	2 20	1 28	壬申	3 21	2 28	壬寅	4 20	3 29	壬申	5 21	4 1	癸卯	6 21	5 3	甲戌	7 22	6 5	乙巳
	2 21	1 29	癸酉	3 22	2 29	癸卯	4 21	閏3 1	癸酉	5 22	4 2	甲辰	6 22	5 4	乙亥	7 23	6 6	丙午
	2 22	1 30	甲戌	3 23	3 1	甲辰	4 22	3 2	甲戌	5 23	4 3	乙巳	6 23	5 5	丙子	7 24	6 7	丁未
	2 23	2 1	乙亥	3 24	3 2	乙巳	4 23	3 3	乙亥	5 24	4 4	丙午	6 24	5 6	丁丑	7 25	6 8	戊申
	2 24	2 2	丙子	3 25	3 3	丙午	4 24	3 4	丙子	5 25	4 5	丁未	6 25	5 7	戊寅	7 26	6 9	己酉
	2 25	2 3	丁丑	3 26	3 4	丁未	4 25	3 5	丁丑	5 26	4 6	戊申	6 26	5 8	己卯	7 27	6 10	庚戌
中華民國二十五年	2 26	2 4	戊寅	3 27	3 5	戊申	4 26	3 6	戊寅	5 27	4 7	己酉	6 27	5 9	庚辰	7 28	6 11	辛亥
	2 27	2 5	己卯	3 28	3 6	己酉	4 27	3 7	己卯	5 28	4 8	庚戌	6 28	5 10	辛巳	7 29	6 12	壬子
	2 28	2 6	庚辰	3 29	3 7	庚戌	4 28	3 8	庚辰	5 29	4 9	辛亥	6 29	5 11	壬午	7 30	6 13	癸丑
	2 29	2 7	辛巳	3 30	3 8	辛亥	4 29	3 9	辛巳	5 30	4 10	壬子	6 30	5 12	癸未	7 31	6 14	甲寅
	3 1	2 8	壬午	3 31	3 9	壬子	4 30	3 10	壬午	5 31	4 11	癸丑	7 1	5 13	甲申	8 1	6 15	乙卯
	3 2	2 9	癸未	4 1	3 10	癸丑	5 1	3 11	癸未	6 1	4 12	甲寅	7 2	5 14	乙酉	8 2	6 16	丙辰
	3 3	2 10	甲申	4 2	3 11	甲寅	5 2	3 12	甲申	6 2	4 13	乙卯	7 3	5 15	丙戌	8 3	6 17	丁巳
	3 4	2 11	乙酉	4 3	3 12	乙卯	5 3	3 13	乙酉	6 3	4 14	丙辰	7 4	5 16	丁亥	8 4	6 18	戊午
	3 5	2 12	丙戌	4 4	3 13	丙辰	5 4	3 14	丙戌	6 4	4 15	丁巳	7 5	5 17	戊子	8 5	6 19	己未
							5 5	3 15	丁亥	6 5	4 16	戊午	7 6	5 18	己丑	8 6	6 20	庚申
																8 7	6 21	辛酉
中氣	雨水 2/20 3時33分 寅時			春分 3/21 2時57分 丑時			穀雨 4/20 14時31分 未時			小滿 5/21 14時7分 未時			夏至 6/21 22時21分 亥時			大暑 7/23 9時17分 巳時		

年	丙子																	
月	丙申			丁酉			戊戌			己亥			庚子			辛丑		
節氣	立秋 8/8 1時43分 丑時			白露 9/8 4時20分 寅時			寒露 10/8 19時32分 戌時			立冬 11/7 22時14分 亥時			大雪 12/7 14時42分 未時			小寒 1/6 1時43分 丑時		
日	國曆	農曆	干支	國曆	農曆	干支	國曆	農曆	干支	國曆	農曆	干支	國曆	農曆	干支	國曆	農曆	干支
1936・1937	8 8	6 22	壬戌	9 8	7 23	癸巳	10 8	8 23	癸亥	11 7	9 24	癸巳	12 7	10 24	癸亥	1 6	11 24	癸巳
	8 9	6 23	癸亥	9 9	7 24	甲午	10 9	8 24	甲子	11 8	9 25	甲午	12 8	10 25	甲子	1 7	11 25	甲午
	8 10	6 24	甲子	9 10	7 25	乙未	10 10	8 25	乙丑	11 9	9 26	乙未	12 9	10 26	乙丑	1 8	11 26	乙未
	8 11	6 25	乙丑	9 11	7 26	丙申	10 11	8 26	丙寅	11 10	9 27	丙申	12 10	10 27	丙寅	1 9	11 27	丙申
	8 12	6 26	丙寅	9 12	7 27	丁酉	10 12	8 27	丁卯	11 11	9 28	丁酉	12 11	10 28	丁卯	1 10	11 28	丁酉
	8 13	6 27	丁卯	9 13	7 28	戊戌	10 13	8 28	戊辰	11 12	9 29	戊戌	12 12	10 29	戊辰	1 11	11 29	戊戌
	8 14	6 28	戊辰	9 14	7 29	己亥	10 14	8 29	己巳	11 13	9 30	己亥	12 13	10 30	己巳	1 12	11 30	己亥
	8 15	6 29	己巳	9 15	7 30	庚子	10 15	9 1	庚午	11 14	10 1	庚子	12 14	11 1	庚午	1 13	12 1	庚子
	8 16	6 30	庚午	9 16	8 1	辛丑	10 16	9 2	辛未	11 15	10 2	辛丑	12 15	11 2	辛未	1 14	12 2	辛丑
	8 17	7 1	辛未	9 17	8 2	壬寅	10 17	9 3	壬申	11 16	10 3	壬寅	12 16	11 3	壬申	1 15	12 3	壬寅
	8 18	7 2	壬申	9 18	8 3	癸卯	10 18	9 4	癸酉	11 17	10 4	癸卯	12 17	11 4	癸酉	1 16	12 4	癸卯
	8 19	7 3	癸酉	9 19	8 4	甲辰	10 19	9 5	甲戌	11 18	10 5	甲辰	12 18	11 5	甲戌	1 17	12 5	甲辰
	8 20	7 4	甲戌	9 20	8 5	乙巳	10 20	9 6	乙亥	11 19	10 6	乙巳	12 19	11 6	乙亥	1 18	12 6	乙巳
	8 21	7 5	乙亥	9 21	8 6	丙午	10 21	9 7	丙子	11 20	10 7	丙午	12 20	11 7	丙子	1 19	12 7	丙午
鼠	8 22	7 6	丙子	9 22	8 7	丁未	10 22	9 8	丁丑	11 21	10 8	丁未	12 21	11 8	丁丑	1 20	12 8	丁未
	8 23	7 7	丁丑	9 23	8 8	戊申	10 23	9 9	戊寅	11 22	10 9	戊申	12 22	11 9	戊寅	1 21	12 9	戊申
	8 24	7 8	戊寅	9 24	8 9	己酉	10 24	9 10	己卯	11 23	10 10	己酉	12 23	11 10	己卯	1 22	12 10	己酉
	8 25	7 9	己卯	9 25	8 10	庚戌	10 25	9 11	庚辰	11 24	10 11	庚戌	12 24	11 11	庚辰	1 23	12 11	庚戌
	8 26	7 10	庚辰	9 26	8 11	辛亥	10 26	9 12	辛巳	11 25	10 12	辛亥	12 25	11 12	辛巳	1 24	12 12	辛亥
	8 27	7 11	辛巳	9 27	8 12	壬子	10 27	9 13	壬午	11 26	10 13	壬子	12 26	11 13	壬午	1 25	12 13	壬子
中華民國二十五・二十六年	8 28	7 12	壬午	9 28	8 13	癸丑	10 28	9 14	癸未	11 27	10 14	癸丑	12 27	11 14	癸未	1 26	12 14	癸丑
	8 29	7 13	癸未	9 29	8 14	甲寅	10 29	9 15	甲申	11 28	10 15	甲寅	12 28	11 15	甲申	1 27	12 15	甲寅
	8 30	7 14	甲申	9 30	8 15	乙卯	10 30	9 16	乙酉	11 29	10 16	乙卯	12 29	11 16	乙酉	1 28	12 16	乙卯
	8 31	7 15	乙酉	10 1	8 16	丙辰	10 31	9 17	丙戌	11 30	10 17	丙辰	12 30	11 17	丙戌	1 29	12 17	丙辰
	9 1	7 16	丙戌	10 2	8 17	丁巳	11 1	9 18	丁亥	12 1	10 18	丁巳	12 31	11 18	丁亥	1 30	12 18	丁巳
	9 2	7 17	丁亥	10 3	8 18	戊午	11 2	9 19	戊子	12 2	10 19	戊午	1 1	11 19	戊子	1 31	12 19	戊午
	9 3	7 18	戊子	10 4	8 19	己未	11 3	9 20	己丑	12 3	10 20	己未	1 2	11 20	己丑	2 1	12 20	己未
	9 4	7 19	己丑	10 5	8 20	庚申	11 4	9 21	庚寅	12 4	10 21	庚申	1 3	11 21	庚寅	2 2	12 21	庚申
	9 5	7 20	庚寅	10 6	8 21	辛酉	11 5	9 22	辛卯	12 5	10 22	辛酉	1 4	11 22	辛卯	2 3	12 22	辛酉
	9 6	7 21	辛卯	10 7	8 22	壬戌	11 6	9 23	壬辰	12 6	10 23	壬戌	1 5	11 23	壬辰			
	9 7	7 22	壬辰															
中氣	處暑 8/23 16時10分 申時			秋分 9/23 13時25分 未時			霜降 10/23 22時18分 亥時			小雪 11/22 19時25分 戌時			冬至 12/22 8時26分 辰時			大寒 1/20 19時1分 戌時		

1937 牛 中華民國二十六年

年	丁丑																	
月	壬寅			癸卯			甲辰			乙巳			丙午			丁未		
節氣	立春 2/4 13時25分 未時			驚蟄 3/6 7時44分 辰時			清明 4/5 13時1分 未時			立夏 5/6 6時50分 卯時			芒種 6/6 11時22分 午時			小暑 7/7 21時46分 亥時		
日	國曆	農曆	干支	國曆	農曆	干支	國曆	農曆	干支	國曆	農曆	干支	國曆	農曆	干支	國曆	農曆	干支
	2 4	12 23	壬戌	3 6	1 24	壬辰	4 5	2 24	壬戌	5 6	3 26	癸巳	6 6	4 28	甲子	7 7	5 29	乙未
	2 5	12 24	癸亥	3 7	1 25	癸巳	4 6	2 25	癸亥	5 7	3 27	甲午	6 7	4 29	乙丑	7 8	6 1	丙申
	2 6	12 25	甲子	3 8	1 26	甲午	4 7	2 26	甲子	5 8	3 28	乙未	6 8	4 30	丙寅	7 9	6 2	丁酉
	2 7	12 26	乙丑	3 9	1 27	乙未	4 8	2 27	乙丑	5 9	3 29	丙申	6 9	5 1	丁卯	7 10	6 3	戊戌
	2 8	12 27	丙寅	3 10	1 28	丙申	4 9	2 28	丙寅	5 10	4 1	丁酉	6 10	5 2	戊辰	7 11	6 4	己亥
	2 9	12 28	丁卯	3 11	1 29	丁酉	4 10	2 29	丁卯	5 11	4 2	戊戌	6 11	5 3	己巳	7 12	6 5	庚子
	2 10	12 29	戊辰	3 12	1 30	戊戌	4 11	3 1	戊辰	5 12	4 3	己亥	6 12	5 4	庚午	7 13	6 6	辛丑
	2 11	1 1	己巳	3 13	2 1	己亥	4 12	3 2	己巳	5 13	4 4	庚子	6 13	5 5	辛未	7 14	6 7	壬寅
	2 12	1 2	庚午	3 14	2 2	庚子	4 13	3 3	庚午	5 14	4 5	辛丑	6 14	5 6	壬申	7 15	6 8	癸卯
	2 13	1 3	辛未	3 15	2 3	辛丑	4 14	3 4	辛未	5 15	4 6	壬寅	6 15	5 7	癸酉	7 16	6 9	甲辰
	2 14	1 4	壬申	3 16	2 4	壬寅	4 15	3 5	壬申	5 16	4 7	癸卯	6 16	5 8	甲戌	7 17	6 10	乙巳
	2 15	1 5	癸酉	3 17	2 5	癸卯	4 16	3 6	癸酉	5 17	4 8	甲辰	6 17	5 9	乙亥	7 18	6 11	丙午
	2 16	1 6	甲戌	3 18	2 6	甲辰	4 17	3 7	甲戌	5 18	4 9	乙巳	6 18	5 10	丙子	7 19	6 12	丁未
牛	2 17	1 7	乙亥	3 19	2 7	乙巳	4 18	3 8	乙亥	5 19	4 10	丙午	6 19	5 11	丁丑	7 20	6 13	戊申
	2 18	1 8	丙子	3 20	2 8	丙午	4 19	3 9	丙子	5 20	4 11	丁未	6 20	5 12	戊寅	7 21	6 14	己酉
	2 19	1 9	丁丑	3 21	2 9	丁未	4 20	3 10	丁丑	5 21	4 12	戊申	6 21	5 13	己卯	7 22	6 15	庚戌
	2 20	1 10	戊寅	3 22	2 10	戊申	4 21	3 11	戊寅	5 22	4 13	己酉	6 22	5 14	庚辰	7 23	6 16	辛亥
	2 21	1 11	己卯	3 23	2 11	己酉	4 22	3 12	己卯	5 23	4 14	庚戌	6 23	5 15	辛巳	7 24	6 17	壬子
	2 22	1 12	庚辰	3 24	2 12	庚戌	4 23	3 13	庚辰	5 24	4 15	辛亥	6 24	5 16	壬午	7 25	6 18	癸丑
	2 23	1 13	辛巳	3 25	2 13	辛亥	4 24	3 14	辛巳	5 25	4 16	壬子	6 25	5 17	癸未	7 26	6 19	甲寅
	2 24	1 14	壬午	3 26	2 14	壬子	4 25	3 15	壬午	5 26	4 17	癸丑	6 26	5 18	甲申	7 27	6 20	乙卯
	2 25	1 15	癸未	3 27	2 15	癸丑	4 26	3 16	癸未	5 27	4 18	甲寅	6 27	5 19	乙酉	7 28	6 21	丙辰
	2 26	1 16	甲申	3 28	2 16	甲寅	4 27	3 17	甲申	5 28	4 19	乙卯	6 28	5 20	丙戌	7 29	6 22	丁巳
	2 27	1 17	乙酉	3 29	2 17	乙卯	4 28	3 18	乙酉	5 29	4 20	丙辰	6 29	5 21	丁亥	7 30	6 23	戊午
	2 28	1 18	丙戌	3 30	2 18	丙辰	4 29	3 19	丙戌	5 30	4 21	丁巳	6 30	5 22	戊子	7 31	6 24	己未
	3 1	1 19	丁亥	3 31	2 19	丁巳	4 30	3 20	丁亥	5 31	4 22	戊午	7 1	5 23	己丑	8 1	6 25	庚申
	3 2	1 20	戊子	4 1	2 20	戊午	5 1	3 21	戊子	6 1	4 23	己未	7 2	5 24	庚寅	8 2	6 26	辛酉
	3 3	1 21	己丑	4 2	2 21	己未	5 2	3 22	己丑	6 2	4 24	庚申	7 3	5 25	辛卯	8 3	6 27	壬戌
	3 4	1 22	庚寅	4 3	2 22	庚申	5 3	3 23	庚寅	6 3	4 25	辛酉	7 4	5 26	壬辰	8 4	6 28	癸亥
	3 5	1 23	辛卯	4 4	2 23	辛酉	5 4	3 24	辛卯	6 4	4 26	壬戌	7 5	5 27	癸巳	8 5	6 29	甲子
							5 5	3 25	壬辰	6 5	4 27	癸亥	7 6	5 28	甲午	8 6	7 1	乙丑
																8 7	7 2	丙寅
中氣	雨水 2/19 9時20分 巳時			春分 3/21 8時45分 辰時			穀雨 4/20 20時19分 戌時			小滿 5/21 19時57分 戌時			夏至 6/22 4時12分 寅時			大暑 7/23 15時6分 申時		

丁丑																														年
戊申					己酉					庚戌					辛亥					壬子					癸丑					月
立秋 8/8 7時25分 辰時					白露 9/8 9時59分 巳時					寒露 10/9 1時10分 丑時					立冬 11/8 3時55分 寅時					大雪 12/7 20時26分 戌時					小寒 1/6 7時31分 辰時					節氣
國曆		農曆		干支	國曆		農曆		干支	國曆		農曆		干支	國曆		農曆		干支	國曆		農曆		干支	國曆		農曆		干支	日
8	8	7	3	丁卯	9	8	8	4	戊戌	10	9	9	6	己巳	11	8	10	6	己亥	12	7	11	5	戊辰	1	6	12	5	戊戌	
8	9	7	4	戊辰	9	9	8	5	己亥	10	10	9	7	庚午	11	9	10	7	庚子	12	8	11	6	己巳	1	7	12	6	己亥	
8	10	7	5	己巳	9	10	8	6	庚子	10	11	9	8	辛未	11	10	10	8	辛丑	12	9	11	7	庚午	1	8	12	7	庚子	
8	11	7	6	庚午	9	11	8	7	辛丑	10	12	9	9	壬申	11	11	10	9	壬寅	12	10	11	8	辛未	1	9	12	8	辛丑	1
8	12	7	7	辛未	9	12	8	8	壬寅	10	13	9	10	癸酉	11	12	10	10	癸卯	12	11	11	9	壬申	1	10	12	9	壬寅	9
8	13	7	8	壬申	9	13	8	9	癸卯	10	14	9	11	甲戌	11	13	10	11	甲辰	12	12	11	10	癸酉	1	11	12	10	癸卯	3
8	14	7	9	癸酉	9	14	8	10	甲辰	10	15	9	12	乙亥	11	14	10	12	乙巳	12	13	11	11	甲戌	1	12	12	11	甲辰	7
8	15	7	10	甲戌	9	15	8	11	乙巳	10	16	9	13	丙子	11	15	10	13	丙午	12	14	11	12	乙亥	1	13	12	12	乙巳	•
8	16	7	11	乙亥	9	16	8	12	丙午	10	17	9	14	丁丑	11	16	10	14	丁未	12	15	11	13	丙子	1	14	12	13	丙午	1
8	17	7	12	丙子	9	17	8	13	丁未	10	18	9	15	戊寅	11	17	10	15	戊申	12	16	11	14	丁丑	1	15	12	14	丁未	9
8	18	7	13	丁丑	9	18	8	14	戊申	10	19	9	16	己卯	11	18	10	16	己酉	12	17	11	15	戊寅	1	16	12	15	戊申	3
8	19	7	14	戊寅	9	19	8	15	己酉	10	20	9	17	庚辰	11	19	10	17	庚戌	12	18	11	16	己卯	1	17	12	16	己酉	8
8	20	7	15	己卯	9	20	8	16	庚戌	10	21	9	18	辛巳	11	20	10	18	辛亥	12	19	11	17	庚辰	1	18	12	17	庚戌	
8	21	7	16	庚辰	9	21	8	17	辛亥	10	22	9	19	壬午	11	21	10	19	壬子	12	20	11	18	辛巳	1	19	12	18	辛亥	牛
8	22	7	17	辛巳	9	22	8	18	壬子	10	23	9	20	癸未	11	22	10	20	癸丑	12	21	11	19	壬午	1	20	12	19	壬子	
8	23	7	18	壬午	9	23	8	19	癸丑	10	24	9	21	甲申	11	23	10	21	甲寅	12	22	11	20	癸未	1	21	12	20	癸丑	
8	24	7	19	癸未	9	24	8	20	甲寅	10	25	9	22	乙酉	11	24	10	22	乙卯	12	23	11	21	甲申	1	22	12	21	甲寅	
8	25	7	20	甲申	9	25	8	21	乙卯	10	26	9	23	丙戌	11	25	10	23	丙辰	12	24	11	22	乙酉	1	23	12	22	乙卯	
8	26	7	21	乙酉	9	26	8	22	丙辰	10	27	9	24	丁亥	11	26	10	24	丁巳	12	25	11	23	丙戌	1	24	12	23	丙辰	
8	27	7	22	丙戌	9	27	8	23	丁巳	10	28	9	25	戊子	11	27	10	25	戊午	12	26	11	24	丁亥	1	25	12	24	丁巳	中
8	28	7	23	丁亥	9	28	8	24	戊午	10	29	9	26	己丑	11	28	10	26	己未	12	27	11	25	戊子	1	26	12	25	戊午	華
8	29	7	24	戊子	9	29	8	25	己未	10	30	9	27	庚寅	11	29	10	27	庚申	12	28	11	26	己丑	1	27	12	26	己未	民
8	30	7	25	己丑	9	30	8	26	庚申	10	31	9	28	辛卯	11	30	10	28	辛酉	12	29	11	27	庚寅	1	28	12	27	庚申	國
8	31	7	26	庚寅	10	1	8	27	辛酉	11	1	9	29	壬辰	12	1	10	29	壬戌	12	30	11	28	辛卯	1	29	12	28	辛酉	二
9	1	7	27	辛卯	10	2	8	28	壬戌	11	2	9	30	癸巳	12	2	10	30	癸亥	12	31	11	29	壬辰	1	30	12	29	壬戌	十
9	2	7	28	壬辰	10	3	8	29	癸亥	11	3	10	1	甲午	12	3	11	1	甲子	1	1	11	30	癸巳	1	31	1	1	癸亥	六
9	3	7	29	癸巳	10	4	9	1	甲子	11	4	10	2	乙未	12	4	11	2	乙丑	1	2	12	1	甲午	2	1	1	2	甲子	•
9	4	7	30	甲午	10	5	9	2	乙丑	11	5	10	3	丙申	12	5	11	3	丙寅	1	3	12	2	乙未	2	2	1	3	乙丑	二
9	5	8	1	乙未	10	6	9	3	丙寅	11	6	10	4	丁酉	12	6	11	4	丁卯	1	4	12	3	丙申	2	3	1	4	丙寅	十
9	6	8	2	丙申	10	7	9	4	丁卯	11	7	10	5	戊戌						1	5	12	4	丁酉						七
9	7	8	3	丁酉	10	8	9	5	戊辰																					年
處暑 8/23 21時57分 亥時					秋分 9/23 19時12分 戌時					霜降 10/24 4時6分 寅時					小雪 11/23 1時16分 丑時					冬至 12/22 14時21分 未時					大寒 1/21 0時58分 子時					中氣

年	戊寅																	
月	甲寅			乙卯			丙辰			丁巳			戊午			己未		
節氣	立春 2/4 19時15分 戌時			驚蟄 3/6 13時33分 未時			清明 4/5 18時48分 酉時			立夏 5/6 12時35分 午時			芒種 6/6 17時6分 酉時			小暑 7/8 3時31分 寅時		
日	國曆	農曆	干支	國曆	農曆	干支	國曆	農曆	干支	國曆	農曆	干支	國曆	農曆	干支	國曆	農曆	干支
	2 4	1 5	丁卯	3 6	2 5	丁酉	4 5	3 5	丁卯	5 6	4 7	戊戌	6 6	5 9	己巳	7 8	6 11	辛丑
	2 5	1 6	戊辰	3 7	2 6	戊戌	4 6	3 6	戊辰	5 7	4 8	己亥	6 7	5 10	庚午	7 9	6 12	壬寅
	2 6	1 7	己巳	3 8	2 7	己亥	4 7	3 7	己巳	5 8	4 9	庚子	6 8	5 11	辛未	7 10	6 13	癸卯
	2 7	1 8	庚午	3 9	2 8	庚子	4 8	3 8	庚午	5 9	4 10	辛丑	6 9	5 12	壬申	7 11	6 14	甲辰
1938	2 8	1 9	辛未	3 10	2 9	辛丑	4 9	3 9	辛未	5 10	4 11	壬寅	6 10	5 13	癸酉	7 12	6 15	乙巳
	2 9	1 10	壬申	3 11	2 10	壬寅	4 10	3 10	壬申	5 11	4 12	癸卯	6 11	5 14	甲戌	7 13	6 16	丙午
	2 10	1 11	癸酉	3 12	2 11	癸卯	4 11	3 11	癸酉	5 12	4 13	甲辰	6 12	5 15	乙亥	7 14	6 17	丁未
	2 11	1 12	甲戌	3 13	2 12	甲辰	4 12	3 12	甲戌	5 13	4 14	乙巳	6 13	5 16	丙子	7 15	6 18	戊申
	2 12	1 13	乙亥	3 14	2 13	乙巳	4 13	3 13	乙亥	5 14	4 15	丙午	6 14	5 17	丁丑	7 16	6 19	己酉
	2 13	1 14	丙子	3 15	2 14	丙午	4 14	3 14	丙子	5 15	4 16	丁未	6 15	5 18	戊寅	7 17	6 20	庚戌
	2 14	1 15	丁丑	3 16	2 15	丁未	4 15	3 15	丁丑	5 16	4 17	戊申	6 16	5 19	己卯	7 18	6 21	辛亥
	2 15	1 16	戊寅	3 17	2 16	戊申	4 16	3 16	戊寅	5 17	4 18	己酉	6 17	5 20	庚辰	7 19	6 22	壬子
	2 16	1 17	己卯	3 18	2 17	己酉	4 17	3 17	己卯	5 18	4 19	庚戌	6 18	5 21	辛巳	7 20	6 23	癸丑
虎	2 17	1 18	庚辰	3 19	2 18	庚戌	4 18	3 18	庚辰	5 19	4 20	辛亥	6 19	5 22	壬午	7 21	6 24	甲寅
	2 18	1 19	辛巳	3 20	2 19	辛亥	4 19	3 19	辛巳	5 20	4 21	壬子	6 20	5 23	癸未	7 22	6 25	乙卯
	2 19	1 20	壬午	3 21	2 20	壬子	4 20	3 20	壬午	5 21	4 22	癸丑	6 21	5 24	甲申	7 23	6 26	丙辰
	2 20	1 21	癸未	3 22	2 21	癸丑	4 21	3 21	癸未	5 22	4 23	甲寅	6 22	5 25	乙酉	7 24	6 27	丁巳
	2 21	1 22	甲申	3 23	2 22	甲寅	4 22	3 22	甲申	5 23	4 24	乙卯	6 23	5 26	丙戌	7 25	6 28	戊午
	2 22	1 23	乙酉	3 24	2 23	乙卯	4 23	3 23	乙酉	5 24	4 25	丙辰	6 24	5 27	丁亥	7 26	6 29	己未
	2 23	1 24	丙戌	3 25	2 24	丙辰	4 24	3 24	丙戌	5 25	4 26	丁巳	6 25	5 28	戊子	7 27	7 1	庚申
	2 24	1 25	丁亥	3 26	2 25	丁巳	4 25	3 25	丁亥	5 26	4 27	戊午	6 26	5 29	己丑	7 28	7 2	辛酉
中華民國二十七年	2 25	1 26	戊子	3 27	2 26	戊午	4 26	3 26	戊子	5 27	4 28	己未	6 27	5 30	庚寅	7 29	7 3	壬戌
	2 26	1 27	己丑	3 28	2 27	己未	4 27	3 27	己丑	5 28	4 29	庚申	6 28	6 1	辛卯	7 30	7 4	癸亥
	2 27	1 28	庚寅	3 29	2 28	庚申	4 28	3 28	庚寅	5 29	5 1	辛酉	6 29	6 2	壬辰	7 31	7 5	甲子
	2 28	1 29	辛卯	3 30	2 29	辛酉	4 29	3 29	辛卯	5 30	5 2	壬戌	6 30	6 3	癸巳	8 1	7 6	乙丑
	3 1	1 30	壬辰	3 31	2 30	壬戌	4 30	4 1	壬辰	5 31	5 3	癸亥	7 1	6 4	甲午	8 2	7 7	丙寅
	3 2	2 1	癸巳	4 1	3 1	癸亥	5 1	4 2	癸巳	6 1	5 4	甲子	7 2	6 5	乙未	8 3	7 8	丁卯
	3 3	2 2	甲午	4 2	3 2	甲子	5 2	4 3	甲午	6 2	5 5	乙丑	7 3	6 6	丙申	8 4	7 9	戊辰
	3 4	2 3	乙未	4 3	3 3	乙丑	5 3	4 4	乙未	6 3	5 6	丙寅	7 4	6 7	丁酉	8 5	7 10	己巳
	3 5	2 4	丙申	4 4	3 4	丙寅	5 4	4 5	丙申	6 4	5 7	丁卯	7 5	6 8	戊戌	8 6	7 11	庚午
							5 5	4 6	丁酉	6 5	5 8	戊辰	7 6	6 9	己亥	8 7	7 12	辛未
													7 7	6 10	庚子			
中氣	雨水 2/19 15時19分 申時			春分 3/21 14時43分 未時			穀雨 4/21 2時14分 丑時			小滿 5/22 1時50分 丑時			夏至 6/22 10時3分 巳時			大暑 7/23 20時57分 戌時		

年	戊寅																	
月	庚申			辛酉			壬戌			癸亥			甲子			乙丑		
節氣	立秋 8/8 13時12分 未時			白露 9/8 15時48分 申時			寒露 10/9 7時1分 辰時			立冬 11/8 9時48分 巳時			大雪 12/8 2時22分 丑時			小寒 1/6 13時27分 未時		
日	國曆	農曆	干支	國曆	農曆	干支	國曆	農曆	干支	國曆	農曆	干支	國曆	農曆	干支	國曆	農曆	干支
	8 8	7 13	壬申	9 8	7 15	癸卯	10 9	8 16	甲戌	11 8	9 17	甲辰	12 8	10 17	甲戌	1 6	11 16	癸卯
	8 9	7 14	癸酉	9 9	7 16	甲辰	10 10	8 17	乙亥	11 9	9 18	乙巳	12 9	10 18	乙亥	1 7	11 17	甲辰
1938・1939	8 10	7 15	甲戌	9 10	7 17	乙巳	10 11	8 18	丙子	11 10	9 19	丙午	12 10	10 19	丙子	1 8	11 18	乙巳
	8 11	7 16	乙亥	9 11	7 18	丙午	10 12	8 19	丁丑	11 11	9 20	丁未	12 11	10 20	丁丑	1 9	11 19	丙午
	8 12	7 17	丙子	9 12	7 19	丁未	10 13	8 20	戊寅	11 12	9 21	戊申	12 12	10 21	戊寅	1 10	11 20	丁未
	8 13	7 18	丁丑	9 13	7 20	戊申	10 14	8 21	己卯	11 13	9 22	己酉	12 13	10 22	己卯	1 11	11 21	戊申
	8 14	7 19	戊寅	9 14	7 21	己酉	10 15	8 22	庚辰	11 14	9 23	庚戌	12 14	10 23	庚辰	1 12	11 22	己酉
	8 15	7 20	己卯	9 15	7 22	庚戌	10 16	8 23	辛巳	11 15	9 24	辛亥	12 15	10 24	辛巳	1 13	11 23	庚戌
	8 16	7 21	庚辰	9 16	7 23	辛亥	10 17	8 24	壬午	11 16	9 25	壬子	12 16	10 25	壬午	1 14	11 24	辛亥
	8 17	7 22	辛巳	9 17	7 24	壬子	10 18	8 25	癸未	11 17	9 26	癸丑	12 17	10 26	癸未	1 15	11 25	壬子
	8 18	7 23	壬午	9 18	7 25	癸丑	10 19	8 26	甲申	11 18	9 27	甲寅	12 18	10 27	甲申	1 16	11 26	癸丑
	8 19	7 24	癸未	9 19	7 26	甲寅	10 20	8 27	乙酉	11 19	9 28	乙卯	12 19	10 28	乙酉	1 17	11 27	甲寅
	8 20	7 25	甲申	9 20	7 27	乙卯	10 21	8 28	丙戌	11 20	9 29	丙辰	12 20	10 29	丙戌	1 18	11 28	乙卯
	8 21	7 26	乙酉	9 21	7 28	丙辰	10 22	8 29	丁亥	11 21	9 30	丁巳	12 21	10 30	丁亥	1 19	11 29	丙辰
虎	8 22	7 27	丙戌	9 22	7 29	丁巳	10 23	9 1	戊子	11 22	10 1	戊午	12 22	11 1	戊子	1 20	12 1	丁巳
	8 23	7 28	丁亥	9 23	7 30	戊午	10 24	9 2	己丑	11 23	10 2	己未	12 23	11 2	己丑	1 21	12 2	戊午
	8 24	7 29	戊子	9 24	8 1	己未	10 25	9 3	庚寅	11 24	10 3	庚申	12 24	11 3	庚寅	1 22	12 3	己未
	8 25	閏7 1	己丑	9 25	8 2	庚申	10 26	9 4	辛卯	11 25	10 4	辛酉	12 25	11 4	辛卯	1 23	12 4	庚申
	8 26	7 2	庚寅	9 26	8 3	辛酉	10 27	9 5	壬辰	11 26	10 5	壬戌	12 26	11 5	壬辰	1 24	12 5	辛酉
	8 27	7 3	辛卯	9 27	8 4	壬戌	10 28	9 6	癸巳	11 27	10 6	癸亥	12 27	11 6	癸巳	1 25	12 6	壬戌
中華民國二十七・二十八年	8 28	7 4	壬辰	9 28	8 5	癸亥	10 29	9 7	甲午	11 28	10 7	甲子	12 28	11 7	甲午	1 26	12 7	癸亥
	8 29	7 5	癸巳	9 29	8 6	甲子	10 30	9 8	乙未	11 29	10 8	乙丑	12 29	11 8	乙未	1 27	12 8	甲子
	8 30	7 6	甲午	9 30	8 7	乙丑	10 31	9 9	丙申	11 30	10 9	丙寅	12 30	11 9	丙申	1 28	12 9	乙丑
	8 31	7 7	乙未	10 1	8 8	丙寅	11 1	9 10	丁酉	12 1	10 10	丁卯	12 31	11 10	丁酉	1 29	12 10	丙寅
	9 1	7 8	丙申	10 2	8 9	丁卯	11 2	9 11	戊戌	12 2	10 11	戊辰	1 1	11 11	戊戌	1 30	12 11	丁卯
	9 2	7 9	丁酉	10 3	8 10	戊辰	11 3	9 12	己亥	12 3	10 12	己巳	1 2	11 12	己亥	1 31	12 12	戊辰
	9 3	7 10	戊戌	10 4	8 11	己巳	11 4	9 13	庚子	12 4	10 13	庚午	1 3	11 13	庚子	2 1	12 13	己巳
	9 4	7 11	己亥	10 5	8 12	庚午	11 5	9 14	辛丑	12 5	10 14	辛未	1 4	11 14	辛丑	2 2	12 14	庚午
	9 5	7 12	庚子	10 6	8 13	辛未	11 6	9 15	壬寅	12 6	10 15	壬申	1 5	11 15	壬寅	2 3	12 15	辛未
	9 6	7 13	辛丑	10 7	8 14	壬申	11 7	9 16	癸卯	12 7	10 16	癸酉				2 4	12 16	壬申
	9 7	7 14	壬寅	10 8	8 15	癸酉												
中氣	處暑 8/24 3時45分 寅時			秋分 9/24 0時59分 子時			霜降 10/24 9時53分 巳時			小雪 11/23 7時6分 辰時			冬至 12/22 20時13分 戌時			大寒 1/21 6時50分 卯時		

年	己卯																	
月	丙寅			丁卯			戊辰			己巳			庚午			辛未		
節氣	立春			驚蟄			清明			立夏			芒種			小暑		
	2/5 1時10分 丑時			3/6 19時26分 戌時			4/6 0時37分 子時			5/6 18時21分 酉時			6/6 22時51分 亥時			7/8 9時18分 巳時		
日	國曆	農曆	干支	國曆	農曆	干支	國曆	農曆	干支	國曆	農曆	干支	國曆	農曆	干支	國曆	農曆	干支
1939	2 5	12 17	癸酉	3 6	1 16	壬寅	4 6	2 17	癸酉	5 6	3 17	癸卯	6 6	4 19	甲戌	7 8	5 22	丙午
	2 6	12 18	甲戌	3 7	1 17	癸卯	4 7	2 18	甲戌	5 7	3 18	甲辰	6 7	4 20	乙亥	7 9	5 23	丁未
	2 7	12 19	乙亥	3 8	1 18	甲辰	4 8	2 19	乙亥	5 8	3 19	乙巳	6 8	4 21	丙子	7 10	5 24	戊申
	2 8	12 20	丙子	3 9	1 19	乙巳	4 9	2 20	丙子	5 9	3 20	丙午	6 9	4 22	丁丑	7 11	5 25	己酉
	2 9	12 21	丁丑	3 10	1 20	丙午	4 10	2 21	丁丑	5 10	3 21	丁未	6 10	4 23	戊寅	7 12	5 26	庚戌
	2 10	12 22	戊寅	3 11	1 21	丁未	4 11	2 22	戊寅	5 11	3 22	戊申	6 11	4 24	己卯	7 13	5 27	辛亥
	2 11	12 23	己卯	3 12	1 22	戊申	4 12	2 23	己卯	5 12	3 23	己酉	6 12	4 25	庚辰	7 14	5 28	壬子
	2 12	12 24	庚辰	3 13	1 23	己酉	4 13	2 24	庚辰	5 13	3 24	庚戌	6 13	4 26	辛巳	7 15	5 29	癸丑
	2 13	12 25	辛巳	3 14	1 24	庚戌	4 14	2 25	辛巳	5 14	3 25	辛亥	6 14	4 27	壬午	7 16	5 30	甲寅
	2 14	12 26	壬午	3 15	1 25	辛亥	4 15	2 26	壬午	5 15	3 26	壬子	6 15	4 28	癸未	7 17	6 1	乙卯
	2 15	12 27	癸未	3 16	1 26	壬子	4 16	2 27	癸未	5 16	3 27	癸丑	6 16	4 29	甲申	7 18	6 2	丙辰
	2 16	12 28	甲申	3 17	1 27	癸丑	4 17	2 28	甲申	5 17	3 28	甲寅	6 17	5 1	乙酉	7 19	6 3	丁巳
	2 17	12 29	乙酉	3 18	1 28	甲寅	4 18	2 29	乙酉	5 18	3 29	乙卯	6 18	5 2	丙戌	7 20	6 4	戊午
兔	2 18	12 30	丙戌	3 19	1 29	乙卯	4 19	2 30	丙戌	5 19	4 1	丙辰	6 19	5 3	丁亥	7 21	6 5	己未
	2 19	1 1	丁亥	3 20	1 30	丙辰	4 20	3 1	丁亥	5 20	4 2	丁巳	6 20	5 4	戊子	7 22	6 6	庚申
	2 20	1 2	戊子	3 21	2 1	丁巳	4 21	3 2	戊子	5 21	4 3	戊午	6 21	5 5	己丑	7 23	6 7	辛酉
	2 21	1 3	己丑	3 22	2 2	戊午	4 22	3 3	己丑	5 22	4 4	己未	6 22	5 6	庚寅	7 24	6 8	壬戌
	2 22	1 4	庚寅	3 23	2 3	己未	4 23	3 4	庚寅	5 23	4 5	庚申	6 23	5 7	辛卯	7 25	6 9	癸亥
	2 23	1 5	辛卯	3 24	2 4	庚申	4 24	3 5	辛卯	5 24	4 6	辛酉	6 24	5 8	壬辰	7 26	6 10	甲子
	2 24	1 6	壬辰	3 25	2 5	辛酉	4 25	3 6	壬辰	5 25	4 7	壬戌	6 25	5 9	癸巳	7 27	6 11	乙丑
中華民國二十八年	2 25	1 7	癸巳	3 26	2 6	壬戌	4 26	3 7	癸巳	5 26	4 8	癸亥	6 26	5 10	甲午	7 28	6 12	丙寅
	2 26	1 8	甲午	3 27	2 7	癸亥	4 27	3 8	甲午	5 27	4 9	甲子	6 27	5 11	乙未	7 29	6 13	丁卯
	2 27	1 9	乙未	3 28	2 8	甲子	4 28	3 9	乙未	5 28	4 10	乙丑	6 28	5 12	丙申	7 30	6 14	戊辰
	2 28	1 10	丙申	3 29	2 9	乙丑	4 29	3 10	丙申	5 29	4 11	丙寅	6 29	5 13	丁酉	7 31	6 15	己巳
	3 1	1 11	丁酉	3 30	2 10	丙寅	4 30	3 11	丁酉	5 30	4 12	丁卯	6 30	5 14	戊戌	8 1	6 16	庚午
	3 2	1 12	戊戌	3 31	2 11	丁卯	5 1	3 12	戊戌	5 31	4 13	戊辰	7 1	5 15	己亥	8 2	6 17	辛未
	3 3	1 13	己亥	4 1	2 12	戊辰	5 2	3 13	己亥	6 1	4 14	己巳	7 2	5 16	庚子	8 3	6 18	壬申
	3 4	1 14	庚子	4 2	2 13	己巳	5 3	3 14	庚子	6 2	4 15	庚午	7 3	5 17	辛丑	8 4	6 19	癸酉
	3 5	1 15	辛丑	4 3	2 14	庚午	5 4	3 15	辛丑	6 3	4 16	辛未	7 4	5 18	壬寅	8 5	6 20	甲戌
				4 4	2 15	辛未	5 5	3 16	壬寅	6 4	4 17	壬申	7 5	5 19	癸卯	8 6	6 21	乙亥
				4 5	2 16	壬申				6 5	4 18	癸酉	7 6	5 20	甲辰	8 7	6 22	丙子
													7 7	5 21	乙巳			
中氣	雨水			春分			穀雨			小滿			夏至			大暑		
	2/19 21時9分 亥時			3/21 20時28分 戌時			4/21 7時55分 辰時			5/22 7時26分 辰時			6/22 15時39分 申時			7/24 2時36分 丑時		

年	己卯																	
月	壬申			癸酉			甲戌			乙亥			丙子			丁丑		
節氣	立秋 8/8 19時3分 戌時			白露 9/8 21時42分 亥時			寒露 10/9 12時56分 午時			立冬 11/8 15時43分 申時			大雪 12/8 8時17分 辰時			小寒 1/6 19時23分 戌時		
日	國曆	農曆	干支	國曆	農曆	干支	國曆	農曆	干支	國曆	農曆	干支	國曆	農曆	干支	國曆	農曆	干支
1939・1940	8 8	6 23	丁丑	9 8	7 25	戊申	10 9	8 27	己卯	11 8	9 27	己酉	12 8	10 28	己卯	1 6	11 27	戊申
	8 9	6 24	戊寅	9 9	7 26	己酉	10 10	8 28	庚辰	11 9	9 28	庚戌	12 9	10 29	庚辰	1 7	11 28	己酉
	8 10	6 25	己卯	9 10	7 27	庚戌	10 11	8 29	辛巳	11 10	9 29	辛亥	12 10	10 30	辛巳	1 8	11 29	庚戌
	8 11	6 26	庚辰	9 11	7 28	辛亥	10 12	8 30	壬午	11 11	10 1	壬子	12 11	11 1	壬午	1 9	12 1	辛亥
	8 12	6 27	辛巳	9 12	7 29	壬子	10 13	9 1	癸未	11 12	10 2	癸丑	12 12	11 2	癸未	1 10	12 2	壬子
	8 13	6 28	壬午	9 13	8 1	癸丑	10 14	9 2	甲申	11 13	10 3	甲寅	12 13	11 3	甲申	1 11	12 3	癸丑
	8 14	6 29	癸未	9 14	8 2	甲寅	10 15	9 3	乙酉	11 14	10 4	乙卯	12 14	11 4	乙酉	1 12	12 4	甲寅
	8 15	7 1	甲申	9 15	8 3	乙卯	10 16	9 4	丙戌	11 15	10 5	丙辰	12 15	11 5	丙戌	1 13	12 5	乙卯
	8 16	7 2	乙酉	9 16	8 4	丙辰	10 17	9 5	丁亥	11 16	10 6	丁巳	12 16	11 6	丁亥	1 14	12 6	丙辰
	8 17	7 3	丙戌	9 17	8 5	丁巳	10 18	9 6	戊子	11 17	10 7	戊午	12 17	11 7	戊子	1 15	12 7	丁巳
	8 18	7 4	丁亥	9 18	8 6	戊午	10 19	9 7	己丑	11 18	10 8	己未	12 18	11 8	己丑	1 16	12 8	戊午
	8 19	7 5	戊子	9 19	8 7	己未	10 20	9 8	庚寅	11 19	10 9	庚申	12 19	11 9	庚寅	1 17	12 9	己未
	8 20	7 6	己丑	9 20	8 8	庚申	10 21	9 9	辛卯	11 20	10 10	辛酉	12 20	11 10	辛卯	1 18	12 10	庚申
	8 21	7 7	庚寅	9 21	8 9	辛酉	10 22	9 10	壬辰	11 21	10 11	壬戌	12 21	11 11	壬辰	1 19	12 11	辛酉
兔	8 22	7 8	辛卯	9 22	8 10	壬戌	10 23	9 11	癸巳	11 22	10 12	癸亥	12 22	11 12	癸巳	1 20	12 12	壬戌
	8 23	7 9	壬辰	9 23	8 11	癸亥	10 24	9 12	甲午	11 23	10 13	甲子	12 23	11 13	甲午	1 21	12 13	癸亥
	8 24	7 10	癸巳	9 24	8 12	甲子	10 25	9 13	乙未	11 24	10 14	乙丑	12 24	11 14	乙未	1 22	12 14	甲子
	8 25	7 11	甲午	9 25	8 13	乙丑	10 26	9 14	丙申	11 25	10 15	丙寅	12 25	11 15	丙申	1 23	12 15	乙丑
	8 26	7 12	乙未	9 26	8 14	丙寅	10 27	9 15	丁酉	11 26	10 16	丁卯	12 26	11 16	丁酉	1 24	12 16	丙寅
中華民國二十八・二十九年	8 27	7 13	丙申	9 27	8 15	丁卯	10 28	9 16	戊戌	11 27	10 17	戊辰	12 27	11 17	戊戌	1 25	12 17	丁卯
	8 28	7 14	丁酉	9 28	8 16	戊辰	10 29	9 17	己亥	11 28	10 18	己巳	12 28	11 18	己亥	1 26	12 18	戊辰
	8 29	7 15	戊戌	9 29	8 17	己巳	10 30	9 18	庚子	11 29	10 19	庚午	12 29	11 19	庚子	1 27	12 19	己巳
	8 30	7 16	己亥	9 30	8 18	庚午	10 31	9 19	辛丑	11 30	10 20	辛未	12 30	11 20	辛丑	1 28	12 20	庚午
	8 31	7 17	庚子	10 1	8 19	辛未	11 1	9 20	壬寅	12 1	10 21	壬申	12 31	11 21	壬寅	1 29	12 21	辛未
	9 1	7 18	辛丑	10 2	8 20	壬申	11 2	9 21	癸卯	12 2	10 22	癸酉	1 1	11 22	癸卯	1 30	12 22	壬申
	9 2	7 19	壬寅	10 3	8 21	癸酉	11 3	9 22	甲辰	12 3	10 23	甲戌	1 2	11 23	甲辰	1 31	12 23	癸酉
	9 3	7 20	癸卯	10 4	8 22	甲戌	11 4	9 23	乙巳	12 4	10 24	乙亥	1 3	11 24	乙巳	2 1	12 24	甲戌
	9 4	7 21	甲辰	10 5	8 23	乙亥	11 5	9 24	丙午	12 5	10 25	丙子	1 4	11 25	丙午	2 2	12 25	乙亥
	9 5	7 22	乙巳	10 6	8 24	丙子	11 6	9 25	丁未	12 6	10 26	丁丑	1 5	11 26	丁未	2 3	12 26	丙子
	9 6	7 23	丙午	10 7	8 25	丁丑	11 7	9 26	戊申	12 7	10 27	戊寅				2 4	12 27	丁丑
	9 7	7 24	丁未	10 8	8 26	戊寅												
中氣	處暑 8/24 9時31分 巳時			秋分 9/24 6時49分 卯時			霜降 10/24 15時45分 申時			小雪 11/23 12時58分 午時			冬至 12/23 2時6分 丑時			大寒 1/21 12時44分 午時		

年	庚辰																	
月	戊寅			己卯			庚辰			辛巳			壬午			癸未		
節氣	立春 2/5 7時7分 辰時			驚蟄 3/6 1時24分 丑時			清明 4/5 6時34分 卯時			立夏 5/6 0時16分 子時			芒種 6/6 4時44分 寅時			小暑 7/7 15時8分 申時		
日	國曆	農曆	干支	國曆	農曆	干支	國曆	農曆	干支	國曆	農曆	干支	國曆	農曆	干支	國曆	農曆	干支
1940 龍 中華民國二十九年	2 5	12 28	戊寅	3 6	1 28	戊申	4 5	2 28	戊寅	5 6	3 29	己酉	6 6	5 1	庚辰	7 7	6 3	辛亥
	2 6	12 29	己卯	3 7	1 29	己酉	4 6	2 29	己卯	5 7	4 1	庚戌	6 7	5 2	辛巳	7 8	6 4	壬子
	2 7	12 30	庚辰	3 8	1 30	庚戌	4 7	2 30	庚辰	5 8	4 2	辛亥	6 8	5 3	壬午	7 9	6 5	癸丑
	2 8	1 1	辛巳	3 9	2 1	辛亥	4 8	3 1	辛巳	5 9	4 3	壬子	6 9	5 4	癸未	7 10	6 6	甲寅
	2 9	1 2	壬午	3 10	2 2	壬子	4 9	3 2	壬午	5 10	4 4	癸丑	6 10	5 5	甲申	7 11	6 7	乙卯
	2 10	1 3	癸未	3 11	2 3	癸丑	4 10	3 3	癸未	5 11	4 5	甲寅	6 11	5 6	乙酉	7 12	6 8	丙辰
	2 11	1 4	甲申	3 12	2 4	甲寅	4 11	3 4	甲申	5 12	4 6	乙卯	6 12	5 7	丙戌	7 13	6 9	丁巳
	2 12	1 5	乙酉	3 13	2 5	乙卯	4 12	3 5	乙酉	5 13	4 7	丙辰	6 13	5 8	丁亥	7 14	6 10	戊午
	2 13	1 6	丙戌	3 14	2 6	丙辰	4 13	3 6	丙戌	5 14	4 8	丁巳	6 14	5 9	戊子	7 15	6 11	己未
	2 14	1 7	丁亥	3 15	2 7	丁巳	4 14	3 7	丁亥	5 15	4 9	戊午	6 15	5 10	己丑	7 16	6 12	庚申
	2 15	1 8	戊子	3 16	2 8	戊午	4 15	3 8	戊子	5 16	4 10	己未	6 16	5 11	庚寅	7 17	6 13	辛酉
	2 16	1 9	己丑	3 17	2 9	己未	4 16	3 9	己丑	5 17	4 11	庚申	6 17	5 12	辛卯	7 18	6 14	壬戌
	2 17	1 10	庚寅	3 18	2 10	庚申	4 17	3 10	庚寅	5 18	4 12	辛酉	6 18	5 13	壬辰	7 19	6 15	癸亥
	2 18	1 11	辛卯	3 19	2 11	辛酉	4 18	3 11	辛卯	5 19	4 13	壬戌	6 19	5 14	癸巳	7 20	6 16	甲子
	2 19	1 12	壬辰	3 20	2 12	壬戌	4 19	3 12	壬辰	5 20	4 14	癸亥	6 20	5 15	甲午	7 21	6 17	乙丑
	2 20	1 13	癸巳	3 21	2 13	癸亥	4 20	3 13	癸巳	5 21	4 15	甲子	6 21	5 16	乙未	7 22	6 18	丙寅
	2 21	1 14	甲午	3 22	2 14	甲子	4 21	3 14	甲午	5 22	4 16	乙丑	6 22	5 17	丙申	7 23	6 19	丁卯
	2 22	1 15	乙未	3 23	2 15	乙丑	4 22	3 15	乙未	5 23	4 17	丙寅	6 23	5 18	丁酉	7 24	6 20	戊辰
	2 23	1 16	丙申	3 24	2 16	丙寅	4 23	3 16	丙申	5 24	4 18	丁卯	6 24	5 19	戊戌	7 25	6 21	己巳
	2 24	1 17	丁酉	3 25	2 17	丁卯	4 24	3 17	丁酉	5 25	4 19	戊辰	6 25	5 20	己亥	7 26	6 22	庚午
	2 25	1 18	戊戌	3 26	2 18	戊辰	4 25	3 18	戊戌	5 26	4 20	己巳	6 26	5 21	庚子	7 27	6 23	辛未
	2 26	1 19	己亥	3 27	2 19	己巳	4 26	3 19	己亥	5 27	4 21	庚午	6 27	5 22	辛丑	7 28	6 24	壬申
	2 27	1 20	庚子	3 28	2 20	庚午	4 27	3 20	庚子	5 28	4 22	辛未	6 28	5 23	壬寅	7 29	6 25	癸酉
	2 28	1 21	辛丑	3 29	2 21	辛未	4 28	3 21	辛丑	5 29	4 23	壬申	6 29	5 24	癸卯	7 30	6 26	甲戌
	2 29	1 22	壬寅	3 30	2 22	壬申	4 29	3 22	壬寅	5 30	4 24	癸酉	6 30	5 25	甲辰	7 31	6 27	乙亥
	3 1	1 23	癸卯	3 31	2 23	癸酉	4 30	3 23	癸卯	5 31	4 25	甲戌	7 1	5 26	乙巳	8 1	6 28	丙子
	3 2	1 24	甲辰	4 1	2 24	甲戌	5 1	3 24	甲辰	6 1	4 26	乙亥	7 2	5 27	丙午	8 2	6 29	丁丑
	3 3	1 25	乙巳	4 2	2 25	乙亥	5 2	3 25	乙巳	6 2	4 27	丙子	7 3	5 28	丁未	8 3	6 30	戊寅
	3 4	1 26	丙午	4 3	2 26	丙子	5 3	3 26	丙午	6 3	4 28	丁丑	7 4	5 29	戊申	8 4	7 1	己卯
	3 5	1 27	丁未	4 4	2 27	丁丑	5 4	3 27	丁未	6 4	4 29	戊寅	7 5	6 1	己酉	8 5	7 2	庚辰
							5 5	3 28	戊申	6 5	4 30	己卯	7 6	6 2	庚戌	8 6	7 3	辛巳
																8 7	7 4	壬午
中氣	雨水 2/20 3時3分 寅時			春分 3/21 2時23分 丑時			穀雨 4/20 13時50分 未時			小滿 5/21 13時23分 未時			夏至 6/21 21時36分 亥時			大暑 7/23 8時34分 辰時		

年	庚辰														
月	甲申					乙酉					丙戌				
節氣	立秋 8/8 0時51分 子時					白露 9/8 3時29分 寅時					寒露 10/8 18時42分 酉時				
日	國曆		農曆		干支	國曆		農曆		干支	國曆		農曆		干支
	8	8	7	5	癸未	9	8	8	7	甲寅	10	8	9	8	甲申
	8	9	7	6	甲申	9	9	8	8	乙卯	10	9	9	9	乙酉
	8	10	7	7	乙酉	9	10	8	9	丙辰	10	10	9	10	丙戌
	8	11	7	8	丙戌	9	11	8	10	丁巳	10	11	9	11	丁亥
	8	12	7	9	丁亥	9	12	8	11	戊午	10	12	9	12	戊子
	8	13	7	10	戊子	9	13	8	12	己未	10	13	9	13	己丑
	8	14	7	11	己丑	9	14	8	13	庚申	10	14	9	14	庚寅
	8	15	7	12	庚寅	9	15	8	14	辛酉	10	15	9	15	辛卯
	8	16	7	13	辛卯	9	16	8	15	壬戌	10	16	9	16	壬辰
	8	17	7	14	壬辰	9	17	8	16	癸亥	10	17	9	17	癸巳
	8	18	7	15	癸巳	9	18	8	17	甲子	10	18	9	18	甲午
	8	19	7	16	甲午	9	19	8	18	乙丑	10	19	9	19	乙未
	8	20	7	17	乙未	9	20	8	19	丙寅	10	20	9	20	丙申
	8	21	7	18	丙申	9	21	8	20	丁卯	10	21	9	21	丁酉
	8	22	7	19	丁酉	9	22	8	21	戊辰	10	22	9	22	戊戌
	8	23	7	20	戊戌	9	23	8	22	己巳	10	23	9	23	己亥
	8	24	7	21	己亥	9	24	8	23	庚午	10	24	9	24	庚子
	8	25	7	22	庚子	9	25	8	24	辛未	10	25	9	25	辛丑
	8	26	7	23	辛丑	9	26	8	25	壬申	10	26	9	26	壬寅
	8	27	7	24	壬寅	9	27	8	26	癸酉	10	27	9	27	癸卯
	8	28	7	25	癸卯	9	28	8	27	甲戌	10	28	9	28	甲辰
	8	29	7	26	甲辰	9	29	8	28	乙亥	10	29	9	29	乙巳
	8	30	7	27	乙巳	9	30	8	29	丙子	10	30	9	30	丙午
	8	31	7	28	丙午	10	1	9	1	丁丑	10	31	10	1	丁未
	9	1	7	29	丁未	10	2	9	2	戊寅	11	1	10	2	戊申
	9	2	8	1	戊申	10	3	9	3	己卯	11	2	10	3	己酉
	9	3	8	2	己酉	10	4	9	4	庚辰	11	3	10	4	庚戌
	9	4	8	3	庚戌	10	5	9	5	辛巳	11	4	10	5	辛亥
	9	5	8	4	辛亥	10	6	9	6	壬午	11	5	10	6	壬子
	9	6	8	5	壬子	10	7	9	7	癸未	11	6	10	7	癸丑
	9	7	8	6	癸丑										
中氣	處暑 8/23 15時28分 申時					秋分 9/23 12時45分 午時					霜降 10/23 21時39分 亥時				

年	庚辰														
月	丁亥					戊子					己丑				
節氣	立冬 11/7 21時26分 亥時					大雪 12/7 13時57分 未時					小寒 1/6 1時3分 丑時				
日	國曆		農曆		干支	國曆		農曆		干支	國曆		農曆		干支
	11	7	10	8	甲寅	12	7	11	9	甲申	1	6	12	9	甲寅
	11	8	10	9	乙卯	12	8	11	10	乙酉	1	7	12	10	乙卯
	11	9	10	10	丙辰	12	9	11	11	丙戌	1	8	12	11	丙辰
	11	10	10	11	丁巳	12	10	11	12	丁亥	1	9	12	12	丁巳
	11	11	10	12	戊午	12	11	11	13	戊子	1	10	12	13	戊午
	11	12	10	13	己未	12	12	11	14	己丑	1	11	12	14	己未
	11	13	10	14	庚申	12	13	11	15	庚寅	1	12	12	15	庚申
	11	14	10	15	辛酉	12	14	11	16	辛卯	1	13	12	16	辛酉
	11	15	10	16	壬戌	12	15	11	17	壬辰	1	14	12	17	壬戌
	11	16	10	17	癸亥	12	16	11	18	癸巳	1	15	12	18	癸亥
	11	17	10	18	甲子	12	17	11	19	甲午	1	16	12	19	甲子
	11	18	10	19	乙丑	12	18	11	20	乙未	1	17	12	20	乙丑
	11	19	10	20	丙寅	12	19	11	21	丙申	1	18	12	21	丙寅
	11	20	10	21	丁卯	12	20	11	22	丁酉	1	19	12	22	丁卯
	11	21	10	22	戊辰	12	21	11	23	戊戌	1	20	12	23	戊辰
	11	22	10	23	己巳	12	22	11	24	己亥	1	21	12	24	己巳
	11	23	10	24	庚午	12	23	11	25	庚子	1	22	12	25	庚午
	11	24	10	25	辛未	12	24	11	26	辛丑	1	23	12	26	辛未
	11	25	10	26	壬申	12	25	11	27	壬寅	1	24	12	27	壬申
	11	26	10	27	癸酉	12	26	11	28	癸卯	1	25	12	28	癸酉
	11	27	10	28	甲戌	12	27	11	29	甲辰	1	26	12	29	甲戌
	11	28	10	29	乙亥	12	28	11	30	乙巳	1	27	1	1	乙亥
	11	29	11	1	丙子	12	29	12	1	丙午	1	28	1	2	丙子
	11	30	11	2	丁丑	12	30	12	2	丁未	1	29	1	3	丁丑
	12	1	11	3	戊寅	12	31	12	3	戊申	1	30	1	4	戊寅
	12	2	11	4	己卯	1	1	12	4	己酉	1	31	1	5	己卯
	12	3	11	5	庚辰	1	2	12	5	庚戌	2	1	1	6	庚辰
	12	4	11	6	辛巳	1	3	12	6	辛亥	2	2	1	7	辛巳
	12	5	11	7	壬午	1	4	12	7	壬子	2	3	1	8	壬午
	12	6	11	8	癸未	1	5	12	8	癸丑					
中氣	小雪 11/22 18時49分 酉時					冬至 12/22 7時54分 辰時					大寒 1/20 18時33分 酉時				

1940・1941

龍

中華民國二十九・三十年

年	辛巳																													
月	庚寅					辛卯					壬辰					癸巳					甲午					乙未				
節氣	立春 2/4 12時49分 午時					驚蟄 3/6 7時10分 辰時					清明 4/5 12時25分 午時					立夏 5/6 6時9分 卯時					芒種 6/6 10時39分 巳時					小暑 7/7 21時3分 亥時				
日	國曆		農曆		干支	國曆		農曆		干支	國曆		農曆		干支	國曆		農曆		干支	國曆		農曆		干支	國曆		農曆		干支
	2	4	1	9	癸未	3	6	2	9	癸丑	4	5	3	9	癸未	5	6	4	11	甲寅	6	6	5	12	乙酉	7	7	6	13	丙辰
	2	5	1	10	甲申	3	7	2	10	甲寅	4	6	3	10	甲申	5	7	4	12	乙卯	6	7	5	13	丙戌	7	8	6	14	丁巳
	2	6	1	11	乙酉	3	8	2	11	乙卯	4	7	3	11	乙酉	5	8	4	13	丙辰	6	8	5	14	丁亥	7	9	6	15	戊午
	2	7	1	12	丙戌	3	9	2	12	丙辰	4	8	3	12	丙戌	5	9	4	14	丁巳	6	9	5	15	戊子	7	10	6	16	己未
1941	2	8	1	13	丁亥	3	10	2	13	丁巳	4	9	3	13	丁亥	5	10	4	15	戊午	6	10	5	16	己丑	7	11	6	17	庚申
	2	9	1	14	戊子	3	11	2	14	戊午	4	10	3	14	戊子	5	11	4	16	己未	6	11	5	17	庚寅	7	12	6	18	辛酉
	2	10	1	15	己丑	3	12	2	15	己未	4	11	3	15	己丑	5	12	4	17	庚申	6	12	5	18	辛卯	7	13	6	19	壬戌
	2	11	1	16	庚寅	3	13	2	16	庚申	4	12	3	16	庚寅	5	13	4	18	辛酉	6	13	5	19	壬辰	7	14	6	20	癸亥
	2	12	1	17	辛卯	3	14	2	17	辛酉	4	13	3	17	辛卯	5	14	4	19	壬戌	6	14	5	20	癸巳	7	15	6	21	甲子
	2	13	1	18	壬辰	3	15	2	18	壬戌	4	14	3	18	壬辰	5	15	4	20	癸亥	6	15	5	21	甲午	7	16	6	22	乙丑
	2	14	1	19	癸巳	3	16	2	19	癸亥	4	15	3	19	癸巳	5	16	4	21	甲子	6	16	5	22	乙未	7	17	6	23	丙寅
	2	15	1	20	甲午	3	17	2	20	甲子	4	16	3	20	甲午	5	17	4	22	乙丑	6	17	5	23	丙申	7	18	6	24	丁卯
	2	16	1	21	乙未	3	18	2	21	乙丑	4	17	3	21	乙未	5	18	4	23	丙寅	6	18	5	24	丁酉	7	19	6	25	戊辰
蛇	2	17	1	22	丙申	3	19	2	22	丙寅	4	18	3	22	丙申	5	19	4	24	丁卯	6	19	5	25	戊戌	7	20	6	26	己巳
	2	18	1	23	丁酉	3	20	2	23	丁卯	4	19	3	23	丁酉	5	20	4	25	戊辰	6	20	5	26	己亥	7	21	6	27	庚午
	2	19	1	24	戊戌	3	21	2	24	戊辰	4	20	3	24	戊戌	5	21	4	26	己巳	6	21	5	27	庚子	7	22	6	28	辛未
	2	20	1	25	己亥	3	22	2	25	己巳	4	21	3	25	己亥	5	22	4	27	庚午	6	22	5	28	辛丑	7	23	6	29	壬申
	2	21	1	26	庚子	3	23	2	26	庚午	4	22	3	26	庚子	5	23	4	28	辛未	6	23	5	29	壬寅	7	24	閏6	1	癸酉
	2	22	1	27	辛丑	3	24	2	27	辛未	4	23	3	27	辛丑	5	24	4	29	壬申	6	24	5	30	癸卯	7	25	6	2	甲戌
	2	23	1	28	壬寅	3	25	2	28	壬申	4	24	3	28	壬寅	5	25	4	30	癸酉	6	25	6	1	甲辰	7	26	6	3	乙亥
	2	24	1	29	癸卯	3	26	2	29	癸酉	4	25	3	29	癸卯	5	26	5	1	甲戌	6	26	6	2	乙巳	7	27	6	4	丙子
中華民國三十年	2	25	1	30	甲辰	3	27	2	30	甲戌	4	26	4	1	甲辰	5	27	5	2	乙亥	6	27	6	3	丙午	7	28	6	5	丁丑
	2	26	2	1	乙巳	3	28	3	1	乙亥	4	27	4	2	乙巳	5	28	5	3	丙子	6	28	6	4	丁未	7	29	6	6	戊寅
	2	27	2	2	丙午	3	29	3	2	丙子	4	28	4	3	丙午	5	29	5	4	丁丑	6	29	6	5	戊申	7	30	6	7	己卯
	2	28	2	3	丁未	3	30	3	3	丁丑	4	29	4	4	丁未	5	30	5	5	戊寅	6	30	6	6	己酉	7	31	6	8	庚辰
	3	1	2	4	戊申	3	31	3	4	戊寅	4	30	4	5	戊申	5	31	5	6	己卯	7	1	6	7	庚戌	8	1	6	9	辛巳
	3	2	2	5	己酉	4	1	3	5	己卯	5	1	4	6	己酉	6	1	5	7	庚辰	7	2	6	8	辛亥	8	2	6	10	壬午
	3	3	2	6	庚戌	4	2	3	6	庚辰	5	2	4	7	庚戌	6	2	5	8	辛巳	7	3	6	9	壬子	8	3	6	11	癸未
	3	4	2	7	辛亥	4	3	3	7	辛巳	5	3	4	8	辛亥	6	3	5	9	壬午	7	4	6	10	癸丑	8	4	6	12	甲申
	3	5	2	8	壬子	4	4	3	8	壬午	5	4	4	9	壬子	6	4	5	10	癸未	7	5	6	11	甲寅	8	5	6	13	乙酉
											5	5	4	10	癸丑	6	5	5	11	甲申	7	6	6	12	乙卯	8	6	6	14	丙戌
																										8	7	6	15	丁亥
中氣	雨水 2/19 8時56分 辰時					春分 3/21 8時20分 辰時					穀雨 4/20 19時50分 戌時					小滿 5/21 19時22分 戌時					夏至 6/22 3時33分 寅時					大暑 7/23 14時26分 未時				

1941・1942 蛇 中華民國三十・三十一年

年	辛巳																	
月	丙申			丁酉			戊戌			己亥			庚子			辛丑		
節氣	立秋 8/8 6時45分 卯時			白露 9/8 9時23分 巳時			寒露 10/9 0時38分 子時			立冬 11/8 3時24分 寅時			大雪 12/7 19時56分 戌時			小寒 1/6 7時2分 辰時		
日	國曆	農曆	干支	國曆	農曆	干支	國曆	農曆	干支	國曆	農曆	干支	國曆	農曆	干支	國曆	農曆	干支
	8 8	6 16	戊子	9 8	7 17	己未	10 9	8 19	庚寅	11 8	9 20	庚申	12 7	10 19	己丑	1 6	11 20	己未
	8 9	6 17	己丑	9 9	7 18	庚申	10 10	8 20	辛卯	11 9	9 21	辛酉	12 8	10 20	庚寅	1 7	11 21	庚申
	8 10	6 18	庚寅	9 10	7 19	辛酉	10 11	8 21	壬辰	11 10	9 22	壬戌	12 9	10 21	辛卯	1 8	11 22	辛酉
	8 11	6 19	辛卯	9 11	7 20	壬戌	10 12	8 22	癸巳	11 11	9 23	癸亥	12 10	10 22	壬辰	1 9	11 23	壬戌
	8 12	6 20	壬辰	9 12	7 21	癸亥	10 13	8 23	甲午	11 12	9 24	甲子	12 11	10 23	癸巳	1 10	11 24	癸亥
	8 13	6 21	癸巳	9 13	7 22	甲子	10 14	8 24	乙未	11 13	9 25	乙丑	12 12	10 24	甲午	1 11	11 25	甲子
	8 14	6 22	甲午	9 14	7 23	乙丑	10 15	8 25	丙申	11 14	9 26	丙寅	12 13	10 25	乙未	1 12	11 26	乙丑
	8 15	6 23	乙未	9 15	7 24	丙寅	10 16	8 26	丁酉	11 15	9 27	丁卯	12 14	10 26	丙申	1 13	11 27	丙寅
	8 16	6 24	丙申	9 16	7 25	丁卯	10 17	8 27	戊戌	11 16	9 28	戊辰	12 15	10 27	丁酉	1 14	11 28	丁卯
	8 17	6 25	丁酉	9 17	7 26	戊辰	10 18	8 28	己亥	11 17	9 29	己巳	12 16	10 28	戊戌	1 15	11 29	戊辰
	8 18	6 26	戊戌	9 18	7 27	己巳	10 19	8 29	庚子	11 18	9 30	庚午	12 17	10 29	己亥	1 16	11 30	己巳
	8 19	6 27	己亥	9 19	7 28	庚午	10 20	9 1	辛丑	11 19	10 1	辛未	12 18	11 1	庚子	1 17	12 1	庚午
	8 20	6 28	庚子	9 20	7 29	辛未	10 21	9 2	壬寅	11 20	10 2	壬申	12 19	11 2	辛丑	1 18	12 2	辛未
	8 21	6 29	辛丑	9 21	8 1	壬申	10 22	9 3	癸卯	11 21	10 3	癸酉	12 20	11 3	壬寅	1 19	12 3	壬申
	8 22	6 30	壬寅	9 22	8 2	癸酉	10 23	9 4	甲辰	11 22	10 4	甲戌	12 21	11 4	癸卯	1 20	12 4	癸酉
	8 23	7 1	癸卯	9 23	8 3	甲戌	10 24	9 5	乙巳	11 23	10 5	乙亥	12 22	11 5	甲辰	1 21	12 5	甲戌
	8 24	7 2	甲辰	9 24	8 4	乙亥	10 25	9 6	丙午	11 24	10 6	丙子	12 23	11 6	乙巳	1 22	12 6	乙亥
	8 25	7 3	乙巳	9 25	8 5	丙子	10 26	9 7	丁未	11 25	10 7	丁丑	12 24	11 7	丙午	1 23	12 7	丙子
	8 26	7 4	丙午	9 26	8 6	丁丑	10 27	9 8	戊申	11 26	10 8	戊寅	12 25	11 8	丁未	1 24	12 8	丁丑
	8 27	7 5	丁未	9 27	8 7	戊寅	10 28	9 9	己酉	11 27	10 9	己卯	12 26	11 9	戊申	1 25	12 9	戊寅
	8 28	7 6	戊申	9 28	8 8	己卯	10 29	9 10	庚戌	11 28	10 10	庚辰	12 27	11 10	己酉	1 26	12 10	己卯
	8 29	7 7	己酉	9 29	8 9	庚辰	10 30	9 11	辛亥	11 29	10 11	辛巳	12 28	11 11	庚戌	1 27	12 11	庚辰
	8 30	7 8	庚戌	9 30	8 10	辛巳	10 31	9 12	壬子	11 30	10 12	壬午	12 29	11 12	辛亥	1 28	12 12	辛巳
	8 31	7 9	辛亥	10 1	8 11	壬午	11 1	9 13	癸丑	12 1	10 13	癸未	12 30	11 13	壬子	1 29	12 13	壬午
	9 1	7 10	壬子	10 2	8 12	癸未	11 2	9 14	甲寅	12 2	10 14	甲申	12 31	11 14	癸丑	1 30	12 14	癸未
	9 2	7 11	癸丑	10 3	8 13	甲申	11 3	9 15	乙卯	12 3	10 15	乙酉	1 1	11 15	甲寅	1 31	12 15	甲申
	9 3	7 12	甲寅	10 4	8 14	乙酉	11 4	9 16	丙辰	12 4	10 16	丙戌	1 2	11 16	乙卯	2 1	12 16	乙酉
	9 4	7 13	乙卯	10 5	8 15	丙戌	11 5	9 17	丁巳	12 5	10 17	丁亥	1 3	11 17	丙辰	2 2	12 17	丙戌
	9 5	7 14	丙辰	10 6	8 16	丁亥	11 6	9 18	戊午	12 6	10 18	戊子	1 4	11 18	丁巳	2 3	12 18	丁亥
	9 6	7 15	丁巳	10 7	8 17	戊子	11 7	9 19	己未				1 5	11 19	戊午			
	9 7	7 16	戊午	10 8	8 18	己丑												
中氣	處暑 8/23 21時16分 亥時			秋分 9/23 18時32分 酉時			霜降 10/24 3時27分 寅時			小雪 11/23 0時37分 子時			冬至 12/22 13時44分 未時			大寒 1/21 0時23分 子時		

年	壬午																	
月	壬寅			癸卯			甲辰			乙巳			丙午			丁未		
節氣	立春 2/4 18時48分 酉時			驚蟄 3/6 13時9分 未時			清明 4/5 18時23分 酉時			立夏 5/6 12時6分 午時			芒種 6/6 16時32分 申時			小暑 7/8 2時51分 丑時		
日	國曆	農曆	干支	國曆	農曆	干支	國曆	農曆	干支	國曆	農曆	干支	國曆	農曆	干支	國曆	農曆	干支
1942 馬 中華民國三十一年	2 4	12 19	戊子	3 6	1 20	戊午	4 5	2 20	戊子	5 6	3 22	己未	6 6	4 23	庚寅	7 8	5 25	壬戌
	2 5	12 20	己丑	3 7	1 21	己未	4 6	2 21	己丑	5 7	3 23	庚申	6 7	4 24	辛卯	7 9	5 26	癸亥
	2 6	12 21	庚寅	3 8	1 22	庚申	4 7	2 22	庚寅	5 8	3 24	辛酉	6 8	4 25	壬辰	7 10	5 27	甲子
	2 7	12 22	辛卯	3 9	1 23	辛酉	4 8	2 23	辛卯	5 9	3 25	壬戌	6 9	4 26	癸巳	7 11	5 28	乙丑
	2 8	12 23	壬辰	3 10	1 24	壬戌	4 9	2 24	壬辰	5 10	3 26	癸亥	6 10	4 27	甲午	7 12	5 29	丙寅
	2 9	12 24	癸巳	3 11	1 25	癸亥	4 10	2 25	癸巳	5 11	3 27	甲子	6 11	4 28	乙未	7 13	6 1	丁卯
	2 10	12 25	甲午	3 12	1 26	甲子	4 11	2 26	甲午	5 12	3 28	乙丑	6 12	4 29	丙申	7 14	6 2	戊辰
	2 11	12 26	乙未	3 13	1 27	乙丑	4 12	2 27	乙未	5 13	3 29	丙寅	6 13	4 30	丁酉	7 15	6 3	己巳
	2 12	12 27	丙申	3 14	1 28	丙寅	4 13	2 28	丙申	5 14	3 30	丁卯	6 14	5 1	戊戌	7 16	6 4	庚午
	2 13	12 28	丁酉	3 15	1 29	丁卯	4 14	2 29	丁酉	5 15	4 1	戊辰	6 15	5 2	己亥	7 17	6 5	辛未
	2 14	12 29	戊戌	3 16	1 30	戊辰	4 15	3 1	戊戌	5 16	4 2	己巳	6 16	5 3	庚子	7 18	6 6	壬申
	2 15	1 1	己亥	3 17	2 1	己巳	4 16	3 2	己亥	5 17	4 3	庚午	6 17	5 4	辛丑	7 19	6 7	癸酉
	2 16	1 2	庚子	3 18	2 2	庚午	4 17	3 3	庚子	5 18	4 4	辛未	6 18	5 5	壬寅	7 20	6 8	甲戌
	2 17	1 3	辛丑	3 19	2 3	辛未	4 18	3 4	辛丑	5 19	4 5	壬申	6 19	5 6	癸卯	7 21	6 9	乙亥
	2 18	1 4	壬寅	3 20	2 4	壬申	4 19	3 5	壬寅	5 20	4 6	癸酉	6 20	5 7	甲辰	7 22	6 10	丙子
	2 19	1 5	癸卯	3 21	2 5	癸酉	4 20	3 6	癸卯	5 21	4 7	甲戌	6 21	5 8	乙巳	7 23	6 11	丁丑
	2 20	1 6	甲辰	3 22	2 6	甲戌	4 21	3 7	甲辰	5 22	4 8	乙亥	6 22	5 9	丙午	7 24	6 12	戊寅
	2 21	1 7	乙巳	3 23	2 7	乙亥	4 22	3 8	乙巳	5 23	4 9	丙子	6 23	5 10	丁未	7 25	6 13	己卯
	2 22	1 8	丙午	3 24	2 8	丙子	4 23	3 9	丙午	5 24	4 10	丁丑	6 24	5 11	戊申	7 26	6 14	庚辰
	2 23	1 9	丁未	3 25	2 9	丁丑	4 24	3 10	丁未	5 25	4 11	戊寅	6 25	5 12	己酉	7 27	6 15	辛巳
	2 24	1 10	戊申	3 26	2 10	戊寅	4 25	3 11	戊申	5 26	4 12	己卯	6 26	5 13	庚戌	7 28	6 16	壬午
	2 25	1 11	己酉	3 27	2 11	己卯	4 26	3 12	己酉	5 27	4 13	庚辰	6 27	5 14	辛亥	7 29	6 17	癸未
	2 26	1 12	庚戌	3 28	2 12	庚辰	4 27	3 13	庚戌	5 28	4 14	辛巳	6 28	5 15	壬子	7 30	6 18	甲申
	2 27	1 13	辛亥	3 29	2 13	辛巳	4 28	3 14	辛亥	5 29	4 15	壬午	6 29	5 16	癸丑	7 31	6 19	乙酉
	2 28	1 14	壬子	3 30	2 14	壬午	4 29	3 15	壬子	5 30	4 16	癸未	6 30	5 17	甲寅	8 1	6 20	丙戌
	3 1	1 15	癸丑	3 31	2 15	癸未	4 30	3 16	癸丑	5 31	4 17	甲申	7 1	5 18	乙卯	8 2	6 21	丁亥
	3 2	1 16	甲寅	4 1	2 16	甲申	5 1	3 17	甲寅	6 1	4 18	乙酉	7 2	5 19	丙辰	8 3	6 22	戊子
	3 3	1 17	乙卯	4 2	2 17	乙酉	5 2	3 18	乙卯	6 2	4 19	丙戌	7 3	5 20	丁巳	8 4	6 23	己丑
	3 4	1 18	丙辰	4 3	2 18	丙戌	5 3	3 19	丙辰	6 3	4 20	丁亥	7 4	5 21	戊午	8 5	6 24	庚寅
	3 5	1 19	丁巳	4 4	2 19	丁亥	5 4	3 20	丁巳	6 4	4 21	戊子	7 5	5 22	己未	8 6	6 25	辛卯
							5 5	3 21	戊午	6 5	4 22	己丑	7 6	5 23	庚申	8 7	6 26	壬辰
													7 7	5 24	辛酉			
中氣	雨水 2/19 14時46分 未時			春分 3/21 14時10分 未時			穀雨 4/21 1時39分 丑時			小滿 5/22 1時8分 丑時			夏至 6/22 9時16分 巳時			大暑 7/23 20時7分 戌時		

壬午																		年
戊申			己酉			庚戌			辛亥			壬子			癸丑			月
立秋			白露			寒露			立冬			大雪			小寒			節氣
8/8 12時30分 午時			9/8 15時6分 申時			10/9 6時21分 卯時			11/8 9時11分 巳時			12/8 1時46分 丑時			1/6 12時54分 午時			
國曆	農曆	干支	國曆	農曆	干支	國曆	農曆	干支	國曆	農曆	干支	國曆	農曆	干支	國曆	農曆	干支	日
8 8	6 27	癸巳	9 8	7 28	甲子	10 9	8 30	乙未	11 8	10 1	乙丑	12 8	11 1	乙未	1 6	12 1	甲子	
8 9	6 28	甲午	9 9	7 29	乙丑	10 10	9 1	丙申	11 9	10 2	丙寅	12 9	11 2	丙申	1 7	12 2	乙丑	
8 10	6 29	乙未	9 10	8 1	丙寅	10 11	9 2	丁酉	11 10	10 3	丁卯	12 10	11 3	丁酉	1 8	12 3	丙寅	
8 11	6 30	丙申	9 11	8 2	丁卯	10 12	9 3	戊戌	11 11	10 4	戊辰	12 11	11 4	戊戌	1 9	12 4	丁卯	
8 12	7 1	丁酉	9 12	8 3	戊辰	10 13	9 4	己亥	11 12	10 5	己巳	12 12	11 5	己亥	1 10	12 5	戊辰	
8 13	7 2	戊戌	9 13	8 4	己巳	10 14	9 5	庚子	11 13	10 6	庚午	12 13	11 6	庚子	1 11	12 6	己巳	
8 14	7 3	己亥	9 14	8 5	庚午	10 15	9 6	辛丑	11 14	10 7	辛未	12 14	11 7	辛丑	1 12	12 7	庚午	
8 15	7 4	庚子	9 15	8 6	辛未	10 16	9 7	壬寅	11 15	10 8	壬申	12 15	11 8	壬寅	1 13	12 8	辛未	
8 16	7 5	辛丑	9 16	8 7	壬申	10 17	9 8	癸卯	11 16	10 9	癸酉	12 16	11 9	癸卯	1 14	12 9	壬申	
8 17	7 6	壬寅	9 17	8 8	癸酉	10 18	9 9	甲辰	11 17	10 10	甲戌	12 17	11 10	甲辰	1 15	12 10	癸酉	
8 18	7 7	癸卯	9 18	8 9	甲戌	10 19	9 10	乙巳	11 18	10 11	乙亥	12 18	11 11	乙巳	1 16	12 11	甲戌	
8 19	7 8	甲辰	9 19	8 10	乙亥	10 20	9 11	丙午	11 19	10 12	丙子	12 19	11 12	丙午	1 17	12 12	乙亥	
8 20	7 9	乙巳	9 20	8 11	丙子	10 21	9 12	丁未	11 20	10 13	丁丑	12 20	11 13	丁未	1 18	12 13	丙子	
8 21	7 10	丙午	9 21	8 12	丁丑	10 22	9 13	戊申	11 21	10 14	戊寅	12 21	11 14	戊申	1 19	12 14	丁丑	
8 22	7 11	丁未	9 22	8 13	戊寅	10 23	9 14	己酉	11 22	10 15	己卯	12 22	11 15	己酉	1 20	12 15	戊寅	
8 23	7 12	戊申	9 23	8 14	己卯	10 24	9 15	庚戌	11 23	10 16	庚辰	12 23	11 16	庚戌	1 21	12 16	己卯	
8 24	7 13	己酉	9 24	8 15	庚辰	10 25	9 16	辛亥	11 24	10 17	辛巳	12 24	11 17	辛亥	1 22	12 17	庚辰	
8 25	7 14	庚戌	9 25	8 16	辛巳	10 26	9 17	壬子	11 25	10 18	壬午	12 25	11 18	壬子	1 23	12 18	辛巳	
8 26	7 15	辛亥	9 26	8 17	壬午	10 27	9 18	癸丑	11 26	10 19	癸未	12 26	11 19	癸丑	1 24	12 19	壬午	
8 27	7 16	壬子	9 27	8 18	癸未	10 28	9 19	甲寅	11 27	10 20	甲申	12 27	11 20	甲寅	1 25	12 20	癸未	
8 28	7 17	癸丑	9 28	8 19	甲申	10 29	9 20	乙卯	11 28	10 21	乙酉	12 28	11 21	乙卯	1 26	12 21	甲申	
8 29	7 18	甲寅	9 29	8 20	乙酉	10 30	9 21	丙辰	11 29	10 22	丙戌	12 29	11 22	丙辰	1 27	12 22	乙酉	
8 30	7 19	乙卯	9 30	8 21	丙戌	10 31	9 22	丁巳	11 30	10 23	丁亥	12 30	11 23	丁巳	1 28	12 23	丙戌	
8 31	7 20	丙辰	10 1	8 22	丁亥	11 1	9 23	戊午	12 1	10 24	戊子	12 31	11 24	戊午	1 29	12 24	丁亥	
9 1	7 21	丁巳	10 2	8 23	戊子	11 2	9 24	己未	12 2	10 25	己丑	1 1	11 25	己未	1 30	12 25	戊子	
9 2	7 22	戊午	10 3	8 24	己丑	11 3	9 25	庚申	12 3	10 26	庚寅	1 2	11 26	庚申	1 31	12 26	己丑	
9 3	7 23	己未	10 4	8 25	庚寅	11 4	9 26	辛酉	12 4	10 27	辛卯	1 3	11 27	辛酉	2 1	12 27	庚寅	
9 4	7 24	庚申	10 5	8 26	辛卯	11 5	9 27	壬戌	12 5	10 28	壬辰	1 4	11 28	壬戌	2 2	12 28	辛卯	
9 5	7 25	辛酉	10 6	8 27	壬辰	11 6	9 28	癸亥	12 6	10 29	癸巳	1 5	11 29	癸亥	2 3	12 29	壬辰	
9 6	7 26	壬戌	10 7	8 28	癸巳	11 7	9 29	甲子	12 7	10 30	甲午				2 4	12 30	癸巳	
9 7	7 27	癸亥	10 8	8 29	甲午													
處暑			秋分			霜降			小雪			冬至			大寒			中氣
8/24 2時58分 丑時			9/24 0時16分 子時			10/24 9時15分 巳時			11/23 6時30分 卯時			12/22 19時39分 戌時			1/21 6時18分 卯時			

1942・1943

馬

中華民國三十一・三十二年

年	癸未																	
月	甲寅			乙卯			丙辰			丁巳			戊午			己未		
節氣	立春			驚蟄			清明			立夏			芒種			小暑		
	2/5 0時40分 子時			3/6 18時58分 酉時			4/6 0時11分 子時			5/6 17時53分 酉時			6/6 22時19分 亥時			7/8 8時38分 辰時		
日	國曆	農曆	干支	國曆	農曆	干支	國曆	農曆	干支	國曆	農曆	干支	國曆	農曆	干支	國曆	農曆	干支
1943 羊 中華民國三十二年	2 5	1 1	甲午	3 6	2 1	癸亥	4 6	3 2	甲午	5 6	4 3	甲子	6 6	5 4	乙未	7 8	6 7	丁卯
	2 6	1 2	乙未	3 7	2 2	甲子	4 7	3 3	乙未	5 7	4 4	乙丑	6 7	5 5	丙申	7 9	6 8	戊辰
	2 7	1 3	丙申	3 8	2 3	乙丑	4 8	3 4	丙申	5 8	4 5	丙寅	6 8	5 6	丁酉	7 10	6 9	己巳
	2 8	1 4	丁酉	3 9	2 4	丙寅	4 9	3 5	丁酉	5 9	4 6	丁卯	6 9	5 7	戊戌	7 11	6 10	庚午
	2 9	1 5	戊戌	3 10	2 5	丁卯	4 10	3 6	戊戌	5 10	4 7	戊辰	6 10	5 8	己亥	7 12	6 11	辛未
	2 10	1 6	己亥	3 11	2 6	戊辰	4 11	3 7	己亥	5 11	4 8	己巳	6 11	5 9	庚子	7 13	6 12	壬申
	2 11	1 7	庚子	3 12	2 7	己巳	4 12	3 8	庚子	5 12	4 9	庚午	6 12	5 10	辛丑	7 14	6 13	癸酉
	2 12	1 8	辛丑	3 13	2 8	庚午	4 13	3 9	辛丑	5 13	4 10	辛未	6 13	5 11	壬寅	7 15	6 14	甲戌
	2 13	1 9	壬寅	3 14	2 9	辛未	4 14	3 10	壬寅	5 14	4 11	壬申	6 14	5 12	癸卯	7 16	6 15	乙亥
	2 14	1 10	癸卯	3 15	2 10	壬申	4 15	3 11	癸卯	5 15	4 12	癸酉	6 15	5 13	甲辰	7 17	6 16	丙子
	2 15	1 11	甲辰	3 16	2 11	癸酉	4 16	3 12	甲辰	5 16	4 13	甲戌	6 16	5 14	乙巳	7 18	6 17	丁丑
	2 16	1 12	乙巳	3 17	2 12	甲戌	4 17	3 13	乙巳	5 17	4 14	乙亥	6 17	5 15	丙午	7 19	6 18	戊寅
	2 17	1 13	丙午	3 18	2 13	乙亥	4 18	3 14	丙午	5 18	4 15	丙子	6 18	5 16	丁未	7 20	6 19	己卯
	2 18	1 14	丁未	3 19	2 14	丙子	4 19	3 15	丁未	5 19	4 16	丁丑	6 19	5 17	戊申	7 21	6 20	庚辰
	2 19	1 15	戊申	3 20	2 15	丁丑	4 20	3 16	戊申	5 20	4 17	戊寅	6 20	5 18	己酉	7 22	6 21	辛巳
	2 20	1 16	己酉	3 21	2 16	戊寅	4 21	3 17	己酉	5 21	4 18	己卯	6 21	5 19	庚戌	7 23	6 22	壬午
	2 21	1 17	庚戌	3 22	2 17	己卯	4 22	3 18	庚戌	5 22	4 19	庚辰	6 22	5 20	辛亥	7 24	6 23	癸未
	2 22	1 18	辛亥	3 23	2 18	庚辰	4 23	3 19	辛亥	5 23	4 20	辛巳	6 23	5 21	壬子	7 25	6 24	甲申
	2 23	1 19	壬子	3 24	2 19	辛巳	4 24	3 20	壬子	5 24	4 21	壬午	6 24	5 22	癸丑	7 26	6 25	乙酉
	2 24	1 20	癸丑	3 25	2 20	壬午	4 25	3 21	癸丑	5 25	4 22	癸未	6 25	5 23	甲寅	7 27	6 26	丙戌
	2 25	1 21	甲寅	3 26	2 21	癸未	4 26	3 22	甲寅	5 26	4 23	甲申	6 26	5 24	乙卯	7 28	6 27	丁亥
	2 26	1 22	乙卯	3 27	2 22	甲申	4 27	3 23	乙卯	5 27	4 24	乙酉	6 27	5 25	丙辰	7 29	6 28	戊子
	2 27	1 23	丙辰	3 28	2 23	乙酉	4 28	3 24	丙辰	5 28	4 25	丙戌	6 28	5 26	丁巳	7 30	6 29	己丑
	2 28	1 24	丁巳	3 29	2 24	丙戌	4 29	3 25	丁巳	5 29	4 26	丁亥	6 29	5 27	戊午	7 31	6 30	庚寅
	3 1	1 25	戊午	3 30	2 25	丁亥	4 30	3 26	戊午	5 30	4 27	戊子	6 30	5 28	己未	8 1	7 1	辛卯
	3 2	1 26	己未	3 31	2 26	戊子	5 1	3 27	己未	5 31	4 28	己丑	7 1	5 29	庚申	8 2	7 2	壬辰
	3 3	1 27	庚申	4 1	2 27	己丑	5 2	3 28	庚申	6 1	4 29	庚寅	7 2	6 1	辛酉	8 3	7 3	癸巳
	3 4	1 28	辛酉	4 2	2 28	庚寅	5 3	3 29	辛酉	6 2	4 30	辛卯	7 3	6 2	壬戌	8 4	7 4	甲午
	3 5	1 29	壬戌	4 3	2 29	辛卯	5 4	4 1	壬戌	6 3	5 1	壬辰	7 4	6 3	癸亥	8 5	7 5	乙未
				4 4	2 30	壬辰	5 5	4 2	癸亥	6 4	5 2	癸巳	7 5	6 4	甲子	8 6	7 6	丙申
				4 5	3 1	癸巳				6 5	5 3	甲午	7 6	6 5	乙丑	8 7	7 7	丁酉
													7 7	6 6	丙寅			
中氣	雨水			春分			穀雨			小滿			夏至			大暑		
	2/19 20時40分 戌時			3/21 20時2分 戌時			4/21 7時31分 辰時			5/22 7時2分 辰時			6/22 15時12分 申時			7/24 2時4分 丑時		

年	癸未																													
月	庚申					辛酉					壬戌					癸亥					甲子					乙丑				
節氣	立秋 8/8 18時18分 酉時					白露 9/8 20時55分 戌時					寒露 10/9 12時10分 午時					立冬 11/8 14時58分 未時					大雪 12/8 7時32分 辰時					小寒 1/6 18時39分 酉時				
日	國曆		農曆		干支	國曆		農曆		干支	國曆		農曆		干支	國曆		農曆		干支	國曆		農曆		干支	國曆		農曆		干支
	8	8	7	8	戊戌	9	8	8	9	己巳	10	9	9	11	庚子	11	8	10	11	庚午	12	8	11	12	庚子	1	6	12	11	己巳
	8	9	7	9	己亥	9	9	8	10	庚午	10	10	9	12	辛丑	11	9	10	12	辛未	12	9	11	13	辛丑	1	7	12	12	庚午
	8	10	7	10	庚子	9	10	8	11	辛未	10	11	9	13	壬寅	11	10	10	13	壬申	12	10	11	14	壬寅	1	8	12	13	辛未
	8	11	7	11	辛丑	9	11	8	12	壬申	10	12	9	14	癸卯	11	11	10	14	癸酉	12	11	11	15	癸卯	1	9	12	14	壬申
	8	12	7	12	壬寅	9	12	8	13	癸酉	10	13	9	15	甲辰	11	12	10	15	甲戌	12	12	11	16	甲辰	1	10	12	15	癸酉
	8	13	7	13	癸卯	9	13	8	14	甲戌	10	14	9	16	乙巳	11	13	10	16	乙亥	12	13	11	17	乙巳	1	11	12	16	甲戌
	8	14	7	14	甲辰	9	14	8	15	乙亥	10	15	9	17	丙午	11	14	10	17	丙子	12	14	11	18	丙午	1	12	12	17	乙亥
	8	15	7	15	乙巳	9	15	8	16	丙子	10	16	9	18	丁未	11	15	10	18	丁丑	12	15	11	19	丁未	1	13	12	18	丙子
	8	16	7	16	丙午	9	16	8	17	丁丑	10	17	9	19	戊申	11	16	10	19	戊寅	12	16	11	20	戊申	1	14	12	19	丁丑
	8	17	7	17	丁未	9	17	8	18	戊寅	10	18	9	20	己酉	11	17	10	20	己卯	12	17	11	21	己酉	1	15	12	20	戊寅
	8	18	7	18	戊申	9	18	8	19	己卯	10	19	9	21	庚戌	11	18	10	21	庚辰	12	18	11	22	庚戌	1	16	12	21	己卯
	8	19	7	19	己酉	9	19	8	20	庚辰	10	20	9	22	辛亥	11	19	10	22	辛巳	12	19	11	23	辛亥	1	17	12	22	庚辰
	8	20	7	20	庚戌	9	20	8	21	辛巳	10	21	9	23	壬子	11	20	10	23	壬午	12	20	11	24	壬子	1	18	12	23	辛巳
	8	21	7	21	辛亥	9	21	8	22	壬午	10	22	9	24	癸丑	11	21	10	24	癸未	12	21	11	25	癸丑	1	19	12	24	壬午
	8	22	7	22	壬子	9	22	8	23	癸未	10	23	9	25	甲寅	11	22	10	25	甲申	12	22	11	26	甲寅	1	20	12	25	癸未
	8	23	7	23	癸丑	9	23	8	24	甲申	10	24	9	26	乙卯	11	23	10	26	乙酉	12	23	11	27	乙卯	1	21	12	26	甲申
	8	24	7	24	甲寅	9	24	8	25	乙酉	10	25	9	27	丙辰	11	24	10	27	丙戌	12	24	11	28	丙辰	1	22	12	27	乙酉
	8	25	7	25	乙卯	9	25	8	26	丙戌	10	26	9	28	丁巳	11	25	10	28	丁亥	12	25	11	29	丁巳	1	23	12	28	丙戌
	8	26	7	26	丙辰	9	26	8	27	丁亥	10	27	9	29	戊午	11	26	10	29	戊子	12	26	11	30	戊午	1	24	12	29	丁亥
	8	27	7	27	丁巳	9	27	8	28	戊子	10	28	9	30	己未	11	27	11	1	己丑	12	27	12	1	己未	1	25	1	1	戊子
	8	28	7	28	戊午	9	28	8	29	己丑	10	29	10	1	庚申	11	28	11	2	庚寅	12	28	12	2	庚申	1	26	1	2	己丑
	8	29	7	29	己未	9	29	9	1	庚寅	10	30	10	2	辛酉	11	29	11	3	辛卯	12	29	12	3	辛酉	1	27	1	3	庚寅
	8	30	7	30	庚申	9	30	9	2	辛卯	10	31	10	3	壬戌	11	30	11	4	壬辰	12	30	12	4	壬戌	1	28	1	4	辛卯
	8	31	8	1	辛酉	10	1	9	3	壬辰	11	1	10	4	癸亥	12	1	11	5	癸巳	12	31	12	5	癸亥	1	29	1	5	壬辰
	9	1	8	2	壬戌	10	2	9	4	癸巳	11	2	10	5	甲子	12	2	11	6	甲午	1	1	12	6	甲子	1	30	1	6	癸巳
	9	2	8	3	癸亥	10	3	9	5	甲午	11	3	10	6	乙丑	12	3	11	7	乙未	1	2	12	7	乙丑	1	31	1	7	甲午
	9	3	8	4	甲子	10	4	9	6	乙未	11	4	10	7	丙寅	12	4	11	8	丙申	1	3	12	8	丙寅	2	1	1	8	乙未
	9	4	8	5	乙丑	10	5	9	7	丙申	11	5	10	8	丁卯	12	5	11	9	丁酉	1	4	12	9	丁卯	2	2	1	9	丙申
	9	5	8	6	丙寅	10	6	9	8	丁酉	11	6	10	9	戊辰	12	6	11	10	戊戌	1	5	12	10	戊辰	2	3	1	10	丁酉
	9	6	8	7	丁卯	10	7	9	9	戊戌	11	7	10	10	己巳	12	7	11	11	己亥						2	4	1	11	戊戌
	9	7	8	8	戊辰	10	8	9	10	己亥																				
中氣	處暑 8/24 8時55分 辰時					秋分 9/24 6時11分 卯時					霜降 10/24 15時8分 申時					小雪 11/23 12時21分 午時					冬至 12/23 1時29分 丑時					大寒 1/21 12時7分 午時				

1943・1944　羊　中華民國三十二・三十三年

年	甲申														
月	丙寅					丁卯					戊辰				
節氣	立春 2/5 6時22分 卯時					驚蟄 3/6 0時40分 子時					清明 4/5 5時54分 卯時				
日	國曆		農曆		干支	國曆		農曆		干支	國曆		農曆		干支
1944	2	5	1	12	己亥	3	6	2	12	己巳	4	5	3	13	己亥
	2	6	1	13	庚子	3	7	2	13	庚午	4	6	3	14	庚子
	2	7	1	14	辛丑	3	8	2	14	辛未	4	7	3	15	辛丑
	2	8	1	15	壬寅	3	9	2	15	壬申	4	8	3	16	壬寅
	2	9	1	16	癸卯	3	10	2	16	癸酉	4	9	3	17	癸卯
	2	10	1	17	甲辰	3	11	2	17	甲戌	4	10	3	18	甲辰
	2	11	1	18	乙巳	3	12	2	18	乙亥	4	11	3	19	乙巳
	2	12	1	19	丙午	3	13	2	19	丙子	4	12	3	20	丙午
	2	13	1	20	丁未	3	14	2	20	丁丑	4	13	3	21	丁未
	2	14	1	21	戊申	3	15	2	21	戊寅	4	14	3	22	戊申
	2	15	1	22	己酉	3	16	2	22	己卯	4	15	3	23	己酉
	2	16	1	23	庚戌	3	17	2	23	庚辰	4	16	3	24	庚戌
	2	17	1	24	辛亥	3	18	2	24	辛巳	4	17	3	25	辛亥
猴	2	18	1	25	壬子	3	19	2	25	壬午	4	18	3	26	壬子
	2	19	1	26	癸丑	3	20	2	26	癸未	4	19	3	27	癸丑
	2	20	1	27	甲寅	3	21	2	27	甲申	4	20	3	28	甲寅
	2	21	1	28	乙卯	3	22	2	28	乙酉	4	21	3	29	乙卯
	2	22	1	29	丙辰	3	23	2	29	丙戌	4	22	3	30	丙辰
	2	23	1	30	丁巳	3	24	3	1	丁亥	4	23	4	1	丁巳
	2	24	2	1	戊午	3	25	3	2	戊子	4	24	4	2	戊午
	2	25	2	2	己未	3	26	3	3	己丑	4	25	4	3	己未
中華民國三十三年	2	26	2	3	庚申	3	27	3	4	庚寅	4	26	4	4	庚申
	2	27	2	4	辛酉	3	28	3	5	辛卯	4	27	4	5	辛酉
	2	28	2	5	壬戌	3	29	3	6	壬辰	4	28	4	6	壬戌
	2	29	2	6	癸亥	3	30	3	7	癸巳	4	29	4	7	癸亥
	3	1	2	7	甲子	3	31	3	8	甲午	4	30	4	8	甲子
	3	2	2	8	乙丑	4	1	3	9	乙未	5	1	4	9	乙丑
	3	3	2	9	丙寅	4	2	3	10	丙申	5	2	4	10	丙寅
	3	4	2	10	丁卯	4	3	3	11	丁酉	5	3	4	11	丁卯
	3	5	2	11	戊辰	4	4	3	12	戊戌	5	4	4	12	戊辰
中氣	雨水 2/20 2時27分 丑時					春分 3/21 1時48分 丑時					穀雨 4/20 13時17分 未時				

年	甲申														
月	己巳					庚午					辛未				
節氣	立夏 5/5 23時39分 子時					芒種 6/6 4時10分 寅時					小暑 7/7 14時36分 未時				
日	國曆		農曆		干支	國曆		農曆		干支	國曆		農曆		干支
1944	5	5	4	13	己巳	6	6	4	16	辛丑	7	7	5	17	壬申
	5	6	4	14	庚午	6	7	4	17	壬寅	7	8	5	18	癸酉
	5	7	4	15	辛未	6	8	4	18	癸卯	7	9	5	19	甲戌
	5	8	4	16	壬申	6	9	4	19	甲辰	7	10	5	20	乙亥
	5	9	4	17	癸酉	6	10	4	20	乙巳	7	11	5	21	丙子
	5	10	4	18	甲戌	6	11	4	21	丙午	7	12	5	22	丁丑
	5	11	4	19	乙亥	6	12	4	22	丁未	7	13	5	23	戊寅
	5	12	4	20	丙子	6	13	4	23	戊申	7	14	5	24	己卯
	5	13	4	21	丁丑	6	14	4	24	己酉	7	15	5	25	庚辰
	5	14	4	22	戊寅	6	15	4	25	庚戌	7	16	5	26	辛巳
	5	15	4	23	己卯	6	16	4	26	辛亥	7	17	5	27	壬午
	5	16	4	24	庚辰	6	17	4	27	壬子	7	18	5	28	癸未
	5	17	4	25	辛巳	6	18	4	28	癸丑	7	19	5	29	甲申
猴	5	18	4	26	壬午	6	19	4	29	甲寅	7	20	6	1	乙酉
	5	19	4	27	癸未	6	20	4	30	乙卯	7	21	6	2	丙戌
	5	20	4	28	甲申	6	21	5	1	丙辰	7	22	6	3	丁亥
	5	21	4	29	乙酉	6	22	5	2	丁巳	7	23	6	4	戊子
	5	22	閏4	1	丙戌	6	23	5	3	戊午	7	24	6	5	己丑
	5	23	4	2	丁亥	6	24	5	4	己未	7	25	6	6	庚寅
	5	24	4	3	戊子	6	25	5	5	庚申	7	26	6	7	辛卯
	5	25	4	4	己丑	6	26	5	6	辛酉	7	27	6	8	壬辰
中華民國三十三年	5	26	4	5	庚寅	6	27	5	7	壬戌	7	28	6	9	癸巳
	5	27	4	6	辛卯	6	28	5	8	癸亥	7	29	6	10	甲午
	5	28	4	7	壬辰	6	29	5	9	甲子	7	30	6	11	乙未
	5	29	4	8	癸巳	6	30	5	10	乙丑	7	31	6	12	丙申
	5	30	4	9	甲午	7	1	5	11	丙寅	8	1	6	13	丁酉
	5	31	4	10	乙未	7	2	5	12	丁卯	8	2	6	14	戊戌
	6	1	4	11	丙申	7	3	5	13	戊辰	8	3	6	15	己亥
	6	2	4	12	丁酉	7	4	5	14	己巳	8	4	6	16	庚子
	6	3	4	13	戊戌	7	5	5	15	庚午	8	5	6	17	辛丑
	6	4	4	14	己亥	7	6	5	16	辛未	8	6	6	18	壬寅
	6	5	4	15	庚子						8	7	6	19	癸卯
中氣	小滿 5/21 12時50分 午時					夏至 6/21 21時2分 亥時					大暑 7/23 7時55分 辰時				

年	甲申																													
月	壬申					癸酉					甲戌					乙亥					丙子					丁丑				
節氣	立秋 8/8 0時18分 子時					白露 9/8 2時55分 丑時					寒露 10/8 18時8分 酉時					立冬 11/7 20時54分 戌時					大雪 12/7 13時27分 未時					小寒 1/6 0時34分 子時				
日	國曆		農曆		干支	國曆		農曆		干支	國曆		農曆		干支	國曆		農曆		干支	國曆		農曆		干支	國曆		農曆		干支
	8	8	6	20	甲辰	9	8	7	21	乙亥	10	8	8	22	乙巳	11	7	9	22	乙亥	12	7	10	22	乙巳	1	6	11	23	乙亥
	8	9	6	21	乙巳	9	9	7	22	丙子	10	9	8	23	丙午	11	8	9	23	丙子	12	8	10	23	丙午	1	7	11	24	丙子
	8	10	6	22	丙午	9	10	7	23	丁丑	10	10	8	24	丁未	11	9	9	24	丁丑	12	9	10	24	丁未	1	8	11	25	丁丑
1	8	11	6	23	丁未	9	11	7	24	戊寅	10	11	8	25	戊申	11	10	9	25	戊寅	12	10	10	25	戊申	1	9	11	26	戊寅
9	8	12	6	24	戊申	9	12	7	25	己卯	10	12	8	26	己酉	11	11	9	26	己卯	12	11	10	26	己酉	1	10	11	27	己卯
4	8	13	6	25	己酉	9	13	7	26	庚辰	10	13	8	27	庚戌	11	12	9	27	庚辰	12	12	10	27	庚戌	1	11	11	28	庚辰
4	8	14	6	26	庚戌	9	14	7	27	辛巳	10	14	8	28	辛亥	11	13	9	28	辛巳	12	13	10	28	辛亥	1	12	11	29	辛巳
•	8	15	6	27	辛亥	9	15	7	28	壬午	10	15	8	29	壬子	11	14	9	29	壬午	12	14	10	29	壬子	1	13	11	30	壬午
1	8	16	6	28	壬子	9	16	7	29	癸未	10	16	8	30	癸丑	11	15	9	30	癸未	12	15	11	1	癸丑	1	14	12	1	癸未
9	8	17	6	29	癸丑	9	17	8	1	甲申	10	17	9	1	甲寅	11	16	10	1	甲申	12	16	11	2	甲寅	1	15	12	2	甲申
4	8	18	6	30	甲寅	9	18	8	2	乙酉	10	18	9	2	乙卯	11	17	10	2	乙酉	12	17	11	3	乙卯	1	16	12	3	乙酉
5	8	19	7	1	乙卯	9	19	8	3	丙戌	10	19	9	3	丙辰	11	18	10	3	丙戌	12	18	11	4	丙辰	1	17	12	4	丙戌
	8	20	7	2	丙辰	9	20	8	4	丁亥	10	20	9	4	丁巳	11	19	10	4	丁亥	12	19	11	5	丁巳	1	18	12	5	丁亥
	8	21	7	3	丁巳	9	21	8	5	戊子	10	21	9	5	戊午	11	20	10	5	戊子	12	20	11	6	戊午	1	19	12	6	戊子
猴	8	22	7	4	戊午	9	22	8	6	己丑	10	22	9	6	己未	11	21	10	6	己丑	12	21	11	7	己未	1	20	12	7	己丑
	8	23	7	5	己未	9	23	8	7	庚寅	10	23	9	7	庚申	11	22	10	7	庚寅	12	22	11	8	庚申	1	21	12	8	庚寅
	8	24	7	6	庚申	9	24	8	8	辛卯	10	24	9	8	辛酉	11	23	10	8	辛卯	12	23	11	9	辛酉	1	22	12	9	辛卯
	8	25	7	7	辛酉	9	25	8	9	壬辰	10	25	9	9	壬戌	11	24	10	9	壬辰	12	24	11	10	壬戌	1	23	12	10	壬辰
	8	26	7	8	壬戌	9	26	8	10	癸巳	10	26	9	10	癸亥	11	25	10	10	癸巳	12	25	11	11	癸亥	1	24	12	11	癸巳
中	8	27	7	9	癸亥	9	27	8	11	甲午	10	27	9	11	甲子	11	26	10	11	甲午	12	26	11	12	甲子	1	25	12	12	甲午
華	8	28	7	10	甲子	9	28	8	12	乙未	10	28	9	12	乙丑	11	27	10	12	乙未	12	27	11	13	乙丑	1	26	12	13	乙未
民	8	29	7	11	乙丑	9	29	8	13	丙申	10	29	9	13	丙寅	11	28	10	13	丙申	12	28	11	14	丙寅	1	27	12	14	丙申
國	8	30	7	12	丙寅	9	30	8	14	丁酉	10	30	9	14	丁卯	11	29	10	14	丁酉	12	29	11	15	丁卯	1	28	12	15	丁酉
三	8	31	7	13	丁卯	10	1	8	15	戊戌	10	31	9	15	戊辰	11	30	10	15	戊戌	12	30	11	16	戊辰	1	29	12	16	戊戌
十	9	1	7	14	戊辰	10	2	8	16	己亥	11	1	9	16	己巳	12	1	10	16	己亥	12	31	11	17	己巳	1	30	12	17	己亥
三	9	2	7	15	己巳	10	3	8	17	庚子	11	2	9	17	庚午	12	2	10	17	庚子	1	1	11	18	庚午	1	31	12	18	庚子
•	9	3	7	16	庚午	10	4	8	18	辛丑	11	3	9	18	辛未	12	3	10	18	辛丑	1	2	11	19	辛未	2	1	12	19	辛丑
三	9	4	7	17	辛未	10	5	8	19	壬寅	11	4	9	19	壬申	12	4	10	19	壬寅	1	3	11	20	壬申	2	2	12	20	壬寅
十	9	5	7	18	壬申	10	6	8	20	癸卯	11	5	9	20	癸酉	12	5	10	20	癸卯	1	4	11	21	癸酉	2	3	12	21	癸卯
四	9	6	7	19	癸酉	10	7	8	21	甲辰	11	6	9	21	甲戌	12	6	10	21	甲辰	1	5	11	22	甲戌					
年	9	7	7	20	甲戌																									
中氣	處暑 8/23 14時46分 未時					秋分 9/23 12時1分 午時					霜降 10/23 20時56分 戌時					小雪 11/22 18時7分 酉時					冬至 12/22 7時14分 辰時					大寒 1/20 17時53分 酉時				

年	乙酉																	
月	戊寅			己卯			庚辰			辛巳			壬午			癸未		
節氣	立春 2/4 12時19分 午時			驚蟄 3/6 6時38分 卯時			清明 4/5 11時51分 午時			立夏 5/6 5時36分 卯時			芒種 6/6 10時5分 巳時			小暑 7/7 20時26分 戌時		
日	國曆	農曆	干支	國曆	農曆	干支	國曆	農曆	干支	國曆	農曆	干支	國曆	農曆	干支	國曆	農曆	干支
	2 4	12 22	甲辰	3 6	1 22	甲戌	4 5	2 23	甲辰	5 6	3 25	乙亥	6 6	4 26	丙午	7 7	5 28	丁丑
	2 5	12 23	乙巳	3 7	1 23	乙亥	4 6	2 24	乙巳	5 7	3 26	丙子	6 7	4 27	丁未	7 8	5 29	戊寅
	2 6	12 24	丙午	3 8	1 24	丙子	4 7	2 25	丙午	5 8	3 27	丁丑	6 8	4 28	戊申	7 9	6 1	己卯
	2 7	12 25	丁未	3 9	1 25	丁丑	4 8	2 26	丁未	5 9	3 28	戊寅	6 9	4 29	己酉	7 10	6 2	庚辰
1945	2 8	12 26	戊申	3 10	1 26	戊寅	4 9	2 27	戊申	5 10	3 29	己卯	6 10	5 1	庚戌	7 11	6 3	辛巳
	2 9	12 27	己酉	3 11	1 27	己卯	4 10	2 28	己酉	5 11	3 30	庚辰	6 11	5 2	辛亥	7 12	6 4	壬午
	2 10	12 28	庚戌	3 12	1 28	庚辰	4 11	2 29	庚戌	5 12	4 1	辛巳	6 12	5 3	壬子	7 13	6 5	癸未
	2 11	12 29	辛亥	3 13	1 29	辛巳	4 12	3 1	辛亥	5 13	4 2	壬午	6 13	5 4	癸丑	7 14	6 6	甲申
	2 12	12 30	壬子	3 14	2 1	壬午	4 13	3 2	壬子	5 14	4 3	癸未	6 14	5 5	甲寅	7 15	6 7	乙酉
	2 13	1 1	癸丑	3 15	2 2	癸未	4 14	3 3	癸丑	5 15	4 4	甲申	6 15	5 6	乙卯	7 16	6 8	丙戌
	2 14	1 2	甲寅	3 16	2 3	甲申	4 15	3 4	甲寅	5 16	4 5	乙酉	6 16	5 7	丙辰	7 17	6 9	丁亥
	2 15	1 3	乙卯	3 17	2 4	乙酉	4 16	3 5	乙卯	5 17	4 6	丙戌	6 17	5 8	丁巳	7 18	6 10	戊子
	2 16	1 4	丙辰	3 18	2 5	丙戌	4 17	3 6	丙辰	5 18	4 7	丁亥	6 18	5 9	戊午	7 19	6 11	己丑
雞	2 17	1 5	丁巳	3 19	2 6	丁亥	4 18	3 7	丁巳	5 19	4 8	戊子	6 19	5 10	己未	7 20	6 12	庚寅
	2 18	1 6	戊午	3 20	2 7	戊子	4 19	3 8	戊午	5 20	4 9	己丑	6 20	5 11	庚申	7 21	6 13	辛卯
	2 19	1 7	己未	3 21	2 8	己丑	4 20	3 9	己未	5 21	4 10	庚寅	6 21	5 12	辛酉	7 22	6 14	壬辰
	2 20	1 8	庚申	3 22	2 9	庚寅	4 21	3 10	庚申	5 22	4 11	辛卯	6 22	5 13	壬戌	7 23	6 15	癸巳
	2 21	1 9	辛酉	3 23	2 10	辛卯	4 22	3 11	辛酉	5 23	4 12	壬辰	6 23	5 14	癸亥	7 24	6 16	甲午
	2 22	1 10	壬戌	3 24	2 11	壬辰	4 23	3 12	壬戌	5 24	4 13	癸巳	6 24	5 15	甲子	7 25	6 17	乙未
	2 23	1 11	癸亥	3 25	2 12	癸巳	4 24	3 13	癸亥	5 25	4 14	甲午	6 25	5 16	乙丑	7 26	6 18	丙申
	2 24	1 12	甲子	3 26	2 13	甲午	4 25	3 14	甲子	5 26	4 15	乙未	6 26	5 17	丙寅	7 27	6 19	丁酉
中華民國三十四年	2 25	1 13	乙丑	3 27	2 14	乙未	4 26	3 15	乙丑	5 27	4 16	丙申	6 27	5 18	丁卯	7 28	6 20	戊戌
	2 26	1 14	丙寅	3 28	2 15	丙申	4 27	3 16	丙寅	5 28	4 17	丁酉	6 28	5 19	戊辰	7 29	6 21	己亥
	2 27	1 15	丁卯	3 29	2 16	丁酉	4 28	3 17	丁卯	5 29	4 18	戊戌	6 29	5 20	己巳	7 30	6 22	庚子
	2 28	1 16	戊辰	3 30	2 17	戊戌	4 29	3 18	戊辰	5 30	4 19	己亥	6 30	5 21	庚午	7 31	6 23	辛丑
	3 1	1 17	己巳	3 31	2 18	己亥	4 30	3 19	己巳	5 31	4 20	庚子	7 1	5 22	辛未	8 1	6 24	壬寅
	3 2	1 18	庚午	4 1	2 19	庚子	5 1	3 20	庚午	6 1	4 21	辛丑	7 2	5 23	壬申	8 2	6 25	癸卯
	3 3	1 19	辛未	4 2	2 20	辛丑	5 2	3 21	辛未	6 2	4 22	壬寅	7 3	5 24	癸酉	8 3	6 26	甲辰
	3 4	1 20	壬申	4 3	2 21	壬寅	5 3	3 22	壬申	6 3	4 23	癸卯	7 4	5 25	甲戌	8 4	6 27	乙巳
	3 5	1 21	癸酉	4 4	2 22	癸卯	5 4	3 23	癸酉	6 4	4 24	甲辰	7 5	5 26	乙亥	8 5	6 28	丙午
							5 5	3 24	甲戌	6 5	4 25	乙巳	7 6	5 27	丙子	8 6	6 29	丁未
																8 7	6 30	戊申
中氣	雨水 2/19 8時14分 辰時			春分 3/21 7時37分 辰時			穀雨 4/20 19時6分 戌時			小滿 5/21 18時40分 酉時			夏至 6/22 2時52分 丑時			大暑 7/23 13時45分 未時		

日光節約時間：五月一日至九月三十日

乙酉																													
甲申					乙酉					丙戌					丁亥					戊子					己丑				
立秋 8/8 6時5分 卯時					白露 9/8 8時38分 辰時					寒露 10/8 23時49分 子時					立冬 11/8 2時34分 丑時					大雪 12/7 19時7分 戌時					小寒 1/6 6時16分 卯時				
國曆		農曆		干支	國曆		農曆		干支	國曆		農曆		干支	國曆		農曆		干支	國曆		農曆		干支	國曆		農曆		干支
8	8	7	1	己酉	9	8	8	3	庚辰	10	8	9	3	庚戌	11	8	10	4	辛巳	12	7	11	3	庚戌	1	6	12	4	庚辰
8	9	7	2	庚戌	9	9	8	4	辛巳	10	9	9	4	辛亥	11	9	10	5	壬午	12	8	11	4	辛亥	1	7	12	5	辛巳
8	10	7	3	辛亥	9	10	8	5	壬午	10	10	9	5	壬子	11	10	10	6	癸未	12	9	11	5	壬子	1	8	12	6	壬午
8	11	7	4	壬子	9	11	8	6	癸未	10	11	9	6	癸丑	11	11	10	7	甲申	12	10	11	6	癸丑	1	9	12	7	癸未
8	12	7	5	癸丑	9	12	8	7	甲申	10	12	9	7	甲寅	11	12	10	8	乙酉	12	11	11	7	甲寅	1	10	12	8	甲申
8	13	7	6	甲寅	9	13	8	8	乙酉	10	13	9	8	乙卯	11	13	10	9	丙戌	12	12	11	8	乙卯	1	11	12	9	乙酉
8	14	7	7	乙卯	9	14	8	9	丙戌	10	14	9	9	丙辰	11	14	10	10	丁亥	12	13	11	9	丙辰	1	12	12	10	丙戌
8	15	7	8	丙辰	9	15	8	10	丁亥	10	15	9	10	丁巳	11	15	10	11	戊子	12	14	11	10	丁巳	1	13	12	11	丁亥
8	16	7	9	丁巳	9	16	8	11	戊子	10	16	9	11	戊午	11	16	10	12	己丑	12	15	11	11	戊午	1	14	12	12	戊子
8	17	7	10	戊午	9	17	8	12	己丑	10	17	9	12	己未	11	17	10	13	庚寅	12	16	11	12	己未	1	15	12	13	己丑
8	18	7	11	己未	9	18	8	13	庚寅	10	18	9	13	庚申	11	18	10	14	辛卯	12	17	11	13	庚申	1	16	12	14	庚寅
8	19	7	12	庚申	9	19	8	14	辛卯	10	19	9	14	辛酉	11	19	10	15	壬辰	12	18	11	14	辛酉	1	17	12	15	辛卯
8	20	7	13	辛酉	9	20	8	15	壬辰	10	20	9	15	壬戌	11	20	10	16	癸巳	12	19	11	15	壬戌	1	18	12	16	壬辰
8	21	7	14	壬戌	9	21	8	16	癸巳	10	21	9	16	癸亥	11	21	10	17	甲午	12	20	11	16	癸亥	1	19	12	17	癸巳
8	22	7	15	癸亥	9	22	8	17	甲午	10	22	9	17	甲子	11	22	10	18	乙未	12	21	11	17	甲子	1	20	12	18	甲午
8	23	7	16	甲子	9	23	8	18	乙未	10	23	9	18	乙丑	11	23	10	19	丙申	12	22	11	18	乙丑	1	21	12	19	乙未
8	24	7	17	乙丑	9	24	8	19	丙申	10	24	9	19	丙寅	11	24	10	20	丁酉	12	23	11	19	丙寅	1	22	12	20	丙申
8	25	7	18	丙寅	9	25	8	20	丁酉	10	25	9	20	丁卯	11	25	10	21	戊戌	12	24	11	20	丁卯	1	23	12	21	丁酉
8	26	7	19	丁卯	9	26	8	21	戊戌	10	26	9	21	戊辰	11	26	10	22	己亥	12	25	11	21	戊辰	1	24	12	22	戊戌
8	27	7	20	戊辰	9	27	8	22	己亥	10	27	9	22	己巳	11	27	10	23	庚子	12	26	11	22	己巳	1	25	12	23	己亥
8	28	7	21	己巳	9	28	8	23	庚子	10	28	9	23	庚午	11	28	10	24	辛丑	12	27	11	23	庚午	1	26	12	24	庚子
8	29	7	22	庚午	9	29	8	24	辛丑	10	29	9	24	辛未	11	29	10	25	壬寅	12	28	11	24	辛未	1	27	12	25	辛丑
8	30	7	23	辛未	9	30	8	25	壬寅	10	30	9	25	壬申	11	30	10	26	癸卯	12	29	11	25	壬申	1	28	12	26	壬寅
8	31	7	24	壬申	10	1	8	26	癸卯	10	31	9	26	癸酉	12	1	10	27	甲辰	12	30	11	26	癸酉	1	29	12	27	癸卯
9	1	7	25	癸酉	10	2	8	27	甲辰	11	1	9	27	甲戌	12	2	10	28	乙巳	12	31	11	27	甲戌	1	30	12	28	甲辰
9	2	7	26	甲戌	10	3	8	28	乙巳	11	2	9	28	乙亥	12	3	10	29	丙午	1	1	11	28	乙亥	1	31	12	29	乙巳
9	3	7	27	乙亥	10	4	8	29	丙午	11	3	9	29	丙子	12	4	10	30	丁未	1	2	11	29	丙子	2	1	12	30	丙午
9	4	7	28	丙子	10	5	8	30	丁未	11	4	9	30	丁丑	12	5	11	1	戊申	1	3	12	1	丁丑	2	2	1	1	丁未
9	5	7	29	丁丑	10	6	9	1	戊申	11	5	10	1	戊寅	12	6	11	2	己酉	1	4	12	2	戊寅	2	3	1	2	戊申
9	6	8	1	戊寅	10	7	9	2	己酉	11	6	10	2	己卯						1	5	12	3	己卯					
9	7	8	2	己卯						11	7	10	3	庚辰															
處暑 8/23 20時35分 戌時					秋分 9/23 17時49分 酉時					霜降 10/24 2時43分 丑時					小雪 11/22 23時55分 子時					冬至 12/22 13時3分 未時					大寒 1/20 23時44分 子時				

年 月 節氣 日 中氣

1945·1946 雞 中華民國三十四·三十五年

日光節約時間：五月一日至九月三十日

年	丙戌																	
月	庚寅			辛卯			壬辰			癸巳			甲午			乙未		
節氣	立春 2/4 18時3分 酉時			驚蟄 3/6 12時24分 午時			清明 4/5 17時38分 酉時			立夏 5/6 11時21分 午時			芒種 6/6 15時48分 申時			小暑 7/8 2時10分 丑時		
日	國曆	農曆	干支	國曆	農曆	干支	國曆	農曆	干支	國曆	農曆	干支	國曆	農曆	干支	國曆	農曆	干支
	2 4	1 3	己酉	3 6	2 3	己卯	4 5	3 4	己酉	5 6	4 6	庚辰	6 6	5 7	辛亥	7 8	6 10	癸未
	2 5	1 4	庚戌	3 7	2 4	庚辰	4 6	3 5	庚戌	5 7	4 7	辛巳	6 7	5 8	壬子	7 9	6 11	甲申
	2 6	1 5	辛亥	3 8	2 5	辛巳	4 7	3 6	辛亥	5 8	4 8	壬午	6 8	5 9	癸丑	7 10	6 12	乙酉
	2 7	1 6	壬子	3 9	2 6	壬午	4 8	3 7	壬子	5 9	4 9	癸未	6 9	5 10	甲寅	7 11	6 13	丙戌
	2 8	1 7	癸丑	3 10	2 7	癸未	4 9	3 8	癸丑	5 10	4 10	甲申	6 10	5 11	乙卯	7 12	6 14	丁亥
1946	2 9	1 8	甲寅	3 11	2 8	甲申	4 10	3 9	甲寅	5 11	4 11	乙酉	6 11	5 12	丙辰	7 13	6 15	戊子
	2 10	1 9	乙卯	3 12	2 9	乙酉	4 11	3 10	乙卯	5 12	4 12	丙戌	6 12	5 13	丁巳	7 14	6 16	己丑
	2 11	1 10	丙辰	3 13	2 10	丙戌	4 12	3 11	丙辰	5 13	4 13	丁亥	6 13	5 14	戊午	7 15	6 17	庚寅
	2 12	1 11	丁巳	3 14	2 11	丁亥	4 13	3 12	丁巳	5 14	4 14	戊子	6 14	5 15	己未	7 16	6 18	辛卯
	2 13	1 12	戊午	3 15	2 12	戊子	4 14	3 13	戊午	5 15	4 15	己丑	6 15	5 16	庚申	7 17	6 19	壬辰
	2 14	1 13	己未	3 16	2 13	己丑	4 15	3 14	己未	5 16	4 16	庚寅	6 16	5 17	辛酉	7 18	6 20	癸巳
	2 15	1 14	庚申	3 17	2 14	庚寅	4 16	3 15	庚申	5 17	4 17	辛卯	6 17	5 18	壬戌	7 19	6 21	甲午
	2 16	1 15	辛酉	3 18	2 15	辛卯	4 17	3 16	辛酉	5 18	4 18	壬辰	6 18	5 19	癸亥	7 20	6 22	乙未
狗	2 17	1 16	壬戌	3 19	2 16	壬辰	4 18	3 17	壬戌	5 19	4 19	癸巳	6 19	5 20	甲子	7 21	6 23	丙申
	2 18	1 17	癸亥	3 20	2 17	癸巳	4 19	3 18	癸亥	5 20	4 20	甲午	6 20	5 21	乙丑	7 22	6 24	丁酉
	2 19	1 18	甲子	3 21	2 18	甲午	4 20	3 19	甲子	5 21	4 21	乙未	6 21	5 22	丙寅	7 23	6 25	戊戌
	2 20	1 19	乙丑	3 22	2 19	乙未	4 21	3 20	乙丑	5 22	4 22	丙申	6 22	5 23	丁卯	7 24	6 26	己亥
	2 21	1 20	丙寅	3 23	2 20	丙申	4 22	3 21	丙寅	5 23	4 23	丁酉	6 23	5 24	戊辰	7 25	6 27	庚子
	2 22	1 21	丁卯	3 24	2 21	丁酉	4 23	3 22	丁卯	5 24	4 24	戊戌	6 24	5 25	己巳	7 26	6 28	辛丑
	2 23	1 22	戊辰	3 25	2 22	戊戌	4 24	3 23	戊辰	5 25	4 25	己亥	6 25	5 26	庚午	7 27	6 29	壬寅
	2 24	1 23	己巳	3 26	2 23	己亥	4 25	3 24	己巳	5 26	4 26	庚子	6 26	5 27	辛未	7 28	7 1	癸卯
中華民國三十五年	2 25	1 24	庚午	3 27	2 24	庚子	4 26	3 25	庚午	5 27	4 27	辛丑	6 27	5 28	壬申	7 29	7 2	甲辰
	2 26	1 25	辛未	3 28	2 25	辛丑	4 27	3 26	辛未	5 28	4 28	壬寅	6 28	5 29	癸酉	7 30	7 3	乙巳
	2 27	1 26	壬申	3 29	2 26	壬寅	4 28	3 27	壬申	5 29	4 29	癸卯	6 29	6 1	甲戌	7 31	7 4	丙午
	2 28	1 27	癸酉	3 30	2 27	癸卯	4 29	3 28	癸酉	5 30	4 30	甲辰	6 30	6 2	乙亥	8 1	7 5	丁未
	3 1	1 28	甲戌	3 31	2 28	甲辰	4 30	3 29	甲戌	5 31	5 1	乙巳	7 1	6 3	丙子	8 2	7 6	戊申
	3 2	1 29	乙亥	4 1	2 29	乙巳	5 1	4 1	乙亥	6 1	5 2	丙午	7 2	6 4	丁丑	8 3	7 7	己酉
	3 3	1 30	丙子	4 2	3 1	丙午	5 2	4 2	丙子	6 2	5 3	丁未	7 3	6 5	戊寅	8 4	7 8	庚戌
	3 4	2 1	丁丑	4 3	3 2	丁未	5 3	4 3	丁丑	6 3	5 4	戊申	7 4	6 6	己卯	8 5	7 9	辛亥
	3 5	2 2	戊寅	4 4	3 3	戊申	5 4	4 4	戊寅	6 4	5 5	己酉	7 5	6 7	庚辰	8 6	7 10	壬子
							5 5	4 5	己卯	6 5	5 6	庚戌	7 6	6 8	辛巳	8 7	7 11	癸丑
													7 7	6 9	壬午			
中氣	雨水 2/19 14時8分 未時			春分 3/21 13時32分 未時			穀雨 4/21 1時2分 丑時			小滿 5/22 0時33分 子時			夏至 6/22 8時44分 辰時			大暑 7/23 19時37分 戌時		

日光節約時間：五月一日至九月三十日

年	丙戌																	
月	丙申			丁酉			戊戌			己亥			庚子			辛丑		
節氣	立秋 8/8 11時51分 午時			白露 9/8 14時27分 未時			寒露 10/9 5時40分 卯時			立冬 11/8 8時27分 辰時			大雪 12/8 1時0分 丑時			小寒 1/6 12時6分 午時		
日	國曆	農曆	干支	國曆	農曆	干支	國曆	農曆	干支	國曆	農曆	干支	國曆	農曆	干支	國曆	農曆	干支
1946・1947 狗 中華民國三十五・三十六年	8 8	7 12	甲寅	9 8	8 13	乙酉	10 9	9 15	丙辰	11 8	10 15	丙戌	12 8	11 15	丙辰	1 6	12 15	乙酉
	8 9	7 13	乙卯	9 9	8 14	丙戌	10 10	9 16	丁巳	11 9	10 16	丁亥	12 9	11 16	丁巳	1 7	12 16	丙戌
	8 10	7 14	丙辰	9 10	8 15	丁亥	10 11	9 17	戊午	11 10	10 17	戊子	12 10	11 17	戊午	1 8	12 17	丁亥
	8 11	7 15	丁巳	9 11	8 16	戊子	10 12	9 18	己未	11 11	10 18	己丑	12 11	11 18	己未	1 9	12 18	戊子
	8 12	7 16	戊午	9 12	8 17	己丑	10 13	9 19	庚申	11 12	10 19	庚寅	12 12	11 19	庚申	1 10	12 19	己丑
	8 13	7 17	己未	9 13	8 18	庚寅	10 14	9 20	辛酉	11 13	10 20	辛卯	12 13	11 20	辛酉	1 11	12 20	庚寅
	8 14	7 18	庚申	9 14	8 19	辛卯	10 15	9 21	壬戌	11 14	10 21	壬辰	12 14	11 21	壬戌	1 12	12 21	辛卯
	8 15	7 19	辛酉	9 15	8 20	壬辰	10 16	9 22	癸亥	11 15	10 22	癸巳	12 15	11 22	癸亥	1 13	12 22	壬辰
	8 16	7 20	壬戌	9 16	8 21	癸巳	10 17	9 23	甲子	11 16	10 23	甲午	12 16	11 23	甲子	1 14	12 23	癸巳
	8 17	7 21	癸亥	9 17	8 22	甲午	10 18	9 24	乙丑	11 17	10 24	乙未	12 17	11 24	乙丑	1 15	12 24	甲午
	8 18	7 22	甲子	9 18	8 23	乙未	10 19	9 25	丙寅	11 18	10 25	丙申	12 18	11 25	丙寅	1 16	12 25	乙未
	8 19	7 23	乙丑	9 19	8 24	丙申	10 20	9 26	丁卯	11 19	10 26	丁酉	12 19	11 26	丁卯	1 17	12 26	丙申
	8 20	7 24	丙寅	9 20	8 25	丁酉	10 21	9 27	戊辰	11 20	10 27	戊戌	12 20	11 27	戊辰	1 18	12 27	丁酉
	8 21	7 25	丁卯	9 21	8 26	戊戌	10 22	9 28	己巳	11 21	10 28	己亥	12 21	11 28	己巳	1 19	12 28	戊戌
	8 22	7 26	戊辰	9 22	8 27	己亥	10 23	9 29	庚午	11 22	10 29	庚子	12 22	11 29	庚午	1 20	12 29	己亥
	8 23	7 27	己巳	9 23	8 28	庚子	10 24	9 30	辛未	11 23	10 30	辛丑	12 23	12 1	辛未	1 21	12 30	庚子
	8 24	7 28	庚午	9 24	8 29	辛丑	10 25	10 1	壬申	11 24	11 1	壬寅	12 24	12 2	壬申	1 22	1 1	辛丑
	8 25	7 29	辛未	9 25	9 1	壬寅	10 26	10 2	癸酉	11 25	11 2	癸卯	12 25	12 3	癸酉	1 23	1 2	壬寅
	8 26	7 30	壬申	9 26	9 2	癸卯	10 27	10 3	甲戌	11 26	11 3	甲辰	12 26	12 4	甲戌	1 24	1 3	癸卯
	8 27	8 1	癸酉	9 27	9 3	甲辰	10 28	10 4	乙亥	11 27	11 4	乙巳	12 27	12 5	乙亥	1 25	1 4	甲辰
	8 28	8 2	甲戌	9 28	9 4	乙巳	10 29	10 5	丙子	11 28	11 5	丙午	12 28	12 6	丙子	1 26	1 5	乙巳
	8 29	8 3	乙亥	9 29	9 5	丙午	10 30	10 6	丁丑	11 29	11 6	丁未	12 29	12 7	丁丑	1 27	1 6	丙午
	8 30	8 4	丙子	9 30	9 6	丁未	10 31	10 7	戊寅	11 30	11 7	戊申	12 30	12 8	戊寅	1 28	1 7	丁未
	8 31	8 5	丁丑	10 1	9 7	戊申	11 1	10 8	己卯	12 1	11 8	己酉	12 31	12 9	己卯	1 29	1 8	戊申
	9 1	8 6	戊寅	10 2	9 8	己酉	11 2	10 9	庚辰	12 2	11 9	庚戌	1 1	12 10	庚辰	1 30	1 9	己酉
	9 2	8 7	己卯	10 3	9 9	庚戌	11 3	10 10	辛巳	12 3	11 10	辛亥	1 2	12 11	辛巳	1 31	1 10	庚戌
	9 3	8 8	庚辰	10 4	9 10	辛亥	11 4	10 11	壬午	12 4	11 11	壬子	1 3	12 12	壬午	2 1	1 11	辛亥
	9 4	8 9	辛巳	10 5	9 11	壬子	11 5	10 12	癸未	12 5	11 12	癸丑	1 4	12 13	癸未	2 2	1 12	壬子
	9 5	8 10	壬午	10 6	9 12	癸丑	11 6	10 13	甲申	12 6	11 13	甲寅	1 5	12 14	甲申	2 3	1 13	癸丑
	9 6	8 11	癸未	10 7	9 13	甲寅	11 7	10 14	乙酉	12 7	11 14	乙卯						
	9 7	8 12	甲申	10 8	9 14	乙卯												
中氣	處暑 8/24 2時26分 丑時			秋分 9/23 23時40分 子時			霜降 10/24 8時34分 辰時			小雪 11/23 5時46分 卯時			冬至 12/22 18時53分 酉時			大寒 1/21 5時31分 卯時		

日光節約時間：五月一日至九月三十日

年	丁亥																	
月	壬寅			癸卯			甲辰			乙巳			丙午			丁未		
節氣	立春			驚蟄			清明			立夏			芒種			小暑		
	2/4 23時50分 子時			3/6 18時7分 酉時			4/5 23時20分 子時			5/6 17時3分 酉時			6/6 21時31分 亥時			7/8 7時55分 辰時		
日	國曆	農曆	干支	國曆	農曆	干支	國曆	農曆	干支	國曆	農曆	干支	國曆	農曆	干支	國曆	農曆	干支
	2 4	1 14	甲寅	3 6	2 14	甲申	4 5	2 14	甲寅	5 6	3 16	乙酉	6 6	4 18	丙辰	7 8	5 20	戊子
	2 5	1 15	乙卯	3 7	2 15	乙酉	4 6	2 15	乙卯	5 7	3 17	丙戌	6 7	4 19	丁巳	7 9	5 21	己丑
	2 6	1 16	丙辰	3 8	2 16	丙戌	4 7	2 16	丙辰	5 8	3 18	丁亥	6 8	4 20	戊午	7 10	5 22	庚寅
	2 7	1 17	丁巳	3 9	2 17	丁亥	4 8	2 17	丁巳	5 9	3 19	戊子	6 9	4 21	己未	7 11	5 23	辛卯
1	2 8	1 18	戊午	3 10	2 18	戊子	4 9	2 18	戊午	5 10	3 20	己丑	6 10	4 22	庚申	7 12	5 24	壬辰
9	2 9	1 19	己未	3 11	2 19	己丑	4 10	2 19	己未	5 11	3 21	庚寅	6 11	4 23	辛酉	7 13	5 25	癸巳
4	2 10	1 20	庚申	3 12	2 20	庚寅	4 11	2 20	庚申	5 12	3 22	辛卯	6 12	4 24	壬戌	7 14	5 26	甲午
7	2 11	1 21	辛酉	3 13	2 21	辛卯	4 12	2 21	辛酉	5 13	3 23	壬辰	6 13	4 25	癸亥	7 15	5 27	乙未
	2 12	1 22	壬戌	3 14	2 22	壬辰	4 13	2 22	壬戌	5 14	3 24	癸巳	6 14	4 26	甲子	7 16	5 28	丙申
	2 13	1 23	癸亥	3 15	2 23	癸巳	4 14	2 23	癸亥	5 15	3 25	甲午	6 15	4 27	乙丑	7 17	5 29	丁酉
	2 14	1 24	甲子	3 16	2 24	甲午	4 15	2 24	甲子	5 16	3 26	乙未	6 16	4 28	丙寅	7 18	6 1	戊戌
	2 15	1 25	乙丑	3 17	2 25	乙未	4 16	2 25	乙丑	5 17	3 27	丙申	6 17	4 29	丁卯	7 19	6 2	己亥
	2 16	1 26	丙寅	3 18	2 26	丙申	4 17	2 26	丙寅	5 18	3 28	丁酉	6 18	4 30	戊辰	7 20	6 3	庚子
豬	2 17	1 27	丁卯	3 19	2 27	丁酉	4 18	2 27	丁卯	5 19	3 29	戊戌	6 19	5 1	己巳	7 21	6 4	辛丑
	2 18	1 28	戊辰	3 20	2 28	戊戌	4 19	2 28	戊辰	5 20	4 1	己亥	6 20	5 2	庚午	7 22	6 5	壬寅
	2 19	1 29	己巳	3 21	2 29	己亥	4 20	2 29	己巳	5 21	4 2	庚子	6 21	5 3	辛未	7 23	6 6	癸卯
	2 20	1 30	庚午	3 22	2 30	庚子	4 21	3 1	庚午	5 22	4 3	辛丑	6 22	5 4	壬申	7 24	6 7	甲辰
	2 21	2 1	辛未	3 23	閏2 1	辛丑	4 22	3 2	辛未	5 23	4 4	壬寅	6 23	5 5	癸酉	7 25	6 8	乙巳
	2 22	2 2	壬申	3 24	2 2	壬寅	4 23	3 3	壬申	5 24	4 5	癸卯	6 24	5 6	甲戌	7 26	6 9	丙午
	2 23	2 3	癸酉	3 25	2 3	癸卯	4 24	3 4	癸酉	5 25	4 6	甲辰	6 25	5 7	乙亥	7 27	6 10	丁未
	2 24	2 4	甲戌	3 26	2 4	甲辰	4 25	3 5	甲戌	5 26	4 7	乙巳	6 26	5 8	丙子	7 28	6 11	戊申
中	2 25	2 5	乙亥	3 27	2 5	乙巳	4 26	3 6	乙亥	5 27	4 8	丙午	6 27	5 9	丁丑	7 29	6 12	己酉
華	2 26	2 6	丙子	3 28	2 6	丙午	4 27	3 7	丙子	5 28	4 9	丁未	6 28	5 10	戊寅	7 30	6 13	庚戌
民	2 27	2 7	丁丑	3 29	2 7	丁未	4 28	3 8	丁丑	5 29	4 10	戊申	6 29	5 11	己卯	7 31	6 14	辛亥
國	2 28	2 8	戊寅	3 30	2 8	戊申	4 29	3 9	戊寅	5 30	4 11	己酉	6 30	5 12	庚辰	8 1	6 15	壬子
三	3 1	2 9	己卯	3 31	2 9	己酉	4 30	3 10	己卯	5 31	4 12	庚戌	7 1	5 13	辛巳	8 2	6 16	癸丑
十	3 2	2 10	庚辰	4 1	2 10	庚戌	5 1	3 11	庚辰	6 1	4 13	辛亥	7 2	5 14	壬午	8 3	6 17	甲寅
六	3 3	2 11	辛巳	4 2	2 11	辛亥	5 2	3 12	辛巳	6 2	4 14	壬子	7 3	5 15	癸未	8 4	6 18	乙卯
年	3 4	2 12	壬午	4 3	2 12	壬子	5 3	3 13	壬午	6 3	4 15	癸丑	7 4	5 16	甲申	8 5	6 19	丙辰
	3 5	2 13	癸未	4 4	2 13	癸丑	5 4	3 14	癸未	6 4	4 16	甲寅	7 5	5 17	乙酉	8 6	6 20	丁巳
							5 5	3 15	甲申	6 5	4 17	乙卯	7 6	5 18	丙戌	8 7	6 21	戊午
													7 7	5 19	丁亥			
中氣	雨水			春分			穀雨			小滿			夏至			大暑		
	2/19 19時51分 戌時			3/21 19時12分 戌時			4/21 6時39分 卯時			5/22 6時9分 卯時			6/22 14時18分 未時			7/24 1時14分 丑時		

日光節約時間：五月一日至九月三十日

丁亥																														年
戊申					己酉					庚戌					辛亥					壬子					癸丑					月
立秋					白露					寒露					立冬					大雪					小寒					節氣
8/8 17時40分 酉時					9/8 20時21分 戌時					10/9 11時37分 午時					11/8 14時24分 未時					12/8 6時56分 卯時					1/6 18時0分 酉時					
國曆		農曆		干支	國曆		農曆		干支	國曆		農曆		干支	國曆		農曆		干支	國曆		農曆		干支	國曆		農曆		干支	日
8	8	6	22	己未	9	8	7	24	庚寅	10	9	8	25	辛酉	11	8	9	26	辛卯	12	8	10	26	辛酉	1	6	11	26	庚寅	1947・1948 豬 中華民國三十六・三十七年
8	9	6	23	庚申	9	9	7	25	辛卯	10	10	8	26	壬戌	11	9	9	27	壬辰	12	9	10	27	壬戌	1	7	11	27	辛卯	
8	10	6	24	辛酉	9	10	7	26	壬辰	10	11	8	27	癸亥	11	10	9	28	癸巳	12	10	10	28	癸亥	1	8	11	28	壬辰	
8	11	6	25	壬戌	9	11	7	27	癸巳	10	12	8	28	甲子	11	11	9	29	甲午	12	11	10	29	甲子	1	9	11	29	癸巳	
8	12	6	26	癸亥	9	12	7	28	甲午	10	13	8	29	乙丑	11	12	9	30	乙未	12	12	11	1	乙丑	1	10	11	30	甲午	
8	13	6	27	甲子	9	13	7	29	乙未	10	14	9	1	丙寅	11	13	10	1	丙申	12	13	11	2	丙寅	1	11	12	1	乙未	
8	14	6	28	乙丑	9	14	7	30	丙申	10	15	9	2	丁卯	11	14	10	2	丁酉	12	14	11	3	丁卯	1	12	12	2	丙申	
8	15	6	29	丙寅	9	15	8	1	丁酉	10	16	9	3	戊辰	11	15	10	3	戊戌	12	15	11	4	戊辰	1	13	12	3	丁酉	
8	16	7	1	丁卯	9	16	8	2	戊戌	10	17	9	4	己巳	11	16	10	4	己亥	12	16	11	5	己巳	1	14	12	4	戊戌	
8	17	7	2	戊辰	9	17	8	3	己亥	10	18	9	5	庚午	11	17	10	5	庚子	12	17	11	6	庚午	1	15	12	5	己亥	
8	18	7	3	己巳	9	18	8	4	庚子	10	19	9	6	辛未	11	18	10	6	辛丑	12	18	11	7	辛未	1	16	12	6	庚子	
8	19	7	4	庚午	9	19	8	5	辛丑	10	20	9	7	壬申	11	19	10	7	壬寅	12	19	11	8	壬申	1	17	12	7	辛丑	
8	20	7	5	辛未	9	20	8	6	壬寅	10	21	9	8	癸酉	11	20	10	8	癸卯	12	20	11	9	癸酉	1	18	12	8	壬寅	
8	21	7	6	壬申	9	21	8	7	癸卯	10	22	9	9	甲戌	11	21	10	9	甲辰	12	21	11	10	甲戌	1	19	12	9	癸卯	
8	22	7	7	癸酉	9	22	8	8	甲辰	10	23	9	10	乙亥	11	22	10	10	乙巳	12	22	11	11	乙亥	1	20	12	10	甲辰	
8	23	7	8	甲戌	9	23	8	9	乙巳	10	24	9	11	丙子	11	23	10	11	丙午	12	23	11	12	丙子	1	21	12	11	乙巳	
8	24	7	9	乙亥	9	24	8	10	丙午	10	25	9	12	丁丑	11	24	10	12	丁未	12	24	11	13	丁丑	1	22	12	12	丙午	
8	25	7	10	丙子	9	25	8	11	丁未	10	26	9	13	戊寅	11	25	10	13	戊申	12	25	11	14	戊寅	1	23	12	13	丁未	
8	26	7	11	丁丑	9	26	8	12	戊申	10	27	9	14	己卯	11	26	10	14	己酉	12	26	11	15	己卯	1	24	12	14	戊申	
8	27	7	12	戊寅	9	27	8	13	己酉	10	28	9	15	庚辰	11	27	10	15	庚戌	12	27	11	16	庚辰	1	25	12	15	己酉	
8	28	7	13	己卯	9	28	8	14	庚戌	10	29	9	16	辛巳	11	28	10	16	辛亥	12	28	11	17	辛巳	1	26	12	16	庚戌	
8	29	7	14	庚辰	9	29	8	15	辛亥	10	30	9	17	壬午	11	29	10	17	壬子	12	29	11	18	壬午	1	27	12	17	辛亥	
8	30	7	15	辛巳	9	30	8	16	壬子	10	31	9	18	癸未	11	30	10	18	癸丑	12	30	11	19	癸未	1	28	12	18	壬子	
8	31	7	16	壬午	10	1	8	17	癸丑	11	1	9	19	甲申	12	1	10	19	甲寅	12	31	11	20	甲申	1	29	12	19	癸丑	
9	1	7	17	癸未	10	2	8	18	甲寅	11	2	9	20	乙酉	12	2	10	20	乙卯	1	1	11	21	乙酉	1	30	12	20	甲寅	
9	2	7	18	甲申	10	3	8	19	乙卯	11	3	9	21	丙戌	12	3	10	21	丙辰	1	2	11	22	丙戌	1	31	12	21	乙卯	
9	3	7	19	乙酉	10	4	8	20	丙辰	11	4	9	22	丁亥	12	4	10	22	丁巳	1	3	11	23	丁亥	2	1	12	22	丙辰	
9	4	7	20	丙戌	10	5	8	21	丁巳	11	5	9	23	戊子	12	5	10	23	戊午	1	4	11	24	戊子	2	2	12	23	丁巳	
9	5	7	21	丁亥	10	6	8	22	戊午	11	6	9	24	己丑	12	6	10	24	己未	1	5	11	25	己丑	2	3	12	24	戊午	
9	6	7	22	戊子	10	7	8	23	己未	11	7	9	25	庚寅	12	7	10	25	庚申						2	4	12	25	己未	
9	7	7	23	己丑	10	8	8	24	庚申																					
處暑					秋分					霜降					小雪					冬至					大寒					中氣
8/24 8時9分 辰時					9/24 5時28分 卯時					10/24 14時25分 未時					11/23 11時37分 午時					12/23 0時42分 子時					1/21 11時18分 午時					

日光節約時間：五月一日至九月三十日

年	戊子																	
月	甲寅			乙卯			丙辰			丁巳			戊午			己未		
節氣	立春 2/5 5時42分 卯時			驚蟄 3/5 23時57分 子時			清明 4/5 5時9分 卯時			立夏 5/5 22時52分 亥時			芒種 6/6 3時20分 寅時			小暑 7/7 13時43分 未時		
日	國曆	農曆	干支	國曆	農曆	干支	國曆	農曆	干支	國曆	農曆	干支	國曆	農曆	干支	國曆	農曆	干支
1948	2 5	12 26	庚申	3 5	1 25	己丑	4 5	2 26	庚申	5 5	3 27	庚寅	6 6	4 29	壬戌	7 7	6 1	癸巳
	2 6	12 27	辛酉	3 6	1 26	庚寅	4 6	2 27	辛酉	5 6	3 28	辛卯	6 7	5 1	癸亥	7 8	6 2	甲午
	2 7	12 28	壬戌	3 7	1 27	辛卯	4 7	2 28	壬戌	5 7	3 29	壬辰	6 8	5 2	甲子	7 9	6 3	乙未
	2 8	12 29	癸亥	3 8	1 28	壬辰	4 8	2 29	癸亥	5 8	3 30	癸巳	6 9	5 3	乙丑	7 10	6 4	丙申
	2 9	12 30	甲子	3 9	1 29	癸巳	4 9	3 1	甲子	5 9	4 1	甲午	6 10	5 4	丙寅	7 11	6 5	丁酉
	2 10	1 1	乙丑	3 10	1 30	甲午	4 10	3 2	乙丑	5 10	4 2	乙未	6 11	5 5	丁卯	7 12	6 6	戊戌
	2 11	1 2	丙寅	3 11	2 1	乙未	4 11	3 3	丙寅	5 11	4 3	丙申	6 12	5 6	戊辰	7 13	6 7	己亥
	2 12	1 3	丁卯	3 12	2 2	丙申	4 12	3 4	丁卯	5 12	4 4	丁酉	6 13	5 7	己巳	7 14	6 8	庚子
	2 13	1 4	戊辰	3 13	2 3	丁酉	4 13	3 5	戊辰	5 13	4 5	戊戌	6 14	5 8	庚午	7 15	6 9	辛丑
	2 14	1 5	己巳	3 14	2 4	戊戌	4 14	3 6	己巳	5 14	4 6	己亥	6 15	5 9	辛未	7 16	6 10	壬寅
	2 15	1 6	庚午	3 15	2 5	己亥	4 15	3 7	庚午	5 15	4 7	庚子	6 16	5 10	壬申	7 17	6 11	癸卯
	2 16	1 7	辛未	3 16	2 6	庚子	4 16	3 8	辛未	5 16	4 8	辛丑	6 17	5 11	癸酉	7 18	6 12	甲辰
	2 17	1 8	壬申	3 17	2 7	辛丑	4 17	3 9	壬申	5 17	4 9	壬寅	6 18	5 12	甲戌	7 19	6 13	乙巳
鼠	2 18	1 9	癸酉	3 18	2 8	壬寅	4 18	3 10	癸酉	5 18	4 10	癸卯	6 19	5 13	乙亥	7 20	6 14	丙午
	2 19	1 10	甲戌	3 19	2 9	癸卯	4 19	3 11	甲戌	5 19	4 11	甲辰	6 20	5 14	丙子	7 21	6 15	丁未
	2 20	1 11	乙亥	3 20	2 10	甲辰	4 20	3 12	乙亥	5 20	4 12	乙巳	6 21	5 15	丁丑	7 22	6 16	戊申
	2 21	1 12	丙子	3 21	2 11	乙巳	4 21	3 13	丙子	5 21	4 13	丙午	6 22	5 16	戊寅	7 23	6 17	己酉
	2 22	1 13	丁丑	3 22	2 12	丙午	4 22	3 14	丁丑	5 22	4 14	丁未	6 23	5 17	己卯	7 24	6 18	庚戌
	2 23	1 14	戊寅	3 23	2 13	丁未	4 23	3 15	戊寅	5 23	4 15	戊申	6 24	5 18	庚辰	7 25	6 19	辛亥
	2 24	1 15	己卯	3 24	2 14	戊申	4 24	3 16	己卯	5 24	4 16	己酉	6 25	5 19	辛巳	7 26	6 20	壬子
	2 25	1 16	庚辰	3 25	2 15	己酉	4 25	3 17	庚辰	5 25	4 17	庚戌	6 26	5 20	壬午	7 27	6 21	癸丑
中華民國三十七年	2 26	1 17	辛巳	3 26	2 16	庚戌	4 26	3 18	辛巳	5 26	4 18	辛亥	6 27	5 21	癸未	7 28	6 22	甲寅
	2 27	1 18	壬午	3 27	2 17	辛亥	4 27	3 19	壬午	5 27	4 19	壬子	6 28	5 22	甲申	7 29	6 23	乙卯
	2 28	1 19	癸未	3 28	2 18	壬子	4 28	3 20	癸未	5 28	4 20	癸丑	6 29	5 23	乙酉	7 30	6 24	丙辰
	2 29	1 20	甲申	3 29	2 19	癸丑	4 29	3 21	甲申	5 29	4 21	甲寅	6 30	5 24	丙戌	7 31	6 25	丁巳
	3 1	1 21	乙酉	3 30	2 20	甲寅	4 30	3 22	乙酉	5 30	4 22	乙卯	7 1	5 25	丁亥	8 1	6 26	戊午
	3 2	1 22	丙戌	3 31	2 21	乙卯	5 1	3 23	丙戌	5 31	4 23	丙辰	7 2	5 26	戊子	8 2	6 27	己未
	3 3	1 23	丁亥	4 1	2 22	丙辰	5 2	3 24	丁亥	6 1	4 24	丁巳	7 3	5 27	己丑	8 3	6 28	庚申
	3 4	1 24	戊子	4 2	2 23	丁巳	5 3	3 25	戊子	6 2	4 25	戊午	7 4	5 28	庚寅	8 4	6 29	辛酉
				4 3	2 24	戊午	5 4	3 26	己丑	6 3	4 26	己未	7 5	5 29	辛卯	8 5	7 1	壬戌
				4 4	2 25	己未				6 4	4 27	庚申	7 6	5 30	壬辰	8 6	7 2	癸亥
										6 5	4 28	辛酉						
中氣	雨水 2/20 1時36分 丑時			春分 3/21 0時56分 子時			穀雨 4/20 12時24分 午時			小滿 5/21 11時57分 午時			夏至 6/21 20時10分 戌時			大暑 7/23 7時7分 辰時		

日光節約時間：五月一日至九月三十日

年	戊子																	
月	庚申			辛酉			壬戌			癸亥			甲子			乙丑		
節氣	立秋 8/7 23時26分 子時			白露 9/8 2時5分 丑時			寒露 10/8 17時20分 酉時			立冬 11/7 20時6分 戌時			大雪 12/7 12時37分 午時			小寒 1/5 23時41分 子時		
日	國曆	農曆	干支	國曆	農曆	干支	國曆	農曆	干支	國曆	農曆	干支	國曆	農曆	干支	國曆	農曆	干支
	8 7	7 3	甲子	9 8	8 6	丙申	10 8	9 6	丙寅	11 7	10 7	丙申	12 7	11 7	丙寅	1 5	12 7	乙未
	8 8	7 4	乙丑	9 9	8 7	丁酉	10 9	9 7	丁卯	11 8	10 8	丁酉	12 8	11 8	丁卯	1 6	12 8	丙申
	8 9	7 5	丙寅	9 10	8 8	戊戌	10 10	9 8	戊辰	11 9	10 9	戊戌	12 9	11 9	戊辰	1 7	12 9	丁酉
	8 10	7 6	丁卯	9 11	8 9	己亥	10 11	9 9	己巳	11 10	10 10	己亥	12 10	11 10	己巳	1 8	12 10	戊戌
	8 11	7 7	戊辰	9 12	8 10	庚子	10 12	9 10	庚午	11 11	10 11	庚子	12 11	11 11	庚午	1 9	12 11	己亥
	8 12	7 8	己巳	9 13	8 11	辛丑	10 13	9 11	辛未	11 12	10 12	辛丑	12 12	11 12	辛未	1 10	12 12	庚子
	8 13	7 9	庚午	9 14	8 12	壬寅	10 14	9 12	壬申	11 13	10 13	壬寅	12 13	11 13	壬申	1 11	12 13	辛丑
	8 14	7 10	辛未	9 15	8 13	癸卯	10 15	9 13	癸酉	11 14	10 14	癸卯	12 14	11 14	癸酉	1 12	12 14	壬寅
	8 15	7 11	壬申	9 16	8 14	甲辰	10 16	9 14	甲戌	11 15	10 15	甲辰	12 15	11 15	甲戌	1 13	12 15	癸卯
	8 16	7 12	癸酉	9 17	8 15	乙巳	10 17	9 15	乙亥	11 16	10 16	乙巳	12 16	11 16	乙亥	1 14	12 16	甲辰
	8 17	7 13	甲戌	9 18	8 16	丙午	10 18	9 16	丙子	11 17	10 17	丙午	12 17	11 17	丙子	1 15	12 17	乙巳
	8 18	7 14	乙亥	9 19	8 17	丁未	10 19	9 17	丁丑	11 18	10 18	丁未	12 18	11 18	丁丑	1 16	12 18	丙午
	8 19	7 15	丙子	9 20	8 18	戊申	10 20	9 18	戊寅	11 19	10 19	戊申	12 19	11 19	戊寅	1 17	12 19	丁未
	8 20	7 16	丁丑	9 21	8 19	己酉	10 21	9 19	己卯	11 20	10 20	己酉	12 20	11 20	己卯	1 18	12 20	戊申
	8 21	7 17	戊寅	9 22	8 20	庚戌	10 22	9 20	庚辰	11 21	10 21	庚戌	12 21	11 21	庚辰	1 19	12 21	己酉
	8 22	7 18	己卯	9 23	8 21	辛亥	10 23	9 21	辛巳	11 22	10 22	辛亥	12 22	11 22	辛巳	1 20	12 22	庚戌
	8 23	7 19	庚辰	9 24	8 22	壬子	10 24	9 22	壬午	11 23	10 23	壬子	12 23	11 23	壬午	1 21	12 23	辛亥
	8 24	7 20	辛巳	9 25	8 23	癸丑	10 25	9 23	癸未	11 24	10 24	癸丑	12 24	11 24	癸未	1 22	12 24	壬子
	8 25	7 21	壬午	9 26	8 24	甲寅	10 26	9 24	甲申	11 25	10 25	甲寅	12 25	11 25	甲申	1 23	12 25	癸丑
	8 26	7 22	癸未	9 27	8 25	乙卯	10 27	9 25	乙酉	11 26	10 26	乙卯	12 26	11 26	乙酉	1 24	12 26	甲寅
	8 27	7 23	甲申	9 28	8 26	丙辰	10 28	9 26	丙戌	11 27	10 27	丙辰	12 27	11 27	丙戌	1 25	12 27	乙卯
	8 28	7 24	乙酉	9 29	8 27	丁巳	10 29	9 27	丁亥	11 28	10 28	丁巳	12 28	11 28	丁亥	1 26	12 28	丙辰
	8 29	7 25	丙戌	9 30	8 28	戊午	10 30	9 28	戊子	11 29	10 29	戊午	12 29	11 29	戊子	1 27	12 29	丁巳
	8 30	7 26	丁亥	10 1	8 29	己未	10 31	9 29	己丑	11 30	10 30	己未	12 30	12 1	己丑	1 28	12 30	戊午
	8 31	7 27	戊子	10 2	8 30	庚申	11 1	10 1	庚寅	12 1	11 1	庚申	12 31	12 2	庚寅	1 29	1 1	己未
	9 1	7 28	己丑	10 3	9 1	辛酉	11 2	10 2	辛卯	12 2	11 2	辛酉	1 1	12 3	辛卯	1 30	1 2	庚申
	9 2	7 29	庚寅	10 4	9 2	壬戌	11 3	10 3	壬辰	12 3	11 3	壬戌	1 2	12 4	壬辰	1 31	1 3	辛酉
	9 3	8 1	辛卯	10 5	9 3	癸亥	11 4	10 4	癸巳	12 4	11 4	癸亥	1 3	12 5	癸巳	2 1	1 4	壬戌
	9 4	8 2	壬辰	10 6	9 4	甲子	11 5	10 5	甲午	12 5	11 5	甲子	1 4	12 6	甲午	2 2	1 5	癸亥
	9 5	8 3	癸巳	10 7	9 5	乙丑	11 6	10 6	乙未	12 6	11 6	乙丑				2 3	1 6	甲子
	9 6	8 4	甲午															
	9 7	8 5	乙未															
中氣	處暑 8/23 14時2分 未時			秋分 9/23 11時21分 午時			霜降 10/23 20時18分 戌時			小雪 11/22 17時28分 酉時			冬至 12/22 6時33分 卯時			大寒 1/20 17時8分 酉時		

1948・1949 鼠 中華民國三十七・三十八年

日光節約時間：五月一日至九月三十日

年	己丑																													
月	丙寅					丁卯					戊辰					己巳					庚午					辛未				
節氣	立春 2/4 11時22分 午時					驚蟄 3/6 5時39分 卯時					清明 4/5 10時52分 巳時					立夏 5/6 4時36分 寅時					芒種 6/6 9時6分 巳時					小暑 7/7 19時31分 戌時				
日	國曆		農曆		干支	國曆		農曆		干支	國曆		農曆		干支	國曆		農曆		干支	國曆		農曆		干支	國曆		農曆		干支
1949	2	4	1	7	乙丑	3	6	2	7	乙未	4	5	3	8	乙丑	5	6	4	9	丙申	6	6	5	10	丁卯	7	7	6	12	戊戌
	2	5	1	8	丙寅	3	7	2	8	丙申	4	6	3	9	丙寅	5	7	4	10	丁酉	6	7	5	11	戊辰	7	8	6	13	己亥
	2	6	1	9	丁卯	3	8	2	9	丁酉	4	7	3	10	丁卯	5	8	4	11	戊戌	6	8	5	12	己巳	7	9	6	14	庚子
	2	7	1	10	戊辰	3	9	2	10	戊戌	4	8	3	11	戊辰	5	9	4	12	己亥	6	9	5	13	庚午	7	10	6	15	辛丑
	2	8	1	11	己巳	3	10	2	11	己亥	4	9	3	12	己巳	5	10	4	13	庚子	6	10	5	14	辛未	7	11	6	16	壬寅
	2	9	1	12	庚午	3	11	2	12	庚子	4	10	3	13	庚午	5	11	4	14	辛丑	6	11	5	15	壬申	7	12	6	17	癸卯
	2	10	1	13	辛未	3	12	2	13	辛丑	4	11	3	14	辛未	5	12	4	15	壬寅	6	12	5	16	癸酉	7	13	6	18	甲辰
	2	11	1	14	壬申	3	13	2	14	壬寅	4	12	3	15	壬申	5	13	4	16	癸卯	6	13	5	17	甲戌	7	14	6	19	乙巳
	2	12	1	15	癸酉	3	14	2	15	癸卯	4	13	3	16	癸酉	5	14	4	17	甲辰	6	14	5	18	乙亥	7	15	6	20	丙午
	2	13	1	16	甲戌	3	15	2	16	甲辰	4	14	3	17	甲戌	5	15	4	18	乙巳	6	15	5	19	丙子	7	16	6	21	丁未
	2	14	1	17	乙亥	3	16	2	17	乙巳	4	15	3	18	乙亥	5	16	4	19	丙午	6	16	5	20	丁丑	7	17	6	22	戊申
	2	15	1	18	丙子	3	17	2	18	丙午	4	16	3	19	丙子	5	17	4	20	丁未	6	17	5	21	戊寅	7	18	6	23	己酉
	2	16	1	19	丁丑	3	18	2	19	丁未	4	17	3	20	丁丑	5	18	4	21	戊申	6	18	5	22	己卯	7	19	6	24	庚戌
牛	2	17	1	20	戊寅	3	19	2	20	戊申	4	18	3	21	戊寅	5	19	4	22	己酉	6	19	5	23	庚辰	7	20	6	25	辛亥
	2	18	1	21	己卯	3	20	2	21	己酉	4	19	3	22	己卯	5	20	4	23	庚戌	6	20	5	24	辛巳	7	21	6	26	壬子
	2	19	1	22	庚辰	3	21	2	22	庚戌	4	20	3	23	庚辰	5	21	4	24	辛亥	6	21	5	25	壬午	7	22	6	27	癸丑
	2	20	1	23	辛巳	3	22	2	23	辛亥	4	21	3	24	辛巳	5	22	4	25	壬子	6	22	5	26	癸未	7	23	6	28	甲寅
	2	21	1	24	壬午	3	23	2	24	壬子	4	22	3	25	壬午	5	23	4	26	癸丑	6	23	5	27	甲申	7	24	6	29	乙卯
	2	22	1	25	癸未	3	24	2	25	癸丑	4	23	3	26	癸未	5	24	4	27	甲寅	6	24	5	28	乙酉	7	25	6	30	丙辰
	2	23	1	26	甲申	3	25	2	26	甲寅	4	24	3	27	甲申	5	25	4	28	乙卯	6	25	5	29	丙戌	7	26	7	1	丁巳
	2	24	1	27	乙酉	3	26	2	27	乙卯	4	25	3	28	乙酉	5	26	4	29	丙辰	6	26	6	1	丁亥	7	27	7	2	戊午
中華民國三十八年	2	25	1	28	丙戌	3	27	2	28	丙辰	4	26	3	29	丙戌	5	27	4	30	丁巳	6	27	6	2	戊子	7	28	7	3	己未
	2	26	1	29	丁亥	3	28	2	29	丁巳	4	27	3	30	丁亥	5	28	5	1	戊午	6	28	6	3	己丑	7	29	7	4	庚申
	2	27	1	30	戊子	3	29	3	1	戊午	4	28	4	1	戊子	5	29	5	2	己未	6	29	6	4	庚寅	7	30	7	5	辛酉
	2	28	2	1	己丑	3	30	3	2	己未	4	29	4	2	己丑	5	30	5	3	庚申	6	30	6	5	辛卯	7	31	7	6	壬戌
	3	1	2	2	庚寅	3	31	3	3	庚申	4	30	4	3	庚寅	5	31	5	4	辛酉	7	1	6	6	壬辰	8	1	7	7	癸亥
	3	2	2	3	辛卯	4	1	3	4	辛酉	5	1	4	4	辛卯	6	1	5	5	壬戌	7	2	6	7	癸巳	8	2	7	8	甲子
	3	3	2	4	壬辰	4	2	3	5	壬戌	5	2	4	5	壬辰	6	2	5	6	癸亥	7	3	6	8	甲午	8	3	7	9	乙丑
	3	4	2	5	癸巳	4	3	3	6	癸亥	5	3	4	6	癸巳	6	3	5	7	甲子	7	4	6	9	乙未	8	4	7	10	丙寅
	3	5	2	6	甲午	4	4	3	7	甲子	5	4	4	7	甲午	6	4	5	8	乙丑	7	5	6	10	丙申	8	5	7	11	丁卯
											5	5	4	8	乙未	6	5	5	9	丙寅	7	6	6	11	丁酉	8	6	7	12	戊辰
																										8	7	7	13	己巳
中氣	雨水 2/19 7時27分 辰時					春分 3/21 6時48分 卯時					穀雨 4/20 18時17分 酉時					小滿 5/21 17時50分 酉時					夏至 6/22 2時2分 丑時					大暑 7/23 12時56分 午時				

日光節約時間：五月一日至九月三十日

年	己丑																													
月	壬申					癸酉					甲戌					乙亥					丙子					丁丑				
節氣	立秋 8/8 5時15分 卯時					白露 9/8 7時54分 辰時					寒露 10/8 23時11分 子時					立冬 11/8 1時59分 丑時					大雪 12/7 18時33分 酉時					小寒 1/6 5時38分 卯時				
日	國曆		農曆		干支	國曆		農曆		干支	國曆		農曆		干支	國曆		農曆		干支	國曆		農曆		干支	國曆		農曆		干支
1949・1950 牛 中華民國三十八・三十九年	8	8	7	14	庚午	9	8	7	16	辛丑	10	8	8	17	辛未	11	8	9	18	壬寅	12	7	10	18	辛未	1	6	11	18	辛丑
	8	9	7	15	辛未	9	9	7	17	壬寅	10	9	8	18	壬申	11	9	9	19	癸卯	12	8	10	19	壬申	1	7	11	19	壬寅
	8	10	7	16	壬申	9	10	7	18	癸卯	10	10	8	19	癸酉	11	10	9	20	甲辰	12	9	10	20	癸酉	1	8	11	20	癸卯
	8	11	7	17	癸酉	9	11	7	19	甲辰	10	11	8	20	甲戌	11	11	9	21	乙巳	12	10	10	21	甲戌	1	9	11	21	甲辰
	8	12	7	18	甲戌	9	12	7	20	乙巳	10	12	8	21	乙亥	11	12	9	22	丙午	12	11	10	22	乙亥	1	10	11	22	乙巳
	8	13	7	19	乙亥	9	13	7	21	丙午	10	13	8	22	丙子	11	13	9	23	丁未	12	12	10	23	丙子	1	11	11	23	丙午
	8	14	7	20	丙子	9	14	7	22	丁未	10	14	8	23	丁丑	11	14	9	24	戊申	12	13	10	24	丁丑	1	12	11	24	丁未
	8	15	7	21	丁丑	9	15	7	23	戊申	10	15	8	24	戊寅	11	15	9	25	己酉	12	14	10	25	戊寅	1	13	11	25	戊申
	8	16	7	22	戊寅	9	16	7	24	己酉	10	16	8	25	己卯	11	16	9	26	庚戌	12	15	10	26	己卯	1	14	11	26	己酉
	8	17	7	23	己卯	9	17	7	25	庚戌	10	17	8	26	庚辰	11	17	9	27	辛亥	12	16	10	27	庚辰	1	15	11	27	庚戌
	8	18	7	24	庚辰	9	18	7	26	辛亥	10	18	8	27	辛巳	11	18	9	28	壬子	12	17	10	28	辛巳	1	16	11	28	辛亥
	8	19	7	25	辛巳	9	19	7	27	壬子	10	19	8	28	壬午	11	19	9	29	癸丑	12	18	10	29	壬午	1	17	11	29	壬子
	8	20	7	26	壬午	9	20	7	28	癸丑	10	20	8	29	癸未	11	20	10	1	甲寅	12	19	10	30	癸未	1	18	12	1	癸丑
	8	21	7	27	癸未	9	21	7	29	甲寅	10	21	8	30	甲申	11	21	10	2	乙卯	12	20	11	1	甲申	1	19	12	2	甲寅
	8	22	7	28	甲申	9	22	8	1	乙卯	10	22	9	1	乙酉	11	22	10	3	丙辰	12	21	11	2	乙酉	1	20	12	3	乙卯
	8	23	7	29	乙酉	9	23	8	2	丙辰	10	23	9	2	丙戌	11	23	10	4	丁巳	12	22	11	3	丙戌	1	21	12	4	丙辰
	8	24	閏7	1	丙戌	9	24	8	3	丁巳	10	24	9	3	丁亥	11	24	10	5	戊午	12	23	11	4	丁亥	1	22	12	5	丁巳
	8	25	7	2	丁亥	9	25	8	4	戊午	10	25	9	4	戊子	11	25	10	6	己未	12	24	11	5	戊子	1	23	12	6	戊午
	8	26	7	3	戊子	9	26	8	5	己未	10	26	9	5	己丑	11	26	10	7	庚申	12	25	11	6	己丑	1	24	12	7	己未
	8	27	7	4	己丑	9	27	8	6	庚申	10	27	9	6	庚寅	11	27	10	8	辛酉	12	26	11	7	庚寅	1	25	12	8	庚申
	8	28	7	5	庚寅	9	28	8	7	辛酉	10	28	9	7	辛卯	11	28	10	9	壬戌	12	27	11	8	辛卯	1	26	12	9	辛酉
	8	29	7	6	辛卯	9	29	8	8	壬戌	10	29	9	8	壬辰	11	29	10	10	癸亥	12	28	11	9	壬辰	1	27	12	10	壬戌
	8	30	7	7	壬辰	9	30	8	9	癸亥	10	30	9	9	癸巳	11	30	10	11	甲子	12	29	11	10	癸巳	1	28	12	11	癸亥
	8	31	7	8	癸巳	10	1	8	10	甲子	10	31	9	10	甲午	12	1	10	12	乙丑	12	30	11	11	甲午	1	29	12	12	甲子
	9	1	7	9	甲午	10	2	8	11	乙丑	11	1	9	11	乙未	12	2	10	13	丙寅	12	31	11	12	乙未	1	30	12	13	乙丑
	9	2	7	10	乙未	10	3	8	12	丙寅	11	2	9	12	丙申	12	3	10	14	丁卯	1	1	11	13	丙申	1	31	12	14	丙寅
	9	3	7	11	丙申	10	4	8	13	丁卯	11	3	9	13	丁酉	12	4	10	15	戊辰	1	2	11	14	丁酉	2	1	12	15	丁卯
	9	4	7	12	丁酉	10	5	8	14	戊辰	11	4	9	14	戊戌	12	5	10	16	己巳	1	3	11	15	戊戌	2	2	12	16	戊辰
	9	5	7	13	戊戌	10	6	8	15	己巳	11	5	9	15	己亥	12	6	10	17	庚午	1	4	11	16	己亥	2	3	12	17	己巳
	9	6	7	14	己亥	10	7	8	16	庚午	11	6	9	16	庚子						1	5	11	17	庚子					
	9	7	7	15	庚子						11	7	9	17	辛丑															
中氣	處暑 8/23 19時48分 戌時					秋分 9/23 17時5分 酉時					霜降 10/24 2時3分 丑時					小雪 11/22 23時16分 子時					冬至 12/22 12時22分 午時					大寒 1/20 22時59分 亥時				

日光節約時間：五月一日至九月三十日

年	庚寅																													
月	戊寅					己卯					庚辰					辛巳					壬午					癸未				
節氣	立春 2/4 17時20分 酉時					驚蟄 3/6 11時35分 午時					清明 4/5 16時44分 申時					立夏 5/6 10時24分 巳時					芒種 6/6 14時51分 未時					小暑 7/8 1時13分 丑時				
日	國曆		農曆		干支	國曆		農曆		干支	國曆		農曆		干支	國曆		農曆		干支	國曆		農曆		干支	國曆		農曆		干支
	2	4	12	18	庚午	3	6	1	18	庚子	4	5	2	19	庚午	5	6	3	20	辛丑	6	6	4	21	壬申	7	8	5	24	甲辰
	2	5	12	19	辛未	3	7	1	19	辛丑	4	6	2	20	辛未	5	7	3	21	壬寅	6	7	4	22	癸酉	7	9	5	25	乙巳
	2	6	12	20	壬申	3	8	1	20	壬寅	4	7	2	21	壬申	5	8	3	22	癸卯	6	8	4	23	甲戌	7	10	5	26	丙午
	2	7	12	21	癸酉	3	9	1	21	癸卯	4	8	2	22	癸酉	5	9	3	23	甲辰	6	9	4	24	乙亥	7	11	5	27	丁未
1	2	8	12	22	甲戌	3	10	1	22	甲辰	4	9	2	23	甲戌	5	10	3	24	乙巳	6	10	4	25	丙子	7	12	5	28	戊申
9	2	9	12	23	乙亥	3	11	1	23	乙巳	4	10	2	24	乙亥	5	11	3	25	丙午	6	11	4	26	丁丑	7	13	5	29	己酉
5	2	10	12	24	丙子	3	12	1	24	丙午	4	11	2	25	丙子	5	12	3	26	丁未	6	12	4	27	戊寅	7	14	5	30	庚戌
0	2	11	12	25	丁丑	3	13	1	25	丁未	4	12	2	26	丁丑	5	13	3	27	戊申	6	13	4	28	己卯	7	15	6	1	辛亥
	2	12	12	26	戊寅	3	14	1	26	戊申	4	13	2	27	戊寅	5	14	3	28	己酉	6	14	4	29	庚辰	7	16	6	2	壬子
	2	13	12	27	己卯	3	15	1	27	己酉	4	14	2	28	己卯	5	15	3	29	庚戌	6	15	5	1	辛巳	7	17	6	3	癸丑
	2	14	12	28	庚辰	3	16	1	28	庚戌	4	15	2	29	庚辰	5	16	3	30	辛亥	6	16	5	2	壬午	7	18	6	4	甲寅
	2	15	12	29	辛巳	3	17	1	29	辛亥	4	16	2	30	辛巳	5	17	4	1	壬子	6	17	5	3	癸未	7	19	6	5	乙卯
	2	16	12	30	壬午	3	18	2	1	壬子	4	17	3	1	壬午	5	18	4	2	癸丑	6	18	5	4	甲申	7	20	6	6	丙辰
虎	2	17	1	1	癸未	3	19	2	2	癸丑	4	18	3	2	癸未	5	19	4	3	甲寅	6	19	5	5	乙酉	7	21	6	7	丁巳
	2	18	1	2	甲申	3	20	2	3	甲寅	4	19	3	3	甲申	5	20	4	4	乙卯	6	20	5	6	丙戌	7	22	6	8	戊午
	2	19	1	3	乙酉	3	21	2	4	乙卯	4	20	3	4	乙酉	5	21	4	5	丙辰	6	21	5	7	丁亥	7	23	6	9	己未
	2	20	1	4	丙戌	3	22	2	5	丙辰	4	21	3	5	丙戌	5	22	4	6	丁巳	6	22	5	8	戊子	7	24	6	10	庚申
	2	21	1	5	丁亥	3	23	2	6	丁巳	4	22	3	6	丁亥	5	23	4	7	戊午	6	23	5	9	己丑	7	25	6	11	辛酉
	2	22	1	6	戊子	3	24	2	7	戊午	4	23	3	7	戊子	5	24	4	8	己未	6	24	5	10	庚寅	7	26	6	12	壬戌
	2	23	1	7	己丑	3	25	2	8	己未	4	24	3	8	己丑	5	25	4	9	庚申	6	25	5	11	辛卯	7	27	6	13	癸亥
中	2	24	1	8	庚寅	3	26	2	9	庚申	4	25	3	9	庚寅	5	26	4	10	辛酉	6	26	5	12	壬辰	7	28	6	14	甲子
華	2	25	1	9	辛卯	3	27	2	10	辛酉	4	26	3	10	辛卯	5	27	4	11	壬戌	6	27	5	13	癸巳	7	29	6	15	乙丑
民	2	26	1	10	壬辰	3	28	2	11	壬戌	4	27	3	11	壬辰	5	28	4	12	癸亥	6	28	5	14	甲午	7	30	6	16	丙寅
國	2	27	1	11	癸巳	3	29	2	12	癸亥	4	28	3	12	癸巳	5	29	4	13	甲子	6	29	5	15	乙未	7	31	6	17	丁卯
三	2	28	1	12	甲午	3	30	2	13	甲子	4	29	3	13	甲午	5	30	4	14	乙丑	6	30	5	16	丙申	8	1	6	18	戊辰
十	3	1	1	13	乙未	3	31	2	14	乙丑	4	30	3	14	乙未	5	31	4	15	丙寅	7	1	5	17	丁酉	8	2	6	19	己巳
九	3	2	1	14	丙申	4	1	2	15	丙寅	5	1	3	15	丙申	6	1	4	16	丁卯	7	2	5	18	戊戌	8	3	6	20	庚午
年	3	3	1	15	丁酉	4	2	2	16	丁卯	5	2	3	16	丁酉	6	2	4	17	戊辰	7	3	5	19	己亥	8	4	6	21	辛未
	3	4	1	16	戊戌	4	3	2	17	戊辰	5	3	3	17	戊戌	6	3	4	18	己巳	7	4	5	20	庚子	8	5	6	22	壬申
	3	5	1	17	己亥	4	4	2	18	己巳	5	4	3	18	己亥	6	4	4	19	庚午	7	5	5	21	辛丑	8	6	6	23	癸酉
											5	5	3	19	庚子	6	5	4	20	辛未	7	6	5	22	壬寅	8	7	6	24	甲戌
																					7	7	5	23	癸卯					
中氣	雨水 2/19 13時17分 未時					春分 3/21 12時35分 午時					穀雨 4/20 23時59分 子時					小滿 5/21 23時27分 子時					夏至 6/22 7時36分 辰時					大暑 7/23 18時29分 酉時				

日光節約時間：五月一日至九月三十日

年	庚寅																													
月	甲申					乙酉					丙戌					丁亥					戊子					己丑				
節氣	立秋 8/8 10時55分 巳時					白露 9/8 13時33分 未時					寒露 10/9 4時51分 寅時					立冬 11/8 7時43分 辰時					大雪 12/8 0時21分 子時					小寒 1/6 11時30分 午時				
日	國曆		農曆		干支	國曆		農曆		干支	國曆		農曆		干支	國曆		農曆		干支	國曆		農曆		干支	國曆		農曆		干支
1950·1951	8	8	6	25	乙亥	9	8	7	26	丙午	10	9	8	28	丁丑	11	8	9	29	丁未	12	8	10	29	丁丑	1	6	11	29	丙午
	8	9	6	26	丙子	9	9	7	27	丁未	10	10	8	29	戊寅	11	9	9	30	戊申	12	9	11	1	戊寅	1	7	11	30	丁未
	8	10	6	27	丁丑	9	10	7	28	戊申	10	11	9	1	己卯	11	10	10	1	己酉	12	10	11	2	己卯	1	8	12	1	戊申
	8	11	6	28	戊寅	9	11	7	29	己酉	10	12	9	2	庚辰	11	11	10	2	庚戌	12	11	11	3	庚辰	1	9	12	2	己酉
	8	12	6	29	己卯	9	12	8	1	庚戌	10	13	9	3	辛巳	11	12	10	3	辛亥	12	12	11	4	辛巳	1	10	12	3	庚戌
	8	13	6	30	庚辰	9	13	8	2	辛亥	10	14	9	4	壬午	11	13	10	4	壬子	12	13	11	5	壬午	1	11	12	4	辛亥
	8	14	7	1	辛巳	9	14	8	3	壬子	10	15	9	5	癸未	11	14	10	5	癸丑	12	14	11	6	癸未	1	12	12	5	壬子
	8	15	7	2	壬午	9	15	8	4	癸丑	10	16	9	6	甲申	11	15	10	6	甲寅	12	15	11	7	甲申	1	13	12	6	癸丑
	8	16	7	3	癸未	9	16	8	5	甲寅	10	17	9	7	乙酉	11	16	10	7	乙卯	12	16	11	8	乙酉	1	14	12	7	甲寅
	8	17	7	4	甲申	9	17	8	6	乙卯	10	18	9	8	丙戌	11	17	10	8	丙辰	12	17	11	9	丙戌	1	15	12	8	乙卯
	8	18	7	5	乙酉	9	18	8	7	丙辰	10	19	9	9	丁亥	11	18	10	9	丁巳	12	18	11	10	丁亥	1	16	12	9	丙辰
	8	19	7	6	丙戌	9	19	8	8	丁巳	10	20	9	10	戊子	11	19	10	10	戊午	12	19	11	11	戊子	1	17	12	10	丁巳
	8	20	7	7	丁亥	9	20	8	9	戊午	10	21	9	11	己丑	11	20	10	11	己未	12	20	11	12	己丑	1	18	12	11	戊午
	8	21	7	8	戊子	9	21	8	10	己未	10	22	9	12	庚寅	11	21	10	12	庚申	12	21	11	13	庚寅	1	19	12	12	己未
虎	8	22	7	9	己丑	9	22	8	11	庚申	10	23	9	13	辛卯	11	22	10	13	辛酉	12	22	11	14	辛卯	1	20	12	13	庚申
	8	23	7	10	庚寅	9	23	8	12	辛酉	10	24	9	14	壬辰	11	23	10	14	壬戌	12	23	11	15	壬辰	1	21	12	14	辛酉
	8	24	7	11	辛卯	9	24	8	13	壬戌	10	25	9	15	癸巳	11	24	10	15	癸亥	12	24	11	16	癸巳	1	22	12	15	壬戌
	8	25	7	12	壬辰	9	25	8	14	癸亥	10	26	9	16	甲午	11	25	10	16	甲子	12	25	11	17	甲午	1	23	12	16	癸亥
	8	26	7	13	癸巳	9	26	8	15	甲子	10	27	9	17	乙未	11	26	10	17	乙丑	12	26	11	18	乙未	1	24	12	17	甲子
	8	27	7	14	甲午	9	27	8	16	乙丑	10	28	9	18	丙申	11	27	10	18	丙寅	12	27	11	19	丙申	1	25	12	18	乙丑
中華民國三十九·四十年	8	28	7	15	乙未	9	28	8	17	丙寅	10	29	9	19	丁酉	11	28	10	19	丁卯	12	28	11	20	丁酉	1	26	12	19	丙寅
	8	29	7	16	丙申	9	29	8	18	丁卯	10	30	9	20	戊戌	11	29	10	20	戊辰	12	29	11	21	戊戌	1	27	12	20	丁卯
	8	30	7	17	丁酉	9	30	8	19	戊辰	10	31	9	21	己亥	11	30	10	21	己巳	12	30	11	22	己亥	1	28	12	21	戊辰
	8	31	7	18	戊戌	10	1	8	20	己巳	11	1	9	22	庚子	12	1	10	22	庚午	12	31	11	23	庚子	1	29	12	22	己巳
	9	1	7	19	己亥	10	2	8	21	庚午	11	2	9	23	辛丑	12	2	10	23	辛未	1	1	11	24	辛丑	1	30	12	23	庚午
	9	2	7	20	庚子	10	3	8	22	辛未	11	3	9	24	壬寅	12	3	10	24	壬申	1	2	11	25	壬寅	1	31	12	24	辛未
	9	3	7	21	辛丑	10	4	8	23	壬申	11	4	9	25	癸卯	12	4	10	25	癸酉	1	3	11	26	癸卯	2	1	12	25	壬申
	9	4	7	22	壬寅	10	5	8	24	癸酉	11	5	9	26	甲辰	12	5	10	26	甲戌	1	4	11	27	甲辰	2	2	12	26	癸酉
	9	5	7	23	癸卯	10	6	8	25	甲戌	11	6	9	27	乙巳	12	6	10	27	乙亥	1	5	11	28	乙巳	2	3	12	27	甲戌
	9	6	7	24	甲辰	10	7	8	26	乙亥	11	7	9	28	丙午	12	7	10	28	丙子										
	9	7	7	25	乙巳	10	8	8	27	丙子																				
中氣	處暑 8/24 1時23分 丑時					秋分 9/23 22時43分 亥時					霜降 10/24 7時44分 辰時					小雪 11/23 5時2分 卯時					冬至 12/22 18時13分 酉時					大寒 1/21 4時52分 寅時				

日光節約時間：五月一日至九月三十日

年	辛卯																	
月	庚寅			辛卯			壬辰			癸巳			甲午			乙未		
節氣	立春 2/4 23時13分 子時			驚蟄 3/6 17時26分 酉時			清明 4/5 22時32分 亥時			立夏 5/6 16時9分 申時			芒種 6/6 20時32分 戌時			小暑 7/8 6時53分 卯時		
日	國曆	農曆	干支	國曆	農曆	干支	國曆	農曆	干支	國曆	農曆	干支	國曆	農曆	干支	國曆	農曆	干支
	2 4	12 28	乙亥	3 6	1 29	乙巳	4 5	2 29	乙亥	5 6	4 1	丙午	6 6	5 2	丁丑	7 8	6 5	己酉
	2 5	12 29	丙子	3 7	1 30	丙午	4 6	3 1	丙子	5 7	4 2	丁未	6 7	5 3	戊寅	7 9	6 6	庚戌
	2 6	1 1	丁丑	3 8	2 1	丁未	4 7	3 2	丁丑	5 8	4 3	戊申	6 8	5 4	己卯	7 10	6 7	辛亥
	2 7	1 2	戊寅	3 9	2 2	戊申	4 8	3 3	戊寅	5 9	4 4	己酉	6 9	5 5	庚辰	7 11	6 8	壬子
1951	2 8	1 3	己卯	3 10	2 3	己酉	4 9	3 4	己卯	5 10	4 5	庚戌	6 10	5 6	辛巳	7 12	6 9	癸丑
	2 9	1 4	庚辰	3 11	2 4	庚戌	4 10	3 5	庚辰	5 11	4 6	辛亥	6 11	5 7	壬午	7 13	6 10	甲寅
	2 10	1 5	辛巳	3 12	2 5	辛亥	4 11	3 6	辛巳	5 12	4 7	壬子	6 12	5 8	癸未	7 14	6 11	乙卯
	2 11	1 6	壬午	3 13	2 6	壬子	4 12	3 7	壬午	5 13	4 8	癸丑	6 13	5 9	甲申	7 15	6 12	丙辰
	2 12	1 7	癸未	3 14	2 7	癸丑	4 13	3 8	癸未	5 14	4 9	甲寅	6 14	5 10	乙酉	7 16	6 13	丁巳
	2 13	1 8	甲申	3 15	2 8	甲寅	4 14	3 9	甲申	5 15	4 10	乙卯	6 15	5 11	丙戌	7 17	6 14	戊午
	2 14	1 9	乙酉	3 16	2 9	乙卯	4 15	3 10	乙酉	5 16	4 11	丙辰	6 16	5 12	丁亥	7 18	6 15	己未
	2 15	1 10	丙戌	3 17	2 10	丙辰	4 16	3 11	丙戌	5 17	4 12	丁巳	6 17	5 13	戊子	7 19	6 16	庚申
	2 16	1 11	丁亥	3 18	2 11	丁巳	4 17	3 12	丁亥	5 18	4 13	戊午	6 18	5 14	己丑	7 20	6 17	辛酉
	2 17	1 12	戊子	3 19	2 12	戊午	4 18	3 13	戊子	5 19	4 14	己未	6 19	5 15	庚寅	7 21	6 18	壬戌
兔	2 18	1 13	己丑	3 20	2 13	己未	4 19	3 14	己丑	5 20	4 15	庚申	6 20	5 16	辛卯	7 22	6 19	癸亥
	2 19	1 14	庚寅	3 21	2 14	庚申	4 20	3 15	庚寅	5 21	4 16	辛酉	6 21	5 17	壬辰	7 23	6 20	甲子
	2 20	1 15	辛卯	3 22	2 15	辛酉	4 21	3 16	辛卯	5 22	4 17	壬戌	6 22	5 18	癸巳	7 24	6 21	乙丑
	2 21	1 16	壬辰	3 23	2 16	壬戌	4 22	3 17	壬辰	5 23	4 18	癸亥	6 23	5 19	甲午	7 25	6 22	丙寅
	2 22	1 17	癸巳	3 24	2 17	癸亥	4 23	3 18	癸巳	5 24	4 19	甲子	6 24	5 20	乙未	7 26	6 23	丁卯
	2 23	1 18	甲午	3 25	2 18	甲子	4 24	3 19	甲午	5 25	4 20	乙丑	6 25	5 21	丙申	7 27	6 24	戊辰
	2 24	1 19	乙未	3 26	2 19	乙丑	4 25	3 20	乙未	5 26	4 21	丙寅	6 26	5 22	丁酉	7 28	6 25	己巳
	2 25	1 20	丙申	3 27	2 20	丙寅	4 26	3 21	丙申	5 27	4 22	丁卯	6 27	5 23	戊戌	7 29	6 26	庚午
	2 26	1 21	丁酉	3 28	2 21	丁卯	4 27	3 22	丁酉	5 28	4 23	戊辰	6 28	5 24	己亥	7 30	6 27	辛未
中華民國四十年	2 27	1 22	戊戌	3 29	2 22	戊辰	4 28	3 23	戊戌	5 29	4 24	己巳	6 29	5 25	庚子	7 31	6 28	壬申
	2 28	1 23	己亥	3 30	2 23	己巳	4 29	3 24	己亥	5 30	4 25	庚午	6 30	5 26	辛丑	8 1	6 29	癸酉
	3 1	1 24	庚子	3 31	2 24	庚午	4 30	3 25	庚子	5 31	4 26	辛未	7 1	5 27	壬寅	8 2	6 30	甲戌
	3 2	1 25	辛丑	4 1	2 25	辛未	5 1	3 26	辛丑	6 1	4 27	壬申	7 2	5 28	癸卯	8 3	7 1	乙亥
	3 3	1 26	壬寅	4 2	2 26	壬申	5 2	3 27	壬寅	6 2	4 28	癸酉	7 3	5 29	甲辰	8 4	7 2	丙子
	3 4	1 27	癸卯	4 3	2 27	癸酉	5 3	3 28	癸卯	6 3	4 29	甲戌	7 4	6 1	乙巳	8 5	7 3	丁丑
	3 5	1 28	甲辰	4 4	2 28	甲戌	5 4	3 29	甲辰	6 4	4 30	乙亥	7 5	6 2	丙午	8 6	7 4	戊寅
							5 5	3 30	乙巳	6 5	5 1	丙子	7 6	6 3	丁未	8 7	7 5	己卯
													7 7	6 4	戊申			
中氣	雨水 2/19 19時9分 戌時			春分 3/21 18時25分 酉時			穀雨 4/21 5時48分 卯時			小滿 5/22 5時15分 卯時			夏至 6/22 13時24分 未時			大暑 7/24 0時20分 子時		

日光節約時間：五月一日至九月三十日

1951・1952 兔 中華民國四十・四十一年

年	辛卯																	
月	丙申			丁酉			戊戌			己亥			庚子			辛丑		
節	立秋			白露			寒露			立冬			大雪			小寒		
氣	8/8 16時37分 申時			9/8 19時18分 戌時			10/9 10時36分 巳時			11/8 13時26分 未時			12/8 6時2分 卯時			1/6 17時9分 酉時		
日	國曆	農曆	干支	國曆	農曆	干支	國曆	農曆	干支	國曆	農曆	干支	國曆	農曆	干支	國曆	農曆	干支
	8 8	7 6	庚辰	9 8	8 8	辛亥	10 9	9 9	壬午	11 8	10 10	壬子	12 8	11 10	壬午	1 6	12 10	辛亥
	8 9	7 7	辛巳	9 9	8 9	壬子	10 10	9 10	癸未	11 9	10 11	癸丑	12 9	11 11	癸未	1 7	12 11	壬子
	8 10	7 8	壬午	9 10	8 10	癸丑	10 11	9 11	甲申	11 10	10 12	甲寅	12 10	11 12	甲申	1 8	12 12	癸丑
	8 11	7 9	癸未	9 11	8 11	甲寅	10 12	9 12	乙酉	11 11	10 13	乙卯	12 11	11 13	乙酉	1 9	12 13	甲寅
	8 12	7 10	甲申	9 12	8 12	乙卯	10 13	9 13	丙戌	11 12	10 14	丙辰	12 12	11 14	丙戌	1 10	12 14	乙卯
	8 13	7 11	乙酉	9 13	8 13	丙辰	10 14	9 14	丁亥	11 13	10 15	丁巳	12 13	11 15	丁亥	1 11	12 15	丙辰
	8 14	7 12	丙戌	9 14	8 14	丁巳	10 15	9 15	戊子	11 14	10 16	戊午	12 14	11 16	戊子	1 12	12 16	丁巳
	8 15	7 13	丁亥	9 15	8 15	戊午	10 16	9 16	己丑	11 15	10 17	己未	12 15	11 17	己丑	1 13	12 17	戊午
	8 16	7 14	戊子	9 16	8 16	己未	10 17	9 17	庚寅	11 16	10 18	庚申	12 16	11 18	庚寅	1 14	12 18	己未
	8 17	7 15	己丑	9 17	8 17	庚申	10 18	9 18	辛卯	11 17	10 19	辛酉	12 17	11 19	辛卯	1 15	12 19	庚申
	8 18	7 16	庚寅	9 18	8 18	辛酉	10 19	9 19	壬辰	11 18	10 20	壬戌	12 18	11 20	壬辰	1 16	12 20	辛酉
	8 19	7 17	辛卯	9 19	8 19	壬戌	10 20	9 20	癸巳	11 19	10 21	癸亥	12 19	11 21	癸巳	1 17	12 21	壬戌
	8 20	7 18	壬辰	9 20	8 20	癸亥	10 21	9 21	甲午	11 20	10 22	甲子	12 20	11 22	甲午	1 18	12 22	癸亥
	8 21	7 19	癸巳	9 21	8 21	甲子	10 22	9 22	乙未	11 21	10 23	乙丑	12 21	11 23	乙未	1 19	12 23	甲子
	8 22	7 20	甲午	9 22	8 22	乙丑	10 23	9 23	丙申	11 22	10 24	丙寅	12 22	11 24	丙申	1 20	12 24	乙丑
	8 23	7 21	乙未	9 23	8 23	丙寅	10 24	9 24	丁酉	11 23	10 25	丁卯	12 23	11 25	丁酉	1 21	12 25	丙寅
	8 24	7 22	丙申	9 24	8 24	丁卯	10 25	9 25	戊戌	11 24	10 26	戊辰	12 24	11 26	戊戌	1 22	12 26	丁卯
	8 25	7 23	丁酉	9 25	8 25	戊辰	10 26	9 26	己亥	11 25	10 27	己巳	12 25	11 27	己亥	1 23	12 27	戊辰
	8 26	7 24	戊戌	9 26	8 26	己巳	10 27	9 27	庚子	11 26	10 28	庚午	12 26	11 28	庚子	1 24	12 28	己巳
	8 27	7 25	己亥	9 27	8 27	庚午	10 28	9 28	辛丑	11 27	10 29	辛未	12 27	11 29	辛丑	1 25	12 29	庚午
	8 28	7 26	庚子	9 28	8 28	辛未	10 29	9 29	壬寅	11 28	10 30	壬申	12 28	12 1	壬寅	1 26	12 30	辛未
	8 29	7 27	辛丑	9 29	8 29	壬申	10 30	10 1	癸卯	11 29	11 1	癸酉	12 29	12 2	癸卯	1 27	1 1	壬申
	8 30	7 28	壬寅	9 30	8 30	癸酉	10 31	10 2	甲辰	11 30	11 2	甲戌	12 30	12 3	甲辰	1 28	1 2	癸酉
	8 31	7 29	癸卯	10 1	9 1	甲戌	11 1	10 3	乙巳	12 1	11 3	乙亥	12 31	12 4	乙巳	1 29	1 3	甲戌
	9 1	8 1	甲辰	10 2	9 2	乙亥	11 2	10 4	丙午	12 2	11 4	丙子	1 1	12 5	丙午	1 30	1 4	乙亥
	9 2	8 2	乙巳	10 3	9 3	丙子	11 3	10 5	丁未	12 3	11 5	丁丑	1 2	12 6	丁未	1 31	1 5	丙子
	9 3	8 3	丙午	10 4	9 4	丁丑	11 4	10 6	戊申	12 4	11 6	戊寅	1 3	12 7	戊申	2 1	1 6	丁丑
	9 4	8 4	丁未	10 5	9 5	戊寅	11 5	10 7	己酉	12 5	11 7	己卯	1 4	12 8	己酉	2 2	1 7	戊寅
	9 5	8 5	戊申	10 6	9 6	己卯	11 6	10 8	庚戌	12 6	11 8	庚辰	1 5	12 9	庚戌	2 3	1 8	己卯
	9 6	8 6	己酉	10 7	9 7	庚辰	11 7	10 9	辛亥	12 7	11 9	辛巳				2 4	1 9	庚辰
	9 7	8 7	庚戌	10 8	9 8	辛巳												
中	處暑			秋分			霜降			小雪			冬至			大寒		
氣	8/24 7時16分 辰時			9/24 4時36分 寅時			10/24 13時36分 未時			11/23 10時51分 巳時			12/23 0時0分 子時			1/21 10時38分 巳時		

日光節約時間：五月一日至九月三十日

年	壬辰																	
月	壬寅			癸卯			甲辰			乙巳			丙午			丁未		
節氣	立春 2/5 4時52分 寅時			驚蟄 3/5 23時7分 子時			清明 4/5 4時15分 寅時			立夏 5/5 21時54分 亥時			芒種 6/6 2時20分 丑時			小暑 7/7 12時44分 午時		
日	國曆	農曆	干支	國曆	農曆	干支	國曆	農曆	干支	國曆	農曆	干支	國曆	農曆	干支	國曆	農曆	干支
	2 5	1 10	辛巳	3 5	2 10	庚戌	4 5	3 11	辛巳	5 5	4 12	辛亥	6 6	5 14	癸未	7 7	5 16	甲寅
	2 6	1 11	壬午	3 6	2 11	辛亥	4 6	3 12	壬午	5 6	4 13	壬子	6 7	5 15	甲申	7 8	5 17	乙卯
	2 7	1 12	癸未	3 7	2 12	壬子	4 7	3 13	癸未	5 7	4 14	癸丑	6 8	5 16	乙酉	7 9	5 18	丙辰
	2 8	1 13	甲申	3 8	2 13	癸丑	4 8	3 14	甲申	5 8	4 15	甲寅	6 9	5 17	丙戌	7 10	5 19	丁巳
1952	2 9	1 14	乙酉	3 9	2 14	甲寅	4 9	3 15	乙酉	5 9	4 16	乙卯	6 10	5 18	丁亥	7 11	5 20	戊午
	2 10	1 15	丙戌	3 10	2 15	乙卯	4 10	3 16	丙戌	5 10	4 17	丙辰	6 11	5 19	戊子	7 12	5 21	己未
	2 11	1 16	丁亥	3 11	2 16	丙辰	4 11	3 17	丁亥	5 11	4 18	丁巳	6 12	5 20	己丑	7 13	5 22	庚申
	2 12	1 17	戊子	3 12	2 17	丁巳	4 12	3 18	戊子	5 12	4 19	戊午	6 13	5 21	庚寅	7 14	5 23	辛酉
	2 13	1 18	己丑	3 13	2 18	戊午	4 13	3 19	己丑	5 13	4 20	己未	6 14	5 22	辛卯	7 15	5 24	壬戌
	2 14	1 19	庚寅	3 14	2 19	己未	4 14	3 20	庚寅	5 14	4 21	庚申	6 15	5 23	壬辰	7 16	5 25	癸亥
	2 15	1 20	辛卯	3 15	2 20	庚申	4 15	3 21	辛卯	5 15	4 22	辛酉	6 16	5 24	癸巳	7 17	5 26	甲子
	2 16	1 21	壬辰	3 16	2 21	辛酉	4 16	3 22	壬辰	5 16	4 23	壬戌	6 17	5 25	甲午	7 18	5 27	乙丑
	2 17	1 22	癸巳	3 17	2 22	壬戌	4 17	3 23	癸巳	5 17	4 24	癸亥	6 18	5 26	乙未	7 19	5 28	丙寅
龍	2 18	1 23	甲午	3 18	2 23	癸亥	4 18	3 24	甲午	5 18	4 25	甲子	6 19	5 27	丙申	7 20	5 29	丁卯
	2 19	1 24	乙未	3 19	2 24	甲子	4 19	3 25	乙未	5 19	4 26	乙丑	6 20	5 28	丁酉	7 21	5 30	戊辰
	2 20	1 25	丙申	3 20	2 25	乙丑	4 20	3 26	丙申	5 20	4 27	丙寅	6 21	5 29	戊戌	7 22	6 1	己巳
	2 21	1 26	丁酉	3 21	2 26	丙寅	4 21	3 27	丁酉	5 21	4 28	丁卯	6 22	閏5 1	己亥	7 23	6 2	庚午
	2 22	1 27	戊戌	3 22	2 27	丁卯	4 22	3 28	戊戌	5 22	4 29	戊辰	6 23	5 2	庚子	7 24	6 3	辛未
	2 23	1 28	己亥	3 23	2 28	戊辰	4 23	3 29	己亥	5 23	4 30	己巳	6 24	5 3	辛丑	7 25	6 4	壬申
	2 24	1 29	庚子	3 24	2 29	己巳	4 24	4 1	庚子	5 24	5 1	庚午	6 25	5 4	壬寅	7 26	6 5	癸酉
	2 25	2 1	辛丑	3 25	2 30	庚午	4 25	4 2	辛丑	5 25	5 2	辛未	6 26	5 5	癸卯	7 27	6 6	甲戌
中華民國四十一年	2 26	2 2	壬寅	3 26	3 1	辛未	4 26	4 3	壬寅	5 26	5 3	壬申	6 27	5 6	甲辰	7 28	6 7	乙亥
	2 27	2 3	癸卯	3 27	3 2	壬申	4 27	4 4	癸卯	5 27	5 4	癸酉	6 28	5 7	乙巳	7 29	6 8	丙子
	2 28	2 4	甲辰	3 28	3 3	癸酉	4 28	4 5	甲辰	5 28	5 5	甲戌	6 29	5 8	丙午	7 30	6 9	丁丑
	2 29	2 5	乙巳	3 29	3 4	甲戌	4 29	4 6	乙巳	5 29	5 6	乙亥	6 30	5 9	丁未	7 31	6 10	戊寅
	3 1	2 6	丙午	3 30	3 5	乙亥	4 30	4 7	丙午	5 30	5 7	丙子	7 1	5 10	戊申	8 1	6 11	己卯
	3 2	2 7	丁未	3 31	3 6	丙子	5 1	4 8	丁未	5 31	5 8	丁丑	7 2	5 11	己酉	8 2	6 12	庚辰
	3 3	2 8	戊申	4 1	3 7	丁丑	5 2	4 9	戊申	6 1	5 9	戊寅	7 3	5 12	庚戌	8 3	6 13	辛巳
	3 4	2 9	己酉	4 2	3 8	戊寅	5 3	4 10	己酉	6 2	5 10	己卯	7 4	5 13	辛亥	8 4	6 14	壬午
				4 3	3 9	己卯	5 4	4 11	庚戌	6 3	5 11	庚辰	7 5	5 14	壬子	8 5	6 15	癸未
				4 4	3 10	庚辰				6 4	5 12	辛巳	7 6	5 15	癸丑	8 6	6 16	甲申
										6 5	5 13	壬午						
中氣	雨水 2/20 0時56分 子時			春分 3/21 0時13分 子時			穀雨 4/20 11時36分 午時			小滿 5/21 11時3分 午時			夏至 6/21 19時12分 戌時			大暑 7/23 6時7分 卯時		

日光節約時間：三月一日至十月卅一日

年：壬辰

1952・1953　龍　中華民國四十一・四十二年

月	戊申					己酉					庚戌					辛亥					壬子					癸丑				
節氣	立秋					白露					寒露					立冬					大雪					小寒				
	8/7 22時31分 亥時					9/8 1時13分 丑時					10/8 16時32分 申時					11/7 19時21分 戌時					12/7 11時55分 午時					1/5 23時2分 子時				
日	國曆		農曆		干支	國曆		農曆		干支	國曆		農曆		干支	國曆		農曆		干支	國曆		農曆		干支	國曆		農曆		干支
	8	7	6	17	乙酉	9	8	7	20	丁巳	10	8	8	20	丁亥	11	7	9	20	丁巳	12	7	10	21	丁亥	1	5	11	20	丙辰
	8	8	6	18	丙戌	9	9	7	21	戊午	10	9	8	21	戊子	11	8	9	21	戊午	12	8	10	22	戊子	1	6	11	21	丁巳
	8	9	6	19	丁亥	9	10	7	22	己未	10	10	8	22	己丑	11	9	9	22	己未	12	9	10	23	己丑	1	7	11	22	戊午
	8	10	6	20	戊子	9	11	7	23	庚申	10	11	8	23	庚寅	11	10	9	23	庚申	12	10	10	24	庚寅	1	8	11	23	己未
	8	11	6	21	己丑	9	12	7	24	辛酉	10	12	8	24	辛卯	11	11	9	24	辛酉	12	11	10	25	辛卯	1	9	11	24	庚申
	8	12	6	22	庚寅	9	13	7	25	壬戌	10	13	8	25	壬辰	11	12	9	25	壬戌	12	12	10	26	壬辰	1	10	11	25	辛酉
	8	13	6	23	辛卯	9	14	7	26	癸亥	10	14	8	26	癸巳	11	13	9	26	癸亥	12	13	10	27	癸巳	1	11	11	26	壬戌
	8	14	6	24	壬辰	9	15	7	27	甲子	10	15	8	27	甲午	11	14	9	27	甲子	12	14	10	28	甲午	1	12	11	27	癸亥
	8	15	6	25	癸巳	9	16	7	28	乙丑	10	16	8	28	乙未	11	15	9	28	乙丑	12	15	10	29	乙未	1	13	11	28	甲子
	8	16	6	26	甲午	9	17	7	29	丙寅	10	17	8	29	丙申	11	16	9	29	丙寅	12	16	10	30	丙申	1	14	11	29	乙丑
	8	17	6	27	乙未	9	18	7	30	丁卯	10	18	8	30	丁酉	11	17	10	1	丁卯	12	17	11	1	丁酉	1	15	12	1	丙寅
	8	18	6	28	丙申	9	19	8	1	戊辰	10	19	9	1	戊戌	11	18	10	2	戊辰	12	18	11	2	戊戌	1	16	12	2	丁卯
	8	19	6	29	丁酉	9	20	8	2	己巳	10	20	9	2	己亥	11	19	10	3	己巳	12	19	11	3	己亥	1	17	12	3	戊辰
	8	20	7	1	戊戌	9	21	8	3	庚午	10	21	9	3	庚子	11	20	10	4	庚午	12	20	11	4	庚子	1	18	12	4	己巳
	8	21	7	2	己亥	9	22	8	4	辛未	10	22	9	4	辛丑	11	21	10	5	辛未	12	21	11	5	辛丑	1	19	12	5	庚午
	8	22	7	3	庚子	9	23	8	5	壬申	10	23	9	5	壬寅	11	22	10	6	壬申	12	22	11	6	壬寅	1	20	12	6	辛未
	8	23	7	4	辛丑	9	24	8	6	癸酉	10	24	9	6	癸卯	11	23	10	7	癸酉	12	23	11	7	癸卯	1	21	12	7	壬申
	8	24	7	5	壬寅	9	25	8	7	甲戌	10	25	9	7	甲辰	11	24	10	8	甲戌	12	24	11	8	甲辰	1	22	12	8	癸酉
	8	25	7	6	癸卯	9	26	8	8	乙亥	10	26	9	8	乙巳	11	25	10	9	乙亥	12	25	11	9	乙巳	1	23	12	9	甲戌
	8	26	7	7	甲辰	9	27	8	9	丙子	10	27	9	9	丙午	11	26	10	10	丙子	12	26	11	10	丙午	1	24	12	10	乙亥
	8	27	7	8	乙巳	9	28	8	10	丁丑	10	28	9	10	丁未	11	27	10	11	丁丑	12	27	11	11	丁未	1	25	12	11	丙子
	8	28	7	9	丙午	9	29	8	11	戊寅	10	29	9	11	戊申	11	28	10	12	戊寅	12	28	11	12	戊申	1	26	12	12	丁丑
	8	29	7	10	丁未	9	30	8	12	己卯	10	30	9	12	己酉	11	29	10	13	己卯	12	29	11	13	己酉	1	27	12	13	戊寅
	8	30	7	11	戊申	10	1	8	13	庚辰	10	31	9	13	庚戌	11	30	10	14	庚辰	12	30	11	14	庚戌	1	28	12	14	己卯
	8	31	7	12	己酉	10	2	8	14	辛巳	11	1	9	14	辛亥	12	1	10	15	辛巳	12	31	11	15	辛亥	1	29	12	15	庚辰
	9	1	7	13	庚戌	10	3	8	15	壬午	11	2	9	15	壬子	12	2	10	16	壬午	1	1	11	16	壬子	1	30	12	16	辛巳
	9	2	7	14	辛亥	10	4	8	16	癸未	11	3	9	16	癸丑	12	3	10	17	癸未	1	2	11	17	癸丑	1	31	12	17	壬午
	9	3	7	15	壬子	10	5	8	17	甲申	11	4	9	17	甲寅	12	4	10	18	甲申	1	3	11	18	甲寅	2	1	12	18	癸未
	9	4	7	16	癸丑	10	6	8	18	乙酉	11	5	9	18	乙卯	12	5	10	19	乙酉	1	4	11	19	乙卯	2	2	12	19	甲申
	9	5	7	17	甲寅	10	7	8	19	丙戌	11	6	9	19	丙辰	12	6	10	20	丙戌						2	3	12	20	乙酉
	9	6	7	18	乙卯																									
	9	7	7	19	丙辰																									
中氣	處暑					秋分					霜降					小雪					冬至					大寒				
	8/23 13時2分 未時					9/23 10時23分 巳時					10/23 19時22分 戌時					11/22 16時35分 申時					12/22 5時43分 卯時					1/20 16時21分 申時				

日光節約時間：三月一日至十月卅一日

年	癸巳																													
月	甲寅					乙卯					丙辰					丁巳					戊午					己未				
節氣	立春					驚蟄					清明					立夏					芒種					小暑				
	2/4 10時45分 巳時					3/6 5時2分 卯時					4/5 10時12分 巳時					5/6 3時52分 寅時					6/6 8時16分 辰時					7/7 18時34分 酉時				
日	國曆		農曆		干支	國曆		農曆		干支	國曆		農曆		干支	國曆		農曆		干支	國曆		農曆		干支	國曆		農曆		干支
	2	4	12	21	丙戌	3	6	1	21	丙辰	4	5	2	22	丙戌	5	6	3	23	丁巳	6	6	4	25	戊子	7	7	5	27	己未
	2	5	12	22	丁亥	3	7	1	22	丁巳	4	6	2	23	丁亥	5	7	3	24	戊午	6	7	4	26	己丑	7	8	5	28	庚申
	2	6	12	23	戊子	3	8	1	23	戊午	4	7	2	24	戊子	5	8	3	25	己未	6	8	4	27	庚寅	7	9	5	29	辛酉
	2	7	12	24	己丑	3	9	1	24	己未	4	8	2	25	己丑	5	9	3	26	庚申	6	9	4	28	辛卯	7	10	5	30	壬戌
1	2	8	12	25	庚寅	3	10	1	25	庚申	4	9	2	26	庚寅	5	10	3	27	辛酉	6	10	4	29	壬辰	7	11	6	1	癸亥
9	2	9	12	26	辛卯	3	11	1	26	辛酉	4	10	2	27	辛卯	5	11	3	28	壬戌	6	11	5	1	癸巳	7	12	6	2	甲子
5	2	10	12	27	壬辰	3	12	1	27	壬戌	4	11	2	28	壬辰	5	12	3	29	癸亥	6	12	5	2	甲午	7	13	6	3	乙丑
3	2	11	12	28	癸巳	3	13	1	28	癸亥	4	12	2	29	癸巳	5	13	4	1	甲子	6	13	5	3	乙未	7	14	6	4	丙寅
	2	12	12	29	甲午	3	14	1	29	甲子	4	13	2	30	甲午	5	14	4	2	乙丑	6	14	5	4	丙申	7	15	6	5	丁卯
	2	13	12	30	乙未	3	15	2	1	乙丑	4	14	3	1	乙未	5	15	4	3	丙寅	6	15	5	5	丁酉	7	16	6	6	戊辰
	2	14	1	1	丙申	3	16	2	2	丙寅	4	15	3	2	丙申	5	16	4	4	丁卯	6	16	5	6	戊戌	7	17	6	7	己巳
	2	15	1	2	丁酉	3	17	2	3	丁卯	4	16	3	3	丁酉	5	17	4	5	戊辰	6	17	5	7	己亥	7	18	6	8	庚午
	2	16	1	3	戊戌	3	18	2	4	戊辰	4	17	3	4	戊戌	5	18	4	6	己巳	6	18	5	8	庚子	7	19	6	9	辛未
蛇	2	17	1	4	己亥	3	19	2	5	己巳	4	18	3	5	己亥	5	19	4	7	庚午	6	19	5	9	辛丑	7	20	6	10	壬申
	2	18	1	5	庚子	3	20	2	6	庚午	4	19	3	6	庚子	5	20	4	8	辛未	6	20	5	10	壬寅	7	21	6	11	癸酉
	2	19	1	6	辛丑	3	21	2	7	辛未	4	20	3	7	辛丑	5	21	4	9	壬申	6	21	5	11	癸卯	7	22	6	12	甲戌
	2	20	1	7	壬寅	3	22	2	8	壬申	4	21	3	8	壬寅	5	22	4	10	癸酉	6	22	5	12	甲辰	7	23	6	13	乙亥
	2	21	1	8	癸卯	3	23	2	9	癸酉	4	22	3	9	癸卯	5	23	4	11	甲戌	6	23	5	13	乙巳	7	24	6	14	丙子
	2	22	1	9	甲辰	3	24	2	10	甲戌	4	23	3	10	甲辰	5	24	4	12	乙亥	6	24	5	14	丙午	7	25	6	15	丁丑
	2	23	1	10	乙巳	3	25	2	11	乙亥	4	24	3	11	乙巳	5	25	4	13	丙子	6	25	5	15	丁未	7	26	6	16	戊寅
	2	24	1	11	丙午	3	26	2	12	丙子	4	25	3	12	丙午	5	26	4	14	丁丑	6	26	5	16	戊申	7	27	6	17	己卯
中	2	25	1	12	丁未	3	27	2	13	丁丑	4	26	3	13	丁未	5	27	4	15	戊寅	6	27	5	17	己酉	7	28	6	18	庚辰
華	2	26	1	13	戊申	3	28	2	14	戊寅	4	27	3	14	戊申	5	28	4	16	己卯	6	28	5	18	庚戌	7	29	6	19	辛巳
民	2	27	1	14	己酉	3	29	2	15	己卯	4	28	3	15	己酉	5	29	4	17	庚辰	6	29	5	19	辛亥	7	30	6	20	壬午
國	2	28	1	15	庚戌	3	30	2	16	庚辰	4	29	3	16	庚戌	5	30	4	18	辛巳	6	30	5	20	壬子	7	31	6	21	癸未
四	3	1	1	16	辛亥	3	31	2	17	辛巳	4	30	3	17	辛亥	5	31	4	19	壬午	7	1	5	21	癸丑	8	1	6	22	甲申
十	3	2	1	17	壬子	4	1	2	18	壬午	5	1	3	18	壬子	6	1	4	20	癸未	7	2	5	22	甲寅	8	2	6	23	乙酉
二	3	3	1	18	癸丑	4	2	2	19	癸未	5	2	3	19	癸丑	6	2	4	21	甲申	7	3	5	23	乙卯	8	3	6	24	丙戌
年	3	4	1	19	甲寅	4	3	2	20	甲申	5	3	3	20	甲寅	6	3	4	22	乙酉	7	4	5	24	丙辰	8	4	6	25	丁亥
	3	5	1	20	乙卯	4	4	2	21	乙酉	5	4	3	21	乙卯	6	4	4	23	丙戌	7	5	5	25	丁巳	8	5	6	26	戊子
											5	5	3	22	丙辰	6	5	4	24	丁亥	7	6	5	26	戊午	8	6	6	27	己丑
																										8	7	6	28	庚寅
中氣	雨水					春分					穀雨					小滿					夏至					大暑				
	2/19 6時41分 卯時					3/21 6時0分 卯時					4/20 17時25分 酉時					5/21 16時52分 申時					6/22 0時59分 子時					7/23 11時52分 午時				

日光節約時間：四月一日至十月卅一日

年	癸巳																	
月	庚申			辛酉			壬戌			癸亥			甲子			乙丑		
節	立秋			白露			寒露			立冬			大雪			小寒		
氣	8/8 4時14分 寅時			9/8 6時52分 卯時			10/8 22時10分 亥時			11/8 1時1分 丑時			12/7 17時37分 酉時			1/6 4時45分 寅時		
日	國曆	農曆	干支	國曆	農曆	干支	國曆	農曆	干支	國曆	農曆	干支	國曆	農曆	干支	國曆	農曆	干支
	8 8	6 29	辛卯	9 8	8 1	壬戌	10 8	9 1	壬辰	11 8	10 2	癸亥	12 7	11 2	壬辰	1 6	12 2	壬戌
	8 9	6 30	壬辰	9 9	8 2	癸亥	10 9	9 2	癸巳	11 9	10 3	甲子	12 8	11 3	癸巳	1 7	12 3	癸亥
	8 10	7 1	癸巳	9 10	8 3	甲子	10 10	9 3	甲午	11 10	10 4	乙丑	12 9	11 4	甲午	1 8	12 4	甲子
	8 11	7 2	甲午	9 11	8 4	乙丑	10 11	9 4	乙未	11 11	10 5	丙寅	12 10	11 5	乙未	1 9	12 5	乙丑
	8 12	7 3	乙未	9 12	8 5	丙寅	10 12	9 5	丙申	11 12	10 6	丁卯	12 11	11 6	丙申	1 10	12 6	丙寅
	8 13	7 4	丙申	9 13	8 6	丁卯	10 13	9 6	丁酉	11 13	10 7	戊辰	12 12	11 7	丁酉	1 11	12 7	丁卯
	8 14	7 5	丁酉	9 14	8 7	戊辰	10 14	9 7	戊戌	11 14	10 8	己巳	12 13	11 8	戊戌	1 12	12 8	戊辰
	8 15	7 6	戊戌	9 15	8 8	己巳	10 15	9 8	己亥	11 15	10 9	庚午	12 14	11 9	己亥	1 13	12 9	己巳
	8 16	7 7	己亥	9 16	8 9	庚午	10 16	9 9	庚子	11 16	10 10	辛未	12 15	11 10	庚子	1 14	12 10	庚午
	8 17	7 8	庚子	9 17	8 10	辛未	10 17	9 10	辛丑	11 17	10 11	壬申	12 16	11 11	辛丑	1 15	12 11	辛未
	8 18	7 9	辛丑	9 18	8 11	壬申	10 18	9 11	壬寅	11 18	10 12	癸酉	12 17	11 12	壬寅	1 16	12 12	壬申
	8 19	7 10	壬寅	9 19	8 12	癸酉	10 19	9 12	癸卯	11 19	10 13	甲戌	12 18	11 13	癸卯	1 17	12 13	癸酉
	8 20	7 11	癸卯	9 20	8 13	甲戌	10 20	9 13	甲辰	11 20	10 14	乙亥	12 19	11 14	甲辰	1 18	12 14	甲戌
	8 21	7 12	甲辰	9 21	8 14	乙亥	10 21	9 14	乙巳	11 21	10 15	丙子	12 20	11 15	乙巳	1 19	12 15	乙亥
	8 22	7 13	乙巳	9 22	8 15	丙子	10 22	9 15	丙午	11 22	10 16	丁丑	12 21	11 16	丙午	1 20	12 16	丙子
	8 23	7 14	丙午	9 23	8 16	丁丑	10 23	9 16	丁未	11 23	10 17	戊寅	12 22	11 17	丁未	1 21	12 17	丁丑
	8 24	7 15	丁未	9 24	8 17	戊寅	10 24	9 17	戊申	11 24	10 18	己卯	12 23	11 18	戊申	1 22	12 18	戊寅
	8 25	7 16	戊申	9 25	8 18	己卯	10 25	9 18	己酉	11 25	10 19	庚辰	12 24	11 19	己酉	1 23	12 19	己卯
	8 26	7 17	己酉	9 26	8 19	庚辰	10 26	9 19	庚戌	11 26	10 20	辛巳	12 25	11 20	庚戌	1 24	12 20	庚辰
	8 27	7 18	庚戌	9 27	8 20	辛巳	10 27	9 20	辛亥	11 27	10 21	壬午	12 26	11 21	辛亥	1 25	12 21	辛巳
	8 28	7 19	辛亥	9 28	8 21	壬午	10 28	9 21	壬子	11 28	10 22	癸未	12 27	11 22	壬子	1 26	12 22	壬午
	8 29	7 20	壬子	9 29	8 22	癸未	10 29	9 22	癸丑	11 29	10 23	甲申	12 28	11 23	癸丑	1 27	12 23	癸未
	8 30	7 21	癸丑	9 30	8 23	甲申	10 30	9 23	甲寅	11 30	10 24	乙酉	12 29	11 24	甲寅	1 28	12 24	甲申
	8 31	7 22	甲寅	10 1	8 24	乙酉	10 31	9 24	乙卯	12 1	10 25	丙戌	12 30	11 25	乙卯	1 29	12 25	乙酉
	9 1	7 23	乙卯	10 2	8 25	丙戌	11 1	9 25	丙辰	12 2	10 26	丁亥	12 31	11 26	丙辰	1 30	12 26	丙戌
	9 2	7 24	丙辰	10 3	8 26	丁亥	11 2	9 26	丁巳	12 3	10 27	戊子	1 1	11 27	丁巳	1 31	12 27	丁亥
	9 3	7 25	丁巳	10 4	8 27	戊子	11 3	9 27	戊午	12 4	10 28	己丑	1 2	11 28	戊午	2 1	12 28	戊子
	9 4	7 26	戊午	10 5	8 28	己丑	11 4	9 28	己未	12 5	10 29	庚寅	1 3	11 29	己未	2 2	12 29	己丑
	9 5	7 27	己未	10 6	8 29	庚寅	11 5	9 29	庚申	12 6	11 1	辛卯	1 4	11 30	庚申	2 3	1 1	庚寅
	9 6	7 28	庚申	10 7	8 30	辛卯	11 6	9 30	辛酉				1 5	12 1	辛酉			
	9 7	7 29	辛酉				11 7	10 1	壬戌									
中	處暑			秋分			霜降			小雪			冬至			大寒		
氣	8/23 18時45分 酉時			9/23 16時5分 申時			10/24 1時6分 丑時			11/22 22時22分 亥時			12/22 11時31分 午時			1/20 22時11分 亥時		

1953・1954　蛇　中華民國四十二・四十三年

日光節約時間：四月一日至十月卅一日

年	甲午																	
月	丙寅			丁卯			戊辰			己巳			庚午			辛未		
節氣	立春 2/4 16時30分 申時			驚蟄 3/6 10時48分 巳時			清明 4/5 15時59分 申時			立夏 5/6 9時38分 巳時			芒種 6/6 14時0分 未時			小暑 7/8 0時19分 子時		
日	國曆	農曆	干支	國曆	農曆	干支	國曆	農曆	干支	國曆	農曆	干支	國曆	農曆	干支	國曆	農曆	干支
1954	2 4	1 2	辛卯	3 6	2 2	辛酉	4 5	3 3	辛卯	5 6	4 4	壬戌	6 6	5 6	癸巳	7 8	6 9	乙丑
	2 5	1 3	壬辰	3 7	2 3	壬戌	4 6	3 4	壬辰	5 7	4 5	癸亥	6 7	5 7	甲午	7 9	6 10	丙寅
	2 6	1 4	癸巳	3 8	2 4	癸亥	4 7	3 5	癸巳	5 8	4 6	甲子	6 8	5 8	乙未	7 10	6 11	丁卯
	2 7	1 5	甲午	3 9	2 5	甲子	4 8	3 6	甲午	5 9	4 7	乙丑	6 9	5 9	丙申	7 11	6 12	戊辰
	2 8	1 6	乙未	3 10	2 6	乙丑	4 9	3 7	乙未	5 10	4 8	丙寅	6 10	5 10	丁酉	7 12	6 13	己巳
	2 9	1 7	丙申	3 11	2 7	丙寅	4 10	3 8	丙申	5 11	4 9	丁卯	6 11	5 11	戊戌	7 13	6 14	庚午
	2 10	1 8	丁酉	3 12	2 8	丁卯	4 11	3 9	丁酉	5 12	4 10	戊辰	6 12	5 12	己亥	7 14	6 15	辛未
	2 11	1 9	戊戌	3 13	2 9	戊辰	4 12	3 10	戊戌	5 13	4 11	己巳	6 13	5 13	庚子	7 15	6 16	壬申
	2 12	1 10	己亥	3 14	2 10	己巳	4 13	3 11	己亥	5 14	4 12	庚午	6 14	5 14	辛丑	7 16	6 17	癸酉
	2 13	1 11	庚子	3 15	2 11	庚午	4 14	3 12	庚子	5 15	4 13	辛未	6 15	5 15	壬寅	7 17	6 18	甲戌
	2 14	1 12	辛丑	3 16	2 12	辛未	4 15	3 13	辛丑	5 16	4 14	壬申	6 16	5 16	癸卯	7 18	6 19	乙亥
	2 15	1 13	壬寅	3 17	2 13	壬申	4 16	3 14	壬寅	5 17	4 15	癸酉	6 17	5 17	甲辰	7 19	6 20	丙子
	2 16	1 14	癸卯	3 18	2 14	癸酉	4 17	3 15	癸卯	5 18	4 16	甲戌	6 18	5 18	乙巳	7 20	6 21	丁丑
馬	2 17	1 15	甲辰	3 19	2 15	甲戌	4 18	3 16	甲辰	5 19	4 17	乙亥	6 19	5 19	丙午	7 21	6 22	戊寅
	2 18	1 16	乙巳	3 20	2 16	乙亥	4 19	3 17	乙巳	5 20	4 18	丙子	6 20	5 20	丁未	7 22	6 23	己卯
	2 19	1 17	丙午	3 21	2 17	丙子	4 20	3 18	丙午	5 21	4 19	丁丑	6 21	5 21	戊申	7 23	6 24	庚辰
	2 20	1 18	丁未	3 22	2 18	丁丑	4 21	3 19	丁未	5 22	4 20	戊寅	6 22	5 22	己酉	7 24	6 25	辛巳
	2 21	1 19	戊申	3 23	2 19	戊寅	4 22	3 20	戊申	5 23	4 21	己卯	6 23	5 23	庚戌	7 25	6 26	壬午
	2 22	1 20	己酉	3 24	2 20	己卯	4 23	3 21	己酉	5 24	4 22	庚辰	6 24	5 24	辛亥	7 26	6 27	癸未
	2 23	1 21	庚戌	3 25	2 21	庚辰	4 24	3 22	庚戌	5 25	4 23	辛巳	6 25	5 25	壬子	7 27	6 28	甲申
	2 24	1 22	辛亥	3 26	2 22	辛巳	4 25	3 23	辛亥	5 26	4 24	壬午	6 26	5 26	癸丑	7 28	6 29	乙酉
中華民國四十三年	2 25	1 23	壬子	3 27	2 23	壬午	4 26	3 24	壬子	5 27	4 25	癸未	6 27	5 27	甲寅	7 29	6 30	丙戌
	2 26	1 24	癸丑	3 28	2 24	癸未	4 27	3 25	癸丑	5 28	4 26	甲申	6 28	5 28	乙卯	7 30	7 1	丁亥
	2 27	1 25	甲寅	3 29	2 25	甲申	4 28	3 26	甲寅	5 29	4 27	乙酉	6 29	5 29	丙辰	7 31	7 2	戊子
	2 28	1 26	乙卯	3 30	2 26	乙酉	4 29	3 27	乙卯	5 30	4 28	丙戌	6 30	6 1	丁巳	8 1	7 3	己丑
	3 1	1 27	丙辰	3 31	2 27	丙戌	4 30	3 28	丙辰	5 31	4 29	丁亥	7 1	6 2	戊午	8 2	7 4	庚寅
	3 2	1 28	丁巳	4 1	2 28	丁亥	5 1	3 29	丁巳	6 1	5 1	戊子	7 2	6 3	己未	8 3	7 5	辛卯
	3 3	1 29	戊午	4 2	2 29	戊子	5 2	3 30	戊午	6 2	5 2	己丑	7 3	6 4	庚申	8 4	7 6	壬辰
	3 4	1 30	己未	4 3	3 1	己丑	5 3	4 1	己未	6 3	5 3	庚寅	7 4	6 5	辛酉	8 5	7 7	癸巳
	3 5	2 1	庚申	4 4	3 2	庚寅	5 4	4 2	庚申	6 4	5 4	辛卯	7 5	6 6	壬戌	8 6	7 8	甲午
							5 5	4 3	辛酉	6 5	5 5	壬辰	7 6	6 7	癸亥	8 7	7 9	乙未
													7 7	6 8	甲子			
中氣	雨水 2/19 12時32分 午時			春分 3/21 11時53分 午時			穀雨 4/20 23時19分 子時			小滿 5/21 22時47分 亥時			夏至 6/22 6時54分 卯時			大暑 7/23 17時44分 酉時		

日光節約時間：四月一日至十月卅一日

甲午																														年
壬申					癸酉					甲戌					乙亥					丙子					丁丑					月
立秋					白露					寒露					立冬					大雪					小寒					節氣
8/8 9時59分 巳時					9/8 12時37分 午時					10/9 3時57分 寅時					11/8 6時50分 卯時					12/7 23時28分 子時					1/6 10時35分 巳時					
國曆		農曆		干支	國曆		農曆		干支	國曆		農曆		干支	國曆		農曆		干支	國曆		農曆		干支	國曆		農曆		干支	日
8	8	7	10	丙申	9	8	8	12	丁卯	10	9	9	13	戊戌	11	8	10	13	戊辰	12	7	11	13	丁酉	1	6	12	13	丁卯	
8	9	7	11	丁酉	9	9	8	13	戊辰	10	10	9	14	己亥	11	9	10	14	己巳	12	8	11	14	戊戌	1	7	12	14	戊辰	
8	10	7	12	戊戌	9	10	8	14	己巳	10	11	9	15	庚子	11	10	10	15	庚午	12	9	11	15	己亥	1	8	12	15	己巳	1954・1955
8	11	7	13	己亥	9	11	8	15	庚午	10	12	9	16	辛丑	11	11	10	16	辛未	12	10	11	16	庚子	1	9	12	16	庚午	
8	12	7	14	庚子	9	12	8	16	辛未	10	13	9	17	壬寅	11	12	10	17	壬申	12	11	11	17	辛丑	1	10	12	17	辛未	
8	13	7	15	辛丑	9	13	8	17	壬申	10	14	9	18	癸卯	11	13	10	18	癸酉	12	12	11	18	壬寅	1	11	12	18	壬申	
8	14	7	16	壬寅	9	14	8	18	癸酉	10	15	9	19	甲辰	11	14	10	19	甲戌	12	13	11	19	癸卯	1	12	12	19	癸酉	
8	15	7	17	癸卯	9	15	8	19	甲戌	10	16	9	20	乙巳	11	15	10	20	乙亥	12	14	11	20	甲辰	1	13	12	20	甲戌	
8	16	7	18	甲辰	9	16	8	20	乙亥	10	17	9	21	丙午	11	16	10	21	丙子	12	15	11	21	乙巳	1	14	12	21	乙亥	
8	17	7	19	乙巳	9	17	8	21	丙子	10	18	9	22	丁未	11	17	10	22	丁丑	12	16	11	22	丙午	1	15	12	22	丙子	
8	18	7	20	丙午	9	18	8	22	丁丑	10	19	9	23	戊申	11	18	10	23	戊寅	12	17	11	23	丁未	1	16	12	23	丁丑	
8	19	7	21	丁未	9	19	8	23	戊寅	10	20	9	24	己酉	11	19	10	24	己卯	12	18	11	24	戊申	1	17	12	24	戊寅	
8	20	7	22	戊申	9	20	8	24	己卯	10	21	9	25	庚戌	11	20	10	25	庚辰	12	19	11	25	己酉	1	18	12	25	己卯	
8	21	7	23	己酉	9	21	8	25	庚辰	10	22	9	26	辛亥	11	21	10	26	辛巳	12	20	11	26	庚戌	1	19	12	26	庚辰	馬
8	22	7	24	庚戌	9	22	8	26	辛巳	10	23	9	27	壬子	11	22	10	27	壬午	12	21	11	27	辛亥	1	20	12	27	辛巳	
8	23	7	25	辛亥	9	23	8	27	壬午	10	24	9	28	癸丑	11	23	10	28	癸未	12	22	11	28	壬子	1	21	12	28	壬午	
8	24	7	26	壬子	9	24	8	28	癸未	10	25	9	29	甲寅	11	24	10	29	甲申	12	23	11	29	癸丑	1	22	12	29	癸未	
8	25	7	27	癸丑	9	25	8	29	甲申	10	26	9	30	乙卯	11	25	11	1	乙酉	12	24	11	30	甲寅	1	23	12	30	甲申	
8	26	7	28	甲寅	9	26	8	30	乙酉	10	27	10	1	丙辰	11	26	11	2	丙戌	12	25	12	1	乙卯	1	24	1	1	乙酉	
8	27	7	29	乙卯	9	27	9	1	丙戌	10	28	10	2	丁巳	11	27	11	3	丁亥	12	26	12	2	丙辰	1	25	1	2	丙戌	中華民國四十三・四十四年
8	28	8	1	丙辰	9	28	9	2	丁亥	10	29	10	3	戊午	11	28	11	4	戊子	12	27	12	3	丁巳	1	26	1	3	丁亥	
8	29	8	2	丁巳	9	29	9	3	戊子	10	30	10	4	己未	11	29	11	5	己丑	12	28	12	4	戊午	1	27	1	4	戊子	
8	30	8	3	戊午	9	30	9	4	己丑	10	31	10	5	庚申	11	30	11	6	庚寅	12	29	12	5	己未	1	28	1	5	己丑	
8	31	8	4	己未	10	1	9	5	庚寅	11	1	10	6	辛酉	12	1	11	7	辛卯	12	30	12	6	庚申	1	29	1	6	庚寅	
9	1	8	5	庚申	10	2	9	6	辛卯	11	2	10	7	壬戌	12	2	11	8	壬辰	12	31	12	7	辛酉	1	30	1	7	辛卯	
9	2	8	6	辛酉	10	3	9	7	壬辰	11	3	10	8	癸亥	12	3	11	9	癸巳	1	1	12	8	壬戌	1	31	1	8	壬辰	
9	3	8	7	壬戌	10	4	9	8	癸巳	11	4	10	9	甲子	12	4	11	10	甲午	1	2	12	9	癸亥	2	1	1	9	癸巳	
9	4	8	8	癸亥	10	5	9	9	甲午	11	5	10	10	乙丑	12	5	11	11	乙未	1	3	12	10	甲子	2	2	1	10	甲午	
9	5	8	9	甲子	10	6	9	10	乙未	11	6	10	11	丙寅	12	6	11	12	丙申	1	4	12	11	乙丑	2	3	1	11	乙未	
9	6	8	10	乙丑	10	7	9	11	丙申	11	7	10	12	丁卯						1	5	12	12	丙寅						
9	7	8	11	丙寅	10	8	9	12	丁酉																					
處暑					秋分					霜降					小雪					冬至					大寒					中氣
8/24 0時35分 子時					9/23 21時55分 亥時					10/24 6時56分 卯時					11/23 4時14分 寅時					12/22 17時24分 酉時					1/21 4時1分 寅時					

日光節約時間：四月一日至十月卅一日

年	乙未																	
月	戊寅			己卯			庚辰			辛巳			壬午			癸未		
節氣	立春			驚蟄			清明			立夏			芒種			小暑		
	2/4 22時17分 亥時			3/6 16時31分 申時			4/5 21時38分 亥時			5/6 15時18分 申時			6/6 19時43分 戌時			7/8 6時5分 卯時		
日	國曆	農曆	干支	國曆	農曆	干支	國曆	農曆	干支	國曆	農曆	干支	國曆	農曆	干支	國曆	農曆	干支
	2 4	1 12	丙申	3 6	2 13	丙寅	4 5	3 13	丙申	5 6	3 15	丁卯	6 6	4 16	戊戌	7 8	5 19	庚午
	2 5	1 13	丁酉	3 7	2 14	丁卯	4 6	3 14	丁酉	5 7	3 16	戊辰	6 7	4 17	己亥	7 9	5 20	辛未
	2 6	1 14	戊戌	3 8	2 15	戊辰	4 7	3 15	戊戌	5 8	3 17	己巳	6 8	4 18	庚子	7 10	5 21	壬申
	2 7	1 15	己亥	3 9	2 16	己巳	4 8	3 16	己亥	5 9	3 18	庚午	6 9	4 19	辛丑	7 11	5 22	癸酉
1955	2 8	1 16	庚子	3 10	2 17	庚午	4 9	3 17	庚子	5 10	3 19	辛未	6 10	4 20	壬寅	7 12	5 23	甲戌
	2 9	1 17	辛丑	3 11	2 18	辛未	4 10	3 18	辛丑	5 11	3 20	壬申	6 11	4 21	癸卯	7 13	5 24	乙亥
	2 10	1 18	壬寅	3 12	2 19	壬申	4 11	3 19	壬寅	5 12	3 21	癸酉	6 12	4 22	甲辰	7 14	5 25	丙子
	2 11	1 19	癸卯	3 13	2 20	癸酉	4 12	3 20	癸卯	5 13	3 22	甲戌	6 13	4 23	乙巳	7 15	5 26	丁丑
	2 12	1 20	甲辰	3 14	2 21	甲戌	4 13	3 21	甲辰	5 14	3 23	乙亥	6 14	4 24	丙午	7 16	5 27	戊寅
	2 13	1 21	乙巳	3 15	2 22	乙亥	4 14	3 22	乙巳	5 15	3 24	丙子	6 15	4 25	丁未	7 17	5 28	己卯
	2 14	1 22	丙午	3 16	2 23	丙子	4 15	3 23	丙午	5 16	3 25	丁丑	6 16	4 26	戊申	7 18	5 29	庚辰
	2 15	1 23	丁未	3 17	2 24	丁丑	4 16	3 24	丁未	5 17	3 26	戊寅	6 17	4 27	己酉	7 19	6 1	辛巳
	2 16	1 24	戊申	3 18	2 25	戊寅	4 17	3 25	戊申	5 18	3 27	己卯	6 18	4 28	庚戌	7 20	6 2	壬午
羊	2 17	1 25	己酉	3 19	2 26	己卯	4 18	3 26	己酉	5 19	3 28	庚辰	6 19	4 29	辛亥	7 21	6 3	癸未
	2 18	1 26	庚戌	3 20	2 27	庚辰	4 19	3 27	庚戌	5 20	3 29	辛巳	6 20	5 1	壬子	7 22	6 4	甲申
	2 19	1 27	辛亥	3 21	2 28	辛巳	4 20	3 28	辛亥	5 21	3 30	壬午	6 21	5 2	癸丑	7 23	6 5	乙酉
	2 20	1 28	壬子	3 22	2 29	壬午	4 21	3 29	壬子	5 22	4 1	癸未	6 22	5 3	甲寅	7 24	6 6	丙戌
	2 21	1 29	癸丑	3 23	2 30	癸未	4 22	閏3 1	癸丑	5 23	4 2	甲申	6 23	5 4	乙卯	7 25	6 7	丁亥
	2 22	2 1	甲寅	3 24	3 1	甲申	4 23	3 2	甲寅	5 24	4 3	乙酉	6 24	5 5	丙辰	7 26	6 8	戊子
	2 23	2 2	乙卯	3 25	3 2	乙酉	4 24	3 3	乙卯	5 25	4 4	丙戌	6 25	5 6	丁巳	7 27	6 9	己丑
	2 24	2 3	丙辰	3 26	3 3	丙戌	4 25	3 4	丙辰	5 26	4 5	丁亥	6 26	5 7	戊午	7 28	6 10	庚寅
中華民國四十四年	2 25	2 4	丁巳	3 27	3 4	丁亥	4 26	3 5	丁巳	5 27	4 6	戊子	6 27	5 8	己未	7 29	6 11	辛卯
	2 26	2 5	戊午	3 28	3 5	戊子	4 27	3 6	戊午	5 28	4 7	己丑	6 28	5 9	庚申	7 30	6 12	壬辰
	2 27	2 6	己未	3 29	3 6	己丑	4 28	3 7	己未	5 29	4 8	庚寅	6 29	5 10	辛酉	7 31	6 13	癸巳
	2 28	2 7	庚申	3 30	3 7	庚寅	4 29	3 8	庚申	5 30	4 9	辛卯	6 30	5 11	壬戌	8 1	6 14	甲午
	3 1	2 8	辛酉	3 31	3 8	辛卯	4 30	3 9	辛酉	5 31	4 10	壬辰	7 1	5 12	癸亥	8 2	6 15	乙未
	3 2	2 9	壬戌	4 1	3 9	壬辰	5 1	3 10	壬戌	6 1	4 11	癸巳	7 2	5 13	甲子	8 3	6 16	丙申
	3 3	2 10	癸亥	4 2	3 10	癸巳	5 2	3 11	癸亥	6 2	4 12	甲午	7 3	5 14	乙丑	8 4	6 17	丁酉
	3 4	2 11	甲子	4 3	3 11	甲午	5 3	3 12	甲子	6 3	4 13	乙未	7 4	5 15	丙寅	8 5	6 18	戊戌
	3 5	2 12	乙丑	4 4	3 12	乙未	5 4	3 13	乙丑	6 4	4 14	丙申	7 5	5 16	丁卯	8 6	6 19	己亥
							5 5	3 14	丙寅	6 5	4 15	丁酉	7 6	5 17	戊辰	8 7	6 20	庚子
													7 7	5 18	己巳			
中氣	雨水			春分			穀雨			小滿			夏至			大暑		
	2/19 18時18分 酉時			3/21 17時35分 酉時			4/21 4時57分 寅時			5/22 4時24分 寅時			6/22 12時31分 午時			7/23 23時24分 子時		

日光節約時間：四月一日至九月三十日

年	乙未																	
月	甲申			乙酉			丙戌			丁亥			戊子			己丑		
節氣	立秋 8/8 15時50分 申時			白露 9/8 18時31分 酉時			寒露 10/9 9時52分 巳時			立冬 11/8 12時45分 午時			大雪 12/8 5時22分 卯時			小寒 1/6 16時30分 申時		
日	國曆	農曆	干支	國曆	農曆	干支	國曆	農曆	干支	國曆	農曆	干支	國曆	農曆	干支	國曆	農曆	干支
	8 8	6 21	辛丑	9 8	7 22	壬申	10 9	8 24	癸卯	11 8	9 24	癸酉	12 8	10 25	癸卯	1 6	11 24	壬申
	8 9	6 22	壬寅	9 9	7 23	癸酉	10 10	8 25	甲辰	11 9	9 25	甲戌	12 9	10 26	甲辰	1 7	11 25	癸酉
	8 10	6 23	癸卯	9 10	7 24	甲戌	10 11	8 26	乙巳	11 10	9 26	乙亥	12 10	10 27	乙巳	1 8	11 26	甲戌
	8 11	6 24	甲辰	9 11	7 25	乙亥	10 12	8 27	丙午	11 11	9 27	丙子	12 11	10 28	丙午	1 9	11 27	乙亥
	8 12	6 25	乙巳	9 12	7 26	丙子	10 13	8 28	丁未	11 12	9 28	丁丑	12 12	10 29	丁未	1 10	11 28	丙子
	8 13	6 26	丙午	9 13	7 27	丁丑	10 14	8 29	戊申	11 13	9 29	戊寅	12 13	10 30	戊申	1 11	11 29	丁丑
	8 14	6 27	丁未	9 14	7 28	戊寅	10 15	8 30	己酉	11 14	10 1	己卯	12 14	11 1	己酉	1 12	11 30	戊寅
	8 15	6 28	戊申	9 15	7 29	己卯	10 16	9 1	庚戌	11 15	10 2	庚辰	12 15	11 2	庚戌	1 13	12 1	己卯
	8 16	6 29	己酉	9 16	8 1	庚辰	10 17	9 2	辛亥	11 16	10 3	辛巳	12 16	11 3	辛亥	1 14	12 2	庚辰
	8 17	6 30	庚戌	9 17	8 2	辛巳	10 18	9 3	壬子	11 17	10 4	壬午	12 17	11 4	壬子	1 15	12 3	辛巳
	8 18	7 1	辛亥	9 18	8 3	壬午	10 19	9 4	癸丑	11 18	10 5	癸未	12 18	11 5	癸丑	1 16	12 4	壬午
	8 19	7 2	壬子	9 19	8 4	癸未	10 20	9 5	甲寅	11 19	10 6	甲申	12 19	11 6	甲寅	1 17	12 5	癸未
	8 20	7 3	癸丑	9 20	8 5	甲申	10 21	9 6	乙卯	11 20	10 7	乙酉	12 20	11 7	乙卯	1 18	12 6	甲申
	8 21	7 4	甲寅	9 21	8 6	乙酉	10 22	9 7	丙辰	11 21	10 8	丙戌	12 21	11 8	丙辰	1 19	12 7	乙酉
	8 22	7 5	乙卯	9 22	8 7	丙戌	10 23	9 8	丁巳	11 22	10 9	丁亥	12 22	11 9	丁巳	1 20	12 8	丙戌
	8 23	7 6	丙辰	9 23	8 8	丁亥	10 24	9 9	戊午	11 23	10 10	戊子	12 23	11 10	戊午	1 21	12 9	丁亥
	8 24	7 7	丁巳	9 24	8 9	戊子	10 25	9 10	己未	11 24	10 11	己丑	12 24	11 11	己未	1 22	12 10	戊子
	8 25	7 8	戊午	9 25	8 10	己丑	10 26	9 11	庚申	11 25	10 12	庚寅	12 25	11 12	庚申	1 23	12 11	己丑
	8 26	7 9	己未	9 26	8 11	庚寅	10 27	9 12	辛酉	11 26	10 13	辛卯	12 26	11 13	辛酉	1 24	12 12	庚寅
	8 27	7 10	庚申	9 27	8 12	辛卯	10 28	9 13	壬戌	11 27	10 14	壬辰	12 27	11 14	壬戌	1 25	12 13	辛卯
	8 28	7 11	辛酉	9 28	8 13	壬辰	10 29	9 14	癸亥	11 28	10 15	癸巳	12 28	11 15	癸亥	1 26	12 14	壬辰
	8 29	7 12	壬戌	9 29	8 14	癸巳	10 30	9 15	甲子	11 29	10 16	甲午	12 29	11 16	甲子	1 27	12 15	癸巳
	8 30	7 13	癸亥	9 30	8 15	甲午	10 31	9 16	乙丑	11 30	10 17	乙未	12 30	11 17	乙丑	1 28	12 16	甲午
	8 31	7 14	甲子	10 1	8 16	乙未	11 1	9 17	丙寅	12 1	10 18	丙申	12 31	11 18	丙寅	1 29	12 17	乙未
	9 1	7 15	乙丑	10 2	8 17	丙申	11 2	9 18	丁卯	12 2	10 19	丁酉	1 1	11 19	丁卯	1 30	12 18	丙申
	9 2	7 16	丙寅	10 3	8 18	丁酉	11 3	9 19	戊辰	12 3	10 20	戊戌	1 2	11 20	戊辰	1 31	12 19	丁酉
	9 3	7 17	丁卯	10 4	8 19	戊戌	11 4	9 20	己巳	12 4	10 21	己亥	1 3	11 21	己巳	2 1	12 20	戊戌
	9 4	7 18	戊辰	10 5	8 20	己亥	11 5	9 21	庚午	12 5	10 22	庚子	1 4	11 22	庚午	2 2	12 21	己亥
	9 5	7 19	己巳	10 6	8 21	庚子	11 6	9 22	辛未	12 6	10 23	辛丑	1 5	11 23	辛未	2 3	12 22	庚子
	9 6	7 20	庚午	10 7	8 22	辛丑	11 7	9 23	壬申	12 7	10 24	壬寅				2 4	12 23	辛丑
	9 7	7 21	辛未	10 8	8 23	壬寅												
中氣	處暑 8/24 6時18分 卯時			秋分 9/24 3時40分 寅時			霜降 10/24 12時43分 午時			小雪 11/23 10時0分 巳時			冬至 12/22 23時10分 子時			大寒 1/21 9時48分 巳時		

1955・1956

羊

中華民國四十四・四十五年

日光節約時間：四月一日至九月三十日

年	丙申																	
月	庚寅			辛卯			壬辰			癸巳			甲午			乙未		
節氣	立春 2/5 4時11分 寅時			驚蟄 3/5 22時24分 亥時			清明 4/5 3時31分 寅時			立夏 5/5 21時10分 亥時			芒種 6/6 1時35分 丑時			小暑 7/7 11時58分 午時		
日	國曆	農曆	干支	國曆	農曆	干支	國曆	農曆	干支	國曆	農曆	干支	國曆	農曆	干支	國曆	農曆	干支
	2 5	12 24	壬寅	3 5	1 23	辛未	4 5	2 25	壬寅	5 5	3 25	壬申	6 6	4 28	甲辰	7 7	5 29	乙亥
	2 6	12 25	癸卯	3 6	1 24	壬申	4 6	2 26	癸卯	5 6	3 26	癸酉	6 7	4 29	乙巳	7 8	6 1	丙子
	2 7	12 26	甲辰	3 7	1 25	癸酉	4 7	2 27	甲辰	5 7	3 27	甲戌	6 8	4 30	丙午	7 9	6 2	丁丑
	2 8	12 27	乙巳	3 8	1 26	甲戌	4 8	2 28	乙巳	5 8	3 28	乙亥	6 9	5 1	丁未	7 10	6 3	戊寅
1956	2 9	12 28	丙午	3 9	1 27	乙亥	4 9	2 29	丙午	5 9	3 29	丙子	6 10	5 2	戊申	7 11	6 4	己卯
	2 10	12 29	丁未	3 10	1 28	丙子	4 10	2 30	丁未	5 10	4 1	丁丑	6 11	5 3	己酉	7 12	6 5	庚辰
	2 11	12 30	戊申	3 11	1 29	丁丑	4 11	3 1	戊申	5 11	4 2	戊寅	6 12	5 4	庚戌	7 13	6 6	辛巳
	2 12	1 1	己酉	3 12	2 1	戊寅	4 12	3 2	己酉	5 12	4 3	己卯	6 13	5 5	辛亥	7 14	6 7	壬午
	2 13	1 2	庚戌	3 13	2 2	己卯	4 13	3 3	庚戌	5 13	4 4	庚辰	6 14	5 6	壬子	7 15	6 8	癸未
	2 14	1 3	辛亥	3 14	2 3	庚辰	4 14	3 4	辛亥	5 14	4 5	辛巳	6 15	5 7	癸丑	7 16	6 9	甲申
	2 15	1 4	壬子	3 15	2 4	辛巳	4 15	3 5	壬子	5 15	4 6	壬午	6 16	5 8	甲寅	7 17	6 10	乙酉
	2 16	1 5	癸丑	3 16	2 5	壬午	4 16	3 6	癸丑	5 16	4 7	癸未	6 17	5 9	乙卯	7 18	6 11	丙戌
	2 17	1 6	甲寅	3 17	2 6	癸未	4 17	3 7	甲寅	5 17	4 8	甲申	6 18	5 10	丙辰	7 19	6 12	丁亥
猴	2 18	1 7	乙卯	3 18	2 7	甲申	4 18	3 8	乙卯	5 18	4 9	乙酉	6 19	5 11	丁巳	7 20	6 13	戊子
	2 19	1 8	丙辰	3 19	2 8	乙酉	4 19	3 9	丙辰	5 19	4 10	丙戌	6 20	5 12	戊午	7 21	6 14	己丑
	2 20	1 9	丁巳	3 20	2 9	丙戌	4 20	3 10	丁巳	5 20	4 11	丁亥	6 21	5 13	己未	7 22	6 15	庚寅
	2 21	1 10	戊午	3 21	2 10	丁亥	4 21	3 11	戊午	5 21	4 12	戊子	6 22	5 14	庚申	7 23	6 16	辛卯
	2 22	1 11	己未	3 22	2 11	戊子	4 22	3 12	己未	5 22	4 13	己丑	6 23	5 15	辛酉	7 24	6 17	壬辰
	2 23	1 12	庚申	3 23	2 12	己丑	4 23	3 13	庚申	5 23	4 14	庚寅	6 24	5 16	壬戌	7 25	6 18	癸巳
	2 24	1 13	辛酉	3 24	2 13	庚寅	4 24	3 14	辛酉	5 24	4 15	辛卯	6 25	5 17	癸亥	7 26	6 19	甲午
	2 25	1 14	壬戌	3 25	2 14	辛卯	4 25	3 15	壬戌	5 25	4 16	壬辰	6 26	5 18	甲子	7 27	6 20	乙未
	2 26	1 15	癸亥	3 26	2 15	壬辰	4 26	3 16	癸亥	5 26	4 17	癸巳	6 27	5 19	乙丑	7 28	6 21	丙申
	2 27	1 16	甲子	3 27	2 16	癸巳	4 27	3 17	甲子	5 27	4 18	甲午	6 28	5 20	丙寅	7 29	6 22	丁酉
中華民國四十五年	2 28	1 17	乙丑	3 28	2 17	甲午	4 28	3 18	乙丑	5 28	4 19	乙未	6 29	5 21	丁卯	7 30	6 23	戊戌
	2 29	1 18	丙寅	3 29	2 18	乙未	4 29	3 19	丙寅	5 29	4 20	丙申	6 30	5 22	戊辰	7 31	6 24	己亥
	3 1	1 19	丁卯	3 30	2 19	丙申	4 30	3 20	丁卯	5 30	4 21	丁酉	7 1	5 23	己巳	8 1	6 25	庚子
	3 2	1 20	戊辰	3 31	2 20	丁酉	5 1	3 21	戊辰	5 31	4 22	戊戌	7 2	5 24	庚午	8 2	6 26	辛丑
	3 3	1 21	己巳	4 1	2 21	戊戌	5 2	3 22	己巳	6 1	4 23	己亥	7 3	5 25	辛未	8 3	6 27	壬寅
	3 4	1 22	庚午	4 2	2 22	己亥	5 3	3 23	庚午	6 2	4 24	庚子	7 4	5 26	壬申	8 4	6 28	癸卯
				4 3	2 23	庚子	5 4	3 24	辛未	6 3	4 25	辛丑	7 5	5 27	癸酉	8 5	6 29	甲辰
				4 4	2 24	辛丑				6 4	4 26	壬寅	7 6	5 28	甲戌	8 6	7 1	乙巳
										6 5	4 27	癸卯						
中氣	雨水 2/20 0時4分 子時			春分 3/20 23時20分 子時			穀雨 4/20 10時43分 巳時			小滿 5/21 10時12分 巳時			夏至 6/21 18時23分 酉時			大暑 7/23 5時19分 卯時		

日光節約時間：四月一日至九月三十日

丙申																		年
丙申			丁酉			戊戌			己亥			庚子			辛丑			月
立秋 8/7 21時40分 亥時			白露 9/8 0時18分 子時			寒露 10/8 15時35分 申時			立冬 11/7 18時25分 酉時			大雪 12/7 11時2分 午時			小寒 1/5 22時10分 亥時			節氣
國曆	農曆	干支	國曆	農曆	干支	國曆	農曆	干支	國曆	農曆	干支	國曆	農曆	干支	國曆	農曆	干支	日
8 7	7 2	丙午	9 8	8 4	戊寅	10 8	9 5	戊申	11 7	10 5	戊寅	12 7	11 6	戊申	1 5	12 5	丁丑	1956・1957
8 8	7 3	丁未	9 9	8 5	己卯	10 9	9 6	己酉	11 8	10 6	己卯	12 8	11 7	己酉	1 6	12 6	戊寅	
8 9	7 4	戊申	9 10	8 6	庚辰	10 10	9 7	庚戌	11 9	10 7	庚辰	12 9	11 8	庚戌	1 7	12 7	己卯	
8 10	7 5	己酉	9 11	8 7	辛巳	10 11	9 8	辛亥	11 10	10 8	辛巳	12 10	11 9	辛亥	1 8	12 8	庚辰	
8 11	7 6	庚戌	9 12	8 8	壬午	10 12	9 9	壬子	11 11	10 9	壬午	12 11	11 10	壬子	1 9	12 9	辛巳	
8 12	7 7	辛亥	9 13	8 9	癸未	10 13	9 10	癸丑	11 12	10 10	癸未	12 12	11 11	癸丑	1 10	12 10	壬午	
8 13	7 8	壬子	9 14	8 10	甲申	10 14	9 11	甲寅	11 13	10 11	甲申	12 13	11 12	甲寅	1 11	12 11	癸未	
8 14	7 9	癸丑	9 15	8 11	乙酉	10 15	9 12	乙卯	11 14	10 12	乙酉	12 14	11 13	乙卯	1 12	12 12	甲申	
8 15	7 10	甲寅	9 16	8 12	丙戌	10 16	9 13	丙辰	11 15	10 13	丙戌	12 15	11 14	丙辰	1 13	12 13	乙酉	
8 16	7 11	乙卯	9 17	8 13	丁亥	10 17	9 14	丁巳	11 16	10 14	丁亥	12 16	11 15	丁巳	1 14	12 14	丙戌	
8 17	7 12	丙辰	9 18	8 14	戊子	10 18	9 15	戊午	11 17	10 15	戊子	12 17	11 16	戊午	1 15	12 15	丁亥	
8 18	7 13	丁巳	9 19	8 15	己丑	10 19	9 16	己未	11 18	10 16	己丑	12 18	11 17	己未	1 16	12 16	戊子	
8 19	7 14	戊午	9 20	8 16	庚寅	10 20	9 17	庚申	11 19	10 17	庚寅	12 19	11 18	庚申	1 17	12 17	己丑	
8 20	7 15	己未	9 21	8 17	辛卯	10 21	9 18	辛酉	11 20	10 18	辛卯	12 20	11 19	辛酉	1 18	12 18	庚寅	猴
8 21	7 16	庚申	9 22	8 18	壬辰	10 22	9 19	壬戌	11 21	10 19	壬辰	12 21	11 20	壬戌	1 19	12 19	辛卯	
8 22	7 17	辛酉	9 23	8 19	癸巳	10 23	9 20	癸亥	11 22	10 20	癸巳	12 22	11 21	癸亥	1 20	12 20	壬辰	
8 23	7 18	壬戌	9 24	8 20	甲午	10 24	9 21	甲子	11 23	10 21	甲午	12 23	11 22	甲子	1 21	12 21	癸巳	
8 24	7 19	癸亥	9 25	8 21	乙未	10 25	9 22	乙丑	11 24	10 22	乙未	12 24	11 23	乙丑	1 22	12 22	甲午	
8 25	7 20	甲子	9 26	8 22	丙申	10 26	9 23	丙寅	11 25	10 23	丙申	12 25	11 24	丙寅	1 23	12 23	乙未	
8 26	7 21	乙丑	9 27	8 23	丁酉	10 27	9 24	丁卯	11 26	10 24	丁酉	12 26	11 25	丁卯	1 24	12 24	丙申	中華民國四十五・四十六年
8 27	7 22	丙寅	9 28	8 24	戊戌	10 28	9 25	戊辰	11 27	10 25	戊戌	12 27	11 26	戊辰	1 25	12 25	丁酉	
8 28	7 23	丁卯	9 29	8 25	己亥	10 29	9 26	己巳	11 28	10 26	己亥	12 28	11 27	己巳	1 26	12 26	戊戌	
8 29	7 24	戊辰	9 30	8 26	庚子	10 30	9 27	庚午	11 29	10 27	庚子	12 29	11 28	庚午	1 27	12 27	己亥	
8 30	7 25	己巳	10 1	8 27	辛丑	10 31	9 28	辛未	11 30	10 28	辛丑	12 30	11 29	辛未	1 28	12 28	庚子	
8 31	7 26	庚午	10 2	8 28	壬寅	11 1	9 29	壬申	12 1	10 29	壬寅	12 31	11 30	壬申	1 29	12 29	辛丑	
9 1	7 27	辛未	10 3	8 29	癸卯	11 2	9 30	癸酉	12 2	11 1	癸卯	1 1	12 1	癸酉	1 30	12 30	壬寅	
9 2	7 28	壬申	10 4	9 1	甲辰	11 3	10 1	甲戌	12 3	11 2	甲辰	1 2	12 2	甲戌	1 31	1 1	癸卯	
9 3	7 29	癸酉	10 5	9 2	乙巳	11 4	10 2	乙亥	12 4	11 3	乙巳	1 3	12 3	乙亥	2 1	1 2	甲辰	
9 4	7 30	甲戌	10 6	9 3	丙午	11 5	10 3	丙子	12 5	11 4	丙午	1 4	12 4	丙子	2 2	1 3	乙巳	
9 5	8 1	乙亥	10 7	9 4	丁未	11 6	10 4	丁丑	12 6	11 5	丁未				2 3	1 4	丙午	
9 6	8 2	丙子																
9 7	8 3	丁丑																
處暑 8/23 12時14分 午時			秋分 9/23 9時35分 巳時			霜降 10/23 18時34分 酉時			小雪 11/22 15時49分 申時			冬至 12/22 4時59分 寅時			大寒 1/20 15時38分 申時			中氣

日光節約時間：四月一日至九月三十日

年	丁酉																	
月	王寅			癸卯			甲辰			乙巳			丙午			丁未		
節氣	立春 2/4 9時54分 巳時			驚蟄 3/6 4時10分 寅時			清明 4/5 9時18分 巳時			立夏 5/6 2時58分 丑時			芒種 6/6 7時24分 辰時			小暑 7/7 17時48分 酉時		
日	國曆	農曆	干支	國曆	農曆	干支	國曆	農曆	干支	國曆	農曆	干支	國曆	農曆	干支	國曆	農曆	干支
1957 雞 中華民國四十六年	2 4	1 5	丁未	3 6	2 5	丁丑	4 5	3 6	丁未	5 6	4 7	戊寅	6 6	5 9	己酉	7 7	6 10	庚辰
	2 5	1 6	戊申	3 7	2 6	戊寅	4 6	3 7	戊申	5 7	4 8	己卯	6 7	5 10	庚戌	7 8	6 11	辛巳
	2 6	1 7	己酉	3 8	2 7	己卯	4 7	3 8	己酉	5 8	4 9	庚辰	6 8	5 11	辛亥	7 9	6 12	壬午
	2 7	1 8	庚戌	3 9	2 8	庚辰	4 8	3 9	庚戌	5 9	4 10	辛巳	6 9	5 12	壬子	7 10	6 13	癸未
	2 8	1 9	辛亥	3 10	2 9	辛巳	4 9	3 10	辛亥	5 10	4 11	壬午	6 10	5 13	癸丑	7 11	6 14	甲申
	2 9	1 10	壬子	3 11	2 10	壬午	4 10	3 11	壬子	5 11	4 12	癸未	6 11	5 14	甲寅	7 12	6 15	乙酉
	2 10	1 11	癸丑	3 12	2 11	癸未	4 11	3 12	癸丑	5 12	4 13	甲申	6 12	5 15	乙卯	7 13	6 16	丙戌
	2 11	1 12	甲寅	3 13	2 12	甲申	4 12	3 13	甲寅	5 13	4 14	乙酉	6 13	5 16	丙辰	7 14	6 17	丁亥
	2 12	1 13	乙卯	3 14	2 13	乙酉	4 13	3 14	乙卯	5 14	4 15	丙戌	6 14	5 17	丁巳	7 15	6 18	戊子
	2 13	1 14	丙辰	3 15	2 14	丙戌	4 14	3 15	丙辰	5 15	4 16	丁亥	6 15	5 18	戊午	7 16	6 19	己丑
	2 14	1 15	丁巳	3 16	2 15	丁亥	4 15	3 16	丁巳	5 16	4 17	戊子	6 16	5 19	己未	7 17	6 20	庚寅
	2 15	1 16	戊午	3 17	2 16	戊子	4 16	3 17	戊午	5 17	4 18	己丑	6 17	5 20	庚申	7 18	6 21	辛卯
	2 16	1 17	己未	3 18	2 17	己丑	4 17	3 18	己未	5 18	4 19	庚寅	6 18	5 21	辛酉	7 19	6 22	壬辰
	2 17	1 18	庚申	3 19	2 18	庚寅	4 18	3 19	庚申	5 19	4 20	辛卯	6 19	5 22	壬戌	7 20	6 23	癸巳
	2 18	1 19	辛酉	3 20	2 19	辛卯	4 19	3 20	辛酉	5 20	4 21	壬辰	6 20	5 23	癸亥	7 21	6 24	甲午
	2 19	1 20	壬戌	3 21	2 20	壬辰	4 20	3 21	壬戌	5 21	4 22	癸巳	6 21	5 24	甲子	7 22	6 25	乙未
	2 20	1 21	癸亥	3 22	2 21	癸巳	4 21	3 22	癸亥	5 22	4 23	甲午	6 22	5 25	乙丑	7 23	6 26	丙申
	2 21	1 22	甲子	3 23	2 22	甲午	4 22	3 23	甲子	5 23	4 24	乙未	6 23	5 26	丙寅	7 24	6 27	丁酉
	2 22	1 23	乙丑	3 24	2 23	乙未	4 23	3 24	乙丑	5 24	4 25	丙申	6 24	5 27	丁卯	7 25	6 28	戊戌
	2 23	1 24	丙寅	3 25	2 24	丙申	4 24	3 25	丙寅	5 25	4 26	丁酉	6 25	5 28	戊辰	7 26	6 29	己亥
	2 24	1 25	丁卯	3 26	2 25	丁酉	4 25	3 26	丁卯	5 26	4 27	戊戌	6 26	5 29	己巳	7 27	7 1	庚子
	2 25	1 26	戊辰	3 27	2 26	戊戌	4 26	3 27	戊辰	5 27	4 28	己亥	6 27	5 30	庚午	7 28	7 2	辛丑
	2 26	1 27	己巳	3 28	2 27	己亥	4 27	3 28	己巳	5 28	4 29	庚子	6 28	6 1	辛未	7 29	7 3	壬寅
	2 27	1 28	庚午	3 29	2 28	庚子	4 28	3 29	庚午	5 29	5 1	辛丑	6 29	6 2	壬申	7 30	7 4	癸卯
	2 28	1 29	辛未	3 30	2 29	辛丑	4 29	3 30	辛未	5 30	5 2	壬寅	6 30	6 3	癸酉	7 31	7 5	甲辰
	3 1	1 30	壬申	3 31	3 1	壬寅	4 30	4 1	壬申	5 31	5 3	癸卯	7 1	6 4	甲戌	8 1	7 6	乙巳
	3 2	2 1	癸酉	4 1	3 2	癸卯	5 1	4 2	癸酉	6 1	5 4	甲辰	7 2	6 5	乙亥	8 2	7 7	丙午
	3 3	2 2	甲戌	4 2	3 3	甲辰	5 2	4 3	甲戌	6 2	5 5	乙巳	7 3	6 6	丙子	8 3	7 8	丁未
	3 4	2 3	乙亥	4 3	3 4	乙巳	5 3	4 4	乙亥	6 3	5 6	丙午	7 4	6 7	丁丑	8 4	7 9	戊申
	3 5	2 4	丙子	4 4	3 5	丙午	5 4	4 5	丙子	6 4	5 7	丁未	7 5	6 8	戊寅	8 5	7 10	己酉
							5 5	4 6	丁丑	6 5	5 8	戊申	7 6	6 9	己卯	8 6	7 11	庚戌
																8 7	7 12	辛亥
中氣	雨水 2/19 5時58分 卯時			春分 3/21 5時16分 卯時			穀雨 4/20 16時41分 申時			小滿 5/21 16時10分 申時			夏至 6/22 0時20分 子時			大暑 7/23 11時14分 午時		

日光節約時間：四月一日至九月三十日

年	丁酉																													
月	戊申					己酉					庚戌					辛亥					壬子					癸丑				
節氣	立秋 8/8 3時32分 寅時					白露 9/8 6時12分 卯時					寒露 10/8 21時30分 亥時					立冬 11/8 0時20分 子時					大雪 12/7 16時56分 申時					小寒 1/6 4時4分 寅時				
日	國曆		農曆		干支	國曆		農曆		干支	國曆		農曆		干支	國曆		農曆		干支	國曆		農曆		干支	國曆		農曆		干支
1957・1958 雞 中華民國四十六・四十七年	8	8	7	13	壬子	9	8	8	15	癸未	10	8	8	15	癸丑	11	8	9	17	甲申	12	7	10	16	癸丑	1	6	11	17	癸未
	8	9	7	14	癸丑	9	9	8	16	甲申	10	9	8	16	甲寅	11	9	9	18	乙酉	12	8	10	17	甲寅	1	7	11	18	甲申
	8	10	7	15	甲寅	9	10	8	17	乙酉	10	10	8	17	乙卯	11	10	9	19	丙戌	12	9	10	18	乙卯	1	8	11	19	乙酉
	8	11	7	16	乙卯	9	11	8	18	丙戌	10	11	8	18	丙辰	11	11	9	20	丁亥	12	10	10	19	丙辰	1	9	11	20	丙戌
	8	12	7	17	丙辰	9	12	8	19	丁亥	10	12	8	19	丁巳	11	12	9	21	戊子	12	11	10	20	丁巳	1	10	11	21	丁亥
	8	13	7	18	丁巳	9	13	8	20	戊子	10	13	8	20	戊午	11	13	9	22	己丑	12	12	10	21	戊午	1	11	11	22	戊子
	8	14	7	19	戊午	9	14	8	21	己丑	10	14	8	21	己未	11	14	9	23	庚寅	12	13	10	22	己未	1	12	11	23	己丑
	8	15	7	20	己未	9	15	8	22	庚寅	10	15	8	22	庚申	11	15	9	24	辛卯	12	14	10	23	庚申	1	13	11	24	庚寅
	8	16	7	21	庚申	9	16	8	23	辛卯	10	16	8	23	辛酉	11	16	9	25	壬辰	12	15	10	24	辛酉	1	14	11	25	辛卯
	8	17	7	22	辛酉	9	17	8	24	壬辰	10	17	8	24	壬戌	11	17	9	26	癸巳	12	16	10	25	壬戌	1	15	11	26	壬辰
	8	18	7	23	壬戌	9	18	8	25	癸巳	10	18	8	25	癸亥	11	18	9	27	甲午	12	17	10	26	癸亥	1	16	11	27	癸巳
	8	19	7	24	癸亥	9	19	8	26	甲午	10	19	8	26	甲子	11	19	9	28	乙未	12	18	10	27	甲子	1	17	11	28	甲午
	8	20	7	25	甲子	9	20	8	27	乙未	10	20	8	27	乙丑	11	20	9	29	丙申	12	19	10	28	乙丑	1	18	11	29	乙未
	8	21	7	26	乙丑	9	21	8	28	丙申	10	21	8	28	丙寅	11	21	9	30	丁酉	12	20	10	29	丙寅	1	19	11	30	丙申
	8	22	7	27	丙寅	9	22	8	29	丁酉	10	22	8	29	丁卯	11	22	10	1	戊戌	12	21	11	1	丁卯	1	20	12	1	丁酉
	8	23	7	28	丁卯	9	23	8	30	戊戌	10	23	9	1	戊辰	11	23	10	2	己亥	12	22	11	2	戊辰	1	21	12	2	戊戌
	8	24	7	29	戊辰	9	24	閏8	1	己亥	10	24	9	2	己巳	11	24	10	3	庚子	12	23	11	3	己巳	1	22	12	3	己亥
	8	25	8	1	己巳	9	25	8	2	庚子	10	25	9	3	庚午	11	25	10	4	辛丑	12	24	11	4	庚午	1	23	12	4	庚子
	8	26	8	2	庚午	9	26	8	3	辛丑	10	26	9	4	辛未	11	26	10	5	壬寅	12	25	11	5	辛未	1	24	12	5	辛丑
	8	27	8	3	辛未	9	27	8	4	壬寅	10	27	9	5	壬申	11	27	10	6	癸卯	12	26	11	6	壬申	1	25	12	6	壬寅
	8	28	8	4	壬申	9	28	8	5	癸卯	10	28	9	6	癸酉	11	28	10	7	甲辰	12	27	11	7	癸酉	1	26	12	7	癸卯
	8	29	8	5	癸酉	9	29	8	6	甲辰	10	29	9	7	甲戌	11	29	10	8	乙巳	12	28	11	8	甲戌	1	27	12	8	甲辰
	8	30	8	6	甲戌	9	30	8	7	乙巳	10	30	9	8	乙亥	11	30	10	9	丙午	12	29	11	9	乙亥	1	28	12	9	乙巳
	8	31	8	7	乙亥	10	1	8	8	丙午	10	31	9	9	丙子	12	1	10	10	丁未	12	30	11	10	丙子	1	29	12	10	丙午
	9	1	8	8	丙子	10	2	8	9	丁未	11	1	9	10	丁丑	12	2	10	11	戊申	12	31	11	11	丁丑	1	30	12	11	丁未
	9	2	8	9	丁丑	10	3	8	10	戊申	11	2	9	11	戊寅	12	3	10	12	己酉	1	1	11	12	戊寅	1	31	12	12	戊申
	9	3	8	10	戊寅	10	4	8	11	己酉	11	3	9	12	己卯	12	4	10	13	庚戌	1	2	11	13	己卯	2	1	12	13	己酉
	9	4	8	11	己卯	10	5	8	12	庚戌	11	4	9	13	庚辰	12	5	10	14	辛亥	1	3	11	14	庚辰	2	2	12	14	庚戌
	9	5	8	12	庚辰	10	6	8	13	辛亥	11	5	9	14	辛巳	12	6	10	15	壬子	1	4	11	15	辛巳	2	3	12	15	辛亥
	9	6	8	13	辛巳	10	7	8	14	壬子	11	6	9	15	壬午						1	5	11	16	壬午					
	9	7	8	14	壬午						11	7	9	16	癸未															
中氣	處暑 8/23 18時7分 酉時					秋分 9/23 15時26分 申時					霜降 10/24 0時24分 子時					小雪 11/22 21時39分 亥時					冬至 12/22 10時48分 巳時					大寒 1/20 21時28分 亥時				

日光節約時間：四月一日至九月三十日

年	戊戌																													
月	甲寅					乙卯					丙辰					丁巳					戊午					己未				
節氣	立春 2/4 15時49分 申時					驚蟄 3/6 10時4分 巳時					清明 4/5 15時12分 申時					立夏 5/6 8時49分 辰時					芒種 6/6 13時12分 未時					小暑 7/7 23時33分 子時				
日	國曆		農曆		干支	國曆		農曆		干支	國曆		農曆		干支	國曆		農曆		干支	國曆		農曆		干支	國曆		農曆		干支
	2	4	12	16	壬子	3	6	1	17	壬午	4	5	2	17	壬子	5	6	3	18	癸未	6	6	4	19	甲寅	7	7	5	21	乙酉
	2	5	12	17	癸丑	3	7	1	18	癸未	4	6	2	18	癸丑	5	7	3	19	甲申	6	7	4	20	乙卯	7	8	5	22	丙戌
	2	6	12	18	甲寅	3	8	1	19	甲申	4	7	2	19	甲寅	5	8	3	20	乙酉	6	8	4	21	丙辰	7	9	5	23	丁亥
	2	7	12	19	乙卯	3	9	1	20	乙酉	4	8	2	20	乙卯	5	9	3	21	丙戌	6	9	4	22	丁巳	7	10	5	24	戊子
1958	2	8	12	20	丙辰	3	10	1	21	丙戌	4	9	2	21	丙辰	5	10	3	22	丁亥	6	10	4	23	戊午	7	11	5	25	己丑
	2	9	12	21	丁巳	3	11	1	22	丁亥	4	10	2	22	丁巳	5	11	3	23	戊子	6	11	4	24	己未	7	12	5	26	庚寅
	2	10	12	22	戊午	3	12	1	23	戊子	4	11	2	23	戊午	5	12	3	24	己丑	6	12	4	25	庚申	7	13	5	27	辛卯
	2	11	12	23	己未	3	13	1	24	己丑	4	12	2	24	己未	5	13	3	25	庚寅	6	13	4	26	辛酉	7	14	5	28	壬辰
	2	12	12	24	庚申	3	14	1	25	庚寅	4	13	2	25	庚申	5	14	3	26	辛卯	6	14	4	27	壬戌	7	15	5	29	癸巳
	2	13	12	25	辛酉	3	15	1	26	辛卯	4	14	2	26	辛酉	5	15	3	27	壬辰	6	15	4	28	癸亥	7	16	5	30	甲午
	2	14	12	26	壬戌	3	16	1	27	壬辰	4	15	2	27	壬戌	5	16	3	28	癸巳	6	16	4	29	甲子	7	17	6	1	乙未
	2	15	12	27	癸亥	3	17	1	28	癸巳	4	16	2	28	癸亥	5	17	3	29	甲午	6	17	5	1	乙丑	7	18	6	2	丙申
	2	16	12	28	甲子	3	18	1	29	甲午	4	17	2	29	甲子	5	18	3	30	乙未	6	18	5	2	丙寅	7	19	6	3	丁酉
狗	2	17	12	29	乙丑	3	19	1	30	乙未	4	18	2	30	乙丑	5	19	4	1	丙申	6	19	5	3	丁卯	7	20	6	4	戊戌
	2	18	1	1	丙寅	3	20	2	1	丙申	4	19	3	1	丙寅	5	20	4	2	丁酉	6	20	5	4	戊辰	7	21	6	5	己亥
	2	19	1	2	丁卯	3	21	2	2	丁酉	4	20	3	2	丁卯	5	21	4	3	戊戌	6	21	5	5	己巳	7	22	6	6	庚子
	2	20	1	3	戊辰	3	22	2	3	戊戌	4	21	3	3	戊辰	5	22	4	4	己亥	6	22	5	6	庚午	7	23	6	7	辛丑
	2	21	1	4	己巳	3	23	2	4	己亥	4	22	3	4	己巳	5	23	4	5	庚子	6	23	5	7	辛未	7	24	6	8	壬寅
	2	22	1	5	庚午	3	24	2	5	庚子	4	23	3	5	庚午	5	24	4	6	辛丑	6	24	5	8	壬申	7	25	6	9	癸卯
	2	23	1	6	辛未	3	25	2	6	辛丑	4	24	3	6	辛未	5	25	4	7	壬寅	6	25	5	9	癸酉	7	26	6	10	甲辰
	2	24	1	7	壬申	3	26	2	7	壬寅	4	25	3	7	壬申	5	26	4	8	癸卯	6	26	5	10	甲戌	7	27	6	11	乙巳
中華民國四十七年	2	25	1	8	癸酉	3	27	2	8	癸卯	4	26	3	8	癸酉	5	27	4	9	甲辰	6	27	5	11	乙亥	7	28	6	12	丙午
	2	26	1	9	甲戌	3	28	2	9	甲辰	4	27	3	9	甲戌	5	28	4	10	乙巳	6	28	5	12	丙子	7	29	6	13	丁未
	2	27	1	10	乙亥	3	29	2	10	乙巳	4	28	3	10	乙亥	5	29	4	11	丙午	6	29	5	13	丁丑	7	30	6	14	戊申
	2	28	1	11	丙子	3	30	2	11	丙午	4	29	3	11	丙子	5	30	4	12	丁未	6	30	5	14	戊寅	7	31	6	15	己酉
	3	1	1	12	丁丑	3	31	2	12	丁未	4	30	3	12	丁丑	5	31	4	13	戊申	7	1	5	15	己卯	8	1	6	16	庚戌
	3	2	1	13	戊寅	4	1	2	13	戊申	5	1	3	13	戊寅	6	1	4	14	己酉	7	2	5	16	庚辰	8	2	6	17	辛亥
	3	3	1	14	己卯	4	2	2	14	己酉	5	2	3	14	己卯	6	2	4	15	庚戌	7	3	5	17	辛巳	8	3	6	18	壬子
	3	4	1	15	庚辰	4	3	2	15	庚戌	5	3	3	15	庚辰	6	3	4	16	辛亥	7	4	5	18	壬午	8	4	6	19	癸丑
	3	5	1	16	辛巳	4	4	2	16	辛亥	5	4	3	16	辛巳	6	4	4	17	壬子	7	5	5	19	癸未	8	5	6	20	甲寅
											5	5	3	17	壬午	6	5	4	18	癸丑	7	6	5	20	甲申	8	6	6	21	乙卯
																										8	7	6	22	丙辰
中氣	雨水 2/19 11時48分 午時					春分 3/21 11時5分 午時					穀雨 4/20 22時27分 亥時					小滿 5/21 21時51分 亥時					夏至 6/22 5時56分 卯時					大暑 7/23 16時50分 申時				

日光節約時間：四月一日至九月三十日

戊戌																														年
庚申					辛酉					壬戌					癸亥					甲子					乙丑					月
立秋 8/8 9時17分 巳時					白露 9/8 11時58分 午時					寒露 10/9 3時19分 寅時					立冬 11/8 6時11分 卯時					大雪 12/7 22時49分 亥時					小寒 1/6 9時58分 巳時					節氣
國曆		農曆		干支	國曆		農曆		干支	國曆		農曆		干支	國曆		農曆		干支	國曆		農曆		干支	國曆		農曆		干支	日
8	8	6	23	丁巳	9	8	7	25	戊子	10	9	8	27	己未	11	8	9	27	己丑	12	7	10	27	戊午	1	6	11	27	戊子	1958・1959 狗 中華民國四十七・四十八年
8	9	6	24	戊午	9	9	7	26	己丑	10	10	8	28	庚申	11	9	9	28	庚寅	12	8	10	28	己未	1	7	11	28	己丑	
8	10	6	25	己未	9	10	7	27	庚寅	10	11	8	29	辛酉	11	10	9	29	辛卯	12	9	10	29	庚申	1	8	11	29	庚寅	
8	11	6	26	庚申	9	11	7	28	辛卯	10	12	8	30	壬戌	11	11	10	1	壬辰	12	10	10	30	辛酉	1	9	12	1	辛卯	
8	12	6	27	辛酉	9	12	7	29	壬辰	10	13	9	1	癸亥	11	12	10	2	癸巳	12	11	11	1	壬戌	1	10	12	2	壬辰	
8	13	6	28	壬戌	9	13	8	1	癸巳	10	14	9	2	甲子	11	13	10	3	甲午	12	12	11	2	癸亥	1	11	12	3	癸巳	
8	14	6	29	癸亥	9	14	8	2	甲午	10	15	9	3	乙丑	11	14	10	4	乙未	12	13	11	3	甲子	1	12	12	4	甲午	
8	15	7	1	甲子	9	15	8	3	乙未	10	16	9	4	丙寅	11	15	10	5	丙申	12	14	11	4	乙丑	1	13	12	5	乙未	
8	16	7	2	乙丑	9	16	8	4	丙申	10	17	9	5	丁卯	11	16	10	6	丁酉	12	15	11	5	丙寅	1	14	12	6	丙申	
8	17	7	3	丙寅	9	17	8	5	丁酉	10	18	9	6	戊辰	11	17	10	7	戊戌	12	16	11	6	丁卯	1	15	12	7	丁酉	
8	18	7	4	丁卯	9	18	8	6	戊戌	10	19	9	7	己巳	11	18	10	8	己亥	12	17	11	7	戊辰	1	16	12	8	戊戌	
8	19	7	5	戊辰	9	19	8	7	己亥	10	20	9	8	庚午	11	19	10	9	庚子	12	18	11	8	己巳	1	17	12	9	己亥	
8	20	7	6	己巳	9	20	8	8	庚子	10	21	9	9	辛未	11	20	10	10	辛丑	12	19	11	9	庚午	1	18	12	10	庚子	
8	21	7	7	庚午	9	21	8	9	辛丑	10	22	9	10	壬申	11	21	10	11	壬寅	12	20	11	10	辛未	1	19	12	11	辛丑	
8	22	7	8	辛未	9	22	8	10	壬寅	10	23	9	11	癸酉	11	22	10	12	癸卯	12	21	11	11	壬申	1	20	12	12	壬寅	
8	23	7	9	壬申	9	23	8	11	癸卯	10	24	9	12	甲戌	11	23	10	13	甲辰	12	22	11	12	癸酉	1	21	12	13	癸卯	
8	24	7	10	癸酉	9	24	8	12	甲辰	10	25	9	13	乙亥	11	24	10	14	乙巳	12	23	11	13	甲戌	1	22	12	14	甲辰	
8	25	7	11	甲戌	9	25	8	13	乙巳	10	26	9	14	丙子	11	25	10	15	丙午	12	24	11	14	乙亥	1	23	12	15	乙巳	
8	26	7	12	乙亥	9	26	8	14	丙午	10	27	9	15	丁丑	11	26	10	16	丁未	12	25	11	15	丙子	1	24	12	16	丙午	
8	27	7	13	丙子	9	27	8	15	丁未	10	28	9	16	戊寅	11	27	10	17	戊申	12	26	11	16	丁丑	1	25	12	17	丁未	
8	28	7	14	丁丑	9	28	8	16	戊申	10	29	9	17	己卯	11	28	10	18	己酉	12	27	11	17	戊寅	1	26	12	18	戊申	
8	29	7	15	戊寅	9	29	8	17	己酉	10	30	9	18	庚辰	11	29	10	19	庚戌	12	28	11	18	己卯	1	27	12	19	己酉	
8	30	7	16	己卯	9	30	8	18	庚戌	10	31	9	19	辛巳	11	30	10	20	辛亥	12	29	11	19	庚辰	1	28	12	20	庚戌	
8	31	7	17	庚辰	10	1	8	19	辛亥	11	1	9	20	壬午	12	1	10	21	壬子	12	30	11	20	辛巳	1	29	12	21	辛亥	
9	1	7	18	辛巳	10	2	8	20	壬子	11	2	9	21	癸未	12	2	10	22	癸丑	12	31	11	21	壬午	1	30	12	22	壬子	
9	2	7	19	壬午	10	3	8	21	癸丑	11	3	9	22	甲申	12	3	10	23	甲寅	1	1	11	22	癸未	1	31	12	23	癸丑	
9	3	7	20	癸未	10	4	8	22	甲寅	11	4	9	23	乙酉	12	4	10	24	乙卯	1	2	11	23	甲申	2	1	12	24	甲寅	
9	4	7	21	甲申	10	5	8	23	乙卯	11	5	9	24	丙戌	12	5	10	25	丙辰	1	3	11	24	乙酉	2	2	12	25	乙卯	
9	5	7	22	乙酉	10	6	8	24	丙辰	11	6	9	25	丁亥	12	6	10	26	丁巳	1	4	11	25	丙戌	2	3	12	26	丙辰	
9	6	7	23	丙戌	10	7	8	25	丁巳	11	7	9	26	戊子						1	5	11	26	丁亥						
9	7	7	24	丁亥	10	8	8	26	戊午																					
處暑 8/23 23時45分 子時					秋分 9/23 21時8分 亥時					霜降 10/24 6時11分 卯時					小雪 11/23 3時29分 寅時					冬至 12/22 16時39分 申時					大寒 1/21 3時18分 寅時					中氣

日光節約時間：四月一日至九月三十日

年	己亥																	
月	丙寅			丁卯			戊辰			己巳			庚午			辛未		
節氣	立春 2/4 21時42分 亥時			驚蟄 3/6 15時56分 申時			清明 4/5 21時3分 亥時			立夏 5/6 14時38分 未時			芒種 6/6 19時0分 戌時			小暑 7/8 5時19分 卯時		
日	國曆	農曆	干支	國曆	農曆	干支	國曆	農曆	干支	國曆	農曆	干支	國曆	農曆	干支	國曆	農曆	干支
1959	2 4	12 27	丁巳	3 6	1 27	丁亥	4 5	2 28	丁巳	5 6	3 29	戊子	6 6	5 1	己未	7 8	6 3	辛卯
	2 5	12 28	戊午	3 7	1 28	戊子	4 6	2 29	戊午	5 7	3 30	己丑	6 7	5 2	庚申	7 9	6 4	壬辰
	2 6	12 29	己未	3 8	1 29	己丑	4 7	2 30	己未	5 8	4 1	庚寅	6 8	5 3	辛酉	7 10	6 5	癸巳
	2 7	12 30	庚申	3 9	2 1	庚寅	4 8	3 1	庚申	5 9	4 2	辛卯	6 9	5 4	壬戌	7 11	6 6	甲午
	2 8	1 1	辛酉	3 10	2 2	辛卯	4 9	3 2	辛酉	5 10	4 3	壬辰	6 10	5 5	癸亥	7 12	6 7	乙未
	2 9	1 2	壬戌	3 11	2 3	壬辰	4 10	3 3	壬戌	5 11	4 4	癸巳	6 11	5 6	甲子	7 13	6 8	丙申
	2 10	1 3	癸亥	3 12	2 4	癸巳	4 11	3 4	癸亥	5 12	4 5	甲午	6 12	5 7	乙丑	7 14	6 9	丁酉
	2 11	1 4	甲子	3 13	2 5	甲午	4 12	3 5	甲子	5 13	4 6	乙未	6 13	5 8	丙寅	7 15	6 10	戊戌
	2 12	1 5	乙丑	3 14	2 6	乙未	4 13	3 6	乙丑	5 14	4 7	丙申	6 14	5 9	丁卯	7 16	6 11	己亥
	2 13	1 6	丙寅	3 15	2 7	丙申	4 14	3 7	丙寅	5 15	4 8	丁酉	6 15	5 10	戊辰	7 17	6 12	庚子
豬	2 14	1 7	丁卯	3 16	2 8	丁酉	4 15	3 8	丁卯	5 16	4 9	戊戌	6 16	5 11	己巳	7 18	6 13	辛丑
	2 15	1 8	戊辰	3 17	2 9	戊戌	4 16	3 9	戊辰	5 17	4 10	己亥	6 17	5 12	庚午	7 19	6 14	壬寅
	2 16	1 9	己巳	3 18	2 10	己亥	4 17	3 10	己巳	5 18	4 11	庚子	6 18	5 13	辛未	7 20	6 15	癸卯
	2 17	1 10	庚午	3 19	2 11	庚子	4 18	3 11	庚午	5 19	4 12	辛丑	6 19	5 14	壬申	7 21	6 16	甲辰
	2 18	1 11	辛未	3 20	2 12	辛丑	4 19	3 12	辛未	5 20	4 13	壬寅	6 20	5 15	癸酉	7 22	6 17	乙巳
	2 19	1 12	壬申	3 21	2 13	壬寅	4 20	3 13	壬申	5 21	4 14	癸卯	6 21	5 16	甲戌	7 23	6 18	丙午
	2 20	1 13	癸酉	3 22	2 14	癸卯	4 21	3 14	癸酉	5 22	4 15	甲辰	6 22	5 17	乙亥	7 24	6 19	丁未
	2 21	1 14	甲戌	3 23	2 15	甲辰	4 22	3 15	甲戌	5 23	4 16	乙巳	6 23	5 18	丙子	7 25	6 20	戊申
	2 22	1 15	乙亥	3 24	2 16	乙巳	4 23	3 16	乙亥	5 24	4 17	丙午	6 24	5 19	丁丑	7 26	6 21	己酉
	2 23	1 16	丙子	3 25	2 17	丙午	4 24	3 17	丙子	5 25	4 18	丁未	6 25	5 20	戊寅	7 27	6 22	庚戌
中華民國四十八年	2 24	1 17	丁丑	3 26	2 18	丁未	4 25	3 18	丁丑	5 26	4 19	戊申	6 26	5 21	己卯	7 28	6 23	辛亥
	2 25	1 18	戊寅	3 27	2 19	戊申	4 26	3 19	戊寅	5 27	4 20	己酉	6 27	5 22	庚辰	7 29	6 24	壬子
	2 26	1 19	己卯	3 28	2 20	己酉	4 27	3 20	己卯	5 28	4 21	庚戌	6 28	5 23	辛巳	7 30	6 25	癸丑
	2 27	1 20	庚辰	3 29	2 21	庚戌	4 28	3 21	庚辰	5 29	4 22	辛亥	6 29	5 24	壬午	7 31	6 26	甲寅
	2 28	1 21	辛巳	3 30	2 22	辛亥	4 29	3 22	辛巳	5 30	4 23	壬子	6 30	5 25	癸未	8 1	6 27	乙卯
	3 1	1 22	壬午	3 31	2 23	壬子	4 30	3 23	壬午	5 31	4 24	癸丑	7 1	5 26	甲申	8 2	6 28	丙辰
	3 2	1 23	癸未	4 1	2 24	癸丑	5 1	3 24	癸未	6 1	4 25	甲寅	7 2	5 27	乙酉	8 3	6 29	丁巳
	3 3	1 24	甲申	4 2	2 25	甲寅	5 2	3 25	甲申	6 2	4 26	乙卯	7 3	5 28	丙戌	8 4	7 1	戊午
	3 4	1 25	乙酉	4 3	2 26	乙卯	5 3	3 26	乙酉	6 3	4 27	丙辰	7 4	5 29	丁亥	8 5	7 2	己未
	3 5	1 26	丙戌	4 4	2 27	丙辰	5 4	3 27	丙戌	6 4	4 28	丁巳	7 5	5 30	戊子	8 6	7 3	庚申
							5 5	3 28	丁亥	6 5	4 29	戊午	7 6	6 1	己丑	8 7	7 4	辛酉
													7 7	6 2	庚寅			
中氣	雨水 2/19 17時37分 酉時			春分 3/21 16時54分 申時			穀雨 4/21 4時16分 寅時			小滿 5/22 3時42分 寅時			夏至 6/22 11時49分 午時			大暑 7/23 22時45分 亥時		

日光節約時間：四月一日至九月三十日

年	己亥														
月	壬申					癸酉					甲戌				
節氣	立秋 8/8 15時4分 申時					白露 9/8 17時47分 酉時					寒露 10/9 9時9分 巳時				
日	國曆		農曆		干支	國曆		農曆		干支	國曆		農曆		干支
	8	8	7	5	壬戌	9	8	8	6	癸巳	10	9	9	8	甲子
	8	9	7	6	癸亥	9	9	8	7	甲午	10	10	9	9	乙丑
	8	10	7	7	甲子	9	10	8	8	乙未	10	11	9	10	丙寅
	8	11	7	8	乙丑	9	11	8	9	丙申	10	12	9	11	丁卯
	8	12	7	9	丙寅	9	12	8	10	丁酉	10	13	9	12	戊辰
	8	13	7	10	丁卯	9	13	8	11	戊戌	10	14	9	13	己巳
	8	14	7	11	戊辰	9	14	8	12	己亥	10	15	9	14	庚午
	8	15	7	12	己巳	9	15	8	13	庚子	10	16	9	15	辛未
	8	16	7	13	庚午	9	16	8	14	辛丑	10	17	9	16	壬申
	8	17	7	14	辛未	9	17	8	15	壬寅	10	18	9	17	癸酉
	8	18	7	15	壬申	9	18	8	16	癸卯	10	19	9	18	甲戌
	8	19	7	16	癸酉	9	19	8	17	甲辰	10	20	9	19	乙亥
	8	20	7	17	甲戌	9	20	8	18	乙巳	10	21	9	20	丙子
	8	21	7	18	乙亥	9	21	8	19	丙午	10	22	9	21	丁丑
	8	22	7	19	丙子	9	22	8	20	丁未	10	23	9	22	戊寅
	8	23	7	20	丁丑	9	23	8	21	戊申	10	24	9	23	己卯
	8	24	7	21	戊寅	9	24	8	22	己酉	10	25	9	24	庚辰
	8	25	7	22	己卯	9	25	8	23	庚戌	10	26	9	25	辛巳
	8	26	7	23	庚辰	9	26	8	24	辛亥	10	27	9	26	壬午
	8	27	7	24	辛巳	9	27	8	25	壬子	10	28	9	27	癸未
	8	28	7	25	壬午	9	28	8	26	癸丑	10	29	9	28	甲申
	8	29	7	26	癸未	9	29	8	27	甲寅	10	30	9	29	乙酉
	8	30	7	27	甲申	9	30	8	28	乙卯	10	31	9	30	丙戌
	8	31	7	28	乙酉	10	1	8	29	丙辰	11	1	10	1	丁亥
	9	1	7	29	丙戌	10	2	9	1	丁巳	11	2	10	2	戊子
	9	2	7	30	丁亥	10	3	9	2	戊午	11	3	10	3	己丑
	9	3	8	1	戊子	10	4	9	3	己未	11	4	10	4	庚寅
	9	4	8	2	己丑	10	5	9	4	庚申	11	5	10	5	辛卯
	9	5	8	3	庚寅	10	6	9	5	辛酉	11	6	10	6	壬辰
	9	6	8	4	辛卯	10	7	9	6	壬戌	11	7	10	7	癸巳
	9	7	8	5	壬辰	10	8	9	7	癸亥					
中氣	處暑 8/24 5時43分 卯時					秋分 9/24 3時8分 寅時					霜降 10/24 12時11分 午時				

年	己亥														
月	乙亥					丙子					丁丑				
節氣	立冬 11/8 12時2分 午時					大雪 12/8 4時37分 寅時					小寒 1/6 15時42分 申時				
日	國曆		農曆		干支	國曆		農曆		干支	國曆		農曆		干支
	11	8	10	8	甲午	12	8	11	9	甲子	1	6	12	8	癸巳
	11	9	10	9	乙未	12	9	11	10	乙丑	1	7	12	9	甲午
	11	10	10	10	丙申	12	10	11	11	丙寅	1	8	12	10	乙未
	11	11	10	11	丁酉	12	11	11	12	丁卯	1	9	12	11	丙申
	11	12	10	12	戊戌	12	12	11	13	戊辰	1	10	12	12	丁酉
	11	13	10	13	己亥	12	13	11	14	己巳	1	11	12	13	戊戌
	11	14	10	14	庚子	12	14	11	15	庚午	1	12	12	14	己亥
	11	15	10	15	辛丑	12	15	11	16	辛未	1	13	12	15	庚子
	11	16	10	16	壬寅	12	16	11	17	壬申	1	14	12	16	辛丑
	11	17	10	17	癸卯	12	17	11	18	癸酉	1	15	12	17	壬寅
	11	18	10	18	甲辰	12	18	11	19	甲戌	1	16	12	18	癸卯
	11	19	10	19	乙巳	12	19	11	20	乙亥	1	17	12	19	甲辰
	11	20	10	20	丙午	12	20	11	21	丙子	1	18	12	20	乙巳
	11	21	10	21	丁未	12	21	11	22	丁丑	1	19	12	21	丙午
	11	22	10	22	戊申	12	22	11	23	戊寅	1	20	12	22	丁未
	11	23	10	23	己酉	12	23	11	24	己卯	1	21	12	23	戊申
	11	24	10	24	庚戌	12	24	11	25	庚辰	1	22	12	24	己酉
	11	25	10	25	辛亥	12	25	11	26	辛巳	1	23	12	25	庚戌
	11	26	10	26	壬子	12	26	11	27	壬午	1	24	12	26	辛亥
	11	27	10	27	癸丑	12	27	11	28	癸未	1	25	12	27	壬子
	11	28	10	28	甲寅	12	28	11	29	甲申	1	26	12	28	癸丑
	11	29	10	29	乙卯	12	29	11	30	乙酉	1	27	12	29	甲寅
	11	30	11	1	丙辰	12	30	12	1	丙戌	1	28	1	1	乙卯
	12	1	11	2	丁巳	12	31	12	2	丁亥	1	29	1	2	丙辰
	12	2	11	3	戊午	1	1	12	3	戊子	1	30	1	3	丁巳
	12	3	11	4	己未	1	2	12	4	己丑	1	31	1	4	戊午
	12	4	11	5	庚申	1	3	12	5	庚寅	2	1	1	5	己未
	12	5	11	6	辛酉	1	4	12	6	辛卯	2	2	1	6	庚申
	12	6	11	7	壬戌	1	5	12	7	壬辰	2	3	1	7	辛酉
	12	7	11	8	癸亥						2	4	1	8	壬戌
中氣	小雪 11/23 9時26分 巳時					冬至 12/22 22時34分 亥時					大寒 1/21 9時10分 巳時				

1959・1960 豬 中華民國四十八・四十九年

日光節約時間：四月一日至九月三十日

年	庚子																													
月	戊寅					己卯					庚辰					辛巳					壬午					癸未				
節氣	立春 2/5 3時23分 寅時					驚蟄 3/5 21時36分 亥時					清明 4/5 2時43分 丑時					立夏 5/5 20時22分 戌時					芒種 6/6 0時48分 子時					小暑 7/7 11時12分 午時				
日	國曆		農曆		干支	國曆		農曆		干支	國曆		農曆		干支	國曆		農曆		干支	國曆		農曆		干支	國曆		農曆		干支
1960 鼠 中華民國四十九年	2	5	1	9	癸亥	3	5	2	8	壬辰	4	5	3	10	癸亥	5	5	4	10	癸巳	6	6	5	13	乙丑	7	7	6	14	丙申
	2	6	1	10	甲子	3	6	2	9	癸巳	4	6	3	11	甲子	5	6	4	11	甲午	6	7	5	14	丙寅	7	8	6	15	丁酉
	2	7	1	11	乙丑	3	7	2	10	甲午	4	7	3	12	乙丑	5	7	4	12	乙未	6	8	5	15	丁卯	7	9	6	16	戊戌
	2	8	1	12	丙寅	3	8	2	11	乙未	4	8	3	13	丙寅	5	8	4	13	丙申	6	9	5	16	戊辰	7	10	6	17	己亥
	2	9	1	13	丁卯	3	9	2	12	丙申	4	9	3	14	丁卯	5	9	4	14	丁酉	6	10	5	17	己巳	7	11	6	18	庚子
	2	10	1	14	戊辰	3	10	2	13	丁酉	4	10	3	15	戊辰	5	10	4	15	戊戌	6	11	5	18	庚午	7	12	6	19	辛丑
	2	11	1	15	己巳	3	11	2	14	戊戌	4	11	3	16	己巳	5	11	4	16	己亥	6	12	5	19	辛未	7	13	6	20	壬寅
	2	12	1	16	庚午	3	12	2	15	己亥	4	12	3	17	庚午	5	12	4	17	庚子	6	13	5	20	壬申	7	14	6	21	癸卯
	2	13	1	17	辛未	3	13	2	16	庚子	4	13	3	18	辛未	5	13	4	18	辛丑	6	14	5	21	癸酉	7	15	6	22	甲辰
	2	14	1	18	壬申	3	14	2	17	辛丑	4	14	3	19	壬申	5	14	4	19	壬寅	6	15	5	22	甲戌	7	16	6	23	乙巳
	2	15	1	19	癸酉	3	15	2	18	壬寅	4	15	3	20	癸酉	5	15	4	20	癸卯	6	16	5	23	乙亥	7	17	6	24	丙午
	2	16	1	20	甲戌	3	16	2	19	癸卯	4	16	3	21	甲戌	5	16	4	21	甲辰	6	17	5	24	丙子	7	18	6	25	丁未
	2	17	1	21	乙亥	3	17	2	20	甲辰	4	17	3	22	乙亥	5	17	4	22	乙巳	6	18	5	25	丁丑	7	19	6	26	戊申
	2	18	1	22	丙子	3	18	2	21	乙巳	4	18	3	23	丙子	5	18	4	23	丙午	6	19	5	26	戊寅	7	20	6	27	己酉
	2	19	1	23	丁丑	3	19	2	22	丙午	4	19	3	24	丁丑	5	19	4	24	丁未	6	20	5	27	己卯	7	21	6	28	庚戌
	2	20	1	24	戊寅	3	20	2	23	丁未	4	20	3	25	戊寅	5	20	4	25	戊申	6	21	5	28	庚辰	7	22	6	29	辛亥
	2	21	1	25	己卯	3	21	2	24	戊申	4	21	3	26	己卯	5	21	4	26	己酉	6	22	5	29	辛巳	7	23	6	30	壬子
	2	22	1	26	庚辰	3	22	2	25	己酉	4	22	3	27	庚辰	5	22	4	27	庚戌	6	23	5	30	壬午	7	24	閏6	1	癸丑
	2	23	1	27	辛巳	3	23	2	26	庚戌	4	23	3	28	辛巳	5	23	4	28	辛亥	6	24	6	1	癸未	7	25	6	2	甲寅
	2	24	1	28	壬午	3	24	2	27	辛亥	4	24	3	29	壬午	5	24	4	29	壬子	6	25	6	2	甲申	7	26	6	3	乙卯
	2	25	1	29	癸未	3	25	2	28	壬子	4	25	3	30	癸未	5	25	5	1	癸丑	6	26	6	3	乙酉	7	27	6	4	丙辰
	2	26	1	30	甲申	3	26	2	29	癸丑	4	26	4	1	甲申	5	26	5	2	甲寅	6	27	6	4	丙戌	7	28	6	5	丁巳
	2	27	2	1	乙酉	3	27	3	1	甲寅	4	27	4	2	乙酉	5	27	5	3	乙卯	6	28	6	5	丁亥	7	29	6	6	戊午
	2	28	2	2	丙戌	3	28	3	2	乙卯	4	28	4	3	丙戌	5	28	5	4	丙辰	6	29	6	6	戊子	7	30	6	7	己未
	2	29	2	3	丁亥	3	29	3	3	丙辰	4	29	4	4	丁亥	5	29	5	5	丁巳	6	30	6	7	己丑	7	31	6	8	庚申
	3	1	2	4	戊子	3	30	3	4	丁巳	4	30	4	5	戊子	5	30	5	6	戊午	7	1	6	8	庚寅	8	1	6	9	辛酉
	3	2	2	5	己丑	3	31	3	5	戊午	5	1	4	6	己丑	5	31	5	7	己未	7	2	6	9	辛卯	8	2	6	10	壬戌
	3	3	2	6	庚寅	4	1	3	6	己未	5	2	4	7	庚寅	6	1	5	8	庚申	7	3	6	10	壬辰	8	3	6	11	癸亥
	3	4	2	7	辛卯	4	2	3	7	庚申	5	3	4	8	辛卯	6	2	5	9	辛酉	7	4	6	11	癸巳	8	4	6	12	甲子
						4	3	3	8	辛酉	5	4	4	9	壬辰	6	3	5	10	壬戌	7	5	6	12	甲午	8	5	6	13	乙丑
						4	4	3	9	壬戌						6	4	5	11	癸亥	7	6	6	13	乙未	8	6	6	14	丙寅
																6	5	5	12	甲子										
中氣	雨水 2/19 23時26分 子時					春分 3/20 22時42分 亥時					穀雨 4/20 10時5分 巳時					小滿 5/21 9時33分 巳時					夏至 6/21 17時42分 酉時					大暑 7/23 4時37分 寅時				

日光節約時間：六月一日至九月三十日

庚子																														年
甲申					乙酉					丙戌					丁亥					戊子					己丑					月
立秋 8/7 20時59分 戌時					白露 9/7 23時45分 子時					寒露 10/8 15時8分 申時					立冬 11/7 18時2分 酉時					大雪 12/7 10時37分 巳時					小寒 1/5 21時42分 亥時					節氣
國曆		農曆		干支	國曆		農曆		干支	國曆		農曆		干支	國曆		農曆		干支	國曆		農曆		干支	國曆		農曆		干支	日
8	7	6	15	丁卯	9	7	7	17	戊戌	10	8	8	18	己巳	11	7	9	19	己亥	12	7	10	19	己巳	1	5	11	19	戊戌	1960・1961
8	8	6	16	戊辰	9	8	7	18	己亥	10	9	8	19	庚午	11	8	9	20	庚子	12	8	10	20	庚午	1	6	11	20	己亥	
8	9	6	17	己巳	9	9	7	19	庚子	10	10	8	20	辛未	11	9	9	21	辛丑	12	9	10	21	辛未	1	7	11	21	庚子	
8	10	6	18	庚午	9	10	7	20	辛丑	10	11	8	21	壬申	11	10	9	22	壬寅	12	10	10	22	壬申	1	8	11	22	辛丑	
8	11	6	19	辛未	9	11	7	21	壬寅	10	12	8	22	癸酉	11	11	9	23	癸卯	12	11	10	23	癸酉	1	9	11	23	壬寅	
8	12	6	20	壬申	9	12	7	22	癸卯	10	13	8	23	甲戌	11	12	9	24	甲辰	12	12	10	24	甲戌	1	10	11	24	癸卯	
8	13	6	21	癸酉	9	13	7	23	甲辰	10	14	8	24	乙亥	11	13	9	25	乙巳	12	13	10	25	乙亥	1	11	11	25	甲辰	
8	14	6	22	甲戌	9	14	7	24	乙巳	10	15	8	25	丙子	11	14	9	26	丙午	12	14	10	26	丙子	1	12	11	26	乙巳	
8	15	6	23	乙亥	9	15	7	25	丙午	10	16	8	26	丁丑	11	15	9	27	丁未	12	15	10	27	丁丑	1	13	11	27	丙午	
8	16	6	24	丙子	9	16	7	26	丁未	10	17	8	27	戊寅	11	16	9	28	戊申	12	16	10	28	戊寅	1	14	11	28	丁未	
8	17	6	25	丁丑	9	17	7	27	戊申	10	18	8	28	己卯	11	17	9	29	己酉	12	17	10	29	己卯	1	15	11	29	戊申	
8	18	6	26	戊寅	9	18	7	28	己酉	10	19	8	29	庚辰	11	18	9	30	庚戌	12	18	11	1	庚辰	1	16	11	30	己酉	
8	19	6	27	己卯	9	19	7	29	庚戌	10	20	9	1	辛巳	11	19	10	1	辛亥	12	19	11	2	辛巳	1	17	12	1	庚戌	
8	20	6	28	庚辰	9	20	7	30	辛亥	10	21	9	2	壬午	11	20	10	2	壬子	12	20	11	3	壬午	1	18	12	2	辛亥	
8	21	6	29	辛巳	9	21	8	1	壬子	10	22	9	3	癸未	11	21	10	3	癸丑	12	21	11	4	癸未	1	19	12	3	壬子	鼠
8	22	7	1	壬午	9	22	8	2	癸丑	10	23	9	4	甲申	11	22	10	4	甲寅	12	22	11	5	甲申	1	20	12	4	癸丑	
8	23	7	2	癸未	9	23	8	3	甲寅	10	24	9	5	乙酉	11	23	10	5	乙卯	12	23	11	6	乙酉	1	21	12	5	甲寅	
8	24	7	3	甲申	9	24	8	4	乙卯	10	25	9	6	丙戌	11	24	10	6	丙辰	12	24	11	7	丙戌	1	22	12	6	乙卯	
8	25	7	4	乙酉	9	25	8	5	丙辰	10	26	9	7	丁亥	11	25	10	7	丁巳	12	25	11	8	丁亥	1	23	12	7	丙辰	
8	26	7	5	丙戌	9	26	8	6	丁巳	10	27	9	8	戊子	11	26	10	8	戊午	12	26	11	9	戊子	1	24	12	8	丁巳	
8	27	7	6	丁亥	9	27	8	7	戊午	10	28	9	9	己丑	11	27	10	9	己未	12	27	11	10	己丑	1	25	12	9	戊午	中華民國四十九・五十年
8	28	7	7	戊子	9	28	8	8	己未	10	29	9	10	庚寅	11	28	10	10	庚申	12	28	11	11	庚寅	1	26	12	10	己未	
8	29	7	8	己丑	9	29	8	9	庚申	10	30	9	11	辛卯	11	29	10	11	辛酉	12	29	11	12	辛卯	1	27	12	11	庚申	
8	30	7	9	庚寅	9	30	8	10	辛酉	10	31	9	12	壬辰	11	30	10	12	壬戌	12	30	11	13	壬辰	1	28	12	12	辛酉	
8	31	7	10	辛卯	10	1	8	11	壬戌	11	1	9	13	癸巳	12	1	10	13	癸亥	12	31	11	14	癸巳	1	29	12	13	壬戌	
9	1	7	11	壬辰	10	2	8	12	癸亥	11	2	9	14	甲午	12	2	10	14	甲子	1	1	11	15	甲午	1	30	12	14	癸亥	
9	2	7	12	癸巳	10	3	8	13	甲子	11	3	9	15	乙未	12	3	10	15	乙丑	1	2	11	16	乙未	1	31	12	15	甲子	
9	3	7	13	甲午	10	4	8	14	乙丑	11	4	9	16	丙申	12	4	10	16	丙寅	1	3	11	17	丙申	2	1	12	16	乙丑	
9	4	7	14	乙未	10	5	8	15	丙寅	11	5	9	17	丁酉	12	5	10	17	丁卯	1	4	11	18	丁酉	2	2	12	17	丙寅	
9	5	7	15	丙申	10	6	8	16	丁卯	11	6	9	18	戊戌	12	6	10	18	戊辰						2	3	12	18	丁卯	
9	6	7	16	丁酉	10	7	8	17	戊辰																					
處暑 8/23 11時34分 午時					秋分 9/23 8時58分 辰時					霜降 10/23 18時1分 酉時					小雪 11/22 15時18分 申時					冬至 12/22 4時25分 寅時					大寒 1/20 15時1分 申時					中氣

日光節約時間：六月一日至九月三十日

年	辛丑																	
月	庚寅			辛卯			壬辰			癸巳			甲午			乙未		
節	立春			驚蟄			清明			立夏			芒種			小暑		
氣	2/4 9時22分 巳時			3/6 3時34分 寅時			4/5 8時42分 辰時			5/6 2時21分 丑時			6/6 6時46分 卯時			7/7 17時6分 酉時		
日	國曆	農曆	干支	國曆	農曆	干支	國曆	農曆	干支	國曆	農曆	干支	國曆	農曆	干支	國曆	農曆	干支
	2 4	12 19	戊辰	3 6	1 20	戊戌	4 5	2 20	戊辰	5 6	3 22	己亥	6 6	4 23	庚午	7 7	5 25	辛丑
	2 5	12 20	己巳	3 7	1 21	己亥	4 6	2 21	己巳	5 7	3 23	庚子	6 7	4 24	辛未	7 8	5 26	壬寅
	2 6	12 21	庚午	3 8	1 22	庚子	4 7	2 22	庚午	5 8	3 24	辛丑	6 8	4 25	壬申	7 9	5 27	癸卯
	2 7	12 22	辛未	3 9	1 23	辛丑	4 8	2 23	辛未	5 9	3 25	壬寅	6 9	4 26	癸酉	7 10	5 28	甲辰
1961	2 8	12 23	壬申	3 10	1 24	壬寅	4 9	2 24	壬申	5 10	3 26	癸卯	6 10	4 27	甲戌	7 11	5 29	乙巳
	2 9	12 24	癸酉	3 11	1 25	癸卯	4 10	2 25	癸酉	5 11	3 27	甲辰	6 11	4 28	乙亥	7 12	5 30	丙午
	2 10	12 25	甲戌	3 12	1 26	甲辰	4 11	2 26	甲戌	5 12	3 28	乙巳	6 12	4 29	丙子	7 13	6 1	丁未
	2 11	12 26	乙亥	3 13	1 27	乙巳	4 12	2 27	乙亥	5 13	3 29	丙午	6 13	5 1	丁丑	7 14	6 2	戊申
	2 12	12 27	丙子	3 14	1 28	丙午	4 13	2 28	丙子	5 14	3 30	丁未	6 14	5 2	戊寅	7 15	6 3	己酉
	2 13	12 28	丁丑	3 15	1 29	丁未	4 14	2 29	丁丑	5 15	4 1	戊申	6 15	5 3	己卯	7 16	6 4	庚戌
	2 14	12 29	戊寅	3 16	1 30	戊申	4 15	3 1	戊寅	5 16	4 2	己酉	6 16	5 4	庚辰	7 17	6 5	辛亥
	2 15	1 1	己卯	3 17	2 1	己酉	4 16	3 2	己卯	5 17	4 3	庚戌	6 17	5 5	辛巳	7 18	6 6	壬子
	2 16	1 2	庚辰	3 18	2 2	庚戌	4 17	3 3	庚辰	5 18	4 4	辛亥	6 18	5 6	壬午	7 19	6 7	癸丑
	2 17	1 3	辛巳	3 19	2 3	辛亥	4 18	3 4	辛巳	5 19	4 5	壬子	6 19	5 7	癸未	7 20	6 8	甲寅
牛	2 18	1 4	壬午	3 20	2 4	壬子	4 19	3 5	壬午	5 20	4 6	癸丑	6 20	5 8	甲申	7 21	6 9	乙卯
	2 19	1 5	癸未	3 21	2 5	癸丑	4 20	3 6	癸未	5 21	4 7	甲寅	6 21	5 9	乙酉	7 22	6 10	丙辰
	2 20	1 6	甲申	3 22	2 6	甲寅	4 21	3 7	甲申	5 22	4 8	乙卯	6 22	5 10	丙戌	7 23	6 11	丁巳
	2 21	1 7	乙酉	3 23	2 7	乙卯	4 22	3 8	乙酉	5 23	4 9	丙辰	6 23	5 11	丁亥	7 24	6 12	戊午
	2 22	1 8	丙戌	3 24	2 8	丙辰	4 23	3 9	丙戌	5 24	4 10	丁巳	6 24	5 12	戊子	7 25	6 13	己未
	2 23	1 9	丁亥	3 25	2 9	丁巳	4 24	3 10	丁亥	5 25	4 11	戊午	6 25	5 13	己丑	7 26	6 14	庚申
	2 24	1 10	戊子	3 26	2 10	戊午	4 25	3 11	戊子	5 26	4 12	己未	6 26	5 14	庚寅	7 27	6 15	辛酉
中華民國五十年	2 25	1 11	己丑	3 27	2 11	己未	4 26	3 12	己丑	5 27	4 13	庚申	6 27	5 15	辛卯	7 28	6 16	壬戌
	2 26	1 12	庚寅	3 28	2 12	庚申	4 27	3 13	庚寅	5 28	4 14	辛酉	6 28	5 16	壬辰	7 29	6 17	癸亥
	2 27	1 13	辛卯	3 29	2 13	辛酉	4 28	3 14	辛卯	5 29	4 15	壬戌	6 29	5 17	癸巳	7 30	6 18	甲子
	2 28	1 14	壬辰	3 30	2 14	壬戌	4 29	3 15	壬辰	5 30	4 16	癸亥	6 30	5 18	甲午	7 31	6 19	乙丑
	3 1	1 15	癸巳	3 31	2 15	癸亥	4 30	3 16	癸巳	5 31	4 17	甲子	7 1	5 19	乙未	8 1	6 20	丙寅
	3 2	1 16	甲午	4 1	2 16	甲子	5 1	3 17	甲午	6 1	4 18	乙丑	7 2	5 20	丙申	8 2	6 21	丁卯
	3 3	1 17	乙未	4 2	2 17	乙丑	5 2	3 18	乙未	6 2	4 19	丙寅	7 3	5 21	丁酉	8 3	6 22	戊辰
	3 4	1 18	丙申	4 3	2 18	丙寅	5 3	3 19	丙申	6 3	4 20	丁卯	7 4	5 22	戊戌	8 4	6 23	己巳
	3 5	1 19	丁酉	4 4	2 19	丁卯	5 4	3 20	丁酉	6 4	4 21	戊辰	7 5	5 23	己亥	8 5	6 24	庚午
							5 5	3 21	戊戌	6 5	4 22	己巳	7 6	5 24	庚子	8 6	6 25	辛未
																8 7	6 26	壬申
中	雨水			春分			穀雨			小滿			夏至			大暑		
氣	2/19 5時16分 卯時			3/21 4時32分 寅時			4/20 15時55分 申時			5/21 15時22分 申時			6/21 23時30分 子時			7/23 10時23分 巳時		

日光節約時間：六月一日至九月三十日

辛丑																														年
丙申					丁酉					戊戌					己亥					庚子					辛丑					月
立秋 8/8 2時48分 丑時					白露 9/8 5時29分 卯時					寒露 10/8 20時50分 戌時					立冬 11/7 23時46分 子時					大雪 12/7 16時25分 申時					小寒 1/6 3時34分 寅時					節氣
國曆		農曆		干支	國曆		農曆		干支	國曆		農曆		干支	國曆		農曆		干支	國曆		農曆		干支	國曆		農曆		干支	日
8	8	6	27	癸酉	9	8	7	29	甲辰	10	8	8	29	甲戌	11	7	9	29	甲辰	12	7	10	30	甲戌	1	6	12	1	甲辰	1961・1962 牛 中華民國五十・五十一年
8	9	6	28	甲戌	9	9	7	30	乙巳	10	9	8	30	乙亥	11	8	10	1	乙巳	12	8	11	1	乙亥	1	7	12	2	乙巳	
8	10	6	29	乙亥	9	10	8	1	丙午	10	10	9	1	丙子	11	9	10	2	丙午	12	9	11	2	丙子	1	8	12	3	丙午	
8	11	7	1	丙子	9	11	8	2	丁未	10	11	9	2	丁丑	11	10	10	3	丁未	12	10	11	3	丁丑	1	9	12	4	丁未	
8	12	7	2	丁丑	9	12	8	3	戊申	10	12	9	3	戊寅	11	11	10	4	戊申	12	11	11	4	戊寅	1	10	12	5	戊申	
8	13	7	3	戊寅	9	13	8	4	己酉	10	13	9	4	己卯	11	12	10	5	己酉	12	12	11	5	己卯	1	11	12	6	己酉	
8	14	7	4	己卯	9	14	8	5	庚戌	10	14	9	5	庚辰	11	13	10	6	庚戌	12	13	11	6	庚辰	1	12	12	7	庚戌	
8	15	7	5	庚辰	9	15	8	6	辛亥	10	15	9	6	辛巳	11	14	10	7	辛亥	12	14	11	7	辛巳	1	13	12	8	辛亥	
8	16	7	6	辛巳	9	16	8	7	壬子	10	16	9	7	壬午	11	15	10	8	壬子	12	15	11	8	壬午	1	14	12	9	壬子	
8	17	7	7	壬午	9	17	8	8	癸丑	10	17	9	8	癸未	11	16	10	9	癸丑	12	16	11	9	癸未	1	15	12	10	癸丑	
8	18	7	8	癸未	9	18	8	9	甲寅	10	18	9	9	甲申	11	17	10	10	甲寅	12	17	11	10	甲申	1	16	12	11	甲寅	
8	19	7	9	甲申	9	19	8	10	乙卯	10	19	9	10	乙酉	11	18	10	11	乙卯	12	18	11	11	乙酉	1	17	12	12	乙卯	
8	20	7	10	乙酉	9	20	8	11	丙辰	10	20	9	11	丙戌	11	19	10	12	丙辰	12	19	11	12	丙戌	1	18	12	13	丙辰	
8	21	7	11	丙戌	9	21	8	12	丁巳	10	21	9	12	丁亥	11	20	10	13	丁巳	12	20	11	13	丁亥	1	19	12	14	丁巳	
8	22	7	12	丁亥	9	22	8	13	戊午	10	22	9	13	戊子	11	21	10	14	戊午	12	21	11	14	戊子	1	20	12	15	戊午	
8	23	7	13	戊子	9	23	8	14	己未	10	23	9	14	己丑	11	22	10	15	己未	12	22	11	15	己丑	1	21	12	16	己未	
8	24	7	14	己丑	9	24	8	15	庚申	10	24	9	15	庚寅	11	23	10	16	庚申	12	23	11	16	庚寅	1	22	12	17	庚申	
8	25	7	15	庚寅	9	25	8	16	辛酉	10	25	9	16	辛卯	11	24	10	17	辛酉	12	24	11	17	辛卯	1	23	12	18	辛酉	
8	26	7	16	辛卯	9	26	8	17	壬戌	10	26	9	17	壬辰	11	25	10	18	壬戌	12	25	11	18	壬辰	1	24	12	19	壬戌	
8	27	7	17	壬辰	9	27	8	18	癸亥	10	27	9	18	癸巳	11	26	10	19	癸亥	12	26	11	19	癸巳	1	25	12	20	癸亥	
8	28	7	18	癸巳	9	28	8	19	甲子	10	28	9	19	甲午	11	27	10	20	甲子	12	27	11	20	甲午	1	26	12	21	甲子	
8	29	7	19	甲午	9	29	8	20	乙丑	10	29	9	20	乙未	11	28	10	21	乙丑	12	28	11	21	乙未	1	27	12	22	乙丑	
8	30	7	20	乙未	9	30	8	21	丙寅	10	30	9	21	丙申	11	29	10	22	丙寅	12	29	11	22	丙申	1	28	12	23	丙寅	
8	31	7	21	丙申	10	1	8	22	丁卯	10	31	9	22	丁酉	11	30	10	23	丁卯	12	30	11	23	丁酉	1	29	12	24	丁卯	
9	1	7	22	丁酉	10	2	8	23	戊辰	11	1	9	23	戊戌	12	1	10	24	戊辰	12	31	11	24	戊戌	1	30	12	25	戊辰	
9	2	7	23	戊戌	10	3	8	24	己巳	11	2	9	24	己亥	12	2	10	25	己巳	1	1	11	25	己亥	1	31	12	26	己巳	
9	3	7	24	己亥	10	4	8	25	庚午	11	3	9	25	庚子	12	3	10	26	庚午	1	2	11	26	庚子	2	1	12	27	庚午	
9	4	7	25	庚子	10	5	8	26	辛未	11	4	9	26	辛丑	12	4	10	27	辛未	1	3	11	27	辛丑	2	2	12	28	辛未	
9	5	7	26	辛丑	10	6	8	27	壬申	11	5	9	27	壬寅	12	5	10	28	壬申	1	4	11	28	壬寅	2	3	12	29	壬申	
9	6	7	27	壬寅	10	7	8	28	癸酉	11	6	9	28	癸卯	12	6	10	29	癸酉	1	5	11	29	癸卯						
9	7	7	28	癸卯																										
處暑 8/23 17時18分 酉時					秋分 9/23 14時42分 未時					霜降 10/23 23時47分 子時					小雪 11/22 21時7分 亥時					冬至 12/22 10時19分 巳時					大寒 1/20 20時57分 戌時					中氣

日光節約時間：六月一日至九月三十日

年	壬寅																													
月	壬寅					癸卯					甲辰					乙巳					丙午					丁未				
節氣	立春 2/4 15時17分 申時					驚蟄 3/6 9時29分 巳時					清明 4/5 14時34分 未時					立夏 5/6 8時9分 辰時					芒種 6/6 12時31分 午時					小暑 7/7 22時51分 亥時				
日	國曆		農曆		干支	國曆		農曆		干支	國曆		農曆		干支	國曆		農曆		干支	國曆		農曆		干支	國曆		農曆		干支
1962	2	4	12	30	癸酉	3	6	2	1	癸卯	4	5	3	1	癸酉	5	6	4	3	甲辰	6	6	5	5	乙亥	7	7	6	6	丙午
	2	5	1	1	甲戌	3	7	2	2	甲辰	4	6	3	2	甲戌	5	7	4	4	乙巳	6	7	5	6	丙子	7	8	6	7	丁未
	2	6	1	2	乙亥	3	8	2	3	乙巳	4	7	3	3	乙亥	5	8	4	5	丙午	6	8	5	7	丁丑	7	9	6	8	戊申
	2	7	1	3	丙子	3	9	2	4	丙午	4	8	3	4	丙子	5	9	4	6	丁未	6	9	5	8	戊寅	7	10	6	9	己酉
	2	8	1	4	丁丑	3	10	2	5	丁未	4	9	3	5	丁丑	5	10	4	7	戊申	6	10	5	9	己卯	7	11	6	10	庚戌
	2	9	1	5	戊寅	3	11	2	6	戊申	4	10	3	6	戊寅	5	11	4	8	己酉	6	11	5	10	庚辰	7	12	6	11	辛亥
	2	10	1	6	己卯	3	12	2	7	己酉	4	11	3	7	己卯	5	12	4	9	庚戌	6	12	5	11	辛巳	7	13	6	12	壬子
	2	11	1	7	庚辰	3	13	2	8	庚戌	4	12	3	8	庚辰	5	13	4	10	辛亥	6	13	5	12	壬午	7	14	6	13	癸丑
	2	12	1	8	辛巳	3	14	2	9	辛亥	4	13	3	9	辛巳	5	14	4	11	壬子	6	14	5	13	癸未	7	15	6	14	甲寅
	2	13	1	9	壬午	3	15	2	10	壬子	4	14	3	10	壬午	5	15	4	12	癸丑	6	15	5	14	甲申	7	16	6	15	乙卯
	2	14	1	10	癸未	3	16	2	11	癸丑	4	15	3	11	癸未	5	16	4	13	甲寅	6	16	5	15	乙酉	7	17	6	16	丙辰
	2	15	1	11	甲申	3	17	2	12	甲寅	4	16	3	12	甲申	5	17	4	14	乙卯	6	17	5	16	丙戌	7	18	6	17	丁巳
	2	16	1	12	乙酉	3	18	2	13	乙卯	4	17	3	13	乙酉	5	18	4	15	丙辰	6	18	5	17	丁亥	7	19	6	18	戊午
虎	2	17	1	13	丙戌	3	19	2	14	丙辰	4	18	3	14	丙戌	5	19	4	16	丁巳	6	19	5	18	戊子	7	20	6	19	己未
	2	18	1	14	丁亥	3	20	2	15	丁巳	4	19	3	15	丁亥	5	20	4	17	戊午	6	20	5	19	己丑	7	21	6	20	庚申
	2	19	1	15	戊子	3	21	2	16	戊午	4	20	3	16	戊子	5	21	4	18	己未	6	21	5	20	庚寅	7	22	6	21	辛酉
	2	20	1	16	己丑	3	22	2	17	己未	4	21	3	17	己丑	5	22	4	19	庚申	6	22	5	21	辛卯	7	23	6	22	壬戌
	2	21	1	17	庚寅	3	23	2	18	庚申	4	22	3	18	庚寅	5	23	4	20	辛酉	6	23	5	22	壬辰	7	24	6	23	癸亥
	2	22	1	18	辛卯	3	24	2	19	辛酉	4	23	3	19	辛卯	5	24	4	21	壬戌	6	24	5	23	癸巳	7	25	6	24	甲子
	2	23	1	19	壬辰	3	25	2	20	壬戌	4	24	3	20	壬辰	5	25	4	22	癸亥	6	25	5	24	甲午	7	26	6	25	乙丑
	2	24	1	20	癸巳	3	26	2	21	癸亥	4	25	3	21	癸巳	5	26	4	23	甲子	6	26	5	25	乙未	7	27	6	26	丙寅
中華民國五十一年	2	25	1	21	甲午	3	27	2	22	甲子	4	26	3	22	甲午	5	27	4	24	乙丑	6	27	5	26	丙申	7	28	6	27	丁卯
	2	26	1	22	乙未	3	28	2	23	乙丑	4	27	3	23	乙未	5	28	4	25	丙寅	6	28	5	27	丁酉	7	29	6	28	戊辰
	2	27	1	23	丙申	3	29	2	24	丙寅	4	28	3	24	丙申	5	29	4	26	丁卯	6	29	5	28	戊戌	7	30	6	29	己巳
	2	28	1	24	丁酉	3	30	2	25	丁卯	4	29	3	25	丁酉	5	30	4	27	戊辰	6	30	5	29	己亥	7	31	7	1	庚午
	3	1	1	25	戊戌	3	31	2	26	戊辰	4	30	3	26	戊戌	5	31	4	28	己巳	7	1	5	30	庚子	8	1	7	2	辛未
	3	2	1	26	己亥	4	1	2	27	己巳	5	1	3	27	己亥	6	1	4	29	庚午	7	2	6	1	辛丑	8	2	7	3	壬申
	3	3	1	27	庚子	4	2	2	28	庚午	5	2	3	28	庚子	6	2	5	1	辛未	7	3	6	2	壬寅	8	3	7	4	癸酉
	3	4	1	28	辛丑	4	3	2	29	辛未	5	3	3	29	辛丑	6	3	5	2	壬申	7	4	6	3	癸卯	8	4	7	5	甲戌
	3	5	1	29	壬寅	4	4	2	30	壬申	5	4	4	1	壬寅	6	4	5	3	癸酉	7	5	6	4	甲辰	8	5	7	6	乙亥
											5	5	4	2	癸卯	6	5	5	4	甲戌	7	6	6	5	乙巳	8	6	7	7	丙子
																										8	7	7	8	丁丑
中氣	雨水 2/19 11時14分 午時					春分 3/21 10時29分 巳時					穀雨 4/20 21時50分 亥時					小滿 5/21 21時16分 亥時					夏至 6/22 5時24分 卯時					大暑 7/23 16時17分 申時				

壬寅																														年
戊申					己酉					庚戌					辛亥					壬子					癸丑					月
立秋 8/8 8時33分 辰時					白露 9/8 11時15分 午時					寒露 10/9 2時37分 丑時					立冬 11/8 5時34分 卯時					大雪 12/7 22時16分 亥時					小寒 1/6 9時26分 巳時					節氣
國曆		農曆		干支	國曆		農曆		干支	國曆		農曆		干支	國曆		農曆		干支	國曆		農曆		干支	國曆		農曆		干支	日
8	8	7	9	戊寅	9	8	8	10	己酉	10	9	9	11	庚辰	11	8	10	12	庚戌	12	7	11	11	己卯	1	6	12	11	己酉	
8	9	7	10	己卯	9	9	8	11	庚戌	10	10	9	12	辛巳	11	9	10	13	辛亥	12	8	11	12	庚辰	1	7	12	12	庚戌	
8	10	7	11	庚辰	9	10	8	12	辛亥	10	11	9	13	壬午	11	10	10	14	壬子	12	9	11	13	辛巳	1	8	12	13	辛亥	
8	11	7	12	辛巳	9	11	8	13	壬子	10	12	9	14	癸未	11	11	10	15	癸丑	12	10	11	14	壬午	1	9	12	14	壬子	1
8	12	7	13	壬午	9	12	8	14	癸丑	10	13	9	15	甲申	11	12	10	16	甲寅	12	11	11	15	癸未	1	10	12	15	癸丑	9
8	13	7	14	癸未	9	13	8	15	甲寅	10	14	9	16	乙酉	11	13	10	17	乙卯	12	12	11	16	甲申	1	11	12	16	甲寅	6
8	14	7	15	甲申	9	14	8	16	乙卯	10	15	9	17	丙戌	11	14	10	18	丙辰	12	13	11	17	乙酉	1	12	12	17	乙卯	2
8	15	7	16	乙酉	9	15	8	17	丙辰	10	16	9	18	丁亥	11	15	10	19	丁巳	12	14	11	18	丙戌	1	13	12	18	丙辰	•
8	16	7	17	丙戌	9	16	8	18	丁巳	10	17	9	19	戊子	11	16	10	20	戊午	12	15	11	19	丁亥	1	14	12	19	丁巳	1
8	17	7	18	丁亥	9	17	8	19	戊午	10	18	9	20	己丑	11	17	10	21	己未	12	16	11	20	戊子	1	15	12	20	戊午	9
8	18	7	19	戊子	9	18	8	20	己未	10	19	9	21	庚寅	11	18	10	22	庚申	12	17	11	21	己丑	1	16	12	21	己未	6
8	19	7	20	己丑	9	19	8	21	庚申	10	20	9	22	辛卯	11	19	10	23	辛酉	12	18	11	22	庚寅	1	17	12	22	庚申	3
8	20	7	21	庚寅	9	20	8	22	辛酉	10	21	9	23	壬辰	11	20	10	24	壬戌	12	19	11	23	辛卯	1	18	12	23	辛酉	
8	21	7	22	辛卯	9	21	8	23	壬戌	10	22	9	24	癸巳	11	21	10	25	癸亥	12	20	11	24	壬辰	1	19	12	24	壬戌	
8	22	7	23	壬辰	9	22	8	24	癸亥	10	23	9	25	甲午	11	22	10	26	甲子	12	21	11	25	癸巳	1	20	12	25	癸亥	虎
8	23	7	24	癸巳	9	23	8	25	甲子	10	24	9	26	乙未	11	23	10	27	乙丑	12	22	11	26	甲午	1	21	12	26	甲子	
8	24	7	25	甲午	9	24	8	26	乙丑	10	25	9	27	丙申	11	24	10	28	丙寅	12	23	11	27	乙未	1	22	12	27	乙丑	
8	25	7	26	乙未	9	25	8	27	丙寅	10	26	9	28	丁酉	11	25	10	29	丁卯	12	24	11	28	丙申	1	23	12	28	丙寅	
8	26	7	27	丙申	9	26	8	28	丁卯	10	27	9	29	戊戌	11	26	10	30	戊辰	12	25	11	29	丁酉	1	24	12	29	丁卯	
8	27	7	28	丁酉	9	27	8	29	戊辰	10	28	10	1	己亥	11	27	11	1	己巳	12	26	11	30	戊戌	1	25	1	1	戊辰	中
8	28	7	29	戊戌	9	28	8	30	己巳	10	29	10	2	庚子	11	28	11	2	庚午	12	27	12	1	己亥	1	26	1	2	己巳	華
8	29	7	30	己亥	9	29	9	1	庚午	10	30	10	3	辛丑	11	29	11	3	辛未	12	28	12	2	庚子	1	27	1	3	庚午	民
8	30	8	1	庚子	9	30	9	2	辛未	10	31	10	4	壬寅	11	30	11	4	壬申	12	29	12	3	辛丑	1	28	1	4	辛未	國
8	31	8	2	辛丑	10	1	9	3	壬申	11	1	10	5	癸卯	12	1	11	5	癸酉	12	30	12	4	壬寅	1	29	1	5	壬申	五
9	1	8	3	壬寅	10	2	9	4	癸酉	11	2	10	6	甲辰	12	2	11	6	甲戌	12	31	12	5	癸卯	1	30	1	6	癸酉	十
9	2	8	4	癸卯	10	3	9	5	甲戌	11	3	10	7	乙巳	12	3	11	7	乙亥	1	1	12	6	甲辰	1	31	1	7	甲戌	一
9	3	8	5	甲辰	10	4	9	6	乙亥	11	4	10	8	丙午	12	4	11	8	丙子	1	2	12	7	乙巳	2	1	1	8	乙亥	•
9	4	8	6	乙巳	10	5	9	7	丙子	11	5	10	9	丁未	12	5	11	9	丁丑	1	3	12	8	丙午	2	2	1	9	丙子	五
9	5	8	7	丙午	10	6	9	8	丁丑	11	6	10	10	戊申	12	6	11	10	戊寅	1	4	12	9	丁未	2	3	1	10	丁丑	十
9	6	8	8	丁未	10	7	9	9	戊寅	11	7	10	11	己酉						1	5	12	10	戊申						二
9	7	8	9	戊申	10	8	9	10	己卯																					年
處暑 8/23 23時12分 子時					秋分 9/23 20時35分 戌時					霜降 10/24 5時40分 卯時					小雪 11/23 3時1分 寅時					冬至 12/22 16時15分 申時					大寒 1/21 2時53分 丑時					中氣

年	癸卯																	
月	甲寅			乙卯			丙辰			丁巳			戊午			己未		
節氣	立春			驚蟄			清明			立夏			芒種			小暑		
	2/4 21時7分 亥時			3/6 15時17分 申時			4/5 20時18分 戌時			5/6 13時52分 未時			6/6 18時14分 酉時			7/8 4時37分 寅時		
日	國曆	農曆	干支	國曆	農曆	干支	國曆	農曆	干支	國曆	農曆	干支	國曆	農曆	干支	國曆	農曆	干支
	2 4	1 11	戊寅	3 6	2 11	戊申	4 5	3 12	戊寅	5 6	4 13	己酉	6 6	4 15	庚辰	7 8	5 18	壬子
	2 5	1 12	己卯	3 7	2 12	己酉	4 6	3 13	己卯	5 7	4 14	庚戌	6 7	4 16	辛巳	7 9	5 19	癸丑
	2 6	1 13	庚辰	3 8	2 13	庚戌	4 7	3 14	庚辰	5 8	4 15	辛亥	6 8	4 17	壬午	7 10	5 20	甲寅
	2 7	1 14	辛巳	3 9	2 14	辛亥	4 8	3 15	辛巳	5 9	4 16	壬子	6 9	4 18	癸未	7 11	5 21	乙卯
	2 8	1 15	壬午	3 10	2 15	壬子	4 9	3 16	壬午	5 10	4 17	癸丑	6 10	4 19	甲申	7 12	5 22	丙辰
1963	2 9	1 16	癸未	3 11	2 16	癸丑	4 10	3 17	癸未	5 11	4 18	甲寅	6 11	4 20	乙酉	7 13	5 23	丁巳
	2 10	1 17	甲申	3 12	2 17	甲寅	4 11	3 18	甲申	5 12	4 19	乙卯	6 12	4 21	丙戌	7 14	5 24	戊午
	2 11	1 18	乙酉	3 13	2 18	乙卯	4 12	3 19	乙酉	5 13	4 20	丙辰	6 13	4 22	丁亥	7 15	5 25	己未
	2 12	1 19	丙戌	3 14	2 19	丙辰	4 13	3 20	丙戌	5 14	4 21	丁巳	6 14	4 23	戊子	7 16	5 26	庚申
	2 13	1 20	丁亥	3 15	2 20	丁巳	4 14	3 21	丁亥	5 15	4 22	戊午	6 15	4 24	己丑	7 17	5 27	辛酉
	2 14	1 21	戊子	3 16	2 21	戊午	4 15	3 22	戊子	5 16	4 23	己未	6 16	4 25	庚寅	7 18	5 28	壬戌
	2 15	1 22	己丑	3 17	2 22	己未	4 16	3 23	己丑	5 17	4 24	庚申	6 17	4 26	辛卯	7 19	5 29	癸亥
	2 16	1 23	庚寅	3 18	2 23	庚申	4 17	3 24	庚寅	5 18	4 25	辛酉	6 18	4 27	壬辰	7 20	5 30	甲子
兔	2 17	1 24	辛卯	3 19	2 24	辛酉	4 18	3 25	辛卯	5 19	4 26	壬戌	6 19	4 28	癸巳	7 21	6 1	乙丑
	2 18	1 25	壬辰	3 20	2 25	壬戌	4 19	3 26	壬辰	5 20	4 27	癸亥	6 20	4 29	甲午	7 22	6 2	丙寅
	2 19	1 26	癸巳	3 21	2 26	癸亥	4 20	3 27	癸巳	5 21	4 28	甲子	6 21	5 1	乙未	7 23	6 3	丁卯
	2 20	1 27	甲午	3 22	2 27	甲子	4 21	3 28	甲午	5 22	4 29	乙丑	6 22	5 2	丙申	7 24	6 4	戊辰
	2 21	1 28	乙未	3 23	2 28	乙丑	4 22	3 29	乙未	5 23	閏4 1	丙寅	6 23	5 3	丁酉	7 25	6 5	己巳
	2 22	1 29	丙申	3 24	2 29	丙寅	4 23	3 30	丙申	5 24	4 2	丁卯	6 24	5 4	戊戌	7 26	6 6	庚午
	2 23	1 30	丁酉	3 25	3 1	丁卯	4 24	4 1	丁酉	5 25	4 3	戊辰	6 25	5 5	己亥	7 27	6 7	辛未
	2 24	2 1	戊戌	3 26	3 2	戊辰	4 25	4 2	戊戌	5 26	4 4	己巳	6 26	5 6	庚子	7 28	6 8	壬申
中華民國五十二年	2 25	2 2	己亥	3 27	3 3	己巳	4 26	4 3	己亥	5 27	4 5	庚午	6 27	5 7	辛丑	7 29	6 9	癸酉
	2 26	2 3	庚子	3 28	3 4	庚午	4 27	4 4	庚子	5 28	4 6	辛未	6 28	5 8	壬寅	7 30	6 10	甲戌
	2 27	2 4	辛丑	3 29	3 5	辛未	4 28	4 5	辛丑	5 29	4 7	壬申	6 29	5 9	癸卯	7 31	6 11	乙亥
	2 28	2 5	壬寅	3 30	3 6	壬申	4 29	4 6	壬寅	5 30	4 8	癸酉	6 30	5 10	甲辰	8 1	6 12	丙子
	3 1	2 6	癸卯	3 31	3 7	癸酉	4 30	4 7	癸卯	5 31	4 9	甲戌	7 1	5 11	乙巳	8 2	6 13	丁丑
	3 2	2 7	甲辰	4 1	3 8	甲戌	5 1	4 8	甲辰	6 1	4 10	乙亥	7 2	5 12	丙午	8 3	6 14	戊寅
	3 3	2 8	乙巳	4 2	3 9	乙亥	5 2	4 9	乙巳	6 2	4 11	丙子	7 3	5 13	丁未	8 4	6 15	己卯
	3 4	2 9	丙午	4 3	3 10	丙子	5 3	4 10	丙午	6 3	4 12	丁丑	7 4	5 14	戊申	8 5	6 16	庚辰
	3 5	2 10	丁未	4 4	3 11	丁丑	5 4	4 11	丁未	6 4	4 13	戊寅	7 5	5 15	己酉	8 6	6 17	辛巳
							5 5	4 12	戊申	6 5	4 14	己卯	7 6	5 16	庚戌	8 7	6 18	壬午
													7 7	5 17	辛亥			
中氣	雨水			春分			穀雨			小滿			夏至			大暑		
	2/19 17時8分 酉時			3/21 16時19分 申時			4/21 3時36分 寅時			5/22 2時58分 丑時			6/22 11時4分 午時			7/23 21時59分 亥時		

癸卯																														年
庚申					辛酉					壬戌					癸亥					甲子					乙丑					月
立秋 8/8 14時25分 未時					白露 9/8 17時11分 酉時					寒露 10/9 8時36分 辰時					立冬 11/8 11時32分 午時					大雪 12/8 4時12分 寅時					小寒 1/6 15時22分 申時					節氣
國曆		農曆		干支	國曆		農曆		干支	國曆		農曆		干支	國曆		農曆		干支	國曆		農曆		干支	國曆		農曆		干支	日
8	8	6	19	癸未	9	8	7	21	甲寅	10	9	8	22	乙酉	11	8	9	23	乙卯	12	8	10	23	乙酉	1	6	11	22	甲寅	
8	9	6	20	甲申	9	9	7	22	乙卯	10	10	8	23	丙戌	11	9	9	24	丙辰	12	9	10	24	丙戌	1	7	11	23	乙卯	
8	10	6	21	乙酉	9	10	7	23	丙辰	10	11	8	24	丁亥	11	10	9	25	丁巳	12	10	10	25	丁亥	1	8	11	24	丙辰	1963・1964
8	11	6	22	丙戌	9	11	7	24	丁巳	10	12	8	25	戊子	11	11	9	26	戊午	12	11	10	26	戊子	1	9	11	25	丁巳	
8	12	6	23	丁亥	9	12	7	25	戊午	10	13	8	26	己丑	11	12	9	27	己未	12	12	10	27	己丑	1	10	11	26	戊午	
8	13	6	24	戊子	9	13	7	26	己未	10	14	8	27	庚寅	11	13	9	28	庚申	12	13	10	28	庚寅	1	11	11	27	己未	
8	14	6	25	己丑	9	14	7	27	庚申	10	15	8	28	辛卯	11	14	9	29	辛酉	12	14	10	29	辛卯	1	12	11	28	庚申	
8	15	6	26	庚寅	9	15	7	28	辛酉	10	16	8	29	壬辰	11	15	9	30	壬戌	12	15	10	30	壬辰	1	13	11	29	辛酉	
8	16	6	27	辛卯	9	16	7	29	壬戌	10	17	9	1	癸巳	11	16	10	1	癸亥	12	16	11	1	癸巳	1	14	11	30	壬戌	
8	17	6	28	壬辰	9	17	7	30	癸亥	10	18	9	2	甲午	11	17	10	2	甲子	12	17	11	2	甲午	1	15	12	1	癸亥	
8	18	6	29	癸巳	9	18	8	1	甲子	10	19	9	3	乙未	11	18	10	3	乙丑	12	18	11	3	乙未	1	16	12	2	甲子	
8	19	7	1	甲午	9	19	8	2	乙丑	10	20	9	4	丙申	11	19	10	4	丙寅	12	19	11	4	丙申	1	17	12	3	乙丑	
8	20	7	2	乙未	9	20	8	3	丙寅	10	21	9	5	丁酉	11	20	10	5	丁卯	12	20	11	5	丁酉	1	18	12	4	丙寅	
8	21	7	3	丙申	9	21	8	4	丁卯	10	22	9	6	戊戌	11	21	10	6	戊辰	12	21	11	6	戊戌	1	19	12	5	丁卯	
8	22	7	4	丁酉	9	22	8	5	戊辰	10	23	9	7	己亥	11	22	10	7	己巳	12	22	11	7	己亥	1	20	12	6	戊辰	兔
8	23	7	5	戊戌	9	23	8	6	己巳	10	24	9	8	庚子	11	23	10	8	庚午	12	23	11	8	庚子	1	21	12	7	己巳	
8	24	7	6	己亥	9	24	8	7	庚午	10	25	9	9	辛丑	11	24	10	9	辛未	12	24	11	9	辛丑	1	22	12	8	庚午	
8	25	7	7	庚子	9	25	8	8	辛未	10	26	9	10	壬寅	11	25	10	10	壬申	12	25	11	10	壬寅	1	23	12	9	辛未	
8	26	7	8	辛丑	9	26	8	9	壬申	10	27	9	11	癸卯	11	26	10	11	癸酉	12	26	11	11	癸卯	1	24	12	10	壬申	
8	27	7	9	壬寅	9	27	8	10	癸酉	10	28	9	12	甲辰	11	27	10	12	甲戌	12	27	11	12	甲辰	1	25	12	11	癸酉	
8	28	7	10	癸卯	9	28	8	11	甲戌	10	29	9	13	乙巳	11	28	10	13	乙亥	12	28	11	13	乙巳	1	26	12	12	甲戌	中華民國五十二・五十三年
8	29	7	11	甲辰	9	29	8	12	乙亥	10	30	9	14	丙午	11	29	10	14	丙子	12	29	11	14	丙午	1	27	12	13	乙亥	
8	30	7	12	乙巳	9	30	8	13	丙子	10	31	9	15	丁未	11	30	10	15	丁丑	12	30	11	15	丁未	1	28	12	14	丙子	
8	31	7	13	丙午	10	1	8	14	丁丑	11	1	9	16	戊申	12	1	10	16	戊寅	12	31	11	16	戊申	1	29	12	15	丁丑	
9	1	7	14	丁未	10	2	8	15	戊寅	11	2	9	17	己酉	12	2	10	17	己卯	1	1	11	17	己酉	1	30	12	16	戊寅	
9	2	7	15	戊申	10	3	8	16	己卯	11	3	9	18	庚戌	12	3	10	18	庚辰	1	2	11	18	庚戌	1	31	12	17	己卯	
9	3	7	16	己酉	10	4	8	17	庚辰	11	4	9	19	辛亥	12	4	10	19	辛巳	1	3	11	19	辛亥	2	1	12	18	庚辰	
9	4	7	17	庚戌	10	5	8	18	辛巳	11	5	9	20	壬子	12	5	10	20	壬午	1	4	11	20	壬子	2	2	12	19	辛巳	
9	5	7	18	辛亥	10	6	8	19	壬午	11	6	9	21	癸丑	12	6	10	21	癸未	1	5	11	21	癸丑	2	3	12	20	壬午	
9	6	7	19	壬子	10	7	8	20	癸未	11	7	9	22	甲寅	12	7	10	22	甲申						2	4	12	21	癸未	
9	7	7	20	癸丑	10	8	8	21	甲申																					
處暑 8/24 4時57分 寅時					秋分 9/24 2時23分 丑時					霜降 10/24 11時28分 午時					小雪 11/23 8時49分 辰時					冬至 12/22 22時1分 亥時					大寒 1/21 8時41分 辰時					中氣

1964 龍 中華民國五十三年

年	甲辰														
月	丙寅					丁卯					戊辰				
節氣	立春 2/5 3時4分 寅時					驚蟄 3/5 21時16分 亥時					清明 4/5 2時18分 丑時				
日	國曆		農曆		干支	國曆		農曆		干支	國曆		農曆		干支
	2	5	12	22	甲申	3	5	1	22	癸丑	4	5	2	23	甲申
	2	6	12	23	乙酉	3	6	1	23	甲寅	4	6	2	24	乙酉
	2	7	12	24	丙戌	3	7	1	24	乙卯	4	7	2	25	丙戌
	2	8	12	25	丁亥	3	8	1	25	丙辰	4	8	2	26	丁亥
	2	9	12	26	戊子	3	9	1	26	丁巳	4	9	2	27	戊子
	2	10	12	27	己丑	3	10	1	27	戊午	4	10	2	28	己丑
	2	11	12	28	庚寅	3	11	1	28	己未	4	11	2	29	庚寅
	2	12	12	29	辛卯	3	12	1	29	庚申	4	12	3	1	辛卯
	2	13	1	1	壬辰	3	13	1	30	辛酉	4	13	3	2	壬辰
	2	14	1	2	癸巳	3	14	2	1	壬戌	4	14	3	3	癸巳
	2	15	1	3	甲午	3	15	2	2	癸亥	4	15	3	4	甲午
	2	16	1	4	乙未	3	16	2	3	甲子	4	16	3	5	乙未
	2	17	1	5	丙申	3	17	2	4	乙丑	4	17	3	6	丙申
	2	18	1	6	丁酉	3	18	2	5	丙寅	4	18	3	7	丁酉
	2	19	1	7	戊戌	3	19	2	6	丁卯	4	19	3	8	戊戌
	2	20	1	8	己亥	3	20	2	7	戊辰	4	20	3	9	己亥
	2	21	1	9	庚子	3	21	2	8	己巳	4	21	3	10	庚子
	2	22	1	10	辛丑	3	22	2	9	庚午	4	22	3	11	辛丑
	2	23	1	11	壬寅	3	23	2	10	辛未	4	23	3	12	壬寅
	2	24	1	12	癸卯	3	24	2	11	壬申	4	24	3	13	癸卯
	2	25	1	13	甲辰	3	25	2	12	癸酉	4	25	3	14	甲辰
	2	26	1	14	乙巳	3	26	2	13	甲戌	4	26	3	15	乙巳
	2	27	1	15	丙午	3	27	2	14	乙亥	4	27	3	16	丙午
	2	28	1	16	丁未	3	28	2	15	丙子	4	28	3	17	丁未
	2	29	1	17	戊申	3	29	2	16	丁丑	4	29	3	18	戊申
	3	1	1	18	己酉	3	30	2	17	戊寅	4	30	3	19	己酉
	3	2	1	19	庚戌	3	31	2	18	己卯	5	1	3	20	庚戌
	3	3	1	20	辛亥	4	1	2	19	庚辰	5	2	3	21	辛亥
	3	4	1	21	壬子	4	2	2	20	辛巳	5	3	3	22	壬子
						4	3	2	21	壬午	5	4	3	23	癸丑
						4	4	2	22	癸未					
中氣	雨水 2/19 22時57分 亥時					春分 3/20 22時9分 亥時					穀雨 4/20 9時27分 巳時				

年	甲辰														
月	己巳					庚午					辛未				
節氣	立夏 5/5 19時51分 戌時					芒種 6/6 0時11分 子時					小暑 7/7 10時32分 巳時				
日	國曆		農曆		干支	國曆		農曆		干支	國曆		農曆		干支
	5	5	3	24	甲寅	6	6	4	26	丙戌	7	7	5	28	丁巳
	5	6	3	25	乙卯	6	7	4	27	丁亥	7	8	5	29	戊午
	5	7	3	26	丙辰	6	8	4	28	戊子	7	9	6	1	己未
	5	8	3	27	丁巳	6	9	4	29	己丑	7	10	6	2	庚申
	5	9	3	28	戊午	6	10	5	1	庚寅	7	11	6	3	辛酉
	5	10	3	29	己未	6	11	5	2	辛卯	7	12	6	4	壬戌
	5	11	3	30	庚申	6	12	5	3	壬辰	7	13	6	5	癸亥
	5	12	4	1	辛酉	6	13	5	4	癸巳	7	14	6	6	甲子
	5	13	4	2	壬戌	6	14	5	5	甲午	7	15	6	7	乙丑
	5	14	4	3	癸亥	6	15	5	6	乙未	7	16	6	8	丙寅
	5	15	4	4	甲子	6	16	5	7	丙申	7	17	6	9	丁卯
	5	16	4	5	乙丑	6	17	5	8	丁酉	7	18	6	10	戊辰
	5	17	4	6	丙寅	6	18	5	9	戊戌	7	19	6	11	己巳
	5	18	4	7	丁卯	6	19	5	10	己亥	7	20	6	12	庚午
	5	19	4	8	戊辰	6	20	5	11	庚子	7	21	6	13	辛未
	5	20	4	9	己巳	6	21	5	12	辛丑	7	22	6	14	壬申
	5	21	4	10	庚午	6	22	5	13	壬寅	7	23	6	15	癸酉
	5	22	4	11	辛未	6	23	5	14	癸卯	7	24	6	16	甲戌
	5	23	4	12	壬申	6	24	5	15	甲辰	7	25	6	17	乙亥
	5	24	4	13	癸酉	6	25	5	16	乙巳	7	26	6	18	丙子
	5	25	4	14	甲戌	6	26	5	17	丙午	7	27	6	19	丁丑
	5	26	4	15	乙亥	6	27	5	18	丁未	7	28	6	20	戊寅
	5	27	4	16	丙子	6	28	5	19	戊申	7	29	6	21	己卯
	5	28	4	17	丁丑	6	29	5	20	己酉	7	30	6	22	庚辰
	5	29	4	18	戊寅	6	30	5	21	庚戌	7	31	6	23	辛巳
	5	30	4	19	己卯	7	1	5	22	辛亥	8	1	6	24	壬午
	5	31	4	20	庚辰	7	2	5	23	壬子	8	2	6	25	癸未
	6	1	4	21	辛巳	7	3	5	24	癸丑	8	3	6	26	甲申
	6	2	4	22	壬午	7	4	5	25	甲寅	8	4	6	27	乙酉
	6	3	4	23	癸未	7	5	5	26	乙卯	8	5	6	28	丙戌
	6	4	4	24	甲申	7	6	5	27	丙辰	8	6	6	29	丁亥
	6	5	4	25	乙酉										
中氣	小滿 5/21 8時49分 辰時					夏至 6/21 16時56分 申時					大暑 7/23 3時52分 寅時				

年	甲辰																													
月	壬申					癸酉					甲戌					乙亥					丙子					丁丑				
節氣	立秋 8/7 20時16分 戌時					白露 9/7 22時59分 亥時					寒露 10/8 14時21分 未時					立冬 11/7 17時15分 酉時					大雪 12/7 9時53分 巳時					小寒 1/5 21時2分 亥時				
日	國曆		農曆		干支	國曆		農曆		干支	國曆		農曆		干支	國曆		農曆		干支	國曆		農曆		干支	國曆		農曆		干支
	8	7	6	30	戊子	9	7	8	2	己未	10	8	9	3	庚寅	11	7	10	4	庚申	12	7	11	4	庚寅	1	5	12	3	己未
	8	8	7	1	己丑	9	8	8	3	庚申	10	9	9	4	辛卯	11	8	10	5	辛酉	12	8	11	5	辛卯	1	6	12	4	庚申
	8	9	7	2	庚寅	9	9	8	4	辛酉	10	10	9	5	壬辰	11	9	10	6	壬戌	12	9	11	6	壬辰	1	7	12	5	辛酉
1	8	10	7	3	辛卯	9	10	8	5	壬戌	10	11	9	6	癸巳	11	10	10	7	癸亥	12	10	11	7	癸巳	1	8	12	6	壬戌
9	8	11	7	4	壬辰	9	11	8	6	癸亥	10	12	9	7	甲午	11	11	10	8	甲子	12	11	11	8	甲午	1	9	12	7	癸亥
6	8	12	7	5	癸巳	9	12	8	7	甲子	10	13	9	8	乙未	11	12	10	9	乙丑	12	12	11	9	乙未	1	10	12	8	甲子
4	8	13	7	6	甲午	9	13	8	8	乙丑	10	14	9	9	丙申	11	13	10	10	丙寅	12	13	11	10	丙申	1	11	12	9	乙丑
•	8	14	7	7	乙未	9	14	8	9	丙寅	10	15	9	10	丁酉	11	14	10	11	丁卯	12	14	11	11	丁酉	1	12	12	10	丙寅
1	8	15	7	8	丙申	9	15	8	10	丁卯	10	16	9	11	戊戌	11	15	10	12	戊辰	12	15	11	12	戊戌	1	13	12	11	丁卯
9	8	16	7	9	丁酉	9	16	8	11	戊辰	10	17	9	12	己亥	11	16	10	13	己巳	12	16	11	13	己亥	1	14	12	12	戊辰
6	8	17	7	10	戊戌	9	17	8	12	己巳	10	18	9	13	庚子	11	17	10	14	庚午	12	17	11	14	庚子	1	15	12	13	己巳
5	8	18	7	11	己亥	9	18	8	13	庚午	10	19	9	14	辛丑	11	18	10	15	辛未	12	18	11	15	辛丑	1	16	12	14	庚午
	8	19	7	12	庚子	9	19	8	14	辛未	10	20	9	15	壬寅	11	19	10	16	壬申	12	19	11	16	壬寅	1	17	12	15	辛未
	8	20	7	13	辛丑	9	20	8	15	壬申	10	21	9	16	癸卯	11	20	10	17	癸酉	12	20	11	17	癸卯	1	18	12	16	壬申
龍	8	21	7	14	壬寅	9	21	8	16	癸酉	10	22	9	17	甲辰	11	21	10	18	甲戌	12	21	11	18	甲辰	1	19	12	17	癸酉
	8	22	7	15	癸卯	9	22	8	17	甲戌	10	23	9	18	乙巳	11	22	10	19	乙亥	12	22	11	19	乙巳	1	20	12	18	甲戌
	8	23	7	16	甲辰	9	23	8	18	乙亥	10	24	9	19	丙午	11	23	10	20	丙子	12	23	11	20	丙午	1	21	12	19	乙亥
	8	24	7	17	乙巳	9	24	8	19	丙子	10	25	9	20	丁未	11	24	10	21	丁丑	12	24	11	21	丁未	1	22	12	20	丙子
	8	25	7	18	丙午	9	25	8	20	丁丑	10	26	9	21	戊申	11	25	10	22	戊寅	12	25	11	22	戊申	1	23	12	21	丁丑
中	8	26	7	19	丁未	9	26	8	21	戊寅	10	27	9	22	己酉	11	26	10	23	己卯	12	26	11	23	己酉	1	24	12	22	戊寅
華	8	27	7	20	戊申	9	27	8	22	己卯	10	28	9	23	庚戌	11	27	10	24	庚辰	12	27	11	24	庚戌	1	25	12	23	己卯
民	8	28	7	21	己酉	9	28	8	23	庚辰	10	29	9	24	辛亥	11	28	10	25	辛巳	12	28	11	25	辛亥	1	26	12	24	庚辰
國	8	29	7	22	庚戌	9	29	8	24	辛巳	10	30	9	25	壬子	11	29	10	26	壬午	12	29	11	26	壬子	1	27	12	25	辛巳
五	8	30	7	23	辛亥	9	30	8	25	壬午	10	31	9	26	癸丑	11	30	10	27	癸未	12	30	11	27	癸丑	1	28	12	26	壬午
十	8	31	7	24	壬子	10	1	8	26	癸未	11	1	9	27	甲寅	12	1	10	28	甲申	12	31	11	28	甲寅	1	29	12	27	癸未
三	9	1	7	25	癸丑	10	2	8	27	甲申	11	2	9	28	乙卯	12	2	10	29	乙酉	1	1	11	29	乙卯	1	30	12	28	甲申
•	9	2	7	26	甲寅	10	3	8	28	乙酉	11	3	9	29	丙辰	12	3	10	30	丙戌	1	2	11	30	丙辰	1	31	12	29	乙酉
五	9	3	7	27	乙卯	10	4	8	29	丙戌	11	4	10	1	丁巳	12	4	11	1	丁亥	1	3	12	1	丁巳	2	1	12	30	丙戌
十	9	4	7	28	丙辰	10	5	8	30	丁亥	11	5	10	2	戊午	12	5	11	2	戊子	1	4	12	2	戊午	2	2	1	1	丁亥
四	9	5	7	29	丁巳	10	6	9	1	戊子	11	6	10	3	己未	12	6	11	3	己丑						2	3	1	2	戊子
年	9	6	8	1	戊午	10	7	9	2	己丑																				
中氣	處暑 8/23 10時51分 巳時					秋分 9/23 8時16分 辰時					霜降 10/23 17時20分 酉時					小雪 11/22 14時38分 未時					冬至 12/22 3時49分 寅時					大寒 1/20 14時28分 未時				

年	乙巳																	
月	戊寅			己卯			庚辰			辛巳			壬午			癸未		
節氣	立春 2/4 8時46分 辰時			驚蟄 3/6 3時0分 寅時			清明 4/5 8時6分 辰時			立夏 5/6 1時41分 丑時			芒種 6/6 6時2分 卯時			小暑 7/7 16時21分 申時		
日	國曆	農曆	干支	國曆	農曆	干支	國曆	農曆	干支	國曆	農曆	干支	國曆	農曆	干支	國曆	農曆	干支
	2 4	1 3	己丑	3 6	2 4	己未	4 5	3 4	己丑	5 6	4 6	庚申	6 6	5 7	辛卯	7 7	6 9	壬戌
	2 5	1 4	庚寅	3 7	2 5	庚申	4 6	3 5	庚寅	5 7	4 7	辛酉	6 7	5 8	壬辰	7 8	6 10	癸亥
	2 6	1 5	辛卯	3 8	2 6	辛酉	4 7	3 6	辛卯	5 8	4 8	壬戌	6 8	5 9	癸巳	7 9	6 11	甲子
	2 7	1 6	壬辰	3 9	2 7	壬戌	4 8	3 7	壬辰	5 9	4 9	癸亥	6 9	5 10	甲午	7 10	6 12	乙丑
1965	2 8	1 7	癸巳	3 10	2 8	癸亥	4 9	3 8	癸巳	5 10	4 10	甲子	6 10	5 11	乙未	7 11	6 13	丙寅
	2 9	1 8	甲午	3 11	2 9	甲子	4 10	3 9	甲午	5 11	4 11	乙丑	6 11	5 12	丙申	7 12	6 14	丁卯
	2 10	1 9	乙未	3 12	2 10	乙丑	4 11	3 10	乙未	5 12	4 12	丙寅	6 12	5 13	丁酉	7 13	6 15	戊辰
	2 11	1 10	丙申	3 13	2 11	丙寅	4 12	3 11	丙申	5 13	4 13	丁卯	6 13	5 14	戊戌	7 14	6 16	己巳
	2 12	1 11	丁酉	3 14	2 12	丁卯	4 13	3 12	丁酉	5 14	4 14	戊辰	6 14	5 15	己亥	7 15	6 17	庚午
	2 13	1 12	戊戌	3 15	2 13	戊辰	4 14	3 13	戊戌	5 15	4 15	己巳	6 15	5 16	庚子	7 16	6 18	辛未
	2 14	1 13	己亥	3 16	2 14	己巳	4 15	3 14	己亥	5 16	4 16	庚午	6 16	5 17	辛丑	7 17	6 19	壬申
	2 15	1 14	庚子	3 17	2 15	庚午	4 16	3 15	庚子	5 17	4 17	辛未	6 17	5 18	壬寅	7 18	6 20	癸酉
	2 16	1 15	辛丑	3 18	2 16	辛未	4 17	3 16	辛丑	5 18	4 18	壬申	6 18	5 19	癸卯	7 19	6 21	甲戌
蛇	2 17	1 16	壬寅	3 19	2 17	壬申	4 18	3 17	壬寅	5 19	4 19	癸酉	6 19	5 20	甲辰	7 20	6 22	乙亥
	2 18	1 17	癸卯	3 20	2 18	癸酉	4 19	3 18	癸卯	5 20	4 20	甲戌	6 20	5 21	乙巳	7 21	6 23	丙子
	2 19	1 18	甲辰	3 21	2 19	甲戌	4 20	3 19	甲辰	5 21	4 21	乙亥	6 21	5 22	丙午	7 22	6 24	丁丑
	2 20	1 19	乙巳	3 22	2 20	乙亥	4 21	3 20	乙巳	5 22	4 22	丙子	6 22	5 23	丁未	7 23	6 25	戊寅
	2 21	1 20	丙午	3 23	2 21	丙子	4 22	3 21	丙午	5 23	4 23	丁丑	6 23	5 24	戊申	7 24	6 26	己卯
	2 22	1 21	丁未	3 24	2 22	丁丑	4 23	3 22	丁未	5 24	4 24	戊寅	6 24	5 25	己酉	7 25	6 27	庚辰
	2 23	1 22	戊申	3 25	2 23	戊寅	4 24	3 23	戊申	5 25	4 25	己卯	6 25	5 26	庚戌	7 26	6 28	辛巳
	2 24	1 23	己酉	3 26	2 24	己卯	4 25	3 24	己酉	5 26	4 26	庚辰	6 26	5 27	辛亥	7 27	6 29	壬午
中華民國五十四年	2 25	1 24	庚戌	3 27	2 25	庚辰	4 26	3 25	庚戌	5 27	4 27	辛巳	6 27	5 28	壬子	7 28	7 1	癸未
	2 26	1 25	辛亥	3 28	2 26	辛巳	4 27	3 26	辛亥	5 28	4 28	壬午	6 28	5 29	癸丑	7 29	7 2	甲申
	2 27	1 26	壬子	3 29	2 27	壬午	4 28	3 27	壬子	5 29	4 29	癸未	6 29	6 1	甲寅	7 30	7 3	乙酉
	2 28	1 27	癸丑	3 30	2 28	癸未	4 29	3 28	癸丑	5 30	4 30	甲申	6 30	6 2	乙卯	7 31	7 4	丙戌
	3 1	1 28	甲寅	3 31	2 29	甲申	4 30	3 29	甲寅	5 31	5 1	乙酉	7 1	6 3	丙辰	8 1	7 5	丁亥
	3 2	1 29	乙卯	4 1	2 30	乙酉	5 1	4 1	乙卯	6 1	5 2	丙戌	7 2	6 4	丁巳	8 2	7 6	戊子
	3 3	2 1	丙辰	4 2	3 1	丙戌	5 2	4 2	丙辰	6 2	5 3	丁亥	7 3	6 5	戊午	8 3	7 7	己丑
	3 4	2 2	丁巳	4 3	3 2	丁亥	5 3	4 3	丁巳	6 3	5 4	戊子	7 4	6 6	己未	8 4	7 8	庚寅
	3 5	2 3	戊午	4 4	3 3	戊子	5 4	4 4	戊午	6 4	5 5	己丑	7 5	6 7	庚申	8 5	7 9	辛卯
							5 5	4 5	己未	6 5	5 6	庚寅	7 6	6 8	辛酉	8 6	7 10	壬辰
																8 7	7 11	癸巳
中氣	雨水 2/19 4時47分 寅時			春分 3/21 4時4分 寅時			穀雨 4/20 15時26分 申時			小滿 5/21 14時50分 未時			夏至 6/21 22時55分 亥時			大暑 7/23 9時48分 巳時		

1965・1966　蛇　中華民國五十四・五十五年

年	乙巳																													
月	甲申					乙酉					丙戌					丁亥					戊子					己丑				
節氣	立秋 8/8 2時4分 丑時					白露 9/8 4時47分 寅時					寒露 10/8 20時11分 戌時					立冬 11/7 23時6分 子時					大雪 12/7 15時45分 申時					小寒 1/6 2時54分 丑時				
日	國曆		農曆		干支	國曆		農曆		干支	國曆		農曆		干支	國曆		農曆		干支	國曆		農曆		干支	國曆		農曆		干支
	8	8	7	12	甲午	9	8	8	13	乙丑	10	8	9	14	乙未	11	7	10	15	乙丑	12	7	11	15	乙未	1	6	12	15	乙丑
	8	9	7	13	乙未	9	9	8	14	丙寅	10	9	9	15	丙申	11	8	10	16	丙寅	12	8	11	16	丙申	1	7	12	16	丙寅
	8	10	7	14	丙申	9	10	8	15	丁卯	10	10	9	16	丁酉	11	9	10	17	丁卯	12	9	11	17	丁酉	1	8	12	17	丁卯
	8	11	7	15	丁酉	9	11	8	16	戊辰	10	11	9	17	戊戌	11	10	10	18	戊辰	12	10	11	18	戊戌	1	9	12	18	戊辰
	8	12	7	16	戊戌	9	12	8	17	己巳	10	12	9	18	己亥	11	11	10	19	己巳	12	11	11	19	己亥	1	10	12	19	己巳
	8	13	7	17	己亥	9	13	8	18	庚午	10	13	9	19	庚子	11	12	10	20	庚午	12	12	11	20	庚子	1	11	12	20	庚午
	8	14	7	18	庚子	9	14	8	19	辛未	10	14	9	20	辛丑	11	13	10	21	辛未	12	13	11	21	辛丑	1	12	12	21	辛未
	8	15	7	19	辛丑	9	15	8	20	壬申	10	15	9	21	壬寅	11	14	10	22	壬申	12	14	11	22	壬寅	1	13	12	22	壬申
	8	16	7	20	壬寅	9	16	8	21	癸酉	10	16	9	22	癸卯	11	15	10	23	癸酉	12	15	11	23	癸卯	1	14	12	23	癸酉
	8	17	7	21	癸卯	9	17	8	22	甲戌	10	17	9	23	甲辰	11	16	10	24	甲戌	12	16	11	24	甲辰	1	15	12	24	甲戌
	8	18	7	22	甲辰	9	18	8	23	乙亥	10	18	9	24	乙巳	11	17	10	25	乙亥	12	17	11	25	乙巳	1	16	12	25	乙亥
	8	19	7	23	乙巳	9	19	8	24	丙子	10	19	9	25	丙午	11	18	10	26	丙子	12	18	11	26	丙午	1	17	12	26	丙子
	8	20	7	24	丙午	9	20	8	25	丁丑	10	20	9	26	丁未	11	19	10	27	丁丑	12	19	11	27	丁未	1	18	12	27	丁丑
	8	21	7	25	丁未	9	21	8	26	戊寅	10	21	9	27	戊申	11	20	10	28	戊寅	12	20	11	28	戊申	1	19	12	28	戊寅
	8	22	7	26	戊申	9	22	8	27	己卯	10	22	9	28	己酉	11	21	10	29	己卯	12	21	11	29	己酉	1	20	12	29	己卯
	8	23	7	27	己酉	9	23	8	28	庚辰	10	23	9	29	庚戌	11	22	10	30	庚辰	12	22	11	30	庚戌	1	21	1	1	庚辰
	8	24	7	28	庚戌	9	24	8	29	辛巳	10	24	10	1	辛亥	11	23	11	1	辛巳	12	23	12	1	辛亥	1	22	1	2	辛巳
	8	25	7	29	辛亥	9	25	9	1	壬午	10	25	10	2	壬子	11	24	11	2	壬午	12	24	12	2	壬子	1	23	1	3	壬午
	8	26	7	30	壬子	9	26	9	2	癸未	10	26	10	3	癸丑	11	25	11	3	癸未	12	25	12	3	癸丑	1	24	1	4	癸未
	8	27	8	1	癸丑	9	27	9	3	甲申	10	27	10	4	甲寅	11	26	11	4	甲申	12	26	12	4	甲寅	1	25	1	5	甲申
	8	28	8	2	甲寅	9	28	9	4	乙酉	10	28	10	5	乙卯	11	27	11	5	乙酉	12	27	12	5	乙卯	1	26	1	6	乙酉
	8	29	8	3	乙卯	9	29	9	5	丙戌	10	29	10	6	丙辰	11	28	11	6	丙戌	12	28	12	6	丙辰	1	27	1	7	丙戌
	8	30	8	4	丙辰	9	30	9	6	丁亥	10	30	10	7	丁巳	11	29	11	7	丁亥	12	29	12	7	丁巳	1	28	1	8	丁亥
	8	31	8	5	丁巳	10	1	9	7	戊子	10	31	10	8	戊午	11	30	11	8	戊子	12	30	12	8	戊午	1	29	1	9	戊子
	9	1	8	6	戊午	10	2	9	8	己丑	11	1	10	9	己未	12	1	11	9	己丑	12	31	12	9	己未	1	30	1	10	己丑
	9	2	8	7	己未	10	3	9	9	庚寅	11	2	10	10	庚申	12	2	11	10	庚寅	1	1	12	10	庚申	1	31	1	11	庚寅
	9	3	8	8	庚申	10	4	9	10	辛卯	11	3	10	11	辛酉	12	3	11	11	辛卯	1	2	12	11	辛酉	2	1	1	12	辛卯
	9	4	8	9	辛酉	10	5	9	11	壬辰	11	4	10	12	壬戌	12	4	11	12	壬辰	1	3	12	12	壬戌	2	2	1	13	壬辰
	9	5	8	10	壬戌	10	6	9	12	癸巳	11	5	10	13	癸亥	12	5	11	13	癸巳	1	4	12	13	癸亥	2	3	1	14	癸巳
	9	6	8	11	癸亥	10	7	9	13	甲午	11	6	10	14	甲子	12	6	11	14	甲午	1	5	12	14	甲子					
	9	7	8	12	甲子																									
中氣	處暑 8/23 16時42分 申時					秋分 9/23 14時6分 未時					霜降 10/23 23時9分 子時					小雪 11/22 20時29分 戌時					冬至 12/22 9時40分 巳時					大寒 1/20 20時19分 戌時				

年	丙午																	
月	庚寅			辛卯			壬辰			癸巳			甲午			乙未		
節氣	立春			驚蟄			清明			立夏			芒種			小暑		
	2/4 14時37分 未時			3/6 8時51分 辰時			4/5 13時56分 未時			5/6 7時30分 辰時			6/6 11時49分 午時			7/7 22時7分 亥時		
日	國曆	農曆	干支	國曆	農曆	干支	國曆	農曆	干支	國曆	農曆	干支	國曆	農曆	干支	國曆	農曆	干支
	2 4	1 15	甲午	3 6	2 15	甲子	4 5	3 15	甲午	5 6	3 16	乙丑	6 6	4 18	丙申	7 7	5 19	丁卯
	2 5	1 16	乙未	3 7	2 16	乙丑	4 6	3 16	乙未	5 7	3 17	丙寅	6 7	4 19	丁酉	7 8	5 20	戊辰
	2 6	1 17	丙申	3 8	2 17	丙寅	4 7	3 17	丙申	5 8	3 18	丁卯	6 8	4 20	戊戌	7 9	5 21	己巳
	2 7	1 18	丁酉	3 9	2 18	丁卯	4 8	3 18	丁酉	5 9	3 19	戊辰	6 9	4 21	己亥	7 10	5 22	庚午
1966	2 8	1 19	戊戌	3 10	2 19	戊辰	4 9	3 19	戊戌	5 10	3 20	己巳	6 10	4 22	庚子	7 11	5 23	辛未
	2 9	1 20	己亥	3 11	2 20	己巳	4 10	3 20	己亥	5 11	3 21	庚午	6 11	4 23	辛丑	7 12	5 24	壬申
	2 10	1 21	庚子	3 12	2 21	庚午	4 11	3 21	庚子	5 12	3 22	辛未	6 12	4 24	壬寅	7 13	5 25	癸酉
	2 11	1 22	辛丑	3 13	2 22	辛未	4 12	3 22	辛丑	5 13	3 23	壬申	6 13	4 25	癸卯	7 14	5 26	甲戌
	2 12	1 23	壬寅	3 14	2 23	壬申	4 13	3 23	壬寅	5 14	3 24	癸酉	6 14	4 26	甲辰	7 15	5 27	乙亥
	2 13	1 24	癸卯	3 15	2 24	癸酉	4 14	3 24	癸卯	5 15	3 25	甲戌	6 15	4 27	乙巳	7 16	5 28	丙子
	2 14	1 25	甲辰	3 16	2 25	甲戌	4 15	3 25	甲辰	5 16	3 26	乙亥	6 16	4 28	丙午	7 17	5 29	丁丑
	2 15	1 26	乙巳	3 17	2 26	乙亥	4 16	3 26	乙巳	5 17	3 27	丙子	6 17	4 29	丁未	7 18	6 1	戊寅
	2 16	1 27	丙午	3 18	2 27	丙子	4 17	3 27	丙午	5 18	3 28	丁丑	6 18	4 30	戊申	7 19	6 2	己卯
馬	2 17	1 28	丁未	3 19	2 28	丁丑	4 18	3 28	丁未	5 19	3 29	戊寅	6 19	5 1	己酉	7 20	6 3	庚辰
	2 18	1 29	戊申	3 20	2 29	戊寅	4 19	3 29	戊申	5 20	4 1	己卯	6 20	5 2	庚戌	7 21	6 4	辛巳
	2 19	1 30	己酉	3 21	2 30	己卯	4 20	3 30	己酉	5 21	4 2	庚辰	6 21	5 3	辛亥	7 22	6 5	壬午
	2 20	2 1	庚戌	3 22	3 1	庚辰	4 21	閏3 1	庚戌	5 22	4 3	辛巳	6 22	5 4	壬子	7 23	6 6	癸未
	2 21	2 2	辛亥	3 23	3 2	辛巳	4 22	3 2	辛亥	5 23	4 4	壬午	6 23	5 5	癸丑	7 24	6 7	甲申
	2 22	2 3	壬子	3 24	3 3	壬午	4 23	3 3	壬子	5 24	4 5	癸未	6 24	5 6	甲寅	7 25	6 8	乙酉
	2 23	2 4	癸丑	3 25	3 4	癸未	4 24	3 4	癸丑	5 25	4 6	甲申	6 25	5 7	乙卯	7 26	6 9	丙戌
	2 24	2 5	甲寅	3 26	3 5	甲申	4 25	3 5	甲寅	5 26	4 7	乙酉	6 26	5 8	丙辰	7 27	6 10	丁亥
中華民國五十五年	2 25	2 6	乙卯	3 27	3 6	乙酉	4 26	3 6	乙卯	5 27	4 8	丙戌	6 27	5 9	丁巳	7 28	6 11	戊子
	2 26	2 7	丙辰	3 28	3 7	丙戌	4 27	3 7	丙辰	5 28	4 9	丁亥	6 28	5 10	戊午	7 29	6 12	己丑
	2 27	2 8	丁巳	3 29	3 8	丁亥	4 28	3 8	丁巳	5 29	4 10	戊子	6 29	5 11	己未	7 30	6 13	庚寅
	2 28	2 9	戊午	3 30	3 9	戊子	4 29	3 9	戊午	5 30	4 11	己丑	6 30	5 12	庚申	7 31	6 14	辛卯
	3 1	2 10	己未	3 31	3 10	己丑	4 30	3 10	己未	5 31	4 12	庚寅	7 1	5 13	辛酉	8 1	6 15	壬辰
	3 2	2 11	庚申	4 1	3 11	庚寅	5 1	3 11	庚申	6 1	4 13	辛卯	7 2	5 14	壬戌	8 2	6 16	癸巳
	3 3	2 12	辛酉	4 2	3 12	辛卯	5 2	3 12	辛酉	6 2	4 14	壬辰	7 3	5 15	癸亥	8 3	6 17	甲午
	3 4	2 13	壬戌	4 3	3 13	壬辰	5 3	3 13	壬戌	6 3	4 15	癸巳	7 4	5 16	甲子	8 4	6 18	乙未
	3 5	2 14	癸亥	4 4	3 14	癸巳	5 4	3 14	癸亥	6 4	4 16	甲午	7 5	5 17	乙丑	8 5	6 19	丙申
							5 5	3 15	甲子	6 5	4 17	乙未	7 6	5 18	丙寅	8 6	6 20	丁酉
																8 7	6 21	戊戌
中氣	雨水			春分			穀雨			小滿			夏至			大暑		
	2/19 10時37分 巳時			3/21 9時52分 巳時			4/20 21時11分 亥時			5/21 20時32分 戌時			6/22 4時33分 寅時			7/23 15時23分 申時		

年	丙午																	
月	丙申			丁酉			戊戌			己亥			庚子			辛丑		
節氣	立秋 8/8 7時49分 辰時			白露 9/8 10時32分 巳時			寒露 10/9 1時56分 丑時			立冬 11/8 4時55分 寅時			大雪 12/7 21時37分 亥時			小寒 1/6 8時48分 辰時		
日	國曆	農曆	干支	國曆	農曆	干支	國曆	農曆	干支	國曆	農曆	干支	國曆	農曆	干支	國曆	農曆	干支
	8 8	6 22	己亥	9 8	7 24	庚午	10 9	8 25	辛丑	11 8	9 26	辛未	12 7	10 26	庚子	1 6	11 26	庚午
	8 9	6 23	庚子	9 9	7 25	辛未	10 10	8 26	壬寅	11 9	9 27	壬申	12 8	10 27	辛丑	1 7	11 27	辛未
	8 10	6 24	辛丑	9 10	7 26	壬申	10 11	8 27	癸卯	11 10	9 28	癸酉	12 9	10 28	壬寅	1 8	11 28	壬申
	8 11	6 25	壬寅	9 11	7 27	癸酉	10 12	8 28	甲辰	11 11	9 29	甲戌	12 10	10 29	癸卯	1 9	11 29	癸酉
	8 12	6 26	癸卯	9 12	7 28	甲戌	10 13	8 29	乙巳	11 12	10 1	乙亥	12 11	10 30	甲辰	1 10	11 30	甲戌
	8 13	6 27	甲辰	9 13	7 29	乙亥	10 14	9 1	丙午	11 13	10 2	丙子	12 12	11 1	乙巳	1 11	12 1	乙亥
	8 14	6 28	乙巳	9 14	7 30	丙子	10 15	9 2	丁未	11 14	10 3	丁丑	12 13	11 2	丙午	1 12	12 2	丙子
	8 15	6 29	丙午	9 15	8 1	丁丑	10 16	9 3	戊申	11 15	10 4	戊寅	12 14	11 3	丁未	1 13	12 3	丁丑
	8 16	7 1	丁未	9 16	8 2	戊寅	10 17	9 4	己酉	11 16	10 5	己卯	12 15	11 4	戊申	1 14	12 4	戊寅
	8 17	7 2	戊申	9 17	8 3	己卯	10 18	9 5	庚戌	11 17	10 6	庚辰	12 16	11 5	己酉	1 15	12 5	己卯
	8 18	7 3	己酉	9 18	8 4	庚辰	10 19	9 6	辛亥	11 18	10 7	辛巳	12 17	11 6	庚戌	1 16	12 6	庚辰
	8 19	7 4	庚戌	9 19	8 5	辛巳	10 20	9 7	壬子	11 19	10 8	壬午	12 18	11 7	辛亥	1 17	12 7	辛巳
	8 20	7 5	辛亥	9 20	8 6	壬午	10 21	9 8	癸丑	11 20	10 9	癸未	12 19	11 8	壬子	1 18	12 8	壬午
	8 21	7 6	壬子	9 21	8 7	癸未	10 22	9 9	甲寅	11 21	10 10	甲申	12 20	11 9	癸丑	1 19	12 9	癸未
	8 22	7 7	癸丑	9 22	8 8	甲申	10 23	9 10	乙卯	11 22	10 11	乙酉	12 21	11 10	甲寅	1 20	12 10	甲申
	8 23	7 8	甲寅	9 23	8 9	乙酉	10 24	9 11	丙辰	11 23	10 12	丙戌	12 22	11 11	乙卯	1 21	12 11	乙酉
	8 24	7 9	乙卯	9 24	8 10	丙戌	10 25	9 12	丁巳	11 24	10 13	丁亥	12 23	11 12	丙辰	1 22	12 12	丙戌
	8 25	7 10	丙辰	9 25	8 11	丁亥	10 26	9 13	戊午	11 25	10 14	戊子	12 24	11 13	丁巳	1 23	12 13	丁亥
	8 26	7 11	丁巳	9 26	8 12	戊子	10 27	9 14	己未	11 26	10 15	己丑	12 25	11 14	戊午	1 24	12 14	戊子
	8 27	7 12	戊午	9 27	8 13	己丑	10 28	9 15	庚申	11 27	10 16	庚寅	12 26	11 15	己未	1 25	12 15	己丑
	8 28	7 13	己未	9 28	8 14	庚寅	10 29	9 16	辛酉	11 28	10 17	辛卯	12 27	11 16	庚申	1 26	12 16	庚寅
	8 29	7 14	庚申	9 29	8 15	辛卯	10 30	9 17	壬戌	11 29	10 18	壬辰	12 28	11 17	辛酉	1 27	12 17	辛卯
	8 30	7 15	辛酉	9 30	8 16	壬辰	10 31	9 18	癸亥	11 30	10 19	癸巳	12 29	11 18	壬戌	1 28	12 18	壬辰
	8 31	7 16	壬戌	10 1	8 17	癸巳	11 1	9 19	甲子	12 1	10 20	甲午	12 30	11 19	癸亥	1 29	12 19	癸巳
	9 1	7 17	癸亥	10 2	8 18	甲午	11 2	9 20	乙丑	12 2	10 21	乙未	12 31	11 20	甲子	1 30	12 20	甲午
	9 2	7 18	甲子	10 3	8 19	乙未	11 3	9 21	丙寅	12 3	10 22	丙申	1 1	11 21	乙丑	1 31	12 21	乙未
	9 3	7 19	乙丑	10 4	8 20	丙申	11 4	9 22	丁卯	12 4	10 23	丁酉	1 2	11 22	丙寅	2 1	12 22	丙申
	9 4	7 20	丙寅	10 5	8 21	丁酉	11 5	9 23	戊辰	12 5	10 24	戊戌	1 3	11 23	丁卯	2 2	12 23	丁酉
	9 5	7 21	丁卯	10 6	8 22	戊戌	11 6	9 24	己巳	12 6	10 25	己亥	1 4	11 24	戊辰	2 3	12 24	戊戌
	9 6	7 22	戊辰	10 7	8 23	己亥	11 7	9 25	庚午				1 5	11 25	己巳			
	9 7	7 23	己巳	10 8	8 24	庚子												
中氣	處暑 8/23 22時17分 亥時			秋分 9/23 19時43分 戌時			霜降 10/24 4時50分 寅時			小雪 11/23 2時14分 丑時			冬至 12/22 15時28分 申時			大寒 1/21 2時7分 丑時		

1966・1967

馬

中華民國五十五・五十六年

年	丁未																	
月	王寅			癸卯			甲辰			乙巳			丙午			丁未		
節氣	立春 2/4 20時30分 戌時			驚蟄 3/6 14時41分 未時			清明 4/5 19時44分 戌時			立夏 5/6 13時17分 未時			芒種 6/6 17時36分 酉時			小暑 7/8 3時53分 寅時		
日	國曆	農曆	干支	國曆	農曆	干支	國曆	農曆	干支	國曆	農曆	干支	國曆	農曆	干支	國曆	農曆	干支
1967 羊 中華民國五十六年	2 4	12 25	己亥	3 6	1 26	己巳	4 5	2 26	己亥	5 6	3 27	庚午	6 6	4 29	辛丑	7 8	6 1	癸酉
	2 5	12 26	庚子	3 7	1 27	庚午	4 6	2 27	庚子	5 7	3 28	辛未	6 7	4 30	壬寅	7 9	6 2	甲戌
	2 6	12 27	辛丑	3 8	1 28	辛未	4 7	2 28	辛丑	5 8	3 29	壬申	6 8	5 1	癸卯	7 10	6 3	乙亥
	2 7	12 28	壬寅	3 9	1 29	壬申	4 8	2 29	壬寅	5 9	4 1	癸酉	6 9	5 2	甲辰	7 11	6 4	丙子
	2 8	12 29	癸卯	3 10	1 30	癸酉	4 9	2 30	癸卯	5 10	4 2	甲戌	6 10	5 3	乙巳	7 12	6 5	丁丑
	2 9	1 1	甲辰	3 11	2 1	甲戌	4 10	3 1	甲辰	5 11	4 3	乙亥	6 11	5 4	丙午	7 13	6 6	戊寅
	2 10	1 2	乙巳	3 12	2 2	乙亥	4 11	3 2	乙巳	5 12	4 4	丙子	6 12	5 5	丁未	7 14	6 7	己卯
	2 11	1 3	丙午	3 13	2 3	丙子	4 12	3 3	丙午	5 13	4 5	丁丑	6 13	5 6	戊申	7 15	6 8	庚辰
	2 12	1 4	丁未	3 14	2 4	丁丑	4 13	3 4	丁未	5 14	4 6	戊寅	6 14	5 7	己酉	7 16	6 9	辛巳
	2 13	1 5	戊申	3 15	2 5	戊寅	4 14	3 5	戊申	5 15	4 7	己卯	6 15	5 8	庚戌	7 17	6 10	壬午
	2 14	1 6	己酉	3 16	2 6	己卯	4 15	3 6	己酉	5 16	4 8	庚辰	6 16	5 9	辛亥	7 18	6 11	癸未
	2 15	1 7	庚戌	3 17	2 7	庚辰	4 16	3 7	庚戌	5 17	4 9	辛巳	6 17	5 10	壬子	7 19	6 12	甲申
	2 16	1 8	辛亥	3 18	2 8	辛巳	4 17	3 8	辛亥	5 18	4 10	壬午	6 18	5 11	癸丑	7 20	6 13	乙酉
	2 17	1 9	壬子	3 19	2 9	壬午	4 18	3 9	壬子	5 19	4 11	癸未	6 19	5 12	甲寅	7 21	6 14	丙戌
	2 18	1 10	癸丑	3 20	2 10	癸未	4 19	3 10	癸丑	5 20	4 12	甲申	6 20	5 13	乙卯	7 22	6 15	丁亥
	2 19	1 11	甲寅	3 21	2 11	甲申	4 20	3 11	甲寅	5 21	4 13	乙酉	6 21	5 14	丙辰	7 23	6 16	戊子
	2 20	1 12	乙卯	3 22	2 12	乙酉	4 21	3 12	乙卯	5 22	4 14	丙戌	6 22	5 15	丁巳	7 24	6 17	己丑
	2 21	1 13	丙辰	3 23	2 13	丙戌	4 22	3 13	丙辰	5 23	4 15	丁亥	6 23	5 16	戊午	7 25	6 18	庚寅
	2 22	1 14	丁巳	3 24	2 14	丁亥	4 23	3 14	丁巳	5 24	4 16	戊子	6 24	5 17	己未	7 26	6 19	辛卯
	2 23	1 15	戊午	3 25	2 15	戊子	4 24	3 15	戊午	5 25	4 17	己丑	6 25	5 18	庚申	7 27	6 20	壬辰
	2 24	1 16	己未	3 26	2 16	己丑	4 25	3 16	己未	5 26	4 18	庚寅	6 26	5 19	辛酉	7 28	6 21	癸巳
	2 25	1 17	庚申	3 27	2 17	庚寅	4 26	3 17	庚申	5 27	4 19	辛卯	6 27	5 20	壬戌	7 29	6 22	甲午
	2 26	1 18	辛酉	3 28	2 18	辛卯	4 27	3 18	辛酉	5 28	4 20	壬辰	6 28	5 21	癸亥	7 30	6 23	乙未
	2 27	1 19	壬戌	3 29	2 19	壬辰	4 28	3 19	壬戌	5 29	4 21	癸巳	6 29	5 22	甲子	7 31	6 24	丙申
	2 28	1 20	癸亥	3 30	2 20	癸巳	4 29	3 20	癸亥	5 30	4 22	甲午	6 30	5 23	乙丑	8 1	6 25	丁酉
	3 1	1 21	甲子	3 31	2 21	甲午	4 30	3 21	甲子	5 31	4 23	乙未	7 1	5 24	丙寅	8 2	6 26	戊戌
	3 2	1 22	乙丑	4 1	2 22	乙未	5 1	3 22	乙丑	6 1	4 24	丙申	7 2	5 25	丁卯	8 3	6 27	己亥
	3 3	1 23	丙寅	4 2	2 23	丙申	5 2	3 23	丙寅	6 2	4 25	丁酉	7 3	5 26	戊辰	8 4	6 28	庚子
	3 4	1 24	丁卯	4 3	2 24	丁酉	5 3	3 24	丁卯	6 3	4 26	戊戌	7 4	5 27	己巳	8 5	6 29	辛丑
	3 5	1 25	戊辰	4 4	2 25	戊戌	5 4	3 25	戊辰	6 4	4 27	己亥	7 5	5 28	庚午	8 6	7 1	壬寅
							5 5	3 26	己巳	6 5	4 28	庚子	7 6	5 29	辛未	8 7	7 2	癸卯
													7 7	5 30	壬申			
中氣	雨水 2/19 16時23分 申時			春分 3/21 15時36分 申時			穀雨 4/21 2時55分 丑時			小滿 5/22 2時17分 丑時			夏至 6/22 10時22分 巳時			大暑 7/23 21時15分 亥時		

年	丁未																	
月	戊申			己酉			庚戌			辛亥			壬子			癸丑		
節氣	立秋			白露			寒露			立冬			大雪			小寒		
	8/8 13時34分 未時			9/8 16時17分 申時			10/9 7時41分 辰時			11/8 10時37分 巳時			12/8 3時17分 寅時			1/6 14時26分 未時		
日	國曆	農曆	干支	國曆	農曆	干支	國曆	農曆	干支	國曆	農曆	干支	國曆	農曆	干支	國曆	農曆	干支
	8 8	7 3	甲辰	9 8	8 5	乙亥	10 9	9 6	丙午	11 8	10 7	丙子	12 8	11 7	丙午	1 6	12 7	乙亥
	8 9	7 4	乙巳	9 9	8 6	丙子	10 10	9 7	丁未	11 9	10 8	丁丑	12 9	11 8	丁未	1 7	12 8	丙子
	8 10	7 5	丙午	9 10	8 7	丁丑	10 11	9 8	戊申	11 10	10 9	戊寅	12 10	11 9	戊申	1 8	12 9	丁丑
1	8 11	7 6	丁未	9 11	8 8	戊寅	10 12	9 9	己酉	11 11	10 10	己卯	12 11	11 10	己酉	1 9	12 10	戊寅
9	8 12	7 7	戊申	9 12	8 9	己卯	10 13	9 10	庚戌	11 12	10 11	庚辰	12 12	11 11	庚戌	1 10	12 11	己卯
6	8 13	7 8	己酉	9 13	8 10	庚辰	10 14	9 11	辛亥	11 13	10 12	辛巳	12 13	11 12	辛亥	1 11	12 12	庚辰
7	8 14	7 9	庚戌	9 14	8 11	辛巳	10 15	9 12	壬子	11 14	10 13	壬午	12 14	11 13	壬子	1 12	12 13	辛巳
·	8 15	7 10	辛亥	9 15	8 12	壬午	10 16	9 13	癸丑	11 15	10 14	癸未	12 15	11 14	癸丑	1 13	12 14	壬午
1	8 16	7 11	壬子	9 16	8 13	癸未	10 17	9 14	甲寅	11 16	10 15	甲申	12 16	11 15	甲寅	1 14	12 15	癸未
9	8 17	7 12	癸丑	9 17	8 14	甲申	10 18	9 15	乙卯	11 17	10 16	乙酉	12 17	11 16	乙卯	1 15	12 16	甲申
6	8 18	7 13	甲寅	9 18	8 15	乙酉	10 19	9 16	丙辰	11 18	10 17	丙戌	12 18	11 17	丙辰	1 16	12 17	乙酉
8	8 19	7 14	乙卯	9 19	8 16	丙戌	10 20	9 17	丁巳	11 19	10 18	丁亥	12 19	11 18	丁巳	1 17	12 18	丙戌
	8 20	7 15	丙辰	9 20	8 17	丁亥	10 21	9 18	戊午	11 20	10 19	戊子	12 20	11 19	戊午	1 18	12 19	丁亥
	8 21	7 16	丁巳	9 21	8 18	戊子	10 22	9 19	己未	11 21	10 20	己丑	12 21	11 20	己未	1 19	12 20	戊子
羊	8 22	7 17	戊午	9 22	8 19	己丑	10 23	9 20	庚申	11 22	10 21	庚寅	12 22	11 21	庚申	1 20	12 21	己丑
	8 23	7 18	己未	9 23	8 20	庚寅	10 24	9 21	辛酉	11 23	10 22	辛卯	12 23	11 22	辛酉	1 21	12 22	庚寅
	8 24	7 19	庚申	9 24	8 21	辛卯	10 25	9 22	壬戌	11 24	10 23	壬辰	12 24	11 23	壬戌	1 22	12 23	辛卯
	8 25	7 20	辛酉	9 25	8 22	壬辰	10 26	9 23	癸亥	11 25	10 24	癸巳	12 25	11 24	癸亥	1 23	12 24	壬辰
	8 26	7 21	壬戌	9 26	8 23	癸巳	10 27	9 24	甲子	11 26	10 25	甲午	12 26	11 25	甲子	1 24	12 25	癸巳
中	8 27	7 22	癸亥	9 27	8 24	甲午	10 28	9 25	乙丑	11 27	10 26	乙未	12 27	11 26	乙丑	1 25	12 26	甲午
華	8 28	7 23	甲子	9 28	8 25	乙未	10 29	9 26	丙寅	11 28	10 27	丙申	12 28	11 27	丙寅	1 26	12 27	乙未
民	8 29	7 24	乙丑	9 29	8 26	丙申	10 30	9 27	丁卯	11 29	10 28	丁酉	12 29	11 28	丁卯	1 27	12 28	丙申
國	8 30	7 25	丙寅	9 30	8 27	丁酉	10 31	9 28	戊辰	11 30	10 29	戊戌	12 30	11 29	戊辰	1 28	12 29	丁酉
五	8 31	7 26	丁卯	10 1	8 28	戊戌	11 1	9 29	己巳	12 1	10 30	己亥	12 31	12 1	己巳	1 29	12 30	戊戌
十	9 1	7 27	戊辰	10 2	8 29	己亥	11 2	10 1	庚午	12 2	11 1	庚子	1 1	12 2	庚午	1 30	1 1	己亥
六	9 2	7 28	己巳	10 3	8 30	庚子	11 3	10 2	辛未	12 3	11 2	辛丑	1 2	12 3	辛未	1 31	1 2	庚子
·	9 3	7 29	庚午	10 4	9 1	辛丑	11 4	10 3	壬申	12 4	11 3	壬寅	1 3	12 4	壬申	2 1	1 3	辛丑
五	9 4	8 1	辛未	10 5	9 2	壬寅	11 5	10 4	癸酉	12 5	11 4	癸卯	1 4	12 5	癸酉	2 2	1 4	壬寅
十	9 5	8 2	壬申	10 6	9 3	癸卯	11 6	10 5	甲戌	12 6	11 5	甲辰	1 5	12 6	甲戌	2 3	1 5	癸卯
七	9 6	8 3	癸酉	10 7	9 4	甲辰	11 7	10 6	乙亥	12 7	11 6	乙巳				2 4	1 6	甲辰
年	9 7	8 4	甲戌	10 8	9 5	乙巳												
中氣	處暑			秋分			霜降			小雪			冬至			大寒		
	8/24 4時12分 寅時			9/24 1時38分 丑時			10/24 10時43分 巳時			11/23 8時4分 辰時			12/22 21時16分 亥時			1/21 7時54分 辰時		

年	戊申																													
月	甲寅					乙卯					丙辰					丁巳					戊午					己未				
節氣	立春 2/5 2時7分 丑時					驚蟄 3/5 20時17分 戌時					清明 4/5 1時20分 丑時					立夏 5/5 18時55分 酉時					芒種 6/5 23時19分 子時					小暑 7/7 9時41分 巳時				
日	國曆		農曆		干支	國曆		農曆		干支	國曆		農曆		干支	國曆		農曆		干支	國曆		農曆		干支	國曆		農曆		干支
	2	5	1	7	乙巳	3	5	2	7	甲戌	4	5	3	8	乙巳	5	5	4	9	乙亥	6	5	5	10	丙午	7	7	6	12	戊寅
	2	6	1	8	丙午	3	6	2	8	乙亥	4	6	3	9	丙午	5	6	4	10	丙子	6	6	5	11	丁未	7	8	6	13	己卯
	2	7	1	9	丁未	3	7	2	9	丙子	4	7	3	10	丁未	5	7	4	11	丁丑	6	7	5	12	戊申	7	9	6	14	庚辰
	2	8	1	10	戊申	3	8	2	10	丁丑	4	8	3	11	戊申	5	8	4	12	戊寅	6	8	5	13	己酉	7	10	6	15	辛巳
1	2	9	1	11	己酉	3	9	2	11	戊寅	4	9	3	12	己酉	5	9	4	13	己卯	6	9	5	14	庚戌	7	11	6	16	壬午
9	2	10	1	12	庚戌	3	10	2	12	己卯	4	10	3	13	庚戌	5	10	4	14	庚辰	6	10	5	15	辛亥	7	12	6	17	癸未
6	2	11	1	13	辛亥	3	11	2	13	庚辰	4	11	3	14	辛亥	5	11	4	15	辛巳	6	11	5	16	壬子	7	13	6	18	甲申
8	2	12	1	14	壬子	3	12	2	14	辛巳	4	12	3	15	壬子	5	12	4	16	壬午	6	12	5	17	癸丑	7	14	6	19	乙酉
	2	13	1	15	癸丑	3	13	2	15	壬午	4	13	3	16	癸丑	5	13	4	17	癸未	6	13	5	18	甲寅	7	15	6	20	丙戌
	2	14	1	16	甲寅	3	14	2	16	癸未	4	14	3	17	甲寅	5	14	4	18	甲申	6	14	5	19	乙卯	7	16	6	21	丁亥
	2	15	1	17	乙卯	3	15	2	17	甲申	4	15	3	18	乙卯	5	15	4	19	乙酉	6	15	5	20	丙辰	7	17	6	22	戊子
	2	16	1	18	丙辰	3	16	2	18	乙酉	4	16	3	19	丙辰	5	16	4	20	丙戌	6	16	5	21	丁巳	7	18	6	23	己丑
	2	17	1	19	丁巳	3	17	2	19	丙戌	4	17	3	20	丁巳	5	17	4	21	丁亥	6	17	5	22	戊午	7	19	6	24	庚寅
猴	2	18	1	20	戊午	3	18	2	20	丁亥	4	18	3	21	戊午	5	18	4	22	戊子	6	18	5	23	己未	7	20	6	25	辛卯
	2	19	1	21	己未	3	19	2	21	戊子	4	19	3	22	己未	5	19	4	23	己丑	6	19	5	24	庚申	7	21	6	26	壬辰
	2	20	1	22	庚申	3	20	2	22	己丑	4	20	3	23	庚申	5	20	4	24	庚寅	6	20	5	25	辛酉	7	22	6	27	癸巳
	2	21	1	23	辛酉	3	21	2	23	庚寅	4	21	3	24	辛酉	5	21	4	25	辛卯	6	21	5	26	壬戌	7	23	6	28	甲午
	2	22	1	24	壬戌	3	22	2	24	辛卯	4	22	3	25	壬戌	5	22	4	26	壬辰	6	22	5	27	癸亥	7	24	6	29	乙未
	2	23	1	25	癸亥	3	23	2	25	壬辰	4	23	3	26	癸亥	5	23	4	27	癸巳	6	23	5	28	甲子	7	25	7	1	丙申
	2	24	1	26	甲子	3	24	2	26	癸巳	4	24	3	27	甲子	5	24	4	28	甲午	6	24	5	29	乙丑	7	26	7	2	丁酉
	2	25	1	27	乙丑	3	25	2	27	甲午	4	25	3	28	乙丑	5	25	4	29	乙未	6	25	5	30	丙寅	7	27	7	3	戊戌
中	2	26	1	28	丙寅	3	26	2	28	乙未	4	26	3	29	丙寅	5	26	4	30	丙申	6	26	6	1	丁卯	7	28	7	4	己亥
華	2	27	1	29	丁卯	3	27	2	29	丙申	4	27	4	1	丁卯	5	27	5	1	丁酉	6	27	6	2	戊辰	7	29	7	5	庚子
民	2	28	2	1	戊辰	3	28	2	30	丁酉	4	28	4	2	戊辰	5	28	5	2	戊戌	6	28	6	3	己巳	7	30	7	6	辛丑
國	2	29	2	2	己巳	3	29	3	1	戊戌	4	29	4	3	己巳	5	29	5	3	己亥	6	29	6	4	庚午	7	31	7	7	壬寅
五	3	1	2	3	庚午	3	30	3	2	己亥	4	30	4	4	庚午	5	30	5	4	庚子	6	30	6	5	辛未	8	1	7	8	癸卯
十	3	2	2	4	辛未	3	31	3	3	庚子	5	1	4	5	辛未	5	31	5	5	辛丑	7	1	6	6	壬申	8	2	7	9	甲辰
七	3	3	2	5	壬申	4	1	3	4	辛丑	5	2	4	6	壬申	6	1	5	6	壬寅	7	2	6	7	癸酉	8	3	7	10	乙巳
年	3	4	2	6	癸酉	4	2	3	5	壬寅	5	3	4	7	癸酉	6	2	5	7	癸卯	7	3	6	8	甲戌	8	4	7	11	丙午
						4	3	3	6	癸卯	5	4	4	8	甲戌	6	3	5	8	甲辰	7	4	6	9	乙亥	8	5	7	12	丁未
						4	4	3	7	甲辰						6	4	5	9	乙巳	7	5	6	10	丙子	8	6	7	13	戊申
																					7	6	6	11	丁丑					
中氣	雨水 2/19 22時9分 亥時					春分 3/20 21時22分 亥時					穀雨 4/20 8時41分 辰時					小滿 5/21 8時5分 辰時					夏至 6/21 16時13分 申時					大暑 7/23 3時7分 寅時				

戊申																														年
庚申					辛酉					壬戌					癸亥					甲子					乙丑					月
立秋					白露					寒露					立冬					大雪					小寒					節氣
8/7 19時27分 戌時					9/7 22時11分 亥時					10/8 13時34分 未時					11/7 16時29分 申時					12/7 9時8分 巳時					1/5 20時16分 戌時					
國曆		農曆		干支	國曆		農曆		干支	國曆		農曆		干支	國曆		農曆		干支	國曆		農曆		干支	國曆		農曆		干支	日
8	7	7	14	己酉	9	7	7	15	庚辰	10	8	8	17	辛亥	11	7	9	17	辛巳	12	7	10	18	辛亥	1	5	11	17	庚辰	
8	8	7	15	庚戌	9	8	7	16	辛巳	10	9	8	18	壬子	11	8	9	18	壬午	12	8	10	19	壬子	1	6	11	18	辛巳	
8	9	7	16	辛亥	9	9	7	17	壬午	10	10	8	19	癸丑	11	9	9	19	癸未	12	9	10	20	癸丑	1	7	11	19	壬午	
8	10	7	17	壬子	9	10	7	18	癸未	10	11	8	20	甲寅	11	10	9	20	甲申	12	10	10	21	甲寅	1	8	11	20	癸未	
8	11	7	18	癸丑	9	11	7	19	甲申	10	12	8	21	乙卯	11	11	9	21	乙酉	12	11	10	22	乙卯	1	9	11	21	甲申	
8	12	7	19	甲寅	9	12	7	20	乙酉	10	13	8	22	丙辰	11	12	9	22	丙戌	12	12	10	23	丙辰	1	10	11	22	乙酉	
8	13	7	20	乙卯	9	13	7	21	丙戌	10	14	8	23	丁巳	11	13	9	23	丁亥	12	13	10	24	丁巳	1	11	11	23	丙戌	
8	14	7	21	丙辰	9	14	7	22	丁亥	10	15	8	24	戊午	11	14	9	24	戊子	12	14	10	25	戊午	1	12	11	24	丁亥	
8	15	7	22	丁巳	9	15	7	23	戊子	10	16	8	25	己未	11	15	9	25	己丑	12	15	10	26	己未	1	13	11	25	戊子	
8	16	7	23	戊午	9	16	7	24	己丑	10	17	8	26	庚申	11	16	9	26	庚寅	12	16	10	27	庚申	1	14	11	26	己丑	
8	17	7	24	己未	9	17	7	25	庚寅	10	18	8	27	辛酉	11	17	9	27	辛卯	12	17	10	28	辛酉	1	15	11	27	庚寅	
8	18	7	25	庚申	9	18	7	26	辛卯	10	19	8	28	壬戌	11	18	9	28	壬辰	12	18	10	29	壬戌	1	16	11	28	辛卯	
8	19	7	26	辛酉	9	19	7	27	壬辰	10	20	8	29	癸亥	11	19	9	29	癸巳	12	19	10	30	癸亥	1	17	11	29	壬辰	
8	20	7	27	壬戌	9	20	7	28	癸巳	10	21	8	30	甲子	11	20	10	1	甲午	12	20	11	1	甲子	1	18	12	1	癸巳	
8	21	7	28	癸亥	9	21	7	29	甲午	10	22	9	1	乙丑	11	21	10	2	乙未	12	21	11	2	乙丑	1	19	12	2	甲午	
8	22	7	29	甲子	9	22	8	1	乙未	10	23	9	2	丙寅	11	22	10	3	丙申	12	22	11	3	丙寅	1	20	12	3	乙未	
8	23	7	30	乙丑	9	23	8	2	丙申	10	24	9	3	丁卯	11	23	10	4	丁酉	12	23	11	4	丁卯	1	21	12	4	丙申	
8	24	閏7	1	丙寅	9	24	8	3	丁酉	10	25	9	4	戊辰	11	24	10	5	戊戌	12	24	11	5	戊辰	1	22	12	5	丁酉	
8	25	7	2	丁卯	9	25	8	4	戊戌	10	26	9	5	己巳	11	25	10	6	己亥	12	25	11	6	己巳	1	23	12	6	戊戌	
8	26	7	3	戊辰	9	26	8	5	己亥	10	27	9	6	庚午	11	26	10	7	庚子	12	26	11	7	庚午	1	24	12	7	己亥	
8	27	7	4	己巳	9	27	8	6	庚子	10	28	9	7	辛未	11	27	10	8	辛丑	12	27	11	8	辛未	1	25	12	8	庚子	
8	28	7	5	庚午	9	28	8	7	辛丑	10	29	9	8	壬申	11	28	10	9	壬寅	12	28	11	9	壬申	1	26	12	9	辛丑	
8	29	7	6	辛未	9	29	8	8	壬寅	10	30	9	9	癸酉	11	29	10	10	癸卯	12	29	11	10	癸酉	1	27	12	10	壬寅	
8	30	7	7	壬申	9	30	8	9	癸卯	10	31	9	10	甲戌	11	30	10	11	甲辰	12	30	11	11	甲戌	1	28	12	11	癸卯	
8	31	7	8	癸酉	10	1	8	10	甲辰	11	1	9	11	乙亥	12	1	10	12	乙巳	12	31	11	12	乙亥	1	29	12	12	甲辰	
9	1	7	9	甲戌	10	2	8	11	乙巳	11	2	9	12	丙子	12	2	10	13	丙午	1	1	11	13	丙子	1	30	12	13	乙巳	
9	2	7	10	乙亥	10	3	8	12	丙午	11	3	9	13	丁丑	12	3	10	14	丁未	1	2	11	14	丁丑	1	31	12	14	丙午	
9	3	7	11	丙子	10	4	8	13	丁未	11	4	9	14	戊寅	12	4	10	15	戊申	1	3	11	15	戊寅	2	1	12	15	丁未	
9	4	7	12	丁丑	10	5	8	14	戊申	11	5	9	15	己卯	12	5	10	16	己酉	1	4	11	16	己卯	2	2	12	16	戊申	
9	5	7	13	戊寅	10	6	8	15	己酉	11	6	9	16	庚辰	12	6	10	17	庚戌						2	3	12	17	己酉	
9	6	7	14	己卯	10	7	8	16	庚戌																					
處暑					秋分					霜降					小雪					冬至					大寒					中氣
8/23 10時2分 巳時					9/23 7時26分 辰時					10/23 16時29分 申時					11/22 13時48分 未時					12/22 2時59分 丑時					1/20 13時38分 未時					

1968・1969

猴

中華民國五十七・五十八年

年	己酉																													
月	丙寅					丁卯					戊辰					己巳					庚午					辛未				
節氣	立春 2/4 7時58分 辰時					驚蟄 3/6 2時10分 丑時					清明 4/5 7時14分 辰時					立夏 5/6 0時49分 子時					芒種 6/6 5時11分 卯時					小暑 7/7 15時31分 申時				
日	國曆		農曆		干支	國曆		農曆		干支	國曆		農曆		干支	國曆		農曆		干支	國曆		農曆		干支	國曆		農曆		干支
	2	4	12	18	庚戌	3	6	1	18	庚辰	4	5	2	19	庚戌	5	6	3	20	辛巳	6	6	4	22	壬子	7	7	5	23	癸未
	2	5	12	19	辛亥	3	7	1	19	辛巳	4	6	2	20	辛亥	5	7	3	21	壬午	6	7	4	23	癸丑	7	8	5	24	甲申
	2	6	12	20	壬子	3	8	1	20	壬午	4	7	2	21	壬子	5	8	3	22	癸未	6	8	4	24	甲寅	7	9	5	25	乙酉
	2	7	12	21	癸丑	3	9	1	21	癸未	4	8	2	22	癸丑	5	9	3	23	甲申	6	9	4	25	乙卯	7	10	5	26	丙戌
1969	2	8	12	22	甲寅	3	10	1	22	甲申	4	9	2	23	甲寅	5	10	3	24	乙酉	6	10	4	26	丙辰	7	11	5	27	丁亥
	2	9	12	23	乙卯	3	11	1	23	乙酉	4	10	2	24	乙卯	5	11	3	25	丙戌	6	11	4	27	丁巳	7	12	5	28	戊子
	2	10	12	24	丙辰	3	12	1	24	丙戌	4	11	2	25	丙辰	5	12	3	26	丁亥	6	12	4	28	戊午	7	13	5	29	己丑
	2	11	12	25	丁巳	3	13	1	25	丁亥	4	12	2	26	丁巳	5	13	3	27	戊子	6	13	4	29	己未	7	14	6	1	庚寅
	2	12	12	26	戊午	3	14	1	26	戊子	4	13	2	27	戊午	5	14	3	28	己丑	6	14	4	30	庚申	7	15	6	2	辛卯
	2	13	12	27	己未	3	15	1	27	己丑	4	14	2	28	己未	5	15	3	29	庚寅	6	15	5	1	辛酉	7	16	6	3	壬辰
	2	14	12	28	庚申	3	16	1	28	庚寅	4	15	2	29	庚申	5	16	4	1	辛卯	6	16	5	2	壬戌	7	17	6	4	癸巳
	2	15	12	29	辛酉	3	17	1	29	辛卯	4	16	2	30	辛酉	5	17	4	2	壬辰	6	17	5	3	癸亥	7	18	6	5	甲午
	2	16	12	30	壬戌	3	18	2	1	壬辰	4	17	3	1	壬戌	5	18	4	3	癸巳	6	18	5	4	甲子	7	19	6	6	乙未
雞	2	17	1	1	癸亥	3	19	2	2	癸巳	4	18	3	2	癸亥	5	19	4	4	甲午	6	19	5	5	乙丑	7	20	6	7	丙申
	2	18	1	2	甲子	3	20	2	3	甲午	4	19	3	3	甲子	5	20	4	5	乙未	6	20	5	6	丙寅	7	21	6	8	丁酉
	2	19	1	3	乙丑	3	21	2	4	乙未	4	20	3	4	乙丑	5	21	4	6	丙申	6	21	5	7	丁卯	7	22	6	9	戊戌
	2	20	1	4	丙寅	3	22	2	5	丙申	4	21	3	5	丙寅	5	22	4	7	丁酉	6	22	5	8	戊辰	7	23	6	10	己亥
	2	21	1	5	丁卯	3	23	2	6	丁酉	4	22	3	6	丁卯	5	23	4	8	戊戌	6	23	5	9	己巳	7	24	6	11	庚子
	2	22	1	6	戊辰	3	24	2	7	戊戌	4	23	3	7	戊辰	5	24	4	9	己亥	6	24	5	10	庚午	7	25	6	12	辛丑
	2	23	1	7	己巳	3	25	2	8	己亥	4	24	3	8	己巳	5	25	4	10	庚子	6	25	5	11	辛未	7	26	6	13	壬寅
	2	24	1	8	庚午	3	26	2	9	庚子	4	25	3	9	庚午	5	26	4	11	辛丑	6	26	5	12	壬申	7	27	6	14	癸卯
中華民國五十八年	2	25	1	9	辛未	3	27	2	10	辛丑	4	26	3	10	辛未	5	27	4	12	壬寅	6	27	5	13	癸酉	7	28	6	15	甲辰
	2	26	1	10	壬申	3	28	2	11	壬寅	4	27	3	11	壬申	5	28	4	13	癸卯	6	28	5	14	甲戌	7	29	6	16	乙巳
	2	27	1	11	癸酉	3	29	2	12	癸卯	4	28	3	12	癸酉	5	29	4	14	甲辰	6	29	5	15	乙亥	7	30	6	17	丙午
	2	28	1	12	甲戌	3	30	2	13	甲辰	4	29	3	13	甲戌	5	30	4	15	乙巳	6	30	5	16	丙子	7	31	6	18	丁未
	3	1	1	13	乙亥	3	31	2	14	乙巳	4	30	3	14	乙亥	5	31	4	16	丙午	7	1	5	17	丁丑	8	1	6	19	戊申
	3	2	1	14	丙子	4	1	2	15	丙午	5	1	3	15	丙子	6	1	4	17	丁未	7	2	5	18	戊寅	8	2	6	20	己酉
	3	3	1	15	丁丑	4	2	2	16	丁未	5	2	3	16	丁丑	6	2	4	18	戊申	7	3	5	19	己卯	8	3	6	21	庚戌
	3	4	1	16	戊寅	4	3	2	17	戊申	5	3	3	17	戊寅	6	3	4	19	己酉	7	4	5	20	庚辰	8	4	6	22	辛亥
	3	5	1	17	己卯	4	4	2	18	己酉	5	4	3	18	己卯	6	4	4	20	庚戌	7	5	5	21	辛巳	8	5	6	23	壬子
											5	5	3	19	庚辰	6	5	4	21	辛亥	7	6	5	22	壬午	8	6	6	24	癸丑
																										8	7	6	25	甲寅
中氣	雨水 2/19 3時54分 寅時					春分 3/21 3時8分 寅時					穀雨 4/20 14時26分 未時					小滿 5/21 13時49分 未時					夏至 6/21 21時55分 亥時					大暑 7/23 8時48分 辰時				

年	己酉																	
月	壬申			癸酉			甲戌			乙亥			丙子			丁丑		
節氣	立秋 8/8 1時14分 丑時			白露 9/8 3時55分 寅時			寒露 10/8 19時16分 戌時			立冬 11/7 22時11分 亥時			大雪 12/7 14時51分 未時			小寒 1/6 2時1分 丑時		
日	國曆	農曆	干支	國曆	農曆	干支	國曆	農曆	干支	國曆	農曆	干支	國曆	農曆	干支	國曆	農曆	干支
	8 8	6 26	乙卯	9 8	7 27	丙戌	10 8	8 27	丙辰	11 7	9 28	丙戌	12 7	10 28	丙辰	1 6	11 29	丙戌
	8 9	6 27	丙辰	9 9	7 28	丁亥	10 9	8 28	丁巳	11 8	9 29	丁亥	12 8	10 29	丁巳	1 7	11 30	丁亥
	8 10	6 28	丁巳	9 10	7 29	戊子	10 10	8 29	戊午	11 9	9 30	戊子	12 9	11 1	戊午	1 8	12 1	戊子
1	8 11	6 29	戊午	9 11	7 30	己丑	10 11	9 1	己未	11 10	10 1	己丑	12 10	11 2	己未	1 9	12 2	己丑
9	8 12	6 30	己未	9 12	8 1	庚寅	10 12	9 2	庚申	11 11	10 2	庚寅	12 11	11 3	庚申	1 10	12 3	庚寅
6	8 13	7 1	庚申	9 13	8 2	辛卯	10 13	9 3	辛酉	11 12	10 3	辛卯	12 12	11 4	辛酉	1 11	12 4	辛卯
9	8 14	7 2	辛酉	9 14	8 3	壬辰	10 14	9 4	壬戌	11 13	10 4	壬辰	12 13	11 5	壬戌	1 12	12 5	壬辰
・	8 15	7 3	壬戌	9 15	8 4	癸巳	10 15	9 5	癸亥	11 14	10 5	癸巳	12 14	11 6	癸亥	1 13	12 6	癸巳
1	8 16	7 4	癸亥	9 16	8 5	甲午	10 16	9 6	甲子	11 15	10 6	甲午	12 15	11 7	甲子	1 14	12 7	甲午
9	8 17	7 5	甲子	9 17	8 6	乙未	10 17	9 7	乙丑	11 16	10 7	乙未	12 16	11 8	乙丑	1 15	12 8	乙未
7	8 18	7 6	乙丑	9 18	8 7	丙申	10 18	9 8	丙寅	11 17	10 8	丙申	12 17	11 9	丙寅	1 16	12 9	丙申
0	8 19	7 7	丙寅	9 19	8 8	丁酉	10 19	9 9	丁卯	11 18	10 9	丁酉	12 18	11 10	丁卯	1 17	12 10	丁酉
	8 20	7 8	丁卯	9 20	8 9	戊戌	10 20	9 10	戊辰	11 19	10 10	戊戌	12 19	11 11	戊辰	1 18	12 11	戊戌
雞	8 21	7 9	戊辰	9 21	8 10	己亥	10 21	9 11	己巳	11 20	10 11	己亥	12 20	11 12	己巳	1 19	12 12	己亥
	8 22	7 10	己巳	9 22	8 11	庚子	10 22	9 12	庚午	11 21	10 12	庚子	12 21	11 13	庚午	1 20	12 13	庚子
	8 23	7 11	庚午	9 23	8 12	辛丑	10 23	9 13	辛未	11 22	10 13	辛丑	12 22	11 14	辛未	1 21	12 14	辛丑
	8 24	7 12	辛未	9 24	8 13	壬寅	10 24	9 14	壬申	11 23	10 14	壬寅	12 23	11 15	壬申	1 22	12 15	壬寅
	8 25	7 13	壬申	9 25	8 14	癸卯	10 25	9 15	癸酉	11 24	10 15	癸卯	12 24	11 16	癸酉	1 23	12 16	癸卯
	8 26	7 14	癸酉	9 26	8 15	甲辰	10 26	9 16	甲戌	11 25	10 16	甲辰	12 25	11 17	甲戌	1 24	12 17	甲辰
中	8 27	7 15	甲戌	9 27	8 16	乙巳	10 27	9 17	乙亥	11 26	10 17	乙巳	12 26	11 18	乙亥	1 25	12 18	乙巳
華	8 28	7 16	乙亥	9 28	8 17	丙午	10 28	9 18	丙子	11 27	10 18	丙午	12 27	11 19	丙子	1 26	12 19	丙午
民	8 29	7 17	丙子	9 29	8 18	丁未	10 29	9 19	丁丑	11 28	10 19	丁未	12 28	11 20	丁丑	1 27	12 20	丁未
國	8 30	7 18	丁丑	9 30	8 19	戊申	10 30	9 20	戊寅	11 29	10 20	戊申	12 29	11 21	戊寅	1 28	12 21	戊申
五	8 31	7 19	戊寅	10 1	8 20	己酉	10 31	9 21	己卯	11 30	10 21	己酉	12 30	11 22	己卯	1 29	12 22	己酉
十	9 1	7 20	己卯	10 2	8 21	庚戌	11 1	9 22	庚辰	12 1	10 22	庚戌	12 31	11 23	庚辰	1 30	12 23	庚戌
八	9 2	7 21	庚辰	10 3	8 22	辛亥	11 2	9 23	辛巳	12 2	10 23	辛亥	1 1	11 24	辛巳	1 31	12 24	辛亥
・	9 3	7 22	辛巳	10 4	8 23	壬子	11 3	9 24	壬午	12 3	10 24	壬子	1 2	11 25	壬午	2 1	12 25	壬子
五	9 4	7 23	壬午	10 5	8 24	癸丑	11 4	9 25	癸未	12 4	10 25	癸丑	1 3	11 26	癸未	2 2	12 26	癸丑
十	9 5	7 24	癸未	10 6	8 25	甲寅	11 5	9 26	甲申	12 5	10 26	甲寅	1 4	11 27	甲申	2 3	12 27	甲寅
九	9 6	7 25	甲申	10 7	8 26	乙卯	11 6	9 27	乙酉	12 6	10 27	乙卯	1 5	11 28	乙酉			
年	9 7	7 26	乙酉															
中氣	處暑 8/23 15時43分 申時			秋分 9/23 13時6分 未時			霜降 10/23 22時11分 亥時			小雪 11/22 19時31分 戌時			冬至 12/22 8時43分 辰時			大寒 1/20 19時23分 戌時		

年	庚戌																													
月	戊寅					己卯					庚辰					辛巳					壬午					癸未				
節氣	立春 2/4 13時45分 未時					驚蟄 3/6 7時58分 辰時					清明 4/5 13時1分 未時					立夏 5/6 6時33分 卯時					芒種 6/6 10時52分 巳時					小暑 7/7 21時10分 亥時				
日	國曆		農曆		干支	國曆		農曆		干支	國曆		農曆		干支	國曆		農曆		干支	國曆		農曆		干支	國曆		農曆		干支
	2	4	12	28	乙卯	3	6	1	29	乙酉	4	5	2	29	乙卯	5	6	4	2	丙戌	6	6	5	3	丁巳	7	7	6	5	戊子
	2	5	12	29	丙辰	3	7	1	30	丙戌	4	6	3	1	丙辰	5	7	4	3	丁亥	6	7	5	4	戊午	7	8	6	6	己丑
	2	6	1	1	丁巳	3	8	2	1	丁亥	4	7	3	2	丁巳	5	8	4	4	戊子	6	8	5	5	己未	7	9	6	7	庚寅
	2	7	1	2	戊午	3	9	2	2	戊子	4	8	3	3	戊午	5	9	4	5	己丑	6	9	5	6	庚申	7	10	6	8	辛卯
1970	2	8	1	3	己未	3	10	2	3	己丑	4	9	3	4	己未	5	10	4	6	庚寅	6	10	5	7	辛酉	7	11	6	9	壬辰
	2	9	1	4	庚申	3	11	2	4	庚寅	4	10	3	5	庚申	5	11	4	7	辛卯	6	11	5	8	壬戌	7	12	6	10	癸巳
	2	10	1	5	辛酉	3	12	2	5	辛卯	4	11	3	6	辛酉	5	12	4	8	壬辰	6	12	5	9	癸亥	7	13	6	11	甲午
	2	11	1	6	壬戌	3	13	2	6	壬辰	4	12	3	7	壬戌	5	13	4	9	癸巳	6	13	5	10	甲子	7	14	6	12	乙未
	2	12	1	7	癸亥	3	14	2	7	癸巳	4	13	3	8	癸亥	5	14	4	10	甲午	6	14	5	11	乙丑	7	15	6	13	丙申
	2	13	1	8	甲子	3	15	2	8	甲午	4	14	3	9	甲子	5	15	4	11	乙未	6	15	5	12	丙寅	7	16	6	14	丁酉
	2	14	1	9	乙丑	3	16	2	9	乙未	4	15	3	10	乙丑	5	16	4	12	丙申	6	16	5	13	丁卯	7	17	6	15	戊戌
	2	15	1	10	丙寅	3	17	2	10	丙申	4	16	3	11	丙寅	5	17	4	13	丁酉	6	17	5	14	戊辰	7	18	6	16	己亥
	2	16	1	11	丁卯	3	18	2	11	丁酉	4	17	3	12	丁卯	5	18	4	14	戊戌	6	18	5	15	己巳	7	19	6	17	庚子
狗	2	17	1	12	戊辰	3	19	2	12	戊戌	4	18	3	13	戊辰	5	19	4	15	己亥	6	19	5	16	庚午	7	20	6	18	辛丑
	2	18	1	13	己巳	3	20	2	13	己亥	4	19	3	14	己巳	5	20	4	16	庚子	6	20	5	17	辛未	7	21	6	19	壬寅
	2	19	1	14	庚午	3	21	2	14	庚子	4	20	3	15	庚午	5	21	4	17	辛丑	6	21	5	18	壬申	7	22	6	20	癸卯
	2	20	1	15	辛未	3	22	2	15	辛丑	4	21	3	16	辛未	5	22	4	18	壬寅	6	22	5	19	癸酉	7	23	6	21	甲辰
	2	21	1	16	壬申	3	23	2	16	壬寅	4	22	3	17	壬申	5	23	4	19	癸卯	6	23	5	20	甲戌	7	24	6	22	乙巳
	2	22	1	17	癸酉	3	24	2	17	癸卯	4	23	3	18	癸酉	5	24	4	20	甲辰	6	24	5	21	乙亥	7	25	6	23	丙午
	2	23	1	18	甲戌	3	25	2	18	甲辰	4	24	3	19	甲戌	5	25	4	21	乙巳	6	25	5	22	丙子	7	26	6	24	丁未
	2	24	1	19	乙亥	3	26	2	19	乙巳	4	25	3	20	乙亥	5	26	4	22	丙午	6	26	5	23	丁丑	7	27	6	25	戊申
中華民國五十九年	2	25	1	20	丙子	3	27	2	20	丙午	4	26	3	21	丙子	5	27	4	23	丁未	6	27	5	24	戊寅	7	28	6	26	己酉
	2	26	1	21	丁丑	3	28	2	21	丁未	4	27	3	22	丁丑	5	28	4	24	戊申	6	28	5	25	己卯	7	29	6	27	庚戌
	2	27	1	22	戊寅	3	29	2	22	戊申	4	28	3	23	戊寅	5	29	4	25	己酉	6	29	5	26	庚辰	7	30	6	28	辛亥
	2	28	1	23	己卯	3	30	2	23	己酉	4	29	3	24	己卯	5	30	4	26	庚戌	6	30	5	27	辛巳	7	31	6	29	壬子
	3	1	1	24	庚辰	3	31	2	24	庚戌	4	30	3	25	庚辰	5	31	4	27	辛亥	7	1	5	28	壬午	8	1	6	30	癸丑
	3	2	1	25	辛巳	4	1	2	25	辛亥	5	1	3	26	辛巳	6	1	4	28	壬子	7	2	5	29	癸未	8	2	7	1	甲寅
	3	3	1	26	壬午	4	2	2	26	壬子	5	2	3	27	壬午	6	2	4	29	癸丑	7	3	6	1	甲申	8	3	7	2	乙卯
	3	4	1	27	癸未	4	3	2	27	癸丑	5	3	3	28	癸未	6	3	4	30	甲寅	7	4	6	2	乙酉	8	4	7	3	丙辰
	3	5	1	28	甲申	4	4	2	28	甲寅	5	4	3	29	甲申	6	4	5	1	乙卯	7	5	6	3	丙戌	8	5	7	4	丁巳
											5	5	4	1	乙酉	6	5	5	2	丙辰	7	6	6	4	丁亥	8	6	7	5	戊午
																										8	7	7	6	己未
中氣	雨水 2/19 9時41分 巳時					春分 3/21 8時56分 辰時					穀雨 4/20 20時14分 戌時					小滿 5/21 19時37分 戌時					夏至 6/22 3時42分 寅時					大暑 7/23 14時36分 未時				

年	庚戌																	
月	甲申			乙酉			丙戌			丁亥			戊子			己丑		
節氣	立秋 8/8 6時54分 卯時			白露 9/8 9時37分 巳時			寒露 10/9 1時1分 丑時			立冬 11/8 3時57分 寅時			大雪 12/7 20時37分 戌時			小寒 1/6 7時45分 辰時		
日	國曆	農曆	干支	國曆	農曆	干支	國曆	農曆	干支	國曆	農曆	干支	國曆	農曆	干支	國曆	農曆	干支
	8 8	7 7	庚申	9 8	8 8	辛卯	10 9	9 10	壬戌	11 8	10 10	壬辰	12 7	11 9	辛酉	1 6	12 10	辛卯
	8 9	7 8	辛酉	9 9	8 9	壬辰	10 10	9 11	癸亥	11 9	10 11	癸巳	12 8	11 10	壬戌	1 7	12 11	壬辰
	8 10	7 9	壬戌	9 10	8 10	癸巳	10 11	9 12	甲子	11 10	10 12	甲午	12 9	11 11	癸亥	1 8	12 12	癸巳
1970·1971	8 11	7 10	癸亥	9 11	8 11	甲午	10 12	9 13	乙丑	11 11	10 13	乙未	12 10	11 12	甲子	1 9	12 13	甲午
	8 12	7 11	甲子	9 12	8 12	乙未	10 13	9 14	丙寅	11 12	10 14	丙申	12 11	11 13	乙丑	1 10	12 14	乙未
	8 13	7 12	乙丑	9 13	8 13	丙申	10 14	9 15	丁卯	11 13	10 15	丁酉	12 12	11 14	丙寅	1 11	12 15	丙申
	8 14	7 13	丙寅	9 14	8 14	丁酉	10 15	9 16	戊辰	11 14	10 16	戊戌	12 13	11 15	丁卯	1 12	12 16	丁酉
	8 15	7 14	丁卯	9 15	8 15	戊戌	10 16	9 17	己巳	11 15	10 17	己亥	12 14	11 16	戊辰	1 13	12 17	戊戌
	8 16	7 15	戊辰	9 16	8 16	己亥	10 17	9 18	庚午	11 16	10 18	庚子	12 15	11 17	己巳	1 14	12 18	己亥
	8 17	7 16	己巳	9 17	8 17	庚子	10 18	9 19	辛未	11 17	10 19	辛丑	12 16	11 18	庚午	1 15	12 19	庚子
	8 18	7 17	庚午	9 18	8 18	辛丑	10 19	9 20	壬申	11 18	10 20	壬寅	12 17	11 19	辛未	1 16	12 20	辛丑
	8 19	7 18	辛未	9 19	8 19	壬寅	10 20	9 21	癸酉	11 19	10 21	癸卯	12 18	11 20	壬申	1 17	12 21	壬寅
	8 20	7 19	壬申	9 20	8 20	癸卯	10 21	9 22	甲戌	11 20	10 22	甲辰	12 19	11 21	癸酉	1 18	12 22	癸卯
	8 21	7 20	癸酉	9 21	8 21	甲辰	10 22	9 23	乙亥	11 21	10 23	乙巳	12 20	11 22	甲戌	1 19	12 23	甲辰
狗	8 22	7 21	甲戌	9 22	8 22	乙巳	10 23	9 24	丙子	11 22	10 24	丙午	12 21	11 23	乙亥	1 20	12 24	乙巳
	8 23	7 22	乙亥	9 23	8 23	丙午	10 24	9 25	丁丑	11 23	10 25	丁未	12 22	11 24	丙子	1 21	12 25	丙午
	8 24	7 23	丙子	9 24	8 24	丁未	10 25	9 26	戊寅	11 24	10 26	戊申	12 23	11 25	丁丑	1 22	12 26	丁未
	8 25	7 24	丁丑	9 25	8 25	戊申	10 26	9 27	己卯	11 25	10 27	己酉	12 24	11 26	戊寅	1 23	12 27	戊申
	8 26	7 25	戊寅	9 26	8 26	己酉	10 27	9 28	庚辰	11 26	10 28	庚戌	12 25	11 27	己卯	1 24	12 28	己酉
	8 27	7 26	己卯	9 27	8 27	庚戌	10 28	9 29	辛巳	11 27	10 29	辛亥	12 26	11 28	庚辰	1 25	12 29	庚戌
中華民國五十九·六十年	8 28	7 27	庚辰	9 28	8 28	辛亥	10 29	9 30	壬午	11 28	10 30	壬子	12 27	11 29	辛巳	1 26	12 30	辛亥
	8 29	7 28	辛巳	9 29	8 29	壬子	10 30	10 1	癸未	11 29	11 1	癸丑	12 28	12 1	壬午	1 27	1 1	壬子
	8 30	7 29	壬午	9 30	9 1	癸丑	10 31	10 2	甲申	11 30	11 2	甲寅	12 29	12 2	癸未	1 28	1 2	癸丑
	8 31	7 30	癸未	10 1	9 2	甲寅	11 1	10 3	乙酉	12 1	11 3	乙卯	12 30	12 3	甲申	1 29	1 3	甲寅
	9 1	8 1	甲申	10 2	9 3	乙卯	11 2	10 4	丙戌	12 2	11 4	丙辰	12 31	12 4	乙酉	1 30	1 4	乙卯
	9 2	8 2	乙酉	10 3	9 4	丙辰	11 3	10 5	丁亥	12 3	11 5	丁巳	1 1	12 5	丙戌	1 31	1 5	丙辰
	9 3	8 3	丙戌	10 4	9 5	丁巳	11 4	10 6	戊子	12 4	11 6	戊午	1 2	12 6	丁亥	2 1	1 6	丁巳
	9 4	8 4	丁亥	10 5	9 6	戊午	11 5	10 7	己丑	12 5	11 7	己未	1 3	12 7	戊子	2 2	1 7	戊午
	9 5	8 5	戊子	10 6	9 7	己未	11 6	10 8	庚寅	12 6	11 8	庚申	1 4	12 8	己丑	2 3	1 8	己未
	9 6	8 6	己丑	10 7	9 8	庚申	11 7	10 9	辛卯				1 5	12 9	庚寅			
	9 7	8 7	庚寅	10 8	9 9	辛酉												
中氣	處暑 8/23 21時33分 亥時			秋分 9/23 18時58分 酉時			霜降 10/24 4時4分 寅時			小雪 11/23 1時24分 丑時			冬至 12/22 14時35分 未時			大寒 1/21 1時12分 丑時		

年	辛亥																													
月	庚寅					辛卯					壬辰					癸巳					甲午					乙未				
節氣	立春 2/4 19時25分 戌時					驚蟄 3/6 13時34分 未時					清明 4/5 18時36分 酉時					立夏 5/6 12時8分 午時					芒種 6/6 16時28分 申時					小暑 7/8 2時51分 丑時				
日	國曆		農曆		干支	國曆		農曆		干支	國曆		農曆		干支	國曆		農曆		干支	國曆		農曆		干支	國曆		農曆		干支
1971	2	4	1	9	庚申	3	6	2	10	庚寅	4	5	3	10	庚申	5	6	4	12	辛卯	6	6	5	14	壬戌	7	8	5	16	甲午
	2	5	1	10	辛酉	3	7	2	11	辛卯	4	6	3	11	辛酉	5	7	4	13	壬辰	6	7	5	15	癸亥	7	9	5	17	乙未
	2	6	1	11	壬戌	3	8	2	12	壬辰	4	7	3	12	壬戌	5	8	4	14	癸巳	6	8	5	16	甲子	7	10	5	18	丙申
	2	7	1	12	癸亥	3	9	2	13	癸巳	4	8	3	13	癸亥	5	9	4	15	甲午	6	9	5	17	乙丑	7	11	5	19	丁酉
	2	8	1	13	甲子	3	10	2	14	甲午	4	9	3	14	甲子	5	10	4	16	乙未	6	10	5	18	丙寅	7	12	5	20	戊戌
	2	9	1	14	乙丑	3	11	2	15	乙未	4	10	3	15	乙丑	5	11	4	17	丙申	6	11	5	19	丁卯	7	13	5	21	己亥
	2	10	1	15	丙寅	3	12	2	16	丙申	4	11	3	16	丙寅	5	12	4	18	丁酉	6	12	5	20	戊辰	7	14	5	22	庚子
	2	11	1	16	丁卯	3	13	2	17	丁酉	4	12	3	17	丁卯	5	13	4	19	戊戌	6	13	5	21	己巳	7	15	5	23	辛丑
	2	12	1	17	戊辰	3	14	2	18	戊戌	4	13	3	18	戊辰	5	14	4	20	己亥	6	14	5	22	庚午	7	16	5	24	壬寅
	2	13	1	18	己巳	3	15	2	19	己亥	4	14	3	19	己巳	5	15	4	21	庚子	6	15	5	23	辛未	7	17	5	25	癸卯
	2	14	1	19	庚午	3	16	2	20	庚子	4	15	3	20	庚午	5	16	4	22	辛丑	6	16	5	24	壬申	7	18	5	26	甲辰
	2	15	1	20	辛未	3	17	2	21	辛丑	4	16	3	21	辛未	5	17	4	23	壬寅	6	17	5	25	癸酉	7	19	5	27	乙巳
	2	16	1	21	壬申	3	18	2	22	壬寅	4	17	3	22	壬申	5	18	4	24	癸卯	6	18	5	26	甲戌	7	20	5	28	丙午
豬	2	17	1	22	癸酉	3	19	2	23	癸卯	4	18	3	23	癸酉	5	19	4	25	甲辰	6	19	5	27	乙亥	7	21	5	29	丁未
	2	18	1	23	甲戌	3	20	2	24	甲辰	4	19	3	24	甲戌	5	20	4	26	乙巳	6	20	5	28	丙子	7	22	6	1	戊申
	2	19	1	24	乙亥	3	21	2	25	乙巳	4	20	3	25	乙亥	5	21	4	27	丙午	6	21	5	29	丁丑	7	23	6	2	己酉
	2	20	1	25	丙子	3	22	2	26	丙午	4	21	3	26	丙子	5	22	4	28	丁未	6	22	5	30	戊寅	7	24	6	3	庚戌
	2	21	1	26	丁丑	3	23	2	27	丁未	4	22	3	27	丁丑	5	23	4	29	戊申	6	23	閏5	1	己卯	7	25	6	4	辛亥
	2	22	1	27	戊寅	3	24	2	28	戊申	4	23	3	28	戊寅	5	24	5	1	己酉	6	24	5	2	庚辰	7	26	6	5	壬子
	2	23	1	28	己卯	3	25	2	29	己酉	4	24	3	29	己卯	5	25	5	2	庚戌	6	25	5	3	辛巳	7	27	6	6	癸丑
	2	24	1	29	庚辰	3	26	2	30	庚戌	4	25	4	1	庚辰	5	26	5	3	辛亥	6	26	5	4	壬午	7	28	6	7	甲寅
中華民國六十年	2	25	2	1	辛巳	3	27	3	1	辛亥	4	26	4	2	辛巳	5	27	5	4	壬子	6	27	5	5	癸未	7	29	6	8	乙卯
	2	26	2	2	壬午	3	28	3	2	壬子	4	27	4	3	壬午	5	28	5	5	癸丑	6	28	5	6	甲申	7	30	6	9	丙辰
	2	27	2	3	癸未	3	29	3	3	癸丑	4	28	4	4	癸未	5	29	5	6	甲寅	6	29	5	7	乙酉	7	31	6	10	丁巳
	2	28	2	4	甲申	3	30	3	4	甲寅	4	29	4	5	甲申	5	30	5	7	乙卯	6	30	5	8	丙戌	8	1	6	11	戊午
	3	1	2	5	乙酉	3	31	3	5	乙卯	4	30	4	6	乙酉	5	31	5	8	丙辰	7	1	5	9	丁亥	8	2	6	12	己未
	3	2	2	6	丙戌	4	1	3	6	丙辰	5	1	4	7	丙戌	6	1	5	9	丁巳	7	2	5	10	戊子	8	3	6	13	庚申
	3	3	2	7	丁亥	4	2	3	7	丁巳	5	2	4	8	丁亥	6	2	5	10	戊午	7	3	5	11	己丑	8	4	6	14	辛酉
	3	4	2	8	戊子	4	3	3	8	戊午	5	3	4	9	戊子	6	3	5	11	己未	7	4	5	12	庚寅	8	5	6	15	壬戌
	3	5	2	9	己丑	4	4	3	9	己未	5	4	4	10	己丑	6	4	5	12	庚申	7	5	5	13	辛卯	8	6	6	16	癸亥
											5	5	4	11	庚寅	6	5	5	13	辛酉	7	6	5	14	壬辰	8	7	6	17	甲子
																					7	7	5	15	癸巳					
中氣	雨水 2/19 15時26分 申時					春分 3/21 14時38分 未時					穀雨 4/21 1時54分 丑時					小滿 5/22 1時15分 丑時					夏至 6/22 9時19分 巳時					大暑 7/23 20時14分 戌時				

辛亥																														年
丙申					丁酉					戊戌					己亥					庚子					辛丑					月
立秋 8/8 12時40分 午時					白露 9/8 15時30分 申時					寒露 10/9 6時58分 卯時					立冬 11/8 9時56分 巳時					大雪 12/8 2時35分 丑時					小寒 1/6 13時41分 未時					節氣
國曆		農曆		干支	國曆		農曆		干支	國曆		農曆		干支	國曆		農曆		干支	國曆		農曆		干支	國曆		農曆		干支	日
8	8	6	18	乙丑	9	8	7	19	丙申	10	9	8	21	丁卯	11	8	9	21	丁酉	12	8	10	21	丁卯	1	6	11	20	丙申	1971·1972
8	9	6	19	丙寅	9	9	7	20	丁酉	10	10	8	22	戊辰	11	9	9	22	戊戌	12	9	10	22	戊辰	1	7	11	21	丁酉	
8	10	6	20	丁卯	9	10	7	21	戊戌	10	11	8	23	己巳	11	10	9	23	己亥	12	10	10	23	己巳	1	8	11	22	戊戌	
8	11	6	21	戊辰	9	11	7	22	己亥	10	12	8	24	庚午	11	11	9	24	庚子	12	11	10	24	庚午	1	9	11	23	己亥	
8	12	6	22	己巳	9	12	7	23	庚子	10	13	8	25	辛未	11	12	9	25	辛丑	12	12	10	25	辛未	1	10	11	24	庚子	
8	13	6	23	庚午	9	13	7	24	辛丑	10	14	8	26	壬申	11	13	9	26	壬寅	12	13	10	26	壬申	1	11	11	25	辛丑	
8	14	6	24	辛未	9	14	7	25	壬寅	10	15	8	27	癸酉	11	14	9	27	癸卯	12	14	10	27	癸酉	1	12	11	26	壬寅	
8	15	6	25	壬申	9	15	7	26	癸卯	10	16	8	28	甲戌	11	15	9	28	甲辰	12	15	10	28	甲戌	1	13	11	27	癸卯	
8	16	6	26	癸酉	9	16	7	27	甲辰	10	17	8	29	乙亥	11	16	9	29	乙巳	12	16	10	29	乙亥	1	14	11	28	甲辰	
8	17	6	27	甲戌	9	17	7	28	乙巳	10	18	8	30	丙子	11	17	9	30	丙午	12	17	10	30	丙子	1	15	11	29	乙巳	
8	18	6	28	乙亥	9	18	7	29	丙午	10	19	9	1	丁丑	11	18	10	1	丁未	12	18	11	1	丁丑	1	16	12	1	丙午	
8	19	6	29	丙子	9	19	8	1	丁未	10	20	9	2	戊寅	11	19	10	2	戊申	12	19	11	2	戊寅	1	17	12	2	丁未	
8	20	6	30	丁丑	9	20	8	2	戊申	10	21	9	3	己卯	11	20	10	3	己酉	12	20	11	3	己卯	1	18	12	3	戊申	
8	21	7	1	戊寅	9	21	8	3	己酉	10	22	9	4	庚辰	11	21	10	4	庚戌	12	21	11	4	庚辰	1	19	12	4	己酉	豬
8	22	7	2	己卯	9	22	8	4	庚戌	10	23	9	5	辛巳	11	22	10	5	辛亥	12	22	11	5	辛巳	1	20	12	5	庚戌	
8	23	7	3	庚辰	9	23	8	5	辛亥	10	24	9	6	壬午	11	23	10	6	壬子	12	23	11	6	壬午	1	21	12	6	辛亥	
8	24	7	4	辛巳	9	24	8	6	壬子	10	25	9	7	癸未	11	24	10	7	癸丑	12	24	11	7	癸未	1	22	12	7	壬子	
8	25	7	5	壬午	9	25	8	7	癸丑	10	26	9	8	甲申	11	25	10	8	甲寅	12	25	11	8	甲申	1	23	12	8	癸丑	
8	26	7	6	癸未	9	26	8	8	甲寅	10	27	9	9	乙酉	11	26	10	9	乙卯	12	26	11	9	乙酉	1	24	12	9	甲寅	
8	27	7	7	甲申	9	27	8	9	乙卯	10	28	9	10	丙戌	11	27	10	10	丙辰	12	27	11	10	丙戌	1	25	12	10	乙卯	中華民國六十·六十一年
8	28	7	8	乙酉	9	28	8	10	丙辰	10	29	9	11	丁亥	11	28	10	11	丁巳	12	28	11	11	丁亥	1	26	12	11	丙辰	
8	29	7	9	丙戌	9	29	8	11	丁巳	10	30	9	12	戊子	11	29	10	12	戊午	12	29	11	12	戊子	1	27	12	12	丁巳	
8	30	7	10	丁亥	9	30	8	12	戊午	10	31	9	13	己丑	11	30	10	13	己未	12	30	11	13	己丑	1	28	12	13	戊午	
8	31	7	11	戊子	10	1	8	13	己未	11	1	9	14	庚寅	12	1	10	14	庚申	12	31	11	14	庚寅	1	29	12	14	己未	
9	1	7	12	己丑	10	2	8	14	庚申	11	2	9	15	辛卯	12	2	10	15	辛酉	1	1	11	15	辛卯	1	30	12	15	庚申	
9	2	7	13	庚寅	10	3	8	15	辛酉	11	3	9	16	壬辰	12	3	10	16	壬戌	1	2	11	16	壬辰	1	31	12	16	辛酉	
9	3	7	14	辛卯	10	4	8	16	壬戌	11	4	9	17	癸巳	12	4	10	17	癸亥	1	3	11	17	癸巳	2	1	12	17	壬戌	
9	4	7	15	壬辰	10	5	8	17	癸亥	11	5	9	18	甲午	12	5	10	18	甲子	1	4	11	18	甲午	2	2	12	18	癸亥	
9	5	7	16	癸巳	10	6	8	18	甲子	11	6	9	19	乙未	12	6	10	19	乙丑	1	5	11	19	乙未	2	3	12	19	甲子	
9	6	7	17	甲午	10	7	8	19	乙丑	11	7	9	20	丙申	12	7	10	20	丙寅						2	4	12	20	乙丑	
9	7	7	18	乙未	10	8	8	20	丙寅																					
處暑 8/24 3時15分 寅時					秋分 9/24 0時44分 子時					霜降 10/24 9時53分 巳時					小雪 11/23 7時13分 辰時					冬至 12/22 20時23分 戌時					大寒 1/21 6時59分 卯時					中氣

年	壬子																	
月	壬寅			癸卯			甲辰			乙巳			丙午			丁未		
節氣	立春			驚蟄			清明			立夏			芒種			小暑		
	2/5 1時20分 丑時			3/5 19時28分 戌時			4/5 0時28分 子時			5/5 18時1分 酉時			6/5 22時22分 亥時			7/7 8時42分 辰時		
日	國曆	農曆	干支	國曆	農曆	干支	國曆	農曆	干支	國曆	農曆	干支	國曆	農曆	干支	國曆	農曆	干支
	2 5	12 21	丙寅	3 5	1 20	乙未	4 5	2 22	丙寅	5 5	3 22	丙申	6 5	4 24	丁卯	7 7	5 27	己亥
	2 6	12 22	丁卯	3 6	1 21	丙申	4 6	2 23	丁卯	5 6	3 23	丁酉	6 6	4 25	戊辰	7 8	5 28	庚子
	2 7	12 23	戊辰	3 7	1 22	丁酉	4 7	2 24	戊辰	5 7	3 24	戊戌	6 7	4 26	己巳	7 9	5 29	辛丑
	2 8	12 24	己巳	3 8	1 23	戊戌	4 8	2 25	己巳	5 8	3 25	己亥	6 8	4 27	庚午	7 10	5 30	壬寅
1	2 9	12 25	庚午	3 9	1 24	己亥	4 9	2 26	庚午	5 9	3 26	庚子	6 9	4 28	辛未	7 11	6 1	癸卯
9	2 10	12 26	辛未	3 10	1 25	庚子	4 10	2 27	辛未	5 10	3 27	辛丑	6 10	4 29	壬申	7 12	6 2	甲辰
7	2 11	12 27	壬申	3 11	1 26	辛丑	4 11	2 28	壬申	5 11	3 28	壬寅	6 11	5 1	癸酉	7 13	6 3	乙巳
2	2 12	12 28	癸酉	3 12	1 27	壬寅	4 12	2 29	癸酉	5 12	3 29	癸卯	6 12	5 2	甲戌	7 14	6 4	丙午
	2 13	12 29	甲戌	3 13	1 28	癸卯	4 13	2 30	甲戌	5 13	4 1	甲辰	6 13	5 3	乙亥	7 15	6 5	丁未
	2 14	12 30	乙亥	3 14	1 29	甲辰	4 14	3 1	乙亥	5 14	4 2	乙巳	6 14	5 4	丙子	7 16	6 6	戊申
	2 15	1 1	丙子	3 15	2 1	乙巳	4 15	3 2	丙子	5 15	4 3	丙午	6 15	5 5	丁丑	7 17	6 7	己酉
	2 16	1 2	丁丑	3 16	2 2	丙午	4 16	3 3	丁丑	5 16	4 4	丁未	6 16	5 6	戊寅	7 18	6 8	庚戌
	2 17	1 3	戊寅	3 17	2 3	丁未	4 17	3 4	戊寅	5 17	4 5	戊申	6 17	5 7	己卯	7 19	6 9	辛亥
鼠	2 18	1 4	己卯	3 18	2 4	戊申	4 18	3 5	己卯	5 18	4 6	己酉	6 18	5 8	庚辰	7 20	6 10	壬子
	2 19	1 5	庚辰	3 19	2 5	己酉	4 19	3 6	庚辰	5 19	4 7	庚戌	6 19	5 9	辛巳	7 21	6 11	癸丑
	2 20	1 6	辛巳	3 20	2 6	庚戌	4 20	3 7	辛巳	5 20	4 8	辛亥	6 20	5 10	壬午	7 22	6 12	甲寅
	2 21	1 7	壬午	3 21	2 7	辛亥	4 21	3 8	壬午	5 21	4 9	壬子	6 21	5 11	癸未	7 23	6 13	乙卯
	2 22	1 8	癸未	3 22	2 8	壬子	4 22	3 9	癸未	5 22	4 10	癸丑	6 22	5 12	甲申	7 24	6 14	丙辰
	2 23	1 9	甲申	3 23	2 9	癸丑	4 23	3 10	甲申	5 23	4 11	甲寅	6 23	5 13	乙酉	7 25	6 15	丁巳
	2 24	1 10	乙酉	3 24	2 10	甲寅	4 24	3 11	乙酉	5 24	4 12	乙卯	6 24	5 14	丙戌	7 26	6 16	戊午
	2 25	1 11	丙戌	3 25	2 11	乙卯	4 25	3 12	丙戌	5 25	4 13	丙辰	6 25	5 15	丁亥	7 27	6 17	己未
中	2 26	1 12	丁亥	3 26	2 12	丙辰	4 26	3 13	丁亥	5 26	4 14	丁巳	6 26	5 16	戊子	7 28	6 18	庚申
華	2 27	1 13	戊子	3 27	2 13	丁巳	4 27	3 14	戊子	5 27	4 15	戊午	6 27	5 17	己丑	7 29	6 19	辛酉
民	2 28	1 14	己丑	3 28	2 14	戊午	4 28	3 15	己丑	5 28	4 16	己未	6 28	5 18	庚寅	7 30	6 20	壬戌
國	2 29	1 15	庚寅	3 29	2 15	己未	4 29	3 16	庚寅	5 29	4 17	庚申	6 29	5 19	辛卯	7 31	6 21	癸亥
六	3 1	1 16	辛卯	3 30	2 16	庚申	4 30	3 17	辛卯	5 30	4 18	辛酉	6 30	5 20	壬辰	8 1	6 22	甲子
十	3 2	1 17	壬辰	3 31	2 17	辛酉	5 1	3 18	壬辰	5 31	4 19	壬戌	7 1	5 21	癸巳	8 2	6 23	乙丑
一	3 3	1 18	癸巳	4 1	2 18	壬戌	5 2	3 19	癸巳	6 1	4 20	癸亥	7 2	5 22	甲午	8 3	6 24	丙寅
年	3 4	1 19	甲午	4 2	2 19	癸亥	5 3	3 20	甲午	6 2	4 21	甲子	7 3	5 23	乙未	8 4	6 25	丁卯
				4 3	2 20	甲子	5 4	3 21	乙未	6 3	4 22	乙丑	7 4	5 24	丙申	8 5	6 26	戊辰
				4 4	2 21	乙丑				6 4	4 23	丙寅	7 5	5 25	丁酉	8 6	6 27	己巳
													7 6	5 26	戊戌			
中氣	雨水			春分			穀雨			小滿			夏至			大暑		
	2/19 21時11分 亥時			3/20 20時21分 戌時			4/20 7時37分 辰時			5/21 6時59分 卯時			6/21 15時6分 申時			7/23 2時2分 丑時		

年	壬子																													
月	戊申					己酉					庚戌					辛亥					壬子					癸丑				
節氣	立秋 8/7 18時28分 酉時					白露 9/7 21時15分 亥時					寒露 10/8 12時41分 午時					立冬 11/7 15時39分 申時					大雪 12/7 8時18分 辰時					小寒 1/5 19時25分 戌時				
日	國曆		農曆		干支	國曆		農曆		干支	國曆		農曆		干支	國曆		農曆		干支	國曆		農曆		干支	國曆		農曆		干支
1972・1973	8	7	6	28	庚午	9	7	7	30	辛丑	10	8	9	2	壬申	11	7	10	2	壬寅	12	7	11	2	壬申	1	5	12	2	辛丑
	8	8	6	29	辛未	9	8	8	1	壬寅	10	9	9	3	癸酉	11	8	10	3	癸卯	12	8	11	3	癸酉	1	6	12	3	壬寅
	8	9	7	1	壬申	9	9	8	2	癸卯	10	10	9	4	甲戌	11	9	10	4	甲辰	12	9	11	4	甲戌	1	7	12	4	癸卯
	8	10	7	2	癸酉	9	10	8	3	甲辰	10	11	9	5	乙亥	11	10	10	5	乙巳	12	10	11	5	乙亥	1	8	12	5	甲辰
	8	11	7	3	甲戌	9	11	8	4	乙巳	10	12	9	6	丙子	11	11	10	6	丙午	12	11	11	6	丙子	1	9	12	6	乙巳
	8	12	7	4	乙亥	9	12	8	5	丙午	10	13	9	7	丁丑	11	12	10	7	丁未	12	12	11	7	丁丑	1	10	12	7	丙午
	8	13	7	5	丙子	9	13	8	6	丁未	10	14	9	8	戊寅	11	13	10	8	戊申	12	13	11	8	戊寅	1	11	12	8	丁未
	8	14	7	6	丁丑	9	14	8	7	戊申	10	15	9	9	己卯	11	14	10	9	己酉	12	14	11	9	己卯	1	12	12	9	戊申
	8	15	7	7	戊寅	9	15	8	8	己酉	10	16	9	10	庚辰	11	15	10	10	庚戌	12	15	11	10	庚辰	1	13	12	10	己酉
	8	16	7	8	己卯	9	16	8	9	庚戌	10	17	9	11	辛巳	11	16	10	11	辛亥	12	16	11	11	辛巳	1	14	12	11	庚戌
	8	17	7	9	庚辰	9	17	8	10	辛亥	10	18	9	12	壬午	11	17	10	12	壬子	12	17	11	12	壬午	1	15	12	12	辛亥
	8	18	7	10	辛巳	9	18	8	11	壬子	10	19	9	13	癸未	11	18	10	13	癸丑	12	18	11	13	癸未	1	16	12	13	壬子
	8	19	7	11	壬午	9	19	8	12	癸丑	10	20	9	14	甲申	11	19	10	14	甲寅	12	19	11	14	甲申	1	17	12	14	癸丑
	8	20	7	12	癸未	9	20	8	13	甲寅	10	21	9	15	乙酉	11	20	10	15	乙卯	12	20	11	15	乙酉	1	18	12	15	甲寅
鼠	8	21	7	13	甲申	9	21	8	14	乙卯	10	22	9	16	丙戌	11	21	10	16	丙辰	12	21	11	16	丙戌	1	19	12	16	乙卯
	8	22	7	14	乙酉	9	22	8	15	丙辰	10	23	9	17	丁亥	11	22	10	17	丁巳	12	22	11	17	丁亥	1	20	12	17	丙辰
	8	23	7	15	丙戌	9	23	8	16	丁巳	10	24	9	18	戊子	11	23	10	18	戊午	12	23	11	18	戊子	1	21	12	18	丁巳
	8	24	7	16	丁亥	9	24	8	17	戊午	10	25	9	19	己丑	11	24	10	19	己未	12	24	11	19	己丑	1	22	12	19	戊午
	8	25	7	17	戊子	9	25	8	18	己未	10	26	9	20	庚寅	11	25	10	20	庚申	12	25	11	20	庚寅	1	23	12	20	己未
中華民國六十一・六十二年	8	26	7	18	己丑	9	26	8	19	庚申	10	27	9	21	辛卯	11	26	10	21	辛酉	12	26	11	21	辛卯	1	24	12	21	庚申
	8	27	7	19	庚寅	9	27	8	20	辛酉	10	28	9	22	壬辰	11	27	10	22	壬戌	12	27	11	22	壬辰	1	25	12	22	辛酉
	8	28	7	20	辛卯	9	28	8	21	壬戌	10	29	9	23	癸巳	11	28	10	23	癸亥	12	28	11	23	癸巳	1	26	12	23	壬戌
	8	29	7	21	壬辰	9	29	8	22	癸亥	10	30	9	24	甲午	11	29	10	24	甲子	12	29	11	24	甲午	1	27	12	24	癸亥
	8	30	7	22	癸巳	9	30	8	23	甲子	10	31	9	25	乙未	11	30	10	25	乙丑	12	30	11	25	乙未	1	28	12	25	甲子
	8	31	7	23	甲午	10	1	8	24	乙丑	11	1	9	26	丙申	12	1	10	26	丙寅	12	31	11	26	丙申	1	29	12	26	乙丑
	9	1	7	24	乙未	10	2	8	25	丙寅	11	2	9	27	丁酉	12	2	10	27	丁卯	1	1	11	27	丁酉	1	30	12	27	丙寅
	9	2	7	25	丙申	10	3	8	26	丁卯	11	3	9	28	戊戌	12	3	10	28	戊辰	1	2	11	28	戊戌	1	31	12	28	丁卯
	9	3	7	26	丁酉	10	4	8	27	戊辰	11	4	9	29	己亥	12	4	10	29	己巳	1	3	11	29	己亥	2	1	12	29	戊辰
	9	4	7	27	戊戌	10	5	8	28	己巳	11	5	9	30	庚子	12	5	10	30	庚午	1	4	12	1	庚子	2	2	12	30	己巳
	9	5	7	28	己亥	10	6	8	29	庚午	11	6	10	1	辛丑	12	6	11	1	辛未						2	3	1	1	庚午
	9	6	7	29	庚子	10	7	9	1	辛未																				
中氣	處暑 8/23 9時3分 巳時					秋分 9/23 6時32分 卯時					霜降 10/23 15時41分 申時					小雪 11/22 13時2分 未時					冬至 12/22 2時12分 丑時					大寒 1/20 12時48分 午時				

年	癸丑																	
月	甲寅			乙卯			丙辰			丁巳			戊午			己未		
節氣	立春 2/4 7時4分 辰時			驚蟄 3/6 1時12分 丑時			清明 4/5 6時13分 卯時			立夏 5/5 23時46分 子時			芒種 6/6 4時6分 寅時			小暑 7/7 14時27分 未時		
日	國曆	農曆	干支	國曆	農曆	干支	國曆	農曆	干支	國曆	農曆	干支	國曆	農曆	干支	國曆	農曆	干支
1973	2 4	1 2	辛未	3 6	2 2	辛丑	4 5	3 3	辛未	5 5	4 3	辛丑	6 6	5 6	癸酉	7 7	6 8	甲辰
	2 5	1 3	壬申	3 7	2 3	壬寅	4 6	3 4	壬申	5 6	4 4	壬寅	6 7	5 7	甲戌	7 8	6 9	乙巳
	2 6	1 4	癸酉	3 8	2 4	癸卯	4 7	3 5	癸酉	5 7	4 5	癸卯	6 8	5 8	乙亥	7 9	6 10	丙午
	2 7	1 5	甲戌	3 9	2 5	甲辰	4 8	3 6	甲戌	5 8	4 6	甲辰	6 9	5 9	丙子	7 10	6 11	丁未
	2 8	1 6	乙亥	3 10	2 6	乙巳	4 9	3 7	乙亥	5 9	4 7	乙巳	6 10	5 10	丁丑	7 11	6 12	戊申
	2 9	1 7	丙子	3 11	2 7	丙午	4 10	3 8	丙子	5 10	4 8	丙午	6 11	5 11	戊寅	7 12	6 13	己酉
	2 10	1 8	丁丑	3 12	2 8	丁未	4 11	3 9	丁丑	5 11	4 9	丁未	6 12	5 12	己卯	7 13	6 14	庚戌
	2 11	1 9	戊寅	3 13	2 9	戊申	4 12	3 10	戊寅	5 12	4 10	戊申	6 13	5 13	庚辰	7 14	6 15	辛亥
	2 12	1 10	己卯	3 14	2 10	己酉	4 13	3 11	己卯	5 13	4 11	己酉	6 14	5 14	辛巳	7 15	6 16	壬子
	2 13	1 11	庚辰	3 15	2 11	庚戌	4 14	3 12	庚辰	5 14	4 12	庚戌	6 15	5 15	壬午	7 16	6 17	癸丑
	2 14	1 12	辛巳	3 16	2 12	辛亥	4 15	3 13	辛巳	5 15	4 13	辛亥	6 16	5 16	癸未	7 17	6 18	甲寅
	2 15	1 13	壬午	3 17	2 13	壬子	4 16	3 14	壬午	5 16	4 14	壬子	6 17	5 17	甲申	7 18	6 19	乙卯
	2 16	1 14	癸未	3 18	2 14	癸丑	4 17	3 15	癸未	5 17	4 15	癸丑	6 18	5 18	乙酉	7 19	6 20	丙辰
牛	2 17	1 15	甲申	3 19	2 15	甲寅	4 18	3 16	甲申	5 18	4 16	甲寅	6 19	5 19	丙戌	7 20	6 21	丁巳
	2 18	1 16	乙酉	3 20	2 16	乙卯	4 19	3 17	乙酉	5 19	4 17	乙卯	6 20	5 20	丁亥	7 21	6 22	戊午
	2 19	1 17	丙戌	3 21	2 17	丙辰	4 20	3 18	丙戌	5 20	4 18	丙辰	6 21	5 21	戊子	7 22	6 23	己未
	2 20	1 18	丁亥	3 22	2 18	丁巳	4 21	3 19	丁亥	5 21	4 19	丁巳	6 22	5 22	己丑	7 23	6 24	庚申
	2 21	1 19	戊子	3 23	2 19	戊午	4 22	3 20	戊子	5 22	4 20	戊午	6 23	5 23	庚寅	7 24	6 25	辛酉
	2 22	1 20	己丑	3 24	2 20	己未	4 23	3 21	己丑	5 23	4 21	己未	6 24	5 24	辛卯	7 25	6 26	壬戌
	2 23	1 21	庚寅	3 25	2 21	庚申	4 24	3 22	庚寅	5 24	4 22	庚申	6 25	5 25	壬辰	7 26	6 27	癸亥
	2 24	1 22	辛卯	3 26	2 22	辛酉	4 25	3 23	辛卯	5 25	4 23	辛酉	6 26	5 26	癸巳	7 27	6 28	甲子
中華民國六十二年	2 25	1 23	壬辰	3 27	2 23	壬戌	4 26	3 24	壬辰	5 26	4 24	壬戌	6 27	5 27	甲午	7 28	6 29	乙丑
	2 26	1 24	癸巳	3 28	2 24	癸亥	4 27	3 25	癸巳	5 27	4 25	癸亥	6 28	5 28	乙未	7 29	6 30	丙寅
	2 27	1 25	甲午	3 29	2 25	甲子	4 28	3 26	甲午	5 28	4 26	甲子	6 29	5 29	丙申	7 30	7 1	丁卯
	2 28	1 26	乙未	3 30	2 26	乙丑	4 29	3 27	乙未	5 29	4 27	乙丑	6 30	6 1	丁酉	7 31	7 2	戊辰
	3 1	1 27	丙申	3 31	2 27	丙寅	4 30	3 28	丙申	5 30	4 28	丙寅	7 1	6 2	戊戌	8 1	7 3	己巳
	3 2	1 28	丁酉	4 1	2 28	丁卯	5 1	3 29	丁酉	5 31	4 29	丁卯	7 2	6 3	己亥	8 2	7 4	庚午
	3 3	1 29	戊戌	4 2	2 29	戊辰	5 2	3 30	戊戌	6 1	5 1	戊辰	7 3	6 4	庚子	8 3	7 5	辛未
	3 4	1 30	己亥	4 3	3 1	己巳	5 3	4 1	己亥	6 2	5 2	己巳	7 4	6 5	辛丑	8 4	7 6	壬申
	3 5	2 1	庚子	4 4	3 2	庚午	5 4	4 2	庚子	6 3	5 3	庚午	7 5	6 6	壬寅	8 5	7 7	癸酉
										6 4	5 4	辛未	7 6	6 7	癸卯	8 6	7 8	甲戌
										6 5	5 5	壬申				8 7	7 9	乙亥
中氣	雨水 2/19 3時1分 寅時			春分 3/21 2時12分 丑時			穀雨 4/20 13時30分 未時			小滿 5/21 12時53分 午時			夏至 6/21 21時0分 亥時			大暑 7/23 7時55分 辰時		

癸丑																														年
庚申					辛酉					壬戌					癸亥					甲子					乙丑					月
立秋 8/8 0時12分 子時					白露 9/8 2時59分 丑時					寒露 10/8 18時27分 酉時					立冬 11/7 21時27分 亥時					大雪 12/7 14時10分 未時					小寒 1/6 1時19分 丑時					節氣
國曆		農曆		干支	國曆		農曆		干支	國曆		農曆		干支	國曆		農曆		干支	國曆		農曆		干支	國曆		農曆		干支	日
8	8	7	10	丙子	9	8	8	12	丁未	10	8	9	13	丁丑	11	7	10	13	丁未	12	7	11	13	丁丑	1	6	12	14	丁未	
8	9	7	11	丁丑	9	9	8	13	戊申	10	9	9	14	戊寅	11	8	10	14	戊申	12	8	11	14	戊寅	1	7	12	15	戊申	
8	10	7	12	戊寅	9	10	8	14	己酉	10	10	9	15	己卯	11	9	10	15	己酉	12	9	11	15	己卯	1	8	12	16	己酉	1973・1974
8	11	7	13	己卯	9	11	8	15	庚戌	10	11	9	16	庚辰	11	10	10	16	庚戌	12	10	11	16	庚辰	1	9	12	17	庚戌	
8	12	7	14	庚辰	9	12	8	16	辛亥	10	12	9	17	辛巳	11	11	10	17	辛亥	12	11	11	17	辛巳	1	10	12	18	辛亥	
8	13	7	15	辛巳	9	13	8	17	壬子	10	13	9	18	壬午	11	12	10	18	壬子	12	12	11	18	壬午	1	11	12	19	壬子	
8	14	7	16	壬午	9	14	8	18	癸丑	10	14	9	19	癸未	11	13	10	19	癸丑	12	13	11	19	癸未	1	12	12	20	癸丑	
8	15	7	17	癸未	9	15	8	19	甲寅	10	15	9	20	甲申	11	14	10	20	甲寅	12	14	11	20	甲申	1	13	12	21	甲寅	
8	16	7	18	甲申	9	16	8	20	乙卯	10	16	9	21	乙酉	11	15	10	21	乙卯	12	15	11	21	乙酉	1	14	12	22	乙卯	
8	17	7	19	乙酉	9	17	8	21	丙辰	10	17	9	22	丙戌	11	16	10	22	丙辰	12	16	11	22	丙戌	1	15	12	23	丙辰	
8	18	7	20	丙戌	9	18	8	22	丁巳	10	18	9	23	丁亥	11	17	10	23	丁巳	12	17	11	23	丁亥	1	16	12	24	丁巳	
8	19	7	21	丁亥	9	19	8	23	戊午	10	19	9	24	戊子	11	18	10	24	戊午	12	18	11	24	戊子	1	17	12	25	戊午	
8	20	7	22	戊子	9	20	8	24	己未	10	20	9	25	己丑	11	19	10	25	己未	12	19	11	25	己丑	1	18	12	26	己未	
8	21	7	23	己丑	9	21	8	25	庚申	10	21	9	26	庚寅	11	20	10	26	庚申	12	20	11	26	庚寅	1	19	12	27	庚申	
8	22	7	24	庚寅	9	22	8	26	辛酉	10	22	9	27	辛卯	11	21	10	27	辛酉	12	21	11	27	辛卯	1	20	12	28	辛酉	牛
8	23	7	25	辛卯	9	23	8	27	壬戌	10	23	9	28	壬辰	11	22	10	28	壬戌	12	22	11	28	壬辰	1	21	12	29	壬戌	
8	24	7	26	壬辰	9	24	8	28	癸亥	10	24	9	29	癸巳	11	23	10	29	癸亥	12	23	11	29	癸巳	1	22	12	30	癸亥	
8	25	7	27	癸巳	9	25	8	29	甲子	10	25	9	30	甲午	11	24	10	30	甲子	12	24	12	1	甲午	1	23	1	1	甲子	
8	26	7	28	甲午	9	26	9	1	乙丑	10	26	10	1	乙未	11	25	11	1	乙丑	12	25	12	2	乙未	1	24	1	2	乙丑	
8	27	7	29	乙未	9	27	9	2	丙寅	10	27	10	2	丙申	11	26	11	2	丙寅	12	26	12	3	丙申	1	25	1	3	丙寅	中華民國六十二・六十三年
8	28	8	1	丙申	9	28	9	3	丁卯	10	28	10	3	丁酉	11	27	11	3	丁卯	12	27	12	4	丁酉	1	26	1	4	丁卯	
8	29	8	2	丁酉	9	29	9	4	戊辰	10	29	10	4	戊戌	11	28	11	4	戊辰	12	28	12	5	戊戌	1	27	1	5	戊辰	
8	30	8	3	戊戌	9	30	9	5	己巳	10	30	10	5	己亥	11	29	11	5	己巳	12	29	12	6	己亥	1	28	1	6	己巳	
8	31	8	4	己亥	10	1	9	6	庚午	10	31	10	6	庚子	11	30	11	6	庚午	12	30	12	7	庚子	1	29	1	7	庚午	
9	1	8	5	庚子	10	2	9	7	辛未	11	1	10	7	辛丑	12	1	11	7	辛未	12	31	12	8	辛丑	1	30	1	8	辛未	
9	2	8	6	辛丑	10	3	9	8	壬申	11	2	10	8	壬寅	12	2	11	8	壬申	1	1	12	9	壬寅	1	31	1	9	壬申	
9	3	8	7	壬寅	10	4	9	9	癸酉	11	3	10	9	癸卯	12	3	11	9	癸酉	1	2	12	10	癸卯	2	1	1	10	癸酉	
9	4	8	8	癸卯	10	5	9	10	甲戌	11	4	10	10	甲辰	12	4	11	10	甲戌	1	3	12	11	甲辰	2	2	1	11	甲戌	
9	5	8	9	甲辰	10	6	9	11	乙亥	11	5	10	11	乙巳	12	5	11	11	乙亥	1	4	12	12	乙巳	2	3	1	12	乙亥	
9	6	8	10	乙巳	10	7	9	12	丙子	11	6	10	12	丙午	12	6	11	12	丙子	1	5	12	13	丙午						
9	7	8	11	丙午																										
處暑 8/23 14時53分 未時					秋分 9/23 12時21分 午時					霜降 10/23 21時30分 亥時					小雪 11/22 18時54分 酉時					冬至 12/22 8時7分 辰時					大寒 1/20 18時45分 酉時					中氣

年	甲寅																	
月	丙寅			丁卯			戊辰			己巳			庚午			辛未		
節氣	立春 2/4 13時0分 未時			驚蟄 3/6 7時7分 辰時			清明 4/5 12時5分 午時			立夏 5/6 5時33分 卯時			芒種 6/6 9時51分 巳時			小暑 7/7 20時11分 戌時		
日	國曆	農曆	干支	國曆	農曆	干支	國曆	農曆	干支	國曆	農曆	干支	國曆	農曆	干支	國曆	農曆	干支
	2 4	1 13	丙子	3 6	2 13	丙午	4 5	3 13	丙子	5 6	4 15	丁未	6 6	4 16	戊寅	7 7	5 18	己酉
	2 5	1 14	丁丑	3 7	2 14	丁未	4 6	3 14	丁丑	5 7	4 16	戊申	6 7	4 17	己卯	7 8	5 19	庚戌
	2 6	1 15	戊寅	3 8	2 15	戊申	4 7	3 15	戊寅	5 8	4 17	己酉	6 8	4 18	庚辰	7 9	5 20	辛亥
	2 7	1 16	己卯	3 9	2 16	己酉	4 8	3 16	己卯	5 9	4 18	庚戌	6 9	4 19	辛巳	7 10	5 21	壬子
1	2 8	1 17	庚辰	3 10	2 17	庚戌	4 9	3 17	庚辰	5 10	4 19	辛亥	6 10	4 20	壬午	7 11	5 22	癸丑
9	2 9	1 18	辛巳	3 11	2 18	辛亥	4 10	3 18	辛巳	5 11	4 20	壬子	6 11	4 21	癸未	7 12	5 23	甲寅
7	2 10	1 19	壬午	3 12	2 19	壬子	4 11	3 19	壬午	5 12	4 21	癸丑	6 12	4 22	甲申	7 13	5 24	乙卯
4	2 11	1 20	癸未	3 13	2 20	癸丑	4 12	3 20	癸未	5 13	4 22	甲寅	6 13	4 23	乙酉	7 14	5 25	丙辰
	2 12	1 21	甲申	3 14	2 21	甲寅	4 13	3 21	甲申	5 14	4 23	乙卯	6 14	4 24	丙戌	7 15	5 26	丁巳
	2 13	1 22	乙酉	3 15	2 22	乙卯	4 14	3 22	乙酉	5 15	4 24	丙辰	6 15	4 25	丁亥	7 16	5 27	戊午
	2 14	1 23	丙戌	3 16	2 23	丙辰	4 15	3 23	丙戌	5 16	4 25	丁巳	6 16	4 26	戊子	7 17	5 28	己未
	2 15	1 24	丁亥	3 17	2 24	丁巳	4 16	3 24	丁亥	5 17	4 26	戊午	6 17	4 27	己丑	7 18	5 29	庚申
	2 16	1 25	戊子	3 18	2 25	戊午	4 17	3 25	戊子	5 18	4 27	己未	6 18	4 28	庚寅	7 19	6 1	辛酉
虎	2 17	1 26	己丑	3 19	2 26	己未	4 18	3 26	己丑	5 19	4 28	庚申	6 19	4 29	辛卯	7 20	6 2	壬戌
	2 18	1 27	庚寅	3 20	2 27	庚申	4 19	3 27	庚寅	5 20	4 29	辛酉	6 20	5 1	壬辰	7 21	6 3	癸亥
	2 19	1 28	辛卯	3 21	2 28	辛酉	4 20	3 28	辛卯	5 21	4 30	壬戌	6 21	5 2	癸巳	7 22	6 4	甲子
	2 20	1 29	壬辰	3 22	2 29	壬戌	4 21	3 29	壬辰	5 22	閏4 1	癸亥	6 22	5 3	甲午	7 23	6 5	乙丑
	2 21	1 30	癸巳	3 23	2 30	癸亥	4 22	4 1	癸巳	5 23	4 2	甲子	6 23	5 4	乙未	7 24	6 6	丙寅
	2 22	2 1	甲午	3 24	3 1	甲子	4 23	4 2	甲午	5 24	4 3	乙丑	6 24	5 5	丙申	7 25	6 7	丁卯
	2 23	2 2	乙未	3 25	3 2	乙丑	4 24	4 3	乙未	5 25	4 4	丙寅	6 25	5 6	丁酉	7 26	6 8	戊辰
	2 24	2 3	丙申	3 26	3 3	丙寅	4 25	4 4	丙申	5 26	4 5	丁卯	6 26	5 7	戊戌	7 27	6 9	己巳
中	2 25	2 4	丁酉	3 27	3 4	丁卯	4 26	4 5	丁酉	5 27	4 6	戊辰	6 27	5 8	己亥	7 28	6 10	庚午
華	2 26	2 5	戊戌	3 28	3 5	戊辰	4 27	4 6	戊戌	5 28	4 7	己巳	6 28	5 9	庚子	7 29	6 11	辛未
民	2 27	2 6	己亥	3 29	3 6	己巳	4 28	4 7	己亥	5 29	4 8	庚午	6 29	5 10	辛丑	7 30	6 12	壬申
國	2 28	2 7	庚子	3 30	3 7	庚午	4 29	4 8	庚子	5 30	4 9	辛未	6 30	5 11	壬寅	7 31	6 13	癸酉
六	3 1	2 8	辛丑	3 31	3 8	辛未	4 30	4 9	辛丑	5 31	4 10	壬申	7 1	5 12	癸卯	8 1	6 14	甲戌
十	3 2	2 9	壬寅	4 1	3 9	壬申	5 1	4 10	壬寅	6 1	4 11	癸酉	7 2	5 13	甲辰	8 2	6 15	乙亥
三	3 3	2 10	癸卯	4 2	3 10	癸酉	5 2	4 11	癸卯	6 2	4 12	甲戌	7 3	5 14	乙巳	8 3	6 16	丙子
年	3 4	2 11	甲辰	4 3	3 11	甲戌	5 3	4 12	甲辰	6 3	4 13	乙亥	7 4	5 15	丙午	8 4	6 17	丁丑
	3 5	2 12	乙巳	4 4	3 12	乙亥	5 4	4 13	乙巳	6 4	4 14	丙子	7 5	5 16	丁未	8 5	6 18	戊寅
							5 5	4 14	丙午	6 5	4 15	丁丑	7 6	5 17	戊申	8 6	6 19	己卯
																8 7	6 20	庚辰
中氣	雨水 2/19 8時58分 辰時			春分 3/21 8時6分 辰時			穀雨 4/20 19時18分 戌時			小滿 5/21 18時36分 酉時			夏至 6/22 2時37分 丑時			大暑 7/23 13時30分 未時		

日光節約時間：四月一日至九月三十日

年	甲寅														
月	壬申					癸酉					甲戌				
節氣	立秋 8/8 5時57分 卯時					白露 9/8 8時45分 辰時					寒露 10/9 0時14分 子時				
日	國曆		農曆		干支	國曆		農曆		干支	國曆		農曆		干支
	8	8	6	21	辛巳	9	8	7	22	壬子	10	9	8	24	癸未
	8	9	6	22	壬午	9	9	7	23	癸丑	10	10	8	25	甲申
	8	10	6	23	癸未	9	10	7	24	甲寅	10	11	8	26	乙酉
	8	11	6	24	甲申	9	11	7	25	乙卯	10	12	8	27	丙戌
	8	12	6	25	乙酉	9	12	7	26	丙辰	10	13	8	28	丁亥
	8	13	6	26	丙戌	9	13	7	27	丁巳	10	14	8	29	戊子
	8	14	6	27	丁亥	9	14	7	28	戊午	10	15	9	1	己丑
	8	15	6	28	戊子	9	15	7	29	己未	10	16	9	2	庚寅
	8	16	6	29	己丑	9	16	8	1	庚申	10	17	9	3	辛卯
	8	17	6	30	庚寅	9	17	8	2	辛酉	10	18	9	4	壬辰
	8	18	7	1	辛卯	9	18	8	3	壬戌	10	19	9	5	癸巳
	8	19	7	2	壬辰	9	19	8	4	癸亥	10	20	9	6	甲午
	8	20	7	3	癸巳	9	20	8	5	甲子	10	21	9	7	乙未
	8	21	7	4	甲午	9	21	8	6	乙丑	10	22	9	8	丙申
	8	22	7	5	乙未	9	22	8	7	丙寅	10	23	9	9	丁酉
	8	23	7	6	丙申	9	23	8	8	丁卯	10	24	9	10	戊戌
	8	24	7	7	丁酉	9	24	8	9	戊辰	10	25	9	11	己亥
	8	25	7	8	戊戌	9	25	8	10	己巳	10	26	9	12	庚子
	8	26	7	9	己亥	9	26	8	11	庚午	10	27	9	13	辛丑
	8	27	7	10	庚子	9	27	8	12	辛未	10	28	9	14	壬寅
	8	28	7	11	辛丑	9	28	8	13	壬申	10	29	9	15	癸卯
	8	29	7	12	壬寅	9	29	8	14	癸酉	10	30	9	16	甲辰
	8	30	7	13	癸卯	9	30	8	15	甲戌	10	31	9	17	乙巳
	8	31	7	14	甲辰	10	1	8	16	乙亥	11	1	9	18	丙午
	9	1	7	15	乙巳	10	2	8	17	丙子	11	2	9	19	丁未
	9	2	7	16	丙午	10	3	8	18	丁丑	11	3	9	20	戊申
	9	3	7	17	丁未	10	4	8	19	戊寅	11	4	9	21	己酉
	9	4	7	18	戊申	10	5	8	20	己卯	11	5	9	22	庚戌
	9	5	7	19	己酉	10	6	8	21	庚辰	11	6	9	23	辛亥
	9	6	7	20	庚戌	10	7	8	22	辛巳	11	7	9	24	壬子
	9	7	7	21	辛亥	10	8	8	23	壬午					
中氣	處暑 8/23 20時28分 戌時					秋分 9/23 17時58分 酉時					霜降 10/24 3時10分 寅時				

年	甲寅														
月	乙亥					丙子					丁丑				
節氣	立冬 11/8 3時17分 寅時					大雪 12/7 20時4分 戌時					小寒 1/6 7時17分 辰時				
日	國曆		農曆		干支	國曆		農曆		干支	國曆		農曆		干支
	11	8	9	25	癸丑	12	7	10	24	壬午	1	6	11	24	壬子
	11	9	9	26	甲寅	12	8	10	25	癸未	1	7	11	25	癸丑
	11	10	9	27	乙卯	12	9	10	26	甲申	1	8	11	26	甲寅
	11	11	9	28	丙辰	12	10	10	27	乙酉	1	9	11	27	乙卯
	11	12	9	29	丁巳	12	11	10	28	丙戌	1	10	11	28	丙辰
	11	13	9	30	戊午	12	12	10	29	丁亥	1	11	11	29	丁巳
	11	14	10	1	己未	12	13	10	30	戊子	1	12	12	1	戊午
	11	15	10	2	庚申	12	14	11	1	己丑	1	13	12	2	己未
	11	16	10	3	辛酉	12	15	11	2	庚寅	1	14	12	3	庚申
	11	17	10	4	壬戌	12	16	11	3	辛卯	1	15	12	4	辛酉
	11	18	10	5	癸亥	12	17	11	4	壬辰	1	16	12	5	壬戌
	11	19	10	6	甲子	12	18	11	5	癸巳	1	17	12	6	癸亥
	11	20	10	7	乙丑	12	19	11	6	甲午	1	18	12	7	甲子
	11	21	10	8	丙寅	12	20	11	7	乙未	1	19	12	8	乙丑
	11	22	10	9	丁卯	12	21	11	8	丙申	1	20	12	9	丙寅
	11	23	10	10	戊辰	12	22	11	9	丁酉	1	21	12	10	丁卯
	11	24	10	11	己巳	12	23	11	10	戊戌	1	22	12	11	戊辰
	11	25	10	12	庚午	12	24	11	11	己亥	1	23	12	12	己巳
	11	26	10	13	辛未	12	25	11	12	庚子	1	24	12	13	庚午
	11	27	10	14	壬申	12	26	11	13	辛丑	1	25	12	14	辛未
	11	28	10	15	癸酉	12	27	11	14	壬寅	1	26	12	15	壬申
	11	29	10	16	甲戌	12	28	11	15	癸卯	1	27	12	16	癸酉
	11	30	10	17	乙亥	12	29	11	16	甲辰	1	28	12	17	甲戌
	12	1	10	18	丙子	12	30	11	17	乙巳	1	29	12	18	乙亥
	12	2	10	19	丁丑	12	31	11	18	丙午	1	30	12	19	丙子
	12	3	10	20	戊寅	1	1	11	19	丁未	1	31	12	20	丁丑
	12	4	10	21	己卯	1	2	11	20	戊申	2	1	12	21	戊寅
	12	5	10	22	庚辰	1	3	11	21	己酉	2	2	12	22	己卯
	12	6	10	23	辛巳	1	4	11	22	庚戌	2	3	12	23	庚辰
						1	5	11	23	辛亥					
中氣	小雪 11/23 0時38分 子時					冬至 12/22 13時55分 未時					大寒 1/21 0時36分 子時				

1974‧1975

虎

中華民國六十三‧六十四年

日光節約時間：四月一日至九月三十日

年	乙卯																	
月	戊寅			己卯			庚辰			辛巳			壬午			癸未		
節氣	立春 2/4 18時59分 酉時			驚蟄 3/6 13時5分 未時			清明 4/5 18時1分 酉時			立夏 5/6 11時27分 午時			芒種 6/6 15時42分 申時			小暑 7/8 1時59分 丑時		
日	國曆	農曆	干支	國曆	農曆	干支	國曆	農曆	干支	國曆	農曆	干支	國曆	農曆	干支	國曆	農曆	干支
	2 4	12 24	辛巳	3 6	1 24	辛亥	4 5	2 24	辛巳	5 6	3 25	壬子	6 6	4 27	癸未	7 8	5 29	乙卯
	2 5	12 25	壬午	3 7	1 25	壬子	4 6	2 25	壬午	5 7	3 26	癸丑	6 7	4 28	甲申	7 9	6 1	丙辰
	2 6	12 26	癸未	3 8	1 26	癸丑	4 7	2 26	癸未	5 8	3 27	甲寅	6 8	4 29	乙酉	7 10	6 2	丁巳
	2 7	12 27	甲申	3 9	1 27	甲寅	4 8	2 27	甲申	5 9	3 28	乙卯	6 9	4 30	丙戌	7 11	6 3	戊午
1	2 8	12 28	乙酉	3 10	1 28	乙卯	4 9	2 28	乙酉	5 10	3 29	丙辰	6 10	5 1	丁亥	7 12	6 4	己未
9	2 9	12 29	丙戌	3 11	1 29	丙辰	4 10	2 29	丙戌	5 11	4 1	丁巳	6 11	5 2	戊子	7 13	6 5	庚申
7	2 10	12 30	丁亥	3 12	1 30	丁巳	4 11	2 30	丁亥	5 12	4 2	戊午	6 12	5 3	己丑	7 14	6 6	辛酉
5	2 11	1 1	戊子	3 13	2 1	戊午	4 12	3 1	戊子	5 13	4 3	己未	6 13	5 4	庚寅	7 15	6 7	壬戌
	2 12	1 2	己丑	3 14	2 2	己未	4 13	3 2	己丑	5 14	4 4	庚申	6 14	5 5	辛卯	7 16	6 8	癸亥
	2 13	1 3	庚寅	3 15	2 3	庚申	4 14	3 3	庚寅	5 15	4 5	辛酉	6 15	5 6	壬辰	7 17	6 9	甲子
	2 14	1 4	辛卯	3 16	2 4	辛酉	4 15	3 4	辛卯	5 16	4 6	壬戌	6 16	5 7	癸巳	7 18	6 10	乙丑
	2 15	1 5	壬辰	3 17	2 5	壬戌	4 16	3 5	壬辰	5 17	4 7	癸亥	6 17	5 8	甲午	7 19	6 11	丙寅
	2 16	1 6	癸巳	3 18	2 6	癸亥	4 17	3 6	癸巳	5 18	4 8	甲子	6 18	5 9	乙未	7 20	6 12	丁卯
兔	2 17	1 7	甲午	3 19	2 7	甲子	4 18	3 7	甲午	5 19	4 9	乙丑	6 19	5 10	丙申	7 21	6 13	戊辰
	2 18	1 8	乙未	3 20	2 8	乙丑	4 19	3 8	乙未	5 20	4 10	丙寅	6 20	5 11	丁酉	7 22	6 14	己巳
	2 19	1 9	丙申	3 21	2 9	丙寅	4 20	3 9	丙申	5 21	4 11	丁卯	6 21	5 12	戊戌	7 23	6 15	庚午
	2 20	1 10	丁酉	3 22	2 10	丁卯	4 21	3 10	丁酉	5 22	4 12	戊辰	6 22	5 13	己亥	7 24	6 16	辛未
	2 21	1 11	戊戌	3 23	2 11	戊辰	4 22	3 11	戊戌	5 23	4 13	己巳	6 23	5 14	庚子	7 25	6 17	壬申
	2 22	1 12	己亥	3 24	2 12	己巳	4 23	3 12	己亥	5 24	4 14	庚午	6 24	5 15	辛丑	7 26	6 18	癸酉
	2 23	1 13	庚子	3 25	2 13	庚午	4 24	3 13	庚子	5 25	4 15	辛未	6 25	5 16	壬寅	7 27	6 19	甲戌
中	2 24	1 14	辛丑	3 26	2 14	辛未	4 25	3 14	辛丑	5 26	4 16	壬申	6 26	5 17	癸卯	7 28	6 20	乙亥
華	2 25	1 15	壬寅	3 27	2 15	壬申	4 26	3 15	壬寅	5 27	4 17	癸酉	6 27	5 18	甲辰	7 29	6 21	丙子
民	2 26	1 16	癸卯	3 28	2 16	癸酉	4 27	3 16	癸卯	5 28	4 18	甲戌	6 28	5 19	乙巳	7 30	6 22	丁丑
國	2 27	1 17	甲辰	3 29	2 17	甲戌	4 28	3 17	甲辰	5 29	4 19	乙亥	6 29	5 20	丙午	7 31	6 23	戊寅
六	2 28	1 18	乙巳	3 30	2 18	乙亥	4 29	3 18	乙巳	5 30	4 20	丙子	6 30	5 21	丁未	8 1	6 24	己卯
十	3 1	1 19	丙午	3 31	2 19	丙子	4 30	3 19	丙午	5 31	4 21	丁丑	7 1	5 22	戊申	8 2	6 25	庚辰
四	3 2	1 20	丁未	4 1	2 20	丁丑	5 1	3 20	丁未	6 1	4 22	戊寅	7 2	5 23	己酉	8 3	6 26	辛巳
年	3 3	1 21	戊申	4 2	2 21	戊寅	5 2	3 21	戊申	6 2	4 23	己卯	7 3	5 24	庚戌	8 4	6 27	壬午
	3 4	1 22	己酉	4 3	2 22	己卯	5 3	3 22	己酉	6 3	4 24	庚辰	7 4	5 25	辛亥	8 5	6 28	癸未
	3 5	1 23	庚戌	4 4	2 23	庚辰	5 4	3 23	庚戌	6 4	4 25	辛巳	7 5	5 26	壬子	8 6	6 29	甲申
							5 5	3 24	辛亥	6 5	4 26	壬午	7 6	5 27	癸丑	8 7	7 1	乙酉
													7 7	5 28	甲寅			
中氣	雨水 2/19 14時49分 未時			春分 3/21 13時56分 未時			穀雨 4/21 1時7分 丑時			小滿 5/22 0時23分 子時			夏至 6/22 8時26分 辰時			大暑 7/23 19時21分 戌時		

日光節約時間：四月一日至九月三十日

年	乙卯																	
月	甲申			乙酉			丙戌			丁亥			戊子			己丑		
節氣	立秋 8/8 11時44分 午時			白露 9/8 14時33分 未時			寒露 10/9 6時2分 卯時			立冬 11/8 9時2分 巳時			大雪 12/8 1時46分 丑時			小寒 1/6 12時57分 午時		
日	國曆	農曆	干支	國曆	農曆	干支	國曆	農曆	干支	國曆	農曆	干支	國曆	農曆	干支	國曆	農曆	干支
	8 8	7 2	丙戌	9 8	8 3	丁巳	10 9	9 5	戊子	11 8	10 6	戊午	12 8	11 6	戊子	1 6	12 6	丁巳
	8 9	7 3	丁亥	9 9	8 4	戊午	10 10	9 6	己丑	11 9	10 7	己未	12 9	11 7	己丑	1 7	12 7	戊午
	8 10	7 4	戊子	9 10	8 5	己未	10 11	9 7	庚寅	11 10	10 8	庚申	12 10	11 8	庚寅	1 8	12 8	己未
	8 11	7 5	己丑	9 11	8 6	庚申	10 12	9 8	辛卯	11 11	10 9	辛酉	12 11	11 9	辛卯	1 9	12 9	庚申
	8 12	7 6	庚寅	9 12	8 7	辛酉	10 13	9 9	壬辰	11 12	10 10	壬戌	12 12	11 10	壬辰	1 10	12 10	辛酉
	8 13	7 7	辛卯	9 13	8 8	壬戌	10 14	9 10	癸巳	11 13	10 11	癸亥	12 13	11 11	癸巳	1 11	12 11	壬戌
	8 14	7 8	壬辰	9 14	8 9	癸亥	10 15	9 11	甲午	11 14	10 12	甲子	12 14	11 12	甲午	1 12	12 12	癸亥
	8 15	7 9	癸巳	9 15	8 10	甲子	10 16	9 12	乙未	11 15	10 13	乙丑	12 15	11 13	乙未	1 13	12 13	甲子
	8 16	7 10	甲午	9 16	8 11	乙丑	10 17	9 13	丙申	11 16	10 14	丙寅	12 16	11 14	丙申	1 14	12 14	乙丑
	8 17	7 11	乙未	9 17	8 12	丙寅	10 18	9 14	丁酉	11 17	10 15	丁卯	12 17	11 15	丁酉	1 15	12 15	丙寅
	8 18	7 12	丙申	9 18	8 13	丁卯	10 19	9 15	戊戌	11 18	10 16	戊辰	12 18	11 16	戊戌	1 16	12 16	丁卯
	8 19	7 13	丁酉	9 19	8 14	戊辰	10 20	9 16	己亥	11 19	10 17	己巳	12 19	11 17	己亥	1 17	12 17	戊辰
	8 20	7 14	戊戌	9 20	8 15	己巳	10 21	9 17	庚子	11 20	10 18	庚午	12 20	11 18	庚子	1 18	12 18	己巳
	8 21	7 15	己亥	9 21	8 16	庚午	10 22	9 18	辛丑	11 21	10 19	辛未	12 21	11 19	辛丑	1 19	12 19	庚午
	8 22	7 16	庚子	9 22	8 17	辛未	10 23	9 19	壬寅	11 22	10 20	壬申	12 22	11 20	壬寅	1 20	12 20	辛未
	8 23	7 17	辛丑	9 23	8 18	壬申	10 24	9 20	癸卯	11 23	10 21	癸酉	12 23	11 21	癸卯	1 21	12 21	壬申
	8 24	7 18	壬寅	9 24	8 19	癸酉	10 25	9 21	甲辰	11 24	10 22	甲戌	12 24	11 22	甲辰	1 22	12 22	癸酉
	8 25	7 19	癸卯	9 25	8 20	甲戌	10 26	9 22	乙巳	11 25	10 23	乙亥	12 25	11 23	乙巳	1 23	12 23	甲戌
	8 26	7 20	甲辰	9 26	8 21	乙亥	10 27	9 23	丙午	11 26	10 24	丙子	12 26	11 24	丙午	1 24	12 24	乙亥
	8 27	7 21	乙巳	9 27	8 22	丙子	10 28	9 24	丁未	11 27	10 25	丁丑	12 27	11 25	丁未	1 25	12 25	丙子
	8 28	7 22	丙午	9 28	8 23	丁丑	10 29	9 25	戊申	11 28	10 26	戊寅	12 28	11 26	戊申	1 26	12 26	丁丑
	8 29	7 23	丁未	9 29	8 24	戊寅	10 30	9 26	己酉	11 29	10 27	己卯	12 29	11 27	己酉	1 27	12 27	戊寅
	8 30	7 24	戊申	9 30	8 25	己卯	10 31	9 27	庚戌	11 30	10 28	庚辰	12 30	11 28	庚戌	1 28	12 28	己卯
	8 31	7 25	己酉	10 1	8 26	庚辰	11 1	9 28	辛亥	12 1	10 29	辛巳	12 31	11 29	辛亥	1 29	12 29	庚辰
	9 1	7 26	庚戌	10 2	8 27	辛巳	11 2	9 29	壬子	12 2	10 30	壬午	1 1	12 1	壬子	1 30	12 30	辛巳
	9 2	7 27	辛亥	10 3	8 28	壬午	11 3	10 1	癸丑	12 3	11 1	癸未	1 2	12 2	癸丑	1 31	1 1	壬午
	9 3	7 28	壬子	10 4	8 29	癸未	11 4	10 2	甲寅	12 4	11 2	甲申	1 3	12 3	甲寅	2 1	1 2	癸未
	9 4	7 29	癸丑	10 5	9 1	甲申	11 5	10 3	乙卯	12 5	11 3	乙酉	1 4	12 4	乙卯	2 2	1 3	甲申
	9 5	7 30	甲寅	10 6	9 2	乙酉	11 6	10 4	丙辰	12 6	11 4	丙戌	1 5	12 5	丙辰	2 3	1 4	乙酉
	9 6	8 1	乙卯	10 7	9 3	丙戌	11 7	10 5	丁巳	12 7	11 5	丁亥				2 4	1 5	丙戌
	9 7	8 2	丙辰	10 8	9 4	丁亥												
中氣	處暑 8/24 2時23分 丑時			秋分 9/23 23時55分 子時			霜降 10/24 9時6分 巳時			小雪 11/23 6時30分 卯時			冬至 12/22 19時45分 戌時			大寒 1/21 6時25分 卯時		

1975・1976　兔　中華民國六十四・六十五年

日光節約時間：四月一日至九月三十日

年	丙辰																	
月	庚寅			辛卯			壬辰			癸巳			甲午			乙未		
節氣	立春			驚蟄			清明			立夏			芒種			小暑		
	2/5 0時39分 子時			3/5 18時48分 酉時			4/4 23時46分 子時			5/5 17時14分 酉時			6/5 21時31分 亥時			7/7 7時50分 辰時		
日	國曆	農曆	干支	國曆	農曆	干支	國曆	農曆	干支	國曆	農曆	干支	國曆	農曆	干支	國曆	農曆	干支
1976	2 5	1 6	丁亥	3 5	2 5	丙辰	4 4	3 5	丙戌	5 5	4 7	丁巳	6 5	5 8	戊子	7 7	6 11	庚申
	2 6	1 7	戊子	3 6	2 6	丁巳	4 5	3 6	丁亥	5 6	4 8	戊午	6 6	5 9	己丑	7 8	6 12	辛酉
	2 7	1 8	己丑	3 7	2 7	戊午	4 6	3 7	戊子	5 7	4 9	己未	6 7	5 10	庚寅	7 9	6 13	壬戌
	2 8	1 9	庚寅	3 8	2 8	己未	4 7	3 8	己丑	5 8	4 10	庚申	6 8	5 11	辛卯	7 10	6 14	癸亥
	2 9	1 10	辛卯	3 9	2 9	庚申	4 8	3 9	庚寅	5 9	4 11	辛酉	6 9	5 12	壬辰	7 11	6 15	甲子
	2 10	1 11	壬辰	3 10	2 10	辛酉	4 9	3 10	辛卯	5 10	4 12	壬戌	6 10	5 13	癸巳	7 12	6 16	乙丑
	2 11	1 12	癸巳	3 11	2 11	壬戌	4 10	3 11	壬辰	5 11	4 13	癸亥	6 11	5 14	甲午	7 13	6 17	丙寅
	2 12	1 13	甲午	3 12	2 12	癸亥	4 11	3 12	癸巳	5 12	4 14	甲子	6 12	5 15	乙未	7 14	6 18	丁卯
	2 13	1 14	乙未	3 13	2 13	甲子	4 12	3 13	甲午	5 13	4 15	乙丑	6 13	5 16	丙申	7 15	6 19	戊辰
	2 14	1 15	丙申	3 14	2 14	乙丑	4 13	3 14	乙未	5 14	4 16	丙寅	6 14	5 17	丁酉	7 16	6 20	己巳
	2 15	1 16	丁酉	3 15	2 15	丙寅	4 14	3 15	丙申	5 15	4 17	丁卯	6 15	5 18	戊戌	7 17	6 21	庚午
	2 16	1 17	戊戌	3 16	2 16	丁卯	4 15	3 16	丁酉	5 16	4 18	戊辰	6 16	5 19	己亥	7 18	6 22	辛未
	2 17	1 18	己亥	3 17	2 17	戊辰	4 16	3 17	戊戌	5 17	4 19	己巳	6 17	5 20	庚子	7 19	6 23	壬申
龍	2 18	1 19	庚子	3 18	2 18	己巳	4 17	3 18	己亥	5 18	4 20	庚午	6 18	5 21	辛丑	7 20	6 24	癸酉
	2 19	1 20	辛丑	3 19	2 19	庚午	4 18	3 19	庚子	5 19	4 21	辛未	6 19	5 22	壬寅	7 21	6 25	甲戌
	2 20	1 21	壬寅	3 20	2 20	辛未	4 19	3 20	辛丑	5 20	4 22	壬申	6 20	5 23	癸卯	7 22	6 26	乙亥
	2 21	1 22	癸卯	3 21	2 21	壬申	4 20	3 21	壬寅	5 21	4 23	癸酉	6 21	5 24	甲辰	7 23	6 27	丙子
	2 22	1 23	甲辰	3 22	2 22	癸酉	4 21	3 22	癸卯	5 22	4 24	甲戌	6 22	5 25	乙巳	7 24	6 28	丁丑
	2 23	1 24	乙巳	3 23	2 23	甲戌	4 22	3 23	甲辰	5 23	4 25	乙亥	6 23	5 26	丙午	7 25	6 29	戊寅
	2 24	1 25	丙午	3 24	2 24	乙亥	4 23	3 24	乙巳	5 24	4 26	丙子	6 24	5 27	丁未	7 26	6 30	己卯
中華民國六十五年	2 25	1 26	丁未	3 25	2 25	丙子	4 24	3 25	丙午	5 25	4 27	丁丑	6 25	5 28	戊申	7 27	7 1	庚辰
	2 26	1 27	戊申	3 26	2 26	丁丑	4 25	3 26	丁未	5 26	4 28	戊寅	6 26	5 29	己酉	7 28	7 2	辛巳
	2 27	1 28	己酉	3 27	2 27	戊寅	4 26	3 27	戊申	5 27	4 29	己卯	6 27	6 1	庚戌	7 29	7 3	壬午
	2 28	1 29	庚戌	3 28	2 28	己卯	4 27	3 28	己酉	5 28	4 30	庚辰	6 28	6 2	辛亥	7 30	7 4	癸未
	2 29	1 30	辛亥	3 29	2 29	庚辰	4 28	3 29	庚戌	5 29	5 1	辛巳	6 29	6 3	壬子	7 31	7 5	甲申
	3 1	2 1	壬子	3 30	2 30	辛巳	4 29	4 1	辛亥	5 30	5 2	壬午	6 30	6 4	癸丑	8 1	7 6	乙酉
	3 2	2 2	癸丑	3 31	3 1	壬午	4 30	4 2	壬子	5 31	5 3	癸未	7 1	6 5	甲寅	8 2	7 7	丙戌
	3 3	2 3	甲寅	4 1	3 2	癸未	5 1	4 3	癸丑	6 1	5 4	甲申	7 2	6 6	乙卯	8 3	7 8	丁亥
	3 4	2 4	乙卯	4 2	3 3	甲申	5 2	4 4	甲寅	6 2	5 5	乙酉	7 3	6 7	丙辰	8 4	7 9	戊子
				4 3	3 4	乙酉	5 3	4 5	乙卯	6 3	5 6	丙戌	7 4	6 8	丁巳	8 5	7 10	己丑
							5 4	4 6	丙辰	6 4	5 7	丁亥	7 5	6 9	戊午	8 6	7 11	庚寅
													7 6	6 10	己未			
中氣	雨水			春分			穀雨			小滿			夏至			大暑		
	2/19 20時39分 戌時			3/20 19時49分 戌時			4/20 7時2分 辰時			5/21 6時21分 卯時			6/21 14時24分 未時			7/23 1時18分 丑時		

年	丙辰																	
月	丙申			丁酉			戊戌			己亥			庚子			辛丑		
節氣	立秋 8/7 17時38分 酉時			白露 9/7 20時28分 戌時			寒露 10/8 11時58分 午時			立冬 11/7 14時58分 未時			大雪 12/7 7時40分 辰時			小寒 1/5 18時51分 酉時		
日	國曆	農曆	干支	國曆	農曆	干支	國曆	農曆	干支	國曆	農曆	干支	國曆	農曆	干支	國曆	農曆	干支
	8 7	7 12	辛卯	9 7	8 14	壬戌	10 8	8 15	癸巳	11 7	9 16	癸亥	12 7	10 17	癸巳	1 5	11 16	壬戌
	8 8	7 13	壬辰	9 8	8 15	癸亥	10 9	8 16	甲午	11 8	9 17	甲子	12 8	10 18	甲午	1 6	11 17	癸亥
	8 9	7 14	癸巳	9 9	8 16	甲子	10 10	8 17	乙未	11 9	9 18	乙丑	12 9	10 19	乙未	1 7	11 18	甲子
	8 10	7 15	甲午	9 10	8 17	乙丑	10 11	8 18	丙申	11 10	9 19	丙寅	12 10	10 20	丙申	1 8	11 19	乙丑
	8 11	7 16	乙未	9 11	8 18	丙寅	10 12	8 19	丁酉	11 11	9 20	丁卯	12 11	10 21	丁酉	1 9	11 20	丙寅
	8 12	7 17	丙申	9 12	8 19	丁卯	10 13	8 20	戊戌	11 12	9 21	戊辰	12 12	10 22	戊戌	1 10	11 21	丁卯
	8 13	7 18	丁酉	9 13	8 20	戊辰	10 14	8 21	己亥	11 13	9 22	己巳	12 13	10 23	己亥	1 11	11 22	戊辰
	8 14	7 19	戊戌	9 14	8 21	己巳	10 15	8 22	庚子	11 14	9 23	庚午	12 14	10 24	庚子	1 12	11 23	己巳
	8 15	7 20	己亥	9 15	8 22	庚午	10 16	8 23	辛丑	11 15	9 24	辛未	12 15	10 25	辛丑	1 13	11 24	庚午
	8 16	7 21	庚子	9 16	8 23	辛未	10 17	8 24	壬寅	11 16	9 25	壬申	12 16	10 26	壬寅	1 14	11 25	辛未
	8 17	7 22	辛丑	9 17	8 24	壬申	10 18	8 25	癸卯	11 17	9 26	癸酉	12 17	10 27	癸卯	1 15	11 26	壬申
	8 18	7 23	壬寅	9 18	8 25	癸酉	10 19	8 26	甲辰	11 18	9 27	甲戌	12 18	10 28	甲辰	1 16	11 27	癸酉
	8 19	7 24	癸卯	9 19	8 26	甲戌	10 20	8 27	乙巳	11 19	9 28	乙亥	12 19	10 29	乙巳	1 17	11 28	甲戌
	8 20	7 25	甲辰	9 20	8 27	乙亥	10 21	8 28	丙午	11 20	9 29	丙子	12 20	10 30	丙午	1 18	11 29	乙亥
	8 21	7 26	乙巳	9 21	8 28	丙子	10 22	8 29	丁未	11 21	10 1	丁丑	12 21	11 1	丁未	1 19	12 1	丙子
	8 22	7 27	丙午	9 22	8 29	丁丑	10 23	9 1	戊申	11 22	10 2	戊寅	12 22	11 2	戊申	1 20	12 2	丁丑
	8 23	7 28	丁未	9 23	8 30	戊寅	10 24	9 2	己酉	11 23	10 3	己卯	12 23	11 3	己酉	1 21	12 3	戊寅
	8 24	7 29	戊申	9 24	閏8 1	己卯	10 25	9 3	庚戌	11 24	10 4	庚辰	12 24	11 4	庚戌	1 22	12 4	己卯
	8 25	8 1	己酉	9 25	8 2	庚辰	10 26	9 4	辛亥	11 25	10 5	辛巳	12 25	11 5	辛亥	1 23	12 5	庚辰
	8 26	8 2	庚戌	9 26	8 3	辛巳	10 27	9 5	壬子	11 26	10 6	壬午	12 26	11 6	壬子	1 24	12 6	辛巳
	8 27	8 3	辛亥	9 27	8 4	壬午	10 28	9 6	癸丑	11 27	10 7	癸未	12 27	11 7	癸丑	1 25	12 7	壬午
	8 28	8 4	壬子	9 28	8 5	癸未	10 29	9 7	甲寅	11 28	10 8	甲申	12 28	11 8	甲寅	1 26	12 8	癸未
	8 29	8 5	癸丑	9 29	8 6	甲申	10 30	9 8	乙卯	11 29	10 9	乙酉	12 29	11 9	乙卯	1 27	12 9	甲申
	8 30	8 6	甲寅	9 30	8 7	乙酉	10 31	9 9	丙辰	11 30	10 10	丙戌	12 30	11 10	丙辰	1 28	12 10	乙酉
	8 31	8 7	乙卯	10 1	8 8	丙戌	11 1	9 10	丁巳	12 1	10 11	丁亥	12 31	11 11	丁巳	1 29	12 11	丙戌
	9 1	8 8	丙辰	10 2	8 9	丁亥	11 2	9 11	戊午	12 2	10 12	戊子	1 1	11 12	戊午	1 30	12 12	丁亥
	9 2	8 9	丁巳	10 3	8 10	戊子	11 3	9 12	己未	12 3	10 13	己丑	1 2	11 13	己未	1 31	12 13	戊子
	9 3	8 10	戊午	10 4	8 11	己丑	11 4	9 13	庚申	12 4	10 14	庚寅	1 3	11 14	庚申	2 1	12 14	己丑
	9 4	8 11	己未	10 5	8 12	庚寅	11 5	9 14	辛酉	12 5	10 15	辛卯	1 4	11 15	辛酉	2 2	12 15	庚寅
	9 5	8 12	庚申	10 6	8 13	辛卯	11 6	9 15	壬戌	12 6	10 16	壬辰				2 3	12 16	辛卯
	9 6	8 13	辛酉	10 7	8 14	壬辰												
中氣	處暑 8/23 8時18分 辰時			秋分 9/23 5時48分 卯時			霜降 10/23 14時58分 未時			小雪 11/22 12時21分 午時			冬至 12/22 1時35分 丑時			大寒 1/20 12時14分 午時		

1976·1977

龍

中華民國六十五·六十六年

年	丁巳								
月	壬寅			癸卯			甲辰		
節氣	立春 2/4 6時33分 卯時			驚蟄 3/6 0時44分 子時			清明 4/5 5時45分 卯時		
日	國曆	農曆	干支	國曆	農曆	干支	國曆	農曆	干支
	2 4	12 17	壬辰	3 6	1 17	壬戌	4 5	2 17	壬辰
	2 5	12 18	癸巳	3 7	1 18	癸亥	4 6	2 18	癸巳
	2 6	12 19	甲午	3 8	1 19	甲子	4 7	2 19	甲午
	2 7	12 20	乙未	3 9	1 20	乙丑	4 8	2 20	乙未
	2 8	12 21	丙申	3 10	1 21	丙寅	4 9	2 21	丙申
1977	2 9	12 22	丁酉	3 11	1 22	丁卯	4 10	2 22	丁酉
	2 10	12 23	戊戌	3 12	1 23	戊辰	4 11	2 23	戊戌
	2 11	12 24	己亥	3 13	1 24	己巳	4 12	2 24	己亥
	2 12	12 25	庚子	3 14	1 25	庚午	4 13	2 25	庚子
	2 13	12 26	辛丑	3 15	1 26	辛未	4 14	2 26	辛丑
	2 14	12 27	壬寅	3 16	1 27	壬申	4 15	2 27	壬寅
	2 15	12 28	癸卯	3 17	1 28	癸酉	4 16	2 28	癸卯
	2 16	12 29	甲辰	3 18	1 29	甲戌	4 17	2 29	甲辰
蛇	2 17	12 30	乙巳	3 19	1 30	乙亥	4 18	3 1	乙巳
	2 18	1 1	丙午	3 20	2 1	丙子	4 19	3 2	丙午
	2 19	1 2	丁未	3 21	2 2	丁丑	4 20	3 3	丁未
	2 20	1 3	戊申	3 22	2 3	戊寅	4 21	3 4	戊申
	2 21	1 4	己酉	3 23	2 4	己卯	4 22	3 5	己酉
	2 22	1 5	庚戌	3 24	2 5	庚辰	4 23	3 6	庚戌
	2 23	1 6	辛亥	3 25	2 6	辛巳	4 24	3 7	辛亥
	2 24	1 7	壬子	3 26	2 7	壬午	4 25	3 8	壬子
中華民國六十六年	2 25	1 8	癸丑	3 27	2 8	癸未	4 26	3 9	癸丑
	2 26	1 9	甲寅	3 28	2 9	甲申	4 27	3 10	甲寅
	2 27	1 10	乙卯	3 29	2 10	乙酉	4 28	3 11	乙卯
	2 28	1 11	丙辰	3 30	2 11	丙戌	4 29	3 12	丙辰
	3 1	1 12	丁巳	3 31	2 12	丁亥	4 30	3 13	丁巳
	3 2	1 13	戊午	4 1	2 13	戊子	5 1	3 14	戊午
	3 3	1 14	己未	4 2	2 14	己丑	5 2	3 15	己未
	3 4	1 15	庚申	4 3	2 15	庚寅	5 3	3 16	庚申
	3 5	1 16	辛酉	4 4	2 16	辛卯	5 4	3 17	辛酉
中氣	雨水 2/19 2時30分 丑時			春分 3/21 1時42分 丑時			穀雨 4/20 12時57分 午時		

年	丁巳								
月	乙巳			丙午			丁未		
節氣	立夏 5/5 23時16分 子時			芒種 6/6 3時32分 寅時			小暑 7/7 13時47分 未時		
日	國曆	農曆	干支	國曆	農曆	干支	國曆	農曆	干支
	5 5	3 18	壬戌	6 6	4 20	甲午	7 7	5 21	乙丑
	5 6	3 19	癸亥	6 7	4 21	乙未	7 8	5 22	丙寅
	5 7	3 20	甲子	6 8	4 22	丙申	7 9	5 23	丁卯
	5 8	3 21	乙丑	6 9	4 23	丁酉	7 10	5 24	戊辰
	5 9	3 22	丙寅	6 10	4 24	戊戌	7 11	5 25	己巳
1977	5 10	3 23	丁卯	6 11	4 25	己亥	7 12	5 26	庚午
	5 11	3 24	戊辰	6 12	4 26	庚子	7 13	5 27	辛未
	5 12	3 25	己巳	6 13	4 27	辛丑	7 14	5 28	壬申
	5 13	3 26	庚午	6 14	4 28	壬寅	7 15	5 29	癸酉
	5 14	3 27	辛未	6 15	4 29	癸卯	7 16	6 1	甲戌
	5 15	3 28	壬申	6 16	4 30	甲辰	7 17	6 2	乙亥
	5 16	3 29	癸酉	6 17	5 1	乙巳	7 18	6 3	丙子
	5 17	3 30	甲戌	6 18	5 2	丙午	7 19	6 4	丁丑
蛇	5 18	4 1	乙亥	6 19	5 3	丁未	7 20	6 5	戊寅
	5 19	4 2	丙子	6 20	5 4	戊申	7 21	6 6	己卯
	5 20	4 3	丁丑	6 21	5 5	己酉	7 22	6 7	庚辰
	5 21	4 4	戊寅	6 22	5 6	庚戌	7 23	6 8	辛巳
	5 22	4 5	己卯	6 23	5 7	辛亥	7 24	6 9	壬午
	5 23	4 6	庚辰	6 24	5 8	壬子	7 25	6 10	癸未
	5 24	4 7	辛巳	6 25	5 9	癸丑	7 26	6 11	甲申
	5 25	4 8	壬午	6 26	5 10	甲寅	7 27	6 12	乙酉
中華民國六十六年	5 26	4 9	癸未	6 27	5 11	乙卯	7 28	6 13	丙戌
	5 27	4 10	甲申	6 28	5 12	丙辰	7 29	6 14	丁亥
	5 28	4 11	乙酉	6 29	5 13	丁巳	7 30	6 15	戊子
	5 29	4 12	丙戌	6 30	5 14	戊午	7 31	6 16	己丑
	5 30	4 13	丁亥	7 1	5 15	己未	8 1	6 17	庚寅
	5 31	4 14	戊子	7 2	5 16	庚申	8 2	6 18	辛卯
	6 1	4 15	己丑	7 3	5 17	辛酉	8 3	6 19	壬辰
	6 2	4 16	庚寅	7 4	5 18	壬戌	8 4	6 20	癸巳
	6 3	4 17	辛卯	7 5	5 19	癸亥	8 5	6 21	甲午
	6 4	4 18	壬辰	7 6	5 20	甲子	8 6	6 22	乙未
	6 5	4 19	癸巳						
中氣	小滿 5/21 12時14分 午時			夏至 6/21 20時13分 戌時			大暑 7/23 7時3分 辰時		

丁巳																		年
戊申			己酉			庚戌			辛亥			壬子			癸丑			月
立秋			白露			寒露			立冬			大雪			小寒			節氣
8/7 23時30分 子時			9/8 2時15分 丑時			10/8 17時43分 酉時			11/7 20時45分 戌時			12/7 13時30分 未時			1/6 0時43分 子時			
國曆	農曆	干支	國曆	農曆	干支	國曆	農曆	干支	國曆	農曆	干支	國曆	農曆	干支	國曆	農曆	干支	日
8 7	6 23	丙申	9 8	7 25	戊辰	10 8	8 26	戊戌	11 7	9 26	戊辰	12 7	10 27	戊戌	1 6	11 27	戊辰	
8 8	6 24	丁酉	9 9	7 26	己巳	10 9	8 27	己亥	11 8	9 27	己巳	12 8	10 28	己亥	1 7	11 28	己巳	
8 9	6 25	戊戌	9 10	7 27	庚午	10 10	8 28	庚子	11 9	9 28	庚午	12 9	10 29	庚子	1 8	11 29	庚午	
8 10	6 26	己亥	9 11	7 28	辛未	10 11	8 29	辛丑	11 10	9 29	辛未	12 10	10 30	辛丑	1 9	12 1	辛未	
8 11	6 27	庚子	9 12	7 29	壬申	10 12	8 30	壬寅	11 11	10 1	壬申	12 11	11 1	壬寅	1 10	12 2	壬申	
8 12	6 28	辛丑	9 13	8 1	癸酉	10 13	9 1	癸卯	11 12	10 2	癸酉	12 12	11 2	癸卯	1 11	12 3	癸酉	
8 13	6 29	壬寅	9 14	8 2	甲戌	10 14	9 2	甲辰	11 13	10 3	甲戌	12 13	11 3	甲辰	1 12	12 4	甲戌	
8 14	6 30	癸卯	9 15	8 3	乙亥	10 15	9 3	乙巳	11 14	10 4	乙亥	12 14	11 4	乙巳	1 13	12 5	乙亥	
8 15	7 1	甲辰	9 16	8 4	丙子	10 16	9 4	丙午	11 15	10 5	丙子	12 15	11 5	丙午	1 14	12 6	丙子	
8 16	7 2	乙巳	9 17	8 5	丁丑	10 17	9 5	丁未	11 16	10 6	丁丑	12 16	11 6	丁未	1 15	12 7	丁丑	
8 17	7 3	丙午	9 18	8 6	戊寅	10 18	9 6	戊申	11 17	10 7	戊寅	12 17	11 7	戊申	1 16	12 8	戊寅	
8 18	7 4	丁未	9 19	8 7	己卯	10 19	9 7	己酉	11 18	10 8	己卯	12 18	11 8	己酉	1 17	12 9	己卯	
8 19	7 5	戊申	9 20	8 8	庚辰	10 20	9 8	庚戌	11 19	10 9	庚辰	12 19	11 9	庚戌	1 18	12 10	庚辰	
8 20	7 6	己酉	9 21	8 9	辛巳	10 21	9 9	辛亥	11 20	10 10	辛巳	12 20	11 10	辛亥	1 19	12 11	辛巳	
8 21	7 7	庚戌	9 22	8 10	壬午	10 22	9 10	壬子	11 21	10 11	壬午	12 21	11 11	壬子	1 20	12 12	壬午	
8 22	7 8	辛亥	9 23	8 11	癸未	10 23	9 11	癸丑	11 22	10 12	癸未	12 22	11 12	癸丑	1 21	12 13	癸未	
8 23	7 9	壬子	9 24	8 12	甲申	10 24	9 12	甲寅	11 23	10 13	甲申	12 23	11 13	甲寅	1 22	12 14	甲申	
8 24	7 10	癸丑	9 25	8 13	乙酉	10 25	9 13	乙卯	11 24	10 14	乙酉	12 24	11 14	乙卯	1 23	12 15	乙酉	
8 25	7 11	甲寅	9 26	8 14	丙戌	10 26	9 14	丙辰	11 25	10 15	丙戌	12 25	11 15	丙辰	1 24	12 16	丙戌	
8 26	7 12	乙卯	9 27	8 15	丁亥	10 27	9 15	丁巳	11 26	10 16	丁亥	12 26	11 16	丁巳	1 25	12 17	丁亥	
8 27	7 13	丙辰	9 28	8 16	戊子	10 28	9 16	戊午	11 27	10 17	戊子	12 27	11 17	戊午	1 26	12 18	戊子	
8 28	7 14	丁巳	9 29	8 17	己丑	10 29	9 17	己未	11 28	10 18	己丑	12 28	11 18	己未	1 27	12 19	己丑	
8 29	7 15	戊午	9 30	8 18	庚寅	10 30	9 18	庚申	11 29	10 19	庚寅	12 29	11 19	庚申	1 28	12 20	庚寅	
8 30	7 16	己未	10 1	8 19	辛卯	10 31	9 19	辛酉	11 30	10 20	辛卯	12 30	11 20	辛酉	1 29	12 21	辛卯	
8 31	7 17	庚申	10 2	8 20	壬辰	11 1	9 20	壬戌	12 1	10 21	壬辰	12 31	11 21	壬戌	1 30	12 22	壬辰	
9 1	7 18	辛酉	10 3	8 21	癸巳	11 2	9 21	癸亥	12 2	10 22	癸巳	1 1	11 22	癸亥	1 31	12 23	癸巳	
9 2	7 19	壬戌	10 4	8 22	甲午	11 3	9 22	甲子	12 3	10 23	甲午	1 2	11 23	甲子	2 1	12 24	甲午	
9 3	7 20	癸亥	10 5	8 23	乙未	11 4	9 23	乙丑	12 4	10 24	乙未	1 3	11 24	乙丑	2 2	12 25	乙未	
9 4	7 21	甲子	10 6	8 24	丙申	11 5	9 24	丙寅	12 5	10 25	丙申	1 4	11 25	丙寅	2 3	12 26	丙申	
9 5	7 22	乙丑	10 7	8 25	丁酉	11 6	9 25	丁卯	12 6	10 26	丁酉	1 5	11 26	丁卯				
9 6	7 23	丙寅																
9 7	7 24	丁卯																
處暑			秋分			霜降			小雪			冬至			大寒			中氣
8/23 14時0分 未時			9/23 11時29分 午時			10/23 20時40分 戌時			11/22 18時7分 酉時			12/22 7時23分 辰時			1/20 18時4分 酉時			

1977・1978

蛇

中華民國六十六・六十七年

年	戊午																													
月	甲寅					乙卯					丙辰					丁巳					戊午					己未				
節氣	立春 2/4 12時27分 午時					驚蟄 3/6 6時38分 卯時					清明 4/5 11時39分 午時					立夏 5/6 5時8分 卯時					芒種 6/6 9時23分 巳時					小暑 7/7 19時36分 戌時				
日	國曆		農曆		干支	國曆		農曆		干支	國曆		農曆		干支	國曆		農曆		干支	國曆		農曆		干支	國曆		農曆		干支
1978 馬 中華民國六十七年	2	4	12	27	丁酉	3	6	1	28	丁卯	4	5	2	28	丁酉	5	6	3	30	戊辰	6	6	5	1	己亥	7	7	6	3	庚午
	2	5	12	28	戊戌	3	7	1	29	戊辰	4	6	2	29	戊戌	5	7	4	1	己巳	6	7	5	2	庚子	7	8	6	4	辛未
	2	6	12	29	己亥	3	8	1	30	己巳	4	7	3	1	己亥	5	8	4	2	庚午	6	8	5	3	辛丑	7	9	6	5	壬申
	2	7	1	1	庚子	3	9	2	1	庚午	4	8	3	2	庚子	5	9	4	3	辛未	6	9	5	4	壬寅	7	10	6	6	癸酉
	2	8	1	2	辛丑	3	10	2	2	辛未	4	9	3	3	辛丑	5	10	4	4	壬申	6	10	5	5	癸卯	7	11	6	7	甲戌
	2	9	1	3	壬寅	3	11	2	3	壬申	4	10	3	4	壬寅	5	11	4	5	癸酉	6	11	5	6	甲辰	7	12	6	8	乙亥
	2	10	1	4	癸卯	3	12	2	4	癸酉	4	11	3	5	癸卯	5	12	4	6	甲戌	6	12	5	7	乙巳	7	13	6	9	丙子
	2	11	1	5	甲辰	3	13	2	5	甲戌	4	12	3	6	甲辰	5	13	4	7	乙亥	6	13	5	8	丙午	7	14	6	10	丁丑
	2	12	1	6	乙巳	3	14	2	6	乙亥	4	13	3	7	乙巳	5	14	4	8	丙子	6	14	5	9	丁未	7	15	6	11	戊寅
	2	13	1	7	丙午	3	15	2	7	丙子	4	14	3	8	丙午	5	15	4	9	丁丑	6	15	5	10	戊申	7	16	6	12	己卯
	2	14	1	8	丁未	3	16	2	8	丁丑	4	15	3	9	丁未	5	16	4	10	戊寅	6	16	5	11	己酉	7	17	6	13	庚辰
	2	15	1	9	戊申	3	17	2	9	戊寅	4	16	3	10	戊申	5	17	4	11	己卯	6	17	5	12	庚戌	7	18	6	14	辛巳
	2	16	1	10	己酉	3	18	2	10	己卯	4	17	3	11	己酉	5	18	4	12	庚辰	6	18	5	13	辛亥	7	19	6	15	壬午
	2	17	1	11	庚戌	3	19	2	11	庚辰	4	18	3	12	庚戌	5	19	4	13	辛巳	6	19	5	14	壬子	7	20	6	16	癸未
	2	18	1	12	辛亥	3	20	2	12	辛巳	4	19	3	13	辛亥	5	20	4	14	壬午	6	20	5	15	癸丑	7	21	6	17	甲申
	2	19	1	13	壬子	3	21	2	13	壬午	4	20	3	14	壬子	5	21	4	15	癸未	6	21	5	16	甲寅	7	22	6	18	乙酉
	2	20	1	14	癸丑	3	22	2	14	癸未	4	21	3	15	癸丑	5	22	4	16	甲申	6	22	5	17	乙卯	7	23	6	19	丙戌
	2	21	1	15	甲寅	3	23	2	15	甲申	4	22	3	16	甲寅	5	23	4	17	乙酉	6	23	5	18	丙辰	7	24	6	20	丁亥
	2	22	1	16	乙卯	3	24	2	16	乙酉	4	23	3	17	乙卯	5	24	4	18	丙戌	6	24	5	19	丁巳	7	25	6	21	戊子
	2	23	1	17	丙辰	3	25	2	17	丙戌	4	24	3	18	丙辰	5	25	4	19	丁亥	6	25	5	20	戊午	7	26	6	22	己丑
	2	24	1	18	丁巳	3	26	2	18	丁亥	4	25	3	19	丁巳	5	26	4	20	戊子	6	26	5	21	己未	7	27	6	23	庚寅
	2	25	1	19	戊午	3	27	2	19	戊子	4	26	3	20	戊午	5	27	4	21	己丑	6	27	5	22	庚申	7	28	6	24	辛卯
	2	26	1	20	己未	3	28	2	20	己丑	4	27	3	21	己未	5	28	4	22	庚寅	6	28	5	23	辛酉	7	29	6	25	壬辰
	2	27	1	21	庚申	3	29	2	21	庚寅	4	28	3	22	庚申	5	29	4	23	辛卯	6	29	5	24	壬戌	7	30	6	26	癸巳
	2	28	1	22	辛酉	3	30	2	22	辛卯	4	29	3	23	辛酉	5	30	4	24	壬辰	6	30	5	25	癸亥	7	31	6	27	甲午
	3	1	1	23	壬戌	3	31	2	23	壬辰	4	30	3	24	壬戌	5	31	4	25	癸巳	7	1	5	26	甲子	8	1	6	28	乙未
	3	2	1	24	癸亥	4	1	2	24	癸巳	5	1	3	25	癸亥	6	1	4	26	甲午	7	2	5	27	乙丑	8	2	6	29	丙申
	3	3	1	25	甲子	4	2	2	25	甲午	5	2	3	26	甲子	6	2	4	27	乙未	7	3	5	28	丙寅	8	3	6	30	丁酉
	3	4	1	26	乙丑	4	3	2	26	乙未	5	3	3	27	乙丑	6	3	4	28	丙申	7	4	5	29	丁卯	8	4	7	1	戊戌
	3	5	1	27	丙寅	4	4	2	27	丙申	5	4	3	28	丙寅	6	4	4	29	丁酉	7	5	6	1	戊辰	8	5	7	2	己亥
											5	5	3	29	丁卯	6	5	4	30	戊戌	7	6	6	2	己巳	8	6	7	3	庚子
																										8	7	7	4	辛丑
中氣	雨水 2/19 8時20分 辰時					春分 3/21 7時33分 辰時					穀雨 4/20 18時49分 酉時					小滿 5/21 18時8分 酉時					夏至 6/22 2時9分 丑時					大暑 7/23 13時0分 未時				

年	戊午																													
月	庚申					辛酉					壬戌					癸亥					甲子					乙丑				
節氣	立秋 8/8 5時17分 卯時					白露 9/8 8時2分 辰時					寒露 10/8 23時30分 子時					立冬 11/8 2時34分 丑時					大雪 12/7 19時20分 戌時					小寒 1/6 6時31分 卯時				
日	國曆		農曆		干支	國曆		農曆		干支	國曆		農曆		干支	國曆		農曆		干支	國曆		農曆		干支	國曆		農曆		干支
	8	8	7	5	壬寅	9	8	8	6	癸酉	10	8	9	7	癸卯	11	8	10	8	甲戌	12	7	11	8	癸卯	1	6	12	8	癸酉
	8	9	7	6	癸卯	9	9	8	7	甲戌	10	9	9	8	甲辰	11	9	10	9	乙亥	12	8	11	9	甲辰	1	7	12	9	甲戌
	8	10	7	7	甲辰	9	10	8	8	乙亥	10	10	9	9	乙巳	11	10	10	10	丙子	12	9	11	10	乙巳	1	8	12	10	乙亥
	8	11	7	8	乙巳	9	11	8	9	丙子	10	11	9	10	丙午	11	11	10	11	丁丑	12	10	11	11	丙午	1	9	12	11	丙子
	8	12	7	9	丙午	9	12	8	10	丁丑	10	12	9	11	丁未	11	12	10	12	戊寅	12	11	11	12	丁未	1	10	12	12	丁丑
	8	13	7	10	丁未	9	13	8	11	戊寅	10	13	9	12	戊申	11	13	10	13	己卯	12	12	11	13	戊申	1	11	12	13	戊寅
	8	14	7	11	戊申	9	14	8	12	己卯	10	14	9	13	己酉	11	14	10	14	庚辰	12	13	11	14	己酉	1	12	12	14	己卯
	8	15	7	12	己酉	9	15	8	13	庚辰	10	15	9	14	庚戌	11	15	10	15	辛巳	12	14	11	15	庚戌	1	13	12	15	庚辰
	8	16	7	13	庚戌	9	16	8	14	辛巳	10	16	9	15	辛亥	11	16	10	16	壬午	12	15	11	16	辛亥	1	14	12	16	辛巳
	8	17	7	14	辛亥	9	17	8	15	壬午	10	17	9	16	壬子	11	17	10	17	癸未	12	16	11	17	壬子	1	15	12	17	壬午
	8	18	7	15	壬子	9	18	8	16	癸未	10	18	9	17	癸丑	11	18	10	18	甲申	12	17	11	18	癸丑	1	16	12	18	癸未
	8	19	7	16	癸丑	9	19	8	17	甲申	10	19	9	18	甲寅	11	19	10	19	乙酉	12	18	11	19	甲寅	1	17	12	19	甲申
	8	20	7	17	甲寅	9	20	8	18	乙酉	10	20	9	19	乙卯	11	20	10	20	丙戌	12	19	11	20	乙卯	1	18	12	20	乙酉
	8	21	7	18	乙卯	9	21	8	19	丙戌	10	21	9	20	丙辰	11	21	10	21	丁亥	12	20	11	21	丙辰	1	19	12	21	丙戌
	8	22	7	19	丙辰	9	22	8	20	丁亥	10	22	9	21	丁巳	11	22	10	22	戊子	12	21	11	22	丁巳	1	20	12	22	丁亥
	8	23	7	20	丁巳	9	23	8	21	戊子	10	23	9	22	戊午	11	23	10	23	己丑	12	22	11	23	戊午	1	21	12	23	戊子
	8	24	7	21	戊午	9	24	8	22	己丑	10	24	9	23	己未	11	24	10	24	庚寅	12	23	11	24	己未	1	22	12	24	己丑
	8	25	7	22	己未	9	25	8	23	庚寅	10	25	9	24	庚申	11	25	10	25	辛卯	12	24	11	25	庚申	1	23	12	25	庚寅
	8	26	7	23	庚申	9	26	8	24	辛卯	10	26	9	25	辛酉	11	26	10	26	壬辰	12	25	11	26	辛酉	1	24	12	26	辛卯
	8	27	7	24	辛酉	9	27	8	25	壬辰	10	27	9	26	壬戌	11	27	10	27	癸巳	12	26	11	27	壬戌	1	25	12	27	壬辰
	8	28	7	25	壬戌	9	28	8	26	癸巳	10	28	9	27	癸亥	11	28	10	28	甲午	12	27	11	28	癸亥	1	26	12	28	癸巳
	8	29	7	26	癸亥	9	29	8	27	甲午	10	29	9	28	甲子	11	29	10	29	乙未	12	28	11	29	甲子	1	27	12	29	甲午
	8	30	7	27	甲子	9	30	8	28	乙未	10	30	9	29	乙丑	11	30	11	1	丙申	12	29	11	30	乙丑	1	28	1	1	乙未
	8	31	7	28	乙丑	10	1	8	29	丙申	10	31	9	30	丙寅	12	1	11	2	丁酉	12	30	12	1	丙寅	1	29	1	2	丙申
	9	1	7	29	丙寅	10	2	9	1	丁酉	11	1	10	1	丁卯	12	2	11	3	戊戌	12	31	12	2	丁卯	1	30	1	3	丁酉
	9	2	7	30	丁卯	10	3	9	2	戊戌	11	2	10	2	戊辰	12	3	11	4	己亥	1	1	12	3	戊辰	1	31	1	4	戊戌
	9	3	8	1	戊辰	10	4	9	3	己亥	11	3	10	3	己巳	12	4	11	5	庚子	1	2	12	4	己巳	2	1	1	5	己亥
	9	4	8	2	己巳	10	5	9	4	庚子	11	4	10	4	庚午	12	5	11	6	辛丑	1	3	12	5	庚午	2	2	1	6	庚子
	9	5	8	3	庚午	10	6	9	5	辛丑	11	5	10	5	辛未	12	6	11	7	壬寅	1	4	12	6	辛未	2	3	1	7	辛丑
	9	6	8	4	辛未	10	7	9	6	壬寅	11	6	10	6	壬申						1	5	12	7	壬申					
	9	7	8	5	壬申						11	7	10	7	癸酉															
中氣	處暑 8/23 19時56分 戌時					秋分 9/23 17時25分 酉時					霜降 10/24 2時37分 丑時					小雪 11/23 0時4分 子時					冬至 12/22 13時20分 未時					大寒 1/20 23時59分 子時				

1978・1979

馬

中華民國六十七・六十八年

年	己未																													
月	丙寅					丁卯					戊辰					己巳					庚午					辛未				
節氣	立春					驚蟄					清明					立夏					芒種					小暑				
	2/4 18時12分 酉時					3/6 12時19分 午時					4/5 17時17分 酉時					5/6 10時47分 巳時					6/6 15時5分 申時					7/8 1時24分 丑時				
日	國曆		農曆		干支	國曆		農曆		干支	國曆		農曆		干支	國曆		農曆		干支	國曆		農曆		干支	國曆		農曆		干支
	2	4	1	8	壬寅	3	6	2	8	壬申	4	5	3	9	壬寅	5	6	4	11	癸酉	6	6	5	12	甲辰	7	8	6	15	丙子
	2	5	1	9	癸卯	3	7	2	9	癸酉	4	6	3	10	癸卯	5	7	4	12	甲戌	6	7	5	13	乙巳	7	9	6	16	丁丑
	2	6	1	10	甲辰	3	8	2	10	甲戌	4	7	3	11	甲辰	5	8	4	13	乙亥	6	8	5	14	丙午	7	10	6	17	戊寅
	2	7	1	11	乙巳	3	9	2	11	乙亥	4	8	3	12	乙巳	5	9	4	14	丙子	6	9	5	15	丁未	7	11	6	18	己卯
1979	2	8	1	12	丙午	3	10	2	12	丙子	4	9	3	13	丙午	5	10	4	15	丁丑	6	10	5	16	戊申	7	12	6	19	庚辰
	2	9	1	13	丁未	3	11	2	13	丁丑	4	10	3	14	丁未	5	11	4	16	戊寅	6	11	5	17	己酉	7	13	6	20	辛巳
	2	10	1	14	戊申	3	12	2	14	戊寅	4	11	3	15	戊申	5	12	4	17	己卯	6	12	5	18	庚戌	7	14	6	21	壬午
	2	11	1	15	己酉	3	13	2	15	己卯	4	12	3	16	己酉	5	13	4	18	庚辰	6	13	5	19	辛亥	7	15	6	22	癸未
	2	12	1	16	庚戌	3	14	2	16	庚辰	4	13	3	17	庚戌	5	14	4	19	辛巳	6	14	5	20	壬子	7	16	6	23	甲申
	2	13	1	17	辛亥	3	15	2	17	辛巳	4	14	3	18	辛亥	5	15	4	20	壬午	6	15	5	21	癸丑	7	17	6	24	乙酉
	2	14	1	18	壬子	3	16	2	18	壬午	4	15	3	19	壬子	5	16	4	21	癸未	6	16	5	22	甲寅	7	18	6	25	丙戌
	2	15	1	19	癸丑	3	17	2	19	癸未	4	16	3	20	癸丑	5	17	4	22	甲申	6	17	5	23	乙卯	7	19	6	26	丁亥
	2	16	1	20	甲寅	3	18	2	20	甲申	4	17	3	21	甲寅	5	18	4	23	乙酉	6	18	5	24	丙辰	7	20	6	27	戊子
羊	2	17	1	21	乙卯	3	19	2	21	乙酉	4	18	3	22	乙卯	5	19	4	24	丙戌	6	19	5	25	丁巳	7	21	6	28	己丑
	2	18	1	22	丙辰	3	20	2	22	丙戌	4	19	3	23	丙辰	5	20	4	25	丁亥	6	20	5	26	戊午	7	22	6	29	庚寅
	2	19	1	23	丁巳	3	21	2	23	丁亥	4	20	3	24	丁巳	5	21	4	26	戊子	6	21	5	27	己未	7	23	6	30	辛卯
	2	20	1	24	戊午	3	22	2	24	戊子	4	21	3	25	戊午	5	22	4	27	己丑	6	22	5	28	庚申	7	24	閏6	1	壬辰
	2	21	1	25	己未	3	23	2	25	己丑	4	22	3	26	己未	5	23	4	28	庚寅	6	23	5	29	辛酉	7	25	6	2	癸巳
	2	22	1	26	庚申	3	24	2	26	庚寅	4	23	3	27	庚申	5	24	4	29	辛卯	6	24	6	1	壬戌	7	26	6	3	甲午
	2	23	1	27	辛酉	3	25	2	27	辛卯	4	24	3	28	辛酉	5	25	4	30	壬辰	6	25	6	2	癸亥	7	27	6	4	乙未
	2	24	1	28	壬戌	3	26	2	28	壬辰	4	25	3	29	壬戌	5	26	5	1	癸巳	6	26	6	3	甲子	7	28	6	5	丙申
中華民國六十八年	2	25	1	29	癸亥	3	27	2	29	癸巳	4	26	4	1	癸亥	5	27	5	2	甲午	6	27	6	4	乙丑	7	29	6	6	丁酉
	2	26	1	30	甲子	3	28	3	1	甲午	4	27	4	2	甲子	5	28	5	3	乙未	6	28	6	5	丙寅	7	30	6	7	戊戌
	2	27	2	1	乙丑	3	29	3	2	乙未	4	28	4	3	乙丑	5	29	5	4	丙申	6	29	6	6	丁卯	7	31	6	8	己亥
	2	28	2	2	丙寅	3	30	3	3	丙申	4	29	4	4	丙寅	5	30	5	5	丁酉	6	30	6	7	戊辰	8	1	6	9	庚子
	3	1	2	3	丁卯	3	31	3	4	丁酉	4	30	4	5	丁卯	5	31	5	6	戊戌	7	1	6	8	己巳	8	2	6	10	辛丑
	3	2	2	4	戊辰	4	1	3	5	戊戌	5	1	4	6	戊辰	6	1	5	7	己亥	7	2	6	9	庚午	8	3	6	11	壬寅
	3	3	2	5	己巳	4	2	3	6	己亥	5	2	4	7	己巳	6	2	5	8	庚子	7	3	6	10	辛未	8	4	6	12	癸卯
	3	4	2	6	庚午	4	3	3	7	庚子	5	3	4	8	庚午	6	3	5	9	辛丑	7	4	6	11	壬申	8	5	6	13	甲辰
	3	5	2	7	辛未	4	4	3	8	辛丑	5	4	4	9	辛未	6	4	5	10	壬寅	7	5	6	12	癸酉	8	6	6	14	乙巳
											5	5	4	10	壬申	6	5	5	11	癸卯	7	6	6	13	甲戌	8	7	6	15	丙午
																					7	7	6	14	乙亥					
中氣	雨水					春分					穀雨					小滿					夏至					大暑				
	2/19 14時13分 未時					3/21 13時21分 未時					4/21 0時35分 子時					5/21 23時53分 子時					6/22 7時56分 辰時					7/23 18時48分 酉時				

日光節約時間：七月一日至九月三十日

年	己未								
月	壬申			癸酉			甲戌		
節氣	立秋			白露			寒露		
	8/8 11時10分 午時			9/8 13時59分 未時			10/9 5時30分 卯時		
日	國曆	農曆	干支	國曆	農曆	干支	國曆	農曆	干支
	8 8	6 16	丁未	9 8	7 17	戊寅	10 8	8 18	戊申
	8 9	6 17	戊申	9 9	7 18	己卯	10 9	8 19	己酉
	8 10	6 18	己酉	9 10	7 19	庚辰	10 10	8 20	庚戌
	8 11	6 19	庚戌	9 11	7 20	辛巳	10 11	8 21	辛亥
	8 12	6 20	辛亥	9 12	7 21	壬午	10 12	8 22	壬子
	8 13	6 21	壬子	9 13	7 22	癸未	10 13	8 23	癸丑
	8 14	6 22	癸丑	9 14	7 23	甲申	10 14	8 24	甲寅
	8 15	6 23	甲寅	9 15	7 24	乙酉	10 15	8 25	乙卯
	8 16	6 24	乙卯	9 16	7 25	丙戌	10 16	8 26	丙辰
	8 17	6 25	丙辰	9 17	7 26	丁亥	10 17	8 27	丁巳
	8 18	6 26	丁巳	9 18	7 27	戊子	10 18	8 28	戊午
	8 19	6 27	戊午	9 19	7 28	己丑	10 19	8 29	己未
	8 20	6 28	己未	9 20	7 29	庚寅	10 20	8 30	庚申
	8 21	6 29	庚申	9 21	8 1	辛卯	10 21	9 1	辛酉
	8 22	6 30	辛酉	9 22	8 2	壬辰	10 22	9 2	壬戌
	8 23	7 1	壬戌	9 23	8 3	癸巳	10 23	9 3	癸亥
	8 24	7 2	癸亥	9 24	8 4	甲午	10 24	9 4	甲子
	8 25	7 3	甲子	9 25	8 5	乙未	10 25	9 5	乙丑
	8 26	7 4	乙丑	9 26	8 6	丙申	10 26	9 6	丙寅
	8 27	7 5	丙寅	9 27	8 7	丁酉	10 27	9 7	丁卯
	8 28	7 6	丁卯	9 28	8 8	戊戌	10 28	9 8	戊辰
	8 29	7 7	戊辰	9 29	8 9	己亥	10 29	9 9	己巳
	8 30	7 8	己巳	9 30	8 10	庚子	10 30	9 10	庚午
	8 31	7 9	庚午	10 1	8 11	辛丑	10 31	9 11	辛未
	9 1	7 10	辛未	10 2	8 12	壬寅	11 1	9 12	壬申
	9 2	7 11	壬申	10 3	8 13	癸卯	11 2	9 13	癸酉
	9 3	7 12	癸酉	10 4	8 14	甲辰	11 3	9 14	甲戌
	9 4	7 13	甲戌	10 5	8 15	乙巳	11 4	9 15	乙亥
	9 5	7 14	乙亥	10 6	8 16	丙午	11 5	9 16	丙子
	9 6	7 15	丙子	10 7	8 17	丁未	11 6	9 17	丁丑
	9 7	7 16	丁丑				11 7	9 18	戊寅
中氣	處暑			秋分			霜降		
	8/24 1時46分 丑時			9/23 23時16分 子時			10/24 8時27分 辰時		

年	己未								
月	乙亥			丙子			丁丑		
節氣	立冬			大雪			小寒		
	11/8 8時32分 辰時			12/8 1時17分 丑時			1/6 12時28分 午時		
日	國曆	農曆	干支	國曆	農曆	干支	國曆	農曆	干支
	11 8	9 19	己卯	12 8	10 19	己酉	1 6	11 19	戊寅
	11 9	9 20	庚辰	12 9	10 20	庚戌	1 7	11 20	己卯
	11 10	9 21	辛巳	12 10	10 21	辛亥	1 8	11 21	庚辰
	11 11	9 22	壬午	12 11	10 22	壬子	1 9	11 22	辛巳
	11 12	9 23	癸未	12 12	10 23	癸丑	1 10	11 23	壬午
	11 13	9 24	甲申	12 13	10 24	甲寅	1 11	11 24	癸未
	11 14	9 25	乙酉	12 14	10 25	乙卯	1 12	11 25	甲申
	11 15	9 26	丙戌	12 15	10 26	丙辰	1 13	11 26	乙酉
	11 16	9 27	丁亥	12 16	10 27	丁巳	1 14	11 27	丙戌
	11 17	9 28	戊子	12 17	10 28	戊午	1 15	11 28	丁亥
	11 18	9 29	己丑	12 18	10 29	己未	1 16	11 29	戊子
	11 19	9 30	庚寅	12 19	11 1	庚申	1 17	11 30	己丑
	11 20	10 1	辛卯	12 20	11 2	辛酉	1 18	12 1	庚寅
	11 21	10 2	壬辰	12 21	11 3	壬戌	1 19	12 2	辛卯
	11 22	10 3	癸巳	12 22	11 4	癸亥	1 20	12 3	壬辰
	11 23	10 4	甲午	12 23	11 5	甲子	1 21	12 4	癸巳
	11 24	10 5	乙未	12 24	11 6	乙丑	1 22	12 5	甲午
	11 25	10 6	丙申	12 25	11 7	丙寅	1 23	12 6	乙未
	11 26	10 7	丁酉	12 26	11 8	丁卯	1 24	12 7	丙申
	11 27	10 8	戊戌	12 27	11 9	戊辰	1 25	12 8	丁酉
	11 28	10 9	己亥	12 28	11 10	己巳	1 26	12 9	戊戌
	11 29	10 10	庚子	12 29	11 11	庚午	1 27	12 10	己亥
	11 30	10 11	辛丑	12 30	11 12	辛未	1 28	12 11	庚子
	12 1	10 12	壬寅	12 31	11 13	壬申	1 29	12 12	辛丑
	12 2	10 13	癸卯	1 1	11 14	癸酉	1 30	12 13	壬寅
	12 3	10 14	甲辰	1 2	11 15	甲戌	1 31	12 14	癸卯
	12 4	10 15	乙巳	1 3	11 16	乙亥	2 1	12 15	甲辰
	12 5	10 16	丙午	1 4	11 17	丙子	2 2	12 16	乙巳
	12 6	10 17	丁未	1 5	11 18	丁丑	2 3	12 17	丙午
	12 7	10 18	戊申				2 4	12 18	丁未
中氣	小雪			冬至			大寒		
	11/23 5時54分 卯時			12/22 19時9分 戌時			1/21 5時48分 卯時		

1979・1980

羊

中華民國六十八・六十九年

日光節約時間：七月一日至九月三十日

年	庚申																	
月	戊寅			己卯			庚辰			辛巳			壬午			癸未		
節氣	立春			驚蟄			清明			立夏			芒種			小暑		
	2/5 0時9分 子時			3/5 18時16分 酉時			4/4 23時14分 子時			5/5 16時44分 申時			6/5 21時3分 亥時			7/7 7時23分 辰時		
日	國曆	農曆	干支	國曆	農曆	干支	國曆	農曆	干支	國曆	農曆	干支	國曆	農曆	干支	國曆	農曆	干支
	2 5	12 19	戊申	3 5	1 19	丁丑	4 4	2 19	丁未	5 5	3 21	戊寅	6 5	4 23	己酉	7 7	5 25	辛巳
	2 6	12 20	己酉	3 6	1 20	戊寅	4 5	2 20	戊申	5 6	3 22	己卯	6 6	4 24	庚戌	7 8	5 26	壬午
	2 7	12 21	庚戌	3 7	1 21	己卯	4 6	2 21	己酉	5 7	3 23	庚辰	6 7	4 25	辛亥	7 9	5 27	癸未
	2 8	12 22	辛亥	3 8	1 22	庚辰	4 7	2 22	庚戌	5 8	3 24	辛巳	6 8	4 26	壬子	7 10	5 28	甲申
1980	2 9	12 23	壬子	3 9	1 23	辛巳	4 8	2 23	辛亥	5 9	3 25	壬午	6 9	4 27	癸丑	7 11	5 29	乙酉
	2 10	12 24	癸丑	3 10	1 24	壬午	4 9	2 24	壬子	5 10	3 26	癸未	6 10	4 28	甲寅	7 12	6 1	丙戌
	2 11	12 25	甲寅	3 11	1 25	癸未	4 10	2 25	癸丑	5 11	3 27	甲申	6 11	4 29	乙卯	7 13	6 2	丁亥
	2 12	12 26	乙卯	3 12	1 26	甲申	4 11	2 26	甲寅	5 12	3 28	乙酉	6 12	4 30	丙辰	7 14	6 3	戊子
	2 13	12 27	丙辰	3 13	1 27	乙酉	4 12	2 27	乙卯	5 13	3 29	丙戌	6 13	5 1	丁巳	7 15	6 4	己丑
	2 14	12 28	丁巳	3 14	1 28	丙戌	4 13	2 28	丙辰	5 14	4 1	丁亥	6 14	5 2	戊午	7 16	6 5	庚寅
	2 15	12 29	戊午	3 15	1 29	丁亥	4 14	2 29	丁巳	5 15	4 2	戊子	6 15	5 3	己未	7 17	6 6	辛卯
	2 16	1 1	己未	3 16	1 30	戊子	4 15	3 1	戊午	5 16	4 3	己丑	6 16	5 4	庚申	7 18	6 7	壬辰
	2 17	1 2	庚申	3 17	2 1	己丑	4 16	3 2	己未	5 17	4 4	庚寅	6 17	5 5	辛酉	7 19	6 8	癸巳
猴	2 18	1 3	辛酉	3 18	2 2	庚寅	4 17	3 3	庚申	5 18	4 5	辛卯	6 18	5 6	壬戌	7 20	6 9	甲午
	2 19	1 4	壬戌	3 19	2 3	辛卯	4 18	3 4	辛酉	5 19	4 6	壬辰	6 19	5 7	癸亥	7 21	6 10	乙未
	2 20	1 5	癸亥	3 20	2 4	壬辰	4 19	3 5	壬戌	5 20	4 7	癸巳	6 20	5 8	甲子	7 22	6 11	丙申
	2 21	1 6	甲子	3 21	2 5	癸巳	4 20	3 6	癸亥	5 21	4 8	甲午	6 21	5 9	乙丑	7 23	6 12	丁酉
	2 22	1 7	乙丑	3 22	2 6	甲午	4 21	3 7	甲子	5 22	4 9	乙未	6 22	5 10	丙寅	7 24	6 13	戊戌
	2 23	1 8	丙寅	3 23	2 7	乙未	4 22	3 8	乙丑	5 23	4 10	丙申	6 23	5 11	丁卯	7 25	6 14	己亥
	2 24	1 9	丁卯	3 24	2 8	丙申	4 23	3 9	丙寅	5 24	4 11	丁酉	6 24	5 12	戊辰	7 26	6 15	庚子
	2 25	1 10	戊辰	3 25	2 9	丁酉	4 24	3 10	丁卯	5 25	4 12	戊戌	6 25	5 13	己巳	7 27	6 16	辛丑
中華民國六十九年	2 26	1 11	己巳	3 26	2 10	戊戌	4 25	3 11	戊辰	5 26	4 13	己亥	6 26	5 14	庚午	7 28	6 17	壬寅
	2 27	1 12	庚午	3 27	2 11	己亥	4 26	3 12	己巳	5 27	4 14	庚子	6 27	5 15	辛未	7 29	6 18	癸卯
	2 28	1 13	辛未	3 28	2 12	庚子	4 27	3 13	庚午	5 28	4 15	辛丑	6 28	5 16	壬申	7 30	6 19	甲辰
	2 29	1 14	壬申	3 29	2 13	辛丑	4 28	3 14	辛未	5 29	4 16	壬寅	6 29	5 17	癸酉	7 31	6 20	乙巳
	3 1	1 15	癸酉	3 30	2 14	壬寅	4 29	3 15	壬申	5 30	4 17	癸卯	6 30	5 18	甲戌	8 1	6 21	丙午
	3 2	1 16	甲戌	3 31	2 15	癸卯	4 30	3 16	癸酉	5 31	4 18	甲辰	7 1	5 19	乙亥	8 2	6 22	丁未
	3 3	1 17	乙亥	4 1	2 16	甲辰	5 1	3 17	甲戌	6 1	4 19	乙巳	7 2	5 20	丙子	8 3	6 23	戊申
	3 4	1 18	丙子	4 2	2 17	乙巳	5 2	3 18	乙亥	6 2	4 20	丙午	7 3	5 21	丁丑	8 4	6 24	己酉
				4 3	2 18	丙午	5 3	3 19	丙子	6 3	4 21	丁未	7 4	5 22	戊寅	8 5	6 25	庚戌
							5 4	3 20	丁丑	6 4	4 22	戊申	7 5	5 23	己卯	8 6	6 26	辛亥
													7 6	5 24	庚辰			
中氣	雨水			春分			穀雨			小滿			夏至			大暑		
	2/19 20時1分 戌時			3/20 19時9分 戌時			4/20 6時22分 卯時			5/21 5時42分 卯時			6/21 13時47分 未時			7/23 0時42分 子時		

年	庚申																	
月	甲申			乙酉			丙戌			丁亥			戊子			己丑		
節氣	立秋 8/7 17時8分 酉時			白露 9/7 19時53分 戌時			寒露 10/8 11時19分 午時			立冬 11/7 14時18分 未時			大雪 12/7 7時1分 辰時			小寒 1/5 18時12分 酉時		
日	國曆	農曆	干支	國曆	農曆	干支	國曆	農曆	干支	國曆	農曆	干支	國曆	農曆	干支	國曆	農曆	干支
	8 7	6 27	壬子	9 7	7 28	癸未	10 8	8 30	甲寅	11 7	9 30	甲申	12 7	11 1	甲寅	1 5	11 30	癸未
	8 8	6 28	癸丑	9 8	7 29	甲申	10 9	9 1	乙卯	11 8	10 1	乙酉	12 8	11 2	乙卯	1 6	12 1	甲申
1980・1981	8 9	6 29	甲寅	9 9	8 1	乙酉	10 10	9 2	丙辰	11 9	10 2	丙戌	12 9	11 3	丙辰	1 7	12 2	乙酉
	8 10	6 30	乙卯	9 10	8 2	丙戌	10 11	9 3	丁巳	11 10	10 3	丁亥	12 10	11 4	丁巳	1 8	12 3	丙戌
	8 11	7 1	丙辰	9 11	8 3	丁亥	10 12	9 4	戊午	11 11	10 4	戊子	12 11	11 5	戊午	1 9	12 4	丁亥
	8 12	7 2	丁巳	9 12	8 4	戊子	10 13	9 5	己未	11 12	10 5	己丑	12 12	11 6	己未	1 10	12 5	戊子
	8 13	7 3	戊午	9 13	8 5	己丑	10 14	9 6	庚申	11 13	10 6	庚寅	12 13	11 7	庚申	1 11	12 6	己丑
	8 14	7 4	己未	9 14	8 6	庚寅	10 15	9 7	辛酉	11 14	10 7	辛卯	12 14	11 8	辛酉	1 12	12 7	庚寅
	8 15	7 5	庚申	9 15	8 7	辛卯	10 16	9 8	壬戌	11 15	10 8	壬辰	12 15	11 9	壬戌	1 13	12 8	辛卯
	8 16	7 6	辛酉	9 16	8 8	壬辰	10 17	9 9	癸亥	11 16	10 9	癸巳	12 16	11 10	癸亥	1 14	12 9	壬辰
	8 17	7 7	壬戌	9 17	8 9	癸巳	10 18	9 10	甲子	11 17	10 10	甲午	12 17	11 11	甲子	1 15	12 10	癸巳
	8 18	7 8	癸亥	9 18	8 10	甲午	10 19	9 11	乙丑	11 18	10 11	乙未	12 18	11 12	乙丑	1 16	12 11	甲午
	8 19	7 9	甲子	9 19	8 11	乙未	10 20	9 12	丙寅	11 19	10 12	丙申	12 19	11 13	丙寅	1 17	12 12	乙未
	8 20	7 10	乙丑	9 20	8 12	丙申	10 21	9 13	丁卯	11 20	10 13	丁酉	12 20	11 14	丁卯	1 18	12 13	丙申
猴	8 21	7 11	丙寅	9 21	8 13	丁酉	10 22	9 14	戊辰	11 21	10 14	戊戌	12 21	11 15	戊辰	1 19	12 14	丁酉
	8 22	7 12	丁卯	9 22	8 14	戊戌	10 23	9 15	己巳	11 22	10 15	己亥	12 22	11 16	己巳	1 20	12 15	戊戌
	8 23	7 13	戊辰	9 23	8 15	己亥	10 24	9 16	庚午	11 23	10 16	庚子	12 23	11 17	庚午	1 21	12 16	己亥
	8 24	7 14	己巳	9 24	8 16	庚子	10 25	9 17	辛未	11 24	10 17	辛丑	12 24	11 18	辛未	1 22	12 17	庚子
	8 25	7 15	庚午	9 25	8 17	辛丑	10 26	9 18	壬申	11 25	10 18	壬寅	12 25	11 19	壬申	1 23	12 18	辛丑
	8 26	7 16	辛未	9 26	8 18	壬寅	10 27	9 19	癸酉	11 26	10 19	癸卯	12 26	11 20	癸酉	1 24	12 19	壬寅
中華民國六十九・七十年	8 27	7 17	壬申	9 27	8 19	癸卯	10 28	9 20	甲戌	11 27	10 20	甲辰	12 27	11 21	甲戌	1 25	12 20	癸卯
	8 28	7 18	癸酉	9 28	8 20	甲辰	10 29	9 21	乙亥	11 28	10 21	乙巳	12 28	11 22	乙亥	1 26	12 21	甲辰
	8 29	7 19	甲戌	9 29	8 21	乙巳	10 30	9 22	丙子	11 29	10 22	丙午	12 29	11 23	丙子	1 27	12 22	乙巳
	8 30	7 20	乙亥	9 30	8 22	丙午	10 31	9 23	丁丑	11 30	10 23	丁未	12 30	11 24	丁丑	1 28	12 23	丙午
	8 31	7 21	丙子	10 1	8 23	丁未	11 1	9 24	戊寅	12 1	10 24	戊申	12 31	11 25	戊寅	1 29	12 24	丁未
	9 1	7 22	丁丑	10 2	8 24	戊申	11 2	9 25	己卯	12 2	10 25	己酉	1 1	11 26	己卯	1 30	12 25	戊申
	9 2	7 23	戊寅	10 3	8 25	己酉	11 3	9 26	庚辰	12 3	10 26	庚戌	1 2	11 27	庚辰	1 31	12 26	己酉
	9 3	7 24	己卯	10 4	8 26	庚戌	11 4	9 27	辛巳	12 4	10 27	辛亥	1 3	11 28	辛巳	2 1	12 27	庚戌
	9 4	7 25	庚辰	10 5	8 27	辛亥	11 5	9 28	壬午	12 5	10 28	壬子	1 4	11 29	壬午	2 2	12 28	辛亥
	9 5	7 26	辛巳	10 6	8 28	壬子	11 6	9 29	癸未	12 6	10 29	癸丑				2 3	12 29	壬子
	9 6	7 27	壬午	10 7	8 29	癸丑												
中氣	處暑 8/23 7時40分 辰時			秋分 9/23 5時8分 卯時			霜降 10/23 14時17分 未時			小雪 11/22 11時41分 午時			冬至 12/22 0時56分 子時			大寒 1/20 11時35分 午時		

年	辛酉																	
月	庚寅			辛卯			壬辰			癸巳			甲午			乙未		
節氣	立春 2/4 5時55分 卯時			驚蟄 3/6 0時5分 子時			清明 4/5 5時5分 卯時			立夏 5/5 22時34分 亥時			芒種 6/6 2時52分 丑時			小暑 7/7 13時11分 未時		
日	國曆	農曆	干支	國曆	農曆	干支	國曆	農曆	干支	國曆	農曆	干支	國曆	農曆	干支	國曆	農曆	干支
1981 雞 中華民國七十年	2 4	12 30	癸丑	3 6	2 1	癸未	4 5	3 1	癸丑	5 5	4 2	癸未	6 6	5 5	乙卯	7 7	6 6	丙戌
	2 5	1 1	甲寅	3 7	2 2	甲申	4 6	3 2	甲寅	5 6	4 3	甲申	6 7	5 6	丙辰	7 8	6 7	丁亥
	2 6	1 2	乙卯	3 8	2 3	乙酉	4 7	3 3	乙卯	5 7	4 4	乙酉	6 8	5 7	丁巳	7 9	6 8	戊子
	2 7	1 3	丙辰	3 9	2 4	丙戌	4 8	3 4	丙辰	5 8	4 5	丙戌	6 9	5 8	戊午	7 10	6 9	己丑
	2 8	1 4	丁巳	3 10	2 5	丁亥	4 9	3 5	丁巳	5 9	4 6	丁亥	6 10	5 9	己未	7 11	6 10	庚寅
	2 9	1 5	戊午	3 11	2 6	戊子	4 10	3 6	戊午	5 10	4 7	戊子	6 11	5 10	庚申	7 12	6 11	辛卯
	2 10	1 6	己未	3 12	2 7	己丑	4 11	3 7	己未	5 11	4 8	己丑	6 12	5 11	辛酉	7 13	6 12	壬辰
	2 11	1 7	庚申	3 13	2 8	庚寅	4 12	3 8	庚申	5 12	4 9	庚寅	6 13	5 12	壬戌	7 14	6 13	癸巳
	2 12	1 8	辛酉	3 14	2 9	辛卯	4 13	3 9	辛酉	5 13	4 10	辛卯	6 14	5 13	癸亥	7 15	6 14	甲午
	2 13	1 9	壬戌	3 15	2 10	壬辰	4 14	3 10	壬戌	5 14	4 11	壬辰	6 15	5 14	甲子	7 16	6 15	乙未
	2 14	1 10	癸亥	3 16	2 11	癸巳	4 15	3 11	癸亥	5 15	4 12	癸巳	6 16	5 15	乙丑	7 17	6 16	丙申
	2 15	1 11	甲子	3 17	2 12	甲午	4 16	3 12	甲子	5 16	4 13	甲午	6 17	5 16	丙寅	7 18	6 17	丁酉
	2 16	1 12	乙丑	3 18	2 13	乙未	4 17	3 13	乙丑	5 17	4 14	乙未	6 18	5 17	丁卯	7 19	6 18	戊戌
	2 17	1 13	丙寅	3 19	2 14	丙申	4 18	3 14	丙寅	5 18	4 15	丙申	6 19	5 18	戊辰	7 20	6 19	己亥
	2 18	1 14	丁卯	3 20	2 15	丁酉	4 19	3 15	丁卯	5 19	4 16	丁酉	6 20	5 19	己巳	7 21	6 20	庚子
	2 19	1 15	戊辰	3 21	2 16	戊戌	4 20	3 16	戊辰	5 20	4 17	戊戌	6 21	5 20	庚午	7 22	6 21	辛丑
	2 20	1 16	己巳	3 22	2 17	己亥	4 21	3 17	己巳	5 21	4 18	己亥	6 22	5 21	辛未	7 23	6 22	壬寅
	2 21	1 17	庚午	3 23	2 18	庚子	4 22	3 18	庚午	5 22	4 19	庚子	6 23	5 22	壬申	7 24	6 23	癸卯
	2 22	1 18	辛未	3 24	2 19	辛丑	4 23	3 19	辛未	5 23	4 20	辛丑	6 24	5 23	癸酉	7 25	6 24	甲辰
	2 23	1 19	壬申	3 25	2 20	壬寅	4 24	3 20	壬申	5 24	4 21	壬寅	6 25	5 24	甲戌	7 26	6 25	乙巳
	2 24	1 20	癸酉	3 26	2 21	癸卯	4 25	3 21	癸酉	5 25	4 22	癸卯	6 26	5 25	乙亥	7 27	6 26	丙午
	2 25	1 21	甲戌	3 27	2 22	甲辰	4 26	3 22	甲戌	5 26	4 23	甲辰	6 27	5 26	丙子	7 28	6 27	丁未
	2 26	1 22	乙亥	3 28	2 23	乙巳	4 27	3 23	乙亥	5 27	4 24	乙巳	6 28	5 27	丁丑	7 29	6 28	戊申
	2 27	1 23	丙子	3 29	2 24	丙午	4 28	3 24	丙子	5 28	4 25	丙午	6 29	5 28	戊寅	7 30	6 29	己酉
	2 28	1 24	丁丑	3 30	2 25	丁未	4 29	3 25	丁丑	5 29	4 26	丁未	6 30	5 29	己卯	7 31	7 1	庚戌
	3 1	1 25	戊寅	3 31	2 26	戊申	4 30	3 26	戊寅	5 30	4 27	戊申	7 1	5 30	庚辰	8 1	7 2	辛亥
	3 2	1 26	己卯	4 1	2 27	己酉	5 1	3 27	己卯	5 31	4 28	己酉	7 2	6 1	辛巳	8 2	7 3	壬子
	3 3	1 27	庚辰	4 2	2 28	庚戌	5 2	3 28	庚辰	6 1	4 29	庚戌	7 3	6 2	壬午	8 3	7 4	癸丑
	3 4	1 28	辛巳	4 3	2 29	辛亥	5 3	3 29	辛巳	6 2	5 1	辛亥	7 4	6 3	癸未	8 4	7 5	甲寅
	3 5	1 29	壬午	4 4	2 30	壬子	5 4	4 1	壬午	6 3	5 2	壬子	7 5	6 4	甲申	8 5	7 6	乙卯
										6 4	5 3	癸丑	7 6	6 5	乙酉	8 6	7 7	丙辰
										6 5	5 4	甲寅						
中氣	雨水 2/19 1時51分 丑時			春分 3/21 1時2分 丑時			穀雨 4/20 12時18分 午時			小滿 5/21 11時39分 午時			夏至 6/21 19時44分 戌時			大暑 7/23 6時39分 卯時		

年	辛酉																	
月	丙申			丁酉			戊戌			己亥			庚子			辛丑		
節氣	立秋 8/7 22時57分 亥時			白露 9/8 1時43分 丑時			寒露 10/8 17時9分 酉時			立冬 11/7 20時8分 戌時			大雪 12/7 12時51分 午時			小寒 1/6 0時2分 子時		
日	國曆	農曆	干支	國曆	農曆	干支	國曆	農曆	干支	國曆	農曆	干支	國曆	農曆	干支	國曆	農曆	干支
	8 7	7 8	丁巳	9 8	8 11	己丑	10 8	9 11	己未	11 7	10 11	己丑	12 7	11 12	己未	1 6	12 12	己丑
	8 8	7 9	戊午	9 9	8 12	庚寅	10 9	9 12	庚申	11 8	10 12	庚寅	12 8	11 13	庚申	1 7	12 13	庚寅
	8 9	7 10	己未	9 10	8 13	辛卯	10 10	9 13	辛酉	11 9	10 13	辛卯	12 9	11 14	辛酉	1 8	12 14	辛卯
	8 10	7 11	庚申	9 11	8 14	壬辰	10 11	9 14	壬戌	11 10	10 14	壬辰	12 10	11 15	壬戌	1 9	12 15	壬辰
	8 11	7 12	辛酉	9 12	8 15	癸巳	10 12	9 15	癸亥	11 11	10 15	癸巳	12 11	11 16	癸亥	1 10	12 16	癸巳
	8 12	7 13	壬戌	9 13	8 16	甲午	10 13	9 16	甲子	11 12	10 16	甲午	12 12	11 17	甲子	1 11	12 17	甲午
	8 13	7 14	癸亥	9 14	8 17	乙未	10 14	9 17	乙丑	11 13	10 17	乙未	12 13	11 18	乙丑	1 12	12 18	乙未
	8 14	7 15	甲子	9 15	8 18	丙申	10 15	9 18	丙寅	11 14	10 18	丙申	12 14	11 19	丙寅	1 13	12 19	丙申
	8 15	7 16	乙丑	9 16	8 19	丁酉	10 16	9 19	丁卯	11 15	10 19	丁酉	12 15	11 20	丁卯	1 14	12 20	丁酉
	8 16	7 17	丙寅	9 17	8 20	戊戌	10 17	9 20	戊辰	11 16	10 20	戊戌	12 16	11 21	戊辰	1 15	12 21	戊戌
	8 17	7 18	丁卯	9 18	8 21	己亥	10 18	9 21	己巳	11 17	10 21	己亥	12 17	11 22	己巳	1 16	12 22	己亥
	8 18	7 19	戊辰	9 19	8 22	庚子	10 19	9 22	庚午	11 18	10 22	庚子	12 18	11 23	庚午	1 17	12 23	庚子
	8 19	7 20	己巳	9 20	8 23	辛丑	10 20	9 23	辛未	11 19	10 23	辛丑	12 19	11 24	辛未	1 18	12 24	辛丑
	8 20	7 21	庚午	9 21	8 24	壬寅	10 21	9 24	壬申	11 20	10 24	壬寅	12 20	11 25	壬申	1 19	12 25	壬寅
	8 21	7 22	辛未	9 22	8 25	癸卯	10 22	9 25	癸酉	11 21	10 25	癸卯	12 21	11 26	癸酉	1 20	12 26	癸卯
	8 22	7 23	壬申	9 23	8 26	甲辰	10 23	9 26	甲戌	11 22	10 26	甲辰	12 22	11 27	甲戌	1 21	12 27	甲辰
	8 23	7 24	癸酉	9 24	8 27	乙巳	10 24	9 27	乙亥	11 23	10 27	乙巳	12 23	11 28	乙亥	1 22	12 28	乙巳
	8 24	7 25	甲戌	9 25	8 28	丙午	10 25	9 28	丙子	11 24	10 28	丙午	12 24	11 29	丙子	1 23	12 29	丙午
	8 25	7 26	乙亥	9 26	8 29	丁未	10 26	9 29	丁丑	11 25	10 29	丁未	12 25	11 30	丁丑	1 24	12 30	丁未
	8 26	7 27	丙子	9 27	8 30	戊申	10 27	9 30	戊寅	11 26	11 1	戊申	12 26	12 1	戊寅	1 25	1 1	戊申
	8 27	7 28	丁丑	9 28	9 1	己酉	10 28	10 1	己卯	11 27	11 2	己酉	12 27	12 2	己卯	1 26	1 2	己酉
	8 28	7 29	戊寅	9 29	9 2	庚戌	10 29	10 2	庚辰	11 28	11 3	庚戌	12 28	12 3	庚辰	1 27	1 3	庚戌
	8 29	8 1	己卯	9 30	9 3	辛亥	10 30	10 3	辛巳	11 29	11 4	辛亥	12 29	12 4	辛巳	1 28	1 4	辛亥
	8 30	8 2	庚辰	10 1	9 4	壬子	10 31	10 4	壬午	11 30	11 5	壬子	12 30	12 5	壬午	1 29	1 5	壬子
	8 31	8 3	辛巳	10 2	9 5	癸丑	11 1	10 5	癸未	12 1	11 6	癸丑	12 31	12 6	癸未	1 30	1 6	癸丑
	9 1	8 4	壬午	10 3	9 6	甲寅	11 2	10 6	甲申	12 2	11 7	甲寅	1 1	12 7	甲申	1 31	1 7	甲寅
	9 2	8 5	癸未	10 4	9 7	乙卯	11 3	10 7	乙酉	12 3	11 8	乙卯	1 2	12 8	乙酉	2 1	1 8	乙卯
	9 3	8 6	甲申	10 5	9 8	丙辰	11 4	10 8	丙戌	12 4	11 9	丙辰	1 3	12 9	丙戌	2 2	1 9	丙辰
	9 4	8 7	乙酉	10 6	9 9	丁巳	11 5	10 9	丁亥	12 5	11 10	丁巳	1 4	12 10	丁亥	2 3	1 10	丁巳
	9 5	8 8	丙戌	10 7	9 10	戊午	11 6	10 10	戊子	12 6	11 11	戊午	1 5	12 11	戊子			
	9 6	8 9	丁亥															
	9 7	8 10	戊子															
中氣	處暑 8/23 13時38分 未時			秋分 9/23 11時5分 午時			霜降 10/23 20時12分 戌時			小雪 11/22 17時35分 酉時			冬至 12/22 6時50分 卯時			大寒 1/20 17時30分 酉時		

1981・1982 雞 中華民國七十・七十一年

年	壬戌																	
月	壬寅			癸卯			甲辰			乙巳			丙午			丁未		
節氣	立春			驚蟄			清明			立夏			芒種			小暑		
	2/4 11時45分 午時			3/6 5時54分 卯時			4/5 10時52分 巳時			5/6 4時20分 寅時			6/6 8時35分 辰時			7/7 18時54分 酉時		
日	國曆	農曆	干支	國曆	農曆	干支	國曆	農曆	干支	國曆	農曆	干支	國曆	農曆	干支	國曆	農曆	干支
	2 4	1 11	戊午	3 6	2 11	戊子	4 5	3 12	戊午	5 6	4 13	己丑	6 6	4 15	庚申	7 7	5 17	辛卯
	2 5	1 12	己未	3 7	2 12	己丑	4 6	3 13	己未	5 7	4 14	庚寅	6 7	4 16	辛酉	7 8	5 18	壬辰
	2 6	1 13	庚申	3 8	2 13	庚寅	4 7	3 14	庚申	5 8	4 15	辛卯	6 8	4 17	壬戌	7 9	5 19	癸巳
	2 7	1 14	辛酉	3 9	2 14	辛卯	4 8	3 15	辛酉	5 9	4 16	壬辰	6 9	4 18	癸亥	7 10	5 20	甲午
1982	2 8	1 15	壬戌	3 10	2 15	壬辰	4 9	3 16	壬戌	5 10	4 17	癸巳	6 10	4 19	甲子	7 11	5 21	乙未
	2 9	1 16	癸亥	3 11	2 16	癸巳	4 10	3 17	癸亥	5 11	4 18	甲午	6 11	4 20	乙丑	7 12	5 22	丙申
	2 10	1 17	甲子	3 12	2 17	甲午	4 11	3 18	甲子	5 12	4 19	乙未	6 12	4 21	丙寅	7 13	5 23	丁酉
	2 11	1 18	乙丑	3 13	2 18	乙未	4 12	3 19	乙丑	5 13	4 20	丙申	6 13	4 22	丁卯	7 14	5 24	戊戌
	2 12	1 19	丙寅	3 14	2 19	丙申	4 13	3 20	丙寅	5 14	4 21	丁酉	6 14	4 23	戊辰	7 15	5 25	己亥
	2 13	1 20	丁卯	3 15	2 20	丁酉	4 14	3 21	丁卯	5 15	4 22	戊戌	6 15	4 24	己巳	7 16	5 26	庚子
	2 14	1 21	戊辰	3 16	2 21	戊戌	4 15	3 22	戊辰	5 16	4 23	己亥	6 16	4 25	庚午	7 17	5 27	辛丑
	2 15	1 22	己巳	3 17	2 22	己亥	4 16	3 23	己巳	5 17	4 24	庚子	6 17	4 26	辛未	7 18	5 28	壬寅
	2 16	1 23	庚午	3 18	2 23	庚子	4 17	3 24	庚午	5 18	4 25	辛丑	6 18	4 27	壬申	7 19	5 29	癸卯
狗	2 17	1 24	辛未	3 19	2 24	辛丑	4 18	3 25	辛未	5 19	4 26	壬寅	6 19	4 28	癸酉	7 20	5 30	甲辰
	2 18	1 25	壬申	3 20	2 25	壬寅	4 19	3 26	壬申	5 20	4 27	癸卯	6 20	4 29	甲戌	7 21	6 1	乙巳
	2 19	1 26	癸酉	3 21	2 26	癸卯	4 20	3 27	癸酉	5 21	4 28	甲辰	6 21	5 1	乙亥	7 22	6 2	丙午
	2 20	1 27	甲戌	3 22	2 27	甲辰	4 21	3 28	甲戌	5 22	4 29	乙巳	6 22	5 2	丙子	7 23	6 3	丁未
	2 21	1 28	乙亥	3 23	2 28	乙巳	4 22	3 29	乙亥	5 23	閏4 1	丙午	6 23	5 3	丁丑	7 24	6 4	戊申
	2 22	1 29	丙子	3 24	2 29	丙午	4 23	3 30	丙子	5 24	4 2	丁未	6 24	5 4	戊寅	7 25	6 5	己酉
	2 23	1 30	丁丑	3 25	3 1	丁未	4 24	4 1	丁丑	5 25	4 3	戊申	6 25	5 5	己卯	7 26	6 6	庚戌
	2 24	2 1	戊寅	3 26	3 2	戊申	4 25	4 2	戊寅	5 26	4 4	己酉	6 26	5 6	庚辰	7 27	6 7	辛亥
中華民國七十一年	2 25	2 2	己卯	3 27	3 3	己酉	4 26	4 3	己卯	5 27	4 5	庚戌	6 27	5 7	辛巳	7 28	6 8	壬子
	2 26	2 3	庚辰	3 28	3 4	庚戌	4 27	4 4	庚辰	5 28	4 6	辛亥	6 28	5 8	壬午	7 29	6 9	癸丑
	2 27	2 4	辛巳	3 29	3 5	辛亥	4 28	4 5	辛巳	5 29	4 7	壬子	6 29	5 9	癸未	7 30	6 10	甲寅
	2 28	2 5	壬午	3 30	3 6	壬子	4 29	4 6	壬午	5 30	4 8	癸丑	6 30	5 10	甲申	7 31	6 11	乙卯
	3 1	2 6	癸未	3 31	3 7	癸丑	4 30	4 7	癸未	5 31	4 9	甲寅	7 1	5 11	乙酉	8 1	6 12	丙辰
	3 2	2 7	甲申	4 1	3 8	甲寅	5 1	4 8	甲申	6 1	4 10	乙卯	7 2	5 12	丙戌	8 2	6 13	丁巳
	3 3	2 8	乙酉	4 2	3 9	乙卯	5 2	4 9	乙酉	6 2	4 11	丙辰	7 3	5 13	丁亥	8 3	6 14	戊午
	3 4	2 9	丙戌	4 3	3 10	丙辰	5 3	4 10	丙戌	6 3	4 12	丁巳	7 4	5 14	戊子	8 4	6 15	己未
	3 5	2 10	丁亥	4 4	3 11	丁巳	5 4	4 11	丁亥	6 4	4 13	戊午	7 5	5 15	己丑	8 5	6 16	庚申
							5 5	4 12	戊子	6 5	4 14	己未	7 6	5 16	庚寅	8 6	6 17	辛酉
																8 7	6 18	壬戌
中氣	雨水			春分			穀雨			小滿			夏至			大暑		
	2/19 7時46分 辰時			3/21 6時55分 卯時			4/20 18時7分 酉時			5/21 17時22分 酉時			6/22 1時23分 丑時			7/23 12時15分 午時		

壬戌																														年
戊申					己酉					庚戌					辛亥					壬子					癸丑					月
立秋					白露					寒露					立冬					大雪					小寒					節氣
8/8 4時41分 寅時					9/8 7時31分 辰時					10/8 23時2分 子時					11/8 2時4分 丑時					12/7 18時48分 酉時					1/6 5時58分 卯時					
國曆		農曆		干支	國曆		農曆		干支	國曆		農曆		干支	國曆		農曆		干支	國曆		農曆		干支	國曆		農曆		干支	日
8	8	6	19	癸亥	9	8	7	21	甲午	10	8	8	22	甲子	11	8	9	23	乙未	12	7	10	23	甲子	1	6	11	23	甲午	
8	9	6	20	甲子	9	9	7	22	乙未	10	9	8	23	乙丑	11	9	9	24	丙申	12	8	10	24	乙丑	1	7	11	24	乙未	
8	10	6	21	乙丑	9	10	7	23	丙申	10	10	8	24	丙寅	11	10	9	25	丁酉	12	9	10	25	丙寅	1	8	11	25	丙申	
8	11	6	22	丙寅	9	11	7	24	丁酉	10	11	8	25	丁卯	11	11	9	26	戊戌	12	10	10	26	丁卯	1	9	11	26	丁酉	1982·1983
8	12	6	23	丁卯	9	12	7	25	戊戌	10	12	8	26	戊辰	11	12	9	27	己亥	12	11	10	27	戊辰	1	10	11	27	戊戌	
8	13	6	24	戊辰	9	13	7	26	己亥	10	13	8	27	己巳	11	13	9	28	庚子	12	12	10	28	己巳	1	11	11	28	己亥	
8	14	6	25	己巳	9	14	7	27	庚子	10	14	8	28	庚午	11	14	9	29	辛丑	12	13	10	29	庚午	1	12	11	29	庚子	
8	15	6	26	庚午	9	15	7	28	辛丑	10	15	8	29	辛未	11	15	10	1	壬寅	12	14	10	30	辛未	1	13	11	30	辛丑	
8	16	6	27	辛未	9	16	7	29	壬寅	10	16	8	30	壬申	11	16	10	2	癸卯	12	15	11	1	壬申	1	14	12	1	壬寅	
8	17	6	28	壬申	9	17	8	1	癸卯	10	17	9	1	癸酉	11	17	10	3	甲辰	12	16	11	2	癸酉	1	15	12	2	癸卯	
8	18	6	29	癸酉	9	18	8	2	甲辰	10	18	9	2	甲戌	11	18	10	4	乙巳	12	17	11	3	甲戌	1	16	12	3	甲辰	
8	19	7	1	甲戌	9	19	8	3	乙巳	10	19	9	3	乙亥	11	19	10	5	丙午	12	18	11	4	乙亥	1	17	12	4	乙巳	
8	20	7	2	乙亥	9	20	8	4	丙午	10	20	9	4	丙子	11	20	10	6	丁未	12	19	11	5	丙子	1	18	12	5	丙午	
8	21	7	3	丙子	9	21	8	5	丁未	10	21	9	5	丁丑	11	21	10	7	戊申	12	20	11	6	丁丑	1	19	12	6	丁未	
8	22	7	4	丁丑	9	22	8	6	戊申	10	22	9	6	戊寅	11	22	10	8	己酉	12	21	11	7	戊寅	1	20	12	7	戊申	狗
8	23	7	5	戊寅	9	23	8	7	己酉	10	23	9	7	己卯	11	23	10	9	庚戌	12	22	11	8	己卯	1	21	12	8	己酉	
8	24	7	6	己卯	9	24	8	8	庚戌	10	24	9	8	庚辰	11	24	10	10	辛亥	12	23	11	9	庚辰	1	22	12	9	庚戌	
8	25	7	7	庚辰	9	25	8	9	辛亥	10	25	9	9	辛巳	11	25	10	11	壬子	12	24	11	10	辛巳	1	23	12	10	辛亥	
8	26	7	8	辛巳	9	26	8	10	壬子	10	26	9	10	壬午	11	26	10	12	癸丑	12	25	11	11	壬午	1	24	12	11	壬子	
8	27	7	9	壬午	9	27	8	11	癸丑	10	27	9	11	癸未	11	27	10	13	甲寅	12	26	11	12	癸未	1	25	12	12	癸丑	中華民國七十一·七十二年
8	28	7	10	癸未	9	28	8	12	甲寅	10	28	9	12	甲申	11	28	10	14	乙卯	12	27	11	13	甲申	1	26	12	13	甲寅	
8	29	7	11	甲申	9	29	8	13	乙卯	10	29	9	13	乙酉	11	29	10	15	丙辰	12	28	11	14	乙酉	1	27	12	14	乙卯	
8	30	7	12	乙酉	9	30	8	14	丙辰	10	30	9	14	丙戌	11	30	10	16	丁巳	12	29	11	15	丙戌	1	28	12	15	丙辰	
8	31	7	13	丙戌	10	1	8	15	丁巳	10	31	9	15	丁亥	12	1	10	17	戊午	12	30	11	16	丁亥	1	29	12	16	丁巳	
9	1	7	14	丁亥	10	2	8	16	戊午	11	1	9	16	戊子	12	2	10	18	己未	12	31	11	17	戊子	1	30	12	17	戊午	
9	2	7	15	戊子	10	3	8	17	己未	11	2	9	17	己丑	12	3	10	19	庚申	1	1	11	18	己丑	1	31	12	18	己未	
9	3	7	16	己丑	10	4	8	18	庚申	11	3	9	18	庚寅	12	4	10	20	辛酉	1	2	11	19	庚寅	2	1	12	19	庚申	
9	4	7	17	庚寅	10	5	8	19	辛酉	11	4	9	19	辛卯	12	5	10	21	壬戌	1	3	11	20	辛卯	2	2	12	20	辛酉	
9	5	7	18	辛卯	10	6	8	20	壬戌	11	5	9	20	壬辰	12	6	10	22	癸亥	1	4	11	21	壬辰	2	3	12	21	壬戌	
9	6	7	19	壬辰	10	7	8	21	癸亥	11	6	9	21	癸巳						1	5	11	22	癸巳						
9	7	7	20	癸巳						11	7	9	22	甲午																
處暑					秋分					霜降					小雪					冬至					大寒					中氣
8/23 19時15分 戌時					9/23 16時46分 申時					10/24 1時57分 丑時					11/22 23時23分 子時					12/22 12時38分 午時					1/20 23時16分 子時					

年	癸亥																	
月	甲寅			乙卯			丙辰			丁巳			戊午			己未		
節氣	立春 2/4 17時39分 酉時			驚蟄 3/6 11時47分 午時			清明 4/5 16時44分 申時			立夏 5/6 10時10分 巳時			芒種 6/6 14時25分 未時			小暑 7/8 0時43分 子時		
日	國曆	農曆	干支	國曆	農曆	干支	國曆	農曆	干支	國曆	農曆	干支	國曆	農曆	干支	國曆	農曆	干支
1983	2 4	12 22	癸亥	3 6	1 22	癸巳	4 5	2 22	癸亥	5 6	3 24	甲午	6 6	4 25	乙丑	7 8	5 28	丁酉
	2 5	12 23	甲子	3 7	1 23	甲午	4 6	2 23	甲子	5 7	3 25	乙未	6 7	4 26	丙寅	7 9	5 29	戊戌
	2 6	12 24	乙丑	3 8	1 24	乙未	4 7	2 24	乙丑	5 8	3 26	丙申	6 8	4 27	丁卯	7 10	6 1	己亥
	2 7	12 25	丙寅	3 9	1 25	丙申	4 8	2 25	丙寅	5 9	3 27	丁酉	6 9	4 28	戊辰	7 11	6 2	庚子
	2 8	12 26	丁卯	3 10	1 26	丁酉	4 9	2 26	丁卯	5 10	3 28	戊戌	6 10	4 29	己巳	7 12	6 3	辛丑
	2 9	12 27	戊辰	3 11	1 27	戊戌	4 10	2 27	戊辰	5 11	3 29	己亥	6 11	5 1	庚午	7 13	6 4	壬寅
	2 10	12 28	己巳	3 12	1 28	己亥	4 11	2 28	己巳	5 12	3 30	庚子	6 12	5 2	辛未	7 14	6 5	癸卯
	2 11	12 29	庚午	3 13	1 29	庚子	4 12	2 29	庚午	5 13	4 1	辛丑	6 13	5 3	壬申	7 15	6 6	甲辰
	2 12	12 30	辛未	3 14	1 30	辛丑	4 13	3 1	辛未	5 14	4 2	壬寅	6 14	5 4	癸酉	7 16	6 7	乙巳
	2 13	1 1	壬申	3 15	2 1	壬寅	4 14	3 2	壬申	5 15	4 3	癸卯	6 15	5 5	甲戌	7 17	6 8	丙午
	2 14	1 2	癸酉	3 16	2 2	癸卯	4 15	3 3	癸酉	5 16	4 4	甲辰	6 16	5 6	乙亥	7 18	6 9	丁未
	2 15	1 3	甲戌	3 17	2 3	甲辰	4 16	3 4	甲戌	5 17	4 5	乙巳	6 17	5 7	丙子	7 19	6 10	戊申
	2 16	1 4	乙亥	3 18	2 4	乙巳	4 17	3 5	乙亥	5 18	4 6	丙午	6 18	5 8	丁丑	7 20	6 11	己酉
豬	2 17	1 5	丙子	3 19	2 5	丙午	4 18	3 6	丙子	5 19	4 7	丁未	6 19	5 9	戊寅	7 21	6 12	庚戌
	2 18	1 6	丁丑	3 20	2 6	丁未	4 19	3 7	丁丑	5 20	4 8	戊申	6 20	5 10	己卯	7 22	6 13	辛亥
	2 19	1 7	戊寅	3 21	2 7	戊申	4 20	3 8	戊寅	5 21	4 9	己酉	6 21	5 11	庚辰	7 23	6 14	壬子
	2 20	1 8	己卯	3 22	2 8	己酉	4 21	3 9	己卯	5 22	4 10	庚戌	6 22	5 12	辛巳	7 24	6 15	癸丑
	2 21	1 9	庚辰	3 23	2 9	庚戌	4 22	3 10	庚辰	5 23	4 11	辛亥	6 23	5 13	壬午	7 25	6 16	甲寅
	2 22	1 10	辛巳	3 24	2 10	辛亥	4 23	3 11	辛巳	5 24	4 12	壬子	6 24	5 14	癸未	7 26	6 17	乙卯
	2 23	1 11	壬午	3 25	2 11	壬子	4 24	3 12	壬午	5 25	4 13	癸丑	6 25	5 15	甲申	7 27	6 18	丙辰
	2 24	1 12	癸未	3 26	2 12	癸丑	4 25	3 13	癸未	5 26	4 14	甲寅	6 26	5 16	乙酉	7 28	6 19	丁巳
中華民國七十二年	2 25	1 13	甲申	3 27	2 13	甲寅	4 26	3 14	甲申	5 27	4 15	乙卯	6 27	5 17	丙戌	7 29	6 20	戊午
	2 26	1 14	乙酉	3 28	2 14	乙卯	4 27	3 15	乙酉	5 28	4 16	丙辰	6 28	5 18	丁亥	7 30	6 21	己未
	2 27	1 15	丙戌	3 29	2 15	丙辰	4 28	3 16	丙戌	5 29	4 17	丁巳	6 29	5 19	戊子	7 31	6 22	庚申
	2 28	1 16	丁亥	3 30	2 16	丁巳	4 29	3 17	丁亥	5 30	4 18	戊午	6 30	5 20	己丑	8 1	6 23	辛酉
	3 1	1 17	戊子	3 31	2 17	戊午	4 30	3 18	戊子	5 31	4 19	己未	7 1	5 21	庚寅	8 2	6 24	壬戌
	3 2	1 18	己丑	4 1	2 18	己未	5 1	3 19	己丑	6 1	4 20	庚申	7 2	5 22	辛卯	8 3	6 25	癸亥
	3 3	1 19	庚寅	4 2	2 19	庚申	5 2	3 20	庚寅	6 2	4 21	辛酉	7 3	5 23	壬辰	8 4	6 26	甲子
	3 4	1 20	辛卯	4 3	2 20	辛酉	5 3	3 21	辛卯	6 3	4 22	壬戌	7 4	5 24	癸巳	8 5	6 27	乙丑
	3 5	1 21	壬辰	4 4	2 21	壬戌	5 4	3 22	壬辰	6 4	4 23	癸亥	7 5	5 25	甲午	8 6	6 28	丙寅
							5 5	3 23	癸巳	6 5	4 24	甲子	7 6	5 26	乙未	8 7	6 29	丁卯
													7 7	5 27	丙申			
中氣	雨水 2/19 13時30分 未時			春分 3/21 12時38分 午時			穀雨 4/20 23時50分 子時			小滿 5/21 23時6分 子時			夏至 6/22 7時8分 辰時			大暑 7/23 18時4分 酉時		

癸亥																														年
庚申					辛酉					壬戌					癸亥					甲子					乙丑					月
立秋					白露					寒露					立冬					大雪					小寒					節氣
8/8 10時29分 巳時					9/8 13時20分 未時					10/9 4時51分 寅時					11/8 7時52分 辰時					12/8 0時33分 子時					1/6 11時40分 午時					
國曆		農曆		干支	國曆		農曆		干支	國曆		農曆		干支	國曆		農曆		干支	國曆		農曆		干支	國曆		農曆		干支	日
8	8	6	30	戊辰	9	8	8	2	己亥	10	9	9	4	庚午	11	8	10	4	庚子	12	8	11	5	庚午	1	6	12	4	己亥	
8	9	7	1	己巳	9	9	8	3	庚子	10	10	9	5	辛未	11	9	10	5	辛丑	12	9	11	6	辛未	1	7	12	5	庚子	
8	10	7	2	庚午	9	10	8	4	辛丑	10	11	9	6	壬申	11	10	10	6	壬寅	12	10	11	7	壬申	1	8	12	6	辛丑	
8	11	7	3	辛未	9	11	8	5	壬寅	10	12	9	7	癸酉	11	11	10	7	癸卯	12	11	11	8	癸酉	1	9	12	7	壬寅	
8	12	7	4	壬申	9	12	8	6	癸卯	10	13	9	8	甲戌	11	12	10	8	甲辰	12	12	11	9	甲戌	1	10	12	8	癸卯	
8	13	7	5	癸酉	9	13	8	7	甲辰	10	14	9	9	乙亥	11	13	10	9	乙巳	12	13	11	10	乙亥	1	11	12	9	甲辰	
8	14	7	6	甲戌	9	14	8	8	乙巳	10	15	9	10	丙子	11	14	10	10	丙午	12	14	11	11	丙子	1	12	12	10	乙巳	
8	15	7	7	乙亥	9	15	8	9	丙午	10	16	9	11	丁丑	11	15	10	11	丁未	12	15	11	12	丁丑	1	13	12	11	丙午	
8	16	7	8	丙子	9	16	8	10	丁未	10	17	9	12	戊寅	11	16	10	12	戊申	12	16	11	13	戊寅	1	14	12	12	丁未	
8	17	7	9	丁丑	9	17	8	11	戊申	10	18	9	13	己卯	11	17	10	13	己酉	12	17	11	14	己卯	1	15	12	13	戊申	
8	18	7	10	戊寅	9	18	8	12	己酉	10	19	9	14	庚辰	11	18	10	14	庚戌	12	18	11	15	庚辰	1	16	12	14	己酉	
8	19	7	11	己卯	9	19	8	13	庚戌	10	20	9	15	辛巳	11	19	10	15	辛亥	12	19	11	16	辛巳	1	17	12	15	庚戌	
8	20	7	12	庚辰	9	20	8	14	辛亥	10	21	9	16	壬午	11	20	10	16	壬子	12	20	11	17	壬午	1	18	12	16	辛亥	
8	21	7	13	辛巳	9	21	8	15	壬子	10	22	9	17	癸未	11	21	10	17	癸丑	12	21	11	18	癸未	1	19	12	17	壬子	
8	22	7	14	壬午	9	22	8	16	癸丑	10	23	9	18	甲申	11	22	10	18	甲寅	12	22	11	19	甲申	1	20	12	18	癸丑	
8	23	7	15	癸未	9	23	8	17	甲寅	10	24	9	19	乙酉	11	23	10	19	乙卯	12	23	11	20	乙酉	1	21	12	19	甲寅	
8	24	7	16	甲申	9	24	8	18	乙卯	10	25	9	20	丙戌	11	24	10	20	丙辰	12	24	11	21	丙戌	1	22	12	20	乙卯	
8	25	7	17	乙酉	9	25	8	19	丙辰	10	26	9	21	丁亥	11	25	10	21	丁巳	12	25	11	22	丁亥	1	23	12	21	丙辰	
8	26	7	18	丙戌	9	26	8	20	丁巳	10	27	9	22	戊子	11	26	10	22	戊午	12	26	11	23	戊子	1	24	12	22	丁巳	
8	27	7	19	丁亥	9	27	8	21	戊午	10	28	9	23	己丑	11	27	10	23	己未	12	27	11	24	己丑	1	25	12	23	戊午	
8	28	7	20	戊子	9	28	8	22	己未	10	29	9	24	庚寅	11	28	10	24	庚申	12	28	11	25	庚寅	1	26	12	24	己未	
8	29	7	21	己丑	9	29	8	23	庚申	10	30	9	25	辛卯	11	29	10	25	辛酉	12	29	11	26	辛卯	1	27	12	25	庚申	
8	30	7	22	庚寅	9	30	8	24	辛酉	10	31	9	26	壬辰	11	30	10	26	壬戌	12	30	11	27	壬辰	1	28	12	26	辛酉	
8	31	7	23	辛卯	10	1	8	25	壬戌	11	1	9	27	癸巳	12	1	10	27	癸亥	12	31	11	28	癸巳	1	29	12	27	壬戌	
9	1	7	24	壬辰	10	2	8	26	癸亥	11	2	9	28	甲午	12	2	10	28	甲子	1	1	11	29	甲午	1	30	12	28	癸亥	
9	2	7	25	癸巳	10	3	8	27	甲子	11	3	9	29	乙未	12	3	10	29	乙丑	1	2	11	30	乙未	1	31	12	29	甲子	
9	3	7	26	甲午	10	4	8	28	乙丑	11	4	9	30	丙申	12	4	11	1	丙寅	1	3	12	1	丙申	2	1	12	30	乙丑	
9	4	7	27	乙未	10	5	8	29	丙寅	11	5	10	1	丁酉	12	5	11	2	丁卯	1	4	12	2	丁酉	2	2	1	1	丙寅	
9	5	7	28	丙申	10	6	9	1	丁卯	11	6	10	2	戊戌	12	6	11	3	戊辰	1	5	12	3	戊戌	2	3	1	2	丁卯	
9	6	7	29	丁酉	10	7	9	2	戊辰	11	7	10	3	己亥	12	7	11	4	己巳											
9	7	8	1	戊戌	10	8	9	3	己巳																					
處暑					秋分					霜降					小雪					冬至					大寒					中氣
8/24 1時7分 丑時					9/23 22時41分 亥時					10/24 7時54分 辰時					11/23 5時18分 卯時					12/22 18時29分 酉時					1/21 5時5分 卯時					

1983・1984
豬
中華民國七十二・七十三年

年	甲子																	
月	丙寅			丁卯			戊辰			己巳			庚午			辛未		
節氣	立春			驚蟄			清明			立夏			芒種			小暑		
	2/4 23時18分 子時			3/5 17時24分 酉時			4/4 22時22分 亥時			5/5 15時50分 申時			6/5 20時8分 戌時			7/7 6時29分 卯時		
日	國曆	農曆	干支	國曆	農曆	干支	國曆	農曆	干支	國曆	農曆	干支	國曆	農曆	干支	國曆	農曆	干支
	2 4	1 3	戊辰	3 5	2 3	戊戌	4 4	3 4	戊辰	5 5	4 5	己亥	6 5	5 6	庚午	7 7	6 9	壬寅
	2 5	1 4	己巳	3 6	2 4	己亥	4 5	3 5	己巳	5 6	4 6	庚子	6 6	5 7	辛未	7 8	6 10	癸卯
	2 6	1 5	庚午	3 7	2 5	庚子	4 6	3 6	庚午	5 7	4 7	辛丑	6 7	5 8	壬申	7 9	6 11	甲辰
	2 7	1 6	辛未	3 8	2 6	辛丑	4 7	3 7	辛未	5 8	4 8	壬寅	6 8	5 9	癸酉	7 10	6 12	乙巳
1984	2 8	1 7	壬申	3 9	2 7	壬寅	4 8	3 8	壬申	5 9	4 9	癸卯	6 9	5 10	甲戌	7 11	6 13	丙午
	2 9	1 8	癸酉	3 10	2 8	癸卯	4 9	3 9	癸酉	5 10	4 10	甲辰	6 10	5 11	乙亥	7 12	6 14	丁未
	2 10	1 9	甲戌	3 11	2 9	甲辰	4 10	3 10	甲戌	5 11	4 11	乙巳	6 11	5 12	丙子	7 13	6 15	戊申
	2 11	1 10	乙亥	3 12	2 10	乙巳	4 11	3 11	乙亥	5 12	4 12	丙午	6 12	5 13	丁丑	7 14	6 16	己酉
	2 12	1 11	丙子	3 13	2 11	丙午	4 12	3 12	丙子	5 13	4 13	丁未	6 13	5 14	戊寅	7 15	6 17	庚戌
	2 13	1 12	丁丑	3 14	2 12	丁未	4 13	3 13	丁丑	5 14	4 14	戊申	6 14	5 15	己卯	7 16	6 18	辛亥
	2 14	1 13	戊寅	3 15	2 13	戊申	4 14	3 14	戊寅	5 15	4 15	己酉	6 15	5 16	庚辰	7 17	6 19	壬子
	2 15	1 14	己卯	3 16	2 14	己酉	4 15	3 15	己卯	5 16	4 16	庚戌	6 16	5 17	辛巳	7 18	6 20	癸丑
	2 16	1 15	庚辰	3 17	2 15	庚戌	4 16	3 16	庚辰	5 17	4 17	辛亥	6 17	5 18	壬午	7 19	6 21	甲寅
鼠	2 17	1 16	辛巳	3 18	2 16	辛亥	4 17	3 17	辛巳	5 18	4 18	壬子	6 18	5 19	癸未	7 20	6 22	乙卯
	2 18	1 17	壬午	3 19	2 17	壬子	4 18	3 18	壬午	5 19	4 19	癸丑	6 19	5 20	甲申	7 21	6 23	丙辰
	2 19	1 18	癸未	3 20	2 18	癸丑	4 19	3 19	癸未	5 20	4 20	甲寅	6 20	5 21	乙酉	7 22	6 24	丁巳
	2 20	1 19	甲申	3 21	2 19	甲寅	4 20	3 20	甲申	5 21	4 21	乙卯	6 21	5 22	丙戌	7 23	6 25	戊午
	2 21	1 20	乙酉	3 22	2 20	乙卯	4 21	3 21	乙酉	5 22	4 22	丙辰	6 22	5 23	丁亥	7 24	6 26	己未
	2 22	1 21	丙戌	3 23	2 21	丙辰	4 22	3 22	丙戌	5 23	4 23	丁巳	6 23	5 24	戊子	7 25	6 27	庚申
	2 23	1 22	丁亥	3 24	2 22	丁巳	4 23	3 23	丁亥	5 24	4 24	戊午	6 24	5 25	己丑	7 26	6 28	辛酉
	2 24	1 23	戊子	3 25	2 23	戊午	4 24	3 24	戊子	5 25	4 25	己未	6 25	5 26	庚寅	7 27	6 29	壬戌
中華民國七十三年	2 25	1 24	己丑	3 26	2 24	己未	4 25	3 25	己丑	5 26	4 26	庚申	6 26	5 27	辛卯	7 28	7 1	癸亥
	2 26	1 25	庚寅	3 27	2 25	庚申	4 26	3 26	庚寅	5 27	4 27	辛酉	6 27	5 28	壬辰	7 29	7 2	甲子
	2 27	1 26	辛卯	3 28	2 26	辛酉	4 27	3 27	辛卯	5 28	4 28	壬戌	6 28	5 29	癸巳	7 30	7 3	乙丑
	2 28	1 27	壬辰	3 29	2 27	壬戌	4 28	3 28	壬辰	5 29	4 29	癸亥	6 29	6 1	甲午	7 31	7 4	丙寅
	2 29	1 28	癸巳	3 30	2 28	癸亥	4 29	3 29	癸巳	5 30	4 30	甲子	6 30	6 2	乙未	8 1	7 5	丁卯
	3 1	1 29	甲午	3 31	2 29	甲子	4 30	3 30	甲午	5 31	5 1	乙丑	7 1	6 3	丙申	8 2	7 6	戊辰
	3 2	1 30	乙未	4 1	3 1	乙丑	5 1	4 1	乙未	6 1	5 2	丙寅	7 2	6 4	丁酉	8 3	7 7	己巳
	3 3	2 1	丙申	4 2	3 2	丙寅	5 2	4 2	丙申	6 2	5 3	丁卯	7 3	6 5	戊戌	8 4	7 8	庚午
	3 4	2 2	丁酉	4 3	3 3	丁卯	5 3	4 3	丁酉	6 3	5 4	戊辰	7 4	6 6	己亥	8 5	7 9	辛未
							5 4	4 4	戊戌	6 4	5 5	己巳	7 5	6 7	庚子	8 6	7 10	壬申
													7 6	6 8	辛丑			
中氣	雨水			春分			穀雨			小滿			夏至			大暑		
	2/19 19時16分 戌時			3/20 18時24分 酉時			4/20 5時38分 卯時			5/21 4時57分 寅時			6/21 13時2分 未時			7/22 23時58分 子時		

1984・1985 鼠 中華民國七十三・七十四年

年	甲子																	
月	壬申			癸酉			甲戌			乙亥			丙子			丁丑		
節氣	立秋			白露			寒露			立冬			大雪			小寒		
	8/7 16時17分 申時			9/7 19時9分 戌時			10/8 10時42分 巳時			11/7 13時45分 未時			12/7 6時28分 卯時			1/5 17時35分 酉時		
日	國曆	農曆	干支	國曆	農曆	干支	國曆	農曆	干支	國曆	農曆	干支	國曆	農曆	干支	國曆	農曆	干支
	8 7	7 11	癸酉	9 7	8 12	甲辰	10 8	9 14	乙亥	11 7	10 15	乙巳	12 7	10 15	乙亥	1 5	11 15	甲辰
	8 8	7 12	甲戌	9 8	8 13	乙巳	10 9	9 15	丙子	11 8	10 16	丙午	12 8	10 16	丙子	1 6	11 16	乙巳
	8 9	7 13	乙亥	9 9	8 14	丙午	10 10	9 16	丁丑	11 9	10 17	丁未	12 9	10 17	丁丑	1 7	11 17	丙午
	8 10	7 14	丙子	9 10	8 15	丁未	10 11	9 17	戊寅	11 10	10 18	戊申	12 10	10 18	戊寅	1 8	11 18	丁未
	8 11	7 15	丁丑	9 11	8 16	戊申	10 12	9 18	己卯	11 11	10 19	己酉	12 11	10 19	己卯	1 9	11 19	戊申
	8 12	7 16	戊寅	9 12	8 17	己酉	10 13	9 19	庚辰	11 12	10 20	庚戌	12 12	10 20	庚辰	1 10	11 20	己酉
	8 13	7 17	己卯	9 13	8 18	庚戌	10 14	9 20	辛巳	11 13	10 21	辛亥	12 13	10 21	辛巳	1 11	11 21	庚戌
	8 14	7 18	庚辰	9 14	8 19	辛亥	10 15	9 21	壬午	11 14	10 22	壬子	12 14	10 22	壬午	1 12	11 22	辛亥
	8 15	7 19	辛巳	9 15	8 20	壬子	10 16	9 22	癸未	11 15	10 23	癸丑	12 15	10 23	癸未	1 13	11 23	壬子
	8 16	7 20	壬午	9 16	8 21	癸丑	10 17	9 23	甲申	11 16	10 24	甲寅	12 16	10 24	甲申	1 14	11 24	癸丑
	8 17	7 21	癸未	9 17	8 22	甲寅	10 18	9 24	乙酉	11 17	10 25	乙卯	12 17	10 25	乙酉	1 15	11 25	甲寅
	8 18	7 22	甲申	9 18	8 23	乙卯	10 19	9 25	丙戌	11 18	10 26	丙辰	12 18	10 26	丙戌	1 16	11 26	乙卯
	8 19	7 23	乙酉	9 19	8 24	丙辰	10 20	9 26	丁亥	11 19	10 27	丁巳	12 19	10 27	丁亥	1 17	11 27	丙辰
	8 20	7 24	丙戌	9 20	8 25	丁巳	10 21	9 27	戊子	11 20	10 28	戊午	12 20	10 28	戊子	1 18	11 28	丁巳
	8 21	7 25	丁亥	9 21	8 26	戊午	10 22	9 28	己丑	11 21	10 29	己未	12 21	10 29	己丑	1 19	11 29	戊午
	8 22	7 26	戊子	9 22	8 27	己未	10 23	9 29	庚寅	11 22	10 30	庚申	12 22	11 1	庚寅	1 20	11 30	己未
	8 23	7 27	己丑	9 23	8 28	庚申	10 24	10 1	辛卯	11 23	閏10 1	辛酉	12 23	11 2	辛卯	1 21	12 1	庚申
	8 24	7 28	庚寅	9 24	8 29	辛酉	10 25	10 2	壬辰	11 24	10 2	壬戌	12 24	11 3	壬辰	1 22	12 2	辛酉
	8 25	7 29	辛卯	9 25	9 1	壬戌	10 26	10 3	癸巳	11 25	10 3	癸亥	12 25	11 4	癸巳	1 23	12 3	壬戌
	8 26	7 30	壬辰	9 26	9 2	癸亥	10 27	10 4	甲午	11 26	10 4	甲子	12 26	11 5	甲午	1 24	12 4	癸亥
	8 27	8 1	癸巳	9 27	9 3	甲子	10 28	10 5	乙未	11 27	10 5	乙丑	12 27	11 6	乙未	1 25	12 5	甲子
	8 28	8 2	甲午	9 28	9 4	乙丑	10 29	10 6	丙申	11 28	10 6	丙寅	12 28	11 7	丙申	1 26	12 6	乙丑
	8 29	8 3	乙未	9 29	9 5	丙寅	10 30	10 7	丁酉	11 29	10 7	丁卯	12 29	11 8	丁酉	1 27	12 7	丙寅
	8 30	8 4	丙申	9 30	9 6	丁卯	10 31	10 8	戊戌	11 30	10 8	戊辰	12 30	11 9	戊戌	1 28	12 8	丁卯
	8 31	8 5	丁酉	10 1	9 7	戊辰	11 1	10 9	己亥	12 1	10 9	己巳	12 31	11 10	己亥	1 29	12 9	戊辰
	9 1	8 6	戊戌	10 2	9 8	己巳	11 2	10 10	庚子	12 2	10 10	庚午	1 1	11 11	庚子	1 30	12 10	己巳
	9 2	8 7	己亥	10 3	9 9	庚午	11 3	10 11	辛丑	12 3	10 11	辛未	1 2	11 12	辛丑	1 31	12 11	庚午
	9 3	8 8	庚子	10 4	9 10	辛未	11 4	10 12	壬寅	12 4	10 12	壬申	1 3	11 13	壬寅	2 1	12 12	辛未
	9 4	8 9	辛丑	10 5	9 11	壬申	11 5	10 13	癸卯	12 5	10 13	癸酉	1 4	11 14	癸卯	2 2	12 13	壬申
	9 5	8 10	壬寅	10 6	9 12	癸酉	11 6	10 14	甲辰	12 6	10 14	甲戌				2 3	12 14	癸酉
	9 6	8 11	癸卯	10 7	9 13	甲戌												
中氣	處暑			秋分			霜降			小雪			冬至			大寒		
	8/23 7時0分 辰時			9/23 4時32分 寅時			10/23 13時45分 未時			11/22 11時10分 午時			12/22 0時22分 子時			1/20 10時57分 巳時		

年	乙丑																	
月	戊寅			己卯			庚辰			辛巳			壬午			癸未		
節氣	立春 2/4 5時11分 卯時			驚蟄 3/5 23時16分 子時			清明 4/5 4時13分 寅時			立夏 5/5 21時42分 亥時			芒種 6/6 1時59分 丑時			小暑 7/7 12時18分 午時		
日	國曆	農曆	干支	國曆	農曆	干支	國曆	農曆	干支	國曆	農曆	干支	國曆	農曆	干支	國曆	農曆	干支
	2 4	12 15	甲戌	3 5	1 14	癸卯	4 5	2 16	甲戌	5 5	3 16	甲辰	6 6	4 18	丙子	7 7	5 20	丁未
	2 5	12 16	乙亥	3 6	1 15	甲辰	4 6	2 17	乙亥	5 6	3 17	乙巳	6 7	4 19	丁丑	7 8	5 21	戊申
	2 6	12 17	丙子	3 7	1 16	乙巳	4 7	2 18	丙子	5 7	3 18	丙午	6 8	4 20	戊寅	7 9	5 22	己酉
	2 7	12 18	丁丑	3 8	1 17	丙午	4 8	2 19	丁丑	5 8	3 19	丁未	6 9	4 21	己卯	7 10	5 23	庚戌
1985	2 8	12 19	戊寅	3 9	1 18	丁未	4 9	2 20	戊寅	5 9	3 20	戊申	6 10	4 22	庚辰	7 11	5 24	辛亥
	2 9	12 20	己卯	3 10	1 19	戊申	4 10	2 21	己卯	5 10	3 21	己酉	6 11	4 23	辛巳	7 12	5 25	壬子
	2 10	12 21	庚辰	3 11	1 20	己酉	4 11	2 22	庚辰	5 11	3 22	庚戌	6 12	4 24	壬午	7 13	5 26	癸丑
	2 11	12 22	辛巳	3 12	1 21	庚戌	4 12	2 23	辛巳	5 12	3 23	辛亥	6 13	4 25	癸未	7 14	5 27	甲寅
	2 12	12 23	壬午	3 13	1 22	辛亥	4 13	2 24	壬午	5 13	3 24	壬子	6 14	4 26	甲申	7 15	5 28	乙卯
	2 13	12 24	癸未	3 14	1 23	壬子	4 14	2 25	癸未	5 14	3 25	癸丑	6 15	4 27	乙酉	7 16	5 29	丙辰
	2 14	12 25	甲申	3 15	1 24	癸丑	4 15	2 26	甲申	5 15	3 26	甲寅	6 16	4 28	丙戌	7 17	5 30	丁巳
	2 15	12 26	乙酉	3 16	1 25	甲寅	4 16	2 27	乙酉	5 16	3 27	乙卯	6 17	4 29	丁亥	7 18	6 1	戊午
	2 16	12 27	丙戌	3 17	1 26	乙卯	4 17	2 28	丙戌	5 17	3 28	丙辰	6 18	5 1	戊子	7 19	6 2	己未
牛	2 17	12 28	丁亥	3 18	1 27	丙辰	4 18	2 29	丁亥	5 18	3 29	丁巳	6 19	5 2	己丑	7 20	6 3	庚申
	2 18	12 29	戊子	3 19	1 28	丁巳	4 19	2 30	戊子	5 19	3 30	戊午	6 20	5 3	庚寅	7 21	6 4	辛酉
	2 19	12 30	己丑	3 20	1 29	戊午	4 20	3 1	己丑	5 20	4 1	己未	6 21	5 4	辛卯	7 22	6 5	壬戌
	2 20	1 1	庚寅	3 21	2 1	己未	4 21	3 2	庚寅	5 21	4 2	庚申	6 22	5 5	壬辰	7 23	6 6	癸亥
	2 21	1 2	辛卯	3 22	2 2	庚申	4 22	3 3	辛卯	5 22	4 3	辛酉	6 23	5 6	癸巳	7 24	6 7	甲子
	2 22	1 3	壬辰	3 23	2 3	辛酉	4 23	3 4	壬辰	5 23	4 4	壬戌	6 24	5 7	甲午	7 25	6 8	乙丑
	2 23	1 4	癸巳	3 24	2 4	壬戌	4 24	3 5	癸巳	5 24	4 5	癸亥	6 25	5 8	乙未	7 26	6 9	丙寅
	2 24	1 5	甲午	3 25	2 5	癸亥	4 25	3 6	甲午	5 25	4 6	甲子	6 26	5 9	丙申	7 27	6 10	丁卯
	2 25	1 6	乙未	3 26	2 6	甲子	4 26	3 7	乙未	5 26	4 7	乙丑	6 27	5 10	丁酉	7 28	6 11	戊辰
	2 26	1 7	丙申	3 27	2 7	乙丑	4 27	3 8	丙申	5 27	4 8	丙寅	6 28	5 11	戊戌	7 29	6 12	己巳
中華民國七十四年	2 27	1 8	丁酉	3 28	2 8	丙寅	4 28	3 9	丁酉	5 28	4 9	丁卯	6 29	5 12	己亥	7 30	6 13	庚午
	2 28	1 9	戊戌	3 29	2 9	丁卯	4 29	3 10	戊戌	5 29	4 10	戊辰	6 30	5 13	庚子	7 31	6 14	辛未
	3 1	1 10	己亥	3 30	2 10	戊辰	4 30	3 11	己亥	5 30	4 11	己巳	7 1	5 14	辛丑	8 1	6 15	壬申
	3 2	1 11	庚子	3 31	2 11	己巳	5 1	3 12	庚子	5 31	4 12	庚午	7 2	5 15	壬寅	8 2	6 16	癸酉
	3 3	1 12	辛丑	4 1	2 12	庚午	5 2	3 13	辛丑	6 1	4 13	辛未	7 3	5 16	癸卯	8 3	6 17	甲戌
	3 4	1 13	壬寅	4 2	2 13	辛未	5 3	3 14	壬寅	6 2	4 14	壬申	7 4	5 17	甲辰	8 4	6 18	乙亥
				4 3	2 14	壬申	5 4	3 15	癸卯	6 3	4 15	癸酉	7 5	5 18	乙巳	8 5	6 19	丙子
				4 4	2 15	癸酉				6 4	4 16	甲戌	7 6	5 19	丙午	8 6	6 20	丁丑
										6 5	4 17	乙亥						
中氣	雨水 2/19 1時7分 丑時			春分 3/21 0時13分 子時			穀雨 4/20 11時25分 午時			小滿 5/21 10時42分 巳時			夏至 6/21 18時44分 酉時			大暑 7/23 5時36分 卯時		

年	乙丑																													
月	甲申					乙酉					丙戌					丁亥					戊子					己丑				
節氣	立秋 8/7 22時4分 亥時					白露 9/8 0時53分 子時					寒露 10/8 16時24分 申時					立冬 11/7 19時29分 戌時					大雪 12/7 12時16分 午時					小寒 1/5 23時28分 子時				
日	國曆		農曆		干支	國曆		農曆		干支	國曆		農曆		干支	國曆		農曆		干支	國曆		農曆		干支	國曆		農曆		干支
	8	7	6	21	戊寅	9	8	7	24	庚戌	10	8	8	24	庚辰	11	7	9	25	庚戌	12	7	10	26	庚辰	1	5	11	25	己酉
	8	8	6	22	己卯	9	9	7	25	辛亥	10	9	8	25	辛巳	11	8	9	26	辛亥	12	8	10	27	辛巳	1	6	11	26	庚戌
	8	9	6	23	庚辰	9	10	7	26	壬子	10	10	8	26	壬午	11	9	9	27	壬子	12	9	10	28	壬午	1	7	11	27	辛亥
	8	10	6	24	辛巳	9	11	7	27	癸丑	10	11	8	27	癸未	11	10	9	28	癸丑	12	10	10	29	癸未	1	8	11	28	壬子
	8	11	6	25	壬午	9	12	7	28	甲寅	10	12	8	28	甲申	11	11	9	29	甲寅	12	11	10	30	甲申	1	9	11	29	癸丑
	8	12	6	26	癸未	9	13	7	29	乙卯	10	13	8	29	乙酉	11	12	10	1	乙卯	12	12	11	1	乙酉	1	10	12	1	甲寅
	8	13	6	27	甲申	9	14	7	30	丙辰	10	14	9	1	丙戌	11	13	10	2	丙辰	12	13	11	2	丙戌	1	11	12	2	乙卯
	8	14	6	28	乙酉	9	15	8	1	丁巳	10	15	9	2	丁亥	11	14	10	3	丁巳	12	14	11	3	丁亥	1	12	12	3	丙辰
	8	15	6	29	丙戌	9	16	8	2	戊午	10	16	9	3	戊子	11	15	10	4	戊午	12	15	11	4	戊子	1	13	12	4	丁巳
	8	16	7	1	丁亥	9	17	8	3	己未	10	17	9	4	己丑	11	16	10	5	己未	12	16	11	5	己丑	1	14	12	5	戊午
	8	17	7	2	戊子	9	18	8	4	庚申	10	18	9	5	庚寅	11	17	10	6	庚申	12	17	11	6	庚寅	1	15	12	6	己未
	8	18	7	3	己丑	9	19	8	5	辛酉	10	19	9	6	辛卯	11	18	10	7	辛酉	12	18	11	7	辛卯	1	16	12	7	庚申
	8	19	7	4	庚寅	9	20	8	6	壬戌	10	20	9	7	壬辰	11	19	10	8	壬戌	12	19	11	8	壬辰	1	17	12	8	辛酉
	8	20	7	5	辛卯	9	21	8	7	癸亥	10	21	9	8	癸巳	11	20	10	9	癸亥	12	20	11	9	癸巳	1	18	12	9	壬戌
	8	21	7	6	壬辰	9	22	8	8	甲子	10	22	9	9	甲午	11	21	10	10	甲子	12	21	11	10	甲午	1	19	12	10	癸亥
	8	22	7	7	癸巳	9	23	8	9	乙丑	10	23	9	10	乙未	11	22	10	11	乙丑	12	22	11	11	乙未	1	20	12	11	甲子
	8	23	7	8	甲午	9	24	8	10	丙寅	10	24	9	11	丙申	11	23	10	12	丙寅	12	23	11	12	丙申	1	21	12	12	乙丑
	8	24	7	9	乙未	9	25	8	11	丁卯	10	25	9	12	丁酉	11	24	10	13	丁卯	12	24	11	13	丁酉	1	22	12	13	丙寅
	8	25	7	10	丙申	9	26	8	12	戊辰	10	26	9	13	戊戌	11	25	10	14	戊辰	12	25	11	14	戊戌	1	23	12	14	丁卯
	8	26	7	11	丁酉	9	27	8	13	己巳	10	27	9	14	己亥	11	26	10	15	己巳	12	26	11	15	己亥	1	24	12	15	戊辰
	8	27	7	12	戊戌	9	28	8	14	庚午	10	28	9	15	庚子	11	27	10	16	庚午	12	27	11	16	庚子	1	25	12	16	己巳
	8	28	7	13	己亥	9	29	8	15	辛未	10	29	9	16	辛丑	11	28	10	17	辛未	12	28	11	17	辛丑	1	26	12	17	庚午
	8	29	7	14	庚子	9	30	8	16	壬申	10	30	9	17	壬寅	11	29	10	18	壬申	12	29	11	18	壬寅	1	27	12	18	辛未
	8	30	7	15	辛丑	10	1	8	17	癸酉	10	31	9	18	癸卯	11	30	10	19	癸酉	12	30	11	19	癸卯	1	28	12	19	壬申
	8	31	7	16	壬寅	10	2	8	18	甲戌	11	1	9	19	甲辰	12	1	10	20	甲戌	12	31	11	20	甲辰	1	29	12	20	癸酉
	9	1	7	17	癸卯	10	3	8	19	乙亥	11	2	9	20	乙巳	12	2	10	21	乙亥	1	1	11	21	乙巳	1	30	12	21	甲戌
	9	2	7	18	甲辰	10	4	8	20	丙子	11	3	9	21	丙午	12	3	10	22	丙子	1	2	11	22	丙午	1	31	12	22	乙亥
	9	3	7	19	乙巳	10	5	8	21	丁丑	11	4	9	22	丁未	12	4	10	23	丁丑	1	3	11	23	丁未	2	1	12	23	丙子
	9	4	7	20	丙午	10	6	8	22	戊寅	11	5	9	23	戊申	12	5	10	24	戊寅	1	4	11	24	戊申	2	2	12	24	丁丑
	9	5	7	21	丁未	10	7	8	23	己卯	11	6	9	24	己酉	12	6	10	25	己卯						2	3	12	25	戊寅
	9	6	7	22	戊申																									
	9	7	7	23	己酉																									
中氣	處暑 8/23 12時35分 午時					秋分 9/23 10時7分 巳時					霜降 10/23 19時21分 戌時					小雪 11/22 16時50分 申時					冬至 12/22 6時7分 卯時					大寒 1/20 16時46分 申時				

1985・1986

牛

中華民國七十四・七十五年

年	丙寅																	
月	庚寅			辛卯			壬辰			癸巳			甲午			乙未		
節氣	立春 2/4 11時7分 午時			驚蟄 3/6 5時12分 卯時			清明 4/5 10時6分 巳時			立夏 5/6 3時30分 寅時			芒種 6/6 7時44分 辰時			小暑 7/7 18時0分 酉時		
日	國曆	農曆	干支	國曆	農曆	干支	國曆	農曆	干支	國曆	農曆	干支	國曆	農曆	干支	國曆	農曆	干支
	2 4	12 26	己卯	3 6	1 26	己酉	4 5	2 27	己卯	5 6	3 28	庚戌	6 6	4 29	辛巳	7 7	6 1	壬子
	2 5	12 27	庚辰	3 7	1 27	庚戌	4 6	2 28	庚辰	5 7	3 29	辛亥	6 7	5 1	壬午	7 8	6 2	癸丑
	2 6	12 28	辛巳	3 8	1 28	辛亥	4 7	2 29	辛巳	5 8	3 30	壬子	6 8	5 2	癸未	7 9	6 3	甲寅
	2 7	12 29	壬午	3 9	1 29	壬子	4 8	2 30	壬午	5 9	4 1	癸丑	6 9	5 3	甲申	7 10	6 4	乙卯
1	2 8	12 30	癸未	3 10	2 1	癸丑	4 9	3 1	癸未	5 10	4 2	甲寅	6 10	5 4	乙酉	7 11	6 5	丙辰
9	2 9	1 1	甲申	3 11	2 2	甲寅	4 10	3 2	甲申	5 11	4 3	乙卯	6 11	5 5	丙戌	7 12	6 6	丁巳
8	2 10	1 2	乙酉	3 12	2 3	乙卯	4 11	3 3	乙酉	5 12	4 4	丙辰	6 12	5 6	丁亥	7 13	6 7	戊午
6	2 11	1 3	丙戌	3 13	2 4	丙辰	4 12	3 4	丙戌	5 13	4 5	丁巳	6 13	5 7	戊子	7 14	6 8	己未
	2 12	1 4	丁亥	3 14	2 5	丁巳	4 13	3 5	丁亥	5 14	4 6	戊午	6 14	5 8	己丑	7 15	6 9	庚申
	2 13	1 5	戊子	3 15	2 6	戊午	4 14	3 6	戊子	5 15	4 7	己未	6 15	5 9	庚寅	7 16	6 10	辛酉
	2 14	1 6	己丑	3 16	2 7	己未	4 15	3 7	己丑	5 16	4 8	庚申	6 16	5 10	辛卯	7 17	6 11	壬戌
	2 15	1 7	庚寅	3 17	2 8	庚申	4 16	3 8	庚寅	5 17	4 9	辛酉	6 17	5 11	壬辰	7 18	6 12	癸亥
	2 16	1 8	辛卯	3 18	2 9	辛酉	4 17	3 9	辛卯	5 18	4 10	壬戌	6 18	5 12	癸巳	7 19	6 13	甲子
虎	2 17	1 9	壬辰	3 19	2 10	壬戌	4 18	3 10	壬辰	5 19	4 11	癸亥	6 19	5 13	甲午	7 20	6 14	乙丑
	2 18	1 10	癸巳	3 20	2 11	癸亥	4 19	3 11	癸巳	5 20	4 12	甲子	6 20	5 14	乙未	7 21	6 15	丙寅
	2 19	1 11	甲午	3 21	2 12	甲子	4 20	3 12	甲午	5 21	4 13	乙丑	6 21	5 15	丙申	7 22	6 16	丁卯
	2 20	1 12	乙未	3 22	2 13	乙丑	4 21	3 13	乙未	5 22	4 14	丙寅	6 22	5 16	丁酉	7 23	6 17	戊辰
	2 21	1 13	丙申	3 23	2 14	丙寅	4 22	3 14	丙申	5 23	4 15	丁卯	6 23	5 17	戊戌	7 24	6 18	己巳
	2 22	1 14	丁酉	3 24	2 15	丁卯	4 23	3 15	丁酉	5 24	4 16	戊辰	6 24	5 18	己亥	7 25	6 19	庚午
	2 23	1 15	戊戌	3 25	2 16	戊辰	4 24	3 16	戊戌	5 25	4 17	己巳	6 25	5 19	庚子	7 26	6 20	辛未
	2 24	1 16	己亥	3 26	2 17	己巳	4 25	3 17	己亥	5 26	4 18	庚午	6 26	5 20	辛丑	7 27	6 21	壬申
中	2 25	1 17	庚子	3 27	2 18	庚午	4 26	3 18	庚子	5 27	4 19	辛未	6 27	5 21	壬寅	7 28	6 22	癸酉
華	2 26	1 18	辛丑	3 28	2 19	辛未	4 27	3 19	辛丑	5 28	4 20	壬申	6 28	5 22	癸卯	7 29	6 23	甲戌
民	2 27	1 19	壬寅	3 29	2 20	壬申	4 28	3 20	壬寅	5 29	4 21	癸酉	6 29	5 23	甲辰	7 30	6 24	乙亥
國	2 28	1 20	癸卯	3 30	2 21	癸酉	4 29	3 21	癸卯	5 30	4 22	甲戌	6 30	5 24	乙巳	7 31	6 25	丙子
七	3 1	1 21	甲辰	3 31	2 22	甲戌	4 30	3 22	甲辰	5 31	4 23	乙亥	7 1	5 25	丙午	8 1	6 26	丁丑
十	3 2	1 22	乙巳	4 1	2 23	乙亥	5 1	3 23	乙巳	6 1	4 24	丙子	7 2	5 26	丁未	8 2	6 27	戊寅
五	3 3	1 23	丙午	4 2	2 24	丙子	5 2	3 24	丙午	6 2	4 25	丁丑	7 3	5 27	戊申	8 3	6 28	己卯
年	3 4	1 24	丁未	4 3	2 25	丁丑	5 3	3 25	丁未	6 3	4 26	戊寅	7 4	5 28	己酉	8 4	6 29	庚辰
	3 5	1 25	戊申	4 4	2 26	戊寅	5 4	3 26	戊申	6 4	4 27	己卯	7 5	5 29	庚戌	8 5	6 30	辛巳
							5 5	3 27	己酉	6 5	4 28	庚辰	7 6	5 30	辛亥	8 6	7 1	壬午
																8 7	7 2	癸未
中氣	雨水 2/19 6時57分 卯時			春分 3/21 6時2分 卯時			穀雨 4/20 17時12分 酉時			小滿 5/21 16時27分 申時			夏至 6/22 0時29分 子時			大暑 7/23 11時24分 午時		

年	丙寅																													
月	丙申					丁酉					戊戌					己亥					庚子					辛丑				
節氣	立秋 8/8 3時45分 寅時					白露 9/8 6時34分 卯時					寒露 10/8 22時6分 亥時					立冬 11/8 1時12分 丑時					大雪 12/7 18時0分 酉時					小寒 1/6 5時13分 卯時				
日	國曆		農曆		干支	國曆		農曆		干支	國曆		農曆		干支	國曆		農曆		干支	國曆		農曆		干支	國曆		農曆		干支
1986・1987 虎 中華民國七十五・七十六年	8	8	7	3	甲申	9	8	8	5	乙卯	10	8	9	5	乙酉	11	8	10	7	丙辰	12	7	11	6	乙酉	1	6	12	7	乙卯
	8	9	7	4	乙酉	9	9	8	6	丙辰	10	9	9	6	丙戌	11	9	10	8	丁巳	12	8	11	7	丙戌	1	7	12	8	丙辰
	8	10	7	5	丙戌	9	10	8	7	丁巳	10	10	9	7	丁亥	11	10	10	9	戊午	12	9	11	8	丁亥	1	8	12	9	丁巳
	8	11	7	6	丁亥	9	11	8	8	戊午	10	11	9	8	戊子	11	11	10	10	己未	12	10	11	9	戊子	1	9	12	10	戊午
	8	12	7	7	戊子	9	12	8	9	己未	10	12	9	9	己丑	11	12	10	11	庚申	12	11	11	10	己丑	1	10	12	11	己未
	8	13	7	8	己丑	9	13	8	10	庚申	10	13	9	10	庚寅	11	13	10	12	辛酉	12	12	11	11	庚寅	1	11	12	12	庚申
	8	14	7	9	庚寅	9	14	8	11	辛酉	10	14	9	11	辛卯	11	14	10	13	壬戌	12	13	11	12	辛卯	1	12	12	13	辛酉
	8	15	7	10	辛卯	9	15	8	12	壬戌	10	15	9	12	壬辰	11	15	10	14	癸亥	12	14	11	13	壬辰	1	13	12	14	壬戌
	8	16	7	11	壬辰	9	16	8	13	癸亥	10	16	9	13	癸巳	11	16	10	15	甲子	12	15	11	14	癸巳	1	14	12	15	癸亥
	8	17	7	12	癸巳	9	17	8	14	甲子	10	17	9	14	甲午	11	17	10	16	乙丑	12	16	11	15	甲午	1	15	12	16	甲子
	8	18	7	13	甲午	9	18	8	15	乙丑	10	18	9	15	乙未	11	18	10	17	丙寅	12	17	11	16	乙未	1	16	12	17	乙丑
	8	19	7	14	乙未	9	19	8	16	丙寅	10	19	9	16	丙申	11	19	10	18	丁卯	12	18	11	17	丙申	1	17	12	18	丙寅
	8	20	7	15	丙申	9	20	8	17	丁卯	10	20	9	17	丁酉	11	20	10	19	戊辰	12	19	11	18	丁酉	1	18	12	19	丁卯
	8	21	7	16	丁酉	9	21	8	18	戊辰	10	21	9	18	戊戌	11	21	10	20	己巳	12	20	11	19	戊戌	1	19	12	20	戊辰
	8	22	7	17	戊戌	9	22	8	19	己巳	10	22	9	19	己亥	11	22	10	21	庚午	12	21	11	20	己亥	1	20	12	21	己巳
	8	23	7	18	己亥	9	23	8	20	庚午	10	23	9	20	庚子	11	23	10	22	辛未	12	22	11	21	庚子	1	21	12	22	庚午
	8	24	7	19	庚子	9	24	8	21	辛未	10	24	9	21	辛丑	11	24	10	23	壬申	12	23	11	22	辛丑	1	22	12	23	辛未
	8	25	7	20	辛丑	9	25	8	22	壬申	10	25	9	22	壬寅	11	25	10	24	癸酉	12	24	11	23	壬寅	1	23	12	24	壬申
	8	26	7	21	壬寅	9	26	8	23	癸酉	10	26	9	23	癸卯	11	26	10	25	甲戌	12	25	11	24	癸卯	1	24	12	25	癸酉
	8	27	7	22	癸卯	9	27	8	24	甲戌	10	27	9	24	甲辰	11	27	10	26	乙亥	12	26	11	25	甲辰	1	25	12	26	甲戌
	8	28	7	23	甲辰	9	28	8	25	乙亥	10	28	9	25	乙巳	11	28	10	27	丙子	12	27	11	26	乙巳	1	26	12	27	乙亥
	8	29	7	24	乙巳	9	29	8	26	丙子	10	29	9	26	丙午	11	29	10	28	丁丑	12	28	11	27	丙午	1	27	12	28	丙子
	8	30	7	25	丙午	9	30	8	27	丁丑	10	30	9	27	丁未	11	30	10	29	戊寅	12	29	11	28	丁未	1	28	12	29	丁丑
	8	31	7	26	丁未	10	1	8	28	戊寅	10	31	9	28	戊申	12	1	10	30	己卯	12	30	11	29	戊申	1	29	1	1	戊寅
	9	1	7	27	戊申	10	2	7	29	己卯	11	1	9	29	己酉	12	2	11	1	庚辰	12	31	12	1	己酉	1	30	1	2	己卯
	9	2	7	28	己酉	10	3	8	30	庚辰	11	2	10	1	庚戌	12	3	11	2	辛巳	1	1	12	2	庚戌	1	31	1	3	庚辰
	9	3	7	29	庚戌	10	4	9	1	辛巳	11	3	10	2	辛亥	12	4	11	3	壬午	1	2	12	3	辛亥	2	1	1	4	辛巳
	9	4	8	1	辛亥	10	5	9	2	壬午	11	4	10	3	壬子	12	5	11	4	癸未	1	3	12	4	壬子	2	2	1	5	壬午
	9	5	8	2	壬子	10	6	9	3	癸未	11	5	10	4	癸丑	12	6	11	5	甲申	1	4	12	5	癸丑	2	3	1	6	癸未
	9	6	8	3	癸丑	10	7	9	4	甲申	11	6	10	5	甲寅						1	5	12	6	甲寅					
	9	7	8	4	甲寅						11	7	10	6	乙卯															
中氣	處暑 8/23 18時25分 酉時					秋分 9/23 15時58分 申時					霜降 10/24 1時14分 丑時					小雪 11/22 22時44分 亥時					冬至 12/22 12時2分 午時					大寒 1/20 22時40分 亥時				

年	丁卯																	
月	壬寅			癸卯			甲辰			乙巳			丙午			丁未		
節氣	立春 2/4 16時51分 申時			驚蟄 3/6 10時53分 巳時			清明 4/5 15時44分 申時			立夏 5/6 9時5分 巳時			芒種 6/6 13時18分 未時			小暑 7/7 23時38分 子時		
日	國曆	農曆	干支	國曆	農曆	干支	國曆	農曆	干支	國曆	農曆	干支	國曆	農曆	干支	國曆	農曆	干支
1987 兔 中華民國七十六年	2 4	1 7	甲申	3 6	2 7	甲寅	4 5	3 8	甲申	5 6	4 9	乙卯	6 6	5 11	丙戌	7 7	6 12	丁巳
	2 5	1 8	乙酉	3 7	2 8	乙卯	4 6	3 9	乙酉	5 7	4 10	丙辰	6 7	5 12	丁亥	7 8	6 13	戊午
	2 6	1 9	丙戌	3 8	2 9	丙辰	4 7	3 10	丙戌	5 8	4 11	丁巳	6 8	5 13	戊子	7 9	6 14	己未
	2 7	1 10	丁亥	3 9	2 10	丁巳	4 8	3 11	丁亥	5 9	4 12	戊午	6 9	5 14	己丑	7 10	6 15	庚申
	2 8	1 11	戊子	3 10	2 11	戊午	4 9	3 12	戊子	5 10	4 13	己未	6 10	5 15	庚寅	7 11	6 16	辛酉
	2 9	1 12	己丑	3 11	2 12	己未	4 10	3 13	己丑	5 11	4 14	庚申	6 11	5 16	辛卯	7 12	6 17	壬戌
	2 10	1 13	庚寅	3 12	2 13	庚申	4 11	3 14	庚寅	5 12	4 15	辛酉	6 12	5 17	壬辰	7 13	6 18	癸亥
	2 11	1 14	辛卯	3 13	2 14	辛酉	4 12	3 15	辛卯	5 13	4 16	壬戌	6 13	5 18	癸巳	7 14	6 19	甲子
	2 12	1 15	壬辰	3 14	2 15	壬戌	4 13	3 16	壬辰	5 14	4 17	癸亥	6 14	5 19	甲午	7 15	6 20	乙丑
	2 13	1 16	癸巳	3 15	2 16	癸亥	4 14	3 17	癸巳	5 15	4 18	甲子	6 15	5 20	乙未	7 16	6 21	丙寅
	2 14	1 17	甲午	3 16	2 17	甲子	4 15	3 18	甲午	5 16	4 19	乙丑	6 16	5 21	丙申	7 17	6 22	丁卯
	2 15	1 18	乙未	3 17	2 18	乙丑	4 16	3 19	乙未	5 17	4 20	丙寅	6 17	5 22	丁酉	7 18	6 23	戊辰
	2 16	1 19	丙申	3 18	2 19	丙寅	4 17	3 20	丙申	5 18	4 21	丁卯	6 18	5 23	戊戌	7 19	6 24	己巳
	2 17	1 20	丁酉	3 19	2 20	丁卯	4 18	3 21	丁酉	5 19	4 22	戊辰	6 19	5 24	己亥	7 20	6 25	庚午
	2 18	1 21	戊戌	3 20	2 21	戊辰	4 19	3 22	戊戌	5 20	4 23	己巳	6 20	5 25	庚子	7 21	6 26	辛未
	2 19	1 22	己亥	3 21	2 22	己巳	4 20	3 23	己亥	5 21	4 24	庚午	6 21	5 26	辛丑	7 22	6 27	壬申
	2 20	1 23	庚子	3 22	2 23	庚午	4 21	3 24	庚子	5 22	4 25	辛未	6 22	5 27	壬寅	7 23	6 28	癸酉
	2 21	1 24	辛丑	3 23	2 24	辛未	4 22	3 25	辛丑	5 23	4 26	壬申	6 23	5 28	癸卯	7 24	6 29	甲戌
	2 22	1 25	壬寅	3 24	2 25	壬申	4 23	3 26	壬寅	5 24	4 27	癸酉	6 24	5 29	甲辰	7 25	6 30	乙亥
	2 23	1 26	癸卯	3 25	2 26	癸酉	4 24	3 27	癸卯	5 25	4 28	甲戌	6 25	5 30	乙巳	7 26	閏6 1	丙子
	2 24	1 27	甲辰	3 26	2 27	甲戌	4 25	3 28	甲辰	5 26	4 29	乙亥	6 26	6 1	丙午	7 27	6 2	丁丑
	2 25	1 28	乙巳	3 27	2 28	乙亥	4 26	3 29	乙巳	5 27	5 1	丙子	6 27	6 2	丁未	7 28	6 3	戊寅
	2 26	1 29	丙午	3 28	2 29	丙子	4 27	3 30	丙午	5 28	5 2	丁丑	6 28	6 3	戊申	7 29	6 4	己卯
	2 27	1 30	丁未	3 29	3 1	丁丑	4 28	4 1	丁未	5 29	5 3	戊寅	6 29	6 4	己酉	7 30	6 5	庚辰
	2 28	2 1	戊申	3 30	3 2	戊寅	4 29	4 2	戊申	5 30	5 4	己卯	6 30	6 5	庚戌	7 31	6 6	辛巳
	3 1	2 2	己酉	3 31	3 3	己卯	4 30	4 3	己酉	5 31	5 5	庚辰	7 1	6 6	辛亥	8 1	6 7	壬午
	3 2	2 3	庚戌	4 1	3 4	庚辰	5 1	4 4	庚戌	6 1	5 6	辛巳	7 2	6 7	壬子	8 2	6 8	癸未
	3 3	2 4	辛亥	4 2	3 5	辛巳	5 2	4 5	辛亥	6 2	5 7	壬午	7 3	6 8	癸丑	8 3	6 9	甲申
	3 4	2 5	壬子	4 3	3 6	壬午	5 3	4 6	壬子	6 3	5 8	癸未	7 4	6 9	甲寅	8 4	6 10	乙酉
	3 5	2 6	癸丑	4 4	3 7	癸未	5 4	4 7	癸丑	6 4	5 9	甲申	7 5	6 10	乙卯	8 5	6 11	丙戌
							5 5	4 8	甲寅	6 5	5 10	乙酉	7 6	6 11	丙辰	8 6	6 12	丁亥
																8 7	6 13	戊子
中氣	雨水 2/19 12時49分 午時			春分 3/21 11時51分 午時			穀雨 4/20 22時57分 亥時			小滿 5/21 22時10分 亥時			夏至 6/22 6時10分 卯時			大暑 7/23 17時6分 酉時		

年	丁卯
	1987・1988 兔 中華民國七十六・七十七年

月	戊申			
節氣	立秋 8/8 9時29分 巳時			
日	國曆		農曆	干支
	8	8	6 14	己丑
	8	9	6 15	庚寅
	8	10	6 16	辛卯
	8	11	6 17	壬辰
	8	12	6 18	癸巳
	8	13	6 19	甲午
	8	14	6 20	乙未
	8	15	6 21	丙申
	8	16	6 22	丁酉
	8	17	6 23	戊戌
	8	18	6 24	己亥
	8	19	6 25	庚子
	8	20	6 26	辛丑
	8	21	6 27	壬寅
	8	22	6 28	癸卯
	8	23	6 29	甲辰
	8	24	7 1	乙巳
	8	25	7 2	丙午
	8	26	7 3	丁未
	8	27	7 4	戊申
	8	28	7 5	己酉
	8	29	7 6	庚戌
	8	30	7 7	辛亥
	8	31	7 8	壬子
	9	1	7 9	癸丑
	9	2	7 10	甲寅
	9	3	7 11	乙卯
	9	4	7 12	丙辰
	9	5	7 13	丁巳
	9	6	7 14	戊午
	9	7	7 15	己未
中氣	處暑 8/24 0時9分 子時			

月	己酉			
節氣	白露 9/8 12時24分 午時			
日	國曆		農曆	干支
	9	8	7 16	庚申
	9	9	7 17	辛酉
	9	10	7 18	壬戌
	9	11	7 19	癸亥
	9	12	7 20	甲子
	9	13	7 21	乙丑
	9	14	7 22	丙寅
	9	15	7 23	丁卯
	9	16	7 24	戊辰
	9	17	7 25	己巳
	9	18	7 26	庚午
	9	19	7 27	辛未
	9	20	7 28	壬申
	9	21	7 29	癸酉
	9	22	7 30	甲戌
	9	23	8 1	乙亥
	9	24	8 2	丙子
	9	25	8 3	丁丑
	9	26	8 4	戊寅
	9	27	8 5	己卯
	9	28	8 6	庚辰
	9	29	8 7	辛巳
	9	30	8 8	壬午
	10	1	8 9	癸未
	10	2	8 10	甲申
	10	3	8 11	乙酉
	10	4	8 12	丙戌
	10	5	8 13	丁亥
	10	6	8 14	戊子
	10	7	8 15	己丑
	10	8	8 16	庚寅
中氣	秋分 9/23 21時45分 亥時			

月	庚戌			
節氣	寒露 10/9 3時59分 寅時			
日	國曆		農曆	干支
	10	9	8 17	辛卯
	10	10	8 18	壬辰
	10	11	8 19	癸巳
	10	12	8 20	甲午
	10	13	8 21	乙未
	10	14	8 22	丙申
	10	15	8 23	丁酉
	10	16	8 24	戊戌
	10	17	8 25	己亥
	10	18	8 26	庚子
	10	19	8 27	辛丑
	10	20	8 28	壬寅
	10	21	8 29	癸卯
	10	22	8 30	甲辰
	10	23	9 1	乙巳
	10	24	9 2	丙午
	10	25	9 3	丁未
	10	26	9 4	戊申
	10	27	9 5	己酉
	10	28	9 6	庚戌
	10	29	9 7	辛亥
	10	30	9 8	壬子
	10	31	9 9	癸丑
	11	1	9 10	甲寅
	11	2	9 11	乙卯
	11	3	9 12	丙辰
	11	4	9 13	丁巳
	11	5	9 14	戊午
	11	6	9 15	己未
	11	7	9 16	庚申
中氣	霜降 10/24 7時0分 辰時			

月	辛亥			
節氣	立冬 11/8 7時5分 辰時			
日	國曆		農曆	干支
	11	8	9 17	辛酉
	11	9	9 18	壬戌
	11	10	9 19	癸亥
	11	11	9 20	甲子
	11	12	9 21	乙丑
	11	13	9 22	丙寅
	11	14	9 23	丁卯
	11	15	9 24	戊辰
	11	16	9 25	己巳
	11	17	9 26	庚午
	11	18	9 27	辛未
	11	19	9 28	壬申
	11	20	9 29	癸酉
	11	21	10 1	甲戌
	11	22	10 2	乙亥
	11	23	10 3	丙子
	11	24	10 4	丁丑
	11	25	10 5	戊寅
	11	26	10 6	己卯
	11	27	10 7	庚辰
	11	28	10 8	辛巳
	11	29	10 9	壬午
	11	30	10 10	癸未
	12	1	10 11	甲申
	12	2	10 12	乙酉
	12	3	10 13	丙戌
	12	4	10 14	丁亥
	12	5	10 15	戊子
	12	6	10 16	己丑
中氣	小雪 11/23 4時29分 寅時			

月	壬子			
節氣	大雪 12/7 23時52分 子時			
日	國曆		農曆	干支
	12	7	10 17	庚寅
	12	8	10 18	辛卯
	12	9	10 19	壬辰
	12	10	10 20	癸巳
	12	11	10 21	甲午
	12	12	10 22	乙未
	12	13	10 23	丙申
	12	14	10 24	丁酉
	12	15	10 25	戊戌
	12	16	10 26	己亥
	12	17	10 27	庚子
	12	18	10 28	辛丑
	12	19	10 29	壬寅
	12	20	10 30	癸卯
	12	21	11 1	甲辰
	12	22	11 2	乙巳
	12	23	11 3	丙午
	12	24	11 4	丁未
	12	25	11 5	戊申
	12	26	11 6	己酉
	12	27	11 7	庚戌
	12	28	11 8	辛亥
	12	29	11 9	壬子
	12	30	11 10	癸丑
	12	31	11 11	甲寅
	1	1	11 12	乙卯
	1	2	11 13	丙辰
	1	3	11 14	丁巳
	1	4	11 15	戊午
	1	5	11 16	己未
中氣	冬至 12/22 17時45分 酉時			

月	癸丑			
節氣	小寒 1/6 11時3分 午時			
日	國曆		農曆	干支
	1	6	11 17	庚申
	1	7	11 18	辛酉
	1	8	11 19	壬戌
	1	9	11 20	癸亥
	1	10	11 21	甲子
	1	11	11 22	乙丑
	1	12	11 23	丙寅
	1	13	11 24	丁卯
	1	14	11 25	戊辰
	1	15	11 26	己巳
	1	16	11 27	庚午
	1	17	11 28	辛未
	1	18	11 29	壬申
	1	19	12 1	癸酉
	1	20	12 2	甲戌
	1	21	12 3	乙亥
	1	22	12 4	丙子
	1	23	12 5	丁丑
	1	24	12 6	戊寅
	1	25	12 7	己卯
	1	26	12 8	庚辰
	1	27	12 9	辛巳
	1	28	12 10	壬午
	1	29	12 11	癸未
	1	30	12 12	甲申
	1	31	12 13	乙酉
	2	1	12 14	丙戌
	2	2	12 15	丁亥
	2	3	12 16	戊子
中氣	大寒 1/21 4時24分 寅時			

年	戊辰																	
月	甲寅			乙卯			丙辰			丁巳			戊午			己未		
節氣	立春			驚蟄			清明			立夏			芒種			小暑		
	2/4 22時42分 亥時			3/5 16時46分 申時			4/4 21時39分 亥時			5/5 15時1分 申時			6/5 19時14分 戌時			7/7 5時32分 卯時		
日	國曆	農曆	干支	國曆	農曆	干支	國曆	農曆	干支	國曆	農曆	干支	國曆	農曆	干支	國曆	農曆	干支
1988	2 4	12 17	己丑	3 5	1 18	己未	4 4	2 18	己丑	5 5	3 20	庚申	6 5	4 21	辛卯	7 7	5 24	癸亥
	2 5	12 18	庚寅	3 6	1 19	庚申	4 5	2 19	庚寅	5 6	3 21	辛酉	6 6	4 22	壬辰	7 8	5 25	甲子
	2 6	12 19	辛卯	3 7	1 20	辛酉	4 6	2 20	辛卯	5 7	3 22	壬戌	6 7	4 23	癸巳	7 9	5 26	乙丑
	2 7	12 20	壬辰	3 8	1 21	壬戌	4 7	2 21	壬辰	5 8	3 23	癸亥	6 8	4 24	甲午	7 10	5 27	丙寅
	2 8	12 21	癸巳	3 9	1 22	癸亥	4 8	2 22	癸巳	5 9	3 24	甲子	6 9	4 25	乙未	7 11	5 28	丁卯
	2 9	12 22	甲午	3 10	1 23	甲子	4 9	2 23	甲午	5 10	3 25	乙丑	6 10	4 26	丙申	7 12	5 29	戊辰
	2 10	12 23	乙未	3 11	1 24	乙丑	4 10	2 24	乙未	5 11	3 26	丙寅	6 11	4 27	丁酉	7 13	5 30	己巳
	2 11	12 24	丙申	3 12	1 25	丙寅	4 11	2 25	丙申	5 12	3 27	丁卯	6 12	4 28	戊戌	7 14	6 1	庚午
	2 12	12 25	丁酉	3 13	1 26	丁卯	4 12	2 26	丁酉	5 13	3 28	戊辰	6 13	4 29	己亥	7 15	6 2	辛未
	2 13	12 26	戊戌	3 14	1 27	戊辰	4 13	2 27	戊戌	5 14	3 29	己巳	6 14	5 1	庚子	7 16	6 3	壬申
	2 14	12 27	己亥	3 15	1 28	己巳	4 14	2 28	己亥	5 15	3 30	庚午	6 15	5 2	辛丑	7 17	6 4	癸酉
	2 15	12 28	庚子	3 16	1 29	庚午	4 15	2 29	庚子	5 16	4 1	辛未	6 16	5 3	壬寅	7 18	6 5	甲戌
	2 16	12 29	辛丑	3 17	1 30	辛未	4 16	3 1	辛丑	5 17	4 2	壬申	6 17	5 4	癸卯	7 19	6 6	乙亥
龍	2 17	1 1	壬寅	3 18	2 1	壬申	4 17	3 2	壬寅	5 18	4 3	癸酉	6 18	5 5	甲辰	7 20	6 7	丙子
	2 18	1 2	癸卯	3 19	2 2	癸酉	4 18	3 3	癸卯	5 19	4 4	甲戌	6 19	5 6	乙巳	7 21	6 8	丁丑
	2 19	1 3	甲辰	3 20	2 3	甲戌	4 19	3 4	甲辰	5 20	4 5	乙亥	6 20	5 7	丙午	7 22	6 9	戊寅
	2 20	1 4	乙巳	3 21	2 4	乙亥	4 20	3 5	乙巳	5 21	4 6	丙子	6 21	5 8	丁未	7 23	6 10	己卯
	2 21	1 5	丙午	3 22	2 5	丙子	4 21	3 6	丙午	5 22	4 7	丁丑	6 22	5 9	戊申	7 24	6 11	庚辰
	2 22	1 6	丁未	3 23	2 6	丁丑	4 22	3 7	丁未	5 23	4 8	戊寅	6 23	5 10	己酉	7 25	6 12	辛巳
	2 23	1 7	戊申	3 24	2 7	戊寅	4 23	3 8	戊申	5 24	4 9	己卯	6 24	5 11	庚戌	7 26	6 13	壬午
	2 24	1 8	己酉	3 25	2 8	己卯	4 24	3 9	己酉	5 25	4 10	庚辰	6 25	5 12	辛亥	7 27	6 14	癸未
中華民國七十七年	2 25	1 9	庚戌	3 26	2 9	庚辰	4 25	3 10	庚戌	5 26	4 11	辛巳	6 26	5 13	壬子	7 28	6 15	甲申
	2 26	1 10	辛亥	3 27	2 10	辛巳	4 26	3 11	辛亥	5 27	4 12	壬午	6 27	5 14	癸丑	7 29	6 16	乙酉
	2 27	1 11	壬子	3 28	2 11	壬午	4 27	3 12	壬子	5 28	4 13	癸未	6 28	5 15	甲寅	7 30	6 17	丙戌
	2 28	1 12	癸丑	3 29	2 12	癸未	4 28	3 13	癸丑	5 29	4 14	甲申	6 29	5 16	乙卯	7 31	6 18	丁亥
	2 29	1 13	甲寅	3 30	2 13	甲申	4 29	3 14	甲寅	5 30	4 15	乙酉	6 30	5 17	丙辰	8 1	6 19	戊子
	3 1	1 14	乙卯	3 31	2 14	乙酉	4 30	3 15	乙卯	5 31	4 16	丙戌	7 1	5 18	丁巳	8 2	6 20	己丑
	3 2	1 15	丙辰	4 1	2 15	丙戌	5 1	3 16	丙辰	6 1	4 17	丁亥	7 2	5 19	戊午	8 3	6 21	庚寅
	3 3	1 16	丁巳	4 2	2 16	丁亥	5 2	3 17	丁巳	6 2	4 18	戊子	7 3	5 20	己未	8 4	6 22	辛卯
	3 4	1 17	戊午	4 3	2 17	戊子	5 3	3 18	戊午	6 3	4 19	己丑	7 4	5 21	庚申	8 5	6 23	壬辰
							5 4	3 19	己未	6 4	4 20	庚寅	7 5	5 22	辛酉	8 6	6 24	癸巳
													7 6	5 23	壬戌			
中氣	雨水			春分			穀雨			小滿			夏至			大暑		
	2/19 18時35分 酉時			3/20 17時38分 酉時			4/20 4時44分 寅時			5/21 3時56分 寅時			6/21 11時56分 午時			7/22 22時51分 亥時		

戊辰																														年
庚申					辛酉					壬戌					癸亥					甲子					乙丑					月
立秋					白露					寒露					立冬					大雪					小寒					節氣
8/7 15時20分 申時					9/7 18時11分 酉時					10/8 9時44分 巳時					11/7 12時48分 午時					12/7 5時34分 卯時					1/5 16時45分 申時					
國曆		農曆		干支	國曆		農曆		干支	國曆		農曆		干支	國曆		農曆		干支	國曆		農曆		干支	國曆		農曆		干支	日
8	7	6	25	甲午	9	7	7	27	乙丑	10	8	8	28	丙申	11	7	9	28	丙寅	12	7	10	29	丙申	1	5	11	28	乙丑	1988·1989
8	8	6	26	乙未	9	8	7	28	丙寅	10	9	8	29	丁酉	11	8	9	29	丁卯	12	8	10	30	丁酉	1	6	11	29	丙寅	
8	9	6	27	丙申	9	9	7	29	丁卯	10	10	8	30	戊戌	11	9	10	1	戊辰	12	9	11	1	戊戌	1	7	11	30	丁卯	
8	10	6	28	丁酉	9	10	7	30	戊辰	10	11	9	1	己亥	11	10	10	2	己巳	12	10	11	2	己亥	1	8	12	1	戊辰	
8	11	6	29	戊戌	9	11	8	1	己巳	10	12	9	2	庚子	11	11	10	3	庚午	12	11	11	3	庚子	1	9	12	2	己巳	
8	12	7	1	己亥	9	12	8	2	庚午	10	13	9	3	辛丑	11	12	10	4	辛未	12	12	11	4	辛丑	1	10	12	3	庚午	
8	13	7	2	庚子	9	13	8	3	辛未	10	14	9	4	壬寅	11	13	10	5	壬申	12	13	11	5	壬寅	1	11	12	4	辛未	
8	14	7	3	辛丑	9	14	8	4	壬申	10	15	9	5	癸卯	11	14	10	6	癸酉	12	14	11	6	癸卯	1	12	12	5	壬申	
8	15	7	4	壬寅	9	15	8	5	癸酉	10	16	9	6	甲辰	11	15	10	7	甲戌	12	15	11	7	甲辰	1	13	12	6	癸酉	
8	16	7	5	癸卯	9	16	8	6	甲戌	10	17	9	7	乙巳	11	16	10	8	乙亥	12	16	11	8	乙巳	1	14	12	7	甲戌	
8	17	7	6	甲辰	9	17	8	7	乙亥	10	18	9	8	丙午	11	17	10	9	丙子	12	17	11	9	丙午	1	15	12	8	乙亥	
8	18	7	7	乙巳	9	18	8	8	丙子	10	19	9	9	丁未	11	18	10	10	丁丑	12	18	11	10	丁未	1	16	12	9	丙子	
8	19	7	8	丙午	9	19	8	9	丁丑	10	20	9	10	戊申	11	19	10	11	戊寅	12	19	11	11	戊申	1	17	12	10	丁丑	
8	20	7	9	丁未	9	20	8	10	戊寅	10	21	9	11	己酉	11	20	10	12	己卯	12	20	11	12	己酉	1	18	12	11	戊寅	
8	21	7	10	戊申	9	21	8	11	己卯	10	22	9	12	庚戌	11	21	10	13	庚辰	12	21	11	13	庚戌	1	19	12	12	己卯	龍
8	22	7	11	己酉	9	22	8	12	庚辰	10	23	9	13	辛亥	11	22	10	14	辛巳	12	22	11	14	辛亥	1	20	12	13	庚辰	
8	23	7	12	庚戌	9	23	8	13	辛巳	10	24	9	14	壬子	11	23	10	15	壬午	12	23	11	15	壬子	1	21	12	14	辛巳	
8	24	7	13	辛亥	9	24	8	14	壬午	10	25	9	15	癸丑	11	24	10	16	癸未	12	24	11	16	癸丑	1	22	12	15	壬午	
8	25	7	14	壬子	9	25	8	15	癸未	10	26	9	16	甲寅	11	25	10	17	甲申	12	25	11	17	甲寅	1	23	12	16	癸未	
8	26	7	15	癸丑	9	26	8	16	甲申	10	27	9	17	乙卯	11	26	10	18	乙酉	12	26	11	18	乙卯	1	24	12	17	甲申	
8	27	7	16	甲寅	9	27	8	17	乙酉	10	28	9	18	丙辰	11	27	10	19	丙戌	12	27	11	19	丙辰	1	25	12	18	乙酉	中華民國七十七·七十八年
8	28	7	17	乙卯	9	28	8	18	丙戌	10	29	9	19	丁巳	11	28	10	20	丁亥	12	28	11	20	丁巳	1	26	12	19	丙戌	
8	29	7	18	丙辰	9	29	8	19	丁亥	10	30	9	20	戊午	11	29	10	21	戊子	12	29	11	21	戊午	1	27	12	20	丁亥	
8	30	7	19	丁巳	9	30	8	20	戊子	10	31	9	21	己未	11	30	10	22	己丑	12	30	11	22	己未	1	28	12	21	戊子	
8	31	7	20	戊午	10	1	8	21	己丑	11	1	9	22	庚申	12	1	10	23	庚寅	12	31	11	23	庚申	1	29	12	22	己丑	
9	1	7	21	己未	10	2	8	22	庚寅	11	2	9	23	辛酉	12	2	10	24	辛卯	1	1	11	24	辛酉	1	30	12	23	庚寅	
9	2	7	22	庚申	10	3	8	23	辛卯	11	3	9	24	壬戌	12	3	10	25	壬辰	1	2	11	25	壬戌	1	31	12	24	辛卯	
9	3	7	23	辛酉	10	4	8	24	壬辰	11	4	9	25	癸亥	12	4	10	26	癸巳	1	3	11	26	癸亥	2	1	12	25	壬辰	
9	4	7	24	壬戌	10	5	8	25	癸巳	11	5	9	26	甲子	12	5	10	27	甲午	1	4	11	27	甲子	2	2	12	26	癸巳	
9	5	7	25	癸亥	10	6	8	26	甲午	11	6	9	27	乙丑	12	6	10	28	乙未						2	3	12	27	甲午	
9	6	7	26	甲子	10	7	8	27	乙未																					
處暑					秋分					霜降					小雪					冬至					大寒					中氣
8/23 5時54分 卯時					9/23 3時28分 寅時					10/23 12時44分 午時					11/22 10時11分 巳時					12/21 23時27分 子時					1/20 10時6分 巳時					

年	己巳																													
月	丙寅					丁卯					戊辰					己巳					庚午					辛未				
節氣	立春					驚蟄					清明					立夏					芒種					小暑				
	2/4 4時27分 寅時					3/5 22時34分 亥時					4/5 3時29分 寅時					5/5 20時53分 戌時					6/6 1時5分 丑時					7/7 11時19分 午時				
日	國曆		農曆		干支	國曆		農曆		干支	國曆		農曆		干支	國曆		農曆		干支	國曆		農曆		干支	國曆		農曆		干支
	2	4	12	28	乙未	3	5	1	28	甲子	4	5	2	29	乙未	5	5	4	1	乙丑	6	6	5	3	丁酉	7	7	6	5	戊辰
	2	5	12	29	丙申	3	6	1	29	乙丑	4	6	3	1	丙申	5	6	4	2	丙寅	6	7	5	4	戊戌	7	8	6	6	己巳
	2	6	1	1	丁酉	3	7	1	30	丙寅	4	7	3	2	丁酉	5	7	4	3	丁卯	6	8	5	5	己亥	7	9	6	7	庚午
	2	7	1	2	戊戌	3	8	2	1	丁卯	4	8	3	3	戊戌	5	8	4	4	戊辰	6	9	5	6	庚子	7	10	6	8	辛未
	2	8	1	3	己亥	3	9	2	2	戊辰	4	9	3	4	己亥	5	9	4	5	己巳	6	10	5	7	辛丑	7	11	6	9	壬申
1989	2	9	1	4	庚子	3	10	2	3	己巳	4	10	3	5	庚子	5	10	4	6	庚午	6	11	5	8	壬寅	7	12	6	10	癸酉
	2	10	1	5	辛丑	3	11	2	4	庚午	4	11	3	6	辛丑	5	11	4	7	辛未	6	12	5	9	癸卯	7	13	6	11	甲戌
	2	11	1	6	壬寅	3	12	2	5	辛未	4	12	3	7	壬寅	5	12	4	8	壬申	6	13	5	10	甲辰	7	14	6	12	乙亥
	2	12	1	7	癸卯	3	13	2	6	壬申	4	13	3	8	癸卯	5	13	4	9	癸酉	6	14	5	11	乙巳	7	15	6	13	丙子
	2	13	1	8	甲辰	3	14	2	7	癸酉	4	14	3	9	甲辰	5	14	4	10	甲戌	6	15	5	12	丙午	7	16	6	14	丁丑
	2	14	1	9	乙巳	3	15	2	8	甲戌	4	15	3	10	乙巳	5	15	4	11	乙亥	6	16	5	13	丁未	7	17	6	15	戊寅
	2	15	1	10	丙午	3	16	2	9	乙亥	4	16	3	11	丙午	5	16	4	12	丙子	6	17	5	14	戊申	7	18	6	16	己卯
	2	16	1	11	丁未	3	17	2	10	丙子	4	17	3	12	丁未	5	17	4	13	丁丑	6	18	5	15	己酉	7	19	6	17	庚辰
蛇	2	17	1	12	戊申	3	18	2	11	丁丑	4	18	3	13	戊申	5	18	4	14	戊寅	6	19	5	16	庚戌	7	20	6	18	辛巳
	2	18	1	13	己酉	3	19	2	12	戊寅	4	19	3	14	己酉	5	19	4	15	己卯	6	20	5	17	辛亥	7	21	6	19	壬午
	2	19	1	14	庚戌	3	20	2	13	己卯	4	20	3	15	庚戌	5	20	4	16	庚辰	6	21	5	18	壬子	7	22	6	20	癸未
	2	20	1	15	辛亥	3	21	2	14	庚辰	4	21	3	16	辛亥	5	21	4	17	辛巳	6	22	5	19	癸丑	7	23	6	21	甲申
	2	21	1	16	壬子	3	22	2	15	辛巳	4	22	3	17	壬子	5	22	4	18	壬午	6	23	5	20	甲寅	7	24	6	22	乙酉
	2	22	1	17	癸丑	3	23	2	16	壬午	4	23	3	18	癸丑	5	23	4	19	癸未	6	24	5	21	乙卯	7	25	6	23	丙戌
	2	23	1	18	甲寅	3	24	2	17	癸未	4	24	3	19	甲寅	5	24	4	20	甲申	6	25	5	22	丙辰	7	26	6	24	丁亥
	2	24	1	19	乙卯	3	25	2	18	甲申	4	25	3	20	乙卯	5	25	4	21	乙酉	6	26	5	23	丁巳	7	27	6	25	戊子
	2	25	1	20	丙辰	3	26	2	19	乙酉	4	26	3	21	丙辰	5	26	4	22	丙戌	6	27	5	24	戊午	7	28	6	26	己丑
中華民國七十八年	2	26	1	21	丁巳	3	27	2	20	丙戌	4	27	3	22	丁巳	5	27	4	23	丁亥	6	28	5	25	己未	7	29	6	27	庚寅
	2	27	1	22	戊午	3	28	2	21	丁亥	4	28	3	23	戊午	5	28	4	24	戊子	6	29	5	26	庚申	7	30	6	28	辛卯
	2	28	1	23	己未	3	29	2	22	戊子	4	29	3	24	己未	5	29	4	25	己丑	6	30	5	27	辛酉	7	31	6	29	壬辰
	3	1	1	24	庚申	3	30	2	23	己丑	4	30	3	25	庚申	5	30	4	26	庚寅	7	1	5	28	壬戌	8	1	6	30	癸巳
	3	2	1	25	辛酉	3	31	2	24	庚寅	5	1	3	26	辛酉	5	31	4	27	辛卯	7	2	5	29	癸亥	8	2	7	1	甲午
	3	3	1	26	壬戌	4	1	2	25	辛卯	5	2	3	27	壬戌	6	1	4	28	壬辰	7	3	6	1	甲子	8	3	7	2	乙未
	3	4	1	27	癸亥	4	2	2	26	壬辰	5	3	3	28	癸亥	6	2	4	29	癸巳	7	4	6	2	乙丑	8	4	7	3	丙申
						4	3	2	27	癸巳	5	4	3	29	甲子	6	3	4	30	甲午	7	5	6	3	丙寅	8	5	7	4	丁酉
						4	4	2	28	甲午						6	4	5	1	乙未	7	6	6	4	丁卯	8	6	7	5	戊戌
																6	5	5	2	丙申										
中氣	雨水					春分					穀雨					小滿					夏至					大暑				
	2/19 0時20分 子時					3/20 23時28分 子時					4/20 10時38分 巳時					5/21 9時53分 巳時					6/21 17時53分 酉時					7/23 4時45分 寅時				

己巳																		年
壬申			癸酉			甲戌			乙亥			丙子			丁丑			月
立秋			白露			寒露			立冬			大雪			小寒			節氣
8/7 21時3分 亥時			9/7 23時53分 子時			10/8 15時27分 申時			11/7 18時33分 酉時			12/7 11時20分 午時			1/5 22時33分 亥時			
國曆	農曆	干支	國曆	農曆	干支	國曆	農曆	干支	國曆	農曆	干支	國曆	農曆	干支	國曆	農曆	干支	日
8 7	7 6	己亥	9 7	8 8	庚午	10 8	9 9	辛丑	11 7	10 10	辛未	12 7	11 10	辛丑	1 5	12 9	庚午	1989·1990 蛇 中華民國七十八·七十九年
8 8	7 7	庚子	9 8	8 9	辛未	10 9	9 10	壬寅	11 8	10 11	壬申	12 8	11 11	壬寅	1 6	12 10	辛未	
8 9	7 8	辛丑	9 9	8 10	壬申	10 10	9 11	癸卯	11 9	10 12	癸酉	12 9	11 12	癸卯	1 7	12 11	壬申	
8 10	7 9	壬寅	9 10	8 11	癸酉	10 11	9 12	甲辰	11 10	10 13	甲戌	12 10	11 13	甲辰	1 8	12 12	癸酉	
8 11	7 10	癸卯	9 11	8 12	甲戌	10 12	9 13	乙巳	11 11	10 14	乙亥	12 11	11 14	乙巳	1 9	12 13	甲戌	
8 12	7 11	甲辰	9 12	8 13	乙亥	10 13	9 14	丙午	11 12	10 15	丙子	12 12	11 15	丙午	1 10	12 14	乙亥	
8 13	7 12	乙巳	9 13	8 14	丙子	10 14	9 15	丁未	11 13	10 16	丁丑	12 13	11 16	丁未	1 11	12 15	丙子	
8 14	7 13	丙午	9 14	8 15	丁丑	10 15	9 16	戊申	11 14	10 17	戊寅	12 14	11 17	戊申	1 12	12 16	丁丑	
8 15	7 14	丁未	9 15	8 16	戊寅	10 16	9 17	己酉	11 15	10 18	己卯	12 15	11 18	己酉	1 13	12 17	戊寅	
8 16	7 15	戊申	9 16	8 17	己卯	10 17	9 18	庚戌	11 16	10 19	庚辰	12 16	11 19	庚戌	1 14	12 18	己卯	
8 17	7 16	己酉	9 17	8 18	庚辰	10 18	9 19	辛亥	11 17	10 20	辛巳	12 17	11 20	辛亥	1 15	12 19	庚辰	
8 18	7 17	庚戌	9 18	8 19	辛巳	10 19	9 20	壬子	11 18	10 21	壬午	12 18	11 21	壬子	1 16	12 20	辛巳	
8 19	7 18	辛亥	9 19	8 20	壬午	10 20	9 21	癸丑	11 19	10 22	癸未	12 19	11 22	癸丑	1 17	12 21	壬午	
8 20	7 19	壬子	9 20	8 21	癸未	10 21	9 22	甲寅	11 20	10 23	甲申	12 20	11 23	甲寅	1 18	12 22	癸未	
8 21	7 20	癸丑	9 21	8 22	甲申	10 22	9 23	乙卯	11 21	10 24	乙酉	12 21	11 24	乙卯	1 19	12 23	甲申	
8 22	7 21	甲寅	9 22	8 23	乙酉	10 23	9 24	丙辰	11 22	10 25	丙戌	12 22	11 25	丙辰	1 20	12 24	乙酉	
8 23	7 22	乙卯	9 23	8 24	丙戌	10 24	9 25	丁巳	11 23	10 26	丁亥	12 23	11 26	丁巳	1 21	12 25	丙戌	
8 24	7 23	丙辰	9 24	8 25	丁亥	10 25	9 26	戊午	11 24	10 27	戊子	12 24	11 27	戊午	1 22	12 26	丁亥	
8 25	7 24	丁巳	9 25	8 26	戊子	10 26	9 27	己未	11 25	10 28	己丑	12 25	11 28	己未	1 23	12 27	戊子	
8 26	7 25	戊午	9 26	8 27	己丑	10 27	9 28	庚申	11 26	10 29	庚寅	12 26	11 29	庚申	1 24	12 28	己丑	
8 27	7 26	己未	9 27	8 28	庚寅	10 28	9 29	辛酉	11 27	10 30	辛卯	12 27	11 30	辛酉	1 25	12 29	庚寅	
8 28	7 27	庚申	9 28	8 29	辛卯	10 29	10 1	壬戌	11 28	11 1	壬辰	12 28	12 1	壬戌	1 26	12 30	辛卯	
8 29	7 28	辛酉	9 29	8 30	壬辰	10 30	10 2	癸亥	11 29	11 2	癸巳	12 29	12 2	癸亥	1 27	1 1	壬辰	
8 30	7 29	壬戌	9 30	9 1	癸巳	10 31	10 3	甲子	11 30	11 3	甲午	12 30	12 3	甲子	1 28	1 2	癸巳	
8 31	8 1	癸亥	10 1	9 2	甲午	11 1	10 4	乙丑	12 1	11 4	乙未	12 31	12 4	乙丑	1 29	1 3	甲午	
9 1	8 2	甲子	10 2	9 3	乙未	11 2	10 5	丙寅	12 2	11 5	丙申	1 1	12 5	丙寅	1 30	1 4	乙未	
9 2	8 3	乙丑	10 3	9 4	丙申	11 3	10 6	丁卯	12 3	11 6	丁酉	1 2	12 6	丁卯	1 31	1 5	丙申	
9 3	8 4	丙寅	10 4	9 5	丁酉	11 4	10 7	戊辰	12 4	11 7	戊戌	1 3	12 7	戊辰	2 1	1 6	丁酉	
9 4	8 5	丁卯	10 5	9 6	戊戌	11 5	10 8	己巳	12 5	11 8	己亥	1 4	12 8	己巳	2 2	1 7	戊戌	
9 5	8 6	戊辰	10 6	9 7	己亥	11 6	10 9	庚午	12 6	11 9	庚子				2 3	1 8	己亥	
9 6	8 7	己巳	10 7	9 8	庚子													
處暑			秋分			霜降			小雪			冬至			大寒			中氣
8/23 11時46分 午時			9/23 9時19分 巳時			10/23 18時35分 酉時			11/22 16時4分 申時			12/22 5時22分 卯時			1/20 16時1分 申時			

年	庚午																													
月	戊寅					己卯					庚辰					辛巳					壬午					癸未				
節氣	立春 2/4 10時14分 巳時					驚蟄 3/6 4時19分 寅時					清明 4/5 9時12分 巳時					立夏 5/6 2時35分 丑時					芒種 6/6 6時46分 卯時					小暑 7/7 17時0分 酉時				
日	國曆		農曆		干支	國曆		農曆		干支	國曆		農曆		干支	國曆		農曆		干支	國曆		農曆		干支	國曆		農曆		干支
	2	4	1	9	庚子	3	6	2	10	庚午	4	5	3	10	庚子	5	6	4	12	辛未	6	6	5	14	壬寅	7	7	5	15	癸酉
	2	5	1	10	辛丑	3	7	2	11	辛未	4	6	3	11	辛丑	5	7	4	13	壬申	6	7	5	15	癸卯	7	8	5	16	甲戌
	2	6	1	11	壬寅	3	8	2	12	壬申	4	7	3	12	壬寅	5	8	4	14	癸酉	6	8	5	16	甲辰	7	9	5	17	乙亥
	2	7	1	12	癸卯	3	9	2	13	癸酉	4	8	3	13	癸卯	5	9	4	15	甲戌	6	9	5	17	乙巳	7	10	5	18	丙子
1	2	8	1	13	甲辰	3	10	2	14	甲戌	4	9	3	14	甲辰	5	10	4	16	乙亥	6	10	5	18	丙午	7	11	5	19	丁丑
9	2	9	1	14	乙巳	3	11	2	15	乙亥	4	10	3	15	乙巳	5	11	4	17	丙子	6	11	5	19	丁未	7	12	5	20	戊寅
9	2	10	1	15	丙午	3	12	2	16	丙子	4	11	3	16	丙午	5	12	4	18	丁丑	6	12	5	20	戊申	7	13	5	21	己卯
0	2	11	1	16	丁未	3	13	2	17	丁丑	4	12	3	17	丁未	5	13	4	19	戊寅	6	13	5	21	己酉	7	14	5	22	庚辰
	2	12	1	17	戊申	3	14	2	18	戊寅	4	13	3	18	戊申	5	14	4	20	己卯	6	14	5	22	庚戌	7	15	5	23	辛巳
	2	13	1	18	己酉	3	15	2	19	己卯	4	14	3	19	己酉	5	15	4	21	庚辰	6	15	5	23	辛亥	7	16	5	24	壬午
	2	14	1	19	庚戌	3	16	2	20	庚辰	4	15	3	20	庚戌	5	16	4	22	辛巳	6	16	5	24	壬子	7	17	5	25	癸未
	2	15	1	20	辛亥	3	17	2	21	辛巳	4	16	3	21	辛亥	5	17	4	23	壬午	6	17	5	25	癸丑	7	18	5	26	甲申
	2	16	1	21	壬子	3	18	2	22	壬午	4	17	3	22	壬子	5	18	4	24	癸未	6	18	5	26	甲寅	7	19	5	27	乙酉
馬	2	17	1	22	癸丑	3	19	2	23	癸未	4	18	3	23	癸丑	5	19	4	25	甲申	6	19	5	27	乙卯	7	20	5	28	丙戌
	2	18	1	23	甲寅	3	20	2	24	甲申	4	19	3	24	甲寅	5	20	4	26	乙酉	6	20	5	28	丙辰	7	21	5	29	丁亥
	2	19	1	24	乙卯	3	21	2	25	乙酉	4	20	3	25	乙卯	5	21	4	27	丙戌	6	21	5	29	丁巳	7	22	6	1	戊子
	2	20	1	25	丙辰	3	22	2	26	丙戌	4	21	3	26	丙辰	5	22	4	28	丁亥	6	22	5	30	戊午	7	23	6	2	己丑
	2	21	1	26	丁巳	3	23	2	27	丁亥	4	22	3	27	丁巳	5	23	4	29	戊子	6	23	閏5	1	己未	7	24	6	3	庚寅
	2	22	1	27	戊午	3	24	2	28	戊子	4	23	3	28	戊午	5	24	5	1	己丑	6	24	5	2	庚申	7	25	6	4	辛卯
	2	23	1	28	己未	3	25	2	29	己丑	4	24	3	29	己未	5	25	5	2	庚寅	6	25	5	3	辛酉	7	26	6	5	壬辰
	2	24	1	29	庚申	3	26	2	30	庚寅	4	25	4	1	庚申	5	26	5	3	辛卯	6	26	5	4	壬戌	7	27	6	6	癸巳
中	2	25	2	1	辛酉	3	27	3	1	辛卯	4	26	4	2	辛酉	5	27	5	4	壬辰	6	27	5	5	癸亥	7	28	6	7	甲午
華	2	26	2	2	壬戌	3	28	3	2	壬辰	4	27	4	3	壬戌	5	28	5	5	癸巳	6	28	5	6	甲子	7	29	6	8	乙未
民	2	27	2	3	癸亥	3	29	3	3	癸巳	4	28	4	4	癸亥	5	29	5	6	甲午	6	29	5	7	乙丑	7	30	6	9	丙申
國	2	28	2	4	甲子	3	30	3	4	甲午	4	29	4	5	甲子	5	30	5	7	乙未	6	30	5	8	丙寅	7	31	6	10	丁酉
七	3	1	2	5	乙丑	3	31	3	5	乙未	4	30	4	6	乙丑	5	31	5	8	丙申	7	1	5	9	丁卯	8	1	6	11	戊戌
十	3	2	2	6	丙寅	4	1	3	6	丙申	5	1	4	7	丙寅	6	1	5	9	丁酉	7	2	5	10	戊辰	8	2	6	12	己亥
九	3	3	2	7	丁卯	4	2	3	7	丁酉	5	2	4	8	丁卯	6	2	5	10	戊戌	7	3	5	11	己巳	8	3	6	13	庚子
年	3	4	2	8	戊辰	4	3	3	8	戊戌	5	3	4	9	戊辰	6	3	5	11	己亥	7	4	5	12	庚午	8	4	6	14	辛丑
	3	5	2	9	己巳	4	4	3	9	己亥	5	4	4	10	己巳	6	4	5	12	庚子	7	5	5	13	辛未	8	5	6	15	壬寅
											5	5	4	11	庚午	6	5	5	13	辛丑	7	6	5	14	壬申	8	6	6	16	癸卯
																										8	7	6	17	甲辰
中氣	雨水 2/19 6時14分 卯時					春分 3/21 5時19分 卯時					穀雨 4/20 16時26分 申時					小滿 5/21 15時37分 申時					夏至 6/21 23時32分 子時					大暑 7/23 10時21分 巳時				

1990・1991 馬 中華民國七十九・八十年

年	庚午																	
月	甲申			乙酉			丙戌			丁亥			戊子			己丑		
節氣	立秋 8/8 2時45分 丑時			白露 9/8 5時37分 卯時			寒露 10/8 21時13分 亥時			立冬 11/8 0時23分 子時			大雪 12/7 17時14分 酉時			小寒 1/6 4時28分 寅時		
日	國曆	農曆	干支	國曆	農曆	干支	國曆	農曆	干支	國曆	農曆	干支	國曆	農曆	干支	國曆	農曆	干支
	8 8	6 18	乙巳	9 8	7 20	丙子	10 8	8 20	丙午	11 8	9 22	丁丑	12 7	10 21	丙午	1 6	11 21	丙子
	8 9	6 19	丙午	9 9	7 21	丁丑	10 9	8 21	丁未	11 9	9 23	戊寅	12 8	10 22	丁未	1 7	11 22	丁丑
	8 10	6 20	丁未	9 10	7 22	戊寅	10 10	8 22	戊申	11 10	9 24	己卯	12 9	10 23	戊申	1 8	11 23	戊寅
	8 11	6 21	戊申	9 11	7 23	己卯	10 11	8 23	己酉	11 11	9 25	庚辰	12 10	10 24	己酉	1 9	11 24	己卯
	8 12	6 22	己酉	9 12	7 24	庚辰	10 12	8 24	庚戌	11 12	9 26	辛巳	12 11	10 25	庚戌	1 10	11 25	庚辰
	8 13	6 23	庚戌	9 13	7 25	辛巳	10 13	8 25	辛亥	11 13	9 27	壬午	12 12	10 26	辛亥	1 11	11 26	辛巳
	8 14	6 24	辛亥	9 14	7 26	壬午	10 14	8 26	壬子	11 14	9 28	癸未	12 13	10 27	壬子	1 12	11 27	壬午
	8 15	6 25	壬子	9 15	7 27	癸未	10 15	8 27	癸丑	11 15	9 29	甲申	12 14	10 28	癸丑	1 13	11 28	癸未
	8 16	6 26	癸丑	9 16	7 28	甲申	10 16	8 28	甲寅	11 16	9 30	乙酉	12 15	10 29	甲寅	1 14	11 29	甲申
	8 17	6 27	甲寅	9 17	7 29	乙酉	10 17	8 29	乙卯	11 17	10 1	丙戌	12 16	10 30	乙卯	1 15	11 30	乙酉
	8 18	6 28	乙卯	9 18	7 30	丙戌	10 18	9 1	丙辰	11 18	10 2	丁亥	12 17	11 1	丙辰	1 16	12 1	丙戌
	8 19	6 29	丙辰	9 19	8 1	丁亥	10 19	9 2	丁巳	11 19	10 3	戊子	12 18	11 2	丁巳	1 17	12 2	丁亥
	8 20	7 1	丁巳	9 20	8 2	戊子	10 20	9 3	戊午	11 20	10 4	己丑	12 19	11 3	戊午	1 18	12 3	戊子
	8 21	7 2	戊午	9 21	8 3	己丑	10 21	9 4	己未	11 21	10 5	庚寅	12 20	11 4	己未	1 19	12 4	己丑
	8 22	7 3	己未	9 22	8 4	庚寅	10 22	9 5	庚申	11 22	10 6	辛卯	12 21	11 5	庚申	1 20	12 5	庚寅
	8 23	7 4	庚申	9 23	8 5	辛卯	10 23	9 6	辛酉	11 23	10 7	壬辰	12 22	11 6	辛酉	1 21	12 6	辛卯
	8 24	7 5	辛酉	9 24	8 6	壬辰	10 24	9 7	壬戌	11 24	10 8	癸巳	12 23	11 7	壬戌	1 22	12 7	壬辰
	8 25	7 6	壬戌	9 25	8 7	癸巳	10 25	9 8	癸亥	11 25	10 9	甲午	12 24	11 8	癸亥	1 23	12 8	癸巳
	8 26	7 7	癸亥	9 26	8 8	甲午	10 26	9 9	甲子	11 26	10 10	乙未	12 25	11 9	甲子	1 24	12 9	甲午
	8 27	7 8	甲子	9 27	8 9	乙未	10 27	9 10	乙丑	11 27	10 11	丙申	12 26	11 10	乙丑	1 25	12 10	乙未
	8 28	7 9	乙丑	9 28	8 10	丙申	10 28	9 11	丙寅	11 28	10 12	丁酉	12 27	11 11	丙寅	1 26	12 11	丙申
	8 29	7 10	丙寅	9 29	8 11	丁酉	10 29	9 12	丁卯	11 29	10 13	戊戌	12 28	11 12	丁卯	1 27	12 12	丁酉
	8 30	7 11	丁卯	9 30	8 12	戊戌	10 30	9 13	戊辰	11 30	10 14	己亥	12 29	11 13	戊辰	1 28	12 13	戊戌
	8 31	7 12	戊辰	10 1	8 13	己亥	10 31	9 14	己巳	12 1	10 15	庚子	12 30	11 14	己巳	1 29	12 14	己亥
	9 1	7 13	己巳	10 2	8 14	庚子	11 1	9 15	庚午	12 2	10 16	辛丑	12 31	11 15	庚午	1 30	12 15	庚子
	9 2	7 14	庚午	10 3	8 15	辛丑	11 2	9 16	辛未	12 3	10 17	壬寅	1 1	11 16	辛未	1 31	12 16	辛丑
	9 3	7 15	辛未	10 4	8 16	壬寅	11 3	9 17	壬申	12 4	10 18	癸卯	1 2	11 17	壬申	2 1	12 17	壬寅
	9 4	7 16	壬申	10 5	8 17	癸卯	11 4	9 18	癸酉	12 5	10 19	甲辰	1 3	11 18	癸酉	2 2	12 18	癸卯
	9 5	7 17	癸酉	10 6	8 18	甲辰	11 5	9 19	甲戌	12 6	10 20	乙巳	1 4	11 19	甲戌	2 3	12 19	甲辰
	9 6	7 18	甲戌	10 7	8 19	乙巳	11 6	9 20	乙亥				1 5	11 20	乙亥			
	9 7	7 19	乙亥				11 7	9 21	丙子									
中氣	處暑 8/23 17時20分 酉時			秋分 9/23 14時55分 未時			霜降 10/24 0時13分 子時			小雪 11/22 21時46分 亥時			冬至 12/22 11時7分 午時			大寒 1/20 21時47分 亥時		

年	辛未																	
月	庚寅			辛卯			壬辰			癸巳			甲午			乙未		
節氣	立春			驚蟄			清明			立夏			芒種			小暑		
	2/4 16時8分 申時			3/6 10時12分 巳時			4/5 15時4分 申時			5/6 8時26分 辰時			6/6 12時38分 午時			7/7 22時53分 亥時		
日	國曆	農曆	干支	國曆	農曆	干支	國曆	農曆	干支	國曆	農曆	干支	國曆	農曆	干支	國曆	農曆	干支
	2 4	12 20	乙巳	3 6	1 20	乙亥	4 5	2 21	乙巳	5 6	3 22	丙子	6 6	4 24	丁未	7 7	5 26	戊寅
	2 5	12 21	丙午	3 7	1 21	丙子	4 6	2 22	丙午	5 7	3 23	丁丑	6 7	4 25	戊申	7 8	5 27	己卯
	2 6	12 22	丁未	3 8	1 22	丁丑	4 7	2 23	丁未	5 8	3 24	戊寅	6 8	4 26	己酉	7 9	5 28	庚辰
	2 7	12 23	戊申	3 9	1 23	戊寅	4 8	2 24	戊申	5 9	3 25	己卯	6 9	4 27	庚戌	7 10	5 29	辛巳
1991	2 8	12 24	己酉	3 10	1 24	己卯	4 9	2 25	己酉	5 10	3 26	庚辰	6 10	4 28	辛亥	7 11	5 30	壬午
	2 9	12 25	庚戌	3 11	1 25	庚辰	4 10	2 26	庚戌	5 11	3 27	辛巳	6 11	4 29	壬子	7 12	6 1	癸未
	2 10	12 26	辛亥	3 12	1 26	辛巳	4 11	2 27	辛亥	5 12	3 28	壬午	6 12	5 1	癸丑	7 13	6 2	甲申
	2 11	12 27	壬子	3 13	1 27	壬午	4 12	2 28	壬子	5 13	3 29	癸未	6 13	5 2	甲寅	7 14	6 3	乙酉
	2 12	12 28	癸丑	3 14	1 28	癸未	4 13	2 29	癸丑	5 14	4 1	甲申	6 14	5 3	乙卯	7 15	6 4	丙戌
	2 13	12 29	甲寅	3 15	1 29	甲申	4 14	2 30	甲寅	5 15	4 2	乙酉	6 15	5 4	丙辰	7 16	6 5	丁亥
	2 14	12 30	乙卯	3 16	2 1	乙酉	4 15	3 1	乙卯	5 16	4 3	丙戌	6 16	5 5	丁巳	7 17	6 6	戊子
	2 15	1 1	丙辰	3 17	2 2	丙戌	4 16	3 2	丙辰	5 17	4 4	丁亥	6 17	5 6	戊午	7 18	6 7	己丑
	2 16	1 2	丁巳	3 18	2 3	丁亥	4 17	3 3	丁巳	5 18	4 5	戊子	6 18	5 7	己未	7 19	6 8	庚寅
羊	2 17	1 3	戊午	3 19	2 4	戊子	4 18	3 4	戊午	5 19	4 6	己丑	6 19	5 8	庚申	7 20	6 9	辛卯
	2 18	1 4	己未	3 20	2 5	己丑	4 19	3 5	己未	5 20	4 7	庚寅	6 20	5 9	辛酉	7 21	6 10	壬辰
	2 19	1 5	庚申	3 21	2 6	庚寅	4 20	3 6	庚申	5 21	4 8	辛卯	6 21	5 10	壬戌	7 22	6 11	癸巳
	2 20	1 6	辛酉	3 22	2 7	辛卯	4 21	3 7	辛酉	5 22	4 9	壬辰	6 22	5 11	癸亥	7 23	6 12	甲午
	2 21	1 7	壬戌	3 23	2 8	壬辰	4 22	3 8	壬戌	5 23	4 10	癸巳	6 23	5 12	甲子	7 24	6 13	乙未
	2 22	1 8	癸亥	3 24	2 9	癸巳	4 23	3 9	癸亥	5 24	4 11	甲午	6 24	5 13	乙丑	7 25	6 14	丙申
	2 23	1 9	甲子	3 25	2 10	甲午	4 24	3 10	甲子	5 25	4 12	乙未	6 25	5 14	丙寅	7 26	6 15	丁酉
	2 24	1 10	乙丑	3 26	2 11	乙未	4 25	3 11	乙丑	5 26	4 13	丙申	6 26	5 15	丁卯	7 27	6 16	戊戌
中華民國八十年	2 25	1 11	丙寅	3 27	2 12	丙申	4 26	3 12	丙寅	5 27	4 14	丁酉	6 27	5 16	戊辰	7 28	6 17	己亥
	2 26	1 12	丁卯	3 28	2 13	丁酉	4 27	3 13	丁卯	5 28	4 15	戊戌	6 28	5 17	己巳	7 29	6 18	庚子
	2 27	1 13	戊辰	3 29	2 14	戊戌	4 28	3 14	戊辰	5 29	4 16	己亥	6 29	5 18	庚午	7 30	6 19	辛丑
	2 28	1 14	己巳	3 30	2 15	己亥	4 29	3 15	己巳	5 30	4 17	庚子	6 30	5 19	辛未	7 31	6 20	壬寅
	3 1	1 15	庚午	3 31	2 16	庚子	4 30	3 16	庚午	5 31	4 18	辛丑	7 1	5 20	壬申	8 1	6 21	癸卯
	3 2	1 16	辛未	4 1	2 17	辛丑	5 1	3 17	辛未	6 1	4 19	壬寅	7 2	5 21	癸酉	8 2	6 22	甲辰
	3 3	1 17	壬申	4 2	2 18	壬寅	5 2	3 18	壬申	6 2	4 20	癸卯	7 3	5 22	甲戌	8 3	6 23	乙巳
	3 4	1 18	癸酉	4 3	2 19	癸卯	5 3	3 19	癸酉	6 3	4 21	甲辰	7 4	5 23	乙亥	8 4	6 24	丙午
	3 5	1 19	甲戌	4 4	2 20	甲辰	5 4	3 20	甲戌	6 4	4 22	乙巳	7 5	5 24	丙子	8 5	6 25	丁未
							5 5	3 21	乙亥	6 5	4 23	丙午	7 6	5 25	丁丑	8 6	6 26	戊申
																8 7	6 27	己酉
中氣	雨水			春分			穀雨			小滿			夏至			大暑		
	2/19 11時58分 午時			3/21 11時1分 午時			4/20 22時8分 亥時			5/21 21時20分 亥時			6/22 5時18分 卯時			7/23 16時11分 申時		

年	辛未					
月	丙申	丁酉	戊戌	己亥	庚子	辛丑
節氣	立秋 8/8 8時37分 辰時	白露 9/8 11時27分 午時	寒露 10/9 3時1分 寅時	立冬 11/8 6時7分 卯時	大雪 12/7 22時56分 亥時	小寒 1/6 10時8分 巳時

國曆	農曆	干支	國曆	農曆	干支	國曆	農曆	干支	國曆	農曆	干支	國曆	農曆	干支	國曆	農曆	干支
8 8	6 28	庚戌	9 8	8 1	辛巳	10 9	9 2	壬子	11 8	10 3	壬午	12 7	11 2	辛亥	1 6	12 2	辛巳
8 9	6 29	辛亥	9 9	8 2	壬午	10 10	9 3	癸丑	11 9	10 4	癸未	12 8	11 3	壬子	1 7	12 3	壬午
8 10	7 1	壬子	9 10	8 3	癸未	10 11	9 4	甲寅	11 10	10 5	甲申	12 9	11 4	癸丑	1 8	12 4	癸未
8 11	7 2	癸丑	9 11	8 4	甲申	10 12	9 5	乙卯	11 11	10 6	乙酉	12 10	11 5	甲寅	1 9	12 5	甲申
8 12	7 3	甲寅	9 12	8 5	乙酉	10 13	9 6	丙辰	11 12	10 7	丙戌	12 11	11 6	乙卯	1 10	12 6	乙酉
8 13	7 4	乙卯	9 13	8 6	丙戌	10 14	9 7	丁巳	11 13	10 8	丁亥	12 12	11 7	丙辰	1 11	12 7	丙戌
8 14	7 5	丙辰	9 14	8 7	丁亥	10 15	9 8	戊午	11 14	10 9	戊子	12 13	11 8	丁巳	1 12	12 8	丁亥
8 15	7 6	丁巳	9 15	8 8	戊子	10 16	9 9	己未	11 15	10 10	己丑	12 14	11 9	戊午	1 13	12 9	戊子
8 16	7 7	戊午	9 16	8 9	己丑	10 17	9 10	庚申	11 16	10 11	庚寅	12 15	11 10	己未	1 14	12 10	己丑
8 17	7 8	己未	9 17	8 10	庚寅	10 18	9 11	辛酉	11 17	10 12	辛卯	12 16	11 11	庚申	1 15	12 11	庚寅
8 18	7 9	庚申	9 18	8 11	辛卯	10 19	9 12	壬戌	11 18	10 13	壬辰	12 17	11 12	辛酉	1 16	12 12	辛卯
8 19	7 10	辛酉	9 19	8 12	壬辰	10 20	9 13	癸亥	11 19	10 14	癸巳	12 18	11 13	壬戌	1 17	12 13	壬辰
8 20	7 11	壬戌	9 20	8 13	癸巳	10 21	9 14	甲子	11 20	10 15	甲午	12 19	11 14	癸亥	1 18	12 14	癸巳
8 21	7 12	癸亥	9 21	8 14	甲午	10 22	9 15	乙丑	11 21	10 16	乙未	12 20	11 15	甲子	1 19	12 15	甲午
8 22	7 13	甲子	9 22	8 15	乙未	10 23	9 16	丙寅	11 22	10 17	丙申	12 21	11 16	乙丑	1 20	12 16	乙未
8 23	7 14	乙丑	9 23	8 16	丙申	10 24	9 17	丁卯	11 23	10 18	丁酉	12 22	11 17	丙寅	1 21	12 17	丙申
8 24	7 15	丙寅	9 24	8 17	丁酉	10 25	9 18	戊辰	11 24	10 19	戊戌	12 23	11 18	丁卯	1 22	12 18	丁酉
8 25	7 16	丁卯	9 25	8 18	戊戌	10 26	9 19	己巳	11 25	10 20	己亥	12 24	11 19	戊辰	1 23	12 19	戊戌
8 26	7 17	戊辰	9 26	8 19	己亥	10 27	9 20	庚午	11 26	10 21	庚子	12 25	11 20	己巳	1 24	12 20	己亥
8 27	7 18	己巳	9 27	8 20	庚子	10 28	9 21	辛未	11 27	10 22	辛丑	12 26	11 21	庚午	1 25	12 21	庚子
8 28	7 19	庚午	9 28	8 21	辛丑	10 29	9 22	壬申	11 28	10 23	壬寅	12 27	11 22	辛未	1 26	12 22	辛丑
8 29	7 20	辛未	9 29	8 22	壬寅	10 30	9 23	癸酉	11 29	10 24	癸卯	12 28	11 23	壬申	1 27	12 23	壬寅
8 30	7 21	壬申	9 30	8 23	癸卯	10 31	9 24	甲戌	11 30	10 25	甲辰	12 29	11 24	癸酉	1 28	12 24	癸卯
8 31	7 22	癸酉	10 1	8 24	甲辰	11 1	9 25	乙亥	12 1	10 26	乙巳	12 30	11 25	甲戌	1 29	12 25	甲辰
9 1	7 23	甲戌	10 2	8 25	乙巳	11 2	9 26	丙子	12 2	10 27	丙午	12 31	11 26	乙亥	1 30	12 26	乙巳
9 2	7 24	乙亥	10 3	8 26	丙午	11 3	9 27	丁丑	12 3	10 28	丁未	1 1	11 27	丙子	1 31	12 27	丙午
9 3	7 25	丙子	10 4	8 27	丁未	11 4	9 28	戊寅	12 4	10 29	戊申	1 2	11 28	丁丑	2 1	12 28	丁未
9 4	7 26	丁丑	10 5	8 28	戊申	11 5	9 29	己卯	12 5	10 30	己酉	1 3	11 29	戊寅	2 2	12 29	戊申
9 5	7 27	戊寅	10 6	8 29	己酉	11 6	10 1	庚辰	12 6	11 1	庚戌	1 4	11 30	己卯	2 3	12 30	己酉
9 6	7 28	己卯	10 7	8 30	庚戌	11 7	10 2	辛巳				1 5	12 1	庚辰			
9 7	7 29	庚辰	10 8	9 1	辛亥												

中氣	處暑 8/23 23時12分 子時	秋分 9/23 20時48分 戌時	霜降 10/24 6時5分 卯時	小雪 11/23 3時35分 寅時	冬至 12/22 16時53分 申時	大寒 1/21 3時32分 寅時

1991・1992 羊 中華民國八十・八十一年

年	壬申																	
月	壬寅			癸卯			甲辰			乙巳			丙午			丁未		
節氣	立春 2/4 21時48分 亥時			驚蟄 3/5 15時52分 申時			清明 4/4 20時45分 戌時			立夏 5/5 14時8分 未時			芒種 6/5 18時22分 酉時			小暑 7/7 4時40分 寅時		
日	國曆	農曆	干支	國曆	農曆	干支	國曆	農曆	干支	國曆	農曆	干支	國曆	農曆	干支	國曆	農曆	干支
	2 4	1 1	庚戌	3 5	2 2	庚辰	4 4	3 2	庚戌	5 5	4 3	辛巳	6 5	5 5	壬子	7 7	6 8	甲申
	2 5	1 2	辛亥	3 6	2 3	辛巳	4 5	3 3	辛亥	5 6	4 4	壬午	6 6	5 6	癸丑	7 8	6 9	乙酉
	2 6	1 3	壬子	3 7	2 4	壬午	4 6	3 4	壬子	5 7	4 5	癸未	6 7	5 7	甲寅	7 9	6 10	丙戌
	2 7	1 4	癸丑	3 8	2 5	癸未	4 7	3 5	癸丑	5 8	4 6	甲申	6 8	5 8	乙卯	7 10	6 11	丁亥
1992	2 8	1 5	甲寅	3 9	2 6	甲申	4 8	3 6	甲寅	5 9	4 7	乙酉	6 9	5 9	丙辰	7 11	6 12	戊子
	2 9	1 6	乙卯	3 10	2 7	乙酉	4 9	3 7	乙卯	5 10	4 8	丙戌	6 10	5 10	丁巳	7 12	6 13	己丑
	2 10	1 7	丙辰	3 11	2 8	丙戌	4 10	3 8	丙辰	5 11	4 9	丁亥	6 11	5 11	戊午	7 13	6 14	庚寅
	2 11	1 8	丁巳	3 12	2 9	丁亥	4 11	3 9	丁巳	5 12	4 10	戊子	6 12	5 12	己未	7 14	6 15	辛卯
	2 12	1 9	戊午	3 13	2 10	戊子	4 12	3 10	戊午	5 13	4 11	己丑	6 13	5 13	庚申	7 15	6 16	壬辰
	2 13	1 10	己未	3 14	2 11	己丑	4 13	3 11	己未	5 14	4 12	庚寅	6 14	5 14	辛酉	7 16	6 17	癸巳
	2 14	1 11	庚申	3 15	2 12	庚寅	4 14	3 12	庚申	5 15	4 13	辛卯	6 15	5 15	壬戌	7 17	6 18	甲午
	2 15	1 12	辛酉	3 16	2 13	辛卯	4 15	3 13	辛酉	5 16	4 14	壬辰	6 16	5 16	癸亥	7 18	6 19	乙未
	2 16	1 13	壬戌	3 17	2 14	壬辰	4 16	3 14	壬戌	5 17	4 15	癸巳	6 17	5 17	甲子	7 19	6 20	丙申
猴	2 17	1 14	癸亥	3 18	2 15	癸巳	4 17	3 15	癸亥	5 18	4 16	甲午	6 18	5 18	乙丑	7 20	6 21	丁酉
	2 18	1 15	甲子	3 19	2 16	甲午	4 18	3 16	甲子	5 19	4 17	乙未	6 19	5 19	丙寅	7 21	6 22	戊戌
	2 19	1 16	乙丑	3 20	2 17	乙未	4 19	3 17	乙丑	5 20	4 18	丙申	6 20	5 20	丁卯	7 22	6 23	己亥
	2 20	1 17	丙寅	3 21	2 18	丙申	4 20	3 18	丙寅	5 21	4 19	丁酉	6 21	5 21	戊辰	7 23	6 24	庚子
	2 21	1 18	丁卯	3 22	2 19	丁酉	4 21	3 19	丁卯	5 22	4 20	戊戌	6 22	5 22	己巳	7 24	6 25	辛丑
	2 22	1 19	戊辰	3 23	2 20	戊戌	4 22	3 20	戊辰	5 23	4 21	己亥	6 23	5 23	庚午	7 25	6 26	壬寅
	2 23	1 20	己巳	3 24	2 21	己亥	4 23	3 21	己巳	5 24	4 22	庚子	6 24	5 24	辛未	7 26	6 27	癸卯
	2 24	1 21	庚午	3 25	2 22	庚子	4 24	3 22	庚午	5 25	4 23	辛丑	6 25	5 25	壬申	7 27	6 28	甲辰
中華民國八十一年	2 25	1 22	辛未	3 26	2 23	辛丑	4 25	3 23	辛未	5 26	4 24	壬寅	6 26	5 26	癸酉	7 28	6 29	乙巳
	2 26	1 23	壬申	3 27	2 24	壬寅	4 26	3 24	壬申	5 27	4 25	癸卯	6 27	5 27	甲戌	7 29	6 30	丙午
	2 27	1 24	癸酉	3 28	2 25	癸卯	4 27	3 25	癸酉	5 28	4 26	甲辰	6 28	5 28	乙亥	7 30	7 1	丁未
	2 28	1 25	甲戌	3 29	2 26	甲辰	4 28	3 26	甲戌	5 29	4 27	乙巳	6 29	5 29	丙子	7 31	7 2	戊申
	2 29	1 26	乙亥	3 30	2 27	乙巳	4 29	3 27	乙亥	5 30	4 28	丙午	6 30	6 1	丁丑	8 1	7 3	己酉
	3 1	1 27	丙子	3 31	2 28	丙午	4 30	3 28	丙子	5 31	4 29	丁未	7 1	6 2	戊寅	8 2	7 4	庚戌
	3 2	1 28	丁丑	4 1	2 29	丁未	5 1	3 29	丁丑	6 1	5 1	戊申	7 2	6 3	己卯	8 3	7 5	辛亥
	3 3	1 29	戊寅	4 2	2 30	戊申	5 2	3 30	戊寅	6 2	5 2	己酉	7 3	6 4	庚辰	8 4	7 6	壬子
	3 4	2 1	己卯	4 3	3 1	己酉	5 3	4 1	己卯	6 3	5 3	庚戌	7 4	6 5	辛巳	8 5	7 7	癸丑
							5 4	4 2	庚辰	6 4	5 4	辛亥	7 5	6 6	壬午	8 6	7 8	甲寅
													7 6	6 7	癸未			
中氣	雨水 2/19 17時43分 酉時			春分 3/20 16時48分 申時			穀雨 4/20 3時56分 寅時			小滿 5/21 3時12分 寅時			夏至 6/21 11時14分 午時			大暑 7/22 22時8分 亥時		

年	壬申																	
月	戊申			己酉			庚戌			辛亥			壬子			癸丑		
節氣	立秋 8/7 14時27分 未時			白露 9/7 17時18分 酉時			寒露 10/8 8時51分 辰時			立冬 11/7 11時57分 午時			大雪 12/7 4時44分 寅時			小寒 1/5 15時56分 申時		
日	國曆	農曆	干支	國曆	農曆	干支	國曆	農曆	干支	國曆	農曆	干支	國曆	農曆	干支	國曆	農曆	干支
	8 7	7 9	乙卯	9 7	8 11	丙戌	10 8	9 13	丁巳	11 7	10 13	丁亥	12 7	11 14	丁巳	1 5	12 13	丙戌
	8 8	7 10	丙辰	9 8	8 12	丁亥	10 9	9 14	戊午	11 8	10 14	戊子	12 8	11 15	戊午	1 6	12 14	丁亥
	8 9	7 11	丁巳	9 9	8 13	戊子	10 10	9 15	己未	11 9	10 15	己丑	12 9	11 16	己未	1 7	12 15	戊子
	8 10	7 12	戊午	9 10	8 14	己丑	10 11	9 16	庚申	11 10	10 16	庚寅	12 10	11 17	庚申	1 8	12 16	己丑
	8 11	7 13	己未	9 11	8 15	庚寅	10 12	9 17	辛酉	11 11	10 17	辛卯	12 11	11 18	辛酉	1 9	12 17	庚寅
	8 12	7 14	庚申	9 12	8 16	辛卯	10 13	9 18	壬戌	11 12	10 18	壬辰	12 12	11 19	壬戌	1 10	12 18	辛卯
	8 13	7 15	辛酉	9 13	8 17	壬辰	10 14	9 19	癸亥	11 13	10 19	癸巳	12 13	11 20	癸亥	1 11	12 19	壬辰
	8 14	7 16	壬戌	9 14	8 18	癸巳	10 15	9 20	甲子	11 14	10 20	甲午	12 14	11 21	甲子	1 12	12 20	癸巳
	8 15	7 17	癸亥	9 15	8 19	甲午	10 16	9 21	乙丑	11 15	10 21	乙未	12 15	11 22	乙丑	1 13	12 21	甲午
	8 16	7 18	甲子	9 16	8 20	乙未	10 17	9 22	丙寅	11 16	10 22	丙申	12 16	11 23	丙寅	1 14	12 22	乙未
	8 17	7 19	乙丑	9 17	8 21	丙申	10 18	9 23	丁卯	11 17	10 23	丁酉	12 17	11 24	丁卯	1 15	12 23	丙申
	8 18	7 20	丙寅	9 18	8 22	丁酉	10 19	9 24	戊辰	11 18	10 24	戊戌	12 18	11 25	戊辰	1 16	12 24	丁酉
	8 19	7 21	丁卯	9 19	8 23	戊戌	10 20	9 25	己巳	11 19	10 25	己亥	12 19	11 26	己巳	1 17	12 25	戊戌
	8 20	7 22	戊辰	9 20	8 24	己亥	10 21	9 26	庚午	11 20	10 26	庚子	12 20	11 27	庚午	1 18	12 26	己亥
	8 21	7 23	己巳	9 21	8 25	庚子	10 22	9 27	辛未	11 21	10 27	辛丑	12 21	11 28	辛未	1 19	12 27	庚子
	8 22	7 24	庚午	9 22	8 26	辛丑	10 23	9 28	壬申	11 22	10 28	壬寅	12 22	11 29	壬申	1 20	12 28	辛丑
	8 23	7 25	辛未	9 23	8 27	壬寅	10 24	9 29	癸酉	11 23	10 29	癸卯	12 23	11 30	癸酉	1 21	12 29	壬寅
	8 24	7 26	壬申	9 24	8 28	癸卯	10 25	9 30	甲戌	11 24	11 1	甲辰	12 24	12 1	甲戌	1 22	12 30	癸卯
	8 25	7 27	癸酉	9 25	8 29	甲辰	10 26	10 1	乙亥	11 25	11 2	乙巳	12 25	12 2	乙亥	1 23	1 1	甲辰
	8 26	7 28	甲戌	9 26	9 1	乙巳	10 27	10 2	丙子	11 26	11 3	丙午	12 26	12 3	丙子	1 24	1 2	乙巳
	8 27	7 29	乙亥	9 27	9 2	丙午	10 28	10 3	丁丑	11 27	11 4	丁未	12 27	12 4	丁丑	1 25	1 3	丙午
	8 28	8 1	丙子	9 28	9 3	丁未	10 29	10 4	戊寅	11 28	11 5	戊申	12 28	12 5	戊寅	1 26	1 4	丁未
	8 29	8 2	丁丑	9 29	9 4	戊申	10 30	10 5	己卯	11 29	11 6	己酉	12 29	12 6	己卯	1 27	1 5	戊申
	8 30	8 3	戊寅	9 30	9 5	己酉	10 31	10 6	庚辰	11 30	11 7	庚戌	12 30	12 7	庚辰	1 28	1 6	己酉
	8 31	8 4	己卯	10 1	9 6	庚戌	11 1	10 7	辛巳	12 1	11 8	辛亥	12 31	12 8	辛巳	1 29	1 7	庚戌
	9 1	8 5	庚辰	10 2	9 7	辛亥	11 2	10 8	壬午	12 2	11 9	壬子	1 1	12 9	壬午	1 30	1 8	辛亥
	9 2	8 6	辛巳	10 3	9 8	壬子	11 3	10 9	癸未	12 3	11 10	癸丑	1 2	12 10	癸未	1 31	1 9	壬子
	9 3	8 7	壬午	10 4	9 9	癸丑	11 4	10 10	甲申	12 4	11 11	甲寅	1 3	12 11	甲申	2 1	1 10	癸丑
	9 4	8 8	癸未	10 5	9 10	甲寅	11 5	10 11	乙酉	12 5	11 12	乙卯	1 4	12 12	乙酉	2 2	1 11	甲寅
	9 5	8 9	甲申	10 6	9 11	乙卯	11 6	10 12	丙戌	12 6	11 13	丙辰				2 3	1 12	乙卯
	9 6	8 10	乙酉	10 7	9 12	丙辰												
中氣	處暑 8/23 5時10分 卯時			秋分 9/23 2時42分 丑時			霜降 10/23 11時57分 午時			小雪 11/22 9時25分 巳時			冬至 12/21 22時43分 亥時			大寒 1/20 9時22分 巳時		

1992・1993 猴 中華民國八十一・八十二年

年	癸酉																	
月	甲寅			乙卯			丙辰			丁巳			戊午			己未		
節氣	立春 2/4 3時37分 寅時			驚蟄 3/5 21時42分 亥時			清明 4/5 2時37分 丑時			立夏 5/5 20時1分 戌時			芒種 6/6 0時15分 子時			小暑 7/7 10時32分 巳時		
日	國曆	農曆	干支	國曆	農曆	干支	國曆	農曆	干支	國曆	農曆	干支	國曆	農曆	干支	國曆	農曆	干支
	2 4	1 13	丙辰	3 5	2 13	乙酉	4 5	3 14	丙辰	5 5	3 14	丙戌	6 6	4 17	戊午	7 7	5 18	己丑
	2 5	1 14	丁巳	3 6	2 14	丙戌	4 6	3 15	丁巳	5 6	3 15	丁亥	6 7	4 18	己未	7 8	5 19	庚寅
	2 6	1 15	戊午	3 7	2 15	丁亥	4 7	3 16	戊午	5 7	3 16	戊子	6 8	4 19	庚申	7 9	5 20	辛卯
	2 7	1 16	己未	3 8	2 16	戊子	4 8	3 17	己未	5 8	3 17	己丑	6 9	4 20	辛酉	7 10	5 21	壬辰
	2 8	1 17	庚申	3 9	2 17	己丑	4 9	3 18	庚申	5 9	3 18	庚寅	6 10	4 21	壬戌	7 11	5 22	癸巳
1993	2 9	1 18	辛酉	3 10	2 18	庚寅	4 10	3 19	辛酉	5 10	3 19	辛卯	6 11	4 22	癸亥	7 12	5 23	甲午
	2 10	1 19	壬戌	3 11	2 19	辛卯	4 11	3 20	壬戌	5 11	3 20	壬辰	6 12	4 23	甲子	7 13	5 24	乙未
	2 11	1 20	癸亥	3 12	2 20	壬辰	4 12	3 21	癸亥	5 12	3 21	癸巳	6 13	4 24	乙丑	7 14	5 25	丙申
	2 12	1 21	甲子	3 13	2 21	癸巳	4 13	3 22	甲子	5 13	3 22	甲午	6 14	4 25	丙寅	7 15	5 26	丁酉
	2 13	1 22	乙丑	3 14	2 22	甲午	4 14	3 23	乙丑	5 14	3 23	乙未	6 15	4 26	丁卯	7 16	5 27	戊戌
	2 14	1 23	丙寅	3 15	2 23	乙未	4 15	3 24	丙寅	5 15	3 24	丙申	6 16	4 27	戊辰	7 17	5 28	己亥
	2 15	1 24	丁卯	3 16	2 24	丙申	4 16	3 25	丁卯	5 16	3 25	丁酉	6 17	4 28	己巳	7 18	5 29	庚子
	2 16	1 25	戊辰	3 17	2 25	丁酉	4 17	3 26	戊辰	5 17	3 26	戊戌	6 18	4 29	庚午	7 19	6 1	辛丑
雞	2 17	1 26	己巳	3 18	2 26	戊戌	4 18	3 27	己巳	5 18	3 27	己亥	6 19	4 30	辛未	7 20	6 2	壬寅
	2 18	1 27	庚午	3 19	2 27	己亥	4 19	3 28	庚午	5 19	3 28	庚子	6 20	5 1	壬申	7 21	6 3	癸卯
	2 19	1 28	辛未	3 20	2 28	庚子	4 20	3 29	辛未	5 20	3 29	辛丑	6 21	5 2	癸酉	7 22	6 4	甲辰
	2 20	1 29	壬申	3 21	2 29	辛丑	4 21	3 30	壬申	5 21	4 1	壬寅	6 22	5 3	甲戌	7 23	6 5	乙巳
	2 21	2 1	癸酉	3 22	2 30	壬寅	4 22	閏3 1	癸酉	5 22	4 2	癸卯	6 23	5 4	乙亥	7 24	6 6	丙午
	2 22	2 2	甲戌	3 23	3 1	癸卯	4 23	3 2	甲戌	5 23	4 3	甲辰	6 24	5 5	丙子	7 25	6 7	丁未
	2 23	2 3	乙亥	3 24	3 2	甲辰	4 24	3 3	乙亥	5 24	4 4	乙巳	6 25	5 6	丁丑	7 26	6 8	戊申
	2 24	2 4	丙子	3 25	3 3	乙巳	4 25	3 4	丙子	5 25	4 5	丙午	6 26	5 7	戊寅	7 27	6 9	己酉
	2 25	2 5	丁丑	3 26	3 4	丙午	4 26	3 5	丁丑	5 26	4 6	丁未	6 27	5 8	己卯	7 28	6 10	庚戌
中華民國八十二年	2 26	2 6	戊寅	3 27	3 5	丁未	4 27	3 6	戊寅	5 27	4 7	戊申	6 28	5 9	庚辰	7 29	6 11	辛亥
	2 27	2 7	己卯	3 28	3 6	戊申	4 28	3 7	己卯	5 28	4 8	己酉	6 29	5 10	辛巳	7 30	6 12	壬子
	2 28	2 8	庚辰	3 29	3 7	己酉	4 29	3 8	庚辰	5 29	4 9	庚戌	6 30	5 11	壬午	7 31	6 13	癸丑
	3 1	2 9	辛巳	3 30	3 8	庚戌	4 30	3 9	辛巳	5 30	4 10	辛亥	7 1	5 12	癸未	8 1	6 14	甲寅
	3 2	2 10	壬午	3 31	3 9	辛亥	5 1	3 10	壬午	5 31	4 11	壬子	7 2	5 13	甲申	8 2	6 15	乙卯
	3 3	2 11	癸未	4 1	3 10	壬子	5 2	3 11	癸未	6 1	4 12	癸丑	7 3	5 14	乙酉	8 3	6 16	丙辰
	3 4	2 12	甲申	4 2	3 11	癸丑	5 3	3 12	甲申	6 2	4 13	甲寅	7 4	5 15	丙戌	8 4	6 17	丁巳
				4 3	3 12	甲寅	5 4	3 13	乙酉	6 3	4 14	乙卯	7 5	5 16	丁亥	8 5	6 18	戊午
				4 4	3 13	乙卯				6 4	4 15	丙辰	7 6	5 17	戊子	8 6	6 19	己未
										6 5	4 16	丁巳						
中氣	雨水 2/18 23時35分 子時			春分 3/20 22時40分 亥時			穀雨 4/20 9時49分 巳時			小滿 5/21 9時1分 巳時			夏至 6/21 16時59分 申時			大暑 7/23 3時50分 寅時		

年	癸酉																	
月	庚申			辛酉			壬戌			癸亥			甲子			乙丑		
節氣	立秋 8/7 20時17分 戌時			白露 9/7 23時7分 子時			寒露 10/8 14時40分 未時			立冬 11/7 17時45分 酉時			大雪 12/7 10時33分 巳時			小寒 1/5 21時48分 亥時		
日	國曆	農曆	干支	國曆	農曆	干支	國曆	農曆	干支	國曆	農曆	干支	國曆	農曆	干支	國曆	農曆	干支
1993・1994 雞 中華民國八十二・八十三年	8 7	6 20	庚申	9 7	7 21	辛卯	10 8	8 23	壬戌	11 7	9 24	壬辰	12 7	10 24	壬戌	1 5	11 24	辛卯
	8 8	6 21	辛酉	9 8	7 22	壬辰	10 9	8 24	癸亥	11 8	9 25	癸巳	12 8	10 25	癸亥	1 6	11 25	壬辰
	8 9	6 22	壬戌	9 9	7 23	癸巳	10 10	8 25	甲子	11 9	9 26	甲午	12 9	10 26	甲子	1 7	11 26	癸巳
	8 10	6 23	癸亥	9 10	7 24	甲午	10 11	8 26	乙丑	11 10	9 27	乙未	12 10	10 27	乙丑	1 8	11 27	甲午
	8 11	6 24	甲子	9 11	7 25	乙未	10 12	8 27	丙寅	11 11	9 28	丙申	12 11	10 28	丙寅	1 9	11 28	乙未
	8 12	6 25	乙丑	9 12	7 26	丙申	10 13	8 28	丁卯	11 12	9 29	丁酉	12 12	10 29	丁卯	1 10	11 29	丙申
	8 13	6 26	丙寅	9 13	7 27	丁酉	10 14	8 29	戊辰	11 13	9 30	戊戌	12 13	11 1	戊辰	1 11	11 30	丁酉
	8 14	6 27	丁卯	9 14	7 28	戊戌	10 15	9 1	己巳	11 14	10 1	己亥	12 14	11 2	己巳	1 12	12 1	戊戌
	8 15	6 28	戊辰	9 15	7 29	己亥	10 16	9 2	庚午	11 15	10 2	庚子	12 15	11 3	庚午	1 13	12 2	己亥
	8 16	6 29	己巳	9 16	8 1	庚子	10 17	9 3	辛未	11 16	10 3	辛丑	12 16	11 4	辛未	1 14	12 3	庚子
	8 17	6 30	庚午	9 17	8 2	辛丑	10 18	9 4	壬申	11 17	10 4	壬寅	12 17	11 5	壬申	1 15	12 4	辛丑
	8 18	7 1	辛未	9 18	8 3	壬寅	10 19	9 5	癸酉	11 18	10 5	癸卯	12 18	11 6	癸酉	1 16	12 5	壬寅
	8 19	7 2	壬申	9 19	8 4	癸卯	10 20	9 6	甲戌	11 19	10 6	甲辰	12 19	11 7	甲戌	1 17	12 6	癸卯
	8 20	7 3	癸酉	9 20	8 5	甲辰	10 21	9 7	乙亥	11 20	10 7	乙巳	12 20	11 8	乙亥	1 18	12 7	甲辰
	8 21	7 4	甲戌	9 21	8 6	乙巳	10 22	9 8	丙子	11 21	10 8	丙午	12 21	11 9	丙子	1 19	12 8	乙巳
	8 22	7 5	乙亥	9 22	8 7	丙午	10 23	9 9	丁丑	11 22	10 9	丁未	12 22	11 10	丁丑	1 20	12 9	丙午
	8 23	7 6	丙子	9 23	8 8	丁未	10 24	9 10	戊寅	11 23	10 10	戊申	12 23	11 11	戊寅	1 21	12 10	丁未
	8 24	7 7	丁丑	9 24	8 9	戊申	10 25	9 11	己卯	11 24	10 11	己酉	12 24	11 12	己卯	1 22	12 11	戊申
	8 25	7 8	戊寅	9 25	8 10	己酉	10 26	9 12	庚辰	11 25	10 12	庚戌	12 25	11 13	庚辰	1 23	12 12	己酉
	8 26	7 9	己卯	9 26	8 11	庚戌	10 27	9 13	辛巳	11 26	10 13	辛亥	12 26	11 14	辛巳	1 24	12 13	庚戌
	8 27	7 10	庚辰	9 27	8 12	辛亥	10 28	9 14	壬午	11 27	10 14	壬子	12 27	11 15	壬午	1 25	12 14	辛亥
	8 28	7 11	辛巳	9 28	8 13	壬子	10 29	9 15	癸未	11 28	10 15	癸丑	12 28	11 16	癸未	1 26	12 15	壬子
	8 29	7 12	壬午	9 29	8 14	癸丑	10 30	9 16	甲申	11 29	10 16	甲寅	12 29	11 17	甲申	1 27	12 16	癸丑
	8 30	7 13	癸未	9 30	8 15	甲寅	10 31	9 17	乙酉	11 30	10 17	乙卯	12 30	11 18	乙酉	1 28	12 17	甲寅
	8 31	7 14	甲申	10 1	8 16	乙卯	11 1	9 18	丙戌	12 1	10 18	丙辰	12 31	11 19	丙戌	1 29	12 18	乙卯
	9 1	7 15	乙酉	10 2	8 17	丙辰	11 2	9 19	丁亥	12 2	10 19	丁巳	1 1	11 20	丁亥	1 30	12 19	丙辰
	9 2	7 16	丙戌	10 3	8 18	丁巳	11 3	9 20	戊子	12 3	10 20	戊午	1 2	11 21	戊子	1 31	12 20	丁巳
	9 3	7 17	丁亥	10 4	8 19	戊午	11 4	9 21	己丑	12 4	10 21	己未	1 3	11 22	己丑	2 1	12 21	戊午
	9 4	7 18	戊子	10 5	8 20	己未	11 5	9 22	庚寅	12 5	10 22	庚申	1 4	11 23	庚寅	2 2	12 22	己未
	9 5	7 19	己丑	10 6	8 21	庚申	11 6	9 23	辛卯	12 6	10 23	辛酉				2 3	12 23	庚申
	9 6	7 20	庚寅	10 7	8 22	辛酉												
中氣	處暑 8/23 10時50分 巳時			秋分 9/23 8時22分 辰時			霜降 10/23 17時37分 酉時			小雪 11/22 15時6分 申時			冬至 12/22 4時25分 寅時			大寒 1/20 15時7分 申時		

年	甲戌																													
月	丙寅					丁卯					戊辰					己巳					庚午					辛未				
節氣	立春 2/4 9時30分 巳時					驚蟄 3/6 3時37分 寅時					清明 4/5 8時31分 辰時					立夏 5/6 1時54分 丑時					芒種 6/6 6時4分 卯時					小暑 7/7 16時19分 申時				
日	國曆		農曆		干支	國曆		農曆		干支	國曆		農曆		干支	國曆		農曆		干支	國曆		農曆		干支	國曆		農曆		干支
	2	4	12	24	辛酉	3	6	1	25	辛卯	4	5	2	25	辛酉	5	6	3	26	壬辰	6	6	4	27	癸亥	7	7	5	29	甲午
	2	5	12	25	壬戌	3	7	1	26	壬辰	4	6	2	26	壬戌	5	7	3	27	癸巳	6	7	4	28	甲子	7	8	5	30	乙未
	2	6	12	26	癸亥	3	8	1	27	癸巳	4	7	2	27	癸亥	5	8	3	28	甲午	6	8	4	29	乙丑	7	9	6	1	丙申
	2	7	12	27	甲子	3	9	1	28	甲午	4	8	2	28	甲子	5	9	3	29	乙未	6	9	5	1	丙寅	7	10	6	2	丁酉
	2	8	12	28	乙丑	3	10	1	29	乙未	4	9	2	29	乙丑	5	10	3	30	丙申	6	10	5	2	丁卯	7	11	6	3	戊戌
1994	2	9	12	29	丙寅	3	11	1	30	丙申	4	10	2	30	丙寅	5	11	4	1	丁酉	6	11	5	3	戊辰	7	12	6	4	己亥
	2	10	1	1	丁卯	3	12	2	1	丁酉	4	11	3	1	丁卯	5	12	4	2	戊戌	6	12	5	4	己巳	7	13	6	5	庚子
	2	11	1	2	戊辰	3	13	2	2	戊戌	4	12	3	2	戊辰	5	13	4	3	己亥	6	13	5	5	庚午	7	14	6	6	辛丑
	2	12	1	3	己巳	3	14	2	3	己亥	4	13	3	3	己巳	5	14	4	4	庚子	6	14	5	6	辛未	7	15	6	7	壬寅
	2	13	1	4	庚午	3	15	2	4	庚子	4	14	3	4	庚午	5	15	4	5	辛丑	6	15	5	7	壬申	7	16	6	8	癸卯
	2	14	1	5	辛未	3	16	2	5	辛丑	4	15	3	5	辛未	5	16	4	6	壬寅	6	16	5	8	癸酉	7	17	6	9	甲辰
	2	15	1	6	壬申	3	17	2	6	壬寅	4	16	3	6	壬申	5	17	4	7	癸卯	6	17	5	9	甲戌	7	18	6	10	乙巳
	2	16	1	7	癸酉	3	18	2	7	癸卯	4	17	3	7	癸酉	5	18	4	8	甲辰	6	18	5	10	乙亥	7	19	6	11	丙午
	2	17	1	8	甲戌	3	19	2	8	甲辰	4	18	3	8	甲戌	5	19	4	9	乙巳	6	19	5	11	丙子	7	20	6	12	丁未
狗	2	18	1	9	乙亥	3	20	2	9	乙巳	4	19	3	9	乙亥	5	20	4	10	丙午	6	20	5	12	丁丑	7	21	6	13	戊申
	2	19	1	10	丙子	3	21	2	10	丙午	4	20	3	10	丙子	5	21	4	11	丁未	6	21	5	13	戊寅	7	22	6	14	己酉
	2	20	1	11	丁丑	3	22	2	11	丁未	4	21	3	11	丁丑	5	22	4	12	戊申	6	22	5	14	己卯	7	23	6	15	庚戌
	2	21	1	12	戊寅	3	23	2	12	戊申	4	22	3	12	戊寅	5	23	4	13	己酉	6	23	5	15	庚辰	7	24	6	16	辛亥
	2	22	1	13	己卯	3	24	2	13	己酉	4	23	3	13	己卯	5	24	4	14	庚戌	6	24	5	16	辛巳	7	25	6	17	壬子
	2	23	1	14	庚辰	3	25	2	14	庚戌	4	24	3	14	庚辰	5	25	4	15	辛亥	6	25	5	17	壬午	7	26	6	18	癸丑
	2	24	1	15	辛巳	3	26	2	15	辛亥	4	25	3	15	辛巳	5	26	4	16	壬子	6	26	5	18	癸未	7	27	6	19	甲寅
	2	25	1	16	壬午	3	27	2	16	壬子	4	26	3	16	壬午	5	27	4	17	癸丑	6	27	5	19	甲申	7	28	6	20	乙卯
中華民國八十三年	2	26	1	17	癸未	3	28	2	17	癸丑	4	27	3	17	癸未	5	28	4	18	甲寅	6	28	5	20	乙酉	7	29	6	21	丙辰
	2	27	1	18	甲申	3	29	2	18	甲寅	4	28	3	18	甲申	5	29	4	19	乙卯	6	29	5	21	丙戌	7	30	6	22	丁巳
	2	28	1	19	乙酉	3	30	2	19	乙卯	4	29	3	19	乙酉	5	30	4	20	丙辰	6	30	5	22	丁亥	7	31	6	23	戊午
	3	1	1	20	丙戌	3	31	2	20	丙辰	4	30	3	20	丙戌	5	31	4	21	丁巳	7	1	5	23	戊子	8	1	6	24	己未
	3	2	1	21	丁亥	4	1	2	21	丁巳	5	1	3	21	丁亥	6	1	4	22	戊午	7	2	5	24	己丑	8	2	6	25	庚申
	3	3	1	22	戊子	4	2	2	22	戊午	5	2	3	22	戊子	6	2	4	23	己未	7	3	5	25	庚寅	8	3	6	26	辛酉
	3	4	1	23	己丑	4	3	2	23	己未	5	3	3	23	己丑	6	3	4	24	庚申	7	4	5	26	辛卯	8	4	6	27	壬戌
	3	5	1	24	庚寅	4	4	2	24	庚申	5	4	3	24	庚寅	6	4	4	25	辛酉	7	5	5	27	壬辰	8	5	6	28	癸亥
											5	5	3	25	辛卯	6	5	4	26	壬戌	7	6	5	28	癸巳	8	6	6	29	甲子
																										8	7	7	1	乙丑
中氣	雨水 2/19 5時21分 卯時					春分 3/21 4時28分 寅時					穀雨 4/20 15時36分 申時					小滿 5/21 14時48分 未時					夏至 6/21 22時47分 亥時					大暑 7/23 9時41分 巳時				

1994・1995 狗 中華民國八十三・八十四年

年	甲戌									
月	壬申					癸酉				
節氣	立秋					白露				
	8/8 2時4分 丑時					9/8 4時55分 寅時				
日	國曆		農曆		干支	國曆		農曆		干支
	8	8	7	2	丙寅	9	8	8	3	丁酉
	8	9	7	3	丁卯	9	9	8	4	戊戌
	8	10	7	4	戊辰	9	10	8	5	己亥
	8	11	7	5	己巳	9	11	8	6	庚子
	8	12	7	6	庚午	9	12	8	7	辛丑
	8	13	7	7	辛未	9	13	8	8	壬寅
	8	14	7	8	壬申	9	14	8	9	癸卯
	8	15	7	9	癸酉	9	15	8	10	甲辰
	8	16	7	10	甲戌	9	16	8	11	乙巳
	8	17	7	11	乙亥	9	17	8	12	丙午
	8	18	7	12	丙子	9	18	8	13	丁未
	8	19	7	13	丁丑	9	19	8	14	戊申
	8	20	7	14	戊寅	9	20	8	15	己酉
	8	21	7	15	己卯	9	21	8	16	庚戌
	8	22	7	16	庚辰	9	22	8	17	辛亥
	8	23	7	17	辛巳	9	23	8	18	壬子
	8	24	7	18	壬午	9	24	8	19	癸丑
	8	25	7	19	癸未	9	25	8	20	甲寅
	8	26	7	20	甲申	9	26	8	21	乙卯
	8	27	7	21	乙酉	9	27	8	22	丙辰
	8	28	7	22	丙戌	9	28	8	23	丁巳
	8	29	7	23	丁亥	9	29	8	24	戊午
	8	30	7	24	戊子	9	30	8	25	己未
	8	31	7	25	己丑	10	1	8	26	庚申
	9	1	7	26	庚寅	10	2	8	27	辛酉
	9	2	7	27	辛卯	10	3	8	28	壬戌
	9	3	7	28	壬辰	10	4	8	29	癸亥
	9	4	7	29	癸巳	10	5	9	1	甲子
	9	5	7	30	甲午	10	6	9	2	乙丑
	9	6	8	1	乙未	10	7	9	3	丙寅
	9	7	8	2	丙申					
中氣	處暑					秋分				
	8/23 16時43分 申時					9/23 14時19分 未時				

年	甲戌									
月	甲戌					乙亥				
節氣	寒露					立冬				
	10/8 20時29分 戌時					11/7 23時35分 子時				
日	國曆		農曆		干支	國曆		農曆		干支
	10	8	9	4	丁卯	11	7	10	5	丁酉
	10	9	9	5	戊辰	11	8	10	6	戊戌
	10	10	9	6	己巳	11	9	10	7	己亥
	10	11	9	7	庚午	11	10	10	8	庚子
	10	12	9	8	辛未	11	11	10	9	辛丑
	10	13	9	9	壬申	11	12	10	10	壬寅
	10	14	9	10	癸酉	11	13	10	11	癸卯
	10	15	9	11	甲戌	11	14	10	12	甲辰
	10	16	9	12	乙亥	11	15	10	13	乙巳
	10	17	9	13	丙子	11	16	10	14	丙午
	10	18	9	14	丁丑	11	17	10	15	丁未
	10	19	9	15	戊寅	11	18	10	16	戊申
	10	20	9	16	己卯	11	19	10	17	己酉
	10	21	9	17	庚辰	11	20	10	18	庚戌
	10	22	9	18	辛巳	11	21	10	19	辛亥
	10	23	9	19	壬午	11	22	10	20	壬子
	10	24	9	20	癸未	11	23	10	21	癸丑
	10	25	9	21	甲申	11	24	10	22	甲寅
	10	26	9	22	乙酉	11	25	10	23	乙卯
	10	27	9	23	丙戌	11	26	10	24	丙辰
	10	28	9	24	丁亥	11	27	10	25	丁巳
	10	29	9	25	戊子	11	28	10	26	戊午
	10	30	9	26	己丑	11	29	10	27	己未
	10	31	9	27	庚寅	11	30	10	28	庚申
	11	1	9	28	辛卯	12	1	10	29	辛酉
	11	2	9	29	壬辰	12	2	10	30	壬戌
	11	3	10	1	癸巳	12	3	11	1	癸亥
	11	4	10	2	甲午	12	4	11	2	甲子
	11	5	10	3	乙未	12	5	11	3	乙丑
	11	6	10	4	丙申	12	6	11	4	丙寅
中氣	霜降					小雪				
	10/23 23時36分 子時					11/22 21時5分 亥時				

年	甲戌									
月	丙子					丁丑				
節氣	大雪					小寒				
	12/7 16時22分 申時					1/6 3時34分 寅時				
日	國曆		農曆		干支	國曆		農曆		干支
	12	7	11	5	丁卯	1	6	12	6	丁酉
	12	8	11	6	戊辰	1	7	12	7	戊戌
	12	9	11	7	己巳	1	8	12	8	己亥
	12	10	11	8	庚午	1	9	12	9	庚子
	12	11	11	9	辛未	1	10	12	10	辛丑
	12	12	11	10	壬申	1	11	12	11	壬寅
	12	13	11	11	癸酉	1	12	12	12	癸卯
	12	14	11	12	甲戌	1	13	12	13	甲辰
	12	15	11	13	乙亥	1	14	12	14	乙巳
	12	16	11	14	丙子	1	15	12	15	丙午
	12	17	11	15	丁丑	1	16	12	16	丁未
	12	18	11	16	戊寅	1	17	12	17	戊申
	12	19	11	17	己卯	1	18	12	18	己酉
	12	20	11	18	庚辰	1	19	12	19	庚戌
	12	21	11	19	辛巳	1	20	12	20	辛亥
	12	22	11	20	壬午	1	21	12	21	壬子
	12	23	11	21	癸未	1	22	12	22	癸丑
	12	24	11	22	甲申	1	23	12	23	甲寅
	12	25	11	23	乙酉	1	24	12	24	乙卯
	12	26	11	24	丙戌	1	25	12	25	丙辰
	12	27	11	25	丁亥	1	26	12	26	丁巳
	12	28	11	26	戊子	1	27	12	27	戊午
	12	29	11	27	己丑	1	28	12	28	己未
	12	30	11	28	庚寅	1	29	12	29	庚申
	12	31	11	29	辛卯	1	30	12	30	辛酉
	1	1	12	1	壬辰	1	31	1	1	壬戌
	1	2	12	2	癸巳	2	1	1	2	癸亥
	1	3	12	3	甲午	2	2	1	3	甲子
	1	4	12	4	乙未	2	3	1	4	乙丑
	1	5	12	5	丙申					
中氣	冬至					大寒				
	12/22 10時22分 巳時					1/20 21時0分 亥時				

年	乙亥																	
月	戊寅			己卯			庚辰			辛巳			壬午			癸未		
節	立春			驚蟄			清明			立夏			芒種			小暑		
氣	2/4 15時12分 申時			3/6 9時16分 巳時			4/5 14時8分 未時			5/6 7時30分 辰時			6/6 11時42分 午時			7/7 22時1分 亥時		
日	國曆	農曆	干支	國曆	農曆	干支	國曆	農曆	干支	國曆	農曆	干支	國曆	農曆	干支	國曆	農曆	干支
	2 4	1 5	丙寅	3 6	2 6	丙申	4 5	3 6	丙寅	5 6	4 7	丁酉	6 6	5 9	戊辰	7 7	6 10	己亥
	2 5	1 6	丁卯	3 7	2 7	丁酉	4 6	3 7	丁卯	5 7	4 8	戊戌	6 7	5 10	己巳	7 8	6 11	庚子
	2 6	1 7	戊辰	3 8	2 8	戊戌	4 7	3 8	戊辰	5 8	4 9	己亥	6 8	5 11	庚午	7 9	6 12	辛丑
	2 7	1 8	己巳	3 9	2 9	己亥	4 8	3 9	己巳	5 9	4 10	庚子	6 9	5 12	辛未	7 10	6 13	壬寅
1	2 8	1 9	庚午	3 10	2 10	庚子	4 9	3 10	庚午	5 10	4 11	辛丑	6 10	5 13	壬申	7 11	6 14	癸卯
9	2 9	1 10	辛未	3 11	2 11	辛丑	4 10	3 11	辛未	5 11	4 12	壬寅	6 11	5 14	癸酉	7 12	6 15	甲辰
9	2 10	1 11	壬申	3 12	2 12	壬寅	4 11	3 12	壬申	5 12	4 13	癸卯	6 12	5 15	甲戌	7 13	6 16	乙巳
5	2 11	1 12	癸酉	3 13	2 13	癸卯	4 12	3 13	癸酉	5 13	4 14	甲辰	6 13	5 16	乙亥	7 14	6 17	丙午
	2 12	1 13	甲戌	3 14	2 14	甲辰	4 13	3 14	甲戌	5 14	4 15	乙巳	6 14	5 17	丙子	7 15	6 18	丁未
	2 13	1 14	乙亥	3 15	2 15	乙巳	4 14	3 15	乙亥	5 15	4 16	丙午	6 15	5 18	丁丑	7 16	6 19	戊申
	2 14	1 15	丙子	3 16	2 16	丙午	4 15	3 16	丙子	5 16	4 17	丁未	6 16	5 19	戊寅	7 17	6 20	己酉
	2 15	1 16	丁丑	3 17	2 17	丁未	4 16	3 17	丁丑	5 17	4 18	戊申	6 17	5 20	己卯	7 18	6 21	庚戌
	2 16	1 17	戊寅	3 18	2 18	戊申	4 17	3 18	戊寅	5 18	4 19	己酉	6 18	5 21	庚辰	7 19	6 22	辛亥
豬	2 17	1 18	己卯	3 19	2 19	己酉	4 18	3 19	己卯	5 19	4 20	庚戌	6 19	5 22	辛巳	7 20	6 23	壬子
	2 18	1 19	庚辰	3 20	2 20	庚戌	4 19	3 20	庚辰	5 20	4 21	辛亥	6 20	5 23	壬午	7 21	6 24	癸丑
	2 19	1 20	辛巳	3 21	2 21	辛亥	4 20	3 21	辛巳	5 21	4 22	壬子	6 21	5 24	癸未	7 22	6 25	甲寅
	2 20	1 21	壬午	3 22	2 22	壬子	4 21	3 22	壬午	5 22	4 23	癸丑	6 22	5 25	甲申	7 23	6 26	乙卯
	2 21	1 22	癸未	3 23	2 23	癸丑	4 22	3 23	癸未	5 23	4 24	甲寅	6 23	5 26	乙酉	7 24	6 27	丙辰
	2 22	1 23	甲申	3 24	2 24	甲寅	4 23	3 24	甲申	5 24	4 25	乙卯	6 24	5 27	丙戌	7 25	6 28	丁巳
	2 23	1 24	乙酉	3 25	2 25	乙卯	4 24	3 25	乙酉	5 25	4 26	丙辰	6 25	5 28	丁亥	7 26	6 29	戊午
	2 24	1 25	丙戌	3 26	2 26	丙辰	4 25	3 26	丙戌	5 26	4 27	丁巳	6 26	5 29	戊子	7 27	7 1	己未
中	2 25	1 26	丁亥	3 27	2 27	丁巳	4 26	3 27	丁亥	5 27	4 28	戊午	6 27	5 30	己丑	7 28	7 2	庚申
華	2 26	1 27	戊子	3 28	2 28	戊午	4 27	3 28	戊子	5 28	4 29	己未	6 28	6 1	庚寅	7 29	7 3	辛酉
民	2 27	1 28	己丑	3 29	2 29	己未	4 28	3 29	己丑	5 29	5 1	庚申	6 29	6 2	辛卯	7 30	7 4	壬戌
國	2 28	1 29	庚寅	3 30	2 30	庚申	4 29	3 30	庚寅	5 30	5 2	辛酉	6 30	6 3	壬辰	7 31	7 5	癸亥
八	3 1	2 1	辛卯	3 31	3 1	辛酉	4 30	4 1	辛卯	5 31	5 3	壬戌	7 1	6 4	癸巳	8 1	7 6	甲子
十	3 2	2 2	壬辰	4 1	3 2	壬戌	5 1	4 2	壬辰	6 1	5 4	癸亥	7 2	6 5	甲午	8 2	7 7	乙丑
四	3 3	2 3	癸巳	4 2	3 3	癸亥	5 2	4 3	癸巳	6 2	5 5	甲子	7 3	6 6	乙未	8 3	7 8	丙寅
年	3 4	2 4	甲午	4 3	3 4	甲子	5 3	4 4	甲午	6 3	5 6	乙丑	7 4	6 7	丙申	8 4	7 9	丁卯
	3 5	2 5	乙未	4 4	3 5	乙丑	5 4	4 5	乙未	6 4	5 7	丙寅	7 5	6 8	丁酉	8 5	7 10	戊辰
							5 5	4 6	丙申	6 5	5 8	丁卯	7 6	6 9	戊戌	8 6	7 11	己巳
																8 7	7 12	庚午
中	雨水			春分			穀雨			小滿			夏至			大暑		
氣	2/19 11時10分 午時			3/21 10時14分 巳時			4/20 21時21分 亥時			5/21 20時34分 戌時			6/22 4時34分 寅時			7/23 15時29分 申時		

年	乙亥																	
月	甲申			乙酉			丙戌			丁亥			戊子			己丑		
節氣	立秋 8/8 7時51分 辰時			白露 9/8 10時48分 巳時			寒露 10/9 2時27分 丑時			立冬 11/8 5時35分 卯時			大雪 12/7 22時22分 亥時			小寒 1/6 9時31分 巳時		
日	國曆	農曆	干支	國曆	農曆	干支	國曆	農曆	干支	國曆	農曆	干支	國曆	農曆	干支	國曆	農曆	干支
	8 8	7 13	辛未	9 8	8 14	壬寅	10 9	8 15	癸酉	11 8	9 16	癸卯	12 7	10 16	壬申	1 6	11 16	壬寅
	8 9	7 14	壬申	9 9	8 15	癸卯	10 10	8 16	甲戌	11 9	9 17	甲辰	12 8	10 17	癸酉	1 7	11 17	癸卯
	8 10	7 15	癸酉	9 10	8 16	甲辰	10 11	8 17	乙亥	11 10	9 18	乙巳	12 9	10 18	甲戌	1 8	11 18	甲辰
	8 11	7 16	甲戌	9 11	8 17	乙巳	10 12	8 18	丙子	11 11	9 19	丙午	12 10	10 19	乙亥	1 9	11 19	乙巳
	8 12	7 17	乙亥	9 12	8 18	丙午	10 13	8 19	丁丑	11 12	9 20	丁未	12 11	10 20	丙子	1 10	11 20	丙午
	8 13	7 18	丙子	9 13	8 19	丁未	10 14	8 20	戊寅	11 13	9 21	戊申	12 12	10 21	丁丑	1 11	11 21	丁未
	8 14	7 19	丁丑	9 14	8 20	戊申	10 15	8 21	己卯	11 14	9 22	己酉	12 13	10 22	戊寅	1 12	11 22	戊申
	8 15	7 20	戊寅	9 15	8 21	己酉	10 16	8 22	庚辰	11 15	9 23	庚戌	12 14	10 23	己卯	1 13	11 23	己酉
	8 16	7 21	己卯	9 16	8 22	庚戌	10 17	8 23	辛巳	11 16	9 24	辛亥	12 15	10 24	庚辰	1 14	11 24	庚戌
	8 17	7 22	庚辰	9 17	8 23	辛亥	10 18	8 24	壬午	11 17	9 25	壬子	12 16	10 25	辛巳	1 15	11 25	辛亥
	8 18	7 23	辛巳	9 18	8 24	壬子	10 19	8 25	癸未	11 18	9 26	癸丑	12 17	10 26	壬午	1 16	11 26	壬子
	8 19	7 24	壬午	9 19	8 25	癸丑	10 20	8 26	甲申	11 19	9 27	甲寅	12 18	10 27	癸未	1 17	11 27	癸丑
	8 20	7 25	癸未	9 20	8 26	甲寅	10 21	8 27	乙酉	11 20	9 28	乙卯	12 19	10 28	甲申	1 18	11 28	甲寅
	8 21	7 26	甲申	9 21	8 27	乙卯	10 22	8 28	丙戌	11 21	9 29	丙辰	12 20	10 29	乙酉	1 19	11 29	乙卯
	8 22	7 27	乙酉	9 22	8 28	丙辰	10 23	8 29	丁亥	11 22	10 1	丁巳	12 21	10 30	丙戌	1 20	12 1	丙辰
	8 23	7 28	丙戌	9 23	8 29	丁巳	10 24	9 1	戊子	11 23	10 2	戊午	12 22	11 1	丁亥	1 21	12 2	丁巳
	8 24	7 29	丁亥	9 24	8 30	戊午	10 25	9 2	己丑	11 24	10 3	己未	12 23	11 2	戊子	1 22	12 3	戊午
	8 25	7 30	戊子	9 25	閏8 1	己未	10 26	9 3	庚寅	11 25	10 4	庚申	12 24	11 3	己丑	1 23	12 4	己未
	8 26	8 1	己丑	9 26	8 2	庚申	10 27	9 4	辛卯	11 26	10 5	辛酉	12 25	11 4	庚寅	1 24	12 5	庚申
	8 27	8 2	庚寅	9 27	8 3	辛酉	10 28	9 5	壬辰	11 27	10 6	壬戌	12 26	11 5	辛卯	1 25	12 6	辛酉
	8 28	8 3	辛卯	9 28	8 4	壬戌	10 29	9 6	癸巳	11 28	10 7	癸亥	12 27	11 6	壬辰	1 26	12 7	壬戌
	8 29	8 4	壬辰	9 29	8 5	癸亥	10 30	9 7	甲午	11 29	10 8	甲子	12 28	11 7	癸巳	1 27	12 8	癸亥
	8 30	8 5	癸巳	9 30	8 6	甲子	10 31	9 8	乙未	11 30	10 9	乙丑	12 29	11 8	甲午	1 28	12 9	甲子
	8 31	8 6	甲午	10 1	8 7	乙丑	11 1	9 9	丙申	12 1	10 10	丙寅	12 30	11 9	乙未	1 29	12 10	乙丑
	9 1	8 7	乙未	10 2	8 8	丙寅	11 2	9 10	丁酉	12 2	10 11	丁卯	12 31	11 10	丙申	1 30	12 11	丙寅
	9 2	8 8	丙申	10 3	8 9	丁卯	11 3	9 11	戊戌	12 3	10 12	戊辰	1 1	11 11	丁酉	1 31	12 12	丁卯
	9 3	8 9	丁酉	10 4	8 10	戊辰	11 4	9 12	己亥	12 4	10 13	己巳	1 2	11 12	戊戌	2 1	12 13	戊辰
	9 4	8 10	戊戌	10 5	8 11	己巳	11 5	9 13	庚子	12 5	10 14	庚午	1 3	11 13	己亥	2 2	12 14	己巳
	9 5	8 11	己亥	10 6	8 12	庚午	11 6	9 14	辛丑	12 6	10 15	辛未	1 4	11 14	庚子	2 3	12 15	庚午
	9 6	8 12	庚子	10 7	8 13	辛未	11 7	9 15	壬寅				1 5	11 15	辛丑			
	9 7	8 13	辛丑	10 8	8 14	壬申												
中氣	處暑 8/23 22時34分 亥時			秋分 9/23 20時12分 戌時			霜降 10/24 5時31分 卯時			小雪 11/23 3時1分 寅時			冬至 12/22 16時16分 申時			大寒 1/21 2時52分 丑時		

1995・1996

豬

中華民國八十四・八十五年

年	丙子														
月	庚寅					辛卯					壬辰				
節氣	立春					驚蟄					清明				
	2/4 21時7分 亥時					3/5 15時9分 申時					4/4 20時2分 戌時				
日	國曆		農曆		干支	國曆		農曆		干支	國曆		農曆		干支
	2	4	12	16	辛未	3	5	1	16	辛丑	4	4	2	17	辛未
	2	5	12	17	壬申	3	6	1	17	壬寅	4	5	2	18	壬申
	2	6	12	18	癸酉	3	7	1	18	癸卯	4	6	2	19	癸酉
	2	7	12	19	甲戌	3	8	1	19	甲辰	4	7	2	20	甲戌
1996	2	8	12	20	乙亥	3	9	1	20	乙巳	4	8	2	21	乙亥
	2	9	12	21	丙子	3	10	1	21	丙午	4	9	2	22	丙子
	2	10	12	22	丁丑	3	11	1	22	丁未	4	10	2	23	丁丑
	2	11	12	23	戊寅	3	12	1	23	戊申	4	11	2	24	戊寅
	2	12	12	24	己卯	3	13	1	24	己酉	4	12	2	25	己卯
	2	13	12	25	庚辰	3	14	1	25	庚戌	4	13	2	26	庚辰
	2	14	12	26	辛巳	3	15	1	26	辛亥	4	14	2	27	辛巳
	2	15	12	27	壬午	3	16	1	27	壬子	4	15	2	28	壬午
	2	16	12	28	癸未	3	17	1	28	癸丑	4	16	2	29	癸未
	2	17	12	29	甲申	3	18	1	29	甲寅	4	17	2	30	甲申
鼠	2	18	12	30	乙酉	3	19	2	1	乙卯	4	18	3	1	乙酉
	2	19	1	1	丙戌	3	20	2	2	丙辰	4	19	3	2	丙戌
	2	20	1	2	丁亥	3	21	2	3	丁巳	4	20	3	3	丁亥
	2	21	1	3	戊子	3	22	2	4	戊午	4	21	3	4	戊子
	2	22	1	4	己丑	3	23	2	5	己未	4	22	3	5	己丑
	2	23	1	5	庚寅	3	24	2	6	庚申	4	23	3	6	庚寅
	2	24	1	6	辛卯	3	25	2	7	辛酉	4	24	3	7	辛卯
中華民國八十五年	2	25	1	7	壬辰	3	26	2	8	壬戌	4	25	3	8	壬辰
	2	26	1	8	癸巳	3	27	2	9	癸亥	4	26	3	9	癸巳
	2	27	1	9	甲午	3	28	2	10	甲子	4	27	3	10	甲午
	2	28	1	10	乙未	3	29	2	11	乙丑	4	28	3	11	乙未
	2	29	1	11	丙申	3	30	2	12	丙寅	4	29	3	12	丙申
	3	1	1	12	丁酉	3	31	2	13	丁卯	4	30	3	13	丁酉
	3	2	1	13	戊戌	4	1	2	14	戊辰	5	1	3	14	戊戌
	3	3	1	14	己亥	4	2	2	15	己巳	5	2	3	15	己亥
	3	4	1	15	庚子	4	3	2	16	庚午	5	3	3	16	庚子
											5	4	3	17	辛丑
中氣	雨水					春分					穀雨				
	2/19 17時0分 酉時					3/20 16時3分 申時					4/20 3時9分 寅時				

年	丙子														
月	癸巳					甲午					乙未				
節氣	立夏					芒種					小暑				
	5/5 13時26分 未時					6/5 17時40分 酉時					7/7 4時0分 寅時				
日	國曆		農曆		干支	國曆		農曆		干支	國曆		農曆		干支
	5	5	3	18	壬寅	6	5	4	20	癸酉	7	7	5	22	乙巳
	5	6	3	19	癸卯	6	6	4	21	甲戌	7	8	5	23	丙午
	5	7	3	20	甲辰	6	7	4	22	乙亥	7	9	5	24	丁未
	5	8	3	21	乙巳	6	8	4	23	丙子	7	10	5	25	戊申
1996	5	9	3	22	丙午	6	9	4	24	丁丑	7	11	5	26	己酉
	5	10	3	23	丁未	6	10	4	25	戊寅	7	12	5	27	庚戌
	5	11	3	24	戊申	6	11	4	26	己卯	7	13	5	28	辛亥
	5	12	3	25	己酉	6	12	4	27	庚辰	7	14	5	29	壬子
	5	13	3	26	庚戌	6	13	4	28	辛巳	7	15	5	30	癸丑
	5	14	3	27	辛亥	6	14	4	29	壬午	7	16	6	1	甲寅
	5	15	3	28	壬子	6	15	4	30	癸未	7	17	6	2	乙卯
	5	16	3	29	癸丑	6	16	5	1	甲申	7	18	6	3	丙辰
	5	17	4	1	甲寅	6	17	5	2	乙酉	7	19	6	4	丁巳
	5	18	4	2	乙卯	6	18	5	3	丙戌	7	20	6	5	戊午
鼠	5	19	4	3	丙辰	6	19	5	4	丁亥	7	21	6	6	己未
	5	20	4	4	丁巳	6	20	5	5	戊子	7	22	6	7	庚申
	5	21	4	5	戊午	6	21	5	6	己丑	7	23	6	8	辛酉
	5	22	4	6	己未	6	22	5	7	庚寅	7	24	6	9	壬戌
	5	23	4	7	庚申	6	23	5	8	辛卯	7	25	6	10	癸亥
	5	24	4	8	辛酉	6	24	5	9	壬辰	7	26	6	11	甲子
	5	25	4	9	壬戌	6	25	5	10	癸巳	7	27	6	12	乙丑
中華民國八十五年	5	26	4	10	癸亥	6	26	5	11	甲午	7	28	6	13	丙寅
	5	27	4	11	甲子	6	27	5	12	乙未	7	29	6	14	丁卯
	5	28	4	12	乙丑	6	28	5	13	丙申	7	30	6	15	戊辰
	5	29	4	13	丙寅	6	29	5	14	丁酉	7	31	6	16	己巳
	5	30	4	14	丁卯	6	30	5	15	戊戌	8	1	6	17	庚午
	5	31	4	15	戊辰	7	1	5	16	己亥	8	2	6	18	辛未
	6	1	4	16	己巳	7	2	5	17	庚子	8	3	6	19	壬申
	6	2	4	17	庚午	7	3	5	18	辛丑	8	4	6	20	癸酉
	6	3	4	18	辛未	7	4	5	19	壬寅	8	5	6	21	甲戌
	6	4	4	19	壬申	7	5	5	20	癸卯	8	6	6	22	乙亥
						7	6	5	21	甲辰					
中氣	小滿					夏至					大暑				
	5/21 2時23分 丑時					6/21 10時23分 巳時					7/22 21時18分 亥時				

年	丙子														
月	丙申					丁酉					戊戌				
節氣	立秋 8/7 13時48分 未時					白露 9/7 16時42分 申時					寒露 10/8 8時18分 辰時				
日	國曆		農曆		干支	國曆		農曆		干支	國曆		農曆		干支
	8	7	6	23	丙子	9	7	7	25	丁未	10	8	8	26	戊寅
	8	8	6	24	丁丑	9	8	7	26	戊申	10	9	8	27	己卯
	8	9	6	25	戊寅	9	9	7	27	己酉	10	10	8	28	庚辰
	8	10	6	26	己卯	9	10	7	28	庚戌	10	11	8	29	辛巳
	8	11	6	27	庚辰	9	11	7	29	辛亥	10	12	9	1	壬午
	8	12	6	28	辛巳	9	12	7	30	壬子	10	13	9	2	癸未
	8	13	6	29	壬午	9	13	8	1	癸丑	10	14	9	3	甲申
	8	14	7	1	癸未	9	14	8	2	甲寅	10	15	9	4	乙酉
	8	15	7	2	甲申	9	15	8	3	乙卯	10	16	9	5	丙戌
	8	16	7	3	乙酉	9	16	8	4	丙辰	10	17	9	6	丁亥
	8	17	7	4	丙戌	9	17	8	5	丁巳	10	18	9	7	戊子
	8	18	7	5	丁亥	9	18	8	6	戊午	10	19	9	8	己丑
	8	19	7	6	戊子	9	19	8	7	己未	10	20	9	9	庚寅
	8	20	7	7	己丑	9	20	8	8	庚申	10	21	9	10	辛卯
	8	21	7	8	庚寅	9	21	8	9	辛酉	10	22	9	11	壬辰
	8	22	7	9	辛卯	9	22	8	10	壬戌	10	23	9	12	癸巳
	8	23	7	10	壬辰	9	23	8	11	癸亥	10	24	9	13	甲午
	8	24	7	11	癸巳	9	24	8	12	甲子	10	25	9	14	乙未
	8	25	7	12	甲午	9	25	8	13	乙丑	10	26	9	15	丙申
	8	26	7	13	乙未	9	26	8	14	丙寅	10	27	9	16	丁酉
	8	27	7	14	丙申	9	27	8	15	丁卯	10	28	9	17	戊戌
	8	28	7	15	丁酉	9	28	8	16	戊辰	10	29	9	18	己亥
	8	29	7	16	戊戌	9	29	8	17	己巳	10	30	9	19	庚子
	8	30	7	17	己亥	9	30	8	18	庚午	10	31	9	20	辛丑
	8	31	7	18	庚子	10	1	8	19	辛未	11	1	9	21	壬寅
	9	1	7	19	辛丑	10	2	8	20	壬申	11	2	9	22	癸卯
	9	2	7	20	壬寅	10	3	8	21	癸酉	11	3	9	23	甲辰
	9	3	7	21	癸卯	10	4	8	22	甲戌	11	4	9	24	乙巳
	9	4	7	22	甲辰	10	5	8	23	乙亥	11	5	9	25	丙午
	9	5	7	23	乙巳	10	6	8	24	丙子	11	6	9	26	丁未
	9	6	7	24	丙午	10	7	8	25	丁丑					
中氣	處暑 8/23 4時22分 寅時					秋分 9/23 2時0分 丑時					霜降 10/23 11時18分 午時				

年	丙子														
月	己亥					庚子					辛丑				
節氣	立冬 11/7 11時26分 午時					大雪 12/7 4時14分 寅時					小寒 1/5 15時24分 申時				
日	國曆		農曆		干支	國曆		農曆		干支	國曆		農曆		干支
	11	7	9	27	戊申	12	7	10	27	戊寅	1	5	11	26	丁未
	11	8	9	28	己酉	12	8	10	28	己卯	1	6	11	27	戊申
	11	9	9	29	庚戌	12	9	10	29	庚辰	1	7	11	28	己酉
	11	10	9	30	辛亥	12	10	10	30	辛巳	1	8	11	29	庚戌
	11	11	10	1	壬子	12	11	11	1	壬午	1	9	12	1	辛亥
	11	12	10	2	癸丑	12	12	11	2	癸未	1	10	12	2	壬子
	11	13	10	3	甲寅	12	13	11	3	甲申	1	11	12	3	癸丑
	11	14	10	4	乙卯	12	14	11	4	乙酉	1	12	12	4	甲寅
	11	15	10	5	丙辰	12	15	11	5	丙戌	1	13	12	5	乙卯
	11	16	10	6	丁巳	12	16	11	6	丁亥	1	14	12	6	丙辰
	11	17	10	7	戊午	12	17	11	7	戊子	1	15	12	7	丁巳
	11	18	10	8	己未	12	18	11	8	己丑	1	16	12	8	戊午
	11	19	10	9	庚申	12	19	11	9	庚寅	1	17	12	9	己未
	11	20	10	10	辛酉	12	20	11	10	辛卯	1	18	12	10	庚申
	11	21	10	11	壬戌	12	21	11	11	壬辰	1	19	12	11	辛酉
	11	22	10	12	癸亥	12	22	11	12	癸巳	1	20	12	12	壬戌
	11	23	10	13	甲子	12	23	11	13	甲午	1	21	12	13	癸亥
	11	24	10	14	乙丑	12	24	11	14	乙未	1	22	12	14	甲子
	11	25	10	15	丙寅	12	25	11	15	丙申	1	23	12	15	乙丑
	11	26	10	16	丁卯	12	26	11	16	丁酉	1	24	12	16	丙寅
	11	27	10	17	戊辰	12	27	11	17	戊戌	1	25	12	17	丁卯
	11	28	10	18	己巳	12	28	11	18	己亥	1	26	12	18	戊辰
	11	29	10	19	庚午	12	29	11	19	庚子	1	27	12	19	己巳
	11	30	10	20	辛未	12	30	11	20	辛丑	1	28	12	20	庚午
	12	1	10	21	壬申	12	31	11	21	壬寅	1	29	12	21	辛未
	12	2	10	22	癸酉	1	1	11	22	癸卯	1	30	12	22	壬申
	12	3	10	23	甲戌	1	2	11	23	甲辰	1	31	12	23	癸酉
	12	4	10	24	乙亥	1	3	11	24	乙巳	2	1	12	24	甲戌
	12	5	10	25	丙子	1	4	11	25	丙午	2	2	12	25	乙亥
	12	6	10	26	丁丑						2	3	12	26	丙子
中氣	小雪 11/22 8時49分 辰時					冬至 12/21 22時5分 亥時					大寒 1/20 8時42分 辰時				

1996・1997 鼠 中華民國八十五・八十六年

年	丁丑																	
月	壬寅			癸卯			甲辰			乙巳			丙午			丁未		
節氣	立春 2/4 3時1分 寅時			驚蟄 3/5 21時4分 亥時			清明 4/5 1時56分 丑時			立夏 5/5 19時19分 戌時			芒種 6/5 23時32分 子時			小暑 7/7 9時49分 巳時		
日	國曆	農曆	干支	國曆	農曆	干支	國曆	農曆	干支	國曆	農曆	干支	國曆	農曆	干支	國曆	農曆	干支
1997	2 4	12 27	丁丑	3 5	1 27	丙午	4 5	2 28	丁丑	5 5	3 29	丁未	6 5	5 1	戊寅	7 7	6 3	庚戌
	2 5	12 28	戊寅	3 6	1 28	丁未	4 6	2 29	戊寅	5 6	3 30	戊申	6 6	5 2	己卯	7 8	6 4	辛亥
	2 6	12 29	己卯	3 7	1 29	戊申	4 7	3 1	己卯	5 7	4 1	己酉	6 7	5 3	庚辰	7 9	6 5	壬子
	2 7	1 1	庚辰	3 8	1 30	己酉	4 8	3 2	庚辰	5 8	4 2	庚戌	6 8	5 4	辛巳	7 10	6 6	癸丑
	2 8	1 2	辛巳	3 9	2 1	庚戌	4 9	3 3	辛巳	5 9	4 3	辛亥	6 9	5 5	壬午	7 11	6 7	甲寅
	2 9	1 3	壬午	3 10	2 2	辛亥	4 10	3 4	壬午	5 10	4 4	壬子	6 10	5 6	癸未	7 12	6 8	乙卯
	2 10	1 4	癸未	3 11	2 3	壬子	4 11	3 5	癸未	5 11	4 5	癸丑	6 11	5 7	甲申	7 13	6 9	丙辰
	2 11	1 5	甲申	3 12	2 4	癸丑	4 12	3 6	甲申	5 12	4 6	甲寅	6 12	5 8	乙酉	7 14	6 10	丁巳
	2 12	1 6	乙酉	3 13	2 5	甲寅	4 13	3 7	乙酉	5 13	4 7	乙卯	6 13	5 9	丙戌	7 15	6 11	戊午
	2 13	1 7	丙戌	3 14	2 6	乙卯	4 14	3 8	丙戌	5 14	4 8	丙辰	6 14	5 10	丁亥	7 16	6 12	己未
	2 14	1 8	丁亥	3 15	2 7	丙辰	4 15	3 9	丁亥	5 15	4 9	丁巳	6 15	5 11	戊子	7 17	6 13	庚申
	2 15	1 9	戊子	3 16	2 8	丁巳	4 16	3 10	戊子	5 16	4 10	戊午	6 16	5 12	己丑	7 18	6 14	辛酉
	2 16	1 10	己丑	3 17	2 9	戊午	4 17	3 11	己丑	5 17	4 11	己未	6 17	5 13	庚寅	7 19	6 15	壬戌
牛	2 17	1 11	庚寅	3 18	2 10	己未	4 18	3 12	庚寅	5 18	4 12	庚申	6 18	5 14	辛卯	7 20	6 16	癸亥
	2 18	1 12	辛卯	3 19	2 11	庚申	4 19	3 13	辛卯	5 19	4 13	辛酉	6 19	5 15	壬辰	7 21	6 17	甲子
	2 19	1 13	壬辰	3 20	2 12	辛酉	4 20	3 14	壬辰	5 20	4 14	壬戌	6 20	5 16	癸巳	7 22	6 18	乙丑
	2 20	1 14	癸巳	3 21	2 13	壬戌	4 21	3 15	癸巳	5 21	4 15	癸亥	6 21	5 17	甲午	7 23	6 19	丙寅
	2 21	1 15	甲午	3 22	2 14	癸亥	4 22	3 16	甲午	5 22	4 16	甲子	6 22	5 18	乙未	7 24	6 20	丁卯
	2 22	1 16	乙未	3 23	2 15	甲子	4 23	3 17	乙未	5 23	4 17	乙丑	6 23	5 19	丙申	7 25	6 21	戊辰
	2 23	1 17	丙申	3 24	2 16	乙丑	4 24	3 18	丙申	5 24	4 18	丙寅	6 24	5 20	丁酉	7 26	6 22	己巳
	2 24	1 18	丁酉	3 25	2 17	丙寅	4 25	3 19	丁酉	5 25	4 19	丁卯	6 25	5 21	戊戌	7 27	6 23	庚午
中華民國八十六年	2 25	1 19	戊戌	3 26	2 18	丁卯	4 26	3 20	戊戌	5 26	4 20	戊辰	6 26	5 22	己亥	7 28	6 24	辛未
	2 26	1 20	己亥	3 27	2 19	戊辰	4 27	3 21	己亥	5 27	4 21	己巳	6 27	5 23	庚子	7 29	6 25	壬申
	2 27	1 21	庚子	3 28	2 20	己巳	4 28	3 22	庚子	5 28	4 22	庚午	6 28	5 24	辛丑	7 30	6 26	癸酉
	2 28	1 22	辛丑	3 29	2 21	庚午	4 29	3 23	辛丑	5 29	4 23	辛未	6 29	5 25	壬寅	7 31	6 27	甲戌
	3 1	1 23	壬寅	3 30	2 22	辛未	4 30	3 24	壬寅	5 30	4 24	壬申	6 30	5 26	癸卯	8 1	6 28	乙亥
	3 2	1 24	癸卯	3 31	2 23	壬申	5 1	3 25	癸卯	5 31	4 25	癸酉	7 1	5 27	甲辰	8 2	6 29	丙子
	3 3	1 25	甲辰	4 1	2 24	癸酉	5 2	3 26	甲辰	6 1	4 26	甲戌	7 2	5 28	乙巳	8 3	7 1	丁丑
	3 4	1 26	乙巳	4 2	2 25	甲戌	5 3	3 27	乙巳	6 2	4 27	乙亥	7 3	5 29	丙午	8 4	7 2	戊寅
				4 3	2 26	乙亥	5 4	3 28	丙午	6 3	4 28	丙子	7 4	5 30	丁未	8 5	7 3	己卯
				4 4	2 27	丙子				6 4	4 29	丁丑	7 5	6 1	戊申	8 6	7 4	庚辰
													7 6	6 2	己酉			
中氣	雨水 2/18 22時51分 亥時			春分 3/20 21時54分 亥時			穀雨 4/20 9時2分 巳時			小滿 5/21 8時17分 辰時			夏至 6/21 16時19分 申時			大暑 7/23 3時15分 寅時		

年	丁丑																													
月	戊申					己酉					庚戌					辛亥					壬子					癸丑				
節氣	立秋 8/7 19時36分 戌時					白露 9/7 22時28分 亥時					寒露 10/8 14時5分 未時					立冬 11/7 17時14分 酉時					大雪 12/7 10時4分 巳時					小寒 1/5 21時18分 亥時				
日	國曆		農曆		干支	國曆		農曆		干支	國曆		農曆		干支	國曆		農曆		干支	國曆		農曆		干支	國曆		農曆		干支
	8	7	7	5	辛巳	9	7	8	6	壬子	10	8	9	7	癸未	11	7	10	8	癸丑	12	7	11	8	癸未	1	5	12	7	壬子
	8	8	7	6	壬午	9	8	8	7	癸丑	10	9	9	8	甲申	11	8	10	9	甲寅	12	8	11	9	甲申	1	6	12	8	癸丑
	8	9	7	7	癸未	9	9	8	8	甲寅	10	10	9	9	乙酉	11	9	10	10	乙卯	12	9	11	10	乙酉	1	7	12	9	甲寅
1	8	10	7	8	甲申	9	10	8	9	乙卯	10	11	9	10	丙戌	11	10	10	11	丙辰	12	10	11	11	丙戌	1	8	12	10	乙卯
9	8	11	7	9	乙酉	9	11	8	10	丙辰	10	12	9	11	丁亥	11	11	10	12	丁巳	12	11	11	12	丁亥	1	9	12	11	丙辰
9	8	12	7	10	丙戌	9	12	8	11	丁巳	10	13	9	12	戊子	11	12	10	13	戊午	12	12	11	13	戊子	1	10	12	12	丁巳
7	8	13	7	11	丁亥	9	13	8	12	戊午	10	14	9	13	己丑	11	13	10	14	己未	12	13	11	14	己丑	1	11	12	13	戊午
・	8	14	7	12	戊子	9	14	8	13	己未	10	15	9	14	庚寅	11	14	10	15	庚申	12	14	11	15	庚寅	1	12	12	14	己未
1	8	15	7	13	己丑	9	15	8	14	庚申	10	16	9	15	辛卯	11	15	10	16	辛酉	12	15	11	16	辛卯	1	13	12	15	庚申
9	8	16	7	14	庚寅	9	16	8	15	辛酉	10	17	9	16	壬辰	11	16	10	17	壬戌	12	16	11	17	壬辰	1	14	12	16	辛酉
9	8	17	7	15	辛卯	9	17	8	16	壬戌	10	18	9	17	癸巳	11	17	10	18	癸亥	12	17	11	18	癸巳	1	15	12	17	壬戌
8	8	18	7	16	壬辰	9	18	8	17	癸亥	10	19	9	18	甲午	11	18	10	19	甲子	12	18	11	19	甲午	1	16	12	18	癸亥
	8	19	7	17	癸巳	9	19	8	18	甲子	10	20	9	19	乙未	11	19	10	20	乙丑	12	19	11	20	乙未	1	17	12	19	甲子
	8	20	7	18	甲午	9	20	8	19	乙丑	10	21	9	20	丙申	11	20	10	21	丙寅	12	20	11	21	丙申	1	18	12	20	乙丑
牛	8	21	7	19	乙未	9	21	8	20	丙寅	10	22	9	21	丁酉	11	21	10	22	丁卯	12	21	11	22	丁酉	1	19	12	21	丙寅
	8	22	7	20	丙申	9	22	8	21	丁卯	10	23	9	22	戊戌	11	22	10	23	戊辰	12	22	11	23	戊戌	1	20	12	22	丁卯
	8	23	7	21	丁酉	9	23	8	22	戊辰	10	24	9	23	己亥	11	23	10	24	己巳	12	23	11	24	己亥	1	21	12	23	戊辰
	8	24	7	22	戊戌	9	24	8	23	己巳	10	25	9	24	庚子	11	24	10	25	庚午	12	24	11	25	庚子	1	22	12	24	己巳
	8	25	7	23	己亥	9	25	8	24	庚午	10	26	9	25	辛丑	11	25	10	26	辛未	12	25	11	26	辛丑	1	23	12	25	庚午
中	8	26	7	24	庚子	9	26	8	25	辛未	10	27	9	26	壬寅	11	26	10	27	壬申	12	26	11	27	壬寅	1	24	12	26	辛未
華	8	27	7	25	辛丑	9	27	8	26	壬申	10	28	9	27	癸卯	11	27	10	28	癸酉	12	27	11	28	癸卯	1	25	12	27	壬申
民	8	28	7	26	壬寅	9	28	8	27	癸酉	10	29	9	28	甲辰	11	28	10	29	甲戌	12	28	11	29	甲辰	1	26	12	28	癸酉
國	8	29	7	27	癸卯	9	29	8	28	甲戌	10	30	9	29	乙巳	11	29	10	30	乙亥	12	29	11	30	乙巳	1	27	12	29	甲戌
八	8	30	7	28	甲辰	9	30	8	29	乙亥	10	31	10	1	丙午	11	30	11	1	丙子	12	30	12	1	丙午	1	28	1	1	乙亥
十	8	31	7	29	乙巳	10	1	8	30	丙子	11	1	10	2	丁未	12	1	11	2	丁丑	12	31	12	2	丁未	1	29	1	2	丙子
六	9	1	7	30	丙午	10	2	9	1	丁丑	11	2	10	3	戊申	12	2	11	3	戊寅	1	1	12	3	戊申	1	30	1	3	丁丑
・	9	2	8	1	丁未	10	3	9	2	戊寅	11	3	10	4	己酉	12	3	11	4	己卯	1	2	12	4	己酉	1	31	1	4	戊寅
八	9	3	8	2	戊申	10	4	9	3	己卯	11	4	10	5	庚戌	12	4	11	5	庚辰	1	3	12	5	庚戌	2	1	1	5	己卯
十	9	4	8	3	己酉	10	5	9	4	庚辰	11	5	10	6	辛亥	12	5	11	6	辛巳	1	4	12	6	辛亥	2	2	1	6	庚辰
七	9	5	8	4	庚戌	10	6	9	5	辛巳	11	6	10	7	壬子	12	6	11	7	壬午						2	3	1	7	辛巳
年	9	6	8	5	辛亥	10	7	9	6	壬午																				
中氣	處暑 8/23 10時19分 巳時					秋分 9/23 7時55分 辰時					霜降 10/23 17時14分 酉時					小雪 11/22 14時47分 未時					冬至 12/22 4時7分 寅時					大寒 1/20 14時46分 未時				

年	戊寅																													
月	甲寅					乙卯					丙辰					丁巳					戊午					己未				
節氣	立春 2/4 8時56分 辰時					驚蟄 3/6 2時57分 丑時					清明 4/5 7時44分 辰時					立夏 5/6 1時3分 丑時					芒種 6/6 5時13分 卯時					小暑 7/7 15時30分 申時				
日	國曆		農曆		干支	國曆		農曆		干支	國曆		農曆		干支	國曆		農曆		干支	國曆		農曆		干支	國曆		農曆		干支
	2	4	1	8	壬午	3	6	2	8	壬子	4	5	3	9	壬午	5	6	4	11	癸丑	6	6	5	12	甲申	7	7	5	14	乙卯
	2	5	1	9	癸未	3	7	2	9	癸丑	4	6	3	10	癸未	5	7	4	12	甲寅	6	7	5	13	乙酉	7	8	5	15	丙辰
	2	6	1	10	甲申	3	8	2	10	甲寅	4	7	3	11	甲申	5	8	4	13	乙卯	6	8	5	14	丙戌	7	9	5	16	丁巳
	2	7	1	11	乙酉	3	9	2	11	乙卯	4	8	3	12	乙酉	5	9	4	14	丙辰	6	9	5	15	丁亥	7	10	5	17	戊午
1	2	8	1	12	丙戌	3	10	2	12	丙辰	4	9	3	13	丙戌	5	10	4	15	丁巳	6	10	5	16	戊子	7	11	5	18	己未
9	2	9	1	13	丁亥	3	11	2	13	丁巳	4	10	3	14	丁亥	5	11	4	16	戊午	6	11	5	17	己丑	7	12	5	19	庚申
9	2	10	1	14	戊子	3	12	2	14	戊午	4	11	3	15	戊子	5	12	4	17	己未	6	12	5	18	庚寅	7	13	5	20	辛酉
8	2	11	1	15	己丑	3	13	2	15	己未	4	12	3	16	己丑	5	13	4	18	庚申	6	13	5	19	辛卯	7	14	5	21	壬戌
	2	12	1	16	庚寅	3	14	2	16	庚申	4	13	3	17	庚寅	5	14	4	19	辛酉	6	14	5	20	壬辰	7	15	5	22	癸亥
	2	13	1	17	辛卯	3	15	2	17	辛酉	4	14	3	18	辛卯	5	15	4	20	壬戌	6	15	5	21	癸巳	7	16	5	23	甲子
	2	14	1	18	壬辰	3	16	2	18	壬戌	4	15	3	19	壬辰	5	16	4	21	癸亥	6	16	5	22	甲午	7	17	5	24	乙丑
	2	15	1	19	癸巳	3	17	2	19	癸亥	4	16	3	20	癸巳	5	17	4	22	甲子	6	17	5	23	乙未	7	18	5	25	丙寅
	2	16	1	20	甲午	3	18	2	20	甲子	4	17	3	21	甲午	5	18	4	23	乙丑	6	18	5	24	丙申	7	19	5	26	丁卯
虎	2	17	1	21	乙未	3	19	2	21	乙丑	4	18	3	22	乙未	5	19	4	24	丙寅	6	19	5	25	丁酉	7	20	5	27	戊辰
	2	18	1	22	丙申	3	20	2	22	丙寅	4	19	3	23	丙申	5	20	4	25	丁卯	6	20	5	26	戊戌	7	21	5	28	己巳
	2	19	1	23	丁酉	3	21	2	23	丁卯	4	20	3	24	丁酉	5	21	4	26	戊辰	6	21	5	27	己亥	7	22	5	29	庚午
	2	20	1	24	戊戌	3	22	2	24	戊辰	4	21	3	25	戊戌	5	22	4	27	己巳	6	22	5	28	庚子	7	23	6	1	辛未
	2	21	1	25	己亥	3	23	2	25	己巳	4	22	3	26	己亥	5	23	4	28	庚午	6	23	5	29	辛丑	7	24	6	2	壬申
	2	22	1	26	庚子	3	24	2	26	庚午	4	23	3	27	庚子	5	24	4	29	辛未	6	24	閏5	1	壬寅	7	25	6	3	癸酉
	2	23	1	27	辛丑	3	25	2	27	辛未	4	24	3	28	辛丑	5	25	4	30	壬申	6	25	5	2	癸卯	7	26	6	4	甲戌
	2	24	1	28	壬寅	3	26	2	28	壬申	4	25	3	29	壬寅	5	26	5	1	癸酉	6	26	5	3	甲辰	7	27	6	5	乙亥
中	2	25	1	29	癸卯	3	27	2	29	癸酉	4	26	4	1	癸卯	5	27	5	2	甲戌	6	27	5	4	乙巳	7	28	6	6	丙子
華	2	26	1	30	甲辰	3	28	3	1	甲戌	4	27	4	2	甲辰	5	28	5	3	乙亥	6	28	5	5	丙午	7	29	6	7	丁丑
民	2	27	2	1	乙巳	3	29	3	2	乙亥	4	28	4	3	乙巳	5	29	5	4	丙子	6	29	5	6	丁未	7	30	6	8	戊寅
國	2	28	2	2	丙午	3	30	3	3	丙子	4	29	4	4	丙午	5	30	5	5	丁丑	6	30	5	7	戊申	7	31	6	9	己卯
八	3	1	2	3	丁未	3	31	3	4	丁丑	4	30	4	5	丁未	5	31	5	6	戊寅	7	1	5	8	己酉	8	1	6	10	庚辰
十	3	2	2	4	戊申	4	1	3	5	戊寅	5	1	4	6	戊申	6	1	5	7	己卯	7	2	5	9	庚戌	8	2	6	11	辛巳
七	3	3	2	5	己酉	4	2	3	6	己卯	5	2	4	7	己酉	6	2	5	8	庚辰	7	3	5	10	辛亥	8	3	6	12	壬午
年	3	4	2	6	庚戌	4	3	3	7	庚辰	5	3	4	8	庚戌	6	3	5	9	辛巳	7	4	5	11	壬子	8	4	6	13	癸未
	3	5	2	7	辛亥	4	4	3	8	辛巳	5	4	4	9	辛亥	6	4	5	10	壬午	7	5	5	12	癸丑	8	5	6	14	甲申
											5	5	4	10	壬子	6	5	5	11	癸未	7	6	5	13	甲寅	8	6	6	15	乙酉
																										8	7	6	16	丙戌
中氣	雨水 2/19 4時54分 寅時					春分 3/21 3時54分 寅時					穀雨 4/20 14時56分 未時					小滿 5/21 14時5分 未時					夏至 6/21 22時2分 亥時					大暑 7/23 8時55分 辰時				

年	戊寅					
月	庚申	辛酉	壬戌	癸亥	甲子	乙丑
節氣	立秋 8/8 1時19分 丑時	白露 9/8 4時15分 寅時	寒露 10/8 19時55分 戌時	立冬 11/7 23時8分 子時	大雪 12/7 16時1分 申時	小寒 1/6 3時17分 寅時

1998·1999 虎 中華民國八十七·八十八年

國曆	農曆	干支	國曆	農曆	干支	國曆	農曆	干支	國曆	農曆	干支	國曆	農曆	干支	國曆	農曆	干支
8 8	6 17	丁亥	9 8	7 18	戊午	10 8	8 18	戊子	11 7	9 19	戊午	12 7	10 19	戊子	1 6	11 19	戊午
8 9	6 18	戊子	9 9	7 19	己未	10 9	8 19	己丑	11 8	9 20	己未	12 8	10 20	己丑	1 7	11 20	己未
8 10	6 19	己丑	9 10	7 20	庚申	10 10	8 20	庚寅	11 9	9 21	庚申	12 9	10 21	庚寅	1 8	11 21	庚申
8 11	6 20	庚寅	9 11	7 21	辛酉	10 11	8 21	辛卯	11 10	9 22	辛酉	12 10	10 22	辛卯	1 9	11 22	辛酉
8 12	6 21	辛卯	9 12	7 22	壬戌	10 12	8 22	壬辰	11 11	9 23	壬戌	12 11	10 23	壬辰	1 10	11 23	壬戌
8 13	6 22	壬辰	9 13	7 23	癸亥	10 13	8 23	癸巳	11 12	9 24	癸亥	12 12	10 24	癸巳	1 11	11 24	癸亥
8 14	6 23	癸巳	9 14	7 24	甲子	10 14	8 24	甲午	11 13	9 25	甲子	12 13	10 25	甲午	1 12	11 25	甲子
8 15	6 24	甲午	9 15	7 25	乙丑	10 15	8 25	乙未	11 14	9 26	乙丑	12 14	10 26	乙未	1 13	11 26	乙丑
8 16	6 25	乙未	9 16	7 26	丙寅	10 16	8 26	丙申	11 15	9 27	丙寅	12 15	10 27	丙申	1 14	11 27	丙寅
8 17	6 26	丙申	9 17	7 27	丁卯	10 17	8 27	丁酉	11 16	9 28	丁卯	12 16	10 28	丁酉	1 15	11 28	丁卯
8 18	6 27	丁酉	9 18	7 28	戊辰	10 18	8 28	戊戌	11 17	9 29	戊辰	12 17	10 29	戊戌	1 16	11 29	戊辰
8 19	6 28	戊戌	9 19	7 29	己巳	10 19	8 29	己亥	11 18	9 30	己巳	12 18	10 30	己亥	1 17	12 1	己巳
8 20	6 29	己亥	9 20	7 30	庚午	10 20	9 1	庚子	11 19	10 1	庚午	12 19	11 1	庚子	1 18	12 2	庚午
8 21	6 30	庚子	9 21	8 1	辛未	10 21	9 2	辛丑	11 20	10 2	辛未	12 20	11 2	辛丑	1 19	12 3	辛未
8 22	7 1	辛丑	9 22	8 2	壬申	10 22	9 3	壬寅	11 21	10 3	壬申	12 21	11 3	壬寅	1 20	12 4	壬申
8 23	7 2	壬寅	9 23	8 3	癸酉	10 23	9 4	癸卯	11 22	10 4	癸酉	12 22	11 4	癸卯	1 21	12 5	癸酉
8 24	7 3	癸卯	9 24	8 4	甲戌	10 24	9 5	甲辰	11 23	10 5	甲戌	12 23	11 5	甲辰	1 22	12 6	甲戌
8 25	7 4	甲辰	9 25	8 5	乙亥	10 25	9 6	乙巳	11 24	10 6	乙亥	12 24	11 6	乙巳	1 23	12 7	乙亥
8 26	7 5	乙巳	9 26	8 6	丙子	10 26	9 7	丙午	11 25	10 7	丙子	12 25	11 7	丙午	1 24	12 8	丙子
8 27	7 6	丙午	9 27	8 7	丁丑	10 27	9 8	丁未	11 26	10 8	丁丑	12 26	11 8	丁未	1 25	12 9	丁丑
8 28	7 7	丁未	9 28	8 8	戊寅	10 28	9 9	戊申	11 27	10 9	戊寅	12 27	11 9	戊申	1 26	12 10	戊寅
8 29	7 8	戊申	9 29	8 9	己卯	10 29	9 10	己酉	11 28	10 10	己卯	12 28	11 10	己酉	1 27	12 11	己卯
8 30	7 9	己酉	9 30	8 10	庚辰	10 30	9 11	庚戌	11 29	10 11	庚辰	12 29	11 11	庚戌	1 28	12 12	庚辰
8 31	7 10	庚戌	10 1	8 11	辛巳	10 31	9 12	辛亥	11 30	10 12	辛巳	12 30	11 12	辛亥	1 29	12 13	辛巳
9 1	7 11	辛亥	10 2	8 12	壬午	11 1	9 13	壬子	12 1	10 13	壬午	12 31	11 13	壬子	1 30	12 14	壬午
9 2	7 12	壬子	10 3	8 13	癸未	11 2	9 14	癸丑	12 2	10 14	癸未	1 1	11 14	癸丑	1 31	12 15	癸未
9 3	7 13	癸丑	10 4	8 14	甲申	11 3	9 15	甲寅	12 3	10 15	甲申	1 2	11 15	甲寅	2 1	12 16	甲申
9 4	7 14	甲寅	10 5	8 15	乙酉	11 4	9 16	乙卯	12 4	10 16	乙酉	1 3	11 16	乙卯	2 2	12 17	乙酉
9 5	7 15	乙卯	10 6	8 16	丙戌	11 5	9 17	丙辰	12 5	10 17	丙戌	1 4	11 17	丙辰	2 3	12 18	丙戌
9 6	7 16	丙辰	10 7	8 17	丁亥	11 6	9 18	丁巳	12 6	10 18	丁亥	1 5	11 18	丁巳			
9 7	7 17	丁巳															

中氣	處暑 8/23 15時58分 申時	秋分 9/23 13時37分 未時	霜降 10/23 22時58分 亥時	小雪 11/22 20時34分 戌時	冬至 12/22 9時56分 巳時	大寒 1/20 20時37分 戌時

年	己卯																	
月	丙寅			丁卯			戊辰			己巳			庚午			辛未		
節氣	立春			驚蟄			清明			立夏			芒種			小暑		
	2/4 14時57分 未時			3/6 8時57分 辰時			4/5 13時44分 未時			5/6 7時0分 辰時			6/6 11時9分 午時			7/7 21時24分 亥時		
日	國曆	農曆	干支	國曆	農曆	干支	國曆	農曆	干支	國曆	農曆	干支	國曆	農曆	干支	國曆	農曆	干支
1999	2 4	12 19	丁亥	3 6	1 19	丁巳	4 5	2 19	丁亥	5 6	3 21	戊午	6 6	4 23	己丑	7 7	5 24	庚申
	2 5	12 20	戊子	3 7	1 20	戊午	4 6	2 20	戊子	5 7	3 22	己未	6 7	4 24	庚寅	7 8	5 25	辛酉
	2 6	12 21	己丑	3 8	1 21	己未	4 7	2 21	己丑	5 8	3 23	庚申	6 8	4 25	辛卯	7 9	5 26	壬戌
	2 7	12 22	庚寅	3 9	1 22	庚申	4 8	2 22	庚寅	5 9	3 24	辛酉	6 9	4 26	壬辰	7 10	5 27	癸亥
	2 8	12 23	辛卯	3 10	1 23	辛酉	4 9	2 23	辛卯	5 10	3 25	壬戌	6 10	4 27	癸巳	7 11	5 28	甲子
	2 9	12 24	壬辰	3 11	1 24	壬戌	4 10	2 24	壬辰	5 11	3 26	癸亥	6 11	4 28	甲午	7 12	5 29	乙丑
	2 10	12 25	癸巳	3 12	1 25	癸亥	4 11	2 25	癸巳	5 12	3 27	甲子	6 12	4 29	乙未	7 13	6 1	丙寅
	2 11	12 26	甲午	3 13	1 26	甲子	4 12	2 26	甲午	5 13	3 28	乙丑	6 13	4 30	丙申	7 14	6 2	丁卯
	2 12	12 27	乙未	3 14	1 27	乙丑	4 13	2 27	乙未	5 14	3 29	丙寅	6 14	5 1	丁酉	7 15	6 3	戊辰
	2 13	12 28	丙申	3 15	1 28	丙寅	4 14	2 28	丙申	5 15	4 1	丁卯	6 15	5 2	戊戌	7 16	6 4	己巳
	2 14	12 29	丁酉	3 16	1 29	丁卯	4 15	2 29	丁酉	5 16	4 2	戊辰	6 16	5 3	己亥	7 17	6 5	庚午
	2 15	12 30	戊戌	3 17	1 30	戊辰	4 16	3 1	戊戌	5 17	4 3	己巳	6 17	5 4	庚子	7 18	6 6	辛未
	2 16	1 1	己亥	3 18	2 1	己巳	4 17	3 2	己亥	5 18	4 4	庚午	6 18	5 5	辛丑	7 19	6 7	壬申
兔	2 17	1 2	庚子	3 19	2 2	庚午	4 18	3 3	庚子	5 19	4 5	辛未	6 19	5 6	壬寅	7 20	6 8	癸酉
	2 18	1 3	辛丑	3 20	2 3	辛未	4 19	3 4	辛丑	5 20	4 6	壬申	6 20	5 7	癸卯	7 21	6 9	甲戌
	2 19	1 4	壬寅	3 21	2 4	壬申	4 20	3 5	壬寅	5 21	4 7	癸酉	6 21	5 8	甲辰	7 22	6 10	乙亥
	2 20	1 5	癸卯	3 22	2 5	癸酉	4 21	3 6	癸卯	5 22	4 8	甲戌	6 22	5 9	乙巳	7 23	6 11	丙子
	2 21	1 6	甲辰	3 23	2 6	甲戌	4 22	3 7	甲辰	5 23	4 9	乙亥	6 23	5 10	丙午	7 24	6 12	丁丑
	2 22	1 7	乙巳	3 24	2 7	乙亥	4 23	3 8	乙巳	5 24	4 10	丙子	6 24	5 11	丁未	7 25	6 13	戊寅
	2 23	1 8	丙午	3 25	2 8	丙子	4 24	3 9	丙午	5 25	4 11	丁丑	6 25	5 12	戊申	7 26	6 14	己卯
中華民國八十八年	2 24	1 9	丁未	3 26	2 9	丁丑	4 25	3 10	丁未	5 26	4 12	戊寅	6 26	5 13	己酉	7 27	6 15	庚辰
	2 25	1 10	戊申	3 27	2 10	戊寅	4 26	3 11	戊申	5 27	4 13	己卯	6 27	5 14	庚戌	7 28	6 16	辛巳
	2 26	1 11	己酉	3 28	2 11	己卯	4 27	3 12	己酉	5 28	4 14	庚辰	6 28	5 15	辛亥	7 29	6 17	壬午
	2 27	1 12	庚戌	3 29	2 12	庚辰	4 28	3 13	庚戌	5 29	4 15	辛巳	6 29	5 16	壬子	7 30	6 18	癸未
	2 28	1 13	辛亥	3 30	2 13	辛巳	4 29	3 14	辛亥	5 30	4 16	壬午	6 30	5 17	癸丑	7 31	6 19	甲申
	3 1	1 14	壬子	3 31	2 14	壬午	4 30	3 15	壬子	5 31	4 17	癸未	7 1	5 18	甲寅	8 1	6 20	乙酉
	3 2	1 15	癸丑	4 1	2 15	癸未	5 1	3 16	癸丑	6 1	4 18	甲申	7 2	5 19	乙卯	8 2	6 21	丙戌
	3 3	1 16	甲寅	4 2	2 16	甲申	5 2	3 17	甲寅	6 2	4 19	乙酉	7 3	5 20	丙辰	8 3	6 22	丁亥
	3 4	1 17	乙卯	4 3	2 17	乙酉	5 3	3 18	乙卯	6 3	4 20	丙戌	7 4	5 21	丁巳	8 4	6 23	戊子
	3 5	1 18	丙辰	4 4	2 18	丙戌	5 4	3 19	丙辰	6 4	4 21	丁亥	7 5	5 22	戊午	8 5	6 24	己丑
							5 5	3 20	丁巳	6 5	4 22	戊子	7 6	5 23	己未	8 6	6 25	庚寅
																8 7	6 26	辛卯
中氣	雨水			春分			穀雨			小滿			夏至			大暑		
	2/19 10時46分 巳時			3/21 9時45分 巳時			4/20 20時45分 戌時			5/21 19時52分 戌時			6/22 3時49分 寅時			7/23 14時44分 未時		

年	己卯																													
月	壬申					癸酉					甲戌					乙亥					丙子					丁丑				
節氣	立秋 8/8 7時14分 辰時					白露 9/8 10時9分 巳時					寒露 10/9 1時48分 丑時					立冬 11/8 4時57分 寅時					大雪 12/7 21時47分 亥時					小寒 1/6 9時0分 巳時				
日	國曆		農曆		干支	國曆		農曆		干支	國曆		農曆		干支	國曆		農曆		干支	國曆		農曆		干支	國曆		農曆		干支
	8	8	6	27	壬辰	9	8	7	29	癸亥	10	9	9	1	甲午	11	8	10	1	甲子	12	7	10	30	癸巳	1	6	11	30	癸亥
	8	9	6	28	癸巳	9	9	7	30	甲子	10	10	9	2	乙未	11	9	10	2	乙丑	12	8	11	1	甲午	1	7	12	1	甲子
	8	10	6	29	甲午	9	10	8	1	乙丑	10	11	9	3	丙申	11	10	10	3	丙寅	12	9	11	2	乙未	1	8	12	2	乙丑
1	8	11	7	1	乙未	9	11	8	2	丙寅	10	12	9	4	丁酉	11	11	10	4	丁卯	12	10	11	3	丙申	1	9	12	3	丙寅
9	8	12	7	2	丙申	9	12	8	3	丁卯	10	13	9	5	戊戌	11	12	10	5	戊辰	12	11	11	4	丁酉	1	10	12	4	丁卯
9	8	13	7	3	丁酉	9	13	8	4	戊辰	10	14	9	6	己亥	11	13	10	6	己巳	12	12	11	5	戊戌	1	11	12	5	戊辰
9	8	14	7	4	戊戌	9	14	8	5	己巳	10	15	9	7	庚子	11	14	10	7	庚午	12	13	11	6	己亥	1	12	12	6	己巳
·	8	15	7	5	己亥	9	15	8	6	庚午	10	16	9	8	辛丑	11	15	10	8	辛未	12	14	11	7	庚子	1	13	12	7	庚午
2	8	16	7	6	庚子	9	16	8	7	辛未	10	17	9	9	壬寅	11	16	10	9	壬申	12	15	11	8	辛丑	1	14	12	8	辛未
0	8	17	7	7	辛丑	9	17	8	8	壬申	10	18	9	10	癸卯	11	17	10	10	癸酉	12	16	11	9	壬寅	1	15	12	9	壬申
0	8	18	7	8	壬寅	9	18	8	9	癸酉	10	19	9	11	甲辰	11	18	10	11	甲戌	12	17	11	10	癸卯	1	16	12	10	癸酉
0	8	19	7	9	癸卯	9	19	8	10	甲戌	10	20	9	12	乙巳	11	19	10	12	乙亥	12	18	11	11	甲辰	1	17	12	11	甲戌
	8	20	7	10	甲辰	9	20	8	11	乙亥	10	21	9	13	丙午	11	20	10	13	丙子	12	19	11	12	乙巳	1	18	12	12	乙亥
	8	21	7	11	乙巳	9	21	8	12	丙子	10	22	9	14	丁未	11	21	10	14	丁丑	12	20	11	13	丙午	1	19	12	13	丙子
兔	8	22	7	12	丙午	9	22	8	13	丁丑	10	23	9	15	戊申	11	22	10	15	戊寅	12	21	11	14	丁未	1	20	12	14	丁丑
	8	23	7	13	丁未	9	23	8	14	戊寅	10	24	9	16	己酉	11	23	10	16	己卯	12	22	11	15	戊申	1	21	12	15	戊寅
	8	24	7	14	戊申	9	24	8	15	己卯	10	25	9	17	庚戌	11	24	10	17	庚辰	12	23	11	16	己酉	1	22	12	16	己卯
	8	25	7	15	己酉	9	25	8	16	庚辰	10	26	9	18	辛亥	11	25	10	18	辛巳	12	24	11	17	庚戌	1	23	12	17	庚辰
	8	26	7	16	庚戌	9	26	8	17	辛巳	10	27	9	19	壬子	11	26	10	19	壬午	12	25	11	18	辛亥	1	24	12	18	辛巳
中	8	27	7	17	辛亥	9	27	8	18	壬午	10	28	9	20	癸丑	11	27	10	20	癸未	12	26	11	19	壬子	1	25	12	19	壬午
華	8	28	7	18	壬子	9	28	8	19	癸未	10	29	9	21	甲寅	11	28	10	21	甲申	12	27	11	20	癸丑	1	26	12	20	癸未
民	8	29	7	19	癸丑	9	29	8	20	甲申	10	30	9	22	乙卯	11	29	10	22	乙酉	12	28	11	21	甲寅	1	27	12	21	甲申
國	8	30	7	20	甲寅	9	30	8	21	乙酉	10	31	9	23	丙辰	11	30	10	23	丙戌	12	29	11	22	乙卯	1	28	12	22	乙酉
八	8	31	7	21	乙卯	10	1	8	22	丙戌	11	1	9	24	丁巳	12	1	10	24	丁亥	12	30	11	23	丙辰	1	29	12	23	丙戌
十	9	1	7	22	丙辰	10	2	8	23	丁亥	11	2	9	25	戊午	12	2	10	25	戊子	12	31	11	24	丁巳	1	30	12	24	丁亥
八	9	2	7	23	丁巳	10	3	8	24	戊子	11	3	9	26	己未	12	3	10	26	己丑	1	1	11	25	戊午	1	31	12	25	戊子
·	9	3	7	24	戊午	10	4	8	25	己丑	11	4	9	27	庚申	12	4	10	27	庚寅	1	2	11	26	己未	2	1	12	26	己丑
八	9	4	7	25	己未	10	5	8	26	庚寅	11	5	9	28	辛酉	12	5	10	28	辛卯	1	3	11	27	庚申	2	2	12	27	庚寅
十	9	5	7	26	庚申	10	6	8	27	辛卯	11	6	9	29	壬戌	12	6	10	29	壬辰	1	4	11	28	辛酉	2	3	12	28	辛卯
九	9	6	7	27	辛酉	10	7	8	28	壬辰	11	7	9	30	癸亥						1	5	11	29	壬戌					
年	9	7	7	28	壬戌	10	8	8	29	癸巳																				
中氣	處暑 8/23 21時51分 亥時					秋分 9/23 19時31分 戌時					霜降 10/24 4時52分 寅時					小雪 11/23 2時24分 丑時					冬至 12/22 15時43分 申時					大寒 1/21 2時23分 丑時				

年	庚辰																	
月	戊寅			己卯			庚辰			辛巳			壬午			癸未		
節氣	立春			驚蟄			清明			立夏			芒種			小暑		
	2/4 20時40分 戌時			3/5 14時42分 未時			4/4 19時31分 戌時			5/5 12時50分 午時			6/5 16時58分 申時			7/7 3時13分 寅時		
日	國曆	農曆	干支	國曆	農曆	干支	國曆	農曆	干支	國曆	農曆	干支	國曆	農曆	干支	國曆	農曆	干支
	2 4	12 29	壬辰	3 5	1 30	壬戌	4 4	2 30	壬辰	5 5	4 2	癸亥	6 5	5 4	甲午	7 7	6 6	丙寅
	2 5	1 1	癸巳	3 6	2 1	癸亥	4 5	3 1	癸巳	5 6	4 3	甲子	6 6	5 5	乙未	7 8	6 7	丁卯
	2 6	1 2	甲午	3 7	2 2	甲子	4 6	3 2	甲午	5 7	4 4	乙丑	6 7	5 6	丙申	7 9	6 8	戊辰
	2 7	1 3	乙未	3 8	2 3	乙丑	4 7	3 3	乙未	5 8	4 5	丙寅	6 8	5 7	丁酉	7 10	6 9	己巳
2000	2 8	1 4	丙申	3 9	2 4	丙寅	4 8	3 4	丙申	5 9	4 6	丁卯	6 9	5 8	戊戌	7 11	6 10	庚午
	2 9	1 5	丁酉	3 10	2 5	丁卯	4 9	3 5	丁酉	5 10	4 7	戊辰	6 10	5 9	己亥	7 12	6 11	辛未
	2 10	1 6	戊戌	3 11	2 6	戊辰	4 10	3 6	戊戌	5 11	4 8	己巳	6 11	5 10	庚子	7 13	6 12	壬申
	2 11	1 7	己亥	3 12	2 7	己巳	4 11	3 7	己亥	5 12	4 9	庚午	6 12	5 11	辛丑	7 14	6 13	癸酉
	2 12	1 8	庚子	3 13	2 8	庚午	4 12	3 8	庚子	5 13	4 10	辛未	6 13	5 12	壬寅	7 15	6 14	甲戌
	2 13	1 9	辛丑	3 14	2 9	辛未	4 13	3 9	辛丑	5 14	4 11	壬申	6 14	5 13	癸卯	7 16	6 15	乙亥
	2 14	1 10	壬寅	3 15	2 10	壬申	4 14	3 10	壬寅	5 15	4 12	癸酉	6 15	5 14	甲辰	7 17	6 16	丙子
	2 15	1 11	癸卯	3 16	2 11	癸酉	4 15	3 11	癸卯	5 16	4 13	甲戌	6 16	5 15	乙巳	7 18	6 17	丁丑
	2 16	1 12	甲辰	3 17	2 12	甲戌	4 16	3 12	甲辰	5 17	4 14	乙亥	6 17	5 16	丙午	7 19	6 18	戊寅
龍	2 17	1 13	乙巳	3 18	2 13	乙亥	4 17	3 13	乙巳	5 18	4 15	丙子	6 18	5 17	丁未	7 20	6 19	己卯
	2 18	1 14	丙午	3 19	2 14	丙子	4 18	3 14	丙午	5 19	4 16	丁丑	6 19	5 18	戊申	7 21	6 20	庚辰
	2 19	1 15	丁未	3 20	2 15	丁丑	4 19	3 15	丁未	5 20	4 17	戊寅	6 20	5 19	己酉	7 22	6 21	辛巳
	2 20	1 16	戊申	3 21	2 16	戊寅	4 20	3 16	戊申	5 21	4 18	己卯	6 21	5 20	庚戌	7 23	6 22	壬午
	2 21	1 17	己酉	3 22	2 17	己卯	4 21	3 17	己酉	5 22	4 19	庚辰	6 22	5 21	辛亥	7 24	6 23	癸未
	2 22	1 18	庚戌	3 23	2 18	庚辰	4 22	3 18	庚戌	5 23	4 20	辛巳	6 23	5 22	壬子	7 25	6 24	甲申
	2 23	1 19	辛亥	3 24	2 19	辛巳	4 23	3 19	辛亥	5 24	4 21	壬午	6 24	5 23	癸丑	7 26	6 25	乙酉
	2 24	1 20	壬子	3 25	2 20	壬午	4 24	3 20	壬子	5 25	4 22	癸未	6 25	5 24	甲寅	7 27	6 26	丙戌
中華民國八十九年	2 25	1 21	癸丑	3 26	2 21	癸未	4 25	3 21	癸丑	5 26	4 23	甲申	6 26	5 25	乙卯	7 28	6 27	丁亥
	2 26	1 22	甲寅	3 27	2 22	甲申	4 26	3 22	甲寅	5 27	4 24	乙酉	6 27	5 26	丙辰	7 29	6 28	戊子
	2 27	1 23	乙卯	3 28	2 23	乙酉	4 27	3 23	乙卯	5 28	4 25	丙戌	6 28	5 27	丁巳	7 30	6 29	己丑
	2 28	1 24	丙辰	3 29	2 24	丙戌	4 28	3 24	丙辰	5 29	4 26	丁亥	6 29	5 28	戊午	7 31	7 1	庚寅
	2 29	1 25	丁巳	3 30	2 25	丁亥	4 29	3 25	丁巳	5 30	4 27	戊子	6 30	5 29	己未	8 1	7 2	辛卯
	3 1	1 26	戊午	3 31	2 26	戊子	4 30	3 26	戊午	5 31	4 28	己丑	7 1	5 30	庚申	8 2	7 3	壬辰
	3 2	1 27	己未	4 1	2 27	己丑	5 1	3 27	己未	6 1	4 29	庚寅	7 2	6 1	辛酉	8 3	7 4	癸巳
	3 3	1 28	庚申	4 2	2 28	庚寅	5 2	3 28	庚申	6 2	5 1	辛卯	7 3	6 2	壬戌	8 4	7 5	甲午
	3 4	1 29	辛酉	4 3	2 29	辛卯	5 3	3 29	辛酉	6 3	5 2	壬辰	7 4	6 3	癸亥	8 5	7 6	乙未
							5 4	4 1	壬戌	6 4	5 3	癸巳	7 5	6 4	甲子	8 6	7 7	丙申
													7 6	6 5	乙丑			
中氣	雨水			春分			穀雨			小滿			夏至			大暑		
	2/19 16時33分 申時			3/20 15時35分 申時			4/20 2時39分 丑時			5/21 1時49分 丑時			6/21 9時47分 巳時			7/22 20時42分 戌時		

年	庚辰														
月	甲申					乙酉					丙戌				
節氣	立秋 8/7 13時2分 未時					白露 9/7 15時59分 申時					寒露 10/8 7時38分 辰時				
日	國曆		農曆		干支	國曆		農曆		干支	國曆		農曆		干支
	8	7	7	8	丁酉	9	7	8	10	戊辰	10	8	9	11	己亥
	8	8	7	9	戊戌	9	8	8	11	己巳	10	9	9	12	庚子
	8	9	7	10	己亥	9	9	8	12	庚午	10	10	9	13	辛丑
	8	10	7	11	庚子	9	10	8	13	辛未	10	11	9	14	壬寅
	8	11	7	12	辛丑	9	11	8	14	壬申	10	12	9	15	癸卯
	8	12	7	13	壬寅	9	12	8	15	癸酉	10	13	9	16	甲辰
	8	13	7	14	癸卯	9	13	8	16	甲戌	10	14	9	17	乙巳
	8	14	7	15	甲辰	9	14	8	17	乙亥	10	15	9	18	丙午
	8	15	7	16	乙巳	9	15	8	18	丙子	10	16	9	19	丁未
	8	16	7	17	丙午	9	16	8	19	丁丑	10	17	9	20	戊申
	8	17	7	18	丁未	9	17	8	20	戊寅	10	18	9	21	己酉
	8	18	7	19	戊申	9	18	8	21	己卯	10	19	9	22	庚戌
	8	19	7	20	己酉	9	19	8	22	庚辰	10	20	9	23	辛亥
	8	20	7	21	庚戌	9	20	8	23	辛巳	10	21	9	24	壬子
	8	21	7	22	辛亥	9	21	8	24	壬午	10	22	9	25	癸丑
	8	22	7	23	壬子	9	22	8	25	癸未	10	23	9	26	甲寅
	8	23	7	24	癸丑	9	23	8	26	甲申	10	24	9	27	乙卯
	8	24	7	25	甲寅	9	24	8	27	乙酉	10	25	9	28	丙辰
	8	25	7	26	乙卯	9	25	8	28	丙戌	10	26	9	29	丁巳
	8	26	7	27	丙辰	9	26	8	29	丁亥	10	27	10	1	戊午
	8	27	7	28	丁巳	9	27	8	30	戊子	10	28	10	2	己未
	8	28	7	29	戊午	9	28	9	1	己丑	10	29	10	3	庚申
	8	29	8	1	己未	9	29	9	2	庚寅	10	30	10	4	辛酉
	8	30	8	2	庚申	9	30	9	3	辛卯	10	31	10	5	壬戌
	8	31	8	3	辛酉	10	1	9	4	壬辰	11	1	10	6	癸亥
	9	1	8	4	壬戌	10	2	9	5	癸巳	11	2	10	7	甲子
	9	2	8	5	癸亥	10	3	9	6	甲午	11	3	10	8	乙丑
	9	3	8	6	甲子	10	4	9	7	乙未	11	4	10	9	丙寅
	9	4	8	7	乙丑	10	5	9	8	丙申	11	5	10	10	丁卯
	9	5	8	8	丙寅	10	6	9	9	丁酉	11	6	10	11	戊辰
	9	6	8	9	丁卯	10	7	9	10	戊戌					
中氣	處暑 8/23 3時48分 寅時					秋分 9/23 1時27分 丑時					霜降 10/23 10時47分 巳時				

年	庚辰														
月	丁亥					戊子					己丑				
節氣	立冬 11/7 10時48分 巳時					大雪 12/7 3時37分 寅時					小寒 1/5 14時49分 未時				
日	國曆		農曆		干支	國曆		農曆		干支	國曆		農曆		干支
	11	7	10	12	己巳	12	7	11	12	己亥	1	5	12	11	戊辰
	11	8	10	13	庚午	12	8	11	13	庚子	1	6	12	12	己巳
	11	9	10	14	辛未	12	9	11	14	辛丑	1	7	12	13	庚午
	11	10	10	15	壬申	12	10	11	15	壬寅	1	8	12	14	辛未
	11	11	10	16	癸酉	12	11	11	16	癸卯	1	9	12	15	壬申
	11	12	10	17	甲戌	12	12	11	17	甲辰	1	10	12	16	癸酉
	11	13	10	18	乙亥	12	13	11	18	乙巳	1	11	12	17	甲戌
	11	14	10	19	丙子	12	14	11	19	丙午	1	12	12	18	乙亥
	11	15	10	20	丁丑	12	15	11	20	丁未	1	13	12	19	丙子
	11	16	10	21	戊寅	12	16	11	21	戊申	1	14	12	20	丁丑
	11	17	10	22	己卯	12	17	11	22	己酉	1	15	12	21	戊寅
	11	18	10	23	庚辰	12	18	11	23	庚戌	1	16	12	22	己卯
	11	19	10	24	辛巳	12	19	11	24	辛亥	1	17	12	23	庚辰
	11	20	10	25	壬午	12	20	11	25	壬子	1	18	12	24	辛巳
	11	21	10	26	癸未	12	21	11	26	癸丑	1	19	12	25	壬午
	11	22	10	27	甲申	12	22	11	27	甲寅	1	20	12	26	癸未
	11	23	10	28	乙酉	12	23	11	28	乙卯	1	21	12	27	甲申
	11	24	10	29	丙戌	12	24	11	29	丙辰	1	22	12	28	乙酉
	11	25	10	30	丁亥	12	25	11	30	丁巳	1	23	12	29	丙戌
	11	26	11	1	戊子	12	26	12	1	戊午	1	24	1	1	丁亥
	11	27	11	2	己丑	12	27	12	2	己未	1	25	1	2	戊子
	11	28	11	3	庚寅	12	28	12	3	庚申	1	26	1	3	己丑
	11	29	11	4	辛卯	12	29	12	4	辛酉	1	27	1	4	庚寅
	11	30	11	5	壬辰	12	30	12	5	壬戌	1	28	1	5	辛卯
	12	1	11	6	癸巳	12	31	12	6	癸亥	1	29	1	6	壬辰
	12	2	11	7	甲午	1	1	12	7	甲子	1	30	1	7	癸巳
	12	3	11	8	乙未	1	2	12	8	乙丑	1	31	1	8	甲午
	12	4	11	9	丙申	1	3	12	9	丙寅	2	1	1	9	乙未
	12	5	11	10	丁酉	1	4	12	10	丁卯	2	2	1	10	丙申
	12	6	11	11	戊戌						2	3	1	11	丁酉
中氣	小雪 11/22 8時19分 辰時					冬至 12/21 21時37分 亥時					大寒 1/20 8時16分 辰時				

2000·2001 龍 中華民國八十九·九十年

2001 蛇 中華民國九十年

年	辛巳																													
月	庚寅					辛卯					壬辰					癸巳					甲午					乙未				
節	立春					驚蟄					清明					立夏					芒種					小暑				
氣	2/4 2時28分 丑時					3/5 20時32分 戌時					4/5 1時24分 丑時					5/5 18時44分 酉時					6/5 22時53分 亥時					7/7 9時6分 巳時				
日	國曆		農曆		干支	國曆		農曆		干支	國曆		農曆		干支	國曆		農曆		干支	國曆		農曆		干支	國曆		農曆		干支
	2	4	1	12	戊戌	3	5	2	11	丁卯	4	5	3	12	戊戌	5	5	4	13	戊辰	6	5	4	14	己亥	7	7	5	17	辛未
	2	5	1	13	己亥	3	6	2	12	戊辰	4	6	3	13	己亥	5	6	4	14	己巳	6	6	4	15	庚子	7	8	5	18	壬申
	2	6	1	14	庚子	3	7	2	13	己巳	4	7	3	14	庚子	5	7	4	15	庚午	6	7	4	16	辛丑	7	9	5	19	癸酉
	2	7	1	15	辛丑	3	8	2	14	庚午	4	8	3	15	辛丑	5	8	4	16	辛未	6	8	4	17	壬寅	7	10	5	20	甲戌
	2	8	1	16	壬寅	3	9	2	15	辛未	4	9	3	16	壬寅	5	9	4	17	壬申	6	9	4	18	癸卯	7	11	5	21	乙亥
	2	9	1	17	癸卯	3	10	2	16	壬申	4	10	3	17	癸卯	5	10	4	18	癸酉	6	10	4	19	甲辰	7	12	5	22	丙子
	2	10	1	18	甲辰	3	11	2	17	癸酉	4	11	3	18	甲辰	5	11	4	19	甲戌	6	11	4	20	乙巳	7	13	5	23	丁丑
	2	11	1	19	乙巳	3	12	2	18	甲戌	4	12	3	19	乙巳	5	12	4	20	乙亥	6	12	4	21	丙午	7	14	5	24	戊寅
	2	12	1	20	丙午	3	13	2	19	乙亥	4	13	3	20	丙午	5	13	4	21	丙子	6	13	4	22	丁未	7	15	5	25	己卯
	2	13	1	21	丁未	3	14	2	20	丙子	4	14	3	21	丁未	5	14	4	22	丁丑	6	14	4	23	戊申	7	16	5	26	庚辰
	2	14	1	22	戊申	3	15	2	21	丁丑	4	15	3	22	戊申	5	15	4	23	戊寅	6	15	4	24	己酉	7	17	5	27	辛巳
	2	15	1	23	己酉	3	16	2	22	戊寅	4	16	3	23	己酉	5	16	4	24	己卯	6	16	4	25	庚戌	7	18	5	28	壬午
	2	16	1	24	庚戌	3	17	2	23	己卯	4	17	3	24	庚戌	5	17	4	25	庚辰	6	17	4	26	辛亥	7	19	5	29	癸未
	2	17	1	25	辛亥	3	18	2	24	庚辰	4	18	3	25	辛亥	5	18	4	26	辛巳	6	18	4	27	壬子	7	20	5	30	甲申
	2	18	1	26	壬子	3	19	2	25	辛巳	4	19	3	26	壬子	5	19	4	27	壬午	6	19	4	28	癸丑	7	21	6	1	乙酉
	2	19	1	27	癸丑	3	20	2	26	壬午	4	20	3	27	癸丑	5	20	4	28	癸未	6	20	4	29	甲寅	7	22	6	2	丙戌
	2	20	1	28	甲寅	3	21	2	27	癸未	4	21	3	28	甲寅	5	21	4	29	甲申	6	21	5	1	乙卯	7	23	6	3	丁亥
	2	21	1	29	乙卯	3	22	2	28	甲申	4	22	3	29	乙卯	5	22	4	30	乙酉	6	22	5	2	丙辰	7	24	6	4	戊子
	2	22	1	30	丙辰	3	23	2	29	乙酉	4	23	4	1	丙辰	5	23	閏4	1	丙戌	6	23	5	3	丁巳	7	25	6	5	己丑
	2	23	2	1	丁巳	3	24	2	30	丙戌	4	24	4	2	丁巳	5	24	4	2	丁亥	6	24	5	4	戊午	7	26	6	6	庚寅
	2	24	2	2	戊午	3	25	3	1	丁亥	4	25	4	3	戊午	5	25	4	3	戊子	6	25	5	5	己未	7	27	6	7	辛卯
	2	25	2	3	己未	3	26	3	2	戊子	4	26	4	4	己未	5	26	4	4	己丑	6	26	5	6	庚申	7	28	6	8	壬辰
	2	26	2	4	庚申	3	27	3	3	己丑	4	27	4	5	庚申	5	27	4	5	庚寅	6	27	5	7	辛酉	7	29	6	9	癸巳
	2	27	2	5	辛酉	3	28	3	4	庚寅	4	28	4	6	辛酉	5	28	4	6	辛卯	6	28	5	8	壬戌	7	30	6	10	甲午
	2	28	2	6	壬戌	3	29	3	5	辛卯	4	29	4	7	壬戌	5	29	4	7	壬辰	6	29	5	9	癸亥	7	31	6	11	乙未
	3	1	2	7	癸亥	3	30	3	6	壬辰	4	30	4	8	癸亥	5	30	4	8	癸巳	6	30	5	10	甲子	8	1	6	12	丙申
	3	2	2	8	甲子	3	31	3	7	癸巳	5	1	4	9	甲子	5	31	4	9	甲午	7	1	5	11	乙丑	8	2	6	13	丁酉
	3	3	2	9	乙丑	4	1	3	8	甲午	5	2	4	10	乙丑	6	1	4	10	乙未	7	2	5	12	丙寅	8	3	6	14	戊戌
	3	4	2	10	丙寅	4	2	3	9	乙未	5	3	4	11	丙寅	6	2	4	11	丙申	7	3	5	13	丁卯	8	4	6	15	己亥
						4	3	3	10	丙申	5	4	4	12	丁卯	6	3	4	12	丁酉	7	4	5	14	戊辰	8	5	6	16	庚子
						4	4	3	11	丁酉						6	4	4	13	戊戌	7	5	5	15	己巳	8	6	6	17	辛丑
																					7	6	5	16	庚午					
中	雨水					春分					穀雨					小滿					夏至					大暑				
氣	2/18 22時27分 亥時					3/20 21時30分 亥時					4/20 8時35分 辰時					5/21 7時44分 辰時					6/21 15時37分 申時					7/23 2時26分 丑時				

年	辛巳																	
月	丙申			丁酉			戊戌			己亥			庚子			辛丑		
節氣	立秋 8/7 18時52分 酉時			白露 9/7 21時46分 亥時			寒露 10/8 13時25分 未時			立冬 11/7 16時36分 申時			大雪 12/7 9時28分 巳時			小寒 1/5 20時43分 戌時		
日	國曆	農曆	干支	國曆	農曆	干支	國曆	農曆	干支	國曆	農曆	干支	國曆	農曆	干支	國曆	農曆	干支
2001・2002 蛇 中華民國九十・九十一年	8 7	6 18	壬寅	9 7	7 20	癸酉	10 8	8 22	甲辰	11 7	9 22	甲戌	12 7	10 23	甲辰	1 5	11 22	癸酉
	8 8	6 19	癸卯	9 8	7 21	甲戌	10 9	8 23	乙巳	11 8	9 23	乙亥	12 8	10 24	乙巳	1 6	11 23	甲戌
	8 9	6 20	甲辰	9 9	7 22	乙亥	10 10	8 24	丙午	11 9	9 24	丙子	12 9	10 25	丙午	1 7	11 24	乙亥
	8 10	6 21	乙巳	9 10	7 23	丙子	10 11	8 25	丁未	11 10	9 25	丁丑	12 10	10 26	丁未	1 8	11 25	丙子
	8 11	6 22	丙午	9 11	7 24	丁丑	10 12	8 26	戊申	11 11	9 26	戊寅	12 11	10 27	戊申	1 9	11 26	丁丑
	8 12	6 23	丁未	9 12	7 25	戊寅	10 13	8 27	己酉	11 12	9 27	己卯	12 12	10 28	己酉	1 10	11 27	戊寅
	8 13	6 24	戊申	9 13	7 26	己卯	10 14	8 28	庚戌	11 13	9 28	庚辰	12 13	10 29	庚戌	1 11	11 28	己卯
	8 14	6 25	己酉	9 14	7 27	庚辰	10 15	8 29	辛亥	11 14	9 29	辛巳	12 14	10 30	辛亥	1 12	11 29	庚辰
	8 15	6 26	庚戌	9 15	7 28	辛巳	10 16	8 30	壬子	11 15	10 1	壬午	12 15	11 1	壬子	1 13	12 1	辛巳
	8 16	6 27	辛亥	9 16	7 29	壬午	10 17	9 1	癸丑	11 16	10 2	癸未	12 16	11 2	癸丑	1 14	12 2	壬午
	8 17	6 28	壬子	9 17	8 1	癸未	10 18	9 2	甲寅	11 17	10 3	甲申	12 17	11 3	甲寅	1 15	12 3	癸未
	8 18	6 29	癸丑	9 18	8 2	甲申	10 19	9 3	乙卯	11 18	10 4	乙酉	12 18	11 4	乙卯	1 16	12 4	甲申
	8 19	7 1	甲寅	9 19	8 3	乙酉	10 20	9 4	丙辰	11 19	10 5	丙戌	12 19	11 5	丙辰	1 17	12 5	乙酉
	8 20	7 2	乙卯	9 20	8 4	丙戌	10 21	9 5	丁巳	11 20	10 6	丁亥	12 20	11 6	丁巳	1 18	12 6	丙戌
	8 21	7 3	丙辰	9 21	8 5	丁亥	10 22	9 6	戊午	11 21	10 7	戊子	12 21	11 7	戊午	1 19	12 7	丁亥
	8 22	7 4	丁巳	9 22	8 6	戊子	10 23	9 7	己未	11 22	10 8	己丑	12 22	11 8	己未	1 20	12 8	戊子
	8 23	7 5	戊午	9 23	8 7	己丑	10 24	9 8	庚申	11 23	10 9	庚寅	12 23	11 9	庚申	1 21	12 9	己丑
	8 24	7 6	己未	9 24	8 8	庚寅	10 25	9 9	辛酉	11 24	10 10	辛卯	12 24	11 10	辛酉	1 22	12 10	庚寅
	8 25	7 7	庚申	9 25	8 9	辛卯	10 26	9 10	壬戌	11 25	10 11	壬辰	12 25	11 11	壬戌	1 23	12 11	辛卯
	8 26	7 8	辛酉	9 26	8 10	壬辰	10 27	9 11	癸亥	11 26	10 12	癸巳	12 26	11 12	癸亥	1 24	12 12	壬辰
	8 27	7 9	壬戌	9 27	8 11	癸巳	10 28	9 12	甲子	11 27	10 13	甲午	12 27	11 13	甲子	1 25	12 13	癸巳
	8 28	7 10	癸亥	9 28	8 12	甲午	10 29	9 13	乙丑	11 28	10 14	乙未	12 28	11 14	乙丑	1 26	12 14	甲午
	8 29	7 11	甲子	9 29	8 13	乙未	10 30	9 14	丙寅	11 29	10 15	丙申	12 29	11 15	丙寅	1 27	12 15	乙未
	8 30	7 12	乙丑	9 30	8 14	丙申	10 31	9 15	丁卯	11 30	10 16	丁酉	12 30	11 16	丁卯	1 28	12 16	丙申
	8 31	7 13	丙寅	10 1	8 15	丁酉	11 1	9 16	戊辰	12 1	10 17	戊戌	12 31	11 17	戊辰	1 29	12 17	丁酉
	9 1	7 14	丁卯	10 2	8 16	戊戌	11 2	9 17	己巳	12 2	10 18	己亥	1 1	11 18	己巳	1 30	12 18	戊戌
	9 2	7 15	戊辰	10 3	8 17	己亥	11 3	9 18	庚午	12 3	10 19	庚子	1 2	11 19	庚午	1 31	12 19	己亥
	9 3	7 16	己巳	10 4	8 18	庚子	11 4	9 19	辛未	12 4	10 20	辛丑	1 3	11 20	辛未	2 1	12 20	庚子
	9 4	7 17	庚午	10 5	8 19	辛丑	11 5	9 20	壬申	12 5	10 21	壬寅	1 4	11 21	壬申	2 2	12 21	辛丑
	9 5	7 18	辛未	10 6	8 20	壬寅	11 6	9 21	癸酉	12 6	10 22	癸卯				2 3	12 22	壬寅
	9 6	7 19	壬申	10 7	8 21	癸卯												
中氣	處暑 8/23 9時27分 巳時			秋分 9/23 7時4分 辰時			霜降 10/23 16時25分 申時			小雪 11/22 14時0分 未時			冬至 12/22 3時21分 寅時			大寒 1/20 14時2分 未時		

年	壬午																	
月	壬寅			癸卯			甲辰			乙巳			丙午			丁未		
節氣	立春			驚蛰			清明			立夏			芒種			小暑		
	2/4 8時24分 辰時			3/6 2時27分 丑時			4/5 7時18分 辰時			5/6 0時37分 子時			6/6 4時44分 寅時			7/7 14時56分 未時		
日	國曆	農曆	干支	國曆	農曆	干支	國曆	農曆	干支	國曆	農曆	干支	國曆	農曆	干支	國曆	農曆	干支
2002	2 4	12 23	癸卯	3 6	1 23	癸酉	4 5	2 23	癸卯	5 6	3 24	甲戌	6 6	4 26	乙巳	7 7	5 27	丙子
	2 5	12 24	甲辰	3 7	1 24	甲戌	4 6	2 24	甲辰	5 7	3 25	乙亥	6 7	4 27	丙午	7 8	5 28	丁丑
	2 6	12 25	乙巳	3 8	1 25	乙亥	4 7	2 25	乙巳	5 8	3 26	丙子	6 8	4 28	丁未	7 9	5 29	戊寅
	2 7	12 26	丙午	3 9	1 26	丙子	4 8	2 26	丙午	5 9	3 27	丁丑	6 9	4 29	戊申	7 10	6 1	己卯
	2 8	12 27	丁未	3 10	1 27	丁丑	4 9	2 27	丁未	5 10	3 28	戊寅	6 10	4 30	己酉	7 11	6 2	庚辰
	2 9	12 28	戊申	3 11	1 28	戊寅	4 10	2 28	戊申	5 11	3 29	己卯	6 11	5 1	庚戌	7 12	6 3	辛巳
	2 10	12 29	己酉	3 12	1 29	己卯	4 11	2 29	己酉	5 12	4 1	庚辰	6 12	5 2	辛亥	7 13	6 4	壬午
	2 11	12 30	庚戌	3 13	1 30	庚辰	4 12	2 30	庚戌	5 13	4 2	辛巳	6 13	5 3	壬子	7 14	6 5	癸未
	2 12	1 1	辛亥	3 14	2 1	辛巳	4 13	3 1	辛亥	5 14	4 3	壬午	6 14	5 4	癸丑	7 15	6 6	甲申
	2 13	1 2	壬子	3 15	2 2	壬午	4 14	3 2	壬子	5 15	4 4	癸未	6 15	5 5	甲寅	7 16	6 7	乙酉
	2 14	1 3	癸丑	3 16	2 3	癸未	4 15	3 3	癸丑	5 16	4 5	甲申	6 16	5 6	乙卯	7 17	6 8	丙戌
	2 15	1 4	甲寅	3 17	2 4	甲申	4 16	3 4	甲寅	5 17	4 6	乙酉	6 17	5 7	丙辰	7 18	6 9	丁亥
	2 16	1 5	乙卯	3 18	2 5	乙酉	4 17	3 5	乙卯	5 18	4 7	丙戌	6 18	5 8	丁巳	7 19	6 10	戊子
馬	2 17	1 6	丙辰	3 19	2 6	丙戌	4 18	3 6	丙辰	5 19	4 8	丁亥	6 19	5 9	戊午	7 20	6 11	己丑
	2 18	1 7	丁巳	3 20	2 7	丁亥	4 19	3 7	丁巳	5 20	4 9	戊子	6 20	5 10	己未	7 21	6 12	庚寅
	2 19	1 8	戊午	3 21	2 8	戊子	4 20	3 8	戊午	5 21	4 10	己丑	6 21	5 11	庚申	7 22	6 13	辛卯
	2 20	1 9	己未	3 22	2 9	己丑	4 21	3 9	己未	5 22	4 11	庚寅	6 22	5 12	辛酉	7 23	6 14	壬辰
	2 21	1 10	庚申	3 23	2 10	庚寅	4 22	3 10	庚申	5 23	4 12	辛卯	6 23	5 13	壬戌	7 24	6 15	癸巳
	2 22	1 11	辛酉	3 24	2 11	辛卯	4 23	3 11	辛酉	5 24	4 13	壬辰	6 24	5 14	癸亥	7 25	6 16	甲午
	2 23	1 12	壬戌	3 25	2 12	壬辰	4 24	3 12	壬戌	5 25	4 14	癸巳	6 25	5 15	甲子	7 26	6 17	乙未
	2 24	1 13	癸亥	3 26	2 13	癸巳	4 25	3 13	癸亥	5 26	4 15	甲午	6 26	5 16	乙丑	7 27	6 18	丙申
中華民國九十一年	2 25	1 14	甲子	3 27	2 14	甲午	4 26	3 14	甲子	5 27	4 16	乙未	6 27	5 17	丙寅	7 28	6 19	丁酉
	2 26	1 15	乙丑	3 28	2 15	乙未	4 27	3 15	乙丑	5 28	4 17	丙申	6 28	5 18	丁卯	7 29	6 20	戊戌
	2 27	1 16	丙寅	3 29	2 16	丙申	4 28	3 16	丙寅	5 29	4 18	丁酉	6 29	5 19	戊辰	7 30	6 21	己亥
	2 28	1 17	丁卯	3 30	2 17	丁酉	4 29	3 17	丁卯	5 30	4 19	戊戌	6 30	5 20	己巳	7 31	6 22	庚子
	3 1	1 18	戊辰	3 31	2 18	戊戌	4 30	3 18	戊辰	5 31	4 20	己亥	7 1	5 21	庚午	8 1	6 23	辛丑
	3 2	1 19	己巳	4 1	2 19	己亥	5 1	3 19	己巳	6 1	4 21	庚子	7 2	5 22	辛未	8 2	6 24	壬寅
	3 3	1 20	庚午	4 2	2 20	庚子	5 2	3 20	庚午	6 2	4 22	辛丑	7 3	5 23	壬申	8 3	6 25	癸卯
	3 4	1 21	辛未	4 3	2 21	辛丑	5 3	3 21	辛未	6 3	4 23	壬寅	7 4	5 24	癸酉	8 4	6 26	甲辰
	3 5	1 22	壬申	4 4	2 22	壬寅	5 4	3 22	壬申	6 4	4 24	癸卯	7 5	5 25	甲戌	8 5	6 27	乙巳
							5 5	3 23	癸酉	6 5	4 25	甲辰	7 6	5 26	乙亥	8 6	6 28	丙午
																8 7	6 29	丁未
中氣	雨水			春分			穀雨			小滿			夏至			大暑		
	2/19 4時13分 寅時			3/21 3時16分 寅時			4/20 14時20分 未時			5/21 13時29分 未時			6/21 21時24分 亥時			7/23 8時14分 辰時		

壬午																														年
戊申					己酉					庚戌					辛亥					壬子					癸丑					月
立秋					白露					寒露					立冬					大雪					小寒					節氣
8/8 0時39分 子時					9/8 3時31分 寅時					10/8 19時9分 戌時					11/7 22時21分 亥時					12/7 15時14分 申時					1/6 2時27分 丑時					
國曆		農曆		干支	國曆		農曆		干支	國曆		農曆		干支	國曆		農曆		干支	國曆		農曆		干支	國曆		農曆		干支	日
8	8	6	30	戊申	9	8	8	2	己卯	10	8	9	3	己酉	11	7	10	3	己卯	12	7	11	4	己酉	1	6	12	4	己卯	
8	9	7	1	己酉	9	9	8	3	庚辰	10	9	9	4	庚戌	11	8	10	4	庚辰	12	8	11	5	庚戌	1	7	12	5	庚辰	
8	10	7	2	庚戌	9	10	8	4	辛巳	10	10	9	5	辛亥	11	9	10	5	辛巳	12	9	11	6	辛亥	1	8	12	6	辛巳	
8	11	7	3	辛亥	9	11	8	5	壬午	10	11	9	6	壬子	11	10	10	6	壬午	12	10	11	7	壬子	1	9	12	7	壬午	
8	12	7	4	壬子	9	12	8	6	癸未	10	12	9	7	癸丑	11	11	10	7	癸未	12	11	11	8	癸丑	1	10	12	8	癸未	
8	13	7	5	癸丑	9	13	8	7	甲申	10	13	9	8	甲寅	11	12	10	8	甲申	12	12	11	9	甲寅	1	11	12	9	甲申	
8	14	7	6	甲寅	9	14	8	8	乙酉	10	14	9	9	乙卯	11	13	10	9	乙酉	12	13	11	10	乙卯	1	12	12	10	乙酉	
8	15	7	7	乙卯	9	15	8	9	丙戌	10	15	9	10	丙辰	11	14	10	10	丙戌	12	14	11	11	丙辰	1	13	12	11	丙戌	
8	16	7	8	丙辰	9	16	8	10	丁亥	10	16	9	11	丁巳	11	15	10	11	丁亥	12	15	11	12	丁巳	1	14	12	12	丁亥	
8	17	7	9	丁巳	9	17	8	11	戊子	10	17	9	12	戊午	11	16	10	12	戊子	12	16	11	13	戊午	1	15	12	13	戊子	
8	18	7	10	戊午	9	18	8	12	己丑	10	18	9	13	己未	11	17	10	13	己丑	12	17	11	14	己未	1	16	12	14	己丑	
8	19	7	11	己未	9	19	8	13	庚寅	10	19	9	14	庚申	11	18	10	14	庚寅	12	18	11	15	庚申	1	17	12	15	庚寅	
8	20	7	12	庚申	9	20	8	14	辛卯	10	20	9	15	辛酉	11	19	10	15	辛卯	12	19	11	16	辛酉	1	18	12	16	辛卯	
8	21	7	13	辛酉	9	21	8	15	壬辰	10	21	9	16	壬戌	11	20	10	16	壬辰	12	20	11	17	壬戌	1	19	12	17	壬辰	
8	22	7	14	壬戌	9	22	8	16	癸巳	10	22	9	17	癸亥	11	21	10	17	癸巳	12	21	11	18	癸亥	1	20	12	18	癸巳	
8	23	7	15	癸亥	9	23	8	17	甲午	10	23	9	18	甲子	11	22	10	18	甲午	12	22	11	19	甲子	1	21	12	19	甲午	
8	24	7	16	甲子	9	24	8	18	乙未	10	24	9	19	乙丑	11	23	10	19	乙未	12	23	11	20	乙丑	1	22	12	20	乙未	
8	25	7	17	乙丑	9	25	8	19	丙申	10	25	9	20	丙寅	11	24	10	20	丙申	12	24	11	21	丙寅	1	23	12	21	丙申	
8	26	7	18	丙寅	9	26	8	20	丁酉	10	26	9	21	丁卯	11	25	10	21	丁酉	12	25	11	22	丁卯	1	24	12	22	丁酉	
8	27	7	19	丁卯	9	27	8	21	戊戌	10	27	9	22	戊辰	11	26	10	22	戊戌	12	26	11	23	戊辰	1	25	12	23	戊戌	
8	28	7	20	戊辰	9	28	8	22	己亥	10	28	9	23	己巳	11	27	10	23	己亥	12	27	11	24	己巳	1	26	12	24	己亥	
8	29	7	21	己巳	9	29	8	23	庚子	10	29	9	24	庚午	11	28	10	24	庚子	12	28	11	25	庚午	1	27	12	25	庚子	
8	30	7	22	庚午	9	30	8	24	辛丑	10	30	9	25	辛未	11	29	10	25	辛丑	12	29	11	26	辛未	1	28	12	26	辛丑	
8	31	7	23	辛未	10	1	8	25	壬寅	10	31	9	26	壬申	11	30	10	26	壬寅	12	30	11	27	壬申	1	29	12	27	壬寅	
9	1	7	24	壬申	10	2	8	26	癸卯	11	1	9	27	癸酉	12	1	10	27	癸卯	12	31	11	28	癸酉	1	30	12	28	癸卯	
9	2	7	25	癸酉	10	3	8	27	甲辰	11	2	9	28	甲戌	12	2	10	28	甲辰	1	1	11	29	甲戌	1	31	12	29	甲辰	
9	3	7	26	甲戌	10	4	8	28	乙巳	11	3	9	29	乙亥	12	3	10	29	乙巳	1	2	11	30	乙亥	2	1	1	1	乙巳	
9	4	7	27	乙亥	10	5	8	29	丙午	11	4	9	30	丙子	12	4	11	1	丙午	1	3	12	1	丙子	2	2	1	2	丙午	
9	5	7	28	丙子	10	6	9	1	丁未	11	5	10	1	丁丑	12	5	11	2	丁未	1	4	12	2	丁丑	2	3	1	3	丁未	
9	6	7	29	丁丑	10	7	9	2	戊申	11	6	10	2	戊寅	12	6	11	3	戊申	1	5	12	3	戊寅						
9	7	8	1	戊寅																										
處暑					秋分					霜降					小雪					冬至					大寒					中氣
8/23 15時16分 申時					9/23 12時55分 午時					10/23 22時17分 亥時					11/22 19時53分 戌時					12/22 9時14分 巳時					1/20 19時52分 戌時					

2002・2003

馬

中華民國九十一・九十二年

年	癸未																	
月	甲寅			乙卯			丙辰			丁巳			戊午			己未		
節氣	立春			驚蟄			清明			立夏			芒種			小暑		
	2/4 14時5分 未時			3/6 8時4分 辰時			4/5 12時52分 午時			5/6 6時10分 卯時			6/6 10時19分 巳時			7/7 20時35分 戌時		
日	國曆	農曆	干支	國曆	農曆	干支	國曆	農曆	干支	國曆	農曆	干支	國曆	農曆	干支	國曆	農曆	干支
	2 4	1 4	戊申	3 6	2 4	戊寅	4 5	3 4	戊申	5 6	4 6	己卯	6 6	5 7	庚戌	7 7	6 8	辛巳
	2 5	1 5	己酉	3 7	2 5	己卯	4 6	3 5	己酉	5 7	4 7	庚辰	6 7	5 8	辛亥	7 8	6 9	壬午
	2 6	1 6	庚戌	3 8	2 6	庚辰	4 7	3 6	庚戌	5 8	4 8	辛巳	6 8	5 9	壬子	7 9	6 10	癸未
	2 7	1 7	辛亥	3 9	2 7	辛巳	4 8	3 7	辛亥	5 9	4 9	壬午	6 9	5 10	癸丑	7 10	6 11	甲申
2003	2 8	1 8	壬子	3 10	2 8	壬午	4 9	3 8	壬子	5 10	4 10	癸未	6 10	5 11	甲寅	7 11	6 12	乙酉
	2 9	1 9	癸丑	3 11	2 9	癸未	4 10	3 9	癸丑	5 11	4 11	甲申	6 11	5 12	乙卯	7 12	6 13	丙戌
	2 10	1 10	甲寅	3 12	2 10	甲申	4 11	3 10	甲寅	5 12	4 12	乙酉	6 12	5 13	丙辰	7 13	6 14	丁亥
	2 11	1 11	乙卯	3 13	2 11	乙酉	4 12	3 11	乙卯	5 13	4 13	丙戌	6 13	5 14	丁巳	7 14	6 15	戊子
	2 12	1 12	丙辰	3 14	2 12	丙戌	4 13	3 12	丙辰	5 14	4 14	丁亥	6 14	5 15	戊午	7 15	6 16	己丑
	2 13	1 13	丁巳	3 15	2 13	丁亥	4 14	3 13	丁巳	5 15	4 15	戊子	6 15	5 16	己未	7 16	6 17	庚寅
	2 14	1 14	戊午	3 16	2 14	戊子	4 15	3 14	戊午	5 16	4 16	己丑	6 16	5 17	庚申	7 17	6 18	辛卯
	2 15	1 15	己未	3 17	2 15	己丑	4 16	3 15	己未	5 17	4 17	庚寅	6 17	5 18	辛酉	7 18	6 19	壬辰
	2 16	1 16	庚申	3 18	2 16	庚寅	4 17	3 16	庚申	5 18	4 18	辛卯	6 18	5 19	壬戌	7 19	6 20	癸巳
羊	2 17	1 17	辛酉	3 19	2 17	辛卯	4 18	3 17	辛酉	5 19	4 19	壬辰	6 19	5 20	癸亥	7 20	6 21	甲午
	2 18	1 18	壬戌	3 20	2 18	壬辰	4 19	3 18	壬戌	5 20	4 20	癸巳	6 20	5 21	甲子	7 21	6 22	乙未
	2 19	1 19	癸亥	3 21	2 19	癸巳	4 20	3 19	癸亥	5 21	4 21	甲午	6 21	5 22	乙丑	7 22	6 23	丙申
	2 20	1 20	甲子	3 22	2 20	甲午	4 21	3 20	甲子	5 22	4 22	乙未	6 22	5 23	丙寅	7 23	6 24	丁酉
	2 21	1 21	乙丑	3 23	2 21	乙未	4 22	3 21	乙丑	5 23	4 23	丙申	6 23	5 24	丁卯	7 24	6 25	戊戌
	2 22	1 22	丙寅	3 24	2 22	丙申	4 23	3 22	丙寅	5 24	4 24	丁酉	6 24	5 25	戊辰	7 25	6 26	己亥
	2 23	1 23	丁卯	3 25	2 23	丁酉	4 24	3 23	丁卯	5 25	4 25	戊戌	6 25	5 26	己巳	7 26	6 27	庚子
	2 24	1 24	戊辰	3 26	2 24	戊戌	4 25	3 24	戊辰	5 26	4 26	己亥	6 26	5 27	庚午	7 27	6 28	辛丑
中華民國九十二年	2 25	1 25	己巳	3 27	2 25	己亥	4 26	3 25	己巳	5 27	4 27	庚子	6 27	5 28	辛未	7 28	6 29	壬寅
	2 26	1 26	庚午	3 28	2 26	庚子	4 27	3 26	庚午	5 28	4 28	辛丑	6 28	5 29	壬申	7 29	7 1	癸卯
	2 27	1 27	辛未	3 29	2 27	辛丑	4 28	3 27	辛未	5 29	4 29	壬寅	6 29	5 30	癸酉	7 30	7 2	甲辰
	2 28	1 28	壬申	3 30	2 28	壬寅	4 29	3 28	壬申	5 30	4 30	癸卯	6 30	6 1	甲戌	7 31	7 3	乙巳
	3 1	1 29	癸酉	3 31	2 29	癸卯	4 30	3 29	癸酉	5 31	5 1	甲辰	7 1	6 2	乙亥	8 1	7 4	丙午
	3 2	1 30	甲戌	4 1	2 30	甲辰	5 1	4 1	甲戌	6 1	5 2	乙巳	7 2	6 3	丙子	8 2	7 5	丁未
	3 3	2 1	乙亥	4 2	3 1	乙巳	5 2	4 2	乙亥	6 2	5 3	丙午	7 3	6 4	丁丑	8 3	7 6	戊申
	3 4	2 2	丙子	4 3	3 2	丙午	5 3	4 3	丙子	6 3	5 4	丁未	7 4	6 5	戊寅	8 4	7 7	己酉
	3 5	2 3	丁丑	4 4	3 3	丁未	5 4	4 4	丁丑	6 4	5 5	戊申	7 5	6 6	己卯	8 5	7 8	庚戌
							5 5	4 5	戊寅	6 5	5 6	己酉	7 6	6 7	庚辰	8 6	7 9	辛亥
																8 7	7 10	壬子
中氣	雨水			春分			穀雨			小滿			夏至			大暑		
	2/19 10時0分 巳時			3/21 8時59分 辰時			4/20 20時2分 戌時			5/21 19時12分 戌時			6/22 3時10分 寅時			7/23 14時4分 未時		

年	癸未																	
月	庚申			辛酉			壬戌			癸亥			甲子			乙丑		
節氣	立秋			白露			寒露			立冬			大雪			小寒		
	8/8 6時24分 卯時			9/8 9時20分 巳時			10/9 1時0分 丑時			11/8 4時13分 寅時			12/7 21時5分 亥時			1/6 8時18分 辰時		
日	國曆	農曆	干支	國曆	農曆	干支	國曆	農曆	干支	國曆	農曆	干支	國曆	農曆	干支	國曆	農曆	干支
	8 8	7 11	癸丑	9 8	8 12	甲申	10 9	9 14	乙卯	11 8	10 15	乙酉	12 7	11 14	甲寅	1 6	12 15	甲申
	8 9	7 12	甲寅	9 9	8 13	乙酉	10 10	9 15	丙辰	11 9	10 16	丙戌	12 8	11 15	乙卯	1 7	12 16	乙酉
	8 10	7 13	乙卯	9 10	8 14	丙戌	10 11	9 16	丁巳	11 10	10 17	丁亥	12 9	11 16	丙辰	1 8	12 17	丙戌
	8 11	7 14	丙辰	9 11	8 15	丁亥	10 12	9 17	戊午	11 11	10 18	戊子	12 10	11 17	丁巳	1 9	12 18	丁亥
	8 12	7 15	丁巳	9 12	8 16	戊子	10 13	9 18	己未	11 12	10 19	己丑	12 11	11 18	戊午	1 10	12 19	戊子
	8 13	7 16	戊午	9 13	8 17	己丑	10 14	9 19	庚申	11 13	10 20	庚寅	12 12	11 19	己未	1 11	12 20	己丑
	8 14	7 17	己未	9 14	8 18	庚寅	10 15	9 20	辛酉	11 14	10 21	辛卯	12 13	11 20	庚申	1 12	12 21	庚寅
	8 15	7 18	庚申	9 15	8 19	辛卯	10 16	9 21	壬戌	11 15	10 22	壬辰	12 14	11 21	辛酉	1 13	12 22	辛卯
	8 16	7 19	辛酉	9 16	8 20	壬辰	10 17	9 22	癸亥	11 16	10 23	癸巳	12 15	11 22	壬戌	1 14	12 23	壬辰
	8 17	7 20	壬戌	9 17	8 21	癸巳	10 18	9 23	甲子	11 17	10 24	甲午	12 16	11 23	癸亥	1 15	12 24	癸巳
	8 18	7 21	癸亥	9 18	8 22	甲午	10 19	9 24	乙丑	11 18	10 25	乙未	12 17	11 24	甲子	1 16	12 25	甲午
	8 19	7 22	甲子	9 19	8 23	乙未	10 20	9 25	丙寅	11 19	10 26	丙申	12 18	11 25	乙丑	1 17	12 26	乙未
	8 20	7 23	乙丑	9 20	8 24	丙申	10 21	9 26	丁卯	11 20	10 27	丁酉	12 19	11 26	丙寅	1 18	12 27	丙申
	8 21	7 24	丙寅	9 21	8 25	丁酉	10 22	9 27	戊辰	11 21	10 28	戊戌	12 20	11 27	丁卯	1 19	12 28	丁酉
	8 22	7 25	丁卯	9 22	8 26	戊戌	10 23	9 28	己巳	11 22	10 29	己亥	12 21	11 28	戊辰	1 20	12 29	戊戌
	8 23	7 26	戊辰	9 23	8 27	己亥	10 24	9 29	庚午	11 23	10 30	庚子	12 22	11 29	己巳	1 21	12 30	己亥
	8 24	7 27	己巳	9 24	8 28	庚子	10 25	10 1	辛未	11 24	11 1	辛丑	12 23	12 1	庚午	1 22	1 1	庚子
	8 25	7 28	庚午	9 25	8 29	辛丑	10 26	10 2	壬申	11 25	11 2	壬寅	12 24	12 2	辛未	1 23	1 2	辛丑
	8 26	7 29	辛未	9 26	9 1	壬寅	10 27	10 3	癸酉	11 26	11 3	癸卯	12 25	12 3	壬申	1 24	1 3	壬寅
	8 27	7 30	壬申	9 27	9 2	癸卯	10 28	10 4	甲戌	11 27	11 4	甲辰	12 26	12 4	癸酉	1 25	1 4	癸卯
	8 28	8 1	癸酉	9 28	9 3	甲辰	10 29	10 5	乙亥	11 28	11 5	乙巳	12 27	12 5	甲戌	1 26	1 5	甲辰
	8 29	8 2	甲戌	9 29	9 4	乙巳	10 30	10 6	丙子	11 29	11 6	丙午	12 28	12 6	乙亥	1 27	1 6	乙巳
	8 30	8 3	乙亥	9 30	9 5	丙午	10 31	10 7	丁丑	11 30	11 7	丁未	12 29	12 7	丙子	1 28	1 7	丙午
	8 31	8 4	丙子	10 1	9 6	丁未	11 1	10 8	戊寅	12 1	11 8	戊申	12 30	12 8	丁丑	1 29	1 8	丁未
	9 1	8 5	丁丑	10 2	9 7	戊申	11 2	10 9	己卯	12 2	11 9	己酉	12 31	12 9	戊寅	1 30	1 9	戊申
	9 2	8 6	戊寅	10 3	9 8	己酉	11 3	10 10	庚辰	12 3	11 10	庚戌	1 1	12 10	己卯	1 31	1 10	己酉
	9 3	8 7	己卯	10 4	9 9	庚戌	11 4	10 11	辛巳	12 4	11 11	辛亥	1 2	12 11	庚辰	2 1	1 11	庚戌
	9 4	8 8	庚辰	10 5	9 10	辛亥	11 5	10 12	壬午	12 5	11 12	壬子	1 3	12 12	辛巳	2 2	1 12	辛亥
	9 5	8 9	辛巳	10 6	9 11	壬子	11 6	10 13	癸未	12 6	11 13	癸丑	1 4	12 13	壬午	2 3	1 13	壬子
	9 6	8 10	壬午	10 7	9 12	癸丑	11 7	10 14	甲申				1 5	12 14	癸未			
	9 7	8 11	癸未	10 8	9 13	甲寅												
中氣	處暑			秋分			霜降			小雪			冬至			大寒		
	8/23 21時8分 亥時			9/23 18時46分 酉時			10/24 4時8分 寅時			11/23 1時43分 丑時			12/22 15時3分 申時			1/21 1時42分 丑時		

2003・2004

羊

中華民國九十二・九十三年

年	甲申																	
月	丙寅			丁卯			戊辰			己巳			庚午			辛未		
節氣	立春 2/4 19時56分 戌時			驚蟄 3/5 13時55分 未時			清明 4/4 18時43分 酉時			立夏 5/5 12時2分 午時			芒種 6/5 16時13分 申時			小暑 7/7 2時31分 丑時		
日	國曆	農曆	干支	國曆	農曆	干支	國曆	農曆	干支	國曆	農曆	干支	國曆	農曆	干支	國曆	農曆	干支
2004 猴 中華民國九十三年	2 4	1 14	癸丑	3 5	2 15	癸未	4 4	2 15	癸丑	5 5	3 17	甲申	6 5	4 18	乙卯	7 7	5 20	丁亥
	2 5	1 15	甲寅	3 6	2 16	甲申	4 5	2 16	甲寅	5 6	3 18	乙酉	6 6	4 19	丙辰	7 8	5 21	戊子
	2 6	1 16	乙卯	3 7	2 17	乙酉	4 6	2 17	乙卯	5 7	3 19	丙戌	6 7	4 20	丁巳	7 9	5 22	己丑
	2 7	1 17	丙辰	3 8	2 18	丙戌	4 7	2 18	丙辰	5 8	3 20	丁亥	6 8	4 21	戊午	7 10	5 23	庚寅
	2 8	1 18	丁巳	3 9	2 19	丁亥	4 8	2 19	丁巳	5 9	3 21	戊子	6 9	4 22	己未	7 11	5 24	辛卯
	2 9	1 19	戊午	3 10	2 20	戊子	4 9	2 20	戊午	5 10	3 22	己丑	6 10	4 23	庚申	7 12	5 25	壬辰
	2 10	1 20	己未	3 11	2 21	己丑	4 10	2 21	己未	5 11	3 23	庚寅	6 11	4 24	辛酉	7 13	5 26	癸巳
	2 11	1 21	庚申	3 12	2 22	庚寅	4 11	2 22	庚申	5 12	3 24	辛卯	6 12	4 25	壬戌	7 14	5 27	甲午
	2 12	1 22	辛酉	3 13	2 23	辛卯	4 12	2 23	辛酉	5 13	3 25	壬辰	6 13	4 26	癸亥	7 15	5 28	乙未
	2 13	1 23	壬戌	3 14	2 24	壬辰	4 13	2 24	壬戌	5 14	3 26	癸巳	6 14	4 27	甲子	7 16	5 29	丙申
	2 14	1 24	癸亥	3 15	2 25	癸巳	4 14	2 25	癸亥	5 15	3 27	甲午	6 15	4 28	乙丑	7 17	6 1	丁酉
	2 15	1 25	甲子	3 16	2 26	甲午	4 15	2 26	甲子	5 16	3 28	乙未	6 16	4 29	丙寅	7 18	6 2	戊戌
	2 16	1 26	乙丑	3 17	2 27	乙未	4 16	2 27	乙丑	5 17	3 29	丙申	6 17	4 30	丁卯	7 19	6 3	己亥
	2 17	1 27	丙寅	3 18	2 28	丙申	4 17	2 28	丙寅	5 18	3 30	丁酉	6 18	5 1	戊辰	7 20	6 4	庚子
	2 18	1 28	丁卯	3 19	2 29	丁酉	4 18	2 29	丁卯	5 19	4 1	戊戌	6 19	5 2	己巳	7 21	6 5	辛丑
	2 19	1 29	戊辰	3 20	2 30	戊戌	4 19	3 1	戊辰	5 20	4 2	己亥	6 20	5 3	庚午	7 22	6 6	壬寅
	2 20	2 1	己巳	3 21	閏2 1	己亥	4 20	3 2	己巳	5 21	4 3	庚子	6 21	5 4	辛未	7 23	6 7	癸卯
	2 21	2 2	庚午	3 22	2 2	庚子	4 21	3 3	庚午	5 22	4 4	辛丑	6 22	5 5	壬申	7 24	6 8	甲辰
	2 22	2 3	辛未	3 23	2 3	辛丑	4 22	3 4	辛未	5 23	4 5	壬寅	6 23	5 6	癸酉	7 25	6 9	乙巳
	2 23	2 4	壬申	3 24	2 4	壬寅	4 23	3 5	壬申	5 24	4 6	癸卯	6 24	5 7	甲戌	7 26	6 10	丙午
	2 24	2 5	癸酉	3 25	2 5	癸卯	4 24	3 6	癸酉	5 25	4 7	甲辰	6 25	5 8	乙亥	7 27	6 11	丁未
	2 25	2 6	甲戌	3 26	2 6	甲辰	4 25	3 7	甲戌	5 26	4 8	乙巳	6 26	5 9	丙子	7 28	6 12	戊申
	2 26	2 7	乙亥	3 27	2 7	乙巳	4 26	3 8	乙亥	5 27	4 9	丙午	6 27	5 10	丁丑	7 29	6 13	己酉
	2 27	2 8	丙子	3 28	2 8	丙午	4 27	3 9	丙子	5 28	4 10	丁未	6 28	5 11	戊寅	7 30	6 14	庚戌
	2 28	2 9	丁丑	3 29	2 9	丁未	4 28	3 10	丁丑	5 29	4 11	戊申	6 29	5 12	己卯	7 31	6 15	辛亥
	2 29	2 10	戊寅	3 30	2 10	戊申	4 29	3 11	戊寅	5 30	4 12	己酉	6 30	5 13	庚辰	8 1	6 16	壬子
	3 1	2 11	己卯	3 31	2 11	己酉	4 30	3 12	己卯	5 31	4 13	庚戌	7 1	5 14	辛巳	8 2	6 17	癸丑
	3 2	2 12	庚辰	4 1	2 12	庚戌	5 1	3 13	庚辰	6 1	4 14	辛亥	7 2	5 15	壬午	8 3	6 18	甲寅
	3 3	2 13	辛巳	4 2	2 13	辛亥	5 2	3 14	辛巳	6 2	4 15	壬子	7 3	5 16	癸未	8 4	6 19	乙卯
	3 4	2 14	壬午	4 3	2 14	壬子	5 3	3 15	壬午	6 3	4 16	癸丑	7 4	5 17	甲申	8 5	6 20	丙辰
							5 4	3 16	癸未	6 4	4 17	甲寅	7 5	5 18	乙酉	8 6	6 21	丁巳
													7 6	5 19	丙戌			
中氣	雨水 2/19 15時49分 申時			春分 3/20 14時48分 未時			穀雨 4/20 1時50分 丑時			小滿 5/21 0時59分 子時			夏至 6/21 8時56分 辰時			大暑 7/22 19時50分 戌時		

甲申																		年
壬申			癸酉			甲戌			乙亥			丙子			丁丑			月
立秋			白露			寒露			立冬			大雪			小寒			節氣
8/7 12時19分 午時			9/7 15時12分 申時			10/8 6時49分 卯時			11/7 9時58分 巳時			12/7 2時48分 丑時			1/5 14時2分 未時			
國曆	農曆	干支	國曆	農曆	干支	國曆	農曆	干支	國曆	農曆	干支	國曆	農曆	干支	國曆	農曆	干支	日
8 7	6 22	戊午	9 7	7 23	己丑	10 8	8 25	庚申	11 7	9 25	庚寅	12 7	10 26	庚申	1 5	11 25	己丑	2004・2005
8 8	6 23	己未	9 8	7 24	庚寅	10 9	8 26	辛酉	11 8	9 26	辛卯	12 8	10 27	辛酉	1 6	11 26	庚寅	
8 9	6 24	庚申	9 9	7 25	辛卯	10 10	8 27	壬戌	11 9	9 27	壬辰	12 9	10 28	壬戌	1 7	11 27	辛卯	
8 10	6 25	辛酉	9 10	7 26	壬辰	10 11	8 28	癸亥	11 10	9 28	癸巳	12 10	10 29	癸亥	1 8	11 28	壬辰	
8 11	6 26	壬戌	9 11	7 27	癸巳	10 12	8 29	甲子	11 11	9 29	甲午	12 11	10 30	甲子	1 9	11 29	癸巳	
8 12	6 27	癸亥	9 12	7 28	甲午	10 13	8 30	乙丑	11 12	10 1	乙未	12 12	11 1	乙丑	1 10	12 1	甲午	
8 13	6 28	甲子	9 13	7 29	乙未	10 14	9 1	丙寅	11 13	10 2	丙申	12 13	11 2	丙寅	1 11	12 2	乙未	
8 14	6 29	乙丑	9 14	8 1	丙申	10 15	9 2	丁卯	11 14	10 3	丁酉	12 14	11 3	丁卯	1 12	12 3	丙申	
8 15	6 30	丙寅	9 15	8 2	丁酉	10 16	9 3	戊辰	11 15	10 4	戊戌	12 15	11 4	戊辰	1 13	12 4	丁酉	
8 16	7 1	丁卯	9 16	8 3	戊戌	10 17	9 4	己巳	11 16	10 5	己亥	12 16	11 5	己巳	1 14	12 5	戊戌	
8 17	7 2	戊辰	9 17	8 4	己亥	10 18	9 5	庚午	11 17	10 6	庚子	12 17	11 6	庚午	1 15	12 6	己亥	
8 18	7 3	己巳	9 18	8 5	庚子	10 19	9 6	辛未	11 18	10 7	辛丑	12 18	11 7	辛未	1 16	12 7	庚子	
8 19	7 4	庚午	9 19	8 6	辛丑	10 20	9 7	壬申	11 19	10 8	壬寅	12 19	11 8	壬申	1 17	12 8	辛丑	
8 20	7 5	辛未	9 20	8 7	壬寅	10 21	9 8	癸酉	11 20	10 9	癸卯	12 20	11 9	癸酉	1 18	12 9	壬寅	
8 21	7 6	壬申	9 21	8 8	癸卯	10 22	9 9	甲戌	11 21	10 10	甲辰	12 21	11 10	甲戌	1 19	12 10	癸卯	猴
8 22	7 7	癸酉	9 22	8 9	甲辰	10 23	9 10	乙亥	11 22	10 11	乙巳	12 22	11 11	乙亥	1 20	12 11	甲辰	
8 23	7 8	甲戌	9 23	8 10	乙巳	10 24	9 11	丙子	11 23	10 12	丙午	12 23	11 12	丙子	1 21	12 12	乙巳	
8 24	7 9	乙亥	9 24	8 11	丙午	10 25	9 12	丁丑	11 24	10 13	丁未	12 24	11 13	丁丑	1 22	12 13	丙午	
8 25	7 10	丙子	9 25	8 12	丁未	10 26	9 13	戊寅	11 25	10 14	戊申	12 25	11 14	戊寅	1 23	12 14	丁未	
8 26	7 11	丁丑	9 26	8 13	戊申	10 27	9 14	己卯	11 26	10 15	己酉	12 26	11 15	己卯	1 24	12 15	戊申	中華民國九十三・九十四年
8 27	7 12	戊寅	9 27	8 14	己酉	10 28	9 15	庚辰	11 27	10 16	庚戌	12 27	11 16	庚辰	1 25	12 16	己酉	
8 28	7 13	己卯	9 28	8 15	庚戌	10 29	9 16	辛巳	11 28	10 17	辛亥	12 28	11 17	辛巳	1 26	12 17	庚戌	
8 29	7 14	庚辰	9 29	8 16	辛亥	10 30	9 17	壬午	11 29	10 18	壬子	12 29	11 18	壬午	1 27	12 18	辛亥	
8 30	7 15	辛巳	9 30	8 17	壬子	10 31	9 18	癸未	11 30	10 19	癸丑	12 30	11 19	癸未	1 28	12 19	壬子	
8 31	7 16	壬午	10 1	8 18	癸丑	11 1	9 19	甲申	12 1	10 20	甲寅	12 31	11 20	甲申	1 29	12 20	癸丑	
9 1	7 17	癸未	10 2	8 19	甲寅	11 2	9 20	乙酉	12 2	10 21	乙卯	1 1	11 21	乙酉	1 30	12 21	甲寅	
9 2	7 18	甲申	10 3	8 20	乙卯	11 3	9 21	丙戌	12 3	10 22	丙辰	1 2	11 22	丙戌	1 31	12 22	乙卯	
9 3	7 19	乙酉	10 4	8 21	丙辰	11 4	9 22	丁亥	12 4	10 23	丁巳	1 3	11 23	丁亥	2 1	12 23	丙辰	
9 4	7 20	丙戌	10 5	8 22	丁巳	11 5	9 23	戊子	12 5	10 24	戊午	1 4	11 24	戊子	2 2	12 24	丁巳	
9 5	7 21	丁亥	10 6	8 23	戊午	11 6	9 24	己丑	12 6	10 25	己未				2 3	12 25	戊午	
9 6	7 22	戊子	10 7	8 24	己未													
處暑			秋分			霜降			小雪			冬至			大寒			中氣
8/23 2時53分 丑時			9/23 0時29分 子時			10/23 9時48分 巳時			11/22 7時21分 辰時			12/21 20時41分 戌時			1/20 7時21分 辰時			

年	乙酉																	
月	戊寅			己卯			庚辰			辛巳			壬午			癸未		
節氣	立春 2/4 1時43分 丑時			驚蟄 3/5 19時45分 戌時			清明 4/5 0時34分 子時			立夏 5/5 17時52分 酉時			芒種 6/5 22時1分 亥時			小暑 7/7 8時16分 辰時		
日	國曆	農曆	干支	國曆	農曆	干支	國曆	農曆	干支	國曆	農曆	干支	國曆	農曆	干支	國曆	農曆	干支
	2 4	12 26	己未	3 5	1 25	戊子	4 5	2 27	己未	5 5	3 27	己丑	6 5	4 29	庚申	7 7	6 2	壬辰
	2 5	12 27	庚申	3 6	1 26	己丑	4 6	2 28	庚申	5 6	3 28	庚寅	6 6	4 30	辛酉	7 8	6 3	癸巳
	2 6	12 28	辛酉	3 7	1 27	庚寅	4 7	2 29	辛酉	5 7	3 29	辛卯	6 7	5 1	壬戌	7 9	6 4	甲午
	2 7	12 29	壬戌	3 8	1 28	辛卯	4 8	2 30	壬戌	5 8	4 1	壬辰	6 8	5 2	癸亥	7 10	6 5	乙未
2005	2 8	12 30	癸亥	3 9	1 29	壬辰	4 9	3 1	癸亥	5 9	4 2	癸巳	6 9	5 3	甲子	7 11	6 6	丙申
	2 9	1 1	甲子	3 10	2 1	癸巳	4 10	3 2	甲子	5 10	4 3	甲午	6 10	5 4	乙丑	7 12	6 7	丁酉
	2 10	1 2	乙丑	3 11	2 2	甲午	4 11	3 3	乙丑	5 11	4 4	乙未	6 11	5 5	丙寅	7 13	6 8	戊戌
	2 11	1 3	丙寅	3 12	2 3	乙未	4 12	3 4	丙寅	5 12	4 5	丙申	6 12	5 6	丁卯	7 14	6 9	己亥
	2 12	1 4	丁卯	3 13	2 4	丙申	4 13	3 5	丁卯	5 13	4 6	丁酉	6 13	5 7	戊辰	7 15	6 10	庚子
	2 13	1 5	戊辰	3 14	2 5	丁酉	4 14	3 6	戊辰	5 14	4 7	戊戌	6 14	5 8	己巳	7 16	6 11	辛丑
	2 14	1 6	己巳	3 15	2 6	戊戌	4 15	3 7	己巳	5 15	4 8	己亥	6 15	5 9	庚午	7 17	6 12	壬寅
	2 15	1 7	庚午	3 16	2 7	己亥	4 16	3 8	庚午	5 16	4 9	庚子	6 16	5 10	辛未	7 18	6 13	癸卯
	2 16	1 8	辛未	3 17	2 8	庚子	4 17	3 9	辛未	5 17	4 10	辛丑	6 17	5 11	壬申	7 19	6 14	甲辰
雞	2 17	1 9	壬申	3 18	2 9	辛丑	4 18	3 10	壬申	5 18	4 11	壬寅	6 18	5 12	癸酉	7 20	6 15	乙巳
	2 18	1 10	癸酉	3 19	2 10	壬寅	4 19	3 11	癸酉	5 19	4 12	癸卯	6 19	5 13	甲戌	7 21	6 16	丙午
	2 19	1 11	甲戌	3 20	2 11	癸卯	4 20	3 12	甲戌	5 20	4 13	甲辰	6 20	5 14	乙亥	7 22	6 17	丁未
	2 20	1 12	乙亥	3 21	2 12	甲辰	4 21	3 13	乙亥	5 21	4 14	乙巳	6 21	5 15	丙子	7 23	6 18	戊申
	2 21	1 13	丙子	3 22	2 13	乙巳	4 22	3 14	丙子	5 22	4 15	丙午	6 22	5 16	丁丑	7 24	6 19	己酉
	2 22	1 14	丁丑	3 23	2 14	丙午	4 23	3 15	丁丑	5 23	4 16	丁未	6 23	5 17	戊寅	7 25	6 20	庚戌
	2 23	1 15	戊寅	3 24	2 15	丁未	4 24	3 16	戊寅	5 24	4 17	戊申	6 24	5 18	己卯	7 26	6 21	辛亥
	2 24	1 16	己卯	3 25	2 16	戊申	4 25	3 17	己卯	5 25	4 18	己酉	6 25	5 19	庚辰	7 27	6 22	壬子
中華民國九十四年	2 25	1 17	庚辰	3 26	2 17	己酉	4 26	3 18	庚辰	5 26	4 19	庚戌	6 26	5 20	辛巳	7 28	6 23	癸丑
	2 26	1 18	辛巳	3 27	2 18	庚戌	4 27	3 19	辛巳	5 27	4 20	辛亥	6 27	5 21	壬午	7 29	6 24	甲寅
	2 27	1 19	壬午	3 28	2 19	辛亥	4 28	3 20	壬午	5 28	4 21	壬子	6 28	5 22	癸未	7 30	6 25	乙卯
	2 28	1 20	癸未	3 29	2 20	壬子	4 29	3 21	癸未	5 29	4 22	癸丑	6 29	5 23	甲申	7 31	6 26	丙辰
	3 1	1 21	甲申	3 30	2 21	癸丑	4 30	3 22	甲申	5 30	4 23	甲寅	6 30	5 24	乙酉	8 1	6 27	丁巳
	3 2	1 22	乙酉	3 31	2 22	甲寅	5 1	3 23	乙酉	5 31	4 24	乙卯	7 1	5 25	丙戌	8 2	6 28	戊午
	3 3	1 23	丙戌	4 1	2 23	乙卯	5 2	3 24	丙戌	6 1	4 25	丙辰	7 2	5 26	丁亥	8 3	6 29	己未
	3 4	1 24	丁亥	4 2	2 24	丙辰	5 3	3 25	丁亥	6 2	4 26	丁巳	7 3	5 27	戊子	8 4	6 30	庚申
				4 3	2 25	丁巳	5 4	3 26	戊子	6 3	4 27	戊午	7 4	5 28	己丑	8 5	7 1	辛酉
				4 4	2 26	戊午				6 4	4 28	己未	7 5	5 29	庚寅	8 6	7 2	壬戌
													7 6	6 1	辛卯			
中氣	雨水 2/18 21時31分 亥時			春分 3/20 20時33分 戌時			穀雨 4/20 7時37分 辰時			小滿 5/21 6時47分 卯時			夏至 6/21 14時46分 未時			大暑 7/23 1時40分 丑時		

年	乙酉																	
月	甲申			乙酉			丙戌			丁亥			戊子			己丑		
節氣	立秋 8/7 18時3分 酉時			白露 9/7 20時56分 戌時			寒露 10/8 12時33分 午時			立冬 11/7 15時42分 申時			大雪 12/7 8時32分 辰時			小寒 1/5 19時46分 戌時		
日	國曆	農曆	干支	國曆	農曆	干支	國曆	農曆	干支	國曆	農曆	干支	國曆	農曆	干支	國曆	農曆	干支
	8 7	7 3	癸亥	9 7	8 4	甲午	10 8	9 6	乙丑	11 7	10 6	乙未	12 7	11 7	乙丑	1 5	12 6	甲午
	8 8	7 4	甲子	9 8	8 5	乙未	10 9	9 7	丙寅	11 8	10 7	丙申	12 8	11 8	丙寅	1 6	12 7	乙未
	8 9	7 5	乙丑	9 9	8 6	丙申	10 10	9 8	丁卯	11 9	10 8	丁酉	12 9	11 9	丁卯	1 7	12 8	丙申
2005·2006	8 10	7 6	丙寅	9 10	8 7	丁酉	10 11	9 9	戊辰	11 10	10 9	戊戌	12 10	11 10	戊辰	1 8	12 9	丁酉
	8 11	7 7	丁卯	9 11	8 8	戊戌	10 12	9 10	己巳	11 11	10 10	己亥	12 11	11 11	己巳	1 9	12 10	戊戌
	8 12	7 8	戊辰	9 12	8 9	己亥	10 13	9 11	庚午	11 12	10 11	庚子	12 12	11 12	庚午	1 10	12 11	己亥
	8 13	7 9	己巳	9 13	8 10	庚子	10 14	9 12	辛未	11 13	10 12	辛丑	12 13	11 13	辛未	1 11	12 12	庚子
	8 14	7 10	庚午	9 14	8 11	辛丑	10 15	9 13	壬申	11 14	10 13	壬寅	12 14	11 14	壬申	1 12	12 13	辛丑
	8 15	7 11	辛未	9 15	8 12	壬寅	10 16	9 14	癸酉	11 15	10 14	癸卯	12 15	11 15	癸酉	1 13	12 14	壬寅
	8 16	7 12	壬申	9 16	8 13	癸卯	10 17	9 15	甲戌	11 16	10 15	甲辰	12 16	11 16	甲戌	1 14	12 15	癸卯
	8 17	7 13	癸酉	9 17	8 14	甲辰	10 18	9 16	乙亥	11 17	10 16	乙巳	12 17	11 17	乙亥	1 15	12 16	甲辰
	8 18	7 14	甲戌	9 18	8 15	乙巳	10 19	9 17	丙子	11 18	10 17	丙午	12 18	11 18	丙子	1 16	12 17	乙巳
	8 19	7 15	乙亥	9 19	8 16	丙午	10 20	9 18	丁丑	11 19	10 18	丁未	12 19	11 19	丁丑	1 17	12 18	丙午
	8 20	7 16	丙子	9 20	8 17	丁未	10 21	9 19	戊寅	11 20	10 19	戊申	12 20	11 20	戊寅	1 18	12 19	丁未
雞	8 21	7 17	丁丑	9 21	8 18	戊申	10 22	9 20	己卯	11 21	10 20	己酉	12 21	11 21	己卯	1 19	12 20	戊申
	8 22	7 18	戊寅	9 22	8 19	己酉	10 23	9 21	庚辰	11 22	10 21	庚戌	12 22	11 22	庚辰	1 20	12 21	己酉
	8 23	7 19	己卯	9 23	8 20	庚戌	10 24	9 22	辛巳	11 23	10 22	辛亥	12 23	11 23	辛巳	1 21	12 22	庚戌
	8 24	7 20	庚辰	9 24	8 21	辛亥	10 25	9 23	壬午	11 24	10 23	壬子	12 24	11 24	壬午	1 22	12 23	辛亥
	8 25	7 21	辛巳	9 25	8 22	壬子	10 26	9 24	癸未	11 25	10 24	癸丑	12 25	11 25	癸未	1 23	12 24	壬子
中華民國九十四·九十五年	8 26	7 22	壬午	9 26	8 23	癸丑	10 27	9 25	甲申	11 26	10 25	甲寅	12 26	11 26	甲申	1 24	12 25	癸丑
	8 27	7 23	癸未	9 27	8 24	甲寅	10 28	9 26	乙酉	11 27	10 26	乙卯	12 27	11 27	乙酉	1 25	12 26	甲寅
	8 28	7 24	甲申	9 28	8 25	乙卯	10 29	9 27	丙戌	11 28	10 27	丙辰	12 28	11 28	丙戌	1 26	12 27	乙卯
	8 29	7 25	乙酉	9 29	8 26	丙辰	10 30	9 28	丁亥	11 29	10 28	丁巳	12 29	11 29	丁亥	1 27	12 28	丙辰
	8 30	7 26	丙戌	9 30	8 27	丁巳	10 31	9 29	戊子	11 30	10 29	戊午	12 30	11 30	戊子	1 28	12 29	丁巳
	8 31	7 27	丁亥	10 1	8 28	戊午	11 1	9 30	己丑	12 1	11 1	己未	12 31	12 1	己丑	1 29	1 1	戊午
	9 1	7 28	戊子	10 2	8 29	己未	11 2	10 1	庚寅	12 2	11 2	庚申	1 1	12 2	庚寅	1 30	1 2	己未
	9 2	7 29	己丑	10 3	9 1	庚申	11 3	10 2	辛卯	12 3	11 3	辛酉	1 2	12 3	辛卯	1 31	1 3	庚申
	9 3	7 30	庚寅	10 4	9 2	辛酉	11 4	10 3	壬辰	12 4	11 4	壬戌	1 3	12 4	壬辰	2 1	1 4	辛酉
	9 4	8 1	辛卯	10 5	9 3	壬戌	11 5	10 4	癸巳	12 5	11 5	癸亥	1 4	12 5	癸巳	2 2	1 5	壬戌
	9 5	8 2	壬辰	10 6	9 4	癸亥	11 6	10 5	甲午	12 6	11 6	甲子				2 3	1 6	癸亥
	9 6	8 3	癸巳	10 7	9 5	甲子												
中氣	處暑 8/23 8時45分 辰時			秋分 9/23 6時23分 卯時			霜降 10/23 15時42分 申時			小雪 11/22 13時14分 未時			冬至 12/22 2時34分 丑時			大寒 1/20 13時15分 未時		

年	丙戌																	
月	庚寅			辛卯			壬辰			癸巳			甲午			乙未		
節氣	立春			驚蟄			清明			立夏			芒種			小暑		
	2/4 7時27分 辰時			3/6 1時28分 丑時			4/5 6時15分 卯時			5/5 23時30分 子時			6/6 3時36分 寅時			7/7 13時51分 未時		
日	國曆	農曆	干支	國曆	農曆	干支	國曆	農曆	干支	國曆	農曆	干支	國曆	農曆	干支	國曆	農曆	干支
2006	2 4	1 7	甲子	3 6	2 7	甲午	4 5	3 8	甲子	5 5	4 8	甲午	6 6	5 11	丙寅	7 7	6 12	丁酉
	2 5	1 8	乙丑	3 7	2 8	乙未	4 6	3 9	乙丑	5 6	4 9	乙未	6 7	5 12	丁卯	7 8	6 13	戊戌
	2 6	1 9	丙寅	3 8	2 9	丙申	4 7	3 10	丙寅	5 7	4 10	丙申	6 8	5 13	戊辰	7 9	6 14	己亥
	2 7	1 10	丁卯	3 9	2 10	丁酉	4 8	3 11	丁卯	5 8	4 11	丁酉	6 9	5 14	己巳	7 10	6 15	庚子
	2 8	1 11	戊辰	3 10	2 11	戊戌	4 9	3 12	戊辰	5 9	4 12	戊戌	6 10	5 15	庚午	7 11	6 16	辛丑
	2 9	1 12	己巳	3 11	2 12	己亥	4 10	3 13	己巳	5 10	4 13	己亥	6 11	5 16	辛未	7 12	6 17	壬寅
	2 10	1 13	庚午	3 12	2 13	庚子	4 11	3 14	庚午	5 11	4 14	庚子	6 12	5 17	壬申	7 13	6 18	癸卯
	2 11	1 14	辛未	3 13	2 14	辛丑	4 12	3 15	辛未	5 12	4 15	辛丑	6 13	5 18	癸酉	7 14	6 19	甲辰
	2 12	1 15	壬申	3 14	2 15	壬寅	4 13	3 16	壬申	5 13	4 16	壬寅	6 14	5 19	甲戌	7 15	6 20	乙巳
	2 13	1 16	癸酉	3 15	2 16	癸卯	4 14	3 17	癸酉	5 14	4 17	癸卯	6 15	5 20	乙亥	7 16	6 21	丙午
	2 14	1 17	甲戌	3 16	2 17	甲辰	4 15	3 18	甲戌	5 15	4 18	甲辰	6 16	5 21	丙子	7 17	6 22	丁未
	2 15	1 18	乙亥	3 17	2 18	乙巳	4 16	3 19	乙亥	5 16	4 19	乙巳	6 17	5 22	丁丑	7 18	6 23	戊申
	2 16	1 19	丙子	3 18	2 19	丙午	4 17	3 20	丙子	5 17	4 20	丙午	6 18	5 23	戊寅	7 19	6 24	己酉
	2 17	1 20	丁丑	3 19	2 20	丁未	4 18	3 21	丁丑	5 18	4 21	丁未	6 19	5 24	己卯	7 20	6 25	庚戌
狗	2 18	1 21	戊寅	3 20	2 21	戊申	4 19	3 22	戊寅	5 19	4 22	戊申	6 20	5 25	庚辰	7 21	6 26	辛亥
	2 19	1 22	己卯	3 21	2 22	己酉	4 20	3 23	己卯	5 20	4 23	己酉	6 21	5 26	辛巳	7 22	6 27	壬子
	2 20	1 23	庚辰	3 22	2 23	庚戌	4 21	3 24	庚辰	5 21	4 24	庚戌	6 22	5 27	壬午	7 23	6 28	癸丑
	2 21	1 24	辛巳	3 23	2 24	辛亥	4 22	3 25	辛巳	5 22	4 25	辛亥	6 23	5 28	癸未	7 24	6 29	甲寅
	2 22	1 25	壬午	3 24	2 25	壬子	4 23	3 26	壬午	5 23	4 26	壬子	6 24	5 29	甲申	7 25	7 1	乙卯
	2 23	1 26	癸未	3 25	2 26	癸丑	4 24	3 27	癸未	5 24	4 27	癸丑	6 25	5 30	乙酉	7 26	7 2	丙辰
	2 24	1 27	甲申	3 26	2 27	甲寅	4 25	3 28	甲申	5 25	4 28	甲寅	6 26	6 1	丙戌	7 27	7 3	丁巳
中華民國九十五年	2 25	1 28	乙酉	3 27	2 28	乙卯	4 26	3 29	乙酉	5 26	4 29	乙卯	6 27	6 2	丁亥	7 28	7 4	戊午
	2 26	1 29	丙戌	3 28	2 29	丙辰	4 27	3 30	丙戌	5 27	5 1	丙辰	6 28	6 3	戊子	7 29	7 5	己未
	2 27	1 30	丁亥	3 29	3 1	丁巳	4 28	4 1	丁亥	5 28	5 2	丁巳	6 29	6 4	己丑	7 30	7 6	庚申
	2 28	2 1	戊子	3 30	3 2	戊午	4 29	4 2	戊子	5 29	5 3	戊午	6 30	6 5	庚寅	7 31	7 7	辛酉
	3 1	2 2	己丑	3 31	3 3	己未	4 30	4 3	己丑	5 30	5 4	己未	7 1	6 6	辛卯	8 1	7 8	壬戌
	3 2	2 3	庚寅	4 1	3 4	庚申	5 1	4 4	庚寅	5 31	5 5	庚申	7 2	6 7	壬辰	8 2	7 9	癸亥
	3 3	2 4	辛卯	4 2	3 5	辛酉	5 2	4 5	辛卯	6 1	5 6	辛酉	7 3	6 8	癸巳	8 3	7 10	甲子
	3 4	2 5	壬辰	4 3	3 6	壬戌	5 3	4 6	壬辰	6 2	5 7	壬戌	7 4	6 9	甲午	8 4	7 11	乙丑
	3 5	2 6	癸巳	4 4	3 7	癸亥	5 4	4 7	癸巳	6 3	5 8	癸亥	7 5	6 10	乙未	8 5	7 12	丙寅
										6 4	5 9	甲子	7 6	6 11	丙申	8 6	7 13	丁卯
										6 5	5 10	乙丑						
中氣	雨水			春分			穀雨			小滿			夏至			大暑		
	2/19 3時25分 寅時			3/21 2時25分 丑時			4/20 13時26分 未時			5/21 12時31分 午時			6/21 20時25分 戌時			7/23 7時17分 辰時		

2006·2007 狗 中華民國九十五·九十六年

年	丙戌																	
月	丙申			丁酉			戊戌			己亥			庚子			辛丑		
節氣	立秋 8/7 23時40分 子時			白露 9/8 2時38分 丑時			寒露 10/8 18時21分 酉時			立冬 11/7 21時34分 亥時			大雪 12/7 14時26分 未時			小寒 1/6 1時40分 丑時		
日	國曆	農曆	干支	國曆	農曆	干支	國曆	農曆	干支	國曆	農曆	干支	國曆	農曆	干支	國曆	農曆	干支
	8 7	7 14	戊辰	9 8	7 16	庚子	10 8	8 17	庚午	11 7	9 17	庚子	12 7	10 17	庚午	1 6	11 18	庚子
	8 8	7 15	己巳	9 9	7 17	辛丑	10 9	8 18	辛未	11 8	9 18	辛丑	12 8	10 18	辛未	1 7	11 19	辛丑
	8 9	7 16	庚午	9 10	7 18	壬寅	10 10	8 19	壬申	11 9	9 19	壬寅	12 9	10 19	壬申	1 8	11 20	壬寅
	8 10	7 17	辛未	9 11	7 19	癸卯	10 11	8 20	癸酉	11 10	9 20	癸卯	12 10	10 20	癸酉	1 9	11 21	癸卯
	8 11	7 18	壬申	9 12	7 20	甲辰	10 12	8 21	甲戌	11 11	9 21	甲辰	12 11	10 21	甲戌	1 10	11 22	甲辰
	8 12	7 19	癸酉	9 13	7 21	乙巳	10 13	8 22	乙亥	11 12	9 22	乙巳	12 12	10 22	乙亥	1 11	11 23	乙巳
	8 13	7 20	甲戌	9 14	7 22	丙午	10 14	8 23	丙子	11 13	9 23	丙午	12 13	10 23	丙子	1 12	11 24	丙午
	8 14	7 21	乙亥	9 15	7 23	丁未	10 15	8 24	丁丑	11 14	9 24	丁未	12 14	10 24	丁丑	1 13	11 25	丁未
	8 15	7 22	丙子	9 16	7 24	戊申	10 16	8 25	戊寅	11 15	9 25	戊申	12 15	10 25	戊寅	1 14	11 26	戊申
	8 16	7 23	丁丑	9 17	7 25	己酉	10 17	8 26	己卯	11 16	9 26	己酉	12 16	10 26	己卯	1 15	11 27	己酉
	8 17	7 24	戊寅	9 18	7 26	庚戌	10 18	8 27	庚辰	11 17	9 27	庚戌	12 17	10 27	庚辰	1 16	11 28	庚戌
	8 18	7 25	己卯	9 19	7 27	辛亥	10 19	8 28	辛巳	11 18	9 28	辛亥	12 18	10 28	辛巳	1 17	11 29	辛亥
	8 19	7 26	庚辰	9 20	7 28	壬子	10 20	8 29	壬午	11 19	9 29	壬子	12 19	10 29	壬午	1 18	11 30	壬子
	8 20	7 27	辛巳	9 21	7 29	癸丑	10 21	8 30	癸未	11 20	9 30	癸丑	12 20	11 1	癸未	1 19	12 1	癸丑
	8 21	7 28	壬午	9 22	8 1	甲寅	10 22	9 1	甲申	11 21	10 1	甲寅	12 21	11 2	甲申	1 20	12 2	甲寅
	8 22	7 29	癸未	9 23	8 2	乙卯	10 23	9 2	乙酉	11 22	10 2	乙卯	12 22	11 3	乙酉	1 21	12 3	乙卯
	8 23	7 30	甲申	9 24	8 3	丙辰	10 24	9 3	丙戌	11 23	10 3	丙辰	12 23	11 4	丙戌	1 22	12 4	丙辰
	8 24	閏7 1	乙酉	9 25	8 4	丁巳	10 25	9 4	丁亥	11 24	10 4	丁巳	12 24	11 5	丁亥	1 23	12 5	丁巳
	8 25	7 2	丙戌	9 26	8 5	戊午	10 26	9 5	戊子	11 25	10 5	戊午	12 25	11 6	戊子	1 24	12 6	戊午
	8 26	7 3	丁亥	9 27	8 6	己未	10 27	9 6	己丑	11 26	10 6	己未	12 26	11 7	己丑	1 25	12 7	己未
	8 27	7 4	戊子	9 28	8 7	庚申	10 28	9 7	庚寅	11 27	10 7	庚申	12 27	11 8	庚寅	1 26	12 8	庚申
	8 28	7 5	己丑	9 29	8 8	辛酉	10 29	9 8	辛卯	11 28	10 8	辛酉	12 28	11 9	辛卯	1 27	12 9	辛酉
	8 29	7 6	庚寅	9 30	8 9	壬戌	10 30	9 9	壬辰	11 29	10 9	壬戌	12 29	11 10	壬辰	1 28	12 10	壬戌
	8 30	7 7	辛卯	10 1	8 10	癸亥	10 31	9 10	癸巳	11 30	10 10	癸亥	12 30	11 11	癸巳	1 29	12 11	癸亥
	8 31	7 8	壬辰	10 2	8 11	甲子	11 1	9 11	甲午	12 1	10 11	甲子	12 31	11 12	甲午	1 30	12 12	甲子
	9 1	7 9	癸巳	10 3	8 12	乙丑	11 2	9 12	乙未	12 2	10 12	乙丑	1 1	11 13	乙未	1 31	12 13	乙丑
	9 2	7 10	甲午	10 4	8 13	丙寅	11 3	9 13	丙申	12 3	10 13	丙寅	1 2	11 14	丙申	2 1	12 14	丙寅
	9 3	7 11	乙未	10 5	8 14	丁卯	11 4	9 14	丁酉	12 4	10 14	丁卯	1 3	11 15	丁酉	2 2	12 15	丁卯
	9 4	7 12	丙申	10 6	8 15	戊辰	11 5	9 15	戊戌	12 5	10 15	戊辰	1 4	11 16	戊戌	2 3	12 16	戊辰
	9 5	7 13	丁酉	10 7	8 16	己巳	11 6	9 16	己亥	12 6	10 16	己巳	1 5	11 17	己亥			
	9 6	7 14	戊戌															
	9 7	7 15	己亥															
中氣	處暑 8/23 14時22分 未時			秋分 9/23 12時3分 午時			霜降 10/23 21時26分 亥時			小雪 11/22 19時1分 戌時			冬至 12/22 8時22分 辰時			大寒 1/20 19時0分 戌時		

年	丁亥																													
月	壬寅					癸卯					甲辰					乙巳					丙午					丁未				
節氣	立春					驚蟄					清明					立夏					芒種					小暑				
	2/4 13時18分 未時					3/6 7時17分 辰時					4/5 12時4分 午時					5/6 5時20分 卯時					6/6 9時27分 巳時					7/7 19時41分 戌時				
日	國曆		農曆		干支	國曆		農曆		干支	國曆		農曆		干支	國曆		農曆		干支	國曆		農曆		干支	國曆		農曆		干支
	2	4	12	17	己巳	3	6	1	17	己亥	4	5	2	18	己巳	5	6	3	20	庚子	6	6	4	21	辛未	7	7	5	23	壬寅
	2	5	12	18	庚午	3	7	1	18	庚子	4	6	2	19	庚午	5	7	3	21	辛丑	6	7	4	22	壬申	7	8	5	24	癸卯
	2	6	12	19	辛未	3	8	1	19	辛丑	4	7	2	20	辛未	5	8	3	22	壬寅	6	8	4	23	癸酉	7	9	5	25	甲辰
	2	7	12	20	壬申	3	9	1	20	壬寅	4	8	2	21	壬申	5	9	3	23	癸卯	6	9	4	24	甲戌	7	10	5	26	乙巳
2	2	8	12	21	癸酉	3	10	1	21	癸卯	4	9	2	22	癸酉	5	10	3	24	甲辰	6	10	4	25	乙亥	7	11	5	27	丙午
0	2	9	12	22	甲戌	3	11	1	22	甲辰	4	10	2	23	甲戌	5	11	3	25	乙巳	6	11	4	26	丙子	7	12	5	28	丁未
0	2	10	12	23	乙亥	3	12	1	23	乙巳	4	11	2	24	乙亥	5	12	3	26	丙午	6	12	4	27	丁丑	7	13	5	29	戊申
7	2	11	12	24	丙子	3	13	1	24	丙午	4	12	2	25	丙子	5	13	3	27	丁未	6	13	4	28	戊寅	7	14	6	1	己酉
	2	12	12	25	丁丑	3	14	1	25	丁未	4	13	2	26	丁丑	5	14	3	28	戊申	6	14	4	29	己卯	7	15	6	2	庚戌
	2	13	12	26	戊寅	3	15	1	26	戊申	4	14	2	27	戊寅	5	15	3	29	己酉	6	15	5	1	庚辰	7	16	6	3	辛亥
	2	14	12	27	己卯	3	16	1	27	己酉	4	15	2	28	己卯	5	16	3	30	庚戌	6	16	5	2	辛巳	7	17	6	4	壬子
	2	15	12	28	庚辰	3	17	1	28	庚戌	4	16	2	29	庚辰	5	17	4	1	辛亥	6	17	5	3	壬午	7	18	6	5	癸丑
	2	16	12	29	辛巳	3	18	1	29	辛亥	4	17	3	1	辛巳	5	18	4	2	壬子	6	18	5	4	癸未	7	19	6	6	甲寅
豬	2	17	12	30	壬午	3	19	2	1	壬子	4	18	3	2	壬午	5	19	4	3	癸丑	6	19	5	5	甲申	7	20	6	7	乙卯
	2	18	1	1	癸未	3	20	2	2	癸丑	4	19	3	3	癸未	5	20	4	4	甲寅	6	20	5	6	乙酉	7	21	6	8	丙辰
	2	19	1	2	甲申	3	21	2	3	甲寅	4	20	3	4	甲申	5	21	4	5	乙卯	6	21	5	7	丙戌	7	22	6	9	丁巳
	2	20	1	3	乙酉	3	22	2	4	乙卯	4	21	3	5	乙酉	5	22	4	6	丙辰	6	22	5	8	丁亥	7	23	6	10	戊午
	2	21	1	4	丙戌	3	23	2	5	丙辰	4	22	3	6	丙戌	5	23	4	7	丁巳	6	23	5	9	戊子	7	24	6	11	己未
	2	22	1	5	丁亥	3	24	2	6	丁巳	4	23	3	7	丁亥	5	24	4	8	戊午	6	24	5	10	己丑	7	25	6	12	庚申
	2	23	1	6	戊子	3	25	2	7	戊午	4	24	3	8	戊子	5	25	4	9	己未	6	25	5	11	庚寅	7	26	6	13	辛酉
	2	24	1	7	己丑	3	26	2	8	己未	4	25	3	9	己丑	5	26	4	10	庚申	6	26	5	12	辛卯	7	27	6	14	壬戌
中	2	25	1	8	庚寅	3	27	2	9	庚申	4	26	3	10	庚寅	5	27	4	11	辛酉	6	27	5	13	壬辰	7	28	6	15	癸亥
華	2	26	1	9	辛卯	3	28	2	10	辛酉	4	27	3	11	辛卯	5	28	4	12	壬戌	6	28	5	14	癸巳	7	29	6	16	甲子
民	2	27	1	10	壬辰	3	29	2	11	壬戌	4	28	3	12	壬辰	5	29	4	13	癸亥	6	29	5	15	甲午	7	30	6	17	乙丑
國	2	28	1	11	癸巳	3	30	2	12	癸亥	4	29	3	13	癸巳	5	30	4	14	甲子	6	30	5	16	乙未	7	31	6	18	丙寅
九	3	1	1	12	甲午	3	31	2	13	甲子	4	30	3	14	甲午	5	31	4	15	乙丑	7	1	5	17	丙申	8	1	6	19	丁卯
十	3	2	1	13	乙未	4	1	2	14	乙丑	5	1	3	15	乙未	6	1	4	16	丙寅	7	2	5	18	丁酉	8	2	6	20	戊辰
六	3	3	1	14	丙申	4	2	2	15	丙寅	5	2	3	16	丙申	6	2	4	17	丁卯	7	3	5	19	戊戌	8	3	6	21	己巳
年	3	4	1	15	丁酉	4	3	2	16	丁卯	5	3	3	17	丁酉	6	3	4	18	戊辰	7	4	5	20	己亥	8	4	6	22	庚午
	3	5	1	16	戊戌	4	4	2	17	戊辰	5	4	3	18	戊戌	6	4	4	19	己巳	7	5	5	21	庚子	8	5	6	23	辛未
											5	5	3	19	己亥	6	5	4	20	庚午	7	6	5	22	辛丑	8	6	6	24	壬申
																										8	7	6	25	癸酉
中氣	雨水					春分					穀雨					小滿					夏至					大暑				
	2/19 9時8分 巳時					3/21 8時7分 辰時					4/20 19時7分 戌時					5/21 18時11分 酉時					6/22 2時6分 丑時					7/23 13時0分 未時				

丁亥																														年
戊申					己酉					庚戌					辛亥					壬子					癸丑					月
立秋 8/8 5時31分 卯時					白露 9/8 8時29分 辰時					寒露 10/9 0時11分 子時					立冬 11/8 3時23分 寅時					大雪 12/7 20時14分 戌時					小寒 1/6 7時24分 辰時					節氣
國曆		農曆		干支	國曆		農曆		干支	國曆		農曆		干支	國曆		農曆		干支	國曆		農曆		干支	國曆		農曆		干支	日
8	8	6	26	甲戌	9	8	7	27	乙巳	10	9	8	29	丙子	11	8	9	29	丙午	12	7	10	28	乙亥	1	6	11	28	乙巳	
8	9	6	27	乙亥	9	9	7	28	丙午	10	10	8	30	丁丑	11	9	9	30	丁未	12	8	10	29	丙子	1	7	11	29	丙午	
8	10	6	28	丙子	9	10	7	29	丁未	10	11	9	1	戊寅	11	10	10	1	戊申	12	9	10	30	丁丑	1	8	12	1	丁未	
8	11	6	29	丁丑	9	11	8	1	戊申	10	12	9	2	己卯	11	11	10	2	己酉	12	10	11	1	戊寅	1	9	12	2	戊申	2007・2008
8	12	6	30	戊寅	9	12	8	2	己酉	10	13	9	3	庚辰	11	12	10	3	庚戌	12	11	11	2	己卯	1	10	12	3	己酉	
8	13	7	1	己卯	9	13	8	3	庚戌	10	14	9	4	辛巳	11	13	10	4	辛亥	12	12	11	3	庚辰	1	11	12	4	庚戌	
8	14	7	2	庚辰	9	14	8	4	辛亥	10	15	9	5	壬午	11	14	10	5	壬子	12	13	11	4	辛巳	1	12	12	5	辛亥	
8	15	7	3	辛巳	9	15	8	5	壬子	10	16	9	6	癸未	11	15	10	6	癸丑	12	14	11	5	壬午	1	13	12	6	壬子	
8	16	7	4	壬午	9	16	8	6	癸丑	10	17	9	7	甲申	11	16	10	7	甲寅	12	15	11	6	癸未	1	14	12	7	癸丑	
8	17	7	5	癸未	9	17	8	7	甲寅	10	18	9	8	乙酉	11	17	10	8	乙卯	12	16	11	7	甲申	1	15	12	8	甲寅	
8	18	7	6	甲申	9	18	8	8	乙卯	10	19	9	9	丙戌	11	18	10	9	丙辰	12	17	11	8	乙酉	1	16	12	9	乙卯	
8	19	7	7	乙酉	9	19	8	9	丙辰	10	20	9	10	丁亥	11	19	10	10	丁巳	12	18	11	9	丙戌	1	17	12	10	丙辰	
8	20	7	8	丙戌	9	20	8	10	丁巳	10	21	9	11	戊子	11	20	10	11	戊午	12	19	11	10	丁亥	1	18	12	11	丁巳	
8	21	7	9	丁亥	9	21	8	11	戊午	10	22	9	12	己丑	11	21	10	12	己未	12	20	11	11	戊子	1	19	12	12	戊午	豬
8	22	7	10	戊子	9	22	8	12	己未	10	23	9	13	庚寅	11	22	10	13	庚申	12	21	11	12	己丑	1	20	12	13	己未	
8	23	7	11	己丑	9	23	8	13	庚申	10	24	9	14	辛卯	11	23	10	14	辛酉	12	22	11	13	庚寅	1	21	12	14	庚申	
8	24	7	12	庚寅	9	24	8	14	辛酉	10	25	9	15	壬辰	11	24	10	15	壬戌	12	23	11	14	辛卯	1	22	12	15	辛酉	
8	25	7	13	辛卯	9	25	8	15	壬戌	10	26	9	16	癸巳	11	25	10	16	癸亥	12	24	11	15	壬辰	1	23	12	16	壬戌	
8	26	7	14	壬辰	9	26	8	16	癸亥	10	27	9	17	甲午	11	26	10	17	甲子	12	25	11	16	癸巳	1	24	12	17	癸亥	
8	27	7	15	癸巳	9	27	8	17	甲子	10	28	9	18	乙未	11	27	10	18	乙丑	12	26	11	17	甲午	1	25	12	18	甲子	中華民國九十六・九十七年
8	28	7	16	甲午	9	28	8	18	乙丑	10	29	9	19	丙申	11	28	10	19	丙寅	12	27	11	18	乙未	1	26	12	19	乙丑	
8	29	7	17	乙未	9	29	8	19	丙寅	10	30	9	20	丁酉	11	29	10	20	丁卯	12	28	11	19	丙申	1	27	12	20	丙寅	
8	30	7	18	丙申	9	30	8	20	丁卯	10	31	9	21	戊戌	11	30	10	21	戊辰	12	29	11	20	丁酉	1	28	12	21	丁卯	
8	31	7	19	丁酉	10	1	8	21	戊辰	11	1	9	22	己亥	12	1	10	22	己巳	12	30	11	21	戊戌	1	29	12	22	戊辰	
9	1	7	20	戊戌	10	2	8	22	己巳	11	2	9	23	庚子	12	2	10	23	庚午	12	31	11	22	己亥	1	30	12	23	己巳	
9	2	7	21	己亥	10	3	8	23	庚午	11	3	9	24	辛丑	12	3	10	24	辛未	1	1	11	23	庚子	1	31	12	24	庚午	
9	3	7	22	庚子	10	4	8	24	辛未	11	4	9	25	壬寅	12	4	10	25	壬申	1	2	11	24	辛丑	2	1	12	25	辛未	
9	4	7	23	辛丑	10	5	8	25	壬申	11	5	9	26	癸卯	12	5	10	26	癸酉	1	3	11	25	壬寅	2	2	12	26	壬申	
9	5	7	24	壬寅	10	6	8	26	癸酉	11	6	9	27	甲辰	12	6	10	27	甲戌	1	4	11	26	癸卯	2	3	12	27	癸酉	
9	6	7	25	癸卯	10	7	8	27	甲戌	11	7	9	28	乙巳						1	5	11	27	甲辰						
9	7	7	26	甲辰	10	8	8	28	乙亥																					
處暑 8/23 20時7分 戌時					秋分 9/23 17時51分 酉時					霜降 10/24 3時15分 寅時					小雪 11/23 0時49分 子時					冬至 12/22 14時7分 未時					大寒 1/21 0時43分 子時					中氣

年	戊子																	
月	甲寅			乙卯			丙辰			丁巳			戊午			己未		
節氣	立春 2/4 19時0分 戌時			驚蟄 3/5 12時58分 午時			清明 4/4 17時45分 酉時			立夏 5/5 11時3分 午時			芒種 6/5 15時11分 申時			小暑 7/7 1時26分 丑時		
日	國曆	農曆	干支	國曆	農曆	干支	國曆	農曆	干支	國曆	農曆	干支	國曆	農曆	干支	國曆	農曆	干支
	2 4	12 28	甲戌	3 5	1 28	甲辰	4 4	2 28	甲戌	5 5	4 1	乙巳	6 5	5 2	丙子	7 7	6 5	戊申
	2 5	12 29	乙亥	3 6	1 29	乙巳	4 5	2 29	乙亥	5 6	4 2	丙午	6 6	5 3	丁丑	7 8	6 6	己酉
	2 6	12 30	丙子	3 7	1 30	丙午	4 6	3 1	丙子	5 7	4 3	丁未	6 7	5 4	戊寅	7 9	6 7	庚戌
	2 7	1 1	丁丑	3 8	2 1	丁未	4 7	3 2	丁丑	5 8	4 4	戊申	6 8	5 5	己卯	7 10	6 8	辛亥
2	2 8	1 2	戊寅	3 9	2 2	戊申	4 8	3 3	戊寅	5 9	4 5	己酉	6 9	5 6	庚辰	7 11	6 9	壬子
0	2 9	1 3	己卯	3 10	2 3	己酉	4 9	3 4	己卯	5 10	4 6	庚戌	6 10	5 7	辛巳	7 12	6 10	癸丑
0	2 10	1 4	庚辰	3 11	2 4	庚戌	4 10	3 5	庚辰	5 11	4 7	辛亥	6 11	5 8	壬午	7 13	6 11	甲寅
8	2 11	1 5	辛巳	3 12	2 5	辛亥	4 11	3 6	辛巳	5 12	4 8	壬子	6 12	5 9	癸未	7 14	6 12	乙卯
	2 12	1 6	壬午	3 13	2 6	壬子	4 12	3 7	壬午	5 13	4 9	癸丑	6 13	5 10	甲申	7 15	6 13	丙辰
	2 13	1 7	癸未	3 14	2 7	癸丑	4 13	3 8	癸未	5 14	4 10	甲寅	6 14	5 11	乙酉	7 16	6 14	丁巳
	2 14	1 8	甲申	3 15	2 8	甲寅	4 14	3 9	甲申	5 15	4 11	乙卯	6 15	5 12	丙戌	7 17	6 15	戊午
	2 15	1 9	乙酉	3 16	2 9	乙卯	4 15	3 10	乙酉	5 16	4 12	丙辰	6 16	5 13	丁亥	7 18	6 16	己未
	2 16	1 10	丙戌	3 17	2 10	丙辰	4 16	3 11	丙戌	5 17	4 13	丁巳	6 17	5 14	戊子	7 19	6 17	庚申
鼠	2 17	1 11	丁亥	3 18	2 11	丁巳	4 17	3 12	丁亥	5 18	4 14	戊午	6 18	5 15	己丑	7 20	6 18	辛酉
	2 18	1 12	戊子	3 19	2 12	戊午	4 18	3 13	戊子	5 19	4 15	己未	6 19	5 16	庚寅	7 21	6 19	壬戌
	2 19	1 13	己丑	3 20	2 13	己未	4 19	3 14	己丑	5 20	4 16	庚申	6 20	5 17	辛卯	7 22	6 20	癸亥
	2 20	1 14	庚寅	3 21	2 14	庚申	4 20	3 15	庚寅	5 21	4 17	辛酉	6 21	5 18	壬辰	7 23	6 21	甲子
	2 21	1 15	辛卯	3 22	2 15	辛酉	4 21	3 16	辛卯	5 22	4 18	壬戌	6 22	5 19	癸巳	7 24	6 22	乙丑
	2 22	1 16	壬辰	3 23	2 16	壬戌	4 22	3 17	壬辰	5 23	4 19	癸亥	6 23	5 20	甲午	7 25	6 23	丙寅
	2 23	1 17	癸巳	3 24	2 17	癸亥	4 23	3 18	癸巳	5 24	4 20	甲子	6 24	5 21	乙未	7 26	6 24	丁卯
	2 24	1 18	甲午	3 25	2 18	甲子	4 24	3 19	甲午	5 25	4 21	乙丑	6 25	5 22	丙申	7 27	6 25	戊辰
中	2 25	1 19	乙未	3 26	2 19	乙丑	4 25	3 20	乙未	5 26	4 22	丙寅	6 26	5 23	丁酉	7 28	6 26	己巳
華	2 26	1 20	丙申	3 27	2 20	丙寅	4 26	3 21	丙申	5 27	4 23	丁卯	6 27	5 24	戊戌	7 29	6 27	庚午
民	2 27	1 21	丁酉	3 28	2 21	丁卯	4 27	3 22	丁酉	5 28	4 24	戊辰	6 28	5 25	己亥	7 30	6 28	辛未
國	2 28	1 22	戊戌	3 29	2 22	戊辰	4 28	3 23	戊戌	5 29	4 25	己巳	6 29	5 26	庚子	7 31	6 29	壬申
九	2 29	1 23	己亥	3 30	2 23	己巳	4 29	3 24	己亥	5 30	4 26	庚午	6 30	5 27	辛丑	8 1	7 1	癸酉
十	3 1	1 24	庚子	3 31	2 24	庚午	4 30	3 25	庚子	5 31	4 27	辛未	7 1	5 28	壬寅	8 2	7 2	甲戌
七	3 2	1 25	辛丑	4 1	2 25	辛未	5 1	3 26	辛丑	6 1	4 28	壬申	7 2	5 29	癸卯	8 3	7 3	乙亥
年	3 3	1 26	壬寅	4 2	2 26	壬申	5 2	3 27	壬寅	6 2	4 29	癸酉	7 3	6 1	甲辰	8 4	7 4	丙子
	3 4	1 27	癸卯	4 3	2 27	癸酉	5 3	3 28	癸卯	6 3	4 30	甲戌	7 4	6 2	乙巳	8 5	7 5	丁丑
							5 4	3 29	甲辰	6 4	5 1	乙亥	7 5	6 3	丙午	8 6	7 6	戊寅
													7 6	6 4	丁未			
中氣	雨水 2/19 14時49分 未時			春分 3/20 13時48分 未時			穀雨 4/20 0時51分 子時			小滿 5/21 0時0分 子時			夏至 6/21 7時59分 辰時			大暑 7/22 18時54分 酉時		

年	戊子																	
月	庚申			辛酉			壬戌			癸亥			甲子			乙丑		
節氣	立秋 8/7 11時16分 午時			白露 9/7 14時14分 未時			寒露 10/8 5時56分 卯時			立冬 11/7 9時10分 巳時			大雪 12/7 2時2分 丑時			小寒 1/5 13時14分 未時		
日	國曆	農曆	干支	國曆	農曆	干支	國曆	農曆	干支	國曆	農曆	干支	國曆	農曆	干支	國曆	農曆	干支
	8 7	7 7	己卯	9 7	8 8	庚戌	10 8	9 10	辛巳	11 7	10 10	辛亥	12 7	11 10	辛巳	1 5	12 10	庚戌
	8 8	7 8	庚辰	9 8	8 9	辛亥	10 9	9 11	壬午	11 8	10 11	壬子	12 8	11 11	壬午	1 6	12 11	辛亥
	8 9	7 9	辛巳	9 9	8 10	壬子	10 10	9 12	癸未	11 9	10 12	癸丑	12 9	11 12	癸未	1 7	12 12	壬子
2	8 10	7 10	壬午	9 10	8 11	癸丑	10 11	9 13	甲申	11 10	10 13	甲寅	12 10	11 13	甲申	1 8	12 13	癸丑
0	8 11	7 11	癸未	9 11	8 12	甲寅	10 12	9 14	乙酉	11 11	10 14	乙卯	12 11	11 14	乙酉	1 9	12 14	甲寅
0	8 12	7 12	甲申	9 12	8 13	乙卯	10 13	9 15	丙戌	11 12	10 15	丙辰	12 12	11 15	丙戌	1 10	12 15	乙卯
8	8 13	7 13	乙酉	9 13	8 14	丙辰	10 14	9 16	丁亥	11 13	10 16	丁巳	12 13	11 16	丁亥	1 11	12 16	丙辰
·	8 14	7 14	丙戌	9 14	8 15	丁巳	10 15	9 17	戊子	11 14	10 17	戊午	12 14	11 17	戊子	1 12	12 17	丁巳
2	8 15	7 15	丁亥	9 15	8 16	戊午	10 16	9 18	己丑	11 15	10 18	己未	12 15	11 18	己丑	1 13	12 18	戊午
0	8 16	7 16	戊子	9 16	8 17	己未	10 17	9 19	庚寅	11 16	10 19	庚申	12 16	11 19	庚寅	1 14	12 19	己未
0	8 17	7 17	己丑	9 17	8 18	庚申	10 18	9 20	辛卯	11 17	10 20	辛酉	12 17	11 20	辛卯	1 15	12 20	庚申
9	8 18	7 18	庚寅	9 18	8 19	辛酉	10 19	9 21	壬辰	11 18	10 21	壬戌	12 18	11 21	壬辰	1 16	12 21	辛酉
	8 19	7 19	辛卯	9 19	8 20	壬戌	10 20	9 22	癸巳	11 19	10 22	癸亥	12 19	11 22	癸巳	1 17	12 22	壬戌
	8 20	7 20	壬辰	9 20	8 21	癸亥	10 21	9 23	甲午	11 20	10 23	甲子	12 20	11 23	甲午	1 18	12 23	癸亥
鼠	8 21	7 21	癸巳	9 21	8 22	甲子	10 22	9 24	乙未	11 21	10 24	乙丑	12 21	11 24	乙未	1 19	12 24	甲子
	8 22	7 22	甲午	9 22	8 23	乙丑	10 23	9 25	丙申	11 22	10 25	丙寅	12 22	11 25	丙申	1 20	12 25	乙丑
	8 23	7 23	乙未	9 23	8 24	丙寅	10 24	9 26	丁酉	11 23	10 26	丁卯	12 23	11 26	丁酉	1 21	12 26	丙寅
	8 24	7 24	丙申	9 24	8 25	丁卯	10 25	9 27	戊戌	11 24	10 27	戊辰	12 24	11 27	戊戌	1 22	12 27	丁卯
	8 25	7 25	丁酉	9 25	8 26	戊辰	10 26	9 28	己亥	11 25	10 28	己巳	12 25	11 28	己亥	1 23	12 28	戊辰
中	8 26	7 26	戊戌	9 26	8 27	己巳	10 27	9 29	庚子	11 26	10 29	庚午	12 26	11 29	庚子	1 24	12 29	己巳
華	8 27	7 27	己亥	9 27	8 28	庚午	10 28	9 30	辛丑	11 27	10 30	辛未	12 27	12 1	辛丑	1 25	12 30	庚午
民	8 28	7 28	庚子	9 28	8 29	辛未	10 29	10 1	壬寅	11 28	11 1	壬申	12 28	12 2	壬寅	1 26	1 1	辛未
國	8 29	7 29	辛丑	9 29	9 1	壬申	10 30	10 2	癸卯	11 29	11 2	癸酉	12 29	12 3	癸卯	1 27	1 2	壬申
九	8 30	7 30	壬寅	9 30	9 2	癸酉	10 31	10 3	甲辰	11 30	11 3	甲戌	12 30	12 4	甲辰	1 28	1 3	癸酉
十	8 31	8 1	癸卯	10 1	9 3	甲戌	11 1	10 4	乙巳	12 1	11 4	乙亥	12 31	12 5	乙巳	1 29	1 4	甲戌
七	9 1	8 2	甲辰	10 2	9 4	乙亥	11 2	10 5	丙午	12 2	11 5	丙子	1 1	12 6	丙午	1 30	1 5	乙亥
·	9 2	8 3	乙巳	10 3	9 5	丙子	11 3	10 6	丁未	12 3	11 6	丁丑	1 2	12 7	丁未	1 31	1 6	丙子
九	9 3	8 4	丙午	10 4	9 6	丁丑	11 4	10 7	戊申	12 4	11 7	戊寅	1 3	12 8	戊申	2 1	1 7	丁丑
十	9 4	8 5	丁未	10 5	9 7	戊寅	11 5	10 8	己酉	12 5	11 8	己卯	1 4	12 9	己酉	2 2	1 8	戊寅
八	9 5	8 6	戊申	10 6	9 8	己卯	11 6	10 9	庚戌	12 6	11 9	庚辰				2 3	1 9	己卯
年	9 6	8 7	己酉	10 7	9 9	庚辰												
中氣	處暑 8/23 2時2分 丑時			秋分 9/22 23時44分 子時			霜降 10/23 9時8分 巳時			小雪 11/22 6時44分 卯時			冬至 12/21 20時3分 戌時			大寒 1/20 6時40分 卯時		

年	己丑																	
月	丙寅			丁卯			戊辰			己巳			庚午			辛未		
節氣	立春 2/4 0時49分 子時			驚蟄 3/5 18時47分 酉時			清明 4/4 23時33分 子時			立夏 5/5 16時50分 申時			芒種 6/5 20時59分 戌時			小暑 7/7 7時13分 辰時		
日	國曆	農曆	干支	國曆	農曆	干支	國曆	農曆	干支	國曆	農曆	干支	國曆	農曆	干支	國曆	農曆	干支
	2 4	1 10	庚辰	3 5	2 9	己酉	4 4	3 9	己卯	5 5	4 11	庚戌	6 5	5 13	辛巳	7 7	5 15	癸丑
	2 5	1 11	辛巳	3 6	2 10	庚戌	4 5	3 10	庚辰	5 6	4 12	辛亥	6 6	5 14	壬午	7 8	5 16	甲寅
	2 6	1 12	壬午	3 7	2 11	辛亥	4 6	3 11	辛巳	5 7	4 13	壬子	6 7	5 15	癸未	7 9	5 17	乙卯
	2 7	1 13	癸未	3 8	2 12	壬子	4 7	3 12	壬午	5 8	4 14	癸丑	6 8	5 16	甲申	7 10	5 18	丙辰
2009	2 8	1 14	甲申	3 9	2 13	癸丑	4 8	3 13	癸未	5 9	4 15	甲寅	6 9	5 17	乙酉	7 11	5 19	丁巳
	2 9	1 15	乙酉	3 10	2 14	甲寅	4 9	3 14	甲申	5 10	4 16	乙卯	6 10	5 18	丙戌	7 12	5 20	戊午
	2 10	1 16	丙戌	3 11	2 15	乙卯	4 10	3 15	乙酉	5 11	4 17	丙辰	6 11	5 19	丁亥	7 13	5 21	己未
	2 11	1 17	丁亥	3 12	2 16	丙辰	4 11	3 16	丙戌	5 12	4 18	丁巳	6 12	5 20	戊子	7 14	5 22	庚申
	2 12	1 18	戊子	3 13	2 17	丁巳	4 12	3 17	丁亥	5 13	4 19	戊午	6 13	5 21	己丑	7 15	5 23	辛酉
	2 13	1 19	己丑	3 14	2 18	戊午	4 13	3 18	戊子	5 14	4 20	己未	6 14	5 22	庚寅	7 16	5 24	壬戌
	2 14	1 20	庚寅	3 15	2 19	己未	4 14	3 19	己丑	5 15	4 21	庚申	6 15	5 23	辛卯	7 17	5 25	癸亥
	2 15	1 21	辛卯	3 16	2 20	庚申	4 15	3 20	庚寅	5 16	4 22	辛酉	6 16	5 24	壬辰	7 18	5 26	甲子
	2 16	1 22	壬辰	3 17	2 21	辛酉	4 16	3 21	辛卯	5 17	4 23	壬戌	6 17	5 25	癸巳	7 19	5 27	乙丑
	2 17	1 23	癸巳	3 18	2 22	壬戌	4 17	3 22	壬辰	5 18	4 24	癸亥	6 18	5 26	甲午	7 20	5 28	丙寅
牛	2 18	1 24	甲午	3 19	2 23	癸亥	4 18	3 23	癸巳	5 19	4 25	甲子	6 19	5 27	乙未	7 21	5 29	丁卯
	2 19	1 25	乙未	3 20	2 24	甲子	4 19	3 24	甲午	5 20	4 26	乙丑	6 20	5 28	丙申	7 22	6 1	戊辰
	2 20	1 26	丙申	3 21	2 25	乙丑	4 20	3 25	乙未	5 21	4 27	丙寅	6 21	5 29	丁酉	7 23	6 2	己巳
	2 21	1 27	丁酉	3 22	2 26	丙寅	4 21	3 26	丙申	5 22	4 28	丁卯	6 22	5 30	戊戌	7 24	6 3	庚午
	2 22	1 28	戊戌	3 23	2 27	丁卯	4 22	3 27	丁酉	5 23	4 29	戊辰	6 23	閏5 1	己亥	7 25	6 4	辛未
	2 23	1 29	己亥	3 24	2 28	戊辰	4 23	3 28	戊戌	5 24	5 1	己巳	6 24	5 2	庚子	7 26	6 5	壬申
	2 24	1 30	庚子	3 25	2 29	己巳	4 24	3 29	己亥	5 25	5 2	庚午	6 25	5 3	辛丑	7 27	6 6	癸酉
中華民國九十八年	2 25	2 1	辛丑	3 26	2 30	庚午	4 25	4 1	庚子	5 26	5 3	辛未	6 26	5 4	壬寅	7 28	6 7	甲戌
	2 26	2 2	壬寅	3 27	3 1	辛未	4 26	4 2	辛丑	5 27	5 4	壬申	6 27	5 5	癸卯	7 29	6 8	乙亥
	2 27	2 3	癸卯	3 28	3 2	壬申	4 27	4 3	壬寅	5 28	5 5	癸酉	6 28	5 6	甲辰	7 30	6 9	丙子
	2 28	2 4	甲辰	3 29	3 3	癸酉	4 28	4 4	癸卯	5 29	5 6	甲戌	6 29	5 7	乙巳	7 31	6 10	丁丑
	3 1	2 5	乙巳	3 30	3 4	甲戌	4 29	4 5	甲辰	5 30	5 7	乙亥	6 30	5 8	丙午	8 1	6 11	戊寅
	3 2	2 6	丙午	3 31	3 5	乙亥	4 30	4 6	乙巳	5 31	5 8	丙子	7 1	5 9	丁未	8 2	6 12	己卯
	3 3	2 7	丁未	4 1	3 6	丙子	5 1	4 7	丙午	6 1	5 9	丁丑	7 2	5 10	戊申	8 3	6 13	庚辰
	3 4	2 8	戊申	4 2	3 7	丁丑	5 2	4 8	丁未	6 2	5 10	戊寅	7 3	5 11	己酉	8 4	6 14	辛巳
				4 3	3 8	戊寅	5 3	4 9	戊申	6 3	5 11	己卯	7 4	5 12	庚戌	8 5	6 15	壬午
							5 4	4 10	己酉	6 4	5 12	庚辰	7 5	5 13	辛亥	8 6	6 16	癸未
													7 6	5 14	壬子			
中氣	雨水 2/18 20時46分 戌時			春分 3/20 19時43分 戌時			穀雨 4/20 6時44分 卯時			小滿 5/21 5時51分 卯時			夏至 6/21 13時45分 未時			大暑 7/23 0時35分 子時		

年	己丑																													
月	壬申					癸酉					甲戌					乙亥					丙子					丁丑				
節氣	立秋 8/7 17時1分 酉時					白露 9/7 19時57分 戌時					寒露 10/8 11時39分 午時					立冬 11/7 14時56分 未時					大雪 12/7 7時52分 辰時					小寒 1/5 19時8分 戌時				
日	國曆		農曆		干支	國曆		農曆		干支	國曆		農曆		干支	國曆		農曆		干支	國曆		農曆		干支	國曆		農曆		干支
	8	7	6	17	甲申	9	7	7	19	乙卯	10	8	8	20	丙戌	11	7	9	21	丙辰	12	7	10	21	丙戌	1	5	11	21	乙卯
	8	8	6	18	乙酉	9	8	7	20	丙辰	10	9	8	21	丁亥	11	8	9	22	丁巳	12	8	10	22	丁亥	1	6	11	22	丙辰
	8	9	6	19	丙戌	9	9	7	21	丁巳	10	10	8	22	戊子	11	9	9	23	戊午	12	9	10	23	戊子	1	7	11	23	丁巳
2009・2010	8	10	6	20	丁亥	9	10	7	22	戊午	10	11	8	23	己丑	11	10	9	24	己未	12	10	10	24	己丑	1	8	11	24	戊午
	8	11	6	21	戊子	9	11	7	23	己未	10	12	8	24	庚寅	11	11	9	25	庚申	12	11	10	25	庚寅	1	9	11	25	己未
	8	12	6	22	己丑	9	12	7	24	庚申	10	13	8	25	辛卯	11	12	9	26	辛酉	12	12	10	26	辛卯	1	10	11	26	庚申
	8	13	6	23	庚寅	9	13	7	25	辛酉	10	14	8	26	壬辰	11	13	9	27	壬戌	12	13	10	27	壬辰	1	11	11	27	辛酉
	8	14	6	24	辛卯	9	14	7	26	壬戌	10	15	8	27	癸巳	11	14	9	28	癸亥	12	14	10	28	癸巳	1	12	11	28	壬戌
	8	15	6	25	壬辰	9	15	7	27	癸亥	10	16	8	28	甲午	11	15	9	29	甲子	12	15	10	29	甲午	1	13	11	29	癸亥
	8	16	6	26	癸巳	9	16	7	28	甲子	10	17	8	29	乙未	11	16	9	30	乙丑	12	16	11	1	乙未	1	14	11	30	甲子
	8	17	6	27	甲午	9	17	7	29	乙丑	10	18	9	1	丙申	11	17	10	1	丙寅	12	17	11	2	丙申	1	15	12	1	乙丑
	8	18	6	28	乙未	9	18	7	30	丙寅	10	19	9	2	丁酉	11	18	10	2	丁卯	12	18	11	3	丁酉	1	16	12	2	丙寅
	8	19	6	29	丙申	9	19	8	1	丁卯	10	20	9	3	戊戌	11	19	10	3	戊辰	12	19	11	4	戊戌	1	17	12	3	丁卯
	8	20	7	1	丁酉	9	20	8	2	戊辰	10	21	9	4	己亥	11	20	10	4	己巳	12	20	11	5	己亥	1	18	12	4	戊辰
牛	8	21	7	2	戊戌	9	21	8	3	己巳	10	22	9	5	庚子	11	21	10	5	庚午	12	21	11	6	庚子	1	19	12	5	己巳
	8	22	7	3	己亥	9	22	8	4	庚午	10	23	9	6	辛丑	11	22	10	6	辛未	12	22	11	7	辛丑	1	20	12	6	庚午
	8	23	7	4	庚子	9	23	8	5	辛未	10	24	9	7	壬寅	11	23	10	7	壬申	12	23	11	8	壬寅	1	21	12	7	辛未
	8	24	7	5	辛丑	9	24	8	6	壬申	10	25	9	8	癸卯	11	24	10	8	癸酉	12	24	11	9	癸卯	1	22	12	8	壬申
	8	25	7	6	壬寅	9	25	8	7	癸酉	10	26	9	9	甲辰	11	25	10	9	甲戌	12	25	11	10	甲辰	1	23	12	9	癸酉
	8	26	7	7	癸卯	9	26	8	8	甲戌	10	27	9	10	乙巳	11	26	10	10	乙亥	12	26	11	11	乙巳	1	24	12	10	甲戌
中華民國九十八・九十九年	8	27	7	8	甲辰	9	27	8	9	乙亥	10	28	9	11	丙午	11	27	10	11	丙子	12	27	11	12	丙午	1	25	12	11	乙亥
	8	28	7	9	乙巳	9	28	8	10	丙子	10	29	9	12	丁未	11	28	10	12	丁丑	12	28	11	13	丁未	1	26	12	12	丙子
	8	29	7	10	丙午	9	29	8	11	丁丑	10	30	9	13	戊申	11	29	10	13	戊寅	12	29	11	14	戊申	1	27	12	13	丁丑
	8	30	7	11	丁未	9	30	8	12	戊寅	10	31	9	14	己酉	11	30	10	14	己卯	12	30	11	15	己酉	1	28	12	14	戊寅
	8	31	7	12	戊申	10	1	8	13	己卯	11	1	9	15	庚戌	12	1	10	15	庚辰	12	31	11	16	庚戌	1	29	12	15	己卯
	9	1	7	13	己酉	10	2	8	14	庚辰	11	2	9	16	辛亥	12	2	10	16	辛巳	1	1	11	17	辛亥	1	30	12	16	庚辰
	9	2	7	14	庚戌	10	3	8	15	辛巳	11	3	9	17	壬子	12	3	10	17	壬午	1	2	11	18	壬子	1	31	12	17	辛巳
	9	3	7	15	辛亥	10	4	8	16	壬午	11	4	9	18	癸丑	12	4	10	18	癸未	1	3	11	19	癸丑	2	1	12	18	壬午
	9	4	7	16	壬子	10	5	8	17	癸未	11	5	9	19	甲寅	12	5	10	19	甲申	1	4	11	20	甲寅	2	2	12	19	癸未
	9	5	7	17	癸丑	10	6	8	18	甲申	11	6	9	20	乙卯	12	6	10	20	乙酉						2	3	12	20	甲申
	9	6	7	18	甲寅	10	7	8	19	乙酉																				
中氣	處暑 8/23 7時38分 辰時					秋分 9/23 5時18分 卯時					霜降 10/23 14時43分 未時					小雪 11/22 12時22分 午時					冬至 12/22 1時46分 丑時					大寒 1/20 12時27分 午時				

年	庚寅																	
月	戊寅			己卯			庚辰			辛巳			壬午			癸未		
節氣	立春			驚蟄			清明			立夏			芒種			小暑		
	2/4 6時47分 卯時			3/6 0時46分 子時			4/5 5時30分 卯時			5/5 22時43分 亥時			6/6 2時49分 丑時			7/7 13時2分 未時		
日	國曆	農曆	干支	國曆	農曆	干支	國曆	農曆	干支	國曆	農曆	干支	國曆	農曆	干支	國曆	農曆	干支
	2 4	12 21	乙酉	3 6	1 21	乙卯	4 5	2 21	乙酉	5 5	3 22	乙卯	6 6	4 24	丁亥	7 7	5 26	戊午
	2 5	12 22	丙戌	3 7	1 22	丙辰	4 6	2 22	丙戌	5 6	3 23	丙辰	6 7	4 25	戊子	7 8	5 27	己未
	2 6	12 23	丁亥	3 8	1 23	丁巳	4 7	2 23	丁亥	5 7	3 24	丁巳	6 8	4 26	己丑	7 9	5 28	庚申
	2 7	12 24	戊子	3 9	1 24	戊午	4 8	2 24	戊子	5 8	3 25	戊午	6 9	4 27	庚寅	7 10	5 29	辛酉
2010	2 8	12 25	己丑	3 10	1 25	己未	4 9	2 25	己丑	5 9	3 26	己未	6 10	4 28	辛卯	7 11	5 30	壬戌
	2 9	12 26	庚寅	3 11	1 26	庚申	4 10	2 26	庚寅	5 10	3 27	庚申	6 11	4 29	壬辰	7 12	6 1	癸亥
	2 10	12 27	辛卯	3 12	1 27	辛酉	4 11	2 27	辛卯	5 11	3 28	辛酉	6 12	5 1	癸巳	7 13	6 2	甲子
	2 11	12 28	壬辰	3 13	1 28	壬戌	4 12	2 28	壬辰	5 12	3 29	壬戌	6 13	5 2	甲午	7 14	6 3	乙丑
	2 12	12 29	癸巳	3 14	1 29	癸亥	4 13	2 29	癸巳	5 13	3 30	癸亥	6 14	5 3	乙未	7 15	6 4	丙寅
	2 13	12 30	甲午	3 15	1 30	甲子	4 14	3 1	甲午	5 14	4 1	甲子	6 15	5 4	丙申	7 16	6 5	丁卯
	2 14	1 1	乙未	3 16	2 1	乙丑	4 15	3 2	乙未	5 15	4 2	乙丑	6 16	5 5	丁酉	7 17	6 6	戊辰
	2 15	1 2	丙申	3 17	2 2	丙寅	4 16	3 3	丙申	5 16	4 3	丙寅	6 17	5 6	戊戌	7 18	6 7	己巳
	2 16	1 3	丁酉	3 18	2 3	丁卯	4 17	3 4	丁酉	5 17	4 4	丁卯	6 18	5 7	己亥	7 19	6 8	庚午
虎	2 17	1 4	戊戌	3 19	2 4	戊辰	4 18	3 5	戊戌	5 18	4 5	戊辰	6 19	5 8	庚子	7 20	6 9	辛未
	2 18	1 5	己亥	3 20	2 5	己巳	4 19	3 6	己亥	5 19	4 6	己巳	6 20	5 9	辛丑	7 21	6 10	壬申
	2 19	1 6	庚子	3 21	2 6	庚午	4 20	3 7	庚子	5 20	4 7	庚午	6 21	5 10	壬寅	7 22	6 11	癸酉
	2 20	1 7	辛丑	3 22	2 7	辛未	4 21	3 8	辛丑	5 21	4 8	辛未	6 22	5 11	癸卯	7 23	6 12	甲戌
	2 21	1 8	壬寅	3 23	2 8	壬申	4 22	3 9	壬寅	5 22	4 9	壬申	6 23	5 12	甲辰	7 24	6 13	乙亥
	2 22	1 9	癸卯	3 24	2 9	癸酉	4 23	3 10	癸卯	5 23	4 10	癸酉	6 24	5 13	乙巳	7 25	6 14	丙子
	2 23	1 10	甲辰	3 25	2 10	甲戌	4 24	3 11	甲辰	5 24	4 11	甲戌	6 25	5 14	丙午	7 26	6 15	丁丑
	2 24	1 11	乙巳	3 26	2 11	乙亥	4 25	3 12	乙巳	5 25	4 12	乙亥	6 26	5 15	丁未	7 27	6 16	戊寅
中華民國九十九年	2 25	1 12	丙午	3 27	2 12	丙子	4 26	3 13	丙午	5 26	4 13	丙子	6 27	5 16	戊申	7 28	6 17	己卯
	2 26	1 13	丁未	3 28	2 13	丁丑	4 27	3 14	丁未	5 27	4 14	丁丑	6 28	5 17	己酉	7 29	6 18	庚辰
	2 27	1 14	戊申	3 29	2 14	戊寅	4 28	3 15	戊申	5 28	4 15	戊寅	6 29	5 18	庚戌	7 30	6 19	辛巳
	2 28	1 15	己酉	3 30	2 15	己卯	4 29	3 16	己酉	5 29	4 16	己卯	6 30	5 19	辛亥	7 31	6 20	壬午
	3 1	1 16	庚戌	3 31	2 16	庚辰	4 30	3 17	庚戌	5 30	4 17	庚辰	7 1	5 20	壬子	8 1	6 21	癸未
	3 2	1 17	辛亥	4 1	2 17	辛巳	5 1	3 18	辛亥	5 31	4 18	辛巳	7 2	5 21	癸丑	8 2	6 22	甲申
	3 3	1 18	壬子	4 2	2 18	壬午	5 2	3 19	壬子	6 1	4 19	壬午	7 3	5 22	甲寅	8 3	6 23	乙酉
	3 4	1 19	癸丑	4 3	2 19	癸未	5 3	3 20	癸丑	6 2	4 20	癸未	7 4	5 23	乙卯	8 4	6 24	丙戌
	3 5	1 20	甲寅	4 4	2 20	甲申	5 4	3 21	甲寅	6 3	4 21	甲申	7 5	5 24	丙辰	8 5	6 25	丁亥
										6 4	4 22	乙酉	7 6	5 25	丁巳	8 6	6 26	戊子
										6 5	4 23	丙戌						
中氣	雨水			春分			穀雨			小滿			夏至			大暑		
	2/19 2時35分 丑時			3/21 1時32分 丑時			4/20 12時29分 午時			5/21 11時33分 午時			6/21 19時28分 戌時			7/23 6時21分 卯時		

庚寅																		年
甲申			乙酉			丙戌			丁亥			戊子			己丑			月
立秋 8/7 22時49分 亥時			白露 9/8 1時44分 丑時			寒露 10/8 17時26分 酉時			立冬 11/7 20時42分 戌時			大雪 12/7 13時38分 未時			小寒 1/6 0時54分 子時			節氣
國曆	農曆	干支	國曆	農曆	干支	國曆	農曆	干支	國曆	農曆	干支	國曆	農曆	干支	國曆	農曆	干支	日
8 7	6 27	己丑	9 8	8 1	辛酉	10 8	9 1	辛卯	11 7	10 2	辛酉	12 7	11 2	辛卯	1 6	12 3	辛酉	
8 8	6 28	庚寅	9 9	8 2	壬戌	10 9	9 2	壬辰	11 8	10 3	壬戌	12 8	11 3	壬辰	1 7	12 4	壬戌	
8 9	6 29	辛卯	9 10	8 3	癸亥	10 10	9 3	癸巳	11 9	10 4	癸亥	12 9	11 4	癸巳	1 8	12 5	癸亥	2010・2011
8 10	7 1	壬辰	9 11	8 4	甲子	10 11	9 4	甲午	11 10	10 5	甲子	12 10	11 5	甲午	1 9	12 6	甲子	
8 11	7 2	癸巳	9 12	8 5	乙丑	10 12	9 5	乙未	11 11	10 6	乙丑	12 11	11 6	乙未	1 10	12 7	乙丑	
8 12	7 3	甲午	9 13	8 6	丙寅	10 13	9 6	丙申	11 12	10 7	丙寅	12 12	11 7	丙申	1 11	12 8	丙寅	
8 13	7 4	乙未	9 14	8 7	丁卯	10 14	9 7	丁酉	11 13	10 8	丁卯	12 13	11 8	丁酉	1 12	12 9	丁卯	
8 14	7 5	丙申	9 15	8 8	戊辰	10 15	9 8	戊戌	11 14	10 9	戊辰	12 14	11 9	戊戌	1 13	12 10	戊辰	
8 15	7 6	丁酉	9 16	8 9	己巳	10 16	9 9	己亥	11 15	10 10	己巳	12 15	11 10	己亥	1 14	12 11	己巳	
8 16	7 7	戊戌	9 17	8 10	庚午	10 17	9 10	庚子	11 16	10 11	庚午	12 16	11 11	庚子	1 15	12 12	庚午	
8 17	7 8	己亥	9 18	8 11	辛未	10 18	9 11	辛丑	11 17	10 12	辛未	12 17	11 12	辛丑	1 16	12 13	辛未	
8 18	7 9	庚子	9 19	8 12	壬申	10 19	9 12	壬寅	11 18	10 13	壬申	12 18	11 13	壬寅	1 17	12 14	壬申	
8 19	7 10	辛丑	9 20	8 13	癸酉	10 20	9 13	癸卯	11 19	10 14	癸酉	12 19	11 14	癸卯	1 18	12 15	癸酉	
8 20	7 11	壬寅	9 21	8 14	甲戌	10 21	9 14	甲辰	11 20	10 15	甲戌	12 20	11 15	甲辰	1 19	12 16	甲戌	
8 21	7 12	癸卯	9 22	8 15	乙亥	10 22	9 15	乙巳	11 21	10 16	乙亥	12 21	11 16	乙巳	1 20	12 17	乙亥	虎
8 22	7 13	甲辰	9 23	8 16	丙子	10 23	9 16	丙午	11 22	10 17	丙子	12 22	11 17	丙午	1 21	12 18	丙子	
8 23	7 14	乙巳	9 24	8 17	丁丑	10 24	9 17	丁未	11 23	10 18	丁丑	12 23	11 18	丁未	1 22	12 19	丁丑	
8 24	7 15	丙午	9 25	8 18	戊寅	10 25	9 18	戊申	11 24	10 19	戊寅	12 24	11 19	戊申	1 23	12 20	戊寅	
8 25	7 16	丁未	9 26	8 19	己卯	10 26	9 19	己酉	11 25	10 20	己卯	12 25	11 20	己酉	1 24	12 21	己卯	
8 26	7 17	戊申	9 27	8 20	庚辰	10 27	9 20	庚戌	11 26	10 21	庚辰	12 26	11 21	庚戌	1 25	12 22	庚辰	
8 27	7 18	己酉	9 28	8 21	辛巳	10 28	9 21	辛亥	11 27	10 22	辛巳	12 27	11 22	辛亥	1 26	12 23	辛巳	中華民國九十九・一百年
8 28	7 19	庚戌	9 29	8 22	壬午	10 29	9 22	壬子	11 28	10 23	壬午	12 28	11 23	壬子	1 27	12 24	壬午	
8 29	7 20	辛亥	9 30	8 23	癸未	10 30	9 23	癸丑	11 29	10 24	癸未	12 29	11 24	癸丑	1 28	12 25	癸未	
8 30	7 21	壬子	10 1	8 24	甲申	10 31	9 24	甲寅	11 30	10 25	甲申	12 30	11 25	甲寅	1 29	12 26	甲申	
8 31	7 22	癸丑	10 2	8 25	乙酉	11 1	9 25	乙卯	12 1	10 26	乙酉	12 31	11 26	乙卯	1 30	12 27	乙酉	
9 1	7 23	甲寅	10 3	8 26	丙戌	11 2	9 26	丙辰	12 2	10 27	丙戌	1 1	11 27	丙辰	1 31	12 28	丙戌	
9 2	7 24	乙卯	10 4	8 27	丁亥	11 3	9 27	丁巳	12 3	10 28	丁亥	1 2	11 28	丁巳	2 1	12 29	丁亥	
9 3	7 25	丙辰	10 5	8 28	戊子	11 4	9 28	戊午	12 4	10 29	戊子	1 3	11 29	戊午	2 2	12 30	戊子	
9 4	7 26	丁巳	10 6	8 29	己丑	11 5	9 29	己未	12 5	10 30	己丑	1 4	12 1	己未	2 3	1 1	己丑	
9 5	7 27	戊午	10 7	8 30	庚寅	11 6	10 1	庚申	12 6	11 1	庚寅	1 5	12 2	庚申				
9 6	7 28	己未																
9 7	7 29	庚申																
處暑 8/23 13時26分 未時			秋分 9/23 11時8分 午時			霜降 10/23 20時34分 戌時			小雪 11/22 18時14分 酉時			冬至 12/22 7時38分 辰時			大寒 1/20 18時18分 酉時			中氣

年	辛卯																	
月	庚寅			辛卯			壬辰			癸巳			甲午			乙未		
節氣	立春 2/4 12時32分 午時			驚蟄 3/6 6時29分 卯時			清明 4/5 11時11分 午時			立夏 5/6 4時23分 寅時			芒種 6/6 8時27分 辰時			小暑 7/7 18時41分 酉時		
日	國曆	農曆	干支	國曆	農曆	干支	國曆	農曆	干支	國曆	農曆	干支	國曆	農曆	干支	國曆	農曆	干支
	2 4	1 2	庚寅	3 6	2 2	庚申	4 5	3 3	庚寅	5 6	4 4	辛酉	6 6	5 5	壬辰	7 7	6 7	癸亥
	2 5	1 3	辛卯	3 7	2 3	辛酉	4 6	3 4	辛卯	5 7	4 5	壬戌	6 7	5 6	癸巳	7 8	6 8	甲子
	2 6	1 4	壬辰	3 8	2 4	壬戌	4 7	3 5	壬辰	5 8	4 6	癸亥	6 8	5 7	甲午	7 9	6 9	乙丑
	2 7	1 5	癸巳	3 9	2 5	癸亥	4 8	3 6	癸巳	5 9	4 7	甲子	6 9	5 8	乙未	7 10	6 10	丙寅
2	2 8	1 6	甲午	3 10	2 6	甲子	4 9	3 7	甲午	5 10	4 8	乙丑	6 10	5 9	丙申	7 11	6 11	丁卯
0	2 9	1 7	乙未	3 11	2 7	乙丑	4 10	3 8	乙未	5 11	4 9	丙寅	6 11	5 10	丁酉	7 12	6 12	戊辰
1	2 10	1 8	丙申	3 12	2 8	丙寅	4 11	3 9	丙申	5 12	4 10	丁卯	6 12	5 11	戊戌	7 13	6 13	己巳
1	2 11	1 9	丁酉	3 13	2 9	丁卯	4 12	3 10	丁酉	5 13	4 11	戊辰	6 13	5 12	己亥	7 14	6 14	庚午
	2 12	1 10	戊戌	3 14	2 10	戊辰	4 13	3 11	戊戌	5 14	4 12	己巳	6 14	5 13	庚子	7 15	6 15	辛未
	2 13	1 11	己亥	3 15	2 11	己巳	4 14	3 12	己亥	5 15	4 13	庚午	6 15	5 14	辛丑	7 16	6 16	壬申
	2 14	1 12	庚子	3 16	2 12	庚午	4 15	3 13	庚子	5 16	4 14	辛未	6 16	5 15	壬寅	7 17	6 17	癸酉
	2 15	1 13	辛丑	3 17	2 13	辛未	4 16	3 14	辛丑	5 17	4 15	壬申	6 17	5 16	癸卯	7 18	6 18	甲戌
	2 16	1 14	壬寅	3 18	2 14	壬申	4 17	3 15	壬寅	5 18	4 16	癸酉	6 18	5 17	甲辰	7 19	6 19	乙亥
兔	2 17	1 15	癸卯	3 19	2 15	癸酉	4 18	3 16	癸卯	5 19	4 17	甲戌	6 19	5 18	乙巳	7 20	6 20	丙子
	2 18	1 16	甲辰	3 20	2 16	甲戌	4 19	3 17	甲辰	5 20	4 18	乙亥	6 20	5 19	丙午	7 21	6 21	丁丑
	2 19	1 17	乙巳	3 21	2 17	乙亥	4 20	3 18	乙巳	5 21	4 19	丙子	6 21	5 20	丁未	7 22	6 22	戊寅
	2 20	1 18	丙午	3 22	2 18	丙子	4 21	3 19	丙午	5 22	4 20	丁丑	6 22	5 21	戊申	7 23	6 23	己卯
	2 21	1 19	丁未	3 23	2 19	丁丑	4 22	3 20	丁未	5 23	4 21	戊寅	6 23	5 22	己酉	7 24	6 24	庚辰
	2 22	1 20	戊申	3 24	2 20	戊寅	4 23	3 21	戊申	5 24	4 22	己卯	6 24	5 23	庚戌	7 25	6 25	辛巳
	2 23	1 21	己酉	3 25	2 21	己卯	4 24	3 22	己酉	5 25	4 23	庚辰	6 25	5 24	辛亥	7 26	6 26	壬午
	2 24	1 22	庚戌	3 26	2 22	庚辰	4 25	3 23	庚戌	5 26	4 24	辛巳	6 26	5 25	壬子	7 27	6 27	癸未
中	2 25	1 23	辛亥	3 27	2 23	辛巳	4 26	3 24	辛亥	5 27	4 25	壬午	6 27	5 26	癸丑	7 28	6 28	甲申
華	2 26	1 24	壬子	3 28	2 24	壬午	4 27	3 25	壬子	5 28	4 26	癸未	6 28	5 27	甲寅	7 29	6 29	乙酉
民	2 27	1 25	癸丑	3 29	2 25	癸未	4 28	3 26	癸丑	5 29	4 27	甲申	6 29	5 28	乙卯	7 30	6 30	丙戌
國	2 28	1 26	甲寅	3 30	2 26	甲申	4 29	3 27	甲寅	5 30	4 28	乙酉	6 30	5 29	丙辰	7 31	7 1	丁亥
一	3 1	1 27	乙卯	3 31	2 27	乙酉	4 30	3 28	乙卯	5 31	4 29	丙戌	7 1	6 1	丁巳	8 1	7 2	戊子
百	3 2	1 28	丙辰	4 1	2 28	丙戌	5 1	3 29	丙辰	6 1	4 30	丁亥	7 2	6 2	戊午	8 2	7 3	己丑
年	3 3	1 29	丁巳	4 2	2 29	丁亥	5 2	3 30	丁巳	6 2	5 1	戊子	7 3	6 3	己未	8 3	7 4	庚寅
	3 4	1 30	戊午	4 3	3 1	戊子	5 3	4 1	戊午	6 3	5 2	己丑	7 4	6 4	庚申	8 4	7 5	辛卯
	3 5	2 1	己未	4 4	3 2	己丑	5 4	4 2	己未	6 4	5 3	庚寅	7 5	6 5	辛酉	8 5	7 6	壬辰
							5 5	4 3	庚申	6 5	5 4	辛卯	7 6	6 6	壬戌	8 6	7 7	癸巳
																8 7	7 8	甲午
中氣	雨水 2/19 8時25分 辰時			春分 3/21 7時20分 辰時			穀雨 4/20 18時17分 酉時			小滿 5/21 17時21分 酉時			夏至 6/22 1時16分 丑時			大暑 7/23 12時11分 午時		

年	辛卯																													
月	丙申					丁酉					戊戌					己亥					庚子					辛丑				
節氣	立秋 8/8 4時33分 寅時					白露 9/8 7時34分 辰時					寒露 10/8 23時19分 子時					立冬 11/8 2時34分 丑時					大雪 12/7 19時28分 戌時					小寒 1/6 6時43分 卯時				
日	國曆		農曆		干支	國曆		農曆		干支	國曆		農曆		干支	國曆		農曆		干支	國曆		農曆		干支	國曆		農曆		干支
	8	8	7	9	乙未	9	8	8	11	丙寅	10	8	9	12	丙申	11	8	10	13	丁卯	12	7	11	13	丙申	1	6	12	13	丙寅
	8	9	7	10	丙申	9	9	8	12	丁卯	10	9	9	13	丁酉	11	9	10	14	戊辰	12	8	11	14	丁酉	1	7	12	14	丁卯
2	8	10	7	11	丁酉	9	10	8	13	戊辰	10	10	9	14	戊戌	11	10	10	15	己巳	12	9	11	15	戊戌	1	8	12	15	戊辰
0	8	11	7	12	戊戌	9	11	8	14	己巳	10	11	9	15	己亥	11	11	10	16	庚午	12	10	11	16	己亥	1	9	12	16	己巳
1	8	12	7	13	己亥	9	12	8	15	庚午	10	12	9	16	庚子	11	12	10	17	辛未	12	11	11	17	庚子	1	10	12	17	庚午
1	8	13	7	14	庚子	9	13	8	16	辛未	10	13	9	17	辛丑	11	13	10	18	壬申	12	12	11	18	辛丑	1	11	12	18	辛未
•	8	14	7	15	辛丑	9	14	8	17	壬申	10	14	9	18	壬寅	11	14	10	19	癸酉	12	13	11	19	壬寅	1	12	12	19	壬申
2	8	15	7	16	壬寅	9	15	8	18	癸酉	10	15	9	19	癸卯	11	15	10	20	甲戌	12	14	11	20	癸卯	1	13	12	20	癸酉
0	8	16	7	17	癸卯	9	16	8	19	甲戌	10	16	9	20	甲辰	11	16	10	21	乙亥	12	15	11	21	甲辰	1	14	12	21	甲戌
1	8	17	7	18	甲辰	9	17	8	20	乙亥	10	17	9	21	乙巳	11	17	10	22	丙子	12	16	11	22	乙巳	1	15	12	22	乙亥
2	8	18	7	19	乙巳	9	18	8	21	丙子	10	18	9	22	丙午	11	18	10	23	丁丑	12	17	11	23	丙午	1	16	12	23	丙子
	8	19	7	20	丙午	9	19	8	22	丁丑	10	19	9	23	丁未	11	19	10	24	戊寅	12	18	11	24	丁未	1	17	12	24	丁丑
	8	20	7	21	丁未	9	20	8	23	戊寅	10	20	9	24	戊申	11	20	10	25	己卯	12	19	11	25	戊申	1	18	12	25	戊寅
	8	21	7	22	戊申	9	21	8	24	己卯	10	21	9	25	己酉	11	21	10	26	庚辰	12	20	11	26	己酉	1	19	12	26	己卯
兔	8	22	7	23	己酉	9	22	8	25	庚辰	10	22	9	26	庚戌	11	22	10	27	辛巳	12	21	11	27	庚戌	1	20	12	27	庚辰
	8	23	7	24	庚戌	9	23	8	26	辛巳	10	23	9	27	辛亥	11	23	10	28	壬午	12	22	11	28	辛亥	1	21	12	28	辛巳
	8	24	7	25	辛亥	9	24	8	27	壬午	10	24	9	28	壬子	11	24	10	29	癸未	12	23	11	29	壬子	1	22	12	29	壬午
	8	25	7	26	壬子	9	25	8	28	癸未	10	25	9	29	癸丑	11	25	11	1	甲申	12	24	11	30	癸丑	1	23	1	1	癸未
	8	26	7	27	癸丑	9	26	8	29	甲申	10	26	9	30	甲寅	11	26	11	2	乙酉	12	25	12	1	甲寅	1	24	1	2	甲申
中	8	27	7	28	甲寅	9	27	9	1	乙酉	10	27	10	1	乙卯	11	27	11	3	丙戌	12	26	12	2	乙卯	1	25	1	3	乙酉
華	8	28	7	29	乙卯	9	28	9	2	丙戌	10	28	10	2	丙辰	11	28	11	4	丁亥	12	27	12	3	丙辰	1	26	1	4	丙戌
民	8	29	8	1	丙辰	9	29	9	3	丁亥	10	29	10	3	丁巳	11	29	11	5	戊子	12	28	12	4	丁巳	1	27	1	5	丁亥
國	8	30	8	2	丁巳	9	30	9	4	戊子	10	30	10	4	戊午	11	30	11	6	己丑	12	29	12	5	戊午	1	28	1	6	戊子
一	8	31	8	3	戊午	10	1	9	5	己丑	10	31	10	5	己未	12	1	11	7	庚寅	12	30	12	6	己未	1	29	1	7	己丑
百	9	1	8	4	己未	10	2	9	6	庚寅	11	1	10	6	庚申	12	2	11	8	辛卯	12	31	12	7	庚申	1	30	1	8	庚寅
•	9	2	8	5	庚申	10	3	9	7	辛卯	11	2	10	7	辛酉	12	3	11	9	壬辰	1	1	12	8	辛酉	1	31	1	9	辛卯
一	9	3	8	6	辛酉	10	4	9	8	壬辰	11	3	10	8	壬戌	12	4	11	10	癸巳	1	2	12	9	壬戌	2	1	1	10	壬辰
百	9	4	8	7	壬戌	10	5	9	9	癸巳	11	4	10	9	癸亥	12	5	11	11	甲午	1	3	12	10	癸亥	2	2	1	11	癸巳
零	9	5	8	8	癸亥	10	6	9	10	甲午	11	5	10	10	甲子	12	6	11	12	乙未	1	4	12	11	甲子	2	3	1	12	甲午
一	9	6	8	9	甲子	10	7	9	11	乙未	11	6	10	11	乙丑						1	5	12	12	乙丑					
年	9	7	8	10	乙丑						11	7	10	12	丙寅															
中氣	處暑 8/23 19時20分 戌時					秋分 9/23 17時4分 酉時					霜降 10/24 2時30分 丑時					小雪 11/23 0時7分 子時					冬至 12/22 13時29分 未時					大寒 1/21 0時9分 子時				

年	壬辰																	
月	壬寅			癸卯			甲辰			乙巳			丙午			丁未		
節氣	立春 2/4 18時22分 酉時			驚蟄 3/5 12時20分 午時			清明 4/4 17時5分 酉時			立夏 5/5 10時19分 巳時			芒種 6/5 14時25分 未時			小暑 7/7 0時40分 子時		
日	國曆	農曆	干支	國曆	農曆	干支	國曆	農曆	干支	國曆	農曆	干支	國曆	農曆	干支	國曆	農曆	干支
2012 龍 中華民國一百零一年	2 4	1 13	乙未	3 5	2 13	乙丑	4 4	3 14	乙未	5 5	4 15	丙寅	6 5	4 16	丁酉	7 7	5 19	己巳
	2 5	1 14	丙申	3 6	2 14	丙寅	4 5	3 15	丙申	5 6	4 16	丁卯	6 6	4 17	戊戌	7 8	5 20	庚午
	2 6	1 15	丁酉	3 7	2 15	丁卯	4 6	3 16	丁酉	5 7	4 17	戊辰	6 7	4 18	己亥	7 9	5 21	辛未
	2 7	1 16	戊戌	3 8	2 16	戊辰	4 7	3 17	戊戌	5 8	4 18	己巳	6 8	4 19	庚子	7 10	5 22	壬申
	2 8	1 17	己亥	3 9	2 17	己巳	4 8	3 18	己亥	5 9	4 19	庚午	6 9	4 20	辛丑	7 11	5 23	癸酉
	2 9	1 18	庚子	3 10	2 18	庚午	4 9	3 19	庚子	5 10	4 20	辛未	6 10	4 21	壬寅	7 12	5 24	甲戌
	2 10	1 19	辛丑	3 11	2 19	辛未	4 10	3 20	辛丑	5 11	4 21	壬申	6 11	4 22	癸卯	7 13	5 25	乙亥
	2 11	1 20	壬寅	3 12	2 20	壬申	4 11	3 21	壬寅	5 12	4 22	癸酉	6 12	4 23	甲辰	7 14	5 26	丙子
	2 12	1 21	癸卯	3 13	2 21	癸酉	4 12	3 22	癸卯	5 13	4 23	甲戌	6 13	4 24	乙巳	7 15	5 27	丁丑
	2 13	1 22	甲辰	3 14	2 22	甲戌	4 13	3 23	甲辰	5 14	4 24	乙亥	6 14	4 25	丙午	7 16	5 28	戊寅
	2 14	1 23	乙巳	3 15	2 23	乙亥	4 14	3 24	乙巳	5 15	4 25	丙子	6 15	4 26	丁未	7 17	5 29	己卯
	2 15	1 24	丙午	3 16	2 24	丙子	4 15	3 25	丙午	5 16	4 26	丁丑	6 16	4 27	戊申	7 18	5 30	庚辰
	2 16	1 25	丁未	3 17	2 25	丁丑	4 16	3 26	丁未	5 17	4 27	戊寅	6 17	4 28	己酉	7 19	6 1	辛巳
	2 17	1 26	戊申	3 18	2 26	戊寅	4 17	3 27	戊申	5 18	4 28	己卯	6 18	4 29	庚戌	7 20	6 2	壬午
	2 18	1 27	己酉	3 19	2 27	己卯	4 18	3 28	己酉	5 19	4 29	庚辰	6 19	5 1	辛亥	7 21	6 3	癸未
	2 19	1 28	庚戌	3 20	2 28	庚辰	4 19	3 29	庚戌	5 20	4 30	辛巳	6 20	5 2	壬子	7 22	6 4	甲申
	2 20	1 29	辛亥	3 21	2 29	辛巳	4 20	3 30	辛亥	5 21	閏4 1	壬午	6 21	5 3	癸丑	7 23	6 5	乙酉
	2 21	1 30	壬子	3 22	3 1	壬午	4 21	4 1	壬子	5 22	4 2	癸未	6 22	5 4	甲寅	7 24	6 6	丙戌
	2 22	2 1	癸丑	3 23	3 2	癸未	4 22	4 2	癸丑	5 23	4 3	甲申	6 23	5 5	乙卯	7 25	6 7	丁亥
	2 23	2 2	甲寅	3 24	3 3	甲申	4 23	4 3	甲寅	5 24	4 4	乙酉	6 24	5 6	丙辰	7 26	6 8	戊子
	2 24	2 3	乙卯	3 25	3 4	乙酉	4 24	4 4	乙卯	5 25	4 5	丙戌	6 25	5 7	丁巳	7 27	6 9	己丑
	2 25	2 4	丙辰	3 26	3 5	丙戌	4 25	4 5	丙辰	5 26	4 6	丁亥	6 26	5 8	戊午	7 28	6 10	庚寅
	2 26	2 5	丁巳	3 27	3 6	丁亥	4 26	4 6	丁巳	5 27	4 7	戊子	6 27	5 9	己未	7 29	6 11	辛卯
	2 27	2 6	戊午	3 28	3 7	戊子	4 27	4 7	戊午	5 28	4 8	己丑	6 28	5 10	庚申	7 30	6 12	壬辰
	2 28	2 7	己未	3 29	3 8	己丑	4 28	4 8	己未	5 29	4 9	庚寅	6 29	5 11	辛酉	7 31	6 13	癸巳
	2 29	2 8	庚申	3 30	3 9	庚寅	4 29	4 9	庚申	5 30	4 10	辛卯	6 30	5 12	壬戌	8 1	6 14	甲午
	3 1	2 9	辛酉	3 31	3 10	辛卯	4 30	4 10	辛酉	5 31	4 11	壬辰	7 1	5 13	癸亥	8 2	6 15	乙未
	3 2	2 10	壬戌	4 1	3 11	壬辰	5 1	4 11	壬戌	6 1	4 12	癸巳	7 2	5 14	甲子	8 3	6 16	丙申
	3 3	2 11	癸亥	4 2	3 12	癸巳	5 2	4 12	癸亥	6 2	4 13	甲午	7 3	5 15	乙丑	8 4	6 17	丁酉
	3 4	2 12	甲子	4 3	3 13	甲午	5 3	4 13	甲子	6 3	4 14	乙未	7 4	5 16	丙寅	8 5	6 18	戊戌
							5 4	4 14	乙丑	6 4	4 15	丙申	7 5	5 17	丁卯	8 6	6 19	己亥
													7 6	5 18	戊辰			
中氣	雨水 2/19 14時17分 未時			春分 3/20 13時14分 未時			穀雨 4/20 0時11分 子時			小滿 5/20 23時15分 子時			夏至 6/21 7時8分 辰時			大暑 7/22 18時0分 酉時		

年	壬辰																													
月	戊申					己酉					庚戌					辛亥					壬子					癸丑				
節氣	立秋 8/7 10時30分 巳時					白露 9/7 13時28分 未時					寒露 10/8 5時11分 卯時					立冬 11/7 8時25分 辰時					大雪 12/7 1時18分 丑時					小寒 1/5 12時33分 午時				
日	國曆		農曆		干支	國曆		農曆		干支	國曆		農曆		干支	國曆		農曆		干支	國曆		農曆		干支	國曆		農曆		干支
2012·2013	8	7	6	20	庚子	9	7	7	22	辛未	10	8	8	23	壬寅	11	7	9	24	壬申	12	7	10	24	壬寅	1	5	11	24	辛未
	8	8	6	21	辛丑	9	8	7	23	壬申	10	9	8	24	癸卯	11	8	9	25	癸酉	12	8	10	25	癸卯	1	6	11	25	壬申
	8	9	6	22	壬寅	9	9	7	24	癸酉	10	10	8	25	甲辰	11	9	9	26	甲戌	12	9	10	26	甲辰	1	7	11	26	癸酉
	8	10	6	23	癸卯	9	10	7	25	甲戌	10	11	8	26	乙巳	11	10	9	27	乙亥	12	10	10	27	乙巳	1	8	11	27	甲戌
	8	11	6	24	甲辰	9	11	7	26	乙亥	10	12	8	27	丙午	11	11	9	28	丙子	12	11	10	28	丙午	1	9	11	28	乙亥
	8	12	6	25	乙巳	9	12	7	27	丙子	10	13	8	28	丁未	11	12	9	29	丁丑	12	12	10	29	丁未	1	10	11	29	丙子
	8	13	6	26	丙午	9	13	7	28	丁丑	10	14	8	29	戊申	11	13	9	30	戊寅	12	13	11	1	戊申	1	11	11	30	丁丑
	8	14	6	27	丁未	9	14	7	29	戊寅	10	15	9	1	己酉	11	14	10	1	己卯	12	14	11	2	己酉	1	12	12	1	戊寅
	8	15	6	28	戊申	9	15	7	30	己卯	10	16	9	2	庚戌	11	15	10	2	庚辰	12	15	11	3	庚戌	1	13	12	2	己卯
	8	16	6	29	己酉	9	16	8	1	庚辰	10	17	9	3	辛亥	11	16	10	3	辛巳	12	16	11	4	辛亥	1	14	12	3	庚辰
	8	17	7	1	庚戌	9	17	8	2	辛巳	10	18	9	4	壬子	11	17	10	4	壬午	12	17	11	5	壬子	1	15	12	4	辛巳
	8	18	7	2	辛亥	9	18	8	3	壬午	10	19	9	5	癸丑	11	18	10	5	癸未	12	18	11	6	癸丑	1	16	12	5	壬午
	8	19	7	3	壬子	9	19	8	4	癸未	10	20	9	6	甲寅	11	19	10	6	甲申	12	19	11	7	甲寅	1	17	12	6	癸未
龍	8	20	7	4	癸丑	9	20	8	5	甲申	10	21	9	7	乙卯	11	20	10	7	乙酉	12	20	11	8	乙卯	1	18	12	7	甲申
	8	21	7	5	甲寅	9	21	8	6	乙酉	10	22	9	8	丙辰	11	21	10	8	丙戌	12	21	11	9	丙辰	1	19	12	8	乙酉
	8	22	7	6	乙卯	9	22	8	7	丙戌	10	23	9	9	丁巳	11	22	10	9	丁亥	12	22	11	10	丁巳	1	20	12	9	丙戌
	8	23	7	7	丙辰	9	23	8	8	丁亥	10	24	9	10	戊午	11	23	10	10	戊子	12	23	11	11	戊午	1	21	12	10	丁亥
	8	24	7	8	丁巳	9	24	8	9	戊子	10	25	9	11	己未	11	24	10	11	己丑	12	24	11	12	己未	1	22	12	11	戊子
中華民國一百零一·一百零二年	8	25	7	9	戊午	9	25	8	10	己丑	10	26	9	12	庚申	11	25	10	12	庚寅	12	25	11	13	庚申	1	23	12	12	己丑
	8	26	7	10	己未	9	26	8	11	庚寅	10	27	9	13	辛酉	11	26	10	13	辛卯	12	26	11	14	辛酉	1	24	12	13	庚寅
	8	27	7	11	庚申	9	27	8	12	辛卯	10	28	9	14	壬戌	11	27	10	14	壬辰	12	27	11	15	壬戌	1	25	12	14	辛卯
	8	28	7	12	辛酉	9	28	8	13	壬辰	10	29	9	15	癸亥	11	28	10	15	癸巳	12	28	11	16	癸亥	1	26	12	15	壬辰
	8	29	7	13	壬戌	9	29	8	14	癸巳	10	30	9	16	甲子	11	29	10	16	甲午	12	29	11	17	甲子	1	27	12	16	癸巳
	8	30	7	14	癸亥	9	30	8	15	甲午	10	31	9	17	乙丑	11	30	10	17	乙未	12	30	11	18	乙丑	1	28	12	17	甲午
	8	31	7	15	甲子	10	1	8	16	乙未	11	1	9	18	丙寅	12	1	10	18	丙申	12	31	11	19	丙寅	1	29	12	18	乙未
	9	1	7	16	乙丑	10	2	8	17	丙申	11	2	9	19	丁卯	12	2	10	19	丁酉	1	1	11	20	丁卯	1	30	12	19	丙申
	9	2	7	17	丙寅	10	3	8	18	丁酉	11	3	9	20	戊辰	12	3	10	20	戊戌	1	2	11	21	戊辰	1	31	12	20	丁酉
	9	3	7	18	丁卯	10	4	8	19	戊戌	11	4	9	21	己巳	12	4	10	21	己亥	1	3	11	22	己巳	2	1	12	21	戊戌
	9	4	7	19	戊辰	10	5	8	20	己亥	11	5	9	22	庚午	12	5	10	22	庚子	1	4	11	23	庚午	2	2	12	22	己亥
	9	5	7	20	己巳	10	6	8	21	庚子	11	6	9	23	辛未	12	6	10	23	辛丑						2	3	12	23	庚子
	9	6	7	21	庚午	10	7	8	22	辛丑																				
中氣	處暑 8/23 1時6分 丑時					秋分 9/22 22時48分 亥時					霜降 10/23 8時13分 辰時					小雪 11/22 5時50分 卯時					冬至 12/21 19時11分 戌時					大寒 1/20 5時51分 卯時				

年	癸巳																	
月	甲寅			乙卯			丙辰			丁巳			戊午			己未		
節氣	立春 2/4 0時13分 子時			驚蟄 3/5 18時14分 酉時			清明 4/4 23時2分 子時			立夏 5/5 16時18分 申時			芒種 6/5 20時23分 戌時			小暑 7/7 6時34分 卯時		
日	國曆	農曆	干支	國曆	農曆	干支	國曆	農曆	干支	國曆	農曆	干支	國曆	農曆	干支	國曆	農曆	干支
2013	2 4	12 24	辛丑	3 5	1 24	庚午	4 4	2 24	庚子	5 5	3 26	辛未	6 5	4 27	壬寅	7 7	5 30	甲戌
	2 5	12 25	壬寅	3 6	1 25	辛未	4 5	2 25	辛丑	5 6	3 27	壬申	6 6	4 28	癸卯	7 8	6 1	乙亥
	2 6	12 26	癸卯	3 7	1 26	壬申	4 6	2 26	壬寅	5 7	3 28	癸酉	6 7	4 29	甲辰	7 9	6 2	丙子
	2 7	12 27	甲辰	3 8	1 27	癸酉	4 7	2 27	癸卯	5 8	3 29	甲戌	6 8	5 1	乙巳	7 10	6 3	丁丑
	2 8	12 28	乙巳	3 9	1 28	甲戌	4 8	2 28	甲辰	5 9	3 30	乙亥	6 9	5 2	丙午	7 11	6 4	戊寅
	2 9	12 29	丙午	3 10	1 29	乙亥	4 9	2 29	乙巳	5 10	4 1	丙子	6 10	5 3	丁未	7 12	6 5	己卯
	2 10	1 1	丁未	3 11	1 30	丙子	4 10	3 1	丙午	5 11	4 2	丁丑	6 11	5 4	戊申	7 13	6 6	庚辰
	2 11	1 2	戊申	3 12	2 1	丁丑	4 11	3 2	丁未	5 12	4 3	戊寅	6 12	5 5	己酉	7 14	6 7	辛巳
	2 12	1 3	己酉	3 13	2 2	戊寅	4 12	3 3	戊申	5 13	4 4	己卯	6 13	5 6	庚戌	7 15	6 8	壬午
	2 13	1 4	庚戌	3 14	2 3	己卯	4 13	3 4	己酉	5 14	4 5	庚辰	6 14	5 7	辛亥	7 16	6 9	癸未
	2 14	1 5	辛亥	3 15	2 4	庚辰	4 14	3 5	庚戌	5 15	4 6	辛巳	6 15	5 8	壬子	7 17	6 10	甲申
	2 15	1 6	壬子	3 16	2 5	辛巳	4 15	3 6	辛亥	5 16	4 7	壬午	6 16	5 9	癸丑	7 18	6 11	乙酉
	2 16	1 7	癸丑	3 17	2 6	壬午	4 16	3 7	壬子	5 17	4 8	癸未	6 17	5 10	甲寅	7 19	6 12	丙戌
蛇	2 17	1 8	甲寅	3 18	2 7	癸未	4 17	3 8	癸丑	5 18	4 9	甲申	6 18	5 11	乙卯	7 20	6 13	丁亥
	2 18	1 9	乙卯	3 19	2 8	甲申	4 18	3 9	甲寅	5 19	4 10	乙酉	6 19	5 12	丙辰	7 21	6 14	戊子
	2 19	1 10	丙辰	3 20	2 9	乙酉	4 19	3 10	乙卯	5 20	4 11	丙戌	6 20	5 13	丁巳	7 22	6 15	己丑
	2 20	1 11	丁巳	3 21	2 10	丙戌	4 20	3 11	丙辰	5 21	4 12	丁亥	6 21	5 14	戊午	7 23	6 16	庚寅
	2 21	1 12	戊午	3 22	2 11	丁亥	4 21	3 12	丁巳	5 22	4 13	戊子	6 22	5 15	己未	7 24	6 17	辛卯
	2 22	1 13	己未	3 23	2 12	戊子	4 22	3 13	戊午	5 23	4 14	己丑	6 23	5 16	庚申	7 25	6 18	壬辰
	2 23	1 14	庚申	3 24	2 13	己丑	4 23	3 14	己未	5 24	4 15	庚寅	6 24	5 17	辛酉	7 26	6 19	癸巳
中華民國一百零二年	2 24	1 15	辛酉	3 25	2 14	庚寅	4 24	3 15	庚申	5 25	4 16	辛卯	6 25	5 18	壬戌	7 27	6 20	甲午
	2 25	1 16	壬戌	3 26	2 15	辛卯	4 25	3 16	辛酉	5 26	4 17	壬辰	6 26	5 19	癸亥	7 28	6 21	乙未
	2 26	1 17	癸亥	3 27	2 16	壬辰	4 26	3 17	壬戌	5 27	4 18	癸巳	6 27	5 20	甲子	7 29	6 22	丙申
	2 27	1 18	甲子	3 28	2 17	癸巳	4 27	3 18	癸亥	5 28	4 19	甲午	6 28	5 21	乙丑	7 30	6 23	丁酉
	2 28	1 19	乙丑	3 29	2 18	甲午	4 28	3 19	甲子	5 29	4 20	乙未	6 29	5 22	丙寅	7 31	6 24	戊戌
	3 1	1 20	丙寅	3 30	2 19	乙未	4 29	3 20	乙丑	5 30	4 21	丙申	6 30	5 23	丁卯	8 1	6 25	己亥
	3 2	1 21	丁卯	3 31	2 20	丙申	4 30	3 21	丙寅	5 31	4 22	丁酉	7 1	5 24	戊辰	8 2	6 26	庚子
	3 3	1 22	戊辰	4 1	2 21	丁酉	5 1	3 22	丁卯	6 1	4 23	戊戌	7 2	5 25	己巳	8 3	6 27	辛丑
	3 4	1 23	己巳	4 2	2 22	戊戌	5 2	3 23	戊辰	6 2	4 24	己亥	7 3	5 26	庚午	8 4	6 28	壬寅
				4 3	2 23	己亥	5 3	3 24	己巳	6 3	4 25	庚子	7 4	5 27	辛未	8 5	6 29	癸卯
							5 4	3 25	庚午	6 4	4 26	辛丑	7 5	5 28	壬申	8 6	6 30	甲辰
													7 6	5 29	癸酉			
中氣	雨水 2/18 20時1分 戌時			春分 3/20 19時1分 戌時			穀雨 4/20 6時3分 卯時			小滿 5/21 5時9分 卯時			夏至 6/21 13時3分 未時			大暑 7/22 23時55分 子時		

年	癸巳																												
月	庚申				辛酉				壬戌				癸亥				甲子				乙丑								
節氣	立秋 8/7 16時20分 申時				白露 9/7 19時16分 戌時				寒露 10/8 10時58分 巳時				立冬 11/7 14時13分 未時				大雪 12/7 7時8分 辰時				小寒 1/5 18時24分 酉時								

國曆		農曆		干支	國曆		農曆		干支	國曆		農曆		干支	國曆		農曆		干支	國曆		農曆		干支	國曆		農曆		干支
8	7	7	1	乙巳	9	7	8	3	丙子	10	8	9	4	丁未	11	7	10	5	丁丑	12	7	11	5	丁未	1	5	12	5	丙子
8	8	7	2	丙午	9	8	8	4	丁丑	10	9	9	5	戊申	11	8	10	6	戊寅	12	8	11	6	戊申	1	6	12	6	丁丑
8	9	7	3	丁未	9	9	8	5	戊寅	10	10	9	6	己酉	11	9	10	7	己卯	12	9	11	7	己酉	1	7	12	7	戊寅
8	10	7	4	戊申	9	10	8	6	己卯	10	11	9	7	庚戌	11	10	10	8	庚辰	12	10	11	8	庚戌	1	8	12	8	己卯
8	11	7	5	己酉	9	11	8	7	庚辰	10	12	9	8	辛亥	11	11	10	9	辛巳	12	11	11	9	辛亥	1	9	12	9	庚辰
8	12	7	6	庚戌	9	12	8	8	辛巳	10	13	9	9	壬子	11	12	10	10	壬午	12	12	11	10	壬子	1	10	12	10	辛巳
8	13	7	7	辛亥	9	13	8	9	壬午	10	14	9	10	癸丑	11	13	10	11	癸未	12	13	11	11	癸丑	1	11	12	11	壬午
8	14	7	8	壬子	9	14	8	10	癸未	10	15	9	11	甲寅	11	14	10	12	甲申	12	14	11	12	甲寅	1	12	12	12	癸未
8	15	7	9	癸丑	9	15	8	11	甲申	10	16	9	12	乙卯	11	15	10	13	乙酉	12	15	11	13	乙卯	1	13	12	13	甲申
8	16	7	10	甲寅	9	16	8	12	乙酉	10	17	9	13	丙辰	11	16	10	14	丙戌	12	16	11	14	丙辰	1	14	12	14	乙酉
8	17	7	11	乙卯	9	17	8	13	丙戌	10	18	9	14	丁巳	11	17	10	15	丁亥	12	17	11	15	丁巳	1	15	12	15	丙戌
8	18	7	12	丙辰	9	18	8	14	丁亥	10	19	9	15	戊午	11	18	10	16	戊子	12	18	11	16	戊午	1	16	12	16	丁亥
8	19	7	13	丁巳	9	19	8	15	戊子	10	20	9	16	己未	11	19	10	17	己丑	12	19	11	17	己未	1	17	12	17	戊子
8	20	7	14	戊午	9	20	8	16	己丑	10	21	9	17	庚申	11	20	10	18	庚寅	12	20	11	18	庚申	1	18	12	18	己丑
8	21	7	15	己未	9	21	8	17	庚寅	10	22	9	18	辛酉	11	21	10	19	辛卯	12	21	11	19	辛酉	1	19	12	19	庚寅
8	22	7	16	庚申	9	22	8	18	辛卯	10	23	9	19	壬戌	11	22	10	20	壬辰	12	22	11	20	壬戌	1	20	12	20	辛卯
8	23	7	17	辛酉	9	23	8	19	壬辰	10	24	9	20	癸亥	11	23	10	21	癸巳	12	23	11	21	癸亥	1	21	12	21	壬辰
8	24	7	18	壬戌	9	24	8	20	癸巳	10	25	9	21	甲子	11	24	10	22	甲午	12	24	11	22	甲子	1	22	12	22	癸巳
8	25	7	19	癸亥	9	25	8	21	甲午	10	26	9	22	乙丑	11	25	10	23	乙未	12	25	11	23	乙丑	1	23	12	23	甲午
8	26	7	20	甲子	9	26	8	22	乙未	10	27	9	23	丙寅	11	26	10	24	丙申	12	26	11	24	丙寅	1	24	12	24	乙未
8	27	7	21	乙丑	9	27	8	23	丙申	10	28	9	24	丁卯	11	27	10	25	丁酉	12	27	11	25	丁卯	1	25	12	25	丙申
8	28	7	22	丙寅	9	28	8	24	丁酉	10	29	9	25	戊辰	11	28	10	26	戊戌	12	28	11	26	戊辰	1	26	12	26	丁酉
8	29	7	23	丁卯	9	29	8	25	戊戌	10	30	9	26	己巳	11	29	10	27	己亥	12	29	11	27	己巳	1	27	12	27	戊戌
8	30	7	24	戊辰	9	30	8	26	己亥	10	31	9	27	庚午	11	30	10	28	庚子	12	30	11	28	庚午	1	28	12	28	己亥
8	31	7	25	己巳	10	1	8	27	庚子	11	1	9	28	辛未	12	1	10	29	辛丑	12	31	11	29	辛未	1	29	12	29	庚子
9	1	7	26	庚午	10	2	8	28	辛丑	11	2	9	29	壬申	12	2	10	30	壬寅	1	1	12	1	壬申	1	30	12	30	辛丑
9	2	7	27	辛未	10	3	8	29	壬寅	11	3	10	1	癸酉	12	3	11	1	癸卯	1	2	12	2	癸酉	1	31	1	1	壬寅
9	3	7	28	壬申	10	4	8	30	癸卯	11	4	10	2	甲戌	12	4	11	2	甲辰	1	3	12	3	甲戌	2	1	1	2	癸卯
9	4	7	29	癸酉	10	5	9	1	甲辰	11	5	10	3	乙亥	12	5	11	3	乙巳	1	4	12	4	乙亥	2	2	1	3	甲辰
9	5	8	1	甲戌	10	6	9	2	乙巳	11	6	10	4	丙子	12	6	11	4	丙午						2	3	1	4	乙巳
9	6	8	2	乙亥	10	7	9	3	丙午																				

中氣	處暑 8/23 7時1分 辰時	秋分 9/23 4時44分 寅時	霜降 10/23 14時9分 未時	小雪 11/22 11時48分 午時	冬至 12/22 1時10分 丑時	大寒 1/20 11時51分 午時

2013・2014 蛇 中華民國一百零二・一百零三年

年	甲午																	
月	丙寅			丁卯			戊辰			己巳			庚午			辛未		
節氣	立春 2/4 6時3分 卯時			驚蟄 3/6 0時2分 子時			清明 4/5 4時46分 寅時			立夏 5/5 21時59分 亥時			芒種 6/6 2時2分 丑時			小暑 7/7 12時14分 午時		
日	國曆	農曆	干支	國曆	農曆	干支	國曆	農曆	干支	國曆	農曆	干支	國曆	農曆	干支	國曆	農曆	干支
2014 馬 中華民國一百零三年	2 4	1 5	丙午	3 6	2 6	丙子	4 5	3 6	丙午	5 5	4 7	丙子	6 6	5 9	戊申	7 7	6 11	己卯
	2 5	1 6	丁未	3 7	2 7	丁丑	4 6	3 7	丁未	5 6	4 8	丁丑	6 7	5 10	己酉	7 8	6 12	庚辰
	2 6	1 7	戊申	3 8	2 8	戊寅	4 7	3 8	戊申	5 7	4 9	戊寅	6 8	5 11	庚戌	7 9	6 13	辛巳
	2 7	1 8	己酉	3 9	2 9	己卯	4 8	3 9	己酉	5 8	4 10	己卯	6 9	5 12	辛亥	7 10	6 14	壬午
	2 8	1 9	庚戌	3 10	2 10	庚辰	4 9	3 10	庚戌	5 9	4 11	庚辰	6 10	5 13	壬子	7 11	6 15	癸未
	2 9	1 10	辛亥	3 11	2 11	辛巳	4 10	3 11	辛亥	5 10	4 12	辛巳	6 11	5 14	癸丑	7 12	6 16	甲申
	2 10	1 11	壬子	3 12	2 12	壬午	4 11	3 12	壬子	5 11	4 13	壬午	6 12	5 15	甲寅	7 13	6 17	乙酉
	2 11	1 12	癸丑	3 13	2 13	癸未	4 12	3 13	癸丑	5 12	4 14	癸未	6 13	5 16	乙卯	7 14	6 18	丙戌
	2 12	1 13	甲寅	3 14	2 14	甲申	4 13	3 14	甲寅	5 13	4 15	甲申	6 14	5 17	丙辰	7 15	6 19	丁亥
	2 13	1 14	乙卯	3 15	2 15	乙酉	4 14	3 15	乙卯	5 14	4 16	乙酉	6 15	5 18	丁巳	7 16	6 20	戊子
	2 14	1 15	丙辰	3 16	2 16	丙戌	4 15	3 16	丙辰	5 15	4 17	丙戌	6 16	5 19	戊午	7 17	6 21	己丑
	2 15	1 16	丁巳	3 17	2 17	丁亥	4 16	3 17	丁巳	5 16	4 18	丁亥	6 17	5 20	己未	7 18	6 22	庚寅
	2 16	1 17	戊午	3 18	2 18	戊子	4 17	3 18	戊午	5 17	4 19	戊子	6 18	5 21	庚申	7 19	6 23	辛卯
	2 17	1 18	己未	3 19	2 19	己丑	4 18	3 19	己未	5 18	4 20	己丑	6 19	5 22	辛酉	7 20	6 24	壬辰
	2 18	1 19	庚申	3 20	2 20	庚寅	4 19	3 20	庚申	5 19	4 21	庚寅	6 20	5 23	壬戌	7 21	6 25	癸巳
	2 19	1 20	辛酉	3 21	2 21	辛卯	4 20	3 21	辛酉	5 20	4 22	辛卯	6 21	5 24	癸亥	7 22	6 26	甲午
	2 20	1 21	壬戌	3 22	2 22	壬辰	4 21	3 22	壬戌	5 21	4 23	壬辰	6 22	5 25	甲子	7 23	6 27	乙未
	2 21	1 22	癸亥	3 23	2 23	癸巳	4 22	3 23	癸亥	5 22	4 24	癸巳	6 23	5 26	乙丑	7 24	6 28	丙申
	2 22	1 23	甲子	3 24	2 24	甲午	4 23	3 24	甲子	5 23	4 25	甲午	6 24	5 27	丙寅	7 25	6 29	丁酉
	2 23	1 24	乙丑	3 25	2 25	乙未	4 24	3 25	乙丑	5 24	4 26	乙未	6 25	5 28	丁卯	7 26	6 30	戊戌
	2 24	1 25	丙寅	3 26	2 26	丙申	4 25	3 26	丙寅	5 25	4 27	丙申	6 26	5 29	戊辰	7 27	7 1	己亥
	2 25	1 26	丁卯	3 27	2 27	丁酉	4 26	3 27	丁卯	5 26	4 28	丁酉	6 27	6 1	己巳	7 28	7 2	庚子
	2 26	1 27	戊辰	3 28	2 28	戊戌	4 27	3 28	戊辰	5 27	4 29	戊戌	6 28	6 2	庚午	7 29	7 3	辛丑
	2 27	1 28	己巳	3 29	2 29	己亥	4 28	3 29	己巳	5 28	4 30	己亥	6 29	6 3	辛未	7 30	7 4	壬寅
	2 28	1 29	庚午	3 30	2 30	庚子	4 29	4 1	庚午	5 29	5 1	庚子	6 30	6 4	壬申	7 31	7 5	癸卯
	3 1	2 1	辛未	3 31	3 1	辛丑	4 30	4 2	辛未	5 30	5 2	辛丑	7 1	6 5	癸酉	8 1	7 6	甲辰
	3 2	2 2	壬申	4 1	3 2	壬寅	5 1	4 3	壬申	5 31	5 3	壬寅	7 2	6 6	甲戌	8 2	7 7	乙巳
	3 3	2 3	癸酉	4 2	3 3	癸卯	5 2	4 4	癸酉	6 1	5 4	癸卯	7 3	6 7	乙亥	8 3	7 8	丙午
	3 4	2 4	甲戌	4 3	3 4	甲辰	5 3	4 5	甲戌	6 2	5 5	甲辰	7 4	6 8	丙子	8 4	7 9	丁未
	3 5	2 5	乙亥	4 4	3 5	乙巳	5 4	4 6	乙亥	6 3	5 6	乙巳	7 5	6 9	丁丑	8 5	7 10	戊申
										6 4	5 7	丙午	7 6	6 10	戊寅	8 6	7 11	己酉
										6 5	5 8	丁未						
中氣	雨水 2/19 1時59分 丑時			春分 3/21 0時56分 子時			穀雨 4/20 11時55分 午時			小滿 5/21 10時58分 巳時			夏至 6/21 18時51分 酉時			大暑 7/23 5時41分 卯時		

甲午																	
壬申			癸酉			甲戌			乙亥			丙子			丁丑		
立秋			白露			寒露			立冬			大雪			小寒		
8/7 22時2分 亥時			9/8 1時1分 丑時			10/8 16時47分 申時			11/7 20時6分 戌時			12/7 13時3分 未時			1/6 0時20分 子時		
國曆	農曆	干支	國曆	農曆	干支	國曆	農曆	干支	國曆	農曆	干支	國曆	農曆	干支	國曆	農曆	干支
8 7	7 12	庚戌	9 8	8 15	壬午	10 8	9 15	壬子	11 7	9 15	壬午	12 7	10 16	壬子	1 6	11 16	壬午
8 8	7 13	辛亥	9 9	8 16	癸未	10 9	9 16	癸丑	11 8	9 16	癸未	12 8	10 17	癸丑	1 7	11 17	癸未
8 9	7 14	壬子	9 10	8 17	甲申	10 10	9 17	甲寅	11 9	9 17	甲申	12 9	10 18	甲寅	1 8	11 18	甲申
8 10	7 15	癸丑	9 11	8 18	乙酉	10 11	9 18	乙卯	11 10	9 18	乙酉	12 10	10 19	乙卯	1 9	11 19	乙酉
8 11	7 16	甲寅	9 12	8 19	丙戌	10 12	9 19	丙辰	11 11	9 19	丙戌	12 11	10 20	丙辰	1 10	11 20	丙戌
8 12	7 17	乙卯	9 13	8 20	丁亥	10 13	9 20	丁巳	11 12	9 20	丁亥	12 12	10 21	丁巳	1 11	11 21	丁亥
8 13	7 18	丙辰	9 14	8 21	戊子	10 14	9 21	戊午	11 13	9 21	戊子	12 13	10 22	戊午	1 12	11 22	戊子
8 14	7 19	丁巳	9 15	8 22	己丑	10 15	9 22	己未	11 14	9 22	己丑	12 14	10 23	己未	1 13	11 23	己丑
8 15	7 20	戊午	9 16	8 23	庚寅	10 16	9 23	庚申	11 15	9 23	庚寅	12 15	10 24	庚申	1 14	11 24	庚寅
8 16	7 21	己未	9 17	8 24	辛卯	10 17	9 24	辛酉	11 16	9 24	辛卯	12 16	10 25	辛酉	1 15	11 25	辛卯
8 17	7 22	庚申	9 18	8 25	壬辰	10 18	9 25	壬戌	11 17	9 25	壬辰	12 17	10 26	壬戌	1 16	11 26	壬辰
8 18	7 23	辛酉	9 19	8 26	癸巳	10 19	9 26	癸亥	11 18	9 26	癸巳	12 18	10 27	癸亥	1 17	11 27	癸巳
8 19	7 24	壬戌	9 20	8 27	甲午	10 20	9 27	甲子	11 19	9 27	甲午	12 19	10 28	甲子	1 18	11 28	甲午
8 20	7 25	癸亥	9 21	8 28	乙未	10 21	9 28	乙丑	11 20	9 28	乙未	12 20	10 29	乙丑	1 19	11 29	乙未
8 21	7 26	甲子	9 22	8 29	丙申	10 22	9 29	丙寅	11 21	9 29	丙申	12 21	10 30	丙寅	1 20	12 1	丙申
8 22	7 27	乙丑	9 23	8 30	丁酉	10 23	9 30	丁卯	11 22	10 1	丁酉	12 22	11 1	丁卯	1 21	12 2	丁酉
8 23	7 28	丙寅	9 24	9 1	戊戌	10 24	閏9 1	戊辰	11 23	10 2	戊戌	12 23	11 2	戊辰	1 22	12 3	戊戌
8 24	7 29	丁卯	9 25	9 2	己亥	10 25	9 2	己巳	11 24	10 3	己亥	12 24	11 3	己巳	1 23	12 4	己亥
8 25	8 1	戊辰	9 26	9 3	庚子	10 26	9 3	庚午	11 25	10 4	庚子	12 25	11 4	庚午	1 24	12 5	庚子
8 26	8 2	己巳	9 27	9 4	辛丑	10 27	9 4	辛未	11 26	10 5	辛丑	12 26	11 5	辛未	1 25	12 6	辛丑
8 27	8 3	庚午	9 28	9 5	壬寅	10 28	9 5	壬申	11 27	10 6	壬寅	12 27	11 6	壬申	1 26	12 7	壬寅
8 28	8 4	辛未	9 29	9 6	癸卯	10 29	9 6	癸酉	11 28	10 7	癸卯	12 28	11 7	癸酉	1 27	12 8	癸卯
8 29	8 5	壬申	9 30	9 7	甲辰	10 30	9 7	甲戌	11 29	10 8	甲辰	12 29	11 8	甲戌	1 28	12 9	甲辰
8 30	8 6	癸酉	10 1	9 8	乙巳	10 31	9 8	乙亥	11 30	10 9	乙巳	12 30	11 9	乙亥	1 29	12 10	乙巳
8 31	8 7	甲戌	10 2	9 9	丙午	11 1	9 9	丙子	12 1	10 10	丙午	12 31	11 10	丙子	1 30	12 11	丙午
9 1	8 8	乙亥	10 3	9 10	丁未	11 2	9 10	丁丑	12 2	10 11	丁未	1 1	11 11	丁丑	1 31	12 12	丁未
9 2	8 9	丙子	10 4	9 11	戊申	11 3	9 11	戊寅	12 3	10 12	戊申	1 2	11 12	戊寅	2 1	12 13	戊申
9 3	8 10	丁丑	10 5	9 12	己酉	11 4	9 12	己卯	12 4	10 13	己酉	1 3	11 13	己卯	2 2	12 14	己酉
9 4	8 11	戊寅	10 6	9 13	庚戌	11 5	9 13	庚辰	12 5	10 14	庚戌	1 4	11 14	庚辰	2 3	12 15	庚戌
9 5	8 12	己卯	10 7	9 14	辛亥	11 6	9 14	辛巳	12 6	10 15	辛亥	1 5	11 15	辛巳			
9 6	8 13	庚辰															
9 7	8 14	辛巳															
處暑			秋分			霜降			小雪			冬至			大寒		
8/23 12時45分 午時			9/23 10時28分 巳時			10/23 19時56分 戌時			11/22 17時38分 酉時			12/22 7時2分 辰時			1/20 17時43分 酉時		

年 月 節氣 日 中氣

2014・2015 馬 中華民國一百零三・一百零四年

年	乙未																	
月	戊寅			己卯			庚辰			辛巳			壬午			癸未		
節氣	立春			驚蟄			清明			立夏			芒種			小暑		
	2/4 11時58分 午時			3/6 5時55分 卯時			4/5 10時38分 巳時			5/6 3時52分 寅時			6/6 7時58分 辰時			7/7 18時12分 酉時		
日	國曆	農曆	干支	國曆	農曆	干支	國曆	農曆	干支	國曆	農曆	干支	國曆	農曆	干支	國曆	農曆	干支
	2 4	12 16	辛亥	3 6	1 16	辛巳	4 5	2 17	辛亥	5 6	3 18	壬午	6 6	4 20	癸丑	7 7	5 22	甲申
	2 5	12 17	壬子	3 7	1 17	壬午	4 6	2 18	壬子	5 7	3 19	癸未	6 7	4 21	甲寅	7 8	5 23	乙酉
	2 6	12 18	癸丑	3 8	1 18	癸未	4 7	2 19	癸丑	5 8	3 20	甲申	6 8	4 22	乙卯	7 9	5 24	丙戌
	2 7	12 19	甲寅	3 9	1 19	甲申	4 8	2 20	甲寅	5 9	3 21	乙酉	6 9	4 23	丙辰	7 10	5 25	丁亥
2015	2 8	12 20	乙卯	3 10	1 20	乙酉	4 9	2 21	乙卯	5 10	3 22	丙戌	6 10	4 24	丁巳	7 11	5 26	戊子
	2 9	12 21	丙辰	3 11	1 21	丙戌	4 10	2 22	丙辰	5 11	3 23	丁亥	6 11	4 25	戊午	7 12	5 27	己丑
	2 10	12 22	丁巳	3 12	1 22	丁亥	4 11	2 23	丁巳	5 12	3 24	戊子	6 12	4 26	己未	7 13	5 28	庚寅
	2 11	12 23	戊午	3 13	1 23	戊子	4 12	2 24	戊午	5 13	3 25	己丑	6 13	4 27	庚申	7 14	5 29	辛卯
	2 12	12 24	己未	3 14	1 24	己丑	4 13	2 25	己未	5 14	3 26	庚寅	6 14	4 28	辛酉	7 15	5 30	壬辰
	2 13	12 25	庚申	3 15	1 25	庚寅	4 14	2 26	庚申	5 15	3 27	辛卯	6 15	4 29	壬戌	7 16	6 1	癸巳
	2 14	12 26	辛酉	3 16	1 26	辛卯	4 15	2 27	辛酉	5 16	3 28	壬辰	6 16	5 1	癸亥	7 17	6 2	甲午
	2 15	12 27	壬戌	3 17	1 27	壬辰	4 16	2 28	壬戌	5 17	3 29	癸巳	6 17	5 2	甲子	7 18	6 3	乙未
	2 16	12 28	癸亥	3 18	1 28	癸巳	4 17	2 29	癸亥	5 18	4 1	甲午	6 18	5 3	乙丑	7 19	6 4	丙申
羊	2 17	12 29	甲子	3 19	1 29	甲午	4 18	2 30	甲子	5 19	4 2	乙未	6 19	5 4	丙寅	7 20	6 5	丁酉
	2 18	12 30	乙丑	3 20	2 1	乙未	4 19	3 1	乙丑	5 20	4 3	丙申	6 20	5 5	丁卯	7 21	6 6	戊戌
	2 19	1 1	丙寅	3 21	2 2	丙申	4 20	3 2	丙寅	5 21	4 4	丁酉	6 21	5 6	戊辰	7 22	6 7	己亥
	2 20	1 2	丁卯	3 22	2 3	丁酉	4 21	3 3	丁卯	5 22	4 5	戊戌	6 22	5 7	己巳	7 23	6 8	庚子
	2 21	1 3	戊辰	3 23	2 4	戊戌	4 22	3 4	戊辰	5 23	4 6	己亥	6 23	5 8	庚午	7 24	6 9	辛丑
	2 22	1 4	己巳	3 24	2 5	己亥	4 23	3 5	己巳	5 24	4 7	庚子	6 24	5 9	辛未	7 25	6 10	壬寅
	2 23	1 5	庚午	3 25	2 6	庚子	4 24	3 6	庚午	5 25	4 8	辛丑	6 25	5 10	壬申	7 26	6 11	癸卯
中華民國一百零四年	2 24	1 6	辛未	3 26	2 7	辛丑	4 25	3 7	辛未	5 26	4 9	壬寅	6 26	5 11	癸酉	7 27	6 12	甲辰
	2 25	1 7	壬申	3 27	2 8	壬寅	4 26	3 8	壬申	5 27	4 10	癸卯	6 27	5 12	甲戌	7 28	6 13	乙巳
	2 26	1 8	癸酉	3 28	2 9	癸卯	4 27	3 9	癸酉	5 28	4 11	甲辰	6 28	5 13	乙亥	7 29	6 14	丙午
	2 27	1 9	甲戌	3 29	2 10	甲辰	4 28	3 10	甲戌	5 29	4 12	乙巳	6 29	5 14	丙子	7 30	6 15	丁未
	2 28	1 10	乙亥	3 30	2 11	乙巳	4 29	3 11	乙亥	5 30	4 13	丙午	6 30	5 15	丁丑	7 31	6 16	戊申
	3 1	1 11	丙子	3 31	2 12	丙午	4 30	3 12	丙子	5 31	4 14	丁未	7 1	5 16	戊寅	8 1	6 17	己酉
	3 2	1 12	丁丑	4 1	2 13	丁未	5 1	3 13	丁丑	6 1	4 15	戊申	7 2	5 17	己卯	8 2	6 18	庚戌
	3 3	1 13	戊寅	4 2	2 14	戊申	5 2	3 14	戊寅	6 2	4 16	己酉	7 3	5 18	庚辰	8 3	6 19	辛亥
	3 4	1 14	己卯	4 3	2 15	己酉	5 3	3 15	己卯	6 3	4 17	庚戌	7 4	5 19	辛巳	8 4	6 20	壬子
	3 5	1 15	庚辰	4 4	2 16	庚戌	5 4	3 16	庚辰	6 4	4 18	辛亥	7 5	5 20	壬午	8 5	6 21	癸丑
							5 5	3 17	辛巳	6 5	4 19	壬子	7 6	5 21	癸未	8 6	6 22	甲寅
																8 7	6 23	乙卯
中氣	雨水			春分			穀雨			小滿			夏至			大暑		
	2/19 7時49分 辰時			3/21 6時45分 卯時			4/20 17時41分 酉時			5/21 16時44分 申時			6/22 0時37分 子時			7/23 11時30分 午時		

年	乙未																	
月	甲申			乙酉			丙戌			丁亥			戊子			己丑		
節氣	立秋 8/8 4時1分 寅時			白露 9/8 6時59分 卯時			寒露 10/8 22時42分 亥時			立冬 11/8 1時58分 丑時			大雪 12/7 18時53分 酉時			小寒 1/6 6時8分 卯時		
日	國曆	農曆	干支	國曆	農曆	干支	國曆	農曆	干支	國曆	農曆	干支	國曆	農曆	干支	國曆	農曆	干支
	8 8	6 24	丙辰	9 8	7 26	丁亥	10 8	8 26	丁巳	11 8	9 27	戊子	12 7	10 26	丁巳	1 6	11 27	丁亥
	8 9	6 25	丁巳	9 9	7 27	戊子	10 9	8 27	戊午	11 9	9 28	己丑	12 8	10 27	戊午	1 7	11 28	戊子
	8 10	6 26	戊午	9 10	7 28	己丑	10 10	8 28	己未	11 10	9 29	庚寅	12 9	10 28	己未	1 8	11 29	己丑
	8 11	6 27	己未	9 11	7 29	庚寅	10 11	8 29	庚申	11 11	9 30	辛卯	12 10	10 29	庚申	1 9	11 30	庚寅
	8 12	6 28	庚申	9 12	7 30	辛卯	10 12	8 30	辛酉	11 12	10 1	壬辰	12 11	11 1	辛酉	1 10	12 1	辛卯
	8 13	6 29	辛酉	9 13	8 1	壬辰	10 13	9 1	壬戌	11 13	10 2	癸巳	12 12	11 2	壬戌	1 11	12 2	壬辰
	8 14	7 1	壬戌	9 14	8 2	癸巳	10 14	9 2	癸亥	11 14	10 3	甲午	12 13	11 3	癸亥	1 12	12 3	癸巳
	8 15	7 2	癸亥	9 15	8 3	甲午	10 15	9 3	甲子	11 15	10 4	乙未	12 14	11 4	甲子	1 13	12 4	甲午
	8 16	7 3	甲子	9 16	8 4	乙未	10 16	9 4	乙丑	11 16	10 5	丙申	12 15	11 5	乙丑	1 14	12 5	乙未
	8 17	7 4	乙丑	9 17	8 5	丙申	10 17	9 5	丙寅	11 17	10 6	丁酉	12 16	11 6	丙寅	1 15	12 6	丙申
	8 18	7 5	丙寅	9 18	8 6	丁酉	10 18	9 6	丁卯	11 18	10 7	戊戌	12 17	11 7	丁卯	1 16	12 7	丁酉
	8 19	7 6	丁卯	9 19	8 7	戊戌	10 19	9 7	戊辰	11 19	10 8	己亥	12 18	11 8	戊辰	1 17	12 8	戊戌
	8 20	7 7	戊辰	9 20	8 8	己亥	10 20	9 8	己巳	11 20	10 9	庚子	12 19	11 9	己巳	1 18	12 9	己亥
	8 21	7 8	己巳	9 21	8 9	庚子	10 21	9 9	庚午	11 21	10 10	辛丑	12 20	11 10	庚午	1 19	12 10	庚子
	8 22	7 9	庚午	9 22	8 10	辛丑	10 22	9 10	辛未	11 22	10 11	壬寅	12 21	11 11	辛未	1 20	12 11	辛丑
	8 23	7 10	辛未	9 23	8 11	壬寅	10 23	9 11	壬申	11 23	10 12	癸卯	12 22	11 12	壬申	1 21	12 12	壬寅
	8 24	7 11	壬申	9 24	8 12	癸卯	10 24	9 12	癸酉	11 24	10 13	甲辰	12 23	11 13	癸酉	1 22	12 13	癸卯
	8 25	7 12	癸酉	9 25	8 13	甲辰	10 25	9 13	甲戌	11 25	10 14	乙巳	12 24	11 14	甲戌	1 23	12 14	甲辰
	8 26	7 13	甲戌	9 26	8 14	乙巳	10 26	9 14	乙亥	11 26	10 15	丙午	12 25	11 15	乙亥	1 24	12 15	乙巳
	8 27	7 14	乙亥	9 27	8 15	丙午	10 27	9 15	丙子	11 27	10 16	丁未	12 26	11 16	丙子	1 25	12 16	丙午
	8 28	7 15	丙子	9 28	8 16	丁未	10 28	9 16	丁丑	11 28	10 17	戊申	12 27	11 17	丁丑	1 26	12 17	丁未
	8 29	7 16	丁丑	9 29	8 17	戊申	10 29	9 17	戊寅	11 29	10 18	己酉	12 28	11 18	戊寅	1 27	12 18	戊申
	8 30	7 17	戊寅	9 30	8 18	己酉	10 30	9 18	己卯	11 30	10 19	庚戌	12 29	11 19	己卯	1 28	12 19	己酉
	8 31	7 18	己卯	10 1	8 19	庚戌	10 31	9 19	庚辰	12 1	10 20	辛亥	12 30	11 20	庚辰	1 29	12 20	庚戌
	9 1	7 19	庚辰	10 2	8 20	辛亥	11 1	9 20	辛巳	12 2	10 21	壬子	12 31	11 21	辛巳	1 30	12 21	辛亥
	9 2	7 20	辛巳	10 3	8 21	壬子	11 2	9 21	壬午	12 3	10 22	癸丑	1 1	11 22	壬午	1 31	12 22	壬子
	9 3	7 21	壬午	10 4	8 22	癸丑	11 3	9 22	癸未	12 4	10 23	甲寅	1 2	11 23	癸未	2 1	12 23	癸丑
	9 4	7 22	癸未	10 5	8 23	甲寅	11 4	9 23	甲申	12 5	10 24	乙卯	1 3	11 24	甲申	2 2	12 24	甲寅
	9 5	7 23	甲申	10 6	8 24	乙卯	11 5	9 24	乙酉	12 6	10 25	丙辰	1 4	11 25	乙酉	2 3	12 25	乙卯
	9 6	7 24	乙酉	10 7	8 25	丙辰	11 6	9 25	丙戌				1 5	11 26	丙戌			
	9 7	7 25	丙戌				11 7	9 26	丁亥									
中氣	處暑 8/23 18時37分 酉時			秋分 9/23 16時20分 申時			霜降 10/24 1時46分 丑時			小雪 11/22 23時25分 子時			冬至 12/22 12時47分 午時			大寒 1/20 23時26分 子時		

2015・2016

羊

中華民國一百零四・一百零五年

年	丙申																													
月	庚寅					辛卯					壬辰					癸巳					甲午					乙未				
節氣	立春 2/4 17時45分 酉時					驚蟄 3/5 11時43分 午時					清明 4/4 16時27分 申時					立夏 5/5 9時41分 巳時					芒種 6/5 13時48分 未時					小暑 7/7 0時3分 子時				
日	國曆		農曆		干支	國曆		農曆		干支	國曆		農曆		干支	國曆		農曆		干支	國曆		農曆		干支	國曆		農曆		干支
2016 猴 中華民國一百零五年	2	4	12	26	丙辰	3	5	1	27	丙戌	4	4	2	27	丙辰	5	5	3	29	丁亥	6	5	5	1	戊午	7	7	6	4	庚寅
	2	5	12	27	丁巳	3	6	1	28	丁亥	4	5	2	28	丁巳	5	6	3	30	戊子	6	6	5	2	己未	7	8	6	5	辛卯
	2	6	12	28	戊午	3	7	1	29	戊子	4	6	2	29	戊午	5	7	4	1	己丑	6	7	5	3	庚申	7	9	6	6	壬辰
	2	7	12	29	己未	3	8	1	30	己丑	4	7	3	1	己未	5	8	4	2	庚寅	6	8	5	4	辛酉	7	10	6	7	癸巳
	2	8	1	1	庚申	3	9	2	1	庚寅	4	8	3	2	庚申	5	9	4	3	辛卯	6	9	5	5	壬戌	7	11	6	8	甲午
	2	9	1	2	辛酉	3	10	2	2	辛卯	4	9	3	3	辛酉	5	10	4	4	壬辰	6	10	5	6	癸亥	7	12	6	9	乙未
	2	10	1	3	壬戌	3	11	2	3	壬辰	4	10	3	4	壬戌	5	11	4	5	癸巳	6	11	5	7	甲子	7	13	6	10	丙申
	2	11	1	4	癸亥	3	12	2	4	癸巳	4	11	3	5	癸亥	5	12	4	6	甲午	6	12	5	8	乙丑	7	14	6	11	丁酉
	2	12	1	5	甲子	3	13	2	5	甲午	4	12	3	6	甲子	5	13	4	7	乙未	6	13	5	9	丙寅	7	15	6	12	戊戌
	2	13	1	6	乙丑	3	14	2	6	乙未	4	13	3	7	乙丑	5	14	4	8	丙申	6	14	5	10	丁卯	7	16	6	13	己亥
	2	14	1	7	丙寅	3	15	2	7	丙申	4	14	3	8	丙寅	5	15	4	9	丁酉	6	15	5	11	戊辰	7	17	6	14	庚子
	2	15	1	8	丁卯	3	16	2	8	丁酉	4	15	3	9	丁卯	5	16	4	10	戊戌	6	16	5	12	己巳	7	18	6	15	辛丑
	2	16	1	9	戊辰	3	17	2	9	戊戌	4	16	3	10	戊辰	5	17	4	11	己亥	6	17	5	13	庚午	7	19	6	16	壬寅
	2	17	1	10	己巳	3	18	2	10	己亥	4	17	3	11	己巳	5	18	4	12	庚子	6	18	5	14	辛未	7	20	6	17	癸卯
	2	18	1	11	庚午	3	19	2	11	庚子	4	18	3	12	庚午	5	19	4	13	辛丑	6	19	5	15	壬申	7	21	6	18	甲辰
	2	19	1	12	辛未	3	20	2	12	辛丑	4	19	3	13	辛未	5	20	4	14	壬寅	6	20	5	16	癸酉	7	22	6	19	乙巳
	2	20	1	13	壬申	3	21	2	13	壬寅	4	20	3	14	壬申	5	21	4	15	癸卯	6	21	5	17	甲戌	7	23	6	20	丙午
	2	21	1	14	癸酉	3	22	2	14	癸卯	4	21	3	15	癸酉	5	22	4	16	甲辰	6	22	5	18	乙亥	7	24	6	21	丁未
	2	22	1	15	甲戌	3	23	2	15	甲辰	4	22	3	16	甲戌	5	23	4	17	乙巳	6	23	5	19	丙子	7	25	6	22	戊申
	2	23	1	16	乙亥	3	24	2	16	乙巳	4	23	3	17	乙亥	5	24	4	18	丙午	6	24	5	20	丁丑	7	26	6	23	己酉
	2	24	1	17	丙子	3	25	2	17	丙午	4	24	3	18	丙子	5	25	4	19	丁未	6	25	5	21	戊寅	7	27	6	24	庚戌
	2	25	1	18	丁丑	3	26	2	18	丁未	4	25	3	19	丁丑	5	26	4	20	戊申	6	26	5	22	己卯	7	28	6	25	辛亥
	2	26	1	19	戊寅	3	27	2	19	戊申	4	26	3	20	戊寅	5	27	4	21	己酉	6	27	5	23	庚辰	7	29	6	26	壬子
	2	27	1	20	己卯	3	28	2	20	己酉	4	27	3	21	己卯	5	28	4	22	庚戌	6	28	5	24	辛巳	7	30	6	27	癸丑
	2	28	1	21	庚辰	3	29	2	21	庚戌	4	28	3	22	庚辰	5	29	4	23	辛亥	6	29	5	25	壬午	7	31	6	28	甲寅
	2	29	1	22	辛巳	3	30	2	22	辛亥	4	29	3	23	辛巳	5	30	4	24	壬子	6	30	5	26	癸未	8	1	6	29	乙卯
	3	1	1	23	壬午	3	31	2	23	壬子	4	30	3	24	壬午	5	31	4	25	癸丑	7	1	5	27	甲申	8	2	6	30	丙辰
	3	2	1	24	癸未	4	1	2	24	癸丑	5	1	3	25	癸未	6	1	4	26	甲寅	7	2	5	28	乙酉	8	3	7	1	丁巳
	3	3	1	25	甲申	4	2	2	25	甲寅	5	2	3	26	甲申	6	2	4	27	乙卯	7	3	5	29	丙戌	8	4	7	2	戊午
	3	4	1	26	乙酉	4	3	2	26	乙卯	5	3	3	27	乙酉	6	3	4	28	丙辰	7	4	6	1	丁亥	8	5	7	3	己未
											5	4	3	28	丙戌	6	4	4	29	丁巳	7	5	6	2	戊子	8	6	7	4	庚申
																					7	6	6	3	己丑					
中氣	雨水 2/19 13時33分 未時					春分 3/20 12時30分 午時					穀雨 4/19 23時29分 子時					小滿 5/20 22時36分 亥時					夏至 6/21 6時34分 卯時					大暑 7/22 17時30分 酉時				

年	丙申																													
月	丙申					丁酉					戊戌					己亥					庚子					辛丑				
節氣	立秋 8/7 9時52分 巳時					白露 9/7 12時50分 午時					寒露 10/8 4時33分 寅時					立冬 11/7 7時47分 辰時					大雪 12/7 0時40分 子時					小寒 1/5 11時55分 午時				
日	國曆		農曆		干支	國曆		農曆		干支	國曆		農曆		干支	國曆		農曆		干支	國曆		農曆		干支	國曆		農曆		干支
	8	7	7	5	辛酉	9	7	8	7	壬辰	10	8	9	8	癸亥	11	7	10	8	癸巳	12	7	11	9	癸亥	1	5	12	8	壬辰
	8	8	7	6	壬戌	9	8	8	8	癸巳	10	9	9	9	甲子	11	8	10	9	甲午	12	8	11	10	甲子	1	6	12	9	癸巳
	8	9	7	7	癸亥	9	9	8	9	甲午	10	10	9	10	乙丑	11	9	10	10	乙未	12	9	11	11	乙丑	1	7	12	10	甲午
	8	10	7	8	甲子	9	10	8	10	乙未	10	11	9	11	丙寅	11	10	10	11	丙申	12	10	11	12	丙寅	1	8	12	11	乙未
	8	11	7	9	乙丑	9	11	8	11	丙申	10	12	9	12	丁卯	11	11	10	12	丁酉	12	11	11	13	丁卯	1	9	12	12	丙申
	8	12	7	10	丙寅	9	12	8	12	丁酉	10	13	9	13	戊辰	11	12	10	13	戊戌	12	12	11	14	戊辰	1	10	12	13	丁酉
	8	13	7	11	丁卯	9	13	8	13	戊戌	10	14	9	14	己巳	11	13	10	14	己亥	12	13	11	15	己巳	1	11	12	14	戊戌
	8	14	7	12	戊辰	9	14	8	14	己亥	10	15	9	15	庚午	11	14	10	15	庚子	12	14	11	16	庚午	1	12	12	15	己亥
	8	15	7	13	己巳	9	15	8	15	庚子	10	16	9	16	辛未	11	15	10	16	辛丑	12	15	11	17	辛未	1	13	12	16	庚子
	8	16	7	14	庚午	9	16	8	16	辛丑	10	17	9	17	壬申	11	16	10	17	壬寅	12	16	11	18	壬申	1	14	12	17	辛丑
	8	17	7	15	辛未	9	17	8	17	壬寅	10	18	9	18	癸酉	11	17	10	18	癸卯	12	17	11	19	癸酉	1	15	12	18	壬寅
	8	18	7	16	壬申	9	18	8	18	癸卯	10	19	9	19	甲戌	11	18	10	19	甲辰	12	18	11	20	甲戌	1	16	12	19	癸卯
	8	19	7	17	癸酉	9	19	8	19	甲辰	10	20	9	20	乙亥	11	19	10	20	乙巳	12	19	11	21	乙亥	1	17	12	20	甲辰
	8	20	7	18	甲戌	9	20	8	20	乙巳	10	21	9	21	丙子	11	20	10	21	丙午	12	20	11	22	丙子	1	18	12	21	乙巳
	8	21	7	19	乙亥	9	21	8	21	丙午	10	22	9	22	丁丑	11	21	10	22	丁未	12	21	11	23	丁丑	1	19	12	22	丙午
	8	22	7	20	丙子	9	22	8	22	丁未	10	23	9	23	戊寅	11	22	10	23	戊申	12	22	11	24	戊寅	1	20	12	23	丁未
	8	23	7	21	丁丑	9	23	8	23	戊申	10	24	9	24	己卯	11	23	10	24	己酉	12	23	11	25	己卯	1	21	12	24	戊申
	8	24	7	22	戊寅	9	24	8	24	己酉	10	25	9	25	庚辰	11	24	10	25	庚戌	12	24	11	26	庚辰	1	22	12	25	己酉
	8	25	7	23	己卯	9	25	8	25	庚戌	10	26	9	26	辛巳	11	25	10	26	辛亥	12	25	11	27	辛巳	1	23	12	26	庚戌
	8	26	7	24	庚辰	9	26	8	26	辛亥	10	27	9	27	壬午	11	26	10	27	壬子	12	26	11	28	壬午	1	24	12	27	辛亥
	8	27	7	25	辛巳	9	27	8	27	壬子	10	28	9	28	癸未	11	27	10	28	癸丑	12	27	11	29	癸未	1	25	12	28	壬子
	8	28	7	26	壬午	9	28	8	28	癸丑	10	29	9	29	甲申	11	28	10	29	甲寅	12	28	11	30	甲申	1	26	12	29	癸丑
	8	29	7	27	癸未	9	29	8	29	甲寅	10	30	9	30	乙酉	11	29	11	1	乙卯	12	29	12	1	乙酉	1	27	12	30	甲寅
	8	30	7	28	甲申	9	30	8	30	乙卯	10	31	10	1	丙戌	11	30	11	2	丙辰	12	30	12	2	丙戌	1	28	1	1	乙卯
	8	31	7	29	乙酉	10	1	9	1	丙辰	11	1	10	2	丁亥	12	1	11	3	丁巳	12	31	12	3	丁亥	1	29	1	2	丙辰
	9	1	8	1	丙戌	10	2	9	2	丁巳	11	2	10	3	戊子	12	2	11	4	戊午	1	1	12	4	戊子	1	30	1	3	丁巳
	9	2	8	2	丁亥	10	3	9	3	戊午	11	3	10	4	己丑	12	3	11	5	己未	1	2	12	5	己丑	1	31	1	4	戊午
	9	3	8	3	戊子	10	4	9	4	己未	11	4	10	5	庚寅	12	4	11	6	庚申	1	3	12	6	庚寅	2	1	1	5	己未
	9	4	8	4	己丑	10	5	9	5	庚申	11	5	10	6	辛卯	12	5	11	7	辛酉	1	4	12	7	辛卯	2	2	1	6	庚申
	9	5	8	5	庚寅	10	6	9	6	辛酉	11	6	10	7	壬辰	12	6	11	8	壬戌										
	9	6	8	6	辛卯	10	7	9	7	壬戌																				
中氣	處暑 8/23 0時38分 子時					秋分 9/22 22時20分 亥時					霜降 10/23 7時45分 辰時					小雪 11/22 5時22分 卯時					冬至 12/21 18時44分 酉時					大寒 1/20 5時23分 卯時				

2016・2017 猴 中華民國一百零五・一百零六年

2017 雞 中華民國一百零六年

年	丁酉																													
月	壬寅					癸卯					甲辰					乙巳					丙午					丁未				
節氣	立春 2/3 23時33分 子時					驚蟄 3/5 17時32分 酉時					清明 4/4 22時17分 亥時					立夏 5/5 15時30分 申時					芒種 6/5 19時36分 戌時					小暑 7/7 5時50分 卯時				
日	國曆		農曆		干支	國曆		農曆		干支	國曆		農曆		干支	國曆		農曆		干支	國曆		農曆		干支	國曆		農曆		干支
	2	3	1	7	辛酉	3	5	2	8	辛卯	4	4	3	8	辛酉	5	5	4	10	壬辰	6	5	5	11	癸亥	7	7	6	14	乙未
	2	4	1	8	壬戌	3	6	2	9	壬辰	4	5	3	9	壬戌	5	6	4	11	癸巳	6	6	5	12	甲子	7	8	6	15	丙申
	2	5	1	9	癸亥	3	7	2	10	癸巳	4	6	3	10	癸亥	5	7	4	12	甲午	6	7	5	13	乙丑	7	9	6	16	丁酉
	2	6	1	10	甲子	3	8	2	11	甲午	4	7	3	11	甲子	5	8	4	13	乙未	6	8	5	14	丙寅	7	10	6	17	戊戌
	2	7	1	11	乙丑	3	9	2	12	乙未	4	8	3	12	乙丑	5	9	4	14	丙申	6	9	5	15	丁卯	7	11	6	18	己亥
	2	8	1	12	丙寅	3	10	2	13	丙申	4	9	3	13	丙寅	5	10	4	15	丁酉	6	10	5	16	戊辰	7	12	6	19	庚子
	2	9	1	13	丁卯	3	11	2	14	丁酉	4	10	3	14	丁卯	5	11	4	16	戊戌	6	11	5	17	己巳	7	13	6	20	辛丑
	2	10	1	14	戊辰	3	12	2	15	戊戌	4	11	3	15	戊辰	5	12	4	17	己亥	6	12	5	18	庚午	7	14	6	21	壬寅
	2	11	1	15	己巳	3	13	2	16	己亥	4	12	3	16	己巳	5	13	4	18	庚子	6	13	5	19	辛未	7	15	6	22	癸卯
	2	12	1	16	庚午	3	14	2	17	庚子	4	13	3	17	庚午	5	14	4	19	辛丑	6	14	5	20	壬申	7	16	6	23	甲辰
	2	13	1	17	辛未	3	15	2	18	辛丑	4	14	3	18	辛未	5	15	4	20	壬寅	6	15	5	21	癸酉	7	17	6	24	乙巳
	2	14	1	18	壬申	3	16	2	19	壬寅	4	15	3	19	壬申	5	16	4	21	癸卯	6	16	5	22	甲戌	7	18	6	25	丙午
	2	15	1	19	癸酉	3	17	2	20	癸卯	4	16	3	20	癸酉	5	17	4	22	甲辰	6	17	5	23	乙亥	7	19	6	26	丁未
	2	16	1	20	甲戌	3	18	2	21	甲辰	4	17	3	21	甲戌	5	18	4	23	乙巳	6	18	5	24	丙子	7	20	6	27	戊申
	2	17	1	21	乙亥	3	19	2	22	乙巳	4	18	3	22	乙亥	5	19	4	24	丙午	6	19	5	25	丁丑	7	21	6	28	己酉
	2	18	1	22	丙子	3	20	2	23	丙午	4	19	3	23	丙子	5	20	4	25	丁未	6	20	5	26	戊寅	7	22	6	29	庚戌
	2	19	1	23	丁丑	3	21	2	24	丁未	4	20	3	24	丁丑	5	21	4	26	戊申	6	21	5	27	己卯	7	23	閏6	1	辛亥
	2	20	1	24	戊寅	3	22	2	25	戊申	4	21	3	25	戊寅	5	22	4	27	己酉	6	22	5	28	庚辰	7	24	6	2	壬子
	2	21	1	25	己卯	3	23	2	26	己酉	4	22	3	26	己卯	5	23	4	28	庚戌	6	23	5	29	辛巳	7	25	6	3	癸丑
	2	22	1	26	庚辰	3	24	2	27	庚戌	4	23	3	27	庚辰	5	24	4	29	辛亥	6	24	6	1	壬午	7	26	6	4	甲寅
	2	23	1	27	辛巳	3	25	2	28	辛亥	4	24	3	28	辛巳	5	25	4	30	壬子	6	25	6	2	癸未	7	27	6	5	乙卯
	2	24	1	28	壬午	3	26	2	29	壬子	4	25	3	29	壬午	5	26	5	1	癸丑	6	26	6	3	甲申	7	28	6	6	丙辰
	2	25	1	29	癸未	3	27	2	30	癸丑	4	26	4	1	癸未	5	27	5	2	甲寅	6	27	6	4	乙酉	7	29	6	7	丁巳
	2	26	2	1	甲申	3	28	3	1	甲寅	4	27	4	2	甲申	5	28	5	3	乙卯	6	28	6	5	丙戌	7	30	6	8	戊午
	2	27	2	2	乙酉	3	29	3	2	乙卯	4	28	4	3	乙酉	5	29	5	4	丙辰	6	29	6	6	丁亥	7	31	6	9	己未
	2	28	2	3	丙戌	3	30	3	3	丙辰	4	29	4	4	丙戌	5	30	5	5	丁巳	6	30	6	7	戊子	8	1	6	10	庚申
	3	1	2	4	丁亥	3	31	3	4	丁巳	4	30	4	5	丁亥	5	31	5	6	戊午	7	1	6	8	己丑	8	2	6	11	辛酉
	3	2	2	5	戊子	4	1	3	5	戊午	5	1	4	6	戊子	6	1	5	7	己未	7	2	6	9	庚寅	8	3	6	12	壬戌
	3	3	2	6	己丑	4	2	3	6	己未	5	2	4	7	己丑	6	2	5	8	庚申	7	3	6	10	辛卯	8	4	6	13	癸亥
	3	4	2	7	庚寅	4	3	3	7	庚申	5	3	4	8	庚寅	6	3	5	9	辛酉	7	4	6	11	壬辰	8	5	6	14	甲子
											5	4	4	9	辛卯	6	4	5	10	壬戌	7	5	6	12	癸巳	8	6	6	15	乙丑
																					7	6	6	13	甲午					
中氣	雨水 2/18 19時31分 戌時					春分 3/20 18時28分 酉時					穀雨 4/20 5時26分 卯時					小滿 5/21 4時30分 寅時					夏至 6/21 12時23分 午時					大暑 7/22 23時15分 子時				

年	丁酉																	
月	戊申			己酉			庚戌			辛亥			壬子			癸丑		
節氣	立秋 8/7 15時39分 申時			白露 9/7 18時38分 酉時			寒露 10/8 10時21分 巳時			立冬 11/7 13時37分 未時			大雪 12/7 6時32分 卯時			小寒 1/5 17時48分 酉時		
日	國曆	農曆	干支	國曆	農曆	干支	國曆	農曆	干支	國曆	農曆	干支	國曆	農曆	干支	國曆	農曆	干支
	8 7	6 16	丙寅	9 7	7 17	丁酉	10 8	8 19	戊辰	11 7	9 19	戊戌	12 7	10 20	戊辰	1 5	11 19	丁酉
	8 8	6 17	丁卯	9 8	7 18	戊戌	10 9	8 20	己巳	11 8	9 20	己亥	12 8	10 21	己巳	1 6	11 20	戊戌
	8 9	6 18	戊辰	9 9	7 19	己亥	10 10	8 21	庚午	11 9	9 21	庚子	12 9	10 22	庚午	1 7	11 21	己亥
	8 10	6 19	己巳	9 10	7 20	庚子	10 11	8 22	辛未	11 10	9 22	辛丑	12 10	10 23	辛未	1 8	11 22	庚子
	8 11	6 20	庚午	9 11	7 21	辛丑	10 12	8 23	壬申	11 11	9 23	壬寅	12 11	10 24	壬申	1 9	11 23	辛丑
	8 12	6 21	辛未	9 12	7 22	壬寅	10 13	8 24	癸酉	11 12	9 24	癸卯	12 12	10 25	癸酉	1 10	11 24	壬寅
	8 13	6 22	壬申	9 13	7 23	癸卯	10 14	8 25	甲戌	11 13	9 25	甲辰	12 13	10 26	甲戌	1 11	11 25	癸卯
	8 14	6 23	癸酉	9 14	7 24	甲辰	10 15	8 26	乙亥	11 14	9 26	乙巳	12 14	10 27	乙亥	1 12	11 26	甲辰
	8 15	6 24	甲戌	9 15	7 25	乙巳	10 16	8 27	丙子	11 15	9 27	丙午	12 15	10 28	丙子	1 13	11 27	乙巳
	8 16	6 25	乙亥	9 16	7 26	丙午	10 17	8 28	丁丑	11 16	9 28	丁未	12 16	10 29	丁丑	1 14	11 28	丙午
	8 17	6 26	丙子	9 17	7 27	丁未	10 18	8 29	戊寅	11 17	9 29	戊申	12 17	10 30	戊寅	1 15	11 29	丁未
	8 18	6 27	丁丑	9 18	7 28	戊申	10 19	8 30	己卯	11 18	10 1	己酉	12 18	11 1	己卯	1 16	11 30	戊申
	8 19	6 28	戊寅	9 19	7 29	己酉	10 20	9 1	庚辰	11 19	10 2	庚戌	12 19	11 2	庚辰	1 17	12 1	己酉
	8 20	6 29	己卯	9 20	8 1	庚戌	10 21	9 2	辛巳	11 20	10 3	辛亥	12 20	11 3	辛巳	1 18	12 2	庚戌
	8 21	6 30	庚辰	9 21	8 2	辛亥	10 22	9 3	壬午	11 21	10 4	壬子	12 21	11 4	壬午	1 19	12 3	辛亥
	8 22	7 1	辛巳	9 22	8 3	壬子	10 23	9 4	癸未	11 22	10 5	癸丑	12 22	11 5	癸未	1 20	12 4	壬子
	8 23	7 2	壬午	9 23	8 4	癸丑	10 24	9 5	甲申	11 23	10 6	甲寅	12 23	11 6	甲申	1 21	12 5	癸丑
	8 24	7 3	癸未	9 24	8 5	甲寅	10 25	9 6	乙酉	11 24	10 7	乙卯	12 24	11 7	乙酉	1 22	12 6	甲寅
	8 25	7 4	甲申	9 25	8 6	乙卯	10 26	9 7	丙戌	11 25	10 8	丙辰	12 25	11 8	丙戌	1 23	12 7	乙卯
	8 26	7 5	乙酉	9 26	8 7	丙辰	10 27	9 8	丁亥	11 26	10 9	丁巳	12 26	11 9	丁亥	1 24	12 8	丙辰
	8 27	7 6	丙戌	9 27	8 8	丁巳	10 28	9 9	戊子	11 27	10 10	戊午	12 27	11 10	戊子	1 25	12 9	丁巳
	8 28	7 7	丁亥	9 28	8 9	戊午	10 29	9 10	己丑	11 28	10 11	己未	12 28	11 11	己丑	1 26	12 10	戊午
	8 29	7 8	戊子	9 29	8 10	己未	10 30	9 11	庚寅	11 29	10 12	庚申	12 29	11 12	庚寅	1 27	12 11	己未
	8 30	7 9	己丑	9 30	8 11	庚申	10 31	9 12	辛卯	11 30	10 13	辛酉	12 30	11 13	辛卯	1 28	12 12	庚申
	8 31	7 10	庚寅	10 1	8 12	辛酉	11 1	9 13	壬辰	12 1	10 14	壬戌	12 31	11 14	壬辰	1 29	12 13	辛酉
	9 1	7 11	辛卯	10 2	8 13	壬戌	11 2	9 14	癸巳	12 2	10 15	癸亥	1 1	11 15	癸巳	1 30	12 14	壬戌
	9 2	7 12	壬辰	10 3	8 14	癸亥	11 3	9 15	甲午	12 3	10 16	甲子	1 2	11 16	甲午	1 31	12 15	癸亥
	9 3	7 13	癸巳	10 4	8 15	甲子	11 4	9 16	乙未	12 4	10 17	乙丑	1 3	11 17	乙未	2 1	12 16	甲子
	9 4	7 14	甲午	10 5	8 16	乙丑	11 5	9 17	丙申	12 5	10 18	丙寅	1 4	11 18	丙申	2 2	12 17	乙丑
	9 5	7 15	乙未	10 6	8 17	丙寅	11 6	9 18	丁酉	12 6	10 19	丁卯				2 3	12 18	丙寅
	9 6	7 16	丙申	10 7	8 18	丁卯												
中氣	處暑 8/23 6時20分 卯時			秋分 9/23 4時1分 寅時			霜降 10/23 13時26分 未時			小雪 11/22 11時4分 午時			冬至 12/22 0時27分 子時			大寒 1/20 11時8分 午時		

2017・2018 雞 中華民國一百零六・一百零七年

年	戊戌																	
月	甲寅			乙卯			丙辰			丁巳			戊午			己未		
節氣	立春 2/4 5時28分 卯時			驚蟄 3/5 23時27分 子時			清明 4/5 4時12分 寅時			立夏 5/5 21時25分 亥時			芒種 6/6 1時28分 丑時			小暑 7/7 11時41分 午時		
日	國曆	農曆	干支	國曆	農曆	干支	國曆	農曆	干支	國曆	農曆	干支	國曆	農曆	干支	國曆	農曆	干支
2018 狗 中華民國一百零七年	2 4	12 19	丁卯	3 5	1 18	丙申	4 5	2 20	丁卯	5 5	3 20	丁酉	6 6	4 23	己巳	7 7	5 24	庚子
	2 5	12 20	戊辰	3 6	1 19	丁酉	4 6	2 21	戊辰	5 6	3 21	戊戌	6 7	4 24	庚午	7 8	5 25	辛丑
	2 6	12 21	己巳	3 7	1 20	戊戌	4 7	2 22	己巳	5 7	3 22	己亥	6 8	4 25	辛未	7 9	5 26	壬寅
	2 7	12 22	庚午	3 8	1 21	己亥	4 8	2 23	庚午	5 8	3 23	庚子	6 9	4 26	壬申	7 10	5 27	癸卯
	2 8	12 23	辛未	3 9	1 22	庚子	4 9	2 24	辛未	5 9	3 24	辛丑	6 10	4 27	癸酉	7 11	5 28	甲辰
	2 9	12 24	壬申	3 10	1 23	辛丑	4 10	2 25	壬申	5 10	3 25	壬寅	6 11	4 28	甲戌	7 12	5 29	乙巳
	2 10	12 25	癸酉	3 11	1 24	壬寅	4 11	2 26	癸酉	5 11	3 26	癸卯	6 12	4 29	乙亥	7 13	6 1	丙午
	2 11	12 26	甲戌	3 12	1 25	癸卯	4 12	2 27	甲戌	5 12	3 27	甲辰	6 13	4 30	丙子	7 14	6 2	丁未
	2 12	12 27	乙亥	3 13	1 26	甲辰	4 13	2 28	乙亥	5 13	3 28	乙巳	6 14	5 1	丁丑	7 15	6 3	戊申
	2 13	12 28	丙子	3 14	1 27	乙巳	4 14	2 29	丙子	5 14	3 29	丙午	6 15	5 2	戊寅	7 16	6 4	己酉
	2 14	12 29	丁丑	3 15	1 28	丙午	4 15	2 30	丁丑	5 15	4 1	丁未	6 16	5 3	己卯	7 17	6 5	庚戌
	2 15	12 30	戊寅	3 16	1 29	丁未	4 16	3 1	戊寅	5 16	4 2	戊申	6 17	5 4	庚辰	7 18	6 6	辛亥
	2 16	1 1	己卯	3 17	2 1	戊申	4 17	3 2	己卯	5 17	4 3	己酉	6 18	5 5	辛巳	7 19	6 7	壬子
	2 17	1 2	庚辰	3 18	2 2	己酉	4 18	3 3	庚辰	5 18	4 4	庚戌	6 19	5 6	壬午	7 20	6 8	癸丑
	2 18	1 3	辛巳	3 19	2 3	庚戌	4 19	3 4	辛巳	5 19	4 5	辛亥	6 20	5 7	癸未	7 21	6 9	甲寅
	2 19	1 4	壬午	3 20	2 4	辛亥	4 20	3 5	壬午	5 20	4 6	壬子	6 21	5 8	甲申	7 22	6 10	乙卯
	2 20	1 5	癸未	3 21	2 5	壬子	4 21	3 6	癸未	5 21	4 7	癸丑	6 22	5 9	乙酉	7 23	6 11	丙辰
	2 21	1 6	甲申	3 22	2 6	癸丑	4 22	3 7	甲申	5 22	4 8	甲寅	6 23	5 10	丙戌	7 24	6 12	丁巳
	2 22	1 7	乙酉	3 23	2 7	甲寅	4 23	3 8	乙酉	5 23	4 9	乙卯	6 24	5 11	丁亥	7 25	6 13	戊午
	2 23	1 8	丙戌	3 24	2 8	乙卯	4 24	3 9	丙戌	5 24	4 10	丙辰	6 25	5 12	戊子	7 26	6 14	己未
	2 24	1 9	丁亥	3 25	2 9	丙辰	4 25	3 10	丁亥	5 25	4 11	丁巳	6 26	5 13	己丑	7 27	6 15	庚申
	2 25	1 10	戊子	3 26	2 10	丁巳	4 26	3 11	戊子	5 26	4 12	戊午	6 27	5 14	庚寅	7 28	6 16	辛酉
	2 26	1 11	己丑	3 27	2 11	戊午	4 27	3 12	己丑	5 27	4 13	己未	6 28	5 15	辛卯	7 29	6 17	壬戌
	2 27	1 12	庚寅	3 28	2 12	己未	4 28	3 13	庚寅	5 28	4 14	庚申	6 29	5 16	壬辰	7 30	6 18	癸亥
	2 28	1 13	辛卯	3 29	2 13	庚申	4 29	3 14	辛卯	5 29	4 15	辛酉	6 30	5 17	癸巳	7 31	6 19	甲子
	3 1	1 14	壬辰	3 30	2 14	辛酉	4 30	3 15	壬辰	5 30	4 16	壬戌	7 1	5 18	甲午	8 1	6 20	乙丑
	3 2	1 15	癸巳	3 31	2 15	壬戌	5 1	3 16	癸巳	5 31	4 17	癸亥	7 2	5 19	乙未	8 2	6 21	丙寅
	3 3	1 16	甲午	4 1	2 16	癸亥	5 2	3 17	甲午	6 1	4 18	甲子	7 3	5 20	丙申	8 3	6 22	丁卯
	3 4	1 17	乙未	4 2	2 17	甲子	5 3	3 18	乙未	6 2	4 19	乙丑	7 4	5 21	丁酉	8 4	6 23	戊辰
				4 3	2 18	乙丑	5 4	3 19	丙申	6 3	4 20	丙寅	7 5	5 22	戊戌	8 5	6 24	己巳
				4 4	2 19	丙寅				6 4	4 21	丁卯	7 6	5 23	己亥	8 6	6 25	庚午
										6 5	4 22	戊辰						
中氣	雨水 2/19 1時17分 丑時			春分 3/21 0時15分 子時			穀雨 4/20 11時12分 午時			小滿 5/21 10時14分 巳時			夏至 6/21 18時7分 酉時			大暑 7/23 5時0分 卯時		

戊戌																														年
庚申					辛酉					壬戌					癸亥					甲子					乙丑					月
立秋					白露					寒露					立冬					大雪					小寒					節氣
8/7 21時30分 亥時					9/8 0時29分 子時					10/8 16時14分 申時					11/7 19時31分 戌時					12/7 12時25分 午時					1/5 23時38分 子時					
國曆		農曆		干支	國曆		農曆		干支	國曆		農曆		干支	國曆		農曆		干支	國曆		農曆		干支	國曆		農曆		干支	日
8	7	6	26	辛未	9	8	7	29	癸卯	10	8	8	29	癸酉	11	7	9	30	癸卯	12	7	11	1	癸酉	1	5	11	30	壬寅	
8	8	6	27	壬申	9	9	7	30	甲辰	10	9	9	1	甲戌	11	8	10	1	甲辰	12	8	11	2	甲戌	1	6	12	1	癸卯	
8	9	6	28	癸酉	9	10	8	1	乙巳	10	10	9	2	乙亥	11	9	10	2	乙巳	12	9	11	3	乙亥	1	7	12	2	甲辰	
8	10	6	29	甲戌	9	11	8	2	丙午	10	11	9	3	丙子	11	10	10	3	丙午	12	10	11	4	丙子	1	8	12	3	乙巳	
8	11	7	1	乙亥	9	12	8	3	丁未	10	12	9	4	丁丑	11	11	10	4	丁未	12	11	11	5	丁丑	1	9	12	4	丙午	
8	12	7	2	丙子	9	13	8	4	戊申	10	13	9	5	戊寅	11	12	10	5	戊申	12	12	11	6	戊寅	1	10	12	5	丁未	
8	13	7	3	丁丑	9	14	8	5	己酉	10	14	9	6	己卯	11	13	10	6	己酉	12	13	11	7	己卯	1	11	12	6	戊申	
8	14	7	4	戊寅	9	15	8	6	庚戌	10	15	9	7	庚辰	11	14	10	7	庚戌	12	14	11	8	庚辰	1	12	12	7	己酉	
8	15	7	5	己卯	9	16	8	7	辛亥	10	16	9	8	辛巳	11	15	10	8	辛亥	12	15	11	9	辛巳	1	13	12	8	庚戌	
8	16	7	6	庚辰	9	17	8	8	壬子	10	17	9	9	壬午	11	16	10	9	壬子	12	16	11	10	壬午	1	14	12	9	辛亥	
8	17	7	7	辛巳	9	18	8	9	癸丑	10	18	9	10	癸未	11	17	10	10	癸丑	12	17	11	11	癸未	1	15	12	10	壬子	
8	18	7	8	壬午	9	19	8	10	甲寅	10	19	9	11	甲申	11	18	10	11	甲寅	12	18	11	12	甲申	1	16	12	11	癸丑	
8	19	7	9	癸未	9	20	8	11	乙卯	10	20	9	12	乙酉	11	19	10	12	乙卯	12	19	11	13	乙酉	1	17	12	12	甲寅	
8	20	7	10	甲申	9	21	8	12	丙辰	10	21	9	13	丙戌	11	20	10	13	丙辰	12	20	11	14	丙戌	1	18	12	13	乙卯	
8	21	7	11	乙酉	9	22	8	13	丁巳	10	22	9	14	丁亥	11	21	10	14	丁巳	12	21	11	15	丁亥	1	19	12	14	丙辰	
8	22	7	12	丙戌	9	23	8	14	戊午	10	23	9	15	戊子	11	22	10	15	戊午	12	22	11	16	戊子	1	20	12	15	丁巳	
8	23	7	13	丁亥	9	24	8	15	己未	10	24	9	16	己丑	11	23	10	16	己未	12	23	11	17	己丑	1	21	12	16	戊午	
8	24	7	14	戊子	9	25	8	16	庚申	10	25	9	17	庚寅	11	24	10	17	庚申	12	24	11	18	庚寅	1	22	12	17	己未	
8	25	7	15	己丑	9	26	8	17	辛酉	10	26	9	18	辛卯	11	25	10	18	辛酉	12	25	11	19	辛卯	1	23	12	18	庚申	
8	26	7	16	庚寅	9	27	8	18	壬戌	10	27	9	19	壬辰	11	26	10	19	壬戌	12	26	11	20	壬辰	1	24	12	19	辛酉	
8	27	7	17	辛卯	9	28	8	19	癸亥	10	28	9	20	癸巳	11	27	10	20	癸亥	12	27	11	21	癸巳	1	25	12	20	壬戌	
8	28	7	18	壬辰	9	29	8	20	甲子	10	29	9	21	甲午	11	28	10	21	甲子	12	28	11	22	甲午	1	26	12	21	癸亥	
8	29	7	19	癸巳	9	30	8	21	乙丑	10	30	9	22	乙未	11	29	10	22	乙丑	12	29	11	23	乙未	1	27	12	22	甲子	
8	30	7	20	甲午	10	1	8	22	丙寅	10	31	9	23	丙申	11	30	10	23	丙寅	12	30	11	24	丙申	1	28	12	23	乙丑	
8	31	7	21	乙未	10	2	8	23	丁卯	11	1	9	24	丁酉	12	1	10	24	丁卯	12	31	11	25	丁酉	1	29	12	24	丙寅	
9	1	7	22	丙申	10	3	8	24	戊辰	11	2	9	25	戊戌	12	2	10	25	戊辰	1	1	11	26	戊戌	1	30	12	25	丁卯	
9	2	7	23	丁酉	10	4	8	25	己巳	11	3	9	26	己亥	12	3	10	26	己巳	1	2	11	27	己亥	1	31	12	26	戊辰	
9	3	7	24	戊戌	10	5	8	26	庚午	11	4	9	27	庚子	12	4	10	27	庚午	1	3	11	28	庚子	2	1	12	27	己巳	
9	4	7	25	己亥	10	6	8	27	辛未	11	5	9	28	辛丑	12	5	10	28	辛未	1	4	11	29	辛丑	2	2	12	28	庚午	
9	5	7	26	庚子	10	7	8	28	壬申	11	6	9	29	壬寅	12	6	10	29	壬申						2	3	12	29	辛未	
9	6	7	27	辛丑																										
9	7	7	28	壬寅																										
處暑					秋分					霜降					小雪					冬至					大寒					中氣
8/23 12時8分 午時					9/23 9時53分 巳時					10/23 19時22分 戌時					11/22 17時1分 酉時					12/22 6時22分 卯時					1/20 16時59分 申時					

2018・2019

狗

中華民國一百零七・一百零八年

年	己亥																													
月	丙寅					丁卯					戊辰					己巳					庚午					辛未				
節氣	立春 2/4 11時14分 午時					驚蟄 3/6 5時9分 卯時					清明 4/5 9時51分 巳時					立夏 5/6 3時2分 寅時					芒種 6/6 7時6分 辰時					小暑 7/7 17時20分 酉時				
日	國曆		農曆		干支	國曆		農曆		干支	國曆		農曆		干支	國曆		農曆		干支	國曆		農曆		干支	國曆		農曆		干支
	2	4	12	30	壬申	3	6	1	30	壬寅	4	5	3	1	壬申	5	6	4	2	癸卯	6	6	5	4	甲戌	7	7	6	5	乙巳
	2	5	1	1	癸酉	3	7	2	1	癸卯	4	6	3	2	癸酉	5	7	4	3	甲辰	6	7	5	5	乙亥	7	8	6	6	丙午
	2	6	1	2	甲戌	3	8	2	2	甲辰	4	7	3	3	甲戌	5	8	4	4	乙巳	6	8	5	6	丙子	7	9	6	7	丁未
	2	7	1	3	乙亥	3	9	2	3	乙巳	4	8	3	4	乙亥	5	9	4	5	丙午	6	9	5	7	丁丑	7	10	6	8	戊申
2019	2	8	1	4	丙子	3	10	2	4	丙午	4	9	3	5	丙子	5	10	4	6	丁未	6	10	5	8	戊寅	7	11	6	9	己酉
	2	9	1	5	丁丑	3	11	2	5	丁未	4	10	3	6	丁丑	5	11	4	7	戊申	6	11	5	9	己卯	7	12	6	10	庚戌
	2	10	1	6	戊寅	3	12	2	6	戊申	4	11	3	7	戊寅	5	12	4	8	己酉	6	12	5	10	庚辰	7	13	6	11	辛亥
	2	11	1	7	己卯	3	13	2	7	己酉	4	12	3	8	己卯	5	13	4	9	庚戌	6	13	5	11	辛巳	7	14	6	12	壬子
	2	12	1	8	庚辰	3	14	2	8	庚戌	4	13	3	9	庚辰	5	14	4	10	辛亥	6	14	5	12	壬午	7	15	6	13	癸丑
	2	13	1	9	辛巳	3	15	2	9	辛亥	4	14	3	10	辛巳	5	15	4	11	壬子	6	15	5	13	癸未	7	16	6	14	甲寅
	2	14	1	10	壬午	3	16	2	10	壬子	4	15	3	11	壬午	5	16	4	12	癸丑	6	16	5	14	甲申	7	17	6	15	乙卯
	2	15	1	11	癸未	3	17	2	11	癸丑	4	16	3	12	癸未	5	17	4	13	甲寅	6	17	5	15	乙酉	7	18	6	16	丙辰
	2	16	1	12	甲申	3	18	2	12	甲寅	4	17	3	13	甲申	5	18	4	14	乙卯	6	18	5	16	丙戌	7	19	6	17	丁巳
豬	2	17	1	13	乙酉	3	19	2	13	乙卯	4	18	3	14	乙酉	5	19	4	15	丙辰	6	19	5	17	丁亥	7	20	6	18	戊午
	2	18	1	14	丙戌	3	20	2	14	丙辰	4	19	3	15	丙戌	5	20	4	16	丁巳	6	20	5	18	戊子	7	21	6	19	己未
	2	19	1	15	丁亥	3	21	2	15	丁巳	4	20	3	16	丁亥	5	21	4	17	戊午	6	21	5	19	己丑	7	22	6	20	庚申
	2	20	1	16	戊子	3	22	2	16	戊午	4	21	3	17	戊子	5	22	4	18	己未	6	22	5	20	庚寅	7	23	6	21	辛酉
	2	21	1	17	己丑	3	23	2	17	己未	4	22	3	18	己丑	5	23	4	19	庚申	6	23	5	21	辛卯	7	24	6	22	壬戌
	2	22	1	18	庚寅	3	24	2	18	庚申	4	23	3	19	庚寅	5	24	4	20	辛酉	6	24	5	22	壬辰	7	25	6	23	癸亥
	2	23	1	19	辛卯	3	25	2	19	辛酉	4	24	3	20	辛卯	5	25	4	21	壬戌	6	25	5	23	癸巳	7	26	6	24	甲子
中華民國一百零八年	2	24	1	20	壬辰	3	26	2	20	壬戌	4	25	3	21	壬辰	5	26	4	22	癸亥	6	26	5	24	甲午	7	27	6	25	乙丑
	2	25	1	21	癸巳	3	27	2	21	癸亥	4	26	3	22	癸巳	5	27	4	23	甲子	6	27	5	25	乙未	7	28	6	26	丙寅
	2	26	1	22	甲午	3	28	2	22	甲子	4	27	3	23	甲午	5	28	4	24	乙丑	6	28	5	26	丙申	7	29	6	27	丁卯
	2	27	1	23	乙未	3	29	2	23	乙丑	4	28	3	24	乙未	5	29	4	25	丙寅	6	29	5	27	丁酉	7	30	6	28	戊辰
	2	28	1	24	丙申	3	30	2	24	丙寅	4	29	3	25	丙申	5	30	4	26	丁卯	6	30	5	28	戊戌	7	31	6	29	己巳
	3	1	1	25	丁酉	3	31	2	25	丁卯	4	30	3	26	丁酉	5	31	4	27	戊辰	7	1	5	29	己亥	8	1	7	1	庚午
	3	2	1	26	戊戌	4	1	2	26	戊辰	5	1	3	27	戊戌	6	1	4	28	己巳	7	2	5	30	庚子	8	2	7	2	辛未
	3	3	1	27	己亥	4	2	2	27	己巳	5	2	3	28	己亥	6	2	4	29	庚午	7	3	6	1	辛丑	8	3	7	3	壬申
	3	4	1	28	庚子	4	3	2	28	庚午	5	3	3	29	庚子	6	3	5	1	辛未	7	4	6	2	壬寅	8	4	7	4	癸酉
	3	5	1	29	辛丑	4	4	2	29	辛未	5	4	3	30	辛丑	6	4	5	2	壬申	7	5	6	3	癸卯	8	5	7	5	甲戌
											5	5	4	1	壬寅	6	5	5	3	癸酉	7	6	6	4	甲辰	8	6	7	6	乙亥
																										8	7	7	7	丙子
中氣	雨水 2/19 7時3分 辰時					春分 3/21 5時58分 卯時					穀雨 4/20 16時55分 申時					小滿 5/21 15時58分 申時					夏至 6/21 23時54分 子時					大暑 7/23 10時50分 巳時				

己亥																		年
壬申			癸酉			甲戌			乙亥			丙子			丁丑			月
立秋 8/8 3時12分 寅時			白露 9/8 6時16分 卯時			寒露 10/8 22時5分 亥時			立冬 11/8 1時24分 丑時			大雪 12/7 18時18分 酉時			小寒 1/6 5時29分 卯時			節氣
國曆	農曆	干支	國曆	農曆	干支	國曆	農曆	干支	國曆	農曆	干支	國曆	農曆	干支	國曆	農曆	干支	日
8 8	7 8	丁丑	9 8	8 10	戊申	10 8	9 10	戊寅	11 8	10 12	己酉	12 7	11 12	戊寅	1 6	12 12	戊申	
8 9	7 9	戊寅	9 9	8 11	己酉	10 9	9 11	己卯	11 9	10 13	庚戌	12 8	11 13	己卯	1 7	12 13	己酉	
8 10	7 10	己卯	9 10	8 12	庚戌	10 10	9 12	庚辰	11 10	10 14	辛亥	12 9	11 14	庚辰	1 8	12 14	庚戌	2019・2020
8 11	7 11	庚辰	9 11	8 13	辛亥	10 11	9 13	辛巳	11 11	10 15	壬子	12 10	11 15	辛巳	1 9	12 15	辛亥	
8 12	7 12	辛巳	9 12	8 14	壬子	10 12	9 14	壬午	11 12	10 16	癸丑	12 11	11 16	壬午	1 10	12 16	壬子	
8 13	7 13	壬午	9 13	8 15	癸丑	10 13	9 15	癸未	11 13	10 17	甲寅	12 12	11 17	癸未	1 11	12 17	癸丑	
8 14	7 14	癸未	9 14	8 16	甲寅	10 14	9 16	甲申	11 14	10 18	乙卯	12 13	11 18	甲申	1 12	12 18	甲寅	
8 15	7 15	甲申	9 15	8 17	乙卯	10 15	9 17	乙酉	11 15	10 19	丙辰	12 14	11 19	乙酉	1 13	12 19	乙卯	
8 16	7 16	乙酉	9 16	8 18	丙辰	10 16	9 18	丙戌	11 16	10 20	丁巳	12 15	11 20	丙戌	1 14	12 20	丙辰	
8 17	7 17	丙戌	9 17	8 19	丁巳	10 17	9 19	丁亥	11 17	10 21	戊午	12 16	11 21	丁亥	1 15	12 21	丁巳	
8 18	7 18	丁亥	9 18	8 20	戊午	10 18	9 20	戊子	11 18	10 22	己未	12 17	11 22	戊子	1 16	12 22	戊午	
8 19	7 19	戊子	9 19	8 21	己未	10 19	9 21	己丑	11 19	10 23	庚申	12 18	11 23	己丑	1 17	12 23	己未	
8 20	7 20	己丑	9 20	8 22	庚申	10 20	9 22	庚寅	11 20	10 24	辛酉	12 19	11 24	庚寅	1 18	12 24	庚申	
8 21	7 21	庚寅	9 21	8 23	辛酉	10 21	9 23	辛卯	11 21	10 25	壬戌	12 20	11 25	辛卯	1 19	12 25	辛酉	豬
8 22	7 22	辛卯	9 22	8 24	壬戌	10 22	9 24	壬辰	11 22	10 26	癸亥	12 21	11 26	壬辰	1 20	12 26	壬戌	
8 23	7 23	壬辰	9 23	8 25	癸亥	10 23	9 25	癸巳	11 23	10 27	甲子	12 22	11 27	癸巳	1 21	12 27	癸亥	
8 24	7 24	癸巳	9 24	8 26	甲子	10 24	9 26	甲午	11 24	10 28	乙丑	12 23	11 28	甲午	1 22	12 28	甲子	
8 25	7 25	甲午	9 25	8 27	乙丑	10 25	9 27	乙未	11 25	10 29	丙寅	12 24	11 29	乙未	1 23	12 29	乙丑	
8 26	7 26	乙未	9 26	8 28	丙寅	10 26	9 28	丙申	11 26	11 1	丁卯	12 25	11 30	丙申	1 24	12 30	丙寅	
8 27	7 27	丙申	9 27	8 29	丁卯	10 27	9 29	丁酉	11 27	11 2	戊辰	12 26	12 1	丁酉	1 25	1 1	丁卯	中華民國一百零八・一百零九年
8 28	7 28	丁酉	9 28	8 30	戊辰	10 28	10 1	戊戌	11 28	11 3	己巳	12 27	12 2	戊戌	1 26	1 2	戊辰	
8 29	7 29	戊戌	9 29	9 1	己巳	10 29	10 2	己亥	11 29	11 4	庚午	12 28	12 3	己亥	1 27	1 3	己巳	
8 30	8 1	己亥	9 30	9 2	庚午	10 30	10 3	庚子	11 30	11 5	辛未	12 29	12 4	庚子	1 28	1 4	庚午	
8 31	8 2	庚子	10 1	9 3	辛未	10 31	10 4	辛丑	12 1	11 6	壬申	12 30	12 5	辛丑	1 29	1 5	辛未	
9 1	8 3	辛丑	10 2	9 4	壬申	11 1	10 5	壬寅	12 2	11 7	癸酉	12 31	12 6	壬寅	1 30	1 6	壬申	
9 2	8 4	壬寅	10 3	9 5	癸酉	11 2	10 6	癸卯	12 3	11 8	甲戌	1 1	12 7	癸卯	1 31	1 7	癸酉	
9 3	8 5	癸卯	10 4	9 6	甲戌	11 3	10 7	甲辰	12 4	11 9	乙亥	1 2	12 8	甲辰	2 1	1 8	甲戌	
9 4	8 6	甲辰	10 5	9 7	乙亥	11 4	10 8	乙巳	12 5	11 10	丙子	1 3	12 9	乙巳	2 2	1 9	乙亥	
9 5	8 7	乙巳	10 6	9 8	丙子	11 5	10 9	丙午	12 6	11 11	丁丑	1 4	12 10	丙午	2 3	1 10	丙子	
9 6	8 8	丙午	10 7	9 9	丁丑	11 6	10 10	丁未				1 5	12 11	丁未				
9 7	8 9	丁未				11 7	10 11	戊申										
處暑 8/23 18時1分 酉時			秋分 9/23 15時49分 申時			霜降 10/24 1時19分 丑時			小雪 11/22 22時58分 亥時			冬至 12/22 12時19分 午時			大寒 1/20 22時54分 亥時			中氣

年	庚子																													
月	戊寅					己卯					庚辰					辛巳					壬午					癸未				
節氣	立春					驚蟄					清明					立夏					芒種					小暑				
	2/4 17時3分 酉時					3/5 10時56分 巳時					4/4 15時37分 申時					5/5 8時51分 辰時					6/5 12時58分 午時					7/6 23時14分 子時				
日	國曆		農曆		干支	國曆		農曆		干支	國曆		農曆		干支	國曆		農曆		干支	國曆		農曆		干支	國曆		農曆		干支
2020 鼠 中華民國一百零九年	2	4	1	11	丁丑	3	5	2	12	丁未	4	4	3	12	丁丑	5	5	4	13	戊申	6	5	4	14	己卯	7	6	5	16	庚戌
	2	5	1	12	戊寅	3	6	2	13	戊申	4	5	3	13	戊寅	5	6	4	14	己酉	6	6	4	15	庚辰	7	7	5	17	辛亥
	2	6	1	13	己卯	3	7	2	14	己酉	4	6	3	14	己卯	5	7	4	15	庚戌	6	7	4	16	辛巳	7	8	5	18	壬子
	2	7	1	14	庚辰	3	8	2	15	庚戌	4	7	3	15	庚辰	5	8	4	16	辛亥	6	8	4	17	壬午	7	9	5	19	癸丑
	2	8	1	15	辛巳	3	9	2	16	辛亥	4	8	3	16	辛巳	5	9	4	17	壬子	6	9	4	18	癸未	7	10	5	20	甲寅
	2	9	1	16	壬午	3	10	2	17	壬子	4	9	3	17	壬午	5	10	4	18	癸丑	6	10	4	19	甲申	7	11	5	21	乙卯
	2	10	1	17	癸未	3	11	2	18	癸丑	4	10	3	18	癸未	5	11	4	19	甲寅	6	11	4	20	乙酉	7	12	5	22	丙辰
	2	11	1	18	甲申	3	12	2	19	甲寅	4	11	3	19	甲申	5	12	4	20	乙卯	6	12	4	21	丙戌	7	13	5	23	丁巳
	2	12	1	19	乙酉	3	13	2	20	乙卯	4	12	3	20	乙酉	5	13	4	21	丙辰	6	13	4	22	丁亥	7	14	5	24	戊午
	2	13	1	20	丙戌	3	14	2	21	丙辰	4	13	3	21	丙戌	5	14	4	22	丁巳	6	14	4	23	戊子	7	15	5	25	己未
	2	14	1	21	丁亥	3	15	2	22	丁巳	4	14	3	22	丁亥	5	15	4	23	戊午	6	15	4	24	己丑	7	16	5	26	庚申
	2	15	1	22	戊子	3	16	2	23	戊午	4	15	3	23	戊子	5	16	4	24	己未	6	16	4	25	庚寅	7	17	5	27	辛酉
	2	16	1	23	己丑	3	17	2	24	己未	4	16	3	24	己丑	5	17	4	25	庚申	6	17	4	26	辛卯	7	18	5	28	壬戌
	2	17	1	24	庚寅	3	18	2	25	庚申	4	17	3	25	庚寅	5	18	4	26	辛酉	6	18	4	27	壬辰	7	19	5	29	癸亥
	2	18	1	25	辛卯	3	19	2	26	辛酉	4	18	3	26	辛卯	5	19	4	27	壬戌	6	19	4	28	癸巳	7	20	5	30	甲子
	2	19	1	26	壬辰	3	20	2	27	壬戌	4	19	3	27	壬辰	5	20	4	28	癸亥	6	20	4	29	甲午	7	21	6	1	乙丑
	2	20	1	27	癸巳	3	21	2	28	癸亥	4	20	3	28	癸巳	5	21	4	29	甲子	6	21	5	1	乙未	7	22	6	2	丙寅
	2	21	1	28	甲午	3	22	2	29	甲子	4	21	3	29	甲午	5	22	4	30	乙丑	6	22	5	2	丙申	7	23	6	3	丁卯
	2	22	1	29	乙未	3	23	2	30	乙丑	4	22	3	30	乙未	5	23	閏4	1	丙寅	6	23	5	3	丁酉	7	24	6	4	戊辰
	2	23	2	1	丙申	3	24	3	1	丙寅	4	23	4	1	丙申	5	24	4	2	丁卯	6	24	5	4	戊戌	7	25	6	5	己巳
	2	24	2	2	丁酉	3	25	3	2	丁卯	4	24	4	2	丁酉	5	25	4	3	戊辰	6	25	5	5	己亥	7	26	6	6	庚午
	2	25	2	3	戊戌	3	26	3	3	戊辰	4	25	4	3	戊戌	5	26	4	4	己巳	6	26	5	6	庚子	7	27	6	7	辛未
	2	26	2	4	己亥	3	27	3	4	己巳	4	26	4	4	己亥	5	27	4	5	庚午	6	27	5	7	辛丑	7	28	6	8	壬申
	2	27	2	5	庚子	3	28	3	5	庚午	4	27	4	5	庚子	5	28	4	6	辛未	6	28	5	8	壬寅	7	29	6	9	癸酉
	2	28	2	6	辛丑	3	29	3	6	辛未	4	28	4	6	辛丑	5	29	4	7	壬申	6	29	5	9	癸卯	7	30	6	10	甲戌
	2	29	2	7	壬寅	3	30	3	7	壬申	4	29	4	7	壬寅	5	30	4	8	癸酉	6	30	5	10	甲辰	7	31	6	11	乙亥
	3	1	2	8	癸卯	3	31	3	8	癸酉	4	30	4	8	癸卯	5	31	4	9	甲戌	7	1	5	11	乙巳	8	1	6	12	丙子
	3	2	2	9	甲辰	4	1	3	9	甲戌	5	1	4	9	甲辰	6	1	4	10	乙亥	7	2	5	12	丙午	8	2	6	13	丁丑
	3	3	2	10	乙巳	4	2	3	10	乙亥	5	2	4	10	乙巳	6	2	4	11	丙子	7	3	5	13	丁未	8	3	6	14	戊寅
	3	4	2	11	丙午	4	3	3	11	丙子	5	3	4	11	丙午	6	3	4	12	丁丑	7	4	5	14	戊申	8	4	6	15	己卯
											5	4	4	12	丁未	6	4	4	13	戊寅	7	5	5	15	己酉	8	5	6	16	庚辰
																										8	6	6	17	辛巳
中氣	雨水					春分					穀雨					小滿					夏至					大暑				
	2/19 12時56分 午時					3/20 11時49分 午時					4/19 22時45分 亥時					5/20 21時49分 亥時					6/21 5時43分 卯時					7/22 16時36分 申時				

年	庚子																													
月	甲申					乙酉					丙戌					丁亥					戊子					己丑				
節氣	立秋 8/7 9時5分 巳時					白露 9/7 12時7分 午時					寒露 10/8 3時55分 寅時					立冬 11/7 7時13分 辰時					大雪 12/7 0時9分 子時					小寒 1/5 11時23分 午時				
日	國曆		農曆		干支	國曆		農曆		干支	國曆		農曆		干支	國曆		農曆		干支	國曆		農曆		干支	國曆		農曆		干支
	8	7	6	18	壬午	9	7	7	20	癸丑	10	8	8	22	甲申	11	7	9	22	甲寅	12	7	10	23	甲申	1	5	11	22	癸丑
	8	8	6	19	癸未	9	8	7	21	甲寅	10	9	8	23	乙酉	11	8	9	23	乙卯	12	8	10	24	乙酉	1	6	11	23	甲寅
	8	9	6	20	甲申	9	9	7	22	乙卯	10	10	8	24	丙戌	11	9	9	24	丙辰	12	9	10	25	丙戌	1	7	11	24	乙卯
	8	10	6	21	乙酉	9	10	7	23	丙辰	10	11	8	25	丁亥	11	10	9	25	丁巳	12	10	10	26	丁亥	1	8	11	25	丙辰
	8	11	6	22	丙戌	9	11	7	24	丁巳	10	12	8	26	戊子	11	11	9	26	戊午	12	11	10	27	戊子	1	9	11	26	丁巳
	8	12	6	23	丁亥	9	12	7	25	戊午	10	13	8	27	己丑	11	12	9	27	己未	12	12	10	28	己丑	1	10	11	27	戊午
	8	13	6	24	戊子	9	13	7	26	己未	10	14	8	28	庚寅	11	13	9	28	庚申	12	13	10	29	庚寅	1	11	11	28	己未
	8	14	6	25	己丑	9	14	7	27	庚申	10	15	8	29	辛卯	11	14	9	29	辛酉	12	14	10	30	辛卯	1	12	11	29	庚申
	8	15	6	26	庚寅	9	15	7	28	辛酉	10	16	8	30	壬辰	11	15	10	1	壬戌	12	15	11	1	壬辰	1	13	12	1	辛酉
	8	16	6	27	辛卯	9	16	7	29	壬戌	10	17	9	1	癸巳	11	16	10	2	癸亥	12	16	11	2	癸巳	1	14	12	2	壬戌
	8	17	6	28	壬辰	9	17	8	1	癸亥	10	18	9	2	甲午	11	17	10	3	甲子	12	17	11	3	甲午	1	15	12	3	癸亥
	8	18	6	29	癸巳	9	18	8	2	甲子	10	19	9	3	乙未	11	18	10	4	乙丑	12	18	11	4	乙未	1	16	12	4	甲子
	8	19	7	1	甲午	9	19	8	3	乙丑	10	20	9	4	丙申	11	19	10	5	丙寅	12	19	11	5	丙申	1	17	12	5	乙丑
	8	20	7	2	乙未	9	20	8	4	丙寅	10	21	9	5	丁酉	11	20	10	6	丁卯	12	20	11	6	丁酉	1	18	12	6	丙寅
	8	21	7	3	丙申	9	21	8	5	丁卯	10	22	9	6	戊戌	11	21	10	7	戊辰	12	21	11	7	戊戌	1	19	12	7	丁卯
	8	22	7	4	丁酉	9	22	8	6	戊辰	10	23	9	7	己亥	11	22	10	8	己巳	12	22	11	8	己亥	1	20	12	8	戊辰
	8	23	7	5	戊戌	9	23	8	7	己巳	10	24	9	8	庚子	11	23	10	9	庚午	12	23	11	9	庚子	1	21	12	9	己巳
	8	24	7	6	己亥	9	24	8	8	庚午	10	25	9	9	辛丑	11	24	10	10	辛未	12	24	11	10	辛丑	1	22	12	10	庚午
	8	25	7	7	庚子	9	25	8	9	辛未	10	26	9	10	壬寅	11	25	10	11	壬申	12	25	11	11	壬寅	1	23	12	11	辛未
	8	26	7	8	辛丑	9	26	8	10	壬申	10	27	9	11	癸卯	11	26	10	12	癸酉	12	26	11	12	癸卯	1	24	12	12	壬申
	8	27	7	9	壬寅	9	27	8	11	癸酉	10	28	9	12	甲辰	11	27	10	13	甲戌	12	27	11	13	甲辰	1	25	12	13	癸酉
	8	28	7	10	癸卯	9	28	8	12	甲戌	10	29	9	13	乙巳	11	28	10	14	乙亥	12	28	11	14	乙巳	1	26	12	14	甲戌
	8	29	7	11	甲辰	9	29	8	13	乙亥	10	30	9	14	丙午	11	29	10	15	丙子	12	29	11	15	丙午	1	27	12	15	乙亥
	8	30	7	12	乙巳	9	30	8	14	丙子	10	31	9	15	丁未	11	30	10	16	丁丑	12	30	11	16	丁未	1	28	12	16	丙子
	8	31	7	13	丙午	10	1	8	15	丁丑	11	1	9	16	戊申	12	1	10	17	戊寅	12	31	11	17	戊申	1	29	12	17	丁丑
	9	1	7	14	丁未	10	2	8	16	戊寅	11	2	9	17	己酉	12	2	10	18	己卯	1	1	11	18	己酉	1	30	12	18	戊寅
	9	2	7	15	戊申	10	3	8	17	己卯	11	3	9	18	庚戌	12	3	10	19	庚辰	1	2	11	19	庚戌	1	31	12	19	己卯
	9	3	7	16	己酉	10	4	8	18	庚辰	11	4	9	19	辛亥	12	4	10	20	辛巳	1	3	11	20	辛亥	2	1	12	20	庚辰
	9	4	7	17	庚戌	10	5	8	19	辛巳	11	5	9	20	壬子	12	5	10	21	壬午	1	4	11	21	壬子	2	2	12	21	辛巳
	9	5	7	18	辛亥	10	6	8	20	壬午	11	6	9	21	癸丑	12	6	10	22	癸未										
	9	6	7	19	壬子	10	7	8	21	癸未																				
中氣	處暑 8/22 23時44分 子時					秋分 9/22 21時30分 亥時					霜降 10/23 6時59分 卯時					小雪 11/22 4時39分 寅時					冬至 12/21 18時2分 酉時					大寒 1/20 4時39分 寅時				

2020・2021 鼠 中華民國一百零九・一百一十年

年	辛丑																													
月	庚寅					辛卯					壬辰					癸巳					甲午					乙未				
節氣	立春 2/3 22時58分 亥時					驚蟄 3/5 16時53分 申時					清明 4/4 21時34分 亥時					立夏 5/5 14時46分 未時					芒種 6/5 18時51分 酉時					小暑 7/7 5時5分 卯時				
日	國曆		農曆		干支	國曆		農曆		干支	國曆		農曆		干支	國曆		農曆		干支	國曆		農曆		干支	國曆		農曆		干支
	2	3	12	22	壬午	3	5	1	22	壬子	4	4	2	23	壬午	5	5	3	24	癸丑	6	5	4	25	甲申	7	7	5	28	丙辰
	2	4	12	23	癸未	3	6	1	23	癸丑	4	5	2	24	癸未	5	6	3	25	甲寅	6	6	4	26	乙酉	7	8	5	29	丁巳
	2	5	12	24	甲申	3	7	1	24	甲寅	4	6	2	25	甲申	5	7	3	26	乙卯	6	7	4	27	丙戌	7	9	5	30	戊午
	2	6	12	25	乙酉	3	8	1	25	乙卯	4	7	2	26	乙酉	5	8	3	27	丙辰	6	8	4	28	丁亥	7	10	6	1	己未
2021	2	7	12	26	丙戌	3	9	1	26	丙辰	4	8	2	27	丙戌	5	9	3	28	丁巳	6	9	4	29	戊子	7	11	6	2	庚申
	2	8	12	27	丁亥	3	10	1	27	丁巳	4	9	2	28	丁亥	5	10	3	29	戊午	6	10	5	1	己丑	7	12	6	3	辛酉
	2	9	12	28	戊子	3	11	1	28	戊午	4	10	2	29	戊子	5	11	3	30	己未	6	11	5	2	庚寅	7	13	6	4	壬戌
	2	10	12	29	己丑	3	12	1	29	己未	4	11	2	30	己丑	5	12	4	1	庚申	6	12	5	3	辛卯	7	14	6	5	癸亥
	2	11	12	30	庚寅	3	13	2	1	庚申	4	12	3	1	庚寅	5	13	4	2	辛酉	6	13	5	4	壬辰	7	15	6	6	甲子
	2	12	1	1	辛卯	3	14	2	2	辛酉	4	13	3	2	辛卯	5	14	4	3	壬戌	6	14	5	5	癸巳	7	16	6	7	乙丑
	2	13	1	2	壬辰	3	15	2	3	壬戌	4	14	3	3	壬辰	5	15	4	4	癸亥	6	15	5	6	甲午	7	17	6	8	丙寅
	2	14	1	3	癸巳	3	16	2	4	癸亥	4	15	3	4	癸巳	5	16	4	5	甲子	6	16	5	7	乙未	7	18	6	9	丁卯
	2	15	1	4	甲午	3	17	2	5	甲子	4	16	3	5	甲午	5	17	4	6	乙丑	6	17	5	8	丙申	7	19	6	10	戊辰
牛	2	16	1	5	乙未	3	18	2	6	乙丑	4	17	3	6	乙未	5	18	4	7	丙寅	6	18	5	9	丁酉	7	20	6	11	己巳
	2	17	1	6	丙申	3	19	2	7	丙寅	4	18	3	7	丙申	5	19	4	8	丁卯	6	19	5	10	戊戌	7	21	6	12	庚午
	2	18	1	7	丁酉	3	20	2	8	丁卯	4	19	3	8	丁酉	5	20	4	9	戊辰	6	20	5	11	己亥	7	22	6	13	辛未
	2	19	1	8	戊戌	3	21	2	9	戊辰	4	20	3	9	戊戌	5	21	4	10	己巳	6	21	5	12	庚子	7	23	6	14	壬申
	2	20	1	9	己亥	3	22	2	10	己巳	4	21	3	10	己亥	5	22	4	11	庚午	6	22	5	13	辛丑	7	24	6	15	癸酉
	2	21	1	10	庚子	3	23	2	11	庚午	4	22	3	11	庚子	5	23	4	12	辛未	6	23	5	14	壬寅	7	25	6	16	甲戌
	2	22	1	11	辛丑	3	24	2	12	辛未	4	23	3	12	辛丑	5	24	4	13	壬申	6	24	5	15	癸卯	7	26	6	17	乙亥
中華民國一百一十年	2	23	1	12	壬寅	3	25	2	13	壬申	4	24	3	13	壬寅	5	25	4	14	癸酉	6	25	5	16	甲辰	7	27	6	18	丙子
	2	24	1	13	癸卯	3	26	2	14	癸酉	4	25	3	14	癸卯	5	26	4	15	甲戌	6	26	5	17	乙巳	7	28	6	19	丁丑
	2	25	1	14	甲辰	3	27	2	15	甲戌	4	26	3	15	甲辰	5	27	4	16	乙亥	6	27	5	18	丙午	7	29	6	20	戊寅
	2	26	1	15	乙巳	3	28	2	16	乙亥	4	27	3	16	乙巳	5	28	4	17	丙子	6	28	5	19	丁未	7	30	6	21	己卯
	2	27	1	16	丙午	3	29	2	17	丙子	4	28	3	17	丙午	5	29	4	18	丁丑	6	29	5	20	戊申	7	31	6	22	庚辰
	2	28	1	17	丁未	3	30	2	18	丁丑	4	29	3	18	丁未	5	30	4	19	戊寅	6	30	5	21	己酉	8	1	6	23	辛巳
	3	1	1	18	戊申	3	31	2	19	戊寅	4	30	3	19	戊申	5	31	4	20	己卯	7	1	5	22	庚戌	8	2	6	24	壬午
	3	2	1	19	己酉	4	1	2	20	己卯	5	1	3	20	己酉	6	1	4	21	庚辰	7	2	5	23	辛亥	8	3	6	25	癸未
	3	3	1	20	庚戌	4	2	2	21	庚辰	5	2	3	21	庚戌	6	2	4	22	辛巳	7	3	5	24	壬子	8	4	6	26	甲申
	3	4	1	21	辛亥	4	3	2	22	辛巳	5	3	3	22	辛亥	6	3	4	23	壬午	7	4	5	25	癸丑	8	5	6	27	乙酉
											5	4	3	23	壬子	6	4	4	24	癸未	7	5	5	26	甲寅	8	6	6	28	丙戌
																					7	6	5	27	乙卯					
中氣	雨水 2/18 18時43分 酉時					春分 3/20 17時37分 酉時					穀雨 4/20 4時33分 寅時					小滿 5/21 3時36分 寅時					夏至 6/21 11時31分 午時					大暑 7/22 22時26分 亥時				

2021・2022 牛 中華民國一百一十・一百十一年

年	辛丑																													
月	丙申					丁酉					戊戌					己亥					庚子					辛丑				
節氣	立秋 8/7 14時53分 未時					白露 9/7 17時52分 酉時					寒露 10/8 9時38分 巳時					立冬 11/7 12時58分 午時					大雪 12/7 5時56分 卯時					小寒 1/5 17時13分 酉時				
日	國曆		農曆		干支	國曆		農曆		干支	國曆		農曆		干支	國曆		農曆		干支	國曆		農曆		干支	國曆		農曆		干支
	8	7	6	29	丁亥	9	7	8	1	戊午	10	8	9	3	己丑	11	7	10	3	己未	12	7	11	4	己丑	1	5	12	3	戊午
	8	8	7	1	戊子	9	8	8	2	己未	10	9	9	4	庚寅	11	8	10	4	庚申	12	8	11	5	庚寅	1	6	12	4	己未
	8	9	7	2	己丑	9	9	8	3	庚申	10	10	9	5	辛卯	11	9	10	5	辛酉	12	9	11	6	辛卯	1	7	12	5	庚申
	8	10	7	3	庚寅	9	10	8	4	辛酉	10	11	9	6	壬辰	11	10	10	6	壬戌	12	10	11	7	壬辰	1	8	12	6	辛酉
	8	11	7	4	辛卯	9	11	8	5	壬戌	10	12	9	7	癸巳	11	11	10	7	癸亥	12	11	11	8	癸巳	1	9	12	7	壬戌
	8	12	7	5	壬辰	9	12	8	6	癸亥	10	13	9	8	甲午	11	12	10	8	甲子	12	12	11	9	甲午	1	10	12	8	癸亥
	8	13	7	6	癸巳	9	13	8	7	甲子	10	14	9	9	乙未	11	13	10	9	乙丑	12	13	11	10	乙未	1	11	12	9	甲子
	8	14	7	7	甲午	9	14	8	8	乙丑	10	15	9	10	丙申	11	14	10	10	丙寅	12	14	11	11	丙申	1	12	12	10	乙丑
	8	15	7	8	乙未	9	15	8	9	丙寅	10	16	9	11	丁酉	11	15	10	11	丁卯	12	15	11	12	丁酉	1	13	12	11	丙寅
	8	16	7	9	丙申	9	16	8	10	丁卯	10	17	9	12	戊戌	11	16	10	12	戊辰	12	16	11	13	戊戌	1	14	12	12	丁卯
	8	17	7	10	丁酉	9	17	8	11	戊辰	10	18	9	13	己亥	11	17	10	13	己巳	12	17	11	14	己亥	1	15	12	13	戊辰
	8	18	7	11	戊戌	9	18	8	12	己巳	10	19	9	14	庚子	11	18	10	14	庚午	12	18	11	15	庚子	1	16	12	14	己巳
	8	19	7	12	己亥	9	19	8	13	庚午	10	20	9	15	辛丑	11	19	10	15	辛未	12	19	11	16	辛丑	1	17	12	15	庚午
	8	20	7	13	庚子	9	20	8	14	辛未	10	21	9	16	壬寅	11	20	10	16	壬申	12	20	11	17	壬寅	1	18	12	16	辛未
	8	21	7	14	辛丑	9	21	8	15	壬申	10	22	9	17	癸卯	11	21	10	17	癸酉	12	21	11	18	癸卯	1	19	12	17	壬申
	8	22	7	15	壬寅	9	22	8	16	癸酉	10	23	9	18	甲辰	11	22	10	18	甲戌	12	22	11	19	甲辰	1	20	12	18	癸酉
	8	23	7	16	癸卯	9	23	8	17	甲戌	10	24	9	19	乙巳	11	23	10	19	乙亥	12	23	11	20	乙巳	1	21	12	19	甲戌
	8	24	7	17	甲辰	9	24	8	18	乙亥	10	25	9	20	丙午	11	24	10	20	丙子	12	24	11	21	丙午	1	22	12	20	乙亥
	8	25	7	18	乙巳	9	25	8	19	丙子	10	26	9	21	丁未	11	25	10	21	丁丑	12	25	11	22	丁未	1	23	12	21	丙子
	8	26	7	19	丙午	9	26	8	20	丁丑	10	27	9	22	戊申	11	26	10	22	戊寅	12	26	11	23	戊申	1	24	12	22	丁丑
	8	27	7	20	丁未	9	27	8	21	戊寅	10	28	9	23	己酉	11	27	10	23	己卯	12	27	11	24	己酉	1	25	12	23	戊寅
	8	28	7	21	戊申	9	28	8	22	己卯	10	29	9	24	庚戌	11	28	10	24	庚辰	12	28	11	25	庚戌	1	26	12	24	己卯
	8	29	7	22	己酉	9	29	8	23	庚辰	10	30	9	25	辛亥	11	29	10	25	辛巳	12	29	11	26	辛亥	1	27	12	25	庚辰
	8	30	7	23	庚戌	9	30	8	24	辛巳	10	31	9	26	壬子	11	30	10	26	壬午	12	30	11	27	壬子	1	28	12	26	辛巳
	8	31	7	24	辛亥	10	1	8	25	壬午	11	1	9	27	癸丑	12	1	10	27	癸未	12	31	11	28	癸丑	1	29	12	27	壬午
	9	1	7	25	壬子	10	2	8	26	癸未	11	2	9	28	甲寅	12	2	10	28	甲申	1	1	11	29	甲寅	1	30	12	28	癸未
	9	2	7	26	癸丑	10	3	8	27	甲申	11	3	9	29	乙卯	12	3	10	29	乙酉	1	2	11	30	乙卯	1	31	12	29	甲申
	9	3	7	27	甲寅	10	4	8	28	乙酉	11	4	9	30	丙辰	12	4	11	1	丙戌	1	3	12	1	丙辰	2	1	1	1	乙酉
	9	4	7	28	乙卯	10	5	8	29	丙戌	11	5	10	1	丁巳	12	5	11	2	丁亥	1	4	12	2	丁巳	2	2	1	2	丙戌
	9	5	7	29	丙辰	10	6	9	1	丁亥	11	6	10	2	戊午	12	6	11	3	戊子						2	3	1	3	丁亥
	9	6	7	30	丁巳	10	7	9	2	戊子																				
中氣	處暑 8/23 5時34分 卯時					秋分 9/23 3時20分 寅時					霜降 10/23 12時50分 午時					小雪 11/22 10時33分 巳時					冬至 12/21 23時59分 子時					大寒 1/20 10時38分 巳時				

年	壬寅																	
月	壬寅			癸卯			甲辰			乙巳			丙午			丁未		
節氣	立春 2/4 4時50分 寅時			驚蟄 3/5 22時43分 亥時			清明 4/5 3時19分 寅時			立夏 5/5 20時25分 戌時			芒種 6/6 0時25分 子時			小暑 7/7 10時37分 巳時		
日	國曆	農曆	干支	國曆	農曆	干支	國曆	農曆	干支	國曆	農曆	干支	國曆	農曆	干支	國曆	農曆	干支
2022	2 4	1 4	戊子	3 5	2 3	丁巳	4 5	3 5	戊子	5 5	4 5	戊午	6 6	5 8	庚寅	7 7	6 9	辛酉
	2 5	1 5	己丑	3 6	2 4	戊午	4 6	3 6	己丑	5 6	4 6	己未	6 7	5 9	辛卯	7 8	6 10	壬戌
	2 6	1 6	庚寅	3 7	2 5	己未	4 7	3 7	庚寅	5 7	4 7	庚申	6 8	5 10	壬辰	7 9	6 11	癸亥
	2 7	1 7	辛卯	3 8	2 6	庚申	4 8	3 8	辛卯	5 8	4 8	辛酉	6 9	5 11	癸巳	7 10	6 12	甲子
	2 8	1 8	壬辰	3 9	2 7	辛酉	4 9	3 9	壬辰	5 9	4 9	壬戌	6 10	5 12	甲午	7 11	6 13	乙丑
	2 9	1 9	癸巳	3 10	2 8	壬戌	4 10	3 10	癸巳	5 10	4 10	癸亥	6 11	5 13	乙未	7 12	6 14	丙寅
	2 10	1 10	甲午	3 11	2 9	癸亥	4 11	3 11	甲午	5 11	4 11	甲子	6 12	5 14	丙申	7 13	6 15	丁卯
	2 11	1 11	乙未	3 12	2 10	甲子	4 12	3 12	乙未	5 12	4 12	乙丑	6 13	5 15	丁酉	7 14	6 16	戊辰
	2 12	1 12	丙申	3 13	2 11	乙丑	4 13	3 13	丙申	5 13	4 13	丙寅	6 14	5 16	戊戌	7 15	6 17	己巳
	2 13	1 13	丁酉	3 14	2 12	丙寅	4 14	3 14	丁酉	5 14	4 14	丁卯	6 15	5 17	己亥	7 16	6 18	庚午
	2 14	1 14	戊戌	3 15	2 13	丁卯	4 15	3 15	戊戌	5 15	4 15	戊辰	6 16	5 18	庚子	7 17	6 19	辛未
	2 15	1 15	己亥	3 16	2 14	戊辰	4 16	3 16	己亥	5 16	4 16	己巳	6 17	5 19	辛丑	7 18	6 20	壬申
	2 16	1 16	庚子	3 17	2 15	己巳	4 17	3 17	庚子	5 17	4 17	庚午	6 18	5 20	壬寅	7 19	6 21	癸酉
虎	2 17	1 17	辛丑	3 18	2 16	庚午	4 18	3 18	辛丑	5 18	4 18	辛未	6 19	5 21	癸卯	7 20	6 22	甲戌
	2 18	1 18	壬寅	3 19	2 17	辛未	4 19	3 19	壬寅	5 19	4 19	壬申	6 20	5 22	甲辰	7 21	6 23	乙亥
	2 19	1 19	癸卯	3 20	2 18	壬申	4 20	3 20	癸卯	5 20	4 20	癸酉	6 21	5 23	乙巳	7 22	6 24	丙子
	2 20	1 20	甲辰	3 21	2 19	癸酉	4 21	3 21	甲辰	5 21	4 21	甲戌	6 22	5 24	丙午	7 23	6 25	丁丑
	2 21	1 21	乙巳	3 22	2 20	甲戌	4 22	3 22	乙巳	5 22	4 22	乙亥	6 23	5 25	丁未	7 24	6 26	戊寅
	2 22	1 22	丙午	3 23	2 21	乙亥	4 23	3 23	丙午	5 23	4 23	丙子	6 24	5 26	戊申	7 25	6 27	己卯
	2 23	1 23	丁未	3 24	2 22	丙子	4 24	3 24	丁未	5 24	4 24	丁丑	6 25	5 27	己酉	7 26	6 28	庚辰
中華民國一百十一年	2 24	1 24	戊申	3 25	2 23	丁丑	4 25	3 25	戊申	5 25	4 25	戊寅	6 26	5 28	庚戌	7 27	6 29	辛巳
	2 25	1 25	己酉	3 26	2 24	戊寅	4 26	3 26	己酉	5 26	4 26	己卯	6 27	5 29	辛亥	7 28	6 30	壬午
	2 26	1 26	庚戌	3 27	2 25	己卯	4 27	3 27	庚戌	5 27	4 27	庚辰	6 28	5 30	壬子	7 29	7 1	癸未
	2 27	1 27	辛亥	3 28	2 26	庚辰	4 28	3 28	辛亥	5 28	4 28	辛巳	6 29	6 1	癸丑	7 30	7 2	甲申
	2 28	1 28	壬子	3 29	2 27	辛巳	4 29	3 29	壬子	5 29	4 29	壬午	6 30	6 2	甲寅	7 31	7 3	乙酉
	3 1	1 29	癸丑	3 30	2 28	壬午	4 30	3 30	癸丑	5 30	5 1	癸未	7 1	6 3	乙卯	8 1	7 4	丙戌
	3 2	1 30	甲寅	3 31	2 29	癸未	5 1	4 1	甲寅	5 31	5 2	甲申	7 2	6 4	丙辰	8 2	7 5	丁亥
	3 3	2 1	乙卯	4 1	3 1	甲申	5 2	4 2	乙卯	6 1	5 3	乙酉	7 3	6 5	丁巳	8 3	7 6	戊子
	3 4	2 2	丙辰	4 2	3 2	乙酉	5 3	4 3	丙辰	6 2	5 4	丙戌	7 4	6 6	戊午	8 4	7 7	己丑
				4 3	3 3	丙戌	5 4	4 4	丁巳	6 3	5 5	丁亥	7 5	6 7	己未	8 5	7 8	庚寅
				4 4	3 4	丁亥				6 4	5 6	戊子	7 6	6 8	庚申	8 6	7 9	辛卯
										6 5	5 7	己丑						
中氣	雨水 2/19 0時42分 子時			春分 3/20 23時33分 子時			穀雨 4/20 10時23分 巳時			小滿 5/21 9時22分 巳時			夏至 6/21 17時13分 酉時			大暑 7/23 4時6分 寅時		

年：壬寅

2022・2023　虎　中華民國一百十一・一百十二年

月	戊申					己酉					庚戌				
節氣	立秋 8/7 20時28分 戌時					白露 9/7 23時32分 子時					寒露 10/8 15時22分 申時				
日	國曆		農曆		干支	國曆		農曆		干支	國曆		農曆		干支
	8	7	7	10	壬辰	9	7	8	12	癸亥	10	8	9	13	甲午
	8	8	7	11	癸巳	9	8	8	13	甲子	10	9	9	14	乙未
	8	9	7	12	甲午	9	9	8	14	乙丑	10	10	9	15	丙申
	8	10	7	13	乙未	9	10	8	15	丙寅	10	11	9	16	丁酉
	8	11	7	14	丙申	9	11	8	16	丁卯	10	12	9	17	戊戌
	8	12	7	15	丁酉	9	12	8	17	戊辰	10	13	9	18	己亥
	8	13	7	16	戊戌	9	13	8	18	己巳	10	14	9	19	庚子
	8	14	7	17	己亥	9	14	8	19	庚午	10	15	9	20	辛丑
	8	15	7	18	庚子	9	15	8	20	辛未	10	16	9	21	壬寅
	8	16	7	19	辛丑	9	16	8	21	壬申	10	17	9	22	癸卯
	8	17	7	20	壬寅	9	17	8	22	癸酉	10	18	9	23	甲辰
	8	18	7	21	癸卯	9	18	8	23	甲戌	10	19	9	24	乙巳
	8	19	7	22	甲辰	9	19	8	24	乙亥	10	20	9	25	丙午
	8	20	7	23	乙巳	9	20	8	25	丙子	10	21	9	26	丁未
	8	21	7	24	丙午	9	21	8	26	丁丑	10	22	9	27	戊申
	8	22	7	25	丁未	9	22	8	27	戊寅	10	23	9	28	己酉
	8	23	7	26	戊申	9	23	8	28	己卯	10	24	9	29	庚戌
	8	24	7	27	己酉	9	24	8	29	庚辰	10	25	10	1	辛亥
	8	25	7	28	庚戌	9	25	8	30	辛巳	10	26	10	2	壬子
	8	26	7	29	辛亥	9	26	9	1	壬午	10	27	10	3	癸丑
	8	27	8	1	壬子	9	27	9	2	癸未	10	28	10	4	甲寅
	8	28	8	2	癸丑	9	28	9	3	甲申	10	29	10	5	乙卯
	8	29	8	3	甲寅	9	29	9	4	乙酉	10	30	10	6	丙辰
	8	30	8	4	乙卯	9	30	9	5	丙戌	10	31	10	7	丁巳
	8	31	8	5	丙辰	10	1	9	6	丁亥	11	1	10	8	戊午
	9	1	8	6	丁巳	10	2	9	7	戊子	11	2	10	9	己未
	9	2	8	7	戊午	10	3	9	8	己丑	11	3	10	10	庚申
	9	3	8	8	己未	10	4	9	9	庚寅	11	4	10	11	辛酉
	9	4	8	9	庚申	10	5	9	10	辛卯	11	5	10	12	壬戌
	9	5	8	10	辛酉	10	6	9	11	壬辰	11	6	10	13	癸亥
	9	6	8	11	壬戌	10	7	9	12	癸巳					
中氣	處暑 8/23 11時15分 午時					秋分 9/23 9時3分 巳時					霜降 10/23 18時35分 酉時				

月	辛亥					壬子					癸丑				
節氣	立冬 11/7 18時45分 酉時					大雪 12/7 11時45分 午時					小寒 1/5 23時4分 子時				
日	國曆		農曆		干支	國曆		農曆		干支	國曆		農曆		干支
	11	7	10	14	甲子	12	7	11	14	甲午	1	5	12	14	癸亥
	11	8	10	15	乙丑	12	8	11	15	乙未	1	6	12	15	甲子
	11	9	10	16	丙寅	12	9	11	16	丙申	1	7	12	16	乙丑
	11	10	10	17	丁卯	12	10	11	17	丁酉	1	8	12	17	丙寅
	11	11	10	18	戊辰	12	11	11	18	戊戌	1	9	12	18	丁卯
	11	12	10	19	己巳	12	12	11	19	己亥	1	10	12	19	戊辰
	11	13	10	20	庚午	12	13	11	20	庚子	1	11	12	20	己巳
	11	14	10	21	辛未	12	14	11	21	辛丑	1	12	12	21	庚午
	11	15	10	22	壬申	12	15	11	22	壬寅	1	13	12	22	辛未
	11	16	10	23	癸酉	12	16	11	23	癸卯	1	14	12	23	壬申
	11	17	10	24	甲戌	12	17	11	24	甲辰	1	15	12	24	癸酉
	11	18	10	25	乙亥	12	18	11	25	乙巳	1	16	12	25	甲戌
	11	19	10	26	丙子	12	19	11	26	丙午	1	17	12	26	乙亥
	11	20	10	27	丁丑	12	20	11	27	丁未	1	18	12	27	丙子
	11	21	10	28	戊寅	12	21	11	28	戊申	1	19	12	28	丁丑
	11	22	10	29	己卯	12	22	11	29	己酉	1	20	12	29	戊寅
	11	23	10	30	庚辰	12	23	12	1	庚戌	1	21	12	30	己卯
	11	24	11	1	辛巳	12	24	12	2	辛亥	1	22	1	1	庚辰
	11	25	11	2	壬午	12	25	12	3	壬子	1	23	1	2	辛巳
	11	26	11	3	癸未	12	26	12	4	癸丑	1	24	1	3	壬午
	11	27	11	4	甲申	12	27	12	5	甲寅	1	25	1	4	癸未
	11	28	11	5	乙酉	12	28	12	6	乙卯	1	26	1	5	甲申
	11	29	11	6	丙戌	12	29	12	7	丙辰	1	27	1	6	乙酉
	11	30	11	7	丁亥	12	30	12	8	丁巳	1	28	1	7	丙戌
	12	1	11	8	戊子	12	31	12	9	戊午	1	29	1	8	丁亥
	12	2	11	9	己丑	1	1	12	10	己未	1	30	1	9	戊子
	12	3	11	10	庚寅	1	2	12	11	庚申	1	31	1	10	己丑
	12	4	11	11	辛卯	1	3	12	12	辛酉	2	1	1	11	庚寅
	12	5	11	12	壬辰	1	4	12	13	壬戌	2	2	1	12	辛卯
	12	6	11	13	癸巳						2	3	1	13	壬辰
中氣	小雪 11/22 16時20分 申時					冬至 12/22 5時47分 卯時					大寒 1/20 16時29分 申時				

年	癸卯																	
月	甲寅			乙卯			丙辰			丁巳			戊午			己未		
節氣	立春 2/4 10時42分 巳時			驚蟄 3/6 4時35分 寅時			清明 4/5 9時12分 巳時			立夏 5/6 2時18分 丑時			芒種 6/6 6時18分 卯時			小暑 7/7 16時30分 申時		
日	國曆	農曆	干支	國曆	農曆	干支	國曆	農曆	干支	國曆	農曆	干支	國曆	農曆	干支	國曆	農曆	干支
2023 兔 中華民國一百十二年	2 4	1 14	癸巳	3 6	2 15	癸亥	4 5	2 15	癸巳	5 6	3 17	甲子	6 6	4 19	乙未	7 7	5 20	丙寅
	2 5	1 15	甲午	3 7	2 16	甲子	4 6	2 16	甲午	5 7	3 18	乙丑	6 7	4 20	丙申	7 8	5 21	丁卯
	2 6	1 16	乙未	3 8	2 17	乙丑	4 7	2 17	乙未	5 8	3 19	丙寅	6 8	4 21	丁酉	7 9	5 22	戊辰
	2 7	1 17	丙申	3 9	2 18	丙寅	4 8	2 18	丙申	5 9	3 20	丁卯	6 9	4 22	戊戌	7 10	5 23	己巳
	2 8	1 18	丁酉	3 10	2 19	丁卯	4 9	2 19	丁酉	5 10	3 21	戊辰	6 10	4 23	己亥	7 11	5 24	庚午
	2 9	1 19	戊戌	3 11	2 20	戊辰	4 10	2 20	戊戌	5 11	3 22	己巳	6 11	4 24	庚子	7 12	5 25	辛未
	2 10	1 20	己亥	3 12	2 21	己巳	4 11	2 21	己亥	5 12	3 23	庚午	6 12	4 25	辛丑	7 13	5 26	壬申
	2 11	1 21	庚子	3 13	2 22	庚午	4 12	2 22	庚子	5 13	3 24	辛未	6 13	4 26	壬寅	7 14	5 27	癸酉
	2 12	1 22	辛丑	3 14	2 23	辛未	4 13	2 23	辛丑	5 14	3 25	壬申	6 14	4 27	癸卯	7 15	5 28	甲戌
	2 13	1 23	壬寅	3 15	2 24	壬申	4 14	2 24	壬寅	5 15	3 26	癸酉	6 15	4 28	甲辰	7 16	5 29	乙亥
	2 14	1 24	癸卯	3 16	2 25	癸酉	4 15	2 25	癸卯	5 16	3 27	甲戌	6 16	4 29	乙巳	7 17	5 30	丙子
	2 15	1 25	甲辰	3 17	2 26	甲戌	4 16	2 26	甲辰	5 17	3 28	乙亥	6 17	4 30	丙午	7 18	6 1	丁丑
	2 16	1 26	乙巳	3 18	2 27	乙亥	4 17	2 27	乙巳	5 18	3 29	丙子	6 18	5 1	丁未	7 19	6 2	戊寅
	2 17	1 27	丙午	3 19	2 28	丙子	4 18	2 28	丙午	5 19	4 1	丁丑	6 19	5 2	戊申	7 20	6 3	己卯
	2 18	1 28	丁未	3 20	2 29	丁丑	4 19	2 29	丁未	5 20	4 2	戊寅	6 20	5 3	己酉	7 21	6 4	庚辰
	2 19	1 29	戊申	3 21	2 30	戊寅	4 20	3 1	戊申	5 21	4 3	己卯	6 21	5 4	庚戌	7 22	6 5	辛巳
	2 20	2 1	己酉	3 22	閏2 1	己卯	4 21	3 2	己酉	5 22	4 4	庚辰	6 22	5 5	辛亥	7 23	6 6	壬午
	2 21	2 2	庚戌	3 23	2 2	庚辰	4 22	3 3	庚戌	5 23	4 5	辛巳	6 23	5 6	壬子	7 24	6 7	癸未
	2 22	2 3	辛亥	3 24	2 3	辛巳	4 23	3 4	辛亥	5 24	4 6	壬午	6 24	5 7	癸丑	7 25	6 8	甲申
	2 23	2 4	壬子	3 25	2 4	壬午	4 24	3 5	壬子	5 25	4 7	癸未	6 25	5 8	甲寅	7 26	6 9	乙酉
	2 24	2 5	癸丑	3 26	2 5	癸未	4 25	3 6	癸丑	5 26	4 8	甲申	6 26	5 9	乙卯	7 27	6 10	丙戌
	2 25	2 6	甲寅	3 27	2 6	甲申	4 26	3 7	甲寅	5 27	4 9	乙酉	6 27	5 10	丙辰	7 28	6 11	丁亥
	2 26	2 7	乙卯	3 28	2 7	乙酉	4 27	3 8	乙卯	5 28	4 10	丙戌	6 28	5 11	丁巳	7 29	6 12	戊子
	2 27	2 8	丙辰	3 29	2 8	丙戌	4 28	3 9	丙辰	5 29	4 11	丁亥	6 29	5 12	戊午	7 30	6 13	己丑
	2 28	2 9	丁巳	3 30	2 9	丁亥	4 29	3 10	丁巳	5 30	4 12	戊子	6 30	5 13	己未	7 31	6 14	庚寅
	3 1	2 10	戊午	3 31	2 10	戊子	4 30	3 11	戊午	5 31	4 13	己丑	7 1	5 14	庚申	8 1	6 15	辛卯
	3 2	2 11	己未	4 1	2 11	己丑	5 1	3 12	己未	6 1	4 14	庚寅	7 2	5 15	辛酉	8 2	6 16	壬辰
	3 3	2 12	庚申	4 2	2 12	庚寅	5 2	3 13	庚申	6 2	4 15	辛卯	7 3	5 16	壬戌	8 3	6 17	癸巳
	3 4	2 13	辛酉	4 3	2 13	辛卯	5 3	3 14	辛酉	6 3	4 16	壬辰	7 4	5 17	癸亥	8 4	6 18	甲午
	3 5	2 14	壬戌	4 4	2 14	壬辰	5 4	3 15	壬戌	6 4	4 17	癸巳	7 5	5 18	甲子	8 5	6 19	乙未
							5 5	3 16	癸亥	6 5	4 18	甲午	7 6	5 19	乙丑	8 6	6 20	丙申
																8 7	6 21	丁酉
中氣	雨水 2/19 6時34分 卯時			春分 3/21 5時24分 卯時			穀雨 4/20 16時13分 申時			小滿 5/21 15時8分 申時			夏至 6/21 22時57分 亥時			大暑 7/23 9時50分 巳時		

癸卯																		年
庚申			辛酉			壬戌			癸亥			甲子			乙丑			月
立秋			白露			寒露			立冬			大雪			小寒			節氣
8/8 2時22分 丑時			9/8 5時26分 卯時			10/8 21時15分 亥時			11/8 0時35分 子時			12/7 17時32分 酉時			1/6 4時49分 寅時			
國曆	農曆	干支	國曆	農曆	干支	國曆	農曆	干支	國曆	農曆	干支	國曆	農曆	干支	國曆	農曆	干支	日
8 8	6 22	戊戌	9 8	7 24	己巳	10 8	8 24	己亥	11 8	9 25	庚午	12 7	10 25	己亥	1 6	11 25	己巳	
8 9	6 23	己亥	9 9	7 25	庚午	10 9	8 25	庚子	11 9	9 26	辛未	12 8	10 26	庚子	1 7	11 26	庚午	
8 10	6 24	庚子	9 10	7 26	辛未	10 10	8 26	辛丑	11 10	9 27	壬申	12 9	10 27	辛丑	1 8	11 27	辛未	
8 11	6 25	辛丑	9 11	7 27	壬申	10 11	8 27	壬寅	11 11	9 28	癸酉	12 10	10 28	壬寅	1 9	11 28	壬申	
8 12	6 26	壬寅	9 12	7 28	癸酉	10 12	8 28	癸卯	11 12	9 29	甲戌	12 11	10 29	癸卯	1 10	11 29	癸酉	
8 13	6 27	癸卯	9 13	7 29	甲戌	10 13	8 29	甲辰	11 13	10 1	乙亥	12 12	10 30	甲辰	1 11	12 1	甲戌	
8 14	6 28	甲辰	9 14	7 30	乙亥	10 14	8 30	乙巳	11 14	10 2	丙子	12 13	11 1	乙巳	1 12	12 2	乙亥	
8 15	6 29	乙巳	9 15	8 1	丙子	10 15	9 1	丙午	11 15	10 3	丁丑	12 14	11 2	丙午	1 13	12 3	丙子	
8 16	7 1	丙午	9 16	8 2	丁丑	10 16	9 2	丁未	11 16	10 4	戊寅	12 15	11 3	丁未	1 14	12 4	丁丑	
8 17	7 2	丁未	9 17	8 3	戊寅	10 17	9 3	戊申	11 17	10 5	己卯	12 16	11 4	戊申	1 15	12 5	戊寅	
8 18	7 3	戊申	9 18	8 4	己卯	10 18	9 4	己酉	11 18	10 6	庚辰	12 17	11 5	己酉	1 16	12 6	己卯	
8 19	7 4	己酉	9 19	8 5	庚辰	10 19	9 5	庚戌	11 19	10 7	辛巳	12 18	11 6	庚戌	1 17	12 7	庚辰	
8 20	7 5	庚戌	9 20	8 6	辛巳	10 20	9 6	辛亥	11 20	10 8	壬午	12 19	11 7	辛亥	1 18	12 8	辛巳	
8 21	7 6	辛亥	9 21	8 7	壬午	10 21	9 7	壬子	11 21	10 9	癸未	12 20	11 8	壬子	1 19	12 9	壬午	
8 22	7 7	壬子	9 22	8 8	癸未	10 22	9 8	癸丑	11 22	10 10	甲申	12 21	11 9	癸丑	1 20	12 10	癸未	
8 23	7 8	癸丑	9 23	8 9	甲申	10 23	9 9	甲寅	11 23	10 11	乙酉	12 22	11 10	甲寅	1 21	12 11	甲申	
8 24	7 9	甲寅	9 24	8 10	乙酉	10 24	9 10	乙卯	11 24	10 12	丙戌	12 23	11 11	乙卯	1 22	12 12	乙酉	
8 25	7 10	乙卯	9 25	8 11	丙戌	10 25	9 11	丙辰	11 25	10 13	丁亥	12 24	11 12	丙辰	1 23	12 13	丙戌	
8 26	7 11	丙辰	9 26	8 12	丁亥	10 26	9 12	丁巳	11 26	10 14	戊子	12 25	11 13	丁巳	1 24	12 14	丁亥	
8 27	7 12	丁巳	9 27	8 13	戊子	10 27	9 13	戊午	11 27	10 15	己丑	12 26	11 14	戊午	1 25	12 15	戊子	
8 28	7 13	戊午	9 28	8 14	己丑	10 28	9 14	己未	11 28	10 16	庚寅	12 27	11 15	己未	1 26	12 16	己丑	
8 29	7 14	己未	9 29	8 15	庚寅	10 29	9 15	庚申	11 29	10 17	辛卯	12 28	11 16	庚申	1 27	12 17	庚寅	
8 30	7 15	庚申	9 30	8 16	辛卯	10 30	9 16	辛酉	11 30	10 18	壬辰	12 29	11 17	辛酉	1 28	12 18	辛卯	
8 31	7 16	辛酉	10 1	8 17	壬辰	10 31	9 17	壬戌	12 1	10 19	癸巳	12 30	11 18	壬戌	1 29	12 19	壬辰	
9 1	7 17	壬戌	10 2	8 18	癸巳	11 1	9 18	癸亥	12 2	10 20	甲午	12 31	11 19	癸亥	1 30	12 20	癸巳	
9 2	7 18	癸亥	10 3	8 19	甲午	11 2	9 19	甲子	12 3	10 21	乙未	1 1	11 20	甲子	1 31	12 21	甲午	
9 3	7 19	甲子	10 4	8 20	乙未	11 3	9 20	乙丑	12 4	10 22	丙申	1 2	11 21	乙丑	2 1	12 22	乙未	
9 4	7 20	乙丑	10 5	8 21	丙申	11 4	9 21	丙寅	12 5	10 23	丁酉	1 3	11 22	丙寅	2 2	12 23	丙申	
9 5	7 21	丙寅	10 6	8 22	丁酉	11 5	9 22	丁卯	12 6	10 24	戊戌	1 4	11 23	丁卯	2 3	12 24	丁酉	
9 6	7 22	丁卯	10 7	8 23	戊戌	11 6	9 23	戊辰				1 5	11 24	戊辰				
9 7	7 23	戊辰				11 7	9 24	己巳										
處暑			秋分			霜降			小雪			冬至			大寒			中氣
8/23 17時1分 酉時			9/23 14時49分 未時			10/24 0時20分 子時			11/22 22時2分 亥時			12/22 11時27分 午時			1/20 22時7分 亥時			

2023・2024 兔 中華民國一百十二・一百十三年

年	甲辰																													
月	丙寅					丁卯					戊辰					己巳					庚午					辛未				
節氣	立春 2/4 16時26分 申時					驚蟄 3/5 10時22分 巳時					清明 4/4 15時1分 申時					立夏 5/5 8時9分 辰時					芒種 6/5 12時9分 午時					小暑 7/6 22時19分 亥時				
日	國曆		農曆		干支	國曆		農曆		干支	國曆		農曆		干支	國曆		農曆		干支	國曆		農曆		干支	國曆		農曆		干支
	2	4	12	25	戊戌	3	5	1	25	戊辰	4	4	2	26	戊戌	5	5	3	27	己巳	6	5	4	29	庚子	7	6	6	1	辛未
	2	5	12	26	己亥	3	6	1	26	己巳	4	5	2	27	己亥	5	6	3	28	庚午	6	6	5	1	辛丑	7	7	6	2	壬申
	2	6	12	27	庚子	3	7	1	27	庚午	4	6	2	28	庚子	5	7	3	29	辛未	6	7	5	2	壬寅	7	8	6	3	癸酉
	2	7	12	28	辛丑	3	8	1	28	辛未	4	7	2	29	辛丑	5	8	4	1	壬申	6	8	5	3	癸卯	7	9	6	4	甲戌
2	2	8	12	29	壬寅	3	9	1	29	壬申	4	8	2	30	壬寅	5	9	4	2	癸酉	6	9	5	4	甲辰	7	10	6	5	乙亥
0	2	9	12	30	癸卯	3	10	2	1	癸酉	4	9	3	1	癸卯	5	10	4	3	甲戌	6	10	5	5	乙巳	7	11	6	6	丙子
2	2	10	1	1	甲辰	3	11	2	2	甲戌	4	10	3	2	甲辰	5	11	4	4	乙亥	6	11	5	6	丙午	7	12	6	7	丁丑
4	2	11	1	2	乙巳	3	12	2	3	乙亥	4	11	3	3	乙巳	5	12	4	5	丙子	6	12	5	7	丁未	7	13	6	8	戊寅
	2	12	1	3	丙午	3	13	2	4	丙子	4	12	3	4	丙午	5	13	4	6	丁丑	6	13	5	8	戊申	7	14	6	9	己卯
	2	13	1	4	丁未	3	14	2	5	丁丑	4	13	3	5	丁未	5	14	4	7	戊寅	6	14	5	9	己酉	7	15	6	10	庚辰
	2	14	1	5	戊申	3	15	2	6	戊寅	4	14	3	6	戊申	5	15	4	8	己卯	6	15	5	10	庚戌	7	16	6	11	辛巳
	2	15	1	6	己酉	3	16	2	7	己卯	4	15	3	7	己酉	5	16	4	9	庚辰	6	16	5	11	辛亥	7	17	6	12	壬午
	2	16	1	7	庚戌	3	17	2	8	庚辰	4	16	3	8	庚戌	5	17	4	10	辛巳	6	17	5	12	壬子	7	18	6	13	癸未
龍	2	17	1	8	辛亥	3	18	2	9	辛巳	4	17	3	9	辛亥	5	18	4	11	壬午	6	18	5	13	癸丑	7	19	6	14	甲申
	2	18	1	9	壬子	3	19	2	10	壬午	4	18	3	10	壬子	5	19	4	12	癸未	6	19	5	14	甲寅	7	20	6	15	乙酉
	2	19	1	10	癸丑	3	20	2	11	癸未	4	19	3	11	癸丑	5	20	4	13	甲申	6	20	5	15	乙卯	7	21	6	16	丙戌
	2	20	1	11	甲寅	3	21	2	12	甲申	4	20	3	12	甲寅	5	21	4	14	乙酉	6	21	5	16	丙辰	7	22	6	17	丁亥
	2	21	1	12	乙卯	3	22	2	13	乙酉	4	21	3	13	乙卯	5	22	4	15	丙戌	6	22	5	17	丁巳	7	23	6	18	戊子
	2	22	1	13	丙辰	3	23	2	14	丙戌	4	22	3	14	丙辰	5	23	4	16	丁亥	6	23	5	18	戊午	7	24	6	19	己丑
	2	23	1	14	丁巳	3	24	2	15	丁亥	4	23	3	15	丁巳	5	24	4	17	戊子	6	24	5	19	己未	7	25	6	20	庚寅
中	2	24	1	15	戊午	3	25	2	16	戊子	4	24	3	16	戊午	5	25	4	18	己丑	6	25	5	20	庚申	7	26	6	21	辛卯
華	2	25	1	16	己未	3	26	2	17	己丑	4	25	3	17	己未	5	26	4	19	庚寅	6	26	5	21	辛酉	7	27	6	22	壬辰
民	2	26	1	17	庚申	3	27	2	18	庚寅	4	26	3	18	庚申	5	27	4	20	辛卯	6	27	5	22	壬戌	7	28	6	23	癸巳
國	2	27	1	18	辛酉	3	28	2	19	辛卯	4	27	3	19	辛酉	5	28	4	21	壬辰	6	28	5	23	癸亥	7	29	6	24	甲午
一	2	28	1	19	壬戌	3	29	2	20	壬辰	4	28	3	20	壬戌	5	29	4	22	癸巳	6	29	5	24	甲子	7	30	6	25	乙未
百	2	29	1	20	癸亥	3	30	2	21	癸巳	4	29	3	21	癸亥	5	30	4	23	甲午	6	30	5	25	乙丑	7	31	6	26	丙申
十	3	1	1	21	甲子	3	31	2	22	甲午	4	30	3	22	甲子	5	31	4	24	乙未	7	1	5	26	丙寅	8	1	6	27	丁酉
三	3	2	1	22	乙丑	4	1	2	23	乙未	5	1	3	23	乙丑	6	1	4	25	丙申	7	2	5	27	丁卯	8	2	6	28	戊戌
年	3	3	1	23	丙寅	4	2	2	24	丙申	5	2	3	24	丙寅	6	2	4	26	丁酉	7	3	5	28	戊辰	8	3	6	29	己亥
	3	4	1	24	丁卯	4	3	2	25	丁酉	5	3	3	25	丁卯	6	3	4	27	戊戌	7	4	5	29	己巳	8	4	7	1	庚子
											5	4	3	26	戊辰	6	4	4	28	己亥	7	5	5	30	庚午	8	5	7	2	辛丑
																										8	6	7	3	壬寅
中氣	雨水 2/19 12時12分 午時					春分 3/20 11時6分 午時					穀雨 4/19 21時59分 亥時					小滿 5/20 20時59分 戌時					夏至 6/21 4時50分 寅時					大暑 7/22 15時44分 申時				

2024・2025 龍 中華民國一百十三・一百十四年

年	甲辰																													
月	壬申					癸酉					甲戌					乙亥					丙子					丁丑				
節	立秋					白露					寒露					立冬					大雪					小寒				
氣	8/7 8時8分 辰時					9/7 11時10分 午時					10/8 2時59分 丑時					11/7 6時19分 卯時					12/6 23時16分 子時					1/5 10時32分 巳時				
日	國曆		農曆		干支	國曆		農曆		干支	國曆		農曆		干支	國曆		農曆		干支	國曆		農曆		干支	國曆		農曆		干支
	8	7	7	4	癸卯	9	7	8	5	甲戌	10	8	9	6	乙巳	11	7	10	7	乙亥	12	6	11	6	甲辰	1	5	12	6	甲戌
	8	8	7	5	甲辰	9	8	8	6	乙亥	10	9	9	7	丙午	11	8	10	8	丙子	12	7	11	7	乙巳	1	6	12	7	乙亥
	8	9	7	6	乙巳	9	9	8	7	丙子	10	10	9	8	丁未	11	9	10	9	丁丑	12	8	11	8	丙午	1	7	12	8	丙子
	8	10	7	7	丙午	9	10	8	8	丁丑	10	11	9	9	戊申	11	10	10	10	戊寅	12	9	11	9	丁未	1	8	12	9	丁丑
	8	11	7	8	丁未	9	11	8	9	戊寅	10	12	9	10	己酉	11	11	10	11	己卯	12	10	11	10	戊申	1	9	12	10	戊寅
	8	12	7	9	戊申	9	12	8	10	己卯	10	13	9	11	庚戌	11	12	10	12	庚辰	12	11	11	11	己酉	1	10	12	11	己卯
	8	13	7	10	己酉	9	13	8	11	庚辰	10	14	9	12	辛亥	11	13	10	13	辛巳	12	12	11	12	庚戌	1	11	12	12	庚辰
	8	14	7	11	庚戌	9	14	8	12	辛巳	10	15	9	13	壬子	11	14	10	14	壬午	12	13	11	13	辛亥	1	12	12	13	辛巳
	8	15	7	12	辛亥	9	15	8	13	壬午	10	16	9	14	癸丑	11	15	10	15	癸未	12	14	11	14	壬子	1	13	12	14	壬午
	8	16	7	13	壬子	9	16	8	14	癸未	10	17	9	15	甲寅	11	16	10	16	甲申	12	15	11	15	癸丑	1	14	12	15	癸未
	8	17	7	14	癸丑	9	17	8	15	甲申	10	18	9	16	乙卯	11	17	10	17	乙酉	12	16	11	16	甲寅	1	15	12	16	甲申
	8	18	7	15	甲寅	9	18	8	16	乙酉	10	19	9	17	丙辰	11	18	10	18	丙戌	12	17	11	17	乙卯	1	16	12	17	乙酉
	8	19	7	16	乙卯	9	19	8	17	丙戌	10	20	9	18	丁巳	11	19	10	19	丁亥	12	18	11	18	丙辰	1	17	12	18	丙戌
	8	20	7	17	丙辰	9	20	8	18	丁亥	10	21	9	19	戊午	11	20	10	20	戊子	12	19	11	19	丁巳	1	18	12	19	丁亥
	8	21	7	18	丁巳	9	21	8	19	戊子	10	22	9	20	己未	11	21	10	21	己丑	12	20	11	20	戊午	1	19	12	20	戊子
	8	22	7	19	戊午	9	22	8	20	己丑	10	23	9	21	庚申	11	22	10	22	庚寅	12	21	11	21	己未	1	20	12	21	己丑
	8	23	7	20	己未	9	23	8	21	庚寅	10	24	9	22	辛酉	11	23	10	23	辛卯	12	22	11	22	庚申	1	21	12	22	庚寅
	8	24	7	21	庚申	9	24	8	22	辛卯	10	25	9	23	壬戌	11	24	10	24	壬辰	12	23	11	23	辛酉	1	22	12	23	辛卯
	8	25	7	22	辛酉	9	25	8	23	壬辰	10	26	9	24	癸亥	11	25	10	25	癸巳	12	24	11	24	壬戌	1	23	12	24	壬辰
	8	26	7	23	壬戌	9	26	8	24	癸巳	10	27	9	25	甲子	11	26	10	26	甲午	12	25	11	25	癸亥	1	24	12	25	癸巳
	8	27	7	24	癸亥	9	27	8	25	甲午	10	28	9	26	乙丑	11	27	10	27	乙未	12	26	11	26	甲子	1	25	12	26	甲午
	8	28	7	25	甲子	9	28	8	26	乙未	10	29	9	27	丙寅	11	28	10	28	丙申	12	27	11	27	乙丑	1	26	12	27	乙未
	8	29	7	26	乙丑	9	29	8	27	丙申	10	30	9	28	丁卯	11	29	10	29	丁酉	12	28	11	28	丙寅	1	27	12	28	丙申
	8	30	7	27	丙寅	9	30	8	28	丁酉	10	31	9	29	戊辰	11	30	10	30	戊戌	12	29	11	29	丁卯	1	28	12	29	丁酉
	8	31	7	28	丁卯	10	1	8	29	戊戌	11	1	10	1	己巳	12	1	11	1	己亥	12	30	11	30	戊辰	1	29	1	1	戊戌
	9	1	7	29	戊辰	10	2	8	30	己亥	11	2	10	2	庚午	12	2	11	2	庚子	12	31	12	1	己巳	1	30	1	2	己亥
	9	2	7	30	己巳	10	3	9	1	庚子	11	3	10	3	辛未	12	3	11	3	辛丑	1	1	12	2	庚午	1	31	1	3	庚子
	9	3	8	1	庚午	10	4	9	2	辛丑	11	4	10	4	壬申	12	4	11	4	壬寅	1	2	12	3	辛未	2	1	1	4	辛丑
	9	4	8	2	辛未	10	5	9	3	壬寅	11	5	10	5	癸酉	12	5	11	5	癸卯	1	3	12	4	壬申	2	2	1	5	壬寅
	9	5	8	3	壬申	10	6	9	4	癸卯	11	6	10	6	甲戌						1	4	12	5	癸酉					
	9	6	8	4	癸酉	10	7	9	5	甲辰																				
中	處暑					秋分					霜降					小雪					冬至					大寒				
氣	8/22 22時54分 亥時					9/22 20時43分 戌時					10/23 6時14分 卯時					11/22 3時56分 寅時					12/21 17時20分 酉時					1/20 3時59分 寅時				

年：乙巳　2025　蛇　中華民國一百十四年

月	戊寅					己卯					庚辰				
節氣	立春 2/3 22時10分 亥時					驚蟄 3/5 16時6分 申時					清明 4/4 20時48分 戌時				
日	國曆		農曆		干支	國曆		農曆		干支	國曆		農曆		干支
	2	3	1	6	癸卯	3	5	2	6	癸酉	4	4	3	7	癸卯
	2	4	1	7	甲辰	3	6	2	7	甲戌	4	5	3	8	甲辰
	2	5	1	8	乙巳	3	7	2	8	乙亥	4	6	3	9	乙巳
	2	6	1	9	丙午	3	8	2	9	丙子	4	7	3	10	丙午
	2	7	1	10	丁未	3	9	2	10	丁丑	4	8	3	11	丁未
	2	8	1	11	戊申	3	10	2	11	戊寅	4	9	3	12	戊申
	2	9	1	12	己酉	3	11	2	12	己卯	4	10	3	13	己酉
	2	10	1	13	庚戌	3	12	2	13	庚辰	4	11	3	14	庚戌
	2	11	1	14	辛亥	3	13	2	14	辛巳	4	12	3	15	辛亥
	2	12	1	15	壬子	3	14	2	15	壬午	4	13	3	16	壬子
	2	13	1	16	癸丑	3	15	2	16	癸未	4	14	3	17	癸丑
	2	14	1	17	甲寅	3	16	2	17	甲申	4	15	3	18	甲寅
	2	15	1	18	乙卯	3	17	2	18	乙酉	4	16	3	19	乙卯
	2	16	1	19	丙辰	3	18	2	19	丙戌	4	17	3	20	丙辰
	2	17	1	20	丁巳	3	19	2	20	丁亥	4	18	3	21	丁巳
	2	18	1	21	戊午	3	20	2	21	戊子	4	19	3	22	戊午
	2	19	1	22	己未	3	21	2	22	己丑	4	20	3	23	己未
	2	20	1	23	庚申	3	22	2	23	庚寅	4	21	3	24	庚申
	2	21	1	24	辛酉	3	23	2	24	辛卯	4	22	3	25	辛酉
	2	22	1	25	壬戌	3	24	2	25	壬辰	4	23	3	26	壬戌
	2	23	1	26	癸亥	3	25	2	26	癸巳	4	24	3	27	癸亥
	2	24	1	27	甲子	3	26	2	27	甲午	4	25	3	28	甲子
	2	25	1	28	乙丑	3	27	2	28	乙未	4	26	3	29	乙丑
	2	26	1	29	丙寅	3	28	2	29	丙申	4	27	3	30	丙寅
	2	27	1	30	丁卯	3	29	3	1	丁酉	4	28	4	1	丁卯
	2	28	2	1	戊辰	3	30	3	2	戊戌	4	29	4	2	戊辰
	3	1	2	2	己巳	3	31	3	3	己亥	4	30	4	3	己巳
	3	2	2	3	庚午	4	1	3	4	庚子	5	1	4	4	庚午
	3	3	2	4	辛未	4	2	3	5	辛丑	5	2	4	5	辛未
	3	4	2	5	壬申	4	3	3	6	壬寅	5	3	4	6	壬申
											5	4	4	7	癸酉
中氣	雨水 2/18 18時6分 酉時					春分 3/20 17時1分 酉時					穀雨 4/20 3時55分 寅時				

月	辛巳					壬午					癸未				
節氣	立夏 5/5 13時56分 未時					芒種 6/5 17時56分 酉時					小暑 7/7 4時4分 寅時				
日	國曆		農曆		干支	國曆		農曆		干支	國曆		農曆		干支
	5	5	4	8	甲戌	6	5	5	10	乙巳	7	7	6	13	丁丑
	5	6	4	9	乙亥	6	6	5	11	丙午	7	8	6	14	戊寅
	5	7	4	10	丙子	6	7	5	12	丁未	7	9	6	15	己卯
	5	8	4	11	丁丑	6	8	5	13	戊申	7	10	6	16	庚辰
	5	9	4	12	戊寅	6	9	5	14	己酉	7	11	6	17	辛巳
	5	10	4	13	己卯	6	10	5	15	庚戌	7	12	6	18	壬午
	5	11	4	14	庚辰	6	11	5	16	辛亥	7	13	6	19	癸未
	5	12	4	15	辛巳	6	12	5	17	壬子	7	14	6	20	甲申
	5	13	4	16	壬午	6	13	5	18	癸丑	7	15	6	21	乙酉
	5	14	4	17	癸未	6	14	5	19	甲寅	7	16	6	22	丙戌
	5	15	4	18	甲申	6	15	5	20	乙卯	7	17	6	23	丁亥
	5	16	4	19	乙酉	6	16	5	21	丙辰	7	18	6	24	戊子
	5	17	4	20	丙戌	6	17	5	22	丁巳	7	19	6	25	己丑
	5	18	4	21	丁亥	6	18	5	23	戊午	7	20	6	26	庚寅
	5	19	4	22	戊子	6	19	5	24	己未	7	21	6	27	辛卯
	5	20	4	23	己丑	6	20	5	25	庚申	7	22	6	28	壬辰
	5	21	4	24	庚寅	6	21	5	26	辛酉	7	23	6	29	癸巳
	5	22	4	25	辛卯	6	22	5	27	壬戌	7	24	6	30	甲午
	5	23	4	26	壬辰	6	23	5	28	癸亥	7	25	閏6	1	乙未
	5	24	4	27	癸巳	6	24	5	29	甲子	7	26	6	2	丙申
	5	25	4	28	甲午	6	25	6	1	乙丑	7	27	6	3	丁酉
	5	26	4	29	乙未	6	26	6	2	丙寅	7	28	6	4	戊戌
	5	27	5	1	丙申	6	27	6	3	丁卯	7	29	6	5	己亥
	5	28	5	2	丁酉	6	28	6	4	戊辰	7	30	6	6	庚子
	5	29	5	3	戊戌	6	29	6	5	己巳	7	31	6	7	辛丑
	5	30	5	4	己亥	6	30	6	6	庚午	8	1	6	8	壬寅
	5	31	5	5	庚子	7	1	6	7	辛未	8	2	6	9	癸卯
	6	1	5	6	辛丑	7	2	6	8	壬申	8	3	6	10	甲辰
	6	2	5	7	壬寅	7	3	6	9	癸酉	8	4	6	11	乙巳
	6	3	5	8	癸卯	7	4	6	10	甲戌	8	5	6	12	丙午
	6	4	5	9	甲辰	7	5	6	11	乙亥	8	6	6	13	丁未
						7	6	6	12	丙子					
中氣	小滿 5/21 2時54分 丑時					夏至 6/21 10時41分 巳時					大暑 7/22 21時29分 亥時				

年	乙巳																	
月	甲申			乙酉			丙戌			丁亥			戊子			己丑		
節氣	立秋 8/7 13時51分 未時			白露 9/7 16時51分 申時			寒露 10/8 8時40分 辰時			立冬 11/7 12時3分 午時			大雪 12/7 5時4分 卯時			小寒 1/5 16時22分 申時		
日	國曆	農曆	干支	國曆	農曆	干支	國曆	農曆	干支	國曆	農曆	干支	國曆	農曆	干支	國曆	農曆	干支
	8 7	6 14	戊申	9 7	7 16	己卯	10 8	8 17	庚戌	11 7	9 18	庚辰	12 7	10 18	庚戌	1 5	11 17	己卯
	8 8	6 15	己酉	9 8	7 17	庚辰	10 9	8 18	辛亥	11 8	9 19	辛巳	12 8	10 19	辛亥	1 6	11 18	庚辰
	8 9	6 16	庚戌	9 9	7 18	辛巳	10 10	8 19	壬子	11 9	9 20	壬午	12 9	10 20	壬子	1 7	11 19	辛巳
	8 10	6 17	辛亥	9 10	7 19	壬午	10 11	8 20	癸丑	11 10	9 21	癸未	12 10	10 21	癸丑	1 8	11 20	壬午
	8 11	6 18	壬子	9 11	7 20	癸未	10 12	8 21	甲寅	11 11	9 22	甲申	12 11	10 22	甲寅	1 9	11 21	癸未
	8 12	6 19	癸丑	9 12	7 21	甲申	10 13	8 22	乙卯	11 12	9 23	乙酉	12 12	10 23	乙卯	1 10	11 22	甲申
	8 13	6 20	甲寅	9 13	7 22	乙酉	10 14	8 23	丙辰	11 13	9 24	丙戌	12 13	10 24	丙辰	1 11	11 23	乙酉
	8 14	6 21	乙卯	9 14	7 23	丙戌	10 15	8 24	丁巳	11 14	9 25	丁亥	12 14	10 25	丁巳	1 12	11 24	丙戌
	8 15	6 22	丙辰	9 15	7 24	丁亥	10 16	8 25	戊午	11 15	9 26	戊子	12 15	10 26	戊午	1 13	11 25	丁亥
	8 16	6 23	丁巳	9 16	7 25	戊子	10 17	8 26	己未	11 16	9 27	己丑	12 16	10 27	己未	1 14	11 26	戊子
	8 17	6 24	戊午	9 17	7 26	己丑	10 18	8 27	庚申	11 17	9 28	庚寅	12 17	10 28	庚申	1 15	11 27	己丑
	8 18	6 25	己未	9 18	7 27	庚寅	10 19	8 28	辛酉	11 18	9 29	辛卯	12 18	10 29	辛酉	1 16	11 28	庚寅
	8 19	6 26	庚申	9 19	7 28	辛卯	10 20	8 29	壬戌	11 19	9 30	壬辰	12 19	10 30	壬戌	1 17	11 29	辛卯
	8 20	6 27	辛酉	9 20	7 29	壬辰	10 21	9 1	癸亥	11 20	10 1	癸巳	12 20	11 1	癸亥	1 18	11 30	壬辰
	8 21	6 28	壬戌	9 21	7 30	癸巳	10 22	9 2	甲子	11 21	10 2	甲午	12 21	11 2	甲子	1 19	12 1	癸巳
	8 22	6 29	癸亥	9 22	8 1	甲午	10 23	9 3	乙丑	11 22	10 3	乙未	12 22	11 3	乙丑	1 20	12 2	甲午
	8 23	7 1	甲子	9 23	8 2	乙未	10 24	9 4	丙寅	11 23	10 4	丙申	12 23	11 4	丙寅	1 21	12 3	乙未
	8 24	7 2	乙丑	9 24	8 3	丙申	10 25	9 5	丁卯	11 24	10 5	丁酉	12 24	11 5	丁卯	1 22	12 4	丙申
	8 25	7 3	丙寅	9 25	8 4	丁酉	10 26	9 6	戊辰	11 25	10 6	戊戌	12 25	11 6	戊辰	1 23	12 5	丁酉
	8 26	7 4	丁卯	9 26	8 5	戊戌	10 27	9 7	己巳	11 26	10 7	己亥	12 26	11 7	己巳	1 24	12 6	戊戌
	8 27	7 5	戊辰	9 27	8 6	己亥	10 28	9 8	庚午	11 27	10 8	庚子	12 27	11 8	庚午	1 25	12 7	己亥
	8 28	7 6	己巳	9 28	8 7	庚子	10 29	9 9	辛未	11 28	10 9	辛丑	12 28	11 9	辛未	1 26	12 8	庚子
	8 29	7 7	庚午	9 29	8 8	辛丑	10 30	9 10	壬申	11 29	10 10	壬寅	12 29	11 10	壬申	1 27	12 9	辛丑
	8 30	7 8	辛未	9 30	8 9	壬寅	10 31	9 11	癸酉	11 30	10 11	癸卯	12 30	11 11	癸酉	1 28	12 10	壬寅
	8 31	7 9	壬申	10 1	8 10	癸卯	11 1	9 12	甲戌	12 1	10 12	甲辰	12 31	11 12	甲戌	1 29	12 11	癸卯
	9 1	7 10	癸酉	10 2	8 11	甲辰	11 2	9 13	乙亥	12 2	10 13	乙巳	1 1	11 13	乙亥	1 30	12 12	甲辰
	9 2	7 11	甲戌	10 3	8 12	乙巳	11 3	9 14	丙子	12 3	10 14	丙午	1 2	11 14	丙子	1 31	12 13	乙巳
	9 3	7 12	乙亥	10 4	8 13	丙午	11 4	9 15	丁丑	12 4	10 15	丁未	1 3	11 15	丁丑	2 1	12 14	丙午
	9 4	7 13	丙子	10 5	8 14	丁未	11 5	9 16	戊寅	12 5	10 16	戊申	1 4	11 16	戊寅	2 2	12 15	丁未
	9 5	7 14	丁丑	10 6	8 15	戊申	11 6	9 17	己卯	12 6	10 17	己酉				2 3	12 16	戊申
	9 6	7 15	戊寅	10 7	8 16	己酉												
中氣	處暑 8/23 4時33分 寅時			秋分 9/23 2時18分 丑時			霜降 10/23 11時50分 午時			小雪 11/22 9時35分 巳時			冬至 12/21 23時2分 子時			大寒 1/20 9時44分 巳時		

2025·2026 蛇 中華民國一百十四·一百十五年

年	丙午																	
月	庚寅			辛卯			壬辰			癸巳			甲午			乙未		
節氣	立春 2/4 4時1分 寅時			驚蟄 3/5 21時58分 亥時			清明 4/5 2時39分 丑時			立夏 5/5 19時48分 戌時			芒種 6/5 23時47分 子時			小暑 7/7 9時56分 巳時		
日	國曆	農曆	干支	國曆	農曆	干支	國曆	農曆	干支	國曆	農曆	干支	國曆	農曆	干支	國曆	農曆	干支
2026	2 4	12 17	己酉	3 5	1 17	戊寅	4 5	2 18	己酉	5 5	3 19	己卯	6 5	4 20	庚戌	7 7	5 23	壬午
	2 5	12 18	庚戌	3 6	1 18	己卯	4 6	2 19	庚戌	5 6	3 20	庚辰	6 6	4 21	辛亥	7 8	5 24	癸未
	2 6	12 19	辛亥	3 7	1 19	庚辰	4 7	2 20	辛亥	5 7	3 21	辛巳	6 7	4 22	壬子	7 9	5 25	甲申
	2 7	12 20	壬子	3 8	1 20	辛巳	4 8	2 21	壬子	5 8	3 22	壬午	6 8	4 23	癸丑	7 10	5 26	乙酉
	2 8	12 21	癸丑	3 9	1 21	壬午	4 9	2 22	癸丑	5 9	3 23	癸未	6 9	4 24	甲寅	7 11	5 27	丙戌
	2 9	12 22	甲寅	3 10	1 22	癸未	4 10	2 23	甲寅	5 10	3 24	甲申	6 10	4 25	乙卯	7 12	5 28	丁亥
	2 10	12 23	乙卯	3 11	1 23	甲申	4 11	2 24	乙卯	5 11	3 25	乙酉	6 11	4 26	丙辰	7 13	5 29	戊子
	2 11	12 24	丙辰	3 12	1 24	乙酉	4 12	2 25	丙辰	5 12	3 26	丙戌	6 12	4 27	丁巳	7 14	6 1	己丑
	2 12	12 25	丁巳	3 13	1 25	丙戌	4 13	2 26	丁巳	5 13	3 27	丁亥	6 13	4 28	戊午	7 15	6 2	庚寅
	2 13	12 26	戊午	3 14	1 26	丁亥	4 14	2 27	戊午	5 14	3 28	戊子	6 14	4 29	己未	7 16	6 3	辛卯
	2 14	12 27	己未	3 15	1 27	戊子	4 15	2 28	己未	5 15	3 29	己丑	6 15	5 1	庚申	7 17	6 4	壬辰
	2 15	12 28	庚申	3 16	1 28	己丑	4 16	2 29	庚申	5 16	3 30	庚寅	6 16	5 2	辛酉	7 18	6 5	癸巳
	2 16	12 29	辛酉	3 17	1 29	庚寅	4 17	3 1	辛酉	5 17	4 1	辛卯	6 17	5 3	壬戌	7 19	6 6	甲午
馬	2 17	1 1	壬戌	3 18	1 30	辛卯	4 18	3 2	壬戌	5 18	4 2	壬辰	6 18	5 4	癸亥	7 20	6 7	乙未
	2 18	1 2	癸亥	3 19	2 1	壬辰	4 19	3 3	癸亥	5 19	4 3	癸巳	6 19	5 5	甲子	7 21	6 8	丙申
	2 19	1 3	甲子	3 20	2 2	癸巳	4 20	3 4	甲子	5 20	4 4	甲午	6 20	5 6	乙丑	7 22	6 9	丁酉
	2 20	1 4	乙丑	3 21	2 3	甲午	4 21	3 5	乙丑	5 21	4 5	乙未	6 21	5 7	丙寅	7 23	6 10	戊戌
	2 21	1 5	丙寅	3 22	2 4	乙未	4 22	3 6	丙寅	5 22	4 6	丙申	6 22	5 8	丁卯	7 24	6 11	己亥
	2 22	1 6	丁卯	3 23	2 5	丙申	4 23	3 7	丁卯	5 23	4 7	丁酉	6 23	5 9	戊辰	7 25	6 12	庚子
	2 23	1 7	戊辰	3 24	2 6	丁酉	4 24	3 8	戊辰	5 24	4 8	戊戌	6 24	5 10	己巳	7 26	6 13	辛丑
中華民國一百十五年	2 24	1 8	己巳	3 25	2 7	戊戌	4 25	3 9	己巳	5 25	4 9	己亥	6 25	5 11	庚午	7 27	6 14	壬寅
	2 25	1 9	庚午	3 26	2 8	己亥	4 26	3 10	庚午	5 26	4 10	庚子	6 26	5 12	辛未	7 28	6 15	癸卯
	2 26	1 10	辛未	3 27	2 9	庚子	4 27	3 11	辛未	5 27	4 11	辛丑	6 27	5 13	壬申	7 29	6 16	甲辰
	2 27	1 11	壬申	3 28	2 10	辛丑	4 28	3 12	壬申	5 28	4 12	壬寅	6 28	5 14	癸酉	7 30	6 17	乙巳
	2 28	1 12	癸酉	3 29	2 11	壬寅	4 29	3 13	癸酉	5 29	4 13	癸卯	6 29	5 15	甲戌	7 31	6 18	丙午
	3 1	1 13	甲戌	3 30	2 12	癸卯	4 30	3 14	甲戌	5 30	4 14	甲辰	6 30	5 16	乙亥	8 1	6 19	丁未
	3 2	1 14	乙亥	3 31	2 13	甲辰	5 1	3 15	乙亥	5 31	4 15	乙巳	7 1	5 17	丙子	8 2	6 20	戊申
	3 3	1 15	丙子	4 1	2 14	乙巳	5 2	3 16	丙子	6 1	4 16	丙午	7 2	5 18	丁丑	8 3	6 21	己酉
	3 4	1 16	丁丑	4 2	2 15	丙午	5 3	3 17	丁丑	6 2	4 17	丁未	7 3	5 19	戊寅	8 4	6 22	庚戌
				4 3	2 16	丁未	5 4	3 18	戊寅	6 3	4 18	戊申	7 4	5 20	己卯	8 5	6 23	辛亥
				4 4	2 17	戊申				6 4	4 19	己酉	7 5	5 21	庚辰	8 6	6 24	壬子
													7 6	5 22	辛巳			
中氣	雨水 2/18 23時51分 子時			春分 3/20 22時45分 亥時			穀雨 4/20 9時38分 巳時			小滿 5/21 8時36分 辰時			夏至 6/21 16時24分 申時			大暑 7/23 3時12分 寅時		

年	丙午																	
月	丙申			丁酉			戊戌			己亥			庚子			辛丑		
節氣	立秋 8/7 19時42分 戌時			白露 9/7 22時40分 亥時			寒露 10/8 14時28分 未時			立冬 11/7 17時51分 酉時			大雪 12/7 10時52分 巳時			小寒 1/5 22時9分 亥時		
日	國曆	農曆	干支	國曆	農曆	干支	國曆	農曆	干支	國曆	農曆	干支	國曆	農曆	干支	國曆	農曆	干支
2026・2027 馬 中華民國一百十五・一百十六年	8 7	6 25	癸丑	9 7	7 26	甲申	10 8	8 28	乙卯	11 7	9 29	乙酉	12 7	10 29	乙卯	1 5	11 28	甲申
	8 8	6 26	甲寅	9 8	7 27	乙酉	10 9	8 29	丙辰	11 8	9 30	丙戌	12 8	10 30	丙辰	1 6	11 29	乙酉
	8 9	6 27	乙卯	9 9	7 28	丙戌	10 10	9 1	丁巳	11 9	10 1	丁亥	12 9	11 1	丁巳	1 7	11 30	丙戌
	8 10	6 28	丙辰	9 10	7 29	丁亥	10 11	9 2	戊午	11 10	10 2	戊子	12 10	11 2	戊午	1 8	12 1	丁亥
	8 11	6 29	丁巳	9 11	8 1	戊子	10 12	9 3	己未	11 11	10 3	己丑	12 11	11 3	己未	1 9	12 2	戊子
	8 12	6 30	戊午	9 12	8 2	己丑	10 13	9 4	庚申	11 12	10 4	庚寅	12 12	11 4	庚申	1 10	12 3	己丑
	8 13	7 1	己未	9 13	8 3	庚寅	10 14	9 5	辛酉	11 13	10 5	辛卯	12 13	11 5	辛酉	1 11	12 4	庚寅
	8 14	7 2	庚申	9 14	8 4	辛卯	10 15	9 6	壬戌	11 14	10 6	壬辰	12 14	11 6	壬戌	1 12	12 5	辛卯
	8 15	7 3	辛酉	9 15	8 5	壬辰	10 16	9 7	癸亥	11 15	10 7	癸巳	12 15	11 7	癸亥	1 13	12 6	壬辰
	8 16	7 4	壬戌	9 16	8 6	癸巳	10 17	9 8	甲子	11 16	10 8	甲午	12 16	11 8	甲子	1 14	12 7	癸巳
	8 17	7 5	癸亥	9 17	8 7	甲午	10 18	9 9	乙丑	11 17	10 9	乙未	12 17	11 9	乙丑	1 15	12 8	甲午
	8 18	7 6	甲子	9 18	8 8	乙未	10 19	9 10	丙寅	11 18	10 10	丙申	12 18	11 10	丙寅	1 16	12 9	乙未
	8 19	7 7	乙丑	9 19	8 9	丙申	10 20	9 11	丁卯	11 19	10 11	丁酉	12 19	11 11	丁卯	1 17	12 10	丙申
	8 20	7 8	丙寅	9 20	8 10	丁酉	10 21	9 12	戊辰	11 20	10 12	戊戌	12 20	11 12	戊辰	1 18	12 11	丁酉
	8 21	7 9	丁卯	9 21	8 11	戊戌	10 22	9 13	己巳	11 21	10 13	己亥	12 21	11 13	己巳	1 19	12 12	戊戌
	8 22	7 10	戊辰	9 22	8 12	己亥	10 23	9 14	庚午	11 22	10 14	庚子	12 22	11 14	庚午	1 20	12 13	己亥
	8 23	7 11	己巳	9 23	8 13	庚子	10 24	9 15	辛未	11 23	10 15	辛丑	12 23	11 15	辛未	1 21	12 14	庚子
	8 24	7 12	庚午	9 24	8 14	辛丑	10 25	9 16	壬申	11 24	10 16	壬寅	12 24	11 16	壬申	1 22	12 15	辛丑
	8 25	7 13	辛未	9 25	8 15	壬寅	10 26	9 17	癸酉	11 25	10 17	癸卯	12 25	11 17	癸酉	1 23	12 16	壬寅
	8 26	7 14	壬申	9 26	8 16	癸卯	10 27	9 18	甲戌	11 26	10 18	甲辰	12 26	11 18	甲戌	1 24	12 17	癸卯
	8 27	7 15	癸酉	9 27	8 17	甲辰	10 28	9 19	乙亥	11 27	10 19	乙巳	12 27	11 19	乙亥	1 25	12 18	甲辰
	8 28	7 16	甲戌	9 28	8 18	乙巳	10 29	9 20	丙子	11 28	10 20	丙午	12 28	11 20	丙子	1 26	12 19	乙巳
	8 29	7 17	乙亥	9 29	8 19	丙午	10 30	9 21	丁丑	11 29	10 21	丁未	12 29	11 21	丁丑	1 27	12 20	丙午
	8 30	7 18	丙子	9 30	8 20	丁未	10 31	9 22	戊寅	11 30	10 22	戊申	12 30	11 22	戊寅	1 28	12 21	丁未
	8 31	7 19	丁丑	10 1	8 21	戊申	11 1	9 23	己卯	12 1	10 23	己酉	12 31	11 23	己卯	1 29	12 22	戊申
	9 1	7 20	戊寅	10 2	8 22	己酉	11 2	9 24	庚辰	12 2	10 24	庚戌	1 1	11 24	庚辰	1 30	12 23	己酉
	9 2	7 21	己卯	10 3	8 23	庚戌	11 3	9 25	辛巳	12 3	10 25	辛亥	1 2	11 25	辛巳	1 31	12 24	庚戌
	9 3	7 22	庚辰	10 4	8 24	辛亥	11 4	9 26	壬午	12 4	10 26	壬子	1 3	11 26	壬午	2 1	12 25	辛亥
	9 4	7 23	辛巳	10 5	8 25	壬子	11 5	9 27	癸未	12 5	10 27	癸丑	1 4	11 27	癸未	2 2	12 26	壬子
	9 5	7 24	壬午	10 6	8 26	癸丑	11 6	9 28	甲申	12 6	10 28	甲寅				2 3	12 27	癸丑
	9 6	7 25	癸未	10 7	8 27	甲寅												
中氣	處暑 8/23 10時18分 巳時			秋分 9/23 8時4分 辰時			霜降 10/23 17時37分 酉時			小雪 11/22 15時22分 申時			冬至 12/22 4時49分 寅時			大寒 1/20 15時29分 申時		

年	丁未																	
月	壬寅			癸卯			甲辰			乙巳			丙午			丁未		
節氣	立春			驚蟄			清明			立夏			芒種			小暑		
	2/4 9時45分 巳時			3/6 3時39分 寅時			4/5 8時17分 辰時			5/6 1時24分 丑時			6/6 5時25分 卯時			7/7 15時36分 申時		
日	國曆	農曆	干支	國曆	農曆	干支	國曆	農曆	干支	國曆	農曆	干支	國曆	農曆	干支	國曆	農曆	干支
2027 羊 中華民國一百十六年	2 4	12 28	甲寅	3 6	1 29	甲申	4 5	2 29	甲寅	5 6	4 1	乙酉	6 6	5 2	丙辰	7 7	6 4	丁亥
	2 5	12 29	乙卯	3 7	1 30	乙酉	4 6	2 30	乙卯	5 7	4 2	丙戌	6 7	5 3	丁巳	7 8	6 5	戊子
	2 6	1 1	丙辰	3 8	2 1	丙戌	4 7	3 1	丙辰	5 8	4 3	丁亥	6 8	5 4	戊午	7 9	6 6	己丑
	2 7	1 2	丁巳	3 9	2 2	丁亥	4 8	3 2	丁巳	5 9	4 4	戊子	6 9	5 5	己未	7 10	6 7	庚寅
	2 8	1 3	戊午	3 10	2 3	戊子	4 9	3 3	戊午	5 10	4 5	己丑	6 10	5 6	庚申	7 11	6 8	辛卯
	2 9	1 4	己未	3 11	2 4	己丑	4 10	3 4	己未	5 11	4 6	庚寅	6 11	5 7	辛酉	7 12	6 9	壬辰
	2 10	1 5	庚申	3 12	2 5	庚寅	4 11	3 5	庚申	5 12	4 7	辛卯	6 12	5 8	壬戌	7 13	6 10	癸巳
	2 11	1 6	辛酉	3 13	2 6	辛卯	4 12	3 6	辛酉	5 13	4 8	壬辰	6 13	5 9	癸亥	7 14	6 11	甲午
	2 12	1 7	壬戌	3 14	2 7	壬辰	4 13	3 7	壬戌	5 14	4 9	癸巳	6 14	5 10	甲子	7 15	6 12	乙未
	2 13	1 8	癸亥	3 15	2 8	癸巳	4 14	3 8	癸亥	5 15	4 10	甲午	6 15	5 11	乙丑	7 16	6 13	丙申
	2 14	1 9	甲子	3 16	2 9	甲午	4 15	3 9	甲子	5 16	4 11	乙未	6 16	5 12	丙寅	7 17	6 14	丁酉
	2 15	1 10	乙丑	3 17	2 10	乙未	4 16	3 10	乙丑	5 17	4 12	丙申	6 17	5 13	丁卯	7 18	6 15	戊戌
	2 16	1 11	丙寅	3 18	2 11	丙申	4 17	3 11	丙寅	5 18	4 13	丁酉	6 18	5 14	戊辰	7 19	6 16	己亥
	2 17	1 12	丁卯	3 19	2 12	丁酉	4 18	3 12	丁卯	5 19	4 14	戊戌	6 19	5 15	己巳	7 20	6 17	庚子
	2 18	1 13	戊辰	3 20	2 13	戊戌	4 19	3 13	戊辰	5 20	4 15	己亥	6 20	5 16	庚午	7 21	6 18	辛丑
	2 19	1 14	己巳	3 21	2 14	己亥	4 20	3 14	己巳	5 21	4 16	庚子	6 21	5 17	辛未	7 22	6 19	壬寅
	2 20	1 15	庚午	3 22	2 15	庚子	4 21	3 15	庚午	5 22	4 17	辛丑	6 22	5 18	壬申	7 23	6 20	癸卯
	2 21	1 16	辛未	3 23	2 16	辛丑	4 22	3 16	辛未	5 23	4 18	壬寅	6 23	5 19	癸酉	7 24	6 21	甲辰
	2 22	1 17	壬申	3 24	2 17	壬寅	4 23	3 17	壬申	5 24	4 19	癸卯	6 24	5 20	甲戌	7 25	6 22	乙巳
	2 23	1 18	癸酉	3 25	2 18	癸卯	4 24	3 18	癸酉	5 25	4 20	甲辰	6 25	5 21	乙亥	7 26	6 23	丙午
	2 24	1 19	甲戌	3 26	2 19	甲辰	4 25	3 19	甲戌	5 26	4 21	乙巳	6 26	5 22	丙子	7 27	6 24	丁未
	2 25	1 20	乙亥	3 27	2 20	乙巳	4 26	3 20	乙亥	5 27	4 22	丙午	6 27	5 23	丁丑	7 28	6 25	戊申
	2 26	1 21	丙子	3 28	2 21	丙午	4 27	3 21	丙子	5 28	4 23	丁未	6 28	5 24	戊寅	7 29	6 26	己酉
	2 27	1 22	丁丑	3 29	2 22	丁未	4 28	3 22	丁丑	5 29	4 24	戊申	6 29	5 25	己卯	7 30	6 27	庚戌
	2 28	1 23	戊寅	3 30	2 23	戊申	4 29	3 23	戊寅	5 30	4 25	己酉	6 30	5 26	庚辰	7 31	6 28	辛亥
	3 1	1 24	己卯	3 31	2 24	己酉	4 30	3 24	己卯	5 31	4 26	庚戌	7 1	5 27	辛巳	8 1	6 29	壬子
	3 2	1 25	庚辰	4 1	2 25	庚戌	5 1	3 25	庚辰	6 1	4 27	辛亥	7 2	5 28	壬午	8 2	7 1	癸丑
	3 3	1 26	辛巳	4 2	2 26	辛亥	5 2	3 26	辛巳	6 2	4 28	壬子	7 3	5 29	癸未	8 3	7 2	甲寅
	3 4	1 27	壬午	4 3	2 27	壬子	5 3	3 27	壬午	6 3	4 29	癸丑	7 4	6 1	甲申	8 4	7 3	乙卯
	3 5	1 28	癸未	4 4	2 28	癸丑	5 4	3 28	癸未	6 4	4 30	甲寅	7 5	6 2	乙酉	8 5	7 4	丙辰
							5 5	3 29	甲申	6 5	5 1	乙卯	7 6	6 3	丙戌	8 6	7 5	丁巳
																8 7	7 6	戊午
中氣	雨水			春分			穀雨			小滿			夏至			大暑		
	2/19 5時33分 卯時			3/21 4時24分 寅時			4/20 15時17分 申時			5/21 14時17分 未時			6/21 22時10分 亥時			7/23 9時4分 巳時		

丁未																		年
戊申			己酉			庚戌			辛亥			壬子			癸丑			月
立秋 8/8 1時26分 丑時			白露 9/8 4時28分 寅時			寒露 10/8 20時16分 戌時			立冬 11/7 23時38分 子時			大雪 12/7 16時37分 申時			小寒 1/6 3時54分 寅時			節氣
國曆	農曆	干支	國曆	農曆	干支	國曆	農曆	干支	國曆	農曆	干支	國曆	農曆	干支	國曆	農曆	干支	日
8 8	7 7	己未	9 8	8 8	庚寅	10 8	9 9	庚申	11 7	10 10	庚寅	12 7	11 10	庚申	1 6	12 10	庚寅	2027・2028
8 9	7 8	庚申	9 9	8 9	辛卯	10 9	9 10	辛酉	11 8	10 11	辛卯	12 8	11 11	辛酉	1 7	12 11	辛卯	
8 10	7 9	辛酉	9 10	8 10	壬辰	10 10	9 11	壬戌	11 9	10 12	壬辰	12 9	11 12	壬戌	1 8	12 12	壬辰	
8 11	7 10	壬戌	9 11	8 11	癸巳	10 11	9 12	癸亥	11 10	10 13	癸巳	12 10	11 13	癸亥	1 9	12 13	癸巳	
8 12	7 11	癸亥	9 12	8 12	甲午	10 12	9 13	甲子	11 11	10 14	甲午	12 11	11 14	甲子	1 10	12 14	甲午	
8 13	7 12	甲子	9 13	8 13	乙未	10 13	9 14	乙丑	11 12	10 15	乙未	12 12	11 15	乙丑	1 11	12 15	乙未	
8 14	7 13	乙丑	9 14	8 14	丙申	10 14	9 15	丙寅	11 13	10 16	丙申	12 13	11 16	丙寅	1 12	12 16	丙申	
8 15	7 14	丙寅	9 15	8 15	丁酉	10 15	9 16	丁卯	11 14	10 17	丁酉	12 14	11 17	丁卯	1 13	12 17	丁酉	
8 16	7 15	丁卯	9 16	8 16	戊戌	10 16	9 17	戊辰	11 15	10 18	戊戌	12 15	11 18	戊辰	1 14	12 18	戊戌	
8 17	7 16	戊辰	9 17	8 17	己亥	10 17	9 18	己巳	11 16	10 19	己亥	12 16	11 19	己巳	1 15	12 19	己亥	
8 18	7 17	己巳	9 18	8 18	庚子	10 18	9 19	庚午	11 17	10 20	庚子	12 17	11 20	庚午	1 16	12 20	庚子	
8 19	7 18	庚午	9 19	8 19	辛丑	10 19	9 20	辛未	11 18	10 21	辛丑	12 18	11 21	辛未	1 17	12 21	辛丑	
8 20	7 19	辛未	9 20	8 20	壬寅	10 20	9 21	壬申	11 19	10 22	壬寅	12 19	11 22	壬申	1 18	12 22	壬寅	
8 21	7 20	壬申	9 21	8 21	癸卯	10 21	9 22	癸酉	11 20	10 23	癸卯	12 20	11 23	癸酉	1 19	12 23	癸卯	
8 22	7 21	癸酉	9 22	8 22	甲辰	10 22	9 23	甲戌	11 21	10 24	甲辰	12 21	11 24	甲戌	1 20	12 24	甲辰	羊
8 23	7 22	甲戌	9 23	8 23	乙巳	10 23	9 24	乙亥	11 22	10 25	乙巳	12 22	11 25	乙亥	1 21	12 25	乙巳	
8 24	7 23	乙亥	9 24	8 24	丙午	10 24	9 25	丙子	11 23	10 26	丙午	12 23	11 26	丙子	1 22	12 26	丙午	
8 25	7 24	丙子	9 25	8 25	丁未	10 25	9 26	丁丑	11 24	10 27	丁未	12 24	11 27	丁丑	1 23	12 27	丁未	
8 26	7 25	丁丑	9 26	8 26	戊申	10 26	9 27	戊寅	11 25	10 28	戊申	12 25	11 28	戊寅	1 24	12 28	戊申	中華民國一百十六・一百十七年
8 27	7 26	戊寅	9 27	8 27	己酉	10 27	9 28	己卯	11 26	10 29	己酉	12 26	11 29	己卯	1 25	12 29	己酉	
8 28	7 27	己卯	9 28	8 28	庚戌	10 28	9 29	庚辰	11 27	10 30	庚戌	12 27	11 30	庚辰	1 26	1 1	庚戌	
8 29	7 28	庚辰	9 29	8 29	辛亥	10 29	10 1	辛巳	11 28	11 1	辛亥	12 28	12 1	辛巳	1 27	1 2	辛亥	
8 30	7 29	辛巳	9 30	9 1	壬子	10 30	10 2	壬午	11 29	11 2	壬子	12 29	12 2	壬午	1 28	1 3	壬子	
8 31	7 30	壬午	10 1	9 2	癸丑	10 31	10 3	癸未	11 30	11 3	癸丑	12 30	12 3	癸未	1 29	1 4	癸丑	
9 1	8 1	癸未	10 2	9 3	甲寅	11 1	10 4	甲申	12 1	11 4	甲寅	12 31	12 4	甲申	1 30	1 5	甲寅	
9 2	8 2	甲申	10 3	9 4	乙卯	11 2	10 5	乙酉	12 2	11 5	乙卯	1 1	12 5	乙酉	1 31	1 6	乙卯	
9 3	8 3	乙酉	10 4	9 5	丙辰	11 3	10 6	丙戌	12 3	11 6	丙辰	1 2	12 6	丙戌	2 1	1 7	丙辰	
9 4	8 4	丙戌	10 5	9 6	丁巳	11 4	10 7	丁亥	12 4	11 7	丁巳	1 3	12 7	丁亥	2 2	1 8	丁巳	
9 5	8 5	丁亥	10 6	9 7	戊午	11 5	10 8	戊子	12 5	11 8	戊午	1 4	12 8	戊子	2 3	1 9	戊午	
9 6	8 6	戊子	10 7	9 8	己未	11 6	10 9	己丑	12 6	11 9	己未	1 5	12 9	己丑				
9 7	8 7	己丑																
處暑 8/23 16時13分 申時			秋分 9/23 14時1分 未時			霜降 10/23 23時32分 子時			小雪 11/22 21時15分 亥時			冬至 12/22 10時41分 巳時			大寒 1/20 21時21分 亥時			中氣

年	戊申																	
月	甲寅			乙卯			丙辰			丁巳			戊午			己未		
節氣	立春 2/4 15時30分 申時			驚蟄 3/5 9時24分 巳時			清明 4/4 14時2分 未時			立夏 5/5 7時11分 辰時			芒種 6/5 11時15分 午時			小暑 7/6 21時29分 亥時		
日	國曆	農曆	干支	國曆	農曆	干支	國曆	農曆	干支	國曆	農曆	干支	國曆	農曆	干支	國曆	農曆	干支
2028	2 4	1 10	己未	3 5	2 10	己丑	4 4	3 10	己未	5 5	4 11	庚寅	6 5	5 13	辛酉	7 6	5 14	壬辰
	2 5	1 11	庚申	3 6	2 11	庚寅	4 5	3 11	庚申	5 6	4 12	辛卯	6 6	5 14	壬戌	7 7	5 15	癸巳
	2 6	1 12	辛酉	3 7	2 12	辛卯	4 6	3 12	辛酉	5 7	4 13	壬辰	6 7	5 15	癸亥	7 8	5 16	甲午
	2 7	1 13	壬戌	3 8	2 13	壬辰	4 7	3 13	壬戌	5 8	4 14	癸巳	6 8	5 16	甲子	7 9	5 17	乙未
	2 8	1 14	癸亥	3 9	2 14	癸巳	4 8	3 14	癸亥	5 9	4 15	甲午	6 9	5 17	乙丑	7 10	5 18	丙申
	2 9	1 15	甲子	3 10	2 15	甲午	4 9	3 15	甲子	5 10	4 16	乙未	6 10	5 18	丙寅	7 11	5 19	丁酉
	2 10	1 16	乙丑	3 11	2 16	乙未	4 10	3 16	乙丑	5 11	4 17	丙申	6 11	5 19	丁卯	7 12	5 20	戊戌
	2 11	1 17	丙寅	3 12	2 17	丙申	4 11	3 17	丙寅	5 12	4 18	丁酉	6 12	5 20	戊辰	7 13	5 21	己亥
	2 12	1 18	丁卯	3 13	2 18	丁酉	4 12	3 18	丁卯	5 13	4 19	戊戌	6 13	5 21	己巳	7 14	5 22	庚子
	2 13	1 19	戊辰	3 14	2 19	戊戌	4 13	3 19	戊辰	5 14	4 20	己亥	6 14	5 22	庚午	7 15	5 23	辛丑
	2 14	1 20	己巳	3 15	2 20	己亥	4 14	3 20	己巳	5 15	4 21	庚子	6 15	5 23	辛未	7 16	5 24	壬寅
	2 15	1 21	庚午	3 16	2 21	庚子	4 15	3 21	庚午	5 16	4 22	辛丑	6 16	5 24	壬申	7 17	5 25	癸卯
	2 16	1 22	辛未	3 17	2 22	辛丑	4 16	3 22	辛未	5 17	4 23	壬寅	6 17	5 25	癸酉	7 18	5 26	甲辰
猴	2 17	1 23	壬申	3 18	2 23	壬寅	4 17	3 23	壬申	5 18	4 24	癸卯	6 18	5 26	甲戌	7 19	5 27	乙巳
	2 18	1 24	癸酉	3 19	2 24	癸卯	4 18	3 24	癸酉	5 19	4 25	甲辰	6 19	5 27	乙亥	7 20	5 28	丙午
	2 19	1 25	甲戌	3 20	2 25	甲辰	4 19	3 25	甲戌	5 20	4 26	乙巳	6 20	5 28	丙子	7 21	5 29	丁未
	2 20	1 26	乙亥	3 21	2 26	乙巳	4 20	3 26	乙亥	5 21	4 27	丙午	6 21	5 29	丁丑	7 22	6 1	戊申
	2 21	1 27	丙子	3 22	2 27	丙午	4 21	3 27	丙子	5 22	4 28	丁未	6 22	5 30	戊寅	7 23	6 2	己酉
	2 22	1 28	丁丑	3 23	2 28	丁未	4 22	3 28	丁丑	5 23	4 29	戊申	6 23	閏5 1	己卯	7 24	6 3	庚戌
	2 23	1 29	戊寅	3 24	2 29	戊申	4 23	3 29	戊寅	5 24	5 1	己酉	6 24	5 2	庚辰	7 25	6 4	辛亥
中華民國一百十七年	2 24	1 30	己卯	3 25	2 30	己酉	4 24	3 30	己卯	5 25	5 2	庚戌	6 25	5 3	辛巳	7 26	6 5	壬子
	2 25	2 1	庚辰	3 26	3 1	庚戌	4 25	4 1	庚辰	5 26	5 3	辛亥	6 26	5 4	壬午	7 27	6 6	癸丑
	2 26	2 2	辛巳	3 27	3 2	辛亥	4 26	4 2	辛巳	5 27	5 4	壬子	6 27	5 5	癸未	7 28	6 7	甲寅
	2 27	2 3	壬午	3 28	3 3	壬子	4 27	4 3	壬午	5 28	5 5	癸丑	6 28	5 6	甲申	7 29	6 8	乙卯
	2 28	2 4	癸未	3 29	3 4	癸丑	4 28	4 4	癸未	5 29	5 6	甲寅	6 29	5 7	乙酉	7 30	6 9	丙辰
	2 29	2 5	甲申	3 30	3 5	甲寅	4 29	4 5	甲申	5 30	5 7	乙卯	6 30	5 8	丙戌	7 31	6 10	丁巳
	3 1	2 6	乙酉	3 31	3 6	乙卯	4 30	4 6	乙酉	5 31	5 8	丙辰	7 1	5 9	丁亥	8 1	6 11	戊午
	3 2	2 7	丙戌	4 1	3 7	丙辰	5 1	4 7	丙戌	6 1	5 9	丁巳	7 2	5 10	戊子	8 2	6 12	己未
	3 3	2 8	丁亥	4 2	3 8	丁巳	5 2	4 8	丁亥	6 2	5 10	戊午	7 3	5 11	己丑	8 3	6 13	庚申
	3 4	2 9	戊子	4 3	3 9	戊午	5 3	4 9	戊子	6 3	5 11	己未	7 4	5 12	庚寅	8 4	6 14	辛酉
							5 4	4 10	己丑	6 4	5 12	庚申	7 5	5 13	辛卯	8 5	6 15	壬戌
																8 6	6 16	癸亥
中氣	雨水 2/19 11時25分 午時			春分 3/20 10時16分 巳時			穀雨 4/19 21時9分 亥時			小滿 5/20 20時9分 戌時			夏至 6/21 4時1分 寅時			大暑 7/22 14時53分 未時		

年	戊申																													
月	庚申					辛酉					壬戌					癸亥					甲子					乙丑				
節氣	立秋					白露					寒露					立冬					大雪					小寒				
	8/7 7時20分 辰時					9/7 10時21分 巳時					10/8 2時8分 丑時					11/7 5時26分 卯時					12/6 22時24分 亥時					1/5 9時41分 巳時				
日	國曆		農曆		干支	國曆		農曆		干支	國曆		農曆		干支	國曆		農曆		干支	國曆		農曆		干支	國曆		農曆		干支
2028・2029	8	7	6	17	甲子	9	7	7	19	乙未	10	8	8	20	丙寅	11	7	9	21	丙申	12	6	10	21	乙丑	1	5	11	21	乙未
	8	8	6	18	乙丑	9	8	7	20	丙申	10	9	8	21	丁卯	11	8	9	22	丁酉	12	7	10	22	丙寅	1	6	11	22	丙申
	8	9	6	19	丙寅	9	9	7	21	丁酉	10	10	8	22	戊辰	11	9	9	23	戊戌	12	8	10	23	丁卯	1	7	11	23	丁酉
	8	10	6	20	丁卯	9	10	7	22	戊戌	10	11	8	23	己巳	11	10	9	24	己亥	12	9	10	24	戊辰	1	8	11	24	戊戌
	8	11	6	21	戊辰	9	11	7	23	己亥	10	12	8	24	庚午	11	11	9	25	庚子	12	10	10	25	己巳	1	9	11	25	己亥
	8	12	6	22	己巳	9	12	7	24	庚子	10	13	8	25	辛未	11	12	9	26	辛丑	12	11	10	26	庚午	1	10	11	26	庚子
	8	13	6	23	庚午	9	13	7	25	辛丑	10	14	8	26	壬申	11	13	9	27	壬寅	12	12	10	27	辛未	1	11	11	27	辛丑
	8	14	6	24	辛未	9	14	7	26	壬寅	10	15	8	27	癸酉	11	14	9	28	癸卯	12	13	10	28	壬申	1	12	11	28	壬寅
	8	15	6	25	壬申	9	15	7	27	癸卯	10	16	8	28	甲戌	11	15	9	29	甲辰	12	14	10	29	癸酉	1	13	11	29	癸卯
	8	16	6	26	癸酉	9	16	7	28	甲辰	10	17	8	29	乙亥	11	16	10	1	乙巳	12	15	10	30	甲戌	1	14	11	30	甲辰
	8	17	6	27	甲戌	9	17	7	29	乙巳	10	18	9	1	丙子	11	17	10	2	丙午	12	16	11	1	乙亥	1	15	12	1	乙巳
	8	18	6	28	乙亥	9	18	7	30	丙午	10	19	9	2	丁丑	11	18	10	3	丁未	12	17	11	2	丙子	1	16	12	2	丙午
	8	19	6	29	丙子	9	19	8	1	丁未	10	20	9	3	戊寅	11	19	10	4	戊申	12	18	11	3	丁丑	1	17	12	3	丁未
猴	8	20	7	1	丁丑	9	20	8	2	戊申	10	21	9	4	己卯	11	20	10	5	己酉	12	19	11	4	戊寅	1	18	12	4	戊申
	8	21	7	2	戊寅	9	21	8	3	己酉	10	22	9	5	庚辰	11	21	10	6	庚戌	12	20	11	5	己卯	1	19	12	5	己酉
	8	22	7	3	己卯	9	22	8	4	庚戌	10	23	9	6	辛巳	11	22	10	7	辛亥	12	21	11	6	庚辰	1	20	12	6	庚戌
	8	23	7	4	庚辰	9	23	8	5	辛亥	10	24	9	7	壬午	11	23	10	8	壬子	12	22	11	7	辛巳	1	21	12	7	辛亥
	8	24	7	5	辛巳	9	24	8	6	壬子	10	25	9	8	癸未	11	24	10	9	癸丑	12	23	11	8	壬午	1	22	12	8	壬子
	8	25	7	6	壬午	9	25	8	7	癸丑	10	26	9	9	甲申	11	25	10	10	甲寅	12	24	11	9	癸未	1	23	12	9	癸丑
中華民國一百十七・一百十八年	8	26	7	7	癸未	9	26	8	8	甲寅	10	27	9	10	乙酉	11	26	10	11	乙卯	12	25	11	10	甲申	1	24	12	10	甲寅
	8	27	7	8	甲申	9	27	8	9	乙卯	10	28	9	11	丙戌	11	27	10	12	丙辰	12	26	11	11	乙酉	1	25	12	11	乙卯
	8	28	7	9	乙酉	9	28	8	10	丙辰	10	29	9	12	丁亥	11	28	10	13	丁巳	12	27	11	12	丙戌	1	26	12	12	丙辰
	8	29	7	10	丙戌	9	29	8	11	丁巳	10	30	9	13	戊子	11	29	10	14	戊午	12	28	11	13	丁亥	1	27	12	13	丁巳
	8	30	7	11	丁亥	9	30	8	12	戊午	10	31	9	14	己丑	11	30	10	15	己未	12	29	11	14	戊子	1	28	12	14	戊午
	8	31	7	12	戊子	10	1	8	13	己未	11	1	9	15	庚寅	12	1	10	16	庚申	12	30	11	15	己丑	1	29	12	15	己未
	9	1	7	13	己丑	10	2	8	14	庚申	11	2	9	16	辛卯	12	2	10	17	辛酉	12	31	11	16	庚寅	1	30	12	16	庚申
	9	2	7	14	庚寅	10	3	8	15	辛酉	11	3	9	17	壬辰	12	3	10	18	壬戌	1	1	11	17	辛卯	1	31	12	17	辛酉
	9	3	7	15	辛卯	10	4	8	16	壬戌	11	4	9	18	癸巳	12	4	10	19	癸亥	1	2	11	18	壬辰	2	1	12	18	壬戌
	9	4	7	16	壬辰	10	5	8	17	癸亥	11	5	9	19	甲午	12	5	10	20	甲子	1	3	11	19	癸巳	2	2	12	19	癸亥
	9	5	7	17	癸巳	10	6	8	18	甲子	11	6	9	20	乙未						1	4	11	20	甲午					
	9	6	7	18	甲午	10	7	8	19	乙丑																				
中氣	處暑					秋分					霜降					小雪					冬至					大寒				
	8/22 22時0分 亥時					9/22 19時44分 戌時					10/23 5時12分 卯時					11/22 2時53分 丑時					12/21 16時19分 申時					1/20 3時0分 寅時				

年	己酉																													
月	丙寅					丁卯					戊辰					己巳					庚午					辛未				
節氣	立春					驚蟄					清明					立夏					芒種					小暑				
	2/3 21時20分 亥時					3/5 15時17分 申時					4/4 19時57分 戌時					5/5 13時7分 未時					6/5 17時9分 酉時					7/7 3時21分 寅時				
日	國曆		農曆		干支	國曆		農曆		干支	國曆		農曆		干支	國曆		農曆		干支	國曆		農曆		干支	國曆		農曆		干支
	2	3	12	20	甲子	3	5	1	21	甲午	4	4	2	21	甲子	5	5	3	22	乙未	6	5	4	24	丙寅	7	7	5	26	戊戌
	2	4	12	21	乙丑	3	6	1	22	乙未	4	5	2	22	乙丑	5	6	3	23	丙申	6	6	4	25	丁卯	7	8	5	27	己亥
	2	5	12	22	丙寅	3	7	1	23	丙申	4	6	2	23	丙寅	5	7	3	24	丁酉	6	7	4	26	戊辰	7	9	5	28	庚子
	2	6	12	23	丁卯	3	8	1	24	丁酉	4	7	2	24	丁卯	5	8	3	25	戊戌	6	8	4	27	己巳	7	10	5	29	辛丑
2	2	7	12	24	戊辰	3	9	1	25	戊戌	4	8	2	25	戊辰	5	9	3	26	己亥	6	9	4	28	庚午	7	11	6	1	壬寅
0	2	8	12	25	己巳	3	10	1	26	己亥	4	9	2	26	己巳	5	10	3	27	庚子	6	10	4	29	辛未	7	12	6	2	癸卯
2	2	9	12	26	庚午	3	11	1	27	庚子	4	10	2	27	庚午	5	11	3	28	辛丑	6	11	4	30	壬申	7	13	6	3	甲辰
9	2	10	12	27	辛未	3	12	1	28	辛丑	4	11	2	28	辛未	5	12	3	29	壬寅	6	12	5	1	癸酉	7	14	6	4	乙巳
	2	11	12	28	壬申	3	13	1	29	壬寅	4	12	2	29	壬申	5	13	4	1	癸卯	6	13	5	2	甲戌	7	15	6	5	丙午
	2	12	12	29	癸酉	3	14	1	30	癸卯	4	13	2	30	癸酉	5	14	4	2	甲辰	6	14	5	3	乙亥	7	16	6	6	丁未
	2	13	1	1	甲戌	3	15	2	1	甲辰	4	14	3	1	甲戌	5	15	4	3	乙巳	6	15	5	4	丙子	7	17	6	7	戊申
	2	14	1	2	乙亥	3	16	2	2	乙巳	4	15	3	2	乙亥	5	16	4	4	丙午	6	16	5	5	丁丑	7	18	6	8	己酉
	2	15	1	3	丙子	3	17	2	3	丙午	4	16	3	3	丙子	5	17	4	5	丁未	6	17	5	6	戊寅	7	19	6	9	庚戌
雞	2	16	1	4	丁丑	3	18	2	4	丁未	4	17	3	4	丁丑	5	18	4	6	戊申	6	18	5	7	己卯	7	20	6	10	辛亥
	2	17	1	5	戊寅	3	19	2	5	戊申	4	18	3	5	戊寅	5	19	4	7	己酉	6	19	5	8	庚辰	7	21	6	11	壬子
	2	18	1	6	己卯	3	20	2	6	己酉	4	19	3	6	己卯	5	20	4	8	庚戌	6	20	5	9	辛巳	7	22	6	12	癸丑
	2	19	1	7	庚辰	3	21	2	7	庚戌	4	20	3	7	庚辰	5	21	4	9	辛亥	6	21	5	10	壬午	7	23	6	13	甲寅
	2	20	1	8	辛巳	3	22	2	8	辛亥	4	21	3	8	辛巳	5	22	4	10	壬子	6	22	5	11	癸未	7	24	6	14	乙卯
	2	21	1	9	壬午	3	23	2	9	壬子	4	22	3	9	壬午	5	23	4	11	癸丑	6	23	5	12	甲申	7	25	6	15	丙辰
	2	22	1	10	癸未	3	24	2	10	癸丑	4	23	3	10	癸未	5	24	4	12	甲寅	6	24	5	13	乙酉	7	26	6	16	丁巳
中	2	23	1	11	甲申	3	25	2	11	甲寅	4	24	3	11	甲申	5	25	4	13	乙卯	6	25	5	14	丙戌	7	27	6	17	戊午
華	2	24	1	12	乙酉	3	26	2	12	乙卯	4	25	3	12	乙酉	5	26	4	14	丙辰	6	26	5	15	丁亥	7	28	6	18	己未
民	2	25	1	13	丙戌	3	27	2	13	丙辰	4	26	3	13	丙戌	5	27	4	15	丁巳	6	27	5	16	戊子	7	29	6	19	庚申
國	2	26	1	14	丁亥	3	28	2	14	丁巳	4	27	3	14	丁亥	5	28	4	16	戊午	6	28	5	17	己丑	7	30	6	20	辛酉
一	2	27	1	15	戊子	3	29	2	15	戊午	4	28	3	15	戊子	5	29	4	17	己未	6	29	5	18	庚寅	7	31	6	21	壬戌
百	2	28	1	16	己丑	3	30	2	16	己未	4	29	3	16	己丑	5	30	4	18	庚申	6	30	5	19	辛卯	8	1	6	22	癸亥
十	3	1	1	17	庚寅	3	31	2	17	庚申	4	30	3	17	庚寅	5	31	4	19	辛酉	7	1	5	20	壬辰	8	2	6	23	甲子
八	3	2	1	18	辛卯	4	1	2	18	辛酉	5	1	3	18	辛卯	6	1	4	20	壬戌	7	2	5	21	癸巳	8	3	6	24	乙丑
年	3	3	1	19	壬辰	4	2	2	19	壬戌	5	2	3	19	壬辰	6	2	4	21	癸亥	7	3	5	22	甲午	8	4	6	25	丙寅
	3	4	1	20	癸巳	4	3	2	20	癸亥	5	3	3	20	癸巳	6	3	4	22	甲子	7	4	5	23	乙未	8	5	6	26	丁卯
											5	4	3	21	甲午	6	4	4	23	乙丑	7	5	5	24	丙申	8	6	6	27	戊辰
																					7	6	5	25	丁酉					
中氣	雨水					春分					穀雨					小滿					夏至					大暑				
	2/18 17時7分 酉時					3/20 16時1分 申時					4/20 2時55分 丑時					5/21 1時55分 丑時					6/21 9時47分 巳時					7/22 20時41分 戌時				

年	己酉																													
月	壬申					癸酉					甲戌					乙亥					丙子					丁丑				
節氣	立秋 8/7 13時11分 未時					白露 9/7 16時11分 申時					寒露 10/8 7時57分 辰時					立冬 11/7 11時16分 午時					大雪 12/7 4時13分 寅時					小寒 1/5 15時30分 申時				
日	國曆		農曆		干支	國曆		農曆		干支	國曆		農曆		干支	國曆		農曆		干支	國曆		農曆		干支	國曆		農曆		干支
	8	7	6	28	己巳	9	7	7	29	庚子	10	8	9	1	辛未	11	7	10	2	辛丑	12	7	11	3	辛未	1	5	12	2	庚子
	8	8	6	29	庚午	9	8	8	1	辛丑	10	9	9	2	壬申	11	8	10	3	壬寅	12	8	11	4	壬申	1	6	12	3	辛丑
	8	9	6	30	辛未	9	9	8	2	壬寅	10	10	9	3	癸酉	11	9	10	4	癸卯	12	9	11	5	癸酉	1	7	12	4	壬寅
	8	10	7	1	壬申	9	10	8	3	癸卯	10	11	9	4	甲戌	11	10	10	5	甲辰	12	10	11	6	甲戌	1	8	12	5	癸卯
	8	11	7	2	癸酉	9	11	8	4	甲辰	10	12	9	5	乙亥	11	11	10	6	乙巳	12	11	11	7	乙亥	1	9	12	6	甲辰
	8	12	7	3	甲戌	9	12	8	5	乙巳	10	13	9	6	丙子	11	12	10	7	丙午	12	12	11	8	丙子	1	10	12	7	乙巳
	8	13	7	4	乙亥	9	13	8	6	丙午	10	14	9	7	丁丑	11	13	10	8	丁未	12	13	11	9	丁丑	1	11	12	8	丙午
	8	14	7	5	丙子	9	14	8	7	丁未	10	15	9	8	戊寅	11	14	10	9	戊申	12	14	11	10	戊寅	1	12	12	9	丁未
	8	15	7	6	丁丑	9	15	8	8	戊申	10	16	9	9	己卯	11	15	10	10	己酉	12	15	11	11	己卯	1	13	12	10	戊申
	8	16	7	7	戊寅	9	16	8	9	己酉	10	17	9	10	庚辰	11	16	10	11	庚戌	12	16	11	12	庚辰	1	14	12	11	己酉
	8	17	7	8	己卯	9	17	8	10	庚戌	10	18	9	11	辛巳	11	17	10	12	辛亥	12	17	11	13	辛巳	1	15	12	12	庚戌
	8	18	7	9	庚辰	9	18	8	11	辛亥	10	19	9	12	壬午	11	18	10	13	壬子	12	18	11	14	壬午	1	16	12	13	辛亥
	8	19	7	10	辛巳	9	19	8	12	壬子	10	20	9	13	癸未	11	19	10	14	癸丑	12	19	11	15	癸未	1	17	12	14	壬子
	8	20	7	11	壬午	9	20	8	13	癸丑	10	21	9	14	甲申	11	20	10	15	甲寅	12	20	11	16	甲申	1	18	12	15	癸丑
	8	21	7	12	癸未	9	21	8	14	甲寅	10	22	9	15	乙酉	11	21	10	16	乙卯	12	21	11	17	乙酉	1	19	12	16	甲寅
	8	22	7	13	甲申	9	22	8	15	乙卯	10	23	9	16	丙戌	11	22	10	17	丙辰	12	22	11	18	丙戌	1	20	12	17	乙卯
	8	23	7	14	乙酉	9	23	8	16	丙辰	10	24	9	17	丁亥	11	23	10	18	丁巳	12	23	11	19	丁亥	1	21	12	18	丙辰
	8	24	7	15	丙戌	9	24	8	17	丁巳	10	25	9	18	戊子	11	24	10	19	戊午	12	24	11	20	戊子	1	22	12	19	丁巳
	8	25	7	16	丁亥	9	25	8	18	戊午	10	26	9	19	己丑	11	25	10	20	己未	12	25	11	21	己丑	1	23	12	20	戊午
	8	26	7	17	戊子	9	26	8	19	己未	10	27	9	20	庚寅	11	26	10	21	庚申	12	26	11	22	庚寅	1	24	12	21	己未
	8	27	7	18	己丑	9	27	8	20	庚申	10	28	9	21	辛卯	11	27	10	22	辛酉	12	27	11	23	辛卯	1	25	12	22	庚申
	8	28	7	19	庚寅	9	28	8	21	辛酉	10	29	9	22	壬辰	11	28	10	23	壬戌	12	28	11	24	壬辰	1	26	12	23	辛酉
	8	29	7	20	辛卯	9	29	8	22	壬戌	10	30	9	23	癸巳	11	29	10	24	癸亥	12	29	11	25	癸巳	1	27	12	24	壬戌
	8	30	7	21	壬辰	9	30	8	23	癸亥	10	31	9	24	甲午	11	30	10	25	甲子	12	30	11	26	甲午	1	28	12	25	癸亥
	8	31	7	22	癸巳	10	1	8	24	甲子	11	1	9	25	乙未	12	1	10	26	乙丑	12	31	11	27	乙未	1	29	12	26	甲子
	9	1	7	23	甲午	10	2	8	25	乙丑	11	2	9	26	丙申	12	2	10	27	丙寅	1	1	11	28	丙申	1	30	12	27	乙丑
	9	2	7	24	乙未	10	3	8	26	丙寅	11	3	9	27	丁酉	12	3	10	28	丁卯	1	2	11	29	丁酉	1	31	12	28	丙寅
	9	3	7	25	丙申	10	4	8	27	丁卯	11	4	9	28	戊戌	12	4	10	29	戊辰	1	3	11	30	戊戌	2	1	12	29	丁卯
	9	4	7	26	丁酉	10	5	8	28	戊辰	11	5	9	29	己亥	12	5	11	1	己巳	1	4	12	1	己亥	2	2	12	30	戊辰
	9	5	7	27	戊戌	10	6	8	29	己巳	11	6	10	1	庚子	12	6	11	2	庚午						2	3	1	1	己巳
	9	6	7	28	己亥	10	7	8	30	庚午																				
中氣	處暑 8/23 3時51分 寅時					秋分 9/23 1時38分 丑時					霜降 10/23 11時7分 午時					小雪 11/22 8時48分 辰時					冬至 12/21 22時13分 亥時					大寒 1/20 8時53分 辰時				

2029・2030 雞 中華民國一百十八・一百十九年

年	庚戌																													
月	戊寅					己卯					庚辰					辛巳					壬午					癸未				
節氣	立春					驚蟄					清明					立夏					芒種					小暑				
	2/4 3時7分 寅時					3/5 21時2分 亥時					4/5 1時40分 丑時					5/5 18時45分 酉時					6/5 22時44分 亥時					7/7 8時54分 辰時				
日	國曆		農曆		干支	國曆		農曆		干支	國曆		農曆		干支	國曆		農曆		干支	國曆		農曆		干支	國曆		農曆		干支
	2	4	1	2	庚午	3	5	2	2	己亥	4	5	3	3	庚午	5	5	4	4	庚子	6	5	5	5	辛未	7	7	6	7	癸卯
	2	5	1	3	辛未	3	6	2	3	庚子	4	6	3	4	辛未	5	6	4	5	辛丑	6	6	5	6	壬申	7	8	6	8	甲辰
	2	6	1	4	壬申	3	7	2	4	辛丑	4	7	3	5	壬申	5	7	4	6	壬寅	6	7	5	7	癸酉	7	9	6	9	乙巳
	2	7	1	5	癸酉	3	8	2	5	壬寅	4	8	3	6	癸酉	5	8	4	7	癸卯	6	8	5	8	甲戌	7	10	6	10	丙午
2030	2	8	1	6	甲戌	3	9	2	6	癸卯	4	9	3	7	甲戌	5	9	4	8	甲辰	6	9	5	9	乙亥	7	11	6	11	丁未
	2	9	1	7	乙亥	3	10	2	7	甲辰	4	10	3	8	乙亥	5	10	4	9	乙巳	6	10	5	10	丙子	7	12	6	12	戊申
	2	10	1	8	丙子	3	11	2	8	乙巳	4	11	3	9	丙子	5	11	4	10	丙午	6	11	5	11	丁丑	7	13	6	13	己酉
	2	11	1	9	丁丑	3	12	2	9	丙午	4	12	3	10	丁丑	5	12	4	11	丁未	6	12	5	12	戊寅	7	14	6	14	庚戌
	2	12	1	10	戊寅	3	13	2	10	丁未	4	13	3	11	戊寅	5	13	4	12	戊申	6	13	5	13	己卯	7	15	6	15	辛亥
	2	13	1	11	己卯	3	14	2	11	戊申	4	14	3	12	己卯	5	14	4	13	己酉	6	14	5	14	庚辰	7	16	6	16	壬子
	2	14	1	12	庚辰	3	15	2	12	己酉	4	15	3	13	庚辰	5	15	4	14	庚戌	6	15	5	15	辛巳	7	17	6	17	癸丑
	2	15	1	13	辛巳	3	16	2	13	庚戌	4	16	3	14	辛巳	5	16	4	15	辛亥	6	16	5	16	壬午	7	18	6	18	甲寅
	2	16	1	14	壬午	3	17	2	14	辛亥	4	17	3	15	壬午	5	17	4	16	壬子	6	17	5	17	癸未	7	19	6	19	乙卯
狗	2	17	1	15	癸未	3	18	2	15	壬子	4	18	3	16	癸未	5	18	4	17	癸丑	6	18	5	18	甲申	7	20	6	20	丙辰
	2	18	1	16	甲申	3	19	2	16	癸丑	4	19	3	17	甲申	5	19	4	18	甲寅	6	19	5	19	乙酉	7	21	6	21	丁巳
	2	19	1	17	乙酉	3	20	2	17	甲寅	4	20	3	18	乙酉	5	20	4	19	乙卯	6	20	5	20	丙戌	7	22	6	22	戊午
	2	20	1	18	丙戌	3	21	2	18	乙卯	4	21	3	19	丙戌	5	21	4	20	丙辰	6	21	5	21	丁亥	7	23	6	23	己未
	2	21	1	19	丁亥	3	22	2	19	丙辰	4	22	3	20	丁亥	5	22	4	21	丁巳	6	22	5	22	戊子	7	24	6	24	庚申
	2	22	1	20	戊子	3	23	2	20	丁巳	4	23	3	21	戊子	5	23	4	22	戊午	6	23	5	23	己丑	7	25	6	25	辛酉
	2	23	1	21	己丑	3	24	2	21	戊午	4	24	3	22	己丑	5	24	4	23	己未	6	24	5	24	庚寅	7	26	6	26	壬戌
中華民國一百十九年	2	24	1	22	庚寅	3	25	2	22	己未	4	25	3	23	庚寅	5	25	4	24	庚申	6	25	5	25	辛卯	7	27	6	27	癸亥
	2	25	1	23	辛卯	3	26	2	23	庚申	4	26	3	24	辛卯	5	26	4	25	辛酉	6	26	5	26	壬辰	7	28	6	28	甲子
	2	26	1	24	壬辰	3	27	2	24	辛酉	4	27	3	25	壬辰	5	27	4	26	壬戌	6	27	5	27	癸巳	7	29	6	29	乙丑
	2	27	1	25	癸巳	3	28	2	25	壬戌	4	28	3	26	癸巳	5	28	4	27	癸亥	6	28	5	28	甲午	7	30	7	1	丙寅
	2	28	1	26	甲午	3	29	2	26	癸亥	4	29	3	27	甲午	5	29	4	28	甲子	6	29	5	29	乙未	7	31	7	2	丁卯
	3	1	1	27	乙未	3	30	2	27	甲子	4	30	3	28	乙未	5	30	4	29	乙丑	6	30	5	30	丙申	8	1	7	3	戊辰
	3	2	1	28	丙申	3	31	2	28	乙丑	5	1	3	29	丙申	5	31	4	30	丙寅	7	1	6	1	丁酉	8	2	7	4	己巳
	3	3	1	29	丁酉	4	1	2	29	丙寅	5	2	4	1	丁酉	6	1	5	1	丁卯	7	2	6	2	戊戌	8	3	7	5	庚午
	3	4	2	1	戊戌	4	2	2	30	丁卯	5	3	4	2	戊戌	6	2	5	2	戊辰	7	3	6	3	己亥	8	4	7	6	辛未
						4	3	3	1	戊辰	5	4	4	3	己亥	6	3	5	3	己巳	7	4	6	4	庚子	8	5	7	7	壬申
						4	4	3	2	己巳						6	4	5	4	庚午	7	5	6	5	辛丑	8	6	7	8	癸酉
																					7	6	6	6	壬寅					
中氣	雨水					春分					穀雨					小滿					夏至					大暑				
	2/18 22時59分 亥時					3/20 21時51分 亥時					4/20 8時43分 辰時					5/21 7時40分 辰時					6/21 15時30分 申時					7/23 2時24分 丑時				

年	庚戌																	
月	甲申			乙酉			丙戌			丁亥			戊子			己丑		
節氣	立秋 8/7 18時46分 酉時			白露 9/7 21時52分 亥時			寒露 10/8 13時44分 未時			立冬 11/7 17時8分 酉時			大雪 12/7 10時7分 巳時			小寒 1/5 21時22分 亥時		
日	國曆	農曆	干支	國曆	農曆	干支	國曆	農曆	干支	國曆	農曆	干支	國曆	農曆	干支	國曆	農曆	干支
2030·2031	8 7	7 9	甲戌	9 7	8 10	乙巳	10 8	9 12	丙子	11 7	10 12	丙午	12 7	11 13	丙子	1 5	12 12	乙巳
	8 8	7 10	乙亥	9 8	8 11	丙午	10 9	9 13	丁丑	11 8	10 13	丁未	12 8	11 14	丁丑	1 6	12 13	丙午
	8 9	7 11	丙子	9 9	8 12	丁未	10 10	9 14	戊寅	11 9	10 14	戊申	12 9	11 15	戊寅	1 7	12 14	丁未
	8 10	7 12	丁丑	9 10	8 13	戊申	10 11	9 15	己卯	11 10	10 15	己酉	12 10	11 16	己卯	1 8	12 15	戊申
	8 11	7 13	戊寅	9 11	8 14	己酉	10 12	9 16	庚辰	11 11	10 16	庚戌	12 11	11 17	庚辰	1 9	12 16	己酉
	8 12	7 14	己卯	9 12	8 15	庚戌	10 13	9 17	辛巳	11 12	10 17	辛亥	12 12	11 18	辛巳	1 10	12 17	庚戌
	8 13	7 15	庚辰	9 13	8 16	辛亥	10 14	9 18	壬午	11 13	10 18	壬子	12 13	11 19	壬午	1 11	12 18	辛亥
	8 14	7 16	辛巳	9 14	8 17	壬子	10 15	9 19	癸未	11 14	10 19	癸丑	12 14	11 20	癸未	1 12	12 19	壬子
	8 15	7 17	壬午	9 15	8 18	癸丑	10 16	9 20	甲申	11 15	10 20	甲寅	12 15	11 21	甲申	1 13	12 20	癸丑
	8 16	7 18	癸未	9 16	8 19	甲寅	10 17	9 21	乙酉	11 16	10 21	乙卯	12 16	11 22	乙酉	1 14	12 21	甲寅
	8 17	7 19	甲申	9 17	8 20	乙卯	10 18	9 22	丙戌	11 17	10 22	丙辰	12 17	11 23	丙戌	1 15	12 22	乙卯
	8 18	7 20	乙酉	9 18	8 21	丙辰	10 19	9 23	丁亥	11 18	10 23	丁巳	12 18	11 24	丁亥	1 16	12 23	丙辰
	8 19	7 21	丙戌	9 19	8 22	丁巳	10 20	9 24	戊子	11 19	10 24	戊午	12 19	11 25	戊子	1 17	12 24	丁巳
	8 20	7 22	丁亥	9 20	8 23	戊午	10 21	9 25	己丑	11 20	10 25	己未	12 20	11 26	己丑	1 18	12 25	戊午
狗	8 21	7 23	戊子	9 21	8 24	己未	10 22	9 26	庚寅	11 21	10 26	庚申	12 21	11 27	庚寅	1 19	12 26	己未
	8 22	7 24	己丑	9 22	8 25	庚申	10 23	9 27	辛卯	11 22	10 27	辛酉	12 22	11 28	辛卯	1 20	12 27	庚申
	8 23	7 25	庚寅	9 23	8 26	辛酉	10 24	9 28	壬辰	11 23	10 28	壬戌	12 23	11 29	壬辰	1 21	12 28	辛酉
	8 24	7 26	辛卯	9 24	8 27	壬戌	10 25	9 29	癸巳	11 24	10 29	癸亥	12 24	11 30	癸巳	1 22	12 29	壬戌
	8 25	7 27	壬辰	9 25	8 28	癸亥	10 26	9 30	甲午	11 25	11 1	甲子	12 25	12 1	甲午	1 23	1 1	癸亥
中華民國一百十九·一百二十年	8 26	7 28	癸巳	9 26	8 29	甲子	10 27	10 1	乙未	11 26	11 2	乙丑	12 26	12 2	乙未	1 24	1 2	甲子
	8 27	7 29	甲午	9 27	9 1	乙丑	10 28	10 2	丙申	11 27	11 3	丙寅	12 27	12 3	丙申	1 25	1 3	乙丑
	8 28	7 30	乙未	9 28	9 2	丙寅	10 29	10 3	丁酉	11 28	11 4	丁卯	12 28	12 4	丁酉	1 26	1 4	丙寅
	8 29	8 1	丙申	9 29	9 3	丁卯	10 30	10 4	戊戌	11 29	11 5	戊辰	12 29	12 5	戊戌	1 27	1 5	丁卯
	8 30	8 2	丁酉	9 30	9 4	戊辰	10 31	10 5	己亥	11 30	11 6	己巳	12 30	12 6	己亥	1 28	1 6	戊辰
	8 31	8 3	戊戌	10 1	9 5	己巳	11 1	10 6	庚子	12 1	11 7	庚午	12 31	12 7	庚子	1 29	1 7	己巳
	9 1	8 4	己亥	10 2	9 6	庚午	11 2	10 7	辛丑	12 2	11 8	辛未	1 1	12 8	辛丑	1 30	1 8	庚午
	9 2	8 5	庚子	10 3	9 7	辛未	11 3	10 8	壬寅	12 3	11 9	壬申	1 2	12 9	壬寅	1 31	1 9	辛未
	9 3	8 6	辛丑	10 4	9 8	壬申	11 4	10 9	癸卯	12 4	11 10	癸酉	1 3	12 10	癸卯	2 1	1 10	壬申
	9 4	8 7	壬寅	10 5	9 9	癸酉	11 5	10 10	甲辰	12 5	11 11	甲戌	1 4	12 11	甲辰	2 2	1 11	癸酉
	9 5	8 8	癸卯	10 6	9 10	甲戌	11 6	10 11	乙巳	12 6	11 12	乙亥				2 3	1 12	甲戌
	9 6	8 9	甲辰	10 7	9 11	乙亥												
中氣	處暑 8/23 9時35分 巳時			秋分 9/23 7時26分 辰時			霜降 10/23 17時0分 酉時			小雪 11/22 14時44分 未時			冬至 12/22 4時9分 寅時			大寒 1/20 14時47分 未時		

年	辛亥																													
月	庚寅					辛卯					壬辰					癸巳					甲午					乙未				
節氣	立春 2/4 8時57分 辰時					驚蟄 3/6 2時50分 丑時					清明 4/5 7時27分 辰時					立夏 5/6 0時34分 子時					芒種 6/6 4時35分 寅時					小暑 7/7 14時48分 未時				
日	國曆		農曆		干支	國曆		農曆		干支	國曆		農曆		干支	國曆		農曆		干支	國曆		農曆		干支	國曆		農曆		干支
2031 豬 中華民國一百二十年	2	4	1	13	乙亥	3	6	2	14	乙巳	4	5	3	14	乙亥	5	6	3	15	丙午	6	6	4	17	丁丑	7	7	5	18	戊申
	2	5	1	14	丙子	3	7	2	15	丙午	4	6	3	15	丙子	5	7	3	16	丁未	6	7	4	18	戊寅	7	8	5	19	己酉
	2	6	1	15	丁丑	3	8	2	16	丁未	4	7	3	16	丁丑	5	8	3	17	戊申	6	8	4	19	己卯	7	9	5	20	庚戌
	2	7	1	16	戊寅	3	9	2	17	戊申	4	8	3	17	戊寅	5	9	3	18	己酉	6	9	4	20	庚辰	7	10	5	21	辛亥
	2	8	1	17	己卯	3	10	2	18	己酉	4	9	3	18	己卯	5	10	3	19	庚戌	6	10	4	21	辛巳	7	11	5	22	壬子
	2	9	1	18	庚辰	3	11	2	19	庚戌	4	10	3	19	庚辰	5	11	3	20	辛亥	6	11	4	22	壬午	7	12	5	23	癸丑
	2	10	1	19	辛巳	3	12	2	20	辛亥	4	11	3	20	辛巳	5	12	3	21	壬子	6	12	4	23	癸未	7	13	5	24	甲寅
	2	11	1	20	壬午	3	13	2	21	壬子	4	12	3	21	壬午	5	13	3	22	癸丑	6	13	4	24	甲申	7	14	5	25	乙卯
	2	12	1	21	癸未	3	14	2	22	癸丑	4	13	3	22	癸未	5	14	3	23	甲寅	6	14	4	25	乙酉	7	15	5	26	丙辰
	2	13	1	22	甲申	3	15	2	23	甲寅	4	14	3	23	甲申	5	15	3	24	乙卯	6	15	4	26	丙戌	7	16	5	27	丁巳
	2	14	1	23	乙酉	3	16	2	24	乙卯	4	15	3	24	乙酉	5	16	3	25	丙辰	6	16	4	27	丁亥	7	17	5	28	戊午
	2	15	1	24	丙戌	3	17	2	25	丙辰	4	16	3	25	丙戌	5	17	3	26	丁巳	6	17	4	28	戊子	7	18	5	29	己未
	2	16	1	25	丁亥	3	18	2	26	丁巳	4	17	3	26	丁亥	5	18	3	27	戊午	6	18	4	29	己丑	7	19	6	1	庚申
	2	17	1	26	戊子	3	19	2	27	戊午	4	18	3	27	戊子	5	19	3	28	己未	6	19	4	30	庚寅	7	20	6	2	辛酉
	2	18	1	27	己丑	3	20	2	28	己未	4	19	3	28	己丑	5	20	3	29	庚申	6	20	5	1	辛卯	7	21	6	3	壬戌
	2	19	1	28	庚寅	3	21	2	29	庚申	4	20	3	29	庚寅	5	21	4	1	辛酉	6	21	5	2	壬辰	7	22	6	4	癸亥
	2	20	1	29	辛卯	3	22	2	30	辛酉	4	21	3	30	辛卯	5	22	4	2	壬戌	6	22	5	3	癸巳	7	23	6	5	甲子
	2	21	2	1	壬辰	3	23	3	1	壬戌	4	22	閏3	1	壬辰	5	23	4	3	癸亥	6	23	5	4	甲午	7	24	6	6	乙丑
	2	22	2	2	癸巳	3	24	3	2	癸亥	4	23	3	2	癸巳	5	24	4	4	甲子	6	24	5	5	乙未	7	25	6	7	丙寅
	2	23	2	3	甲午	3	25	3	3	甲子	4	24	3	3	甲午	5	25	4	5	乙丑	6	25	5	6	丙申	7	26	6	8	丁卯
	2	24	2	4	乙未	3	26	3	4	乙丑	4	25	3	4	乙未	5	26	4	6	丙寅	6	26	5	7	丁酉	7	27	6	9	戊辰
	2	25	2	5	丙申	3	27	3	5	丙寅	4	26	3	5	丙申	5	27	4	7	丁卯	6	27	5	8	戊戌	7	28	6	10	己巳
	2	26	2	6	丁酉	3	28	3	6	丁卯	4	27	3	6	丁酉	5	28	4	8	戊辰	6	28	5	9	己亥	7	29	6	11	庚午
	2	27	2	7	戊戌	3	29	3	7	戊辰	4	28	3	7	戊戌	5	29	4	9	己巳	6	29	5	10	庚子	7	30	6	12	辛未
	2	28	2	8	己亥	3	30	3	8	己巳	4	29	3	8	己亥	5	30	4	10	庚午	6	30	5	11	辛丑	7	31	6	13	壬申
	3	1	2	9	庚子	3	31	3	9	庚午	4	30	3	9	庚子	5	31	4	11	辛未	7	1	5	12	壬寅	8	1	6	14	癸酉
	3	2	2	10	辛丑	4	1	3	10	辛未	5	1	3	10	辛丑	6	1	4	12	壬申	7	2	5	13	癸卯	8	2	6	15	甲戌
	3	3	2	11	壬寅	4	2	3	11	壬申	5	2	3	11	壬寅	6	2	4	13	癸酉	7	3	5	14	甲辰	8	3	6	16	乙亥
	3	4	2	12	癸卯	4	3	3	12	癸酉	5	3	3	12	癸卯	6	3	4	14	甲戌	7	4	5	15	乙巳	8	4	6	17	丙子
	3	5	2	13	甲辰	4	4	3	13	甲戌	5	4	3	13	甲辰	6	4	4	15	乙亥	7	5	5	16	丙午	8	5	6	18	丁丑
											5	5	3	14	乙巳	6	5	4	16	丙子	7	6	5	17	丁未	8	6	6	19	戊寅
																										8	7	6	20	己卯
中氣	雨水 2/19 4時50分 寅時					春分 3/21 3時40分 寅時					穀雨 4/20 14時30分 未時					小滿 5/21 13時27分 未時					夏至 6/21 21時16分 亥時					大暑 7/23 8時9分 辰時				

2031・2032 豬 中華民國一百二十・一百二十一年

年	辛亥														
月	丙申					丁酉					戊戌				
節氣	立秋 8/8 0時42分 子時					白露 9/8 3時49分 寅時					寒露 10/8 19時42分 戌時				
日	國曆		農曆		干支	國曆		農曆		干支	國曆		農曆		干支
	8	8	6	21	庚辰	9	8	7	22	辛亥	10	8	8	22	辛巳
	8	9	6	22	辛巳	9	9	7	23	壬子	10	9	8	23	壬午
	8	10	6	23	壬午	9	10	7	24	癸丑	10	10	8	24	癸未
	8	11	6	24	癸未	9	11	7	25	甲寅	10	11	8	25	甲申
	8	12	6	25	甲申	9	12	7	26	乙卯	10	12	8	26	乙酉
	8	13	6	26	乙酉	9	13	7	27	丙辰	10	13	8	27	丙戌
	8	14	6	27	丙戌	9	14	7	28	丁巳	10	14	8	28	丁亥
	8	15	6	28	丁亥	9	15	7	29	戊午	10	15	8	29	戊子
	8	16	6	29	戊子	9	16	7	30	己未	10	16	9	1	己丑
	8	17	6	30	己丑	9	17	8	1	庚申	10	17	9	2	庚寅
	8	18	7	1	庚寅	9	18	8	2	辛酉	10	18	9	3	辛卯
	8	19	7	2	辛卯	9	19	8	3	壬戌	10	19	9	4	壬辰
	8	20	7	3	壬辰	9	20	8	4	癸亥	10	20	9	5	癸巳
	8	21	7	4	癸巳	9	21	8	5	甲子	10	21	9	6	甲午
	8	22	7	5	甲午	9	22	8	6	乙丑	10	22	9	7	乙未
	8	23	7	6	乙未	9	23	8	7	丙寅	10	23	9	8	丙申
	8	24	7	7	丙申	9	24	8	8	丁卯	10	24	9	9	丁酉
	8	25	7	8	丁酉	9	25	8	9	戊辰	10	25	9	10	戊戌
	8	26	7	9	戊戌	9	26	8	10	己巳	10	26	9	11	己亥
	8	27	7	10	己亥	9	27	8	11	庚午	10	27	9	12	庚子
	8	28	7	11	庚子	9	28	8	12	辛未	10	28	9	13	辛丑
	8	29	7	12	辛丑	9	29	8	13	壬申	10	29	9	14	壬寅
	8	30	7	13	壬寅	9	30	8	14	癸酉	10	30	9	15	癸卯
	8	31	7	14	癸卯	10	1	8	15	甲戌	10	31	9	16	甲辰
	9	1	7	15	甲辰	10	2	8	16	乙亥	11	1	9	17	乙巳
	9	2	7	16	乙巳	10	3	8	17	丙子	11	2	9	18	丙午
	9	3	7	17	丙午	10	4	8	18	丁丑	11	3	9	19	丁未
	9	4	7	18	丁未	10	5	8	19	戊寅	11	4	9	20	戊申
	9	5	7	19	戊申	10	6	8	20	己卯	11	5	9	21	己酉
	9	6	7	20	己酉	10	7	8	21	庚辰	11	6	9	22	庚戌
	9	7	7	21	庚戌										
中氣	處暑 8/23 15時22分 申時					秋分 9/23 13時14分 未時					霜降 10/23 22時48分 亥時				

年	辛亥														
月	己亥					庚子					辛丑				
節氣	立冬 11/7 23時5分 子時					大雪 12/7 16時2分 申時					小寒 1/6 3時15分 寅時				
日	國曆		農曆		干支	國曆		農曆		干支	國曆		農曆		干支
	11	7	9	23	辛亥	12	7	10	23	辛巳	1	6	11	24	辛亥
	11	8	9	24	壬子	12	8	10	24	壬午	1	7	11	25	壬子
	11	9	9	25	癸丑	12	9	10	25	癸未	1	8	11	26	癸丑
	11	10	9	26	甲寅	12	10	10	26	甲申	1	9	11	27	甲寅
	11	11	9	27	乙卯	12	11	10	27	乙酉	1	10	11	28	乙卯
	11	12	9	28	丙辰	12	12	10	28	丙戌	1	11	11	29	丙辰
	11	13	9	29	丁巳	12	13	10	29	丁亥	1	12	11	30	丁巳
	11	14	9	30	戊午	12	14	11	1	戊子	1	13	12	1	戊午
	11	15	10	1	己未	12	15	11	2	己丑	1	14	12	2	己未
	11	16	10	2	庚申	12	16	11	3	庚寅	1	15	12	3	庚申
	11	17	10	3	辛酉	12	17	11	4	辛卯	1	16	12	4	辛酉
	11	18	10	4	壬戌	12	18	11	5	壬辰	1	17	12	5	壬戌
	11	19	10	5	癸亥	12	19	11	6	癸巳	1	18	12	6	癸亥
	11	20	10	6	甲子	12	20	11	7	甲午	1	19	12	7	甲子
	11	21	10	7	乙丑	12	21	11	8	乙未	1	20	12	8	乙丑
	11	22	10	8	丙寅	12	22	11	9	丙申	1	21	12	9	丙寅
	11	23	10	9	丁卯	12	23	11	10	丁酉	1	22	12	10	丁卯
	11	24	10	10	戊辰	12	24	11	11	戊戌	1	23	12	11	戊辰
	11	25	10	11	己巳	12	25	11	12	己亥	1	24	12	12	己巳
	11	26	10	12	庚午	12	26	11	13	庚子	1	25	12	13	庚午
	11	27	10	13	辛未	12	27	11	14	辛丑	1	26	12	14	辛未
	11	28	10	14	壬申	12	28	11	15	壬寅	1	27	12	15	壬申
	11	29	10	15	癸酉	12	29	11	16	癸卯	1	28	12	16	癸酉
	11	30	10	16	甲戌	12	30	11	17	甲辰	1	29	12	17	甲戌
	12	1	10	17	乙亥	12	31	11	18	乙巳	1	30	12	18	乙亥
	12	2	10	18	丙子	1	1	11	19	丙午	1	31	12	19	丙子
	12	3	10	19	丁丑	1	2	11	20	丁未	2	1	12	20	丁丑
	12	4	10	20	戊寅	1	3	11	21	戊申	2	2	12	21	戊寅
	12	5	10	21	己卯	1	4	11	22	己酉	2	3	12	22	己卯
	12	6	10	22	庚辰	1	5	11	23	庚戌					
中氣	小雪 11/22 20時32分 戌時					冬至 12/22 9時55分 巳時					大寒 1/20 20時30分 戌時				

2032 鼠 中華民國一百二十一年

年	壬子																													
月	壬寅					癸卯					甲辰					乙巳					丙午					丁未				
節氣	立春 2/4 14時48分 未時					驚蟄 3/5 8時39分 辰時					清明 4/4 13時17分 未時					立夏 5/5 6時25分 卯時					芒種 6/5 10時27分 巳時					小暑 7/6 20時40分 戌時				
日	國曆		農曆		干支	國曆		農曆		干支	國曆		農曆		干支	國曆		農曆		干支	國曆		農曆		干支	國曆		農曆		干支
	2	4	12	23	庚辰	3	5	1	24	庚戌	4	4	2	24	庚辰	5	5	3	26	辛亥	6	5	4	28	壬午	7	6	5	29	癸丑
	2	5	12	24	辛巳	3	6	1	25	辛亥	4	5	2	25	辛巳	5	6	3	27	壬子	6	6	4	29	癸未	7	7	6	1	甲寅
	2	6	12	25	壬午	3	7	1	26	壬子	4	6	2	26	壬午	5	7	3	28	癸丑	6	7	4	30	甲申	7	8	6	2	乙卯
	2	7	12	26	癸未	3	8	1	27	癸丑	4	7	2	27	癸未	5	8	3	29	甲寅	6	8	5	1	乙酉	7	9	6	3	丙辰
	2	8	12	27	甲申	3	9	1	28	甲寅	4	8	2	28	甲申	5	9	4	1	乙卯	6	9	5	2	丙戌	7	10	6	4	丁巳
	2	9	12	28	乙酉	3	10	1	29	乙卯	4	9	2	29	乙酉	5	10	4	2	丙辰	6	10	5	3	丁亥	7	11	6	5	戊午
	2	10	12	29	丙戌	3	11	1	30	丙辰	4	10	3	1	丙戌	5	11	4	3	丁巳	6	11	5	4	戊子	7	12	6	6	己未
	2	11	1	1	丁亥	3	12	2	1	丁巳	4	11	3	2	丁亥	5	12	4	4	戊午	6	12	5	5	己丑	7	13	6	7	庚申
	2	12	1	2	戊子	3	13	2	2	戊午	4	12	3	3	戊子	5	13	4	5	己未	6	13	5	6	庚寅	7	14	6	8	辛酉
	2	13	1	3	己丑	3	14	2	3	己未	4	13	3	4	己丑	5	14	4	6	庚申	6	14	5	7	辛卯	7	15	6	9	壬戌
	2	14	1	4	庚寅	3	15	2	4	庚申	4	14	3	5	庚寅	5	15	4	7	辛酉	6	15	5	8	壬辰	7	16	6	10	癸亥
	2	15	1	5	辛卯	3	16	2	5	辛酉	4	15	3	6	辛卯	5	16	4	8	壬戌	6	16	5	9	癸巳	7	17	6	11	甲子
	2	16	1	6	壬辰	3	17	2	6	壬戌	4	16	3	7	壬辰	5	17	4	9	癸亥	6	17	5	10	甲午	7	18	6	12	乙丑
	2	17	1	7	癸巳	3	18	2	7	癸亥	4	17	3	8	癸巳	5	18	4	10	甲子	6	18	5	11	乙未	7	19	6	13	丙寅
	2	18	1	8	甲午	3	19	2	8	甲子	4	18	3	9	甲午	5	19	4	11	乙丑	6	19	5	12	丙申	7	20	6	14	丁卯
	2	19	1	9	乙未	3	20	2	9	乙丑	4	19	3	10	乙未	5	20	4	12	丙寅	6	20	5	13	丁酉	7	21	6	15	戊辰
	2	20	1	10	丙申	3	21	2	10	丙寅	4	20	3	11	丙申	5	21	4	13	丁卯	6	21	5	14	戊戌	7	22	6	16	己巳
	2	21	1	11	丁酉	3	22	2	11	丁卯	4	21	3	12	丁酉	5	22	4	14	戊辰	6	22	5	15	己亥	7	23	6	17	庚午
	2	22	1	12	戊戌	3	23	2	12	戊辰	4	22	3	13	戊戌	5	23	4	15	己巳	6	23	5	16	庚子	7	24	6	18	辛未
	2	23	1	13	己亥	3	24	2	13	己巳	4	23	3	14	己亥	5	24	4	16	庚午	6	24	5	17	辛丑	7	25	6	19	壬申
	2	24	1	14	庚子	3	25	2	14	庚午	4	24	3	15	庚子	5	25	4	17	辛未	6	25	5	18	壬寅	7	26	6	20	癸酉
	2	25	1	15	辛丑	3	26	2	15	辛未	4	25	3	16	辛丑	5	26	4	18	壬申	6	26	5	19	癸卯	7	27	6	21	甲戌
	2	26	1	16	壬寅	3	27	2	16	壬申	4	26	3	17	壬寅	5	27	4	19	癸酉	6	27	5	20	甲辰	7	28	6	22	乙亥
	2	27	1	17	癸卯	3	28	2	17	癸酉	4	27	3	18	癸卯	5	28	4	20	甲戌	6	28	5	21	乙巳	7	29	6	23	丙子
	2	28	1	18	甲辰	3	29	2	18	甲戌	4	28	3	19	甲辰	5	29	4	21	乙亥	6	29	5	22	丙午	7	30	6	24	丁丑
	2	29	1	19	乙巳	3	30	2	19	乙亥	4	29	3	20	乙巳	5	30	4	22	丙子	6	30	5	23	丁未	7	31	6	25	戊寅
	3	1	1	20	丙午	3	31	2	20	丙子	4	30	3	21	丙午	5	31	4	23	丁丑	7	1	5	24	戊申	8	1	6	26	己卯
	3	2	1	21	丁未	4	1	2	21	丁丑	5	1	3	22	丁未	6	1	4	24	戊寅	7	2	5	25	己酉	8	2	6	27	庚辰
	3	3	1	22	戊申	4	2	2	22	戊寅	5	2	3	23	戊申	6	2	4	25	己卯	7	3	5	26	庚戌	8	3	6	28	辛巳
	3	4	1	23	己酉	4	3	2	23	己卯	5	3	3	24	己酉	6	3	4	26	庚辰	7	4	5	27	辛亥	8	4	6	29	壬午
											5	4	3	25	庚戌	6	4	4	27	辛巳	7	5	5	28	壬子	8	5	6	30	癸未
																										8	6	7	1	甲申
中氣	雨水 2/19 10時31分 巳時					春分 3/20 9時21分 巳時					穀雨 4/19 20時13分 戌時					小滿 5/20 19時14分 戌時					夏至 6/21 3時8分 寅時					大暑 7/22 14時4分 未時				

2032・2033 鼠 中華民國一百二十一・一百二十二年

年	王子														
月	戊申					己酉					庚戌				
節氣	立秋 8/7 6時32分 卯時					白露 9/7 9時37分 巳時					寒露 10/8 1時29分 丑時				
日	國曆		農曆		干支	國曆		農曆		干支	國曆		農曆		干支
	8	7	7	2	乙酉	9	7	8	3	丙辰	10	8	9	5	丁亥
	8	8	7	3	丙戌	9	8	8	4	丁巳	10	9	9	6	戊子
	8	9	7	4	丁亥	9	9	8	5	戊午	10	10	9	7	己丑
	8	10	7	5	戊子	9	10	8	6	己未	10	11	9	8	庚寅
	8	11	7	6	己丑	9	11	8	7	庚申	10	12	9	9	辛卯
	8	12	7	7	庚寅	9	12	8	8	辛酉	10	13	9	10	壬辰
	8	13	7	8	辛卯	9	13	8	9	壬戌	10	14	9	11	癸巳
	8	14	7	9	壬辰	9	14	8	10	癸亥	10	15	9	12	甲午
	8	15	7	10	癸巳	9	15	8	11	甲子	10	16	9	13	乙未
	8	16	7	11	甲午	9	16	8	12	乙丑	10	17	9	14	丙申
	8	17	7	12	乙未	9	17	8	13	丙寅	10	18	9	15	丁酉
	8	18	7	13	丙申	9	18	8	14	丁卯	10	19	9	16	戊戌
	8	19	7	14	丁酉	9	19	8	15	戊辰	10	20	9	17	己亥
	8	20	7	15	戊戌	9	20	8	16	己巳	10	21	9	18	庚子
	8	21	7	16	己亥	9	21	8	17	庚午	10	22	9	19	辛丑
	8	22	7	17	庚子	9	22	8	18	辛未	10	23	9	20	壬寅
	8	23	7	18	辛丑	9	23	8	19	壬申	10	24	9	21	癸卯
	8	24	7	19	壬寅	9	24	8	20	癸酉	10	25	9	22	甲辰
	8	25	7	20	癸卯	9	25	8	21	甲戌	10	26	9	23	乙巳
	8	26	7	21	甲辰	9	26	8	22	乙亥	10	27	9	24	丙午
	8	27	7	22	乙巳	9	27	8	23	丙子	10	28	9	25	丁未
	8	28	7	23	丙午	9	28	8	24	丁丑	10	29	9	26	戊申
	8	29	7	24	丁未	9	29	8	25	戊寅	10	30	9	27	己酉
	8	30	7	25	戊申	9	30	8	26	己卯	10	31	9	28	庚戌
	8	31	7	26	己酉	10	1	8	27	庚辰	11	1	9	29	辛亥
	9	1	7	27	庚戌	10	2	8	28	辛巳	11	2	9	30	壬子
	9	2	7	28	辛亥	10	3	8	29	壬午	11	3	10	1	癸丑
	9	3	7	29	壬子	10	4	9	1	癸未	11	4	10	2	甲寅
	9	4	7	30	癸丑	10	5	9	2	甲申	11	5	10	3	乙卯
	9	5	8	1	甲寅	10	6	9	3	乙酉	11	6	10	4	丙辰
	9	6	8	2	乙卯	10	7	9	4	丙戌					
中氣	處暑 8/22 21時17分 亥時					秋分 9/22 19時10分 戌時					霜降 10/23 4時45分 寅時				

年	王子														
月	辛亥					壬子					癸丑				
節氣	立冬 11/7 4時53分 寅時					大雪 12/6 21時52分 亥時					小寒 1/5 9時7分 巳時				
日	國曆		農曆		干支	國曆		農曆		干支	國曆		農曆		干支
	11	7	10	5	丁巳	12	6	11	4	丙戌	1	5	12	5	丙辰
	11	8	10	6	戊午	12	7	11	5	丁亥	1	6	12	6	丁巳
	11	9	10	7	己未	12	8	11	6	戊子	1	7	12	7	戊午
	11	10	10	8	庚申	12	9	11	7	己丑	1	8	12	8	己未
	11	11	10	9	辛酉	12	10	11	8	庚寅	1	9	12	9	庚申
	11	12	10	10	壬戌	12	11	11	9	辛卯	1	10	12	10	辛酉
	11	13	10	11	癸亥	12	12	11	10	壬辰	1	11	12	11	壬戌
	11	14	10	12	甲子	12	13	11	11	癸巳	1	12	12	12	癸亥
	11	15	10	13	乙丑	12	14	11	12	甲午	1	13	12	13	甲子
	11	16	10	14	丙寅	12	15	11	13	乙未	1	14	12	14	乙丑
	11	17	10	15	丁卯	12	16	11	14	丙申	1	15	12	15	丙寅
	11	18	10	16	戊辰	12	17	11	15	丁酉	1	16	12	16	丁卯
	11	19	10	17	己巳	12	18	11	16	戊戌	1	17	12	17	戊辰
	11	20	10	18	庚午	12	19	11	17	己亥	1	18	12	18	己巳
	11	21	10	19	辛未	12	20	11	18	庚子	1	19	12	19	庚午
	11	22	10	20	壬申	12	21	11	19	辛丑	1	20	12	20	辛未
	11	23	10	21	癸酉	12	22	11	20	壬寅	1	21	12	21	壬申
	11	24	10	22	甲戌	12	23	11	21	癸卯	1	22	12	22	癸酉
	11	25	10	23	乙亥	12	24	11	22	甲辰	1	23	12	23	甲戌
	11	26	10	24	丙子	12	25	11	23	乙巳	1	24	12	24	乙亥
	11	27	10	25	丁丑	12	26	11	24	丙午	1	25	12	25	丙子
	11	28	10	26	戊寅	12	27	11	25	丁未	1	26	12	26	丁丑
	11	29	10	27	己卯	12	28	11	26	戊申	1	27	12	27	戊寅
	11	30	10	28	庚辰	12	29	11	27	己酉	1	28	12	28	己卯
	12	1	10	29	辛巳	12	30	11	28	庚戌	1	29	12	29	庚辰
	12	2	10	30	壬午	12	31	11	29	辛亥	1	30	12	30	辛巳
	12	3	11	1	癸未	1	1	12	1	壬子	1	31	1	1	壬午
	12	4	11	2	甲申	1	2	12	2	癸丑	2	1	1	2	癸未
	12	5	11	3	乙酉	1	3	12	3	甲寅	2	2	1	3	甲申
						1	4	12	4	乙卯					
中氣	小雪 11/22 2時30分 丑時					冬至 12/21 15時55分 申時					大寒 1/20 2時32分 丑時				

年	癸丑																													
月	甲寅					乙卯					丙辰					丁巳					戊午					己未				
節氣	立春					驚蟄					清明					立夏					芒種					小暑				
	2/3 20時41分 戌時					3/5 14時31分 未時					4/4 19時7分 戌時					5/5 12時13分 午時					6/5 16時12分 申時					7/7 2時24分 丑時				
日	國曆		農曆		干支	國曆		農曆		干支	國曆		農曆		干支	國曆		農曆		干支	國曆		農曆		干支	國曆		農曆		干支
2033 牛 中華民國一百二十二年	2	3	1	4	乙酉	3	5	2	5	乙卯	4	4	3	5	乙酉	5	5	4	7	丙辰	6	5	5	9	丁亥	7	7	6	11	己未
	2	4	1	5	丙戌	3	6	2	6	丙辰	4	5	3	6	丙戌	5	6	4	8	丁巳	6	6	5	10	戊子	7	8	6	12	庚申
	2	5	1	6	丁亥	3	7	2	7	丁巳	4	6	3	7	丁亥	5	7	4	9	戊午	6	7	5	11	己丑	7	9	6	13	辛酉
	2	6	1	7	戊子	3	8	2	8	戊午	4	7	3	8	戊子	5	8	4	10	己未	6	8	5	12	庚寅	7	10	6	14	壬戌
	2	7	1	8	己丑	3	9	2	9	己未	4	8	3	9	己丑	5	9	4	11	庚申	6	9	5	13	辛卯	7	11	6	15	癸亥
	2	8	1	9	庚寅	3	10	2	10	庚申	4	9	3	10	庚寅	5	10	4	12	辛酉	6	10	5	14	壬辰	7	12	6	16	甲子
	2	9	1	10	辛卯	3	11	2	11	辛酉	4	10	3	11	辛卯	5	11	4	13	壬戌	6	11	5	15	癸巳	7	13	6	17	乙丑
	2	10	1	11	壬辰	3	12	2	12	壬戌	4	11	3	12	壬辰	5	12	4	14	癸亥	6	12	5	16	甲午	7	14	6	18	丙寅
	2	11	1	12	癸巳	3	13	2	13	癸亥	4	12	3	13	癸巳	5	13	4	15	甲子	6	13	5	17	乙未	7	15	6	19	丁卯
	2	12	1	13	甲午	3	14	2	14	甲子	4	13	3	14	甲午	5	14	4	16	乙丑	6	14	5	18	丙申	7	16	6	20	戊辰
	2	13	1	14	乙未	3	15	2	15	乙丑	4	14	3	15	乙未	5	15	4	17	丙寅	6	15	5	19	丁酉	7	17	6	21	己巳
	2	14	1	15	丙申	3	16	2	16	丙寅	4	15	3	16	丙申	5	16	4	18	丁卯	6	16	5	20	戊戌	7	18	6	22	庚午
	2	15	1	16	丁酉	3	17	2	17	丁卯	4	16	3	17	丁酉	5	17	4	19	戊辰	6	17	5	21	己亥	7	19	6	23	辛未
	2	16	1	17	戊戌	3	18	2	18	戊辰	4	17	3	18	戊戌	5	18	4	20	己巳	6	18	5	22	庚子	7	20	6	24	壬申
	2	17	1	18	己亥	3	19	2	19	己巳	4	18	3	19	己亥	5	19	4	21	庚午	6	19	5	23	辛丑	7	21	6	25	癸酉
	2	18	1	19	庚子	3	20	2	20	庚午	4	19	3	20	庚子	5	20	4	22	辛未	6	20	5	24	壬寅	7	22	6	26	甲戌
	2	19	1	20	辛丑	3	21	2	21	辛未	4	20	3	21	辛丑	5	21	4	23	壬申	6	21	5	25	癸卯	7	23	6	27	乙亥
	2	20	1	21	壬寅	3	22	2	22	壬申	4	21	3	22	壬寅	5	22	4	24	癸酉	6	22	5	26	甲辰	7	24	6	28	丙子
	2	21	1	22	癸卯	3	23	2	23	癸酉	4	22	3	23	癸卯	5	23	4	25	甲戌	6	23	5	27	乙巳	7	25	6	29	丁丑
	2	22	1	23	甲辰	3	24	2	24	甲戌	4	23	3	24	甲辰	5	24	4	26	乙亥	6	24	5	28	丙午	7	26	7	1	戊寅
	2	23	1	24	乙巳	3	25	2	25	乙亥	4	24	3	25	乙巳	5	25	4	27	丙子	6	25	5	29	丁未	7	27	7	2	己卯
	2	24	1	25	丙午	3	26	2	26	丙子	4	25	3	26	丙午	5	26	4	28	丁丑	6	26	5	30	戊申	7	28	7	3	庚辰
	2	25	1	26	丁未	3	27	2	27	丁丑	4	26	3	27	丁未	5	27	4	29	戊寅	6	27	6	1	己酉	7	29	7	4	辛巳
	2	26	1	27	戊申	3	28	2	28	戊寅	4	27	3	28	戊申	5	28	5	1	己卯	6	28	6	2	庚戌	7	30	7	5	壬午
	2	27	1	28	己酉	3	29	2	29	己卯	4	28	3	29	己酉	5	29	5	2	庚辰	6	29	6	3	辛亥	7	31	7	6	癸未
	2	28	1	29	庚戌	3	30	2	30	庚辰	4	29	4	1	庚戌	5	30	5	3	辛巳	6	30	6	4	壬子	8	1	7	7	甲申
	3	1	2	1	辛亥	3	31	3	1	辛巳	4	30	4	2	辛亥	5	31	5	4	壬午	7	1	6	5	癸丑	8	2	7	8	乙酉
	3	2	2	2	壬子	4	1	3	2	壬午	5	1	4	3	壬子	6	1	5	5	癸未	7	2	6	6	甲寅	8	3	7	9	丙戌
	3	3	2	3	癸丑	4	2	3	3	癸未	5	2	4	4	癸丑	6	2	5	6	甲申	7	3	6	7	乙卯	8	4	7	10	丁亥
	3	4	2	4	甲寅	4	3	3	4	甲申	5	3	4	5	甲寅	6	3	5	7	乙酉	7	4	6	8	丙辰	8	5	7	11	戊子
											5	4	4	6	乙卯	6	4	5	8	丙戌	7	5	6	9	丁巳	8	6	7	12	己丑
																					7	6	6	10	戊午					
中氣	雨水					春分					穀雨					小滿					夏至					大暑				
	2/18 16時33分 申時					3/20 15時22分 申時					4/20 2時12分 丑時					5/21 1時10分 丑時					6/21 9時0分 巳時					7/22 19時52分 戌時				

癸丑																														年
庚申					辛酉					壬戌					癸亥					甲子					乙丑					月
立秋 8/7 12時15分 午時					白露 9/7 15時19分 申時					寒露 10/8 7時13分 辰時					立冬 11/7 10時40分 巳時					大雪 12/7 3時44分 寅時					小寒 1/5 15時3分 申時					節氣
國曆		農曆		干支	國曆		農曆		干支	國曆		農曆		干支	國曆		農曆		干支	國曆		農曆		干支	國曆		農曆		干支	日
8	7	7	13	庚寅	9	7	8	14	辛酉	10	8	9	16	壬辰	11	7	10	16	壬戌	12	7	11	16	壬辰	1	5	11	15	辛酉	2
8	8	7	14	辛卯	9	8	8	15	壬戌	10	9	9	17	癸巳	11	8	10	17	癸亥	12	8	11	17	癸巳	1	6	11	16	壬戌	0
8	9	7	15	壬辰	9	9	8	16	癸亥	10	10	9	18	甲午	11	9	10	18	甲子	12	9	11	18	甲午	1	7	11	17	癸亥	3
8	10	7	16	癸巳	9	10	8	17	甲子	10	11	9	19	乙未	11	10	10	19	乙丑	12	10	11	19	乙未	1	8	11	18	甲子	3
8	11	7	17	甲午	9	11	8	18	乙丑	10	12	9	20	丙申	11	11	10	20	丙寅	12	11	11	20	丙申	1	9	11	19	乙丑	·
8	12	7	18	乙未	9	12	8	19	丙寅	10	13	9	21	丁酉	11	12	10	21	丁卯	12	12	11	21	丁酉	1	10	11	20	丙寅	2
8	13	7	19	丙申	9	13	8	20	丁卯	10	14	9	22	戊戌	11	13	10	22	戊辰	12	13	11	22	戊戌	1	11	11	21	丁卯	0
8	14	7	20	丁酉	9	14	8	21	戊辰	10	15	9	23	己亥	11	14	10	23	己巳	12	14	11	23	己亥	1	12	11	22	戊辰	3
8	15	7	21	戊戌	9	15	8	22	己巳	10	16	9	24	庚子	11	15	10	24	庚午	12	15	11	24	庚子	1	13	11	23	己巳	4
8	16	7	22	己亥	9	16	8	23	庚午	10	17	9	25	辛丑	11	16	10	25	辛未	12	16	11	25	辛丑	1	14	11	24	庚午	
8	17	7	23	庚子	9	17	8	24	辛未	10	18	9	26	壬寅	11	17	10	26	壬申	12	17	11	26	壬寅	1	15	11	25	辛未	
8	18	7	24	辛丑	9	18	8	25	壬申	10	19	9	27	癸卯	11	18	10	27	癸酉	12	18	11	27	癸卯	1	16	11	26	壬申	
8	19	7	25	壬寅	9	19	8	26	癸酉	10	20	9	28	甲辰	11	19	10	28	甲戌	12	19	11	28	甲辰	1	17	11	27	癸酉	
8	20	7	26	癸卯	9	20	8	27	甲戌	10	21	9	29	乙巳	11	20	10	29	乙亥	12	20	11	29	乙巳	1	18	11	28	甲戌	
8	21	7	27	甲辰	9	21	8	28	乙亥	10	22	9	30	丙午	11	21	10	30	丙子	12	21	11	30	丙午	1	19	11	29	乙亥	牛
8	22	7	28	乙巳	9	22	8	29	丙子	10	23	10	1	丁未	11	22	11	1	丁丑	12	22	閏11	1	丁未	1	20	12	1	丙子	
8	23	7	29	丙午	9	23	9	1	丁丑	10	24	10	2	戊申	11	23	11	2	戊寅	12	23	11	2	戊申	1	21	12	2	丁丑	
8	24	7	30	丁未	9	24	9	2	戊寅	10	25	10	3	己酉	11	24	11	3	己卯	12	24	11	3	己酉	1	22	12	3	戊寅	
8	25	8	1	戊申	9	25	9	3	己卯	10	26	10	4	庚戌	11	25	11	4	庚辰	12	25	11	4	庚戌	1	23	12	4	己卯	中
8	26	8	2	己酉	9	26	9	4	庚辰	10	27	10	5	辛亥	11	26	11	5	辛巳	12	26	11	5	辛亥	1	24	12	5	庚辰	華
8	27	8	3	庚戌	9	27	9	5	辛巳	10	28	10	6	壬子	11	27	11	6	壬午	12	27	11	6	壬子	1	25	12	6	辛巳	民
8	28	8	4	辛亥	9	28	9	6	壬午	10	29	10	7	癸丑	11	28	11	7	癸未	12	28	11	7	癸丑	1	26	12	7	壬午	國
8	29	8	5	壬子	9	29	9	7	癸未	10	30	10	8	甲寅	11	29	11	8	甲申	12	29	11	8	甲寅	1	27	12	8	癸未	一
8	30	8	6	癸丑	9	30	9	8	甲申	10	31	10	9	乙卯	11	30	11	9	乙酉	12	30	11	9	乙卯	1	28	12	9	甲申	百
8	31	8	7	甲寅	10	1	9	9	乙酉	11	1	10	10	丙辰	12	1	11	10	丙戌	12	31	11	10	丙辰	1	29	12	10	乙酉	二
9	1	8	8	乙卯	10	2	9	10	丙戌	11	2	10	11	丁巳	12	2	11	11	丁亥	1	1	11	11	丁巳	1	30	12	11	丙戌	十
9	2	8	9	丙辰	10	3	9	11	丁亥	11	3	10	12	戊午	12	3	11	12	戊子	1	2	11	12	戊午	1	31	12	12	丁亥	二
9	3	8	10	丁巳	10	4	9	12	戊子	11	4	10	13	己未	12	4	11	13	己丑	1	3	11	13	己未	2	1	12	13	戊子	·
9	4	8	11	戊午	10	5	9	13	己丑	11	5	10	14	庚申	12	5	11	14	庚寅	1	4	11	14	庚申	2	2	12	14	己丑	一百二十
9	5	8	12	己未	10	6	9	14	庚寅	11	6	10	15	辛酉	12	6	11	15	辛卯						2	3	12	15	庚寅	三
9	6	8	13	庚申	10	7	9	15	辛卯																					年
處暑 8/23 3時1分 寅時					秋分 9/23 0時51分 子時					霜降 10/23 10時27分 巳時					小雪 11/22 8時15分 辰時					冬至 12/21 21時45分 亥時					大寒 1/20 8時26分 辰時					中氣

年	甲寅																	
月	丙寅			丁卯			戊辰			己巳			庚午			辛未		
節氣	立春 2/4 2時40分 丑時			驚蟄 3/5 20時31分 戌時			清明 4/5 1時5分 丑時			立夏 5/5 18時8分 酉時			芒種 6/5 22時6分 亥時			小暑 7/7 8時17分 辰時		
日	國曆	農曆	干支	國曆	農曆	干支	國曆	農曆	干支	國曆	農曆	干支	國曆	農曆	干支	國曆	農曆	干支
2034	2 4	12 16	辛卯	3 5	1 15	庚申	4 5	2 17	辛卯	5 5	3 17	辛酉	6 5	4 19	壬辰	7 7	5 22	甲子
	2 5	12 17	壬辰	3 6	1 16	辛酉	4 6	2 18	壬辰	5 6	3 18	壬戌	6 6	4 20	癸巳	7 8	5 23	乙丑
	2 6	12 18	癸巳	3 7	1 17	壬戌	4 7	2 19	癸巳	5 7	3 19	癸亥	6 7	4 21	甲午	7 9	5 24	丙寅
	2 7	12 19	甲午	3 8	1 18	癸亥	4 8	2 20	甲午	5 8	3 20	甲子	6 8	4 22	乙未	7 10	5 25	丁卯
	2 8	12 20	乙未	3 9	1 19	甲子	4 9	2 21	乙未	5 9	3 21	乙丑	6 9	4 23	丙申	7 11	5 26	戊辰
	2 9	12 21	丙申	3 10	1 20	乙丑	4 10	2 22	丙申	5 10	3 22	丙寅	6 10	4 24	丁酉	7 12	5 27	己巳
	2 10	12 22	丁酉	3 11	1 21	丙寅	4 11	2 23	丁酉	5 11	3 23	丁卯	6 11	4 25	戊戌	7 13	5 28	庚午
	2 11	12 23	戊戌	3 12	1 22	丁卯	4 12	2 24	戊戌	5 12	3 24	戊辰	6 12	4 26	己亥	7 14	5 29	辛未
	2 12	12 24	己亥	3 13	1 23	戊辰	4 13	2 25	己亥	5 13	3 25	己巳	6 13	4 27	庚子	7 15	5 30	壬申
	2 13	12 25	庚子	3 14	1 24	己巳	4 14	2 26	庚子	5 14	3 26	庚午	6 14	4 28	辛丑	7 16	6 1	癸酉
	2 14	12 26	辛丑	3 15	1 25	庚午	4 15	2 27	辛丑	5 15	3 27	辛未	6 15	4 29	壬寅	7 17	6 2	甲戌
	2 15	12 27	壬寅	3 16	1 26	辛未	4 16	2 28	壬寅	5 16	3 28	壬申	6 16	5 1	癸卯	7 18	6 3	乙亥
	2 16	12 28	癸卯	3 17	1 27	壬申	4 17	2 29	癸卯	5 17	3 29	癸酉	6 17	5 2	甲辰	7 19	6 4	丙子
	2 17	12 29	甲辰	3 18	1 28	癸酉	4 18	2 30	甲辰	5 18	4 1	甲戌	6 18	5 3	乙巳	7 20	6 5	丁丑
虎	2 18	12 30	乙巳	3 19	1 29	甲戌	4 19	3 1	乙巳	5 19	4 2	乙亥	6 19	5 4	丙午	7 21	6 6	戊寅
	2 19	1 1	丙午	3 20	2 1	乙亥	4 20	3 2	丙午	5 20	4 3	丙子	6 20	5 5	丁未	7 22	6 7	己卯
	2 20	1 2	丁未	3 21	2 2	丙子	4 21	3 3	丁未	5 21	4 4	丁丑	6 21	5 6	戊申	7 23	6 8	庚辰
	2 21	1 3	戊申	3 22	2 3	丁丑	4 22	3 4	戊申	5 22	4 5	戊寅	6 22	5 7	己酉	7 24	6 9	辛巳
	2 22	1 4	己酉	3 23	2 4	戊寅	4 23	3 5	己酉	5 23	4 6	己卯	6 23	5 8	庚戌	7 25	6 10	壬午
	2 23	1 5	庚戌	3 24	2 5	己卯	4 24	3 6	庚戌	5 24	4 7	庚辰	6 24	5 9	辛亥	7 26	6 11	癸未
中華民國一百二十三年	2 24	1 6	辛亥	3 25	2 6	庚辰	4 25	3 7	辛亥	5 25	4 8	辛巳	6 25	5 10	壬子	7 27	6 12	甲申
	2 25	1 7	壬子	3 26	2 7	辛巳	4 26	3 8	壬子	5 26	4 9	壬午	6 26	5 11	癸丑	7 28	6 13	乙酉
	2 26	1 8	癸丑	3 27	2 8	壬午	4 27	3 9	癸丑	5 27	4 10	癸未	6 27	5 12	甲寅	7 29	6 14	丙戌
	2 27	1 9	甲寅	3 28	2 9	癸未	4 28	3 10	甲寅	5 28	4 11	甲申	6 28	5 13	乙卯	7 30	6 15	丁亥
	2 28	1 10	乙卯	3 29	2 10	甲申	4 29	3 11	乙卯	5 29	4 12	乙酉	6 29	5 14	丙辰	7 31	6 16	戊子
	3 1	1 11	丙辰	3 30	2 11	乙酉	4 30	3 12	丙辰	5 30	4 13	丙戌	6 30	5 15	丁巳	8 1	6 17	己丑
	3 2	1 12	丁巳	3 31	2 12	丙戌	5 1	3 13	丁巳	5 31	4 14	丁亥	7 1	5 16	戊午	8 2	6 18	庚寅
	3 3	1 13	戊午	4 1	2 13	丁亥	5 2	3 14	戊午	6 1	4 15	戊子	7 2	5 17	己未	8 3	6 19	辛卯
	3 4	1 14	己未	4 2	2 14	戊子	5 3	3 15	己未	6 2	4 16	己丑	7 3	5 18	庚申	8 4	6 20	壬辰
				4 3	2 15	己丑	5 4	3 16	庚申	6 3	4 17	庚寅	7 4	5 19	辛酉	8 5	6 21	癸巳
				4 4	2 16	庚寅				6 4	4 18	辛卯	7 5	5 20	壬戌	8 6	6 22	甲午
													7 6	5 21	癸亥			
中氣	雨水 2/18 22時29分 亥時			春分 3/20 21時16分 亥時			穀雨 4/20 8時3分 辰時			小滿 5/21 6時56分 卯時			夏至 6/21 14時43分 未時			大暑 7/23 1時35分 丑時		

2034・2035 虎 中華民國一百二十三・一百二十四年

年	甲寅																	
月	壬申			癸酉			甲戌			乙亥			丙子			丁丑		
節氣	立秋 8/7 18時8分 酉時			白露 9/7 21時13分 亥時			寒露 10/8 13時6分 未時			立冬 11/7 16時33分 申時			大雪 12/7 9時36分 巳時			小寒 1/5 20時55分 戌時		
日	國曆	農曆	干支	國曆	農曆	干支	國曆	農曆	干支	國曆	農曆	干支	國曆	農曆	干支	國曆	農曆	干支
	8 7	6 23	乙未	9 7	7 25	丙寅	10 8	8 26	丁酉	11 7	9 27	丁卯	12 7	10 27	丁酉	1 5	11 26	丙寅
	8 8	6 24	丙申	9 8	7 26	丁卯	10 9	8 27	戊戌	11 8	9 28	戊辰	12 8	10 28	戊戌	1 6	11 27	丁卯
	8 9	6 25	丁酉	9 9	7 27	戊辰	10 10	8 28	己亥	11 9	9 29	己巳	12 9	10 29	己亥	1 7	11 28	戊辰
	8 10	6 26	戊戌	9 10	7 28	己巳	10 11	8 29	庚子	11 10	9 30	庚午	12 10	10 30	庚子	1 8	11 29	己巳
	8 11	6 27	己亥	9 11	7 29	庚午	10 12	9 1	辛丑	11 11	10 1	辛未	12 11	11 1	辛丑	1 9	12 1	庚午
	8 12	6 28	庚子	9 12	7 30	辛未	10 13	9 2	壬寅	11 12	10 2	壬申	12 12	11 2	壬寅	1 10	12 2	辛未
	8 13	6 29	辛丑	9 13	8 1	壬申	10 14	9 3	癸卯	11 13	10 3	癸酉	12 13	11 3	癸卯	1 11	12 3	壬申
	8 14	7 1	壬寅	9 14	8 2	癸酉	10 15	9 4	甲辰	11 14	10 4	甲戌	12 14	11 4	甲辰	1 12	12 4	癸酉
	8 15	7 2	癸卯	9 15	8 3	甲戌	10 16	9 5	乙巳	11 15	10 5	乙亥	12 15	11 5	乙巳	1 13	12 5	甲戌
	8 16	7 3	甲辰	9 16	8 4	乙亥	10 17	9 6	丙午	11 16	10 6	丙子	12 16	11 6	丙午	1 14	12 6	乙亥
	8 17	7 4	乙巳	9 17	8 5	丙子	10 18	9 7	丁未	11 17	10 7	丁丑	12 17	11 7	丁未	1 15	12 7	丙子
	8 18	7 5	丙午	9 18	8 6	丁丑	10 19	9 8	戊申	11 18	10 8	戊寅	12 18	11 8	戊申	1 16	12 8	丁丑
	8 19	7 6	丁未	9 19	8 7	戊寅	10 20	9 9	己酉	11 19	10 9	己卯	12 19	11 9	己酉	1 17	12 9	戊寅
	8 20	7 7	戊申	9 20	8 8	己卯	10 21	9 10	庚戌	11 20	10 10	庚辰	12 20	11 10	庚戌	1 18	12 10	己卯
	8 21	7 8	己酉	9 21	8 9	庚辰	10 22	9 11	辛亥	11 21	10 11	辛巳	12 21	11 11	辛亥	1 19	12 11	庚辰
	8 22	7 9	庚戌	9 22	8 10	辛巳	10 23	9 12	壬子	11 22	10 12	壬午	12 22	11 12	壬子	1 20	12 12	辛巳
	8 23	7 10	辛亥	9 23	8 11	壬午	10 24	9 13	癸丑	11 23	10 13	癸未	12 23	11 13	癸丑	1 21	12 13	壬午
	8 24	7 11	壬子	9 24	8 12	癸未	10 25	9 14	甲寅	11 24	10 14	甲申	12 24	11 14	甲寅	1 22	12 14	癸未
	8 25	7 12	癸丑	9 25	8 13	甲申	10 26	9 15	乙卯	11 25	10 15	乙酉	12 25	11 15	乙卯	1 23	12 15	甲申
	8 26	7 13	甲寅	9 26	8 14	乙酉	10 27	9 16	丙辰	11 26	10 16	丙戌	12 26	11 16	丙辰	1 24	12 16	乙酉
	8 27	7 14	乙卯	9 27	8 15	丙戌	10 28	9 17	丁巳	11 27	10 17	丁亥	12 27	11 17	丁巳	1 25	12 17	丙戌
	8 28	7 15	丙辰	9 28	8 16	丁亥	10 29	9 18	戊午	11 28	10 18	戊子	12 28	11 18	戊午	1 26	12 18	丁亥
	8 29	7 16	丁巳	9 29	8 17	戊子	10 30	9 19	己未	11 29	10 19	己丑	12 29	11 19	己未	1 27	12 19	戊子
	8 30	7 17	戊午	9 30	8 18	己丑	10 31	9 20	庚申	11 30	10 20	庚寅	12 30	11 20	庚申	1 28	12 20	己丑
	8 31	7 18	己未	10 1	8 19	庚寅	11 1	9 21	辛酉	12 1	10 21	辛卯	12 31	11 21	辛酉	1 29	12 21	庚寅
	9 1	7 19	庚申	10 2	8 20	辛卯	11 2	9 22	壬戌	12 2	10 22	壬辰	1 1	11 22	壬戌	1 30	12 22	辛卯
	9 2	7 20	辛酉	10 3	8 21	壬辰	11 3	9 23	癸亥	12 3	10 23	癸巳	1 2	11 23	癸亥	1 31	12 23	壬辰
	9 3	7 21	壬戌	10 4	8 22	癸巳	11 4	9 24	甲子	12 4	10 24	甲午	1 3	11 24	甲子	2 1	12 24	癸巳
	9 4	7 22	癸亥	10 5	8 23	甲午	11 5	9 25	乙丑	12 5	10 25	乙未	1 4	11 25	乙丑	2 2	12 25	甲午
	9 5	7 23	甲子	10 6	8 24	乙未	11 6	9 26	丙寅	12 6	10 26	丙申				2 3	12 26	乙未
	9 6	7 24	乙丑	10 7	8 25	丙申												
中氣	處暑 8/23 8時47分 辰時			秋分 9/23 6時38分 卯時			霜降 10/23 16時15分 申時			小雪 11/22 14時4分 未時			冬至 12/22 3時33分 寅時			大寒 1/20 14時13分 未時		

2035 兔 中華民國一百二十四年

年	乙卯																													
月	戊寅					己卯					庚辰					辛巳					壬午					癸未				
節氣	立春 2/4 8時30分 辰時					驚蟄 3/6 2時21分 丑時					清明 4/5 6時53分 卯時					立夏 5/5 23時54分 子時					芒種 6/6 3時50分 寅時					小暑 7/7 14時0分 未時				
日	國曆		農曆		干支	國曆		農曆		干支	國曆		農曆		干支	國曆		農曆		干支	國曆		農曆		干支	國曆		農曆		干支
	2	4	12	27	丙申	3	6	1	27	丙寅	4	5	2	27	丙申	5	5	3	28	丙寅	6	6	5	1	戊戌	7	7	6	3	己巳
	2	5	12	28	丁酉	3	7	1	28	丁卯	4	6	2	28	丁酉	5	6	3	29	丁卯	6	7	5	2	己亥	7	8	6	4	庚午
	2	6	12	29	戊戌	3	8	1	29	戊辰	4	7	2	29	戊戌	5	7	3	30	戊辰	6	8	5	3	庚子	7	9	6	5	辛未
	2	7	12	30	己亥	3	9	1	30	己巳	4	8	3	1	己亥	5	8	4	1	己巳	6	9	5	4	辛丑	7	10	6	6	壬申
	2	8	1	1	庚子	3	10	2	1	庚午	4	9	3	2	庚子	5	9	4	2	庚午	6	10	5	5	壬寅	7	11	6	7	癸酉
	2	9	1	2	辛丑	3	11	2	2	辛未	4	10	3	3	辛丑	5	10	4	3	辛未	6	11	5	6	癸卯	7	12	6	8	甲戌
	2	10	1	3	壬寅	3	12	2	3	壬申	4	11	3	4	壬寅	5	11	4	4	壬申	6	12	5	7	甲辰	7	13	6	9	乙亥
	2	11	1	4	癸卯	3	13	2	4	癸酉	4	12	3	5	癸卯	5	12	4	5	癸酉	6	13	5	8	乙巳	7	14	6	10	丙子
	2	12	1	5	甲辰	3	14	2	5	甲戌	4	13	3	6	甲辰	5	13	4	6	甲戌	6	14	5	9	丙午	7	15	6	11	丁丑
	2	13	1	6	乙巳	3	15	2	6	乙亥	4	14	3	7	乙巳	5	14	4	7	乙亥	6	15	5	10	丁未	7	16	6	12	戊寅
	2	14	1	7	丙午	3	16	2	7	丙子	4	15	3	8	丙午	5	15	4	8	丙子	6	16	5	11	戊申	7	17	6	13	己卯
	2	15	1	8	丁未	3	17	2	8	丁丑	4	16	3	9	丁未	5	16	4	9	丁丑	6	17	5	12	己酉	7	18	6	14	庚辰
	2	16	1	9	戊申	3	18	2	9	戊寅	4	17	3	10	戊申	5	17	4	10	戊寅	6	18	5	13	庚戌	7	19	6	15	辛巳
	2	17	1	10	己酉	3	19	2	10	己卯	4	18	3	11	己酉	5	18	4	11	己卯	6	19	5	14	辛亥	7	20	6	16	壬午
	2	18	1	11	庚戌	3	20	2	11	庚辰	4	19	3	12	庚戌	5	19	4	12	庚辰	6	20	5	15	壬子	7	21	6	17	癸未
	2	19	1	12	辛亥	3	21	2	12	辛巳	4	20	3	13	辛亥	5	20	4	13	辛巳	6	21	5	16	癸丑	7	22	6	18	甲申
	2	20	1	13	壬子	3	22	2	13	壬午	4	21	3	14	壬子	5	21	4	14	壬午	6	22	5	17	甲寅	7	23	6	19	乙酉
	2	21	1	14	癸丑	3	23	2	14	癸未	4	22	3	15	癸丑	5	22	4	15	癸未	6	23	5	18	乙卯	7	24	6	20	丙戌
	2	22	1	15	甲寅	3	24	2	15	甲申	4	23	3	16	甲寅	5	23	4	16	甲申	6	24	5	19	丙辰	7	25	6	21	丁亥
	2	23	1	16	乙卯	3	25	2	16	乙酉	4	24	3	17	乙卯	5	24	4	17	乙酉	6	25	5	20	丁巳	7	26	6	22	戊子
	2	24	1	17	丙辰	3	26	2	17	丙戌	4	25	3	18	丙辰	5	25	4	18	丙戌	6	26	5	21	戊午	7	27	6	23	己丑
	2	25	1	18	丁巳	3	27	2	18	丁亥	4	26	3	19	丁巳	5	26	4	19	丁亥	6	27	5	22	己未	7	28	6	24	庚寅
	2	26	1	19	戊午	3	28	2	19	戊子	4	27	3	20	戊午	5	27	4	20	戊子	6	28	5	23	庚申	7	29	6	25	辛卯
	2	27	1	20	己未	3	29	2	20	己丑	4	28	3	21	己未	5	28	4	21	己丑	6	29	5	24	辛酉	7	30	6	26	壬辰
	2	28	1	21	庚申	3	30	2	21	庚寅	4	29	3	22	庚申	5	29	4	22	庚寅	6	30	5	25	壬戌	7	31	6	27	癸巳
	3	1	1	22	辛酉	3	31	2	22	辛卯	4	30	3	23	辛酉	5	30	4	23	辛卯	7	1	5	26	癸亥	8	1	6	28	甲午
	3	2	1	23	壬戌	4	1	2	23	壬辰	5	1	3	24	壬戌	5	31	4	24	壬辰	7	2	5	27	甲子	8	2	6	29	乙未
	3	3	1	24	癸亥	4	2	2	24	癸巳	5	2	3	25	癸亥	6	1	4	25	癸巳	7	3	5	28	乙丑	8	3	6	30	丙申
	3	4	1	25	甲子	4	3	2	25	甲午	5	3	3	26	甲子	6	2	4	26	甲午	7	4	5	29	丙寅	8	4	7	1	丁酉
	3	5	1	26	乙丑	4	4	2	26	乙未	5	4	3	27	乙丑	6	3	4	27	乙未	7	5	6	1	丁卯	8	5	7	2	戊戌
																6	4	4	28	丙申	7	6	6	2	戊辰	8	6	7	3	己亥
																6	5	4	29	丁酉										
中氣	雨水 2/19 4時15分 寅時					春分 3/21 3時2分 寅時					穀雨 4/20 13時48分 未時					小滿 5/21 12時42分 午時					夏至 6/21 20時32分 戌時					大暑 7/23 7時28分 辰時				

年	乙卯									
月	甲申					乙酉				
節氣	立秋 8/7 23時53分 子時					白露 9/8 3時1分 寅時				
日	國曆		農曆		干支	國曆		農曆		干支
	8	7	7	4	庚子	9	8	8	7	壬申
	8	8	7	5	辛丑	9	9	8	8	癸酉
	8	9	7	6	壬寅	9	10	8	9	甲戌
	8	10	7	7	癸卯	9	11	8	10	乙亥
	8	11	7	8	甲辰	9	12	8	11	丙子
	8	12	7	9	乙巳	9	13	8	12	丁丑
	8	13	7	10	丙午	9	14	8	13	戊寅
	8	14	7	11	丁未	9	15	8	14	己卯
	8	15	7	12	戊申	9	16	8	15	庚辰
	8	16	7	13	己酉	9	17	8	16	辛巳
	8	17	7	14	庚戌	9	18	8	17	壬午
	8	18	7	15	辛亥	9	19	8	18	癸未
	8	19	7	16	壬子	9	20	8	19	甲申
	8	20	7	17	癸丑	9	21	8	20	乙酉
	8	21	7	18	甲寅	9	22	8	21	丙戌
	8	22	7	19	乙卯	9	23	8	22	丁亥
	8	23	7	20	丙辰	9	24	8	23	戊子
	8	24	7	21	丁巳	9	25	8	24	己丑
	8	25	7	22	戊午	9	26	8	25	庚寅
	8	26	7	23	己未	9	27	8	26	辛卯
	8	27	7	24	庚申	9	28	8	27	壬辰
	8	28	7	25	辛酉	9	29	8	28	癸巳
	8	29	7	26	壬戌	9	30	8	29	甲午
	8	30	7	27	癸亥	10	1	9	1	乙未
	8	31	7	28	甲子	10	2	9	2	丙申
	9	1	7	29	乙丑	10	3	9	3	丁酉
	9	2	8	1	丙寅	10	4	9	4	戊戌
	9	3	8	2	丁卯	10	5	9	5	己亥
	9	4	8	3	戊辰	10	6	9	6	庚子
	9	5	8	4	己巳	10	7	9	7	辛丑
	9	6	8	5	庚午					
	9	7	8	6	辛未					
中氣	處暑 8/23 14時43分 未時					秋分 9/23 12時38分 午時				

月	丙戌					丁亥				
節氣	寒露 10/8 18時57分 酉時					立冬 11/7 22時23分 亥時				
日	國曆		農曆		干支	國曆		農曆		干支
	10	8	9	8	壬寅	11	7	10	8	壬申
	10	9	9	9	癸卯	11	8	10	9	癸酉
	10	10	9	10	甲辰	11	9	10	10	甲戌
	10	11	9	11	乙巳	11	10	10	11	乙亥
	10	12	9	12	丙午	11	11	10	12	丙子
	10	13	9	13	丁未	11	12	10	13	丁丑
	10	14	9	14	戊申	11	13	10	14	戊寅
	10	15	9	15	己酉	11	14	10	15	己卯
	10	16	9	16	庚戌	11	15	10	16	庚辰
	10	17	9	17	辛亥	11	16	10	17	辛巳
	10	18	9	18	壬子	11	17	10	18	壬午
	10	19	9	19	癸丑	11	18	10	19	癸未
	10	20	9	20	甲寅	11	19	10	20	甲申
	10	21	9	21	乙卯	11	20	10	21	乙酉
	10	22	9	22	丙辰	11	21	10	22	丙戌
	10	23	9	23	丁巳	11	22	10	23	丁亥
	10	24	9	24	戊午	11	23	10	24	戊子
	10	25	9	25	己未	11	24	10	25	己丑
	10	26	9	26	庚申	11	25	10	26	庚寅
	10	27	9	27	辛酉	11	26	10	27	辛卯
	10	28	9	28	壬戌	11	27	10	28	壬辰
	10	29	9	29	癸亥	11	28	10	29	癸巳
	10	30	9	30	甲子	11	29	10	30	甲午
	10	31	10	1	乙丑	11	30	11	1	乙未
	11	1	10	2	丙寅	12	1	11	2	丙申
	11	2	10	3	丁卯	12	2	11	3	丁酉
	11	3	10	4	戊辰	12	3	11	4	戊戌
	11	4	10	5	己巳	12	4	11	5	己亥
	11	5	10	6	庚午	12	5	11	6	庚子
	11	6	10	7	辛未	12	6	11	7	辛丑
中氣	霜降 10/23 22時15分 亥時					小雪 11/22 20時2分 戌時				

月	戊子					己丑				
節氣	大雪 12/7 15時24分 申時					小寒 1/6 2時42分 丑時				
日	國曆		農曆		干支	國曆		農曆		干支
	12	7	11	8	壬寅	1	6	12	9	壬申
	12	8	11	9	癸卯	1	7	12	10	癸酉
	12	9	11	10	甲辰	1	8	12	11	甲戌
	12	10	11	11	乙巳	1	9	12	12	乙亥
	12	11	11	12	丙午	1	10	12	13	丙子
	12	12	11	13	丁未	1	11	12	14	丁丑
	12	13	11	14	戊申	1	12	12	15	戊寅
	12	14	11	15	己酉	1	13	12	16	己卯
	12	15	11	16	庚戌	1	14	12	17	庚辰
	12	16	11	17	辛亥	1	15	12	18	辛巳
	12	17	11	18	壬子	1	16	12	19	壬午
	12	18	11	19	癸丑	1	17	12	20	癸未
	12	19	11	20	甲寅	1	18	12	21	甲申
	12	20	11	21	乙卯	1	19	12	22	乙酉
	12	21	11	22	丙辰	1	20	12	23	丙戌
	12	22	11	23	丁巳	1	21	12	24	丁亥
	12	23	11	24	戊午	1	22	12	25	戊子
	12	24	11	25	己未	1	23	12	26	己丑
	12	25	11	26	庚申	1	24	12	27	庚寅
	12	26	11	27	辛酉	1	25	12	28	辛卯
	12	27	11	28	壬戌	1	26	12	29	壬辰
	12	28	11	29	癸亥	1	27	12	30	癸巳
	12	29	12	1	甲子	1	28	1	1	甲午
	12	30	12	2	乙丑	1	29	1	2	乙未
	12	31	12	3	丙寅	1	30	1	3	丙申
	1	1	12	4	丁卯	1	31	1	4	丁酉
	1	2	12	5	戊辰	2	1	1	5	戊戌
	1	3	12	6	己巳	2	2	1	6	己亥
	1	4	12	7	庚午	2	3	1	7	庚子
	1	5	12	8	辛未					
中氣	冬至 12/22 9時30分 巳時					大寒 1/20 20時10分 戌時				

2035・2036

兔

中華民國一百二十四・一百二十五年

年	丙辰																	
月	庚寅			辛卯			壬辰			癸巳			甲午			乙未		
節氣	立春 2/4 14時19分 未時			驚蟄 3/5 8時11分 辰時			清明 4/4 12時45分 午時			立夏 5/5 5時48分 卯時			芒種 6/5 9時46分 巳時			小暑 7/6 19時56分 戌時		
日	國曆	農曆	干支	國曆	農曆	干支	國曆	農曆	干支	國曆	農曆	干支	國曆	農曆	干支	國曆	農曆	干支
2036	2 4	1 8	辛丑	3 5	2 8	辛未	4 4	3 8	辛丑	5 5	4 10	壬申	6 5	5 11	癸卯	7 6	6 13	甲戌
	2 5	1 9	壬寅	3 6	2 9	壬申	4 5	3 9	壬寅	5 6	4 11	癸酉	6 6	5 12	甲辰	7 7	6 14	乙亥
	2 6	1 10	癸卯	3 7	2 10	癸酉	4 6	3 10	癸卯	5 7	4 12	甲戌	6 7	5 13	乙巳	7 8	6 15	丙子
	2 7	1 11	甲辰	3 8	2 11	甲戌	4 7	3 11	甲辰	5 8	4 13	乙亥	6 8	5 14	丙午	7 9	6 16	丁丑
	2 8	1 12	乙巳	3 9	2 12	乙亥	4 8	3 12	乙巳	5 9	4 14	丙子	6 9	5 15	丁未	7 10	6 17	戊寅
	2 9	1 13	丙午	3 10	2 13	丙子	4 9	3 13	丙午	5 10	4 15	丁丑	6 10	5 16	戊申	7 11	6 18	己卯
	2 10	1 14	丁未	3 11	2 14	丁丑	4 10	3 14	丁未	5 11	4 16	戊寅	6 11	5 17	己酉	7 12	6 19	庚辰
	2 11	1 15	戊申	3 12	2 15	戊寅	4 11	3 15	戊申	5 12	4 17	己卯	6 12	5 18	庚戌	7 13	6 20	辛巳
	2 12	1 16	己酉	3 13	2 16	己卯	4 12	3 16	己酉	5 13	4 18	庚辰	6 13	5 19	辛亥	7 14	6 21	壬午
	2 13	1 17	庚戌	3 14	2 17	庚辰	4 13	3 17	庚戌	5 14	4 19	辛巳	6 14	5 20	壬子	7 15	6 22	癸未
	2 14	1 18	辛亥	3 15	2 18	辛巳	4 14	3 18	辛亥	5 15	4 20	壬午	6 15	5 21	癸丑	7 16	6 23	甲申
	2 15	1 19	壬子	3 16	2 19	壬午	4 15	3 19	壬子	5 16	4 21	癸未	6 16	5 22	甲寅	7 17	6 24	乙酉
	2 16	1 20	癸丑	3 17	2 20	癸未	4 16	3 20	癸丑	5 17	4 22	甲申	6 17	5 23	乙卯	7 18	6 25	丙戌
龍	2 17	1 21	甲寅	3 18	2 21	甲申	4 17	3 21	甲寅	5 18	4 23	乙酉	6 18	5 24	丙辰	7 19	6 26	丁亥
	2 18	1 22	乙卯	3 19	2 22	乙酉	4 18	3 22	乙卯	5 19	4 24	丙戌	6 19	5 25	丁巳	7 20	6 27	戊子
	2 19	1 23	丙辰	3 20	2 23	丙戌	4 19	3 23	丙辰	5 20	4 25	丁亥	6 20	5 26	戊午	7 21	6 28	己丑
	2 20	1 24	丁巳	3 21	2 24	丁亥	4 20	3 24	丁巳	5 21	4 26	戊子	6 21	5 27	己未	7 22	6 29	庚寅
	2 21	1 25	戊午	3 22	2 25	戊子	4 21	3 25	戊午	5 22	4 27	己丑	6 22	5 28	庚申	7 23	閏6 1	辛卯
	2 22	1 26	己未	3 23	2 26	己丑	4 22	3 26	己未	5 23	4 28	庚寅	6 23	5 29	辛酉	7 24	6 2	壬辰
	2 23	1 27	庚申	3 24	2 27	庚寅	4 23	3 27	庚申	5 24	4 29	辛卯	6 24	6 1	壬戌	7 25	6 3	癸巳
中華民國一百二十五年	2 24	1 28	辛酉	3 25	2 28	辛卯	4 24	3 28	辛酉	5 25	4 30	壬辰	6 25	6 2	癸亥	7 26	6 4	甲午
	2 25	1 29	壬戌	3 26	2 29	壬辰	4 25	3 29	壬戌	5 26	5 1	癸巳	6 26	6 3	甲子	7 27	6 5	乙未
	2 26	1 30	癸亥	3 27	2 30	癸巳	4 26	4 1	癸亥	5 27	5 2	甲午	6 27	6 4	乙丑	7 28	6 6	丙申
	2 27	2 1	甲子	3 28	3 1	甲午	4 27	4 2	甲子	5 28	5 3	乙未	6 28	6 5	丙寅	7 29	6 7	丁酉
	2 28	2 2	乙丑	3 29	3 2	乙未	4 28	4 3	乙丑	5 29	5 4	丙申	6 29	6 6	丁卯	7 30	6 8	戊戌
	2 29	2 3	丙寅	3 30	3 3	丙申	4 29	4 4	丙寅	5 30	5 5	丁酉	6 30	6 7	戊辰	7 31	6 9	己亥
	3 1	2 4	丁卯	3 31	3 4	丁酉	4 30	4 5	丁卯	5 31	5 6	戊戌	7 1	6 8	己巳	8 1	6 10	庚子
	3 2	2 5	戊辰	4 1	3 5	戊戌	5 1	4 6	戊辰	6 1	5 7	己亥	7 2	6 9	庚午	8 2	6 11	辛丑
	3 3	2 6	己巳	4 2	3 6	己亥	5 2	4 7	己巳	6 2	5 8	庚子	7 3	6 10	辛未	8 3	6 12	壬寅
	3 4	2 7	庚午	4 3	3 7	庚子	5 3	4 8	庚午	6 3	5 9	辛丑	7 4	6 11	壬申	8 4	6 13	癸卯
							5 4	4 9	辛未	6 4	5 10	壬寅	7 5	6 12	癸酉	8 5	6 14	甲辰
																8 6	6 15	乙巳
中氣	雨水 2/19 10時13分 巳時			春分 3/20 9時2分 巳時			穀雨 4/19 19時49分 戌時			小滿 5/20 18時44分 酉時			夏至 6/21 2時31分 丑時			大暑 7/22 13時22分 未時		

丙辰																														年
丙申					丁酉					戊戌					己亥					庚子					辛丑					月
立秋					白露					寒露					立冬					大雪					小寒					節氣
8/7 5時48分 卯時					9/7 8時54分 辰時					10/8 0時48分 子時					11/7 4時13分 寅時					12/6 21時15分 亥時					1/5 8時33分 辰時					
國曆		農曆		干支	國曆		農曆		干支	國曆		農曆		干支	國曆		農曆		干支	國曆		農曆		干支	國曆		農曆		干支	日
8	7	6	16	丙午	9	7	7	17	丁丑	10	8	8	19	戊申	11	7	9	20	戊寅	12	6	10	19	丁未	1	5	11	20	丁丑	2036·2037
8	8	6	17	丁未	9	8	7	18	戊寅	10	9	8	20	己酉	11	8	9	21	己卯	12	7	10	20	戊申	1	6	11	21	戊寅	
8	9	6	18	戊申	9	9	7	19	己卯	10	10	8	21	庚戌	11	9	9	22	庚辰	12	8	10	21	己酉	1	7	11	22	己卯	
8	10	6	19	己酉	9	10	7	20	庚辰	10	11	8	22	辛亥	11	10	9	23	辛巳	12	9	10	22	庚戌	1	8	11	23	庚辰	
8	11	6	20	庚戌	9	11	7	21	辛巳	10	12	8	23	壬子	11	11	9	24	壬午	12	10	10	23	辛亥	1	9	11	24	辛巳	
8	12	6	21	辛亥	9	12	7	22	壬午	10	13	8	24	癸丑	11	12	9	25	癸未	12	11	10	24	壬子	1	10	11	25	壬午	
8	13	6	22	壬子	9	13	7	23	癸未	10	14	8	25	甲寅	11	13	9	26	甲申	12	12	10	25	癸丑	1	11	11	26	癸未	
8	14	6	23	癸丑	9	14	7	24	甲申	10	15	8	26	乙卯	11	14	9	27	乙酉	12	13	10	26	甲寅	1	12	11	27	甲申	
8	15	6	24	甲寅	9	15	7	25	乙酉	10	16	8	27	丙辰	11	15	9	28	丙戌	12	14	10	27	乙卯	1	13	11	28	乙酉	
8	16	6	25	乙卯	9	16	7	26	丙戌	10	17	8	28	丁巳	11	16	9	29	丁亥	12	15	10	28	丙辰	1	14	11	29	丙戌	
8	17	6	26	丙辰	9	17	7	27	丁亥	10	18	8	29	戊午	11	17	9	30	戊子	12	16	10	29	丁巳	1	15	11	30	丁亥	
8	18	6	27	丁巳	9	18	7	28	戊子	10	19	9	1	己未	11	18	10	1	己丑	12	17	11	1	戊午	1	16	12	1	戊子	
8	19	6	28	戊午	9	19	7	29	己丑	10	20	9	2	庚申	11	19	10	2	庚寅	12	18	11	2	己未	1	17	12	2	己丑	
8	20	6	29	己未	9	20	8	1	庚寅	10	21	9	3	辛酉	11	20	10	3	辛卯	12	19	11	3	庚申	1	18	12	3	庚寅	
8	21	6	30	庚申	9	21	8	2	辛卯	10	22	9	4	壬戌	11	21	10	4	壬辰	12	20	11	4	辛酉	1	19	12	4	辛卯	龍
8	22	7	1	辛酉	9	22	8	3	壬辰	10	23	9	5	癸亥	11	22	10	5	癸巳	12	21	11	5	壬戌	1	20	12	5	壬辰	
8	23	7	2	壬戌	9	23	8	4	癸巳	10	24	9	6	甲子	11	23	10	6	甲午	12	22	11	6	癸亥	1	21	12	6	癸巳	
8	24	7	3	癸亥	9	24	8	5	甲午	10	25	9	7	乙丑	11	24	10	7	乙未	12	23	11	7	甲子	1	22	12	7	甲午	
8	25	7	4	甲子	9	25	8	6	乙未	10	26	9	8	丙寅	11	25	10	8	丙申	12	24	11	8	乙丑	1	23	12	8	乙未	中華民國一百二十五·一百二十六年
8	26	7	5	乙丑	9	26	8	7	丙申	10	27	9	9	丁卯	11	26	10	9	丁酉	12	25	11	9	丙寅	1	24	12	9	丙申	
8	27	7	6	丙寅	9	27	8	8	丁酉	10	28	9	10	戊辰	11	27	10	10	戊戌	12	26	11	10	丁卯	1	25	12	10	丁酉	
8	28	7	7	丁卯	9	28	8	9	戊戌	10	29	9	11	己巳	11	28	10	11	己亥	12	27	11	11	戊辰	1	26	12	11	戊戌	
8	29	7	8	戊辰	9	29	8	10	己亥	10	30	9	12	庚午	11	29	10	12	庚子	12	28	11	12	己巳	1	27	12	12	己亥	
8	30	7	9	己巳	9	30	8	11	庚子	10	31	9	13	辛未	11	30	10	13	辛丑	12	29	11	13	庚午	1	28	12	13	庚子	
8	31	7	10	庚午	10	1	8	12	辛丑	11	1	9	14	壬申	12	1	10	14	壬寅	12	30	11	14	辛未	1	29	12	14	辛丑	
9	1	7	11	辛未	10	2	8	13	壬寅	11	2	9	15	癸酉	12	2	10	15	癸卯	12	31	11	15	壬申	1	30	12	15	壬寅	
9	2	7	12	壬申	10	3	8	14	癸卯	11	3	9	16	甲戌	12	3	10	16	甲辰	1	1	11	16	癸酉	1	31	12	16	癸卯	
9	3	7	13	癸酉	10	4	8	15	甲辰	11	4	9	17	乙亥	12	4	10	17	乙巳	1	2	11	17	甲戌	2	1	12	17	甲辰	
9	4	7	14	甲戌	10	5	8	16	乙巳	11	5	9	18	丙子	12	5	10	18	丙午	1	3	11	18	乙亥	2	2	12	18	乙巳	
9	5	7	15	乙亥	10	6	8	17	丙午	11	6	9	19	丁丑						1	4	11	19	丙子						
9	6	7	16	丙子	10	7	8	18	丁未																					
處暑					秋分					霜降					小雪					冬至					大寒					中氣
8/22 20時31分 戌時					9/22 18時22分 酉時					10/23 3時58分 寅時					11/22 1時44分 丑時					12/21 15時12分 申時					1/20 1時53分 丑時					

2037 蛇 中華民國一百二十六年

年	丁巳																	
月	壬寅			癸卯			甲辰			乙巳			丙午			丁未		
節氣	立春 2/3 20時10分 戌時			驚蟄 3/5 14時5分 未時			清明 4/4 18時43分 酉時			立夏 5/5 11時48分 午時			芒種 6/5 15時46分 申時			小暑 7/7 1時54分 丑時		
日	國曆	農曆	干支	國曆	農曆	干支	國曆	農曆	干支	國曆	農曆	干支	國曆	農曆	干支	國曆	農曆	干支
	2 3	12 19	丙午	3 5	1 19	丙子	4 4	2 19	丙午	5 5	3 20	丁丑	6 5	4 22	戊申	7 7	5 24	庚辰
	2 4	12 20	丁未	3 6	1 20	丁丑	4 5	2 20	丁未	5 6	3 21	戊寅	6 6	4 23	己酉	7 8	5 25	辛巳
	2 5	12 21	戊申	3 7	1 21	戊寅	4 6	2 21	戊申	5 7	3 22	己卯	6 7	4 24	庚戌	7 9	5 26	壬午
	2 6	12 22	己酉	3 8	1 22	己卯	4 7	2 22	己酉	5 8	3 23	庚辰	6 8	4 25	辛亥	7 10	5 27	癸未
	2 7	12 23	庚戌	3 9	1 23	庚辰	4 8	2 23	庚戌	5 9	3 24	辛巳	6 9	4 26	壬子	7 11	5 28	甲申
	2 8	12 24	辛亥	3 10	1 24	辛巳	4 9	2 24	辛亥	5 10	3 25	壬午	6 10	4 27	癸丑	7 12	5 29	乙酉
	2 9	12 25	壬子	3 11	1 25	壬午	4 10	2 25	壬子	5 11	3 26	癸未	6 11	4 28	甲寅	7 13	6 1	丙戌
	2 10	12 26	癸丑	3 12	1 26	癸未	4 11	2 26	癸丑	5 12	3 27	甲申	6 12	4 29	乙卯	7 14	6 2	丁亥
	2 11	12 27	甲寅	3 13	1 27	甲申	4 12	2 27	甲寅	5 13	3 28	乙酉	6 13	4 30	丙辰	7 15	6 3	戊子
	2 12	12 28	乙卯	3 14	1 28	乙酉	4 13	2 28	乙卯	5 14	3 29	丙戌	6 14	5 1	丁巳	7 16	6 4	己丑
	2 13	12 29	丙辰	3 15	1 29	丙戌	4 14	2 29	丙辰	5 15	4 1	丁亥	6 15	5 2	戊午	7 17	6 5	庚寅
	2 14	12 30	丁巳	3 16	1 30	丁亥	4 15	2 30	丁巳	5 16	4 2	戊子	6 16	5 3	己未	7 18	6 6	辛卯
	2 15	1 1	戊午	3 17	2 1	戊子	4 16	3 1	戊午	5 17	4 3	己丑	6 17	5 4	庚申	7 19	6 7	壬辰
	2 16	1 2	己未	3 18	2 2	己丑	4 17	3 2	己未	5 18	4 4	庚寅	6 18	5 5	辛酉	7 20	6 8	癸巳
	2 17	1 3	庚申	3 19	2 3	庚寅	4 18	3 3	庚申	5 19	4 5	辛卯	6 19	5 6	壬戌	7 21	6 9	甲午
	2 18	1 4	辛酉	3 20	2 4	辛卯	4 19	3 4	辛酉	5 20	4 6	壬辰	6 20	5 7	癸亥	7 22	6 10	乙未
	2 19	1 5	壬戌	3 21	2 5	壬辰	4 20	3 5	壬戌	5 21	4 7	癸巳	6 21	5 8	甲子	7 23	6 11	丙申
	2 20	1 6	癸亥	3 22	2 6	癸巳	4 21	3 6	癸亥	5 22	4 8	甲午	6 22	5 9	乙丑	7 24	6 12	丁酉
	2 21	1 7	甲子	3 23	2 7	甲午	4 22	3 7	甲子	5 23	4 9	乙未	6 23	5 10	丙寅	7 25	6 13	戊戌
	2 22	1 8	乙丑	3 24	2 8	乙未	4 23	3 8	乙丑	5 24	4 10	丙申	6 24	5 11	丁卯	7 26	6 14	己亥
	2 23	1 9	丙寅	3 25	2 9	丙申	4 24	3 9	丙寅	5 25	4 11	丁酉	6 25	5 12	戊辰	7 27	6 15	庚子
	2 24	1 10	丁卯	3 26	2 10	丁酉	4 25	3 10	丁卯	5 26	4 12	戊戌	6 26	5 13	己巳	7 28	6 16	辛丑
	2 25	1 11	戊辰	3 27	2 11	戊戌	4 26	3 11	戊辰	5 27	4 13	己亥	6 27	5 14	庚午	7 29	6 17	壬寅
	2 26	1 12	己巳	3 28	2 12	己亥	4 27	3 12	己巳	5 28	4 14	庚子	6 28	5 15	辛未	7 30	6 18	癸卯
	2 27	1 13	庚午	3 29	2 13	庚子	4 28	3 13	庚午	5 29	4 15	辛丑	6 29	5 16	壬申	7 31	6 19	甲辰
	2 28	1 14	辛未	3 30	2 14	辛丑	4 29	3 14	辛未	5 30	4 16	壬寅	6 30	5 17	癸酉	8 1	6 20	乙巳
	3 1	1 15	壬申	3 31	2 15	壬寅	4 30	3 15	壬申	5 31	4 17	癸卯	7 1	5 18	甲戌	8 2	6 21	丙午
	3 2	1 16	癸酉	4 1	2 16	癸卯	5 1	3 16	癸酉	6 1	4 18	甲辰	7 2	5 19	乙亥	8 3	6 22	丁未
	3 3	1 17	甲戌	4 2	2 17	甲辰	5 2	3 17	甲戌	6 2	4 19	乙巳	7 3	5 20	丙子	8 4	6 23	戊申
	3 4	1 18	乙亥	4 3	2 18	乙巳	5 3	3 18	乙亥	6 3	4 20	丙午	7 4	5 21	丁丑	8 5	6 24	己酉
							5 4	3 19	丙子	6 4	4 21	丁未	7 5	5 22	戊寅	8 6	6 25	庚戌
													7 6	5 23	己卯			
中氣	雨水 2/18 15時58分 申時			春分 3/20 14時49分 未時			穀雨 4/20 1時39分 丑時			小滿 5/21 0時34分 子時			夏至 6/21 8時21分 辰時			大暑 7/22 19時11分 戌時		

丁巳																														年
戊申					己酉					庚戌					辛亥					壬子					癸丑					月
立秋					白露					寒露					立冬					大雪					小寒					節
8/7 11時42分 午時					9/7 14時44分 未時					10/8 6時37分 卯時					11/7 10時3分 巳時					12/7 3時6分 寅時					1/5 14時26分 未時					氣
國曆		農曆		干支	國曆		農曆		干支	國曆		農曆		干支	國曆		農曆		干支	國曆		農曆		干支	國曆		農曆		干支	日
8	7	6	26	辛亥	9	7	7	28	壬午	10	8	8	29	癸丑	11	7	10	1	癸未	12	7	11	1	癸丑	1	5	12	1	壬午	
8	8	6	27	壬子	9	8	7	29	癸未	10	9	9	1	甲寅	11	8	10	2	甲申	12	8	11	2	甲寅	1	6	12	2	癸未	
8	9	6	28	癸丑	9	9	7	30	甲申	10	10	9	2	乙卯	11	9	10	3	乙酉	12	9	11	3	乙卯	1	7	12	3	甲申	2
8	10	6	29	甲寅	9	10	8	1	乙酉	10	11	9	3	丙辰	11	10	10	4	丙戌	12	10	11	4	丙辰	1	8	12	4	乙酉	0
8	11	7	1	乙卯	9	11	8	2	丙戌	10	12	9	4	丁巳	11	11	10	5	丁亥	12	11	11	5	丁巳	1	9	12	5	丙戌	3
8	12	7	2	丙辰	9	12	8	3	丁亥	10	13	9	5	戊午	11	12	10	6	戊子	12	12	11	6	戊午	1	10	12	6	丁亥	7
8	13	7	3	丁巳	9	13	8	4	戊子	10	14	9	6	己未	11	13	10	7	己丑	12	13	11	7	己未	1	11	12	7	戊子	·
8	14	7	4	戊午	9	14	8	5	己丑	10	15	9	7	庚申	11	14	10	8	庚寅	12	14	11	8	庚申	1	12	12	8	己丑	2
8	15	7	5	己未	9	15	8	6	庚寅	10	16	9	8	辛酉	11	15	10	9	辛卯	12	15	11	9	辛酉	1	13	12	9	庚寅	0
8	16	7	6	庚申	9	16	8	7	辛卯	10	17	9	9	壬戌	11	16	10	10	壬辰	12	16	11	10	壬戌	1	14	12	10	辛卯	3
8	17	7	7	辛酉	9	17	8	8	壬辰	10	18	9	10	癸亥	11	17	10	11	癸巳	12	17	11	11	癸亥	1	15	12	11	壬辰	8
8	18	7	8	壬戌	9	18	8	9	癸巳	10	19	9	11	甲子	11	18	10	12	甲午	12	18	11	12	甲子	1	16	12	12	癸巳	
8	19	7	9	癸亥	9	19	8	10	甲午	10	20	9	12	乙丑	11	19	10	13	乙未	12	19	11	13	乙丑	1	17	12	13	甲午	
8	20	7	10	甲子	9	20	8	11	乙未	10	21	9	13	丙寅	11	20	10	14	丙申	12	20	11	14	丙寅	1	18	12	14	乙未	
8	21	7	11	乙丑	9	21	8	12	丙申	10	22	9	14	丁卯	11	21	10	15	丁酉	12	21	11	15	丁卯	1	19	12	15	丙申	蛇
8	22	7	12	丙寅	9	22	8	13	丁酉	10	23	9	15	戊辰	11	22	10	16	戊戌	12	22	11	16	戊辰	1	20	12	16	丁酉	
8	23	7	13	丁卯	9	23	8	14	戊戌	10	24	9	16	己巳	11	23	10	17	己亥	12	23	11	17	己巳	1	21	12	17	戊戌	
8	24	7	14	戊辰	9	24	8	15	己亥	10	25	9	17	庚午	11	24	10	18	庚子	12	24	11	18	庚午	1	22	12	18	己亥	
8	25	7	15	己巳	9	25	8	16	庚子	10	26	9	18	辛未	11	25	10	19	辛丑	12	25	11	19	辛未	1	23	12	19	庚子	中
8	26	7	16	庚午	9	26	8	17	辛丑	10	27	9	19	壬申	11	26	10	20	壬寅	12	26	11	20	壬申	1	24	12	20	辛丑	華
8	27	7	17	辛未	9	27	8	18	壬寅	10	28	9	20	癸酉	11	27	10	21	癸卯	12	27	11	21	癸酉	1	25	12	21	壬寅	民
8	28	7	18	壬申	9	28	8	19	癸卯	10	29	9	21	甲戌	11	28	10	22	甲辰	12	28	11	22	甲戌	1	26	12	22	癸卯	國
8	29	7	19	癸酉	9	29	8	20	甲辰	10	30	9	22	乙亥	11	29	10	23	乙巳	12	29	11	23	乙亥	1	27	12	23	甲辰	一
8	30	7	20	甲戌	9	30	8	21	乙巳	10	31	9	23	丙子	11	30	10	24	丙午	12	30	11	24	丙子	1	28	12	24	乙巳	百
8	31	7	21	乙亥	10	1	8	22	丙午	11	1	9	24	丁丑	12	1	10	25	丁未	12	31	11	25	丁丑	1	29	12	25	丙午	二
9	1	7	22	丙子	10	2	8	23	丁未	11	2	9	25	戊寅	12	2	10	26	戊申	1	1	11	26	戊寅	1	30	12	26	丁未	十
9	2	7	23	丁丑	10	3	8	24	戊申	11	3	9	26	己卯	12	3	10	27	己酉	1	2	11	27	己卯	1	31	12	27	戊申	六
9	3	7	24	戊寅	10	4	8	25	己酉	11	4	9	27	庚辰	12	4	10	28	庚戌	1	3	11	28	庚辰	2	1	12	28	己酉	·
9	4	7	25	己卯	10	5	8	26	庚戌	11	5	9	28	辛巳	12	5	10	29	辛亥	1	4	11	29	辛巳	2	2	12	29	庚戌	一百二十
9	5	7	26	庚辰	10	6	8	27	辛亥	11	6	9	29	壬午	12	6	10	30	壬子						2	3	12	30	辛亥	七
9	6	7	27	辛巳	10	7	8	28	壬子																					年
處暑					秋分					霜降					小雪					冬至					大寒					中
8/23 2時21分 丑時					9/23 0時12分 子時					10/23 9時49分 巳時					11/22 7時37分 辰時					12/21 21時7分 亥時					1/20 7時48分 辰時					氣

年	戊午																													
月	甲寅					乙卯					丙辰					丁巳					戊午					己未				
節氣	立春 2/4 2時3分 丑時					驚蟄 3/5 19時54分 戌時					清明 4/5 0時28分 子時					立夏 5/5 17時30分 酉時					芒種 6/5 21時24分 亥時					小暑 7/7 7時31分 辰時				
日	國曆		農曆		干支	國曆		農曆		干支	國曆		農曆		干支	國曆		農曆		干支	國曆		農曆		干支	國曆		農曆		干支
	2	4	1	1	壬子	3	5	1	30	辛巳	4	5	3	1	壬子	5	5	4	2	壬午	6	5	5	3	癸丑	7	7	6	6	乙酉
	2	5	1	2	癸丑	3	6	2	1	壬午	4	6	3	2	癸丑	5	6	4	3	癸未	6	6	5	4	甲寅	7	8	6	7	丙戌
	2	6	1	3	甲寅	3	7	2	2	癸未	4	7	3	3	甲寅	5	7	4	4	甲申	6	7	5	5	乙卯	7	9	6	8	丁亥
	2	7	1	4	乙卯	3	8	2	3	甲申	4	8	3	4	乙卯	5	8	4	5	乙酉	6	8	5	6	丙辰	7	10	6	9	戊子
2	2	8	1	5	丙辰	3	9	2	4	乙酉	4	9	3	5	丙辰	5	9	4	6	丙戌	6	9	5	7	丁巳	7	11	6	10	己丑
0	2	9	1	6	丁巳	3	10	2	5	丙戌	4	10	3	6	丁巳	5	10	4	7	丁亥	6	10	5	8	戊午	7	12	6	11	庚寅
3	2	10	1	7	戊午	3	11	2	6	丁亥	4	11	3	7	戊午	5	11	4	8	戊子	6	11	5	9	己未	7	13	6	12	辛卯
8	2	11	1	8	己未	3	12	2	7	戊子	4	12	3	8	己未	5	12	4	9	己丑	6	12	5	10	庚申	7	14	6	13	壬辰
	2	12	1	9	庚申	3	13	2	8	己丑	4	13	3	9	庚申	5	13	4	10	庚寅	6	13	5	11	辛酉	7	15	6	14	癸巳
	2	13	1	10	辛酉	3	14	2	9	庚寅	4	14	3	10	辛酉	5	14	4	11	辛卯	6	14	5	12	壬戌	7	16	6	15	甲午
	2	14	1	11	壬戌	3	15	2	10	辛卯	4	15	3	11	壬戌	5	15	4	12	壬辰	6	15	5	13	癸亥	7	17	6	16	乙未
	2	15	1	12	癸亥	3	16	2	11	壬辰	4	16	3	12	癸亥	5	16	4	13	癸巳	6	16	5	14	甲子	7	18	6	17	丙申
	2	16	1	13	甲子	3	17	2	12	癸巳	4	17	3	13	甲子	5	17	4	14	甲午	6	17	5	15	乙丑	7	19	6	18	丁酉
	2	17	1	14	乙丑	3	18	2	13	甲午	4	18	3	14	乙丑	5	18	4	15	乙未	6	18	5	16	丙寅	7	20	6	19	戊戌
馬	2	18	1	15	丙寅	3	19	2	14	乙未	4	19	3	15	丙寅	5	19	4	16	丙申	6	19	5	17	丁卯	7	21	6	20	己亥
	2	19	1	16	丁卯	3	20	2	15	丙申	4	20	3	16	丁卯	5	20	4	17	丁酉	6	20	5	18	戊辰	7	22	6	21	庚子
	2	20	1	17	戊辰	3	21	2	16	丁酉	4	21	3	17	戊辰	5	21	4	18	戊戌	6	21	5	19	己巳	7	23	6	22	辛丑
	2	21	1	18	己巳	3	22	2	17	戊戌	4	22	3	18	己巳	5	22	4	19	己亥	6	22	5	20	庚午	7	24	6	23	壬寅
	2	22	1	19	庚午	3	23	2	18	己亥	4	23	3	19	庚午	5	23	4	20	庚子	6	23	5	21	辛未	7	25	6	24	癸卯
	2	23	1	20	辛未	3	24	2	19	庚子	4	24	3	20	辛未	5	24	4	21	辛丑	6	24	5	22	壬申	7	26	6	25	甲辰
中	2	24	1	21	壬申	3	25	2	20	辛丑	4	25	3	21	壬申	5	25	4	22	壬寅	6	25	5	23	癸酉	7	27	6	26	乙巳
華	2	25	1	22	癸酉	3	26	2	21	壬寅	4	26	3	22	癸酉	5	26	4	23	癸卯	6	26	5	24	甲戌	7	28	6	27	丙午
民	2	26	1	23	甲戌	3	27	2	22	癸卯	4	27	3	23	甲戌	5	27	4	24	甲辰	6	27	5	25	乙亥	7	29	6	28	丁未
國	2	27	1	24	乙亥	3	28	2	23	甲辰	4	28	3	24	乙亥	5	28	4	25	乙巳	6	28	5	26	丙子	7	30	6	29	戊申
一	2	28	1	25	丙子	3	29	2	24	乙巳	4	29	3	25	丙子	5	29	4	26	丙午	6	29	5	27	丁丑	7	31	6	30	己酉
百	3	1	1	26	丁丑	3	30	2	25	丙午	4	30	3	26	丁丑	5	30	4	27	丁未	6	30	5	28	戊寅	8	1	7	1	庚戌
二	3	2	1	27	戊寅	3	31	2	26	丁未	5	1	3	27	戊寅	5	31	4	28	戊申	7	1	5	29	己卯	8	2	7	2	辛亥
十	3	3	1	28	己卯	4	1	2	27	戊申	5	2	3	28	己卯	6	1	4	29	己酉	7	2	6	1	庚辰	8	3	7	3	壬子
七	3	4	1	29	庚辰	4	2	2	28	己酉	5	3	3	29	庚辰	6	2	4	30	庚戌	7	3	6	2	辛巳	8	4	7	4	癸丑
年						4	3	2	29	庚戌	5	4	4	1	辛巳	6	3	5	1	辛亥	7	4	6	3	壬午	8	5	7	5	甲寅
						4	4	2	30	辛亥						6	4	5	2	壬子	7	5	6	4	癸未	8	6	7	6	乙卯
																					7	6	6	5	甲申					
中氣	雨水 2/18 21時51分 亥時					春分 3/20 20時39分 戌時					穀雨 4/20 7時27分 辰時					小滿 5/21 6時22分 卯時					夏至 6/21 14時8分 未時					大暑 7/23 0時59分 子時				

戊午																														年
庚申					辛酉					壬戌					癸亥					甲子					乙丑					月
立秋					白露					寒露					立冬					大雪					小寒					節氣
8/7 17時20分 酉時					9/7 20時25分 戌時					10/8 12時20分 午時					11/7 15時50分 申時					12/7 8時55分 辰時					1/5 20時15分 戌時					
國曆		農曆		干支	國曆		農曆		干支	國曆		農曆		干支	國曆		農曆		干支	國曆		農曆		干支	國曆		農曆		干支	日
8	7	7	7	丙辰	9	7	8	9	丁亥	10	8	9	10	戊午	11	7	10	11	戊子	12	7	11	12	戊午	1	5	12	11	丁亥	
8	8	7	8	丁巳	9	8	8	10	戊子	10	9	9	11	己未	11	8	10	12	己丑	12	8	11	13	己未	1	6	12	12	戊子	
8	9	7	9	戊午	9	9	8	11	己丑	10	10	9	12	庚申	11	9	10	13	庚寅	12	9	11	14	庚申	1	7	12	13	己丑	
8	10	7	10	己未	9	10	8	12	庚寅	10	11	9	13	辛酉	11	10	10	14	辛卯	12	10	11	15	辛酉	1	8	12	14	庚寅	
8	11	7	11	庚申	9	11	8	13	辛卯	10	12	9	14	壬戌	11	11	10	15	壬辰	12	11	11	16	壬戌	1	9	12	15	辛卯	
8	12	7	12	辛酉	9	12	8	14	壬辰	10	13	9	15	癸亥	11	12	10	16	癸巳	12	12	11	17	癸亥	1	10	12	16	壬辰	
8	13	7	13	壬戌	9	13	8	15	癸巳	10	14	9	16	甲子	11	13	10	17	甲午	12	13	11	18	甲子	1	11	12	17	癸巳	
8	14	7	14	癸亥	9	14	8	16	甲午	10	15	9	17	乙丑	11	14	10	18	乙未	12	14	11	19	乙丑	1	12	12	18	甲午	
8	15	7	15	甲子	9	15	8	17	乙未	10	16	9	18	丙寅	11	15	10	19	丙申	12	15	11	20	丙寅	1	13	12	19	乙未	
8	16	7	16	乙丑	9	16	8	18	丙申	10	17	9	19	丁卯	11	16	10	20	丁酉	12	16	11	21	丁卯	1	14	12	20	丙申	
8	17	7	17	丙寅	9	17	8	19	丁酉	10	18	9	20	戊辰	11	17	10	21	戊戌	12	17	11	22	戊辰	1	15	12	21	丁酉	
8	18	7	18	丁卯	9	18	8	20	戊戌	10	19	9	21	己巳	11	18	10	22	己亥	12	18	11	23	己巳	1	16	12	22	戊戌	
8	19	7	19	戊辰	9	19	8	21	己亥	10	20	9	22	庚午	11	19	10	23	庚子	12	19	11	24	庚午	1	17	12	23	己亥	
8	20	7	20	己巳	9	20	8	22	庚子	10	21	9	23	辛未	11	20	10	24	辛丑	12	20	11	25	辛未	1	18	12	24	庚子	
8	21	7	21	庚午	9	21	8	23	辛丑	10	22	9	24	壬申	11	21	10	25	壬寅	12	21	11	26	壬申	1	19	12	25	辛丑	
8	22	7	22	辛未	9	22	8	24	壬寅	10	23	9	25	癸酉	11	22	10	26	癸卯	12	22	11	27	癸酉	1	20	12	26	壬寅	
8	23	7	23	壬申	9	23	8	25	癸卯	10	24	9	26	甲戌	11	23	10	27	甲辰	12	23	11	28	甲戌	1	21	12	27	癸卯	
8	24	7	24	癸酉	9	24	8	26	甲辰	10	25	9	27	乙亥	11	24	10	28	乙巳	12	24	11	29	乙亥	1	22	12	28	甲辰	
8	25	7	25	甲戌	9	25	8	27	乙巳	10	26	9	28	丙子	11	25	10	29	丙午	12	25	11	30	丙子	1	23	12	29	乙巳	
8	26	7	26	乙亥	9	26	8	28	丙午	10	27	9	29	丁丑	11	26	11	1	丁未	12	26	12	1	丁丑	1	24	1	1	丙午	
8	27	7	27	丙子	9	27	8	29	丁未	10	28	10	1	戊寅	11	27	11	2	戊申	12	27	12	2	戊寅	1	25	1	2	丁未	
8	28	7	28	丁丑	9	28	8	30	戊申	10	29	10	2	己卯	11	28	11	3	己酉	12	28	12	3	己卯	1	26	1	3	戊申	
8	29	7	29	戊寅	9	29	9	1	己酉	10	30	10	3	庚辰	11	29	11	4	庚戌	12	29	12	4	庚辰	1	27	1	4	己酉	
8	30	8	1	己卯	9	30	9	2	庚戌	10	31	10	4	辛巳	11	30	11	5	辛亥	12	30	12	5	辛巳	1	28	1	5	庚戌	
8	31	8	2	庚辰	10	1	9	3	辛亥	11	1	10	5	壬午	12	1	11	6	壬子	12	31	12	6	壬午	1	29	1	6	辛亥	
9	1	8	3	辛巳	10	2	9	4	壬子	11	2	10	6	癸未	12	2	11	7	癸丑	1	1	12	7	癸未	1	30	1	7	壬子	
9	2	8	4	壬午	10	3	9	5	癸丑	11	3	10	7	甲申	12	3	11	8	甲寅	1	2	12	8	甲申	1	31	1	8	癸丑	
9	3	8	5	癸未	10	4	9	6	甲寅	11	4	10	8	乙酉	12	4	11	9	乙卯	1	3	12	9	乙酉	2	1	1	9	甲寅	
9	4	8	6	甲申	10	5	9	7	乙卯	11	5	10	9	丙戌	12	5	11	10	丙辰	1	4	12	10	丙戌	2	2	1	10	乙卯	
9	5	8	7	乙酉	10	6	9	8	丙辰	11	6	10	10	丁亥	12	6	11	11	丁巳						2	3	1	11	丙辰	
9	6	8	8	丙戌	10	7	9	9	丁巳																					
處暑					秋分					霜降					小雪					冬至					大寒					中氣
8/23 8時9分 辰時					9/23 6時1分 卯時					10/23 15時39分 申時					11/22 13時30分 未時					12/22 3時1分 寅時					1/20 13時42分 未時					

2038・2039

馬

中華民國一百二十七・一百二十八年

年	己未																	
月	丙寅			丁卯			戊辰			己巳			庚午			辛未		
節氣	立春 2/4 7時52分 辰時			驚蟄 3/6 1時42分 丑時			清明 4/5 6時15分 卯時			立夏 5/5 23時17分 子時			芒種 6/6 3時14分 寅時			小暑 7/7 13時25分 未時		
日	國曆	農曆	干支	國曆	農曆	干支	國曆	農曆	干支	國曆	農曆	干支	國曆	農曆	干支	國曆	農曆	干支
2039	2 4	1 12	丁巳	3 6	2 12	丁亥	4 5	3 12	丁巳	5 5	4 13	丁亥	6 6	5 15	己未	7 7	5 16	庚寅
	2 5	1 13	戊午	3 7	2 13	戊子	4 6	3 13	戊午	5 6	4 14	戊子	6 7	5 16	庚申	7 8	5 17	辛卯
	2 6	1 14	己未	3 8	2 14	己丑	4 7	3 14	己未	5 7	4 15	己丑	6 8	5 17	辛酉	7 9	5 18	壬辰
	2 7	1 15	庚申	3 9	2 15	庚寅	4 8	3 15	庚申	5 8	4 16	庚寅	6 9	5 18	壬戌	7 10	5 19	癸巳
	2 8	1 16	辛酉	3 10	2 16	辛卯	4 9	3 16	辛酉	5 9	4 17	辛卯	6 10	5 19	癸亥	7 11	5 20	甲午
	2 9	1 17	壬戌	3 11	2 17	壬辰	4 10	3 17	壬戌	5 10	4 18	壬辰	6 11	5 20	甲子	7 12	5 21	乙未
	2 10	1 18	癸亥	3 12	2 18	癸巳	4 11	3 18	癸亥	5 11	4 19	癸巳	6 12	5 21	乙丑	7 13	5 22	丙申
	2 11	1 19	甲子	3 13	2 19	甲午	4 12	3 19	甲子	5 12	4 20	甲午	6 13	5 22	丙寅	7 14	5 23	丁酉
	2 12	1 20	乙丑	3 14	2 20	乙未	4 13	3 20	乙丑	5 13	4 21	乙未	6 14	5 23	丁卯	7 15	5 24	戊戌
	2 13	1 21	丙寅	3 15	2 21	丙申	4 14	3 21	丙寅	5 14	4 22	丙申	6 15	5 24	戊辰	7 16	5 25	己亥
	2 14	1 22	丁卯	3 16	2 22	丁酉	4 15	3 22	丁卯	5 15	4 23	丁酉	6 16	5 25	己巳	7 17	5 26	庚子
	2 15	1 23	戊辰	3 17	2 23	戊戌	4 16	3 23	戊辰	5 16	4 24	戊戌	6 17	5 26	庚午	7 18	5 27	辛丑
	2 16	1 24	己巳	3 18	2 24	己亥	4 17	3 24	己巳	5 17	4 25	己亥	6 18	5 27	辛未	7 19	5 28	壬寅
羊	2 17	1 25	庚午	3 19	2 25	庚子	4 18	3 25	庚午	5 18	4 26	庚子	6 19	5 28	壬申	7 20	5 29	癸卯
	2 18	1 26	辛未	3 20	2 26	辛丑	4 19	3 26	辛未	5 19	4 27	辛丑	6 20	5 29	癸酉	7 21	6 1	甲辰
	2 19	1 27	壬申	3 21	2 27	壬寅	4 20	3 27	壬申	5 20	4 28	壬寅	6 21	5 30	甲戌	7 22	6 2	乙巳
	2 20	1 28	癸酉	3 22	2 28	癸卯	4 21	3 28	癸酉	5 21	4 29	癸卯	6 22	閏5 1	乙亥	7 23	6 3	丙午
	2 21	1 29	甲戌	3 23	2 29	甲辰	4 22	3 29	甲戌	5 22	4 30	甲辰	6 23	5 2	丙子	7 24	6 4	丁未
	2 22	1 30	乙亥	3 24	2 30	乙巳	4 23	4 1	乙亥	5 23	5 1	乙巳	6 24	5 3	丁丑	7 25	6 5	戊申
	2 23	2 1	丙子	3 25	3 1	丙午	4 24	4 2	丙子	5 24	5 2	丙午	6 25	5 4	戊寅	7 26	6 6	己酉
中華民國一百二十八年	2 24	2 2	丁丑	3 26	3 2	丁未	4 25	4 3	丁丑	5 25	5 3	丁未	6 26	5 5	己卯	7 27	6 7	庚戌
	2 25	2 3	戊寅	3 27	3 3	戊申	4 26	4 4	戊寅	5 26	5 4	戊申	6 27	5 6	庚辰	7 28	6 8	辛亥
	2 26	2 4	己卯	3 28	3 4	己酉	4 27	4 5	己卯	5 27	5 5	己酉	6 28	5 7	辛巳	7 29	6 9	壬子
	2 27	2 5	庚辰	3 29	3 5	庚戌	4 28	4 6	庚辰	5 28	5 6	庚戌	6 29	5 8	壬午	7 30	6 10	癸丑
	2 28	2 6	辛巳	3 30	3 6	辛亥	4 29	4 7	辛巳	5 29	5 7	辛亥	6 30	5 9	癸未	7 31	6 11	甲寅
	3 1	2 7	壬午	3 31	3 7	壬子	4 30	4 8	壬午	5 30	5 8	壬子	7 1	5 10	甲申	8 1	6 12	乙卯
	3 2	2 8	癸未	4 1	3 8	癸丑	5 1	4 9	癸未	5 31	5 9	癸丑	7 2	5 11	乙酉	8 2	6 13	丙辰
	3 3	2 9	甲申	4 2	3 9	甲寅	5 2	4 10	甲申	6 1	5 10	甲寅	7 3	5 12	丙戌	8 3	6 14	丁巳
	3 4	2 10	乙酉	4 3	3 10	乙卯	5 3	4 11	乙酉	6 2	5 11	乙卯	7 4	5 13	丁亥	8 4	6 15	戊午
	3 5	2 11	丙戌	4 4	3 11	丙辰	5 4	4 12	丙戌	6 3	5 12	丙辰	7 5	5 14	戊子	8 5	6 16	己未
										6 4	5 13	丁巳	7 6	5 15	己丑	8 6	6 17	庚申
										6 5	5 14	戊午						
中氣	雨水 2/19 3時45分 寅時			春分 3/21 2時31分 丑時			穀雨 4/20 13時17分 未時			小滿 5/21 12時10分 午時			夏至 6/21 19時56分 戌時			大暑 7/23 6時47分 卯時		

2039・2040 羊 中華民國一百二十八・一百二十九年

年	己未																
月	壬申			癸酉			甲戌			乙亥			丙子			丁丑	
節氣	立秋 8/7 23時17分 子時			白露 9/8 2時23分 丑時			寒露 10/8 18時16分 酉時			立冬 11/7 21時42分 亥時			大雪 12/7 14時44分 未時			小寒 1/6 2時2分 丑時	
日	國曆	農曆	干支	國曆	農曆	干支	國曆	農曆	干支	國曆	農曆	干支	國曆	農曆	干支	國曆	農曆	干支
	8 7	6 18	辛酉	9 8	7 20	癸巳	10 8	8 21	癸亥	11 7	9 21	癸巳	12 7	10 22	癸亥	1 6	11 22	癸巳
	8 8	6 19	壬戌	9 9	7 21	甲午	10 9	8 22	甲子	11 8	9 22	甲午	12 8	10 23	甲子	1 7	11 23	甲午
	8 9	6 20	癸亥	9 10	7 22	乙未	10 10	8 23	乙丑	11 9	9 23	乙未	12 9	10 24	乙丑	1 8	11 24	乙未
	8 10	6 21	甲子	9 11	7 23	丙申	10 11	8 24	丙寅	11 10	9 24	丙申	12 10	10 25	丙寅	1 9	11 25	丙申
	8 11	6 22	乙丑	9 12	7 24	丁酉	10 12	8 25	丁卯	11 11	9 25	丁酉	12 11	10 26	丁卯	1 10	11 26	丁酉
	8 12	6 23	丙寅	9 13	7 25	戊戌	10 13	8 26	戊辰	11 12	9 26	戊戌	12 12	10 27	戊辰	1 11	11 27	戊戌
	8 13	6 24	丁卯	9 14	7 26	己亥	10 14	8 27	己巳	11 13	9 27	己亥	12 13	10 28	己巳	1 12	11 28	己亥
	8 14	6 25	戊辰	9 15	7 27	庚子	10 15	8 28	庚午	11 14	9 28	庚子	12 14	10 29	庚午	1 13	11 29	庚子
	8 15	6 26	己巳	9 16	7 28	辛丑	10 16	8 29	辛未	11 15	9 29	辛丑	12 15	10 30	辛未	1 14	12 1	辛丑
	8 16	6 27	庚午	9 17	7 29	壬寅	10 17	8 30	壬申	11 16	10 1	壬寅	12 16	11 1	壬申	1 15	12 2	壬寅
	8 17	6 28	辛未	9 18	8 1	癸卯	10 18	9 1	癸酉	11 17	10 2	癸卯	12 17	11 2	癸酉	1 16	12 3	癸卯
	8 18	6 29	壬申	9 19	8 2	甲辰	10 19	9 2	甲戌	11 18	10 3	甲辰	12 18	11 3	甲戌	1 17	12 4	甲辰
	8 19	6 30	癸酉	9 20	8 3	乙巳	10 20	9 3	乙亥	11 19	10 4	乙巳	12 19	11 4	乙亥	1 18	12 5	乙巳
	8 20	7 1	甲戌	9 21	8 4	丙午	10 21	9 4	丙子	11 20	10 5	丙午	12 20	11 5	丙子	1 19	12 6	丙午
	8 21	7 2	乙亥	9 22	8 5	丁未	10 22	9 5	丁丑	11 21	10 6	丁未	12 21	11 6	丁丑	1 20	12 7	丁未
	8 22	7 3	丙子	9 23	8 6	戊申	10 23	9 6	戊寅	11 22	10 7	戊申	12 22	11 7	戊寅	1 21	12 8	戊申
	8 23	7 4	丁丑	9 24	8 7	己酉	10 24	9 7	己卯	11 23	10 8	己酉	12 23	11 8	己卯	1 22	12 9	己酉
	8 24	7 5	戊寅	9 25	8 8	庚戌	10 25	9 8	庚辰	11 24	10 9	庚戌	12 24	11 9	庚辰	1 23	12 10	庚戌
	8 25	7 6	己卯	9 26	8 9	辛亥	10 26	9 9	辛巳	11 25	10 10	辛亥	12 25	11 10	辛巳	1 24	12 11	辛亥
	8 26	7 7	庚辰	9 27	8 10	壬子	10 27	9 10	壬午	11 26	10 11	壬子	12 26	11 11	壬午	1 25	12 12	壬子
	8 27	7 8	辛巳	9 28	8 11	癸丑	10 28	9 11	癸未	11 27	10 12	癸丑	12 27	11 12	癸未	1 26	12 13	癸丑
	8 28	7 9	壬午	9 29	8 12	甲寅	10 29	9 12	甲申	11 28	10 13	甲寅	12 28	11 13	甲申	1 27	12 14	甲寅
	8 29	7 10	癸未	9 30	8 13	乙卯	10 30	9 13	乙酉	11 29	10 14	乙卯	12 29	11 14	乙酉	1 28	12 15	乙卯
	8 30	7 11	甲申	10 1	8 14	丙辰	10 31	9 14	丙戌	11 30	10 15	丙辰	12 30	11 15	丙戌	1 29	12 16	丙辰
	8 31	7 12	乙酉	10 2	8 15	丁巳	11 1	9 15	丁亥	12 1	10 16	丁巳	12 31	11 16	丁亥	1 30	12 17	丁巳
	9 1	7 13	丙戌	10 3	8 16	戊午	11 2	9 16	戊子	12 2	10 17	戊午	1 1	11 17	戊子	1 31	12 18	戊午
	9 2	7 14	丁亥	10 4	8 17	己未	11 3	9 17	己丑	12 3	10 18	己未	1 2	11 18	己丑	2 1	12 19	己未
	9 3	7 15	戊子	10 5	8 18	庚申	11 4	9 18	庚寅	12 4	10 19	庚申	1 3	11 19	庚寅	2 2	12 20	庚申
	9 4	7 16	己丑	10 6	8 19	辛酉	11 5	9 19	辛卯	12 5	10 20	辛酉	1 4	11 20	辛卯	2 3	12 21	辛酉
	9 5	7 17	庚寅	10 7	8 20	壬戌	11 6	9 20	壬辰	12 6	10 21	壬戌	1 5	11 21	壬辰			
	9 6	7 18	辛卯															
	9 7	7 19	壬辰															
中氣	處暑 8/23 13時57分 未時			秋分 9/23 11時48分 午時			霜降 10/23 21時24分 亥時			小雪 11/22 19時11分 戌時			冬至 12/22 8時39分 辰時			大寒 1/20 19時20分 戌時	

年	庚申																	
月	戊寅			己卯			庚辰			辛巳			壬午			癸未		
節氣	立春 2/4 13時39分 未時			驚蟄 3/5 7時30分 辰時			清明 4/4 12時4分 午時			立夏 5/5 5時8分 卯時			芒種 6/5 9時7分 巳時			小暑 7/6 19時18分 戌時		
日	國曆	農曆	干支	國曆	農曆	干支	國曆	農曆	干支	國曆	農曆	干支	國曆	農曆	干支	國曆	農曆	干支
	2 4	12 22	壬戌	3 5	1 23	壬辰	4 4	2 23	壬戌	5 5	3 25	癸巳	6 5	4 26	甲子	7 6	5 27	乙未
	2 5	12 23	癸亥	3 6	1 24	癸巳	4 5	2 24	癸亥	5 6	3 26	甲午	6 6	4 27	乙丑	7 7	5 28	丙申
	2 6	12 24	甲子	3 7	1 25	甲午	4 6	2 25	甲子	5 7	3 27	乙未	6 7	4 28	丙寅	7 8	5 29	丁酉
	2 7	12 25	乙丑	3 8	1 26	乙未	4 7	2 26	乙丑	5 8	3 28	丙申	6 8	4 29	丁卯	7 9	6 1	戊戌
2040	2 8	12 26	丙寅	3 9	1 27	丙申	4 8	2 27	丙寅	5 9	3 29	丁酉	6 9	4 30	戊辰	7 10	6 2	己亥
	2 9	12 27	丁卯	3 10	1 28	丁酉	4 9	2 28	丁卯	5 10	3 30	戊戌	6 10	5 1	己巳	7 11	6 3	庚子
	2 10	12 28	戊辰	3 11	1 29	戊戌	4 10	2 29	戊辰	5 11	4 1	己亥	6 11	5 2	庚午	7 12	6 4	辛丑
	2 11	12 29	己巳	3 12	1 30	己亥	4 11	3 1	己巳	5 12	4 2	庚子	6 12	5 3	辛未	7 13	6 5	壬寅
	2 12	1 1	庚午	3 13	2 1	庚子	4 12	3 2	庚午	5 13	4 3	辛丑	6 13	5 4	壬申	7 14	6 6	癸卯
	2 13	1 2	辛未	3 14	2 2	辛丑	4 13	3 3	辛未	5 14	4 4	壬寅	6 14	5 5	癸酉	7 15	6 7	甲辰
	2 14	1 3	壬申	3 15	2 3	壬寅	4 14	3 4	壬申	5 15	4 5	癸卯	6 15	5 6	甲戌	7 16	6 8	乙巳
	2 15	1 4	癸酉	3 16	2 4	癸卯	4 15	3 5	癸酉	5 16	4 6	甲辰	6 16	5 7	乙亥	7 17	6 9	丙午
	2 16	1 5	甲戌	3 17	2 5	甲辰	4 16	3 6	甲戌	5 17	4 7	乙巳	6 17	5 8	丙子	7 18	6 10	丁未
猴	2 17	1 6	乙亥	3 18	2 6	乙巳	4 17	3 7	乙亥	5 18	4 8	丙午	6 18	5 9	丁丑	7 19	6 11	戊申
	2 18	1 7	丙子	3 19	2 7	丙午	4 18	3 8	丙子	5 19	4 9	丁未	6 19	5 10	戊寅	7 20	6 12	己酉
	2 19	1 8	丁丑	3 20	2 8	丁未	4 19	3 9	丁丑	5 20	4 10	戊申	6 20	5 11	己卯	7 21	6 13	庚戌
	2 20	1 9	戊寅	3 21	2 9	戊申	4 20	3 10	戊寅	5 21	4 11	己酉	6 21	5 12	庚辰	7 22	6 14	辛亥
	2 21	1 10	己卯	3 22	2 10	己酉	4 21	3 11	己卯	5 22	4 12	庚戌	6 22	5 13	辛巳	7 23	6 15	壬子
	2 22	1 11	庚辰	3 23	2 11	庚戌	4 22	3 12	庚辰	5 23	4 13	辛亥	6 23	5 14	壬午	7 24	6 16	癸丑
	2 23	1 12	辛巳	3 24	2 12	辛亥	4 23	3 13	辛巳	5 24	4 14	壬子	6 24	5 15	癸未	7 25	6 17	甲寅
中華民國一百二十九年	2 24	1 13	壬午	3 25	2 13	壬子	4 24	3 14	壬午	5 25	4 15	癸丑	6 25	5 16	甲申	7 26	6 18	乙卯
	2 25	1 14	癸未	3 26	2 14	癸丑	4 25	3 15	癸未	5 26	4 16	甲寅	6 26	5 17	乙酉	7 27	6 19	丙辰
	2 26	1 15	甲申	3 27	2 15	甲寅	4 26	3 16	甲申	5 27	4 17	乙卯	6 27	5 18	丙戌	7 28	6 20	丁巳
	2 27	1 16	乙酉	3 28	2 16	乙卯	4 27	3 17	乙酉	5 28	4 18	丙辰	6 28	5 19	丁亥	7 29	6 21	戊午
	2 28	1 17	丙戌	3 29	2 17	丙辰	4 28	3 18	丙戌	5 29	4 19	丁巳	6 29	5 20	戊子	7 30	6 22	己未
	2 29	1 18	丁亥	3 30	2 18	丁巳	4 29	3 19	丁亥	5 30	4 20	戊午	6 30	5 21	己丑	7 31	6 23	庚申
	3 1	1 19	戊子	3 31	2 19	戊午	4 30	3 20	戊子	5 31	4 21	己未	7 1	5 22	庚寅	8 1	6 24	辛酉
	3 2	1 20	己丑	4 1	2 20	己未	5 1	3 21	己丑	6 1	4 22	庚申	7 2	5 23	辛卯	8 2	6 25	壬戌
	3 3	1 21	庚寅	4 2	2 21	庚申	5 2	3 22	庚寅	6 2	4 23	辛酉	7 3	5 24	壬辰	8 3	6 26	癸亥
	3 4	1 22	辛卯	4 3	2 22	辛酉	5 3	3 23	辛卯	6 3	4 24	壬戌	7 4	5 25	癸巳	8 4	6 27	甲子
							5 4	3 24	壬辰	6 4	4 25	癸亥	7 5	5 26	甲午	8 5	6 28	乙丑
																8 6	6 29	丙寅
中氣	雨水 2/19 9時23分 巳時			春分 3/20 8時10分 辰時			穀雨 4/19 18時58分 酉時			小滿 5/20 17時54分 酉時			夏至 6/21 1時45分 丑時			大暑 7/22 12時40分 午時		

2040・2041 猴 中華民國一百二十九・一百三十年

年	庚申																													
月	甲申					乙酉					丙戌					丁亥					戊子					己丑				
節氣	立秋 8/7 5時9分 卯時					白露 9/7 8時13分 辰時					寒露 10/8 0時4分 子時					立冬 11/7 3時28分 寅時					大雪 12/6 20時29分 戌時					小寒 1/5 7時47分 辰時				
日	國曆		農曆		干支	國曆		農曆		干支	國曆		農曆		干支	國曆		農曆		干支	國曆		農曆		干支	國曆		農曆		干支
	8	7	6	30	丁卯	9	7	8	2	戊戌	10	8	9	3	己巳	11	7	10	3	己亥	12	6	11	3	戊辰	1	5	12	3	戊戌
	8	8	7	1	戊辰	9	8	8	3	己亥	10	9	9	4	庚午	11	8	10	4	庚子	12	7	11	4	己巳	1	6	12	4	己亥
	8	9	7	2	己巳	9	9	8	4	庚子	10	10	9	5	辛未	11	9	10	5	辛丑	12	8	11	5	庚午	1	7	12	5	庚子
	8	10	7	3	庚午	9	10	8	5	辛丑	10	11	9	6	壬申	11	10	10	6	壬寅	12	9	11	6	辛未	1	8	12	6	辛丑
	8	11	7	4	辛未	9	11	8	6	壬寅	10	12	9	7	癸酉	11	11	10	7	癸卯	12	10	11	7	壬申	1	9	12	7	壬寅
	8	12	7	5	壬申	9	12	8	7	癸卯	10	13	9	8	甲戌	11	12	10	8	甲辰	12	11	11	8	癸酉	1	10	12	8	癸卯
	8	13	7	6	癸酉	9	13	8	8	甲辰	10	14	9	9	乙亥	11	13	10	9	乙巳	12	12	11	9	甲戌	1	11	12	9	甲辰
	8	14	7	7	甲戌	9	14	8	9	乙巳	10	15	9	10	丙子	11	14	10	10	丙午	12	13	11	10	乙亥	1	12	12	10	乙巳
	8	15	7	8	乙亥	9	15	8	10	丙午	10	16	9	11	丁丑	11	15	10	11	丁未	12	14	11	11	丙子	1	13	12	11	丙午
	8	16	7	9	丙子	9	16	8	11	丁未	10	17	9	12	戊寅	11	16	10	12	戊申	12	15	11	12	丁丑	1	14	12	12	丁未
	8	17	7	10	丁丑	9	17	8	12	戊申	10	18	9	13	己卯	11	17	10	13	己酉	12	16	11	13	戊寅	1	15	12	13	戊申
	8	18	7	11	戊寅	9	18	8	13	己酉	10	19	9	14	庚辰	11	18	10	14	庚戌	12	17	11	14	己卯	1	16	12	14	己酉
	8	19	7	12	己卯	9	19	8	14	庚戌	10	20	9	15	辛巳	11	19	10	15	辛亥	12	18	11	15	庚辰	1	17	12	15	庚戌
	8	20	7	13	庚辰	9	20	8	15	辛亥	10	21	9	16	壬午	11	20	10	16	壬子	12	19	11	16	辛巳	1	18	12	16	辛亥
	8	21	7	14	辛巳	9	21	8	16	壬子	10	22	9	17	癸未	11	21	10	17	癸丑	12	20	11	17	壬午	1	19	12	17	壬子
	8	22	7	15	壬午	9	22	8	17	癸丑	10	23	9	18	甲申	11	22	10	18	甲寅	12	21	11	18	癸未	1	20	12	18	癸丑
	8	23	7	16	癸未	9	23	8	18	甲寅	10	24	9	19	乙酉	11	23	10	19	乙卯	12	22	11	19	甲申	1	21	12	19	甲寅
	8	24	7	17	甲申	9	24	8	19	乙卯	10	25	9	20	丙戌	11	24	10	20	丙辰	12	23	11	20	乙酉	1	22	12	20	乙卯
	8	25	7	18	乙酉	9	25	8	20	丙辰	10	26	9	21	丁亥	11	25	10	21	丁巳	12	24	11	21	丙戌	1	23	12	21	丙辰
	8	26	7	19	丙戌	9	26	8	21	丁巳	10	27	9	22	戊子	11	26	10	22	戊午	12	25	11	22	丁亥	1	24	12	22	丁巳
	8	27	7	20	丁亥	9	27	8	22	戊午	10	28	9	23	己丑	11	27	10	23	己未	12	26	11	23	戊子	1	25	12	23	戊午
	8	28	7	21	戊子	9	28	8	23	己未	10	29	9	24	庚寅	11	28	10	24	庚申	12	27	11	24	己丑	1	26	12	24	己未
	8	29	7	22	己丑	9	29	8	24	庚申	10	30	9	25	辛卯	11	29	10	25	辛酉	12	28	11	25	庚寅	1	27	12	25	庚申
	8	30	7	23	庚寅	9	30	8	25	辛酉	10	31	9	26	壬辰	11	30	10	26	壬戌	12	29	11	26	辛卯	1	28	12	26	辛酉
	8	31	7	24	辛卯	10	1	8	26	壬戌	11	1	9	27	癸巳	12	1	10	27	癸亥	12	30	11	27	壬辰	1	29	12	27	壬戌
	9	1	7	25	壬辰	10	2	8	27	癸亥	11	2	9	28	甲午	12	2	10	28	甲子	12	31	11	28	癸巳	1	30	12	28	癸亥
	9	2	7	26	癸巳	10	3	8	28	甲子	11	3	9	29	乙未	12	3	10	29	乙丑	1	1	11	29	甲午	1	31	12	29	甲子
	9	3	7	27	甲午	10	4	8	29	乙丑	11	4	9	30	丙申	12	4	11	1	丙寅	1	2	11	30	乙未	2	1	1	1	乙丑
	9	4	7	28	乙未	10	5	8	30	丙寅	11	5	10	1	丁酉	12	5	11	2	丁卯	1	3	12	1	丙申	2	2	1	2	丙寅
	9	5	7	29	丙申	10	6	9	1	丁卯	11	6	10	2	戊戌						1	4	12	2	丁酉					
	9	6	8	1	丁酉	10	7	9	2	戊辰																				
中氣	處暑 8/22 19時52分 戌時					秋分 9/22 17時44分 酉時					霜降 10/23 3時18分 寅時					小雪 11/22 1時4分 丑時					冬至 12/21 14時32分 未時					大寒 1/20 1時12分 丑時				

年	辛酉																	
月	庚寅			辛卯			壬辰			癸巳			甲午			乙未		
節氣	立春 2/3 19時24分 戌時			驚蟄 3/5 13時17分 未時			清明 4/4 17時51分 酉時			立夏 5/5 10時53分 巳時			芒種 6/5 14時49分 未時			小暑 7/7 0時57分 子時		
日	國曆	農曆	干支	國曆	農曆	干支	國曆	農曆	干支	國曆	農曆	干支	國曆	農曆	干支	國曆	農曆	干支
2041 雞 中華民國一百三十年	2/3	1/3	丁卯	3/5	2/4	丁酉	4/5	3/5	戊辰	5/5	4/6	戊戌	6/5	5/7	己巳	7/7	6/10	辛丑
	2/4	1/4	戊辰	3/6	2/5	戊戌	4/6	3/6	己巳	5/6	4/7	己亥	6/6	5/8	庚午	7/8	6/11	壬寅
	2/5	1/5	己巳	3/7	2/6	己亥	4/7	3/7	庚午	5/7	4/8	庚子	6/7	5/9	辛未	7/9	6/12	癸卯
	2/6	1/6	庚午	3/8	2/7	庚子	4/8	3/8	辛未	5/8	4/9	辛丑	6/8	5/10	壬申	7/10	6/13	甲辰
	2/7	1/7	辛未	3/9	2/8	辛丑	4/9	3/9	壬申	5/9	4/10	壬寅	6/9	5/11	癸酉	7/11	6/14	乙巳
	2/8	1/8	壬申	3/10	2/9	壬寅	4/10	3/10	癸酉	5/10	4/11	癸卯	6/10	5/12	甲戌	7/12	6/15	丙午
	2/9	1/9	癸酉	3/11	2/10	癸卯	4/11	3/11	甲戌	5/11	4/12	甲辰	6/11	5/13	乙亥	7/13	6/16	丁未
	2/10	1/10	甲戌	3/12	2/11	甲辰	4/12	3/12	乙亥	5/12	4/13	乙巳	6/12	5/14	丙子	7/14	6/17	戊申
	2/11	1/11	乙亥	3/13	2/12	乙巳	4/13	3/13	丙子	5/13	4/14	丙午	6/13	5/15	丁丑	7/15	6/18	己酉
	2/12	1/12	丙子	3/14	2/13	丙午	4/14	3/14	丁丑	5/14	4/15	丁未	6/14	5/16	戊寅	7/16	6/19	庚戌
	2/13	1/13	丁丑	3/15	2/14	丁未	4/15	3/15	戊寅	5/15	4/16	戊申	6/15	5/17	己卯	7/17	6/20	辛亥
	2/14	1/14	戊寅	3/16	2/15	戊申	4/16	3/16	己卯	5/16	4/17	己酉	6/16	5/18	庚辰	7/18	6/21	壬子
	2/15	1/15	己卯	3/17	2/16	己酉	4/17	3/17	庚辰	5/17	4/18	庚戌	6/17	5/19	辛巳	7/19	6/22	癸丑
	2/16	1/16	庚辰	3/18	2/17	庚戌	4/18	3/18	辛巳	5/18	4/19	辛亥	6/18	5/20	壬午	7/20	6/23	甲寅
	2/17	1/17	辛巳	3/19	2/18	辛亥	4/19	3/19	壬午	5/19	4/20	壬子	6/19	5/21	癸未	7/21	6/24	乙卯
	2/18	1/18	壬午	3/20	2/19	壬子	4/20	3/20	癸未	5/20	4/21	癸丑	6/20	5/22	甲申	7/22	6/25	丙辰
	2/19	1/19	癸未	3/21	2/20	癸丑	4/21	3/21	甲申	5/21	4/22	甲寅	6/21	5/23	乙酉	7/23	6/26	丁巳
	2/20	1/20	甲申	3/22	2/21	甲寅	4/22	3/22	乙酉	5/22	4/23	乙卯	6/22	5/24	丙戌	7/24	6/27	戊午
	2/21	1/21	乙酉	3/23	2/22	乙卯	4/23	3/23	丙戌	5/23	4/24	丙辰	6/23	5/25	丁亥	7/25	6/28	己未
	2/22	1/22	丙戌	3/24	2/23	丙辰	4/24	3/24	丁亥	5/24	4/25	丁巳	6/24	5/26	戊子	7/26	6/29	庚申
	2/23	1/23	丁亥	3/25	2/24	丁巳	4/25	3/25	戊子	5/25	4/26	戊午	6/25	5/27	己丑	7/27	6/30	辛酉
	2/24	1/24	戊子	3/26	2/25	戊午	4/26	3/26	己丑	5/26	4/27	己未	6/26	5/28	庚寅	7/28	7/1	壬戌
	2/25	1/25	己丑	3/27	2/26	己未	4/27	3/27	庚寅	5/27	4/28	庚申	6/27	5/29	辛卯	7/29	7/2	癸亥
	2/26	1/26	庚寅	3/28	2/27	庚申	4/28	3/28	辛卯	5/28	4/29	辛酉	6/28	6/1	壬辰	7/30	7/3	甲子
	2/27	1/27	辛卯	3/29	2/28	辛酉	4/29	3/29	壬辰	5/29	4/30	壬戌	6/29	6/2	癸巳	7/31	7/4	乙丑
	2/28	1/28	壬辰	3/30	2/29	壬戌	4/30	4/1	癸巳	5/30	5/1	癸亥	6/30	6/3	甲午	8/1	7/5	丙寅
	3/1	1/29	癸巳	3/31	2/30	癸亥	5/1	4/2	甲午	5/31	5/2	甲子	7/1	6/4	乙未	8/2	7/6	丁卯
	3/2	2/1	甲午	4/1	3/1	甲子	5/2	4/3	乙未	6/1	5/3	乙丑	7/2	6/5	丙申	8/3	7/7	戊辰
	3/3	2/2	乙未	4/2	3/2	乙丑	5/3	4/4	丙申	6/2	5/4	丙寅	7/3	6/6	丁酉	8/4	7/8	己巳
	3/4	2/3	丙申	4/3	3/3	丙寅	5/4	4/5	丁酉	6/3	5/5	丁卯	7/4	6/7	戊戌	8/5	7/9	庚午
				4/4	3/4	丁卯				6/4	5/6	戊辰	7/5	6/8	己亥	8/6	7/10	辛未
													7/6	6/9	庚子			
中氣	雨水 2/18 15時16分 申時			春分 3/20 14時6分 未時			穀雨 4/20 0時54分 子時			小滿 5/20 23時48分 子時			夏至 6/21 7時35分 辰時			大暑 7/22 18時25分 酉時		

年：辛酉

月	丙申					丁酉					戊戌				
節氣	立秋					白露					寒露				
	8/7 10時47分 巳時					9/7 13時52分 未時					10/8 5時46分 卯時				
日	國曆		農曆		干支	國曆		農曆		干支	國曆		農曆		干支
	8	7	7	11	壬申	9	7	8	12	癸卯	10	8	9	14	甲戌
	8	8	7	12	癸酉	9	8	8	13	甲辰	10	9	9	15	乙亥
	8	9	7	13	甲戌	9	9	8	14	乙巳	10	10	9	16	丙子
	8	10	7	14	乙亥	9	10	8	15	丙午	10	11	9	17	丁丑
	8	11	7	15	丙子	9	11	8	16	丁未	10	12	9	18	戊寅
	8	12	7	16	丁丑	9	12	8	17	戊申	10	13	9	19	己卯
	8	13	7	17	戊寅	9	13	8	18	己酉	10	14	9	20	庚辰
	8	14	7	18	己卯	9	14	8	19	庚戌	10	15	9	21	辛巳
	8	15	7	19	庚辰	9	15	8	20	辛亥	10	16	9	22	壬午
	8	16	7	20	辛巳	9	16	8	21	壬子	10	17	9	23	癸未
	8	17	7	21	壬午	9	17	8	22	癸丑	10	18	9	24	甲申
	8	18	7	22	癸未	9	18	8	23	甲寅	10	19	9	25	乙酉
	8	19	7	23	甲申	9	19	8	24	乙卯	10	20	9	26	丙戌
	8	20	7	24	乙酉	9	20	8	25	丙辰	10	21	9	27	丁亥
	8	21	7	25	丙戌	9	21	8	26	丁巳	10	22	9	28	戊子
	8	22	7	26	丁亥	9	22	8	27	戊午	10	23	9	29	己丑
	8	23	7	27	戊子	9	23	8	28	己未	10	24	9	30	庚寅
	8	24	7	28	己丑	9	24	8	29	庚申	10	25	10	1	辛卯
	8	25	7	29	庚寅	9	25	9	1	辛酉	10	26	10	2	壬辰
	8	26	7	30	辛卯	9	26	9	2	壬戌	10	27	10	3	癸巳
	8	27	8	1	壬辰	9	27	9	3	癸亥	10	28	10	4	甲午
	8	28	8	2	癸巳	9	28	9	4	甲子	10	29	10	5	乙未
	8	29	8	3	甲午	9	29	9	5	乙丑	10	30	10	6	丙申
	8	30	8	4	乙未	9	30	9	6	丙寅	10	31	10	7	丁酉
	8	31	8	5	丙申	10	1	9	7	丁卯	11	1	10	8	戊戌
	9	1	8	6	丁酉	10	2	9	8	戊辰	11	2	10	9	己亥
	9	2	8	7	戊戌	10	3	9	9	己巳	11	3	10	10	庚子
	9	3	8	8	己亥	10	4	9	10	庚午	11	4	10	11	辛丑
	9	4	8	9	庚子	10	5	9	11	辛未	11	5	10	12	壬寅
	9	5	8	10	辛丑	10	6	9	12	壬申	11	6	10	13	癸卯
	9	6	8	11	壬寅	10	7	9	13	癸酉					
中氣	處暑					秋分					霜降				
	8/23 1時35分 丑時					9/22 23時25分 子時					10/23 9時1分 巳時				

月	己亥					庚子					辛丑				
節氣	立冬					大雪					小寒				
	11/7 9時12分 巳時					12/7 2時15分 丑時					1/5 13時34分 未時				
日	國曆		農曆		干支	國曆		農曆		干支	國曆		農曆		干支
	11	7	10	14	甲辰	12	7	11	14	甲戌	1	5	12	14	癸卯
	11	8	10	15	乙巳	12	8	11	15	乙亥	1	6	12	15	甲辰
	11	9	10	16	丙午	12	9	11	16	丙子	1	7	12	16	乙巳
	11	10	10	17	丁未	12	10	11	17	丁丑	1	8	12	17	丙午
	11	11	10	18	戊申	12	11	11	18	戊寅	1	9	12	18	丁未
	11	12	10	19	己酉	12	12	11	19	己卯	1	10	12	19	戊申
	11	13	10	20	庚戌	12	13	11	20	庚辰	1	11	12	20	己酉
	11	14	10	21	辛亥	12	14	11	21	辛巳	1	12	12	21	庚戌
	11	15	10	22	壬子	12	15	11	22	壬午	1	13	12	22	辛亥
	11	16	10	23	癸丑	12	16	11	23	癸未	1	14	12	23	壬子
	11	17	10	24	甲寅	12	17	11	24	甲申	1	15	12	24	癸丑
	11	18	10	25	乙卯	12	18	11	25	乙酉	1	16	12	25	甲寅
	11	19	10	26	丙辰	12	19	11	26	丙戌	1	17	12	26	乙卯
	11	20	10	27	丁巳	12	20	11	27	丁亥	1	18	12	27	丙辰
	11	21	10	28	戊午	12	21	11	28	戊子	1	19	12	28	丁巳
	11	22	10	29	己未	12	22	11	29	己丑	1	20	12	29	戊午
	11	23	10	30	庚申	12	23	12	1	庚寅	1	21	12	30	己未
	11	24	11	1	辛酉	12	24	12	2	辛卯	1	22	1	1	庚申
	11	25	11	2	壬戌	12	25	12	3	壬辰	1	23	1	2	辛酉
	11	26	11	3	癸亥	12	26	12	4	癸巳	1	24	1	3	壬戌
	11	27	11	4	甲子	12	27	12	5	甲午	1	25	1	4	癸亥
	11	28	11	5	乙丑	12	28	12	6	乙未	1	26	1	5	甲子
	11	29	11	6	丙寅	12	29	12	7	丙申	1	27	1	6	乙丑
	11	30	11	7	丁卯	12	30	12	8	丁酉	1	28	1	7	丙寅
	12	1	11	8	戊辰	12	31	12	9	戊戌	1	29	1	8	丁卯
	12	2	11	9	己巳	1	1	12	10	己亥	1	30	1	9	戊辰
	12	3	11	10	庚午	1	2	12	11	庚子	1	31	1	10	己巳
	12	4	11	11	辛未	1	3	12	12	辛丑	2	1	1	11	庚午
	12	5	11	12	壬申	1	4	12	13	壬寅	2	2	1	12	辛未
	12	6	11	13	癸酉						2	3	1	13	壬申
中氣	小雪					冬至					大寒				
	11/22 6時48分 卯時					12/21 20時17分 戌時					1/20 6時59分 卯時				

2041・2042

雞

中華民國一百三十・一百三十一年

年	壬戌																	
月	壬寅			癸卯			甲辰			乙巳			丙午			丁未		
節	立春			驚蟄			清明			立夏			芒種			小暑		
氣	2/4 1時12分 丑時			3/5 19時5分 戌時			4/4 23時39分 子時			5/5 16時42分 申時			6/5 20時37分 戌時			7/7 6時46分 卯時		
日	國曆	農曆	干支	國曆	農曆	干支	國曆	農曆	干支	國曆	農曆	干支	國曆	農曆	干支	國曆	農曆	干支
	2 4	1 14	癸酉	3 5	2 14	壬寅	4 4	2 14	壬申	5 5	3 16	癸卯	6 5	4 18	甲戌	7 7	5 20	丙午
	2 5	1 15	甲戌	3 6	2 15	癸卯	4 5	2 15	癸酉	5 6	3 17	甲辰	6 6	4 19	乙亥	7 8	5 21	丁未
	2 6	1 16	乙亥	3 7	2 16	甲辰	4 6	2 16	甲戌	5 7	3 18	乙巳	6 7	4 20	丙子	7 9	5 22	戊申
	2 7	1 17	丙子	3 8	2 17	乙巳	4 7	2 17	乙亥	5 8	3 19	丙午	6 8	4 21	丁丑	7 10	5 23	己酉
2042	2 8	1 18	丁丑	3 9	2 18	丙午	4 8	2 18	丙子	5 9	3 20	丁未	6 9	4 22	戊寅	7 11	5 24	庚戌
	2 9	1 19	戊寅	3 10	2 19	丁未	4 9	2 19	丁丑	5 10	3 21	戊申	6 10	4 23	己卯	7 12	5 25	辛亥
	2 10	1 20	己卯	3 11	2 20	戊申	4 10	2 20	戊寅	5 11	3 22	己酉	6 11	4 24	庚辰	7 13	5 26	壬子
	2 11	1 21	庚辰	3 12	2 21	己酉	4 11	2 21	己卯	5 12	3 23	庚戌	6 12	4 25	辛巳	7 14	5 27	癸丑
	2 12	1 22	辛巳	3 13	2 22	庚戌	4 12	2 22	庚辰	5 13	3 24	辛亥	6 13	4 26	壬午	7 15	5 28	甲寅
	2 13	1 23	壬午	3 14	2 23	辛亥	4 13	2 23	辛巳	5 14	3 25	壬子	6 14	4 27	癸未	7 16	5 29	乙卯
	2 14	1 24	癸未	3 15	2 24	壬子	4 14	2 24	壬午	5 15	3 26	癸丑	6 15	4 28	甲申	7 17	6 1	丙辰
	2 15	1 25	甲申	3 16	2 25	癸丑	4 15	2 25	癸未	5 16	3 27	甲寅	6 16	4 29	乙酉	7 18	6 2	丁巳
	2 16	1 26	乙酉	3 17	2 26	甲寅	4 16	2 26	甲申	5 17	3 28	乙卯	6 17	4 30	丙戌	7 19	6 3	戊午
狗	2 17	1 27	丙戌	3 18	2 27	乙卯	4 17	2 27	乙酉	5 18	3 29	丙辰	6 18	5 1	丁亥	7 20	6 4	己未
	2 18	1 28	丁亥	3 19	2 28	丙辰	4 18	2 28	丙戌	5 19	4 1	丁巳	6 19	5 2	戊子	7 21	6 5	庚申
	2 19	1 29	戊子	3 20	2 29	丁巳	4 19	2 29	丁亥	5 20	4 2	戊午	6 20	5 3	己丑	7 22	6 6	辛酉
	2 20	2 1	己丑	3 21	2 30	戊午	4 20	3 1	戊子	5 21	4 3	己未	6 21	5 4	庚寅	7 23	6 7	壬戌
	2 21	2 2	庚寅	3 22	閏2 1	己未	4 21	3 2	己丑	5 22	4 4	庚申	6 22	5 5	辛卯	7 24	6 8	癸亥
	2 22	2 3	辛卯	3 23	2 2	庚申	4 22	3 3	庚寅	5 23	4 5	辛酉	6 23	5 6	壬辰	7 25	6 9	甲子
	2 23	2 4	壬辰	3 24	2 3	辛酉	4 23	3 4	辛卯	5 24	4 6	壬戌	6 24	5 7	癸巳	7 26	6 10	乙丑
中華民國一百三十一年	2 24	2 5	癸巳	3 25	2 4	壬戌	4 24	3 5	壬辰	5 25	4 7	癸亥	6 25	5 8	甲午	7 27	6 11	丙寅
	2 25	2 6	甲午	3 26	2 5	癸亥	4 25	3 6	癸巳	5 26	4 8	甲子	6 26	5 9	乙未	7 28	6 12	丁卯
	2 26	2 7	乙未	3 27	2 6	甲子	4 26	3 7	甲午	5 27	4 9	乙丑	6 27	5 10	丙申	7 29	6 13	戊辰
	2 27	2 8	丙申	3 28	2 7	乙丑	4 27	3 8	乙未	5 28	4 10	丙寅	6 28	5 11	丁酉	7 30	6 14	己巳
	2 28	2 9	丁酉	3 29	2 8	丙寅	4 28	3 9	丙申	5 29	4 11	丁卯	6 29	5 12	戊戌	7 31	6 15	庚午
	3 1	2 10	戊戌	3 30	2 9	丁卯	4 29	3 10	丁酉	5 30	4 12	戊辰	6 30	5 13	己亥	8 1	6 16	辛未
	3 2	2 11	己亥	3 31	2 10	戊辰	4 30	3 11	戊戌	5 31	4 13	己巳	7 1	5 14	庚子	8 2	6 17	壬申
	3 3	2 12	庚子	4 1	2 11	己巳	5 1	3 12	己亥	6 1	4 14	庚午	7 2	5 15	辛丑	8 3	6 18	癸酉
	3 4	2 13	辛丑	4 2	2 12	庚午	5 2	3 13	庚子	6 2	4 15	辛未	7 3	5 16	壬寅	8 4	6 19	甲戌
				4 3	2 13	辛未	5 3	3 14	辛丑	6 3	4 16	壬申	7 4	5 17	癸卯	8 5	6 20	乙亥
							5 4	3 15	壬寅	6 4	4 17	癸酉	7 5	5 18	甲辰	8 6	6 21	丙子
													7 6	5 19	乙巳			
中	雨水			春分			穀雨			小滿			夏至			大暑		
氣	2/18 21時3分 亥時			3/20 19時52分 戌時			4/20 6時38分 卯時			5/21 5時30分 卯時			6/21 13時15分 未時			7/23 0時5分 子時		

年	壬戌																	
月	戊申			己酉			庚戌			辛亥			壬子			癸丑		
節	立秋			白露			寒露			立冬			大雪			小寒		
氣	8/7 16時38分 申時			9/7 19時44分 戌時			10/8 11時39分 午時			11/7 15時6分 申時			12/7 8時8分 辰時			1/5 19時24分 戌時		
日	國曆	農曆	干支	國曆	農曆	干支	國曆	農曆	干支	國曆	農曆	干支	國曆	農曆	干支	國曆	農曆	干支
	8 7	6 22	丁丑	9 7	7 23	戊申	10 8	8 25	己卯	11 7	9 25	己酉	12 7	10 25	己卯	1 5	11 25	戊申
	8 8	6 23	戊寅	9 8	7 24	己酉	10 9	8 26	庚辰	11 8	9 26	庚戌	12 8	10 26	庚辰	1 6	11 26	己酉
	8 9	6 24	己卯	9 9	7 25	庚戌	10 10	8 27	辛巳	11 9	9 27	辛亥	12 9	10 27	辛巳	1 7	11 27	庚戌
2	8 10	6 25	庚辰	9 10	7 26	辛亥	10 11	8 28	壬午	11 10	9 28	壬子	12 10	10 28	壬午	1 8	11 28	辛亥
0	8 11	6 26	辛巳	9 11	7 27	壬子	10 12	8 29	癸未	11 11	9 29	癸丑	12 11	10 29	癸未	1 9	11 29	壬子
4	8 12	6 27	壬午	9 12	7 28	癸丑	10 13	8 30	甲申	11 12	9 30	甲寅	12 12	11 1	甲申	1 10	11 30	癸丑
2	8 13	6 28	癸未	9 13	7 29	甲寅	10 14	9 1	乙酉	11 13	10 1	乙卯	12 13	11 2	乙酉	1 11	12 1	甲寅
・	8 14	6 29	甲申	9 14	8 1	乙卯	10 15	9 2	丙戌	11 14	10 2	丙辰	12 14	11 3	丙戌	1 12	12 2	乙卯
2	8 15	6 30	乙酉	9 15	8 2	丙辰	10 16	9 3	丁亥	11 15	10 3	丁巳	12 15	11 4	丁亥	1 13	12 3	丙辰
0	8 16	7 1	丙戌	9 16	8 3	丁巳	10 17	9 4	戊子	11 16	10 4	戊午	12 16	11 5	戊子	1 14	12 4	丁巳
4	8 17	7 2	丁亥	9 17	8 4	戊午	10 18	9 5	己丑	11 17	10 5	己未	12 17	11 6	己丑	1 15	12 5	戊午
3	8 18	7 3	戊子	9 18	8 5	己未	10 19	9 6	庚寅	11 18	10 6	庚申	12 18	11 7	庚寅	1 16	12 6	己未
	8 19	7 4	己丑	9 19	8 6	庚申	10 20	9 7	辛卯	11 19	10 7	辛酉	12 19	11 8	辛卯	1 17	12 7	庚申
	8 20	7 5	庚寅	9 20	8 7	辛酉	10 21	9 8	壬辰	11 20	10 8	壬戌	12 20	11 9	壬辰	1 18	12 8	辛酉
狗	8 21	7 6	辛卯	9 21	8 8	壬戌	10 22	9 9	癸巳	11 21	10 9	癸亥	12 21	11 10	癸巳	1 19	12 9	壬戌
	8 22	7 7	壬辰	9 22	8 9	癸亥	10 23	9 10	甲午	11 22	10 10	甲子	12 22	11 11	甲午	1 20	12 10	癸亥
	8 23	7 8	癸巳	9 23	8 10	甲子	10 24	9 11	乙未	11 23	10 11	乙丑	12 23	11 12	乙未	1 21	12 11	甲子
	8 24	7 9	甲午	9 24	8 11	乙丑	10 25	9 12	丙申	11 24	10 12	丙寅	12 24	11 13	丙申	1 22	12 12	乙丑
中	8 25	7 10	乙未	9 25	8 12	丙寅	10 26	9 13	丁酉	11 25	10 13	丁卯	12 25	11 14	丁酉	1 23	12 13	丙寅
華	8 26	7 11	丙申	9 26	8 13	丁卯	10 27	9 14	戊戌	11 26	10 14	戊辰	12 26	11 15	戊戌	1 24	12 14	丁卯
民	8 27	7 12	丁酉	9 27	8 14	戊辰	10 28	9 15	己亥	11 27	10 15	己巳	12 27	11 16	己亥	1 25	12 15	戊辰
國	8 28	7 13	戊戌	9 28	8 15	己巳	10 29	9 16	庚子	11 28	10 16	庚午	12 28	11 17	庚子	1 26	12 16	己巳
一	8 29	7 14	己亥	9 29	8 16	庚午	10 30	9 17	辛丑	11 29	10 17	辛未	12 29	11 18	辛丑	1 27	12 17	庚午
百	8 30	7 15	庚子	9 30	8 17	辛未	10 31	9 18	壬寅	11 30	10 18	壬申	12 30	11 19	壬寅	1 28	12 18	辛未
三	8 31	7 16	辛丑	10 1	8 18	壬申	11 1	9 19	癸卯	12 1	10 19	癸酉	12 31	11 20	癸卯	1 29	12 19	壬申
十	9 1	7 17	壬寅	10 2	8 19	癸酉	11 2	9 20	甲辰	12 2	10 20	甲戌	1 1	11 21	甲辰	1 30	12 20	癸酉
・	9 2	7 18	癸卯	10 3	8 20	甲戌	11 3	9 21	乙巳	12 3	10 21	乙亥	1 2	11 22	乙巳	1 31	12 21	甲戌
一	9 3	7 19	甲辰	10 4	8 21	乙亥	11 4	9 22	丙午	12 4	10 22	丙子	1 3	11 23	丙午	2 1	12 22	乙亥
百	9 4	7 20	乙巳	10 5	8 22	丙子	11 5	9 23	丁未	12 5	10 23	丁丑	1 4	11 24	丁未	2 2	12 23	丙子
三	9 5	7 21	丙午	10 6	8 23	丁丑	11 6	9 24	戊申	12 6	10 24	戊寅				2 3	12 24	丁丑
十	9 6	7 22	丁未	10 7	8 24	戊寅												
二年																		
中	處暑			秋分			霜降			小雪			冬至			大寒		
氣	8/23 7時17分 辰時			9/23 5時10分 卯時			10/23 14時48分 未時			11/22 12時36分 午時			12/22 2時3分 丑時			1/20 12時40分 午時		

年	癸亥																													
月	甲寅					乙卯					丙辰					丁巳					戊午					己未				
節氣	立春 2/4 6時57分 卯時					驚蟄 3/6 0時46分 子時					清明 4/5 5時19分 卯時					立夏 5/5 22時21分 亥時					芒種 6/6 2時17分 丑時					小暑 7/7 12時27分 午時				
日	國曆		農曆		干支	國曆		農曆		干支	國曆		農曆		干支	國曆		農曆		干支	國曆		農曆		干支	國曆		農曆		干支
2043 豬 中華民國一百三十二年	2	4	12	25	戊寅	3	6	1	25	戊申	4	5	2	26	戊寅	5	5	3	26	戊申	6	6	4	29	庚辰	7	7	6	1	辛亥
	2	5	12	26	己卯	3	7	1	26	己酉	4	6	2	27	己卯	5	6	3	27	己酉	6	7	5	1	辛巳	7	8	6	2	壬子
	2	6	12	27	庚辰	3	8	1	27	庚戌	4	7	2	28	庚辰	5	7	3	28	庚戌	6	8	5	2	壬午	7	9	6	3	癸丑
	2	7	12	28	辛巳	3	9	1	28	辛亥	4	8	2	29	辛巳	5	8	3	29	辛亥	6	9	5	3	癸未	7	10	6	4	甲寅
	2	8	12	29	壬午	3	10	1	29	壬子	4	9	2	30	壬午	5	9	4	1	壬子	6	10	5	4	甲申	7	11	6	5	乙卯
	2	9	12	30	癸未	3	11	2	1	癸丑	4	10	3	1	癸未	5	10	4	2	癸丑	6	11	5	5	乙酉	7	12	6	6	丙辰
	2	10	1	1	甲申	3	12	2	2	甲寅	4	11	3	2	甲申	5	11	4	3	甲寅	6	12	5	6	丙戌	7	13	6	7	丁巳
	2	11	1	2	乙酉	3	13	2	3	乙卯	4	12	3	3	乙酉	5	12	4	4	乙卯	6	13	5	7	丁亥	7	14	6	8	戊午
	2	12	1	3	丙戌	3	14	2	4	丙辰	4	13	3	4	丙戌	5	13	4	5	丙辰	6	14	5	8	戊子	7	15	6	9	己未
	2	13	1	4	丁亥	3	15	2	5	丁巳	4	14	3	5	丁亥	5	14	4	6	丁巳	6	15	5	9	己丑	7	16	6	10	庚申
	2	14	1	5	戊子	3	16	2	6	戊午	4	15	3	6	戊子	5	15	4	7	戊午	6	16	5	10	庚寅	7	17	6	11	辛酉
	2	15	1	6	己丑	3	17	2	7	己未	4	16	3	7	己丑	5	16	4	8	己未	6	17	5	11	辛卯	7	18	6	12	壬戌
	2	16	1	7	庚寅	3	18	2	8	庚申	4	17	3	8	庚寅	5	17	4	9	庚申	6	18	5	12	壬辰	7	19	6	13	癸亥
	2	17	1	8	辛卯	3	19	2	9	辛酉	4	18	3	9	辛卯	5	18	4	10	辛酉	6	19	5	13	癸巳	7	20	6	14	甲子
	2	18	1	9	壬辰	3	20	2	10	壬戌	4	19	3	10	壬辰	5	19	4	11	壬戌	6	20	5	14	甲午	7	21	6	15	乙丑
	2	19	1	10	癸巳	3	21	2	11	癸亥	4	20	3	11	癸巳	5	20	4	12	癸亥	6	21	5	15	乙未	7	22	6	16	丙寅
	2	20	1	11	甲午	3	22	2	12	甲子	4	21	3	12	甲午	5	21	4	13	甲子	6	22	5	16	丙申	7	23	6	17	丁卯
	2	21	1	12	乙未	3	23	2	13	乙丑	4	22	3	13	乙未	5	22	4	14	乙丑	6	23	5	17	丁酉	7	24	6	18	戊辰
	2	22	1	13	丙申	3	24	2	14	丙寅	4	23	3	14	丙申	5	23	4	15	丙寅	6	24	5	18	戊戌	7	25	6	19	己巳
	2	23	1	14	丁酉	3	25	2	15	丁卯	4	24	3	15	丁酉	5	24	4	16	丁卯	6	25	5	19	己亥	7	26	6	20	庚午
	2	24	1	15	戊戌	3	26	2	16	戊辰	4	25	3	16	戊戌	5	25	4	17	戊辰	6	26	5	20	庚子	7	27	6	21	辛未
	2	25	1	16	己亥	3	27	2	17	己巳	4	26	3	17	己亥	5	26	4	18	己巳	6	27	5	21	辛丑	7	28	6	22	壬申
	2	26	1	17	庚子	3	28	2	18	庚午	4	27	3	18	庚子	5	27	4	19	庚午	6	28	5	22	壬寅	7	29	6	23	癸酉
	2	27	1	18	辛丑	3	29	2	19	辛未	4	28	3	19	辛丑	5	28	4	20	辛未	6	29	5	23	癸卯	7	30	6	24	甲戌
	2	28	1	19	壬寅	3	30	2	20	壬申	4	29	3	20	壬寅	5	29	4	21	壬申	6	30	5	24	甲辰	7	31	6	25	乙亥
	3	1	1	20	癸卯	3	31	2	21	癸酉	4	30	3	21	癸卯	5	30	4	22	癸酉	7	1	5	25	乙巳	8	1	6	26	丙子
	3	2	1	21	甲辰	4	1	2	22	甲戌	5	1	3	22	甲辰	5	31	4	23	甲戌	7	2	5	26	丙午	8	2	6	27	丁丑
	3	3	1	22	乙巳	4	2	2	23	乙亥	5	2	3	23	乙巳	6	1	4	24	乙亥	7	3	5	27	丁未	8	3	6	28	戊寅
	3	4	1	23	丙午	4	3	2	24	丙子	5	3	3	24	丙午	6	2	4	25	丙子	7	4	5	28	戊申	8	4	6	29	己卯
	3	5	1	24	丁未	4	4	2	25	丁丑	5	4	3	25	丁未	6	3	4	26	丁丑	7	5	5	29	己酉	8	5	7	1	庚辰
																6	4	4	27	戊寅	7	6	5	30	庚戌	8	6	7	2	辛巳
																6	5	4	28	己卯										
中氣	雨水 2/19 2時40分 丑時					春分 3/21 1時27分 丑時					穀雨 4/20 12時13分 午時					小滿 5/21 11時8分 午時					夏至 6/21 18時57分 酉時					大暑 7/23 5時52分 卯時				

年	癸亥																													
月	庚申					辛酉					壬戌					癸亥					甲子					乙丑				
節氣	立秋					白露					寒露					立冬					大雪					小寒				
	8/7 22時19分 亥時					9/8 1時29分 丑時					10/8 17時26分 酉時					11/7 20時55分 戌時					12/7 13時56分 未時					1/6 1時11分 丑時				
日	國曆		農曆		干支	國曆		農曆		干支	國曆		農曆		干支	國曆		農曆		干支	國曆		農曆		干支	國曆		農曆		干支
	8	7	7	3	壬午	9	8	8	6	甲寅	10	8	9	6	甲申	11	7	10	6	甲寅	12	7	11	7	甲申	1	6	12	7	甲寅
	8	8	7	4	癸未	9	9	8	7	乙卯	10	9	9	7	乙酉	11	8	10	7	乙卯	12	8	11	8	乙酉	1	7	12	8	乙卯
	8	9	7	5	甲申	9	10	8	8	丙辰	10	10	9	8	丙戌	11	9	10	8	丙辰	12	9	11	9	丙戌	1	8	12	9	丙辰
	8	10	7	6	乙酉	9	11	8	9	丁巳	10	11	9	9	丁亥	11	10	10	9	丁巳	12	10	11	10	丁亥	1	9	12	10	丁巳
	8	11	7	7	丙戌	9	12	8	10	戊午	10	12	9	10	戊子	11	11	10	10	戊午	12	11	11	11	戊子	1	10	12	11	戊午
	8	12	7	8	丁亥	9	13	8	11	己未	10	13	9	11	己丑	11	12	10	11	己未	12	12	11	12	己丑	1	11	12	12	己未
	8	13	7	9	戊子	9	14	8	12	庚申	10	14	9	12	庚寅	11	13	10	12	庚申	12	13	11	13	庚寅	1	12	12	13	庚申
	8	14	7	10	己丑	9	15	8	13	辛酉	10	15	9	13	辛卯	11	14	10	13	辛酉	12	14	11	14	辛卯	1	13	12	14	辛酉
	8	15	7	11	庚寅	9	16	8	14	壬戌	10	16	9	14	壬辰	11	15	10	14	壬戌	12	15	11	15	壬辰	1	14	12	15	壬戌
	8	16	7	12	辛卯	9	17	8	15	癸亥	10	17	9	15	癸巳	11	16	10	15	癸亥	12	16	11	16	癸巳	1	15	12	16	癸亥
	8	17	7	13	壬辰	9	18	8	16	甲子	10	18	9	16	甲午	11	17	10	16	甲子	12	17	11	17	甲午	1	16	12	17	甲子
	8	18	7	14	癸巳	9	19	8	17	乙丑	10	19	9	17	乙未	11	18	10	17	乙丑	12	18	11	18	乙未	1	17	12	18	乙丑
	8	19	7	15	甲午	9	20	8	18	丙寅	10	20	9	18	丙申	11	19	10	18	丙寅	12	19	11	19	丙申	1	18	12	19	丙寅
	8	20	7	16	乙未	9	21	8	19	丁卯	10	21	9	19	丁酉	11	20	10	19	丁卯	12	20	11	20	丁酉	1	19	12	20	丁卯
	8	21	7	17	丙申	9	22	8	20	戊辰	10	22	9	20	戊戌	11	21	10	20	戊辰	12	21	11	21	戊戌	1	20	12	21	戊辰
	8	22	7	18	丁酉	9	23	8	21	己巳	10	23	9	21	己亥	11	22	10	21	己巳	12	22	11	22	己亥	1	21	12	22	己巳
	8	23	7	19	戊戌	9	24	8	22	庚午	10	24	9	22	庚子	11	23	10	22	庚午	12	23	11	23	庚子	1	22	12	23	庚午
	8	24	7	20	己亥	9	25	8	23	辛未	10	25	9	23	辛丑	11	24	10	23	辛未	12	24	11	24	辛丑	1	23	12	24	辛未
	8	25	7	21	庚子	9	26	8	24	壬申	10	26	9	24	壬寅	11	25	10	24	壬申	12	25	11	25	壬寅	1	24	12	25	壬申
	8	26	7	22	辛丑	9	27	8	25	癸酉	10	27	9	25	癸卯	11	26	10	25	癸酉	12	26	11	26	癸卯	1	25	12	26	癸酉
	8	27	7	23	壬寅	9	28	8	26	甲戌	10	28	9	26	甲辰	11	27	10	26	甲戌	12	27	11	27	甲辰	1	26	12	27	甲戌
	8	28	7	24	癸卯	9	29	8	27	乙亥	10	29	9	27	乙巳	11	28	10	27	乙亥	12	28	11	28	乙巳	1	27	12	28	乙亥
	8	29	7	25	甲辰	9	30	8	28	丙子	10	30	9	28	丙午	11	29	10	28	丙子	12	29	11	29	丙午	1	28	12	29	丙子
	8	30	7	26	乙巳	10	1	8	29	丁丑	10	31	9	29	丁未	11	30	10	29	丁丑	12	30	11	30	丁未	1	29	12	30	丁丑
	8	31	7	27	丙午	10	2	8	30	戊寅	11	1	9	30	戊申	12	1	11	1	戊寅	12	31	12	1	戊申	1	30	1	1	戊寅
	9	1	7	28	丁未	10	3	9	1	己卯	11	2	10	1	己酉	12	2	11	2	己卯	1	1	12	2	己酉	1	31	1	2	己卯
	9	2	7	29	戊申	10	4	9	2	庚辰	11	3	10	2	庚戌	12	3	11	3	庚辰	1	2	12	3	庚戌	2	1	1	3	庚辰
	9	3	8	1	己酉	10	5	9	3	辛巳	11	4	10	3	辛亥	12	4	11	4	辛巳	1	3	12	4	辛亥	2	2	1	4	辛巳
	9	4	8	2	庚戌	10	6	9	4	壬午	11	5	10	4	壬子	12	5	11	5	壬午	1	4	12	5	壬子	2	3	1	5	壬午
	9	5	8	3	辛亥	10	7	9	5	癸未	11	6	10	5	癸丑	12	6	11	6	癸未	1	5	12	6	癸丑					
	9	6	8	4	壬子																									
	9	7	8	5	癸丑																									
中氣	處暑					秋分					霜降					小雪					冬至					大寒				
	8/23 13時8分 未時					9/23 11時6分 午時					10/23 20時46分 戌時					11/22 18時34分 酉時					12/22 8時0分 辰時					1/20 18時36分 酉時				

2043・2044 豬 中華民國一百三十二・一百三十三年

2044 鼠 中華民國一百三十三年

年	甲子																	
月	丙寅			丁卯			戊辰			己巳			庚午			辛未		
節氣	立春 2/4 12時43分 午時			驚蟄 3/5 6時30分 卯時			清明 4/4 11時2分 午時			立夏 5/5 4時4分 寅時			芒種 6/5 8時3分 辰時			小暑 7/6 18時15分 酉時		
日	國曆	農曆	干支	國曆	農曆	干支	國曆	農曆	干支	國曆	農曆	干支	國曆	農曆	干支	國曆	農曆	干支
	2 4	1 6	癸未	3 5	2 6	癸丑	4 4	3 7	癸未	5 5	4 8	甲寅	6 5	5 10	乙酉	7 6	6 12	丙辰
	2 5	1 7	甲申	3 6	2 7	甲寅	4 5	3 8	甲申	5 6	4 9	乙卯	6 6	5 11	丙戌	7 7	6 13	丁巳
	2 6	1 8	乙酉	3 7	2 8	乙卯	4 6	3 9	乙酉	5 7	4 10	丙辰	6 7	5 12	丁亥	7 8	6 14	戊午
	2 7	1 9	丙戌	3 8	2 9	丙辰	4 7	3 10	丙戌	5 8	4 11	丁巳	6 8	5 13	戊子	7 9	6 15	己未
	2 8	1 10	丁亥	3 9	2 10	丁巳	4 8	3 11	丁亥	5 9	4 12	戊午	6 9	5 14	己丑	7 10	6 16	庚申
	2 9	1 11	戊子	3 10	2 11	戊午	4 9	3 12	戊子	5 10	4 13	己未	6 10	5 15	庚寅	7 11	6 17	辛酉
	2 10	1 12	己丑	3 11	2 12	己未	4 10	3 13	己丑	5 11	4 14	庚申	6 11	5 16	辛卯	7 12	6 18	壬戌
	2 11	1 13	庚寅	3 12	2 13	庚申	4 11	3 14	庚寅	5 12	4 15	辛酉	6 12	5 17	壬辰	7 13	6 19	癸亥
	2 12	1 14	辛卯	3 13	2 14	辛酉	4 12	3 15	辛卯	5 13	4 16	壬戌	6 13	5 18	癸巳	7 14	6 20	甲子
	2 13	1 15	壬辰	3 14	2 15	壬戌	4 13	3 16	壬辰	5 14	4 17	癸亥	6 14	5 19	甲午	7 15	6 21	乙丑
	2 14	1 16	癸巳	3 15	2 16	癸亥	4 14	3 17	癸巳	5 15	4 18	甲子	6 15	5 20	乙未	7 16	6 22	丙寅
	2 15	1 17	甲午	3 16	2 17	甲子	4 15	3 18	甲午	5 16	4 19	乙丑	6 16	5 21	丙申	7 17	6 23	丁卯
	2 16	1 18	乙未	3 17	2 18	乙丑	4 16	3 19	乙未	5 17	4 20	丙寅	6 17	5 22	丁酉	7 18	6 24	戊辰
	2 17	1 19	丙申	3 18	2 19	丙寅	4 17	3 20	丙申	5 18	4 21	丁卯	6 18	5 23	戊戌	7 19	6 25	己巳
	2 18	1 20	丁酉	3 19	2 20	丁卯	4 18	3 21	丁酉	5 19	4 22	戊辰	6 19	5 24	己亥	7 20	6 26	庚午
	2 19	1 21	戊戌	3 20	2 21	戊辰	4 19	3 22	戊戌	5 20	4 23	己巳	6 20	5 25	庚子	7 21	6 27	辛未
	2 20	1 22	己亥	3 21	2 22	己巳	4 20	3 23	己亥	5 21	4 24	庚午	6 21	5 26	辛丑	7 22	6 28	壬申
	2 21	1 23	庚子	3 22	2 23	庚午	4 21	3 24	庚子	5 22	4 25	辛未	6 22	5 27	壬寅	7 23	6 29	癸酉
	2 22	1 24	辛丑	3 23	2 24	辛未	4 22	3 25	辛丑	5 23	4 26	壬申	6 23	5 28	癸卯	7 24	6 30	甲戌
	2 23	1 25	壬寅	3 24	2 25	壬申	4 23	3 26	壬寅	5 24	4 27	癸酉	6 24	5 29	甲辰	7 25	7 1	乙亥
	2 24	1 26	癸卯	3 25	2 26	癸酉	4 24	3 27	癸卯	5 25	4 28	甲戌	6 25	6 1	乙巳	7 26	7 2	丙子
	2 25	1 27	甲辰	3 26	2 27	甲戌	4 25	3 28	甲辰	5 26	4 29	乙亥	6 26	6 2	丙午	7 27	7 3	丁丑
	2 26	1 28	乙巳	3 27	2 28	乙亥	4 26	3 29	乙巳	5 27	5 1	丙子	6 27	6 3	丁未	7 28	7 4	戊寅
	2 27	1 29	丙午	3 28	2 29	丙子	4 27	3 30	丙午	5 28	5 2	丁丑	6 28	6 4	戊申	7 29	7 5	己卯
	2 28	1 30	丁未	3 29	3 1	丁丑	4 28	4 1	丁未	5 29	5 3	戊寅	6 29	6 5	己酉	7 30	7 6	庚辰
	2 29	2 1	戊申	3 30	3 2	戊寅	4 29	4 2	戊申	5 30	5 4	己卯	6 30	6 6	庚戌	7 31	7 7	辛巳
	3 1	2 2	己酉	3 31	3 3	己卯	4 30	4 3	己酉	5 31	5 5	庚辰	7 1	6 7	辛亥	8 1	7 8	壬午
	3 2	2 3	庚戌	4 1	3 4	庚辰	5 1	4 4	庚戌	6 1	5 6	辛巳	7 2	6 8	壬子	8 2	7 9	癸未
	3 3	2 4	辛亥	4 2	3 5	辛巳	5 2	4 5	辛亥	6 2	5 7	壬午	7 3	6 9	癸丑	8 3	7 10	甲申
	3 4	2 5	壬子	4 3	3 6	壬午	5 3	4 6	壬子	6 3	5 8	癸未	7 4	6 10	甲寅	8 4	7 11	乙酉
							5 4	4 7	癸丑	6 4	5 9	甲申	7 5	6 11	乙卯	8 5	7 12	丙戌
																8 6	7 13	丁亥
中氣	雨水 2/19 8時35分 辰時			春分 3/20 7時19分 辰時			穀雨 4/19 18時5分 酉時			小滿 5/20 17時1分 酉時			夏至 6/21 0時50分 子時			大暑 7/22 11時42分 午時		

年	甲子																													
月	壬申					癸酉					甲戌					乙亥					丙子					丁丑				
節氣	立秋 8/7 4時7分 寅時					白露 9/7 7時15分 辰時					寒露 10/7 23時12分 子時					立冬 11/7 2時41分 丑時					大雪 12/6 19時44分 戌時					小寒 1/5 7時1分 辰時				
日	國曆		農曆		干支	國曆		農曆		干支	國曆		農曆		干支	國曆		農曆		干支	國曆		農曆		干支	國曆		農曆		干支
	8	7	7	14	戊子	9	7	7	16	己未	10	7	8	17	己丑	11	7	9	18	庚申	12	6	10	18	己丑	1	5	11	18	己未
	8	8	7	15	己丑	9	8	7	17	庚申	10	8	8	18	庚寅	11	8	9	19	辛酉	12	7	10	19	庚寅	1	6	11	19	庚申
	8	9	7	16	庚寅	9	9	7	18	辛酉	10	9	8	19	辛卯	11	9	9	20	壬戌	12	8	10	20	辛卯	1	7	11	20	辛酉
	8	10	7	17	辛卯	9	10	7	19	壬戌	10	10	8	20	壬辰	11	10	9	21	癸亥	12	9	10	21	壬辰	1	8	11	21	壬戌
	8	11	7	18	壬辰	9	11	7	20	癸亥	10	11	8	21	癸巳	11	11	9	22	甲子	12	10	10	22	癸巳	1	9	11	22	癸亥
	8	12	7	19	癸巳	9	12	7	21	甲子	10	12	8	22	甲午	11	12	9	23	乙丑	12	11	10	23	甲午	1	10	11	23	甲子
	8	13	7	20	甲午	9	13	7	22	乙丑	10	13	8	23	乙未	11	13	9	24	丙寅	12	12	10	24	乙未	1	11	11	24	乙丑
	8	14	7	21	乙未	9	14	7	23	丙寅	10	14	8	24	丙申	11	14	9	25	丁卯	12	13	10	25	丙申	1	12	11	25	丙寅
	8	15	7	22	丙申	9	15	7	24	丁卯	10	15	8	25	丁酉	11	15	9	26	戊辰	12	14	10	26	丁酉	1	13	11	26	丁卯
	8	16	7	23	丁酉	9	16	7	25	戊辰	10	16	8	26	戊戌	11	16	9	27	己巳	12	15	10	27	戊戌	1	14	11	27	戊辰
	8	17	7	24	戊戌	9	17	7	26	己巳	10	17	8	27	己亥	11	17	9	28	庚午	12	16	10	28	己亥	1	15	11	28	己巳
	8	18	7	25	己亥	9	18	7	27	庚午	10	18	8	28	庚子	11	18	9	29	辛未	12	17	10	29	庚子	1	16	11	29	庚午
	8	19	7	26	庚子	9	19	7	28	辛未	10	19	8	29	辛丑	11	19	10	1	壬申	12	18	10	30	辛丑	1	17	11	30	辛未
	8	20	7	27	辛丑	9	20	7	29	壬申	10	20	8	30	壬寅	11	20	10	2	癸酉	12	19	11	1	壬寅	1	18	12	1	壬申
	8	21	7	28	壬寅	9	21	8	1	癸酉	10	21	9	1	癸卯	11	21	10	3	甲戌	12	20	11	2	癸卯	1	19	12	2	癸酉
	8	22	7	29	癸卯	9	22	8	2	甲戌	10	22	9	2	甲辰	11	22	10	4	乙亥	12	21	11	3	甲辰	1	20	12	3	甲戌
	8	23	閏7	1	甲辰	9	23	8	3	乙亥	10	23	9	3	乙巳	11	23	10	5	丙子	12	22	11	4	乙巳	1	21	12	4	乙亥
	8	24	7	2	乙巳	9	24	8	4	丙子	10	24	9	4	丙午	11	24	10	6	丁丑	12	23	11	5	丙午	1	22	12	5	丙子
	8	25	7	3	丙午	9	25	8	5	丁丑	10	25	9	5	丁未	11	25	10	7	戊寅	12	24	11	6	丁未	1	23	12	6	丁丑
	8	26	7	4	丁未	9	26	8	6	戊寅	10	26	9	6	戊申	11	26	10	8	己卯	12	25	11	7	戊申	1	24	12	7	戊寅
	8	27	7	5	戊申	9	27	8	7	己卯	10	27	9	7	己酉	11	27	10	9	庚辰	12	26	11	8	己酉	1	25	12	8	己卯
	8	28	7	6	己酉	9	28	8	8	庚辰	10	28	9	8	庚戌	11	28	10	10	辛巳	12	27	11	9	庚戌	1	26	12	9	庚辰
	8	29	7	7	庚戌	9	29	8	9	辛巳	10	29	9	9	辛亥	11	29	10	11	壬午	12	28	11	10	辛亥	1	27	12	10	辛巳
	8	30	7	8	辛亥	9	30	8	10	壬午	10	30	9	10	壬子	11	30	10	12	癸未	12	29	11	11	壬子	1	28	12	11	壬午
	8	31	7	9	壬子	10	1	8	11	癸未	10	31	9	11	癸丑	12	1	10	13	甲申	12	30	11	12	癸丑	1	29	12	12	癸未
	9	1	7	10	癸丑	10	2	8	12	甲申	11	1	9	12	甲寅	12	2	10	14	乙酉	12	31	11	13	甲寅	1	30	12	13	甲申
	9	2	7	11	甲寅	10	3	8	13	乙酉	11	2	9	13	乙卯	12	3	10	15	丙戌	1	1	11	14	乙卯	1	31	12	14	乙酉
	9	3	7	12	乙卯	10	4	8	14	丙戌	11	3	9	14	丙辰	12	4	10	16	丁亥	1	2	11	15	丙辰	2	1	12	15	丙戌
	9	4	7	13	丙辰	10	5	8	15	丁亥	11	4	9	15	丁巳	12	5	10	17	戊子	1	3	11	16	丁巳	2	2	12	16	丁亥
	9	5	7	14	丁巳	10	6	8	16	戊子	11	5	9	16	戊午						1	4	11	17	戊午					
	9	6	7	15	戊午						11	6	9	17	己未															
中氣	處暑 8/22 18時53分 酉時					秋分 9/22 16時47分 申時					霜降 10/23 2時25分 丑時					小雪 11/22 0時14分 子時					冬至 12/21 13時42分 未時					大寒 1/20 0時21分 子時				

2044・2045 鼠 中華民國一百三十三・一百三十四年

年	乙丑																													
月	戊寅					己卯					庚辰					辛巳					壬午					癸未				
節	立春					驚蟄					清明					立夏					芒種					小暑				
氣	2/3 18時35分 酉時					3/5 12時24分 午時					4/4 16時56分 申時					5/5 9時58分 巳時					6/5 13時56分 未時					7/7 0時7分 子時				
日	國曆		農曆		干支	國曆		農曆		干支	國曆		農曆		干支	國曆		農曆		干支	國曆		農曆		干支	國曆		農曆		干支
2045	2	3	12	17	戊子	3	5	1	17	戊午	4	4	2	17	戊子	5	5	3	19	己未	6	5	4	20	庚寅	7	7	5	23	壬戌
	2	4	12	18	己丑	3	6	1	18	己未	4	5	2	18	己丑	5	6	3	20	庚申	6	6	4	21	辛卯	7	8	5	24	癸亥
	2	5	12	19	庚寅	3	7	1	19	庚申	4	6	2	19	庚寅	5	7	3	21	辛酉	6	7	4	22	壬辰	7	9	5	25	甲子
	2	6	12	20	辛卯	3	8	1	20	辛酉	4	7	2	20	辛卯	5	8	3	22	壬戌	6	8	4	23	癸巳	7	10	5	26	乙丑
	2	7	12	21	壬辰	3	9	1	21	壬戌	4	8	2	21	壬辰	5	9	3	23	癸亥	6	9	4	24	甲午	7	11	5	27	丙寅
	2	8	12	22	癸巳	3	10	1	22	癸亥	4	9	2	22	癸巳	5	10	3	24	甲子	6	10	4	25	乙未	7	12	5	28	丁卯
	2	9	12	23	甲午	3	11	1	23	甲子	4	10	2	23	甲午	5	11	3	25	乙丑	6	11	4	26	丙申	7	13	5	29	戊辰
	2	10	12	24	乙未	3	12	1	24	乙丑	4	11	2	24	乙未	5	12	3	26	丙寅	6	12	4	27	丁酉	7	14	6	1	己巳
	2	11	12	25	丙申	3	13	1	25	丙寅	4	12	2	25	丙申	5	13	3	27	丁卯	6	13	4	28	戊戌	7	15	6	2	庚午
	2	12	12	26	丁酉	3	14	1	26	丁卯	4	13	2	26	丁酉	5	14	3	28	戊辰	6	14	4	29	己亥	7	16	6	3	辛未
	2	13	12	27	戊戌	3	15	1	27	戊辰	4	14	2	27	戊戌	5	15	3	29	己巳	6	15	5	1	庚子	7	17	6	4	壬申
	2	14	12	28	己亥	3	16	1	28	己巳	4	15	2	28	己亥	5	16	3	30	庚午	6	16	5	2	辛丑	7	18	6	5	癸酉
	2	15	12	29	庚子	3	17	1	29	庚午	4	16	2	29	庚子	5	17	4	1	辛未	6	17	5	3	壬寅	7	19	6	6	甲戌
牛	2	16	12	30	辛丑	3	18	1	30	辛未	4	17	3	1	辛丑	5	18	4	2	壬申	6	18	5	4	癸卯	7	20	6	7	乙亥
	2	17	1	1	壬寅	3	19	2	1	壬申	4	18	3	2	壬寅	5	19	4	3	癸酉	6	19	5	5	甲辰	7	21	6	8	丙子
	2	18	1	2	癸卯	3	20	2	2	癸酉	4	19	3	3	癸卯	5	20	4	4	甲戌	6	20	5	6	乙巳	7	22	6	9	丁丑
	2	19	1	3	甲辰	3	21	2	3	甲戌	4	20	3	4	甲辰	5	21	4	5	乙亥	6	21	5	7	丙午	7	23	6	10	戊寅
	2	20	1	4	乙巳	3	22	2	4	乙亥	4	21	3	5	乙巳	5	22	4	6	丙子	6	22	5	8	丁未	7	24	6	11	己卯
	2	21	1	5	丙午	3	23	2	5	丙子	4	22	3	6	丙午	5	23	4	7	丁丑	6	23	5	9	戊申	7	25	6	12	庚辰
	2	22	1	6	丁未	3	24	2	6	丁丑	4	23	3	7	丁未	5	24	4	8	戊寅	6	24	5	10	己酉	7	26	6	13	辛巳
中華民國一百三十四年	2	23	1	7	戊申	3	25	2	7	戊寅	4	24	3	8	戊申	5	25	4	9	己卯	6	25	5	11	庚戌	7	27	6	14	壬午
	2	24	1	8	己酉	3	26	2	8	己卯	4	25	3	9	己酉	5	26	4	10	庚辰	6	26	5	12	辛亥	7	28	6	15	癸未
	2	25	1	9	庚戌	3	27	2	9	庚辰	4	26	3	10	庚戌	5	27	4	11	辛巳	6	27	5	13	壬子	7	29	6	16	甲申
	2	26	1	10	辛亥	3	28	2	10	辛巳	4	27	3	11	辛亥	5	28	4	12	壬午	6	28	5	14	癸丑	7	30	6	17	乙酉
	2	27	1	11	壬子	3	29	2	11	壬午	4	28	3	12	壬子	5	29	4	13	癸未	6	29	5	15	甲寅	7	31	6	18	丙戌
	2	28	1	12	癸丑	3	30	2	12	癸未	4	29	3	13	癸丑	5	30	4	14	甲申	6	30	5	16	乙卯	8	1	6	19	丁亥
	3	1	1	13	甲寅	3	31	2	13	甲申	4	30	3	14	甲寅	5	31	4	15	乙酉	7	1	5	17	丙辰	8	2	6	20	戊子
	3	2	1	14	乙卯	4	1	2	14	乙酉	5	1	3	15	乙卯	6	1	4	16	丙戌	7	2	5	18	丁巳	8	3	6	21	己丑
	3	3	1	15	丙辰	4	2	2	15	丙戌	5	2	3	16	丙辰	6	2	4	17	丁亥	7	3	5	19	戊午	8	4	6	22	庚寅
	3	4	1	16	丁巳	4	3	2	16	丁亥	5	3	3	17	丁巳	6	3	4	18	戊子	7	4	5	20	己未	8	5	6	23	辛卯
											5	4	3	18	戊午	6	4	4	19	己丑	7	5	5	21	庚申	8	6	6	24	壬辰
																					7	6	5	22	辛酉					
中	雨水					春分					穀雨					小滿					夏至					大暑				
氣	2/18 14時21分 未時					3/20 13時6分 未時					4/19 23時52分 子時					5/20 22時45分 亥時					6/21 6時33分 卯時					7/22 17時25分 酉時				

乙丑																														年
甲申					乙酉					丙戌					丁亥					戊子					己丑					月
立秋					白露					寒露					立冬					大雪					小寒					節氣
8/7 9時58分 巳時					9/7 13時4分 未時					10/8 4時59分 寅時					11/7 8時29分 辰時					12/7 1時34分 丑時					1/5 12時55分 午時					
國曆		農曆		干支	國曆		農曆		干支	國曆		農曆		干支	國曆		農曆		干支	國曆		農曆		干支	國曆		農曆		干支	日
8	7	6	25	癸巳	9	7	7	26	甲子	10	8	8	28	乙未	11	7	9	29	乙丑	12	7	10	29	乙未	1	5	11	29	甲子	2045・2046
8	8	6	26	甲午	9	8	7	27	乙丑	10	9	8	29	丙申	11	8	9	30	丙寅	12	8	11	1	丙申	1	6	11	30	乙丑	
8	9	6	27	乙未	9	9	7	28	丙寅	10	10	9	1	丁酉	11	9	10	1	丁卯	12	9	11	2	丁酉	1	7	12	1	丙寅	
8	10	6	28	丙申	9	10	7	29	丁卯	10	11	9	2	戊戌	11	10	10	2	戊辰	12	10	11	3	戊戌	1	8	12	2	丁卯	
8	11	6	29	丁酉	9	11	8	1	戊辰	10	12	9	3	己亥	11	11	10	3	己巳	12	11	11	4	己亥	1	9	12	3	戊辰	
8	12	6	30	戊戌	9	12	8	2	己巳	10	13	9	4	庚子	11	12	10	4	庚午	12	12	11	5	庚子	1	10	12	4	己巳	
8	13	7	1	己亥	9	13	8	3	庚午	10	14	9	5	辛丑	11	13	10	5	辛未	12	13	11	6	辛丑	1	11	12	5	庚午	
8	14	7	2	庚子	9	14	8	4	辛未	10	15	9	6	壬寅	11	14	10	6	壬申	12	14	11	7	壬寅	1	12	12	6	辛未	
8	15	7	3	辛丑	9	15	8	5	壬申	10	16	9	7	癸卯	11	15	10	7	癸酉	12	15	11	8	癸卯	1	13	12	7	壬申	
8	16	7	4	壬寅	9	16	8	6	癸酉	10	17	9	8	甲辰	11	16	10	8	甲戌	12	16	11	9	甲辰	1	14	12	8	癸酉	
8	17	7	5	癸卯	9	17	8	7	甲戌	10	18	9	9	乙巳	11	17	10	9	乙亥	12	17	11	10	乙巳	1	15	12	9	甲戌	
8	18	7	6	甲辰	9	18	8	8	乙亥	10	19	9	10	丙午	11	18	10	10	丙子	12	18	11	11	丙午	1	16	12	10	乙亥	
8	19	7	7	乙巳	9	19	8	9	丙子	10	20	9	11	丁未	11	19	10	11	丁丑	12	19	11	12	丁未	1	17	12	11	丙子	
8	20	7	8	丙午	9	20	8	10	丁丑	10	21	9	12	戊申	11	20	10	12	戊寅	12	20	11	13	戊申	1	18	12	12	丁丑	牛
8	21	7	9	丁未	9	21	8	11	戊寅	10	22	9	13	己酉	11	21	10	13	己卯	12	21	11	14	己酉	1	19	12	13	戊寅	
8	22	7	10	戊申	9	22	8	12	己卯	10	23	9	14	庚戌	11	22	10	14	庚辰	12	22	11	15	庚戌	1	20	12	14	己卯	
8	23	7	11	己酉	9	23	8	13	庚辰	10	24	9	15	辛亥	11	23	10	15	辛巳	12	23	11	16	辛亥	1	21	12	15	庚辰	
8	24	7	12	庚戌	9	24	8	14	辛巳	10	25	9	16	壬子	11	24	10	16	壬午	12	24	11	17	壬子	1	22	12	16	辛巳	
8	25	7	13	辛亥	9	25	8	15	壬午	10	26	9	17	癸丑	11	25	10	17	癸未	12	25	11	18	癸丑	1	23	12	17	壬午	中華民國一百三十四・一百三十五年
8	26	7	14	壬子	9	26	8	16	癸未	10	27	9	18	甲寅	11	26	10	18	甲申	12	26	11	19	甲寅	1	24	12	18	癸未	
8	27	7	15	癸丑	9	27	8	17	甲申	10	28	9	19	乙卯	11	27	10	19	乙酉	12	27	11	20	乙卯	1	25	12	19	甲申	
8	28	7	16	甲寅	9	28	8	18	乙酉	10	29	9	20	丙辰	11	28	10	20	丙戌	12	28	11	21	丙辰	1	26	12	20	乙酉	
8	29	7	17	乙卯	9	29	8	19	丙戌	10	30	9	21	丁巳	11	29	10	21	丁亥	12	29	11	22	丁巳	1	27	12	21	丙戌	
8	30	7	18	丙辰	9	30	8	20	丁亥	10	31	9	22	戊午	11	30	10	22	戊子	12	30	11	23	戊午	1	28	12	22	丁亥	
8	31	7	19	丁巳	10	1	8	21	戊子	11	1	9	23	己未	12	1	10	23	己丑	12	31	11	24	己未	1	29	12	23	戊子	
9	1	7	20	戊午	10	2	8	22	己丑	11	2	9	24	庚申	12	2	10	24	庚寅	1	1	11	25	庚申	1	30	12	24	己丑	
9	2	7	21	己未	10	3	8	23	庚寅	11	3	9	25	辛酉	12	3	10	25	辛卯	1	2	11	26	辛酉	1	31	12	25	庚寅	
9	3	7	22	庚申	10	4	8	24	辛卯	11	4	9	26	壬戌	12	4	10	26	壬辰	1	3	11	27	壬戌	2	1	12	26	辛卯	
9	4	7	23	辛酉	10	5	8	25	壬辰	11	5	9	27	癸亥	12	5	10	27	癸巳	1	4	11	28	癸亥	2	2	12	27	壬辰	
9	5	7	24	壬戌	10	6	8	26	癸巳	11	6	9	28	甲子	12	6	10	28	甲午						2	3	12	28	癸巳	
9	6	7	25	癸亥	10	7	8	27	甲午																					
處暑					秋分					霜降					小雪					冬至					大寒					中氣
8/23 0時38分 子時					9/22 22時32分 亥時					10/23 8時11分 辰時					11/22 6時3分 卯時					12/21 19時34分 戌時					1/20 6時15分 卯時					

年	丙寅																	
月	庚寅			辛卯			壬辰			癸巳			甲午			乙未		
節氣	立春 2/4 0時30分 子時			驚蟄 3/5 18時16分 酉時			清明 4/4 22時44分 亥時			立夏 5/5 15時39分 申時			芒種 6/5 19時31分 戌時			小暑 7/7 5時39分 卯時		
日	國曆	農曆	干支	國曆	農曆	干支	國曆	農曆	干支	國曆	農曆	干支	國曆	農曆	干支	國曆	農曆	干支
2046	2 4	12 29	甲午	3 5	1 28	癸亥	4 4	2 28	癸巳	5 5	3 30	甲子	6 5	5 2	乙未	7 7	6 4	丁卯
	2 5	12 30	乙未	3 6	1 29	甲子	4 5	2 29	甲午	5 6	4 1	乙丑	6 6	5 3	丙申	7 8	6 5	戊辰
	2 6	1 1	丙申	3 7	1 30	乙丑	4 6	3 1	乙未	5 7	4 2	丙寅	6 7	5 4	丁酉	7 9	6 6	己巳
	2 7	1 2	丁酉	3 8	2 1	丙寅	4 7	3 2	丙申	5 8	4 3	丁卯	6 8	5 5	戊戌	7 10	6 7	庚午
	2 8	1 3	戊戌	3 9	2 2	丁卯	4 8	3 3	丁酉	5 9	4 4	戊辰	6 9	5 6	己亥	7 11	6 8	辛未
	2 9	1 4	己亥	3 10	2 3	戊辰	4 9	3 4	戊戌	5 10	4 5	己巳	6 10	5 7	庚子	7 12	6 9	壬申
	2 10	1 5	庚子	3 11	2 4	己巳	4 10	3 5	己亥	5 11	4 6	庚午	6 11	5 8	辛丑	7 13	6 10	癸酉
	2 11	1 6	辛丑	3 12	2 5	庚午	4 11	3 6	庚子	5 12	4 7	辛未	6 12	5 9	壬寅	7 14	6 11	甲戌
	2 12	1 7	壬寅	3 13	2 6	辛未	4 12	3 7	辛丑	5 13	4 8	壬申	6 13	5 10	癸卯	7 15	6 12	乙亥
	2 13	1 8	癸卯	3 14	2 7	壬申	4 13	3 8	壬寅	5 14	4 9	癸酉	6 14	5 11	甲辰	7 16	6 13	丙子
	2 14	1 9	甲辰	3 15	2 8	癸酉	4 14	3 9	癸卯	5 15	4 10	甲戌	6 15	5 12	乙巳	7 17	6 14	丁丑
	2 15	1 10	乙巳	3 16	2 9	甲戌	4 15	3 10	甲辰	5 16	4 11	乙亥	6 16	5 13	丙午	7 18	6 15	戊寅
	2 16	1 11	丙午	3 17	2 10	乙亥	4 16	3 11	乙巳	5 17	4 12	丙子	6 17	5 14	丁未	7 19	6 16	己卯
虎	2 17	1 12	丁未	3 18	2 11	丙子	4 17	3 12	丙午	5 18	4 13	丁丑	6 18	5 15	戊申	7 20	6 17	庚辰
	2 18	1 13	戊申	3 19	2 12	丁丑	4 18	3 13	丁未	5 19	4 14	戊寅	6 19	5 16	己酉	7 21	6 18	辛巳
	2 19	1 14	己酉	3 20	2 13	戊寅	4 19	3 14	戊申	5 20	4 15	己卯	6 20	5 17	庚戌	7 22	6 19	壬午
	2 20	1 15	庚戌	3 21	2 14	己卯	4 20	3 15	己酉	5 21	4 16	庚辰	6 21	5 18	辛亥	7 23	6 20	癸未
	2 21	1 16	辛亥	3 22	2 15	庚辰	4 21	3 16	庚戌	5 22	4 17	辛巳	6 22	5 19	壬子	7 24	6 21	甲申
	2 22	1 17	壬子	3 23	2 16	辛巳	4 22	3 17	辛亥	5 23	4 18	壬午	6 23	5 20	癸丑	7 25	6 22	乙酉
	2 23	1 18	癸丑	3 24	2 17	壬午	4 23	3 18	壬子	5 24	4 19	癸未	6 24	5 21	甲寅	7 26	6 23	丙戌
中華民國一百三十五年	2 24	1 19	甲寅	3 25	2 18	癸未	4 24	3 19	癸丑	5 25	4 20	甲申	6 25	5 22	乙卯	7 27	6 24	丁亥
	2 25	1 20	乙卯	3 26	2 19	甲申	4 25	3 20	甲寅	5 26	4 21	乙酉	6 26	5 23	丙辰	7 28	6 25	戊子
	2 26	1 21	丙辰	3 27	2 20	乙酉	4 26	3 21	乙卯	5 27	4 22	丙戌	6 27	5 24	丁巳	7 29	6 26	己丑
	2 27	1 22	丁巳	3 28	2 21	丙戌	4 27	3 22	丙辰	5 28	4 23	丁亥	6 28	5 25	戊午	7 30	6 27	庚寅
	2 28	1 23	戊午	3 29	2 22	丁亥	4 28	3 23	丁巳	5 29	4 24	戊子	6 29	5 26	己未	7 31	6 28	辛卯
	3 1	1 24	己未	3 30	2 23	戊子	4 29	3 24	戊午	5 30	4 25	己丑	6 30	5 27	庚申	8 1	6 29	壬辰
	3 2	1 25	庚申	3 31	2 24	己丑	4 30	3 25	己未	5 31	4 26	庚寅	7 1	5 28	辛酉	8 2	7 1	癸巳
	3 3	1 26	辛酉	4 1	2 25	庚寅	5 1	3 26	庚申	6 1	4 27	辛卯	7 2	5 29	壬戌	8 3	7 2	甲午
	3 4	1 27	壬戌	4 2	2 26	辛卯	5 2	3 27	辛酉	6 2	4 28	壬辰	7 3	5 30	癸亥	8 4	7 3	乙未
				4 3	2 27	壬辰	5 3	3 28	壬戌	6 3	4 29	癸巳	7 4	6 1	甲子	8 5	7 4	丙申
							5 4	3 29	癸亥	6 4	5 1	甲午	7 5	6 2	乙丑	8 6	7 5	丁酉
													7 6	6 3	丙寅			
中氣	雨水 2/18 20時14分 戌時			春分 3/20 18時57分 酉時			穀雨 4/20 5時38分 卯時			小滿 5/21 4時27分 寅時			夏至 6/21 12時13分 午時			大暑 7/22 23時7分 子時		

2046・2047

虎

中華民國一百三十五・一百三十六年

年：丙寅

月：丙申　節氣：立秋 8/7 15時32分 申時　中氣：處暑 8/23 6時23分 卯時

國曆		農曆		干支
8	7	7	6	戊戌
8	8	7	7	己亥
8	9	7	8	庚子
8	10	7	9	辛丑
8	11	7	10	壬寅
8	12	7	11	癸卯
8	13	7	12	甲辰
8	14	7	13	乙巳
8	15	7	14	丙午
8	16	7	15	丁未
8	17	7	16	戊申
8	18	7	17	己酉
8	19	7	18	庚戌
8	20	7	19	辛亥
8	21	7	20	壬子
8	22	7	21	癸丑
8	23	7	22	甲寅
8	24	7	23	乙卯
8	25	7	24	丙辰
8	26	7	25	丁巳
8	27	7	26	戊午
8	28	7	27	己未
8	29	7	28	庚申
8	30	7	29	辛酉
8	31	7	30	壬戌
9	1	8	1	癸亥
9	2	8	2	甲子
9	3	8	3	乙丑
9	4	8	4	丙寅
9	5	8	5	丁卯
9	6	8	6	戊辰

月：丁酉　節氣：白露 9/7 18時42分 酉時　中氣：秋分 9/23 4時20分 寅時

國曆		農曆		干支
9	7	8	7	己巳
9	8	8	8	庚午
9	9	8	9	辛未
9	10	8	10	壬申
9	11	8	11	癸酉
9	12	8	12	甲戌
9	13	8	13	乙亥
9	14	8	14	丙子
9	15	8	15	丁丑
9	16	8	16	戊寅
9	17	8	17	己卯
9	18	8	18	庚辰
9	19	8	19	辛巳
9	20	8	20	壬午
9	21	8	21	癸未
9	22	8	22	甲申
9	23	8	23	乙酉
9	24	8	24	丙戌
9	25	8	25	丁亥
9	26	8	26	戊子
9	27	8	27	己丑
9	28	8	28	庚寅
9	29	8	29	辛卯
9	30	9	1	壬辰
10	1	9	2	癸巳
10	2	9	3	甲午
10	3	9	4	乙未
10	4	9	5	丙申
10	5	9	6	丁酉
10	6	9	7	戊戌
10	7	9	8	己亥

月：戊戌　節氣：寒露 10/8 10時41分 巳時　中氣：霜降 10/23 14時2分 未時

國曆		農曆		干支
10	8	9	9	庚子
10	9	9	10	辛丑
10	10	9	11	壬寅
10	11	9	12	癸卯
10	12	9	13	甲辰
10	13	9	14	乙巳
10	14	9	15	丙午
10	15	9	16	丁未
10	16	9	17	戊申
10	17	9	18	己酉
10	18	9	19	庚戌
10	19	9	20	辛亥
10	20	9	21	壬子
10	21	9	22	癸丑
10	22	9	23	甲寅
10	23	9	24	乙卯
10	24	9	25	丙辰
10	25	9	26	丁巳
10	26	9	27	戊午
10	27	9	28	己未
10	28	9	29	庚申
10	29	10	1	辛酉
10	30	10	2	壬戌
10	31	10	3	癸亥
11	1	10	4	甲子
11	2	10	5	乙丑
11	3	10	6	丙寅
11	4	10	7	丁卯
11	5	10	8	戊辰
11	6	10	9	己巳

月：己亥　節氣：立冬 11/7 14時13分 未時　中氣：小雪 11/22 11時55分 午時

國曆		農曆		干支
11	7	10	10	庚午
11	8	10	11	辛未
11	9	10	12	壬申
11	10	10	13	癸酉
11	11	10	14	甲戌
11	12	10	15	乙亥
11	13	10	16	丙子
11	14	10	17	丁丑
11	15	10	18	戊寅
11	16	10	19	己卯
11	17	10	20	庚辰
11	18	10	21	辛巳
11	19	10	22	壬午
11	20	10	23	癸未
11	21	10	24	甲申
11	22	10	25	乙酉
11	23	10	26	丙戌
11	24	10	27	丁亥
11	25	10	28	戊子
11	26	10	29	己丑
11	27	10	30	庚寅
11	28	11	1	辛卯
11	29	11	2	壬辰
11	30	11	3	癸巳
12	1	11	4	甲午
12	2	11	5	乙未
12	3	11	6	丙申
12	4	11	7	丁酉
12	5	11	8	戊戌
12	6	11	9	己亥

月：庚子　節氣：大雪 12/7 7時20分 辰時　中氣：冬至 12/22 1時27分 丑時

國曆		農曆		干支
12	7	11	10	庚子
12	8	11	11	辛丑
12	9	11	12	壬寅
12	10	11	13	癸卯
12	11	11	14	甲辰
12	12	11	15	乙巳
12	13	11	16	丙午
12	14	11	17	丁未
12	15	11	18	戊申
12	16	11	19	己酉
12	17	11	20	庚戌
12	18	11	21	辛亥
12	19	11	22	壬子
12	20	11	23	癸丑
12	21	11	24	甲寅
12	22	11	25	乙卯
12	23	11	26	丙辰
12	24	11	27	丁巳
12	25	11	28	戊午
12	26	11	29	己未
12	27	12	1	庚申
12	28	12	2	辛酉
12	29	12	3	壬戌
12	30	12	4	癸亥
12	31	12	5	甲子
1	1	12	6	乙丑
1	2	12	7	丙寅
1	3	12	8	丁卯
1	4	12	9	戊辰

月：辛丑　節氣：小寒 1/5 18時41分 酉時　中氣：大寒 1/20 12時9分 午時

國曆		農曆		干支
1	5	12	10	己巳
1	6	12	11	庚午
1	7	12	12	辛未
1	8	12	13	壬申
1	9	12	14	癸酉
1	10	12	15	甲戌
1	11	12	16	乙亥
1	12	12	17	丙子
1	13	12	18	丁丑
1	14	12	19	戊寅
1	15	12	20	己卯
1	16	12	21	庚辰
1	17	12	22	辛巳
1	18	12	23	壬午
1	19	12	24	癸未
1	20	12	25	甲申
1	21	12	26	乙酉
1	22	12	27	丙戌
1	23	12	28	丁亥
1	24	12	29	戊子
1	25	12	30	己丑
1	26	1	1	庚寅
1	27	1	2	辛卯
1	28	1	3	壬辰
1	29	1	4	癸巳
1	30	1	5	甲午
1	31	1	6	乙未
2	1	1	7	丙申
2	2	1	8	丁酉
2	3	1	9	戊戌

年	丁卯																													
月	壬寅					癸卯					甲辰					乙巳					丙午					丁未				
節氣	立春					驚蟄					清明					立夏					芒種					小暑				
	2/4 6時17分 卯時					3/6 0時4分 子時					4/5 4時31分 寅時					5/5 21時27分 亥時					6/6 1時20分 丑時					7/7 11時29分 午時				
日	國曆		農曆		干支	國曆		農曆		干支	國曆		農曆		干支	國曆		農曆		干支	國曆		農曆		干支	國曆		農曆		干支
	2	4	1	10	己亥	3	6	2	10	己巳	4	5	3	11	己亥	5	5	4	11	己巳	6	6	5	13	辛丑	7	7	5	15	壬申
	2	5	1	11	庚子	3	7	2	11	庚午	4	6	3	12	庚子	5	6	4	12	庚午	6	7	5	14	壬寅	7	8	5	16	癸酉
	2	6	1	12	辛丑	3	8	2	12	辛未	4	7	3	13	辛丑	5	7	4	13	辛未	6	8	5	15	癸卯	7	9	5	17	甲戌
	2	7	1	13	壬寅	3	9	2	13	壬申	4	8	3	14	壬寅	5	8	4	14	壬申	6	9	5	16	甲辰	7	10	5	18	乙亥
2047	2	8	1	14	癸卯	3	10	2	14	癸酉	4	9	3	15	癸卯	5	9	4	15	癸酉	6	10	5	17	乙巳	7	11	5	19	丙子
	2	9	1	15	甲辰	3	11	2	15	甲戌	4	10	3	16	甲辰	5	10	4	16	甲戌	6	11	5	18	丙午	7	12	5	20	丁丑
	2	10	1	16	乙巳	3	12	2	16	乙亥	4	11	3	17	乙巳	5	11	4	17	乙亥	6	12	5	19	丁未	7	13	5	21	戊寅
	2	11	1	17	丙午	3	13	2	17	丙子	4	12	3	18	丙午	5	12	4	18	丙子	6	13	5	20	戊申	7	14	5	22	己卯
	2	12	1	18	丁未	3	14	2	18	丁丑	4	13	3	19	丁未	5	13	4	19	丁丑	6	14	5	21	己酉	7	15	5	23	庚辰
	2	13	1	19	戊申	3	15	2	19	戊寅	4	14	3	20	戊申	5	14	4	20	戊寅	6	15	5	22	庚戌	7	16	5	24	辛巳
	2	14	1	20	己酉	3	16	2	20	己卯	4	15	3	21	己酉	5	15	4	21	己卯	6	16	5	23	辛亥	7	17	5	25	壬午
	2	15	1	21	庚戌	3	17	2	21	庚辰	4	16	3	22	庚戌	5	16	4	22	庚辰	6	17	5	24	壬子	7	18	5	26	癸未
	2	16	1	22	辛亥	3	18	2	22	辛巳	4	17	3	23	辛亥	5	17	4	23	辛巳	6	18	5	25	癸丑	7	19	5	27	甲申
	2	17	1	23	壬子	3	19	2	23	壬午	4	18	3	24	壬子	5	18	4	24	壬午	6	19	5	26	甲寅	7	20	5	28	乙酉
兔	2	18	1	24	癸丑	3	20	2	24	癸未	4	19	3	25	癸丑	5	19	4	25	癸未	6	20	5	27	乙卯	7	21	5	29	丙戌
	2	19	1	25	甲寅	3	21	2	25	甲申	4	20	3	26	甲寅	5	20	4	26	甲申	6	21	5	28	丙辰	7	22	5	30	丁亥
	2	20	1	26	乙卯	3	22	2	26	乙酉	4	21	3	27	乙卯	5	21	4	27	乙酉	6	22	5	29	丁巳	7	23	6	1	戊子
	2	21	1	27	丙辰	3	23	2	27	丙戌	4	22	3	28	丙辰	5	22	4	28	丙戌	6	23	閏5	1	戊午	7	24	6	2	己丑
	2	22	1	28	丁巳	3	24	2	28	丁亥	4	23	3	29	丁巳	5	23	4	29	丁亥	6	24	5	2	己未	7	25	6	3	庚寅
	2	23	1	29	戊午	3	25	2	29	戊子	4	24	3	30	戊午	5	24	4	30	戊子	6	25	5	3	庚申	7	26	6	4	辛卯
中華民國一百三十六年	2	24	1	30	己未	3	26	3	1	己丑	4	25	4	1	己未	5	25	5	1	己丑	6	26	5	4	辛酉	7	27	6	5	壬辰
	2	25	2	1	庚申	3	27	3	2	庚寅	4	26	4	2	庚申	5	26	5	2	庚寅	6	27	5	5	壬戌	7	28	6	6	癸巳
	2	26	2	2	辛酉	3	28	3	3	辛卯	4	27	4	3	辛酉	5	27	5	3	辛卯	6	28	5	6	癸亥	7	29	6	7	甲午
	2	27	2	3	壬戌	3	29	3	4	壬辰	4	28	4	4	壬戌	5	28	5	4	壬辰	6	29	5	7	甲子	7	30	6	8	乙未
	2	28	2	4	癸亥	3	30	3	5	癸巳	4	29	4	5	癸亥	5	29	5	5	癸巳	6	30	5	8	乙丑	7	31	6	9	丙申
	3	1	2	5	甲子	3	31	3	6	甲午	4	30	4	6	甲子	5	30	5	6	甲午	7	1	5	9	丙寅	8	1	6	10	丁酉
	3	2	2	6	乙丑	4	1	3	7	乙未	5	1	4	7	乙丑	5	31	5	7	乙未	7	2	5	10	丁卯	8	2	6	11	戊戌
	3	3	2	7	丙寅	4	2	3	8	丙申	5	2	4	8	丙寅	6	1	5	8	丙申	7	3	5	11	戊辰	8	3	6	12	己亥
	3	4	2	8	丁卯	4	3	3	9	丁酉	5	3	4	9	丁卯	6	2	5	9	丁酉	7	4	5	12	己巳	8	4	6	13	庚子
	3	5	2	9	戊辰	4	4	3	10	戊戌	5	4	4	10	戊辰	6	3	5	10	戊戌	7	5	5	13	庚午	8	5	6	14	辛丑
																6	4	5	11	己亥	7	6	5	14	辛未	8	6	6	15	壬寅
																6	5	5	12	庚子										
中氣	雨水					春分					穀雨					小滿					夏至					大暑				
	2/19 2時9分 丑時					3/21 0時51分 子時					4/20 11時31分 午時					5/21 10時19分 巳時					6/21 18時2分 酉時					7/23 4時54分 寅時				

年	丁卯																													
月	戊申					己酉					庚戌					辛亥					壬子					癸丑				
節氣	立秋 8/7 21時25分 亥時					白露 9/8 0時37分 子時					寒露 10/8 16時36分 申時					立冬 11/7 20時6分 戌時					大雪 12/7 13時10分 未時					小寒 1/6 0時28分 子時				
日	國曆		農曆		干支	國曆		農曆		干支	國曆		農曆		干支	國曆		農曆		干支	國曆		農曆		干支	國曆		農曆		干支
	8	7	6	16	癸卯	9	8	7	19	乙亥	10	8	8	19	乙巳	11	7	9	20	乙亥	12	7	10	21	乙巳	1	6	11	21	乙亥
	8	8	6	17	甲辰	9	9	7	20	丙子	10	9	8	20	丙午	11	8	9	21	丙子	12	8	10	22	丙午	1	7	11	22	丙子
	8	9	6	18	乙巳	9	10	7	21	丁丑	10	10	8	21	丁未	11	9	9	22	丁丑	12	9	10	23	丁未	1	8	11	23	丁丑
	8	10	6	19	丙午	9	11	7	22	戊寅	10	11	8	22	戊申	11	10	9	23	戊寅	12	10	10	24	戊申	1	9	11	24	戊寅
	8	11	6	20	丁未	9	12	7	23	己卯	10	12	8	23	己酉	11	11	9	24	己卯	12	11	10	25	己酉	1	10	11	25	己卯
2	8	12	6	21	戊申	9	13	7	24	庚辰	10	13	8	24	庚戌	11	12	9	25	庚辰	12	12	10	26	庚戌	1	11	11	26	庚辰
0	8	13	6	22	己酉	9	14	7	25	辛巳	10	14	8	25	辛亥	11	13	9	26	辛巳	12	13	10	27	辛亥	1	12	11	27	辛巳
4	8	14	6	23	庚戌	9	15	7	26	壬午	10	15	8	26	壬子	11	14	9	27	壬午	12	14	10	28	壬子	1	13	11	28	壬午
7	8	15	6	24	辛亥	9	16	7	27	癸未	10	16	8	27	癸丑	11	15	9	28	癸未	12	15	10	29	癸丑	1	14	11	29	癸未
・	8	16	6	25	壬子	9	17	7	28	甲申	10	17	8	28	甲寅	11	16	9	29	甲申	12	16	10	30	甲寅	1	15	12	1	甲申
2	8	17	6	26	癸丑	9	18	7	29	乙酉	10	18	8	29	乙卯	11	17	10	1	乙酉	12	17	11	1	乙卯	1	16	12	2	乙酉
0	8	18	6	27	甲寅	9	19	7	30	丙戌	10	19	9	1	丙辰	11	18	10	2	丙戌	12	18	11	2	丙辰	1	17	12	3	丙戌
4	8	19	6	28	乙卯	9	20	8	1	丁亥	10	20	9	2	丁巳	11	19	10	3	丁亥	12	19	11	3	丁巳	1	18	12	4	丁亥
8	8	20	6	29	丙辰	9	21	8	2	戊子	10	21	9	3	戊午	11	20	10	4	戊子	12	20	11	4	戊午	1	19	12	5	戊子
	8	21	7	1	丁巳	9	22	8	3	己丑	10	22	9	4	己未	11	21	10	5	己丑	12	21	11	5	己未	1	20	12	6	己丑
兔	8	22	7	2	戊午	9	23	8	4	庚寅	10	23	9	5	庚申	11	22	10	6	庚寅	12	22	11	6	庚申	1	21	12	7	庚寅
	8	23	7	3	己未	9	24	8	5	辛卯	10	24	9	6	辛酉	11	23	10	7	辛卯	12	23	11	7	辛酉	1	22	12	8	辛卯
	8	24	7	4	庚申	9	25	8	6	壬辰	10	25	9	7	壬戌	11	24	10	8	壬辰	12	24	11	8	壬戌	1	23	12	9	壬辰
中	8	25	7	5	辛酉	9	26	8	7	癸巳	10	26	9	8	癸亥	11	25	10	9	癸巳	12	25	11	9	癸亥	1	24	12	10	癸巳
華	8	26	7	6	壬戌	9	27	8	8	甲午	10	27	9	9	甲子	11	26	10	10	甲午	12	26	11	10	甲子	1	25	12	11	甲午
民	8	27	7	7	癸亥	9	28	8	9	乙未	10	28	9	10	乙丑	11	27	10	11	乙未	12	27	11	11	乙丑	1	26	12	12	乙未
國	8	28	7	8	甲子	9	29	8	10	丙申	10	29	9	11	丙寅	11	28	10	12	丙申	12	28	11	12	丙寅	1	27	12	13	丙申
一	8	29	7	9	乙丑	9	30	8	11	丁酉	10	30	9	12	丁卯	11	29	10	13	丁酉	12	29	11	13	丁卯	1	28	12	14	丁酉
百	8	30	7	10	丙寅	10	1	8	12	戊戌	10	31	9	13	戊辰	11	30	10	14	戊戌	12	30	11	14	戊辰	1	29	12	15	戊戌
三	8	31	7	11	丁卯	10	2	8	13	己亥	11	1	9	14	己巳	12	1	10	15	己亥	12	31	11	15	己巳	1	30	12	16	己亥
十	9	1	7	12	戊辰	10	3	8	14	庚子	11	2	9	15	庚午	12	2	10	16	庚子	1	1	11	16	庚午	1	31	12	17	庚子
六	9	2	7	13	己巳	10	4	8	15	辛丑	11	3	9	16	辛未	12	3	10	17	辛丑	1	2	11	17	辛未	2	1	12	18	辛丑
・	9	3	7	14	庚午	10	5	8	16	壬寅	11	4	9	17	壬申	12	4	10	18	壬寅	1	3	11	18	壬申	2	2	12	19	壬寅
一	9	4	7	15	辛未	10	6	8	17	癸卯	11	5	9	18	癸酉	12	5	10	19	癸卯	1	4	11	19	癸酉	2	3	12	20	癸卯
百	9	5	7	16	壬申	10	7	8	18	甲辰	11	6	9	19	甲戌	12	6	10	20	甲辰	1	5	11	20	甲戌					
三十七年	9	6	7	17	癸酉																									
	9	7	7	18	甲戌																									
中氣	處暑 8/23 12時10分 午時					秋分 9/23 10時7分 巳時					霜降 10/23 19時47分 戌時					小雪 11/22 17時37分 酉時					冬至 12/22 7時6分 辰時					大寒 1/20 17時46分 酉時				

年	戊辰																													
月	甲寅					乙卯					丙辰					丁巳					戊午					己未				
節氣	立春 2/4 12時3分 午時					驚蟄 3/5 5時53分 卯時					清明 4/4 10時24分 巳時					立夏 5/5 3時23分 寅時					芒種 6/5 7時17分 辰時					小暑 7/6 17時25分 酉時				
日	國曆		農曆		干支	國曆		農曆		干支	國曆		農曆		干支	國曆		農曆		干支	國曆		農曆		干支	國曆		農曆		干支
2048 龍 中華民國一百三十七年	2	4	12	21	甲辰	3	5	1	21	甲戌	4	4	2	22	甲辰	5	5	3	23	乙亥	6	5	4	24	丙午	7	6	5	26	丁丑
	2	5	12	22	乙巳	3	6	1	22	乙亥	4	5	2	23	乙巳	5	6	3	24	丙子	6	6	4	25	丁未	7	7	5	27	戊寅
	2	6	12	23	丙午	3	7	1	23	丙子	4	6	2	24	丙午	5	7	3	25	丁丑	6	7	4	26	戊申	7	8	5	28	己卯
	2	7	12	24	丁未	3	8	1	24	丁丑	4	7	2	25	丁未	5	8	3	26	戊寅	6	8	4	27	己酉	7	9	5	29	庚辰
	2	8	12	25	戊申	3	9	1	25	戊寅	4	8	2	26	戊申	5	9	3	27	己卯	6	9	4	28	庚戌	7	10	5	30	辛巳
	2	9	12	26	己酉	3	10	1	26	己卯	4	9	2	27	己酉	5	10	3	28	庚辰	6	10	4	29	辛亥	7	11	6	1	壬午
	2	10	12	27	庚戌	3	11	1	27	庚辰	4	10	2	28	庚戌	5	11	3	29	辛巳	6	11	5	1	壬子	7	12	6	2	癸未
	2	11	12	28	辛亥	3	12	1	28	辛巳	4	11	2	29	辛亥	5	12	3	30	壬午	6	12	5	2	癸丑	7	13	6	3	甲申
	2	12	12	29	壬子	3	13	1	29	壬午	4	12	2	30	壬子	5	13	4	1	癸未	6	13	5	3	甲寅	7	14	6	4	乙酉
	2	13	12	30	癸丑	3	14	2	1	癸未	4	13	3	1	癸丑	5	14	4	2	甲申	6	14	5	4	乙卯	7	15	6	5	丙戌
	2	14	1	1	甲寅	3	15	2	2	甲申	4	14	3	2	甲寅	5	15	4	3	乙酉	6	15	5	5	丙辰	7	16	6	6	丁亥
	2	15	1	2	乙卯	3	16	2	3	乙酉	4	15	3	3	乙卯	5	16	4	4	丙戌	6	16	5	6	丁巳	7	17	6	7	戊子
	2	16	1	3	丙辰	3	17	2	4	丙戌	4	16	3	4	丙辰	5	17	4	5	丁亥	6	17	5	7	戊午	7	18	6	8	己丑
	2	17	1	4	丁巳	3	18	2	5	丁亥	4	17	3	5	丁巳	5	18	4	6	戊子	6	18	5	8	己未	7	19	6	9	庚寅
	2	18	1	5	戊午	3	19	2	6	戊子	4	18	3	6	戊午	5	19	4	7	己丑	6	19	5	9	庚申	7	20	6	10	辛卯
	2	19	1	6	己未	3	20	2	7	己丑	4	19	3	7	己未	5	20	4	8	庚寅	6	20	5	10	辛酉	7	21	6	11	壬辰
	2	20	1	7	庚申	3	21	2	8	庚寅	4	20	3	8	庚申	5	21	4	9	辛卯	6	21	5	11	壬戌	7	22	6	12	癸巳
	2	21	1	8	辛酉	3	22	2	9	辛卯	4	21	3	9	辛酉	5	22	4	10	壬辰	6	22	5	12	癸亥	7	23	6	13	甲午
	2	22	1	9	壬戌	3	23	2	10	壬辰	4	22	3	10	壬戌	5	23	4	11	癸巳	6	23	5	13	甲子	7	24	6	14	乙未
	2	23	1	10	癸亥	3	24	2	11	癸巳	4	23	3	11	癸亥	5	24	4	12	甲午	6	24	5	14	乙丑	7	25	6	15	丙申
	2	24	1	11	甲子	3	25	2	12	甲午	4	24	3	12	甲子	5	25	4	13	乙未	6	25	5	15	丙寅	7	26	6	16	丁酉
	2	25	1	12	乙丑	3	26	2	13	乙未	4	25	3	13	乙丑	5	26	4	14	丙申	6	26	5	16	丁卯	7	27	6	17	戊戌
	2	26	1	13	丙寅	3	27	2	14	丙申	4	26	3	14	丙寅	5	27	4	15	丁酉	6	27	5	17	戊辰	7	28	6	18	己亥
	2	27	1	14	丁卯	3	28	2	15	丁酉	4	27	3	15	丁卯	5	28	4	16	戊戌	6	28	5	18	己巳	7	29	6	19	庚子
	2	28	1	15	戊辰	3	29	2	16	戊戌	4	28	3	16	戊辰	5	29	4	17	己亥	6	29	5	19	庚午	7	30	6	20	辛丑
	2	29	1	16	己巳	3	30	2	17	己亥	4	29	3	17	己巳	5	30	4	18	庚子	6	30	5	20	辛未	7	31	6	21	壬寅
	3	1	1	17	庚午	3	31	2	18	庚子	4	30	3	18	庚午	5	31	4	19	辛丑	7	1	5	21	壬申	8	1	6	22	癸卯
	3	2	1	18	辛未	4	1	2	19	辛丑	5	1	3	19	辛未	6	1	4	20	壬寅	7	2	5	22	癸酉	8	2	6	23	甲辰
	3	3	1	19	壬申	4	2	2	20	壬寅	5	2	3	20	壬申	6	2	4	21	癸卯	7	3	5	23	甲戌	8	3	6	24	乙巳
	3	4	1	20	癸酉	4	3	2	21	癸卯	5	3	3	21	癸酉	6	3	4	22	甲辰	7	4	5	24	乙亥	8	4	6	25	丙午
											5	4	3	22	甲戌	6	4	4	23	乙巳	7	5	5	25	丙子	8	5	6	26	丁未
																										8	6	6	27	戊申
中氣	雨水 2/19 7時47分 辰時					春分 3/20 6時32分 卯時					穀雨 4/19 17時16分 酉時					小滿 5/20 16時7分 申時					夏至 6/20 23時53分 子時					大暑 7/22 10時46分 巳時				

年	戊辰																													
月	庚申					辛酉					壬戌					癸亥					甲子					乙丑				
節氣	立秋 8/7 3時17分 寅時					白露 9/7 6時27分 卯時					寒露 10/7 22時25分 亥時					立冬 11/7 1時55分 丑時					大雪 12/6 18時59分 酉時					小寒 1/5 6時17分 卯時				
日	國曆		農曆		干支	國曆		農曆		干支	國曆		農曆		干支	國曆		農曆		干支	國曆		農曆		干支	國曆		農曆		干支
	8	7	6	28	己酉	9	7	7	29	庚辰	10	7	8	30	庚戌	11	7	10	2	辛巳	12	6	11	2	庚戌	1	5	12	2	庚辰
	8	8	6	29	庚戌	9	8	8	1	辛巳	10	8	9	1	辛亥	11	8	10	3	壬午	12	7	11	3	辛亥	1	6	12	3	辛巳
	8	9	6	30	辛亥	9	9	8	2	壬午	10	9	9	2	壬子	11	9	10	4	癸未	12	8	11	4	壬子	1	7	12	4	壬午
	8	10	7	1	壬子	9	10	8	3	癸未	10	10	9	3	癸丑	11	10	10	5	甲申	12	9	11	5	癸丑	1	8	12	5	癸未
	8	11	7	2	癸丑	9	11	8	4	甲申	10	11	9	4	甲寅	11	11	10	6	乙酉	12	10	11	6	甲寅	1	9	12	6	甲申
	8	12	7	3	甲寅	9	12	8	5	乙酉	10	12	9	5	乙卯	11	12	10	7	丙戌	12	11	11	7	乙卯	1	10	12	7	乙酉
	8	13	7	4	乙卯	9	13	8	6	丙戌	10	13	9	6	丙辰	11	13	10	8	丁亥	12	12	11	8	丙辰	1	11	12	8	丙戌
	8	14	7	5	丙辰	9	14	8	7	丁亥	10	14	9	7	丁巳	11	14	10	9	戊子	12	13	11	9	丁巳	1	12	12	9	丁亥
	8	15	7	6	丁巳	9	15	8	8	戊子	10	15	9	8	戊午	11	15	10	10	己丑	12	14	11	10	戊午	1	13	12	10	戊子
	8	16	7	7	戊午	9	16	8	9	己丑	10	16	9	9	己未	11	16	10	11	庚寅	12	15	11	11	己未	1	14	12	11	己丑
	8	17	7	8	己未	9	17	8	10	庚寅	10	17	9	10	庚申	11	17	10	12	辛卯	12	16	11	12	庚申	1	15	12	12	庚寅
	8	18	7	9	庚申	9	18	8	11	辛卯	10	18	9	11	辛酉	11	18	10	13	壬辰	12	17	11	13	辛酉	1	16	12	13	辛卯
	8	19	7	10	辛酉	9	19	8	12	壬辰	10	19	9	12	壬戌	11	19	10	14	癸巳	12	18	11	14	壬戌	1	17	12	14	壬辰
	8	20	7	11	壬戌	9	20	8	13	癸巳	10	20	9	13	癸亥	11	20	10	15	甲午	12	19	11	15	癸亥	1	18	12	15	癸巳
	8	21	7	12	癸亥	9	21	8	14	甲午	10	21	9	14	甲子	11	21	10	16	乙未	12	20	11	16	甲子	1	19	12	16	甲午
	8	22	7	13	甲子	9	22	8	15	乙未	10	22	9	15	乙丑	11	22	10	17	丙申	12	21	11	17	乙丑	1	20	12	17	乙未
	8	23	7	14	乙丑	9	23	8	16	丙申	10	23	9	16	丙寅	11	23	10	18	丁酉	12	22	11	18	丙寅	1	21	12	18	丙申
	8	24	7	15	丙寅	9	24	8	17	丁酉	10	24	9	17	丁卯	11	24	10	19	戊戌	12	23	11	19	丁卯	1	22	12	19	丁酉
	8	25	7	16	丁卯	9	25	8	18	戊戌	10	25	9	18	戊辰	11	25	10	20	己亥	12	24	11	20	戊辰	1	23	12	20	戊戌
	8	26	7	17	戊辰	9	26	8	19	己亥	10	26	9	19	己巳	11	26	10	21	庚子	12	25	11	21	己巳	1	24	12	21	己亥
	8	27	7	18	己巳	9	27	8	20	庚子	10	27	9	20	庚午	11	27	10	22	辛丑	12	26	11	22	庚午	1	25	12	22	庚子
	8	28	7	19	庚午	9	28	8	21	辛丑	10	28	9	21	辛未	11	28	10	23	壬寅	12	27	11	23	辛未	1	26	12	23	辛丑
	8	29	7	20	辛未	9	29	8	22	壬寅	10	29	9	22	壬申	11	29	10	24	癸卯	12	28	11	24	壬申	1	27	12	24	壬寅
	8	30	7	21	壬申	9	30	8	23	癸卯	10	30	9	23	癸酉	11	30	10	25	甲辰	12	29	11	25	癸酉	1	28	12	25	癸卯
	8	31	7	22	癸酉	10	1	8	24	甲辰	10	31	9	24	甲戌	12	1	10	26	乙巳	12	30	11	26	甲戌	1	29	12	26	甲辰
	9	1	7	23	甲戌	10	2	8	25	乙巳	11	1	9	25	乙亥	12	2	10	27	丙午	12	31	11	27	乙亥	1	30	12	27	乙巳
	9	2	7	24	乙亥	10	3	8	26	丙午	11	2	9	26	丙子	12	3	10	28	丁未	1	1	11	28	丙子	1	31	12	28	丙午
	9	3	7	25	丙子	10	4	8	27	丁未	11	3	9	27	丁丑	12	4	10	29	戊申	1	2	11	29	丁丑	2	1	12	29	丁未
	9	4	7	26	丁丑	10	5	8	28	戊申	11	4	9	28	戊寅	12	5	11	1	己酉	1	3	11	30	戊寅	2	2	1	1	戊申
	9	5	7	27	戊寅	10	6	8	29	己酉	11	5	9	29	己卯						1	4	12	1	己卯					
	9	6	7	28	己卯						11	6	10	1	庚辰															
中氣	處暑 8/22 18時1分 酉時					秋分 9/22 15時59分 申時					霜降 10/23 1時41分 丑時					小雪 11/21 23時32分 子時					冬至 12/21 13時1分 未時					大寒 1/19 23時40分 子時				

2048・2049

龍

中華民國一百三十七・一百三十八年

年	己巳																													
月	丙寅					丁卯					戊辰					己巳					庚午					辛未				
節氣	立春 2/3 17時52分 酉時					驚蟄 3/5 11時42分 午時					清明 4/4 16時13分 申時					立夏 5/5 9時11分 巳時					芒種 6/5 13時2分 未時					小暑 7/6 23時7分 子時				
日	國曆		農曆		干支	國曆		農曆		干支	國曆		農曆		干支	國曆		農曆		干支	國曆		農曆		干支	國曆		農曆		干支
2049 蛇 中華民國一百三十八年	2	3	1	2	己酉	3	5	2	2	己卯	4	4	3	3	己酉	5	5	4	4	庚辰	6	5	5	6	辛亥	7	6	6	7	壬午
	2	4	1	3	庚戌	3	6	2	3	庚辰	4	5	3	4	庚戌	5	6	4	5	辛巳	6	6	5	7	壬子	7	7	6	8	癸未
	2	5	1	4	辛亥	3	7	2	4	辛巳	4	6	3	5	辛亥	5	7	4	6	壬午	6	7	5	8	癸丑	7	8	6	9	甲申
	2	6	1	5	壬子	3	8	2	5	壬午	4	7	3	6	壬子	5	8	4	7	癸未	6	8	5	9	甲寅	7	9	6	10	乙酉
	2	7	1	6	癸丑	3	9	2	6	癸未	4	8	3	7	癸丑	5	9	4	8	甲申	6	9	5	10	乙卯	7	10	6	11	丙戌
	2	8	1	7	甲寅	3	10	2	7	甲申	4	9	3	8	甲寅	5	10	4	9	乙酉	6	10	5	11	丙辰	7	11	6	12	丁亥
	2	9	1	8	乙卯	3	11	2	8	乙酉	4	10	3	9	乙卯	5	11	4	10	丙戌	6	11	5	12	丁巳	7	12	6	13	戊子
	2	10	1	9	丙辰	3	12	2	9	丙戌	4	11	3	10	丙辰	5	12	4	11	丁亥	6	12	5	13	戊午	7	13	6	14	己丑
	2	11	1	10	丁巳	3	13	2	10	丁亥	4	12	3	11	丁巳	5	13	4	12	戊子	6	13	5	14	己未	7	14	6	15	庚寅
	2	12	1	11	戊午	3	14	2	11	戊子	4	13	3	12	戊午	5	14	4	13	己丑	6	14	5	15	庚申	7	15	6	16	辛卯
	2	13	1	12	己未	3	15	2	12	己丑	4	14	3	13	己未	5	15	4	14	庚寅	6	15	5	16	辛酉	7	16	6	17	壬辰
	2	14	1	13	庚申	3	16	2	13	庚寅	4	15	3	14	庚申	5	16	4	15	辛卯	6	16	5	17	壬戌	7	17	6	18	癸巳
	2	15	1	14	辛酉	3	17	2	14	辛卯	4	16	3	15	辛酉	5	17	4	16	壬辰	6	17	5	18	癸亥	7	18	6	19	甲午
	2	16	1	15	壬戌	3	18	2	15	壬辰	4	17	3	16	壬戌	5	18	4	17	癸巳	6	18	5	19	甲子	7	19	6	20	乙未
	2	17	1	16	癸亥	3	19	2	16	癸巳	4	18	3	17	癸亥	5	19	4	18	甲午	6	19	5	20	乙丑	7	20	6	21	丙申
	2	18	1	17	甲子	3	20	2	17	甲午	4	19	3	18	甲子	5	20	4	19	乙未	6	20	5	21	丙寅	7	21	6	22	丁酉
	2	19	1	18	乙丑	3	21	2	18	乙未	4	20	3	19	乙丑	5	21	4	20	丙申	6	21	5	22	丁卯	7	22	6	23	戊戌
	2	20	1	19	丙寅	3	22	2	19	丙申	4	21	3	20	丙寅	5	22	4	21	丁酉	6	22	5	23	戊辰	7	23	6	24	己亥
	2	21	1	20	丁卯	3	23	2	20	丁酉	4	22	3	21	丁卯	5	23	4	22	戊戌	6	23	5	24	己巳	7	24	6	25	庚子
	2	22	1	21	戊辰	3	24	2	21	戊戌	4	23	3	22	戊辰	5	24	4	23	己亥	6	24	5	25	庚午	7	25	6	26	辛丑
	2	23	1	22	己巳	3	25	2	22	己亥	4	24	3	23	己巳	5	25	4	24	庚子	6	25	5	26	辛未	7	26	6	27	壬寅
	2	24	1	23	庚午	3	26	2	23	庚子	4	25	3	24	庚午	5	26	4	25	辛丑	6	26	5	27	壬申	7	27	6	28	癸卯
	2	25	1	24	辛未	3	27	2	24	辛丑	4	26	3	25	辛未	5	27	4	26	壬寅	6	27	5	28	癸酉	7	28	6	29	甲辰
	2	26	1	25	壬申	3	28	2	25	壬寅	4	27	3	26	壬申	5	28	4	27	癸卯	6	28	5	29	甲戌	7	29	6	30	乙巳
	2	27	1	26	癸酉	3	29	2	26	癸卯	4	28	3	27	癸酉	5	29	4	28	甲辰	6	29	5	30	乙亥	7	30	7	1	丙午
	2	28	1	27	甲戌	3	30	2	27	甲辰	4	29	3	28	甲戌	5	30	4	29	乙巳	6	30	6	1	丙子	7	31	7	2	丁未
	3	1	1	28	乙亥	3	31	2	28	乙巳	4	30	3	29	乙亥	5	31	5	1	丙午	7	1	6	2	丁丑	8	1	7	3	戊申
	3	2	1	29	丙子	4	1	2	29	丙午	5	1	3	30	丙子	6	1	5	2	丁未	7	2	6	3	戊寅	8	2	7	4	己酉
	3	3	1	30	丁丑	4	2	3	1	丁未	5	2	4	1	丁丑	6	2	5	3	戊申	7	3	6	4	己卯	8	3	7	5	庚戌
	3	4	2	1	戊寅	4	3	3	2	戊申	5	3	4	2	戊寅	6	3	5	4	己酉	7	4	6	5	庚辰	8	4	7	6	辛亥
											5	4	4	3	己卯	6	4	5	5	庚戌	7	5	6	6	辛巳	8	5	7	7	壬子
																										8	6	7	8	癸丑
中氣	雨水 2/18 13時41分 未時					春分 3/20 12時27分 午時					穀雨 4/19 23時12分 子時					小滿 5/20 22時2分 亥時					夏至 6/21 5時46分 卯時					大暑 7/22 16時35分 申時				

年	己巳				
月	壬申				
節氣	立秋 8/7 8時57分 辰時				
日	國曆		農曆		干支
	8	7	7	9	甲寅
	8	8	7	10	乙卯
	8	9	7	11	丙辰
	8	10	7	12	丁巳
	8	11	7	13	戊午
	8	12	7	14	己未
	8	13	7	15	庚申
	8	14	7	16	辛酉
	8	15	7	17	壬戌
	8	16	7	18	癸亥
	8	17	7	19	甲子
	8	18	7	20	乙丑
	8	19	7	21	丙寅
	8	20	7	22	丁卯
	8	21	7	23	戊辰
	8	22	7	24	己巳
	8	23	7	25	庚午
	8	24	7	26	辛未
	8	25	7	27	壬申
	8	26	7	28	癸酉
	8	27	7	29	甲戌
	8	28	8	1	乙亥
	8	29	8	2	丙子
	8	30	8	3	丁丑
	8	31	8	4	戊寅
	9	1	8	5	己卯
	9	2	8	6	庚辰
	9	3	8	7	辛巳
	9	4	8	8	壬午
	9	5	8	9	癸未
	9	6	8	10	甲申
中氣	處暑 8/22 23時46分 子時				

月	癸酉				
節氣	白露 9/7 12時4分 午時				
日	國曆		農曆		干支
	9	7	8	11	乙酉
	9	8	8	12	丙戌
	9	9	8	13	丁亥
	9	10	8	14	戊子
	9	11	8	15	己丑
	9	12	8	16	庚寅
	9	13	8	17	辛卯
	9	14	8	18	壬辰
	9	15	8	19	癸巳
	9	16	8	20	甲午
	9	17	8	21	乙未
	9	18	8	22	丙申
	9	19	8	23	丁酉
	9	20	8	24	戊戌
	9	21	8	25	己亥
	9	22	8	26	庚子
	9	23	8	27	辛丑
	9	24	8	28	壬寅
	9	25	8	29	癸卯
	9	26	8	30	甲辰
	9	27	9	1	乙巳
	9	28	9	2	丙午
	9	29	9	3	丁未
	9	30	9	4	戊申
	10	1	9	5	己酉
	10	2	9	6	庚戌
	10	3	9	7	辛亥
	10	4	9	8	壬子
	10	5	9	9	癸丑
	10	6	9	10	甲寅
	10	7	9	11	乙卯
中氣	秋分 9/22 21時41分 亥時				

月	甲戌				
節氣	寒露 10/8 4時4分 寅時				
日	國曆		農曆		干支
	10	8	9	12	丙辰
	10	9	9	13	丁巳
	10	10	9	14	戊午
	10	11	9	15	己未
	10	12	9	16	庚申
	10	13	9	17	辛酉
	10	14	9	18	壬戌
	10	15	9	19	癸亥
	10	16	9	20	甲子
	10	17	9	21	乙丑
	10	18	9	22	丙寅
	10	19	9	23	丁卯
	10	20	9	24	戊辰
	10	21	9	25	己巳
	10	22	9	26	庚午
	10	23	9	27	辛未
	10	24	9	28	壬申
	10	25	9	29	癸酉
	10	26	9	30	甲戌
	10	27	10	1	乙亥
	10	28	10	2	丙子
	10	29	10	3	丁丑
	10	30	10	4	戊寅
	10	31	10	5	己卯
	11	1	10	6	庚辰
	11	2	10	7	辛巳
	11	3	10	8	壬午
	11	4	10	9	癸未
	11	5	10	10	甲申
	11	6	10	11	乙酉
中氣	霜降 10/23 7時24分 辰時				

月	乙亥				
節氣	立冬 11/7 7時37分 辰時				
日	國曆		農曆		干支
	11	7	10	12	丙戌
	11	8	10	13	丁亥
	11	9	10	14	戊子
	11	10	10	15	己丑
	11	11	10	16	庚寅
	11	12	10	17	辛卯
	11	13	10	18	壬辰
	11	14	10	19	癸巳
	11	15	10	20	甲午
	11	16	10	21	乙未
	11	17	10	22	丙申
	11	18	10	23	丁酉
	11	19	10	24	戊戌
	11	20	10	25	己亥
	11	21	10	26	庚子
	11	22	10	27	辛丑
	11	23	10	28	壬寅
	11	24	10	29	癸卯
	11	25	11	1	甲辰
	11	26	11	2	乙巳
	11	27	11	3	丙午
	11	28	11	4	丁未
	11	29	11	5	戊申
	11	30	11	6	己酉
	12	1	11	7	庚戌
	12	2	11	8	辛亥
	12	3	11	9	壬子
	12	4	11	10	癸丑
	12	5	11	11	甲寅
	12	6	11	12	乙卯
中氣	小雪 11/22 5時18分 卯時				

月	丙子				
節氣	大雪 12/7 0時45分 子時				
日	國曆		農曆		干支
	12	7	11	13	丙辰
	12	8	11	14	丁巳
	12	9	11	15	戊午
	12	10	11	16	己未
	12	11	11	17	庚申
	12	12	11	18	辛酉
	12	13	11	19	壬戌
	12	14	11	20	癸亥
	12	15	11	21	甲子
	12	16	11	22	乙丑
	12	17	11	23	丙寅
	12	18	11	24	丁卯
	12	19	11	25	戊辰
	12	20	11	26	己巳
	12	21	11	27	庚午
	12	22	11	28	辛未
	12	23	11	29	壬申
	12	24	11	30	癸酉
	12	25	12	1	甲戌
	12	26	12	2	乙亥
	12	27	12	3	丙子
	12	28	12	4	丁丑
	12	29	12	5	戊寅
	12	30	12	6	己卯
	12	31	12	7	庚辰
	1	1	12	8	辛巳
	1	2	12	9	壬午
	1	3	12	10	癸未
	1	4	12	11	甲申
中氣	冬至 12/21 18時51分 酉時				

月	丁丑				
節氣	小寒 1/5 12時6分 午時				
日	國曆		農曆		干支
	1	5	12	12	乙酉
	1	6	12	13	丙戌
	1	7	12	14	丁亥
	1	8	12	15	戊子
	1	9	12	16	己丑
	1	10	12	17	庚寅
	1	11	12	18	辛卯
	1	12	12	19	壬辰
	1	13	12	20	癸巳
	1	14	12	21	甲午
	1	15	12	22	乙未
	1	16	12	23	丙申
	1	17	12	24	丁酉
	1	18	12	25	戊戌
	1	19	12	26	己亥
	1	20	12	27	庚子
	1	21	12	28	辛丑
	1	22	12	29	壬寅
	1	23	1	1	癸卯
	1	24	1	2	甲辰
	1	25	1	3	乙巳
	1	26	1	4	丙午
	1	27	1	5	丁未
	1	28	1	6	戊申
	1	29	1	7	己酉
	1	30	1	8	庚戌
	1	31	1	9	辛亥
	2	1	1	10	壬子
	2	2	1	11	癸丑
中氣	大寒 1/20 5時32分 卯時				

2049・2050

蛇

中華民國一百三十八・一百三十九年

年	庚午																													
月	戊寅					己卯					庚辰					辛巳					壬午					癸未				
節氣	立春					驚蟄					清明					立夏					芒種					小暑				
	2/3 23時42分 子時					3/5 17時31分 酉時					4/4 22時2分 亥時					5/5 15時1分 申時					6/5 18時53分 酉時					7/7 5時1分 卯時				
日	國曆		農曆		干支	國曆		農曆		干支	國曆		農曆		干支	國曆		農曆		干支	國曆		農曆		干支	國曆		農曆		干支
	2	3	1	12	甲寅	3	5	2	13	甲申	4	4	3	13	甲寅	5	5	3	15	乙酉	6	5	4	16	丙辰	7	7	5	19	戊子
	2	4	1	13	乙卯	3	6	2	14	乙酉	4	5	3	14	乙卯	5	6	3	16	丙戌	6	6	4	17	丁巳	7	8	5	20	己丑
	2	5	1	14	丙辰	3	7	2	15	丙戌	4	6	3	15	丙辰	5	7	3	17	丁亥	6	7	4	18	戊午	7	9	5	21	庚寅
	2	6	1	15	丁巳	3	8	2	16	丁亥	4	7	3	16	丁巳	5	8	3	18	戊子	6	8	4	19	己未	7	10	5	22	辛卯
2050	2	7	1	16	戊午	3	9	2	17	戊子	4	8	3	17	戊午	5	9	3	19	己丑	6	9	4	20	庚申	7	11	5	23	壬辰
	2	8	1	17	己未	3	10	2	18	己丑	4	9	3	18	己未	5	10	3	20	庚寅	6	10	4	21	辛酉	7	12	5	24	癸巳
	2	9	1	18	庚申	3	11	2	19	庚寅	4	10	3	19	庚申	5	11	3	21	辛卯	6	11	4	22	壬戌	7	13	5	25	甲午
	2	10	1	19	辛酉	3	12	2	20	辛卯	4	11	3	20	辛酉	5	12	3	22	壬辰	6	12	4	23	癸亥	7	14	5	26	乙未
	2	11	1	20	壬戌	3	13	2	21	壬辰	4	12	3	21	壬戌	5	13	3	23	癸巳	6	13	4	24	甲子	7	15	5	27	丙申
	2	12	1	21	癸亥	3	14	2	22	癸巳	4	13	3	22	癸亥	5	14	3	24	甲午	6	14	4	25	乙丑	7	16	5	28	丁酉
	2	13	1	22	甲子	3	15	2	23	甲午	4	14	3	23	甲子	5	15	3	25	乙未	6	15	4	26	丙寅	7	17	5	29	戊戌
	2	14	1	23	乙丑	3	16	2	24	乙未	4	15	3	24	乙丑	5	16	3	26	丙申	6	16	4	27	丁卯	7	18	5	30	己亥
	2	15	1	24	丙寅	3	17	2	25	丙申	4	16	3	25	丙寅	5	17	3	27	丁酉	6	17	4	28	戊辰	7	19	6	1	庚子
馬	2	16	1	25	丁卯	3	18	2	26	丁酉	4	17	3	26	丁卯	5	18	3	28	戊戌	6	18	4	29	己巳	7	20	6	2	辛丑
	2	17	1	26	戊辰	3	19	2	27	戊戌	4	18	3	27	戊辰	5	19	3	29	己亥	6	19	5	1	庚午	7	21	6	3	壬寅
	2	18	1	27	己巳	3	20	2	28	己亥	4	19	3	28	己巳	5	20	3	30	庚子	6	20	5	2	辛未	7	22	6	4	癸卯
	2	19	1	28	庚午	3	21	2	29	庚子	4	20	3	29	庚午	5	21	4	1	辛丑	6	21	5	3	壬申	7	23	6	5	甲辰
	2	20	1	29	辛未	3	22	2	30	辛丑	4	21	閏3	1	辛未	5	22	4	2	壬寅	6	22	5	4	癸酉	7	24	6	6	乙巳
	2	21	2	1	壬申	3	23	3	1	壬寅	4	22	3	2	壬申	5	23	4	3	癸卯	6	23	5	5	甲戌	7	25	6	7	丙午
	2	22	2	2	癸酉	3	24	3	2	癸卯	4	23	3	3	癸酉	5	24	4	4	甲辰	6	24	5	6	乙亥	7	26	6	8	丁未
中華民國一百三十九年	2	23	2	3	甲戌	3	25	3	3	甲辰	4	24	3	4	甲戌	5	25	4	5	乙巳	6	25	5	7	丙子	7	27	6	9	戊申
	2	24	2	4	乙亥	3	26	3	4	乙巳	4	25	3	5	乙亥	5	26	4	6	丙午	6	26	5	8	丁丑	7	28	6	10	己酉
	2	25	2	5	丙子	3	27	3	5	丙午	4	26	3	6	丙子	5	27	4	7	丁未	6	27	5	9	戊寅	7	29	6	11	庚戌
	2	26	2	6	丁丑	3	28	3	6	丁未	4	27	3	7	丁丑	5	28	4	8	戊申	6	28	5	10	己卯	7	30	6	12	辛亥
	2	27	2	7	戊寅	3	29	3	7	戊申	4	28	3	8	戊寅	5	29	4	9	己酉	6	29	5	11	庚辰	7	31	6	13	壬子
	2	28	2	8	己卯	3	30	3	8	己酉	4	29	3	9	己卯	5	30	4	10	庚戌	6	30	5	12	辛巳	8	1	6	14	癸丑
	3	1	2	9	庚辰	3	31	3	9	庚戌	4	30	3	10	庚辰	5	31	4	11	辛亥	7	1	5	13	壬午	8	2	6	15	甲寅
	3	2	2	10	辛巳	4	1	3	10	辛亥	5	1	3	11	辛巳	6	1	4	12	壬子	7	2	5	14	癸未	8	3	6	16	乙卯
	3	3	2	11	壬午	4	2	3	11	壬子	5	2	3	12	壬午	6	2	4	13	癸丑	7	3	5	15	甲申	8	4	6	17	丙辰
	3	4	2	12	癸未	4	3	3	12	癸丑	5	3	3	13	癸未	6	3	4	14	甲寅	7	4	5	16	乙酉	8	5	6	18	丁巳
											5	4	3	14	甲申	6	4	4	15	乙卯	7	5	5	17	丙戌	8	6	6	19	戊午
																					7	6	5	18	丁亥					
中氣	雨水					春分					穀雨					小滿					夏至					大暑				
	2/18 19時34分 戌時					3/20 18時18分 酉時					4/20 5時1分 卯時					5/21 3時49分 寅時					6/21 11時32分 午時					7/22 22時20分 亥時				

庚午																		年
甲申			乙酉			丙戌			丁亥			戊子			己丑			月
立秋			白露			寒露			立冬			大雪			小寒			節氣
8/7 14時51分 未時			9/7 17時59分 酉時			10/8 9時59分 巳時			11/7 13時32分 未時			12/7 6時40分 卯時			1/5 18時1分 酉時			
國曆	農曆	干支	國曆	農曆	干支	國曆	農曆	干支	國曆	農曆	干支	國曆	農曆	干支	國曆	農曆	干支	日
8 7	6 20	己未	9 7	7 22	庚寅	10 8	8 23	辛酉	11 7	9 23	辛卯	12 7	10 24	辛酉	1 5	11 23	庚寅	2050・2051 馬 中華民國一百三十九・一百四十年
8 8	6 21	庚申	9 8	7 23	辛卯	10 9	8 24	壬戌	11 8	9 24	壬辰	12 8	10 25	壬戌	1 6	11 24	辛卯	
8 9	6 22	辛酉	9 9	7 24	壬辰	10 10	8 25	癸亥	11 9	9 25	癸巳	12 9	10 26	癸亥	1 7	11 25	壬辰	
8 10	6 23	壬戌	9 10	7 25	癸巳	10 11	8 26	甲子	11 10	9 26	甲午	12 10	10 27	甲子	1 8	11 26	癸巳	
8 11	6 24	癸亥	9 11	7 26	甲午	10 12	8 27	乙丑	11 11	9 27	乙未	12 11	10 28	乙丑	1 9	11 27	甲午	
8 12	6 25	甲子	9 12	7 27	乙未	10 13	8 28	丙寅	11 12	9 28	丙申	12 12	10 29	丙寅	1 10	11 28	乙未	
8 13	6 26	乙丑	9 13	7 28	丙申	10 14	8 29	丁卯	11 13	9 29	丁酉	12 13	10 30	丁卯	1 11	11 29	丙申	
8 14	6 27	丙寅	9 14	7 29	丁酉	10 15	8 30	戊辰	11 14	10 1	戊戌	12 14	11 1	戊辰	1 12	11 30	丁酉	
8 15	6 28	丁卯	9 15	7 30	戊戌	10 16	9 1	己巳	11 15	10 2	己亥	12 15	11 2	己巳	1 13	12 1	戊戌	
8 16	6 29	戊辰	9 16	8 1	己亥	10 17	9 2	庚午	11 16	10 3	庚子	12 16	11 3	庚午	1 14	12 2	己亥	
8 17	7 1	己巳	9 17	8 2	庚子	10 18	9 3	辛未	11 17	10 4	辛丑	12 17	11 4	辛未	1 15	12 3	庚子	
8 18	7 2	庚午	9 18	8 3	辛丑	10 19	9 4	壬申	11 18	10 5	壬寅	12 18	11 5	壬申	1 16	12 4	辛丑	
8 19	7 3	辛未	9 19	8 4	壬寅	10 20	9 5	癸酉	11 19	10 6	癸卯	12 19	11 6	癸酉	1 17	12 5	壬寅	
8 20	7 4	壬申	9 20	8 5	癸卯	10 21	9 6	甲戌	11 20	10 7	甲辰	12 20	11 7	甲戌	1 18	12 6	癸卯	
8 21	7 5	癸酉	9 21	8 6	甲辰	10 22	9 7	乙亥	11 21	10 8	乙巳	12 21	11 8	乙亥	1 19	12 7	甲辰	
8 22	7 6	甲戌	9 22	8 7	乙巳	10 23	9 8	丙子	11 22	10 9	丙午	12 22	11 9	丙子	1 20	12 8	乙巳	
8 23	7 7	乙亥	9 23	8 8	丙午	10 24	9 9	丁丑	11 23	10 10	丁未	12 23	11 10	丁丑	1 21	12 9	丙午	
8 24	7 8	丙子	9 24	8 9	丁未	10 25	9 10	戊寅	11 24	10 11	戊申	12 24	11 11	戊寅	1 22	12 10	丁未	
8 25	7 9	丁丑	9 25	8 10	戊申	10 26	9 11	己卯	11 25	10 12	己酉	12 25	11 12	己卯	1 23	12 11	戊申	
8 26	7 10	戊寅	9 26	8 11	己酉	10 27	9 12	庚辰	11 26	10 13	庚戌	12 26	11 13	庚辰	1 24	12 12	己酉	
8 27	7 11	己卯	9 27	8 12	庚戌	10 28	9 13	辛巳	11 27	10 14	辛亥	12 27	11 14	辛巳	1 25	12 13	庚戌	
8 28	7 12	庚辰	9 28	8 13	辛亥	10 29	9 14	壬午	11 28	10 15	壬子	12 28	11 15	壬午	1 26	12 14	辛亥	
8 29	7 13	辛巳	9 29	8 14	壬子	10 30	9 15	癸未	11 29	10 16	癸丑	12 29	11 16	癸未	1 27	12 15	壬子	
8 30	7 14	壬午	9 30	8 15	癸丑	10 31	9 16	甲申	11 30	10 17	甲寅	12 30	11 17	甲申	1 28	12 16	癸丑	
8 31	7 15	癸未	10 1	8 16	甲寅	11 1	9 17	乙酉	12 1	10 18	乙卯	12 31	11 18	乙酉	1 29	12 17	甲寅	
9 1	7 16	甲申	10 2	8 17	乙卯	11 2	9 18	丙戌	12 2	10 19	丙辰	1 1	11 19	丙戌	1 30	12 18	乙卯	
9 2	7 17	乙酉	10 3	8 18	丙辰	11 3	9 19	丁亥	12 3	10 20	丁巳	1 2	11 20	丁亥	1 31	12 19	丙辰	
9 3	7 18	丙戌	10 4	8 19	丁巳	11 4	9 20	戊子	12 4	10 21	戊午	1 3	11 21	戊子	2 1	12 20	丁巳	
9 4	7 19	丁亥	10 5	8 20	戊午	11 5	9 21	己丑	12 5	10 22	己未	1 4	11 22	己丑	2 2	12 21	戊午	
9 5	7 20	戊子	10 6	8 21	己未	11 6	9 22	庚寅	12 6	10 23	庚申				2 3	12 22	己未	
9 6	7 21	己丑	10 7	8 22	庚申													
處暑			秋分			霜降			小雪			冬至			大寒			中氣
8/23 5時31分 卯時			9/23 3時27分 寅時			10/23 13時10分 未時			11/22 11時5分 午時			12/22 0時37分 子時			1/20 11時17分 午時			

年	辛未																	
月	庚寅			辛卯			壬辰			癸巳			甲午			乙未		
節氣	立春 2/4 5時35分 卯時			驚蟄 3/5 23時21分 子時			清明 4/5 3時48分 寅時			立夏 5/5 20時46分 戌時			芒種 6/6 0時39分 子時			小暑 7/7 10時48分 巳時		
日	國曆	農曆	干支	國曆	農曆	干支	國曆	農曆	干支	國曆	農曆	干支	國曆	農曆	干支	國曆	農曆	干支
	2 4	12 23	庚申	3 5	1 23	己丑	4 5	2 24	庚申	5 5	3 25	庚寅	6 6	4 28	壬戌	7 7	5 29	癸巳
	2 5	12 24	辛酉	3 6	1 24	庚寅	4 6	2 25	辛酉	5 6	3 26	辛卯	6 7	4 29	癸亥	7 8	6 1	甲午
	2 6	12 25	壬戌	3 7	1 25	辛卯	4 7	2 26	壬戌	5 7	3 27	壬辰	6 8	4 30	甲子	7 9	6 2	乙未
	2 7	12 26	癸亥	3 8	1 26	壬辰	4 8	2 27	癸亥	5 8	3 28	癸巳	6 9	5 1	乙丑	7 10	6 3	丙申
	2 8	12 27	甲子	3 9	1 27	癸巳	4 9	2 28	甲子	5 9	3 29	甲午	6 10	5 2	丙寅	7 11	6 4	丁酉
2051	2 9	12 28	乙丑	3 10	1 28	甲午	4 10	2 29	乙丑	5 10	4 1	乙未	6 11	5 3	丁卯	7 12	6 5	戊戌
	2 10	12 29	丙寅	3 11	1 29	乙未	4 11	3 1	丙寅	5 11	4 2	丙申	6 12	5 4	戊辰	7 13	6 6	己亥
	2 11	1 1	丁卯	3 12	1 30	丙申	4 12	3 2	丁卯	5 12	4 3	丁酉	6 13	5 5	己巳	7 14	6 7	庚子
	2 12	1 2	戊辰	3 13	2 1	丁酉	4 13	3 3	戊辰	5 13	4 4	戊戌	6 14	5 6	庚午	7 15	6 8	辛丑
	2 13	1 3	己巳	3 14	2 2	戊戌	4 14	3 4	己巳	5 14	4 5	己亥	6 15	5 7	辛未	7 16	6 9	壬寅
	2 14	1 4	庚午	3 15	2 3	己亥	4 15	3 5	庚午	5 15	4 6	庚子	6 16	5 8	壬申	7 17	6 10	癸卯
	2 15	1 5	辛未	3 16	2 4	庚子	4 16	3 6	辛未	5 16	4 7	辛丑	6 17	5 9	癸酉	7 18	6 11	甲辰
	2 16	1 6	壬申	3 17	2 5	辛丑	4 17	3 7	壬申	5 17	4 8	壬寅	6 18	5 10	甲戌	7 19	6 12	乙巳
羊	2 17	1 7	癸酉	3 18	2 6	壬寅	4 18	3 8	癸酉	5 18	4 9	癸卯	6 19	5 11	乙亥	7 20	6 13	丙午
	2 18	1 8	甲戌	3 19	2 7	癸卯	4 19	3 9	甲戌	5 19	4 10	甲辰	6 20	5 12	丙子	7 21	6 14	丁未
	2 19	1 9	乙亥	3 20	2 8	甲辰	4 20	3 10	乙亥	5 20	4 11	乙巳	6 21	5 13	丁丑	7 22	6 15	戊申
	2 20	1 10	丙子	3 21	2 9	乙巳	4 21	3 11	丙子	5 21	4 12	丙午	6 22	5 14	戊寅	7 23	6 16	己酉
	2 21	1 11	丁丑	3 22	2 10	丙午	4 22	3 12	丁丑	5 22	4 13	丁未	6 23	5 15	己卯	7 24	6 17	庚戌
	2 22	1 12	戊寅	3 23	2 11	丁未	4 23	3 13	戊寅	5 23	4 14	戊申	6 24	5 16	庚辰	7 25	6 18	辛亥
	2 23	1 13	己卯	3 24	2 12	戊申	4 24	3 14	己卯	5 24	4 15	己酉	6 25	5 17	辛巳	7 26	6 19	壬子
	2 24	1 14	庚辰	3 25	2 13	己酉	4 25	3 15	庚辰	5 25	4 16	庚戌	6 26	5 18	壬午	7 27	6 20	癸丑
中華民國一百四十年	2 25	1 15	辛巳	3 26	2 14	庚戌	4 26	3 16	辛巳	5 26	4 17	辛亥	6 27	5 19	癸未	7 28	6 21	甲寅
	2 26	1 16	壬午	3 27	2 15	辛亥	4 27	3 17	壬午	5 27	4 18	壬子	6 28	5 20	甲申	7 29	6 22	乙卯
	2 27	1 17	癸未	3 28	2 16	壬子	4 28	3 18	癸未	5 28	4 19	癸丑	6 29	5 21	乙酉	7 30	6 23	丙辰
	2 28	1 18	甲申	3 29	2 17	癸丑	4 29	3 19	甲申	5 29	4 20	甲寅	6 30	5 22	丙戌	7 31	6 24	丁巳
	3 1	1 19	乙酉	3 30	2 18	甲寅	4 30	3 20	乙酉	5 30	4 21	乙卯	7 1	5 23	丁亥	8 1	6 25	戊午
	3 2	1 20	丙戌	3 31	2 19	乙卯	5 1	3 21	丙戌	5 31	4 22	丙辰	7 2	5 24	戊子	8 2	6 26	己未
	3 3	1 21	丁亥	4 1	2 20	丙辰	5 2	3 22	丁亥	6 1	4 23	丁巳	7 3	5 25	己丑	8 3	6 27	庚申
	3 4	1 22	戊子	4 2	2 21	丁巳	5 3	3 23	戊子	6 2	4 24	戊午	7 4	5 26	庚寅	8 4	6 28	辛酉
				4 3	2 22	戊午	5 4	3 24	己丑	6 3	4 25	己未	7 5	5 27	辛卯	8 5	6 29	壬戌
				4 4	2 23	己未				6 4	4 26	庚申	7 6	5 28	壬辰	8 6	7 1	癸亥
										6 5	.4 27	辛酉						
中氣	雨水 2/19 1時16分 丑時			春分 3/20 23時58分 子時			穀雨 4/20 10時39分 巳時			小滿 5/21 9時30分 巳時			夏至 6/21 17時17分 酉時			大暑 7/23 4時12分 寅時		

辛未																		年
丙申			丁酉			戊戌			己亥			庚子			辛丑			月
立秋			白露			寒露			立冬			大雪			小寒			節氣
8/7 20時40分 戌時			9/7 23時50分 子時			10/8 15時49分 申時			11/7 19時21分 戌時			12/7 12時27分 午時			1/5 23時47分 子時			
國曆	農曆	干支	國曆	農曆	干支	國曆	農曆	干支	國曆	農曆	干支	國曆	農曆	干支	國曆	農曆	干支	日
8 7	7 2	甲子	9 7	8 3	乙未	10 8	9 4	丙寅	11 7	10 5	丙申	12 7	11 5	丙寅	1 5	12 4	乙未	
8 8	7 3	乙丑	9 8	8 4	丙申	10 9	9 5	丁卯	11 8	10 6	丁酉	12 8	11 6	丁卯	1 6	12 5	丙申	
8 9	7 4	丙寅	9 9	8 5	丁酉	10 10	9 6	戊辰	11 9	10 7	戊戌	12 9	11 7	戊辰	1 7	12 6	丁酉	
8 10	7 5	丁卯	9 10	8 6	戊戌	10 11	9 7	己巳	11 10	10 8	己亥	12 10	11 8	己巳	1 8	12 7	戊戌	
8 11	7 6	戊辰	9 11	8 7	己亥	10 12	9 8	庚午	11 11	10 9	庚子	12 11	11 9	庚午	1 9	12 8	己亥	
8 12	7 7	己巳	9 12	8 8	庚子	10 13	9 9	辛未	11 12	10 10	辛丑	12 12	11 10	辛未	1 10	12 9	庚子	
8 13	7 8	庚午	9 13	8 9	辛丑	10 14	9 10	壬申	11 13	10 11	壬寅	12 13	11 11	壬申	1 11	12 10	辛丑	
8 14	7 9	辛未	9 14	8 10	壬寅	10 15	9 11	癸酉	11 14	10 12	癸卯	12 14	11 12	癸酉	1 12	12 11	壬寅	
8 15	7 10	壬申	9 15	8 11	癸卯	10 16	9 12	甲戌	11 15	10 13	甲辰	12 15	11 13	甲戌	1 13	12 12	癸卯	
8 16	7 11	癸酉	9 16	8 12	甲辰	10 17	9 13	乙亥	11 16	10 14	乙巳	12 16	11 14	乙亥	1 14	12 13	甲辰	
8 17	7 12	甲戌	9 17	8 13	乙巳	10 18	9 14	丙子	11 17	10 15	丙午	12 17	11 15	丙子	1 15	12 14	乙巳	
8 18	7 13	乙亥	9 18	8 14	丙午	10 19	9 15	丁丑	11 18	10 16	丁未	12 18	11 16	丁丑	1 16	12 15	丙午	
8 19	7 14	丙子	9 19	8 15	丁未	10 20	9 16	戊寅	11 19	10 17	戊申	12 19	11 17	戊寅	1 17	12 16	丁未	
8 20	7 15	丁丑	9 20	8 16	戊申	10 21	9 17	己卯	11 20	10 18	己酉	12 20	11 18	己卯	1 18	12 17	戊申	
8 21	7 16	戊寅	9 21	8 17	己酉	10 22	9 18	庚辰	11 21	10 19	庚戌	12 21	11 19	庚辰	1 19	12 18	己酉	
8 22	7 17	己卯	9 22	8 18	庚戌	10 23	9 19	辛巳	11 22	10 20	辛亥	12 22	11 20	辛巳	1 20	12 19	庚戌	
8 23	7 18	庚辰	9 23	8 19	辛亥	10 24	9 20	壬午	11 23	10 21	壬子	12 23	11 21	壬午	1 21	12 20	辛亥	
8 24	7 19	辛巳	9 24	8 20	壬子	10 25	9 21	癸未	11 24	10 22	癸丑	12 24	11 22	癸未	1 22	12 21	壬子	
8 25	7 20	壬午	9 25	8 21	癸丑	10 26	9 22	甲申	11 25	10 23	甲寅	12 25	11 23	甲申	1 23	12 22	癸丑	
8 26	7 21	癸未	9 26	8 22	甲寅	10 27	9 23	乙酉	11 26	10 24	乙卯	12 26	11 24	乙酉	1 24	12 23	甲寅	
8 27	7 22	甲申	9 27	8 23	乙卯	10 28	9 24	丙戌	11 27	10 25	丙辰	12 27	11 25	丙戌	1 25	12 24	乙卯	
8 28	7 23	乙酉	9 28	8 24	丙辰	10 29	9 25	丁亥	11 28	10 26	丁巳	12 28	11 26	丁亥	1 26	12 25	丙辰	
8 29	7 24	丙戌	9 29	8 25	丁巳	10 30	9 26	戊子	11 29	10 27	戊午	12 29	11 27	戊子	1 27	12 26	丁巳	
8 30	7 25	丁亥	9 30	8 26	戊午	10 31	9 27	己丑	11 30	10 28	己未	12 30	11 28	己丑	1 28	12 27	戊午	
8 31	7 26	戊子	10 1	8 27	己未	11 1	9 28	庚寅	12 1	10 29	庚申	12 31	11 29	庚寅	1 29	12 28	己未	
9 1	7 27	己丑	10 2	8 28	庚申	11 2	9 29	辛卯	12 2	10 30	辛酉	1 1	11 30	辛卯	1 30	12 29	庚申	
9 2	7 28	庚寅	10 3	8 29	辛酉	11 3	10 1	壬辰	12 3	11 1	壬戌	1 2	12 1	壬辰	1 31	12 30	辛酉	
9 3	7 29	辛卯	10 4	8 30	壬戌	11 4	10 2	癸巳	12 4	11 2	癸亥	1 3	12 2	癸巳	2 1	1 1	壬戌	
9 4	7 30	壬辰	10 5	9 1	癸亥	11 5	10 3	甲午	12 5	11 3	甲子	1 4	12 3	甲午	2 2	1 2	癸亥	
9 5	8 1	癸巳	10 6	9 2	甲子	11 6	10 4	乙未	12 6	11 4	乙丑				2 3	1 3	甲子	
9 6	8 2	甲午	10 7	9 3	乙丑													
處暑			秋分			霜降			小雪			冬至			大寒			中氣
8/23 11時28分 午時			9/23 9時26分 巳時			10/23 19時9分 戌時			11/22 17時1分 酉時			12/22 6時33分 卯時			1/20 17時13分 酉時			

2051・2052

羊

中華民國一百四十・一百四十一年

年	壬申																													
月	壬寅					癸卯					甲辰					乙巳					丙午					丁未				
節氣	立春					驚蟄					清明					立夏					芒種					小暑				
	2/4 11時22分 午時					3/5 5時8分 卯時					4/4 9時36分 巳時					5/5 2時33分 丑時					6/5 6時28分 卯時					7/6 16時39分 申時				
日	國曆		農曆		干支	國曆		農曆		干支	國曆		農曆		干支	國曆		農曆		干支	國曆		農曆		干支	國曆		農曆		干支
2052 猴 中華民國一百四十一年	2	4	1	4	乙丑	3	5	2	5	乙未	4	4	3	5	乙丑	5	5	4	7	丙申	6	5	5	9	丁卯	7	6	6	10	戊戌
	2	5	1	5	丙寅	3	6	2	6	丙申	4	5	3	6	丙寅	5	6	4	8	丁酉	6	6	5	10	戊辰	7	7	6	11	己亥
	2	6	1	6	丁卯	3	7	2	7	丁酉	4	6	3	7	丁卯	5	7	4	9	戊戌	6	7	5	11	己巳	7	8	6	12	庚子
	2	7	1	7	戊辰	3	8	2	8	戊戌	4	7	3	8	戊辰	5	8	4	10	己亥	6	8	5	12	庚午	7	9	6	13	辛丑
	2	8	1	8	己巳	3	9	2	9	己亥	4	8	3	9	己巳	5	9	4	11	庚子	6	9	5	13	辛未	7	10	6	14	壬寅
	2	9	1	9	庚午	3	10	2	10	庚子	4	9	3	10	庚午	5	10	4	12	辛丑	6	10	5	14	壬申	7	11	6	15	癸卯
	2	10	1	10	辛未	3	11	2	11	辛丑	4	10	3	11	辛未	5	11	4	13	壬寅	6	11	5	15	癸酉	7	12	6	16	甲辰
	2	11	1	11	壬申	3	12	2	12	壬寅	4	11	3	12	壬申	5	12	4	14	癸卯	6	12	5	16	甲戌	7	13	6	17	乙巳
	2	12	1	12	癸酉	3	13	2	13	癸卯	4	12	3	13	癸酉	5	13	4	15	甲辰	6	13	5	17	乙亥	7	14	6	18	丙午
	2	13	1	13	甲戌	3	14	2	14	甲辰	4	13	3	14	甲戌	5	14	4	16	乙巳	6	14	5	18	丙子	7	15	6	19	丁未
	2	14	1	14	乙亥	3	15	2	15	乙巳	4	14	3	15	乙亥	5	15	4	17	丙午	6	15	5	19	丁丑	7	16	6	20	戊申
	2	15	1	15	丙子	3	16	2	16	丙午	4	15	3	16	丙子	5	16	4	18	丁未	6	16	5	20	戊寅	7	17	6	21	己酉
	2	16	1	16	丁丑	3	17	2	17	丁未	4	16	3	17	丁丑	5	17	4	19	戊申	6	17	5	21	己卯	7	18	6	22	庚戌
	2	17	1	17	戊寅	3	18	2	18	戊申	4	17	3	18	戊寅	5	18	4	20	己酉	6	18	5	22	庚辰	7	19	6	23	辛亥
	2	18	1	18	己卯	3	19	2	19	己酉	4	18	3	19	己卯	5	19	4	21	庚戌	6	19	5	23	辛巳	7	20	6	24	壬子
	2	19	1	19	庚辰	3	20	2	20	庚戌	4	19	3	20	庚辰	5	20	4	22	辛亥	6	20	5	24	壬午	7	21	6	25	癸丑
	2	20	1	20	辛巳	3	21	2	21	辛亥	4	20	3	21	辛巳	5	21	4	23	壬子	6	21	5	25	癸未	7	22	6	26	甲寅
	2	21	1	21	壬午	3	22	2	22	壬子	4	21	3	22	壬午	5	22	4	24	癸丑	6	22	5	26	甲申	7	23	6	27	乙卯
	2	22	1	22	癸未	3	23	2	23	癸丑	4	22	3	23	癸未	5	23	4	25	甲寅	6	23	5	27	乙酉	7	24	6	28	丙辰
	2	23	1	23	甲申	3	24	2	24	甲寅	4	23	3	24	甲申	5	24	4	26	乙卯	6	24	5	28	丙戌	7	25	6	29	丁巳
	2	24	1	24	乙酉	3	25	2	25	乙卯	4	24	3	25	乙酉	5	25	4	27	丙辰	6	25	5	29	丁亥	7	26	7	1	戊午
	2	25	1	25	丙戌	3	26	2	26	丙辰	4	25	3	26	丙戌	5	26	4	28	丁巳	6	26	5	30	戊子	7	27	7	2	己未
	2	26	1	26	丁亥	3	27	2	27	丁巳	4	26	3	27	丁亥	5	27	4	29	戊午	6	27	6	1	己丑	7	28	7	3	庚申
	2	27	1	27	戊子	3	28	2	28	戊午	4	27	3	28	戊子	5	28	5	1	己未	6	28	6	2	庚寅	7	29	7	4	辛酉
	2	28	1	28	己丑	3	29	2	29	己未	4	28	3	29	己丑	5	29	5	2	庚申	6	29	6	3	辛卯	7	30	7	5	壬戌
	2	29	1	29	庚寅	3	30	2	30	庚申	4	29	4	1	庚寅	5	30	5	3	辛酉	6	30	6	4	壬辰	7	31	7	6	癸亥
	3	1	2	1	辛卯	3	31	3	1	辛酉	4	30	4	2	辛卯	5	31	5	4	壬戌	7	1	6	5	癸巳	8	1	7	7	甲子
	3	2	2	2	壬辰	4	1	3	2	壬戌	5	1	4	3	壬辰	6	1	5	5	癸亥	7	2	6	6	甲午	8	2	7	8	乙丑
	3	3	2	3	癸巳	4	2	3	3	癸亥	5	2	4	4	癸巳	6	2	5	6	甲子	7	3	6	7	乙未	8	3	7	9	丙寅
	3	4	2	4	甲午	4	3	3	4	甲子	5	3	4	5	甲午	6	3	5	7	乙丑	7	4	6	8	丙申	8	4	7	10	丁卯
											5	4	4	6	乙未	6	4	5	8	丙寅	7	5	6	9	丁酉	8	5	7	11	戊辰
																										8	6	7	12	己巳
中氣	雨水					春分					穀雨					小滿					夏至					大暑				
	2/19 7時12分 辰時					3/20 5時55分 卯時					4/19 16時37分 申時					5/20 15時28分 申時					6/20 23時15分 子時					7/22 10時7分 巳時				

年	壬申																													
月	戊申					己酉					庚戌					辛亥					壬子					癸丑				
節氣	立秋 8/7 2時32分 丑時					白露 9/7 5時41分 卯時					寒露 10/7 21時38分 亥時					立冬 11/7 1時8分 丑時					大雪 12/6 18時14分 酉時					小寒 1/5 5時35分 卯時				
日	國曆		農曆		干支	國曆		農曆		干支	國曆		農曆		干支	國曆		農曆		干支	國曆		農曆		干支	國曆		農曆		干支
	8	7	7	13	庚午	9	7	8	15	辛丑	10	7	8	15	辛未	11	7	9	17	壬寅	12	6	10	16	辛未	1	5	11	16	辛丑
	8	8	7	14	辛未	9	8	8	16	壬寅	10	8	8	16	壬申	11	8	9	18	癸卯	12	7	10	17	壬申	1	6	11	17	壬寅
	8	9	7	15	壬申	9	9	8	17	癸卯	10	9	8	17	癸酉	11	9	9	19	甲辰	12	8	10	18	癸酉	1	7	11	18	癸卯
	8	10	7	16	癸酉	9	10	8	18	甲辰	10	10	8	18	甲戌	11	10	9	20	乙巳	12	9	10	19	甲戌	1	8	11	19	甲辰
	8	11	7	17	甲戌	9	11	8	19	乙巳	10	11	8	19	乙亥	11	11	9	21	丙午	12	10	10	20	乙亥	1	9	11	20	乙巳
	8	12	7	18	乙亥	9	12	8	20	丙午	10	12	8	20	丙子	11	12	9	22	丁未	12	11	10	21	丙子	1	10	11	21	丙午
	8	13	7	19	丙子	9	13	8	21	丁未	10	13	8	21	丁丑	11	13	9	23	戊申	12	12	10	22	丁丑	1	11	11	22	丁未
	8	14	7	20	丁丑	9	14	8	22	戊申	10	14	8	22	戊寅	11	14	9	24	己酉	12	13	10	23	戊寅	1	12	11	23	戊申
	8	15	7	21	戊寅	9	15	8	23	己酉	10	15	8	23	己卯	11	15	9	25	庚戌	12	14	10	24	己卯	1	13	11	24	己酉
	8	16	7	22	己卯	9	16	8	24	庚戌	10	16	8	24	庚辰	11	16	9	26	辛亥	12	15	10	25	庚辰	1	14	11	25	庚戌
	8	17	7	23	庚辰	9	17	8	25	辛亥	10	17	8	25	辛巳	11	17	9	27	壬子	12	16	10	26	辛巳	1	15	11	26	辛亥
	8	18	7	24	辛巳	9	18	8	26	壬子	10	18	8	26	壬午	11	18	9	28	癸丑	12	17	10	27	壬午	1	16	11	27	壬子
	8	19	7	25	壬午	9	19	8	27	癸丑	10	19	8	27	癸未	11	19	9	29	甲寅	12	18	10	28	癸未	1	17	11	28	癸丑
	8	20	7	26	癸未	9	20	8	28	甲寅	10	20	8	28	甲申	11	20	9	30	乙卯	12	19	10	29	甲申	1	18	11	29	甲寅
	8	21	7	27	甲申	9	21	8	29	乙卯	10	21	8	29	乙酉	11	21	10	1	丙辰	12	20	10	30	乙酉	1	19	11	30	乙卯
	8	22	7	28	乙酉	9	22	8	30	丙辰	10	22	9	1	丙戌	11	22	10	2	丁巳	12	21	11	1	丙戌	1	20	12	1	丙辰
	8	23	7	29	丙戌	9	23	閏8	1	丁巳	10	23	9	2	丁亥	11	23	10	3	戊午	12	22	11	2	丁亥	1	21	12	2	丁巳
	8	24	8	1	丁亥	9	24	8	2	戊午	10	24	9	3	戊子	11	24	10	4	己未	12	23	11	3	戊子	1	22	12	3	戊午
	8	25	8	2	戊子	9	25	8	3	己未	10	25	9	4	己丑	11	25	10	5	庚申	12	24	11	4	己丑	1	23	12	4	己未
	8	26	8	3	己丑	9	26	8	4	庚申	10	26	9	5	庚寅	11	26	10	6	辛酉	12	25	11	5	庚寅	1	24	12	5	庚申
	8	27	8	4	庚寅	9	27	8	5	辛酉	10	27	9	6	辛卯	11	27	10	7	壬戌	12	26	11	6	辛卯	1	25	12	6	辛酉
	8	28	8	5	辛卯	9	28	8	6	壬戌	10	28	9	7	壬辰	11	28	10	8	癸亥	12	27	11	7	壬辰	1	26	12	7	壬戌
	8	29	8	6	壬辰	9	29	8	7	癸亥	10	29	9	8	癸巳	11	29	10	9	甲子	12	28	11	8	癸巳	1	27	12	8	癸亥
	8	30	8	7	癸巳	9	30	8	8	甲子	10	30	9	9	甲午	11	30	10	10	乙丑	12	29	11	9	甲午	1	28	12	9	甲子
	8	31	8	8	甲午	10	1	8	9	乙丑	10	31	9	10	乙未	12	1	10	11	丙寅	12	30	11	10	乙未	1	29	12	10	乙丑
	9	1	8	9	乙未	10	2	8	10	丙寅	11	1	9	11	丙申	12	2	10	12	丁卯	12	31	11	11	丙申	1	30	12	11	丙寅
	9	2	8	10	丙申	10	3	8	11	丁卯	11	2	9	12	丁酉	12	3	10	13	戊辰	1	1	11	12	丁酉	1	31	12	12	丁卯
	9	3	8	11	丁酉	10	4	8	12	戊辰	11	3	9	13	戊戌	12	4	10	14	己巳	1	2	11	13	戊戌	2	1	12	13	戊辰
	9	4	8	12	戊戌	10	5	8	13	己巳	11	4	9	14	己亥	12	5	10	15	庚午	1	3	11	14	己亥	2	2	12	14	己巳
	9	5	8	13	己亥	10	6	8	14	庚午	11	5	9	15	庚子						1	4	11	15	庚子					
	9	6	8	14	庚子						11	6	9	16	辛丑															
中氣	處暑 8/22 17時20分 酉時					秋分 9/22 15時14分 申時					霜降 10/23 0時54分 子時					小雪 11/21 22時45分 亥時					冬至 12/21 12時16分 午時					大寒 1/19 22時58分 亥時				

2052・2053 猴 中華民國一百四十一・一百四十二年

年	癸酉																	
月	甲寅			乙卯			丙辰			丁巳			戊午			己未		
節氣	立春 2/3 17時12分 酉時			驚蟄 3/5 11時2分 午時			清明 4/4 15時33分 申時			立夏 5/5 8時32分 辰時			芒種 6/5 12時26分 午時			小暑 7/6 22時36分 亥時		
日	國曆	農曆	干支	國曆	農曆	干支	國曆	農曆	干支	國曆	農曆	干支	國曆	農曆	干支	國曆	農曆	干支
2053 雞 中華民國一百四十二年	2 3	12 15	庚午	3 5	1 15	庚子	4 4	2 16	庚午	5 5	3 17	辛丑	6 5	4 19	壬申	7 6	5 21	癸卯
	2 4	12 16	辛未	3 6	1 16	辛丑	4 5	2 17	辛未	5 6	3 18	壬寅	6 6	4 20	癸酉	7 7	5 22	甲辰
	2 5	12 17	壬申	3 7	1 17	壬寅	4 6	2 18	壬申	5 7	3 19	癸卯	6 7	4 21	甲戌	7 8	5 23	乙巳
	2 6	12 18	癸酉	3 8	1 18	癸卯	4 7	2 19	癸酉	5 8	3 20	甲辰	6 8	4 22	乙亥	7 9	5 24	丙午
	2 7	12 19	甲戌	3 9	1 19	甲辰	4 8	2 20	甲戌	5 9	3 21	乙巳	6 9	4 23	丙子	7 10	5 25	丁未
	2 8	12 20	乙亥	3 10	1 20	乙巳	4 9	2 21	乙亥	5 10	3 22	丙午	6 10	4 24	丁丑	7 11	5 26	戊申
	2 9	12 21	丙子	3 11	1 21	丙午	4 10	2 22	丙子	5 11	3 23	丁未	6 11	4 25	戊寅	7 12	5 27	己酉
	2 10	12 22	丁丑	3 12	1 22	丁未	4 11	2 23	丁丑	5 12	3 24	戊申	6 12	4 26	己卯	7 13	5 28	庚戌
	2 11	12 23	戊寅	3 13	1 23	戊申	4 12	2 24	戊寅	5 13	3 25	己酉	6 13	4 27	庚辰	7 14	5 29	辛亥
	2 12	12 24	己卯	3 14	1 24	己酉	4 13	2 25	己卯	5 14	3 26	庚戌	6 14	4 28	辛巳	7 15	5 30	壬子
	2 13	12 25	庚辰	3 15	1 25	庚戌	4 14	2 26	庚辰	5 15	3 27	辛亥	6 15	4 29	壬午	7 16	6 1	癸丑
	2 14	12 26	辛巳	3 16	1 26	辛亥	4 15	2 27	辛巳	5 16	3 28	壬子	6 16	5 1	癸未	7 17	6 2	甲寅
	2 15	12 27	壬午	3 17	1 27	壬子	4 16	2 28	壬午	5 17	3 29	癸丑	6 17	5 2	甲申	7 18	6 3	乙卯
	2 16	12 28	癸未	3 18	1 28	癸丑	4 17	2 29	癸未	5 18	4 1	甲寅	6 18	5 3	乙酉	7 19	6 4	丙辰
	2 17	12 29	甲申	3 19	1 29	甲寅	4 18	2 30	甲申	5 19	4 2	乙卯	6 19	5 4	丙戌	7 20	6 5	丁巳
	2 18	12 30	乙酉	3 20	2 1	乙卯	4 19	3 1	乙酉	5 20	4 3	丙辰	6 20	5 5	丁亥	7 21	6 6	戊午
	2 19	1 1	丙戌	3 21	2 2	丙辰	4 20	3 2	丙戌	5 21	4 4	丁巳	6 21	5 6	戊子	7 22	6 7	己未
	2 20	1 2	丁亥	3 22	2 3	丁巳	4 21	3 3	丁亥	5 22	4 5	戊午	6 22	5 7	己丑	7 23	6 8	庚申
	2 21	1 3	戊子	3 23	2 4	戊午	4 22	3 4	戊子	5 23	4 6	己未	6 23	5 8	庚寅	7 24	6 9	辛酉
	2 22	1 4	己丑	3 24	2 5	己未	4 23	3 5	己丑	5 24	4 7	庚申	6 24	5 9	辛卯	7 25	6 10	壬戌
	2 23	1 5	庚寅	3 25	2 6	庚申	4 24	3 6	庚寅	5 25	4 8	辛酉	6 25	5 10	壬辰	7 26	6 11	癸亥
	2 24	1 6	辛卯	3 26	2 7	辛酉	4 25	3 7	辛卯	5 26	4 9	壬戌	6 26	5 11	癸巳	7 27	6 12	甲子
	2 25	1 7	壬辰	3 27	2 8	壬戌	4 26	3 8	壬辰	5 27	4 10	癸亥	6 27	5 12	甲午	7 28	6 13	乙丑
	2 26	1 8	癸巳	3 28	2 9	癸亥	4 27	3 9	癸巳	5 28	4 11	甲子	6 28	5 13	乙未	7 29	6 14	丙寅
	2 27	1 9	甲午	3 29	2 10	甲子	4 28	3 10	甲午	5 29	4 12	乙丑	6 29	5 14	丙申	7 30	6 15	丁卯
	2 28	1 10	乙未	3 30	2 11	乙丑	4 29	3 11	乙未	5 30	4 13	丙寅	6 30	5 15	丁酉	7 31	6 16	戊辰
	3 1	1 11	丙申	3 31	2 12	丙寅	4 30	3 12	丙申	5 31	4 14	丁卯	7 1	5 16	戊戌	8 1	6 17	己巳
	3 2	1 12	丁酉	4 1	2 13	丁卯	5 1	3 13	丁酉	6 1	4 15	戊辰	7 2	5 17	己亥	8 2	6 18	庚午
	3 3	1 13	戊戌	4 2	2 14	戊辰	5 2	3 14	戊戌	6 2	4 16	己巳	7 3	5 18	庚子	8 3	6 19	辛未
	3 4	1 14	己亥	4 3	2 15	己巳	5 3	3 15	己亥	6 3	4 17	庚午	7 4	5 19	辛丑	8 4	6 20	壬申
							5 4	3 16	庚子	6 4	4 18	辛未	7 5	5 20	壬寅	8 5	6 21	癸酉
																8 6	6 22	甲戌
中氣	雨水 2/18 13時1分 未時			春分 3/20 11時46分 午時			穀雨 4/19 22時29分 亥時			小滿 5/20 21時18分 亥時			夏至 6/21 5時3分 卯時			大暑 7/22 15時55分 申時		

年	癸酉																													
月	庚申					辛酉					壬戌					癸亥					甲子					乙丑				
節氣	立秋					白露					寒露					立冬					大雪					小寒				
	8/7 8時29分 辰時					9/7 11時37分 午時					10/8 3時35分 寅時					11/7 7時5分 辰時					12/7 0時10分 子時					1/5 11時31分 午時				
日	國曆		農曆		干支	國曆		農曆		干支	國曆		農曆		干支	國曆		農曆		干支	國曆		農曆		干支	國曆		農曆		干支
	8	7	6	23	乙亥	9	7	7	25	丙午	10	8	8	27	丁丑	11	7	9	27	丁未	12	7	10	28	丁丑	1	5	11	27	丙午
	8	8	6	24	丙子	9	8	7	26	丁未	10	9	8	28	戊寅	11	8	9	28	戊申	12	8	10	29	戊寅	1	6	11	28	丁未
	8	9	6	25	丁丑	9	9	7	27	戊申	10	10	8	29	己卯	11	9	9	29	己酉	12	9	10	30	己卯	1	7	11	29	戊申
2	8	10	6	26	戊寅	9	10	7	28	己酉	10	11	8	30	庚辰	11	10	10	1	庚戌	12	10	11	1	庚辰	1	8	11	30	己酉
0	8	11	6	27	己卯	9	11	7	29	庚戌	10	12	9	1	辛巳	11	11	10	2	辛亥	12	11	11	2	辛巳	1	9	12	1	庚戌
5	8	12	6	28	庚辰	9	12	8	1	辛亥	10	13	9	2	壬午	11	12	10	3	壬子	12	12	11	3	壬午	1	10	12	2	辛亥
3	8	13	6	29	辛巳	9	13	8	2	壬子	10	14	9	3	癸未	11	13	10	4	癸丑	12	13	11	4	癸未	1	11	12	3	壬子
・	8	14	7	1	壬午	9	14	8	3	癸丑	10	15	9	4	甲申	11	14	10	5	甲寅	12	14	11	5	甲申	1	12	12	4	癸丑
2	8	15	7	2	癸未	9	15	8	4	甲寅	10	16	9	5	乙酉	11	15	10	6	乙卯	12	15	11	6	乙酉	1	13	12	5	甲寅
0	8	16	7	3	甲申	9	16	8	5	乙卯	10	17	9	6	丙戌	11	16	10	7	丙辰	12	16	11	7	丙戌	1	14	12	6	乙卯
5	8	17	7	4	乙酉	9	17	8	6	丙辰	10	18	9	7	丁亥	11	17	10	8	丁巳	12	17	11	8	丁亥	1	15	12	7	丙辰
4	8	18	7	5	丙戌	9	18	8	7	丁巳	10	19	9	8	戊子	11	18	10	9	戊午	12	18	11	9	戊子	1	16	12	8	丁巳
	8	19	7	6	丁亥	9	19	8	8	戊午	10	20	9	9	己丑	11	19	10	10	己未	12	19	11	10	己丑	1	17	12	9	戊午
	8	20	7	7	戊子	9	20	8	9	己未	10	21	9	10	庚寅	11	20	10	11	庚申	12	20	11	11	庚寅	1	18	12	10	己未
雞	8	21	7	8	己丑	9	21	8	10	庚申	10	22	9	11	辛卯	11	21	10	12	辛酉	12	21	11	12	辛卯	1	19	12	11	庚申
	8	22	7	9	庚寅	9	22	8	11	辛酉	10	23	9	12	壬辰	11	22	10	13	壬戌	12	22	11	13	壬辰	1	20	12	12	辛酉
	8	23	7	10	辛卯	9	23	8	12	壬戌	10	24	9	13	癸巳	11	23	10	14	癸亥	12	23	11	14	癸巳	1	21	12	13	壬戌
	8	24	7	11	壬辰	9	24	8	13	癸亥	10	25	9	14	甲午	11	24	10	15	甲子	12	24	11	15	甲午	1	22	12	14	癸亥
中	8	25	7	12	癸巳	9	25	8	14	甲子	10	26	9	15	乙未	11	25	10	16	乙丑	12	25	11	16	乙未	1	23	12	15	甲子
華	8	26	7	13	甲午	9	26	8	15	乙丑	10	27	9	16	丙申	11	26	10	17	丙寅	12	26	11	17	丙申	1	24	12	16	乙丑
民	8	27	7	14	乙未	9	27	8	16	丙寅	10	28	9	17	丁酉	11	27	10	18	丁卯	12	27	11	18	丁酉	1	25	12	17	丙寅
國	8	28	7	15	丙申	9	28	8	17	丁卯	10	29	9	18	戊戌	11	28	10	19	戊辰	12	28	11	19	戊戌	1	26	12	18	丁卯
一	8	29	7	16	丁酉	9	29	8	18	戊辰	10	30	9	19	己亥	11	29	10	20	己巳	12	29	11	20	己亥	1	27	12	19	戊辰
百	8	30	7	17	戊戌	9	30	8	19	己巳	10	31	9	20	庚子	11	30	10	21	庚午	12	30	11	21	庚子	1	28	12	20	己巳
四	8	31	7	18	己亥	10	1	8	20	庚午	11	1	9	21	辛丑	12	1	10	22	辛未	12	31	11	22	辛丑	1	29	12	21	庚午
十	9	1	7	19	庚子	10	2	8	21	辛未	11	2	9	22	壬寅	12	2	10	23	壬申	1	1	11	23	壬寅	1	30	12	22	辛未
二	9	2	7	20	辛丑	10	3	8	22	壬申	11	3	9	23	癸卯	12	3	10	24	癸酉	1	2	11	24	癸卯	1	31	12	23	壬申
・	9	3	7	21	壬寅	10	4	8	23	癸酉	11	4	9	24	甲辰	12	4	10	25	甲戌	1	3	11	25	甲辰	2	1	12	24	癸酉
一	9	4	7	22	癸卯	10	5	8	24	甲戌	11	5	9	25	乙巳	12	5	10	26	乙亥	1	4	11	26	乙巳	2	2	12	25	甲戌
百	9	5	7	23	甲辰	10	6	8	25	乙亥	11	6	9	26	丙午	12	6	10	27	丙子										
四	9	6	7	24	乙巳	10	7	8	26	丙子																				
十三年																														
中氣	處暑					秋分					霜降					小雪					冬至					大寒				
	8/22 23時9分 子時					9/22 21時5分 亥時					10/23 6時46分 卯時					11/22 4時37分 寅時					12/21 18時9分 酉時					1/20 4時50分 寅時				

年	甲戌																	
月	丙寅			丁卯			戊辰			己巳			庚午			辛未		
節氣	立春			驚蟄			清明			立夏			芒種			小暑		
	2/3 23時7分 子時			3/5 16時54分 申時			4/4 21時22分 亥時			5/5 14時16分 未時			6/5 18時6分 酉時			7/7 4時12分 寅時		
日	國曆	農曆	干支	國曆	農曆	干支	國曆	農曆	干支	國曆	農曆	干支	國曆	農曆	干支	國曆	農曆	干支
2054	2 3	12 26	乙亥	3 5	1 26	乙巳	4 4	2 27	乙亥	5 5	3 28	丙午	6 5	4 29	丁丑	7 7	6 3	己酉
	2 4	12 27	丙子	3 6	1 27	丙午	4 5	2 28	丙子	5 6	3 29	丁未	6 6	5 1	戊寅	7 8	6 4	庚戌
	2 5	12 28	丁丑	3 7	1 28	丁未	4 6	2 29	丁丑	5 7	3 30	戊申	6 7	5 2	己卯	7 9	6 5	辛亥
	2 6	12 29	戊寅	3 8	1 29	戊申	4 7	2 30	戊寅	5 8	4 1	己酉	6 8	5 3	庚辰	7 10	6 6	壬子
	2 7	12 30	己卯	3 9	2 1	己酉	4 8	3 1	己卯	5 9	4 2	庚戌	6 9	5 4	辛巳	7 11	6 7	癸丑
	2 8	1 1	庚辰	3 10	2 2	庚戌	4 9	3 2	庚辰	5 10	4 3	辛亥	6 10	5 5	壬午	7 12	6 8	甲寅
	2 9	1 2	辛巳	3 11	2 3	辛亥	4 10	3 3	辛巳	5 11	4 4	壬子	6 11	5 6	癸未	7 13	6 9	乙卯
	2 10	1 3	壬午	3 12	2 4	壬子	4 11	3 4	壬午	5 12	4 5	癸丑	6 12	5 7	甲申	7 14	6 10	丙辰
	2 11	1 4	癸未	3 13	2 5	癸丑	4 12	3 5	癸未	5 13	4 6	甲寅	6 13	5 8	乙酉	7 15	6 11	丁巳
	2 12	1 5	甲申	3 14	2 6	甲寅	4 13	3 6	甲申	5 14	4 7	乙卯	6 14	5 9	丙戌	7 16	6 12	戊午
	2 13	1 6	乙酉	3 15	2 7	乙卯	4 14	3 7	乙酉	5 15	4 8	丙辰	6 15	5 10	丁亥	7 17	6 13	己未
	2 14	1 7	丙戌	3 16	2 8	丙辰	4 15	3 8	丙戌	5 16	4 9	丁巳	6 16	5 11	戊子	7 18	6 14	庚申
	2 15	1 8	丁亥	3 17	2 9	丁巳	4 16	3 9	丁亥	5 17	4 10	戊午	6 17	5 12	己丑	7 19	6 15	辛酉
狗	2 16	1 9	戊子	3 18	2 10	戊午	4 17	3 10	戊子	5 18	4 11	己未	6 18	5 13	庚寅	7 20	6 16	壬戌
	2 17	1 10	己丑	3 19	2 11	己未	4 18	3 11	己丑	5 19	4 12	庚申	6 19	5 14	辛卯	7 21	6 17	癸亥
	2 18	1 11	庚寅	3 20	2 12	庚申	4 19	3 12	庚寅	5 20	4 13	辛酉	6 20	5 15	壬辰	7 22	6 18	甲子
	2 19	1 12	辛卯	3 21	2 13	辛酉	4 20	3 13	辛卯	5 21	4 14	壬戌	6 21	5 16	癸巳	7 23	6 19	乙丑
	2 20	1 13	壬辰	3 22	2 14	壬戌	4 21	3 14	壬辰	5 22	4 15	癸亥	6 22	5 17	甲午	7 24	6 20	丙寅
	2 21	1 14	癸巳	3 23	2 15	癸亥	4 22	3 15	癸巳	5 23	4 16	甲子	6 23	5 18	乙未	7 25	6 21	丁卯
	2 22	1 15	甲午	3 24	2 16	甲子	4 23	3 16	甲午	5 24	4 17	乙丑	6 24	5 19	丙申	7 26	6 22	戊辰
中華民國一百四十三年	2 23	1 16	乙未	3 25	2 17	乙丑	4 24	3 17	乙未	5 25	4 18	丙寅	6 25	5 20	丁酉	7 27	6 23	己巳
	2 24	1 17	丙申	3 26	2 18	丙寅	4 25	3 18	丙申	5 26	4 19	丁卯	6 26	5 21	戊戌	7 28	6 24	庚午
	2 25	1 18	丁酉	3 27	2 19	丁卯	4 26	3 19	丁酉	5 27	4 20	戊辰	6 27	5 22	己亥	7 29	6 25	辛未
	2 26	1 19	戊戌	3 28	2 20	戊辰	4 27	3 20	戊戌	5 28	4 21	己巳	6 28	5 23	庚子	7 30	6 26	壬申
	2 27	1 20	己亥	3 29	2 21	己巳	4 28	3 21	己亥	5 29	4 22	庚午	6 29	5 24	辛丑	7 31	6 27	癸酉
	2 28	1 21	庚子	3 30	2 22	庚午	4 29	3 22	庚子	5 30	4 23	辛未	6 30	5 25	壬寅	8 1	6 28	甲戌
	3 1	1 22	辛丑	3 31	2 23	辛未	4 30	3 23	辛丑	5 31	4 24	壬申	7 1	5 26	癸卯	8 2	6 29	乙亥
	3 2	1 23	壬寅	4 1	2 24	壬申	5 1	3 24	壬寅	6 1	4 25	癸酉	7 2	5 27	甲辰	8 3	6 30	丙子
	3 3	1 24	癸卯	4 2	2 25	癸酉	5 2	3 25	癸卯	6 2	4 26	甲戌	7 3	5 28	乙巳	8 4	7 1	丁丑
	3 4	1 25	甲辰	4 3	2 26	甲戌	5 3	3 26	甲辰	6 3	4 27	乙亥	7 4	5 29	丙午	8 5	7 2	戊寅
							5 4	3 27	乙巳	6 4	4 28	丙子	7 5	6 1	丁未	8 6	7 3	己卯
													7 6	6 2	戊申			
中氣	雨水			春分			穀雨			小滿			夏至			大暑		
	2/18 18時50分 酉時			3/20 17時33分 酉時			4/20 4時14分 寅時			5/21 3時2分 寅時			6/21 10時46分 巳時			7/22 21時39分 亥時		

年	甲戌														
月	壬申					癸酉					甲戌				
節氣	立秋 8/7 14時6分 未時					白露 9/7 17時18分 酉時					寒露 10/8 9時21分 巳時				
日	國曆		農曆		干支	國曆		農曆		干支	國曆		農曆		干支
	8	7	7	4	庚辰	9	7	8	6	辛亥	10	8	9	8	壬午
	8	8	7	5	辛巳	9	8	8	7	壬子	10	9	9	9	癸未
	8	9	7	6	壬午	9	9	8	8	癸丑	10	10	9	10	甲申
	8	10	7	7	癸未	9	10	8	9	甲寅	10	11	9	11	乙酉
	8	11	7	8	甲申	9	11	8	10	乙卯	10	12	9	12	丙戌
	8	12	7	9	乙酉	9	12	8	11	丙辰	10	13	9	13	丁亥
	8	13	7	10	丙戌	9	13	8	12	丁巳	10	14	9	14	戊子
	8	14	7	11	丁亥	9	14	8	13	戊午	10	15	9	15	己丑
	8	15	7	12	戊子	9	15	8	14	己未	10	16	9	16	庚寅
	8	16	7	13	己丑	9	16	8	15	庚申	10	17	9	17	辛卯
	8	17	7	14	庚寅	9	17	8	16	辛酉	10	18	9	18	壬辰
	8	18	7	15	辛卯	9	18	8	17	壬戌	10	19	9	19	癸巳
	8	19	7	16	壬辰	9	19	8	18	癸亥	10	20	9	20	甲午
	8	20	7	17	癸巳	9	20	8	19	甲子	10	21	9	21	乙未
	8	21	7	18	甲午	9	21	8	20	乙丑	10	22	9	22	丙申
	8	22	7	19	乙未	9	22	8	21	丙寅	10	23	9	23	丁酉
	8	23	7	20	丙申	9	23	8	22	丁卯	10	24	9	24	戊戌
	8	24	7	21	丁酉	9	24	8	23	戊辰	10	25	9	25	己亥
	8	25	7	22	戊戌	9	25	8	24	己巳	10	26	9	26	庚子
	8	26	7	23	己亥	9	26	8	25	庚午	10	27	9	27	辛丑
	8	27	7	24	庚子	9	27	8	26	辛未	10	28	9	28	壬寅
	8	28	7	25	辛丑	9	28	8	27	壬申	10	29	9	29	癸卯
	8	29	7	26	壬寅	9	29	8	28	癸酉	10	30	9	30	甲辰
	8	30	7	27	癸卯	9	30	8	29	甲戌	10	31	10	1	乙巳
	8	31	7	28	甲辰	10	1	9	1	乙亥	11	1	10	2	丙午
	9	1	7	29	乙巳	10	2	9	2	丙子	11	2	10	3	丁未
	9	2	8	1	丙午	10	3	9	3	丁丑	11	3	10	4	戊申
	9	3	8	2	丁未	10	4	9	4	戊寅	11	4	10	5	己酉
	9	4	8	3	戊申	10	5	9	5	己卯	11	5	10	6	庚戌
	9	5	8	4	己酉	10	6	9	6	庚辰	11	6	10	7	辛亥
	9	6	8	5	庚戌	10	7	9	7	辛巳					
中氣	處暑 8/23 4時57分 寅時					秋分 9/23 2時58分 丑時					霜降 10/23 12時43分 午時				

年	甲戌														
月	乙亥					丙子					丁丑				
節氣	立冬 11/7 12時55分 午時					大雪 12/7 6時2分 卯時					小寒 1/5 17時21分 酉時				
日	國曆		農曆		干支	國曆		農曆		干支	國曆		農曆		干支
	11	7	10	8	壬子	12	7	11	9	壬午	1	5	12	8	辛亥
	11	8	10	9	癸丑	12	8	11	10	癸未	1	6	12	9	壬子
	11	9	10	10	甲寅	12	9	11	11	甲申	1	7	12	10	癸丑
	11	10	10	11	乙卯	12	10	11	12	乙酉	1	8	12	11	甲寅
	11	11	10	12	丙辰	12	11	11	13	丙戌	1	9	12	12	乙卯
	11	12	10	13	丁巳	12	12	11	14	丁亥	1	10	12	13	丙辰
	11	13	10	14	戊午	12	13	11	15	戊子	1	11	12	14	丁巳
	11	14	10	15	己未	12	14	11	16	己丑	1	12	12	15	戊午
	11	15	10	16	庚申	12	15	11	17	庚寅	1	13	12	16	己未
	11	16	10	17	辛酉	12	16	11	18	辛卯	1	14	12	17	庚申
	11	17	10	18	壬戌	12	17	11	19	壬辰	1	15	12	18	辛酉
	11	18	10	19	癸亥	12	18	11	20	癸巳	1	16	12	19	壬戌
	11	19	10	20	甲子	12	19	11	21	甲午	1	17	12	20	癸亥
	11	20	10	21	乙丑	12	20	11	22	乙未	1	18	12	21	甲子
	11	21	10	22	丙寅	12	21	11	23	丙申	1	19	12	22	乙丑
	11	22	10	23	丁卯	12	22	11	24	丁酉	1	20	12	23	丙寅
	11	23	10	24	戊辰	12	23	11	25	戊戌	1	21	12	24	丁卯
	11	24	10	25	己巳	12	24	11	26	己亥	1	22	12	25	戊辰
	11	25	10	26	庚午	12	25	11	27	庚子	1	23	12	26	己巳
	11	26	10	27	辛未	12	26	11	28	辛丑	1	24	12	27	庚午
	11	27	10	28	壬申	12	27	11	29	壬寅	1	25	12	28	辛未
	11	28	10	29	癸酉	12	28	11	30	癸卯	1	26	12	29	壬申
	11	29	11	1	甲戌	12	29	12	1	甲辰	1	27	12	30	癸酉
	11	30	11	2	乙亥	12	30	12	2	乙巳	1	28	1	1	甲戌
	12	1	11	3	丙子	12	31	12	3	丙午	1	29	1	2	乙亥
	12	2	11	4	丁丑	1	1	12	4	丁未	1	30	1	3	丙子
	12	3	11	5	戊寅	1	2	12	5	戊申	1	31	1	4	丁丑
	12	4	11	6	己卯	1	3	12	6	己酉	2	1	1	5	戊寅
	12	5	11	7	庚辰	1	4	12	7	庚戌	2	2	1	6	己卯
	12	6	11	8	辛巳						2	3	1	7	庚辰
中氣	小雪 11/22 10時38分 巳時					冬至 12/22 0時9分 子時					大寒 1/20 10時48分 巳時				

2054・2055

狗

中華民國一百四十三・一百四十四年

年	乙亥																	
月	戊寅			己卯			庚辰			辛巳			壬午			癸未		
節氣	立春 2/4 4時54分 寅時			驚蟄 3/5 22時40分 亥時			清明 4/5 3時7分 寅時			立夏 5/5 20時2分 戌時			芒種 6/5 23時54分 子時			小暑 7/7 10時4分 巳時		
日	國曆	農曆	干支	國曆	農曆	干支	國曆	農曆	干支	國曆	農曆	干支	國曆	農曆	干支	國曆	農曆	干支
	2 4	1 8	辛巳	3 5	2 8	庚戌	4 5	3 9	辛巳	5 5	4 9	辛亥	6 5	5 11	壬午	7 7	6 13	甲寅
	2 5	1 9	壬午	3 6	2 9	辛亥	4 6	3 10	壬午	5 6	4 10	壬子	6 6	5 12	癸未	7 8	6 14	乙卯
	2 6	1 10	癸未	3 7	2 10	壬子	4 7	3 11	癸未	5 7	4 11	癸丑	6 7	5 13	甲申	7 9	6 15	丙辰
	2 7	1 11	甲申	3 8	2 11	癸丑	4 8	3 12	甲申	5 8	4 12	甲寅	6 8	5 14	乙酉	7 10	6 16	丁巳
2055	2 8	1 12	乙酉	3 9	2 12	甲寅	4 9	3 13	乙酉	5 9	4 13	乙卯	6 9	5 15	丙戌	7 11	6 17	戊午
	2 9	1 13	丙戌	3 10	2 13	乙卯	4 10	3 14	丙戌	5 10	4 14	丙辰	6 10	5 16	丁亥	7 12	6 18	己未
	2 10	1 14	丁亥	3 11	2 14	丙辰	4 11	3 15	丁亥	5 11	4 15	丁巳	6 11	5 17	戊子	7 13	6 19	庚申
	2 11	1 15	戊子	3 12	2 15	丁巳	4 12	3 16	戊子	5 12	4 16	戊午	6 12	5 18	己丑	7 14	6 20	辛酉
	2 12	1 16	己丑	3 13	2 16	戊午	4 13	3 17	己丑	5 13	4 17	己未	6 13	5 19	庚寅	7 15	6 21	壬戌
	2 13	1 17	庚寅	3 14	2 17	己未	4 14	3 18	庚寅	5 14	4 18	庚申	6 14	5 20	辛卯	7 16	6 22	癸亥
	2 14	1 18	辛卯	3 15	2 18	庚申	4 15	3 19	辛卯	5 15	4 19	辛酉	6 15	5 21	壬辰	7 17	6 23	甲子
	2 15	1 19	壬辰	3 16	2 19	辛酉	4 16	3 20	壬辰	5 16	4 20	壬戌	6 16	5 22	癸巳	7 18	6 24	乙丑
	2 16	1 20	癸巳	3 17	2 20	壬戌	4 17	3 21	癸巳	5 17	4 21	癸亥	6 17	5 23	甲午	7 19	6 25	丙寅
豬	2 17	1 21	甲午	3 18	2 21	癸亥	4 18	3 22	甲午	5 18	4 22	甲子	6 18	5 24	乙未	7 20	6 26	丁卯
	2 18	1 22	乙未	3 19	2 22	甲子	4 19	3 23	乙未	5 19	4 23	乙丑	6 19	5 25	丙申	7 21	6 27	戊辰
	2 19	1 23	丙申	3 20	2 23	乙丑	4 20	3 24	丙申	5 20	4 24	丙寅	6 20	5 26	丁酉	7 22	6 28	己巳
	2 20	1 24	丁酉	3 21	2 24	丙寅	4 21	3 25	丁酉	5 21	4 25	丁卯	6 21	5 27	戊戌	7 23	6 29	庚午
	2 21	1 25	戊戌	3 22	2 25	丁卯	4 22	3 26	戊戌	5 22	4 26	戊辰	6 22	5 28	己亥	7 24	閏6 1	辛未
	2 22	1 26	己亥	3 23	2 26	戊辰	4 23	3 27	己亥	5 23	4 27	己巳	6 23	5 29	庚子	7 25	6 2	壬申
	2 23	1 27	庚子	3 24	2 27	己巳	4 24	3 28	庚子	5 24	4 28	庚午	6 24	5 30	辛丑	7 26	6 3	癸酉
中華民國一百四十四年	2 24	1 28	辛丑	3 25	2 28	庚午	4 25	3 29	辛丑	5 25	4 29	辛未	6 25	6 1	壬寅	7 27	6 4	甲戌
	2 25	1 29	壬寅	3 26	2 29	辛未	4 26	3 30	壬寅	5 26	5 1	壬申	6 26	6 2	癸卯	7 28	6 5	乙亥
	2 26	2 1	癸卯	3 27	2 30	壬申	4 27	4 1	癸卯	5 27	5 2	癸酉	6 27	6 3	甲辰	7 29	6 6	丙子
	2 27	2 2	甲辰	3 28	3 1	癸酉	4 28	4 2	甲辰	5 28	5 3	甲戌	6 28	6 4	乙巳	7 30	6 7	丁丑
	2 28	2 3	乙巳	3 29	3 2	甲戌	4 29	4 3	乙巳	5 29	5 4	乙亥	6 29	6 5	丙午	7 31	6 8	戊寅
	3 1	2 4	丙午	3 30	3 3	乙亥	4 30	4 4	丙午	5 30	5 5	丙子	6 30	6 6	丁未	8 1	6 9	己卯
	3 2	2 5	丁未	3 31	3 4	丙子	5 1	4 5	丁未	5 31	5 6	丁丑	7 1	6 7	戊申	8 2	6 10	庚辰
	3 3	2 6	戊申	4 1	3 5	丁丑	5 2	4 6	戊申	6 1	5 7	戊寅	7 2	6 8	己酉	8 3	6 11	辛巳
	3 4	2 7	己酉	4 2	3 6	戊寅	5 3	4 7	己酉	6 2	5 8	己卯	7 3	6 9	庚戌	8 4	6 12	壬午
				4 3	3 7	己卯	5 4	4 8	庚戌	6 3	5 9	庚辰	7 4	6 10	辛亥	8 5	6 13	癸未
				4 4	3 8	庚辰				6 4	5 10	辛巳	7 5	6 11	壬子	8 6	6 14	甲申
													7 6	6 12	癸丑			
中氣	雨水 2/19 0時46分 子時			春分 3/20 23時27分 子時			穀雨 4/20 10時7分 巳時			小滿 5/21 8時55分 辰時			夏至 6/21 16時39分 申時			大暑 7/23 3時31分 寅時		

2055・2056 豬 中華民國一百四十四・一百四十五年

年	乙亥																	
月	甲申			乙酉			丙戌			丁亥			戊子			己丑		
節氣	立秋			白露			寒露			立冬			大雪			小寒		
	8/7 20時0分 戌時			9/7 23時14分 子時			10/8 15時18分 申時			11/7 18時51分 酉時			12/7 11時57分 午時			1/5 23時14分 子時		
日	國曆	農曆	干支	國曆	農曆	干支	國曆	農曆	干支	國曆	農曆	干支	國曆	農曆	干支	國曆	農曆	干支
	8 7	6 15	乙酉	9 7	7 16	丙辰	10 8	8 18	丁亥	11 7	9 19	丁巳	12 7	10 19	丁亥	1 5	11 19	丙辰
	8 8	6 16	丙戌	9 8	7 17	丁巳	10 9	8 19	戊子	11 8	9 20	戊午	12 8	10 20	戊子	1 6	11 20	丁巳
	8 9	6 17	丁亥	9 9	7 18	戊午	10 10	8 20	己丑	11 9	9 21	己未	12 9	10 21	己丑	1 7	11 21	戊午
	8 10	6 18	戊子	9 10	7 19	己未	10 11	8 21	庚寅	11 10	9 22	庚申	12 10	10 22	庚寅	1 8	11 22	己未
	8 11	6 19	己丑	9 11	7 20	庚申	10 12	8 22	辛卯	11 11	9 23	辛酉	12 11	10 23	辛卯	1 9	11 23	庚申
	8 12	6 20	庚寅	9 12	7 21	辛酉	10 13	8 23	壬辰	11 12	9 24	壬戌	12 12	10 24	壬辰	1 10	11 24	辛酉
	8 13	6 21	辛卯	9 13	7 22	壬戌	10 14	8 24	癸巳	11 13	9 25	癸亥	12 13	10 25	癸巳	1 11	11 25	壬戌
	8 14	6 22	壬辰	9 14	7 23	癸亥	10 15	8 25	甲午	11 14	9 26	甲子	12 14	10 26	甲午	1 12	11 26	癸亥
	8 15	6 23	癸巳	9 15	7 24	甲子	10 16	8 26	乙未	11 15	9 27	乙丑	12 15	10 27	乙未	1 13	11 27	甲子
	8 16	6 24	甲午	9 16	7 25	乙丑	10 17	8 27	丙申	11 16	9 28	丙寅	12 16	10 28	丙申	1 14	11 28	乙丑
	8 17	6 25	乙未	9 17	7 26	丙寅	10 18	8 28	丁酉	11 17	9 29	丁卯	12 17	10 29	丁酉	1 15	11 29	丙寅
	8 18	6 26	丙申	9 18	7 27	丁卯	10 19	8 29	戊戌	11 18	9 30	戊辰	12 18	11 1	戊戌	1 16	11 30	丁卯
	8 19	6 27	丁酉	9 19	7 28	戊辰	10 20	9 1	己亥	11 19	10 1	己巳	12 19	11 2	己亥	1 17	12 1	戊辰
	8 20	6 28	戊戌	9 20	7 29	己巳	10 21	9 2	庚子	11 20	10 2	庚午	12 20	11 3	庚子	1 18	12 2	己巳
	8 21	6 29	己亥	9 21	8 1	庚午	10 22	9 3	辛丑	11 21	10 3	辛未	12 21	11 4	辛丑	1 19	12 3	庚午
	8 22	6 30	庚子	9 22	8 2	辛未	10 23	9 4	壬寅	11 22	10 4	壬申	12 22	11 5	壬寅	1 20	12 4	辛未
	8 23	7 1	辛丑	9 23	8 3	壬申	10 24	9 5	癸卯	11 23	10 5	癸酉	12 23	11 6	癸卯	1 21	12 5	壬申
	8 24	7 2	壬寅	9 24	8 4	癸酉	10 25	9 6	甲辰	11 24	10 6	甲戌	12 24	11 7	甲辰	1 22	12 6	癸酉
	8 25	7 3	癸卯	9 25	8 5	甲戌	10 26	9 7	乙巳	11 25	10 7	乙亥	12 25	11 8	乙巳	1 23	12 7	甲戌
	8 26	7 4	甲辰	9 26	8 6	乙亥	10 27	9 8	丙午	11 26	10 8	丙子	12 26	11 9	丙午	1 24	12 8	乙亥
	8 27	7 5	乙巳	9 27	8 7	丙子	10 28	9 9	丁未	11 27	10 9	丁丑	12 27	11 10	丁未	1 25	12 9	丙子
	8 28	7 6	丙午	9 28	8 8	丁丑	10 29	9 10	戊申	11 28	10 10	戊寅	12 28	11 11	戊申	1 26	12 10	丁丑
	8 29	7 7	丁未	9 29	8 9	戊寅	10 30	9 11	己酉	11 29	10 11	己卯	12 29	11 12	己酉	1 27	12 11	戊寅
	8 30	7 8	戊申	9 30	8 10	己卯	10 31	9 12	庚戌	11 30	10 12	庚辰	12 30	11 13	庚戌	1 28	12 12	己卯
	8 31	7 9	己酉	10 1	8 11	庚辰	11 1	9 13	辛亥	12 1	10 13	辛巳	12 31	11 14	辛亥	1 29	12 13	庚辰
	9 1	7 10	庚戌	10 2	8 12	辛巳	11 2	9 14	壬子	12 2	10 14	壬午	1 1	11 15	壬子	1 30	12 14	辛巳
	9 2	7 11	辛亥	10 3	8 13	壬午	11 3	9 15	癸丑	12 3	10 15	癸未	1 2	11 16	癸丑	1 31	12 15	壬午
	9 3	7 12	壬子	10 4	8 14	癸未	11 4	9 16	甲寅	12 4	10 16	甲申	1 3	11 17	甲寅	2 1	12 16	癸未
	9 4	7 13	癸丑	10 5	8 15	甲申	11 5	9 17	乙卯	12 5	10 17	乙酉	1 4	11 18	乙卯	2 2	12 17	甲申
	9 5	7 14	甲寅	10 6	8 16	乙酉	11 6	9 18	丙辰	12 6	10 18	丙戌				2 3	12 18	乙酉
	9 6	7 15	乙卯	10 7	8 17	丙戌												
中氣	處暑			秋分			霜降			小雪			冬至			大寒		
	8/23 10時47分 巳時			9/23 8時47分 辰時			10/23 18時32分 酉時			11/22 16時25分 申時			12/22 5時54分 卯時			1/20 16時32分 申時		

年	丙子																													
月	庚寅					辛卯					壬辰					癸巳					甲午					乙未				
節氣	立春 2/4 10時46分 巳時					驚蟄 3/5 4時31分 寅時					清明 4/4 8時59分 辰時					立夏 5/5 1時57分 丑時					芒種 6/5 5時51分 卯時					小暑 7/6 16時1分 申時				
日	國曆		農曆		干支	國曆		農曆		干支	國曆		農曆		干支	國曆		農曆		干支	國曆		農曆		干支	國曆		農曆		干支
2056 鼠 中華民國一百四十五年	2	4	12	19	丙戌	3	5	1	20	丙辰	4	4	2	20	丙戌	5	5	3	21	丁巳	6	5	4	22	戊子	7	6	5	24	己未
	2	5	12	20	丁亥	3	6	1	21	丁巳	4	5	2	21	丁亥	5	6	3	22	戊午	6	6	4	23	己丑	7	7	5	25	庚申
	2	6	12	21	戊子	3	7	1	22	戊午	4	6	2	22	戊子	5	7	3	23	己未	6	7	4	24	庚寅	7	8	5	26	辛酉
	2	7	12	22	己丑	3	8	1	23	己未	4	7	2	23	己丑	5	8	3	24	庚申	6	8	4	25	辛卯	7	9	5	27	壬戌
	2	8	12	23	庚寅	3	9	1	24	庚申	4	8	2	24	庚寅	5	9	3	25	辛酉	6	9	4	26	壬辰	7	10	5	28	癸亥
	2	9	12	24	辛卯	3	10	1	25	辛酉	4	9	2	25	辛卯	5	10	3	26	壬戌	6	10	4	27	癸巳	7	11	5	29	甲子
	2	10	12	25	壬辰	3	11	1	26	壬戌	4	10	2	26	壬辰	5	11	3	27	癸亥	6	11	4	28	甲午	7	12	5	30	乙丑
	2	11	12	26	癸巳	3	12	1	27	癸亥	4	11	2	27	癸巳	5	12	3	28	甲子	6	12	4	29	乙未	7	13	6	1	丙寅
	2	12	12	27	甲午	3	13	1	28	甲子	4	12	2	28	甲午	5	13	3	29	乙丑	6	13	5	1	丙申	7	14	6	2	丁卯
	2	13	12	28	乙未	3	14	1	29	乙丑	4	13	2	29	乙未	5	14	3	30	丙寅	6	14	5	2	丁酉	7	15	6	3	戊辰
	2	14	12	29	丙申	3	15	1	30	丙寅	4	14	2	30	丙申	5	15	4	1	丁卯	6	15	5	3	戊戌	7	16	6	4	己巳
	2	15	1	1	丁酉	3	16	2	1	丁卯	4	15	3	1	丁酉	5	16	4	2	戊辰	6	16	5	4	己亥	7	17	6	5	庚午
	2	16	1	2	戊戌	3	17	2	2	戊辰	4	16	3	2	戊戌	5	17	4	3	己巳	6	17	5	5	庚子	7	18	6	6	辛未
	2	17	1	3	己亥	3	18	2	3	己巳	4	17	3	3	己亥	5	18	4	4	庚午	6	18	5	6	辛丑	7	19	6	7	壬申
	2	18	1	4	庚子	3	19	2	4	庚午	4	18	3	4	庚子	5	19	4	5	辛未	6	19	5	7	壬寅	7	20	6	8	癸酉
	2	19	1	5	辛丑	3	20	2	5	辛未	4	19	3	5	辛丑	5	20	4	6	壬申	6	20	5	8	癸卯	7	21	6	9	甲戌
	2	20	1	6	壬寅	3	21	2	6	壬申	4	20	3	6	壬寅	5	21	4	7	癸酉	6	21	5	9	甲辰	7	22	6	10	乙亥
	2	21	1	7	癸卯	3	22	2	7	癸酉	4	21	3	7	癸卯	5	22	4	8	甲戌	6	22	5	10	乙巳	7	23	6	11	丙子
	2	22	1	8	甲辰	3	23	2	8	甲戌	4	22	3	8	甲辰	5	23	4	9	乙亥	6	23	5	11	丙午	7	24	6	12	丁丑
	2	23	1	9	乙巳	3	24	2	9	乙亥	4	23	3	9	乙巳	5	24	4	10	丙子	6	24	5	12	丁未	7	25	6	13	戊寅
	2	24	1	10	丙午	3	25	2	10	丙子	4	24	3	10	丙午	5	25	4	11	丁丑	6	25	5	13	戊申	7	26	6	14	己卯
	2	25	1	11	丁未	3	26	2	11	丁丑	4	25	3	11	丁未	5	26	4	12	戊寅	6	26	5	14	己酉	7	27	6	15	庚辰
	2	26	1	12	戊申	3	27	2	12	戊寅	4	26	3	12	戊申	5	27	4	13	己卯	6	27	5	15	庚戌	7	28	6	16	辛巳
	2	27	1	13	己酉	3	28	2	13	己卯	4	27	3	13	己酉	5	28	4	14	庚辰	6	28	5	16	辛亥	7	29	6	17	壬午
	2	28	1	14	庚戌	3	29	2	14	庚辰	4	28	3	14	庚戌	5	29	4	15	辛巳	6	29	5	17	壬子	7	30	6	18	癸未
	2	29	1	15	辛亥	3	30	2	15	辛巳	4	29	3	15	辛亥	5	30	4	16	壬午	6	30	5	18	癸丑	7	31	6	19	甲申
	3	1	1	16	壬子	3	31	2	16	壬午	4	30	3	16	壬子	5	31	4	17	癸未	7	1	5	19	甲寅	8	1	6	20	乙酉
	3	2	1	17	癸丑	4	1	2	17	癸未	5	1	3	17	癸丑	6	1	4	18	甲申	7	2	5	20	乙卯	8	2	6	21	丙戌
	3	3	1	18	甲寅	4	2	2	18	甲申	5	2	3	18	甲寅	6	2	4	19	乙酉	7	3	5	21	丙辰	8	3	6	22	丁亥
	3	4	1	19	乙卯	4	3	2	19	乙酉	5	3	3	19	乙卯	6	3	4	20	丙戌	7	4	5	22	丁巳	8	4	6	23	戊子
											5	4	3	20	丙辰	6	4	4	21	丁亥	7	5	5	23	戊午	8	5	6	24	己丑
																										8	6	6	25	庚寅
中氣	雨水 2/19 6時29分 卯時					春分 3/20 5時10分 卯時					穀雨 4/19 15時51分 申時					小滿 5/20 14時41分 未時					夏至 6/20 22時27分 亥時					大暑 7/22 9時21分 巳時				

年	丙子																	
月	丙申			丁酉			戊戌			己亥			庚子			辛丑		
節氣	立秋 8/7 1時55分 丑時			白露 9/7 5時6分 卯時			寒露 10/7 21時8分 亥時			立冬 11/7 0時42分 子時			大雪 12/6 17時50分 酉時			小寒 1/5 5時9分 卯時		
日	國曆	農曆	干支	國曆	農曆	干支	國曆	農曆	干支	國曆	農曆	干支	國曆	農曆	干支	國曆	農曆	干支
	8 7	6 26	辛卯	9 7	7 28	壬戌	10 7	8 28	壬辰	11 7	10 1	癸亥	12 6	10 30	壬辰	1 5	12 1	壬戌
	8 8	6 27	壬辰	9 8	7 29	癸亥	10 8	8 29	癸巳	11 8	10 2	甲子	12 7	11 1	癸巳	1 6	12 2	癸亥
	8 9	6 28	癸巳	9 9	7 30	甲子	10 9	9 1	甲午	11 9	10 3	乙丑	12 8	11 2	甲午	1 7	12 3	甲子
	8 10	6 29	甲午	9 10	8 1	乙丑	10 10	9 2	乙未	11 10	10 4	丙寅	12 9	11 3	乙未	1 8	12 4	乙丑
2056・2057	8 11	7 1	乙未	9 11	8 2	丙寅	10 11	9 3	丙申	11 11	10 5	丁卯	12 10	11 4	丙申	1 9	12 5	丙寅
	8 12	7 2	丙申	9 12	8 3	丁卯	10 12	9 4	丁酉	11 12	10 6	戊辰	12 11	11 5	丁酉	1 10	12 6	丁卯
	8 13	7 3	丁酉	9 13	8 4	戊辰	10 13	9 5	戊戌	11 13	10 7	己巳	12 12	11 6	戊戌	1 11	12 7	戊辰
	8 14	7 4	戊戌	9 14	8 5	己巳	10 14	9 6	己亥	11 14	10 8	庚午	12 13	11 7	己亥	1 12	12 8	己巳
	8 15	7 5	己亥	9 15	8 6	庚午	10 15	9 7	庚子	11 15	10 9	辛未	12 14	11 8	庚子	1 13	12 9	庚午
	8 16	7 6	庚子	9 16	8 7	辛未	10 16	9 8	辛丑	11 16	10 10	壬申	12 15	11 9	辛丑	1 14	12 10	辛未
	8 17	7 7	辛丑	9 17	8 8	壬申	10 17	9 9	壬寅	11 17	10 11	癸酉	12 16	11 10	壬寅	1 15	12 11	壬申
	8 18	7 8	壬寅	9 18	8 9	癸酉	10 18	9 10	癸卯	11 18	10 12	甲戌	12 17	11 11	癸卯	1 16	12 12	癸酉
	8 19	7 9	癸卯	9 19	8 10	甲戌	10 19	9 11	甲辰	11 19	10 13	乙亥	12 18	11 12	甲辰	1 17	12 13	甲戌
	8 20	7 10	甲辰	9 20	8 11	乙亥	10 20	9 12	乙巳	11 20	10 14	丙子	12 19	11 13	乙巳	1 18	12 14	乙亥
鼠	8 21	7 11	乙巳	9 21	8 12	丙子	10 21	9 13	丙午	11 21	10 15	丁丑	12 20	11 14	丙午	1 19	12 15	丙子
	8 22	7 12	丙午	9 22	8 13	丁丑	10 22	9 14	丁未	11 22	10 16	戊寅	12 21	11 15	丁未	1 20	12 16	丁丑
	8 23	7 13	丁未	9 23	8 14	戊寅	10 23	9 15	戊申	11 23	10 17	己卯	12 22	11 16	戊申	1 21	12 17	戊寅
	8 24	7 14	戊申	9 24	8 15	己卯	10 24	9 16	己酉	11 24	10 18	庚辰	12 23	11 17	己酉	1 22	12 18	己卯
中華民國一百四十五・一百四十六年	8 25	7 15	己酉	9 25	8 16	庚辰	10 25	9 17	庚戌	11 25	10 19	辛巳	12 24	11 18	庚戌	1 23	12 19	庚辰
	8 26	7 16	庚戌	9 26	8 17	辛巳	10 26	9 18	辛亥	11 26	10 20	壬午	12 25	11 19	辛亥	1 24	12 20	辛巳
	8 27	7 17	辛亥	9 27	8 18	壬午	10 27	9 19	壬子	11 27	10 21	癸未	12 26	11 20	壬子	1 25	12 21	壬午
	8 28	7 18	壬子	9 28	8 19	癸未	10 28	9 20	癸丑	11 28	10 22	甲申	12 27	11 21	癸丑	1 26	12 22	癸未
	8 29	7 19	癸丑	9 29	8 20	甲申	10 29	9 21	甲寅	11 29	10 23	乙酉	12 28	11 22	甲寅	1 27	12 23	甲申
	8 30	7 20	甲寅	9 30	8 21	乙酉	10 30	9 22	乙卯	11 30	10 24	丙戌	12 29	11 23	乙卯	1 28	12 24	乙酉
	8 31	7 21	乙卯	10 1	8 22	丙戌	10 31	9 23	丙辰	12 1	10 25	丁亥	12 30	11 24	丙辰	1 29	12 25	丙戌
	9 1	7 22	丙辰	10 2	8 23	丁亥	11 1	9 24	丁巳	12 2	10 26	戊子	12 31	11 25	丁巳	1 30	12 26	丁亥
	9 2	7 23	丁巳	10 3	8 24	戊子	11 2	9 25	戊午	12 3	10 27	己丑	1 1	11 26	戊午	1 31	12 27	戊子
	9 3	7 24	戊午	10 4	8 25	己丑	11 3	9 26	己未	12 4	10 28	庚寅	1 2	11 27	己未	2 1	12 28	己丑
	9 4	7 25	己未	10 5	8 26	庚寅	11 4	9 27	庚申	12 5	10 29	辛卯	1 3	11 28	庚申	2 2	12 29	庚寅
	9 5	7 26	庚申	10 6	8 27	辛卯	11 5	9 28	辛酉				1 4	11 29	辛酉			
	9 6	7 27	辛酉				11 6	9 29	壬戌									
中氣	處暑 8/22 16時38分 申時			秋分 9/22 14時38分 未時			霜降 10/23 0時24分 子時			小雪 11/21 22時19分 亥時			冬至 12/21 11時50分 午時			大寒 1/19 22時29分 亥時		

年	丁丑																	
月	壬寅			癸卯			甲辰			乙巳			丙午			丁未		
節氣	立春 2/3 16時41分 申時			驚蟄 3/5 10時26分 巳時			清明 4/4 14時51分 未時			立夏 5/5 7時45分 辰時			芒種 6/5 11時35分 午時			小暑 7/6 21時41分 亥時		
日	國曆	農曆	干支	國曆	農曆	干支	國曆	農曆	干支	國曆	農曆	干支	國曆	農曆	干支	國曆	農曆	干支
2057 牛 中華民國一百四十六年	2 3	12 30	辛卯	3 5	2 1	辛酉	4 4	3 1	辛卯	5 5	4 2	壬戌	6 5	5 4	癸巳	7 6	6 5	甲子
	2 4	1 1	壬辰	3 6	2 2	壬戌	4 5	3 2	壬辰	5 6	4 3	癸亥	6 6	5 5	甲午	7 7	6 6	乙丑
	2 5	1 2	癸巳	3 7	2 3	癸亥	4 6	3 3	癸巳	5 7	4 4	甲子	6 7	5 6	乙未	7 8	6 7	丙寅
	2 6	1 3	甲午	3 8	2 4	甲子	4 7	3 4	甲午	5 8	4 5	乙丑	6 8	5 7	丙申	7 9	6 8	丁卯
	2 7	1 4	乙未	3 9	2 5	乙丑	4 8	3 5	乙未	5 9	4 6	丙寅	6 9	5 8	丁酉	7 10	6 9	戊辰
	2 8	1 5	丙申	3 10	2 6	丙寅	4 9	3 6	丙申	5 10	4 7	丁卯	6 10	5 9	戊戌	7 11	6 10	己巳
	2 9	1 6	丁酉	3 11	2 7	丁卯	4 10	3 7	丁酉	5 11	4 8	戊辰	6 11	5 10	己亥	7 12	6 11	庚午
	2 10	1 7	戊戌	3 12	2 8	戊辰	4 11	3 8	戊戌	5 12	4 9	己巳	6 12	5 11	庚子	7 13	6 12	辛未
	2 11	1 8	己亥	3 13	2 9	己巳	4 12	3 9	己亥	5 13	4 10	庚午	6 13	5 12	辛丑	7 14	6 13	壬申
	2 12	1 9	庚子	3 14	2 10	庚午	4 13	3 10	庚子	5 14	4 11	辛未	6 14	5 13	壬寅	7 15	6 14	癸酉
	2 13	1 10	辛丑	3 15	2 11	辛未	4 14	3 11	辛丑	5 15	4 12	壬申	6 15	5 14	癸卯	7 16	6 15	甲戌
	2 14	1 11	壬寅	3 16	2 12	壬申	4 15	3 12	壬寅	5 16	4 13	癸酉	6 16	5 15	甲辰	7 17	6 16	乙亥
	2 15	1 12	癸卯	3 17	2 13	癸酉	4 16	3 13	癸卯	5 17	4 14	甲戌	6 17	5 16	乙巳	7 18	6 17	丙子
	2 16	1 13	甲辰	3 18	2 14	甲戌	4 17	3 14	甲辰	5 18	4 15	乙亥	6 18	5 17	丙午	7 19	6 18	丁丑
	2 17	1 14	乙巳	3 19	2 15	乙亥	4 18	3 15	乙巳	5 19	4 16	丙子	6 19	5 18	丁未	7 20	6 19	戊寅
	2 18	1 15	丙午	3 20	2 16	丙子	4 19	3 16	丙午	5 20	4 17	丁丑	6 20	5 19	戊申	7 21	6 20	己卯
	2 19	1 16	丁未	3 21	2 17	丁丑	4 20	3 17	丁未	5 21	4 18	戊寅	6 21	5 20	己酉	7 22	6 21	庚辰
	2 20	1 17	戊申	3 22	2 18	戊寅	4 21	3 18	戊申	5 22	4 19	己卯	6 22	5 21	庚戌	7 23	6 22	辛巳
	2 21	1 18	己酉	3 23	2 19	己卯	4 22	3 19	己酉	5 23	4 20	庚辰	6 23	5 22	辛亥	7 24	6 23	壬午
	2 22	1 19	庚戌	3 24	2 20	庚辰	4 23	3 20	庚戌	5 24	4 21	辛巳	6 24	5 23	壬子	7 25	6 24	癸未
	2 23	1 20	辛亥	3 25	2 21	辛巳	4 24	3 21	辛亥	5 25	4 22	壬午	6 25	5 24	癸丑	7 26	6 25	甲申
	2 24	1 21	壬子	3 26	2 22	壬午	4 25	3 22	壬子	5 26	4 23	癸未	6 26	5 25	甲寅	7 27	6 26	乙酉
	2 25	1 22	癸丑	3 27	2 23	癸未	4 26	3 23	癸丑	5 27	4 24	甲申	6 27	5 26	乙卯	7 28	6 27	丙戌
	2 26	1 23	甲寅	3 28	2 24	甲申	4 27	3 24	甲寅	5 28	4 25	乙酉	6 28	5 27	丙辰	7 29	6 28	丁亥
	2 27	1 24	乙卯	3 29	2 25	乙酉	4 28	3 25	乙卯	5 29	4 26	丙戌	6 29	5 28	丁巳	7 30	6 29	戊子
	2 28	1 25	丙辰	3 30	2 26	丙戌	4 29	3 26	丙辰	5 30	4 27	丁亥	6 30	5 29	戊午	7 31	7 1	己丑
	3 1	1 26	丁巳	3 31	2 27	丁亥	4 30	3 27	丁巳	5 31	4 28	戊子	7 1	5 30	己未	8 1	7 2	庚寅
	3 2	1 27	戊午	4 1	2 28	戊子	5 1	3 28	戊午	6 1	4 29	己丑	7 2	6 1	庚申	8 2	7 3	辛卯
	3 3	1 28	己未	4 2	2 29	己丑	5 2	3 29	己未	6 2	5 1	庚寅	7 3	6 2	辛酉	8 3	7 4	壬辰
	3 4	1 29	庚申	4 3	2 30	庚寅	5 3	3 30	庚申	6 3	5 2	辛卯	7 4	6 3	壬戌	8 4	7 5	癸巳
							5 4	4 1	辛酉	6 4	5 3	壬辰	7 5	6 4	癸亥	8 5	7 6	甲午
																8 6	7 7	乙未
中氣	雨水 2/18 12時26分 午時			春分 3/20 11時7分 午時			穀雨 4/19 21時46分 亥時			小滿 5/20 20時34分 戌時			夏至 6/21 4時18分 寅時			大暑 7/22 15時9分 申時		

丁丑																													
戊申					己酉					庚戌					辛亥					壬子					癸丑				
立秋 8/7 7時33分 辰時					白露 9/7 10時43分 巳時					寒露 10/8 2時45分 丑時					立冬 11/7 6時21分 卯時					大雪 12/6 23時33分 子時					小寒 1/5 10時57分 巳時				
國曆		農曆		干支	國曆		農曆		干支	國曆		農曆		干支	國曆		農曆		干支	國曆		農曆		干支	國曆		農曆		干支
8	7	7	8	丙申	9	7	8	9	丁卯	10	8	9	10	戊戌	11	7	10	11	戊辰	12	6	11	11	丁酉	1	5	12	11	丁卯
8	8	7	9	丁酉	9	8	8	10	戊辰	10	9	9	11	己亥	11	8	10	12	己巳	12	7	11	12	戊戌	1	6	12	12	戊辰
8	9	7	10	戊戌	9	9	8	11	己巳	10	10	9	12	庚子	11	9	10	13	庚午	12	8	11	13	己亥	1	7	12	13	己巳
8	10	7	11	己亥	9	10	8	12	庚午	10	11	9	13	辛丑	11	10	10	14	辛未	12	9	11	14	庚子	1	8	12	14	庚午
8	11	7	12	庚子	9	11	8	13	辛未	10	12	9	14	壬寅	11	11	10	15	壬申	12	10	11	15	辛丑	1	9	12	15	辛未
8	12	7	13	辛丑	9	12	8	14	壬申	10	13	9	15	癸卯	11	12	10	16	癸酉	12	11	11	16	壬寅	1	10	12	16	壬申
8	13	7	14	壬寅	9	13	8	15	癸酉	10	14	9	16	甲辰	11	13	10	17	甲戌	12	12	11	17	癸卯	1	11	12	17	癸酉
8	14	7	15	癸卯	9	14	8	16	甲戌	10	15	9	17	乙巳	11	14	10	18	乙亥	12	13	11	18	甲辰	1	12	12	18	甲戌
8	15	7	16	甲辰	9	15	8	17	乙亥	10	16	9	18	丙午	11	15	10	19	丙子	12	14	11	19	乙巳	1	13	12	19	乙亥
8	16	7	17	乙巳	9	16	8	18	丙子	10	17	9	19	丁未	11	16	10	20	丁丑	12	15	11	20	丙午	1	14	12	20	丙子
8	17	7	18	丙午	9	17	8	19	丁丑	10	18	9	20	戊申	11	17	10	21	戊寅	12	16	11	21	丁未	1	15	12	21	丁丑
8	18	7	19	丁未	9	18	8	20	戊寅	10	19	9	21	己酉	11	18	10	22	己卯	12	17	11	22	戊申	1	16	12	22	戊寅
8	19	7	20	戊申	9	19	8	21	己卯	10	20	9	22	庚戌	11	19	10	23	庚辰	12	18	11	23	己酉	1	17	12	23	己卯
8	20	7	21	己酉	9	20	8	22	庚辰	10	21	9	23	辛亥	11	20	10	24	辛巳	12	19	11	24	庚戌	1	18	12	24	庚辰
8	21	7	22	庚戌	9	21	8	23	辛巳	10	22	9	24	壬子	11	21	10	25	壬午	12	20	11	25	辛亥	1	19	12	25	辛巳
8	22	7	23	辛亥	9	22	8	24	壬午	10	23	9	25	癸丑	11	22	10	26	癸未	12	21	11	26	壬子	1	20	12	26	壬午
8	23	7	24	壬子	9	23	8	25	癸未	10	24	9	26	甲寅	11	23	10	27	甲申	12	22	11	27	癸丑	1	21	12	27	癸未
8	24	7	25	癸丑	9	24	8	26	甲申	10	25	9	27	乙卯	11	24	10	28	乙酉	12	23	11	28	甲寅	1	22	12	28	甲申
8	25	7	26	甲寅	9	25	8	27	乙酉	10	26	9	28	丙辰	11	25	10	29	丙戌	12	24	11	29	乙卯	1	23	12	29	乙酉
8	26	7	27	乙卯	9	26	8	28	丙戌	10	27	9	29	丁巳	11	26	11	1	丁亥	12	25	11	30	丙辰	1	24	1	1	丙戌
8	27	7	28	丙辰	9	27	8	29	丁亥	10	28	10	1	戊午	11	27	11	2	戊子	12	26	12	1	丁巳	1	25	1	2	丁亥
8	28	7	29	丁巳	9	28	8	30	戊子	10	29	10	2	己未	11	28	11	3	己丑	12	27	12	2	戊午	1	26	1	3	戊子
8	29	7	30	戊午	9	29	9	1	己丑	10	30	10	3	庚申	11	29	11	4	庚寅	12	28	12	3	己未	1	27	1	4	己丑
8	30	8	1	己未	9	30	9	2	庚寅	10	31	10	4	辛酉	11	30	11	5	辛卯	12	29	12	4	庚申	1	28	1	5	庚寅
8	31	8	2	庚申	10	1	9	3	辛卯	11	1	10	5	壬戌	12	1	11	6	壬辰	12	30	12	5	辛酉	1	29	1	6	辛卯
9	1	8	3	辛酉	10	2	9	4	壬辰	11	2	10	6	癸亥	12	2	11	7	癸巳	12	31	12	6	壬戌	1	30	1	7	壬辰
9	2	8	4	壬戌	10	3	9	5	癸巳	11	3	10	7	甲子	12	3	11	8	甲午	1	1	12	7	癸亥	1	31	1	8	癸巳
9	3	8	5	癸亥	10	4	9	6	甲午	11	4	10	8	乙丑	12	4	11	9	乙未	1	2	12	8	甲子	2	1	1	9	甲午
9	4	8	6	甲子	10	5	9	7	乙未	11	5	10	9	丙寅	12	5	11	10	丙申	1	3	12	9	乙丑	2	2	1	10	乙未
9	5	8	7	乙丑	10	6	9	8	丙申	11	6	10	10	丁卯						1	4	12	10	丙寅					
9	6	8	8	丙寅	10	7	9	9	丁酉																				
處暑 8/22 22時24分 亥時					秋分 9/22 20時22分 戌時					霜降 10/23 6時8分 卯時					小雪 11/22 4時5分 寅時					冬至 12/21 17時41分 酉時					大寒 1/20 4時25分 寅時				

年 月 節氣 日 中氣

2057・2058 牛 中華民國一百四十六・一百四十七年

年	戊寅																	
月	甲寅			乙卯			丙辰			丁巳			戊午			己未		
節氣	立春 2/3 22時33分 亥時			驚蟄 3/5 16時18分 申時			清明 4/4 20時43分 戌時			立夏 5/5 13時35分 未時			芒種 6/5 17時23分 酉時			小暑 7/7 3時30分 寅時		
日	國曆	農曆	干支	國曆	農曆	干支	國曆	農曆	干支	國曆	農曆	干支	國曆	農曆	干支	國曆	農曆	干支
2058 虎 中華民國一百四十七年	2 3	1 11	丙申	3 5	2 11	丙寅	4 4	3 12	丙申	5 5	4 13	丁卯	6 5	4 15	戊戌	7 7	5 17	庚午
	2 4	1 12	丁酉	3 6	2 12	丁卯	4 5	3 13	丁酉	5 6	4 14	戊辰	6 6	4 16	己亥	7 8	5 18	辛未
	2 5	1 13	戊戌	3 7	2 13	戊辰	4 6	3 14	戊戌	5 7	4 15	己巳	6 7	4 17	庚子	7 9	5 19	壬申
	2 6	1 14	己亥	3 8	2 14	己巳	4 7	3 15	己亥	5 8	4 16	庚午	6 8	4 18	辛丑	7 10	5 20	癸酉
	2 7	1 15	庚子	3 9	2 15	庚午	4 8	3 16	庚子	5 9	4 17	辛未	6 9	4 19	壬寅	7 11	5 21	甲戌
	2 8	1 16	辛丑	3 10	2 16	辛未	4 9	3 17	辛丑	5 10	4 18	壬申	6 10	4 20	癸卯	7 12	5 22	乙亥
	2 9	1 17	壬寅	3 11	2 17	壬申	4 10	3 18	壬寅	5 11	4 19	癸酉	6 11	4 21	甲辰	7 13	5 23	丙子
	2 10	1 18	癸卯	3 12	2 18	癸酉	4 11	3 19	癸卯	5 12	4 20	甲戌	6 12	4 22	乙巳	7 14	5 24	丁丑
	2 11	1 19	甲辰	3 13	2 19	甲戌	4 12	3 20	甲辰	5 13	4 21	乙亥	6 13	4 23	丙午	7 15	5 25	戊寅
	2 12	1 20	乙巳	3 14	2 20	乙亥	4 13	3 21	乙巳	5 14	4 22	丙子	6 14	4 24	丁未	7 16	5 26	己卯
	2 13	1 21	丙午	3 15	2 21	丙子	4 14	3 22	丙午	5 15	4 23	丁丑	6 15	4 25	戊申	7 17	5 27	庚辰
	2 14	1 22	丁未	3 16	2 22	丁丑	4 15	3 23	丁未	5 16	4 24	戊寅	6 16	4 26	己酉	7 18	5 28	辛巳
	2 15	1 23	戊申	3 17	2 23	戊寅	4 16	3 24	戊申	5 17	4 25	己卯	6 17	4 27	庚戌	7 19	5 29	壬午
	2 16	1 24	己酉	3 18	2 24	己卯	4 17	3 25	己酉	5 18	4 26	庚辰	6 18	4 28	辛亥	7 20	6 1	癸未
	2 17	1 25	庚戌	3 19	2 25	庚辰	4 18	3 26	庚戌	5 19	4 27	辛巳	6 19	4 29	壬子	7 21	6 2	甲申
	2 18	1 26	辛亥	3 20	2 26	辛巳	4 19	3 27	辛亥	5 20	4 28	壬午	6 20	4 30	癸丑	7 22	6 3	乙酉
	2 19	1 27	壬子	3 21	2 27	壬午	4 20	3 28	壬子	5 21	4 29	癸未	6 21	5 1	甲寅	7 23	6 4	丙戌
	2 20	1 28	癸丑	3 22	2 28	癸未	4 21	3 29	癸丑	5 22	閏4 1	甲申	6 22	5 2	乙卯	7 24	6 5	丁亥
	2 21	1 29	甲寅	3 23	2 29	甲申	4 22	3 30	甲寅	5 23	4 2	乙酉	6 23	5 3	丙辰	7 25	6 6	戊子
	2 22	1 30	乙卯	3 24	3 1	乙酉	4 23	4 1	乙卯	5 24	4 3	丙戌	6 24	5 4	丁巳	7 26	6 7	己丑
	2 23	2 1	丙辰	3 25	3 2	丙戌	4 24	4 2	丙辰	5 25	4 4	丁亥	6 25	5 5	戊午	7 27	6 8	庚寅
	2 24	2 2	丁巳	3 26	3 3	丁亥	4 25	4 3	丁巳	5 26	4 5	戊子	6 26	5 6	己未	7 28	6 9	辛卯
	2 25	2 3	戊午	3 27	3 4	戊子	4 26	4 4	戊午	5 27	4 6	己丑	6 27	5 7	庚申	7 29	6 10	壬辰
	2 26	2 4	己未	3 28	3 5	己丑	4 27	4 5	己未	5 28	4 7	庚寅	6 28	5 8	辛酉	7 30	6 11	癸巳
	2 27	2 5	庚申	3 29	3 6	庚寅	4 28	4 6	庚申	5 29	4 8	辛卯	6 29	5 9	壬戌	7 31	6 12	甲午
	2 28	2 6	辛酉	3 30	3 7	辛卯	4 29	4 7	辛酉	5 30	4 9	壬辰	6 30	5 10	癸亥	8 1	6 13	乙未
	3 1	2 7	壬戌	3 31	3 8	壬辰	4 30	4 8	壬戌	5 31	4 10	癸巳	7 1	5 11	甲子	8 2	6 14	丙申
	3 2	2 8	癸亥	4 1	3 9	癸巳	5 1	4 9	癸亥	6 1	4 11	甲午	7 2	5 12	乙丑	8 3	6 15	丁酉
	3 3	2 9	甲子	4 2	3 10	甲午	5 2	4 10	甲子	6 2	4 12	乙未	7 3	5 13	丙寅	8 4	6 16	戊戌
	3 4	2 10	乙丑	4 3	3 11	乙未	5 3	4 11	乙丑	6 3	4 13	丙申	7 4	5 14	丁卯	8 5	6 17	己亥
							5 4	4 12	丙寅	6 4	4 14	丁酉	7 5	5 15	戊辰	8 6	6 18	庚子
													7 6	5 16	己巳			
中氣	雨水 2/18 18時24分 酉時			春分 3/20 17時4分 酉時			穀雨 4/20 3時40分 寅時			小滿 5/21 2時23分 丑時			夏至 6/21 10時3分 巳時			大暑 7/22 20時52分 戌時		

年	戊寅																	
月	庚申			辛酉			壬戌			癸亥			甲子			乙丑		
節氣	立秋 8/7 13時24分 未時			白露 9/7 16時37分 申時			寒露 10/8 8時40分 辰時			立冬 11/7 12時16分 午時			大雪 12/7 5時26分 卯時			小寒 1/5 16時48分 申時		
日	國曆	農曆	干支	國曆	農曆	干支	國曆	農曆	干支	國曆	農曆	干支	國曆	農曆	干支	國曆	農曆	干支
2058・2059 虎 中華民國一百四十七・一百四十八年	8 7	6 19	辛丑	9 7	7 20	壬申	10 8	8 21	癸卯	11 7	9 22	癸酉	12 7	10 22	癸卯	1 5	11 21	壬申
	8 8	6 20	壬寅	9 8	7 21	癸酉	10 9	8 22	甲辰	11 8	9 23	甲戌	12 8	10 23	甲辰	1 6	11 22	癸酉
	8 9	6 21	癸卯	9 9	7 22	甲戌	10 10	8 23	乙巳	11 9	9 24	乙亥	12 9	10 24	乙巳	1 7	11 23	甲戌
	8 10	6 22	甲辰	9 10	7 23	乙亥	10 11	8 24	丙午	11 10	9 25	丙子	12 10	10 25	丙午	1 8	11 24	乙亥
	8 11	6 23	乙巳	9 11	7 24	丙子	10 12	8 25	丁未	11 11	9 26	丁丑	12 11	10 26	丁未	1 9	11 25	丙子
	8 12	6 24	丙午	9 12	7 25	丁丑	10 13	8 26	戊申	11 12	9 27	戊寅	12 12	10 27	戊申	1 10	11 26	丁丑
	8 13	6 25	丁未	9 13	7 26	戊寅	10 14	8 27	己酉	11 13	9 28	己卯	12 13	10 28	己酉	1 11	11 27	戊寅
	8 14	6 26	戊申	9 14	7 27	己卯	10 15	8 28	庚戌	11 14	9 29	庚辰	12 14	10 29	庚戌	1 12	11 28	己卯
	8 15	6 27	己酉	9 15	7 28	庚辰	10 16	8 29	辛亥	11 15	9 30	辛巳	12 15	10 30	辛亥	1 13	11 29	庚辰
	8 16	6 28	庚戌	9 16	7 29	辛巳	10 17	9 1	壬子	11 16	10 1	壬午	12 16	11 1	壬子	1 14	12 1	辛巳
	8 17	6 29	辛亥	9 17	7 30	壬午	10 18	9 2	癸丑	11 17	10 2	癸未	12 17	11 2	癸丑	1 15	12 2	壬午
	8 18	6 30	壬子	9 18	8 1	癸未	10 19	9 3	甲寅	11 18	10 3	甲申	12 18	11 3	甲寅	1 16	12 3	癸未
	8 19	7 1	癸丑	9 19	8 2	甲申	10 20	9 4	乙卯	11 19	10 4	乙酉	12 19	11 4	乙卯	1 17	12 4	甲申
	8 20	7 2	甲寅	9 20	8 3	乙酉	10 21	9 5	丙辰	11 20	10 5	丙戌	12 20	11 5	丙辰	1 18	12 5	乙酉
	8 21	7 3	乙卯	9 21	8 4	丙戌	10 22	9 6	丁巳	11 21	10 6	丁亥	12 21	11 6	丁巳	1 19	12 6	丙戌
	8 22	7 4	丙辰	9 22	8 5	丁亥	10 23	9 7	戊午	11 22	10 7	戊子	12 22	11 7	戊午	1 20	12 7	丁亥
	8 23	7 5	丁巳	9 23	8 6	戊子	10 24	9 8	己未	11 23	10 8	己丑	12 23	11 8	己未	1 21	12 8	戊子
	8 24	7 6	戊午	9 24	8 7	己丑	10 25	9 9	庚申	11 24	10 9	庚寅	12 24	11 9	庚申	1 22	12 9	己丑
	8 25	7 7	己未	9 25	8 8	庚寅	10 26	9 10	辛酉	11 25	10 10	辛卯	12 25	11 10	辛酉	1 23	12 10	庚寅
	8 26	7 8	庚申	9 26	8 9	辛卯	10 27	9 11	壬戌	11 26	10 11	壬辰	12 26	11 11	壬戌	1 24	12 11	辛卯
	8 27	7 9	辛酉	9 27	8 10	壬辰	10 28	9 12	癸亥	11 27	10 12	癸巳	12 27	11 12	癸亥	1 25	12 12	壬辰
	8 28	7 10	壬戌	9 28	8 11	癸巳	10 29	9 13	甲子	11 28	10 13	甲午	12 28	11 13	甲子	1 26	12 13	癸巳
	8 29	7 11	癸亥	9 29	8 12	甲午	10 30	9 14	乙丑	11 29	10 14	乙未	12 29	11 14	乙丑	1 27	12 14	甲午
	8 30	7 12	甲子	9 30	8 13	乙未	10 31	9 15	丙寅	11 30	10 15	丙申	12 30	11 15	丙寅	1 28	12 15	乙未
	8 31	7 13	乙丑	10 1	8 14	丙申	11 1	9 16	丁卯	12 1	10 16	丁酉	12 31	11 16	丁卯	1 29	12 16	丙申
	9 1	7 14	丙寅	10 2	8 15	丁酉	11 2	9 17	戊辰	12 2	10 17	戊戌	1 1	11 17	戊辰	1 30	12 17	丁酉
	9 2	7 15	丁卯	10 3	8 16	戊戌	11 3	9 18	己巳	12 3	10 18	己亥	1 2	11 18	己巳	1 31	12 18	戊戌
	9 3	7 16	戊辰	10 4	8 17	己亥	11 4	9 19	庚午	12 4	10 19	庚子	1 3	11 19	庚午	2 1	12 19	己亥
	9 4	7 17	己巳	10 5	8 18	庚子	11 5	9 20	辛未	12 5	10 20	辛丑	1 4	11 20	辛未	2 2	12 20	庚子
	9 5	7 18	庚午	10 6	8 19	辛丑	11 6	9 21	壬申	12 6	10 21	壬寅				2 3	12 21	辛丑
	9 6	7 19	辛未	10 7	8 20	壬寅												
中氣	處暑 8/23 4時7分 寅時			秋分 9/23 2時7分 丑時			霜降 10/23 11時53分 午時			小雪 11/22 9時49分 巳時			冬至 12/21 23時24分 子時			大寒 1/20 10時5分 巳時		

年	己卯																	
月	丙寅			丁卯			戊辰			己巳			庚午			辛未		
節氣	立春 2/4 4時23分 寅時			驚蟄 3/5 22時7分 亥時			清明 4/5 2時31分 丑時			立夏 5/5 19時23分 戌時			芒種 6/5 23時11分 子時			小暑 7/7 9時17分 巳時		
日	國曆	農曆	干支	國曆	農曆	干支	國曆	農曆	干支	國曆	農曆	干支	國曆	農曆	干支	國曆	農曆	干支
2059 兔 中華民國一百四十八年	2 4	12 22	壬寅	3 5	1 22	辛未	4 5	2 23	壬寅	5 5	3 24	壬申	6 5	4 25	癸卯	7 7	5 28	乙亥
	2 5	12 23	癸卯	3 6	1 23	壬申	4 6	2 24	癸卯	5 6	3 25	癸酉	6 6	4 26	甲辰	7 8	5 29	丙子
	2 6	12 24	甲辰	3 7	1 24	癸酉	4 7	2 25	甲辰	5 7	3 26	甲戌	6 7	4 27	乙巳	7 9	5 30	丁丑
	2 7	12 25	乙巳	3 8	1 25	甲戌	4 8	2 26	乙巳	5 8	3 27	乙亥	6 8	4 28	丙午	7 10	6 1	戊寅
	2 8	12 26	丙午	3 9	1 26	乙亥	4 9	2 27	丙午	5 9	3 28	丙子	6 9	4 29	丁未	7 11	6 2	己卯
	2 9	12 27	丁未	3 10	1 27	丙子	4 10	2 28	丁未	5 10	3 29	丁丑	6 10	5 1	戊申	7 12	6 3	庚辰
	2 10	12 28	戊申	3 11	1 28	丁丑	4 11	2 29	戊申	5 11	3 30	戊寅	6 11	5 2	己酉	7 13	6 4	辛巳
	2 11	12 29	己酉	3 12	1 29	戊寅	4 12	3 1	己酉	5 12	4 1	己卯	6 12	5 3	庚戌	7 14	6 5	壬午
	2 12	1 1	庚戌	3 13	1 30	己卯	4 13	3 2	庚戌	5 13	4 2	庚辰	6 13	5 4	辛亥	7 15	6 6	癸未
	2 13	1 2	辛亥	3 14	2 1	庚辰	4 14	3 3	辛亥	5 14	4 3	辛巳	6 14	5 5	壬子	7 16	6 7	甲申
	2 14	1 3	壬子	3 15	2 2	辛巳	4 15	3 4	壬子	5 15	4 4	壬午	6 15	5 6	癸丑	7 17	6 8	乙酉
	2 15	1 4	癸丑	3 16	2 3	壬午	4 16	3 5	癸丑	5 16	4 5	癸未	6 16	5 7	甲寅	7 18	6 9	丙戌
	2 16	1 5	甲寅	3 17	2 4	癸未	4 17	3 6	甲寅	5 17	4 6	甲申	6 17	5 8	乙卯	7 19	6 10	丁亥
	2 17	1 6	乙卯	3 18	2 5	甲申	4 18	3 7	乙卯	5 18	4 7	乙酉	6 18	5 9	丙辰	7 20	6 11	戊子
	2 18	1 7	丙辰	3 19	2 6	乙酉	4 19	3 8	丙辰	5 19	4 8	丙戌	6 19	5 10	丁巳	7 21	6 12	己丑
	2 19	1 8	丁巳	3 20	2 7	丙戌	4 20	3 9	丁巳	5 20	4 9	丁亥	6 20	5 11	戊午	7 22	6 13	庚寅
	2 20	1 9	戊午	3 21	2 8	丁亥	4 21	3 10	戊午	5 21	4 10	戊子	6 21	5 12	己未	7 23	6 14	辛卯
	2 21	1 10	己未	3 22	2 9	戊子	4 22	3 11	己未	5 22	4 11	己丑	6 22	5 13	庚申	7 24	6 15	壬辰
	2 22	1 11	庚申	3 23	2 10	己丑	4 23	3 12	庚申	5 23	4 12	庚寅	6 23	5 14	辛酉	7 25	6 16	癸巳
	2 23	1 12	辛酉	3 24	2 11	庚寅	4 24	3 13	辛酉	5 24	4 13	辛卯	6 24	5 15	壬戌	7 26	6 17	甲午
	2 24	1 13	壬戌	3 25	2 12	辛卯	4 25	3 14	壬戌	5 25	4 14	壬辰	6 25	5 16	癸亥	7 27	6 18	乙未
	2 25	1 14	癸亥	3 26	2 13	壬辰	4 26	3 15	癸亥	5 26	4 15	癸巳	6 26	5 17	甲子	7 28	6 19	丙申
	2 26	1 15	甲子	3 27	2 14	癸巳	4 27	3 16	甲子	5 27	4 16	甲午	6 27	5 18	乙丑	7 29	6 20	丁酉
	2 27	1 16	乙丑	3 28	2 15	甲午	4 28	3 17	乙丑	5 28	4 17	乙未	6 28	5 19	丙寅	7 30	6 21	戊戌
	2 28	1 17	丙寅	3 29	2 16	乙未	4 29	3 18	丙寅	5 29	4 18	丙申	6 29	5 20	丁卯	7 31	6 22	己亥
	3 1	1 18	丁卯	3 30	2 17	丙申	4 30	3 19	丁卯	5 30	4 19	丁酉	6 30	5 21	戊辰	8 1	6 23	庚子
	3 2	1 19	戊辰	3 31	2 18	丁酉	5 1	3 20	戊辰	5 31	4 20	戊戌	7 1	5 22	己巳	8 2	6 24	辛丑
	3 3	1 20	己巳	4 1	2 19	戊戌	5 2	3 21	己巳	6 1	4 21	己亥	7 2	5 23	庚午	8 3	6 25	壬寅
	3 4	1 21	庚午	4 2	2 20	己亥	5 3	3 22	庚午	6 2	4 22	庚子	7 3	5 24	辛未	8 4	6 26	癸卯
				4 3	2 21	庚子	5 4	3 23	辛未	6 3	4 23	辛丑	7 4	5 25	壬申	8 5	6 27	甲辰
				4 4	2 22	辛丑				6 4	4 24	壬寅	7 5	5 26	癸酉	8 6	6 28	乙巳
													7 6	5 27	甲戌			
中氣	雨水 2/19 0時4分 子時			春分 3/20 22時43分 亥時			穀雨 4/20 9時19分 巳時			小滿 5/21 8時3分 辰時			夏至 6/21 15時46分 申時			大暑 7/23 2時40分 丑時		

年	己卯																	
月	壬申			癸酉			甲戌			乙亥			丙子			丁丑		
節氣	立秋 8/7 19時11分 戌時			白露 9/7 22時25分 亥時			寒露 10/8 14時29分 未時			立冬 11/7 18時4分 酉時			大雪 12/7 11時12分 午時			小寒 1/5 22時32分 亥時		
日	國曆	農曆	干支	國曆	農曆	干支	國曆	農曆	干支	國曆	農曆	干支	國曆	農曆	干支	國曆	農曆	干支
	8 7	6 29	丙午	9 7	8 1	丁丑	10 8	9 3	戊申	11 7	10 3	戊寅	12 7	11 3	戊申	1 5	12 2	丁丑
	8 8	7 1	丁未	9 8	8 2	戊寅	10 9	9 4	己酉	11 8	10 4	己卯	12 8	11 4	己酉	1 6	12 3	戊寅
	8 9	7 2	戊申	9 9	8 3	己卯	10 10	9 5	庚戌	11 9	10 5	庚辰	12 9	11 5	庚戌	1 7	12 4	己卯
	8 10	7 3	己酉	9 10	8 4	庚辰	10 11	9 6	辛亥	11 10	10 6	辛巳	12 10	11 6	辛亥	1 8	12 5	庚辰
	8 11	7 4	庚戌	9 11	8 5	辛巳	10 12	9 7	壬子	11 11	10 7	壬午	12 11	11 7	壬子	1 9	12 6	辛巳
	8 12	7 5	辛亥	9 12	8 6	壬午	10 13	9 8	癸丑	11 12	10 8	癸未	12 12	11 8	癸丑	1 10	12 7	壬午
	8 13	7 6	壬子	9 13	8 7	癸未	10 14	9 9	甲寅	11 13	10 9	甲申	12 13	11 9	甲寅	1 11	12 8	癸未
	8 14	7 7	癸丑	9 14	8 8	甲申	10 15	9 10	乙卯	11 14	10 10	乙酉	12 14	11 10	乙卯	1 12	12 9	甲申
	8 15	7 8	甲寅	9 15	8 9	乙酉	10 16	9 11	丙辰	11 15	10 11	丙戌	12 15	11 11	丙辰	1 13	12 10	乙酉
	8 16	7 9	乙卯	9 16	8 10	丙戌	10 17	9 12	丁巳	11 16	10 12	丁亥	12 16	11 12	丁巳	1 14	12 11	丙戌
	8 17	7 10	丙辰	9 17	8 11	丁亥	10 18	9 13	戊午	11 17	10 13	戊子	12 17	11 13	戊午	1 15	12 12	丁亥
	8 18	7 11	丁巳	9 18	8 12	戊子	10 19	9 14	己未	11 18	10 14	己丑	12 18	11 14	己未	1 16	12 13	戊子
	8 19	7 12	戊午	9 19	8 13	己丑	10 20	9 15	庚申	11 19	10 15	庚寅	12 19	11 15	庚申	1 17	12 14	己丑
	8 20	7 13	己未	9 20	8 14	庚寅	10 21	9 16	辛酉	11 20	10 16	辛卯	12 20	11 16	辛酉	1 18	12 15	庚寅
	8 21	7 14	庚申	9 21	8 15	辛卯	10 22	9 17	壬戌	11 21	10 17	壬辰	12 21	11 17	壬戌	1 19	12 16	辛卯
	8 22	7 15	辛酉	9 22	8 16	壬辰	10 23	9 18	癸亥	11 22	10 18	癸巳	12 22	11 18	癸亥	1 20	12 17	壬辰
	8 23	7 16	壬戌	9 23	8 17	癸巳	10 24	9 19	甲子	11 23	10 19	甲午	12 23	11 19	甲子	1 21	12 18	癸巳
	8 24	7 17	癸亥	9 24	8 18	甲午	10 25	9 20	乙丑	11 24	10 20	乙未	12 24	11 20	乙丑	1 22	12 19	甲午
	8 25	7 18	甲子	9 25	8 19	乙未	10 26	9 21	丙寅	11 25	10 21	丙申	12 25	11 21	丙寅	1 23	12 20	乙未
	8 26	7 19	乙丑	9 26	8 20	丙申	10 27	9 22	丁卯	11 26	10 22	丁酉	12 26	11 22	丁卯	1 24	12 21	丙申
	8 27	7 20	丙寅	9 27	8 21	丁酉	10 28	9 23	戊辰	11 27	10 23	戊戌	12 27	11 23	戊辰	1 25	12 22	丁酉
	8 28	7 21	丁卯	9 28	8 22	戊戌	10 29	9 24	己巳	11 28	10 24	己亥	12 28	11 24	己巳	1 26	12 23	戊戌
	8 29	7 22	戊辰	9 29	8 23	己亥	10 30	9 25	庚午	11 29	10 25	庚子	12 29	11 25	庚午	1 27	12 24	己亥
	8 30	7 23	己巳	9 30	8 24	庚子	10 31	9 26	辛未	11 30	10 26	辛丑	12 30	11 26	辛未	1 28	12 25	庚子
	8 31	7 24	庚午	10 1	8 25	辛丑	11 1	9 27	壬申	12 1	10 27	壬寅	12 31	11 27	壬申	1 29	12 26	辛丑
	9 1	7 25	辛未	10 2	8 26	壬寅	11 2	9 28	癸酉	12 2	10 28	癸卯	1 1	11 28	癸酉	1 30	12 27	壬寅
	9 2	7 26	壬申	10 3	8 27	癸卯	11 3	9 29	甲戌	12 3	10 29	甲辰	1 2	11 29	甲戌	1 31	12 28	癸卯
	9 3	7 27	癸酉	10 4	8 28	甲辰	11 4	9 30	乙亥	12 4	10 30	乙巳	1 3	11 30	乙亥	2 1	12 29	甲辰
	9 4	7 28	甲戌	10 5	8 29	乙巳	11 5	10 1	丙子	12 5	11 1	丙午	1 4	12 1	丙子	2 2	1 1	乙巳
	9 5	7 29	乙亥	10 6	9 1	丙午	11 6	10 2	丁丑	12 6	11 2	丁未				2 3	1 2	丙午
	9 6	7 30	丙子	10 7	9 2	丁未												
中氣	處暑 8/23 9時59分 巳時			秋分 9/23 8時2分 辰時			霜降 10/23 17時49分 酉時			小雪 11/22 15時45分 申時			冬至 12/22 5時17分 卯時			大寒 1/20 15時57分 申時		

2059・2060

兔

中華民國一百四十八・一百四十九年

年	庚辰																	
月	戊寅			己卯			庚辰			辛巳			壬午			癸未		
節氣	立春 2/4 10時7分 巳時			驚蟄 3/5 3時53分 寅時			清明 4/4 8時18分 辰時			立夏 5/5 1時11分 丑時			芒種 6/5 5時0分 卯時			小暑 7/6 15時6分 申時		
日	國曆	農曆	干支	國曆	農曆	干支	國曆	農曆	干支	國曆	農曆	干支	國曆	農曆	干支	國曆	農曆	干支
2060 龍 中華民國一百四十九年	2 4	1 3	丁未	3 5	2 3	丁丑	4 4	3 4	丁未	5 5	4 6	戊寅	6 5	5 7	己酉	7 6	6 9	庚辰
	2 5	1 4	戊申	3 6	2 4	戊寅	4 5	3 5	戊申	5 6	4 7	己卯	6 6	5 8	庚戌	7 7	6 10	辛巳
	2 6	1 5	己酉	3 7	2 5	己卯	4 6	3 6	己酉	5 7	4 8	庚辰	6 7	5 9	辛亥	7 8	6 11	壬午
	2 7	1 6	庚戌	3 8	2 6	庚辰	4 7	3 7	庚戌	5 8	4 9	辛巳	6 8	5 10	壬子	7 9	6 12	癸未
	2 8	1 7	辛亥	3 9	2 7	辛巳	4 8	3 8	辛亥	5 9	4 10	壬午	6 9	5 11	癸丑	7 10	6 13	甲申
	2 9	1 8	壬子	3 10	2 8	壬午	4 9	3 9	壬子	5 10	4 11	癸未	6 10	5 12	甲寅	7 11	6 14	乙酉
	2 10	1 9	癸丑	3 11	2 9	癸未	4 10	3 10	癸丑	5 11	4 12	甲申	6 11	5 13	乙卯	7 12	6 15	丙戌
	2 11	1 10	甲寅	3 12	2 10	甲申	4 11	3 11	甲寅	5 12	4 13	乙酉	6 12	5 14	丙辰	7 13	6 16	丁亥
	2 12	1 11	乙卯	3 13	2 11	乙酉	4 12	3 12	乙卯	5 13	4 14	丙戌	6 13	5 15	丁巳	7 14	6 17	戊子
	2 13	1 12	丙辰	3 14	2 12	丙戌	4 13	3 13	丙辰	5 14	4 15	丁亥	6 14	5 16	戊午	7 15	6 18	己丑
	2 14	1 13	丁巳	3 15	2 13	丁亥	4 14	3 14	丁巳	5 15	4 16	戊子	6 15	5 17	己未	7 16	6 19	庚寅
	2 15	1 14	戊午	3 16	2 14	戊子	4 15	3 15	戊午	5 16	4 17	己丑	6 16	5 18	庚申	7 17	6 20	辛卯
	2 16	1 15	己未	3 17	2 15	己丑	4 16	3 16	己未	5 17	4 18	庚寅	6 17	5 19	辛酉	7 18	6 21	壬辰
	2 17	1 16	庚申	3 18	2 16	庚寅	4 17	3 17	庚申	5 18	4 19	辛卯	6 18	5 20	壬戌	7 19	6 22	癸巳
	2 18	1 17	辛酉	3 19	2 17	辛卯	4 18	3 18	辛酉	5 19	4 20	壬辰	6 19	5 21	癸亥	7 20	6 23	甲午
	2 19	1 18	壬戌	3 20	2 18	壬辰	4 19	3 19	壬戌	5 20	4 21	癸巳	6 20	5 22	甲子	7 21	6 24	乙未
	2 20	1 19	癸亥	3 21	2 19	癸巳	4 20	3 20	癸亥	5 21	4 22	甲午	6 21	5 23	乙丑	7 22	6 25	丙申
	2 21	1 20	甲子	3 22	2 20	甲午	4 21	3 21	甲子	5 22	4 23	乙未	6 22	5 24	丙寅	7 23	6 26	丁酉
	2 22	1 21	乙丑	3 23	2 21	乙未	4 22	3 22	乙丑	5 23	4 24	丙申	6 23	5 25	丁卯	7 24	6 27	戊戌
	2 23	1 22	丙寅	3 24	2 22	丙申	4 23	3 23	丙寅	5 24	4 25	丁酉	6 24	5 26	戊辰	7 25	6 28	己亥
	2 24	1 23	丁卯	3 25	2 23	丁酉	4 24	3 24	丁卯	5 25	4 26	戊戌	6 25	5 27	己巳	7 26	6 29	庚子
	2 25	1 24	戊辰	3 26	2 24	戊戌	4 25	3 25	戊辰	5 26	4 27	己亥	6 26	5 28	庚午	7 27	7 1	辛丑
	2 26	1 25	己巳	3 27	2 25	己亥	4 26	3 26	己巳	5 27	4 28	庚子	6 27	5 29	辛未	7 28	7 2	壬寅
	2 27	1 26	庚午	3 28	2 26	庚子	4 27	3 27	庚午	5 28	4 29	辛丑	6 28	6 1	壬申	7 29	7 3	癸卯
	2 28	1 27	辛未	3 29	2 27	辛丑	4 28	3 28	辛未	5 29	4 30	壬寅	6 29	6 2	癸酉	7 30	7 4	甲辰
	2 29	1 28	壬申	3 30	2 28	壬寅	4 29	3 29	壬申	5 30	5 1	癸卯	6 30	6 3	甲戌	7 31	7 5	乙巳
	3 1	1 29	癸酉	3 31	2 29	癸卯	4 30	4 1	癸酉	5 31	5 2	甲辰	7 1	6 4	乙亥	8 1	7 6	丙午
	3 2	1 30	甲戌	4 1	3 1	甲辰	5 1	4 2	甲戌	6 1	5 3	乙巳	7 2	6 5	丙子	8 2	7 7	丁未
	3 3	2 1	乙亥	4 2	3 2	乙巳	5 2	4 3	乙亥	6 2	5 4	丙午	7 3	6 6	丁丑	8 3	7 8	戊申
	3 4	2 2	丙子	4 3	3 3	丙午	5 3	4 4	丙子	6 3	5 5	丁未	7 4	6 7	戊寅	8 4	7 9	己酉
							5 4	4 5	丁丑	6 4	5 6	戊申	7 5	6 8	己卯	8 5	7 10	庚戌
																8 6	7 11	辛亥
中氣	雨水 2/19 5時56分 卯時			春分 3/20 4時37分 寅時			穀雨 4/19 15時16分 申時			小滿 5/20 14時2分 未時			夏至 6/20 21時44分 亥時			大暑 7/22 8時34分 辰時		

庚辰																														年
甲申					乙酉					丙戌					丁亥					戊子					己丑					月
立秋					白露					寒露					立冬					大雪					小寒					節氣
8/7 0時58分 子時					9/7 4時9分 寅時					10/7 20時12分 戌時					11/6 23時47分 子時					12/6 16時56分 申時					1/5 4時17分 寅時					
國曆		農曆		干支	國曆		農曆		干支	國曆		農曆		干支	國曆		農曆		干支	國曆		農曆		干支	國曆		農曆		干支	日
8	7	7	12	壬子	9	7	8	13	癸未	10	7	9	14	癸丑	11	6	10	14	癸未	12	6	11	14	癸丑	1	5	12	14	癸未	2060・2061
8	8	7	13	癸丑	9	8	8	14	甲申	10	8	9	15	甲寅	11	7	10	15	甲申	12	7	11	15	甲寅	1	6	12	15	甲申	
8	9	7	14	甲寅	9	9	8	15	乙酉	10	9	9	16	乙卯	11	8	10	16	乙酉	12	8	11	16	乙卯	1	7	12	16	乙酉	
8	10	7	15	乙卯	9	10	8	16	丙戌	10	10	9	17	丙辰	11	9	10	17	丙戌	12	9	11	17	丙辰	1	8	12	17	丙戌	
8	11	7	16	丙辰	9	11	8	17	丁亥	10	11	9	18	丁巳	11	10	10	18	丁亥	12	10	11	18	丁巳	1	9	12	18	丁亥	
8	12	7	17	丁巳	9	12	8	18	戊子	10	12	9	19	戊午	11	11	10	19	戊子	12	11	11	19	戊午	1	10	12	19	戊子	
8	13	7	18	戊午	9	13	8	19	己丑	10	13	9	20	己未	11	12	10	20	己丑	12	12	11	20	己未	1	11	12	20	己丑	
8	14	7	19	己未	9	14	8	20	庚寅	10	14	9	21	庚申	11	13	10	21	庚寅	12	13	11	21	庚申	1	12	12	21	庚寅	
8	15	7	20	庚申	9	15	8	21	辛卯	10	15	9	22	辛酉	11	14	10	22	辛卯	12	14	11	22	辛酉	1	13	12	22	辛卯	
8	16	7	21	辛酉	9	16	8	22	壬辰	10	16	9	23	壬戌	11	15	10	23	壬辰	12	15	11	23	壬戌	1	14	12	23	壬辰	
8	17	7	22	壬戌	9	17	8	23	癸巳	10	17	9	24	癸亥	11	16	10	24	癸巳	12	16	11	24	癸亥	1	15	12	24	癸巳	
8	18	7	23	癸亥	9	18	8	24	甲午	10	18	9	25	甲子	11	17	10	25	甲午	12	17	11	25	甲子	1	16	12	25	甲午	
8	19	7	24	甲子	9	19	8	25	乙未	10	19	9	26	乙丑	11	18	10	26	乙未	12	18	11	26	乙丑	1	17	12	26	乙未	
8	20	7	25	乙丑	9	20	8	26	丙申	10	20	9	27	丙寅	11	19	10	27	丙申	12	19	11	27	丙寅	1	18	12	27	丙申	
8	21	7	26	丙寅	9	21	8	27	丁酉	10	21	9	28	丁卯	11	20	10	28	丁酉	12	20	11	28	丁卯	1	19	12	28	丁酉	龍
8	22	7	27	丁卯	9	22	8	28	戊戌	10	22	9	29	戊辰	11	21	10	29	戊戌	12	21	11	29	戊辰	1	20	12	29	戊戌	
8	23	7	28	戊辰	9	23	8	29	己亥	10	23	9	30	己巳	11	22	10	30	己亥	12	22	11	30	己巳	1	21	1	1	己亥	
8	24	7	29	己巳	9	24	9	1	庚子	10	24	10	1	庚午	11	23	11	1	庚子	12	23	12	1	庚午	1	22	1	2	庚子	
8	25	7	30	庚午	9	25	9	2	辛丑	10	25	10	2	辛未	11	24	11	2	辛丑	12	24	12	2	辛未	1	23	1	3	辛丑	中華民國一百四十九・一百五十年
8	26	8	1	辛未	9	26	9	3	壬寅	10	26	10	3	壬申	11	25	11	3	壬寅	12	25	12	3	壬申	1	24	1	4	壬寅	
8	27	8	2	壬申	9	27	9	4	癸卯	10	27	10	4	癸酉	11	26	11	4	癸卯	12	26	12	4	癸酉	1	25	1	5	癸卯	
8	28	8	3	癸酉	9	28	9	5	甲辰	10	28	10	5	甲戌	11	27	11	5	甲辰	12	27	12	5	甲戌	1	26	1	6	甲辰	
8	29	8	4	甲戌	9	29	9	6	乙巳	10	29	10	6	乙亥	11	28	11	6	乙巳	12	28	12	6	乙亥	1	27	1	7	乙巳	
8	30	8	5	乙亥	9	30	9	7	丙午	10	30	10	7	丙子	11	29	11	7	丙午	12	29	12	7	丙子	1	28	1	8	丙午	
8	31	8	6	丙子	10	1	9	8	丁未	10	31	10	8	丁丑	11	30	11	8	丁未	12	30	12	8	丁丑	1	29	1	9	丁未	
9	1	8	7	丁丑	10	2	9	9	戊申	11	1	10	9	戊寅	12	1	11	9	戊申	12	31	12	9	戊寅	1	30	1	10	戊申	
9	2	8	8	戊寅	10	3	9	10	己酉	11	2	10	10	己卯	12	2	11	10	己酉	1	1	12	10	己卯	1	31	1	11	己酉	
9	3	8	9	己卯	10	4	9	11	庚戌	11	3	10	11	庚辰	12	3	11	11	庚戌	1	2	12	11	庚辰	2	1	1	12	庚戌	
9	4	8	10	庚辰	10	5	9	12	辛亥	11	4	10	12	辛巳	12	4	11	12	辛亥	1	3	12	12	辛巳	2	2	1	13	辛亥	
9	5	8	11	辛巳	10	6	9	13	壬子	11	5	10	13	壬午	12	5	11	13	壬子	1	4	12	13	壬午						
9	6	8	12	壬午																										
處暑					秋分					霜降					小雪					冬至					大寒					中氣
8/22 15時48分 申時					9/22 13時47分 未時					10/22 23時32分 子時					11/21 21時27分 亥時					12/21 11時0分 午時					1/19 21時41分 亥時					

年	辛巳																													
月	庚寅					辛卯					壬辰					癸巳					甲午					乙未				
節氣	立春 2/3 15時52分 申時					驚蟄 3/5 9時40分 巳時					清明 4/4 14時9分 未時					立夏 5/5 7時5分 辰時					芒種 6/5 10時55分 巳時					小暑 7/6 21時1分 亥時				
日	國曆		農曆		干支	國曆		農曆		干支	國曆		農曆		干支	國曆		農曆		干支	國曆		農曆		干支	國曆		農曆		干支
	2	3	1	14	壬子	3	5	2	14	壬午	4	4	3	14	壬子	5	5	3	16	癸未	6	5	4	18	甲寅	7	6	5	19	乙酉
	2	4	1	15	癸丑	3	6	2	15	癸未	4	5	3	15	癸丑	5	6	3	17	甲申	6	6	4	19	乙卯	7	7	5	20	丙戌
	2	5	1	16	甲寅	3	7	2	16	甲申	4	6	3	16	甲寅	5	7	3	18	乙酉	6	7	4	20	丙辰	7	8	5	21	丁亥
	2	6	1	17	乙卯	3	8	2	17	乙酉	4	7	3	17	乙卯	5	8	3	19	丙戌	6	8	4	21	丁巳	7	9	5	22	戊子
2061	2	7	1	18	丙辰	3	9	2	18	丙戌	4	8	3	18	丙辰	5	9	3	20	丁亥	6	9	4	22	戊午	7	10	5	23	己丑
	2	8	1	19	丁巳	3	10	2	19	丁亥	4	9	3	19	丁巳	5	10	3	21	戊子	6	10	4	23	己未	7	11	5	24	庚寅
	2	9	1	20	戊午	3	11	2	20	戊子	4	10	3	20	戊午	5	11	3	22	己丑	6	11	4	24	庚申	7	12	5	25	辛卯
	2	10	1	21	己未	3	12	2	21	己丑	4	11	3	21	己未	5	12	3	23	庚寅	6	12	4	25	辛酉	7	13	5	26	壬辰
	2	11	1	22	庚申	3	13	2	22	庚寅	4	12	3	22	庚申	5	13	3	24	辛卯	6	13	4	26	壬戌	7	14	5	27	癸巳
	2	12	1	23	辛酉	3	14	2	23	辛卯	4	13	3	23	辛酉	5	14	3	25	壬辰	6	14	4	27	癸亥	7	15	5	28	甲午
	2	13	1	24	壬戌	3	15	2	24	壬辰	4	14	3	24	壬戌	5	15	3	26	癸巳	6	15	4	28	甲子	7	16	5	29	乙未
	2	14	1	25	癸亥	3	16	2	25	癸巳	4	15	3	25	癸亥	5	16	3	27	甲午	6	16	4	29	乙丑	7	17	6	1	丙申
	2	15	1	26	甲子	3	17	2	26	甲午	4	16	3	26	甲子	5	17	3	28	乙未	6	17	4	30	丙寅	7	18	6	2	丁酉
蛇	2	16	1	27	乙丑	3	18	2	27	乙未	4	17	3	27	乙丑	5	18	3	29	丙申	6	18	5	1	丁卯	7	19	6	3	戊戌
	2	17	1	28	丙寅	3	19	2	28	丙申	4	18	3	28	丙寅	5	19	4	1	丁酉	6	19	5	2	戊辰	7	20	6	4	己亥
	2	18	1	29	丁卯	3	20	2	29	丁酉	4	19	3	29	丁卯	5	20	4	2	戊戌	6	20	5	3	己巳	7	21	6	5	庚子
	2	19	1	30	戊辰	3	21	2	30	戊戌	4	20	閏3	1	戊辰	5	21	4	3	己亥	6	21	5	4	庚午	7	22	6	6	辛丑
	2	20	2	1	己巳	3	22	3	1	己亥	4	21	3	2	己巳	5	22	4	4	庚子	6	22	5	5	辛未	7	23	6	7	壬寅
	2	21	2	2	庚午	3	23	3	2	庚子	4	22	3	3	庚午	5	23	4	5	辛丑	6	23	5	6	壬申	7	24	6	8	癸卯
	2	22	2	3	辛未	3	24	3	3	辛丑	4	23	3	4	辛未	5	24	4	6	壬寅	6	24	5	7	癸酉	7	25	6	9	甲辰
中華民國一百五十年	2	23	2	4	壬申	3	25	3	4	壬寅	4	24	3	5	壬申	5	25	4	7	癸卯	6	25	5	8	甲戌	7	26	6	10	乙巳
	2	24	2	5	癸酉	3	26	3	5	癸卯	4	25	3	6	癸酉	5	26	4	8	甲辰	6	26	5	9	乙亥	7	27	6	11	丙午
	2	25	2	6	甲戌	3	27	3	6	甲辰	4	26	3	7	甲戌	5	27	4	9	乙巳	6	27	5	10	丙子	7	28	6	12	丁未
	2	26	2	7	乙亥	3	28	3	7	乙巳	4	27	3	8	乙亥	5	28	4	10	丙午	6	28	5	11	丁丑	7	29	6	13	戊申
	2	27	2	8	丙子	3	29	3	8	丙午	4	28	3	9	丙子	5	29	4	11	丁未	6	29	5	12	戊寅	7	30	6	14	己酉
	2	28	2	9	丁丑	3	30	3	9	丁未	4	29	3	10	丁丑	5	30	4	12	戊申	6	30	5	13	己卯	7	31	6	15	庚戌
	3	1	2	10	戊寅	3	31	3	10	戊申	4	30	3	11	戊寅	5	31	4	13	己酉	7	1	5	14	庚辰	8	1	6	16	辛亥
	3	2	2	11	己卯	4	1	3	11	己酉	5	1	3	12	己卯	6	1	4	14	庚戌	7	2	5	15	辛巳	8	2	6	17	壬子
	3	3	2	12	庚辰	4	2	3	12	庚戌	5	2	3	13	庚辰	6	2	4	15	辛亥	7	3	5	16	壬午	8	3	6	18	癸丑
	3	4	2	13	辛巳	4	3	3	13	辛亥	5	3	3	14	辛巳	6	3	4	16	壬子	7	4	5	17	癸未	8	4	6	19	甲寅
											5	4	3	15	壬午	6	4	4	17	癸丑	7	5	5	18	甲申	8	5	6	20	乙卯
																										8	6	6	21	丙辰
中氣	雨水 2/18 11時42分 午時					春分 3/20 10時25分 巳時					穀雨 4/19 21時5分 亥時					小滿 5/20 19時51分 戌時					夏至 6/21 3時31分 寅時					大暑 7/22 14時19分 未時				

年	辛巳																													
月	丙申					丁酉					戊戌					己亥					庚子					辛丑				
節氣	立秋					白露					寒露					立冬					大雪					小寒				
	8/7 6時51分 卯時					9/7 10時1分 巳時					10/8 2時3分 丑時					11/7 5時38分 卯時					12/6 22時49分 亥時					1/5 10時11分 巳時				
日	國曆		農曆		干支	國曆		農曆		干支	國曆		農曆		干支	國曆		農曆		干支	國曆		農曆		干支	國曆		農曆		干支
	8	7	6	22	丁巳	9	7	7	24	戊子	10	8	8	25	己未	11	7	9	26	己丑	12	6	10	25	戊午	1	5	11	25	戊子
	8	8	6	23	戊午	9	8	7	25	己丑	10	9	8	26	庚申	11	8	9	27	庚寅	12	7	10	26	己未	1	6	11	26	己丑
	8	9	6	24	己未	9	9	7	26	庚寅	10	10	8	27	辛酉	11	9	9	28	辛卯	12	8	10	27	庚申	1	7	11	27	庚寅
	8	10	6	25	庚申	9	10	7	27	辛卯	10	11	8	28	壬戌	11	10	9	29	壬辰	12	9	10	28	辛酉	1	8	11	28	辛卯
	8	11	6	26	辛酉	9	11	7	28	壬辰	10	12	8	29	癸亥	11	11	9	30	癸巳	12	10	10	29	壬戌	1	9	11	29	壬辰
	8	12	6	27	壬戌	9	12	7	29	癸巳	10	13	9	1	甲子	11	12	10	1	甲午	12	11	10	30	癸亥	1	10	11	30	癸巳
	8	13	6	28	癸亥	9	13	7	30	甲午	10	14	9	2	乙丑	11	13	10	2	乙未	12	12	11	1	甲子	1	11	12	1	甲午
	8	14	6	29	甲子	9	14	8	1	乙未	10	15	9	3	丙寅	11	14	10	3	丙申	12	13	11	2	乙丑	1	12	12	2	乙未
	8	15	7	1	乙丑	9	15	8	2	丙申	10	16	9	4	丁卯	11	15	10	4	丁酉	12	14	11	3	丙寅	1	13	12	3	丙申
	8	16	7	2	丙寅	9	16	8	3	丁酉	10	17	9	5	戊辰	11	16	10	5	戊戌	12	15	11	4	丁卯	1	14	12	4	丁酉
	8	17	7	3	丁卯	9	17	8	4	戊戌	10	18	9	6	己巳	11	17	10	6	己亥	12	16	11	5	戊辰	1	15	12	5	戊戌
	8	18	7	4	戊辰	9	18	8	5	己亥	10	19	9	7	庚午	11	18	10	7	庚子	12	17	11	6	己巳	1	16	12	6	己亥
	8	19	7	5	己巳	9	19	8	6	庚子	10	20	9	8	辛未	11	19	10	8	辛丑	12	18	11	7	庚午	1	17	12	7	庚子
	8	20	7	6	庚午	9	20	8	7	辛丑	10	21	9	9	壬申	11	20	10	9	壬寅	12	19	11	8	辛未	1	18	12	8	辛丑
	8	21	7	7	辛未	9	21	8	8	壬寅	10	22	9	10	癸酉	11	21	10	10	癸卯	12	20	11	9	壬申	1	19	12	9	壬寅
	8	22	7	8	壬申	9	22	8	9	癸卯	10	23	9	11	甲戌	11	22	10	11	甲辰	12	21	11	10	癸酉	1	20	12	10	癸卯
	8	23	7	9	癸酉	9	23	8	10	甲辰	10	24	9	12	乙亥	11	23	10	12	乙巳	12	22	11	11	甲戌	1	21	12	11	甲辰
	8	24	7	10	甲戌	9	24	8	11	乙巳	10	25	9	13	丙子	11	24	10	13	丙午	12	23	11	12	乙亥	1	22	12	12	乙巳
	8	25	7	11	乙亥	9	25	8	12	丙午	10	26	9	14	丁丑	11	25	10	14	丁未	12	24	11	13	丙子	1	23	12	13	丙午
	8	26	7	12	丙子	9	26	8	13	丁未	10	27	9	15	戊寅	11	26	10	15	戊申	12	25	11	14	丁丑	1	24	12	14	丁未
	8	27	7	13	丁丑	9	27	8	14	戊申	10	28	9	16	己卯	11	27	10	16	己酉	12	26	11	15	戊寅	1	25	12	15	戊申
	8	28	7	14	戊寅	9	28	8	15	己酉	10	29	9	17	庚辰	11	28	10	17	庚戌	12	27	11	16	己卯	1	26	12	16	己酉
	8	29	7	15	己卯	9	29	8	16	庚戌	10	30	9	18	辛巳	11	29	10	18	辛亥	12	28	11	17	庚辰	1	27	12	17	庚戌
	8	30	7	16	庚辰	9	30	8	17	辛亥	10	31	9	19	壬午	11	30	10	19	壬子	12	29	11	18	辛巳	1	28	12	18	辛亥
	8	31	7	17	辛巳	10	1	8	18	壬子	11	1	9	20	癸未	12	1	10	20	癸丑	12	30	11	19	壬午	1	29	12	19	壬子
	9	1	7	18	壬午	10	2	8	19	癸丑	11	2	9	21	甲申	12	2	10	21	甲寅	12	31	11	20	癸未	1	30	12	20	癸丑
	9	2	7	19	癸未	10	3	8	20	甲寅	11	3	9	22	乙酉	12	3	10	22	乙卯	1	1	11	21	甲申	1	31	12	21	甲寅
	9	3	7	20	甲申	10	4	8	21	乙卯	11	4	9	23	丙戌	12	4	10	23	丙辰	1	2	11	22	乙酉	2	1	12	22	乙卯
	9	4	7	21	乙酉	10	5	8	22	丙辰	11	5	9	24	丁亥	12	5	10	24	丁巳	1	3	11	23	丙戌	2	2	12	23	丙辰
	9	5	7	22	丙戌	10	6	8	23	丁巳	11	6	9	25	戊子						1	4	11	24	丁亥					
	9	6	7	23	丁亥	10	7	8	24	戊午																				
中氣	處暑					秋分					霜降					小雪					冬至					大寒				
	8/22 21時32分 亥時					9/22 19時30分 戌時					10/23 5時16分 卯時					11/22 3時13分 寅時					12/21 16時47分 申時					1/20 3時29分 寅時				

2061・2062

蛇

中華民國一百五十・一百五十一年

年	壬午																	
月	壬寅			癸卯			甲辰			乙巳			丙午			丁未		
節氣	立春 2/3 21時46分 亥時			驚蟄 3/5 15時30分 申時			清明 4/4 19時54分 戌時			立夏 5/5 12時46分 午時			芒種 6/5 16時33分 申時			小暑 7/7 2時37分 丑時		
日	國曆	農曆	干支	國曆	農曆	干支	國曆	農曆	干支	國曆	農曆	干支	國曆	農曆	干支	國曆	農曆	干支
2062 馬 中華民國一百五十一年	2 3	12 24	丁巳	3 5	1 25	丁亥	4 4	2 25	丁巳	5 5	3 26	戊子	6 5	4 28	己未	7 7	6 1	辛卯
	2 4	12 25	戊午	3 6	1 26	戊子	4 5	2 26	戊午	5 6	3 27	己丑	6 6	4 29	庚申	7 8	6 2	壬辰
	2 5	12 26	己未	3 7	1 27	己丑	4 6	2 27	己未	5 7	3 28	庚寅	6 7	5 1	辛酉	7 9	6 3	癸巳
	2 6	12 27	庚申	3 8	1 28	庚寅	4 7	2 28	庚申	5 8	3 29	辛卯	6 8	5 2	壬戌	7 10	6 4	甲午
	2 7	12 28	辛酉	3 9	1 29	辛卯	4 8	2 29	辛酉	5 9	4 1	壬辰	6 9	5 3	癸亥	7 11	6 5	乙未
	2 8	12 29	壬戌	3 10	1 30	壬辰	4 9	2 30	壬戌	5 10	4 2	癸巳	6 10	5 4	甲子	7 12	6 6	丙申
	2 9	1 1	癸亥	3 11	2 1	癸巳	4 10	3 1	癸亥	5 11	4 3	甲午	6 11	5 5	乙丑	7 13	6 7	丁酉
	2 10	1 2	甲子	3 12	2 2	甲午	4 11	3 2	甲子	5 12	4 4	乙未	6 12	5 6	丙寅	7 14	6 8	戊戌
	2 11	1 3	乙丑	3 13	2 3	乙未	4 12	3 3	乙丑	5 13	4 5	丙申	6 13	5 7	丁卯	7 15	6 9	己亥
	2 12	1 4	丙寅	3 14	2 4	丙申	4 13	3 4	丙寅	5 14	4 6	丁酉	6 14	5 8	戊辰	7 16	6 10	庚子
	2 13	1 5	丁卯	3 15	2 5	丁酉	4 14	3 5	丁卯	5 15	4 7	戊戌	6 15	5 9	己巳	7 17	6 11	辛丑
	2 14	1 6	戊辰	3 16	2 6	戊戌	4 15	3 6	戊辰	5 16	4 8	己亥	6 16	5 10	庚午	7 18	6 12	壬寅
	2 15	1 7	己巳	3 17	2 7	己亥	4 16	3 7	己巳	5 17	4 9	庚子	6 17	5 11	辛未	7 19	6 13	癸卯
	2 16	1 8	庚午	3 18	2 8	庚子	4 17	3 8	庚午	5 18	4 10	辛丑	6 18	5 12	壬申	7 20	6 14	甲辰
	2 17	1 9	辛未	3 19	2 9	辛丑	4 18	3 9	辛未	5 19	4 11	壬寅	6 19	5 13	癸酉	7 21	6 15	乙巳
	2 18	1 10	壬申	3 20	2 10	壬寅	4 19	3 10	壬申	5 20	4 12	癸卯	6 20	5 14	甲戌	7 22	6 16	丙午
	2 19	1 11	癸酉	3 21	2 11	癸卯	4 20	3 11	癸酉	5 21	4 13	甲辰	6 21	5 15	乙亥	7 23	6 17	丁未
	2 20	1 12	甲戌	3 22	2 12	甲辰	4 21	3 12	甲戌	5 22	4 14	乙巳	6 22	5 16	丙子	7 24	6 18	戊申
	2 21	1 13	乙亥	3 23	2 13	乙巳	4 22	3 13	乙亥	5 23	4 15	丙午	6 23	5 17	丁丑	7 25	6 19	己酉
	2 22	1 14	丙子	3 24	2 14	丙午	4 23	3 14	丙子	5 24	4 16	丁未	6 24	5 18	戊寅	7 26	6 20	庚戌
	2 23	1 15	丁丑	3 25	2 15	丁未	4 24	3 15	丁丑	5 25	4 17	戊申	6 25	5 19	己卯	7 27	6 21	辛亥
	2 24	1 16	戊寅	3 26	2 16	戊申	4 25	3 16	戊寅	5 26	4 18	己酉	6 26	5 20	庚辰	7 28	6 22	壬子
	2 25	1 17	己卯	3 27	2 17	己酉	4 26	3 17	己卯	5 27	4 19	庚戌	6 27	5 21	辛巳	7 29	6 23	癸丑
	2 26	1 18	庚辰	3 28	2 18	庚戌	4 27	3 18	庚辰	5 28	4 20	辛亥	6 28	5 22	壬午	7 30	6 24	甲寅
	2 27	1 19	辛巳	3 29	2 19	辛亥	4 28	3 19	辛巳	5 29	4 21	壬子	6 29	5 23	癸未	7 31	6 25	乙卯
	2 28	1 20	壬午	3 30	2 20	壬子	4 29	3 20	壬午	5 30	4 22	癸丑	6 30	5 24	甲申	8 1	6 26	丙辰
	3 1	1 21	癸未	3 31	2 21	癸丑	4 30	3 21	癸未	5 31	4 23	甲寅	7 1	5 25	乙酉	8 2	6 27	丁巳
	3 2	1 22	甲申	4 1	2 22	甲寅	5 1	3 22	甲申	6 1	4 24	乙卯	7 2	5 26	丙戌	8 3	6 28	戊午
	3 3	1 23	乙酉	4 2	2 23	乙卯	5 2	3 23	乙酉	6 2	4 25	丙辰	7 3	5 27	丁亥	8 4	6 29	己未
	3 4	1 24	丙戌	4 3	2 24	丙辰	5 3	3 24	丙戌	6 3	4 26	丁巳	7 4	5 28	戊子	8 5	7 1	庚申
							5 4	3 25	丁亥	6 4	4 27	戊午	7 5	5 29	己丑	8 6	7 2	辛酉
													7 6	5 30	庚寅			
中氣	雨水 2/18 17時27分 酉時			春分 3/20 16時6分 申時			穀雨 4/20 2時43分 丑時			小滿 5/21 1時28分 丑時			夏至 6/21 9時10分 巳時			大暑 7/22 20時1分 戌時		

王午																														年
戊申					己酉					庚戌					辛亥					壬子					癸丑					月
立秋					白露					寒露					立冬					大雪					小寒					節
8/7 12時28分 午時					9/7 15時39分 申時					10/8 7時43分 辰時					11/7 11時21分 午時					12/7 4時33分 寅時					1/5 15時56分 申時					氣
國曆		農曆		干支	國曆		農曆		干支	國曆		農曆		干支	國曆		農曆		干支	國曆		農曆		干支	國曆		農曆		干支	日
8	7	7	3	壬戌	9	7	8	5	癸巳	10	8	9	6	甲子	11	7	10	7	甲午	12	7	11	7	甲子	1	5	12	6	癸巳	
8	8	7	4	癸亥	9	8	8	6	甲午	10	9	9	7	乙丑	11	8	10	8	乙未	12	8	11	8	乙丑	1	6	12	7	甲午	
8	9	7	5	甲子	9	9	8	7	乙未	10	10	9	8	丙寅	11	9	10	9	丙申	12	9	11	9	丙寅	1	7	12	8	乙未	
8	10	7	6	乙丑	9	10	8	8	丙申	10	11	9	9	丁卯	11	10	10	10	丁酉	12	10	11	10	丁卯	1	8	12	9	丙申	
8	11	7	7	丙寅	9	11	8	9	丁酉	10	12	9	10	戊辰	11	11	10	11	戊戌	12	11	11	11	戊辰	1	9	12	10	丁酉	
8	12	7	8	丁卯	9	12	8	10	戊戌	10	13	9	11	己巳	11	12	10	12	己亥	12	12	11	12	己巳	1	10	12	11	戊戌	
8	13	7	9	戊辰	9	13	8	11	己亥	10	14	9	12	庚午	11	13	10	13	庚子	12	13	11	13	庚午	1	11	12	12	己亥	
8	14	7	10	己巳	9	14	8	12	庚子	10	15	9	13	辛未	11	14	10	14	辛丑	12	14	11	14	辛未	1	12	12	13	庚子	
8	15	7	11	庚午	9	15	8	13	辛丑	10	16	9	14	壬申	11	15	10	15	壬寅	12	15	11	15	壬申	1	13	12	14	辛丑	
8	16	7	12	辛未	9	16	8	14	壬寅	10	17	9	15	癸酉	11	16	10	16	癸卯	12	16	11	16	癸酉	1	14	12	15	壬寅	
8	17	7	13	壬申	9	17	8	15	癸卯	10	18	9	16	甲戌	11	17	10	17	甲辰	12	17	11	17	甲戌	1	15	12	16	癸卯	
8	18	7	14	癸酉	9	18	8	16	甲辰	10	19	9	17	乙亥	11	18	10	18	乙巳	12	18	11	18	乙亥	1	16	12	17	甲辰	
8	19	7	15	甲戌	9	19	8	17	乙巳	10	20	9	18	丙子	11	19	10	19	丙午	12	19	11	19	丙子	1	17	12	18	乙巳	
8	20	7	16	乙亥	9	20	8	18	丙午	10	21	9	19	丁丑	11	20	10	20	丁未	12	20	11	20	丁丑	1	18	12	19	丙午	
8	21	7	17	丙子	9	21	8	19	丁未	10	22	9	20	戊寅	11	21	10	21	戊申	12	21	11	21	戊寅	1	19	12	20	丁未	
8	22	7	18	丁丑	9	22	8	20	戊申	10	23	9	21	己卯	11	22	10	22	己酉	12	22	11	22	己卯	1	20	12	21	戊申	
8	23	7	19	戊寅	9	23	8	21	己酉	10	24	9	22	庚辰	11	23	10	23	庚戌	12	23	11	23	庚辰	1	21	12	22	己酉	
8	24	7	20	己卯	9	24	8	22	庚戌	10	25	9	23	辛巳	11	24	10	24	辛亥	12	24	11	24	辛巳	1	22	12	23	庚戌	
8	25	7	21	庚辰	9	25	8	23	辛亥	10	26	9	24	壬午	11	25	10	25	壬子	12	25	11	25	壬午	1	23	12	24	辛亥	
8	26	7	22	辛巳	9	26	8	24	壬子	10	27	9	25	癸未	11	26	10	26	癸丑	12	26	11	26	癸未	1	24	12	25	壬子	
8	27	7	23	壬午	9	27	8	25	癸丑	10	28	9	26	甲申	11	27	10	27	甲寅	12	27	11	27	甲申	1	25	12	26	癸丑	
8	28	7	24	癸未	9	28	8	26	甲寅	10	29	9	27	乙酉	11	28	10	28	乙卯	12	28	11	28	乙酉	1	26	12	27	甲寅	
8	29	7	25	甲申	9	29	8	27	乙卯	10	30	9	28	丙戌	11	29	10	29	丙辰	12	29	11	29	丙戌	1	27	12	28	乙卯	
8	30	7	26	乙酉	9	30	8	28	丙辰	10	31	9	29	丁亥	11	30	10	30	丁巳	12	30	11	30	丁亥	1	28	12	29	丙辰	
8	31	7	27	丙戌	10	1	8	29	丁巳	11	1	10	1	戊子	12	1	11	1	戊午	12	31	12	1	戊子	1	29	1	1	丁巳	
9	1	7	28	丁亥	10	2	8	30	戊午	11	2	10	2	己丑	12	2	11	2	己未	1	1	12	2	己丑	1	30	1	2	戊午	
9	2	7	29	戊子	10	3	9	1	己未	11	3	10	3	庚寅	12	3	11	3	庚申	1	2	12	3	庚寅	1	31	1	3	己未	
9	3	8	1	己丑	10	4	9	2	庚申	11	4	10	4	辛卯	12	4	11	4	辛酉	1	3	12	4	辛卯	2	1	1	4	庚申	
9	4	8	2	庚寅	10	5	9	3	辛酉	11	5	10	5	壬辰	12	5	11	5	壬戌	1	4	12	5	壬辰	2	2	1	5	辛酉	
9	5	8	3	辛卯	10	6	9	4	壬戌	11	6	10	6	癸巳	12	6	11	6	癸亥						2	3	1	6	壬戌	
9	6	8	4	壬辰	10	7	9	5	癸亥																					
處暑					秋分					霜降					小雪					冬至					大寒					中
8/23 3時17分 寅時					9/23 1時19分 丑時					10/23 11時7分 午時					11/22 9時6分 巳時					12/21 22時41分 亥時					1/20 9時23分 巳時					氣

2062・2063 馬 中華民國一百五十一・一百五十二年

年：癸未

2063　羊　中華民國一百五十二年

月	甲寅					乙卯					丙辰				
節氣	立春 2/4 3時30分 寅時					驚蟄 3/5 21時13分 亥時					清明 4/5 1時36分 丑時				
日	國曆		農曆		干支	國曆		農曆		干支	國曆		農曆		干支
	2	4	1	7	癸亥	3	5	2	6	壬辰	4	5	3	7	癸亥
	2	5	1	8	甲子	3	6	2	7	癸巳	4	6	3	8	甲子
	2	6	1	9	乙丑	3	7	2	8	甲午	4	7	3	9	乙丑
	2	7	1	10	丙寅	3	8	2	9	乙未	4	8	3	10	丙寅
	2	8	1	11	丁卯	3	9	2	10	丙申	4	9	3	11	丁卯
	2	9	1	12	戊辰	3	10	2	11	丁酉	4	10	3	12	戊辰
	2	10	1	13	己巳	3	11	2	12	戊戌	4	11	3	13	己巳
	2	11	1	14	庚午	3	12	2	13	己亥	4	12	3	14	庚午
	2	12	1	15	辛未	3	13	2	14	庚子	4	13	3	15	辛未
	2	13	1	16	壬申	3	14	2	15	辛丑	4	14	3	16	壬申
	2	14	1	17	癸酉	3	15	2	16	壬寅	4	15	3	17	癸酉
	2	15	1	18	甲戌	3	16	2	17	癸卯	4	16	3	18	甲戌
	2	16	1	19	乙亥	3	17	2	18	甲辰	4	17	3	19	乙亥
	2	17	1	20	丙子	3	18	2	19	乙巳	4	18	3	20	丙子
	2	18	1	21	丁丑	3	19	2	20	丙午	4	19	3	21	丁丑
	2	19	1	22	戊寅	3	20	2	21	丁未	4	20	3	22	戊寅
	2	20	1	23	己卯	3	21	2	22	戊申	4	21	3	23	己卯
	2	21	1	24	庚辰	3	22	2	23	己酉	4	22	3	24	庚辰
	2	22	1	25	辛巳	3	23	2	24	庚戌	4	23	3	25	辛巳
	2	23	1	26	壬午	3	24	2	25	辛亥	4	24	3	26	壬午
	2	24	1	27	癸未	3	25	2	26	壬子	4	25	3	27	癸未
	2	25	1	28	甲申	3	26	2	27	癸丑	4	26	3	28	甲申
	2	26	1	29	乙酉	3	27	2	28	甲寅	4	27	3	29	乙酉
	2	27	1	30	丙戌	3	28	2	29	乙卯	4	28	4	1	丙戌
	2	28	2	1	丁亥	3	29	2	30	丙辰	4	29	4	2	丁亥
	3	1	2	2	戊子	3	30	3	1	丁巳	4	30	4	3	戊子
	3	2	2	3	己丑	3	31	3	2	戊午	5	1	4	4	己丑
	3	3	2	4	庚寅	4	1	3	3	己未	5	2	4	5	庚寅
	3	4	2	5	辛卯	4	2	3	4	庚申	5	3	4	6	辛卯
						4	3	3	5	辛酉	5	4	4	7	壬辰
						4	4	3	6	壬戌					
中氣	雨水 2/18 23時20分 子時					春分 3/20 21時58分 亥時					穀雨 4/20 8時34分 辰時				

月	丁巳					戊午					己未				
節氣	立夏 5/5 18時27分 酉時					芒種 6/5 22時16分 亥時					小暑 7/7 8時24分 辰時				
日	國曆		農曆		干支	國曆		農曆		干支	國曆		農曆		干支
	5	5	4	8	癸巳	6	5	5	9	甲子	7	7	6	12	丙申
	5	6	4	9	甲午	6	6	5	10	乙丑	7	8	6	13	丁酉
	5	7	4	10	乙未	6	7	5	11	丙寅	7	9	6	14	戊戌
	5	8	4	11	丙申	6	8	5	12	丁卯	7	10	6	15	己亥
	5	9	4	12	丁酉	6	9	5	13	戊辰	7	11	6	16	庚子
	5	10	4	13	戊戌	6	10	5	14	己巳	7	12	6	17	辛丑
	5	11	4	14	己亥	6	11	5	15	庚午	7	13	6	18	壬寅
	5	12	4	15	庚子	6	12	5	16	辛未	7	14	6	19	癸卯
	5	13	4	16	辛丑	6	13	5	17	壬申	7	15	6	20	甲辰
	5	14	4	17	壬寅	6	14	5	18	癸酉	7	16	6	21	乙巳
	5	15	4	18	癸卯	6	15	5	19	甲戌	7	17	6	22	丙午
	5	16	4	19	甲辰	6	16	5	20	乙亥	7	18	6	23	丁未
	5	17	4	20	乙巳	6	17	5	21	丙子	7	19	6	24	戊申
	5	18	4	21	丙午	6	18	5	22	丁丑	7	20	6	25	己酉
	5	19	4	22	丁未	6	19	5	23	戊寅	7	21	6	26	庚戌
	5	20	4	23	戊申	6	20	5	24	己卯	7	22	6	27	辛亥
	5	21	4	24	己酉	6	21	5	25	庚辰	7	23	6	28	壬子
	5	22	4	25	庚戌	6	22	5	26	辛巳	7	24	6	29	癸丑
	5	23	4	26	辛亥	6	23	5	27	壬午	7	25	6	30	甲寅
	5	24	4	27	壬子	6	24	5	28	癸未	7	26	7	1	乙卯
	5	25	4	28	癸丑	6	25	5	29	甲申	7	27	7	2	丙辰
	5	26	4	29	甲寅	6	26	6	1	乙酉	7	28	7	3	丁巳
	5	27	4	30	乙卯	6	27	6	2	丙戌	7	29	7	4	戊午
	5	28	5	1	丙辰	6	28	6	3	丁亥	7	30	7	5	己未
	5	29	5	2	丁巳	6	29	6	4	戊子	7	31	7	6	庚申
	5	30	5	3	戊午	6	30	6	5	己丑	8	1	7	7	辛酉
	5	31	5	4	己未	7	1	6	6	庚寅	8	2	7	8	壬戌
	6	1	5	5	庚申	7	2	6	7	辛卯	8	3	7	9	癸亥
	6	2	5	6	辛酉	7	3	6	8	壬辰	8	4	7	10	甲子
	6	3	5	7	壬戌	7	4	6	9	癸巳	8	5	7	11	乙丑
	6	4	5	8	癸亥	7	5	6	10	甲午	8	6	7	12	丙寅
						7	6	6	11	乙未					
中氣	小滿 5/21 7時18分 辰時					夏至 6/21 15時1分 申時					大暑 7/23 1時52分 丑時				

年	癸未																													
月	庚申					辛酉					壬戌					癸亥					甲子					乙丑				
節氣	立秋					白露					寒露					立冬					大雪					小寒				
	8/7 18時19分 酉時					9/7 21時32分 亥時					10/8 13時36分 未時					11/7 17時11分 酉時					12/7 10時19分 巳時					1/5 21時40分 亥時				
日	國曆		農曆		干支	國曆		農曆		干支	國曆		農曆		干支	國曆		農曆		干支	國曆		農曆		干支	國曆		農曆		干支
	8	7	7	13	丁卯	9	7	7	15	戊戌	10	8	8	17	己巳	11	7	9	17	己亥	12	7	10	18	己巳	1	5	11	17	戊戌
	8	8	7	14	戊辰	9	8	7	16	己亥	10	9	8	18	庚午	11	8	9	18	庚子	12	8	10	19	庚午	1	6	11	18	己亥
	8	9	7	15	己巳	9	9	7	17	庚子	10	10	8	19	辛未	11	9	9	19	辛丑	12	9	10	20	辛未	1	7	11	19	庚子
	8	10	7	16	庚午	9	10	7	18	辛丑	10	11	8	20	壬申	11	10	9	20	壬寅	12	10	10	21	壬申	1	8	11	20	辛丑
	8	11	7	17	辛未	9	11	7	19	壬寅	10	12	8	21	癸酉	11	11	9	21	癸卯	12	11	10	22	癸酉	1	9	11	21	壬寅
	8	12	7	18	壬申	9	12	7	20	癸卯	10	13	8	22	甲戌	11	12	9	22	甲辰	12	12	10	23	甲戌	1	10	11	22	癸卯
	8	13	7	19	癸酉	9	13	7	21	甲辰	10	14	8	23	乙亥	11	13	9	23	乙巳	12	13	10	24	乙亥	1	11	11	23	甲辰
	8	14	7	20	甲戌	9	14	7	22	乙巳	10	15	8	24	丙子	11	14	9	24	丙午	12	14	10	25	丙子	1	12	11	24	乙巳
	8	15	7	21	乙亥	9	15	7	23	丙午	10	16	8	25	丁丑	11	15	9	25	丁未	12	15	10	26	丁丑	1	13	11	25	丙午
	8	16	7	22	丙子	9	16	7	24	丁未	10	17	8	26	戊寅	11	16	9	26	戊申	12	16	10	27	戊寅	1	14	11	26	丁未
	8	17	7	23	丁丑	9	17	7	25	戊申	10	18	8	27	己卯	11	17	9	27	己酉	12	17	10	28	己卯	1	15	11	27	戊申
	8	18	7	24	戊寅	9	18	7	26	己酉	10	19	8	28	庚辰	11	18	9	28	庚戌	12	18	10	29	庚辰	1	16	11	28	己酉
	8	19	7	25	己卯	9	19	7	27	庚戌	10	20	8	29	辛巳	11	19	9	29	辛亥	12	19	10	30	辛巳	1	17	11	29	庚戌
	8	20	7	26	庚辰	9	20	7	28	辛亥	10	21	8	30	壬午	11	20	10	1	壬子	12	20	11	1	壬午	1	18	12	1	辛亥
	8	21	7	27	辛巳	9	21	7	29	壬子	10	22	9	1	癸未	11	21	10	2	癸丑	12	21	11	2	癸未	1	19	12	2	壬子
	8	22	7	28	壬午	9	22	8	1	癸丑	10	23	9	2	甲申	11	22	10	3	甲寅	12	22	11	3	甲申	1	20	12	3	癸丑
	8	23	7	29	癸未	9	23	8	2	甲寅	10	24	9	3	乙酉	11	23	10	4	乙卯	12	23	11	4	乙酉	1	21	12	4	甲寅
	8	24	閏7	1	甲申	9	24	8	3	乙卯	10	25	9	4	丙戌	11	24	10	5	丙辰	12	24	11	5	丙戌	1	22	12	5	乙卯
	8	25	7	2	乙酉	9	25	8	4	丙辰	10	26	9	5	丁亥	11	25	10	6	丁巳	12	25	11	6	丁亥	1	23	12	6	丙辰
	8	26	7	3	丙戌	9	26	8	5	丁巳	10	27	9	6	戊子	11	26	10	7	戊午	12	26	11	7	戊子	1	24	12	7	丁巳
	8	27	7	4	丁亥	9	27	8	6	戊午	10	28	9	7	己丑	11	27	10	8	己未	12	27	11	8	己丑	1	25	12	8	戊午
	8	28	7	5	戊子	9	28	8	7	己未	10	29	9	8	庚寅	11	28	10	9	庚申	12	28	11	9	庚寅	1	26	12	9	己未
	8	29	7	6	己丑	9	29	8	8	庚申	10	30	9	9	辛卯	11	29	10	10	辛酉	12	29	11	10	辛卯	1	27	12	10	庚申
	8	30	7	7	庚寅	9	30	8	9	辛酉	10	31	9	10	壬辰	11	30	10	11	壬戌	12	30	11	11	壬辰	1	28	12	11	辛酉
	8	31	7	8	辛卯	10	1	8	10	壬戌	11	1	9	11	癸巳	12	1	10	12	癸亥	12	31	11	12	癸巳	1	29	12	12	壬戌
	9	1	7	9	壬辰	10	2	8	11	癸亥	11	2	9	12	甲午	12	2	10	13	甲子	1	1	11	13	甲午	1	30	12	13	癸亥
	9	2	7	10	癸巳	10	3	8	12	甲子	11	3	9	13	乙未	12	3	10	14	乙丑	1	2	11	14	乙未	1	31	12	14	甲子
	9	3	7	11	甲午	10	4	8	13	乙丑	11	4	9	14	丙申	12	4	10	15	丙寅	1	3	11	15	丙申	2	1	12	15	乙丑
	9	4	7	12	乙未	10	5	8	14	丙寅	11	5	9	15	丁酉	12	5	10	16	丁卯	1	4	11	16	丁酉	2	2	12	16	丙寅
	9	5	7	13	丙申	10	6	8	15	丁卯	11	6	9	16	戊戌	12	6	10	17	戊辰						2	3	12	17	丁卯
	9	6	7	14	丁酉	10	7	8	16	戊辰																				
中氣	處暑					秋分					霜降					小雪					冬至					大寒				
	8/23 9時7分 巳時					9/23 7時7分 辰時					10/23 16時52分 申時					11/22 14時47分 未時					12/22 4時20分 寅時					1/20 15時0分 申時				

2063・2064

羊

中華民國一百五十二・一百五十三年

年	甲申																													
月	丙寅					丁卯					戊辰					己巳					庚午					辛未				
節氣	立春					驚蟄					清明					立夏					芒種					小暑				
	2/4 9時13分 巳時					3/5 2時58分 丑時					4/4 7時23分 辰時					5/5 0時17分 子時					6/5 4時9分 寅時					7/6 14時18分 未時				
日	國曆		農曆		干支	國曆		農曆		干支	國曆		農曆		干支	國曆		農曆		干支	國曆		農曆		干支	國曆		農曆		干支
	2	4	12	18	戊辰	3	5	1	18	戊戌	4	4	2	18	戊辰	5	5	3	19	己亥	6	5	4	21	庚午	7	6	5	22	辛丑
	2	5	12	19	己巳	3	6	1	19	己亥	4	5	2	19	己巳	5	6	3	20	庚子	6	6	4	22	辛未	7	7	5	23	壬寅
	2	6	12	20	庚午	3	7	1	20	庚子	4	6	2	20	庚午	5	7	3	21	辛丑	6	7	4	23	壬申	7	8	5	24	癸卯
	2	7	12	21	辛未	3	8	1	21	辛丑	4	7	2	21	辛未	5	8	3	22	壬寅	6	8	4	24	癸酉	7	9	5	25	甲辰
2	2	8	12	22	壬申	3	9	1	22	壬寅	4	8	2	22	壬申	5	9	3	23	癸卯	6	9	4	25	甲戌	7	10	5	26	乙巳
0	2	9	12	23	癸酉	3	10	1	23	癸卯	4	9	2	23	癸酉	5	10	3	24	甲辰	6	10	4	26	乙亥	7	11	5	27	丙午
6	2	10	12	24	甲戌	3	11	1	24	甲辰	4	10	2	24	甲戌	5	11	3	25	乙巳	6	11	4	27	丙子	7	12	5	28	丁未
4	2	11	12	25	乙亥	3	12	1	25	乙巳	4	11	2	25	乙亥	5	12	3	26	丙午	6	12	4	28	丁丑	7	13	5	29	戊申
	2	12	12	26	丙子	3	13	1	26	丙午	4	12	2	26	丙子	5	13	3	27	丁未	6	13	4	29	戊寅	7	14	6	1	己酉
	2	13	12	27	丁丑	3	14	1	27	丁未	4	13	2	27	丁丑	5	14	3	28	戊申	6	14	4	30	己卯	7	15	6	2	庚戌
	2	14	12	28	戊寅	3	15	1	28	戊申	4	14	2	28	戊寅	5	15	3	29	己酉	6	15	5	1	庚辰	7	16	6	3	辛亥
	2	15	12	29	己卯	3	16	1	29	己酉	4	15	2	29	己卯	5	16	4	1	庚戌	6	16	5	2	辛巳	7	17	6	4	壬子
	2	16	12	30	庚辰	3	17	1	30	庚戌	4	16	2	30	庚辰	5	17	4	2	辛亥	6	17	5	3	壬午	7	18	6	5	癸丑
猴	2	17	1	1	辛巳	3	18	2	1	辛亥	4	17	3	1	辛巳	5	18	4	3	壬子	6	18	5	4	癸未	7	19	6	6	甲寅
	2	18	1	2	壬午	3	19	2	2	壬子	4	18	3	2	壬午	5	19	4	4	癸丑	6	19	5	5	甲申	7	20	6	7	乙卯
	2	19	1	3	癸未	3	20	2	3	癸丑	4	19	3	3	癸未	5	20	4	5	甲寅	6	20	5	6	乙酉	7	21	6	8	丙辰
	2	20	1	4	甲申	3	21	2	4	甲寅	4	20	3	4	甲申	5	21	4	6	乙卯	6	21	5	7	丙戌	7	22	6	9	丁巳
	2	21	1	5	乙酉	3	22	2	5	乙卯	4	21	3	5	乙酉	5	22	4	7	丙辰	6	22	5	8	丁亥	7	23	6	10	戊午
	2	22	1	6	丙戌	3	23	2	6	丙辰	4	22	3	6	丙戌	5	23	4	8	丁巳	6	23	5	9	戊子	7	24	6	11	己未
	2	23	1	7	丁亥	3	24	2	7	丁巳	4	23	3	7	丁亥	5	24	4	9	戊午	6	24	5	10	己丑	7	25	6	12	庚申
中	2	24	1	8	戊子	3	25	2	8	戊午	4	24	3	8	戊子	5	25	4	10	己未	6	25	5	11	庚寅	7	26	6	13	辛酉
華	2	25	1	9	己丑	3	26	2	9	己未	4	25	3	9	己丑	5	26	4	11	庚申	6	26	5	12	辛卯	7	27	6	14	壬戌
民	2	26	1	10	庚寅	3	27	2	10	庚申	4	26	3	10	庚寅	5	27	4	12	辛酉	6	27	5	13	壬辰	7	28	6	15	癸亥
國	2	27	1	11	辛卯	3	28	2	11	辛酉	4	27	3	11	辛卯	5	28	4	13	壬戌	6	28	5	14	癸巳	7	29	6	16	甲子
一	2	28	1	12	壬辰	3	29	2	12	壬戌	4	28	3	12	壬辰	5	29	4	14	癸亥	6	29	5	15	甲午	7	30	6	17	乙丑
百	2	29	1	13	癸巳	3	30	2	13	癸亥	4	29	3	13	癸巳	5	30	4	15	甲子	6	30	5	16	乙未	7	31	6	18	丙寅
五	3	1	1	14	甲午	3	31	2	14	甲子	4	30	3	14	甲午	5	31	4	16	乙丑	7	1	5	17	丙申	8	1	6	19	丁卯
十	3	2	1	15	乙未	4	1	2	15	乙丑	5	1	3	15	乙未	6	1	4	17	丙寅	7	2	5	18	丁酉	8	2	6	20	戊辰
三	3	3	1	16	丙申	4	2	2	16	丙寅	5	2	3	16	丙申	6	2	4	18	丁卯	7	3	5	19	戊戌	8	3	6	21	己巳
年	3	4	1	17	丁酉	4	3	2	17	丁卯	5	3	3	17	丁酉	6	3	4	19	戊辰	7	4	5	20	己亥	8	4	6	22	庚午
											5	4	3	18	戊戌	6	4	4	20	己巳	7	5	5	21	庚子	8	5	6	23	辛未
																										8	6	6	24	壬申
中氣	雨水					春分					穀雨					小滿					夏至					大暑				
	2/19 4時58分 寅時					3/20 3時37分 寅時					4/19 14時14分 未時					5/20 13時0分 未時					6/20 20時44分 戌時					7/22 7時38分 辰時				

年	甲申																													
月	壬申					癸酉					甲戌					乙亥					丙子					丁丑				
節氣	立秋 8/7 0時13分 子時					白露 9/7 3時25分 寅時					寒露 10/7 19時27分 戌時					立冬 11/6 23時0分 子時					大雪 12/6 16時8分 申時					小寒 1/5 3時28分 寅時				
日	國曆		農曆		干支	國曆		農曆		干支	國曆		農曆		干支	國曆		農曆		干支	國曆		農曆		干支	國曆		農曆		干支
	8	7	6	25	癸酉	9	7	7	26	甲辰	10	7	8	27	甲戌	11	6	9	28	甲辰	12	6	10	28	甲戌	1	5	11	29	甲辰
	8	8	6	26	甲戌	9	8	7	27	乙巳	10	8	8	28	乙亥	11	7	9	29	乙巳	12	7	10	29	乙亥	1	6	11	30	乙巳
	8	9	6	27	乙亥	9	9	7	28	丙午	10	9	8	29	丙子	11	8	9	30	丙午	12	8	11	1	丙子	1	7	12	1	丙午
	8	10	6	28	丙子	9	10	7	29	丁未	10	10	9	1	丁丑	11	9	10	1	丁未	12	9	11	2	丁丑	1	8	12	2	丁未
	8	11	6	29	丁丑	9	11	8	1	戊申	10	11	9	2	戊寅	11	10	10	2	戊申	12	10	11	3	戊寅	1	9	12	3	戊申
	8	12	6	30	戊寅	9	12	8	2	己酉	10	12	9	3	己卯	11	11	10	3	己酉	12	11	11	4	己卯	1	10	12	4	己酉
	8	13	7	1	己卯	9	13	8	3	庚戌	10	13	9	4	庚辰	11	12	10	4	庚戌	12	12	11	5	庚辰	1	11	12	5	庚戌
	8	14	7	2	庚辰	9	14	8	4	辛亥	10	14	9	5	辛巳	11	13	10	5	辛亥	12	13	11	6	辛巳	1	12	12	6	辛亥
	8	15	7	3	辛巳	9	15	8	5	壬子	10	15	9	6	壬午	11	14	10	6	壬子	12	14	11	7	壬午	1	13	12	7	壬子
	8	16	7	4	壬午	9	16	8	6	癸丑	10	16	9	7	癸未	11	15	10	7	癸丑	12	15	11	8	癸未	1	14	12	8	癸丑
	8	17	7	5	癸未	9	17	8	7	甲寅	10	17	9	8	甲申	11	16	10	8	甲寅	12	16	11	9	甲申	1	15	12	9	甲寅
	8	18	7	6	甲申	9	18	8	8	乙卯	10	18	9	9	乙酉	11	17	10	9	乙卯	12	17	11	10	乙酉	1	16	12	10	乙卯
	8	19	7	7	乙酉	9	19	8	9	丙辰	10	19	9	10	丙戌	11	18	10	10	丙辰	12	18	11	11	丙戌	1	17	12	11	丙辰
	8	20	7	8	丙戌	9	20	8	10	丁巳	10	20	9	11	丁亥	11	19	10	11	丁巳	12	19	11	12	丁亥	1	18	12	12	丁巳
	8	21	7	9	丁亥	9	21	8	11	戊午	10	21	9	12	戊子	11	20	10	12	戊午	12	20	11	13	戊子	1	19	12	13	戊午
	8	22	7	10	戊子	9	22	8	12	己未	10	22	9	13	己丑	11	21	10	13	己未	12	21	11	14	己丑	1	20	12	14	己未
	8	23	7	11	己丑	9	23	8	13	庚申	10	23	9	14	庚寅	11	22	10	14	庚申	12	22	11	15	庚寅	1	21	12	15	庚申
	8	24	7	12	庚寅	9	24	8	14	辛酉	10	24	9	15	辛卯	11	23	10	15	辛酉	12	23	11	16	辛卯	1	22	12	16	辛酉
	8	25	7	13	辛卯	9	25	8	15	壬戌	10	25	9	16	壬辰	11	24	10	16	壬戌	12	24	11	17	壬辰	1	23	12	17	壬戌
	8	26	7	14	壬辰	9	26	8	16	癸亥	10	26	9	17	癸巳	11	25	10	17	癸亥	12	25	11	18	癸巳	1	24	12	18	癸亥
	8	27	7	15	癸巳	9	27	8	17	甲子	10	27	9	18	甲午	11	26	10	18	甲子	12	26	11	19	甲午	1	25	12	19	甲子
	8	28	7	16	甲午	9	28	8	18	乙丑	10	28	9	19	乙未	11	27	10	19	乙丑	12	27	11	20	乙未	1	26	12	20	乙丑
	8	29	7	17	乙未	9	29	8	19	丙寅	10	29	9	20	丙申	11	28	10	20	丙寅	12	28	11	21	丙申	1	27	12	21	丙寅
	8	30	7	18	丙申	9	30	8	20	丁卯	10	30	9	21	丁酉	11	29	10	21	丁卯	12	29	11	22	丁酉	1	28	12	22	丁卯
	8	31	7	19	丁酉	10	1	8	21	戊辰	10	31	9	22	戊戌	11	30	10	22	戊辰	12	30	11	23	戊戌	1	29	12	23	戊辰
	9	1	7	20	戊戌	10	2	8	22	己巳	11	1	9	23	己亥	12	1	10	23	己巳	12	31	11	24	己亥	1	30	12	24	己巳
	9	2	7	21	己亥	10	3	8	23	庚午	11	2	9	24	庚子	12	2	10	24	庚午	1	1	11	25	庚子	1	31	12	25	庚午
	9	3	7	22	庚子	10	4	8	24	辛未	11	3	9	25	辛丑	12	3	10	25	辛未	1	2	11	26	辛丑	2	1	12	26	辛未
	9	4	7	23	辛丑	10	5	8	25	壬申	11	4	9	26	壬寅	12	4	10	26	壬申	1	3	11	27	壬寅	2	2	12	27	壬申
	9	5	7	24	壬寅	10	6	8	26	癸酉	11	5	9	27	癸卯	12	5	10	27	癸酉	1	4	11	28	癸卯					
	9	6	7	25	癸卯																									
中氣	處暑 8/22 14時55分 未時					秋分 9/22 12時56分 午時					霜降 10/22 22時41分 亥時					小雪 11/21 20時35分 戌時					冬至 12/21 10時7分 巳時					大寒 1/19 20時47分 戌時				

2064・2065

猴

中華民國一百五十三・一百五十四年

年	乙酉											
月	戊寅			己卯			庚辰			辛巳			壬午			癸未		
節氣	立春 2/3 15時2分 申時			驚蟄 3/5 8時48分 辰時			清明 4/4 13時13分 未時			立夏 5/5 6時4分 卯時			芒種 6/5 9時51分 巳時			小暑 7/6 19時55分 戌時		
日	國曆	農曆	干支	國曆	農曆	干支	國曆	農曆	干支	國曆	農曆	干支	國曆	農曆	干支	國曆	農曆	干支
2065 雞 中華民國一百五十四年	2 3	12 28	癸酉	3 5	1 29	癸卯	4 4	2 29	癸酉	5 5	4 1	甲辰	6 5	5 2	乙亥	7 6	6 3	丙午
	2 4	12 29	甲戌	3 6	1 30	甲辰	4 5	2 30	甲戌	5 6	4 2	乙巳	6 6	5 3	丙子	7 7	6 4	丁未
	2 5	1 1	乙亥	3 7	2 1	乙巳	4 6	3 1	乙亥	5 7	4 3	丙午	6 7	5 4	丁丑	7 8	6 5	戊申
	2 6	1 2	丙子	3 8	2 2	丙午	4 7	3 2	丙子	5 8	4 4	丁未	6 8	5 5	戊寅	7 9	6 6	己酉
	2 7	1 3	丁丑	3 9	2 3	丁未	4 8	3 3	丁丑	5 9	4 5	戊申	6 9	5 6	己卯	7 10	6 7	庚戌
	2 8	1 4	戊寅	3 10	2 4	戊申	4 9	3 4	戊寅	5 10	4 6	己酉	6 10	5 7	庚辰	7 11	6 8	辛亥
	2 9	1 5	己卯	3 11	2 5	己酉	4 10	3 5	己卯	5 11	4 7	庚戌	6 11	5 8	辛巳	7 12	6 9	壬子
	2 10	1 6	庚辰	3 12	2 6	庚戌	4 11	3 6	庚辰	5 12	4 8	辛亥	6 12	5 9	壬午	7 13	6 10	癸丑
	2 11	1 7	辛巳	3 13	2 7	辛亥	4 12	3 7	辛巳	5 13	4 9	壬子	6 13	5 10	癸未	7 14	6 11	甲寅
	2 12	1 8	壬午	3 14	2 8	壬子	4 13	3 8	壬午	5 14	4 10	癸丑	6 14	5 11	甲申	7 15	6 12	乙卯
	2 13	1 9	癸未	3 15	2 9	癸丑	4 14	3 9	癸未	5 15	4 11	甲寅	6 15	5 12	乙酉	7 16	6 13	丙辰
	2 14	1 10	甲申	3 16	2 10	甲寅	4 15	3 10	甲申	5 16	4 12	乙卯	6 16	5 13	丙戌	7 17	6 14	丁巳
	2 15	1 11	乙酉	3 17	2 11	乙卯	4 16	3 11	乙酉	5 17	4 13	丙辰	6 17	5 14	丁亥	7 18	6 15	戊午
	2 16	1 12	丙戌	3 18	2 12	丙辰	4 17	3 12	丙戌	5 18	4 14	丁巳	6 18	5 15	戊子	7 19	6 16	己未
	2 17	1 13	丁亥	3 19	2 13	丁巳	4 18	3 13	丁亥	5 19	4 15	戊午	6 19	5 16	己丑	7 20	6 17	庚申
	2 18	1 14	戊子	3 20	2 14	戊午	4 19	3 14	戊子	5 20	4 16	己未	6 20	5 17	庚寅	7 21	6 18	辛酉
	2 19	1 15	己丑	3 21	2 15	己未	4 20	3 15	己丑	5 21	4 17	庚申	6 21	5 18	辛卯	7 22	6 19	壬戌
	2 20	1 16	庚寅	3 22	2 16	庚申	4 21	3 16	庚寅	5 22	4 18	辛酉	6 22	5 19	壬辰	7 23	6 20	癸亥
	2 21	1 17	辛卯	3 23	2 17	辛酉	4 22	3 17	辛卯	5 23	4 19	壬戌	6 23	5 20	癸巳	7 24	6 21	甲子
	2 22	1 18	壬辰	3 24	2 18	壬戌	4 23	3 18	壬辰	5 24	4 20	癸亥	6 24	5 21	甲午	7 25	6 22	乙丑
	2 23	1 19	癸巳	3 25	2 19	癸亥	4 24	3 19	癸巳	5 25	4 21	甲子	6 25	5 22	乙未	7 26	6 23	丙寅
	2 24	1 20	甲午	3 26	2 20	甲子	4 25	3 20	甲午	5 26	4 22	乙丑	6 26	5 23	丙申	7 27	6 24	丁卯
	2 25	1 21	乙未	3 27	2 21	乙丑	4 26	3 21	乙未	5 27	4 23	丙寅	6 27	5 24	丁酉	7 28	6 25	戊辰
	2 26	1 22	丙申	3 28	2 22	丙寅	4 27	3 22	丙申	5 28	4 24	丁卯	6 28	5 25	戊戌	7 29	6 26	己巳
	2 27	1 23	丁酉	3 29	2 23	丁卯	4 28	3 23	丁酉	5 29	4 25	戊辰	6 29	5 26	己亥	7 30	6 27	庚午
	2 28	1 24	戊戌	3 30	2 24	戊辰	4 29	3 24	戊戌	5 30	4 26	己巳	6 30	5 27	庚子	7 31	6 28	辛未
	3 1	1 25	己亥	3 31	2 25	己巳	4 30	3 25	己亥	5 31	4 27	庚午	7 1	5 28	辛丑	8 1	6 29	壬申
	3 2	1 26	庚子	4 1	2 26	庚午	5 1	3 26	庚子	6 1	4 28	辛未	7 2	5 29	壬寅	8 2	7 1	癸酉
	3 3	1 27	辛丑	4 2	2 27	辛未	5 2	3 27	辛丑	6 2	4 29	壬申	7 3	5 30	癸卯	8 3	7 2	甲戌
	3 4	1 28	壬寅	4 3	2 28	壬申	5 3	3 28	壬寅	6 3	4 30	癸酉	7 4	6 1	甲辰	8 4	7 3	乙亥
							5 4	3 29	癸卯	6 4	5 1	甲戌	7 5	6 2	乙巳	8 5	7 4	丙子
																8 6	7 5	丁丑
中氣	雨水 2/18 10時46分 巳時			春分 3/20 9時27分 巳時			穀雨 4/19 20時5分 戌時			小滿 5/20 18時49分 酉時			夏至 6/21 2時31分 丑時			大暑 7/22 13時23分 未時		

2065・2066 雞 中華民國一百五十四・一百五十五年

年	乙酉																													
月	甲申					乙酉					丙戌					丁亥					戊子					己丑				
節氣	立秋 8/7 5時48分 卯時					白露 9/7 9時1分 巳時					寒露 10/8 1時5分 丑時					立冬 11/7 4時41分 寅時					大雪 12/6 21時52分 亥時					小寒 1/5 9時13分 巳時				
日	國曆		農曆		干支	國曆		農曆		干支	國曆		農曆		干支	國曆		農曆		干支	國曆		農曆		干支	國曆		農曆		干支
	8	7	7	6	戊寅	9	7	8	7	己酉	10	8	9	9	庚辰	11	7	10	10	庚戌	12	6	11	9	己卯	1	5	12	10	己酉
	8	8	7	7	己卯	9	8	8	8	庚戌	10	9	9	10	辛巳	11	8	10	11	辛亥	12	7	11	10	庚辰	1	6	12	11	庚戌
	8	9	7	8	庚辰	9	9	8	9	辛亥	10	10	9	11	壬午	11	9	10	12	壬子	12	8	11	11	辛巳	1	7	12	12	辛亥
	8	10	7	9	辛巳	9	10	8	10	壬子	10	11	9	12	癸未	11	10	10	13	癸丑	12	9	11	12	壬午	1	8	12	13	壬子
	8	11	7	10	壬午	9	11	8	11	癸丑	10	12	9	13	甲申	11	11	10	14	甲寅	12	10	11	13	癸未	1	9	12	14	癸丑
	8	12	7	11	癸未	9	12	8	12	甲寅	10	13	9	14	乙酉	11	12	10	15	乙卯	12	11	11	14	甲申	1	10	12	15	甲寅
	8	13	7	12	甲申	9	13	8	13	乙卯	10	14	9	15	丙戌	11	13	10	16	丙辰	12	12	11	15	乙酉	1	11	12	16	乙卯
	8	14	7	13	乙酉	9	14	8	14	丙辰	10	15	9	16	丁亥	11	14	10	17	丁巳	12	13	11	16	丙戌	1	12	12	17	丙辰
	8	15	7	14	丙戌	9	15	8	15	丁巳	10	16	9	17	戊子	11	15	10	18	戊午	12	14	11	17	丁亥	1	13	12	18	丁巳
	8	16	7	15	丁亥	9	16	8	16	戊午	10	17	9	18	己丑	11	16	10	19	己未	12	15	11	18	戊子	1	14	12	19	戊午
	8	17	7	16	戊子	9	17	8	17	己未	10	18	9	19	庚寅	11	17	10	20	庚申	12	16	11	19	己丑	1	15	12	20	己未
	8	18	7	17	己丑	9	18	8	18	庚申	10	19	9	20	辛卯	11	18	10	21	辛酉	12	17	11	20	庚寅	1	16	12	21	庚申
	8	19	7	18	庚寅	9	19	8	19	辛酉	10	20	9	21	壬辰	11	19	10	22	壬戌	12	18	11	21	辛卯	1	17	12	22	辛酉
	8	20	7	19	辛卯	9	20	8	20	壬戌	10	21	9	22	癸巳	11	20	10	23	癸亥	12	19	11	22	壬辰	1	18	12	23	壬戌
	8	21	7	20	壬辰	9	21	8	21	癸亥	10	22	9	23	甲午	11	21	10	24	甲子	12	20	11	23	癸巳	1	19	12	24	癸亥
	8	22	7	21	癸巳	9	22	8	22	甲子	10	23	9	24	乙未	11	22	10	25	乙丑	12	21	11	24	甲午	1	20	12	25	甲子
	8	23	7	22	甲午	9	23	8	23	乙丑	10	24	9	25	丙申	11	23	10	26	丙寅	12	22	11	25	乙未	1	21	12	26	乙丑
	8	24	7	23	乙未	9	24	8	24	丙寅	10	25	9	26	丁酉	11	24	10	27	丁卯	12	23	11	26	丙申	1	22	12	27	丙寅
	8	25	7	24	丙申	9	25	8	25	丁卯	10	26	9	27	戊戌	11	25	10	28	戊辰	12	24	11	27	丁酉	1	23	12	28	丁卯
	8	26	7	25	丁酉	9	26	8	26	戊辰	10	27	9	28	己亥	11	26	10	29	己巳	12	25	11	28	戊戌	1	24	12	29	戊辰
	8	27	7	26	戊戌	9	27	8	27	己巳	10	28	9	29	庚子	11	27	10	30	庚午	12	26	11	29	己亥	1	25	12	30	己巳
	8	28	7	27	己亥	9	28	8	28	庚午	10	29	10	1	辛丑	11	28	11	1	辛未	12	27	12	1	庚子	1	26	1	1	庚午
	8	29	7	28	庚子	9	29	8	29	辛未	10	30	10	2	壬寅	11	29	11	2	壬申	12	28	12	2	辛丑	1	27	1	2	辛未
	8	30	7	29	辛丑	9	30	9	1	壬申	10	31	10	3	癸卯	11	30	11	3	癸酉	12	29	12	3	壬寅	1	28	1	3	壬申
	8	31	7	30	壬寅	10	1	9	2	癸酉	11	1	10	4	甲辰	12	1	11	4	甲戌	12	30	12	4	癸卯	1	29	1	4	癸酉
	9	1	8	1	癸卯	10	2	9	3	甲戌	11	2	10	5	乙巳	12	2	11	5	乙亥	12	31	12	5	甲辰	1	30	1	5	甲戌
	9	2	8	2	甲辰	10	3	9	4	乙亥	11	3	10	6	丙午	12	3	11	6	丙子	1	1	12	6	乙巳	1	31	1	6	乙亥
	9	3	8	3	乙巳	10	4	9	5	丙子	11	4	10	7	丁未	12	4	11	7	丁丑	1	2	12	7	丙午	2	1	1	7	丙子
	9	4	8	4	丙午	10	5	9	6	丁丑	11	5	10	8	戊申	12	5	11	8	戊寅	1	3	12	8	丁未	2	2	1	8	丁丑
	9	5	8	5	丁未	10	6	9	7	戊寅	11	6	10	9	己酉						1	4	12	9	戊申					
	9	6	8	6	戊申	10	7	9	8	己卯																				
中氣	處暑 8/22 20時40分 戌時					秋分 9/22 18時41分 酉時					霜降 10/23 4時28分 寅時					小雪 11/22 2時25分 丑時					冬至 12/21 15時59分 申時					大寒 1/20 2時41分 丑時				

年	丙戌																													
月	庚寅					辛卯					壬辰					癸巳					甲午					乙未				
節氣	立春					驚蟄					清明					立夏					芒種					小暑				
	2/3 20時48分 戌時					3/5 14時33分 未時					4/4 18時56分 酉時					5/5 11時47分 午時					6/5 15時35分 申時					7/7 1時41分 丑時				
日	國曆		農曆		干支	國曆		農曆		干支	國曆		農曆		干支	國曆		農曆		干支	國曆		農曆		干支	國曆		農曆		干支
	2	3	1	9	戊寅	3	5	2	10	戊申	4	4	3	10	戊寅	5	5	4	12	己酉	6	5	5	13	庚辰	7	7	5	15	壬子
	2	4	1	10	己卯	3	6	2	11	己酉	4	5	3	11	己卯	5	6	4	13	庚戌	6	6	5	14	辛巳	7	8	5	16	癸丑
	2	5	1	11	庚辰	3	7	2	12	庚戌	4	6	3	12	庚辰	5	7	4	14	辛亥	6	7	5	15	壬午	7	9	5	17	甲寅
	2	6	1	12	辛巳	3	8	2	13	辛亥	4	7	3	13	辛巳	5	8	4	15	壬子	6	8	5	16	癸未	7	10	5	18	乙卯
2066	2	7	1	13	壬午	3	9	2	14	壬子	4	8	3	14	壬午	5	9	4	16	癸丑	6	9	5	17	甲申	7	11	5	19	丙辰
	2	8	1	14	癸未	3	10	2	15	癸丑	4	9	3	15	癸未	5	10	4	17	甲寅	6	10	5	18	乙酉	7	12	5	20	丁巳
	2	9	1	15	甲申	3	11	2	16	甲寅	4	10	3	16	甲申	5	11	4	18	乙卯	6	11	5	19	丙戌	7	13	5	21	戊午
	2	10	1	16	乙酉	3	12	2	17	乙卯	4	11	3	17	乙酉	5	12	4	19	丙辰	6	12	5	20	丁亥	7	14	5	22	己未
	2	11	1	17	丙戌	3	13	2	18	丙辰	4	12	3	18	丙戌	5	13	4	20	丁巳	6	13	5	21	戊子	7	15	5	23	庚申
	2	12	1	18	丁亥	3	14	2	19	丁巳	4	13	3	19	丁亥	5	14	4	21	戊午	6	14	5	22	己丑	7	16	5	24	辛酉
	2	13	1	19	戊子	3	15	2	20	戊午	4	14	3	20	戊子	5	15	4	22	己未	6	15	5	23	庚寅	7	17	5	25	壬戌
	2	14	1	20	己丑	3	16	2	21	己未	4	15	3	21	己丑	5	16	4	23	庚申	6	16	5	24	辛卯	7	18	5	26	癸亥
	2	15	1	21	庚寅	3	17	2	22	庚申	4	16	3	22	庚寅	5	17	4	24	辛酉	6	17	5	25	壬辰	7	19	5	27	甲子
	2	16	1	22	辛卯	3	18	2	23	辛酉	4	17	3	23	辛卯	5	18	4	25	壬戌	6	18	5	26	癸巳	7	20	5	28	乙丑
狗	2	17	1	23	壬辰	3	19	2	24	壬戌	4	18	3	24	壬辰	5	19	4	26	癸亥	6	19	5	27	甲午	7	21	5	29	丙寅
	2	18	1	24	癸巳	3	20	2	25	癸亥	4	19	3	25	癸巳	5	20	4	27	甲子	6	20	5	28	乙未	7	22	6	1	丁卯
	2	19	1	25	甲午	3	21	2	26	甲子	4	20	3	26	甲午	5	21	4	28	乙丑	6	21	5	29	丙申	7	23	6	2	戊辰
	2	20	1	26	乙未	3	22	2	27	乙丑	4	21	3	27	乙未	5	22	4	29	丙寅	6	22	5	30	丁酉	7	24	6	3	己巳
	2	21	1	27	丙申	3	23	2	28	丙寅	4	22	3	28	丙申	5	23	4	30	丁卯	6	23	閏5	1	戊戌	7	25	6	4	庚午
	2	22	1	28	丁酉	3	24	2	29	丁卯	4	23	3	29	丁酉	5	24	5	1	戊辰	6	24	5	2	己亥	7	26	6	5	辛未
中華民國一百五十五年	2	23	1	29	戊戌	3	25	2	30	戊辰	4	24	4	1	戊戌	5	25	5	2	己巳	6	25	5	3	庚子	7	27	6	6	壬申
	2	24	2	1	己亥	3	26	3	1	己巳	4	25	4	2	己亥	5	26	5	3	庚午	6	26	5	4	辛丑	7	28	6	7	癸酉
	2	25	2	2	庚子	3	27	3	2	庚午	4	26	4	3	庚子	5	27	5	4	辛未	6	27	5	5	壬寅	7	29	6	8	甲戌
	2	26	2	3	辛丑	3	28	3	3	辛未	4	27	4	4	辛丑	5	28	5	5	壬申	6	28	5	6	癸卯	7	30	6	9	乙亥
	2	27	2	4	壬寅	3	29	3	4	壬申	4	28	4	5	壬寅	5	29	5	6	癸酉	6	29	5	7	甲辰	7	31	6	10	丙子
	2	28	2	5	癸卯	3	30	3	5	癸酉	4	29	4	6	癸卯	5	30	5	7	甲戌	6	30	5	8	乙巳	8	1	6	11	丁丑
	3	1	2	6	甲辰	3	31	3	6	甲戌	4	30	4	7	甲辰	5	31	5	8	乙亥	7	1	5	9	丙午	8	2	6	12	戊寅
	3	2	2	7	乙巳	4	1	3	7	乙亥	5	1	4	8	乙巳	6	1	5	9	丙子	7	2	5	10	丁未	8	3	6	13	己卯
	3	3	2	8	丙午	4	2	3	8	丙子	5	2	4	9	丙午	6	2	5	10	丁丑	7	3	5	11	戊申	8	4	6	14	庚辰
	3	4	2	9	丁未	4	3	3	9	丁丑	5	3	4	10	丁未	6	3	5	11	戊寅	7	4	5	12	己酉	8	5	6	15	辛巳
											5	4	4	11	戊申	6	4	5	12	己卯	7	5	5	13	庚戌	8	6	6	16	壬午
																					7	6	5	14	辛亥					
中氣	雨水					春分					穀雨					小滿					夏至					大暑				
	2/18 16時39分 申時					3/20 15時18分 申時					4/20 1時54分 丑時					5/21 0時36分 子時					6/21 8時15分 辰時					7/22 19時5分 戌時				

年	丙戌																	
月	丙申			丁酉			戊戌			己亥			庚子			辛丑		
節氣	立秋 8/7 11時36分 午時			白露 9/7 14時52分 未時			寒露 10/8 6時59分 卯時			立冬 11/7 10時38分 巳時			大雪 12/7 3時47分 寅時			小寒 1/5 15時6分 申時		
日	國曆	農曆	干支	國曆	農曆	干支	國曆	農曆	干支	國曆	農曆	干支	國曆	農曆	干支	國曆	農曆	干支
2066・2067 狗 中華民國一百五十五・一百五十六年	8 7	6 17	癸未	9 7	7 18	甲寅	10 8	8 20	乙酉	11 7	9 20	乙卯	12 7	10 21	乙酉	1 5	11 20	甲寅
	8 8	6 18	甲申	9 8	7 19	乙卯	10 9	8 21	丙戌	11 8	9 21	丙辰	12 8	10 22	丙戌	1 6	11 21	乙卯
	8 9	6 19	乙酉	9 9	7 20	丙辰	10 10	8 22	丁亥	11 9	9 22	丁巳	12 9	10 23	丁亥	1 7	11 22	丙辰
	8 10	6 20	丙戌	9 10	7 21	丁巳	10 11	8 23	戊子	11 10	9 23	戊午	12 10	10 24	戊子	1 8	11 23	丁巳
	8 11	6 21	丁亥	9 11	7 22	戊午	10 12	8 24	己丑	11 11	9 24	己未	12 11	10 25	己丑	1 9	11 24	戊午
	8 12	6 22	戊子	9 12	7 23	己未	10 13	8 25	庚寅	11 12	9 25	庚申	12 12	10 26	庚寅	1 10	11 25	己未
	8 13	6 23	己丑	9 13	7 24	庚申	10 14	8 26	辛卯	11 13	9 26	辛酉	12 13	10 27	辛卯	1 11	11 26	庚申
	8 14	6 24	庚寅	9 14	7 25	辛酉	10 15	8 27	壬辰	11 14	9 27	壬戌	12 14	10 28	壬辰	1 12	11 27	辛酉
	8 15	6 25	辛卯	9 15	7 26	壬戌	10 16	8 28	癸巳	11 15	9 28	癸亥	12 15	10 29	癸巳	1 13	11 28	壬戌
	8 16	6 26	壬辰	9 16	7 27	癸亥	10 17	8 29	甲午	11 16	9 29	甲子	12 16	10 30	甲午	1 14	11 29	癸亥
	8 17	6 27	癸巳	9 17	7 28	甲子	10 18	8 30	乙未	11 17	10 1	乙丑	12 17	11 1	乙未	1 15	12 1	甲子
	8 18	6 28	甲午	9 18	7 29	乙丑	10 19	9 1	丙申	11 18	10 2	丙寅	12 18	11 2	丙申	1 16	12 2	乙丑
	8 19	6 29	乙未	9 19	8 1	丙寅	10 20	9 2	丁酉	11 19	10 3	丁卯	12 19	11 3	丁酉	1 17	12 3	丙寅
	8 20	6 30	丙申	9 20	8 2	丁卯	10 21	9 3	戊戌	11 20	10 4	戊辰	12 20	11 4	戊戌	1 18	12 4	丁卯
	8 21	7 1	丁酉	9 21	8 3	戊辰	10 22	9 4	己亥	11 21	10 5	己巳	12 21	11 5	己亥	1 19	12 5	戊辰
	8 22	7 2	戊戌	9 22	8 4	己巳	10 23	9 5	庚子	11 22	10 6	庚午	12 22	11 6	庚子	1 20	12 6	己巳
	8 23	7 3	己亥	9 23	8 5	庚午	10 24	9 6	辛丑	11 23	10 7	辛未	12 23	11 7	辛丑	1 21	12 7	庚午
	8 24	7 4	庚子	9 24	8 6	辛未	10 25	9 7	壬寅	11 24	10 8	壬申	12 24	11 8	壬寅	1 22	12 8	辛未
	8 25	7 5	辛丑	9 25	8 7	壬申	10 26	9 8	癸卯	11 25	10 9	癸酉	12 25	11 9	癸卯	1 23	12 9	壬申
	8 26	7 6	壬寅	9 26	8 8	癸酉	10 27	9 9	甲辰	11 26	10 10	甲戌	12 26	11 10	甲辰	1 24	12 10	癸酉
	8 27	7 7	癸卯	9 27	8 9	甲戌	10 28	9 10	乙巳	11 27	10 11	乙亥	12 27	11 11	乙巳	1 25	12 11	甲戌
	8 28	7 8	甲辰	9 28	8 10	乙亥	10 29	9 11	丙午	11 28	10 12	丙子	12 28	11 12	丙午	1 26	12 12	乙亥
	8 29	7 9	乙巳	9 29	8 11	丙子	10 30	9 12	丁未	11 29	10 13	丁丑	12 29	11 13	丁未	1 27	12 13	丙子
	8 30	7 10	丙午	9 30	8 12	丁丑	10 31	9 13	戊申	11 30	10 14	戊寅	12 30	11 14	戊申	1 28	12 14	丁丑
	8 31	7 11	丁未	10 1	8 13	戊寅	11 1	9 14	己酉	12 1	10 15	己卯	12 31	11 15	己酉	1 29	12 15	戊寅
	9 1	7 12	戊申	10 2	8 14	己卯	11 2	9 15	庚戌	12 2	10 16	庚辰	1 1	11 16	庚戌	1 30	12 16	己卯
	9 2	7 13	己酉	10 3	8 15	庚辰	11 3	9 16	辛亥	12 3	10 17	辛巳	1 2	11 17	辛亥	1 31	12 17	庚辰
	9 3	7 14	庚戌	10 4	8 16	辛巳	11 4	9 17	壬子	12 4	10 18	壬午	1 3	11 18	壬子	2 1	12 18	辛巳
	9 4	7 15	辛亥	10 5	8 17	壬午	11 5	9 18	癸丑	12 5	10 19	癸未	1 4	11 19	癸丑	2 2	12 19	壬午
	9 5	7 16	壬子	10 6	8 18	癸未	11 6	9 19	甲寅	12 6	10 20	甲申				2 3	12 20	癸未
	9 6	7 17	癸丑	10 7	8 19	甲申												
中氣	處暑 8/23 2時22分 丑時			秋分 9/23 0時26分 子時			霜降 10/23 10時15分 巳時			小雪 11/22 8時12分 辰時			冬至 12/21 21時44分 亥時			大寒 1/20 8時22分 辰時		

年	丁亥																	
月	壬寅			癸卯			甲辰			乙巳			丙午			丁未		
節氣	立春			驚蟄			清明			立夏			芒種			小暑		
	2/4 2時36分 丑時			3/5 20時17分 戌時			4/5 0時39分 子時			5/5 17時31分 酉時			6/5 21時20分 亥時			7/7 7時28分 辰時		
日	國曆	農曆	干支	國曆	農曆	干支	國曆	農曆	干支	國曆	農曆	干支	國曆	農曆	干支	國曆	農曆	干支
2067 豬 中華民國一百五十六年	2 4	12 21	甲申	3 5	1 20	癸丑	4 5	2 22	甲申	5 5	3 22	甲寅	6 5	4 24	乙酉	7 7	5 26	丁巳
	2 5	12 22	乙酉	3 6	1 21	甲寅	4 6	2 23	乙酉	5 6	3 23	乙卯	6 6	4 25	丙戌	7 8	5 27	戊午
	2 6	12 23	丙戌	3 7	1 22	乙卯	4 7	2 24	丙戌	5 7	3 24	丙辰	6 7	4 26	丁亥	7 9	5 28	己未
	2 7	12 24	丁亥	3 8	1 23	丙辰	4 8	2 25	丁亥	5 8	3 25	丁巳	6 8	4 27	戊子	7 10	5 29	庚申
	2 8	12 25	戊子	3 9	1 24	丁巳	4 9	2 26	戊子	5 9	3 26	戊午	6 9	4 28	己丑	7 11	6 1	辛酉
	2 9	12 26	己丑	3 10	1 25	戊午	4 10	2 27	己丑	5 10	3 27	己未	6 10	4 29	庚寅	7 12	6 2	壬戌
	2 10	12 27	庚寅	3 11	1 26	己未	4 11	2 28	庚寅	5 11	3 28	庚申	6 11	4 30	辛卯	7 13	6 3	癸亥
	2 11	12 28	辛卯	3 12	1 27	庚申	4 12	2 29	辛卯	5 12	3 29	辛酉	6 12	5 1	壬辰	7 14	6 4	甲子
	2 12	12 29	壬辰	3 13	1 28	辛酉	4 13	2 30	壬辰	5 13	4 1	壬戌	6 13	5 2	癸巳	7 15	6 5	乙丑
	2 13	12 30	癸巳	3 14	1 29	壬戌	4 14	3 1	癸巳	5 14	4 2	癸亥	6 14	5 3	甲午	7 16	6 6	丙寅
	2 14	1 1	甲午	3 15	2 1	癸亥	4 15	3 2	甲午	5 15	4 3	甲子	6 15	5 4	乙未	7 17	6 7	丁卯
	2 15	1 2	乙未	3 16	2 2	甲子	4 16	3 3	乙未	5 16	4 4	乙丑	6 16	5 5	丙申	7 18	6 8	戊辰
	2 16	1 3	丙申	3 17	2 3	乙丑	4 17	3 4	丙申	5 17	4 5	丙寅	6 17	5 6	丁酉	7 19	6 9	己巳
	2 17	1 4	丁酉	3 18	2 4	丙寅	4 18	3 5	丁酉	5 18	4 6	丁卯	6 18	5 7	戊戌	7 20	6 10	庚午
	2 18	1 5	戊戌	3 19	2 5	丁卯	4 19	3 6	戊戌	5 19	4 7	戊辰	6 19	5 8	己亥	7 21	6 11	辛未
	2 19	1 6	己亥	3 20	2 6	戊辰	4 20	3 7	己亥	5 20	4 8	己巳	6 20	5 9	庚子	7 22	6 12	壬申
	2 20	1 7	庚子	3 21	2 7	己巳	4 21	3 8	庚子	5 21	4 9	庚午	6 21	5 10	辛丑	7 23	6 13	癸酉
	2 21	1 8	辛丑	3 22	2 8	庚午	4 22	3 9	辛丑	5 22	4 10	辛未	6 22	5 11	壬寅	7 24	6 14	甲戌
	2 22	1 9	壬寅	3 23	2 9	辛未	4 23	3 10	壬寅	5 23	4 11	壬申	6 23	5 12	癸卯	7 25	6 15	乙亥
	2 23	1 10	癸卯	3 24	2 10	壬申	4 24	3 11	癸卯	5 24	4 12	癸酉	6 24	5 13	甲辰	7 26	6 16	丙子
	2 24	1 11	甲辰	3 25	2 11	癸酉	4 25	3 12	甲辰	5 25	4 13	甲戌	6 25	5 14	乙巳	7 27	6 17	丁丑
	2 25	1 12	乙巳	3 26	2 12	甲戌	4 26	3 13	乙巳	5 26	4 14	乙亥	6 26	5 15	丙午	7 28	6 18	戊寅
	2 26	1 13	丙午	3 27	2 13	乙亥	4 27	3 14	丙午	5 27	4 15	丙子	6 27	5 16	丁未	7 29	6 19	己卯
	2 27	1 14	丁未	3 28	2 14	丙子	4 28	3 15	丁未	5 28	4 16	丁丑	6 28	5 17	戊申	7 30	6 20	庚辰
	2 28	1 15	戊申	3 29	2 15	丁丑	4 29	3 16	戊申	5 29	4 17	戊寅	6 29	5 18	己酉	7 31	6 21	辛巳
	3 1	1 16	己酉	3 30	2 16	戊寅	4 30	3 17	己酉	5 30	4 18	己卯	6 30	5 19	庚戌	8 1	6 22	壬午
	3 2	1 17	庚戌	3 31	2 17	己卯	5 1	3 18	庚戌	5 31	4 19	庚辰	7 1	5 20	辛亥	8 2	6 23	癸未
	3 3	1 18	辛亥	4 1	2 18	庚辰	5 2	3 19	辛亥	6 1	4 20	辛巳	7 2	5 21	壬子	8 3	6 24	甲申
	3 4	1 19	壬子	4 2	2 19	辛巳	5 3	3 20	壬子	6 2	4 21	壬午	7 3	5 22	癸丑	8 4	6 25	乙酉
				4 3	2 20	壬午	5 4	3 21	癸丑	6 3	4 22	癸未	7 4	5 23	甲寅	8 5	6 26	丙戌
				4 4	2 21	癸未				6 4	4 23	甲申	7 5	5 24	乙卯	8 6	6 27	丁亥
													7 6	5 25	丙辰			
中氣	雨水			春分			穀雨			小滿			夏至			大暑		
	2/18 22時16分 亥時			3/20 20時52分 戌時			4/20 7時27分 辰時			5/21 6時12分 卯時			6/21 13時55分 未時			7/23 0時49分 子時		

年	丁亥														
月	戊申					己酉					庚戌				
節氣	立秋 8/7 17時24分 酉時					白露 9/7 20時41分 戌時					寒露 10/8 12時50分 午時				
日	國曆		農曆		干支	國曆		農曆		干支	國曆		農曆		干支
	8	7	6	28	戊子	9	7	7	29	己未	10	8	9	1	庚寅
	8	8	6	29	己丑	9	8	7	30	庚申	10	9	9	2	辛卯
	8	9	6	30	庚寅	9	9	8	1	辛酉	10	10	9	3	壬辰
	8	10	7	1	辛卯	9	10	8	2	壬戌	10	11	9	4	癸巳
	8	11	7	2	壬辰	9	11	8	3	癸亥	10	12	9	5	甲午
	8	12	7	3	癸巳	9	12	8	4	甲子	10	13	9	6	乙未
	8	13	7	4	甲午	9	13	8	5	乙丑	10	14	9	7	丙申
	8	14	7	5	乙未	9	14	8	6	丙寅	10	15	9	8	丁酉
	8	15	7	6	丙申	9	15	8	7	丁卯	10	16	9	9	戊戌
	8	16	7	7	丁酉	9	16	8	8	戊辰	10	17	9	10	己亥
	8	17	7	8	戊戌	9	17	8	9	己巳	10	18	9	11	庚子
	8	18	7	9	己亥	9	18	8	10	庚午	10	19	9	12	辛丑
	8	19	7	10	庚子	9	19	8	11	辛未	10	20	9	13	壬寅
	8	20	7	11	辛丑	9	20	8	12	壬申	10	21	9	14	癸卯
	8	21	7	12	壬寅	9	21	8	13	癸酉	10	22	9	15	甲辰
	8	22	7	13	癸卯	9	22	8	14	甲戌	10	23	9	16	乙巳
	8	23	7	14	甲辰	9	23	8	15	乙亥	10	24	9	17	丙午
	8	24	7	15	乙巳	9	24	8	16	丙子	10	25	9	18	丁未
	8	25	7	16	丙午	9	25	8	17	丁丑	10	26	9	19	戊申
	8	26	7	17	丁未	9	26	8	18	戊寅	10	27	9	20	己酉
	8	27	7	18	戊申	9	27	8	19	己卯	10	28	9	21	庚戌
	8	28	7	19	己酉	9	28	8	20	庚辰	10	29	9	22	辛亥
	8	29	7	20	庚戌	9	29	8	21	辛巳	10	30	9	23	壬子
	8	30	7	21	辛亥	9	30	8	22	壬午	10	31	9	24	癸丑
	8	31	7	22	壬子	10	1	8	23	癸未	11	1	9	25	甲寅
	9	1	7	23	癸丑	10	2	8	24	甲申	11	2	9	26	乙卯
	9	2	7	24	甲寅	10	3	8	25	乙酉	11	3	9	27	丙辰
	9	3	7	25	乙卯	10	4	8	26	丙戌	11	4	9	28	丁巳
	9	4	7	26	丙辰	10	5	8	27	丁亥	11	5	9	29	戊午
	9	5	7	27	丁巳	10	6	8	28	戊子	11	6	9	30	己未
	9	6	7	28	戊午	10	7	8	29	己丑					
中氣	處暑 8/23 8時11分 辰時					秋分 9/23 6時18分 卯時					霜降 10/23 16時10分 申時				

年	丁亥														
月	辛亥					壬子					癸丑				
節氣	立冬 11/7 16時29分 申時					大雪 12/7 9時39分 巳時					小寒 1/5 20時58分 戌時				
日	國曆		農曆		干支	國曆		農曆		干支	國曆		農曆		干支
	11	7	10	1	庚申	12	7	11	2	庚寅	1	5	12	1	己未
	11	8	10	2	辛酉	12	8	11	3	辛卯	1	6	12	2	庚申
	11	9	10	3	壬戌	12	9	11	4	壬辰	1	7	12	3	辛酉
	11	10	10	4	癸亥	12	10	11	5	癸巳	1	8	12	4	壬戌
	11	11	10	5	甲子	12	11	11	6	甲午	1	9	12	5	癸亥
	11	12	10	6	乙丑	12	12	11	7	乙未	1	10	12	6	甲子
	11	13	10	7	丙寅	12	13	11	8	丙申	1	11	12	7	乙丑
	11	14	10	8	丁卯	12	14	11	9	丁酉	1	12	12	8	丙寅
	11	15	10	9	戊辰	12	15	11	10	戊戌	1	13	12	9	丁卯
	11	16	10	10	己巳	12	16	11	11	己亥	1	14	12	10	戊辰
	11	17	10	11	庚午	12	17	11	12	庚子	1	15	12	11	己巳
	11	18	10	12	辛未	12	18	11	13	辛丑	1	16	12	12	庚午
	11	19	10	13	壬申	12	19	11	14	壬寅	1	17	12	13	辛未
	11	20	10	14	癸酉	12	20	11	15	癸卯	1	18	12	14	壬申
	11	21	10	15	甲戌	12	21	11	16	甲辰	1	19	12	15	癸酉
	11	22	10	16	乙亥	12	22	11	17	乙巳	1	20	12	16	甲戌
	11	23	10	17	丙子	12	23	11	18	丙午	1	21	12	17	乙亥
	11	24	10	18	丁丑	12	24	11	19	丁未	1	22	12	18	丙子
	11	25	10	19	戊寅	12	25	11	20	戊申	1	23	12	19	丁丑
	11	26	10	20	己卯	12	26	11	21	己酉	1	24	12	20	戊寅
	11	27	10	21	庚辰	12	27	11	22	庚戌	1	25	12	21	己卯
	11	28	10	22	辛巳	12	28	11	23	辛亥	1	26	12	22	庚辰
	11	29	10	23	壬午	12	29	11	24	壬子	1	27	12	23	辛巳
	11	30	10	24	癸未	12	30	11	25	癸丑	1	28	12	24	壬午
	12	1	10	25	甲申	12	31	11	26	甲寅	1	29	12	25	癸未
	12	2	10	26	乙酉	1	1	11	27	乙卯	1	30	12	26	甲申
	12	3	10	27	丙戌	1	2	11	28	丙辰	1	31	12	27	乙酉
	12	4	10	28	丁亥	1	3	11	29	丁巳	2	1	12	28	丙戌
	12	5	10	29	戊子	1	4	11	30	戊午	2	2	12	29	丁亥
	12	6	11	1	己丑						2	3	1	1	戊子
中氣	小雪 11/22 14時9分 未時					冬至 12/22 3時42分 寅時					大寒 1/20 14時19分 未時				

2067・2068 豬 中華民國一百五十六・一百五十七年

年	戊子																													
月	甲寅					乙卯					丙辰					丁巳					戊午					己未				
節氣	立春 2/4 8時28分 辰時					驚蟄 3/5 2時8分 丑時					清明 4/4 6時28分 卯時					立夏 5/4 23時19分 子時					芒種 6/5 3時8分 寅時					小暑 7/6 13時16分 未時				
日	國曆		農曆		干支	國曆		農曆		干支	國曆		農曆		干支	國曆		農曆		干支	國曆		農曆		干支	國曆		農曆		干支
2068 鼠 中華民國一百五十七年	2	4	1	2	己丑	3	5	2	2	己未	4	4	3	3	己丑	5	4	4	3	己未	6	5	5	6	辛卯	7	6	6	8	壬戌
	2	5	1	3	庚寅	3	6	2	3	庚申	4	5	3	4	庚寅	5	5	4	4	庚申	6	6	5	7	壬辰	7	7	6	9	癸亥
	2	6	1	4	辛卯	3	7	2	4	辛酉	4	6	3	5	辛卯	5	6	4	5	辛酉	6	7	5	8	癸巳	7	8	6	10	甲子
	2	7	1	5	壬辰	3	8	2	5	壬戌	4	7	3	6	壬辰	5	7	4	6	壬戌	6	8	5	9	甲午	7	9	6	11	乙丑
	2	8	1	6	癸巳	3	9	2	6	癸亥	4	8	3	7	癸巳	5	8	4	7	癸亥	6	9	5	10	乙未	7	10	6	12	丙寅
	2	9	1	7	甲午	3	10	2	7	甲子	4	9	3	8	甲午	5	9	4	8	甲子	6	10	5	11	丙申	7	11	6	13	丁卯
	2	10	1	8	乙未	3	11	2	8	乙丑	4	10	3	9	乙未	5	10	4	9	乙丑	6	11	5	12	丁酉	7	12	6	14	戊辰
	2	11	1	9	丙申	3	12	2	9	丙寅	4	11	3	10	丙申	5	11	4	10	丙寅	6	12	5	13	戊戌	7	13	6	15	己巳
	2	12	1	10	丁酉	3	13	2	10	丁卯	4	12	3	11	丁酉	5	12	4	11	丁卯	6	13	5	14	己亥	7	14	6	16	庚午
	2	13	1	11	戊戌	3	14	2	11	戊辰	4	13	3	12	戊戌	5	13	4	12	戊辰	6	14	5	15	庚子	7	15	6	17	辛未
	2	14	1	12	己亥	3	15	2	12	己巳	4	14	3	13	己亥	5	14	4	13	己巳	6	15	5	16	辛丑	7	16	6	18	壬申
	2	15	1	13	庚子	3	16	2	13	庚午	4	15	3	14	庚子	5	15	4	14	庚午	6	16	5	17	壬寅	7	17	6	19	癸酉
	2	16	1	14	辛丑	3	17	2	14	辛未	4	16	3	15	辛丑	5	16	4	15	辛未	6	17	5	18	癸卯	7	18	6	20	甲戌
	2	17	1	15	壬寅	3	18	2	15	壬申	4	17	3	16	壬寅	5	17	4	16	壬申	6	18	5	19	甲辰	7	19	6	21	乙亥
	2	18	1	16	癸卯	3	19	2	16	癸酉	4	18	3	17	癸卯	5	18	4	17	癸酉	6	19	5	20	乙巳	7	20	6	22	丙子
	2	19	1	17	甲辰	3	20	2	17	甲戌	4	19	3	18	甲辰	5	19	4	18	甲戌	6	20	5	21	丙午	7	21	6	23	丁丑
	2	20	1	18	乙巳	3	21	2	18	乙亥	4	20	3	19	乙巳	5	20	4	19	乙亥	6	21	5	22	丁未	7	22	6	24	戊寅
	2	21	1	19	丙午	3	22	2	19	丙子	4	21	3	20	丙午	5	21	4	20	丙子	6	22	5	23	戊申	7	23	6	25	己卯
	2	22	1	20	丁未	3	23	2	20	丁丑	4	22	3	21	丁未	5	22	4	21	丁丑	6	23	5	24	己酉	7	24	6	26	庚辰
	2	23	1	21	戊申	3	24	2	21	戊寅	4	23	3	22	戊申	5	23	4	22	戊寅	6	24	5	25	庚戌	7	25	6	27	辛巳
	2	24	1	22	己酉	3	25	2	22	己卯	4	24	3	23	己酉	5	24	4	23	己卯	6	25	5	26	辛亥	7	26	6	28	壬午
	2	25	1	23	庚戌	3	26	2	23	庚辰	4	25	3	24	庚戌	5	25	4	24	庚辰	6	26	5	27	壬子	7	27	6	29	癸未
	2	26	1	24	辛亥	3	27	2	24	辛巳	4	26	3	25	辛亥	5	26	4	25	辛巳	6	27	5	28	癸丑	7	28	6	30	甲申
	2	27	1	25	壬子	3	28	2	25	壬午	4	27	3	26	壬子	5	27	4	26	壬午	6	28	5	29	甲寅	7	29	7	1	乙酉
	2	28	1	26	癸丑	3	29	2	26	癸未	4	28	3	27	癸丑	5	28	4	27	癸未	6	29	6	1	乙卯	7	30	7	2	丙戌
	2	29	1	27	甲寅	3	30	2	27	甲申	4	29	3	28	甲寅	5	29	4	28	甲申	6	30	6	2	丙辰	7	31	7	3	丁亥
	3	1	1	28	乙卯	3	31	2	28	乙酉	4	30	3	29	乙卯	5	30	4	29	乙酉	7	1	6	3	丁巳	8	1	7	4	戊子
	3	2	1	29	丙辰	4	1	2	29	丙戌	5	1	3	30	丙辰	5	31	5	1	丙戌	7	2	6	4	戊午	8	2	7	5	己丑
	3	3	1	30	丁巳	4	2	3	1	丁亥	5	2	4	1	丁巳	6	1	5	2	丁亥	7	3	6	5	己未	8	3	7	6	庚寅
	3	4	2	1	戊午	4	3	3	2	戊子	5	3	4	2	戊午	6	2	5	3	戊子	7	4	6	6	庚申	8	4	7	7	辛卯
																6	3	5	4	己丑	7	5	6	7	辛酉	8	5	7	8	壬辰
																6	4	5	5	庚寅										
中氣	雨水 2/19 4時12分 寅時					春分 3/20 2時48分 丑時					穀雨 4/19 13時23分 未時					小滿 5/20 12時9分 午時					夏至 6/20 19時52分 戌時					大暑 7/22 6時45分 卯時				

戊子																														年
庚申					辛酉					壬戌					癸亥					甲子					乙丑					月
立秋					白露					寒露					立冬					大雪					小寒					節氣
8/6 23時10分 子時					9/7 2時24分 丑時					10/7 18時32分 酉時					11/6 22時12分 亥時					12/6 15時25分 申時					1/5 2時47分 丑時					
國曆		農曆		干支	國曆		農曆		干支	國曆		農曆		干支	國曆		農曆		干支	國曆		農曆		干支	國曆		農曆		干支	日
8	6	7	9	癸巳	9	7	8	11	乙丑	10	7	9	12	乙未	11	6	10	12	乙丑	12	6	11	12	乙未	1	5	12	13	乙丑	2068・2069
8	7	7	10	甲午	9	8	8	12	丙寅	10	8	9	13	丙申	11	7	10	13	丙寅	12	7	11	13	丙申	1	6	12	14	丙寅	
8	8	7	11	乙未	9	9	8	13	丁卯	10	9	9	14	丁酉	11	8	10	14	丁卯	12	8	11	14	丁酉	1	7	12	15	丁卯	
8	9	7	12	丙申	9	10	8	14	戊辰	10	10	9	15	戊戌	11	9	10	15	戊辰	12	9	11	15	戊戌	1	8	12	16	戊辰	
8	10	7	13	丁酉	9	11	8	15	己巳	10	11	9	16	己亥	11	10	10	16	己巳	12	10	11	16	己亥	1	9	12	17	己巳	
8	11	7	14	戊戌	9	12	8	16	庚午	10	12	9	17	庚子	11	11	10	17	庚午	12	11	11	17	庚子	1	10	12	18	庚午	
8	12	7	15	己亥	9	13	8	17	辛未	10	13	9	18	辛丑	11	12	10	18	辛未	12	12	11	18	辛丑	1	11	12	19	辛未	
8	13	7	16	庚子	9	14	8	18	壬申	10	14	9	19	壬寅	11	13	10	19	壬申	12	13	11	19	壬寅	1	12	12	20	壬申	
8	14	7	17	辛丑	9	15	8	19	癸酉	10	15	9	20	癸卯	11	14	10	20	癸酉	12	14	11	20	癸卯	1	13	12	21	癸酉	
8	15	7	18	壬寅	9	16	8	20	甲戌	10	16	9	21	甲辰	11	15	10	21	甲戌	12	15	11	21	甲辰	1	14	12	22	甲戌	
8	16	7	19	癸卯	9	17	8	21	乙亥	10	17	9	22	乙巳	11	16	10	22	乙亥	12	16	11	22	乙巳	1	15	12	23	乙亥	
8	17	7	20	甲辰	9	18	8	22	丙子	10	18	9	23	丙午	11	17	10	23	丙子	12	17	11	23	丙午	1	16	12	24	丙子	
8	18	7	21	乙巳	9	19	8	23	丁丑	10	19	9	24	丁未	11	18	10	24	丁丑	12	18	11	24	丁未	1	17	12	25	丁丑	
8	19	7	22	丙午	9	20	8	24	戊寅	10	20	9	25	戊申	11	19	10	25	戊寅	12	19	11	25	戊申	1	18	12	26	戊寅	鼠
8	20	7	23	丁未	9	21	8	25	己卯	10	21	9	26	己酉	11	20	10	26	己卯	12	20	11	26	己酉	1	19	12	27	己卯	
8	21	7	24	戊申	9	22	8	26	庚辰	10	22	9	27	庚戌	11	21	10	27	庚辰	12	21	11	27	庚戌	1	20	12	28	庚辰	
8	22	7	25	己酉	9	23	8	27	辛巳	10	23	9	28	辛亥	11	22	10	28	辛巳	12	22	11	28	辛亥	1	21	12	29	辛巳	
8	23	7	26	庚戌	9	24	8	28	壬午	10	24	9	29	壬子	11	23	10	29	壬午	12	23	11	29	壬子	1	22	12	30	壬午	
8	24	7	27	辛亥	9	25	8	29	癸未	10	25	9	30	癸丑	11	24	10	30	癸未	12	24	12	1	癸丑	1	23	1	1	癸未	中華民國一百五十七・一百五十八年
8	25	7	28	壬子	9	26	9	1	甲申	10	26	10	1	甲寅	11	25	11	1	甲申	12	25	12	2	甲寅	1	24	1	2	甲申	
8	26	7	29	癸丑	9	27	9	2	乙酉	10	27	10	2	乙卯	11	26	11	2	乙酉	12	26	12	3	乙卯	1	25	1	3	乙酉	
8	27	7	30	甲寅	9	28	9	3	丙戌	10	28	10	3	丙辰	11	27	11	3	丙戌	12	27	12	4	丙辰	1	26	1	4	丙戌	
8	28	8	1	乙卯	9	29	9	4	丁亥	10	29	10	4	丁巳	11	28	11	4	丁亥	12	28	12	5	丁巳	1	27	1	5	丁亥	
8	29	8	2	丙辰	9	30	9	5	戊子	10	30	10	5	戊午	11	29	11	5	戊子	12	29	12	6	戊午	1	28	1	6	戊子	
8	30	8	3	丁巳	10	1	9	6	己丑	10	31	10	6	己未	11	30	11	6	己丑	12	30	12	7	己未	1	29	1	7	己丑	
8	31	8	4	戊午	10	2	9	7	庚寅	11	1	10	7	庚申	12	1	11	7	庚寅	12	31	12	8	庚申	1	30	1	8	庚寅	
9	1	8	5	己未	10	3	9	8	辛卯	11	2	10	8	辛酉	12	2	11	8	辛卯	1	1	12	9	辛酉	1	31	1	9	辛卯	
9	2	8	6	庚申	10	4	9	9	壬辰	11	3	10	9	壬戌	12	3	11	9	壬辰	1	2	12	10	壬戌	2	1	1	10	壬辰	
9	3	8	7	辛酉	10	5	9	10	癸巳	11	4	10	10	癸亥	12	4	11	10	癸巳	1	3	12	11	癸亥	2	2	1	11	癸巳	
9	4	8	8	壬戌	10	6	9	11	甲午	11	5	10	11	甲子	12	5	11	11	甲午	1	4	12	12	甲子						
9	5	8	9	癸亥																										
9	6	8	10	甲子																										
處暑					秋分					霜降					小雪					冬至					大寒					中氣
8/22 14時3分 未時					9/22 12時5分 午時					10/22 21時56分 亥時					11/21 19時56分 戌時					12/21 9時31分 巳時					1/19 20時12分 戌時					

年	己丑																													
月	丙寅					丁卯					戊辰					己巳					庚午					辛未				
節氣	立春 2/3 14時19分 未時					驚蟄 3/5 8時1分 辰時					清明 4/4 12時23分 午時					立夏 5/5 5時13分 卯時					芒種 6/5 9時2分 巳時					小暑 7/6 19時10分 戌時				
日	國曆		農曆		干支	國曆		農曆		干支	國曆		農曆		干支	國曆		農曆		干支	國曆		農曆		干支	國曆		農曆		干支
2069 牛 中華民國一百五十八年	2	3	1	12	甲午	3	5	2	13	甲子	4	4	3	13	甲午	5	5	4	15	乙丑	6	5	4	16	丙申	7	6	5	18	丁卯
	2	4	1	13	乙未	3	6	2	14	乙丑	4	5	3	14	乙未	5	6	4	16	丙寅	6	6	4	17	丁酉	7	7	5	19	戊辰
	2	5	1	14	丙申	3	7	2	15	丙寅	4	6	3	15	丙申	5	7	4	17	丁卯	6	7	4	18	戊戌	7	8	5	20	己巳
	2	6	1	15	丁酉	3	8	2	16	丁卯	4	7	3	16	丁酉	5	8	4	18	戊辰	6	8	4	19	己亥	7	9	5	21	庚午
	2	7	1	16	戊戌	3	9	2	17	戊辰	4	8	3	17	戊戌	5	9	4	19	己巳	6	9	4	20	庚子	7	10	5	22	辛未
	2	8	1	17	己亥	3	10	2	18	己巳	4	9	3	18	己亥	5	10	4	20	庚午	6	10	4	21	辛丑	7	11	5	23	壬申
	2	9	1	18	庚子	3	11	2	19	庚午	4	10	3	19	庚子	5	11	4	21	辛未	6	11	4	22	壬寅	7	12	5	24	癸酉
	2	10	1	19	辛丑	3	12	2	20	辛未	4	11	3	20	辛丑	5	12	4	22	壬申	6	12	4	23	癸卯	7	13	5	25	甲戌
	2	11	1	20	壬寅	3	13	2	21	壬申	4	12	3	21	壬寅	5	13	4	23	癸酉	6	13	4	24	甲辰	7	14	5	26	乙亥
	2	12	1	21	癸卯	3	14	2	22	癸酉	4	13	3	22	癸卯	5	14	4	24	甲戌	6	14	4	25	乙巳	7	15	5	27	丙子
	2	13	1	22	甲辰	3	15	2	23	甲戌	4	14	3	23	甲辰	5	15	4	25	乙亥	6	15	4	26	丙午	7	16	5	28	丁丑
	2	14	1	23	乙巳	3	16	2	24	乙亥	4	15	3	24	乙巳	5	16	4	26	丙子	6	16	4	27	丁未	7	17	5	29	戊寅
	2	15	1	24	丙午	3	17	2	25	丙子	4	16	3	25	丙午	5	17	4	27	丁丑	6	17	4	28	戊申	7	18	6	1	己卯
	2	16	1	25	丁未	3	18	2	26	丁丑	4	17	3	26	丁未	5	18	4	28	戊寅	6	18	4	29	己酉	7	19	6	2	庚辰
	2	17	1	26	戊申	3	19	2	27	戊寅	4	18	3	27	戊申	5	19	4	29	己卯	6	19	5	1	庚戌	7	20	6	3	辛巳
	2	18	1	27	己酉	3	20	2	28	己卯	4	19	3	28	己酉	5	20	4	30	庚辰	6	20	5	2	辛亥	7	21	6	4	壬午
	2	19	1	28	庚戌	3	21	2	29	庚辰	4	20	3	29	庚戌	5	21	閏4	1	辛巳	6	21	5	3	壬子	7	22	6	5	癸未
	2	20	1	29	辛亥	3	22	2	30	辛巳	4	21	4	1	辛亥	5	22	4	2	壬午	6	22	5	4	癸丑	7	23	6	6	甲申
	2	21	2	1	壬子	3	23	3	1	壬午	4	22	4	2	壬子	5	23	4	3	癸未	6	23	5	5	甲寅	7	24	6	7	乙酉
	2	22	2	2	癸丑	3	24	3	2	癸未	4	23	4	3	癸丑	5	24	4	4	甲申	6	24	5	6	乙卯	7	25	6	8	丙戌
	2	23	2	3	甲寅	3	25	3	3	甲申	4	24	4	4	甲寅	5	25	4	5	乙酉	6	25	5	7	丙辰	7	26	6	9	丁亥
	2	24	2	4	乙卯	3	26	3	4	乙酉	4	25	4	5	乙卯	5	26	4	6	丙戌	6	26	5	8	丁巳	7	27	6	10	戊子
	2	25	2	5	丙辰	3	27	3	5	丙戌	4	26	4	6	丙辰	5	27	4	7	丁亥	6	27	5	9	戊午	7	28	6	11	己丑
	2	26	2	6	丁巳	3	28	3	6	丁亥	4	27	4	7	丁巳	5	28	4	8	戊子	6	28	5	10	己未	7	29	6	12	庚寅
	2	27	2	7	戊午	3	29	3	7	戊子	4	28	4	8	戊午	5	29	4	9	己丑	6	29	5	11	庚申	7	30	6	13	辛卯
	2	28	2	8	己未	3	30	3	8	己丑	4	29	4	9	己未	5	30	4	10	庚寅	6	30	5	12	辛酉	7	31	6	14	壬辰
	3	1	2	9	庚申	3	31	3	9	庚寅	4	30	4	10	庚申	5	31	4	11	辛卯	7	1	5	13	壬戌	8	1	6	15	癸巳
	3	2	2	10	辛酉	4	1	3	10	辛卯	5	1	4	11	辛酉	6	1	4	12	壬辰	7	2	5	14	癸亥	8	2	6	16	甲午
	3	3	2	11	壬戌	4	2	3	11	壬辰	5	2	4	12	壬戌	6	2	4	13	癸巳	7	3	5	15	甲子	8	3	6	17	乙未
	3	4	2	12	癸亥	4	3	3	12	癸巳	5	3	4	13	癸亥	6	3	4	14	甲午	7	4	5	16	乙丑	8	4	6	18	丙申
											5	4	4	14	甲子	6	4	4	15	乙未	7	5	5	17	丙寅	8	5	6	19	丁酉
																										8	6	6	20	戊戌
中氣	雨水 2/18 10時8分 巳時					春分 3/20 8時44分 辰時					穀雨 4/19 19時17分 戌時					小滿 5/20 18時0分 酉時					夏至 6/21 1時40分 丑時					大暑 7/22 12時31分 午時				

年	己丑																	
月	壬申			癸酉			甲戌			乙亥			丙子			丁丑		
節氣	立秋 8/7 5時5分 卯時			白露 9/7 8時19分 辰時			寒露 10/8 0時26分 子時			立冬 11/7 4時6分 寅時			大雪 12/6 21時21分 亥時			小寒 1/5 8時46分 辰時		
日	國曆	農曆	干支	國曆	農曆	干支	國曆	農曆	干支	國曆	農曆	干支	國曆	農曆	干支	國曆	農曆	干支
	8 7	6 21	己亥	9 7	7 22	庚午	10 8	8 24	辛丑	11 7	9 24	辛未	12 6	10 23	庚子	1 5	11 23	庚午
	8 8	6 22	庚子	9 8	7 23	辛未	10 9	8 25	壬寅	11 8	9 25	壬申	12 7	10 24	辛丑	1 6	11 24	辛未
	8 9	6 23	辛丑	9 9	7 24	壬申	10 10	8 26	癸卯	11 9	9 26	癸酉	12 8	10 25	壬寅	1 7	11 25	壬申
	8 10	6 24	壬寅	9 10	7 25	癸酉	10 11	8 27	甲辰	11 10	9 27	甲戌	12 9	10 26	癸卯	1 8	11 26	癸酉
	8 11	6 25	癸卯	9 11	7 26	甲戌	10 12	8 28	乙巳	11 11	9 28	乙亥	12 10	10 27	甲辰	1 9	11 27	甲戌
	8 12	6 26	甲辰	9 12	7 27	乙亥	10 13	8 29	丙午	11 12	9 29	丙子	12 11	10 28	乙巳	1 10	11 28	乙亥
	8 13	6 27	乙巳	9 13	7 28	丙子	10 14	8 30	丁未	11 13	9 30	丁丑	12 12	10 29	丙午	1 11	11 29	丙子
	8 14	6 28	丙午	9 14	7 29	丁丑	10 15	9 1	戊申	11 14	10 1	戊寅	12 13	10 30	丁未	1 12	12 1	丁丑
	8 15	6 29	丁未	9 15	8 1	戊寅	10 16	9 2	己酉	11 15	10 2	己卯	12 14	11 1	戊申	1 13	12 2	戊寅
	8 16	6 30	戊申	9 16	8 2	己卯	10 17	9 3	庚戌	11 16	10 3	庚辰	12 15	11 2	己酉	1 14	12 3	己卯
	8 17	7 1	己酉	9 17	8 3	庚辰	10 18	9 4	辛亥	11 17	10 4	辛巳	12 16	11 3	庚戌	1 15	12 4	庚辰
	8 18	7 2	庚戌	9 18	8 4	辛巳	10 19	9 5	壬子	11 18	10 5	壬午	12 17	11 4	辛亥	1 16	12 5	辛巳
	8 19	7 3	辛亥	9 19	8 5	壬午	10 20	9 6	癸丑	11 19	10 6	癸未	12 18	11 5	壬子	1 17	12 6	壬午
	8 20	7 4	壬子	9 20	8 6	癸未	10 21	9 7	甲寅	11 20	10 7	甲申	12 19	11 6	癸丑	1 18	12 7	癸未
	8 21	7 5	癸丑	9 21	8 7	甲申	10 22	9 8	乙卯	11 21	10 8	乙酉	12 20	11 7	甲寅	1 19	12 8	甲申
	8 22	7 6	甲寅	9 22	8 8	乙酉	10 23	9 9	丙辰	11 22	10 9	丙戌	12 21	11 8	乙卯	1 20	12 9	乙酉
	8 23	7 7	乙卯	9 23	8 9	丙戌	10 24	9 10	丁巳	11 23	10 10	丁亥	12 22	11 9	丙辰	1 21	12 10	丙戌
	8 24	7 8	丙辰	9 24	8 10	丁亥	10 25	9 11	戊午	11 24	10 11	戊子	12 23	11 10	丁巳	1 22	12 11	丁亥
	8 25	7 9	丁巳	9 25	8 11	戊子	10 26	9 12	己未	11 25	10 12	己丑	12 24	11 11	戊午	1 23	12 12	戊子
	8 26	7 10	戊午	9 26	8 12	己丑	10 27	9 13	庚申	11 26	10 13	庚寅	12 25	11 12	己未	1 24	12 13	己丑
	8 27	7 11	己未	9 27	8 13	庚寅	10 28	9 14	辛酉	11 27	10 14	辛卯	12 26	11 13	庚申	1 25	12 14	庚寅
	8 28	7 12	庚申	9 28	8 14	辛卯	10 29	9 15	壬戌	11 28	10 15	壬辰	12 27	11 14	辛酉	1 26	12 15	辛卯
	8 29	7 13	辛酉	9 29	8 15	壬辰	10 30	9 16	癸亥	11 29	10 16	癸巳	12 28	11 15	壬戌	1 27	12 16	壬辰
	8 30	7 14	壬戌	9 30	8 16	癸巳	10 31	9 17	甲子	11 30	10 17	甲午	12 29	11 16	癸亥	1 28	12 17	癸巳
	8 31	7 15	癸亥	10 1	8 17	甲午	11 1	9 18	乙丑	12 1	10 18	乙未	12 30	11 17	甲子	1 29	12 18	甲午
	9 1	7 16	甲子	10 2	8 18	乙未	11 2	9 19	丙寅	12 2	10 19	丙申	12 31	11 18	乙丑	1 30	12 19	乙未
	9 2	7 17	乙丑	10 3	8 19	丙申	11 3	9 20	丁卯	12 3	10 20	丁酉	1 1	11 19	丙寅	1 31	12 20	丙申
	9 3	7 18	丙寅	10 4	8 20	丁酉	11 4	9 21	戊辰	12 4	10 21	戊戌	1 2	11 20	丁卯	2 1	12 21	丁酉
	9 4	7 19	丁卯	10 5	8 21	戊戌	11 5	9 22	己巳	12 5	10 22	己亥	1 3	11 21	戊辰	2 2	12 22	戊戌
	9 5	7 20	戊辰	10 6	8 22	己亥	11 6	9 23	庚午				1 4	11 22	己巳			
	9 6	7 21	己巳	10 7	8 23	庚子												
中氣	處暑 8/22 19時48分 戌時			秋分 9/22 17時51分 酉時			霜降 10/23 3時41分 寅時			小雪 11/22 1時42分 丑時			冬至 12/21 15時21分 申時			大寒 1/20 2時4分 丑時		

2069・2070

牛

中華民國一百五十八・一百五十九年

年	庚寅																													
月	戊寅					己卯					庚辰					辛巳					壬午					癸未				
節	立春					驚蟄					清明					立夏					芒種					小暑				
氣	2/3 20時20分 戌時					3/5 14時1分 未時					4/4 18時18分 酉時					5/5 11時3分 午時					6/5 14時47分 未時					7/7 0時51分 子時				
日	國曆		農曆		干支	國曆		農曆		干支	國曆		農曆		干支	國曆		農曆		干支	國曆		農曆		干支	國曆		農曆		干支
2070	2	3	12	23	己亥	3	5	1	23	己巳	4	4	2	24	己亥	5	5	3	25	庚午	6	5	4	27	辛丑	7	7	5	29	癸酉
	2	4	12	24	庚子	3	6	1	24	庚午	4	5	2	25	庚子	5	6	3	26	辛未	6	6	4	28	壬寅	7	8	6	1	甲戌
	2	5	12	25	辛丑	3	7	1	25	辛未	4	6	2	26	辛丑	5	7	3	27	壬申	6	7	4	29	癸卯	7	9	6	2	乙亥
	2	6	12	26	壬寅	3	8	1	26	壬申	4	7	2	27	壬寅	5	8	3	28	癸酉	6	8	4	30	甲辰	7	10	6	3	丙子
	2	7	12	27	癸卯	3	9	1	27	癸酉	4	8	2	28	癸卯	5	9	3	29	甲戌	6	9	5	1	乙巳	7	11	6	4	丁丑
	2	8	12	28	甲辰	3	10	1	28	甲戌	4	9	2	29	甲辰	5	10	4	1	乙亥	6	10	5	2	丙午	7	12	6	5	戊寅
	2	9	12	29	乙巳	3	11	1	29	乙亥	4	10	2	30	乙巳	5	11	4	2	丙子	6	11	5	3	丁未	7	13	6	6	己卯
	2	10	12	30	丙午	3	12	2	1	丙子	4	11	3	1	丙午	5	12	4	3	丁丑	6	12	5	4	戊申	7	14	6	7	庚辰
	2	11	1	1	丁未	3	13	2	2	丁丑	4	12	3	2	丁未	5	13	4	4	戊寅	6	13	5	5	己酉	7	15	6	8	辛巳
	2	12	1	2	戊申	3	14	2	3	戊寅	4	13	3	3	戊申	5	14	4	5	己卯	6	14	5	6	庚戌	7	16	6	9	壬午
	2	13	1	3	己酉	3	15	2	4	己卯	4	14	3	4	己酉	5	15	4	6	庚辰	6	15	5	7	辛亥	7	17	6	10	癸未
	2	14	1	4	庚戌	3	16	2	5	庚辰	4	15	3	5	庚戌	5	16	4	7	辛巳	6	16	5	8	壬子	7	18	6	11	甲申
	2	15	1	5	辛亥	3	17	2	6	辛巳	4	16	3	6	辛亥	5	17	4	8	壬午	6	17	5	9	癸丑	7	19	6	12	乙酉
虎	2	16	1	6	壬子	3	18	2	7	壬午	4	17	3	7	壬子	5	18	4	9	癸未	6	18	5	10	甲寅	7	20	6	13	丙戌
	2	17	1	7	癸丑	3	19	2	8	癸未	4	18	3	8	癸丑	5	19	4	10	甲申	6	19	5	11	乙卯	7	21	6	14	丁亥
	2	18	1	8	甲寅	3	20	2	9	甲申	4	19	3	9	甲寅	5	20	4	11	乙酉	6	20	5	12	丙辰	7	22	6	15	戊子
	2	19	1	9	乙卯	3	21	2	10	乙酉	4	20	3	10	乙卯	5	21	4	12	丙戌	6	21	5	13	丁巳	7	23	6	16	己丑
	2	20	1	10	丙辰	3	22	2	11	丙戌	4	21	3	11	丙辰	5	22	4	13	丁亥	6	22	5	14	戊午	7	24	6	17	庚寅
	2	21	1	11	丁巳	3	23	2	12	丁亥	4	22	3	12	丁巳	5	23	4	14	戊子	6	23	5	15	己未	7	25	6	18	辛卯
	2	22	1	12	戊午	3	24	2	13	戊子	4	23	3	13	戊午	5	24	4	15	己丑	6	24	5	16	庚申	7	26	6	19	壬辰
中華民國一百五十九年	2	23	1	13	己未	3	25	2	14	己丑	4	24	3	14	己未	5	25	4	16	庚寅	6	25	5	17	辛酉	7	27	6	20	癸巳
	2	24	1	14	庚申	3	26	2	15	庚寅	4	25	3	15	庚申	5	26	4	17	辛卯	6	26	5	18	壬戌	7	28	6	21	甲午
	2	25	1	15	辛酉	3	27	2	16	辛卯	4	26	3	16	辛酉	5	27	4	18	壬辰	6	27	5	19	癸亥	7	29	6	22	乙未
	2	26	1	16	壬戌	3	28	2	17	壬辰	4	27	3	17	壬戌	5	28	4	19	癸巳	6	28	5	20	甲子	7	30	6	23	丙申
	2	27	1	17	癸亥	3	29	2	18	癸巳	4	28	3	18	癸亥	5	29	4	20	甲午	6	29	5	21	乙丑	7	31	6	24	丁酉
	2	28	1	18	甲子	3	30	2	19	甲午	4	29	3	19	甲子	5	30	4	21	乙未	6	30	5	22	丙寅	8	1	6	25	戊戌
	3	1	1	19	乙丑	3	31	2	20	乙未	4	30	3	20	乙丑	5	31	4	22	丙申	7	1	5	23	丁卯	8	2	6	26	己亥
	3	2	1	20	丙寅	4	1	2	21	丙申	5	1	3	21	丙寅	6	1	4	23	丁酉	7	2	5	24	戊辰	8	3	6	27	庚子
	3	3	1	21	丁卯	4	2	2	22	丁酉	5	2	3	22	丁卯	6	2	4	24	戊戌	7	3	5	25	己巳	8	4	6	28	辛丑
	3	4	1	22	戊辰	4	3	2	23	戊戌	5	3	3	23	戊辰	6	3	4	25	己亥	7	4	5	26	庚午	8	5	6	29	壬寅
											5	4	3	24	己巳	6	4	4	26	庚子	7	5	5	27	辛未	8	6	7	1	癸卯
																					7	6	5	28	壬申					
中	雨水					春分					穀雨					小滿					夏至					大暑				
氣	2/18 16時0分 申時					3/20 14時34分 未時					4/20 1時3分 丑時					5/20 23時42分 子時					6/21 7時21分 辰時					7/22 18時14分 酉時				

年	庚寅																													
月	甲申					乙酉					丙戌					丁亥					戊子					己丑				
節氣	立秋					白露					寒露					立冬					大雪					小寒				
	8/7 10時45分 巳時					9/7 14時2分 未時					10/8 6時12分 卯時					11/7 9時54分 巳時					12/7 3時9分 寅時					1/5 14時35分 未時				
日	國曆		農曆		干支	國曆		農曆		干支	國曆		農曆		干支	國曆		農曆		干支	國曆		農曆		干支	國曆		農曆		干支
	8	7	7	2	甲辰	9	7	8	3	乙亥	10	8	9	5	丙午	11	7	10	5	丙子	12	7	11	5	丙午	1	5	12	5	乙亥
	8	8	7	3	乙巳	9	8	8	4	丙子	10	9	9	6	丁未	11	8	10	6	丁丑	12	8	11	6	丁未	1	6	12	6	丙子
	8	9	7	4	丙午	9	9	8	5	丁丑	10	10	9	7	戊申	11	9	10	7	戊寅	12	9	11	7	戊申	1	7	12	7	丁丑
	8	10	7	5	丁未	9	10	8	6	戊寅	10	11	9	8	己酉	11	10	10	8	己卯	12	10	11	8	己酉	1	8	12	8	戊寅
	8	11	7	6	戊申	9	11	8	7	己卯	10	12	9	9	庚戌	11	11	10	9	庚辰	12	11	11	9	庚戌	1	9	12	9	己卯
	8	12	7	7	己酉	9	12	8	8	庚辰	10	13	9	10	辛亥	11	12	10	10	辛巳	12	12	11	10	辛亥	1	10	12	10	庚辰
	8	13	7	8	庚戌	9	13	8	9	辛巳	10	14	9	11	壬子	11	13	10	11	壬午	12	13	11	11	壬子	1	11	12	11	辛巳
	8	14	7	9	辛亥	9	14	8	10	壬午	10	15	9	12	癸丑	11	14	10	12	癸未	12	14	11	12	癸丑	1	12	12	12	壬午
	8	15	7	10	壬子	9	15	8	11	癸未	10	16	9	13	甲寅	11	15	10	13	甲申	12	15	11	13	甲寅	1	13	12	13	癸未
	8	16	7	11	癸丑	9	16	8	12	甲申	10	17	9	14	乙卯	11	16	10	14	乙酉	12	16	11	14	乙卯	1	14	12	14	甲申
	8	17	7	12	甲寅	9	17	8	13	乙酉	10	18	9	15	丙辰	11	17	10	15	丙戌	12	17	11	15	丙辰	1	15	12	15	乙酉
	8	18	7	13	乙卯	9	18	8	14	丙戌	10	19	9	16	丁巳	11	18	10	16	丁亥	12	18	11	16	丁巳	1	16	12	16	丙戌
	8	19	7	14	丙辰	9	19	8	15	丁亥	10	20	9	17	戊午	11	19	10	17	戊子	12	19	11	17	戊午	1	17	12	17	丁亥
	8	20	7	15	丁巳	9	20	8	16	戊子	10	21	9	18	己未	11	20	10	18	己丑	12	20	11	18	己未	1	18	12	18	戊子
	8	21	7	16	戊午	9	21	8	17	己丑	10	22	9	19	庚申	11	21	10	19	庚寅	12	21	11	19	庚申	1	19	12	19	己丑
	8	22	7	17	己未	9	22	8	18	庚寅	10	23	9	20	辛酉	11	22	10	20	辛卯	12	22	11	20	辛酉	1	20	12	20	庚寅
	8	23	7	18	庚申	9	23	8	19	辛卯	10	24	9	21	壬戌	11	23	10	21	壬辰	12	23	11	21	壬戌	1	21	12	21	辛卯
	8	24	7	19	辛酉	9	24	8	20	壬辰	10	25	9	22	癸亥	11	24	10	22	癸巳	12	24	11	22	癸亥	1	22	12	22	壬辰
	8	25	7	20	壬戌	9	25	8	21	癸巳	10	26	9	23	甲子	11	25	10	23	甲午	12	25	11	23	甲子	1	23	12	23	癸巳
	8	26	7	21	癸亥	9	26	8	22	甲午	10	27	9	24	乙丑	11	26	10	24	乙未	12	26	11	24	乙丑	1	24	12	24	甲午
	8	27	7	22	甲子	9	27	8	23	乙未	10	28	9	25	丙寅	11	27	10	25	丙申	12	27	11	25	丙寅	1	25	12	25	乙未
	8	28	7	23	乙丑	9	28	8	24	丙申	10	29	9	26	丁卯	11	28	10	26	丁酉	12	28	11	26	丁卯	1	26	12	26	丙申
	8	29	7	24	丙寅	9	29	8	25	丁酉	10	30	9	27	戊辰	11	29	10	27	戊戌	12	29	11	27	戊辰	1	27	12	27	丁酉
	8	30	7	25	丁卯	9	30	8	26	戊戌	10	31	9	28	己巳	11	30	10	28	己亥	12	30	11	28	己巳	1	28	12	28	戊戌
	8	31	7	26	戊辰	10	1	8	27	己亥	11	1	9	29	庚午	12	1	10	29	庚子	12	31	11	29	庚午	1	29	12	29	己亥
	9	1	7	27	己巳	10	2	8	28	庚子	11	2	9	30	辛未	12	2	10	30	辛丑	1	1	12	1	辛未	1	30	12	30	庚子
	9	2	7	28	庚午	10	3	8	29	辛丑	11	3	10	1	壬申	12	3	11	1	壬寅	1	2	12	2	壬申	1	31	1	1	辛丑
	9	3	7	29	辛未	10	4	9	1	壬寅	11	4	10	2	癸酉	12	4	11	2	癸卯	1	3	12	3	癸酉	2	1	1	2	壬寅
	9	4	7	30	壬申	10	5	9	2	癸卯	11	5	10	3	甲戌	12	5	11	3	甲辰	1	4	12	4	甲戌	2	2	1	3	癸卯
	9	5	8	1	癸酉	10	6	9	3	甲辰	11	6	10	4	乙亥	12	6	11	4	乙巳						2	3	1	4	甲辰
	9	6	8	2	甲戌	10	7	9	4	乙巳																				
中氣	處暑					秋分					霜降					小雪					冬至					大寒				
	8/23 1時36分 丑時					9/22 23時43分 子時					10/23 9時37分 巳時					11/22 7時40分 辰時					12/21 21時18分 亥時					1/20 8時1分 辰時				

2070·2071

虎

中華民國一百五十九·一百六十年

年	辛卯																													
月	庚寅					辛卯					壬辰					癸巳					甲午					乙未				
節氣	立春 2/4 2時9分 丑時					驚蟄 3/5 19時51分 戌時					清明 4/5 0時9分 子時					立夏 5/5 16時54分 申時					芒種 6/5 20時37分 戌時					小暑 7/7 6時41分 卯時				
日	國曆		農曆		干支	國曆		農曆		干支	國曆		農曆		干支	國曆		農曆		干支	國曆		農曆		干支	國曆		農曆		干支
2071 兔 中華民國一百六十年	2	4	1	5	乙巳	3	5	2	4	甲戌	4	5	3	6	乙巳	5	5	4	6	乙亥	6	5	5	8	丙午	7	7	6	10	戊寅
	2	5	1	6	丙午	3	6	2	5	乙亥	4	6	3	7	丙午	5	6	4	7	丙子	6	6	5	9	丁未	7	8	6	11	己卯
	2	6	1	7	丁未	3	7	2	6	丙子	4	7	3	8	丁未	5	7	4	8	丁丑	6	7	5	10	戊申	7	9	6	12	庚辰
	2	7	1	8	戊申	3	8	2	7	丁丑	4	8	3	9	戊申	5	8	4	9	戊寅	6	8	5	11	己酉	7	10	6	13	辛巳
	2	8	1	9	己酉	3	9	2	8	戊寅	4	9	3	10	己酉	5	9	4	10	己卯	6	9	5	12	庚戌	7	11	6	14	壬午
	2	9	1	10	庚戌	3	10	2	9	己卯	4	10	3	11	庚戌	5	10	4	11	庚辰	6	10	5	13	辛亥	7	12	6	15	癸未
	2	10	1	11	辛亥	3	11	2	10	庚辰	4	11	3	12	辛亥	5	11	4	12	辛巳	6	11	5	14	壬子	7	13	6	16	甲申
	2	11	1	12	壬子	3	12	2	11	辛巳	4	12	3	13	壬子	5	12	4	13	壬午	6	12	5	15	癸丑	7	14	6	17	乙酉
	2	12	1	13	癸丑	3	13	2	12	壬午	4	13	3	14	癸丑	5	13	4	14	癸未	6	13	5	16	甲寅	7	15	6	18	丙戌
	2	13	1	14	甲寅	3	14	2	13	癸未	4	14	3	15	甲寅	5	14	4	15	甲申	6	14	5	17	乙卯	7	16	6	19	丁亥
	2	14	1	15	乙卯	3	15	2	14	甲申	4	15	3	16	乙卯	5	15	4	16	乙酉	6	15	5	18	丙辰	7	17	6	20	戊子
	2	15	1	16	丙辰	3	16	2	15	乙酉	4	16	3	17	丙辰	5	16	4	17	丙戌	6	16	5	19	丁巳	7	18	6	21	己丑
	2	16	1	17	丁巳	3	17	2	16	丙戌	4	17	3	18	丁巳	5	17	4	18	丁亥	6	17	5	20	戊午	7	19	6	22	庚寅
	2	17	1	18	戊午	3	18	2	17	丁亥	4	18	3	19	戊午	5	18	4	19	戊子	6	18	5	21	己未	7	20	6	23	辛卯
	2	18	1	19	己未	3	19	2	18	戊子	4	19	3	20	己未	5	19	4	20	己丑	6	19	5	22	庚申	7	21	6	24	壬辰
	2	19	1	20	庚申	3	20	2	19	己丑	4	20	3	21	庚申	5	20	4	21	庚寅	6	20	5	23	辛酉	7	22	6	25	癸巳
	2	20	1	21	辛酉	3	21	2	20	庚寅	4	21	3	22	辛酉	5	21	4	22	辛卯	6	21	5	24	壬戌	7	23	6	26	甲午
	2	21	1	22	壬戌	3	22	2	21	辛卯	4	22	3	23	壬戌	5	22	4	23	壬辰	6	22	5	25	癸亥	7	24	6	27	乙未
	2	22	1	23	癸亥	3	23	2	22	壬辰	4	23	3	24	癸亥	5	23	4	24	癸巳	6	23	5	26	甲子	7	25	6	28	丙申
	2	23	1	24	甲子	3	24	2	23	癸巳	4	24	3	25	甲子	5	24	4	25	甲午	6	24	5	27	乙丑	7	26	6	29	丁酉
	2	24	1	25	乙丑	3	25	2	24	甲午	4	25	3	26	乙丑	5	25	4	26	乙未	6	25	5	28	丙寅	7	27	7	1	戊戌
	2	25	1	26	丙寅	3	26	2	25	乙未	4	26	3	27	丙寅	5	26	4	27	丙申	6	26	5	29	丁卯	7	28	7	2	己亥
	2	26	1	27	丁卯	3	27	2	26	丙申	4	27	3	28	丁卯	5	27	4	28	丁酉	6	27	5	30	戊辰	7	29	7	3	庚子
	2	27	1	28	戊辰	3	28	2	27	丁酉	4	28	3	29	戊辰	5	28	4	29	戊戌	6	28	6	1	己巳	7	30	7	4	辛丑
	2	28	1	29	己巳	3	29	2	28	戊戌	4	29	3	30	己巳	5	29	5	1	己亥	6	29	6	2	庚午	7	31	7	5	壬寅
	3	1	1	30	庚午	3	30	2	29	己亥	4	30	4	1	庚午	5	30	5	2	庚子	6	30	6	3	辛未	8	1	7	6	癸卯
	3	2	2	1	辛未	3	31	3	1	庚子	5	1	4	2	辛未	5	31	5	3	辛丑	7	1	6	4	壬申	8	2	7	7	甲辰
	3	3	2	2	壬申	4	1	3	2	辛丑	5	2	4	3	壬申	6	1	5	4	壬寅	7	2	6	5	癸酉	8	3	7	8	乙巳
	3	4	2	3	癸酉	4	2	3	3	壬寅	5	3	4	4	癸酉	6	2	5	5	癸卯	7	3	6	6	甲戌	8	4	7	9	丙午
						4	3	3	4	癸卯	5	4	4	5	甲戌	6	3	5	6	甲辰	7	4	6	7	乙亥	8	5	7	10	丁未
						4	4	3	5	甲辰						6	4	5	7	乙巳	7	5	6	8	丙子	8	6	7	11	戊申
																					7	6	6	9	丁丑					
中氣	雨水 2/18 21時58分 亥時					春分 3/20 20時33分 戌時					穀雨 4/20 7時4分 辰時					小滿 5/21 5時42分 卯時					夏至 6/21 13時19分 未時					大暑 7/23 0時11分 子時				

年	辛卯																	
月	丙申			丁酉			戊戌			己亥			庚子			辛丑		
節氣	立秋 8/7 16時38分 申時			白露 9/7 19時57分 戌時			寒露 10/8 12時7分 午時			立冬 11/7 15時47分 申時			大雪 12/7 8時59分 辰時			小寒 1/5 20時22分 戌時		
日	國曆	農曆	干支	國曆	農曆	干支	國曆	農曆	干支	國曆	農曆	干支	國曆	農曆	干支	國曆	農曆	干支
	8 7	7 12	己酉	9 7	8 14	庚辰	10 8	8 15	辛亥	11 7	9 16	辛巳	12 7	10 16	辛亥	1 5	11 16	庚辰
	8 8	7 13	庚戌	9 8	8 15	辛巳	10 9	8 16	壬子	11 8	9 17	壬午	12 8	10 17	壬子	1 6	11 17	辛巳
	8 9	7 14	辛亥	9 9	8 16	壬午	10 10	8 17	癸丑	11 9	9 18	癸未	12 9	10 18	癸丑	1 7	11 18	壬午
2	8 10	7 15	壬子	9 10	8 17	癸未	10 11	8 18	甲寅	11 10	9 19	甲申	12 10	10 19	甲寅	1 8	11 19	癸未
0	8 11	7 16	癸丑	9 11	8 18	甲申	10 12	8 19	乙卯	11 11	9 20	乙酉	12 11	10 20	乙卯	1 9	11 20	甲申
7	8 12	7 17	甲寅	9 12	8 19	乙酉	10 13	8 20	丙辰	11 12	9 21	丙戌	12 12	10 21	丙辰	1 10	11 21	乙酉
1	8 13	7 18	乙卯	9 13	8 20	丙戌	10 14	8 21	丁巳	11 13	9 22	丁亥	12 13	10 22	丁巳	1 11	11 22	丙戌
·	8 14	7 19	丙辰	9 14	8 21	丁亥	10 15	8 22	戊午	11 14	9 23	戊子	12 14	10 23	戊午	1 12	11 23	丁亥
2	8 15	7 20	丁巳	9 15	8 22	戊子	10 16	8 23	己未	11 15	9 24	己丑	12 15	10 24	己未	1 13	11 24	戊子
0	8 16	7 21	戊午	9 16	8 23	己丑	10 17	8 24	庚申	11 16	9 25	庚寅	12 16	10 25	庚申	1 14	11 25	己丑
7	8 17	7 22	己未	9 17	8 24	庚寅	10 18	8 25	辛酉	11 17	9 26	辛卯	12 17	10 26	辛酉	1 15	11 26	庚寅
2	8 18	7 23	庚申	9 18	8 25	辛卯	10 19	8 26	壬戌	11 18	9 27	壬辰	12 18	10 27	壬戌	1 16	11 27	辛卯
	8 19	7 24	辛酉	9 19	8 26	壬辰	10 20	8 27	癸亥	11 19	9 28	癸巳	12 19	10 28	癸亥	1 17	11 28	壬辰
	8 20	7 25	壬戌	9 20	8 27	癸巳	10 21	8 28	甲子	11 20	9 29	甲午	12 20	10 29	甲子	1 18	11 29	癸巳
兔	8 21	7 26	癸亥	9 21	8 28	甲午	10 22	8 29	乙丑	11 21	9 30	乙未	12 21	11 1	乙丑	1 19	11 30	甲午
	8 22	7 27	甲子	9 22	8 29	乙未	10 23	9 1	丙寅	11 22	10 1	丙申	12 22	11 2	丙寅	1 20	12 1	乙未
	8 23	7 28	乙丑	9 23	8 30	丙申	10 24	9 2	丁卯	11 23	10 2	丁酉	12 23	11 3	丁卯	1 21	12 2	丙申
	8 24	7 29	丙寅	9 24	閏8 1	丁酉	10 25	9 3	戊辰	11 24	10 3	戊戌	12 24	11 4	戊辰	1 22	12 3	丁酉
中	8 25	8 1	丁卯	9 25	8 2	戊戌	10 26	9 4	己巳	11 25	10 4	己亥	12 25	11 5	己巳	1 23	12 4	戊戌
華	8 26	8 2	戊辰	9 26	8 3	己亥	10 27	9 5	庚午	11 26	10 5	庚子	12 26	11 6	庚午	1 24	12 5	己亥
民	8 27	8 3	己巳	9 27	8 4	庚子	10 28	9 6	辛未	11 27	10 6	辛丑	12 27	11 7	辛未	1 25	12 6	庚子
國	8 28	8 4	庚午	9 28	8 5	辛丑	10 29	9 7	壬申	11 28	10 7	壬寅	12 28	11 8	壬申	1 26	12 7	辛丑
一	8 29	8 5	辛未	9 29	8 6	壬寅	10 30	9 8	癸酉	11 29	10 8	癸卯	12 29	11 9	癸酉	1 27	12 8	壬寅
百	8 30	8 6	壬申	9 30	8 7	癸卯	10 31	9 9	甲戌	11 30	10 9	甲辰	12 30	11 10	甲戌	1 28	12 9	癸卯
六	8 31	8 7	癸酉	10 1	8 8	甲辰	11 1	9 10	乙亥	12 1	10 10	乙巳	12 31	11 11	乙亥	1 29	12 10	甲辰
十	9 1	8 8	甲戌	10 2	8 9	乙巳	11 2	9 11	丙子	12 2	10 11	丙午	1 1	11 12	丙子	1 30	12 11	乙巳
·	9 2	8 9	乙亥	10 3	8 10	丙午	11 3	9 12	丁丑	12 3	10 12	丁未	1 2	11 13	丁丑	1 31	12 12	丙午
一	9 3	8 10	丙子	10 4	8 11	丁未	11 4	9 13	戊寅	12 4	10 13	戊申	1 3	11 14	戊寅	2 1	12 13	丁未
百	9 4	8 11	丁丑	10 5	8 12	戊申	11 5	9 14	己卯	12 5	10 14	己酉	1 4	11 15	己卯	2 2	12 14	戊申
六十一	9 5	8 12	戊寅	10 6	8 13	己酉	11 6	9 15	庚辰	12 6	10 15	庚戌				2 3	12 15	己酉
年	9 6	8 13	己卯	10 7	8 14	庚戌												
中氣	處暑 8/23 7時31分 辰時			秋分 9/23 5時36分 卯時			霜降 10/23 15時28分 申時			小雪 11/22 13時27分 未時			冬至 12/22 3時3分 寅時			大寒 1/20 13時44分 未時		

年	壬辰																	
月	壬寅			癸卯			甲辰			乙巳			丙午			丁未		
節氣	立春 2/4 7時56分 辰時			驚蟄 3/5 1時40分 丑時			清明 4/4 6時2分 卯時			立夏 5/4 22時52分 亥時			芒種 6/5 2時39分 丑時			小暑 7/6 12時44分 午時		
日	國曆	農曆	干支	國曆	農曆	干支	國曆	農曆	干支	國曆	農曆	干支	國曆	農曆	干支	國曆	農曆	干支
	2 4	12 16	庚戌	3 5	1 16	庚辰	4 4	2 16	庚戌	5 4	3 17	庚辰	6 5	4 19	壬子	7 6	5 21	癸未
	2 5	12 17	辛亥	3 6	1 17	辛巳	4 5	2 17	辛亥	5 5	3 18	辛巳	6 6	4 20	癸丑	7 7	5 22	甲申
	2 6	12 18	壬子	3 7	1 18	壬午	4 6	2 18	壬子	5 6	3 19	壬午	6 7	4 21	甲寅	7 8	5 23	乙酉
	2 7	12 19	癸丑	3 8	1 19	癸未	4 7	2 19	癸丑	5 7	3 20	癸未	6 8	4 22	乙卯	7 9	5 24	丙戌
2072	2 8	12 20	甲寅	3 9	1 20	甲申	4 8	2 20	甲寅	5 8	3 21	甲申	6 9	4 23	丙辰	7 10	5 25	丁亥
	2 9	12 21	乙卯	3 10	1 21	乙酉	4 9	2 21	乙卯	5 9	3 22	乙酉	6 10	4 24	丁巳	7 11	5 26	戊子
	2 10	12 22	丙辰	3 11	1 22	丙戌	4 10	2 22	丙辰	5 10	3 23	丙戌	6 11	4 25	戊午	7 12	5 27	己丑
	2 11	12 23	丁巳	3 12	1 23	丁亥	4 11	2 23	丁巳	5 11	3 24	丁亥	6 12	4 26	己未	7 13	5 28	庚寅
	2 12	12 24	戊午	3 13	1 24	戊子	4 12	2 24	戊午	5 12	3 25	戊子	6 13	4 27	庚申	7 14	5 29	辛卯
	2 13	12 25	己未	3 14	1 25	己丑	4 13	2 25	己未	5 13	3 26	己丑	6 14	4 28	辛酉	7 15	5 30	壬辰
	2 14	12 26	庚申	3 15	1 26	庚寅	4 14	2 26	庚申	5 14	3 27	庚寅	6 15	4 29	壬戌	7 16	6 1	癸巳
	2 15	12 27	辛酉	3 16	1 27	辛卯	4 15	2 27	辛酉	5 15	3 28	辛卯	6 16	5 1	癸亥	7 17	6 2	甲午
	2 16	12 28	壬戌	3 17	1 28	壬辰	4 16	2 28	壬戌	5 16	3 29	壬辰	6 17	5 2	甲子	7 18	6 3	乙未
	2 17	12 29	癸亥	3 18	1 29	癸巳	4 17	2 29	癸亥	5 17	3 30	癸巳	6 18	5 3	乙丑	7 19	6 4	丙申
龍	2 18	12 30	甲子	3 19	1 30	甲午	4 18	3 1	甲子	5 18	4 1	甲午	6 19	5 4	丙寅	7 20	6 5	丁酉
	2 19	1 1	乙丑	3 20	2 1	乙未	4 19	3 2	乙丑	5 19	4 2	乙未	6 20	5 5	丁卯	7 21	6 6	戊戌
	2 20	1 2	丙寅	3 21	2 2	丙申	4 20	3 3	丙寅	5 20	4 3	丙申	6 21	5 6	戊辰	7 22	6 7	己亥
	2 21	1 3	丁卯	3 22	2 3	丁酉	4 21	3 4	丁卯	5 21	4 4	丁酉	6 22	5 7	己巳	7 23	6 8	庚子
	2 22	1 4	戊辰	3 23	2 4	戊戌	4 22	3 5	戊辰	5 22	4 5	戊戌	6 23	5 8	庚午	7 24	6 9	辛丑
	2 23	1 5	己巳	3 24	2 5	己亥	4 23	3 6	己巳	5 23	4 6	己亥	6 24	5 9	辛未	7 25	6 10	壬寅
中華民國一百六十一年	2 24	1 6	庚午	3 25	2 6	庚子	4 24	3 7	庚午	5 24	4 7	庚子	6 25	5 10	壬申	7 26	6 11	癸卯
	2 25	1 7	辛未	3 26	2 7	辛丑	4 25	3 8	辛未	5 25	4 8	辛丑	6 26	5 11	癸酉	7 27	6 12	甲辰
	2 26	1 8	壬申	3 27	2 8	壬寅	4 26	3 9	壬申	5 26	4 9	壬寅	6 27	5 12	甲戌	7 28	6 13	乙巳
	2 27	1 9	癸酉	3 28	2 9	癸卯	4 27	3 10	癸酉	5 27	4 10	癸卯	6 28	5 13	乙亥	7 29	6 14	丙午
	2 28	1 10	甲戌	3 29	2 10	甲辰	4 28	3 11	甲戌	5 28	4 11	甲辰	6 29	5 14	丙子	7 30	6 15	丁未
	2 29	1 11	乙亥	3 30	2 11	乙巳	4 29	3 12	乙亥	5 29	4 12	乙巳	6 30	5 15	丁丑	7 31	6 16	戊申
	3 1	1 12	丙子	3 31	2 12	丙午	4 30	3 13	丙子	5 30	4 13	丙午	7 1	5 16	戊寅	8 1	6 17	己酉
	3 2	1 13	丁丑	4 1	2 13	丁未	5 1	3 14	丁丑	5 31	4 14	丁未	7 2	5 17	己卯	8 2	6 18	庚戌
	3 3	1 14	戊寅	4 2	2 14	戊申	5 2	3 15	戊寅	6 1	4 15	戊申	7 3	5 18	庚辰	8 3	6 19	辛亥
	3 4	1 15	己卯	4 3	2 15	己酉	5 3	3 16	己卯	6 2	4 16	己酉	7 4	5 19	辛巳	8 4	6 20	壬子
										6 3	4 17	庚戌	7 5	5 20	壬午	8 5	6 21	癸丑
										6 4	4 18	辛亥						
中氣	雨水 2/19 3時42分 寅時			春分 3/20 2時20分 丑時			穀雨 4/19 12時54分 午時			小滿 5/20 11時34分 午時			夏至 6/20 19時12分 戌時			大暑 7/22 6時3分 卯時		

年	壬辰																													
月	戊申					己酉					庚戌					辛亥					壬子					癸丑				
節氣	立秋 8/6 22時38分 亥時					白露 9/7 1時54分 丑時					寒露 10/7 18時2分 酉時					立冬 11/6 21時42分 亥時					大雪 12/6 14時55分 未時					小寒 1/5 2時17分 丑時				
日	國曆		農曆		干支	國曆		農曆		干支	國曆		農曆		干支	國曆		農曆		干支	國曆		農曆		干支	國曆		農曆		干支
	8	6	6	22	甲寅	9	7	7	25	丙戌	10	7	8	26	丙辰	11	6	9	26	丙戌	12	6	10	27	丙辰	1	5	11	27	丙戌
	8	7	6	23	乙卯	9	8	7	26	丁亥	10	8	8	27	丁巳	11	7	9	27	丁亥	12	7	10	28	丁巳	1	6	11	28	丁亥
	8	8	6	24	丙辰	9	9	7	27	戊子	10	9	8	28	戊午	11	8	9	28	戊子	12	8	10	29	戊午	1	7	11	29	戊子
2	8	9	6	25	丁巳	9	10	7	28	己丑	10	10	8	29	己未	11	9	9	29	己丑	12	9	10	30	己未	1	8	12	1	己丑
0	8	10	6	26	戊午	9	11	7	29	庚寅	10	11	8	30	庚申	11	10	10	1	庚寅	12	10	11	1	庚申	1	9	12	2	庚寅
7	8	11	6	27	己未	9	12	8	1	辛卯	10	12	9	1	辛酉	11	11	10	2	辛卯	12	11	11	2	辛酉	1	10	12	3	辛卯
2	8	12	6	28	庚申	9	13	8	2	壬辰	10	13	9	2	壬戌	11	12	10	3	壬辰	12	12	11	3	壬戌	1	11	12	4	壬辰
・	8	13	6	29	辛酉	9	14	8	3	癸巳	10	14	9	3	癸亥	11	13	10	4	癸巳	12	13	11	4	癸亥	1	12	12	5	癸巳
2	8	14	7	1	壬戌	9	15	8	4	甲午	10	15	9	4	甲子	11	14	10	5	甲午	12	14	11	5	甲子	1	13	12	6	甲午
0	8	15	7	2	癸亥	9	16	8	5	乙未	10	16	9	5	乙丑	11	15	10	6	乙未	12	15	11	6	乙丑	1	14	12	7	乙未
7	8	16	7	3	甲子	9	17	8	6	丙申	10	17	9	6	丙寅	11	16	10	7	丙申	12	16	11	7	丙寅	1	15	12	8	丙申
3	8	17	7	4	乙丑	9	18	8	7	丁酉	10	18	9	7	丁卯	11	17	10	8	丁酉	12	17	11	8	丁卯	1	16	12	9	丁酉
	8	18	7	5	丙寅	9	19	8	8	戊戌	10	19	9	8	戊辰	11	18	10	9	戊戌	12	18	11	9	戊辰	1	17	12	10	戊戌
	8	19	7	6	丁卯	9	20	8	9	己亥	10	20	9	9	己巳	11	19	10	10	己亥	12	19	11	10	己巳	1	18	12	11	己亥
龍	8	20	7	7	戊辰	9	21	8	10	庚子	10	21	9	10	庚午	11	20	10	11	庚子	12	20	11	11	庚午	1	19	12	12	庚子
	8	21	7	8	己巳	9	22	8	11	辛丑	10	22	9	11	辛未	11	21	10	12	辛丑	12	21	11	12	辛未	1	20	12	13	辛丑
	8	22	7	9	庚午	9	23	8	12	壬寅	10	23	9	12	壬申	11	22	10	13	壬寅	12	22	11	13	壬申	1	21	12	14	壬寅
	8	23	7	10	辛未	9	24	8	13	癸卯	10	24	9	13	癸酉	11	23	10	14	癸卯	12	23	11	14	癸酉	1	22	12	15	癸卯
中	8	24	7	11	壬申	9	25	8	14	甲辰	10	25	9	14	甲戌	11	24	10	15	甲辰	12	24	11	15	甲戌	1	23	12	16	甲辰
華	8	25	7	12	癸酉	9	26	8	15	乙巳	10	26	9	15	乙亥	11	25	10	16	乙巳	12	25	11	16	乙亥	1	24	12	17	乙巳
民	8	26	7	13	甲戌	9	27	8	16	丙午	10	27	9	16	丙子	11	26	10	17	丙午	12	26	11	17	丙子	1	25	12	18	丙午
國	8	27	7	14	乙亥	9	28	8	17	丁未	10	28	9	17	丁丑	11	27	10	18	丁未	12	27	11	18	丁丑	1	26	12	19	丁未
一	8	28	7	15	丙子	9	29	8	18	戊申	10	29	9	18	戊寅	11	28	10	19	戊申	12	28	11	19	戊寅	1	27	12	20	戊申
百	8	29	7	16	丁丑	9	30	8	19	己酉	10	30	9	19	己卯	11	29	10	20	己酉	12	29	11	20	己卯	1	28	12	21	己酉
六	8	30	7	17	戊寅	10	1	8	20	庚戌	10	31	9	20	庚辰	11	30	10	21	庚戌	12	30	11	21	庚辰	1	29	12	22	庚戌
十	8	31	7	18	己卯	10	2	8	21	辛亥	11	1	9	21	辛巳	12	1	10	22	辛亥	12	31	11	22	辛巳	1	30	12	23	辛亥
一	9	1	7	19	庚辰	10	3	8	22	壬子	11	2	9	22	壬午	12	2	10	23	壬子	1	1	11	23	壬午	1	31	12	24	壬子
・	9	2	7	20	辛巳	10	4	8	23	癸丑	11	3	9	23	癸未	12	3	10	24	癸丑	1	2	11	24	癸未	2	1	12	25	癸丑
一	9	3	7	21	壬午	10	5	8	24	甲寅	11	4	9	24	甲申	12	4	10	25	甲寅	1	3	11	25	甲申	2	2	12	26	甲寅
百	9	4	7	22	癸未	10	6	8	25	乙卯	11	5	9	25	乙酉	12	5	10	26	乙卯	1	4	11	26	乙酉					
六十二年	9	5	7	23	甲申																									
	9	6	7	24	乙酉																									
中氣	處暑 8/22 13時21分 未時					秋分 9/22 11時26分 午時					霜降 10/22 21時18分 亥時					小雪 11/21 19時19分 戌時					冬至 12/21 8時55分 辰時					大寒 1/19 19時36分 戌時				

年	癸巳																	
月	甲寅			乙卯			丙辰			丁巳			戊午			己未		
節氣	立春 2/3 13時51分 未時			驚蟄 3/5 7時35分 辰時			清明 4/4 11時58分 午時			立夏 5/5 4時46分 寅時			芒種 6/5 8時29分 辰時			小暑 7/6 18時29分 酉時		
日	國曆	農曆	干支	國曆	農曆	干支	國曆	農曆	干支	國曆	農曆	干支	國曆	農曆	干支	國曆	農曆	干支
2073 蛇 中華民國一百六十二年	2 3	12 27	乙卯	3 5	1 27	乙酉	4 4	2 27	乙卯	5 5	3 29	丙戌	6 5	4 30	丁巳	7 6	6 2	戊子
	2 4	12 28	丙辰	3 6	1 28	丙戌	4 5	2 28	丙辰	5 6	3 30	丁亥	6 6	5 1	戊午	7 7	6 3	己丑
	2 5	12 29	丁巳	3 7	1 29	丁亥	4 6	2 29	丁巳	5 7	4 1	戊子	6 7	5 2	己未	7 8	6 4	庚寅
	2 6	12 30	戊午	3 8	1 30	戊子	4 7	3 1	戊午	5 8	4 2	己丑	6 8	5 3	庚申	7 9	6 5	辛卯
	2 7	1 1	己未	3 9	2 1	己丑	4 8	3 2	己未	5 9	4 3	庚寅	6 9	5 4	辛酉	7 10	6 6	壬辰
	2 8	1 2	庚申	3 10	2 2	庚寅	4 9	3 3	庚申	5 10	4 4	辛卯	6 10	5 5	壬戌	7 11	6 7	癸巳
	2 9	1 3	辛酉	3 11	2 3	辛卯	4 10	3 4	辛酉	5 11	4 5	壬辰	6 11	5 6	癸亥	7 12	6 8	甲午
	2 10	1 4	壬戌	3 12	2 4	壬辰	4 11	3 5	壬戌	5 12	4 6	癸巳	6 12	5 7	甲子	7 13	6 9	乙未
	2 11	1 5	癸亥	3 13	2 5	癸巳	4 12	3 6	癸亥	5 13	4 7	甲午	6 13	5 8	乙丑	7 14	6 10	丙申
	2 12	1 6	甲子	3 14	2 6	甲午	4 13	3 7	甲子	5 14	4 8	乙未	6 14	5 9	丙寅	7 15	6 11	丁酉
	2 13	1 7	乙丑	3 15	2 7	乙未	4 14	3 8	乙丑	5 15	4 9	丙申	6 15	5 10	丁卯	7 16	6 12	戊戌
	2 14	1 8	丙寅	3 16	2 8	丙申	4 15	3 9	丙寅	5 16	4 10	丁酉	6 16	5 11	戊辰	7 17	6 13	己亥
	2 15	1 9	丁卯	3 17	2 9	丁酉	4 16	3 10	丁卯	5 17	4 11	戊戌	6 17	5 12	己巳	7 18	6 14	庚子
	2 16	1 10	戊辰	3 18	2 10	戊戌	4 17	3 11	戊辰	5 18	4 12	己亥	6 18	5 13	庚午	7 19	6 15	辛丑
	2 17	1 11	己巳	3 19	2 11	己亥	4 18	3 12	己巳	5 19	4 13	庚子	6 19	5 14	辛未	7 20	6 16	壬寅
	2 18	1 12	庚午	3 20	2 12	庚子	4 19	3 13	庚午	5 20	4 14	辛丑	6 20	5 15	壬申	7 21	6 17	癸卯
	2 19	1 13	辛未	3 21	2 13	辛丑	4 20	3 14	辛未	5 21	4 15	壬寅	6 21	5 16	癸酉	7 22	6 18	甲辰
	2 20	1 14	壬申	3 22	2 14	壬寅	4 21	3 15	壬申	5 22	4 16	癸卯	6 22	5 17	甲戌	7 23	6 19	乙巳
	2 21	1 15	癸酉	3 23	2 15	癸卯	4 22	3 16	癸酉	5 23	4 17	甲辰	6 23	5 18	乙亥	7 24	6 20	丙午
	2 22	1 16	甲戌	3 24	2 16	甲辰	4 23	3 17	甲戌	5 24	4 18	乙巳	6 24	5 19	丙子	7 25	6 21	丁未
	2 23	1 17	乙亥	3 25	2 17	乙巳	4 24	3 18	乙亥	5 25	4 19	丙午	6 25	5 20	丁丑	7 26	6 22	戊申
	2 24	1 18	丙子	3 26	2 18	丙午	4 25	3 19	丙子	5 26	4 20	丁未	6 26	5 21	戊寅	7 27	6 23	己酉
	2 25	1 19	丁丑	3 27	2 19	丁未	4 26	3 20	丁丑	5 27	4 21	戊申	6 27	5 22	己卯	7 28	6 24	庚戌
	2 26	1 20	戊寅	3 28	2 20	戊申	4 27	3 21	戊寅	5 28	4 22	己酉	6 28	5 23	庚辰	7 29	6 25	辛亥
	2 27	1 21	己卯	3 29	2 21	己酉	4 28	3 22	己卯	5 29	4 23	庚戌	6 29	5 24	辛巳	7 30	6 26	壬子
	2 28	1 22	庚辰	3 30	2 22	庚戌	4 29	3 23	庚辰	5 30	4 24	辛亥	6 30	5 25	壬午	7 31	6 27	癸丑
	3 1	1 23	辛巳	3 31	2 23	辛亥	4 30	3 24	辛巳	5 31	4 25	壬子	7 1	5 26	癸未	8 1	6 28	甲寅
	3 2	1 24	壬午	4 1	2 24	壬子	5 1	3 25	壬午	6 1	4 26	癸丑	7 2	5 27	甲申	8 2	6 29	乙卯
	3 3	1 25	癸未	4 2	2 25	癸丑	5 2	3 26	癸未	6 2	4 27	甲寅	7 3	5 28	乙酉	8 3	6 30	丙辰
	3 4	1 26	甲申	4 3	2 26	甲寅	5 3	3 27	甲申	6 3	4 28	乙卯	7 4	5 29	丙戌	8 4	7 1	丁巳
							5 4	3 28	乙酉	6 4	4 29	丙辰	7 5	6 1	丁亥	8 5	7 2	戊午
																8 6	7 3	己未
中氣	雨水 2/18 9時33分 巳時			春分 3/20 8時12分 辰時			穀雨 4/19 18時47分 酉時			小滿 5/20 17時28分 酉時			夏至 6/21 1時6分 丑時			大暑 7/22 11時54分 午時		

年	癸巳																													
月	庚申					辛酉					壬戌					癸亥					甲子					乙丑				
節氣	立秋					白露					寒露					立冬					大雪					小寒				
	8/7 4時19分 寅時					9/7 7時32分 辰時					10/7 23時40分 子時					11/7 3時23分 寅時					12/6 20時39分 戌時					1/5 8時5分 辰時				
日	國曆		農曆		干支	國曆		農曆		干支	國曆		農曆		干支	國曆		農曆		干支	國曆		農曆		干支	國曆		農曆		干支
	8	7	7	4	庚申	9	7	8	6	辛卯	10	7	9	7	辛酉	11	7	10	8	壬辰	12	6	11	8	辛酉	1	5	12	8	辛卯
	8	8	7	5	辛酉	9	8	8	7	壬辰	10	8	9	8	壬戌	11	8	10	9	癸巳	12	7	11	9	壬戌	1	6	12	9	壬辰
	8	9	7	6	壬戌	9	9	8	8	癸巳	10	9	9	9	癸亥	11	9	10	10	甲午	12	8	11	10	癸亥	1	7	12	10	癸巳
	8	10	7	7	癸亥	9	10	8	9	甲午	10	10	9	10	甲子	11	10	10	11	乙未	12	9	11	11	甲子	1	8	12	11	甲午
	8	11	7	8	甲子	9	11	8	10	乙未	10	11	9	11	乙丑	11	11	10	12	丙申	12	10	11	12	乙丑	1	9	12	12	乙未
	8	12	7	9	乙丑	9	12	8	11	丙申	10	12	9	12	丙寅	11	12	10	13	丁酉	12	11	11	13	丙寅	1	10	12	13	丙申
	8	13	7	10	丙寅	9	13	8	12	丁酉	10	13	9	13	丁卯	11	13	10	14	戊戌	12	12	11	14	丁卯	1	11	12	14	丁酉
	8	14	7	11	丁卯	9	14	8	13	戊戌	10	14	9	14	戊辰	11	14	10	15	己亥	12	13	11	15	戊辰	1	12	12	15	戊戌
	8	15	7	12	戊辰	9	15	8	14	己亥	10	15	9	15	己巳	11	15	10	16	庚子	12	14	11	16	己巳	1	13	12	16	己亥
	8	16	7	13	己巳	9	16	8	15	庚子	10	16	9	16	庚午	11	16	10	17	辛丑	12	15	11	17	庚午	1	14	12	17	庚子
	8	17	7	14	庚午	9	17	8	16	辛丑	10	17	9	17	辛未	11	17	10	18	壬寅	12	16	11	18	辛未	1	15	12	18	辛丑
	8	18	7	15	辛未	9	18	8	17	壬寅	10	18	9	18	壬申	11	18	10	19	癸卯	12	17	11	19	壬申	1	16	12	19	壬寅
	8	19	7	16	壬申	9	19	8	18	癸卯	10	19	9	19	癸酉	11	19	10	20	甲辰	12	18	11	20	癸酉	1	17	12	20	癸卯
	8	20	7	17	癸酉	9	20	8	19	甲辰	10	20	9	20	甲戌	11	20	10	21	乙巳	12	19	11	21	甲戌	1	18	12	21	甲辰
	8	21	7	18	甲戌	9	21	8	20	乙巳	10	21	9	21	乙亥	11	21	10	22	丙午	12	20	11	22	乙亥	1	19	12	22	乙巳
	8	22	7	19	乙亥	9	22	8	21	丙午	10	22	9	22	丙子	11	22	10	23	丁未	12	21	11	23	丙子	1	20	12	23	丙午
	8	23	7	20	丙子	9	23	8	22	丁未	10	23	9	23	丁丑	11	23	10	24	戊申	12	22	11	24	丁丑	1	21	12	24	丁未
	8	24	7	21	丁丑	9	24	8	23	戊申	10	24	9	24	戊寅	11	24	10	25	己酉	12	23	11	25	戊寅	1	22	12	25	戊申
	8	25	7	22	戊寅	9	25	8	24	己酉	10	25	9	25	己卯	11	25	10	26	庚戌	12	24	11	26	己卯	1	23	12	26	己酉
	8	26	7	23	己卯	9	26	8	25	庚戌	10	26	9	26	庚辰	11	26	10	27	辛亥	12	25	11	27	庚辰	1	24	12	27	庚戌
	8	27	7	24	庚辰	9	27	8	26	辛亥	10	27	9	27	辛巳	11	27	10	28	壬子	12	26	11	28	辛巳	1	25	12	28	辛亥
	8	28	7	25	辛巳	9	28	8	27	壬子	10	28	9	28	壬午	11	28	10	29	癸丑	12	27	11	29	壬午	1	26	12	29	壬子
	8	29	7	26	壬午	9	29	8	28	癸丑	10	29	9	29	癸未	11	29	11	1	甲寅	12	28	11	30	癸未	1	27	1	1	癸丑
	8	30	7	27	癸未	9	30	8	29	甲寅	10	30	9	30	甲申	11	30	11	2	乙卯	12	29	12	1	甲申	1	28	1	2	甲寅
	8	31	7	28	甲申	10	1	9	1	乙卯	10	31	10	1	乙酉	12	1	11	3	丙辰	12	30	12	2	乙酉	1	29	1	3	乙卯
	9	1	7	29	乙酉	10	2	9	2	丙辰	11	1	10	2	丙戌	12	2	11	4	丁巳	12	31	12	3	丙戌	1	30	1	4	丙辰
	9	2	8	1	丙戌	10	3	9	3	丁巳	11	2	10	3	丁亥	12	3	11	5	戊午	1	1	12	4	丁亥	1	31	1	5	丁巳
	9	3	8	2	丁亥	10	4	9	4	戊午	11	3	10	4	戊子	12	4	11	6	己未	1	2	12	5	戊子	2	1	1	6	戊午
	9	4	8	3	戊子	10	5	9	5	己未	11	4	10	5	己丑	12	5	11	7	庚申	1	3	12	6	己丑	2	2	1	7	己未
	9	5	8	4	己丑	10	6	9	6	庚申	11	5	10	6	庚寅						1	4	12	7	庚寅					
	9	6	8	5	庚寅						11	6	10	7	辛卯															
中氣	處暑					秋分					霜降					小雪					冬至					大寒				
	8/22 19時10分 戌時					9/22 17時14分 酉時					10/23 3時7分 寅時					11/22 1時10分 丑時					12/21 14時49分 未時					1/20 1時33分 丑時				

2073・2074

蛇

中華民國一百六十二・一百六十三年

年	甲午																													
月	丙寅					丁卯					戊辰					己巳					庚午					辛未				
節氣	立春 2/3 19時40分 戌時					驚蟄 3/5 13時23分 未時					清明 4/4 17時44分 酉時					立夏 5/5 10時32分 巳時					芒種 6/5 14時16分 未時					小暑 7/7 0時20分 子時				
日	國曆		農曆		干支	國曆		農曆		干支	國曆		農曆		干支	國曆		農曆		干支	國曆		農曆		干支	國曆		農曆		干支
2074 馬 中華民國一百六十三年	2	3	1	8	庚申	3	5	2	8	庚寅	4	4	3	9	庚申	5	5	4	10	辛卯	6	5	5	11	壬戌	7	7	6	14	甲午
	2	4	1	9	辛酉	3	6	2	9	辛卯	4	5	3	10	辛酉	5	6	4	11	壬辰	6	6	5	12	癸亥	7	8	6	15	乙未
	2	5	1	10	壬戌	3	7	2	10	壬辰	4	6	3	11	壬戌	5	7	4	12	癸巳	6	7	5	13	甲子	7	9	6	16	丙申
	2	6	1	11	癸亥	3	8	2	11	癸巳	4	7	3	12	癸亥	5	8	4	13	甲午	6	8	5	14	乙丑	7	10	6	17	丁酉
	2	7	1	12	甲子	3	9	2	12	甲午	4	8	3	13	甲子	5	9	4	14	乙未	6	9	5	15	丙寅	7	11	6	18	戊戌
	2	8	1	13	乙丑	3	10	2	13	乙未	4	9	3	14	乙丑	5	10	4	15	丙申	6	10	5	16	丁卯	7	12	6	19	己亥
	2	9	1	14	丙寅	3	11	2	14	丙申	4	10	3	15	丙寅	5	11	4	16	丁酉	6	11	5	17	戊辰	7	13	6	20	庚子
	2	10	1	15	丁卯	3	12	2	15	丁酉	4	11	3	16	丁卯	5	12	4	17	戊戌	6	12	5	18	己巳	7	14	6	21	辛丑
	2	11	1	16	戊辰	3	13	2	16	戊戌	4	12	3	17	戊辰	5	13	4	18	己亥	6	13	5	19	庚午	7	15	6	22	壬寅
	2	12	1	17	己巳	3	14	2	17	己亥	4	13	3	18	己巳	5	14	4	19	庚子	6	14	5	20	辛未	7	16	6	23	癸卯
	2	13	1	18	庚午	3	15	2	18	庚子	4	14	3	19	庚午	5	15	4	20	辛丑	6	15	5	21	壬申	7	17	6	24	甲辰
	2	14	1	19	辛未	3	16	2	19	辛丑	4	15	3	20	辛未	5	16	4	21	壬寅	6	16	5	22	癸酉	7	18	6	25	乙巳
	2	15	1	20	壬申	3	17	2	20	壬寅	4	16	3	21	壬申	5	17	4	22	癸卯	6	17	5	23	甲戌	7	19	6	26	丙午
	2	16	1	21	癸酉	3	18	2	21	癸卯	4	17	3	22	癸酉	5	18	4	23	甲辰	6	18	5	24	乙亥	7	20	6	27	丁未
	2	17	1	22	甲戌	3	19	2	22	甲辰	4	18	3	23	甲戌	5	19	4	24	乙巳	6	19	5	25	丙子	7	21	6	28	戊申
	2	18	1	23	乙亥	3	20	2	23	乙巳	4	19	3	24	乙亥	5	20	4	25	丙午	6	20	5	26	丁丑	7	22	6	29	己酉
	2	19	1	24	丙子	3	21	2	24	丙午	4	20	3	25	丙子	5	21	4	26	丁未	6	21	5	27	戊寅	7	23	6	30	庚戌
	2	20	1	25	丁丑	3	22	2	25	丁未	4	21	3	26	丁丑	5	22	4	27	戊申	6	22	5	28	己卯	7	24	閏6	1	辛亥
	2	21	1	26	戊寅	3	23	2	26	戊申	4	22	3	27	戊寅	5	23	4	28	己酉	6	23	5	29	庚辰	7	25	6	2	壬子
	2	22	1	27	己卯	3	24	2	27	己酉	4	23	3	28	己卯	5	24	4	29	庚戌	6	24	6	1	辛巳	7	26	6	3	癸丑
	2	23	1	28	庚辰	3	25	2	28	庚戌	4	24	3	29	庚辰	5	25	4	30	辛亥	6	25	6	2	壬午	7	27	6	4	甲寅
	2	24	1	29	辛巳	3	26	2	29	辛亥	4	25	3	30	辛巳	5	26	5	1	壬子	6	26	6	3	癸未	7	28	6	5	乙卯
	2	25	1	30	壬午	3	27	3	1	壬子	4	26	4	1	壬午	5	27	5	2	癸丑	6	27	6	4	甲申	7	29	6	6	丙辰
	2	26	2	1	癸未	3	28	3	2	癸丑	4	27	4	2	癸未	5	28	5	3	甲寅	6	28	6	5	乙酉	7	30	6	7	丁巳
	2	27	2	2	甲申	3	29	3	3	甲寅	4	28	4	3	甲申	5	29	5	4	乙卯	6	29	6	6	丙戌	7	31	6	8	戊午
	2	28	2	3	乙酉	3	30	3	4	乙卯	4	29	4	4	乙酉	5	30	5	5	丙辰	6	30	6	7	丁亥	8	1	6	9	己未
	3	1	2	4	丙戌	3	31	3	5	丙辰	4	30	4	5	丙戌	5	31	5	6	丁巳	7	1	6	8	戊子	8	2	6	10	庚申
	3	2	2	5	丁亥	4	1	3	6	丁巳	5	1	4	6	丁亥	6	1	5	7	戊午	7	2	6	9	己丑	8	3	6	11	辛酉
	3	3	2	6	戊子	4	2	3	7	戊午	5	2	4	7	戊子	6	2	5	8	己未	7	3	6	10	庚寅	8	4	6	12	壬戌
	3	4	2	7	己丑	4	3	3	8	己未	5	3	4	8	己丑	6	3	5	9	庚申	7	4	6	11	辛卯	8	5	6	13	癸亥
											5	4	4	9	庚寅	6	4	5	10	辛酉	7	5	6	12	壬辰	8	6	6	14	甲子
																					7	6	6	13	癸巳					
中氣	雨水 2/18 15時31分 申時					春分 3/20 14時8分 未時					穀雨 4/20 0時40分 子時					小滿 5/20 23時20分 子時					夏至 6/21 6時57分 卯時					大暑 7/22 17時44分 酉時				

年	甲午																	
月	壬申			癸酉			甲戌			乙亥			丙子			丁丑		
節氣	立秋 8/7 10時12分 巳時			白露 9/7 13時27分 未時			寒露 10/8 5時36分 卯時			立冬 11/7 9時18分 巳時			大雪 12/7 2時33分 丑時			小寒 1/5 13時56分 未時		
日	國曆	農曆	干支	國曆	農曆	干支	國曆	農曆	干支	國曆	農曆	干支	國曆	農曆	干支	國曆	農曆	干支
	8 7	6 15	乙丑	9 7	7 17	丙申	10 8	8 18	丁卯	11 7	9 19	丁酉	12 7	10 19	丁卯	1 5	11 19	丙申
	8 8	6 16	丙寅	9 8	7 18	丁酉	10 9	8 19	戊辰	11 8	9 20	戊戌	12 8	10 20	戊辰	1 6	11 20	丁酉
	8 9	6 17	丁卯	9 9	7 19	戊戌	10 10	8 20	己巳	11 9	9 21	己亥	12 9	10 21	己巳	1 7	11 21	戊戌
	8 10	6 18	戊辰	9 10	7 20	己亥	10 11	8 21	庚午	11 10	9 22	庚子	12 10	10 22	庚午	1 8	11 22	己亥
	8 11	6 19	己巳	9 11	7 21	庚子	10 12	8 22	辛未	11 11	9 23	辛丑	12 11	10 23	辛未	1 9	11 23	庚子
	8 12	6 20	庚午	9 12	7 22	辛丑	10 13	8 23	壬申	11 12	9 24	壬寅	12 12	10 24	壬申	1 10	11 24	辛丑
	8 13	6 21	辛未	9 13	7 23	壬寅	10 14	8 24	癸酉	11 13	9 25	癸卯	12 13	10 25	癸酉	1 11	11 25	壬寅
	8 14	6 22	壬申	9 14	7 24	癸卯	10 15	8 25	甲戌	11 14	9 26	甲辰	12 14	10 26	甲戌	1 12	11 26	癸卯
	8 15	6 23	癸酉	9 15	7 25	甲辰	10 16	8 26	乙亥	11 15	9 27	乙巳	12 15	10 27	乙亥	1 13	11 27	甲辰
	8 16	6 24	甲戌	9 16	7 26	乙巳	10 17	8 27	丙子	11 16	9 28	丙午	12 16	10 28	丙子	1 14	11 28	乙巳
	8 17	6 25	乙亥	9 17	7 27	丙午	10 18	8 28	丁丑	11 17	9 29	丁未	12 17	10 29	丁丑	1 15	11 29	丙午
	8 18	6 26	丙子	9 18	7 28	丁未	10 19	8 29	戊寅	11 18	9 30	戊申	12 18	11 1	戊寅	1 16	11 30	丁未
	8 19	6 27	丁丑	9 19	7 29	戊申	10 20	9 1	己卯	11 19	10 1	己酉	12 19	11 2	己卯	1 17	12 1	戊申
	8 20	6 28	戊寅	9 20	7 30	己酉	10 21	9 2	庚辰	11 20	10 2	庚戌	12 20	11 3	庚辰	1 18	12 2	己酉
	8 21	6 29	己卯	9 21	8 1	庚戌	10 22	9 3	辛巳	11 21	10 3	辛亥	12 21	11 4	辛巳	1 19	12 3	庚戌
	8 22	7 1	庚辰	9 22	8 2	辛亥	10 23	9 4	壬午	11 22	10 4	壬子	12 22	11 5	壬午	1 20	12 4	辛亥
馬	8 23	7 2	辛巳	9 23	8 3	壬子	10 24	9 5	癸未	11 23	10 5	癸丑	12 23	11 6	癸未	1 21	12 5	壬子
	8 24	7 3	壬午	9 24	8 4	癸丑	10 25	9 6	甲申	11 24	10 6	甲寅	12 24	11 7	甲申	1 22	12 6	癸丑
	8 25	7 4	癸未	9 25	8 5	甲寅	10 26	9 7	乙酉	11 25	10 7	乙卯	12 25	11 8	乙酉	1 23	12 7	甲寅
	8 26	7 5	甲申	9 26	8 6	乙卯	10 27	9 8	丙戌	11 26	10 8	丙辰	12 26	11 9	丙戌	1 24	12 8	乙卯
	8 27	7 6	乙酉	9 27	8 7	丙辰	10 28	9 9	丁亥	11 27	10 9	丁巳	12 27	11 10	丁亥	1 25	12 9	丙辰
	8 28	7 7	丙戌	9 28	8 8	丁巳	10 29	9 10	戊子	11 28	10 10	戊午	12 28	11 11	戊子	1 26	12 10	丁巳
	8 29	7 8	丁亥	9 29	8 9	戊午	10 30	9 11	己丑	11 29	10 11	己未	12 29	11 12	己丑	1 27	12 11	戊午
	8 30	7 9	戊子	9 30	8 10	己未	10 31	9 12	庚寅	11 30	10 12	庚申	12 30	11 13	庚寅	1 28	12 12	己未
	8 31	7 10	己丑	10 1	8 11	庚申	11 1	9 13	辛卯	12 1	10 13	辛酉	12 31	11 14	辛卯	1 29	12 13	庚申
	9 1	7 11	庚寅	10 2	8 12	辛酉	11 2	9 14	壬辰	12 2	10 14	壬戌	1 1	11 15	壬辰	1 30	12 14	辛酉
	9 2	7 12	辛卯	10 3	8 13	壬戌	11 3	9 15	癸巳	12 3	10 15	癸亥	1 2	11 16	癸巳	1 31	12 15	壬戌
	9 3	7 13	壬辰	10 4	8 14	癸亥	11 4	9 16	甲午	12 4	10 16	甲子	1 3	11 17	甲午	2 1	12 16	癸亥
	9 4	7 14	癸巳	10 5	8 15	甲子	11 5	9 17	乙未	12 5	10 17	乙丑	1 4	11 18	乙未	2 2	12 17	甲子
	9 5	7 15	甲午	10 6	8 16	乙丑	11 6	9 18	丙申	12 6	10 18	丙寅				2 3	12 18	乙丑
	9 6	7 16	乙未	10 7	8 17	丙寅												
中氣	處暑 8/23 0時59分 子時			秋分 9/22 23時2分 子時			霜降 10/23 8時54分 辰時			小雪 11/22 6時57分 卯時			冬至 12/21 20時34分 戌時			大寒 1/20 7時15分 辰時		

2074・2075 馬 中華民國一百六十三・一百六十四年

年	乙未																	
月	戊寅			己卯			庚辰			辛巳			壬午			癸未		
節氣	立春 2/4 1時29分 丑時			驚蟄 3/5 19時10分 戌時			清明 4/4 23時30分 子時			立夏 5/5 16時18分 申時			芒種 6/5 20時5分 戌時			小暑 7/7 6時12分 卯時		
日	國曆	農曆	干支	國曆	農曆	干支	國曆	農曆	干支	國曆	農曆	干支	國曆	農曆	干支	國曆	農曆	干支
	2 4	12 19	丙寅	3 5	1 19	乙未	4 4	2 19	乙丑	5 5	3 21	丙申	6 5	4 22	丁卯	7 7	5 25	己亥
	2 5	12 20	丁卯	3 6	1 20	丙申	4 5	2 20	丙寅	5 6	3 22	丁酉	6 6	4 23	戊辰	7 8	5 26	庚子
	2 6	12 21	戊辰	3 7	1 21	丁酉	4 6	2 21	丁卯	5 7	3 23	戊戌	6 7	4 24	己巳	7 9	5 27	辛丑
	2 7	12 22	己巳	3 8	1 22	戊戌	4 7	2 22	戊辰	5 8	3 24	己亥	6 8	4 25	庚午	7 10	5 28	壬寅
2075	2 8	12 23	庚午	3 9	1 23	己亥	4 8	2 23	己巳	5 9	3 25	庚子	6 9	4 26	辛未	7 11	5 29	癸卯
	2 9	12 24	辛未	3 10	1 24	庚子	4 9	2 24	庚午	5 10	3 26	辛丑	6 10	4 27	壬申	7 12	5 30	甲辰
	2 10	12 25	壬申	3 11	1 25	辛丑	4 10	2 25	辛未	5 11	3 27	壬寅	6 11	4 28	癸酉	7 13	6 1	乙巳
	2 11	12 26	癸酉	3 12	1 26	壬寅	4 11	2 26	壬申	5 12	3 28	癸卯	6 12	4 29	甲戌	7 14	6 2	丙午
	2 12	12 27	甲戌	3 13	1 27	癸卯	4 12	2 27	癸酉	5 13	3 29	甲辰	6 13	5 1	乙亥	7 15	6 3	丁未
	2 13	12 28	乙亥	3 14	1 28	甲辰	4 13	2 28	甲戌	5 14	3 30	乙巳	6 14	5 2	丙子	7 16	6 4	戊申
	2 14	12 29	丙子	3 15	1 29	乙巳	4 14	2 29	乙亥	5 15	4 1	丙午	6 15	5 3	丁丑	7 17	6 5	己酉
	2 15	1 1	丁丑	3 16	1 30	丙午	4 15	3 1	丙子	5 16	4 2	丁未	6 16	5 4	戊寅	7 18	6 6	庚戌
	2 16	1 2	戊寅	3 17	2 1	丁未	4 16	3 2	丁丑	5 17	4 3	戊申	6 17	5 5	己卯	7 19	6 7	辛亥
羊	2 17	1 3	己卯	3 18	2 2	戊申	4 17	3 3	戊寅	5 18	4 4	己酉	6 18	5 6	庚辰	7 20	6 8	壬子
	2 18	1 4	庚辰	3 19	2 3	己酉	4 18	3 4	己卯	5 19	4 5	庚戌	6 19	5 7	辛巳	7 21	6 9	癸丑
	2 19	1 5	辛巳	3 20	2 4	庚戌	4 19	3 5	庚辰	5 20	4 6	辛亥	6 20	5 8	壬午	7 22	6 10	甲寅
	2 20	1 6	壬午	3 21	2 5	辛亥	4 20	3 6	辛巳	5 21	4 7	壬子	6 21	5 9	癸未	7 23	6 11	乙卯
	2 21	1 7	癸未	3 22	2 6	壬子	4 21	3 7	壬午	5 22	4 8	癸丑	6 22	5 10	甲申	7 24	6 12	丙辰
	2 22	1 8	甲申	3 23	2 7	癸丑	4 22	3 8	癸未	5 23	4 9	甲寅	6 23	5 11	乙酉	7 25	6 13	丁巳
	2 23	1 9	乙酉	3 24	2 8	甲寅	4 23	3 9	甲申	5 24	4 10	乙卯	6 24	5 12	丙戌	7 26	6 14	戊午
中華民國一百六十四年	2 24	1 10	丙戌	3 25	2 9	乙卯	4 24	3 10	乙酉	5 25	4 11	丙辰	6 25	5 13	丁亥	7 27	6 15	己未
	2 25	1 11	丁亥	3 26	2 10	丙辰	4 25	3 11	丙戌	5 26	4 12	丁巳	6 26	5 14	戊子	7 28	6 16	庚申
	2 26	1 12	戊子	3 27	2 11	丁巳	4 26	3 12	丁亥	5 27	4 13	戊午	6 27	5 15	己丑	7 29	6 17	辛酉
	2 27	1 13	己丑	3 28	2 12	戊午	4 27	3 13	戊子	5 28	4 14	己未	6 28	5 16	庚寅	7 30	6 18	壬戌
	2 28	1 14	庚寅	3 29	2 13	己未	4 28	3 14	己丑	5 29	4 15	庚申	6 29	5 17	辛卯	7 31	6 19	癸亥
	3 1	1 15	辛卯	3 30	2 14	庚申	4 29	3 15	庚寅	5 30	4 16	辛酉	6 30	5 18	壬辰	8 1	6 20	甲子
	3 2	1 16	壬辰	3 31	2 15	辛酉	4 30	3 16	辛卯	5 31	4 17	壬戌	7 1	5 19	癸巳	8 2	6 21	乙丑
	3 3	1 17	癸巳	4 1	2 16	壬戌	5 1	3 17	壬辰	6 1	4 18	癸亥	7 2	5 20	甲午	8 3	6 22	丙寅
	3 4	1 18	甲午	4 2	2 17	癸亥	5 2	3 18	癸巳	6 2	4 19	甲子	7 3	5 21	乙未	8 4	6 23	丁卯
				4 3	2 18	甲子	5 3	3 19	甲午	6 3	4 20	乙丑	7 4	5 22	丙申	8 5	6 24	戊辰
							5 4	3 20	乙未	6 4	4 21	丙寅	7 5	5 23	丁酉	8 6	6 25	己巳
													7 6	5 24	戊戌			
中氣	雨水 2/18 21時11分 亥時			春分 3/20 19時45分 戌時			穀雨 4/20 6時17分 卯時			小滿 5/21 4時58分 寅時			夏至 6/21 12時39分 午時			大暑 7/22 23時32分 子時		

乙未																		年
甲申			乙酉			丙戌			丁亥			戊子			己丑			月
立秋 8/7 16時7分 申時			白露 9/7 19時23分 戌時			寒露 10/8 11時30分 午時			立冬 11/7 15時10分 申時			大雪 12/7 8時23分 辰時			小寒 1/5 19時46分 戌時			節氣
國曆	農曆	干支	國曆	農曆	干支	國曆	農曆	干支	國曆	農曆	干支	國曆	農曆	干支	國曆	農曆	干支	日
8 7	6 26	庚午	9 7	7 27	辛丑	10 8	8 29	壬申	11 7	9 29	壬寅	12 7	10 30	壬申	1 5	11 29	辛丑	
8 8	6 27	辛未	9 8	7 28	壬寅	10 9	8 30	癸酉	11 8	10 1	癸卯	12 8	11 1	癸酉	1 6	12 1	壬寅	
8 9	6 28	壬申	9 9	7 29	癸卯	10 10	9 1	甲戌	11 9	10 2	甲辰	12 9	11 2	甲戌	1 7	12 2	癸卯	
8 10	6 29	癸酉	9 10	8 1	甲辰	10 11	9 2	乙亥	11 10	10 3	乙巳	12 10	11 3	乙亥	1 8	12 3	甲辰	
8 11	6 30	甲戌	9 11	8 2	乙巳	10 12	9 3	丙子	11 11	10 4	丙午	12 11	11 4	丙子	1 9	12 4	乙巳	
8 12	7 1	乙亥	9 12	8 3	丙午	10 13	9 4	丁丑	11 12	10 5	丁未	12 12	11 5	丁丑	1 10	12 5	丙午	
8 13	7 2	丙子	9 13	8 4	丁未	10 14	9 5	戊寅	11 13	10 6	戊申	12 13	11 6	戊寅	1 11	12 6	丁未	
8 14	7 3	丁丑	9 14	8 5	戊申	10 15	9 6	己卯	11 14	10 7	己酉	12 14	11 7	己卯	1 12	12 7	戊申	
8 15	7 4	戊寅	9 15	8 6	己酉	10 16	9 7	庚辰	11 15	10 8	庚戌	12 15	11 8	庚辰	1 13	12 8	己酉	
8 16	7 5	己卯	9 16	8 7	庚戌	10 17	9 8	辛巳	11 16	10 9	辛亥	12 16	11 9	辛巳	1 14	12 9	庚戌	
8 17	7 6	庚辰	9 17	8 8	辛亥	10 18	9 9	壬午	11 17	10 10	壬子	12 17	11 10	壬午	1 15	12 10	辛亥	
8 18	7 7	辛巳	9 18	8 9	壬子	10 19	9 10	癸未	11 18	10 11	癸丑	12 18	11 11	癸未	1 16	12 11	壬子	
8 19	7 8	壬午	9 19	8 10	癸丑	10 20	9 11	甲申	11 19	10 12	甲寅	12 19	11 12	甲申	1 17	12 12	癸丑	
8 20	7 9	癸未	9 20	8 11	甲寅	10 21	9 12	乙酉	11 20	10 13	乙卯	12 20	11 13	乙酉	1 18	12 13	甲寅	
8 21	7 10	甲申	9 21	8 12	乙卯	10 22	9 13	丙戌	11 21	10 14	丙辰	12 21	11 14	丙戌	1 19	12 14	乙卯	
8 22	7 11	乙酉	9 22	8 13	丙辰	10 23	9 14	丁亥	11 22	10 15	丁巳	12 22	11 15	丁亥	1 20	12 15	丙辰	
8 23	7 12	丙戌	9 23	8 14	丁巳	10 24	9 15	戊子	11 23	10 16	戊午	12 23	11 16	戊子	1 21	12 16	丁巳	
8 24	7 13	丁亥	9 24	8 15	戊午	10 25	9 16	己丑	11 24	10 17	己未	12 24	11 17	己丑	1 22	12 17	戊午	
8 25	7 14	戊子	9 25	8 16	己未	10 26	9 17	庚寅	11 25	10 18	庚申	12 25	11 18	庚寅	1 23	12 18	己未	
8 26	7 15	己丑	9 26	8 17	庚申	10 27	9 18	辛卯	11 26	10 19	辛酉	12 26	11 19	辛卯	1 24	12 19	庚申	
8 27	7 16	庚寅	9 27	8 18	辛酉	10 28	9 19	壬辰	11 27	10 20	壬戌	12 27	11 20	壬辰	1 25	12 20	辛酉	
8 28	7 17	辛卯	9 28	8 19	壬戌	10 29	9 20	癸巳	11 28	10 21	癸亥	12 28	11 21	癸巳	1 26	12 21	壬戌	
8 29	7 18	壬辰	9 29	8 20	癸亥	10 30	9 21	甲午	11 29	10 22	甲子	12 29	11 22	甲午	1 27	12 22	癸亥	
8 30	7 19	癸巳	9 30	8 21	甲子	10 31	9 22	乙未	11 30	10 23	乙丑	12 30	11 23	乙未	1 28	12 23	甲子	
8 31	7 20	甲午	10 1	8 22	乙丑	11 1	9 23	丙申	12 1	10 24	丙寅	12 31	11 24	丙申	1 29	12 24	乙丑	
9 1	7 21	乙未	10 2	8 23	丙寅	11 2	9 24	丁酉	12 2	10 25	丁卯	1 1	11 25	丁酉	1 30	12 25	丙寅	
9 2	7 22	丙申	10 3	8 24	丁卯	11 3	9 25	戊戌	12 3	10 26	戊辰	1 2	11 26	戊戌	1 31	12 26	丁卯	
9 3	7 23	丁酉	10 4	8 25	戊辰	11 4	9 26	己亥	12 4	10 27	己巳	1 3	11 27	己亥	2 1	12 27	戊辰	
9 4	7 24	戊戌	10 5	8 26	己巳	11 5	9 27	庚子	12 5	10 28	庚午	1 4	11 28	庚子	2 2	12 28	己巳	
9 5	7 25	己亥	10 6	8 27	庚午	11 6	9 28	辛丑	12 6	10 29	辛未				2 3	12 29	庚午	
9 6	7 26	庚子	10 7	8 28	辛未													
處暑 8/23 6時52分 卯時			秋分 9/23 4時57分 寅時			霜降 10/23 14時49分 未時			小雪 11/22 12時50分 午時			冬至 12/22 2時26分 丑時			大寒 1/20 13時6分 未時			中氣

2075・2076

羊

中華民國一百六十四・一百六十五年

年	丙申																	
月	庚寅			辛卯			壬辰			癸巳			甲午			乙未		
節氣	立春			驚蟄			清明			立夏			芒種			小暑		
	2/4 7時19分 辰時			3/5 1時0分 丑時			4/4 5時19分 卯時			5/4 22時7分 亥時			6/5 1時53分 丑時			7/6 11時59分 午時		
日	國曆	農曆	干支	國曆	農曆	干支	國曆	農曆	干支	國曆	農曆	干支	國曆	農曆	干支	國曆	農曆	干支
2076 猴 中華民國一百六十五年	2 4	12 30	辛未	3 5	2 1	辛丑	4 4	3 1	辛未	5 4	4 2	辛丑	6 5	5 4	癸酉	7 6	6 6	甲辰
	2 5	1 1	壬申	3 6	2 2	壬寅	4 5	3 2	壬申	5 5	4 3	壬寅	6 6	5 5	甲戌	7 7	6 7	乙巳
	2 6	1 2	癸酉	3 7	2 3	癸卯	4 6	3 3	癸酉	5 6	4 4	癸卯	6 7	5 6	乙亥	7 8	6 8	丙午
	2 7	1 3	甲戌	3 8	2 4	甲辰	4 7	3 4	甲戌	5 7	4 5	甲辰	6 8	5 7	丙子	7 9	6 9	丁未
	2 8	1 4	乙亥	3 9	2 5	乙巳	4 8	3 5	乙亥	5 8	4 6	乙巳	6 9	5 8	丁丑	7 10	6 10	戊申
	2 9	1 5	丙子	3 10	2 6	丙午	4 9	3 6	丙子	5 9	4 7	丙午	6 10	5 9	戊寅	7 11	6 11	己酉
	2 10	1 6	丁丑	3 11	2 7	丁未	4 10	3 7	丁丑	5 10	4 8	丁未	6 11	5 10	己卯	7 12	6 12	庚戌
	2 11	1 7	戊寅	3 12	2 8	戊申	4 11	3 8	戊寅	5 11	4 9	戊申	6 12	5 11	庚辰	7 13	6 13	辛亥
	2 12	1 8	己卯	3 13	2 9	己酉	4 12	3 9	己卯	5 12	4 10	己酉	6 13	5 12	辛巳	7 14	6 14	壬子
	2 13	1 9	庚辰	3 14	2 10	庚戌	4 13	3 10	庚辰	5 13	4 11	庚戌	6 14	5 13	壬午	7 15	6 15	癸丑
	2 14	1 10	辛巳	3 15	2 11	辛亥	4 14	3 11	辛巳	5 14	4 12	辛亥	6 15	5 14	癸未	7 16	6 16	甲寅
	2 15	1 11	壬午	3 16	2 12	壬子	4 15	3 12	壬午	5 15	4 13	壬子	6 16	5 15	甲申	7 17	6 17	乙卯
	2 16	1 12	癸未	3 17	2 13	癸丑	4 16	3 13	癸未	5 16	4 14	癸丑	6 17	5 16	乙酉	7 18	6 18	丙辰
	2 17	1 13	甲申	3 18	2 14	甲寅	4 17	3 14	甲申	5 17	4 15	甲寅	6 18	5 17	丙戌	7 19	6 19	丁巳
	2 18	1 14	乙酉	3 19	2 15	乙卯	4 18	3 15	乙酉	5 18	4 16	乙卯	6 19	5 18	丁亥	7 20	6 20	戊午
	2 19	1 15	丙戌	3 20	2 16	丙辰	4 19	3 16	丙戌	5 19	4 17	丙辰	6 20	5 19	戊子	7 21	6 21	己未
	2 20	1 16	丁亥	3 21	2 17	丁巳	4 20	3 17	丁亥	5 20	4 18	丁巳	6 21	5 20	己丑	7 22	6 22	庚申
	2 21	1 17	戊子	3 22	2 18	戊午	4 21	3 18	戊子	5 21	4 19	戊午	6 22	5 21	庚寅	7 23	6 23	辛酉
	2 22	1 18	己丑	3 23	2 19	己未	4 22	3 19	己丑	5 22	4 20	己未	6 23	5 22	辛卯	7 24	6 24	壬戌
	2 23	1 19	庚寅	3 24	2 20	庚申	4 23	3 20	庚寅	5 23	4 21	庚申	6 24	5 23	壬辰	7 25	6 25	癸亥
	2 24	1 20	辛卯	3 25	2 21	辛酉	4 24	3 21	辛卯	5 24	4 22	辛酉	6 25	5 24	癸巳	7 26	6 26	甲子
	2 25	1 21	壬辰	3 26	2 22	壬戌	4 25	3 22	壬辰	5 25	4 23	壬戌	6 26	5 25	甲午	7 27	6 27	乙丑
	2 26	1 22	癸巳	3 27	2 23	癸亥	4 26	3 23	癸巳	5 26	4 24	癸亥	6 27	5 26	乙未	7 28	6 28	丙寅
	2 27	1 23	甲午	3 28	2 24	甲子	4 27	3 24	甲午	5 27	4 25	甲子	6 28	5 27	丙申	7 29	6 29	丁卯
	2 28	1 24	乙未	3 29	2 25	乙丑	4 28	3 25	乙未	5 28	4 26	乙丑	6 29	5 28	丁酉	7 30	6 30	戊辰
	2 29	1 25	丙申	3 30	2 26	丙寅	4 29	3 26	丙申	5 29	4 27	丙寅	6 30	5 29	戊戌	7 31	7 1	己巳
	3 1	1 26	丁酉	3 31	2 27	丁卯	4 30	3 27	丁酉	5 30	4 28	丁卯	7 1	6 1	己亥	8 1	7 2	庚午
	3 2	1 27	戊戌	4 1	2 28	戊辰	5 1	3 28	戊戌	5 31	4 29	戊辰	7 2	6 2	庚子	8 2	7 3	辛未
	3 3	1 28	己亥	4 2	2 29	己巳	5 2	3 29	己亥	6 1	4 30	己巳	7 3	6 3	辛丑	8 3	7 4	壬申
	3 4	1 29	庚子	4 3	2 30	庚午	5 3	4 1	庚子	6 2	5 1	庚午	7 4	6 4	壬寅	8 4	7 5	癸酉
										6 3	5 2	辛未	7 5	6 5	癸卯	8 5	7 6	甲戌
										6 4	5 3	壬申						
中氣	雨水			春分			穀雨			小滿			夏至			大暑		
	2/19 3時2分 寅時			3/20 1時37分 丑時			4/19 12時11分 午時			5/20 10時53分 巳時			6/20 18時35分 酉時			7/22 5時28分 卯時		

年	丙申																		
月	丙申			丁酉			戊戌			己亥			庚子			辛丑			
節氣	立秋 8/6 21時53分 亥時			白露 9/7 1時8分 丑時			寒露 10/7 17時14分 酉時			立冬 11/6 20時52分 戌時			大雪 12/6 14時4分 未時			小寒 1/5 1時27分 丑時			
日	國曆	農曆	干支	國曆	農曆	干支	國曆	農曆	干支	國曆	農曆	干支	國曆	農曆	干支	國曆	農曆	干支	
2076・2077 猴 中華民國一百六十五・一百六十六年	8 6	7 7	乙亥	9 7	8 10	丁未	10 7	9 10	丁丑	11 6	10 10	丁未	12 6	11 11	丁丑	1 5	12 11	丁未	
	8 7	7 8	丙子	9 8	8 11	戊申	10 8	9 11	戊寅	11 7	10 11	戊申	12 7	11 12	戊寅	1 6	12 12	戊申	
	8 8	7 9	丁丑	9 9	8 12	己酉	10 9	9 12	己卯	11 8	10 12	己酉	12 8	11 13	己卯	1 7	12 13	己酉	
	8 9	7 10	戊寅	9 10	8 13	庚戌	10 10	9 13	庚辰	11 9	10 13	庚戌	12 9	11 14	庚辰	1 8	12 14	庚戌	
	8 10	7 11	己卯	9 11	8 14	辛亥	10 11	9 14	辛巳	11 10	10 14	辛亥	12 10	11 15	辛巳	1 9	12 15	辛亥	
	8 11	7 12	庚辰	9 12	8 15	壬子	10 12	9 15	壬午	11 11	10 15	壬子	12 11	11 16	壬午	1 10	12 16	壬子	
	8 12	7 13	辛巳	9 13	8 16	癸丑	10 13	9 16	癸未	11 12	10 16	癸丑	12 12	11 17	癸未	1 11	12 17	癸丑	
	8 13	7 14	壬午	9 14	8 17	甲寅	10 14	9 17	甲申	11 13	10 17	甲寅	12 13	11 18	甲申	1 12	12 18	甲寅	
	8 14	7 15	癸未	9 15	8 18	乙卯	10 15	9 18	乙酉	11 14	10 18	乙卯	12 14	11 19	乙酉	1 13	12 19	乙卯	
	8 15	7 16	甲申	9 16	8 19	丙辰	10 16	9 19	丙戌	11 15	10 19	丙辰	12 15	11 20	丙戌	1 14	12 20	丙辰	
	8 16	7 17	乙酉	9 17	8 20	丁巳	10 17	9 20	丁亥	11 16	10 20	丁巳	12 16	11 21	丁亥	1 15	12 21	丁巳	
	8 17	7 18	丙戌	9 18	8 21	戊午	10 18	9 21	戊子	11 17	10 21	戊午	12 17	11 22	戊子	1 16	12 22	戊午	
	8 18	7 19	丁亥	9 19	8 22	己未	10 19	9 22	己丑	11 18	10 22	己未	12 18	11 23	己丑	1 17	12 23	己未	
	8 19	7 20	戊子	9 20	8 23	庚申	10 20	9 23	庚寅	11 19	10 23	庚申	12 19	11 24	庚寅	1 18	12 24	庚申	
	8 20	7 21	己丑	9 21	8 24	辛酉	10 21	9 24	辛卯	11 20	10 24	辛酉	12 20	11 25	辛卯	1 19	12 25	辛酉	
	8 21	7 22	庚寅	9 22	8 25	壬戌	10 22	9 25	壬辰	11 21	10 25	壬戌	12 21	11 26	壬辰	1 20	12 26	壬戌	
	8 22	7 23	辛卯	9 23	8 26	癸亥	10 23	9 26	癸巳	11 22	10 26	癸亥	12 22	11 27	癸巳	1 21	12 27	癸亥	
	8 23	7 24	壬辰	9 24	8 27	甲子	10 24	9 27	甲午	11 23	10 27	甲子	12 23	11 28	甲午	1 22	12 28	甲子	
	8 24	7 25	癸巳	9 25	8 28	乙丑	10 25	9 28	乙未	11 24	10 28	乙丑	12 24	11 29	乙未	1 23	12 29	乙丑	
	8 25	7 26	甲午	9 26	8 29	丙寅	10 26	9 29	丙申	11 25	10 29	丙寅	12 25	11 30	丙申	1 24	1 1	丙寅	
	8 26	7 27	乙未	9 27	8 30	丁卯	10 27	9 30	丁酉	11 26	11 1	丁卯	12 26	12 1	丁酉	1 25	1 2	丁卯	
	8 27	7 28	丙申	9 28	9 1	戊辰	10 28	10 1	戊戌	11 27	11 2	戊辰	12 27	12 2	戊戌	1 26	1 3	戊辰	
	8 28	7 29	丁酉	9 29	9 2	己巳	10 29	10 2	己亥	11 28	11 3	己巳	12 28	12 3	己亥	1 27	1 4	己巳	
	8 29	8 1	戊戌	9 30	9 3	庚午	10 30	10 3	庚子	11 29	11 4	庚午	12 29	12 4	庚子	1 28	1 5	庚午	
	8 30	8 2	己亥	10 1	9 4	辛未	10 31	10 4	辛丑	11 30	11 5	辛未	12 30	12 5	辛丑	1 29	1 6	辛未	
	8 31	8 3	庚子	10 2	9 5	壬申	11 1	10 5	壬寅	12 1	11 6	壬申	12 31	12 6	壬寅	1 30	1 7	壬申	
	9 1	8 4	辛丑	10 3	9 6	癸酉	11 2	10 6	癸卯	12 2	11 7	癸酉	1 1	12 7	癸卯	1 31	1 8	癸酉	
	9 2	8 5	壬寅	10 4	9 7	甲戌	11 3	10 7	甲辰	12 3	11 8	甲戌	1 2	12 8	甲辰	2 1	1 9	甲戌	
	9 3	8 6	癸卯	10 5	9 8	乙亥	11 4	10 8	乙巳	12 4	11 9	乙亥	1 3	12 9	乙巳	2 2	1 10	乙亥	
	9 4	8 7	甲辰	10 6	9 9	丙子	11 5	10 9	丙午	12 5	11 10	丙子	1 4	12 10	丙午				
	9 5	8 8	乙巳																
	9 6	8 9	丙午																
中氣	處暑 8/22 12時46分 午時			秋分 9/22 10時49分 巳時			霜降 10/22 20時38分 戌時			小雪 11/21 18時36分 酉時			冬至 12/21 8時12分 辰時			大寒 1/19 18時54分 酉時			

年	丁酉																	
月	壬寅			癸卯			甲辰			乙巳			丙午			丁未		
節	立春			驚蟄			清明			立夏			芒種			小暑		
氣	2/3 13時2分 未時			3/5 6時45分 卯時			4/4 11時7分 午時			5/5 3時57分 寅時			6/5 7時43分 辰時			7/6 17時50分 酉時		
日	國曆	農曆	干支	國曆	農曆	干支	國曆	農曆	干支	國曆	農曆	干支	國曆	農曆	干支	國曆	農曆	干支
2077	2 3	1 11	丙子	3 5	2 11	丙午	4 4	3 12	丙子	5 5	4 13	丁未	6 5	4 15	戊寅	7 6	5 17	己酉
	2 4	1 12	丁丑	3 6	2 12	丁未	4 5	3 13	丁丑	5 6	4 14	戊申	6 6	4 16	己卯	7 7	5 18	庚戌
	2 5	1 13	戊寅	3 7	2 13	戊申	4 6	3 14	戊寅	5 7	4 15	己酉	6 7	4 17	庚辰	7 8	5 19	辛亥
	2 6	1 14	己卯	3 8	2 14	己酉	4 7	3 15	己卯	5 8	4 16	庚戌	6 8	4 18	辛巳	7 9	5 20	壬子
	2 7	1 15	庚辰	3 9	2 15	庚戌	4 8	3 16	庚辰	5 9	4 17	辛亥	6 9	4 19	壬午	7 10	5 21	癸丑
	2 8	1 16	辛巳	3 10	2 16	辛亥	4 9	3 17	辛巳	5 10	4 18	壬子	6 10	4 20	癸未	7 11	5 22	甲寅
	2 9	1 17	壬午	3 11	2 17	壬子	4 10	3 18	壬午	5 11	4 19	癸丑	6 11	4 21	甲申	7 12	5 23	乙卯
	2 10	1 18	癸未	3 12	2 18	癸丑	4 11	3 19	癸未	5 12	4 20	甲寅	6 12	4 22	乙酉	7 13	5 24	丙辰
	2 11	1 19	甲申	3 13	2 19	甲寅	4 12	3 20	甲申	5 13	4 21	乙卯	6 13	4 23	丙戌	7 14	5 25	丁巳
	2 12	1 20	乙酉	3 14	2 20	乙卯	4 13	3 21	乙酉	5 14	4 22	丙辰	6 14	4 24	丁亥	7 15	5 26	戊午
	2 13	1 21	丙戌	3 15	2 21	丙辰	4 14	3 22	丙戌	5 15	4 23	丁巳	6 15	4 25	戊子	7 16	5 27	己未
	2 14	1 22	丁亥	3 16	2 22	丁巳	4 15	3 23	丁亥	5 16	4 24	戊午	6 16	4 26	己丑	7 17	5 28	庚申
	2 15	1 23	戊子	3 17	2 23	戊午	4 16	3 24	戊子	5 17	4 25	己未	6 17	4 27	庚寅	7 18	5 29	辛酉
雞	2 16	1 24	己丑	3 18	2 24	己未	4 17	3 25	己丑	5 18	4 26	庚申	6 18	4 28	辛卯	7 19	5 30	壬戌
	2 17	1 25	庚寅	3 19	2 25	庚申	4 18	3 26	庚寅	5 19	4 27	辛酉	6 19	4 29	壬辰	7 20	6 1	癸亥
	2 18	1 26	辛卯	3 20	2 26	辛酉	4 19	3 27	辛卯	5 20	4 28	壬戌	6 20	5 1	癸巳	7 21	6 2	甲子
	2 19	1 27	壬辰	3 21	2 27	壬戌	4 20	3 28	壬辰	5 21	4 29	癸亥	6 21	5 2	甲午	7 22	6 3	乙丑
	2 20	1 28	癸巳	3 22	2 28	癸亥	4 21	3 29	癸巳	5 22	閏4 1	甲子	6 22	5 3	乙未	7 23	6 4	丙寅
	2 21	1 29	甲午	3 23	2 29	甲子	4 22	3 30	甲午	5 23	4 2	乙丑	6 23	5 4	丙申	7 24	6 5	丁卯
	2 22	1 30	乙未	3 24	3 1	乙丑	4 23	4 1	乙未	5 24	4 3	丙寅	6 24	5 5	丁酉	7 25	6 6	戊辰
中華民國一百六十六年	2 23	2 1	丙申	3 25	3 2	丙寅	4 24	4 2	丙申	5 25	4 4	丁卯	6 25	5 6	戊戌	7 26	6 7	己巳
	2 24	2 2	丁酉	3 26	3 3	丁卯	4 25	4 3	丁酉	5 26	4 5	戊辰	6 26	5 7	己亥	7 27	6 8	庚午
	2 25	2 3	戊戌	3 27	3 4	戊辰	4 26	4 4	戊戌	5 27	4 6	己巳	6 27	5 8	庚子	7 28	6 9	辛未
	2 26	2 4	己亥	3 28	3 5	己巳	4 27	4 5	己亥	5 28	4 7	庚午	6 28	5 9	辛丑	7 29	6 10	壬申
	2 27	2 5	庚子	3 29	3 6	庚午	4 28	4 6	庚子	5 29	4 8	辛未	6 29	5 10	壬寅	7 30	6 11	癸酉
	2 28	2 6	辛丑	3 30	3 7	辛未	4 29	4 7	辛丑	5 30	4 9	壬申	6 30	5 11	癸卯	7 31	6 12	甲戌
	3 1	2 7	壬寅	3 31	3 8	壬申	4 30	4 8	壬寅	5 31	4 10	癸酉	7 1	5 12	甲辰	8 1	6 13	乙亥
	3 2	2 8	癸卯	4 1	3 9	癸酉	5 1	4 9	癸卯	6 1	4 11	甲戌	7 2	5 13	乙巳	8 2	6 14	丙子
	3 3	2 9	甲辰	4 2	3 10	甲戌	5 2	4 10	甲辰	6 2	4 12	乙亥	7 3	5 14	丙午	8 3	6 15	丁丑
	3 4	2 10	乙巳	4 3	3 11	乙亥	5 3	4 11	乙巳	6 3	4 13	丙子	7 4	5 15	丁未	8 4	6 16	戊寅
							5 4	4 12	丙午	6 4	4 14	丁丑	7 5	5 16	戊申	8 5	6 17	己卯
																8 6	6 18	庚辰
中	雨水			春分			穀雨			小滿			夏至			大暑		
氣	2/18 8時52分 辰時			3/20 7時30分 辰時			4/19 18時3分 酉時			5/20 16時44分 申時			6/21 0時22分 子時			7/22 11時13分 午時		

年	丁酉					
月	戊申	己酉	庚戌	辛亥	壬子	癸丑
節氣	立秋 8/7 3時45分 寅時	白露 9/7 7時2分 辰時	寒露 10/7 23時9分 子時	立冬 11/7 2時49分 丑時	大雪 12/6 20時1分 戌時	小寒 1/5 7時23分 辰時

國曆	農曆	干支	國曆	農曆	干支	國曆	農曆	干支	國曆	農曆	干支	國曆	農曆	干支	國曆	農曆	干支
8 7	6 19	辛巳	9 7	7 21	壬子	10 7	8 21	壬午	11 7	9 22	癸丑	12 6	10 21	壬午	1 5	11 22	壬子
8 8	6 20	壬午	9 8	7 22	癸丑	10 8	8 22	癸未	11 8	9 23	甲寅	12 7	10 22	癸未	1 6	11 23	癸丑
8 9	6 21	癸未	9 9	7 23	甲寅	10 9	8 23	甲申	11 9	9 24	乙卯	12 8	10 23	甲申	1 7	11 24	甲寅
8 10	6 22	甲申	9 10	7 24	乙卯	10 10	8 24	乙酉	11 10	9 25	丙辰	12 9	10 24	乙酉	1 8	11 25	乙卯
8 11	6 23	乙酉	9 11	7 25	丙辰	10 11	8 25	丙戌	11 11	9 26	丁巳	12 10	10 25	丙戌	1 9	11 26	丙辰
8 12	6 24	丙戌	9 12	7 26	丁巳	10 12	8 26	丁亥	11 12	9 27	戊午	12 11	10 26	丁亥	1 10	11 27	丁巳
8 13	6 25	丁亥	9 13	7 27	戊午	10 13	8 27	戊子	11 13	9 28	己未	12 12	10 27	戊子	1 11	11 28	戊午
8 14	6 26	戊子	9 14	7 28	己未	10 14	8 28	己丑	11 14	9 29	庚申	12 13	10 28	己丑	1 12	11 29	己未
8 15	6 27	己丑	9 15	7 29	庚申	10 15	8 29	庚寅	11 15	9 30	辛酉	12 14	10 29	庚寅	1 13	11 30	庚申
8 16	6 28	庚寅	9 16	7 30	辛酉	10 16	8 30	辛卯	11 16	10 1	壬戌	12 15	11 1	辛卯	1 14	12 1	辛酉
8 17	6 29	辛卯	9 17	8 1	壬戌	10 17	9 1	壬辰	11 17	10 2	癸亥	12 16	11 2	壬辰	1 15	12 2	壬戌
8 18	7 1	壬辰	9 18	8 2	癸亥	10 18	9 2	癸巳	11 18	10 3	甲子	12 17	11 3	癸巳	1 16	12 3	癸亥
8 19	7 2	癸巳	9 19	8 3	甲子	10 19	9 3	甲午	11 19	10 4	乙丑	12 18	11 4	甲午	1 17	12 4	甲子
8 20	7 3	甲午	9 20	8 4	乙丑	10 20	9 4	乙未	11 20	10 5	丙寅	12 19	11 5	乙未	1 18	12 5	乙丑
8 21	7 4	乙未	9 21	8 5	丙寅	10 21	9 5	丙申	11 21	10 6	丁卯	12 20	11 6	丙申	1 19	12 6	丙寅
8 22	7 5	丙申	9 22	8 6	丁卯	10 22	9 6	丁酉	11 22	10 7	戊辰	12 21	11 7	丁酉	1 20	12 7	丁卯
8 23	7 6	丁酉	9 23	8 7	戊辰	10 23	9 7	戊戌	11 23	10 8	己巳	12 22	11 8	戊戌	1 21	12 8	戊辰
8 24	7 7	戊戌	9 24	8 8	己巳	10 24	9 8	己亥	11 24	10 9	庚午	12 23	11 9	己亥	1 22	12 9	己巳
8 25	7 8	己亥	9 25	8 9	庚午	10 25	9 9	庚子	11 25	10 10	辛未	12 24	11 10	庚子	1 23	12 10	庚午
8 26	7 9	庚子	9 26	8 10	辛未	10 26	9 10	辛丑	11 26	10 11	壬申	12 25	11 11	辛丑	1 24	12 11	辛未
8 27	7 10	辛丑	9 27	8 11	壬申	10 27	9 11	壬寅	11 27	10 12	癸酉	12 26	11 12	壬寅	1 25	12 12	壬申
8 28	7 11	壬寅	9 28	8 12	癸酉	10 28	9 12	癸卯	11 28	10 13	甲戌	12 27	11 13	癸卯	1 26	12 13	癸酉
8 29	7 12	癸卯	9 29	8 13	甲戌	10 29	9 13	甲辰	11 29	10 14	乙亥	12 28	11 14	甲辰	1 27	12 14	甲戌
8 30	7 13	甲辰	9 30	8 14	乙亥	10 30	9 14	乙巳	11 30	10 15	丙子	12 29	11 15	乙巳	1 28	12 15	乙亥
8 31	7 14	乙巳	10 1	8 15	丙子	10 31	9 15	丙午	12 1	10 16	丁丑	12 30	11 16	丙午	1 29	12 16	丙子
9 1	7 15	丙午	10 2	8 16	丁丑	11 1	9 16	丁未	12 2	10 17	戊寅	12 31	11 17	丁未	1 30	12 17	丁丑
9 2	7 16	丁未	10 3	8 17	戊寅	11 2	9 17	戊申	12 3	10 18	己卯	1 1	11 18	戊申	1 31	12 18	戊寅
9 3	7 17	戊申	10 4	8 18	己卯	11 3	9 18	己酉	12 4	10 19	庚辰	1 2	11 19	己酉	2 1	12 19	己卯
9 4	7 18	己酉	10 5	8 19	庚辰	11 4	9 19	庚戌	12 5	10 20	辛巳	1 3	11 20	庚戌	2 2	12 20	庚辰
9 5	7 19	庚戌	10 6	8 20	辛巳	11 5	9 20	辛亥				1 4	11 21	辛亥			
9 6	7 20	辛亥				11 6	9 21	壬子									

中氣	處暑 8/22 18時30分 酉時	秋分 9/22 16時35分 申時	霜降 10/23 2時25分 丑時	小雪 11/22 0時24分 子時	冬至 12/21 13時59分 未時	大寒 1/20 0時40分 子時

2077・2078 雞 中華民國一百六十六・一百六十七年

年	戊戌																	
月	甲寅			乙卯			丙辰			丁巳			戊午			己未		
節氣	立春 2/3 18時56分 酉時			驚蟄 3/5 12時37分 午時			清明 4/4 16時55分 申時			立夏 5/5 9時40分 巳時			芒種 6/5 13時23分 未時			小暑 7/6 23時27分 子時		
日	國曆	農曆	干支	國曆	農曆	干支	國曆	農曆	干支	國曆	農曆	干支	國曆	農曆	干支	國曆	農曆	干支
2078 狗 中華民國一百六十七年	2 3	12 21	辛巳	3 5	1 22	辛亥	4 4	2 22	辛巳	5 5	3 24	壬子	6 5	4 25	癸未	7 6	5 27	甲寅
	2 4	12 22	壬午	3 6	1 23	壬子	4 5	2 23	壬午	5 6	3 25	癸丑	6 6	4 26	甲申	7 7	5 28	乙卯
	2 5	12 23	癸未	3 7	1 24	癸丑	4 6	2 24	癸未	5 7	3 26	甲寅	6 7	4 27	乙酉	7 8	5 29	丙辰
	2 6	12 24	甲申	3 8	1 25	甲寅	4 7	2 25	甲申	5 8	3 27	乙卯	6 8	4 28	丙戌	7 9	6 1	丁巳
	2 7	12 25	乙酉	3 9	1 26	乙卯	4 8	2 26	乙酉	5 9	3 28	丙辰	6 9	4 29	丁亥	7 10	6 2	戊午
	2 8	12 26	丙戌	3 10	1 27	丙辰	4 9	2 27	丙戌	5 10	3 29	丁巳	6 10	5 1	戊子	7 11	6 3	己未
	2 9	12 27	丁亥	3 11	1 28	丁巳	4 10	2 28	丁亥	5 11	3 30	戊午	6 11	5 2	己丑	7 12	6 4	庚申
	2 10	12 28	戊子	3 12	1 29	戊午	4 11	2 29	戊子	5 12	4 1	己未	6 12	5 3	庚寅	7 13	6 5	辛酉
	2 11	12 29	己丑	3 13	1 30	己未	4 12	3 1	己丑	5 13	4 2	庚申	6 13	5 4	辛卯	7 14	6 6	壬戌
	2 12	1 1	庚寅	3 14	2 1	庚申	4 13	3 2	庚寅	5 14	4 3	辛酉	6 14	5 5	壬辰	7 15	6 7	癸亥
	2 13	1 2	辛卯	3 15	2 2	辛酉	4 14	3 3	辛卯	5 15	4 4	壬戌	6 15	5 6	癸巳	7 16	6 8	甲子
	2 14	1 3	壬辰	3 16	2 3	壬戌	4 15	3 4	壬辰	5 16	4 5	癸亥	6 16	5 7	甲午	7 17	6 9	乙丑
	2 15	1 4	癸巳	3 17	2 4	癸亥	4 16	3 5	癸巳	5 17	4 6	甲子	6 17	5 8	乙未	7 18	6 10	丙寅
	2 16	1 5	甲午	3 18	2 5	甲子	4 17	3 6	甲午	5 18	4 7	乙丑	6 18	5 9	丙申	7 19	6 11	丁卯
	2 17	1 6	乙未	3 19	2 6	乙丑	4 18	3 7	乙未	5 19	4 8	丙寅	6 19	5 10	丁酉	7 20	6 12	戊辰
	2 18	1 7	丙申	3 20	2 7	丙寅	4 19	3 8	丙申	5 20	4 9	丁卯	6 20	5 11	戊戌	7 21	6 13	己巳
	2 19	1 8	丁酉	3 21	2 8	丁卯	4 20	3 9	丁酉	5 21	4 10	戊辰	6 21	5 12	己亥	7 22	6 14	庚午
	2 20	1 9	戊戌	3 22	2 9	戊辰	4 21	3 10	戊戌	5 22	4 11	己巳	6 22	5 13	庚子	7 23	6 15	辛未
	2 21	1 10	己亥	3 23	2 10	己巳	4 22	3 11	己亥	5 23	4 12	庚午	6 23	5 14	辛丑	7 24	6 16	壬申
	2 22	1 11	庚子	3 24	2 11	庚午	4 23	3 12	庚子	5 24	4 13	辛未	6 24	5 15	壬寅	7 25	6 17	癸酉
	2 23	1 12	辛丑	3 25	2 12	辛未	4 24	3 13	辛丑	5 25	4 14	壬申	6 25	5 16	癸卯	7 26	6 18	甲戌
	2 24	1 13	壬寅	3 26	2 13	壬申	4 25	3 14	壬寅	5 26	4 15	癸酉	6 26	5 17	甲辰	7 27	6 19	乙亥
	2 25	1 14	癸卯	3 27	2 14	癸酉	4 26	3 15	癸卯	5 27	4 16	甲戌	6 27	5 18	乙巳	7 28	6 20	丙子
	2 26	1 15	甲辰	3 28	2 15	甲戌	4 27	3 16	甲辰	5 28	4 17	乙亥	6 28	5 19	丙午	7 29	6 21	丁丑
	2 27	1 16	乙巳	3 29	2 16	乙亥	4 28	3 17	乙巳	5 29	4 18	丙子	6 29	5 20	丁未	7 30	6 22	戊寅
	2 28	1 17	丙午	3 30	2 17	丙子	4 29	3 18	丙午	5 30	4 19	丁丑	6 30	5 21	戊申	7 31	6 23	己卯
	3 1	1 18	丁未	3 31	2 18	丁丑	4 30	3 19	丁未	5 31	4 20	戊寅	7 1	5 22	己酉	8 1	6 24	庚辰
	3 2	1 19	戊申	4 1	2 19	戊寅	5 1	3 20	戊申	6 1	4 21	己卯	7 2	5 23	庚戌	8 2	6 25	辛巳
	3 3	1 20	己酉	4 2	2 20	己卯	5 2	3 21	己酉	6 2	4 22	庚辰	7 3	5 24	辛亥	8 3	6 26	壬午
	3 4	1 21	庚戌	4 3	2 21	庚辰	5 3	3 22	庚戌	6 3	4 23	辛巳	7 4	5 25	壬子	8 4	6 27	癸未
							5 4	3 23	辛亥	6 4	4 24	壬午	7 5	5 26	癸丑	8 5	6 28	甲申
																8 6	6 29	乙酉
中氣	雨水 2/18 14時35分 未時			春分 3/20 13時10分 未時			穀雨 4/19 23時40分 子時			小滿 5/20 22時18分 亥時			夏至 6/21 5時57分 卯時			大暑 7/22 16時50分 申時		

戊戌																														年
庚申					辛酉					壬戌					癸亥					甲子					乙丑					月
立秋					白露					寒露					立冬					大雪					小寒					節氣
8/7 9時23分 巳時					9/7 12時42分 午時					10/8 4時55分 寅時					11/7 8時38分 辰時					12/7 1時51分 丑時					1/5 13時12分 未時					
國曆		農曆		干支	國曆		農曆		干支	國曆		農曆		干支	國曆		農曆		干支	國曆		農曆		干支	國曆		農曆		干支	日
8	7	6	30	丙戌	9	7	8	2	丁巳	10	8	9	3	戊子	11	7	10	3	戊午	12	7	11	4	戊子	1	5	12	3	丁巳	2078・2079
8	8	7	1	丁亥	9	8	8	3	戊午	10	9	9	4	己丑	11	8	10	4	己未	12	8	11	5	己丑	1	6	12	4	戊午	
8	9	7	2	戊子	9	9	8	4	己未	10	10	9	5	庚寅	11	9	10	5	庚申	12	9	11	6	庚寅	1	7	12	5	己未	
8	10	7	3	己丑	9	10	8	5	庚申	10	11	9	6	辛卯	11	10	10	6	辛酉	12	10	11	7	辛卯	1	8	12	6	庚申	
8	11	7	4	庚寅	9	11	8	6	辛酉	10	12	9	7	壬辰	11	11	10	7	壬戌	12	11	11	8	壬辰	1	9	12	7	辛酉	
8	12	7	5	辛卯	9	12	8	7	壬戌	10	13	9	8	癸巳	11	12	10	8	癸亥	12	12	11	9	癸巳	1	10	12	8	壬戌	
8	13	7	6	壬辰	9	13	8	8	癸亥	10	14	9	9	甲午	11	13	10	9	甲子	12	13	11	10	甲午	1	11	12	9	癸亥	
8	14	7	7	癸巳	9	14	8	9	甲子	10	15	9	10	乙未	11	14	10	10	乙丑	12	14	11	11	乙未	1	12	12	10	甲子	
8	15	7	8	甲午	9	15	8	10	乙丑	10	16	9	11	丙申	11	15	10	11	丙寅	12	15	11	12	丙申	1	13	12	11	乙丑	
8	16	7	9	乙未	9	16	8	11	丙寅	10	17	9	12	丁酉	11	16	10	12	丁卯	12	16	11	13	丁酉	1	14	12	12	丙寅	
8	17	7	10	丙申	9	17	8	12	丁卯	10	18	9	13	戊戌	11	17	10	13	戊辰	12	17	11	14	戊戌	1	15	12	13	丁卯	
8	18	7	11	丁酉	9	18	8	13	戊辰	10	19	9	14	己亥	11	18	10	14	己巳	12	18	11	15	己亥	1	16	12	14	戊辰	
8	19	7	12	戊戌	9	19	8	14	己巳	10	20	9	15	庚子	11	19	10	15	庚午	12	19	11	16	庚子	1	17	12	15	己巳	
8	20	7	13	己亥	9	20	8	15	庚午	10	21	9	16	辛丑	11	20	10	16	辛未	12	20	11	17	辛丑	1	18	12	16	庚午	狗
8	21	7	14	庚子	9	21	8	16	辛未	10	22	9	17	壬寅	11	21	10	17	壬申	12	21	11	18	壬寅	1	19	12	17	辛未	
8	22	7	15	辛丑	9	22	8	17	壬申	10	23	9	18	癸卯	11	22	10	18	癸酉	12	22	11	19	癸卯	1	20	12	18	壬申	
8	23	7	16	壬寅	9	23	8	18	癸酉	10	24	9	19	甲辰	11	23	10	19	甲戌	12	23	11	20	甲辰	1	21	12	19	癸酉	
8	24	7	17	癸卯	9	24	8	19	甲戌	10	25	9	20	乙巳	11	24	10	20	乙亥	12	24	11	21	乙巳	1	22	12	20	甲戌	
8	25	7	18	甲辰	9	25	8	20	乙亥	10	26	9	21	丙午	11	25	10	21	丙子	12	25	11	22	丙午	1	23	12	21	乙亥	中華民國一百六十七・一百六十八年
8	26	7	19	乙巳	9	26	8	21	丙子	10	27	9	22	丁未	11	26	10	22	丁丑	12	26	11	23	丁未	1	24	12	22	丙子	
8	27	7	20	丙午	9	27	8	22	丁丑	10	28	9	23	戊申	11	27	10	23	戊寅	12	27	11	24	戊申	1	25	12	23	丁丑	
8	28	7	21	丁未	9	28	8	23	戊寅	10	29	9	24	己酉	11	28	10	24	己卯	12	28	11	25	己酉	1	26	12	24	戊寅	
8	29	7	22	戊申	9	29	8	24	己卯	10	30	9	25	庚戌	11	29	10	25	庚辰	12	29	11	26	庚戌	1	27	12	25	己卯	
8	30	7	23	己酉	9	30	8	25	庚辰	10	31	9	26	辛亥	11	30	10	26	辛巳	12	30	11	27	辛亥	1	28	12	26	庚辰	
8	31	7	24	庚戌	10	1	8	26	辛巳	11	1	9	27	壬子	12	1	10	27	壬午	12	31	11	28	壬子	1	29	12	27	辛巳	
9	1	7	25	辛亥	10	2	8	27	壬午	11	2	9	28	癸丑	12	2	10	28	癸未	1	1	11	29	癸丑	1	30	12	28	壬午	
9	2	7	26	壬子	10	3	8	28	癸未	11	3	9	29	甲寅	12	3	10	29	甲申	1	2	11	30	甲寅	1	31	12	29	癸未	
9	3	7	27	癸丑	10	4	8	29	甲申	11	4	9	30	乙卯	12	4	11	1	乙酉	1	3	12	1	乙卯	2	1	12	30	甲申	
9	4	7	28	甲寅	10	5	8	30	乙酉	11	5	10	1	丙辰	12	5	11	2	丙戌	1	4	12	2	丙辰	2	2	1	1	乙酉	
9	5	7	29	乙卯	10	6	9	1	丙戌	11	6	10	2	丁巳	12	6	11	3	丁亥						2	3	1	2	丙戌	
9	6	8	1	丙辰	10	7	9	2	丁亥																					
處暑					秋分					霜降					小雪					冬至					大寒					中氣
8/23 0時13分 子時					9/22 22時23分 亥時					10/23 8時19分 辰時					11/22 6時22分 卯時					12/21 19時57分 戌時					1/20 6時35分 卯時					

年	己亥																	
月	丙寅			丁卯			戊辰			己巳			庚午			辛未		
節氣	立春			驚蟄			清明			立夏			芒種			小暑		
	2/4 0時42分 子時			3/5 18時20分 酉時			4/4 22時36分 亥時			5/5 15時21分 申時			6/5 19時5分 戌時			7/7 5時10分 卯時		
日	國曆	農曆	干支	國曆	農曆	干支	國曆	農曆	干支	國曆	農曆	干支	國曆	農曆	干支	國曆	農曆	干支
2079 豬 中華民國一百六十八年	2 4	1 3	丁亥	3 5	2 3	丙辰	4 4	3 3	丙戌	5 5	4 5	丁巳	6 5	5 6	戊子	7 7	6 9	庚申
	2 5	1 4	戊子	3 6	2 4	丁巳	4 5	3 4	丁亥	5 6	4 6	戊午	6 6	5 7	己丑	7 8	6 10	辛酉
	2 6	1 5	己丑	3 7	2 5	戊午	4 6	3 5	戊子	5 7	4 7	己未	6 7	5 8	庚寅	7 9	6 11	壬戌
	2 7	1 6	庚寅	3 8	2 6	己未	4 7	3 6	己丑	5 8	4 8	庚申	6 8	5 9	辛卯	7 10	6 12	癸亥
	2 8	1 7	辛卯	3 9	2 7	庚申	4 8	3 7	庚寅	5 9	4 9	辛酉	6 9	5 10	壬辰	7 11	6 13	甲子
	2 9	1 8	壬辰	3 10	2 8	辛酉	4 9	3 8	辛卯	5 10	4 10	壬戌	6 10	5 11	癸巳	7 12	6 14	乙丑
	2 10	1 9	癸巳	3 11	2 9	壬戌	4 10	3 9	壬辰	5 11	4 11	癸亥	6 11	5 12	甲午	7 13	6 15	丙寅
	2 11	1 10	甲午	3 12	2 10	癸亥	4 11	3 10	癸巳	5 12	4 12	甲子	6 12	5 13	乙未	7 14	6 16	丁卯
	2 12	1 11	乙未	3 13	2 11	甲子	4 12	3 11	甲午	5 13	4 13	乙丑	6 13	5 14	丙申	7 15	6 17	戊辰
	2 13	1 12	丙申	3 14	2 12	乙丑	4 13	3 12	乙未	5 14	4 14	丙寅	6 14	5 15	丁酉	7 16	6 18	己巳
	2 14	1 13	丁酉	3 15	2 13	丙寅	4 14	3 13	丙申	5 15	4 15	丁卯	6 15	5 16	戊戌	7 17	6 19	庚午
	2 15	1 14	戊戌	3 16	2 14	丁卯	4 15	3 14	丁酉	5 16	4 16	戊辰	6 16	5 17	己亥	7 18	6 20	辛未
	2 16	1 15	己亥	3 17	2 15	戊辰	4 16	3 15	戊戌	5 17	4 17	己巳	6 17	5 18	庚子	7 19	6 21	壬申
	2 17	1 16	庚子	3 18	2 16	己巳	4 17	3 16	己亥	5 18	4 18	庚午	6 18	5 19	辛丑	7 20	6 22	癸酉
	2 18	1 17	辛丑	3 19	2 17	庚午	4 18	3 17	庚子	5 19	4 19	辛未	6 19	5 20	壬寅	7 21	6 23	甲戌
	2 19	1 18	壬寅	3 20	2 18	辛未	4 19	3 18	辛丑	5 20	4 20	壬申	6 20	5 21	癸卯	7 22	6 24	乙亥
	2 20	1 19	癸卯	3 21	2 19	壬申	4 20	3 19	壬寅	5 21	4 21	癸酉	6 21	5 22	甲辰	7 23	6 25	丙子
	2 21	1 20	甲辰	3 22	2 20	癸酉	4 21	3 20	癸卯	5 22	4 22	甲戌	6 22	5 23	乙巳	7 24	6 26	丁丑
	2 22	1 21	乙巳	3 23	2 21	甲戌	4 22	3 21	甲辰	5 23	4 23	乙亥	6 23	5 24	丙午	7 25	6 27	戊寅
	2 23	1 22	丙午	3 24	2 22	乙亥	4 23	3 22	乙巳	5 24	4 24	丙子	6 24	5 25	丁未	7 26	6 28	己卯
	2 24	1 23	丁未	3 25	2 23	丙子	4 24	3 23	丙午	5 25	4 25	丁丑	6 25	5 26	戊申	7 27	6 29	庚辰
	2 25	1 24	戊申	3 26	2 24	丁丑	4 25	3 24	丁未	5 26	4 26	戊寅	6 26	5 27	己酉	7 28	7 1	辛巳
	2 26	1 25	己酉	3 27	2 25	戊寅	4 26	3 25	戊申	5 27	4 27	己卯	6 27	5 28	庚戌	7 29	7 2	壬午
	2 27	1 26	庚戌	3 28	2 26	己卯	4 27	3 26	己酉	5 28	4 28	庚辰	6 28	5 29	辛亥	7 30	7 3	癸未
	2 28	1 27	辛亥	3 29	2 27	庚辰	4 28	3 27	庚戌	5 29	4 29	辛巳	6 29	6 1	壬子	7 31	7 4	甲申
	3 1	1 28	壬子	3 30	2 28	辛巳	4 29	3 28	辛亥	5 30	4 30	壬午	6 30	6 2	癸丑	8 1	7 5	乙酉
	3 2	1 29	癸丑	3 31	2 29	壬午	4 30	3 29	壬子	5 31	5 1	癸未	7 1	6 3	甲寅	8 2	7 6	丙戌
	3 3	2 1	甲寅	4 1	2 30	癸未	5 1	4 1	癸丑	6 1	5 2	甲申	7 2	6 4	乙卯	8 3	7 7	丁亥
	3 4	2 2	乙卯	4 2	3 1	甲申	5 2	4 2	甲寅	6 2	5 3	乙酉	7 3	6 5	丙辰	8 4	7 8	戊子
				4 3	3 2	乙酉	5 3	4 3	乙卯	6 3	5 4	丙戌	7 4	6 6	丁巳	8 5	7 9	己丑
							5 4	4 4	丙辰	6 4	5 5	丁亥	7 5	6 7	戊午	8 6	7 10	庚寅
													7 6	6 8	己未			
中氣	雨水			春分			穀雨			小滿			夏至			大暑		
	2/18 20時27分 戌時			3/20 18時59分 酉時			4/20 5時29分 卯時			5/21 4時9分 寅時			6/21 11時48分 午時			7/22 22時41分 亥時		

年	己亥																	
月	壬申			癸酉			甲戌			乙亥			丙子			丁丑		
節氣	立秋 8/7 15時8分 申時			白露 9/7 18時29分 酉時			寒露 10/8 10時42分 巳時			立冬 11/7 14時26分 未時			大雪 12/7 7時39分 辰時			小寒 1/5 18時58分 酉時		
日	國曆	農曆	干支	國曆	農曆	干支	國曆	農曆	干支	國曆	農曆	干支	國曆	農曆	干支	國曆	農曆	干支
	8 7	7 11	辛卯	9 7	8 12	壬戌	10 8	9 14	癸巳	11 7	10 14	癸亥	12 7	11 15	癸巳	1 5	12 14	壬戌
	8 8	7 12	壬辰	9 8	8 13	癸亥	10 9	9 15	甲午	11 8	10 15	甲子	12 8	11 16	甲午	1 6	12 15	癸亥
	8 9	7 13	癸巳	9 9	8 14	甲子	10 10	9 16	乙未	11 9	10 16	乙丑	12 9	11 17	乙未	1 7	12 16	甲子
	8 10	7 14	甲午	9 10	8 15	乙丑	10 11	9 17	丙申	11 10	10 17	丙寅	12 10	11 18	丙申	1 8	12 17	乙丑
	8 11	7 15	乙未	9 11	8 16	丙寅	10 12	9 18	丁酉	11 11	10 18	丁卯	12 11	11 19	丁酉	1 9	12 18	丙寅
	8 12	7 16	丙申	9 12	8 17	丁卯	10 13	9 19	戊戌	11 12	10 19	戊辰	12 12	11 20	戊戌	1 10	12 19	丁卯
	8 13	7 17	丁酉	9 13	8 18	戊辰	10 14	9 20	己亥	11 13	10 20	己巳	12 13	11 21	己亥	1 11	12 20	戊辰
	8 14	7 18	戊戌	9 14	8 19	己巳	10 15	9 21	庚子	11 14	10 21	庚午	12 14	11 22	庚子	1 12	12 21	己巳
	8 15	7 19	己亥	9 15	8 20	庚午	10 16	9 22	辛丑	11 15	10 22	辛未	12 15	11 23	辛丑	1 13	12 22	庚午
	8 16	7 20	庚子	9 16	8 21	辛未	10 17	9 23	壬寅	11 16	10 23	壬申	12 16	11 24	壬寅	1 14	12 23	辛未
	8 17	7 21	辛丑	9 17	8 22	壬申	10 18	9 24	癸卯	11 17	10 24	癸酉	12 17	11 25	癸卯	1 15	12 24	壬申
	8 18	7 22	壬寅	9 18	8 23	癸酉	10 19	9 25	甲辰	11 18	10 25	甲戌	12 18	11 26	甲辰	1 16	12 25	癸酉
	8 19	7 23	癸卯	9 19	8 24	甲戌	10 20	9 26	乙巳	11 19	10 26	乙亥	12 19	11 27	乙巳	1 17	12 26	甲戌
	8 20	7 24	甲辰	9 20	8 25	乙亥	10 21	9 27	丙午	11 20	10 27	丙子	12 20	11 28	丙午	1 18	12 27	乙亥
	8 21	7 25	乙巳	9 21	8 26	丙子	10 22	9 28	丁未	11 21	10 28	丁丑	12 21	11 29	丁未	1 19	12 28	丙子
	8 22	7 26	丙午	9 22	8 27	丁丑	10 23	9 29	戊申	11 22	10 29	戊寅	12 22	11 30	戊申	1 20	12 29	丁丑
	8 23	7 27	丁未	9 23	8 28	戊寅	10 24	9 30	己酉	11 23	11 1	己卯	12 23	12 1	己酉	1 21	12 30	戊寅
	8 24	7 28	戊申	9 24	8 29	己卯	10 25	10 1	庚戌	11 24	11 2	庚辰	12 24	12 2	庚戌	1 22	1 1	己卯
	8 25	7 29	己酉	9 25	9 1	庚辰	10 26	10 2	辛亥	11 25	11 3	辛巳	12 25	12 3	辛亥	1 23	1 2	庚辰
	8 26	7 30	庚戌	9 26	9 2	辛巳	10 27	10 3	壬子	11 26	11 4	壬午	12 26	12 4	壬子	1 24	1 3	辛巳
	8 27	8 1	辛亥	9 27	9 3	壬午	10 28	10 4	癸丑	11 27	11 5	癸未	12 27	12 5	癸丑	1 25	1 4	壬午
	8 28	8 2	壬子	9 28	9 4	癸未	10 29	10 5	甲寅	11 28	11 6	甲申	12 28	12 6	甲寅	1 26	1 5	癸未
	8 29	8 3	癸丑	9 29	9 5	甲申	10 30	10 6	乙卯	11 29	11 7	乙酉	12 29	12 7	乙卯	1 27	1 6	甲申
	8 30	8 4	甲寅	9 30	9 6	乙酉	10 31	10 7	丙辰	11 30	11 8	丙戌	12 30	12 8	丙辰	1 28	1 7	乙酉
	8 31	8 5	乙卯	10 1	9 7	丙戌	11 1	10 8	丁巳	12 1	11 9	丁亥	12 31	12 9	丁巳	1 29	1 8	丙戌
	9 1	8 6	丙辰	10 2	9 8	丁亥	11 2	10 9	戊午	12 2	11 10	戊子	1 1	12 10	戊午	1 30	1 9	丁亥
	9 2	8 7	丁巳	10 3	9 9	戊子	11 3	10 10	己未	12 3	11 11	己丑	1 2	12 11	己未	1 31	1 10	戊子
	9 3	8 8	戊午	10 4	9 10	己丑	11 4	10 11	庚申	12 4	11 12	庚寅	1 3	12 12	庚申	2 1	1 11	己丑
	9 4	8 9	己未	10 5	9 11	庚寅	11 5	10 12	辛酉	12 5	11 13	辛卯	1 4	12 13	辛酉	2 2	1 12	庚寅
	9 5	8 10	庚申	10 6	9 12	辛卯	11 6	10 13	壬戌	12 6	11 14	壬辰				2 3	1 13	辛卯
	9 6	8 11	辛酉	10 7	9 13	壬辰												
中氣	處暑 8/23 6時3分 卯時			秋分 9/23 4時12分 寅時			霜降 10/23 14時7分 未時			小雪 11/22 12時8分 午時			冬至 12/22 1時43分 丑時			大寒 1/20 12時20分 午時		

2079・2080

豬

中華民國一百六十八・一百六十九年

年	庚子																													
月	戊寅					己卯					庚辰					辛巳					壬午					癸未				
節氣	立春					驚蟄					清明					立夏					芒種					小暑				
	2/4 6時27分 卯時					3/5 0時4分 子時					4/4 4時21分 寅時					5/4 21時9分 亥時					6/5 0時56分 子時					7/6 11時4分 午時				
日	國曆		農曆		干支	國曆		農曆		干支	國曆		農曆		干支	國曆		農曆		干支	國曆		農曆		干支	國曆		農曆		干支
	2	4	1	14	壬辰	3	5	2	14	壬戌	4	4	3	15	壬辰	5	4	3	15	壬戌	6	5	4	18	甲午	7	6	5	19	乙丑
	2	5	1	15	癸巳	3	6	2	15	癸亥	4	5	3	16	癸巳	5	5	3	16	癸亥	6	6	4	19	乙未	7	7	5	20	丙寅
	2	6	1	16	甲午	3	7	2	16	甲子	4	6	3	17	甲午	5	6	3	17	甲子	6	7	4	20	丙申	7	8	5	21	丁卯
	2	7	1	17	乙未	3	8	2	17	乙丑	4	7	3	18	乙未	5	7	3	18	乙丑	6	8	4	21	丁酉	7	9	5	22	戊辰
2080	2	8	1	18	丙申	3	9	2	18	丙寅	4	8	3	19	丙申	5	8	3	19	丙寅	6	9	4	22	戊戌	7	10	5	23	己巳
	2	9	1	19	丁酉	3	10	2	19	丁卯	4	9	3	20	丁酉	5	9	3	20	丁卯	6	10	4	23	己亥	7	11	5	24	庚午
	2	10	1	20	戊戌	3	11	2	20	戊辰	4	10	3	21	戊戌	5	10	3	21	戊辰	6	11	4	24	庚子	7	12	5	25	辛未
	2	11	1	21	己亥	3	12	2	21	己巳	4	11	3	22	己亥	5	11	3	22	己巳	6	12	4	25	辛丑	7	13	5	26	壬申
	2	12	1	22	庚子	3	13	2	22	庚午	4	12	3	23	庚子	5	12	3	23	庚午	6	13	4	26	壬寅	7	14	5	27	癸酉
	2	13	1	23	辛丑	3	14	2	23	辛未	4	13	3	24	辛丑	5	13	3	24	辛未	6	14	4	27	癸卯	7	15	5	28	甲戌
	2	14	1	24	壬寅	3	15	2	24	壬申	4	14	3	25	壬寅	5	14	3	25	壬申	6	15	4	28	甲辰	7	16	5	29	乙亥
	2	15	1	25	癸卯	3	16	2	25	癸酉	4	15	3	26	癸卯	5	15	3	26	癸酉	6	16	4	29	乙巳	7	17	6	1	丙子
	2	16	1	26	甲辰	3	17	2	26	甲戌	4	16	3	27	甲辰	5	16	3	27	甲戌	6	17	4	30	丙午	7	18	6	2	丁丑
鼠	2	17	1	27	乙巳	3	18	2	27	乙亥	4	17	3	28	乙巳	5	17	3	28	乙亥	6	18	5	1	丁未	7	19	6	3	戊寅
	2	18	1	28	丙午	3	19	2	28	丙子	4	18	3	29	丙午	5	18	3	29	丙子	6	19	5	2	戊申	7	20	6	4	己卯
	2	19	1	29	丁未	3	20	2	29	丁丑	4	19	3	30	丁未	5	19	4	1	丁丑	6	20	5	3	己酉	7	21	6	5	庚辰
	2	20	1	30	戊申	3	21	3	1	戊寅	4	20	閏3	1	戊申	5	20	4	2	戊寅	6	21	5	4	庚戌	7	22	6	6	辛巳
	2	21	2	1	己酉	3	22	3	2	己卯	4	21	3	2	己酉	5	21	4	3	己卯	6	22	5	5	辛亥	7	23	6	7	壬午
	2	22	2	2	庚戌	3	23	3	3	庚辰	4	22	3	3	庚戌	5	22	4	4	庚辰	6	23	5	6	壬子	7	24	6	8	癸未
	2	23	2	3	辛亥	3	24	3	4	辛巳	4	23	3	4	辛亥	5	23	4	5	辛巳	6	24	5	7	癸丑	7	25	6	9	甲申
中華民國一百六十九年	2	24	2	4	壬子	3	25	3	5	壬午	4	24	3	5	壬子	5	24	4	6	壬午	6	25	5	8	甲寅	7	26	6	10	乙酉
	2	25	2	5	癸丑	3	26	3	6	癸未	4	25	3	6	癸丑	5	25	4	7	癸未	6	26	5	9	乙卯	7	27	6	11	丙戌
	2	26	2	6	甲寅	3	27	3	7	甲申	4	26	3	7	甲寅	5	26	4	8	甲申	6	27	5	10	丙辰	7	28	6	12	丁亥
	2	27	2	7	乙卯	3	28	3	8	乙酉	4	27	3	8	乙卯	5	27	4	9	乙酉	6	28	5	11	丁巳	7	29	6	13	戊子
	2	28	2	8	丙辰	3	29	3	9	丙戌	4	28	3	9	丙辰	5	28	4	10	丙戌	6	29	5	12	戊午	7	30	6	14	己丑
	2	29	2	9	丁巳	3	30	3	10	丁亥	4	29	3	10	丁巳	5	29	4	11	丁亥	6	30	5	13	己未	7	31	6	15	庚寅
	3	1	2	10	戊午	3	31	3	11	戊子	4	30	3	11	戊午	5	30	4	12	戊子	7	1	5	14	庚申	8	1	6	16	辛卯
	3	2	2	11	己未	4	1	3	12	己丑	5	1	3	12	己未	5	31	4	13	己丑	7	2	5	15	辛酉	8	2	6	17	壬辰
	3	3	2	12	庚申	4	2	3	13	庚寅	5	2	3	13	庚申	6	1	4	14	庚寅	7	3	5	16	壬戌	8	3	6	18	癸巳
	3	4	2	13	辛酉	4	3	3	14	辛卯	5	3	3	14	辛酉	6	2	4	15	辛卯	7	4	5	17	癸亥	8	4	6	19	甲午
																6	3	4	16	壬辰	7	5	5	18	甲子	8	5	6	20	乙未
																6	4	4	17	癸巳										
中氣	雨水					春分					穀雨					小滿					夏至					大暑				
	2/19 2時11分 丑時					3/20 0時43分 子時					4/19 11時13分 午時					5/20 9時53分 巳時					6/20 17時33分 酉時					7/22 4時26分 寅時				

2080・2081 鼠 中華民國一百六十九・一百七十年

庚子														
甲申					乙酉					丙戌				
立秋					白露					寒露				
8/6 21時2分 亥時					9/7 0時21分 子時					10/7 16時33分 申時				
國曆		農曆		干支	國曆		農曆		干支	國曆		農曆		干支
8	6	6	21	丙申	9	7	7	24	戊辰	10	7	8	24	戊戌
8	7	6	22	丁酉	9	8	7	25	己巳	10	8	8	25	己亥
8	8	6	23	戊戌	9	9	7	26	庚午	10	9	8	26	庚子
8	9	6	24	己亥	9	10	7	27	辛未	10	10	8	27	辛丑
8	10	6	25	庚子	9	11	7	28	壬申	10	11	8	28	壬寅
8	11	6	26	辛丑	9	12	7	29	癸酉	10	12	8	29	癸卯
8	12	6	27	壬寅	9	13	7	30	甲戌	10	13	9	1	甲辰
8	13	6	28	癸卯	9	14	8	1	乙亥	10	14	9	2	乙巳
8	14	6	29	甲辰	9	15	8	2	丙子	10	15	9	3	丙午
8	15	7	1	乙巳	9	16	8	3	丁丑	10	16	9	4	丁未
8	16	7	2	丙午	9	17	8	4	戊寅	10	17	9	5	戊申
8	17	7	3	丁未	9	18	8	5	己卯	10	18	9	6	己酉
8	18	7	4	戊申	9	19	8	6	庚辰	10	19	9	7	庚戌
8	19	7	5	己酉	9	20	8	7	辛巳	10	20	9	8	辛亥
8	20	7	6	庚戌	9	21	8	8	壬午	10	21	9	9	壬子
8	21	7	7	辛亥	9	22	8	9	癸未	10	22	9	10	癸丑
8	22	7	8	壬子	9	23	8	10	甲申	10	23	9	11	甲寅
8	23	7	9	癸丑	9	24	8	11	乙酉	10	24	9	12	乙卯
8	24	7	10	甲寅	9	25	8	12	丙戌	10	25	9	13	丙辰
8	25	7	11	乙卯	9	26	8	13	丁亥	10	26	9	14	丁巳
8	26	7	12	丙辰	9	27	8	14	戊子	10	27	9	15	戊午
8	27	7	13	丁巳	9	28	8	15	己丑	10	28	9	16	己未
8	28	7	14	戊午	9	29	8	16	庚寅	10	29	9	17	庚申
8	29	7	15	己未	9	30	8	17	辛卯	10	30	9	18	辛酉
8	30	7	16	庚申	10	1	8	18	壬辰	10	31	9	19	壬戌
8	31	7	17	辛酉	10	2	8	19	癸巳	11	1	9	20	癸亥
9	1	7	18	壬戌	10	3	8	20	甲午	11	2	9	21	甲子
9	2	7	19	癸亥	10	4	8	21	乙未	11	3	9	22	乙丑
9	3	7	20	甲子	10	5	8	22	丙申	11	4	9	23	丙寅
9	4	7	21	乙丑	10	6	8	23	丁酉	11	5	9	24	丁卯
9	5	7	22	丙寅										
9	6	7	23	丁卯										
處暑					秋分					霜降				
8/22 11時47分 午時					9/22 9時55分 巳時					10/22 19時51分 戌時				

庚子														
丁亥					戊子					己丑				
立冬					大雪					小寒				
11/6 20時17分 戌時					12/6 13時33分 未時					1/5 0時55分 子時				
國曆		農曆		干支	國曆		農曆		干支	國曆		農曆		干支
11	6	9	25	戊辰	12	6	10	26	戊戌	1	5	11	26	戊辰
11	7	9	26	己巳	12	7	10	27	己亥	1	6	11	27	己巳
11	8	9	27	庚午	12	8	10	28	庚子	1	7	11	28	庚午
11	9	9	28	辛未	12	9	10	29	辛丑	1	8	11	29	辛未
11	10	9	29	壬申	12	10	10	30	壬寅	1	9	11	30	壬申
11	11	10	1	癸酉	12	11	11	1	癸卯	1	10	12	1	癸酉
11	12	10	2	甲戌	12	12	11	2	甲辰	1	11	12	2	甲戌
11	13	10	3	乙亥	12	13	11	3	乙巳	1	12	12	3	乙亥
11	14	10	4	丙子	12	14	11	4	丙午	1	13	12	4	丙子
11	15	10	5	丁丑	12	15	11	5	丁未	1	14	12	5	丁丑
11	16	10	6	戊寅	12	16	11	6	戊申	1	15	12	6	戊寅
11	17	10	7	己卯	12	17	11	7	己酉	1	16	12	7	己卯
11	18	10	8	庚辰	12	18	11	8	庚戌	1	17	12	8	庚辰
11	19	10	9	辛巳	12	19	11	9	辛亥	1	18	12	9	辛巳
11	20	10	10	壬午	12	20	11	10	壬子	1	19	12	10	壬午
11	21	10	11	癸未	12	21	11	11	癸丑	1	20	12	11	癸未
11	22	10	12	甲申	12	22	11	12	甲寅	1	21	12	12	甲申
11	23	10	13	乙酉	12	23	11	13	乙卯	1	22	12	13	乙酉
11	24	10	14	丙戌	12	24	11	14	丙辰	1	23	12	14	丙戌
11	25	10	15	丁亥	12	25	11	15	丁巳	1	24	12	15	丁亥
11	26	10	16	戊子	12	26	11	16	戊午	1	25	12	16	戊子
11	27	10	17	己丑	12	27	11	17	己未	1	26	12	17	己丑
11	28	10	18	庚寅	12	28	11	18	庚申	1	27	12	18	庚寅
11	29	10	19	辛卯	12	29	11	19	辛酉	1	28	12	19	辛卯
11	30	10	20	壬辰	12	30	11	20	壬戌	1	29	12	20	壬辰
12	1	10	21	癸巳	12	31	11	21	癸亥	1	30	12	21	癸巳
12	2	10	22	甲午	1	1	11	22	甲子	1	31	12	22	甲午
12	3	10	23	乙未	1	2	11	23	乙丑	2	1	12	23	乙未
12	4	10	24	丙申	1	3	11	24	丙寅	2	2	12	24	丙申
12	5	10	25	丁酉	1	4	11	25	丁卯					
小雪					冬至					大寒				
11/21 17時55分 酉時					12/21 7時32分 辰時					1/19 18時10分 酉時				

年 / 月 / 節氣 / 日 / 中氣

年	辛丑																													
月	庚寅					辛卯					壬辰					癸巳					甲午					乙未				
節	立春					驚蟄					清明					立夏					芒種					小暑				
氣	2/3 12時25分 午時					3/5 6時1分 卯時					4/4 10時16分 巳時					5/5 2時59分 丑時					6/5 6時40分 卯時					7/6 16時42分 申時				
日	國曆		農曆		干支	國曆		農曆		干支	國曆		農曆		干支	國曆		農曆		干支	國曆		農曆		干支	國曆		農曆		干支
	2	3	12	25	丁酉	3	5	1	25	丁卯	4	4	2	26	丁酉	5	5	3	27	戊辰	6	5	4	28	己亥	7	6	5	30	庚午
	2	4	12	26	戊戌	3	6	1	26	戊辰	4	5	2	27	戊戌	5	6	3	28	己巳	6	6	4	29	庚子	7	7	6	1	辛未
	2	5	12	27	己亥	3	7	1	27	己巳	4	6	2	28	己亥	5	7	3	29	庚午	6	7	5	1	辛丑	7	8	6	2	壬申
	2	6	12	28	庚子	3	8	1	28	庚午	4	7	2	29	庚子	5	8	3	30	辛未	6	8	5	2	壬寅	7	9	6	3	癸酉
2081	2	7	12	29	辛丑	3	9	1	29	辛未	4	8	2	30	辛丑	5	9	4	1	壬申	6	9	5	3	癸卯	7	10	6	4	甲戌
	2	8	12	30	壬寅	3	10	2	1	壬申	4	9	3	1	壬寅	5	10	4	2	癸酉	6	10	5	4	甲辰	7	11	6	5	乙亥
	2	9	1	1	癸卯	3	11	2	2	癸酉	4	10	3	2	癸卯	5	11	4	3	甲戌	6	11	5	5	乙巳	7	12	6	6	丙子
	2	10	1	2	甲辰	3	12	2	3	甲戌	4	11	3	3	甲辰	5	12	4	4	乙亥	6	12	5	6	丙午	7	13	6	7	丁丑
	2	11	1	3	乙巳	3	13	2	4	乙亥	4	12	3	4	乙巳	5	13	4	5	丙子	6	13	5	7	丁未	7	14	6	8	戊寅
	2	12	1	4	丙午	3	14	2	5	丙子	4	13	3	5	丙午	5	14	4	6	丁丑	6	14	5	8	戊申	7	15	6	9	己卯
	2	13	1	5	丁未	3	15	2	6	丁丑	4	14	3	6	丁未	5	15	4	7	戊寅	6	15	5	9	己酉	7	16	6	10	庚辰
	2	14	1	6	戊申	3	16	2	7	戊寅	4	15	3	7	戊申	5	16	4	8	己卯	6	16	5	10	庚戌	7	17	6	11	辛巳
	2	15	1	7	己酉	3	17	2	8	己卯	4	16	3	8	己酉	5	17	4	9	庚辰	6	17	5	11	辛亥	7	18	6	12	壬午
牛	2	16	1	8	庚戌	3	18	2	9	庚辰	4	17	3	9	庚戌	5	18	4	10	辛巳	6	18	5	12	壬子	7	19	6	13	癸未
	2	17	1	9	辛亥	3	19	2	10	辛巳	4	18	3	10	辛亥	5	19	4	11	壬午	6	19	5	13	癸丑	7	20	6	14	甲申
	2	18	1	10	壬子	3	20	2	11	壬午	4	19	3	11	壬子	5	20	4	12	癸未	6	20	5	14	甲寅	7	21	6	15	乙酉
	2	19	1	11	癸丑	3	21	2	12	癸未	4	20	3	12	癸丑	5	21	4	13	甲申	6	21	5	15	乙卯	7	22	6	16	丙戌
	2	20	1	12	甲寅	3	22	2	13	甲申	4	21	3	13	甲寅	5	22	4	14	乙酉	6	22	5	16	丙辰	7	23	6	17	丁亥
	2	21	1	13	乙卯	3	23	2	14	乙酉	4	22	3	14	乙卯	5	23	4	15	丙戌	6	23	5	17	丁巳	7	24	6	18	戊子
	2	22	1	14	丙辰	3	24	2	15	丙戌	4	23	3	15	丙辰	5	24	4	16	丁亥	6	24	5	18	戊午	7	25	6	19	己丑
中華民國一百七十年	2	23	1	15	丁巳	3	25	2	16	丁亥	4	24	3	16	丁巳	5	25	4	17	戊子	6	25	5	19	己未	7	26	6	20	庚寅
	2	24	1	16	戊午	3	26	2	17	戊子	4	25	3	17	戊午	5	26	4	18	己丑	6	26	5	20	庚申	7	27	6	21	辛卯
	2	25	1	17	己未	3	27	2	18	己丑	4	26	3	18	己未	5	27	4	19	庚寅	6	27	5	21	辛酉	7	28	6	22	壬辰
	2	26	1	18	庚申	3	28	2	19	庚寅	4	27	3	19	庚申	5	28	4	20	辛卯	6	28	5	22	壬戌	7	29	6	23	癸巳
	2	27	1	19	辛酉	3	29	2	20	辛卯	4	28	3	20	辛酉	5	29	4	21	壬辰	6	29	5	23	癸亥	7	30	6	24	甲午
	2	28	1	20	壬戌	3	30	2	21	壬辰	4	29	3	21	壬戌	5	30	4	22	癸巳	6	30	5	24	甲子	7	31	6	25	乙未
	3	1	1	21	癸亥	3	31	2	22	癸巳	4	30	3	22	癸亥	5	31	4	23	甲午	7	1	5	25	乙丑	8	1	6	26	丙申
	3	2	1	22	甲子	4	1	2	23	甲午	5	1	3	23	甲子	6	1	4	24	乙未	7	2	5	26	丙寅	8	2	6	27	丁酉
	3	3	1	23	乙丑	4	2	2	24	乙未	5	2	3	24	乙丑	6	2	4	25	丙申	7	3	5	27	丁卯	8	3	6	28	戊戌
	3	4	1	24	丙寅	4	3	2	25	丙申	5	3	3	25	丙寅	6	3	4	26	丁酉	7	4	5	28	戊辰	8	4	6	29	己亥
											5	4	3	26	丁卯	6	4	4	27	戊戌	7	5	5	29	己巳	8	5	7	1	庚子
																										8	6	7	2	辛丑
中	雨水					春分					穀雨					小滿					夏至					大暑				
氣	2/18 8時2分 辰時					3/20 6時33分 卯時					4/19 17時0分 酉時					5/20 15時37分 申時					6/20 23時15分 子時					7/22 10時7分 巳時				

年	辛丑																	
月	丙申			丁酉			戊戌			己亥			庚子			辛丑		
節氣	立秋 8/7 2時36分 丑時			白露 9/7 5時53分 卯時			寒露 10/7 22時5分 亥時			立冬 11/7 1時51分 丑時			大雪 12/6 19時10分 戌時			小寒 1/5 6時37分 卯時		
日	國曆	農曆	干支	國曆	農曆	干支	國曆	農曆	干支	國曆	農曆	干支	國曆	農曆	干支	國曆	農曆	干支
	8 7	7 3	壬寅	9 7	8 5	癸酉	10 7	9 5	癸卯	11 7	10 7	甲戌	12 6	11 7	癸卯	1 5	12 7	癸酉
	8 8	7 4	癸卯	9 8	8 6	甲戌	10 8	9 6	甲辰	11 8	10 8	乙亥	12 7	11 8	甲辰	1 6	12 8	甲戌
	8 9	7 5	甲辰	9 9	8 7	乙亥	10 9	9 7	乙巳	11 9	10 9	丙子	12 8	11 9	乙巳	1 7	12 9	乙亥
	8 10	7 6	乙巳	9 10	8 8	丙子	10 10	9 8	丙午	11 10	10 10	丁丑	12 9	11 10	丙午	1 8	12 10	丙子
	8 11	7 7	丙午	9 11	8 9	丁丑	10 11	9 9	丁未	11 11	10 11	戊寅	12 10	11 11	丁未	1 9	12 11	丁丑
	8 12	7 8	丁未	9 12	8 10	戊寅	10 12	9 10	戊申	11 12	10 12	己卯	12 11	11 12	戊申	1 10	12 12	戊寅
	8 13	7 9	戊申	9 13	8 11	己卯	10 13	9 11	己酉	11 13	10 13	庚辰	12 12	11 13	己酉	1 11	12 13	己卯
	8 14	7 10	己酉	9 14	8 12	庚辰	10 14	9 12	庚戌	11 14	10 14	辛巳	12 13	11 14	庚戌	1 12	12 14	庚辰
	8 15	7 11	庚戌	9 15	8 13	辛巳	10 15	9 13	辛亥	11 15	10 15	壬午	12 14	11 15	辛亥	1 13	12 15	辛巳
	8 16	7 12	辛亥	9 16	8 14	壬午	10 16	9 14	壬子	11 16	10 16	癸未	12 15	11 16	壬子	1 14	12 16	壬午
	8 17	7 13	壬子	9 17	8 15	癸未	10 17	9 15	癸丑	11 17	10 17	甲申	12 16	11 17	癸丑	1 15	12 17	癸未
	8 18	7 14	癸丑	9 18	8 16	甲申	10 18	9 16	甲寅	11 18	10 18	乙酉	12 17	11 18	甲寅	1 16	12 18	甲申
	8 19	7 15	甲寅	9 19	8 17	乙酉	10 19	9 17	乙卯	11 19	10 19	丙戌	12 18	11 19	乙卯	1 17	12 19	乙酉
	8 20	7 16	乙卯	9 20	8 18	丙戌	10 20	9 18	丙辰	11 20	10 20	丁亥	12 19	11 20	丙辰	1 18	12 20	丙戌
	8 21	7 17	丙辰	9 21	8 19	丁亥	10 21	9 19	丁巳	11 21	10 21	戊子	12 20	11 21	丁巳	1 19	12 21	丁亥
	8 22	7 18	丁巳	9 22	8 20	戊子	10 22	9 20	戊午	11 22	10 22	己丑	12 21	11 22	戊午	1 20	12 22	戊子
	8 23	7 19	戊午	9 23	8 21	己丑	10 23	9 21	己未	11 23	10 23	庚寅	12 22	11 23	己未	1 21	12 23	己丑
	8 24	7 20	己未	9 24	8 22	庚寅	10 24	9 22	庚申	11 24	10 24	辛卯	12 23	11 24	庚申	1 22	12 24	庚寅
	8 25	7 21	庚申	9 25	8 23	辛卯	10 25	9 23	辛酉	11 25	10 25	壬辰	12 24	11 25	辛酉	1 23	12 25	辛卯
	8 26	7 22	辛酉	9 26	8 24	壬辰	10 26	9 24	壬戌	11 26	10 26	癸巳	12 25	11 26	壬戌	1 24	12 26	壬辰
	8 27	7 23	壬戌	9 27	8 25	癸巳	10 27	9 25	癸亥	11 27	10 27	甲午	12 26	11 27	癸亥	1 25	12 27	癸巳
	8 28	7 24	癸亥	9 28	8 26	甲午	10 28	9 26	甲子	11 28	10 28	乙未	12 27	11 28	甲子	1 26	12 28	甲午
	8 29	7 25	甲子	9 29	8 27	乙未	10 29	9 27	乙丑	11 29	10 29	丙申	12 28	11 29	乙丑	1 27	12 29	乙未
	8 30	7 26	乙丑	9 30	8 28	丙申	10 30	9 28	丙寅	11 30	11 1	丁酉	12 29	11 30	丙寅	1 28	12 30	丙申
	8 31	7 27	丙寅	10 1	8 29	丁酉	10 31	9 29	丁卯	12 1	11 2	戊戌	12 30	12 1	丁卯	1 29	1 1	丁酉
	9 1	7 28	丁卯	10 2	8 30	戊戌	11 1	10 1	戊辰	12 2	11 3	己亥	12 31	12 2	戊辰	1 30	1 2	戊戌
	9 2	7 29	戊辰	10 3	9 1	己亥	11 2	10 2	己巳	12 3	11 4	庚子	1 1	12 3	己巳	1 31	1 3	己亥
	9 3	8 1	己巳	10 4	9 2	庚子	11 3	10 3	庚午	12 4	11 5	辛丑	1 2	12 4	庚午	2 1	1 4	庚子
	9 4	8 2	庚午	10 5	9 3	辛丑	11 4	10 4	辛未	12 5	11 6	壬寅	1 3	12 5	辛未	2 2	1 5	辛丑
	9 5	8 3	辛未	10 6	9 4	壬寅	11 5	10 5	壬申				1 4	12 6	壬申			
	9 6	8 4	壬申				11 6	10 6	癸酉									
中氣	處暑 8/22 17時28分 酉時			秋分 9/22 15時37分 申時			霜降 10/23 1時33分 丑時			小雪 11/21 23時40分 子時			冬至 12/21 13時21分 未時			大寒 1/20 0時5分 子時		

2081・2082

牛

中華民國一百七十・一百七十一年

年	王寅																	
月	壬寅			癸卯			甲辰			乙巳			丙午			丁未		
節氣	立春 2/3 18時11分 酉時			驚蟄 3/5 11時49分 午時			清明 4/4 16時2分 申時			立夏 5/5 8時42分 辰時			芒種 6/5 12時21分 午時			小暑 7/6 22時24分 亥時		
日	國曆	農曆	干支	國曆	農曆	干支	國曆	農曆	干支	國曆	農曆	干支	國曆	農曆	干支	國曆	農曆	干支
	2 3	1 6	壬寅	3 5	2 7	壬申	4 4	3 7	壬寅	5 5	4 8	癸酉	6 5	5 9	甲辰	7 6	6 11	乙亥
	2 4	1 7	癸卯	3 6	2 8	癸酉	4 5	3 8	癸卯	5 6	4 9	甲戌	6 6	5 10	乙巳	7 7	6 12	丙子
	2 5	1 8	甲辰	3 7	2 9	甲戌	4 6	3 9	甲辰	5 7	4 10	乙亥	6 7	5 11	丙午	7 8	6 13	丁丑
	2 6	1 9	乙巳	3 8	2 10	乙亥	4 7	3 10	乙巳	5 8	4 11	丙子	6 8	5 12	丁未	7 9	6 14	戊寅
2	2 7	1 10	丙午	3 9	2 11	丙子	4 8	3 11	丙午	5 9	4 12	丁丑	6 9	5 13	戊申	7 10	6 15	己卯
0	2 8	1 11	丁未	3 10	2 12	丁丑	4 9	3 12	丁未	5 10	4 13	戊寅	6 10	5 14	己酉	7 11	6 16	庚辰
8	2 9	1 12	戊申	3 11	2 13	戊寅	4 10	3 13	戊申	5 11	4 14	己卯	6 11	5 15	庚戌	7 12	6 17	辛巳
2	2 10	1 13	己酉	3 12	2 14	己卯	4 11	3 14	己酉	5 12	4 15	庚辰	6 12	5 16	辛亥	7 13	6 18	壬午
	2 11	1 14	庚戌	3 13	2 15	庚辰	4 12	3 15	庚戌	5 13	4 16	辛巳	6 13	5 17	壬子	7 14	6 19	癸未
	2 12	1 15	辛亥	3 14	2 16	辛巳	4 13	3 16	辛亥	5 14	4 17	壬午	6 14	5 18	癸丑	7 15	6 20	甲申
	2 13	1 16	壬子	3 15	2 17	壬午	4 14	3 17	壬子	5 15	4 18	癸未	6 15	5 19	甲寅	7 16	6 21	乙酉
	2 14	1 17	癸丑	3 16	2 18	癸未	4 15	3 18	癸丑	5 16	4 19	甲申	6 16	5 20	乙卯	7 17	6 22	丙戌
	2 15	1 18	甲寅	3 17	2 19	甲申	4 16	3 19	甲寅	5 17	4 20	乙酉	6 17	5 21	丙辰	7 18	6 23	丁亥
虎	2 16	1 19	乙卯	3 18	2 20	乙酉	4 17	3 20	乙卯	5 18	4 21	丙戌	6 18	5 22	丁巳	7 19	6 24	戊子
	2 17	1 20	丙辰	3 19	2 21	丙戌	4 18	3 21	丙辰	5 19	4 22	丁亥	6 19	5 23	戊午	7 20	6 25	己丑
	2 18	1 21	丁巳	3 20	2 22	丁亥	4 19	3 22	丁巳	5 20	4 23	戊子	6 20	5 24	己未	7 21	6 26	庚寅
	2 19	1 22	戊午	3 21	2 23	戊子	4 20	3 23	戊午	5 21	4 24	己丑	6 21	5 25	庚申	7 22	6 27	辛卯
	2 20	1 23	己未	3 22	2 24	己丑	4 21	3 24	己未	5 22	4 25	庚寅	6 22	5 26	辛酉	7 23	6 28	壬辰
	2 21	1 24	庚申	3 23	2 25	庚寅	4 22	3 25	庚申	5 23	4 26	辛卯	6 23	5 27	壬戌	7 24	6 29	癸巳
	2 22	1 25	辛酉	3 24	2 26	辛卯	4 23	3 26	辛酉	5 24	4 27	壬辰	6 24	5 28	癸亥	7 25	7 1	甲午
中	2 23	1 26	壬戌	3 25	2 27	壬辰	4 24	3 27	壬戌	5 25	4 28	癸巳	6 25	5 29	甲子	7 26	7 2	乙未
華	2 24	1 27	癸亥	3 26	2 28	癸巳	4 25	3 28	癸亥	5 26	4 29	甲午	6 26	6 1	乙丑	7 27	7 3	丙申
民	2 25	1 28	甲子	3 27	2 29	甲午	4 26	3 29	甲子	5 27	4 30	乙未	6 27	6 2	丙寅	7 28	7 4	丁酉
國	2 26	1 29	乙丑	3 28	2 30	乙未	4 27	3 30	乙丑	5 28	5 1	丙申	6 28	6 3	丁卯	7 29	7 5	戊戌
一	2 27	2 1	丙寅	3 29	3 1	丙申	4 28	4 1	丙寅	5 29	5 2	丁酉	6 29	6 4	戊辰	7 30	7 6	己亥
百	2 28	2 2	丁卯	3 30	3 2	丁酉	4 29	4 2	丁卯	5 30	5 3	戊戌	6 30	6 5	己巳	7 31	7 7	庚子
七	3 1	2 3	戊辰	3 31	3 3	戊戌	4 30	4 3	戊辰	5 31	5 4	己亥	7 1	6 6	庚午	8 1	7 8	辛丑
十	3 2	2 4	己巳	4 1	3 4	己亥	5 1	4 4	己巳	6 1	5 5	庚子	7 2	6 7	辛未	8 2	7 9	壬寅
一	3 3	2 5	庚午	4 2	3 5	庚子	5 2	4 5	庚午	6 2	5 6	辛丑	7 3	6 8	壬申	8 3	7 10	癸卯
年	3 4	2 6	辛未	4 3	3 6	辛丑	5 3	4 6	辛未	6 3	5 7	壬寅	7 4	6 9	癸酉	8 4	7 11	甲辰
							5 4	4 7	壬申	6 4	5 8	癸卯	7 5	6 10	甲戌	8 5	7 12	乙巳
																8 6	7 13	丙午
中氣	雨水 2/18 13時59分 未時			春分 3/20 12時29分 午時			穀雨 4/19 22時54分 亥時			小滿 5/20 21時27分 亥時			夏至 6/21 5時2分 卯時			大暑 7/22 15時52分 申時		

壬寅																		年
戊申			己酉			庚戌			辛亥			壬子			癸丑			月
立秋			白露			寒露			立冬			大雪			小寒			節
8/7 8時20分 辰時			9/7 11時41分 午時			10/8 3時56分 寅時			11/7 7時43分 辰時			12/7 1時0分 丑時			1/5 12時25分 午時			氣
國曆	農曆	干支	國曆	農曆	干支	國曆	農曆	干支	國曆	農曆	干支	國曆	農曆	干支	國曆	農曆	干支	日
8 7	7 14	丁未	9 7	7 15	戊寅	10 8	8 17	己酉	11 7	9 17	己卯	12 7	10 18	己酉	1 5	11 18	戊寅	
8 8	7 15	戊申	9 8	7 16	己卯	10 9	8 18	庚戌	11 8	9 18	庚辰	12 8	10 19	庚戌	1 6	11 19	己卯	
8 9	7 16	己酉	9 9	7 17	庚辰	10 10	8 19	辛亥	11 9	9 19	辛巳	12 9	10 20	辛亥	1 7	11 20	庚辰	2
8 10	7 17	庚戌	9 10	7 18	辛巳	10 11	8 20	壬子	11 10	9 20	壬午	12 10	10 21	壬子	1 8	11 21	辛巳	0
8 11	7 18	辛亥	9 11	7 19	壬午	10 12	8 21	癸丑	11 11	9 21	癸未	12 11	10 22	癸丑	1 9	11 22	壬午	8
8 12	7 19	壬子	9 12	7 20	癸未	10 13	8 22	甲寅	11 12	9 22	甲申	12 12	10 23	甲寅	1 10	11 23	癸未	2
8 13	7 20	癸丑	9 13	7 21	甲申	10 14	8 23	乙卯	11 13	9 23	乙酉	12 13	10 24	乙卯	1 11	11 24	甲申	•
8 14	7 21	甲寅	9 14	7 22	乙酉	10 15	8 24	丙辰	11 14	9 24	丙戌	12 14	10 25	丙辰	1 12	11 25	乙酉	2
8 15	7 22	乙卯	9 15	7 23	丙戌	10 16	8 25	丁巳	11 15	9 25	丁亥	12 15	10 26	丁巳	1 13	11 26	丙戌	0
8 16	7 23	丙辰	9 16	7 24	丁亥	10 17	8 26	戊午	11 16	9 26	戊子	12 16	10 27	戊午	1 14	11 27	丁亥	8
8 17	7 24	丁巳	9 17	7 25	戊子	10 18	8 27	己未	11 17	9 27	己丑	12 17	10 28	己未	1 15	11 28	戊子	3
8 18	7 25	戊午	9 18	7 26	己丑	10 19	8 28	庚申	11 18	9 28	庚寅	12 18	10 29	庚申	1 16	11 29	己丑	
8 19	7 26	己未	9 19	7 27	庚寅	10 20	8 29	辛酉	11 19	9 29	辛卯	12 19	11 1	辛酉	1 17	11 30	庚寅	
8 20	7 27	庚申	9 20	7 28	辛卯	10 21	8 30	壬戌	11 20	10 1	壬辰	12 20	11 2	壬戌	1 18	12 1	辛卯	
8 21	7 28	辛酉	9 21	7 29	壬辰	10 22	9 1	癸亥	11 21	10 2	癸巳	12 21	11 3	癸亥	1 19	12 2	壬辰	虎
8 22	7 29	壬戌	9 22	8 1	癸巳	10 23	9 2	甲子	11 22	10 3	甲午	12 22	11 4	甲子	1 20	12 3	癸巳	
8 23	7 30	癸亥	9 23	8 2	甲午	10 24	9 3	乙丑	11 23	10 4	乙未	12 23	11 5	乙丑	1 21	12 4	甲午	
8 24	閏7 1	甲子	9 24	8 3	乙未	10 25	9 4	丙寅	11 24	10 5	丙申	12 24	11 6	丙寅	1 22	12 5	乙未	
8 25	7 2	乙丑	9 25	8 4	丙申	10 26	9 5	丁卯	11 25	10 6	丁酉	12 25	11 7	丁卯	1 23	12 6	丙申	中
8 26	7 3	丙寅	9 26	8 5	丁酉	10 27	9 6	戊辰	11 26	10 7	戊戌	12 26	11 8	戊辰	1 24	12 7	丁酉	華
8 27	7 4	丁卯	9 27	8 6	戊戌	10 28	9 7	己巳	11 27	10 8	己亥	12 27	11 9	己巳	1 25	12 8	戊戌	民
8 28	7 5	戊辰	9 28	8 7	己亥	10 29	9 8	庚午	11 28	10 9	庚子	12 28	11 10	庚午	1 26	12 9	己亥	國
8 29	7 6	己巳	9 29	8 8	庚子	10 30	9 9	辛未	11 29	10 10	辛丑	12 29	11 11	辛未	1 27	12 10	庚子	一
8 30	7 7	庚午	9 30	8 9	辛丑	10 31	9 10	壬申	11 30	10 11	壬寅	12 30	11 12	壬申	1 28	12 11	辛丑	百
8 31	7 8	辛未	10 1	8 10	壬寅	11 1	9 11	癸酉	12 1	10 12	癸卯	12 31	11 13	癸酉	1 29	12 12	壬寅	七
9 1	7 9	壬申	10 2	8 11	癸卯	11 2	9 12	甲戌	12 2	10 13	甲辰	1 1	11 14	甲戌	1 30	12 13	癸卯	十
9 2	7 10	癸酉	10 3	8 12	甲辰	11 3	9 13	乙亥	12 3	10 14	乙巳	1 2	11 15	乙亥	1 31	12 14	甲辰	一
9 3	7 11	甲戌	10 4	8 13	乙巳	11 4	9 14	丙子	12 4	10 15	丙午	1 3	11 16	丙子	2 1	12 15	乙巳	•
9 4	7 12	乙亥	10 5	8 14	丙午	11 5	9 15	丁丑	12 5	10 16	丁未	1 4	11 17	丁丑	2 2	12 16	丙午	一百
9 5	7 13	丙子	10 6	8 15	丁未	11 6	9 16	戊寅	12 6	10 17	戊申							七十
9 6	7 14	丁丑	10 7	8 16	戊申													二年
處暑			秋分			霜降			小雪			冬至			大寒			中
8/22 23時12分 子時			9/22 21時22分 亥時			10/23 7時19分 辰時			11/22 5時24分 卯時			12/21 19時3分 戌時			1/20 5時45分 卯時			氣

年	癸卯																	
月	甲寅			乙卯			丙辰			丁巳			戊午			己未		
節氣	立春 2/3 23時57分 子時			驚蟄 3/5 17時35分 酉時			清明 4/4 21時49分 亥時			立夏 5/5 14時30分 未時			芒種 6/5 18時11分 酉時			小暑 7/7 4時15分 寅時		
日	國曆	農曆	干支	國曆	農曆	干支	國曆	農曆	干支	國曆	農曆	干支	國曆	農曆	干支	國曆	農曆	干支
2083 兔 中華民國一百七十二年	2 3	12 17	丁未	3 5	1 17	丁丑	4 4	2 18	丁未	5 5	3 19	戊寅	6 5	4 20	己酉	7 7	5 23	辛巳
	2 4	12 18	戊申	3 6	1 18	戊寅	4 5	2 19	戊申	5 6	3 20	己卯	6 6	4 21	庚戌	7 8	5 24	壬午
	2 5	12 19	己酉	3 7	1 19	己卯	4 6	2 20	己酉	5 7	3 21	庚辰	6 7	4 22	辛亥	7 9	5 25	癸未
	2 6	12 20	庚戌	3 8	1 20	庚辰	4 7	2 21	庚戌	5 8	3 22	辛巳	6 8	4 23	壬子	7 10	5 26	甲申
	2 7	12 21	辛亥	3 9	1 21	辛巳	4 8	2 22	辛亥	5 9	3 23	壬午	6 9	4 24	癸丑	7 11	5 27	乙酉
	2 8	12 22	壬子	3 10	1 22	壬午	4 9	2 23	壬子	5 10	3 24	癸未	6 10	4 25	甲寅	7 12	5 28	丙戌
	2 9	12 23	癸丑	3 11	1 23	癸未	4 10	2 24	癸丑	5 11	3 25	甲申	6 11	4 26	乙卯	7 13	5 29	丁亥
	2 10	12 24	甲寅	3 12	1 24	甲申	4 11	2 25	甲寅	5 12	3 26	乙酉	6 12	4 27	丙辰	7 14	5 30	戊子
	2 11	12 25	乙卯	3 13	1 25	乙酉	4 12	2 26	乙卯	5 13	3 27	丙戌	6 13	4 28	丁巳	7 15	6 1	己丑
	2 12	12 26	丙辰	3 14	1 26	丙戌	4 13	2 27	丙辰	5 14	3 28	丁亥	6 14	4 29	戊午	7 16	6 2	庚寅
	2 13	12 27	丁巳	3 15	1 27	丁亥	4 14	2 28	丁巳	5 15	3 29	戊子	6 15	5 1	己未	7 17	6 3	辛卯
	2 14	12 28	戊午	3 16	1 28	戊子	4 15	2 29	戊午	5 16	3 30	己丑	6 16	5 2	庚申	7 18	6 4	壬辰
	2 15	12 29	己未	3 17	1 29	己丑	4 16	2 30	己未	5 17	4 1	庚寅	6 17	5 3	辛酉	7 19	6 5	癸巳
	2 16	12 30	庚申	3 18	2 1	庚寅	4 17	3 1	庚申	5 18	4 2	辛卯	6 18	5 4	壬戌	7 20	6 6	甲午
	2 17	1 1	辛酉	3 19	2 2	辛卯	4 18	3 2	辛酉	5 19	4 3	壬辰	6 19	5 5	癸亥	7 21	6 7	乙未
	2 18	1 2	壬戌	3 20	2 3	壬辰	4 19	3 3	壬戌	5 20	4 4	癸巳	6 20	5 6	甲子	7 22	6 8	丙申
	2 19	1 3	癸亥	3 21	2 4	癸巳	4 20	3 4	癸亥	5 21	4 5	甲午	6 21	5 7	乙丑	7 23	6 9	丁酉
	2 20	1 4	甲子	3 22	2 5	甲午	4 21	3 5	甲子	5 22	4 6	乙未	6 22	5 8	丙寅	7 24	6 10	戊戌
	2 21	1 5	乙丑	3 23	2 6	乙未	4 22	3 6	乙丑	5 23	4 7	丙申	6 23	5 9	丁卯	7 25	6 11	己亥
	2 22	1 6	丙寅	3 24	2 7	丙申	4 23	3 7	丙寅	5 24	4 8	丁酉	6 24	5 10	戊辰	7 26	6 12	庚子
	2 23	1 7	丁卯	3 25	2 8	丁酉	4 24	3 8	丁卯	5 25	4 9	戊戌	6 25	5 11	己巳	7 27	6 13	辛丑
	2 24	1 8	戊辰	3 26	2 9	戊戌	4 25	3 9	戊辰	5 26	4 10	己亥	6 26	5 12	庚午	7 28	6 14	壬寅
	2 25	1 9	己巳	3 27	2 10	己亥	4 26	3 10	己巳	5 27	4 11	庚子	6 27	5 13	辛未	7 29	6 15	癸卯
	2 26	1 10	庚午	3 28	2 11	庚子	4 27	3 11	庚午	5 28	4 12	辛丑	6 28	5 14	壬申	7 30	6 16	甲辰
	2 27	1 11	辛未	3 29	2 12	辛丑	4 28	3 12	辛未	5 29	4 13	壬寅	6 29	5 15	癸酉	7 31	6 17	乙巳
	2 28	1 12	壬申	3 30	2 13	壬寅	4 29	3 13	壬申	5 30	4 14	癸卯	6 30	5 16	甲戌	8 1	6 18	丙午
	3 1	1 13	癸酉	3 31	2 14	癸卯	4 30	3 14	癸酉	5 31	4 15	甲辰	7 1	5 17	乙亥	8 2	6 19	丁未
	3 2	1 14	甲戌	4 1	2 15	甲辰	5 1	3 15	甲戌	6 1	4 16	乙巳	7 2	5 18	丙子	8 3	6 20	戊申
	3 3	1 15	乙亥	4 2	2 16	乙巳	5 2	3 16	乙亥	6 2	4 17	丙午	7 3	5 19	丁丑	8 4	6 21	己酉
	3 4	1 16	丙子	4 3	2 17	丙午	5 3	3 17	丙子	6 3	4 18	丁未	7 4	5 20	戊寅	8 5	6 22	庚戌
							5 4	3 18	丁丑	6 4	4 19	戊申	7 5	5 21	己卯	8 6	6 23	辛亥
													7 6	5 22	庚辰			
中氣	雨水 2/18 19時39分 戌時			春分 3/20 18時9分 酉時			穀雨 4/20 4時34分 寅時			小滿 5/21 3時8分 寅時			夏至 6/21 10時43分 巳時			大暑 7/22 21時34分 亥時		

年	癸卯																													
月	庚申					辛酉					壬戌					癸亥					甲子					乙丑				
節氣	立秋					白露					寒露					立冬					大雪					小寒				
	8/7 14時12分 未時					9/7 17時33分 酉時					10/8 9時48分 巳時					11/7 13時34分 未時					12/7 6時51分 卯時					1/5 18時14分 酉時				
日	國曆		農曆		干支	國曆		農曆		干支	國曆		農曆		干支	國曆		農曆		干支	國曆		農曆		干支	國曆		農曆		干支
	8	7	6	24	壬子	9	7	7	26	癸未	10	8	8	27	甲寅	11	7	9	28	甲申	12	7	10	28	甲寅	1	5	11	28	癸未
	8	8	6	25	癸丑	9	8	7	27	甲申	10	9	8	28	乙卯	11	8	9	29	乙酉	12	8	10	29	乙卯	1	6	11	29	甲申
	8	9	6	26	甲寅	9	9	7	28	乙酉	10	10	8	29	丙辰	11	9	9	30	丙戌	12	9	11	1	丙辰	1	7	11	30	乙酉
	8	10	6	27	乙卯	9	10	7	29	丙戌	10	11	9	1	丁巳	11	10	10	1	丁亥	12	10	11	2	丁巳	1	8	12	1	丙戌
	8	11	6	28	丙辰	9	11	7	30	丁亥	10	12	9	2	戊午	11	11	10	2	戊子	12	11	11	3	戊午	1	9	12	2	丁亥
	8	12	6	29	丁巳	9	12	8	1	戊子	10	13	9	3	己未	11	12	10	3	己丑	12	12	11	4	己未	1	10	12	3	戊子
	8	13	7	1	戊午	9	13	8	2	己丑	10	14	9	4	庚申	11	13	10	4	庚寅	12	13	11	5	庚申	1	11	12	4	己丑
	8	14	7	2	己未	9	14	8	3	庚寅	10	15	9	5	辛酉	11	14	10	5	辛卯	12	14	11	6	辛酉	1	12	12	5	庚寅
	8	15	7	3	庚申	9	15	8	4	辛卯	10	16	9	6	壬戌	11	15	10	6	壬辰	12	15	11	7	壬戌	1	13	12	6	辛卯
	8	16	7	4	辛酉	9	16	8	5	壬辰	10	17	9	7	癸亥	11	16	10	7	癸巳	12	16	11	8	癸亥	1	14	12	7	壬辰
	8	17	7	5	壬戌	9	17	8	6	癸巳	10	18	9	8	甲子	11	17	10	8	甲午	12	17	11	9	甲子	1	15	12	8	癸巳
	8	18	7	6	癸亥	9	18	8	7	甲午	10	19	9	9	乙丑	11	18	10	9	乙未	12	18	11	10	乙丑	1	16	12	9	甲午
	8	19	7	7	甲子	9	19	8	8	乙未	10	20	9	10	丙寅	11	19	10	10	丙申	12	19	11	11	丙寅	1	17	12	10	乙未
	8	20	7	8	乙丑	9	20	8	9	丙申	10	21	9	11	丁卯	11	20	10	11	丁酉	12	20	11	12	丁卯	1	18	12	11	丙申
	8	21	7	9	丙寅	9	21	8	10	丁酉	10	22	9	12	戊辰	11	21	10	12	戊戌	12	21	11	13	戊辰	1	19	12	12	丁酉
	8	22	7	10	丁卯	9	22	8	11	戊戌	10	23	9	13	己巳	11	22	10	13	己亥	12	22	11	14	己巳	1	20	12	13	戊戌
	8	23	7	11	戊辰	9	23	8	12	己亥	10	24	9	14	庚午	11	23	10	14	庚子	12	23	11	15	庚午	1	21	12	14	己亥
	8	24	7	12	己巳	9	24	8	13	庚子	10	25	9	15	辛未	11	24	10	15	辛丑	12	24	11	16	辛未	1	22	12	15	庚子
	8	25	7	13	庚午	9	25	8	14	辛丑	10	26	9	16	壬申	11	25	10	16	壬寅	12	25	11	17	壬申	1	23	12	16	辛丑
	8	26	7	14	辛未	9	26	8	15	壬寅	10	27	9	17	癸酉	11	26	10	17	癸卯	12	26	11	18	癸酉	1	24	12	17	壬寅
	8	27	7	15	壬申	9	27	8	16	癸卯	10	28	9	18	甲戌	11	27	10	18	甲辰	12	27	11	19	甲戌	1	25	12	18	癸卯
	8	28	7	16	癸酉	9	28	8	17	甲辰	10	29	9	19	乙亥	11	28	10	19	乙巳	12	28	11	20	乙亥	1	26	12	19	甲辰
	8	29	7	17	甲戌	9	29	8	18	乙巳	10	30	9	20	丙子	11	29	10	20	丙午	12	29	11	21	丙子	1	27	12	20	乙巳
	8	30	7	18	乙亥	9	30	8	19	丙午	10	31	9	21	丁丑	11	30	10	21	丁未	12	30	11	22	丁丑	1	28	12	21	丙午
	8	31	7	19	丙子	10	1	8	20	丁未	11	1	9	22	戊寅	12	1	10	22	戊申	12	31	11	23	戊寅	1	29	12	22	丁未
	9	1	7	20	丁丑	10	2	8	21	戊申	11	2	9	23	己卯	12	2	10	23	己酉	1	1	11	24	己卯	1	30	12	23	戊申
	9	2	7	21	戊寅	10	3	8	22	己酉	11	3	9	24	庚辰	12	3	10	24	庚戌	1	2	11	25	庚辰	1	31	12	24	己酉
	9	3	7	22	己卯	10	4	8	23	庚戌	11	4	9	25	辛巳	12	4	10	25	辛亥	1	3	11	26	辛巳	2	1	12	25	庚戌
	9	4	7	23	庚辰	10	5	8	24	辛亥	11	5	9	26	壬午	12	5	10	26	壬子	1	4	11	27	壬午	2	2	12	26	辛亥
	9	5	7	24	辛巳	10	6	8	25	壬子	11	6	9	27	癸未	12	6	10	27	癸丑						2	3	12	27	壬子
	9	6	7	25	壬午	10	7	8	26	癸丑																				
中氣	處暑					秋分					霜降					小雪					冬至					大寒				
	8/23 4時58分 寅時					9/23 3時10分 寅時					10/23 13時9分 未時					11/22 11時14分 午時					12/22 0時52分 子時					1/20 11時32分 午時				

2083・2084

兔

中華民國一百七十二・一百七十三年

年	甲辰																													
月	丙寅					丁卯					戊辰					己巳					庚午					辛未				
節氣	立春 2/4 5時45分 卯時					驚蟄 3/4 23時24分 子時					清明 4/4 3時39分 寅時					立夏 5/4 20時22分 戌時					芒種 6/5 0時1分 子時					小暑 7/6 10時2分 巳時				
日	國曆		農曆		干支	國曆		農曆		干支	國曆		農曆		干支	國曆		農曆		干支	國曆		農曆		干支	國曆		農曆		干支
2084 龍 中華民國一百七十三年	2	4	12	28	癸丑	3	4	1	28	壬午	4	4	2	29	癸丑	5	4	3	30	癸未	6	5	5	3	乙卯	7	6	6	4	丙戌
	2	5	12	29	甲寅	3	5	1	29	癸未	4	5	3	1	甲寅	5	5	4	1	甲申	6	6	5	4	丙辰	7	7	6	5	丁亥
	2	6	1	1	乙卯	3	6	1	30	甲申	4	6	3	2	乙卯	5	6	4	2	乙酉	6	7	5	5	丁巳	7	8	6	6	戊子
	2	7	1	2	丙辰	3	7	2	1	乙酉	4	7	3	3	丙辰	5	7	4	3	丙戌	6	8	5	6	戊午	7	9	6	7	己丑
	2	8	1	3	丁巳	3	8	2	2	丙戌	4	8	3	4	丁巳	5	8	4	4	丁亥	6	9	5	7	己未	7	10	6	8	庚寅
	2	9	1	4	戊午	3	9	2	3	丁亥	4	9	3	5	戊午	5	9	4	5	戊子	6	10	5	8	庚申	7	11	6	9	辛卯
	2	10	1	5	己未	3	10	2	4	戊子	4	10	3	6	己未	5	10	4	6	己丑	6	11	5	9	辛酉	7	12	6	10	壬辰
	2	11	1	6	庚申	3	11	2	5	己丑	4	11	3	7	庚申	5	11	4	7	庚寅	6	12	5	10	壬戌	7	13	6	11	癸巳
	2	12	1	7	辛酉	3	12	2	6	庚寅	4	12	3	8	辛酉	5	12	4	8	辛卯	6	13	5	11	癸亥	7	14	6	12	甲午
	2	13	1	8	壬戌	3	13	2	7	辛卯	4	13	3	9	壬戌	5	13	4	9	壬辰	6	14	5	12	甲子	7	15	6	13	乙未
	2	14	1	9	癸亥	3	14	2	8	壬辰	4	14	3	10	癸亥	5	14	4	10	癸巳	6	15	5	13	乙丑	7	16	6	14	丙申
	2	15	1	10	甲子	3	15	2	9	癸巳	4	15	3	11	甲子	5	15	4	11	甲午	6	16	5	14	丙寅	7	17	6	15	丁酉
	2	16	1	11	乙丑	3	16	2	10	甲午	4	16	3	12	乙丑	5	16	4	12	乙未	6	17	5	15	丁卯	7	18	6	16	戊戌
	2	17	1	12	丙寅	3	17	2	11	乙未	4	17	3	13	丙寅	5	17	4	13	丙申	6	18	5	16	戊辰	7	19	6	17	己亥
	2	18	1	13	丁卯	3	18	2	12	丙申	4	18	3	14	丁卯	5	18	4	14	丁酉	6	19	5	17	己巳	7	20	6	18	庚子
	2	19	1	14	戊辰	3	19	2	13	丁酉	4	19	3	15	戊辰	5	19	4	15	戊戌	6	20	5	18	庚午	7	21	6	19	辛丑
	2	20	1	15	己巳	3	20	2	14	戊戌	4	20	3	16	己巳	5	20	4	16	己亥	6	21	5	19	辛未	7	22	6	20	壬寅
	2	21	1	16	庚午	3	21	2	15	己亥	4	21	3	17	庚午	5	21	4	17	庚子	6	22	5	20	壬申	7	23	6	21	癸卯
	2	22	1	17	辛未	3	22	2	16	庚子	4	22	3	18	辛未	5	22	4	18	辛丑	6	23	5	21	癸酉	7	24	6	22	甲辰
	2	23	1	18	壬申	3	23	2	17	辛丑	4	23	3	19	壬申	5	23	4	19	壬寅	6	24	5	22	甲戌	7	25	6	23	乙巳
	2	24	1	19	癸酉	3	24	2	18	壬寅	4	24	3	20	癸酉	5	24	4	20	癸卯	6	25	5	23	乙亥	7	26	6	24	丙午
	2	25	1	20	甲戌	3	25	2	19	癸卯	4	25	3	21	甲戌	5	25	4	21	甲辰	6	26	5	24	丙子	7	27	6	25	丁未
	2	26	1	21	乙亥	3	26	2	20	甲辰	4	26	3	22	乙亥	5	26	4	22	乙巳	6	27	5	25	丁丑	7	28	6	26	戊申
	2	27	1	22	丙子	3	27	2	21	乙巳	4	27	3	23	丙子	5	27	4	23	丙午	6	28	5	26	戊寅	7	29	6	27	己酉
	2	28	1	23	丁丑	3	28	2	22	丙午	4	28	3	24	丁丑	5	28	4	24	丁未	6	29	5	27	己卯	7	30	6	28	庚戌
	2	29	1	24	戊寅	3	29	2	23	丁未	4	29	3	25	戊寅	5	29	4	25	戊申	6	30	5	28	庚辰	7	31	6	29	辛亥
	3	1	1	25	己卯	3	30	2	24	戊申	4	30	3	26	己卯	5	30	4	26	己酉	7	1	5	29	辛巳	8	1	6	30	壬子
	3	2	1	26	庚辰	3	31	2	25	己酉	5	1	3	27	庚辰	5	31	4	27	庚戌	7	2	5	30	壬午	8	2	7	1	癸丑
	3	3	1	27	辛巳	4	1	2	26	庚戌	5	2	3	28	辛巳	6	1	4	28	辛亥	7	3	6	1	癸未	8	3	7	2	甲寅
						4	2	2	27	辛亥	5	3	3	29	壬午	6	2	4	29	壬子	7	4	6	2	甲申	8	4	7	3	乙卯
						4	3	2	28	壬子						6	3	5	1	癸丑	7	5	6	3	乙酉	8	5	7	4	丙辰
																6	4	5	2	甲寅										
中氣	雨水 2/19 1時26分 丑時					春分 3/19 23時58分 子時					穀雨 4/19 10時26分 巳時					小滿 5/20 9時3分 巳時					夏至 6/20 16時39分 申時					大暑 7/22 3時29分 寅時				

年	甲辰																	
月	壬申			癸酉			甲戌			乙亥			丙子			丁丑		
節氣	立秋			白露			寒露			立冬			大雪			小寒		
	8/6 19時55分 戌時			9/6 23時13分 子時			10/7 15時26分 申時			11/6 19時12分 戌時			12/6 12時30分 午時			1/4 23時55分 子時		
日	國曆	農曆	干支	國曆	農曆	干支	國曆	農曆	干支	國曆	農曆	干支	國曆	農曆	干支	國曆	農曆	干支
	8 6	7 5	丁巳	9 6	8 7	戊子	10 7	9 8	己未	11 6	10 9	己丑	12 6	11 9	己未	1 4	12 9	戊子
	8 7	7 6	戊午	9 7	8 8	己丑	10 8	9 9	庚申	11 7	10 10	庚寅	12 7	11 10	庚申	1 5	12 10	己丑
	8 8	7 7	己未	9 8	8 9	庚寅	10 9	9 10	辛酉	11 8	10 11	辛卯	12 8	11 11	辛酉	1 6	12 11	庚寅
2084·2085	8 9	7 8	庚申	9 9	8 10	辛卯	10 10	9 11	壬戌	11 9	10 12	壬辰	12 9	11 12	壬戌	1 7	12 12	辛卯
	8 10	7 9	辛酉	9 10	8 11	壬辰	10 11	9 12	癸亥	11 10	10 13	癸巳	12 10	11 13	癸亥	1 8	12 13	壬辰
	8 11	7 10	壬戌	9 11	8 12	癸巳	10 12	9 13	甲子	11 11	10 14	甲午	12 11	11 14	甲子	1 9	12 14	癸巳
	8 12	7 11	癸亥	9 12	8 13	甲午	10 13	9 14	乙丑	11 12	10 15	乙未	12 12	11 15	乙丑	1 10	12 15	甲午
	8 13	7 12	甲子	9 13	8 14	乙未	10 14	9 15	丙寅	11 13	10 16	丙申	12 13	11 16	丙寅	1 11	12 16	乙未
	8 14	7 13	乙丑	9 14	8 15	丙申	10 15	9 16	丁卯	11 14	10 17	丁酉	12 14	11 17	丁卯	1 12	12 17	丙申
	8 15	7 14	丙寅	9 15	8 16	丁酉	10 16	9 17	戊辰	11 15	10 18	戊戌	12 15	11 18	戊辰	1 13	12 18	丁酉
	8 16	7 15	丁卯	9 16	8 17	戊戌	10 17	9 18	己巳	11 16	10 19	己亥	12 16	11 19	己巳	1 14	12 19	戊戌
	8 17	7 16	戊辰	9 17	8 18	己亥	10 18	9 19	庚午	11 17	10 20	庚子	12 17	11 20	庚午	1 15	12 20	己亥
	8 18	7 17	己巳	9 18	8 19	庚子	10 19	9 20	辛未	11 18	10 21	辛丑	12 18	11 21	辛未	1 16	12 21	庚子
	8 19	7 18	庚午	9 19	8 20	辛丑	10 20	9 21	壬申	11 19	10 22	壬寅	12 19	11 22	壬申	1 17	12 22	辛丑
龍	8 20	7 19	辛未	9 20	8 21	壬寅	10 21	9 22	癸酉	11 20	10 23	癸卯	12 20	11 23	癸酉	1 18	12 23	壬寅
	8 21	7 20	壬申	9 21	8 22	癸卯	10 22	9 23	甲戌	11 21	10 24	甲辰	12 21	11 24	甲戌	1 19	12 24	癸卯
	8 22	7 21	癸酉	9 22	8 23	甲辰	10 23	9 24	乙亥	11 22	10 25	乙巳	12 22	11 25	乙亥	1 20	12 25	甲辰
	8 23	7 22	甲戌	9 23	8 24	乙巳	10 24	9 25	丙子	11 23	10 26	丙午	12 23	11 26	丙子	1 21	12 26	乙巳
中華民國一百七十三·一百七十四年	8 24	7 23	乙亥	9 24	8 25	丙午	10 25	9 26	丁丑	11 24	10 27	丁未	12 24	11 27	丁丑	1 22	12 27	丙午
	8 25	7 24	丙子	9 25	8 26	丁未	10 26	9 27	戊寅	11 25	10 28	戊申	12 25	11 28	戊寅	1 23	12 28	丁未
	8 26	7 25	丁丑	9 26	8 27	戊申	10 27	9 28	己卯	11 26	10 29	己酉	12 26	11 29	己卯	1 24	12 29	戊申
	8 27	7 26	戊寅	9 27	8 28	己酉	10 28	9 29	庚辰	11 27	10 30	庚戌	12 27	12 1	庚辰	1 25	12 30	己酉
	8 28	7 27	己卯	9 28	8 29	庚戌	10 29	10 1	辛巳	11 28	11 1	辛亥	12 28	12 2	辛巳	1 26	1 1	庚戌
	8 29	7 28	庚辰	9 29	8 30	辛亥	10 30	10 2	壬午	11 29	11 2	壬子	12 29	12 3	壬午	1 27	1 2	辛亥
	8 30	7 29	辛巳	9 30	9 1	壬子	10 31	10 3	癸未	11 30	11 3	癸丑	12 30	12 4	癸未	1 28	1 3	壬子
	8 31	8 1	壬午	10 1	9 2	癸丑	11 1	10 4	甲申	12 1	11 4	甲寅	12 31	12 5	甲申	1 29	1 4	癸丑
	9 1	8 2	癸未	10 2	9 3	甲寅	11 2	10 5	乙酉	12 2	11 5	乙卯	1 1	12 6	乙酉	1 30	1 5	甲寅
	9 2	8 3	甲申	10 3	9 4	乙卯	11 3	10 6	丙戌	12 3	11 6	丙辰	1 2	12 7	丙戌	1 31	1 6	乙卯
	9 3	8 4	乙酉	10 4	9 5	丙辰	11 4	10 7	丁亥	12 4	11 7	丁巳	1 3	12 8	丁亥	2 1	1 7	丙辰
	9 4	8 5	丙戌	10 5	9 6	丁巳	11 5	10 8	戊子	12 5	11 8	戊午				2 2	1 8	丁巳
	9 5	8 6	丁亥	10 6	9 7	戊午												
中氣	處暑			秋分			霜降			小雪			冬至			大寒		
	8/22 10時49分 巳時			9/22 8時58分 辰時			10/22 18時55分 酉時			11/21 17時0分 酉時			12/21 6時40分 卯時			1/19 17時22分 酉時		

年：乙巳

2085 蛇 中華民國一百七十四年

月	戊寅					己卯					庚辰				
節氣	立春 2/3 11時29分 午時					驚蟄 3/5 5時9分 卯時					清明 4/4 9時27分 巳時				
日	國曆		農曆		干支	國曆		農曆		干支	國曆		農曆		干支
	2	3	1	9	戊午	3	5	2	10	戊子	4	4	3	10	戊午
	2	4	1	10	己未	3	6	2	11	己丑	4	5	3	11	己未
	2	5	1	11	庚申	3	7	2	12	庚寅	4	6	3	12	庚申
	2	6	1	12	辛酉	3	8	2	13	辛卯	4	7	3	13	辛酉
	2	7	1	13	壬戌	3	9	2	14	壬辰	4	8	3	14	壬戌
	2	8	1	14	癸亥	3	10	2	15	癸巳	4	9	3	15	癸亥
	2	9	1	15	甲子	3	11	2	16	甲午	4	10	3	16	甲子
	2	10	1	16	乙丑	3	12	2	17	乙未	4	11	3	17	乙丑
	2	11	1	17	丙寅	3	13	2	18	丙申	4	12	3	18	丙寅
	2	12	1	18	丁卯	3	14	2	19	丁酉	4	13	3	19	丁卯
	2	13	1	19	戊辰	3	15	2	20	戊戌	4	14	3	20	戊辰
	2	14	1	20	己巳	3	16	2	21	己亥	4	15	3	21	己巳
	2	15	1	21	庚午	3	17	2	22	庚子	4	16	3	22	庚午
	2	16	1	22	辛未	3	18	2	23	辛丑	4	17	3	23	辛未
	2	17	1	23	壬申	3	19	2	24	壬寅	4	18	3	24	壬申
	2	18	1	24	癸酉	3	20	2	25	癸卯	4	19	3	25	癸酉
	2	19	1	25	甲戌	3	21	2	26	甲辰	4	20	3	26	甲戌
	2	20	1	26	乙亥	3	22	2	27	乙巳	4	21	3	27	乙亥
	2	21	1	27	丙子	3	23	2	28	丙午	4	22	3	28	丙子
	2	22	1	28	丁丑	3	24	2	29	丁未	4	23	3	29	丁丑
	2	23	1	29	戊寅	3	25	2	30	戊申	4	24	4	1	戊寅
	2	24	2	1	己卯	3	26	3	1	己酉	4	25	4	2	己卯
	2	25	2	2	庚辰	3	27	3	2	庚戌	4	26	4	3	庚辰
	2	26	2	3	辛巳	3	28	3	3	辛亥	4	27	4	4	辛巳
	2	27	2	4	壬午	3	29	3	4	壬子	4	28	4	5	壬午
	2	28	2	5	癸未	3	30	3	5	癸丑	4	29	4	6	癸未
	3	1	2	6	甲申	3	31	3	6	甲寅	4	30	4	7	甲申
	3	2	2	7	乙酉	4	1	3	7	乙卯	5	1	4	8	乙酉
	3	3	2	8	丙戌	4	2	3	8	丙辰	5	2	4	9	丙戌
	3	4	2	9	丁亥	4	3	3	9	丁巳	5	3	4	10	丁亥
											5	4	4	11	戊子
中氣	雨水 2/18 7時18分 辰時					春分 3/20 5時52分 卯時					穀雨 4/19 16時22分 申時				

月	辛巳					壬午					癸未				
節氣	立夏 5/5 2時12分 丑時					芒種 6/5 5時53分 卯時					小暑 7/6 15時55分 申時				
日	國曆		農曆		干支	國曆		農曆		干支	國曆		農曆		干支
	5	5	4	12	己丑	6	5	5	14	庚申	7	6	5	15	辛卯
	5	6	4	13	庚寅	6	6	5	15	辛酉	7	7	5	16	壬辰
	5	7	4	14	辛卯	6	7	5	16	壬戌	7	8	5	17	癸巳
	5	8	4	15	壬辰	6	8	5	17	癸亥	7	9	5	18	甲午
	5	9	4	16	癸巳	6	9	5	18	甲子	7	10	5	19	乙未
	5	10	4	17	甲午	6	10	5	19	乙丑	7	11	5	20	丙申
	5	11	4	18	乙未	6	11	5	20	丙寅	7	12	5	21	丁酉
	5	12	4	19	丙申	6	12	5	21	丁卯	7	13	5	22	戊戌
	5	13	4	20	丁酉	6	13	5	22	戊辰	7	14	5	23	己亥
	5	14	4	21	戊戌	6	14	5	23	己巳	7	15	5	24	庚子
	5	15	4	22	己亥	6	15	5	24	庚午	7	16	5	25	辛丑
	5	16	4	23	庚子	6	16	5	25	辛未	7	17	5	26	壬寅
	5	17	4	24	辛丑	6	17	5	26	壬申	7	18	5	27	癸卯
	5	18	4	25	壬寅	6	18	5	27	癸酉	7	19	5	28	甲辰
	5	19	4	26	癸卯	6	19	5	28	甲戌	7	20	5	29	乙巳
	5	20	4	27	甲辰	6	20	5	29	乙亥	7	21	5	30	丙午
	5	21	4	28	乙巳	6	21	5	30	丙子	7	22	6	1	丁未
	5	22	4	29	丙午	6	22	閏5	1	丁丑	7	23	6	2	戊申
	5	23	5	1	丁未	6	23	5	2	戊寅	7	24	6	3	己酉
	5	24	5	2	戊申	6	24	5	3	己卯	7	25	6	4	庚戌
	5	25	5	3	己酉	6	25	5	4	庚辰	7	26	6	5	辛亥
	5	26	5	4	庚戌	6	26	5	5	辛巳	7	27	6	6	壬子
	5	27	5	5	辛亥	6	27	5	6	壬午	7	28	6	7	癸丑
	5	28	5	6	壬子	6	28	5	7	癸未	7	29	6	8	甲寅
	5	29	5	7	癸丑	6	29	5	8	甲申	7	30	6	9	乙卯
	5	30	5	8	甲寅	6	30	5	9	乙酉	7	31	6	10	丙辰
	5	31	5	9	乙卯	7	1	5	10	丙戌	8	1	6	11	丁巳
	6	1	5	10	丙辰	7	2	5	11	丁亥	8	2	6	12	戊午
	6	2	5	11	丁巳	7	3	5	12	戊子	8	3	6	13	己未
	6	3	5	12	戊午	7	4	5	13	己丑	8	4	6	14	庚申
	6	4	5	13	己未	7	5	5	14	庚寅	8	5	6	15	辛酉
											8	6	6	16	壬戌
中氣	小滿 5/20 14時58分 未時					夏至 6/20 22時32分 亥時					大暑 7/22 9時18分 巳時				

年	乙巳																	
月	甲申			乙酉			丙戌			丁亥			戊子			己丑		
節氣	立秋 8/7 1時48分 丑時			白露 9/7 5時6分 卯時			寒露 10/7 21時19分 亥時			立冬 11/7 1時6分 丑時			大雪 12/6 18時26分 酉時			小寒 1/5 5時52分 卯時		
日	國曆	農曆	干支	國曆	農曆	干支	國曆	農曆	干支	國曆	農曆	干支	國曆	農曆	干支	國曆	農曆	干支
	8 7	6 17	癸亥	9 7	7 19	甲午	10 7	8 19	甲子	11 7	9 20	乙未	12 6	10 20	甲子	1 5	11 20	甲午
	8 8	6 18	甲子	9 8	7 20	乙未	10 8	8 20	乙丑	11 8	9 21	丙申	12 7	10 21	乙丑	1 6	11 21	乙未
	8 9	6 19	乙丑	9 9	7 21	丙申	10 9	8 21	丙寅	11 9	9 22	丁酉	12 8	10 22	丙寅	1 7	11 22	丙申
	8 10	6 20	丙寅	9 10	7 22	丁酉	10 10	8 22	丁卯	11 10	9 23	戊戌	12 9	10 23	丁卯	1 8	11 23	丁酉
	8 11	6 21	丁卯	9 11	7 23	戊戌	10 11	8 23	戊辰	11 11	9 24	己亥	12 10	10 24	戊辰	1 9	11 24	戊戌
	8 12	6 22	戊辰	9 12	7 24	己亥	10 12	8 24	己巳	11 12	9 25	庚子	12 11	10 25	己巳	1 10	11 25	己亥
	8 13	6 23	己巳	9 13	7 25	庚子	10 13	8 25	庚午	11 13	9 26	辛丑	12 12	10 26	庚午	1 11	11 26	庚子
	8 14	6 24	庚午	9 14	7 26	辛丑	10 14	8 26	辛未	11 14	9 27	壬寅	12 13	10 27	辛未	1 12	11 27	辛丑
	8 15	6 25	辛未	9 15	7 27	壬寅	10 15	8 27	壬申	11 15	9 28	癸卯	12 14	10 28	壬申	1 13	11 28	壬寅
	8 16	6 26	壬申	9 16	7 28	癸卯	10 16	8 28	癸酉	11 16	9 29	甲辰	12 15	10 29	癸酉	1 14	11 29	癸卯
	8 17	6 27	癸酉	9 17	7 29	甲辰	10 17	8 29	甲戌	11 17	10 1	乙巳	12 16	10 30	甲戌	1 15	12 1	甲辰
	8 18	6 28	甲戌	9 18	7 30	乙巳	10 18	8 30	乙亥	11 18	10 2	丙午	12 17	11 1	乙亥	1 16	12 2	乙巳
	8 19	6 29	乙亥	9 19	8 1	丙午	10 19	9 1	丙子	11 19	10 3	丁未	12 18	11 2	丙子	1 17	12 3	丙午
	8 20	7 1	丙子	9 20	8 2	丁未	10 20	9 2	丁丑	11 20	10 4	戊申	12 19	11 3	丁丑	1 18	12 4	丁未
	8 21	7 2	丁丑	9 21	8 3	戊申	10 21	9 3	戊寅	11 21	10 5	己酉	12 20	11 4	戊寅	1 19	12 5	戊申
	8 22	7 3	戊寅	9 22	8 4	己酉	10 22	9 4	己卯	11 22	10 6	庚戌	12 21	11 5	己卯	1 20	12 6	己酉
	8 23	7 4	己卯	9 23	8 5	庚戌	10 23	9 5	庚辰	11 23	10 7	辛亥	12 22	11 6	庚辰	1 21	12 7	庚戌
	8 24	7 5	庚辰	9 24	8 6	辛亥	10 24	9 6	辛巳	11 24	10 8	壬子	12 23	11 7	辛巳	1 22	12 8	辛亥
	8 25	7 6	辛巳	9 25	8 7	壬子	10 25	9 7	壬午	11 25	10 9	癸丑	12 24	11 8	壬午	1 23	12 9	壬子
	8 26	7 7	壬午	9 26	8 8	癸丑	10 26	9 8	癸未	11 26	10 10	甲寅	12 25	11 9	癸未	1 24	12 10	癸丑
	8 27	7 8	癸未	9 27	8 9	甲寅	10 27	9 9	甲申	11 27	10 11	乙卯	12 26	11 10	甲申	1 25	12 11	甲寅
	8 28	7 9	甲申	9 28	8 10	乙卯	10 28	9 10	乙酉	11 28	10 12	丙辰	12 27	11 11	乙酉	1 26	12 12	乙卯
	8 29	7 10	乙酉	9 29	8 11	丙辰	10 29	9 11	丙戌	11 29	10 13	丁巳	12 28	11 12	丙戌	1 27	12 13	丙辰
	8 30	7 11	丙戌	9 30	8 12	丁巳	10 30	9 12	丁亥	11 30	10 14	戊午	12 29	11 13	丁亥	1 28	12 14	丁巳
	8 31	7 12	丁亥	10 1	8 13	戊午	10 31	9 13	戊子	12 1	10 15	己未	12 30	11 14	戊子	1 29	12 15	戊午
	9 1	7 13	戊子	10 2	8 14	己未	11 1	9 14	己丑	12 2	10 16	庚申	12 31	11 15	己丑	1 30	12 16	己未
	9 2	7 14	己丑	10 3	8 15	庚申	11 2	9 15	庚寅	12 3	10 17	辛酉	1 1	11 16	庚寅	1 31	12 17	庚申
	9 3	7 15	庚寅	10 4	8 16	辛酉	11 3	9 16	辛卯	12 4	10 18	壬戌	1 2	11 17	辛卯	2 1	12 18	辛酉
	9 4	7 16	辛卯	10 5	8 17	壬戌	11 4	9 17	壬辰	12 5	10 19	癸亥	1 3	11 18	壬辰	2 2	12 19	壬戌
	9 5	7 17	壬辰	10 6	8 18	癸亥	11 5	9 18	癸巳				1 4	11 19	癸巳			
	9 6	7 18	癸巳				11 6	9 19	甲午									
中氣	處暑 8/22 16時35分 申時			秋分 9/22 14時42分 未時			霜降 10/23 0時39分 子時			小雪 11/21 22時46分 亥時			冬至 12/21 12時27分 午時			大寒 1/19 23時10分 子時		

2085・2086

蛇

中華民國一百七十四・一百七十五年

年	丙午																													
月	庚寅					辛卯					壬辰					癸巳					甲午					乙未				
節氣	立春					驚蟄					清明					立夏					芒種					小暑				
	2/3 17時25分 酉時					3/5 11時3分 午時					4/4 15時16分 申時					5/5 7時58分 辰時					6/5 11時37分 午時					7/6 21時39分 亥時				
日	國曆		農曆		干支	國曆		農曆		干支	國曆		農曆		干支	國曆		農曆		干支	國曆		農曆		干支	國曆		農曆		干支
2086 馬 中華民國一百七十五年	2	3	12	20	癸亥	3	5	1	20	癸巳	4	4	2	21	癸亥	5	5	3	22	甲午	6	5	4	24	乙丑	7	6	5	26	丙申
	2	4	12	21	甲子	3	6	1	21	甲午	4	5	2	22	甲子	5	6	3	23	乙未	6	6	4	25	丙寅	7	7	5	27	丁酉
	2	5	12	22	乙丑	3	7	1	22	乙未	4	6	2	23	乙丑	5	7	3	24	丙申	6	7	4	26	丁卯	7	8	5	28	戊戌
	2	6	12	23	丙寅	3	8	1	23	丙申	4	7	2	24	丙寅	5	8	3	25	丁酉	6	8	4	27	戊辰	7	9	5	29	己亥
	2	7	12	24	丁卯	3	9	1	24	丁酉	4	8	2	25	丁卯	5	9	3	26	戊戌	6	9	4	28	己巳	7	10	5	30	庚子
	2	8	12	25	戊辰	3	10	1	25	戊戌	4	9	2	26	戊辰	5	10	3	27	己亥	6	10	4	29	庚午	7	11	6	1	辛丑
	2	9	12	26	己巳	3	11	1	26	己亥	4	10	2	27	己巳	5	11	3	28	庚子	6	11	5	1	辛未	7	12	6	2	壬寅
	2	10	12	27	庚午	3	12	1	27	庚子	4	11	2	28	庚午	5	12	3	29	辛丑	6	12	5	2	壬申	7	13	6	3	癸卯
	2	11	12	28	辛未	3	13	1	28	辛丑	4	12	2	29	辛未	5	13	4	1	壬寅	6	13	5	3	癸酉	7	14	6	4	甲辰
	2	12	12	29	壬申	3	14	1	29	壬寅	4	13	2	30	壬申	5	14	4	2	癸卯	6	14	5	4	甲戌	7	15	6	5	乙巳
	2	13	12	30	癸酉	3	15	2	1	癸卯	4	14	3	1	癸酉	5	15	4	3	甲辰	6	15	5	5	乙亥	7	16	6	6	丙午
	2	14	1	1	甲戌	3	16	2	2	甲辰	4	15	3	2	甲戌	5	16	4	4	乙巳	6	16	5	6	丙子	7	17	6	7	丁未
	2	15	1	2	乙亥	3	17	2	3	乙巳	4	16	3	3	乙亥	5	17	4	5	丙午	6	17	5	7	丁丑	7	18	6	8	戊申
	2	16	1	3	丙子	3	18	2	4	丙午	4	17	3	4	丙子	5	18	4	6	丁未	6	18	5	8	戊寅	7	19	6	9	己酉
	2	17	1	4	丁丑	3	19	2	5	丁未	4	18	3	5	丁丑	5	19	4	7	戊申	6	19	5	9	己卯	7	20	6	10	庚戌
	2	18	1	5	戊寅	3	20	2	6	戊申	4	19	3	6	戊寅	5	20	4	8	己酉	6	20	5	10	庚辰	7	21	6	11	辛亥
	2	19	1	6	己卯	3	21	2	7	己酉	4	20	3	7	己卯	5	21	4	9	庚戌	6	21	5	11	辛巳	7	22	6	12	壬子
	2	20	1	7	庚辰	3	22	2	8	庚戌	4	21	3	8	庚辰	5	22	4	10	辛亥	6	22	5	12	壬午	7	23	6	13	癸丑
	2	21	1	8	辛巳	3	23	2	9	辛亥	4	22	3	9	辛巳	5	23	4	11	壬子	6	23	5	13	癸未	7	24	6	14	甲寅
	2	22	1	9	壬午	3	24	2	10	壬子	4	23	3	10	壬午	5	24	4	12	癸丑	6	24	5	14	甲申	7	25	6	15	乙卯
	2	23	1	10	癸未	3	25	2	11	癸丑	4	24	3	11	癸未	5	25	4	13	甲寅	6	25	5	15	乙酉	7	26	6	16	丙辰
	2	24	1	11	甲申	3	26	2	12	甲寅	4	25	3	12	甲申	5	26	4	14	乙卯	6	26	5	16	丙戌	7	27	6	17	丁巳
	2	25	1	12	乙酉	3	27	2	13	乙卯	4	26	3	13	乙酉	5	27	4	15	丙辰	6	27	5	17	丁亥	7	28	6	18	戊午
	2	26	1	13	丙戌	3	28	2	14	丙辰	4	27	3	14	丙戌	5	28	4	16	丁巳	6	28	5	18	戊子	7	29	6	19	己未
	2	27	1	14	丁亥	3	29	2	15	丁巳	4	28	3	15	丁亥	5	29	4	17	戊午	6	29	5	19	己丑	7	30	6	20	庚申
	2	28	1	15	戊子	3	30	2	16	戊午	4	29	3	16	戊子	5	30	4	18	己未	6	30	5	20	庚寅	7	31	6	21	辛酉
	3	1	1	16	己丑	3	31	2	17	己未	4	30	3	17	己丑	5	31	4	19	庚申	7	1	5	21	辛卯	8	1	6	22	壬戌
	3	2	1	17	庚寅	4	1	2	18	庚申	5	1	3	18	庚寅	6	1	4	20	辛酉	7	2	5	22	壬辰	8	2	6	23	癸亥
	3	3	1	18	辛卯	4	2	2	19	辛酉	5	2	3	19	辛卯	6	2	4	21	壬戌	7	3	5	23	癸巳	8	3	6	24	甲子
	3	4	1	19	壬辰	4	3	2	20	壬戌	5	3	3	20	壬辰	6	3	4	22	癸亥	7	4	5	24	甲午	8	4	6	25	乙丑
											5	4	3	21	癸巳	6	4	4	23	甲子	7	5	5	25	乙未	8	5	6	26	丙寅
																										8	6	6	27	丁卯
中氣	雨水					春分					穀雨					小滿					夏至					大暑				
	2/18 13時4分 未時					3/20 11時34分 午時					4/19 21時59分 亥時					5/20 20時33分 戌時					6/21 4時8分 寅時					7/22 14時58分 未時				

丙午																		年
丙申			丁酉			戊戌			己亥			庚子			辛丑			月
立秋			白露			寒露			立冬			大雪			小寒			節氣
8/7 7時32分 辰時			9/7 10時51分 巳時			10/8 3時6分 寅時			11/7 6時54分 卯時			12/7 0時15分 子時			1/5 11時41分 午時			
國曆	農曆	干支	國曆	農曆	干支	國曆	農曆	干支	國曆	農曆	干支	國曆	農曆	干支	國曆	農曆	干支	日
8 7	6 28	戊辰	9 7	7 30	己亥	10 8	9 1	庚午	11 7	10 2	庚子	12 7	11 2	庚午	1 5	12 1	己亥	
8 8	6 29	己巳	9 8	8 1	庚子	10 9	9 2	辛未	11 8	10 3	辛丑	12 8	11 3	辛未	1 6	12 2	庚子	
8 9	7 1	庚午	9 9	8 2	辛丑	10 10	9 3	壬申	11 9	10 4	壬寅	12 9	11 4	壬申	1 7	12 3	辛丑	2
8 10	7 2	辛未	9 10	8 3	壬寅	10 11	9 4	癸酉	11 10	10 5	癸卯	12 10	11 5	癸酉	1 8	12 4	壬寅	0
8 11	7 3	壬申	9 11	8 4	癸卯	10 12	9 5	甲戌	11 11	10 6	甲辰	12 11	11 6	甲戌	1 9	12 5	癸卯	8
8 12	7 4	癸酉	9 12	8 5	甲辰	10 13	9 6	乙亥	11 12	10 7	乙巳	12 12	11 7	乙亥	1 10	12 6	甲辰	6
8 13	7 5	甲戌	9 13	8 6	乙巳	10 14	9 7	丙子	11 13	10 8	丙午	12 13	11 8	丙子	1 11	12 7	乙巳	•
8 14	7 6	乙亥	9 14	8 7	丙午	10 15	9 8	丁丑	11 14	10 9	丁未	12 14	11 9	丁丑	1 12	12 8	丙午	2
8 15	7 7	丙子	9 15	8 8	丁未	10 16	9 9	戊寅	11 15	10 10	戊申	12 15	11 10	戊寅	1 13	12 9	丁未	0
8 16	7 8	丁丑	9 16	8 9	戊申	10 17	9 10	己卯	11 16	10 11	己酉	12 16	11 11	己卯	1 14	12 10	戊申	8
8 17	7 9	戊寅	9 17	8 10	己酉	10 18	9 11	庚辰	11 17	10 12	庚戌	12 17	11 12	庚辰	1 15	12 11	己酉	7
8 18	7 10	己卯	9 18	8 11	庚戌	10 19	9 12	辛巳	11 18	10 13	辛亥	12 18	11 13	辛巳	1 16	12 12	庚戌	
8 19	7 11	庚辰	9 19	8 12	辛亥	10 20	9 13	壬午	11 19	10 14	壬子	12 19	11 14	壬午	1 17	12 13	辛亥	
8 20	7 12	辛巳	9 20	8 13	壬子	10 21	9 14	癸未	11 20	10 15	癸丑	12 20	11 15	癸未	1 18	12 14	壬子	馬
8 21	7 13	壬午	9 21	8 14	癸丑	10 22	9 15	甲申	11 21	10 16	甲寅	12 21	11 16	甲申	1 19	12 15	癸丑	
8 22	7 14	癸未	9 22	8 15	甲寅	10 23	9 16	乙酉	11 22	10 17	乙卯	12 22	11 17	乙酉	1 20	12 16	甲寅	
8 23	7 15	甲申	9 23	8 16	乙卯	10 24	9 17	丙戌	11 23	10 18	丙辰	12 23	11 18	丙戌	1 21	12 17	乙卯	
8 24	7 16	乙酉	9 24	8 17	丙辰	10 25	9 18	丁亥	11 24	10 19	丁巳	12 24	11 19	丁亥	1 22	12 18	丙辰	
8 25	7 17	丙戌	9 25	8 18	丁巳	10 26	9 19	戊子	11 25	10 20	戊午	12 25	11 20	戊子	1 23	12 19	丁巳	中
8 26	7 18	丁亥	9 26	8 19	戊午	10 27	9 20	己丑	11 26	10 21	己未	12 26	11 21	己丑	1 24	12 20	戊午	華
8 27	7 19	戊子	9 27	8 20	己未	10 28	9 21	庚寅	11 27	10 22	庚申	12 27	11 22	庚寅	1 25	12 21	己未	民
8 28	7 20	己丑	9 28	8 21	庚申	10 29	9 22	辛卯	11 28	10 23	辛酉	12 28	11 23	辛卯	1 26	12 22	庚申	國
8 29	7 21	庚寅	9 29	8 22	辛酉	10 30	9 23	壬辰	11 29	10 24	壬戌	12 29	11 24	壬辰	1 27	12 23	辛酉	一
8 30	7 22	辛卯	9 30	8 23	壬戌	10 31	9 24	癸巳	11 30	10 25	癸亥	12 30	11 25	癸巳	1 28	12 24	壬戌	百
8 31	7 23	壬辰	10 1	8 24	癸亥	11 1	9 25	甲午	12 1	10 26	甲子	12 31	11 26	甲午	1 29	12 25	癸亥	七
9 1	7 24	癸巳	10 2	8 25	甲子	11 2	9 26	乙未	12 2	10 27	乙丑	1 1	11 27	乙未	1 30	12 26	甲子	十
9 2	7 25	甲午	10 3	8 26	乙丑	11 3	9 27	丙申	12 3	10 28	丙寅	1 2	11 28	丙申	1 31	12 27	乙丑	五
9 3	7 26	乙未	10 4	8 27	丙寅	11 4	9 28	丁酉	12 4	10 29	丁卯	1 3	11 29	丁酉	2 1	12 28	丙寅	•
9 4	7 27	丙申	10 5	8 28	丁卯	11 5	9 29	戊戌	12 5	10 30	戊辰	1 4	11 30	戊戌	2 2	12 29	丁卯	一百
9 5	7 28	丁酉	10 6	8 29	戊辰	11 6	10 1	己亥	12 6	11 1	己巳							七十
9 6	7 29	戊戌	10 7	8 30	己巳													六年
處暑			秋分			霜降			小雪			冬至			大寒			中氣
8/22 22時20分 亥時			9/22 20時31分 戌時			10/23 6時31分 卯時			11/22 4時40分 寅時			12/21 18時21分 酉時			1/20 5時4分 卯時			

年	丁未																													
月	壬寅					癸卯					甲辰					乙巳					丙午					丁未				
節氣	立春					驚蟄					清明					立夏					芒種					小暑				
	2/3 23時14分 子時					3/5 16時51分 申時					4/4 21時3分 亥時					5/5 13時43分 未時					6/5 17時23分 酉時					7/7 3時27分 寅時				
日	國曆		農曆		干支	國曆		農曆		干支	國曆		農曆		干支	國曆		農曆		干支	國曆		農曆		干支	國曆		農曆		干支
	2	3	1	1	戊辰	3	5	2	1	戊戌	4	4	3	2	戊辰	5	5	4	3	己亥	6	5	5	5	庚午	7	7	6	8	壬寅
	2	4	1	2	己巳	3	6	2	2	己亥	4	5	3	3	己巳	5	6	4	4	庚子	6	6	5	6	辛未	7	8	6	9	癸卯
	2	5	1	3	庚午	3	7	2	3	庚子	4	6	3	4	庚午	5	7	4	5	辛丑	6	7	5	7	壬申	7	9	6	10	甲辰
	2	6	1	4	辛未	3	8	2	4	辛丑	4	7	3	5	辛未	5	8	4	6	壬寅	6	8	5	8	癸酉	7	10	6	11	乙巳
2087	2	7	1	5	壬申	3	9	2	5	壬寅	4	8	3	6	壬申	5	9	4	7	癸卯	6	9	5	9	甲戌	7	11	6	12	丙午
	2	8	1	6	癸酉	3	10	2	6	癸卯	4	9	3	7	癸酉	5	10	4	8	甲辰	6	10	5	10	乙亥	7	12	6	13	丁未
	2	9	1	7	甲戌	3	11	2	7	甲辰	4	10	3	8	甲戌	5	11	4	9	乙巳	6	11	5	11	丙子	7	13	6	14	戊申
	2	10	1	8	乙亥	3	12	2	8	乙巳	4	11	3	9	乙亥	5	12	4	10	丙午	6	12	5	12	丁丑	7	14	6	15	己酉
	2	11	1	9	丙子	3	13	2	9	丙午	4	12	3	10	丙子	5	13	4	11	丁未	6	13	5	13	戊寅	7	15	6	16	庚戌
	2	12	1	10	丁丑	3	14	2	10	丁未	4	13	3	11	丁丑	5	14	4	12	戊申	6	14	5	14	己卯	7	16	6	17	辛亥
	2	13	1	11	戊寅	3	15	2	11	戊申	4	14	3	12	戊寅	5	15	4	13	己酉	6	15	5	15	庚辰	7	17	6	18	壬子
	2	14	1	12	己卯	3	16	2	12	己酉	4	15	3	13	己卯	5	16	4	14	庚戌	6	16	5	16	辛巳	7	18	6	19	癸丑
	2	15	1	13	庚辰	3	17	2	13	庚戌	4	16	3	14	庚辰	5	17	4	15	辛亥	6	17	5	17	壬午	7	19	6	20	甲寅
羊	2	16	1	14	辛巳	3	18	2	14	辛亥	4	17	3	15	辛巳	5	18	4	16	壬子	6	18	5	18	癸未	7	20	6	21	乙卯
	2	17	1	15	壬午	3	19	2	15	壬子	4	18	3	16	壬午	5	19	4	17	癸丑	6	19	5	19	甲申	7	21	6	22	丙辰
	2	18	1	16	癸未	3	20	2	16	癸丑	4	19	3	17	癸未	5	20	4	18	甲寅	6	20	5	20	乙酉	7	22	6	23	丁巳
	2	19	1	17	甲申	3	21	2	17	甲寅	4	20	3	18	甲申	5	21	4	19	乙卯	6	21	5	21	丙戌	7	23	6	24	戊午
	2	20	1	18	乙酉	3	22	2	18	乙卯	4	21	3	19	乙酉	5	22	4	20	丙辰	6	22	5	22	丁亥	7	24	6	25	己未
	2	21	1	19	丙戌	3	23	2	19	丙辰	4	22	3	20	丙戌	5	23	4	21	丁巳	6	23	5	23	戊子	7	25	6	26	庚申
	2	22	1	20	丁亥	3	24	2	20	丁巳	4	23	3	21	丁亥	5	24	4	22	戊午	6	24	5	24	己丑	7	26	6	27	辛酉
中華民國一百七十六年	2	23	1	21	戊子	3	25	2	21	戊午	4	24	3	22	戊子	5	25	4	23	己未	6	25	5	25	庚寅	7	27	6	28	壬戌
	2	24	1	22	己丑	3	26	2	22	己未	4	25	3	23	己丑	5	26	4	24	庚申	6	26	5	26	辛卯	7	28	6	29	癸亥
	2	25	1	23	庚寅	3	27	2	23	庚申	4	26	3	24	庚寅	5	27	4	25	辛酉	6	27	5	27	壬辰	7	29	6	30	甲子
	2	26	1	24	辛卯	3	28	2	24	辛酉	4	27	3	25	辛卯	5	28	4	26	壬戌	6	28	5	28	癸巳	7	30	7	1	乙丑
	2	27	1	25	壬辰	3	29	2	25	壬戌	4	28	3	26	壬辰	5	29	4	27	癸亥	6	29	5	29	甲午	7	31	7	2	丙寅
	2	28	1	26	癸巳	3	30	2	26	癸亥	4	29	3	27	癸巳	5	30	4	28	甲子	6	30	6	1	乙未	8	1	7	3	丁卯
	3	1	1	27	甲午	3	31	2	27	甲子	4	30	3	28	甲午	5	31	4	29	乙丑	7	1	6	2	丙申	8	2	7	4	戊辰
	3	2	1	28	乙未	4	1	2	28	乙丑	5	1	3	29	乙未	6	1	5	1	丙寅	7	2	6	3	丁酉	8	3	7	5	己巳
	3	3	1	29	丙申	4	2	2	29	丙寅	5	2	3	30	丙申	6	2	5	2	丁卯	7	3	6	4	戊戌	8	4	7	6	庚午
	3	4	1	30	丁酉	4	3	3	1	丁卯	5	3	4	1	丁酉	6	3	5	3	戊辰	7	4	6	5	己亥	8	5	7	7	辛未
											5	4	4	2	戊戌	6	4	5	4	己巳	7	5	6	6	庚子	8	6	7	8	壬申
																					7	6	6	7	辛丑					
中氣	雨水					春分					穀雨					小滿					夏至					大暑				
	2/18 18時57分 酉時					3/20 17時27分 酉時					4/20 3時53分 寅時					5/21 2時28分 丑時					6/21 10時5分 巳時					7/22 20時57分 戌時				

丁未																														年
戊申					己酉					庚戌					辛亥					壬子					癸丑					月
立秋					白露					寒露					立冬					大雪					小寒					節氣
8/7 13時23分 未時					9/7 16時43分 申時					10/8 8時56分 辰時					11/7 12時42分 午時					12/7 5時59分 卯時					1/5 17時24分 酉時					
國曆		農曆		干支	國曆		農曆		干支	國曆		農曆		干支	國曆		農曆		干支	國曆		農曆		干支	國曆		農曆		干支	日
8	7	7	9	癸酉	9	7	8	11	甲辰	10	8	9	12	乙亥	11	7	10	13	乙巳	12	7	11	13	乙亥	1	5	12	12	甲辰	
8	8	7	10	甲戌	9	8	8	12	乙巳	10	9	9	13	丙子	11	8	10	14	丙午	12	8	11	14	丙子	1	6	12	13	乙巳	
8	9	7	11	乙亥	9	9	8	13	丙午	10	10	9	14	丁丑	11	9	10	15	丁未	12	9	11	15	丁丑	1	7	12	14	丙午	
8	10	7	12	丙子	9	10	8	14	丁未	10	11	9	15	戊寅	11	10	10	16	戊申	12	10	11	16	戊寅	1	8	12	15	丁未	
8	11	7	13	丁丑	9	11	8	15	戊申	10	12	9	16	己卯	11	11	10	17	己酉	12	11	11	17	己卯	1	9	12	16	戊申	
8	12	7	14	戊寅	9	12	8	16	己酉	10	13	9	17	庚辰	11	12	10	18	庚戌	12	12	11	18	庚辰	1	10	12	17	己酉	
8	13	7	15	己卯	9	13	8	17	庚戌	10	14	9	18	辛巳	11	13	10	19	辛亥	12	13	11	19	辛巳	1	11	12	18	庚戌	
8	14	7	16	庚辰	9	14	8	18	辛亥	10	15	9	19	壬午	11	14	10	20	壬子	12	14	11	20	壬午	1	12	12	19	辛亥	
8	15	7	17	辛巳	9	15	8	19	壬子	10	16	9	20	癸未	11	15	10	21	癸丑	12	15	11	21	癸未	1	13	12	20	壬子	
8	16	7	18	壬午	9	16	8	20	癸丑	10	17	9	21	甲申	11	16	10	22	甲寅	12	16	11	22	甲申	1	14	12	21	癸丑	
8	17	7	19	癸未	9	17	8	21	甲寅	10	18	9	22	乙酉	11	17	10	23	乙卯	12	17	11	23	乙酉	1	15	12	22	甲寅	
8	18	7	20	甲申	9	18	8	22	乙卯	10	19	9	23	丙戌	11	18	10	24	丙辰	12	18	11	24	丙戌	1	16	12	23	乙卯	
8	19	7	21	乙酉	9	19	8	23	丙辰	10	20	9	24	丁亥	11	19	10	25	丁巳	12	19	11	25	丁亥	1	17	12	24	丙辰	
8	20	7	22	丙戌	9	20	8	24	丁巳	10	21	9	25	戊子	11	20	10	26	戊午	12	20	11	26	戊子	1	18	12	25	丁巳	
8	21	7	23	丁亥	9	21	8	25	戊午	10	22	9	26	己丑	11	21	10	27	己未	12	21	11	27	己丑	1	19	12	26	戊午	
8	22	7	24	戊子	9	22	8	26	己未	10	23	9	27	庚寅	11	22	10	28	庚申	12	22	11	28	庚寅	1	20	12	27	己未	
8	23	7	25	己丑	9	23	8	27	庚申	10	24	9	28	辛卯	11	23	10	29	辛酉	12	23	11	29	辛卯	1	21	12	28	庚申	
8	24	7	26	庚寅	9	24	8	28	辛酉	10	25	9	29	壬辰	11	24	10	30	壬戌	12	24	11	30	壬辰	1	22	12	29	辛酉	
8	25	7	27	辛卯	9	25	8	29	壬戌	10	26	10	1	癸巳	11	25	11	1	癸亥	12	25	12	1	癸巳	1	23	12	30	壬戌	
8	26	7	28	壬辰	9	26	8	30	癸亥	10	27	10	2	甲午	11	26	11	2	甲子	12	26	12	2	甲午	1	24	1	1	癸亥	
8	27	7	29	癸巳	9	27	9	1	甲子	10	28	10	3	乙未	11	27	11	3	乙丑	12	27	12	3	乙未	1	25	1	2	甲子	
8	28	8	1	甲午	9	28	9	2	乙丑	10	29	10	4	丙申	11	28	11	4	丙寅	12	28	12	4	丙申	1	26	1	3	乙丑	
8	29	8	2	乙未	9	29	9	3	丙寅	10	30	10	5	丁酉	11	29	11	5	丁卯	12	29	12	5	丁酉	1	27	1	4	丙寅	
8	30	8	3	丙申	9	30	9	4	丁卯	10	31	10	6	戊戌	11	30	11	6	戊辰	12	30	12	6	戊戌	1	28	1	5	丁卯	
8	31	8	4	丁酉	10	1	9	5	戊辰	11	1	10	7	己亥	12	1	11	7	己巳	12	31	12	7	己亥	1	29	1	6	戊辰	
9	1	8	5	戊戌	10	2	9	6	己巳	11	2	10	8	庚子	12	2	11	8	庚午	1	1	12	8	庚子	1	30	1	7	己巳	
9	2	8	6	己亥	10	3	9	7	庚午	11	3	10	9	辛丑	12	3	11	9	辛未	1	2	12	9	辛丑	1	31	1	8	庚午	
9	3	8	7	庚子	10	4	9	8	辛未	11	4	10	10	壬寅	12	4	11	10	壬申	1	3	12	10	壬寅	2	1	1	9	辛未	
9	4	8	8	辛丑	10	5	9	9	壬申	11	5	10	11	癸卯	12	5	11	11	癸酉	1	4	12	11	癸卯	2	2	1	10	壬申	
9	5	8	9	壬寅	10	6	9	10	癸酉	11	6	10	12	甲辰	12	6	11	12	甲戌						2	3	1	11	癸酉	
9	6	8	10	癸卯	10	7	9	11	甲戌																					
處暑					秋分					霜降					小雪					冬至					大寒					中氣
8/23 4時18分 寅時					9/23 2時27分 丑時					10/23 12時23分 午時					11/22 10時28分 巳時					12/22 0時7分 子時					1/20 10時49分 巳時					

2087・2088

羊

中華民國一百七十六・一百七十七年

年	戊申																	
月	甲寅			乙卯			丙辰			丁巳			戊午			己未		
節氣	立春 2/4 4時57分 寅時			驚蟄 3/4 22時36分 亥時			清明 4/4 2時52分 丑時			立夏 5/4 19時35分 戌時			芒種 6/4 23時19分 子時			小暑 7/6 9時25分 巳時		
日	國曆	農曆	干支	國曆	農曆	干支	國曆	農曆	干支	國曆	農曆	干支	國曆	農曆	干支	國曆	農曆	干支
2088 猴 中華民國一百七十七年	2 4	1 12	甲戌	3 4	2 12	癸卯	4 4	3 13	甲戌	5 4	4 14	甲辰	6 4	4 15	乙亥	7 6	5 18	丁未
	2 5	1 13	乙亥	3 5	2 13	甲辰	4 5	3 14	乙亥	5 5	4 15	乙巳	6 5	4 16	丙子	7 7	5 19	戊申
	2 6	1 14	丙子	3 6	2 14	乙巳	4 6	3 15	丙子	5 6	4 16	丙午	6 6	4 17	丁丑	7 8	5 20	己酉
	2 7	1 15	丁丑	3 7	2 15	丙午	4 7	3 16	丁丑	5 7	4 17	丁未	6 7	4 18	戊寅	7 9	5 21	庚戌
	2 8	1 16	戊寅	3 8	2 16	丁未	4 8	3 17	戊寅	5 8	4 18	戊申	6 8	4 19	己卯	7 10	5 22	辛亥
	2 9	1 17	己卯	3 9	2 17	戊申	4 9	3 18	己卯	5 9	4 19	己酉	6 9	4 20	庚辰	7 11	5 23	壬子
	2 10	1 18	庚辰	3 10	2 18	己酉	4 10	3 19	庚辰	5 10	4 20	庚戌	6 10	4 21	辛巳	7 12	5 24	癸丑
	2 11	1 19	辛巳	3 11	2 19	庚戌	4 11	3 20	辛巳	5 11	4 21	辛亥	6 11	4 22	壬午	7 13	5 25	甲寅
	2 12	1 20	壬午	3 12	2 20	辛亥	4 12	3 21	壬午	5 12	4 22	壬子	6 12	4 23	癸未	7 14	5 26	乙卯
	2 13	1 21	癸未	3 13	2 21	壬子	4 13	3 22	癸未	5 13	4 23	癸丑	6 13	4 24	甲申	7 15	5 27	丙辰
	2 14	1 22	甲申	3 14	2 22	癸丑	4 14	3 23	甲申	5 14	4 24	甲寅	6 14	4 25	乙酉	7 16	5 28	丁巳
	2 15	1 23	乙酉	3 15	2 23	甲寅	4 15	3 24	乙酉	5 15	4 25	乙卯	6 15	4 26	丙戌	7 17	5 29	戊午
	2 16	1 24	丙戌	3 16	2 24	乙卯	4 16	3 25	丙戌	5 16	4 26	丙辰	6 16	4 27	丁亥	7 18	6 1	己未
	2 17	1 25	丁亥	3 17	2 25	丙辰	4 17	3 26	丁亥	5 17	4 27	丁巳	6 17	4 28	戊子	7 19	6 2	庚申
	2 18	1 26	戊子	3 18	2 26	丁巳	4 18	3 27	戊子	5 18	4 28	戊午	6 18	4 29	己丑	7 20	6 3	辛酉
	2 19	1 27	己丑	3 19	2 27	戊午	4 19	3 28	己丑	5 19	4 29	己未	6 19	5 1	庚寅	7 21	6 4	壬戌
	2 20	1 28	庚寅	3 20	2 28	己未	4 20	3 29	庚寅	5 20	4 30	庚申	6 20	5 2	辛卯	7 22	6 5	癸亥
	2 21	1 29	辛卯	3 21	2 29	庚申	4 21	4 1	辛卯	5 21	閏4 1	辛酉	6 21	5 3	壬辰	7 23	6 6	甲子
	2 22	2 1	壬辰	3 22	2 30	辛酉	4 22	4 2	壬辰	5 22	4 2	壬戌	6 22	5 4	癸巳	7 24	6 7	乙丑
	2 23	2 2	癸巳	3 23	3 1	壬戌	4 23	4 3	癸巳	5 23	4 3	癸亥	6 23	5 5	甲午	7 25	6 8	丙寅
	2 24	2 3	甲午	3 24	3 2	癸亥	4 24	4 4	甲午	5 24	4 4	甲子	6 24	5 6	乙未	7 26	6 9	丁卯
	2 25	2 4	乙未	3 25	3 3	甲子	4 25	4 5	乙未	5 25	4 5	乙丑	6 25	5 7	丙申	7 27	6 10	戊辰
	2 26	2 5	丙申	3 26	3 4	乙丑	4 26	4 6	丙申	5 26	4 6	丙寅	6 26	5 8	丁酉	7 28	6 11	己巳
	2 27	2 6	丁酉	3 27	3 5	丙寅	4 27	4 7	丁酉	5 27	4 7	丁卯	6 27	5 9	戊戌	7 29	6 12	庚午
	2 28	2 7	戊戌	3 28	3 6	丁卯	4 28	4 8	戊戌	5 28	4 8	戊辰	6 28	5 10	己亥	7 30	6 13	辛未
	2 29	2 8	己亥	3 29	3 7	戊辰	4 29	4 9	己亥	5 29	4 9	己巳	6 29	5 11	庚子	7 31	6 14	壬申
	3 1	2 9	庚子	3 30	3 8	己巳	4 30	4 10	庚子	5 30	4 10	庚午	6 30	5 12	辛丑	8 1	6 15	癸酉
	3 2	2 10	辛丑	3 31	3 9	庚午	5 1	4 11	辛丑	5 31	4 11	辛未	7 1	5 13	壬寅	8 2	6 16	甲戌
	3 3	2 11	壬寅	4 1	3 10	辛未	5 2	4 12	壬寅	6 1	4 12	壬申	7 2	5 14	癸卯	8 3	6 17	乙亥
				4 2	3 11	壬申	5 3	4 13	癸卯	6 2	4 13	癸酉	7 3	5 15	甲辰	8 4	6 18	丙子
				4 3	3 12	癸酉				6 3	4 14	甲戌	7 4	5 16	乙巳	8 5	6 19	丁丑
													7 5	5 17	丙午			
中氣	雨水 2/19 0時44分 子時			春分 3/19 23時16分 子時			穀雨 4/19 9時43分 巳時			小滿 5/20 8時19分 辰時			夏至 6/20 15時56分 申時			大暑 7/22 2時47分 丑時		

年	戊申																	
月	庚申			辛酉			壬戌			癸亥			甲子			乙丑		
節	立秋			白露			寒露			立冬			大雪			小寒		
氣	8/6 19時22分 戌時			9/6 22時43分 亥時			10/7 14時55分 未時			11/6 18時39分 酉時			12/6 11時55分 午時			1/4 23時20分 子時		
日	國曆	農曆	干支	國曆	農曆	干支	國曆	農曆	干支	國曆	農曆	干支	國曆	農曆	干支	國曆	農曆	干支
	8 6	6 20	戊寅	9 6	7 21	己酉	10 7	8 23	庚辰	11 6	9 24	庚戌	12 6	10 24	庚辰	1 4	11 23	己酉
	8 7	6 21	己卯	9 7	7 22	庚戌	10 8	8 24	辛巳	11 7	9 25	辛亥	12 7	10 25	辛巳	1 5	11 24	庚戌
2	8 8	6 22	庚辰	9 8	7 23	辛亥	10 9	8 25	壬午	11 8	9 26	壬子	12 8	10 26	壬午	1 6	11 25	辛亥
0	8 9	6 23	辛巳	9 9	7 24	壬子	10 10	8 26	癸未	11 9	9 27	癸丑	12 9	10 27	癸未	1 7	11 26	壬子
8	8 10	6 24	壬午	9 10	7 25	癸丑	10 11	8 27	甲申	11 10	9 28	甲寅	12 10	10 28	甲申	1 8	11 27	癸丑
8	8 11	6 25	癸未	9 11	7 26	甲寅	10 12	8 28	乙酉	11 11	9 29	乙卯	12 11	10 29	乙酉	1 9	11 28	甲寅
•	8 12	6 26	甲申	9 12	7 27	乙卯	10 13	8 29	丙戌	11 12	9 30	丙辰	12 12	10 30	丙戌	1 10	11 29	乙卯
2	8 13	6 27	乙酉	9 13	7 28	丙辰	10 14	9 1	丁亥	11 13	10 1	丁巳	12 13	11 1	丁亥	1 11	11 30	丙辰
0	8 14	6 28	丙戌	9 14	7 29	丁巳	10 15	9 2	戊子	11 14	10 2	戊午	12 14	11 2	戊子	1 12	12 1	丁巳
8	8 15	6 29	丁亥	9 15	8 1	戊午	10 16	9 3	己丑	11 15	10 3	己未	12 15	11 3	己丑	1 13	12 2	戊午
9	8 16	6 30	戊子	9 16	8 2	己未	10 17	9 4	庚寅	11 16	10 4	庚申	12 16	11 4	庚寅	1 14	12 3	己未
	8 17	7 1	己丑	9 17	8 3	庚申	10 18	9 5	辛卯	11 17	10 5	辛酉	12 17	11 5	辛卯	1 15	12 4	庚申
	8 18	7 2	庚寅	9 18	8 4	辛酉	10 19	9 6	壬辰	11 18	10 6	壬戌	12 18	11 6	壬辰	1 16	12 5	辛酉
	8 19	7 3	辛卯	9 19	8 5	壬戌	10 20	9 7	癸巳	11 19	10 7	癸亥	12 19	11 7	癸巳	1 17	12 6	壬戌
猴	8 20	7 4	壬辰	9 20	8 6	癸亥	10 21	9 8	甲午	11 20	10 8	甲子	12 20	11 8	甲午	1 18	12 7	癸亥
	8 21	7 5	癸巳	9 21	8 7	甲子	10 22	9 9	乙未	11 21	10 9	乙丑	12 21	11 9	乙未	1 19	12 8	甲子
	8 22	7 6	甲午	9 22	8 8	乙丑	10 23	9 10	丙申	11 22	10 10	丙寅	12 22	11 10	丙申	1 20	12 9	乙丑
中	8 23	7 7	乙未	9 23	8 9	丙寅	10 24	9 11	丁酉	11 23	10 11	丁卯	12 23	11 11	丁酉	1 21	12 10	丙寅
華	8 24	7 8	丙申	9 24	8 10	丁卯	10 25	9 12	戊戌	11 24	10 12	戊辰	12 24	11 12	戊戌	1 22	12 11	丁卯
民	8 25	7 9	丁酉	9 25	8 11	戊辰	10 26	9 13	己亥	11 25	10 13	己巳	12 25	11 13	己亥	1 23	12 12	戊辰
國	8 26	7 10	戊戌	9 26	8 12	己巳	10 27	9 14	庚子	11 26	10 14	庚午	12 26	11 14	庚子	1 24	12 13	己巳
一	8 27	7 11	己亥	9 27	8 13	庚午	10 28	9 15	辛丑	11 27	10 15	辛未	12 27	11 15	辛丑	1 25	12 14	庚午
百	8 28	7 12	庚子	9 28	8 14	辛未	10 29	9 16	壬寅	11 28	10 16	壬申	12 28	11 16	壬寅	1 26	12 15	辛未
七	8 29	7 13	辛丑	9 29	8 15	壬申	10 30	9 17	癸卯	11 29	10 17	癸酉	12 29	11 17	癸卯	1 27	12 16	壬申
十	8 30	7 14	壬寅	9 30	8 16	癸酉	10 31	9 18	甲辰	11 30	10 18	甲戌	12 30	11 18	甲辰	1 28	12 17	癸酉
七	8 31	7 15	癸卯	10 1	8 17	甲戌	11 1	9 19	乙巳	12 1	10 19	乙亥	12 31	11 19	乙巳	1 29	12 18	甲戌
•	9 1	7 16	甲辰	10 2	8 18	乙亥	11 2	9 20	丙午	12 2	10 20	丙子	1 1	11 20	丙午	1 30	12 19	乙亥
一	9 2	7 17	乙巳	10 3	8 19	丙子	11 3	9 21	丁未	12 3	10 21	丁丑	1 2	11 21	丁未	1 31	12 20	丙子
百	9 3	7 18	丙午	10 4	8 20	丁丑	11 4	9 22	戊申	12 4	10 22	戊寅	1 3	11 22	戊申	2 1	12 21	丁丑
七	9 4	7 19	丁未	10 5	8 21	戊寅	11 5	9 23	己酉	12 5	10 23	己卯				2 2	12 22	戊寅
十	9 5	7 20	戊申	10 6	8 22	己卯												
八年																		
中	處暑			秋分			霜降			小雪			冬至			大寒		
氣	8/22 10時8分 巳時			9/22 8時17分 辰時			10/22 18時13分 酉時			11/21 16時17分 申時			12/21 5時55分 卯時			1/19 16時37分 申時		

年	己酉																	
月	丙寅			丁卯			戊辰			己巳			庚午			辛未		
節氣	立春 2/3 10時53分 巳時			驚蟄 3/5 4時33分 寅時			清明 4/4 8時49分 辰時			立夏 5/5 1時31分 丑時			芒種 6/5 5時9分 卯時			小暑 7/6 15時10分 申時		
日	國曆	農曆	干支	國曆	農曆	干支	國曆	農曆	干支	國曆	農曆	干支	國曆	農曆	干支	國曆	農曆	干支
2089 雞 中華民國一百七十八年	2 3	12 23	己卯	3 5	1 24	己酉	4 4	2 24	己卯	5 5	3 25	庚戌	6 5	4 27	辛巳	7 6	5 28	壬子
	2 4	12 24	庚辰	3 6	1 25	庚戌	4 5	2 25	庚辰	5 6	3 26	辛亥	6 6	4 28	壬午	7 7	5 29	癸丑
	2 5	12 25	辛巳	3 7	1 26	辛亥	4 6	2 26	辛巳	5 7	3 27	壬子	6 7	4 29	癸未	7 8	6 1	甲寅
	2 6	12 26	壬午	3 8	1 27	壬子	4 7	2 27	壬午	5 8	3 28	癸丑	6 8	4 30	甲申	7 9	6 2	乙卯
	2 7	12 27	癸未	3 9	1 28	癸丑	4 8	2 28	癸未	5 9	3 29	甲寅	6 9	5 1	乙酉	7 10	6 3	丙辰
	2 8	12 28	甲申	3 10	1 29	甲寅	4 9	2 29	甲申	5 10	4 1	乙卯	6 10	5 2	丙戌	7 11	6 4	丁巳
	2 9	12 29	乙酉	3 11	1 30	乙卯	4 10	2 30	乙酉	5 11	4 2	丙辰	6 11	5 3	丁亥	7 12	6 5	戊午
	2 10	1 1	丙戌	3 12	2 1	丙辰	4 11	3 1	丙戌	5 12	4 3	丁巳	6 12	5 4	戊子	7 13	6 6	己未
	2 11	1 2	丁亥	3 13	2 2	丁巳	4 12	3 2	丁亥	5 13	4 4	戊午	6 13	5 5	己丑	7 14	6 7	庚申
	2 12	1 3	戊子	3 14	2 3	戊午	4 13	3 3	戊子	5 14	4 5	己未	6 14	5 6	庚寅	7 15	6 8	辛酉
	2 13	1 4	己丑	3 15	2 4	己未	4 14	3 4	己丑	5 15	4 6	庚申	6 15	5 7	辛卯	7 16	6 9	壬戌
	2 14	1 5	庚寅	3 16	2 5	庚申	4 15	3 5	庚寅	5 16	4 7	辛酉	6 16	5 8	壬辰	7 17	6 10	癸亥
	2 15	1 6	辛卯	3 17	2 6	辛酉	4 16	3 6	辛卯	5 17	4 8	壬戌	6 17	5 9	癸巳	7 18	6 11	甲子
	2 16	1 7	壬辰	3 18	2 7	壬戌	4 17	3 7	壬辰	5 18	4 9	癸亥	6 18	5 10	甲午	7 19	6 12	乙丑
	2 17	1 8	癸巳	3 19	2 8	癸亥	4 18	3 8	癸巳	5 19	4 10	甲子	6 19	5 11	乙未	7 20	6 13	丙寅
	2 18	1 9	甲午	3 20	2 9	甲子	4 19	3 9	甲午	5 20	4 11	乙丑	6 20	5 12	丙申	7 21	6 14	丁卯
	2 19	1 10	乙未	3 21	2 10	乙丑	4 20	3 10	乙未	5 21	4 12	丙寅	6 21	5 13	丁酉	7 22	6 15	戊辰
	2 20	1 11	丙申	3 22	2 11	丙寅	4 21	3 11	丙申	5 22	4 13	丁卯	6 22	5 14	戊戌	7 23	6 16	己巳
	2 21	1 12	丁酉	3 23	2 12	丁卯	4 22	3 12	丁酉	5 23	4 14	戊辰	6 23	5 15	己亥	7 24	6 17	庚午
	2 22	1 13	戊戌	3 24	2 13	戊辰	4 23	3 13	戊戌	5 24	4 15	己巳	6 24	5 16	庚子	7 25	6 18	辛未
	2 23	1 14	己亥	3 25	2 14	己巳	4 24	3 14	己亥	5 25	4 16	庚午	6 25	5 17	辛丑	7 26	6 19	壬申
	2 24	1 15	庚子	3 26	2 15	庚午	4 25	3 15	庚子	5 26	4 17	辛未	6 26	5 18	壬寅	7 27	6 20	癸酉
	2 25	1 16	辛丑	3 27	2 16	辛未	4 26	3 16	辛丑	5 27	4 18	壬申	6 27	5 19	癸卯	7 28	6 21	甲戌
	2 26	1 17	壬寅	3 28	2 17	壬申	4 27	3 17	壬寅	5 28	4 19	癸酉	6 28	5 20	甲辰	7 29	6 22	乙亥
	2 27	1 18	癸卯	3 29	2 18	癸酉	4 28	3 18	癸卯	5 29	4 20	甲戌	6 29	5 21	乙巳	7 30	6 23	丙子
	2 28	1 19	甲辰	3 30	2 19	甲戌	4 29	3 19	甲辰	5 30	4 21	乙亥	6 30	5 22	丙午	7 31	6 24	丁丑
	3 1	1 20	乙巳	3 31	2 20	乙亥	4 30	3 20	乙巳	5 31	4 22	丙子	7 1	5 23	丁未	8 1	6 25	戊寅
	3 2	1 21	丙午	4 1	2 21	丙子	5 1	3 21	丙午	6 1	4 23	丁丑	7 2	5 24	戊申	8 2	6 26	己卯
	3 3	1 22	丁未	4 2	2 22	丁丑	5 2	3 22	丁未	6 2	4 24	戊寅	7 3	5 25	己酉	8 3	6 27	庚辰
	3 4	1 23	戊申	4 3	2 23	戊寅	5 3	3 23	戊申	6 3	4 25	己卯	7 4	5 26	庚戌	8 4	6 28	辛巳
							5 4	3 24	己酉	6 4	4 26	庚辰	7 5	5 27	辛亥	8 5	6 29	壬午
																8 6	7 1	癸未
中氣	雨水 2/18 6時33分 卯時			春分 3/20 5時5分 卯時			穀雨 4/19 15時32分 申時			小滿 5/20 14時7分 未時			夏至 6/20 21時42分 亥時			大暑 7/22 8時32分 辰時		

己酉																														年
壬申					癸酉					甲戌					乙亥					丙子					丁丑					月
立秋					白露					寒露					立冬					大雪					小寒					節氣
8/7 1時3分 丑時					9/7 4時23分 寅時					10/7 20時37分 戌時					11/7 0時24分 子時					12/6 17時42分 酉時					1/5 5時7分 卯時					
國曆		農曆		干支	國曆		農曆		干支	國曆		農曆		干支	國曆		農曆		干支	國曆		農曆		干支	國曆		農曆		干支	日
8	7	7	2	甲申	9	7	8	3	乙卯	10	7	9	4	乙酉	11	7	10	6	丙辰	12	6	11	5	乙酉	1	5	12	5	乙卯	2089・2090 雞 中華民國一百七十八・一百七十九年
8	8	7	3	乙酉	9	8	8	4	丙辰	10	8	9	5	丙戌	11	8	10	7	丁巳	12	7	11	6	丙戌	1	6	12	6	丙辰	
8	9	7	4	丙戌	9	9	8	5	丁巳	10	9	9	6	丁亥	11	9	10	8	戊午	12	8	11	7	丁亥	1	7	12	7	丁巳	
8	10	7	5	丁亥	9	10	8	6	戊午	10	10	9	7	戊子	11	10	10	9	己未	12	9	11	8	戊子	1	8	12	8	戊午	
8	11	7	6	戊子	9	11	8	7	己未	10	11	9	8	己丑	11	11	10	10	庚申	12	10	11	9	己丑	1	9	12	9	己未	
8	12	7	7	己丑	9	12	8	8	庚申	10	12	9	9	庚寅	11	12	10	11	辛酉	12	11	11	10	庚寅	1	10	12	10	庚申	
8	13	7	8	庚寅	9	13	8	9	辛酉	10	13	9	10	辛卯	11	13	10	12	壬戌	12	12	11	11	辛卯	1	11	12	11	辛酉	
8	14	7	9	辛卯	9	14	8	10	壬戌	10	14	9	11	壬辰	11	14	10	13	癸亥	12	13	11	12	壬辰	1	12	12	12	壬戌	
8	15	7	10	壬辰	9	15	8	11	癸亥	10	15	9	12	癸巳	11	15	10	14	甲子	12	14	11	13	癸巳	1	13	12	13	癸亥	
8	16	7	11	癸巳	9	16	8	12	甲子	10	16	9	13	甲午	11	16	10	15	乙丑	12	15	11	14	甲午	1	14	12	14	甲子	
8	17	7	12	甲午	9	17	8	13	乙丑	10	17	9	14	乙未	11	17	10	16	丙寅	12	16	11	15	乙未	1	15	12	15	乙丑	
8	18	7	13	乙未	9	18	8	14	丙寅	10	18	9	15	丙申	11	18	10	17	丁卯	12	17	11	16	丙申	1	16	12	16	丙寅	
8	19	7	14	丙申	9	19	8	15	丁卯	10	19	9	16	丁酉	11	19	10	18	戊辰	12	18	11	17	丁酉	1	17	12	17	丁卯	
8	20	7	15	丁酉	9	20	8	16	戊辰	10	20	9	17	戊戌	11	20	10	19	己巳	12	19	11	18	戊戌	1	18	12	18	戊辰	
8	21	7	16	戊戌	9	21	8	17	己巳	10	21	9	18	己亥	11	21	10	20	庚午	12	20	11	19	己亥	1	19	12	19	己巳	
8	22	7	17	己亥	9	22	8	18	庚午	10	22	9	19	庚子	11	22	10	21	辛未	12	21	11	20	庚子	1	20	12	20	庚午	
8	23	7	18	庚子	9	23	8	19	辛未	10	23	9	20	辛丑	11	23	10	22	壬申	12	22	11	21	辛丑	1	21	12	21	辛未	
8	24	7	19	辛丑	9	24	8	20	壬申	10	24	9	21	壬寅	11	24	10	23	癸酉	12	23	11	22	壬寅	1	22	12	22	壬申	
8	25	7	20	壬寅	9	25	8	21	癸酉	10	25	9	22	癸卯	11	25	10	24	甲戌	12	24	11	23	癸卯	1	23	12	23	癸酉	
8	26	7	21	癸卯	9	26	8	22	甲戌	10	26	9	23	甲辰	11	26	10	25	乙亥	12	25	11	24	甲辰	1	24	12	24	甲戌	
8	27	7	22	甲辰	9	27	8	23	乙亥	10	27	9	24	乙巳	11	27	10	26	丙子	12	26	11	25	乙巳	1	25	12	25	乙亥	
8	28	7	23	乙巳	9	28	8	24	丙子	10	28	9	25	丙午	11	28	10	27	丁丑	12	27	11	26	丙午	1	26	12	26	丙子	
8	29	7	24	丙午	9	29	8	25	丁丑	10	29	9	26	丁未	11	29	10	28	戊寅	12	28	11	27	丁未	1	27	12	27	丁丑	
8	30	7	25	丁未	9	30	8	26	戊寅	10	30	9	27	戊申	11	30	10	29	己卯	12	29	11	28	戊申	1	28	12	28	戊寅	
8	31	7	26	戊申	10	1	8	27	己卯	10	31	9	28	己酉	12	1	10	30	庚辰	12	30	11	29	己酉	1	29	12	29	己卯	
9	1	7	27	己酉	10	2	8	28	庚辰	11	1	9	29	庚戌	12	2	11	1	辛巳	12	31	11	30	庚戌	1	30	1	1	庚辰	
9	2	7	28	庚戌	10	3	8	29	辛巳	11	2	10	1	辛亥	12	3	11	2	壬午	1	1	12	1	辛亥	1	31	1	2	辛巳	
9	3	7	29	辛亥	10	4	9	1	壬午	11	3	10	2	壬子	12	4	11	3	癸未	1	2	12	2	壬子	2	1	1	3	壬午	
9	4	7	30	壬子	10	5	9	2	癸未	11	4	10	3	癸丑	12	5	11	4	甲申	1	3	12	3	癸丑	2	2	1	4	癸未	
9	5	8	1	癸丑	10	6	9	3	甲申	11	5	10	4	甲寅						1	4	12	4	甲寅						
9	6	8	2	甲寅						11	6	10	5	乙卯																
處暑					秋分					霜降					小雪					冬至					大寒					中氣
8/22 15時55分 申時					9/22 14時6分 未時					10/23 0時4分 子時					11/21 22時11分 亥時					12/21 11時51分 午時					1/19 22時33分 亥時					

年	庚戌																													
月	戊寅					己卯					庚辰					辛巳					壬午					癸未				
節氣	立春 2/3 16時41分 申時					驚蟄 3/5 10時20分 巳時					清明 4/4 14時35分 未時					立夏 5/5 7時15分 辰時					芒種 6/5 10時54分 巳時					小暑 7/6 20時55分 戌時				
日	國曆		農曆		干支	國曆		農曆		干支	國曆		農曆		干支	國曆		農曆		干支	國曆		農曆		干支	國曆		農曆		干支
	2	3	1	5	甲申	3	5	2	5	甲寅	4	4	3	5	甲申	5	5	4	6	乙卯	6	5	5	8	丙戌	7	6	6	9	丁巳
	2	4	1	6	乙酉	3	6	2	6	乙卯	4	5	3	6	乙酉	5	6	4	7	丙辰	6	6	5	9	丁亥	7	7	6	10	戊午
	2	5	1	7	丙戌	3	7	2	7	丙辰	4	6	3	7	丙戌	5	7	4	8	丁巳	6	7	5	10	戊子	7	8	6	11	己未
	2	6	1	8	丁亥	3	8	2	8	丁巳	4	7	3	8	丁亥	5	8	4	9	戊午	6	8	5	11	己丑	7	9	6	12	庚申
2090	2	7	1	9	戊子	3	9	2	9	戊午	4	8	3	9	戊子	5	9	4	10	己未	6	9	5	12	庚寅	7	10	6	13	辛酉
	2	8	1	10	己丑	3	10	2	10	己未	4	9	3	10	己丑	5	10	4	11	庚申	6	10	5	13	辛卯	7	11	6	14	壬戌
	2	9	1	11	庚寅	3	11	2	11	庚申	4	10	3	11	庚寅	5	11	4	12	辛酉	6	11	5	14	壬辰	7	12	6	15	癸亥
	2	10	1	12	辛卯	3	12	2	12	辛酉	4	11	3	12	辛卯	5	12	4	13	壬戌	6	12	5	15	癸巳	7	13	6	16	甲子
	2	11	1	13	壬辰	3	13	2	13	壬戌	4	12	3	13	壬辰	5	13	4	14	癸亥	6	13	5	16	甲午	7	14	6	17	乙丑
	2	12	1	14	癸巳	3	14	2	14	癸亥	4	13	3	14	癸巳	5	14	4	15	甲子	6	14	5	17	乙未	7	15	6	18	丙寅
	2	13	1	15	甲午	3	15	2	15	甲子	4	14	3	15	甲午	5	15	4	16	乙丑	6	15	5	18	丙申	7	16	6	19	丁卯
	2	14	1	16	乙未	3	16	2	16	乙丑	4	15	3	16	乙未	5	16	4	17	丙寅	6	16	5	19	丁酉	7	17	6	20	戊辰
	2	15	1	17	丙申	3	17	2	17	丙寅	4	16	3	17	丙申	5	17	4	18	丁卯	6	17	5	20	戊戌	7	18	6	21	己巳
狗	2	16	1	18	丁酉	3	18	2	18	丁卯	4	17	3	18	丁酉	5	18	4	19	戊辰	6	18	5	21	己亥	7	19	6	22	庚午
	2	17	1	19	戊戌	3	19	2	19	戊辰	4	18	3	19	戊戌	5	19	4	20	己巳	6	19	5	22	庚子	7	20	6	23	辛未
	2	18	1	20	己亥	3	20	2	20	己巳	4	19	3	20	己亥	5	20	4	21	庚午	6	20	5	23	辛丑	7	21	6	24	壬申
	2	19	1	21	庚子	3	21	2	21	庚午	4	20	3	21	庚子	5	21	4	22	辛未	6	21	5	24	壬寅	7	22	6	25	癸酉
	2	20	1	22	辛丑	3	22	2	22	辛未	4	21	3	22	辛丑	5	22	4	23	壬申	6	22	5	25	癸卯	7	23	6	26	甲戌
	2	21	1	23	壬寅	3	23	2	23	壬申	4	22	3	23	壬寅	5	23	4	24	癸酉	6	23	5	26	甲辰	7	24	6	27	乙亥
	2	22	1	24	癸卯	3	24	2	24	癸酉	4	23	3	24	癸卯	5	24	4	25	甲戌	6	24	5	27	乙巳	7	25	6	28	丙子
中華民國一百七十九年	2	23	1	25	甲辰	3	25	2	25	甲戌	4	24	3	25	甲辰	5	25	4	26	乙亥	6	25	5	28	丙午	7	26	6	29	丁丑
	2	24	1	26	乙巳	3	26	2	26	乙亥	4	25	3	26	乙巳	5	26	4	27	丙子	6	26	5	29	丁未	7	27	7	1	戊寅
	2	25	1	27	丙午	3	27	2	27	丙子	4	26	3	27	丙午	5	27	4	28	丁丑	6	27	5	30	戊申	7	28	7	2	己卯
	2	26	1	28	丁未	3	28	2	28	丁丑	4	27	3	28	丁未	5	28	4	29	戊寅	6	28	6	1	己酉	7	29	7	3	庚辰
	2	27	1	29	戊申	3	29	2	29	戊寅	4	28	3	29	戊申	5	29	5	1	己卯	6	29	6	2	庚戌	7	30	7	4	辛巳
	2	28	1	30	己酉	3	30	2	30	己卯	4	29	3	30	己酉	5	30	5	2	庚辰	6	30	6	3	辛亥	7	31	7	5	壬午
	3	1	2	1	庚戌	3	31	3	1	庚辰	4	30	4	1	庚戌	5	31	5	3	辛巳	7	1	6	4	壬子	8	1	7	6	癸未
	3	2	2	2	辛亥	4	1	3	2	辛巳	5	1	4	2	辛亥	6	1	5	4	壬午	7	2	6	5	癸丑	8	2	7	7	甲申
	3	3	2	3	壬子	4	2	3	3	壬午	5	2	4	3	壬子	6	2	5	5	癸未	7	3	6	6	甲寅	8	3	7	8	乙酉
	3	4	2	4	癸丑	4	3	3	4	癸未	5	3	4	4	癸丑	6	3	5	6	甲申	7	4	6	7	乙卯	8	4	7	9	丙戌
											5	4	4	5	甲寅	6	4	5	7	乙酉	7	5	6	8	丙辰	8	5	7	10	丁亥
																										8	6	7	11	戊子
中氣	雨水 2/18 12時29分 午時					春分 3/20 11時1分 午時					穀雨 4/19 21時27分 亥時					小滿 5/20 20時1分 戌時					夏至 6/21 3時35分 寅時					大暑 7/22 14時24分 未時				

年	庚戌																	
月	甲申			乙酉			丙戌			丁亥			戊子			己丑		
節氣	立秋			白露			寒露			立冬			大雪			小寒		
	8/7 6時52分 卯時			9/7 10時15分 巳時			10/8 2時33分 丑時			11/7 6時21分 卯時			12/6 23時39分 子時			1/5 11時1分 午時		
日	國曆	農曆	干支	國曆	農曆	干支	國曆	農曆	干支	國曆	農曆	干支	國曆	農曆	干支	國曆	農曆	干支
2090・2091 狗 中華民國一百七十九・一百八十年	8 7	7 12	己丑	9 7	8 14	庚申	10 8	8 15	辛卯	11 7	9 16	辛酉	12 6	10 16	庚寅	1 5	11 16	庚申
	8 8	7 13	庚寅	9 8	8 15	辛酉	10 9	8 16	壬辰	11 8	9 17	壬戌	12 7	10 17	辛卯	1 6	11 17	辛酉
	8 9	7 14	辛卯	9 9	8 16	壬戌	10 10	8 17	癸巳	11 9	9 18	癸亥	12 8	10 18	壬辰	1 7	11 18	壬戌
	8 10	7 15	壬辰	9 10	8 17	癸亥	10 11	8 18	甲午	11 10	9 19	甲子	12 9	10 19	癸巳	1 8	11 19	癸亥
	8 11	7 16	癸巳	9 11	8 18	甲子	10 12	8 19	乙未	11 11	9 20	乙丑	12 10	10 20	甲午	1 9	11 20	甲子
	8 12	7 17	甲午	9 12	8 19	乙丑	10 13	8 20	丙申	11 12	9 21	丙寅	12 11	10 21	乙未	1 10	11 21	乙丑
	8 13	7 18	乙未	9 13	8 20	丙寅	10 14	8 21	丁酉	11 13	9 22	丁卯	12 12	10 22	丙申	1 11	11 22	丙寅
	8 14	7 19	丙申	9 14	8 21	丁卯	10 15	8 22	戊戌	11 14	9 23	戊辰	12 13	10 23	丁酉	1 12	11 23	丁卯
	8 15	7 20	丁酉	9 15	8 22	戊辰	10 16	8 23	己亥	11 15	9 24	己巳	12 14	10 24	戊戌	1 13	11 24	戊辰
	8 16	7 21	戊戌	9 16	8 23	己巳	10 17	8 24	庚子	11 16	9 25	庚午	12 15	10 25	己亥	1 14	11 25	己巳
	8 17	7 22	己亥	9 17	8 24	庚午	10 18	8 25	辛丑	11 17	9 26	辛未	12 16	10 26	庚子	1 15	11 26	庚午
	8 18	7 23	庚子	9 18	8 25	辛未	10 19	8 26	壬寅	11 18	9 27	壬申	12 17	10 27	辛丑	1 16	11 27	辛未
	8 19	7 24	辛丑	9 19	8 26	壬申	10 20	8 27	癸卯	11 19	9 28	癸酉	12 18	10 28	壬寅	1 17	11 28	壬申
	8 20	7 25	壬寅	9 20	8 27	癸酉	10 21	8 28	甲辰	11 20	9 29	甲戌	12 19	10 29	癸卯	1 18	11 29	癸酉
	8 21	7 26	癸卯	9 21	8 28	甲戌	10 22	8 29	乙巳	11 21	10 1	乙亥	12 20	10 30	甲辰	1 19	11 30	甲戌
	8 22	7 27	甲辰	9 22	8 29	乙亥	10 23	9 1	丙午	11 22	10 2	丙子	12 21	11 1	乙巳	1 20	12 1	乙亥
	8 23	7 28	乙巳	9 23	8 30	丙子	10 24	9 2	丁未	11 23	10 3	丁丑	12 22	11 2	丙午	1 21	12 2	丙子
	8 24	7 29	丙午	9 24	閏8 1	丁丑	10 25	9 3	戊申	11 24	10 4	戊寅	12 23	11 3	丁未	1 22	12 3	丁丑
	8 25	8 1	丁未	9 25	8 2	戊寅	10 26	9 4	己酉	11 25	10 5	己卯	12 24	11 4	戊申	1 23	12 4	戊寅
	8 26	8 2	戊申	9 26	8 3	己卯	10 27	9 5	庚戌	11 26	10 6	庚辰	12 25	11 5	己酉	1 24	12 5	己卯
	8 27	8 3	己酉	9 27	8 4	庚辰	10 28	9 6	辛亥	11 27	10 7	辛巳	12 26	11 6	庚戌	1 25	12 6	庚辰
	8 28	8 4	庚戌	9 28	8 5	辛巳	10 29	9 7	壬子	11 28	10 8	壬午	12 27	11 7	辛亥	1 26	12 7	辛巳
	8 29	8 5	辛亥	9 29	8 6	壬午	10 30	9 8	癸丑	11 29	10 9	癸未	12 28	11 8	壬子	1 27	12 8	壬午
	8 30	8 6	壬子	9 30	8 7	癸未	10 31	9 9	甲寅	11 30	10 10	甲申	12 29	11 9	癸丑	1 28	12 9	癸未
	8 31	8 7	癸丑	10 1	8 8	甲申	11 1	9 10	乙卯	12 1	10 11	乙酉	12 30	11 10	甲寅	1 29	12 10	甲申
	9 1	8 8	甲寅	10 2	8 9	乙酉	11 2	9 11	丙辰	12 2	10 12	丙戌	12 31	11 11	乙卯	1 30	12 11	乙酉
	9 2	8 9	乙卯	10 3	8 10	丙戌	11 3	9 12	丁巳	12 3	10 13	丁亥	1 1	11 12	丙辰	1 31	12 12	丙戌
	9 3	8 10	丙辰	10 4	8 11	丁亥	11 4	9 13	戊午	12 4	10 14	戊子	1 2	11 13	丁巳	2 1	12 13	丁亥
	9 4	8 11	丁巳	10 5	8 12	戊子	11 5	9 14	己未	12 5	10 15	己丑	1 3	11 14	戊午	2 2	12 14	戊子
	9 5	8 12	戊午	10 6	8 13	己丑	11 6	9 15	庚申				1 4	11 15	己未			
	9 6	8 13	己未	10 7	8 14	庚寅												
中氣	處暑			秋分			霜降			小雪			冬至			大寒		
	8/22 21時46分 亥時			9/22 19時58分 戌時			10/23 5時58分 卯時			11/22 4時5分 寅時			12/21 17時42分 酉時			1/20 4時21分 寅時		

年	辛亥														
月	庚寅					辛卯					壬辰				
節氣	立春 2/3 22時30分 亥時					驚蟄 3/5 16時5分 申時					清明 4/4 20時19分 戌時				
日	國曆		農曆		干支	國曆		農曆		干支	國曆		農曆		干支
2091	2	3	12	15	己丑	3	5	1	16	己未	4	4	2	16	己丑
	2	4	12	16	庚寅	3	6	1	17	庚申	4	5	2	17	庚寅
	2	5	12	17	辛卯	3	7	1	18	辛酉	4	6	2	18	辛卯
	2	6	12	18	壬辰	3	8	1	19	壬戌	4	7	2	19	壬辰
	2	7	12	19	癸巳	3	9	1	20	癸亥	4	8	2	20	癸巳
	2	8	12	20	甲午	3	10	1	21	甲子	4	9	2	21	甲午
	2	9	12	21	乙未	3	11	1	22	乙丑	4	10	2	22	乙未
	2	10	12	22	丙申	3	12	1	23	丙寅	4	11	2	23	丙申
	2	11	12	23	丁酉	3	13	1	24	丁卯	4	12	2	24	丁酉
	2	12	12	24	戊戌	3	14	1	25	戊辰	4	13	2	25	戊戌
	2	13	12	25	己亥	3	15	1	26	己巳	4	14	2	26	己亥
	2	14	12	26	庚子	3	16	1	27	庚午	4	15	2	27	庚子
	2	15	12	27	辛丑	3	17	1	28	辛未	4	16	2	28	辛丑
豬	2	16	12	28	壬寅	3	18	1	29	壬申	4	17	2	29	壬寅
	2	17	12	29	癸卯	3	19	1	30	癸酉	4	18	2	30	癸卯
	2	18	1	1	甲辰	3	20	2	1	甲戌	4	19	3	1	甲辰
	2	19	1	2	乙巳	3	21	2	2	乙亥	4	20	3	2	乙巳
	2	20	1	3	丙午	3	22	2	3	丙子	4	21	3	3	丙午
	2	21	1	4	丁未	3	23	2	4	丁丑	4	22	3	4	丁未
	2	22	1	5	戊申	3	24	2	5	戊寅	4	23	3	5	戊申
中華民國一百八十年	2	23	1	6	己酉	3	25	2	6	己卯	4	24	3	6	己酉
	2	24	1	7	庚戌	3	26	2	7	庚辰	4	25	3	7	庚戌
	2	25	1	8	辛亥	3	27	2	8	辛巳	4	26	3	8	辛亥
	2	26	1	9	壬子	3	28	2	9	壬午	4	27	3	9	壬子
	2	27	1	10	癸丑	3	29	2	10	癸未	4	28	3	10	癸丑
	2	28	1	11	甲寅	3	30	2	11	甲申	4	29	3	11	甲寅
	3	1	1	12	乙卯	3	31	2	12	乙酉	4	30	3	12	乙卯
	3	2	1	13	丙辰	4	1	2	13	丙戌	5	1	3	13	丙辰
	3	3	1	14	丁巳	4	2	2	14	丁亥	5	2	3	14	丁巳
	3	4	1	15	戊午	4	3	2	15	戊子	5	3	3	15	戊午
											5	4	3	16	己未
中氣	雨水 2/18 18時12分 酉時					春分 3/20 16時41分 申時					穀雨 4/20 3時6分 寅時				

年	辛亥														
月	癸巳					甲午					乙未				
節氣	立夏 5/5 13時2分 未時					芒種 6/5 16時44分 申時					小暑 7/7 2時50分 丑時				
日	國曆		農曆		干支	國曆		農曆		干支	國曆		農曆		干支
2091	5	5	3	17	庚申	6	5	4	19	辛卯	7	7	5	21	癸亥
	5	6	3	18	辛酉	6	6	4	20	壬辰	7	8	5	22	甲子
	5	7	3	19	壬戌	6	7	4	21	癸巳	7	9	5	23	乙丑
	5	8	3	20	癸亥	6	8	4	22	甲午	7	10	5	24	丙寅
	5	9	3	21	甲子	6	9	4	23	乙未	7	11	5	25	丁卯
	5	10	3	22	乙丑	6	10	4	24	丙申	7	12	5	26	戊辰
	5	11	3	23	丙寅	6	11	4	25	丁酉	7	13	5	27	己巳
	5	12	3	24	丁卯	6	12	4	26	戊戌	7	14	5	28	庚午
	5	13	3	25	戊辰	6	13	4	27	己亥	7	15	5	29	辛未
	5	14	3	26	己巳	6	14	4	28	庚子	7	16	6	1	壬申
	5	15	3	27	庚午	6	15	4	29	辛丑	7	17	6	2	癸酉
	5	16	3	28	辛未	6	16	4	30	壬寅	7	18	6	3	甲戌
	5	17	3	29	壬申	6	17	5	1	癸卯	7	19	6	4	乙亥
豬	5	18	4	1	癸酉	6	18	5	2	甲辰	7	20	6	5	丙子
	5	19	4	2	甲戌	6	19	5	3	乙巳	7	21	6	6	丁丑
	5	20	4	3	乙亥	6	20	5	4	丙午	7	22	6	7	戊寅
	5	21	4	4	丙子	6	21	5	5	丁未	7	23	6	8	己卯
	5	22	4	5	丁丑	6	22	5	6	戊申	7	24	6	9	庚辰
	5	23	4	6	戊寅	6	23	5	7	己酉	7	25	6	10	辛巳
	5	24	4	7	己卯	6	24	5	8	庚戌	7	26	6	11	壬午
中華民國一百八十年	5	25	4	8	庚辰	6	25	5	9	辛亥	7	27	6	12	癸未
	5	26	4	9	辛巳	6	26	5	10	壬子	7	28	6	13	甲申
	5	27	4	10	壬午	6	27	5	11	癸丑	7	29	6	14	乙酉
	5	28	4	11	癸未	6	28	5	12	甲寅	7	30	6	15	丙戌
	5	29	4	12	甲申	6	29	5	13	乙卯	7	31	6	16	丁亥
	5	30	4	13	乙酉	6	30	5	14	丙辰	8	1	6	17	戊子
	5	31	4	14	丙戌	7	1	5	15	丁巳	8	2	6	18	己丑
	6	1	4	15	丁亥	7	2	5	16	戊午	8	3	6	19	庚寅
	6	2	4	16	戊子	7	3	5	17	己未	8	4	6	20	辛卯
	6	3	4	17	己丑	7	4	5	18	庚申	8	5	6	21	壬辰
	6	4	4	18	庚寅	7	5	5	19	辛酉	8	6	6	22	癸巳
						7	6	5	20	壬戌					
中氣	小滿 5/21 1時42分 丑時					夏至 6/21 9時18分 巳時					大暑 7/22 20時10分 戌時				

年	辛亥																	
月	丙申			丁酉			戊戌			己亥			庚子			辛丑		
節氣	立秋 8/7 12時48分 午時			白露 9/7 16時12分 申時			寒露 10/8 8時30分 辰時			立冬 11/7 12時19分 午時			大雪 12/7 5時37分 卯時			小寒 1/5 17時0分 酉時		
日	國曆	農曆	干支	國曆	農曆	干支	國曆	農曆	干支	國曆	農曆	干支	國曆	農曆	干支	國曆	農曆	干支
2091·2092 豬 中華民國一百八十·一百八十一年	8 7	6 23	甲午	9 7	7 24	乙丑	10 8	8 26	丙申	11 7	9 26	丙寅	12 7	10 27	丙申	1 5	11 27	乙丑
	8 8	6 24	乙未	9 8	7 25	丙寅	10 9	8 27	丁酉	11 8	9 27	丁卯	12 8	10 28	丁酉	1 6	11 28	丙寅
	8 9	6 25	丙申	9 9	7 26	丁卯	10 10	8 28	戊戌	11 9	9 28	戊辰	12 9	10 29	戊戌	1 7	11 29	丁卯
	8 10	6 26	丁酉	9 10	7 27	戊辰	10 11	8 29	己亥	11 10	9 29	己巳	12 10	11 1	己亥	1 8	11 30	戊辰
	8 11	6 27	戊戌	9 11	7 28	己巳	10 12	8 30	庚子	11 11	10 1	庚午	12 11	11 2	庚子	1 9	12 1	己巳
	8 12	6 28	己亥	9 12	7 29	庚午	10 13	9 1	辛丑	11 12	10 2	辛未	12 12	11 3	辛丑	1 10	12 2	庚午
	8 13	6 29	庚子	9 13	8 1	辛未	10 14	9 2	壬寅	11 13	10 3	壬申	12 13	11 4	壬寅	1 11	12 3	辛未
	8 14	6 30	辛丑	9 14	8 2	壬申	10 15	9 3	癸卯	11 14	10 4	癸酉	12 14	11 5	癸卯	1 12	12 4	壬申
	8 15	7 1	壬寅	9 15	8 3	癸酉	10 16	9 4	甲辰	11 15	10 5	甲戌	12 15	11 6	甲辰	1 13	12 5	癸酉
	8 16	7 2	癸卯	9 16	8 4	甲戌	10 17	9 5	乙巳	11 16	10 6	乙亥	12 16	11 7	乙巳	1 14	12 6	甲戌
	8 17	7 3	甲辰	9 17	8 5	乙亥	10 18	9 6	丙午	11 17	10 7	丙子	12 17	11 8	丙午	1 15	12 7	乙亥
	8 18	7 4	乙巳	9 18	8 6	丙子	10 19	9 7	丁未	11 18	10 8	丁丑	12 18	11 9	丁未	1 16	12 8	丙子
	8 19	7 5	丙午	9 19	8 7	丁丑	10 20	9 8	戊申	11 19	10 9	戊寅	12 19	11 10	戊申	1 17	12 9	丁丑
	8 20	7 6	丁未	9 20	8 8	戊寅	10 21	9 9	己酉	11 20	10 10	己卯	12 20	11 11	己酉	1 18	12 10	戊寅
	8 21	7 7	戊申	9 21	8 9	己卯	10 22	9 10	庚戌	11 21	10 11	庚辰	12 21	11 12	庚戌	1 19	12 11	己卯
	8 22	7 8	己酉	9 22	8 10	庚辰	10 23	9 11	辛亥	11 22	10 12	辛巳	12 22	11 13	辛亥	1 20	12 12	庚辰
	8 23	7 9	庚戌	9 23	8 11	辛巳	10 24	9 12	壬子	11 23	10 13	壬午	12 23	11 14	壬子	1 21	12 13	辛巳
	8 24	7 10	辛亥	9 24	8 12	壬午	10 25	9 13	癸丑	11 24	10 14	癸未	12 24	11 15	癸丑	1 22	12 14	壬午
	8 25	7 11	壬子	9 25	8 13	癸未	10 26	9 14	甲寅	11 25	10 15	甲申	12 25	11 16	甲寅	1 23	12 15	癸未
	8 26	7 12	癸丑	9 26	8 14	甲申	10 27	9 15	乙卯	11 26	10 16	乙酉	12 26	11 17	乙卯	1 24	12 16	甲申
	8 27	7 13	甲寅	9 27	8 15	乙酉	10 28	9 16	丙辰	11 27	10 17	丙戌	12 27	11 18	丙辰	1 25	12 17	乙酉
	8 28	7 14	乙卯	9 28	8 16	丙戌	10 29	9 17	丁巳	11 28	10 18	丁亥	12 28	11 19	丁巳	1 26	12 18	丙戌
	8 29	7 15	丙辰	9 29	8 17	丁亥	10 30	9 18	戊午	11 29	10 19	戊子	12 29	11 20	戊午	1 27	12 19	丁亥
	8 30	7 16	丁巳	9 30	8 18	戊子	10 31	9 19	己未	11 30	10 20	己丑	12 30	11 21	己未	1 28	12 20	戊子
	8 31	7 17	戊午	10 1	8 19	己丑	11 1	9 20	庚申	12 1	10 21	庚寅	12 31	11 22	庚申	1 29	12 21	己丑
	9 1	7 18	己未	10 2	8 20	庚寅	11 2	9 21	辛酉	12 2	10 22	辛卯	1 1	11 23	辛酉	1 30	12 22	庚寅
	9 2	7 19	庚申	10 3	8 21	辛卯	11 3	9 22	壬戌	12 3	10 23	壬辰	1 2	11 24	壬戌	1 31	12 23	辛卯
	9 3	7 20	辛酉	10 4	8 22	壬辰	11 4	9 23	癸亥	12 4	10 24	癸巳	1 3	11 25	癸亥	2 1	12 24	壬辰
	9 4	7 21	壬戌	10 5	8 23	癸巳	11 5	9 24	甲子	12 5	10 25	甲午	1 4	11 26	甲子	2 2	12 25	癸巳
	9 5	7 22	癸亥	10 6	8 24	甲午	11 6	9 25	乙丑	12 6	10 26	乙未				2 3	12 26	甲午
	9 6	7 23	甲子	10 7	8 25	乙未												
中氣	處暑 8/23 3時35分 寅時			秋分 9/23 1時50分 丑時			霜降 10/23 11時51分 午時			小雪 11/22 9時59分 巳時			冬至 12/21 23時37分 子時			大寒 1/20 10時15分 巳時		

年	王子														
月	壬寅					癸卯					甲辰				
節氣	立春 2/4 4時28分 寅時					驚蟄 3/4 22時1分 亥時					清明 4/4 2時13分 丑時				
日	國曆		農曆		干支	國曆		農曆		干支	國曆		農曆		干支
2092	2	4	12	27	乙未	3	4	1	27	甲子	4	4	2	28	乙未
	2	5	12	28	丙申	3	5	1	28	乙丑	4	5	2	29	丙申
	2	6	12	29	丁酉	3	6	1	29	丙寅	4	6	2	30	丁酉
	2	7	1	1	戊戌	3	7	1	30	丁卯	4	7	3	1	戊戌
	2	8	1	2	己亥	3	8	2	1	戊辰	4	8	3	2	己亥
	2	9	1	3	庚子	3	9	2	2	己巳	4	9	3	3	庚子
	2	10	1	4	辛丑	3	10	2	3	庚午	4	10	3	4	辛丑
	2	11	1	5	壬寅	3	11	2	4	辛未	4	11	3	5	壬寅
	2	12	1	6	癸卯	3	12	2	5	壬申	4	12	3	6	癸卯
	2	13	1	7	甲辰	3	13	2	6	癸酉	4	13	3	7	甲辰
	2	14	1	8	乙巳	3	14	2	7	甲戌	4	14	3	8	乙巳
	2	15	1	9	丙午	3	15	2	8	乙亥	4	15	3	9	丙午
	2	16	1	10	丁未	3	16	2	9	丙子	4	16	3	10	丁未
鼠	2	17	1	11	戊申	3	17	2	10	丁丑	4	17	3	11	戊申
	2	18	1	12	己酉	3	18	2	11	戊寅	4	18	3	12	己酉
	2	19	1	13	庚戌	3	19	2	12	己卯	4	19	3	13	庚戌
	2	20	1	14	辛亥	3	20	2	13	庚辰	4	20	3	14	辛亥
	2	21	1	15	壬子	3	21	2	14	辛巳	4	21	3	15	壬子
	2	22	1	16	癸丑	3	22	2	15	壬午	4	22	3	16	癸丑
	2	23	1	17	甲寅	3	23	2	16	癸未	4	23	3	17	甲寅
中華民國一百八十一年	2	24	1	18	乙卯	3	24	2	17	甲申	4	24	3	18	乙卯
	2	25	1	19	丙辰	3	25	2	18	乙酉	4	25	3	19	丙辰
	2	26	1	20	丁巳	3	26	2	19	丙戌	4	26	3	20	丁巳
	2	27	1	21	戊午	3	27	2	20	丁亥	4	27	3	21	戊午
	2	28	1	22	己未	3	28	2	21	戊子	4	28	3	22	己未
	2	29	1	23	庚申	3	29	2	22	己丑	4	29	3	23	庚申
	3	1	1	24	辛酉	3	30	2	23	庚寅	4	30	3	24	辛酉
	3	2	1	25	壬戌	3	31	2	24	辛卯	5	1	3	25	壬戌
	3	3	1	26	癸亥	4	1	2	25	壬辰	5	2	3	26	癸亥
						4	2	2	26	癸巳	5	3	3	27	甲子
						4	3	2	27	甲午					
中氣	雨水 2/19 0時5分 子時					春分 3/19 22時32分 亥時					穀雨 4/19 8時58分 辰時				

年	王子														
月	乙巳					丙午					丁未				
節氣	立夏 5/4 18時55分 酉時					芒種 6/4 22時37分 亥時					小暑 7/6 8時40分 辰時				
日	國曆		農曆		干支	國曆		農曆		干支	國曆		農曆		干支
2092	5	4	3	28	乙丑	6	4	4	30	丙申	7	6	6	2	戊辰
	5	5	3	29	丙寅	6	5	5	1	丁酉	7	7	6	3	己巳
	5	6	4	1	丁卯	6	6	5	2	戊戌	7	8	6	4	庚午
	5	7	4	2	戊辰	6	7	5	3	己亥	7	9	6	5	辛未
	5	8	4	3	己巳	6	8	5	4	庚子	7	10	6	6	壬申
	5	9	4	4	庚午	6	9	5	5	辛丑	7	11	6	7	癸酉
	5	10	4	5	辛未	6	10	5	6	壬寅	7	12	6	8	甲戌
	5	11	4	6	壬申	6	11	5	7	癸卯	7	13	6	9	乙亥
	5	12	4	7	癸酉	6	12	5	8	甲辰	7	14	6	10	丙子
	5	13	4	8	甲戌	6	13	5	9	乙巳	7	15	6	11	丁丑
	5	14	4	9	乙亥	6	14	5	10	丙午	7	16	6	12	戊寅
	5	15	4	10	丙子	6	15	5	11	丁未	7	17	6	13	己卯
	5	16	4	11	丁丑	6	16	5	12	戊申	7	18	6	14	庚辰
鼠	5	17	4	12	戊寅	6	17	5	13	己酉	7	19	6	15	辛巳
	5	18	4	13	己卯	6	18	5	14	庚戌	7	20	6	16	壬午
	5	19	4	14	庚辰	6	19	5	15	辛亥	7	21	6	17	癸未
	5	20	4	15	辛巳	6	20	5	16	壬子	7	22	6	18	甲申
	5	21	4	16	壬午	6	21	5	17	癸丑	7	23	6	19	乙酉
	5	22	4	17	癸未	6	22	5	18	甲寅	7	24	6	20	丙戌
	5	23	4	18	甲申	6	23	5	19	乙卯	7	25	6	21	丁亥
中華民國一百八十一年	5	24	4	19	乙酉	6	24	5	20	丙辰	7	26	6	22	戊子
	5	25	4	20	丙戌	6	25	5	21	丁巳	7	27	6	23	己丑
	5	26	4	21	丁亥	6	26	5	22	戊午	7	28	6	24	庚寅
	5	27	4	22	戊子	6	27	5	23	己未	7	29	6	25	辛卯
	5	28	4	23	己丑	6	28	5	24	庚申	7	30	6	26	壬辰
	5	29	4	24	庚寅	6	29	5	25	辛酉	7	31	6	27	癸巳
	5	30	4	25	辛卯	6	30	5	26	壬戌	8	1	6	28	甲午
	5	31	4	26	壬辰	7	1	5	27	癸亥	8	2	6	29	乙未
	6	1	4	27	癸巳	7	2	5	28	甲子	8	3	7	1	丙申
	6	2	4	28	甲午	7	3	5	29	乙丑	8	4	7	2	丁酉
	6	3	4	29	乙未	7	4	5	30	丙寅	8	5	7	3	戊戌
						7	5	6	1	丁卯					
中氣	小滿 5/20 7時35分 辰時					夏至 6/20 15時14分 申時					大暑 7/22 2時7分 丑時				

壬子																														年
戊申					己酉					庚戌					辛亥					壬子					癸丑					月
立秋					白露					寒露					立冬					大雪					小寒					節氣
8/6 18時35分 酉時					9/6 21時55分 亥時					10/7 14時10分 未時					11/6 18時0分 酉時					12/6 11時20分 午時					1/4 22時46分 亥時					
國曆		農曆		干支	國曆		農曆		干支	國曆		農曆		干支	國曆		農曆		干支	國曆		農曆		干支	國曆		農曆		干支	日
8	6	7	4	己亥	9	6	8	5	庚午	10	7	9	7	辛丑	11	6	10	7	辛未	12	6	11	8	辛丑	1	4	12	7	庚午	2092·2093
8	7	7	5	庚子	9	7	8	6	辛未	10	8	9	8	壬寅	11	7	10	8	壬申	12	7	11	9	壬寅	1	5	12	8	辛未	
8	8	7	6	辛丑	9	8	8	7	壬申	10	9	9	9	癸卯	11	8	10	9	癸酉	12	8	11	10	癸卯	1	6	12	9	壬申	
8	9	7	7	壬寅	9	9	8	8	癸酉	10	10	9	10	甲辰	11	9	10	10	甲戌	12	9	11	11	甲辰	1	7	12	10	癸酉	
8	10	7	8	癸卯	9	10	8	9	甲戌	10	11	9	11	乙巳	11	10	10	11	乙亥	12	10	11	12	乙巳	1	8	12	11	甲戌	
8	11	7	9	甲辰	9	11	8	10	乙亥	10	12	9	12	丙午	11	11	10	12	丙子	12	11	11	13	丙午	1	9	12	12	乙亥	
8	12	7	10	乙巳	9	12	8	11	丙子	10	13	9	13	丁未	11	12	10	13	丁丑	12	12	11	14	丁未	1	10	12	13	丙子	
8	13	7	11	丙午	9	13	8	12	丁丑	10	14	9	14	戊申	11	13	10	14	戊寅	12	13	11	15	戊申	1	11	12	14	丁丑	
8	14	7	12	丁未	9	14	8	13	戊寅	10	15	9	15	己酉	11	14	10	15	己卯	12	14	11	16	己酉	1	12	12	15	戊寅	
8	15	7	13	戊申	9	15	8	14	己卯	10	16	9	16	庚戌	11	15	10	16	庚辰	12	15	11	17	庚戌	1	13	12	16	己卯	
8	16	7	14	己酉	9	16	8	15	庚辰	10	17	9	17	辛亥	11	16	10	17	辛巳	12	16	11	18	辛亥	1	14	12	17	庚辰	
8	17	7	15	庚戌	9	17	8	16	辛巳	10	18	9	18	壬子	11	17	10	18	壬午	12	17	11	19	壬子	1	15	12	18	辛巳	
8	18	7	16	辛亥	9	18	8	17	壬午	10	19	9	19	癸丑	11	18	10	19	癸未	12	18	11	20	癸丑	1	16	12	19	壬午	
8	19	7	17	壬子	9	19	8	18	癸未	10	20	9	20	甲寅	11	19	10	20	甲申	12	19	11	21	甲寅	1	17	12	20	癸未	鼠
8	20	7	18	癸丑	9	20	8	19	甲申	10	21	9	21	乙卯	11	20	10	21	乙酉	12	20	11	22	乙卯	1	18	12	21	甲申	
8	21	7	19	甲寅	9	21	8	20	乙酉	10	22	9	22	丙辰	11	21	10	22	丙戌	12	21	11	23	丙辰	1	19	12	22	乙酉	
8	22	7	20	乙卯	9	22	8	21	丙戌	10	23	9	23	丁巳	11	22	10	23	丁亥	12	22	11	24	丁巳	1	20	12	23	丙戌	
8	23	7	21	丙辰	9	23	8	22	丁亥	10	24	9	24	戊午	11	23	10	24	戊子	12	23	11	25	戊午	1	21	12	24	丁亥	
8	24	7	22	丁巳	9	24	8	23	戊子	10	25	9	25	己未	11	24	10	25	己丑	12	24	11	26	己未	1	22	12	25	戊子	中華民國一百八十一·一百八十二年
8	25	7	23	戊午	9	25	8	24	己丑	10	26	9	26	庚申	11	25	10	26	庚寅	12	25	11	27	庚申	1	23	12	26	己丑	
8	26	7	24	己未	9	26	8	25	庚寅	10	27	9	27	辛酉	11	26	10	27	辛卯	12	26	11	28	辛酉	1	24	12	27	庚寅	
8	27	7	25	庚申	9	27	8	26	辛卯	10	28	9	28	壬戌	11	27	10	28	壬辰	12	27	11	29	壬戌	1	25	12	28	辛卯	
8	28	7	26	辛酉	9	28	8	27	壬辰	10	29	9	29	癸亥	11	28	10	29	癸巳	12	28	11	30	癸亥	1	26	12	29	壬辰	
8	29	7	27	壬戌	9	29	8	28	癸巳	10	30	9	30	甲子	11	29	11	1	甲午	12	29	12	1	甲子	1	27	1	1	癸巳	
8	30	7	28	癸亥	9	30	8	29	甲午	10	31	10	1	乙丑	11	30	11	2	乙未	12	30	12	2	乙丑	1	28	1	2	甲午	
8	31	7	29	甲子	10	1	9	1	乙未	11	1	10	2	丙寅	12	1	11	3	丙申	12	31	12	3	丙寅	1	29	1	3	乙未	
9	1	7	30	乙丑	10	2	9	2	丙申	11	2	10	3	丁卯	12	2	11	4	丁酉	1	1	12	4	丁卯	1	30	1	4	丙申	
9	2	8	1	丙寅	10	3	9	3	丁酉	11	3	10	4	戊辰	12	3	11	5	戊戌	1	2	12	5	戊辰	1	31	1	5	丁酉	
9	3	8	2	丁卯	10	4	9	4	戊戌	11	4	10	5	己巳	12	4	11	6	己亥	1	3	12	6	己巳	2	1	1	6	戊戌	
9	4	8	3	戊辰	10	5	9	5	己亥	11	5	10	6	庚午	12	5	11	7	庚子						2	2	1	7	己亥	
9	5	8	4	己巳	10	6	9	6	庚子																					
處暑					秋分					霜降					小雪					冬至					大寒					中氣
8/22 9時29分 巳時					9/22 7時41分 辰時					10/22 17時41分 酉時					11/21 15時49分 申時					12/21 5時31分 卯時					1/19 16時13分 申時					

2093 牛 中華民國一百八十二年

年	癸丑																	
月	甲寅			乙卯			丙辰			丁巳			戊午			己未		
節氣	立春 2/3 10時17分 巳時			驚蟄 3/5 3時53分 寅時			清明 4/4 8時5分 辰時			立夏 5/5 0時45分 子時			芒種 6/5 4時25分 寅時			小暑 7/6 14時29分 未時		
日	國曆	農曆	干支	國曆	農曆	干支	國曆	農曆	干支	國曆	農曆	干支	國曆	農曆	干支	國曆	農曆	干支
	2 3	1 8	庚子	3 5	2 9	庚午	4 4	3 9	庚子	5 5	4 10	辛未	6 5	5 12	壬寅	7 6	6 13	癸酉
	2 4	1 9	辛丑	3 6	2 10	辛未	4 5	3 10	辛丑	5 6	4 11	壬申	6 6	5 13	癸卯	7 7	6 14	甲戌
	2 5	1 10	壬寅	3 7	2 11	壬申	4 6	3 11	壬寅	5 7	4 12	癸酉	6 7	5 14	甲辰	7 8	6 15	乙亥
	2 6	1 11	癸卯	3 8	2 12	癸酉	4 7	3 12	癸卯	5 8	4 13	甲戌	6 8	5 15	乙巳	7 9	6 16	丙子
	2 7	1 12	甲辰	3 9	2 13	甲戌	4 8	3 13	甲辰	5 9	4 14	乙亥	6 9	5 16	丙午	7 10	6 17	丁丑
	2 8	1 13	乙巳	3 10	2 14	乙亥	4 9	3 14	乙巳	5 10	4 15	丙子	6 10	5 17	丁未	7 11	6 18	戊寅
	2 9	1 14	丙午	3 11	2 15	丙子	4 10	3 15	丙午	5 11	4 16	丁丑	6 11	5 18	戊申	7 12	6 19	己卯
	2 10	1 15	丁未	3 12	2 16	丁丑	4 11	3 16	丁未	5 12	4 17	戊寅	6 12	5 19	己酉	7 13	6 20	庚辰
	2 11	1 16	戊申	3 13	2 17	戊寅	4 12	3 17	戊申	5 13	4 18	己卯	6 13	5 20	庚戌	7 14	6 21	辛巳
	2 12	1 17	己酉	3 14	2 18	己卯	4 13	3 18	己酉	5 14	4 19	庚辰	6 14	5 21	辛亥	7 15	6 22	壬午
	2 13	1 18	庚戌	3 15	2 19	庚辰	4 14	3 19	庚戌	5 15	4 20	辛巳	6 15	5 22	壬子	7 16	6 23	癸未
	2 14	1 19	辛亥	3 16	2 20	辛巳	4 15	3 20	辛亥	5 16	4 21	壬午	6 16	5 23	癸丑	7 17	6 24	甲申
	2 15	1 20	壬子	3 17	2 21	壬午	4 16	3 21	壬子	5 17	4 22	癸未	6 17	5 24	甲寅	7 18	6 25	乙酉
	2 16	1 21	癸丑	3 18	2 22	癸未	4 17	3 22	癸丑	5 18	4 23	甲申	6 18	5 25	乙卯	7 19	6 26	丙戌
	2 17	1 22	甲寅	3 19	2 23	甲申	4 18	3 23	甲寅	5 19	4 24	乙酉	6 19	5 26	丙辰	7 20	6 27	丁亥
	2 18	1 23	乙卯	3 20	2 24	乙酉	4 19	3 24	乙卯	5 20	4 25	丙戌	6 20	5 27	丁巳	7 21	6 28	戊子
	2 19	1 24	丙辰	3 21	2 25	丙戌	4 20	3 25	丙辰	5 21	4 26	丁亥	6 21	5 28	戊午	7 22	6 29	己丑
	2 20	1 25	丁巳	3 22	2 26	丁亥	4 21	3 26	丁巳	5 22	4 27	戊子	6 22	5 29	己未	7 23	閏6 1	庚寅
	2 21	1 26	戊午	3 23	2 27	戊子	4 22	3 27	戊午	5 23	4 28	己丑	6 23	5 30	庚申	7 24	6 2	辛卯
	2 22	1 27	己未	3 24	2 28	己丑	4 23	3 28	己未	5 24	4 29	庚寅	6 24	6 1	辛酉	7 25	6 3	壬辰
	2 23	1 28	庚申	3 25	2 29	庚寅	4 24	3 29	庚申	5 25	5 1	辛卯	6 25	6 2	壬戌	7 26	6 4	癸巳
	2 24	1 29	辛酉	3 26	2 30	辛卯	4 25	3 30	辛酉	5 26	5 2	壬辰	6 26	6 3	癸亥	7 27	6 5	甲午
	2 25	2 1	壬戌	3 27	3 1	壬辰	4 26	4 1	壬戌	5 27	5 3	癸巳	6 27	6 4	甲子	7 28	6 6	乙未
	2 26	2 2	癸亥	3 28	3 2	癸巳	4 27	4 2	癸亥	5 28	5 4	甲午	6 28	6 5	乙丑	7 29	6 7	丙申
	2 27	2 3	甲子	3 29	3 3	甲午	4 28	4 3	甲子	5 29	5 5	乙未	6 29	6 6	丙寅	7 30	6 8	丁酉
	2 28	2 4	乙丑	3 30	3 4	乙未	4 29	4 4	乙丑	5 30	5 6	丙申	6 30	6 7	丁卯	7 31	6 9	戊戌
	3 1	2 5	丙寅	3 31	3 5	丙申	4 30	4 5	丙寅	5 31	5 7	丁酉	7 1	6 8	戊辰	8 1	6 10	己亥
	3 2	2 6	丁卯	4 1	3 6	丁酉	5 1	4 6	丁卯	6 1	5 8	戊戌	7 2	6 9	己巳	8 2	6 11	庚子
	3 3	2 7	戊辰	4 2	3 7	戊戌	5 2	4 7	戊辰	6 2	5 9	己亥	7 3	6 10	庚午	8 3	6 12	辛丑
	3 4	2 8	己巳	4 3	3 8	己亥	5 3	4 8	己巳	6 3	5 10	庚子	7 4	6 11	辛未	8 4	6 13	壬寅
							5 4	4 9	庚午	6 4	5 11	辛丑	7 5	6 12	壬申	8 5	6 14	癸卯
																8 6	6 15	甲辰
中氣	雨水 2/18 6時5分 卯時			春分 3/20 4時33分 寅時			穀雨 4/19 14時57分 未時			小滿 5/20 13時31分 未時			夏至 6/20 21時6分 亥時			大暑 7/22 7時56分 辰時		

年	癸丑																	
月	庚申			辛酉			壬戌			癸亥			甲子			乙丑		
節氣	立秋			白露			寒露			立冬			大雪			小寒		
	8/7 0時26分 子時			9/7 3時48分 寅時			10/7 20時5分 戌時			11/6 23時55分 子時			12/6 17時16分 酉時			1/5 4時44分 寅時		
日	國曆	農曆	干支	國曆	農曆	干支	國曆	農曆	干支	國曆	農曆	干支	國曆	農曆	干支	國曆	農曆	干支
	8 7	6 16	乙巳	9 7	7 17	丙子	10 7	8 17	丙午	11 6	9 18	丙子	12 6	10 18	丙午	1 5	11 19	丙子
	8 8	6 17	丙午	9 8	7 18	丁丑	10 8	8 18	丁未	11 7	9 19	丁丑	12 7	10 19	丁未	1 6	11 20	丁丑
	8 9	6 18	丁未	9 9	7 19	戊寅	10 9	8 19	戊申	11 8	9 20	戊寅	12 8	10 20	戊申	1 7	11 21	戊寅
	8 10	6 19	戊申	9 10	7 20	己卯	10 10	8 20	己酉	11 9	9 21	己卯	12 9	10 21	己酉	1 8	11 22	己卯
	8 11	6 20	己酉	9 11	7 21	庚辰	10 11	8 21	庚戌	11 10	9 22	庚辰	12 10	10 22	庚戌	1 9	11 23	庚辰
	8 12	6 21	庚戌	9 12	7 22	辛巳	10 12	8 22	辛亥	11 11	9 23	辛巳	12 11	10 23	辛亥	1 10	11 24	辛巳
	8 13	6 22	辛亥	9 13	7 23	壬午	10 13	8 23	壬子	11 12	9 24	壬午	12 12	10 24	壬子	1 11	11 25	壬午
	8 14	6 23	壬子	9 14	7 24	癸未	10 14	8 24	癸丑	11 13	9 25	癸未	12 13	10 25	癸丑	1 12	11 26	癸未
	8 15	6 24	癸丑	9 15	7 25	甲申	10 15	8 25	甲寅	11 14	9 26	甲申	12 14	10 26	甲寅	1 13	11 27	甲申
	8 16	6 25	甲寅	9 16	7 26	乙酉	10 16	8 26	乙卯	11 15	9 27	乙酉	12 15	10 27	乙卯	1 14	11 28	乙酉
	8 17	6 26	乙卯	9 17	7 27	丙戌	10 17	8 27	丙辰	11 16	9 28	丙戌	12 16	10 28	丙辰	1 15	11 29	丙戌
	8 18	6 27	丙辰	9 18	7 28	丁亥	10 18	8 28	丁巳	11 17	9 29	丁亥	12 17	10 29	丁巳	1 16	11 30	丁亥
	8 19	6 28	丁巳	9 19	7 29	戊子	10 19	8 29	戊午	11 18	9 30	戊子	12 18	11 1	戊午	1 17	12 1	戊子
	8 20	6 29	戊午	9 20	7 30	己丑	10 20	9 1	己未	11 19	10 1	己丑	12 19	11 2	己未	1 18	12 2	己丑
	8 21	6 30	己未	9 21	8 1	庚寅	10 21	9 2	庚申	11 20	10 2	庚寅	12 20	11 3	庚申	1 19	12 3	庚寅
	8 22	7 1	庚申	9 22	8 2	辛卯	10 22	9 3	辛酉	11 21	10 3	辛卯	12 21	11 4	辛酉	1 20	12 4	辛卯
	8 23	7 2	辛酉	9 23	8 3	壬辰	10 23	9 4	壬戌	11 22	10 4	壬辰	12 22	11 5	壬戌	1 21	12 5	壬辰
	8 24	7 3	壬戌	9 24	8 4	癸巳	10 24	9 5	癸亥	11 23	10 5	癸巳	12 23	11 6	癸亥	1 22	12 6	癸巳
	8 25	7 4	癸亥	9 25	8 5	甲午	10 25	9 6	甲子	11 24	10 6	甲午	12 24	11 7	甲子	1 23	12 7	甲午
	8 26	7 5	甲子	9 26	8 6	乙未	10 26	9 7	乙丑	11 25	10 7	乙未	12 25	11 8	乙丑	1 24	12 8	乙未
	8 27	7 6	乙丑	9 27	8 7	丙申	10 27	9 8	丙寅	11 26	10 8	丙申	12 26	11 9	丙寅	1 25	12 9	丙申
	8 28	7 7	丙寅	9 28	8 8	丁酉	10 28	9 9	丁卯	11 27	10 9	丁酉	12 27	11 10	丁卯	1 26	12 10	丁酉
	8 29	7 8	丁卯	9 29	8 9	戊戌	10 29	9 10	戊辰	11 28	10 10	戊戌	12 28	11 11	戊辰	1 27	12 11	戊戌
	8 30	7 9	戊辰	9 30	8 10	己亥	10 30	9 11	己巳	11 29	10 11	己亥	12 29	11 12	己巳	1 28	12 12	己亥
	8 31	7 10	己巳	10 1	8 11	庚子	10 31	9 12	庚午	11 30	10 12	庚子	12 30	11 13	庚午	1 29	12 13	庚子
	9 1	7 11	庚午	10 2	8 12	辛丑	11 1	9 13	辛未	12 1	10 13	辛丑	12 31	11 14	辛未	1 30	12 14	辛丑
	9 2	7 12	辛未	10 3	8 13	壬寅	11 2	9 14	壬申	12 2	10 14	壬寅	1 1	11 15	壬申	1 31	12 15	壬寅
	9 3	7 13	壬申	10 4	8 14	癸卯	11 3	9 15	癸酉	12 3	10 15	癸卯	1 2	11 16	癸酉	2 1	12 16	癸卯
	9 4	7 14	癸酉	10 5	8 15	甲辰	11 4	9 16	甲戌	12 4	10 16	甲辰	1 3	11 17	甲戌	2 2	12 17	甲辰
	9 5	7 15	甲戌	10 6	8 16	乙巳	11 5	9 17	乙亥	12 5	10 17	乙巳	1 4	11 18	乙亥			
	9 6	7 16	乙亥															
中氣	處暑			秋分			霜降			小雪			冬至			大寒		
	8/22 15時17分 申時			9/22 13時28分 未時			10/22 23時27分 子時			11/21 21時36分 亥時			12/21 11時20分 午時			1/19 22時3分 亥時		

2093・2094

牛

中華民國一百八十二・一百八十三年

年	甲寅																	
月	丙寅			丁卯			戊辰			己巳			庚午			辛未		
節氣	立春 2/3 16時16分 申時			驚蟄 3/5 9時50分 巳時			清明 4/4 13時59分 未時			立夏 5/5 6時35分 卯時			芒種 6/5 10時11分 巳時			小暑 7/6 20時13分 戌時		
日	國曆	農曆	干支	國曆	農曆	干支	國曆	農曆	干支	國曆	農曆	干支	國曆	農曆	干支	國曆	農曆	干支
2094	2 3	12 18	乙巳	3 5	1 19	乙亥	4 4	2 20	乙巳	5 5	3 21	丙子	6 5	4 23	丁未	7 6	5 24	戊寅
	2 4	12 19	丙午	3 6	1 20	丙子	4 5	2 21	丙午	5 6	3 22	丁丑	6 6	4 24	戊申	7 7	5 25	己卯
	2 5	12 20	丁未	3 7	1 21	丁丑	4 6	2 22	丁未	5 7	3 23	戊寅	6 7	4 25	己酉	7 8	5 26	庚辰
	2 6	12 21	戊申	3 8	1 22	戊寅	4 7	2 23	戊申	5 8	3 24	己卯	6 8	4 26	庚戌	7 9	5 27	辛巳
	2 7	12 22	己酉	3 9	1 23	己卯	4 8	2 24	己酉	5 9	3 25	庚辰	6 9	4 27	辛亥	7 10	5 28	壬午
	2 8	12 23	庚戌	3 10	1 24	庚辰	4 9	2 25	庚戌	5 10	3 26	辛巳	6 10	4 28	壬子	7 11	5 29	癸未
	2 9	12 24	辛亥	3 11	1 25	辛巳	4 10	2 26	辛亥	5 11	3 27	壬午	6 11	4 29	癸丑	7 12	6 1	甲申
	2 10	12 25	壬子	3 12	1 26	壬午	4 11	2 27	壬子	5 12	3 28	癸未	6 12	4 30	甲寅	7 13	6 2	乙酉
	2 11	12 26	癸丑	3 13	1 27	癸未	4 12	2 28	癸丑	5 13	3 29	甲申	6 13	5 1	乙卯	7 14	6 3	丙戌
	2 12	12 27	甲寅	3 14	1 28	甲申	4 13	2 29	甲寅	5 14	4 1	乙酉	6 14	5 2	丙辰	7 15	6 4	丁亥
	2 13	12 28	乙卯	3 15	1 29	乙酉	4 14	2 30	乙卯	5 15	4 2	丙戌	6 15	5 3	丁巳	7 16	6 5	戊子
	2 14	12 29	丙辰	3 16	2 1	丙戌	4 15	3 1	丙辰	5 16	4 3	丁亥	6 16	5 4	戊午	7 17	6 6	己丑
	2 15	1 1	丁巳	3 17	2 2	丁亥	4 16	3 2	丁巳	5 17	4 4	戊子	6 17	5 5	己未	7 18	6 7	庚寅
虎	2 16	1 2	戊午	3 18	2 3	戊子	4 17	3 3	戊午	5 18	4 5	己丑	6 18	5 6	庚申	7 19	6 8	辛卯
	2 17	1 3	己未	3 19	2 4	己丑	4 18	3 4	己未	5 19	4 6	庚寅	6 19	5 7	辛酉	7 20	6 9	壬辰
	2 18	1 4	庚申	3 20	2 5	庚寅	4 19	3 5	庚申	5 20	4 7	辛卯	6 20	5 8	壬戌	7 21	6 10	癸巳
	2 19	1 5	辛酉	3 21	2 6	辛卯	4 20	3 6	辛酉	5 21	4 8	壬辰	6 21	5 9	癸亥	7 22	6 11	甲午
	2 20	1 6	壬戌	3 22	2 7	壬辰	4 21	3 7	壬戌	5 22	4 9	癸巳	6 22	5 10	甲子	7 23	6 12	乙未
	2 21	1 7	癸亥	3 23	2 8	癸巳	4 22	3 8	癸亥	5 23	4 10	甲午	6 23	5 11	乙丑	7 24	6 13	丙申
	2 22	1 8	甲子	3 24	2 9	甲午	4 23	3 9	甲子	5 24	4 11	乙未	6 24	5 12	丙寅	7 25	6 14	丁酉
中華民國一百八十三年	2 23	1 9	乙丑	3 25	2 10	乙未	4 24	3 10	乙丑	5 25	4 12	丙申	6 25	5 13	丁卯	7 26	6 15	戊戌
	2 24	1 10	丙寅	3 26	2 11	丙申	4 25	3 11	丙寅	5 26	4 13	丁酉	6 26	5 14	戊辰	7 27	6 16	己亥
	2 25	1 11	丁卯	3 27	2 12	丁酉	4 26	3 12	丁卯	5 27	4 14	戊戌	6 27	5 15	己巳	7 28	6 17	庚子
	2 26	1 12	戊辰	3 28	2 13	戊戌	4 27	3 13	戊辰	5 28	4 15	己亥	6 28	5 16	庚午	7 29	6 18	辛丑
	2 27	1 13	己巳	3 29	2 14	己亥	4 28	3 14	己巳	5 29	4 16	庚子	6 29	5 17	辛未	7 30	6 19	壬寅
	2 28	1 14	庚午	3 30	2 15	庚子	4 29	3 15	庚午	5 30	4 17	辛丑	6 30	5 18	壬申	7 31	6 20	癸卯
	3 1	1 15	辛未	3 31	2 16	辛丑	4 30	3 16	辛未	5 31	4 18	壬寅	7 1	5 19	癸酉	8 1	6 21	甲辰
	3 2	1 16	壬申	4 1	2 17	壬寅	5 1	3 17	壬申	6 1	4 19	癸卯	7 2	5 20	甲戌	8 2	6 22	乙巳
	3 3	1 17	癸酉	4 2	2 18	癸卯	5 2	3 18	癸酉	6 2	4 20	甲辰	7 3	5 21	乙亥	8 3	6 23	丙午
	3 4	1 18	甲戌	4 3	2 19	甲辰	5 3	3 19	甲戌	6 3	4 21	乙巳	7 4	5 22	丙子	8 4	6 24	丁未
							5 4	3 20	乙亥	6 4	4 22	丙午	7 5	5 23	丁丑	8 5	6 25	戊申
																8 6	6 26	己酉
中氣	雨水 2/18 11時55分 午時			春分 3/20 10時20分 巳時			穀雨 4/19 20時40分 戌時			小滿 5/20 19時8分 戌時			夏至 6/21 2時41分 丑時			大暑 7/22 13時33分 未時		

2094・2095 虎 中華民國一百八十三・一百八十四年

年	甲寅																
月	王申			癸酉			甲戌			乙亥			丙子			丁丑	
節氣	立秋 8/7 6時10分 卯時			白露 9/7 9時35分 巳時			寒露 10/8 1時54分 丑時			立冬 11/7 5時46分 卯時			大雪 12/6 23時7分 子時			小寒 1/5 10時34分 巳時	
日	國曆	農曆	干支	國曆	農曆	干支	國曆	農曆	干支	國曆	農曆	干支	國曆	農曆	干支	國曆	農曆	干支
	8 7	6 27	庚戌	9 7	7 28	辛巳	10 8	8 29	壬子	11 7	9 30	壬午	12 6	10 29	辛亥	1 5	11 29	辛巳
	8 8	6 28	辛亥	9 8	7 29	壬午	10 9	9 1	癸丑	11 8	10 1	癸未	12 7	10 30	壬子	1 6	12 1	壬午
	8 9	6 29	壬子	9 9	7 30	癸未	10 10	9 2	甲寅	11 9	10 2	甲申	12 8	11 1	癸丑	1 7	12 2	癸未
	8 10	6 30	癸丑	9 10	8 1	甲申	10 11	9 3	乙卯	11 10	10 3	乙酉	12 9	11 2	甲寅	1 8	12 3	甲申
	8 11	7 1	甲寅	9 11	8 2	乙酉	10 12	9 4	丙辰	11 11	10 4	丙戌	12 10	11 3	乙卯	1 9	12 4	乙酉
	8 12	7 2	乙卯	9 12	8 3	丙戌	10 13	9 5	丁巳	11 12	10 5	丁亥	12 11	11 4	丙辰	1 10	12 5	丙戌
	8 13	7 3	丙辰	9 13	8 4	丁亥	10 14	9 6	戊午	11 13	10 6	戊子	12 12	11 5	丁巳	1 11	12 6	丁亥
	8 14	7 4	丁巳	9 14	8 5	戊子	10 15	9 7	己未	11 14	10 7	己丑	12 13	11 6	戊午	1 12	12 7	戊子
	8 15	7 5	戊午	9 15	8 6	己丑	10 16	9 8	庚申	11 15	10 8	庚寅	12 14	11 7	己未	1 13	12 8	己丑
	8 16	7 6	己未	9 16	8 7	庚寅	10 17	9 9	辛酉	11 16	10 9	辛卯	12 15	11 8	庚申	1 14	12 9	庚寅
	8 17	7 7	庚申	9 17	8 8	辛卯	10 18	9 10	壬戌	11 17	10 10	壬辰	12 16	11 9	辛酉	1 15	12 10	辛卯
	8 18	7 8	辛酉	9 18	8 9	壬辰	10 19	9 11	癸亥	11 18	10 11	癸巳	12 17	11 10	壬戌	1 16	12 11	壬辰
	8 19	7 9	壬戌	9 19	8 10	癸巳	10 20	9 12	甲子	11 19	10 12	甲午	12 18	11 11	癸亥	1 17	12 12	癸巳
	8 20	7 10	癸亥	9 20	8 11	甲午	10 21	9 13	乙丑	11 20	10 13	乙未	12 19	11 12	甲子	1 18	12 13	甲午
	8 21	7 11	甲子	9 21	8 12	乙未	10 22	9 14	丙寅	11 21	10 14	丙申	12 20	11 13	乙丑	1 19	12 14	乙未
	8 22	7 12	乙丑	9 22	8 13	丙申	10 23	9 15	丁卯	11 22	10 15	丁酉	12 21	11 14	丙寅	1 20	12 15	丙申
	8 23	7 13	丙寅	9 23	8 14	丁酉	10 24	9 16	戊辰	11 23	10 16	戊戌	12 22	11 15	丁卯	1 21	12 16	丁酉
	8 24	7 14	丁卯	9 24	8 15	戊戌	10 25	9 17	己巳	11 24	10 17	己亥	12 23	11 16	戊辰	1 22	12 17	戊戌
	8 25	7 15	戊辰	9 25	8 16	己亥	10 26	9 18	庚午	11 25	10 18	庚子	12 24	11 17	己巳	1 23	12 18	己亥
	8 26	7 16	己巳	9 26	8 17	庚子	10 27	9 19	辛未	11 26	10 19	辛丑	12 25	11 18	庚午	1 24	12 19	庚子
	8 27	7 17	庚午	9 27	8 18	辛丑	10 28	9 20	壬申	11 27	10 20	壬寅	12 26	11 19	辛未	1 25	12 20	辛丑
	8 28	7 18	辛未	9 28	8 19	壬寅	10 29	9 21	癸酉	11 28	10 21	癸卯	12 27	11 20	壬申	1 26	12 21	壬寅
	8 29	7 19	壬申	9 29	8 20	癸卯	10 30	9 22	甲戌	11 29	10 22	甲辰	12 28	11 21	癸酉	1 27	12 22	癸卯
	8 30	7 20	癸酉	9 30	8 21	甲辰	10 31	9 23	乙亥	11 30	10 23	乙巳	12 29	11 22	甲戌	1 28	12 23	甲辰
	8 31	7 21	甲戌	10 1	8 22	乙巳	11 1	9 24	丙子	12 1	10 24	丙午	12 30	11 23	乙亥	1 29	12 24	乙巳
	9 1	7 22	乙亥	10 2	8 23	丙午	11 2	9 25	丁丑	12 2	10 25	丁未	12 31	11 24	丙子	1 30	12 25	丙午
	9 2	7 23	丙子	10 3	8 24	丁未	11 3	9 26	戊寅	12 3	10 26	戊申	1 1	11 25	丁丑	1 31	12 26	丁未
	9 3	7 24	丁丑	10 4	8 25	戊申	11 4	9 27	己卯	12 4	10 27	己酉	1 2	11 26	戊寅	2 1	12 27	戊申
	9 4	7 25	戊寅	10 5	8 26	己酉	11 5	9 28	庚辰	12 5	10 28	庚戌	1 3	11 27	己卯	2 2	12 28	己酉
	9 5	7 26	己卯	10 6	8 27	庚戌	11 6	9 29	辛巳				1 4	11 28	庚辰			
	9 6	7 27	庚辰	10 7	8 28	辛亥												
中氣	處暑 8/22 20時59分 戌時			秋分 9/22 19時15分 戌時			霜降 10/23 5時19分 卯時			小雪 11/22 3時30分 寅時			冬至 12/21 17時12分 酉時			大寒 1/20 3時55分 寅時		

年	乙卯																													
月	戊寅					己卯					庚辰					辛巳					壬午					癸未				
節氣	立春 2/3 22時6分 亥時					驚蟄 3/5 15時41分 申時					清明 4/4 19時50分 戌時					立夏 5/5 12時25分 午時					芒種 6/5 15時59分 申時					小暑 7/7 2時0分 丑時				
日	國曆		農曆		干支	國曆		農曆		干支	國曆		農曆		干支	國曆		農曆		干支	國曆		農曆		干支	國曆		農曆		干支
2095 兔 中華民國一百八十四年	2	3	12	29	庚戌	3	5	1	29	庚辰	4	4	2	30	庚戌	5	5	4	2	辛巳	6	5	5	4	壬子	7	7	6	6	甲申
	2	4	12	30	辛亥	3	6	2	1	辛巳	4	5	3	1	辛亥	5	6	4	3	壬午	6	6	5	5	癸丑	7	8	6	7	乙酉
	2	5	1	1	壬子	3	7	2	2	壬午	4	6	3	2	壬子	5	7	4	4	癸未	6	7	5	6	甲寅	7	9	6	8	丙戌
	2	6	1	2	癸丑	3	8	2	3	癸未	4	7	3	3	癸丑	5	8	4	5	甲申	6	8	5	7	乙卯	7	10	6	9	丁亥
	2	7	1	3	甲寅	3	9	2	4	甲申	4	8	3	4	甲寅	5	9	4	6	乙酉	6	9	5	8	丙辰	7	11	6	10	戊子
	2	8	1	4	乙卯	3	10	2	5	乙酉	4	9	3	5	乙卯	5	10	4	7	丙戌	6	10	5	9	丁巳	7	12	6	11	己丑
	2	9	1	5	丙辰	3	11	2	6	丙戌	4	10	3	6	丙辰	5	11	4	8	丁亥	6	11	5	10	戊午	7	13	6	12	庚寅
	2	10	1	6	丁巳	3	12	2	7	丁亥	4	11	3	7	丁巳	5	12	4	9	戊子	6	12	5	11	己未	7	14	6	13	辛卯
	2	11	1	7	戊午	3	13	2	8	戊子	4	12	3	8	戊午	5	13	4	10	己丑	6	13	5	12	庚申	7	15	6	14	壬辰
	2	12	1	8	己未	3	14	2	9	己丑	4	13	3	9	己未	5	14	4	11	庚寅	6	14	5	13	辛酉	7	16	6	15	癸巳
	2	13	1	9	庚申	3	15	2	10	庚寅	4	14	3	10	庚申	5	15	4	12	辛卯	6	15	5	14	壬戌	7	17	6	16	甲午
	2	14	1	10	辛酉	3	16	2	11	辛卯	4	15	3	11	辛酉	5	16	4	13	壬辰	6	16	5	15	癸亥	7	18	6	17	乙未
	2	15	1	11	壬戌	3	17	2	12	壬辰	4	16	3	12	壬戌	5	17	4	14	癸巳	6	17	5	16	甲子	7	19	6	18	丙申
	2	16	1	12	癸亥	3	18	2	13	癸巳	4	17	3	13	癸亥	5	18	4	15	甲午	6	18	5	17	乙丑	7	20	6	19	丁酉
	2	17	1	13	甲子	3	19	2	14	甲午	4	18	3	14	甲子	5	19	4	16	乙未	6	19	5	18	丙寅	7	21	6	20	戊戌
	2	18	1	14	乙丑	3	20	2	15	乙未	4	19	3	15	乙丑	5	20	4	17	丙申	6	20	5	19	丁卯	7	22	6	21	己亥
	2	19	1	15	丙寅	3	21	2	16	丙申	4	20	3	16	丙寅	5	21	4	18	丁酉	6	21	5	20	戊辰	7	23	6	22	庚子
	2	20	1	16	丁卯	3	22	2	17	丁酉	4	21	3	17	丁卯	5	22	4	19	戊戌	6	22	5	21	己巳	7	24	6	23	辛丑
	2	21	1	17	戊辰	3	23	2	18	戊戌	4	22	3	18	戊辰	5	23	4	20	己亥	6	23	5	22	庚午	7	25	6	24	壬寅
	2	22	1	18	己巳	3	24	2	19	己亥	4	23	3	19	己巳	5	24	4	21	庚子	6	24	5	23	辛未	7	26	6	25	癸卯
	2	23	1	19	庚午	3	25	2	20	庚子	4	24	3	20	庚午	5	25	4	22	辛丑	6	25	5	24	壬申	7	27	6	26	甲辰
	2	24	1	20	辛未	3	26	2	21	辛丑	4	25	3	21	辛未	5	26	4	23	壬寅	6	26	5	25	癸酉	7	28	6	27	乙巳
	2	25	1	21	壬申	3	27	2	22	壬寅	4	26	3	22	壬申	5	27	4	24	癸卯	6	27	5	26	甲戌	7	29	6	28	丙午
	2	26	1	22	癸酉	3	28	2	23	癸卯	4	27	3	23	癸酉	5	28	4	25	甲辰	6	28	5	27	乙亥	7	30	6	29	丁未
	2	27	1	23	甲戌	3	29	2	24	甲辰	4	28	3	24	甲戌	5	29	4	26	乙巳	6	29	5	28	丙子	7	31	7	1	戊申
	2	28	1	24	乙亥	3	30	2	25	乙巳	4	29	3	25	乙亥	5	30	4	27	丙午	6	30	5	29	丁丑	8	1	7	2	己酉
	3	1	1	25	丙子	3	31	2	26	丙午	4	30	3	26	丙子	5	31	4	28	丁未	7	1	5	30	戊寅	8	2	7	3	庚戌
	3	2	1	26	丁丑	4	1	2	27	丁未	5	1	3	27	丁丑	6	1	4	29	戊申	7	2	6	1	己卯	8	3	7	4	辛亥
	3	3	1	27	戊寅	4	2	2	28	戊申	5	2	3	28	戊寅	6	2	5	1	己酉	7	3	6	2	庚辰	8	4	7	5	壬子
	3	4	1	28	己卯	4	3	2	29	己酉	5	3	3	29	己卯	6	3	5	2	庚戌	7	4	6	3	辛巳	8	5	7	6	癸丑
											5	4	4	1	庚辰	6	4	5	3	辛亥	7	5	6	4	壬午	8	6	7	7	甲寅
																					7	6	6	5	癸未					
中氣	雨水 2/18 17時47分 酉時					春分 3/20 16時14分 申時					穀雨 4/20 2時35分 丑時					小滿 5/21 1時5分 丑時					夏至 6/21 8時38分 辰時					大暑 7/22 19時30分 戌時				

乙卯																	
甲申			乙酉			丙戌			丁亥			戊子			己丑		
立秋			白露			寒露			立冬			大雪			小寒		
8/7 11時57分 午時			9/7 15時22分 申時			10/8 7時41分 辰時			11/7 11時31分 午時			12/7 4時50分 寅時			1/5 16時15分 申時		
國曆	農曆	干支	國曆	農曆	干支	國曆	農曆	干支	國曆	農曆	干支	國曆	農曆	干支	國曆	農曆	干支
8 7	7 8	乙卯	9 7	8 9	丙戌	10 8	9 11	丁巳	11 7	10 11	丁亥	12 7	11 11	丁巳	1 5	12 10	丙戌
8 8	7 9	丙辰	9 8	8 10	丁亥	10 9	9 12	戊午	11 8	10 12	戊子	12 8	11 12	戊午	1 6	12 11	丁亥
8 9	7 10	丁巳	9 9	8 11	戊子	10 10	9 13	己未	11 9	10 13	己丑	12 9	11 13	己未	1 7	12 12	戊子
8 10	7 11	戊午	9 10	8 12	己丑	10 11	9 14	庚申	11 10	10 14	庚寅	12 10	11 14	庚申	1 8	12 13	己丑
8 11	7 12	己未	9 11	8 13	庚寅	10 12	9 15	辛酉	11 11	10 15	辛卯	12 11	11 15	辛酉	1 9	12 14	庚寅
8 12	7 13	庚申	9 12	8 14	辛卯	10 13	9 16	壬戌	11 12	10 16	壬辰	12 12	11 16	壬戌	1 10	12 15	辛卯
8 13	7 14	辛酉	9 13	8 15	壬辰	10 14	9 17	癸亥	11 13	10 17	癸巳	12 13	11 17	癸亥	1 11	12 16	壬辰
8 14	7 15	壬戌	9 14	8 16	癸巳	10 15	9 18	甲子	11 14	10 18	甲午	12 14	11 18	甲子	1 12	12 17	癸巳
8 15	7 16	癸亥	9 15	8 17	甲午	10 16	9 19	乙丑	11 15	10 19	乙未	12 15	11 19	乙丑	1 13	12 18	甲午
8 16	7 17	甲子	9 16	8 18	乙未	10 17	9 20	丙寅	11 16	10 20	丙申	12 16	11 20	丙寅	1 14	12 19	乙未
8 17	7 18	乙丑	9 17	8 19	丙申	10 18	9 21	丁卯	11 17	10 21	丁酉	12 17	11 21	丁卯	1 15	12 20	丙申
8 18	7 19	丙寅	9 18	8 20	丁酉	10 19	9 22	戊辰	11 18	10 22	戊戌	12 18	11 22	戊辰	1 16	12 21	丁酉
8 19	7 20	丁卯	9 19	8 21	戊戌	10 20	9 23	己巳	11 19	10 23	己亥	12 19	11 23	己巳	1 17	12 22	戊戌
8 20	7 21	戊辰	9 20	8 22	己亥	10 21	9 24	庚午	11 20	10 24	庚子	12 20	11 24	庚午	1 18	12 23	己亥
8 21	7 22	己巳	9 21	8 23	庚子	10 22	9 25	辛未	11 21	10 25	辛丑	12 21	11 25	辛未	1 19	12 24	庚子
8 22	7 23	庚午	9 22	8 24	辛丑	10 23	9 26	壬申	11 22	10 26	壬寅	12 22	11 26	壬申	1 20	12 25	辛丑
8 23	7 24	辛未	9 23	8 25	壬寅	10 24	9 27	癸酉	11 23	10 27	癸卯	12 23	11 27	癸酉	1 21	12 26	壬寅
8 24	7 25	壬申	9 24	8 26	癸卯	10 25	9 28	甲戌	11 24	10 28	甲辰	12 24	11 28	甲戌	1 22	12 27	癸卯
8 25	7 26	癸酉	9 25	8 27	甲辰	10 26	9 29	乙亥	11 25	10 29	乙巳	12 25	11 29	乙亥	1 23	12 28	甲辰
8 26	7 27	甲戌	9 26	8 28	乙巳	10 27	9 30	丙子	11 26	10 30	丙午	12 26	11 30	丙子	1 24	12 29	乙巳
8 27	7 28	乙亥	9 27	8 29	丙午	10 28	10 1	丁丑	11 27	11 1	丁未	12 27	12 1	丁丑	1 25	1 1	丙午
8 28	7 29	丙子	9 28	9 1	丁未	10 29	10 2	戊寅	11 28	11 2	戊申	12 28	12 2	戊寅	1 26	1 2	丁未
8 29	7 30	丁丑	9 29	9 2	戊申	10 30	10 3	己卯	11 29	11 3	己酉	12 29	12 3	己卯	1 27	1 3	戊申
8 30	8 1	戊寅	9 30	9 3	己酉	10 31	10 4	庚辰	11 30	11 4	庚戌	12 30	12 4	庚辰	1 28	1 4	己酉
8 31	8 2	己卯	10 1	9 4	庚戌	11 1	10 5	辛巳	12 1	11 5	辛亥	12 31	12 5	辛巳	1 29	1 5	庚戌
9 1	8 3	庚辰	10 2	9 5	辛亥	11 2	10 6	壬午	12 2	11 6	壬子	1 1	12 6	壬午	1 30	1 6	辛亥
9 2	8 4	辛巳	10 3	9 6	壬子	11 3	10 7	癸未	12 3	11 7	癸丑	1 2	12 7	癸未	1 31	1 7	壬子
9 3	8 5	壬午	10 4	9 7	癸丑	11 4	10 8	甲申	12 4	11 8	甲寅	1 3	12 8	甲申	2 1	1 8	癸丑
9 4	8 6	癸未	10 5	9 8	甲寅	11 5	10 9	乙酉	12 5	11 9	乙卯	1 4	12 9	乙酉	2 2	1 9	甲寅
9 5	8 7	甲申	10 6	9 9	乙卯	11 6	10 10	丙戌	12 6	11 10	丙辰				2 3	1 10	乙卯
9 6	8 8	乙酉	10 7	9 10	丙辰												
處暑			秋分			霜降			小雪			冬至			大寒		
8/23 2時55分 丑時			9/23 1時10分 丑時			10/23 11時12分 午時			11/22 9時20分 巳時			12/21 23時0分 子時			1/20 9時40分 巳時		

年　月　節氣　日　中氣

2095・2096

兔

中華民國一百八十四・一百八十五年

年	丙辰																													
月	庚寅					辛卯					壬辰					癸巳					甲午					乙未				
節氣	立春 2/4 3時46分 寅時					驚蟄 3/4 21時22分 亥時					清明 4/4 1時35分 丑時					立夏 5/4 18時14分 酉時					芒種 6/4 21時53分 亥時					小暑 7/6 7時55分 辰時				
日	國曆		農曆		干支	國曆		農曆		干支	國曆		農曆		干支	國曆		農曆		干支	國曆		農曆		干支	國曆		農曆		干支
2096 龍 中華民國一百八十五年	2	4	1	11	丙辰	3	4	2	10	乙酉	4	4	3	12	丙辰	5	4	4	12	丙戌	6	4	4	14	丁巳	7	6	5	17	己丑
	2	5	1	12	丁巳	3	5	2	11	丙戌	4	5	3	13	丁巳	5	5	4	13	丁亥	6	5	4	15	戊午	7	7	5	18	庚寅
	2	6	1	13	戊午	3	6	2	12	丁亥	4	6	3	14	戊午	5	6	4	14	戊子	6	6	4	16	己未	7	8	5	19	辛卯
	2	7	1	14	己未	3	7	2	13	戊子	4	7	3	15	己未	5	7	4	15	己丑	6	7	4	17	庚申	7	9	5	20	壬辰
	2	8	1	15	庚申	3	8	2	14	己丑	4	8	3	16	庚申	5	8	4	16	庚寅	6	8	4	18	辛酉	7	10	5	21	癸巳
	2	9	1	16	辛酉	3	9	2	15	庚寅	4	9	3	17	辛酉	5	9	4	17	辛卯	6	9	4	19	壬戌	7	11	5	22	甲午
	2	10	1	17	壬戌	3	10	2	16	辛卯	4	10	3	18	壬戌	5	10	4	18	壬辰	6	10	4	20	癸亥	7	12	5	23	乙未
	2	11	1	18	癸亥	3	11	2	17	壬辰	4	11	3	19	癸亥	5	11	4	19	癸巳	6	11	4	21	甲子	7	13	5	24	丙申
	2	12	1	19	甲子	3	12	2	18	癸巳	4	12	3	20	甲子	5	12	4	20	甲午	6	12	4	22	乙丑	7	14	5	25	丁酉
	2	13	1	20	乙丑	3	13	2	19	甲午	4	13	3	21	乙丑	5	13	4	21	乙未	6	13	4	23	丙寅	7	15	5	26	戊戌
	2	14	1	21	丙寅	3	14	2	20	乙未	4	14	3	22	丙寅	5	14	4	22	丙申	6	14	4	24	丁卯	7	16	5	27	己亥
	2	15	1	22	丁卯	3	15	2	21	丙申	4	15	3	23	丁卯	5	15	4	23	丁酉	6	15	4	25	戊辰	7	17	5	28	庚子
	2	16	1	23	戊辰	3	16	2	22	丁酉	4	16	3	24	戊辰	5	16	4	24	戊戌	6	16	4	26	己巳	7	18	5	29	辛丑
	2	17	1	24	己巳	3	17	2	23	戊戌	4	17	3	25	己巳	5	17	4	25	己亥	6	17	4	27	庚午	7	19	5	30	壬寅
	2	18	1	25	庚午	3	18	2	24	己亥	4	18	3	26	庚午	5	18	4	26	庚子	6	18	4	28	辛未	7	20	6	1	癸卯
	2	19	1	26	辛未	3	19	2	25	庚子	4	19	3	27	辛未	5	19	4	27	辛丑	6	19	4	29	壬申	7	21	6	2	甲辰
	2	20	1	27	壬申	3	20	2	26	辛丑	4	20	3	28	壬申	5	20	4	28	壬寅	6	20	5	1	癸酉	7	22	6	3	乙巳
	2	21	1	28	癸酉	3	21	2	27	壬寅	4	21	3	29	癸酉	5	21	4	29	癸卯	6	21	5	2	甲戌	7	23	6	4	丙午
	2	22	1	29	甲戌	3	22	2	28	癸卯	4	22	3	30	甲戌	5	22	閏4	1	甲辰	6	22	5	3	乙亥	7	24	6	5	丁未
	2	23	1	30	乙亥	3	23	2	29	甲辰	4	23	4	1	乙亥	5	23	4	2	乙巳	6	23	5	4	丙子	7	25	6	6	戊申
	2	24	2	1	丙子	3	24	3	1	乙巳	4	24	4	2	丙子	5	24	4	3	丙午	6	24	5	5	丁丑	7	26	6	7	己酉
	2	25	2	2	丁丑	3	25	3	2	丙午	4	25	4	3	丁丑	5	25	4	4	丁未	6	25	5	6	戊寅	7	27	6	8	庚戌
	2	26	2	3	戊寅	3	26	3	3	丁未	4	26	4	4	戊寅	5	26	4	5	戊申	6	26	5	7	己卯	7	28	6	9	辛亥
	2	27	2	4	己卯	3	27	3	4	戊申	4	27	4	5	己卯	5	27	4	6	己酉	6	27	5	8	庚辰	7	29	6	10	壬子
	2	28	2	5	庚辰	3	28	3	5	己酉	4	28	4	6	庚辰	5	28	4	7	庚戌	6	28	5	9	辛巳	7	30	6	11	癸丑
	2	29	2	6	辛巳	3	29	3	6	庚戌	4	29	4	7	辛巳	5	29	4	8	辛亥	6	29	5	10	壬午	7	31	6	12	甲寅
	3	1	2	7	壬午	3	30	3	7	辛亥	4	30	4	8	壬午	5	30	4	9	壬子	6	30	5	11	癸未	8	1	6	13	乙卯
	3	2	2	8	癸未	3	31	3	8	壬子	5	1	4	9	癸未	5	31	4	10	癸丑	7	1	5	12	甲申	8	2	6	14	丙辰
	3	3	2	9	甲申	4	1	3	9	癸丑	5	2	4	10	甲申	6	1	4	11	甲寅	7	2	5	13	乙酉	8	3	6	15	丁巳
						4	2	3	10	甲寅	5	3	4	11	乙酉	6	2	4	12	乙卯	7	3	5	14	丙戌	8	4	6	16	戊午
						4	3	3	11	乙卯						6	3	4	13	丙辰	7	4	5	15	丁亥	8	5	6	17	己未
																					7	5	5	16	戊子					
中氣	雨水 2/18 23時33分 子時					春分 3/19 22時2分 亥時					穀雨 4/19 8時26分 辰時					小滿 5/20 6時57分 卯時					夏至 6/20 14時30分 未時					大暑 7/22 1時18分 丑時				

年	丙辰														
月	丙申					丁酉					戊戌				
節氣	立秋 8/6 17時52分 酉時					白露 9/6 21時16分 亥時					寒露 10/7 13時34分 未時				
日	國曆		農曆		干支	國曆		農曆		干支	國曆		農曆		干支
	8	6	6	18	庚申	9	6	7	20	辛卯	10	7	8	22	壬戌
	8	7	6	19	辛酉	9	7	7	21	壬辰	10	8	8	23	癸亥
	8	8	6	20	壬戌	9	8	7	22	癸巳	10	9	8	24	甲子
	8	9	6	21	癸亥	9	9	7	23	甲午	10	10	8	25	乙丑
	8	10	6	22	甲子	9	10	7	24	乙未	10	11	8	26	丙寅
	8	11	6	23	乙丑	9	11	7	25	丙申	10	12	8	27	丁卯
	8	12	6	24	丙寅	9	12	7	26	丁酉	10	13	8	28	戊辰
	8	13	6	25	丁卯	9	13	7	27	戊戌	10	14	8	29	己巳
	8	14	6	26	戊辰	9	14	7	28	己亥	10	15	8	30	庚午
	8	15	6	27	己巳	9	15	7	29	庚子	10	16	9	1	辛未
	8	16	6	28	庚午	9	16	8	1	辛丑	10	17	9	2	壬申
	8	17	6	29	辛未	9	17	8	2	壬寅	10	18	9	3	癸酉
	8	18	7	1	壬申	9	18	8	3	癸卯	10	19	9	4	甲戌
	8	19	7	2	癸酉	9	19	8	4	甲辰	10	20	9	5	乙亥
	8	20	7	3	甲戌	9	20	8	5	乙巳	10	21	9	6	丙子
	8	21	7	4	乙亥	9	21	8	6	丙午	10	22	9	7	丁丑
	8	22	7	5	丙子	9	22	8	7	丁未	10	23	9	8	戊寅
	8	23	7	6	丁丑	9	23	8	8	戊申	10	24	9	9	己卯
	8	24	7	7	戊寅	9	24	8	9	己酉	10	25	9	10	庚辰
	8	25	7	8	己卯	9	25	8	10	庚戌	10	26	9	11	辛巳
	8	26	7	9	庚辰	9	26	8	11	辛亥	10	27	9	12	壬午
	8	27	7	10	辛巳	9	27	8	12	壬子	10	28	9	13	癸未
	8	28	7	11	壬午	9	28	8	13	癸丑	10	29	9	14	甲申
	8	29	7	12	癸未	9	29	8	14	甲寅	10	30	9	15	乙酉
	8	30	7	13	甲申	9	30	8	15	乙卯	10	31	9	16	丙戌
	8	31	7	14	乙酉	10	1	8	16	丙辰	11	1	9	17	丁亥
	9	1	7	15	丙戌	10	2	8	17	丁巳	11	2	9	18	戊子
	9	2	7	16	丁亥	10	3	8	18	戊午	11	3	9	19	己丑
	9	3	7	17	戊子	10	4	8	19	己未	11	4	9	20	庚寅
	9	4	7	18	己丑	10	5	8	20	庚申	11	5	9	21	辛卯
	9	5	7	19	庚寅	10	6	8	21	辛酉					
中氣	處暑 8/22 8時40分 辰時					秋分 9/22 6時54分 卯時					霜降 10/22 16時55分 申時				

年	丙辰														
月	己亥					庚子					辛丑				
節氣	立冬 11/6 17時25分 酉時					大雪 12/6 10時45分 巳時					小寒 1/4 22時10分 亥時				
日	國曆		農曆		干支	國曆		農曆		干支	國曆		農曆		干支
	11	6	9	22	壬辰	12	6	10	22	壬戌	1	4	11	21	辛卯
	11	7	9	23	癸巳	12	7	10	23	癸亥	1	5	11	22	壬辰
	11	8	9	24	甲午	12	8	10	24	甲子	1	6	11	23	癸巳
	11	9	9	25	乙未	12	9	10	25	乙丑	1	7	11	24	甲午
	11	10	9	26	丙申	12	10	10	26	丙寅	1	8	11	25	乙未
	11	11	9	27	丁酉	12	11	10	27	丁卯	1	9	11	26	丙申
	11	12	9	28	戊戌	12	12	10	28	戊辰	1	10	11	27	丁酉
	11	13	9	29	己亥	12	13	10	29	己巳	1	11	11	28	戊戌
	11	14	9	30	庚子	12	14	10	30	庚午	1	12	11	29	己亥
	11	15	10	1	辛丑	12	15	11	1	辛未	1	13	12	1	庚子
	11	16	10	2	壬寅	12	16	11	2	壬申	1	14	12	2	辛丑
	11	17	10	3	癸卯	12	17	11	3	癸酉	1	15	12	3	壬寅
	11	18	10	4	甲辰	12	18	11	4	甲戌	1	16	12	4	癸卯
	11	19	10	5	乙巳	12	19	11	5	乙亥	1	17	12	5	甲辰
	11	20	10	6	丙午	12	20	11	6	丙子	1	18	12	6	乙巳
	11	21	10	7	丁未	12	21	11	7	丁丑	1	19	12	7	丙午
	11	22	10	8	戊申	12	22	11	8	戊寅	1	20	12	8	丁未
	11	23	10	9	己酉	12	23	11	9	己卯	1	21	12	9	戊申
	11	24	10	10	庚戌	12	24	11	10	庚辰	1	22	12	10	己酉
	11	25	10	11	辛亥	12	25	11	11	辛巳	1	23	12	11	庚戌
	11	26	10	12	壬子	12	26	11	12	壬午	1	24	12	12	辛亥
	11	27	10	13	癸丑	12	27	11	13	癸未	1	25	12	13	壬子
	11	28	10	14	甲寅	12	28	11	14	甲申	1	26	12	14	癸丑
	11	29	10	15	乙卯	12	29	11	15	乙酉	1	27	12	15	甲寅
	11	30	10	16	丙辰	12	30	11	16	丙戌	1	28	12	16	乙卯
	12	1	10	17	丁巳	12	31	11	17	丁亥	1	29	12	17	丙辰
	12	2	10	18	戊午	1	1	11	18	戊子	1	30	12	18	丁巳
	12	3	10	19	己未	1	2	11	19	己丑	1	31	12	19	戊午
	12	4	10	20	庚申	1	3	11	20	庚寅	2	1	12	20	己未
	12	5	10	21	辛酉						2	2	12	21	庚申
中氣	小雪 11/21 15時4分 申時					冬至 12/21 4時45分 寅時					大寒 1/19 15時26分 申時				

2096・2097

龍

中華民國一百八十五・一百八十六年

年	丁巳																													
月	壬寅					癸卯					甲辰					乙巳					丙午					丁未				
節氣	立春 2/3 9時41分 巳時					驚蟄 3/5 3時17分 寅時					清明 4/4 7時29分 辰時					立夏 5/5 0時7分 子時					芒種 6/5 3時43分 寅時					小暑 7/6 13時40分 未時				
日	國曆		農曆		干支	國曆		農曆		干支	國曆		農曆		干支	國曆		農曆		干支	國曆		農曆		干支	國曆		農曆		干支
2097	2	3	12	22	辛酉	3	5	1	22	辛卯	4	4	2	22	辛酉	5	5	3	24	壬辰	6	5	4	25	癸亥	7	6	5	27	甲午
	2	4	12	23	壬戌	3	6	1	23	壬辰	4	5	2	23	壬戌	5	6	3	25	癸巳	6	6	4	26	甲子	7	7	5	28	乙未
	2	5	12	24	癸亥	3	7	1	24	癸巳	4	6	2	24	癸亥	5	7	3	26	甲午	6	7	4	27	乙丑	7	8	5	29	丙申
	2	6	12	25	甲子	3	8	1	25	甲午	4	7	2	25	甲子	5	8	3	27	乙未	6	8	4	28	丙寅	7	9	6	1	丁酉
	2	7	12	26	乙丑	3	9	1	26	乙未	4	8	2	26	乙丑	5	9	3	28	丙申	6	9	4	29	丁卯	7	10	6	2	戊戌
	2	8	12	27	丙寅	3	10	1	27	丙申	4	9	2	27	丙寅	5	10	3	29	丁酉	6	10	5	1	戊辰	7	11	6	3	己亥
	2	9	12	28	丁卯	3	11	1	28	丁酉	4	10	2	28	丁卯	5	11	3	30	戊戌	6	11	5	2	己巳	7	12	6	4	庚子
	2	10	12	29	戊辰	3	12	1	29	戊戌	4	11	2	29	戊辰	5	12	4	1	己亥	6	12	5	3	庚午	7	13	6	5	辛丑
	2	11	12	30	己巳	3	13	1	30	己亥	4	12	3	1	己巳	5	13	4	2	庚子	6	13	5	4	辛未	7	14	6	6	壬寅
	2	12	1	1	庚午	3	14	2	1	庚子	4	13	3	2	庚午	5	14	4	3	辛丑	6	14	5	5	壬申	7	15	6	7	癸卯
	2	13	1	2	辛未	3	15	2	2	辛丑	4	14	3	3	辛未	5	15	4	4	壬寅	6	15	5	6	癸酉	7	16	6	8	甲辰
	2	14	1	3	壬申	3	16	2	3	壬寅	4	15	3	4	壬申	5	16	4	5	癸卯	6	16	5	7	甲戌	7	17	6	9	乙巳
	2	15	1	4	癸酉	3	17	2	4	癸卯	4	16	3	5	癸酉	5	17	4	6	甲辰	6	17	5	8	乙亥	7	18	6	10	丙午
蛇	2	16	1	5	甲戌	3	18	2	5	甲辰	4	17	3	6	甲戌	5	18	4	7	乙巳	6	18	5	9	丙子	7	19	6	11	丁未
	2	17	1	6	乙亥	3	19	2	6	乙巳	4	18	3	7	乙亥	5	19	4	8	丙午	6	19	5	10	丁丑	7	20	6	12	戊申
	2	18	1	7	丙子	3	20	2	7	丙午	4	19	3	8	丙子	5	20	4	9	丁未	6	20	5	11	戊寅	7	21	6	13	己酉
	2	19	1	8	丁丑	3	21	2	8	丁未	4	20	3	9	丁丑	5	21	4	10	戊申	6	21	5	12	己卯	7	22	6	14	庚戌
	2	20	1	9	戊寅	3	22	2	9	戊申	4	21	3	10	戊寅	5	22	4	11	己酉	6	22	5	13	庚辰	7	23	6	15	辛亥
	2	21	1	10	己卯	3	23	2	10	己酉	4	22	3	11	己卯	5	23	4	12	庚戌	6	23	5	14	辛巳	7	24	6	16	壬子
	2	22	1	11	庚辰	3	24	2	11	庚戌	4	23	3	12	庚辰	5	24	4	13	辛亥	6	24	5	15	壬午	7	25	6	17	癸丑
中華民國一百八十六年	2	23	1	12	辛巳	3	25	2	12	辛亥	4	24	3	13	辛巳	5	25	4	14	壬子	6	25	5	16	癸未	7	26	6	18	甲寅
	2	24	1	13	壬午	3	26	2	13	壬子	4	25	3	14	壬午	5	26	4	15	癸丑	6	26	5	17	甲申	7	27	6	19	乙卯
	2	25	1	14	癸未	3	27	2	14	癸丑	4	26	3	15	癸未	5	27	4	16	甲寅	6	27	5	18	乙酉	7	28	6	20	丙辰
	2	26	1	15	甲申	3	28	2	15	甲寅	4	27	3	16	甲申	5	28	4	17	乙卯	6	28	5	19	丙戌	7	29	6	21	丁巳
	2	27	1	16	乙酉	3	29	2	16	乙卯	4	28	3	17	乙酉	5	29	4	18	丙辰	6	29	5	20	丁亥	7	30	6	22	戊午
	2	28	1	17	丙戌	3	30	2	17	丙辰	4	29	3	18	丙戌	5	30	4	19	丁巳	6	30	5	21	戊子	7	31	6	23	己未
	3	1	1	18	丁亥	3	31	2	18	丁巳	4	30	3	19	丁亥	5	31	4	20	戊午	7	1	5	22	己丑	8	1	6	24	庚申
	3	2	1	19	戊子	4	1	2	19	戊午	5	1	3	20	戊子	6	1	4	21	己未	7	2	5	23	庚寅	8	2	6	25	辛酉
	3	3	1	20	己丑	4	2	2	20	己未	5	2	3	21	己丑	6	2	4	22	庚申	7	3	5	24	辛卯	8	3	6	26	壬戌
	3	4	1	21	庚寅	4	3	2	21	庚申	5	3	3	22	庚寅	6	3	4	23	辛酉	7	4	5	25	壬辰	8	4	6	27	癸亥
											5	4	3	23	辛卯	6	4	4	24	壬戌	7	5	5	26	癸巳	8	5	6	28	甲子
中氣	雨水 2/18 5時18分 卯時					春分 3/20 3時47分 寅時					穀雨 4/19 14時10分 未時					小滿 5/20 12時41分 午時					夏至 6/20 20時12分 戌時					大暑 7/22 7時0分 辰時				

2097・2098 蛇 中華民國一百八十六・一百八十七年

年	丁巳																												
月	戊申					己酉					庚戌					辛亥					壬子					癸丑			
節氣	立秋 8/6 23時32分 子時					白露 9/7 2時52分 丑時					寒露 10/7 19時10分 戌時					立冬 11/6 23時3分 子時					大雪 12/6 16時27分 申時					小寒 1/5 3時55分 寅時			
日	國曆		農曆		干支	國曆		農曆		干支	國曆		農曆		干支	國曆		農曆		干支	國曆		農曆		干支	國曆		農曆		干支
8	6	6	29	乙丑	9	7	8	2	丁酉	10	7	9	3	丁卯	11	6	10	3	丁酉	12	6	11	3	丁卯	1	5	12	4	丁酉
8	7	6	30	丙寅	9	8	8	3	戊戌	10	8	9	4	戊辰	11	7	10	4	戊戌	12	7	11	4	戊辰	1	6	12	5	戊戌
8	8	7	1	丁卯	9	9	8	4	己亥	10	9	9	5	己巳	11	8	10	5	己亥	12	8	11	5	己巳	1	7	12	6	己亥
8	9	7	2	戊辰	9	10	8	5	庚子	10	10	9	6	庚午	11	9	10	6	庚子	12	9	11	6	庚午	1	8	12	7	庚子
8	10	7	3	己巳	9	11	8	6	辛丑	10	11	9	7	辛未	11	10	10	7	辛丑	12	10	11	7	辛未	1	9	12	8	辛丑
8	11	7	4	庚午	9	12	8	7	壬寅	10	12	9	8	壬申	11	11	10	8	壬寅	12	11	11	8	壬申	1	10	12	9	壬寅
8	12	7	5	辛未	9	13	8	8	癸卯	10	13	9	9	癸酉	11	12	10	9	癸卯	12	12	11	9	癸酉	1	11	12	10	癸卯
8	13	7	6	壬申	9	14	8	9	甲辰	10	14	9	10	甲戌	11	13	10	10	甲辰	12	13	11	10	甲戌	1	12	12	11	甲辰
8	14	7	7	癸酉	9	15	8	10	乙巳	10	15	9	11	乙亥	11	14	10	11	乙巳	12	14	11	11	乙亥	1	13	12	12	乙巳
8	15	7	8	甲戌	9	16	8	11	丙午	10	16	9	12	丙子	11	15	10	12	丙午	12	15	11	12	丙子	1	14	12	13	丙午
8	16	7	9	乙亥	9	17	8	12	丁未	10	17	9	13	丁丑	11	16	10	13	丁未	12	16	11	13	丁丑	1	15	12	14	丁未
8	17	7	10	丙子	9	18	8	13	戊申	10	18	9	14	戊寅	11	17	10	14	戊申	12	17	11	14	戊寅	1	16	12	15	戊申
8	18	7	11	丁丑	9	19	8	14	己酉	10	19	9	15	己卯	11	18	10	15	己酉	12	18	11	15	己卯	1	17	12	16	己酉
8	19	7	12	戊寅	9	20	8	15	庚戌	10	20	9	16	庚辰	11	19	10	16	庚戌	12	19	11	16	庚辰	1	18	12	17	庚戌
8	20	7	13	己卯	9	21	8	16	辛亥	10	21	9	17	辛巳	11	20	10	17	辛亥	12	20	11	17	辛巳	1	19	12	18	辛亥
8	21	7	14	庚辰	9	22	8	17	壬子	10	22	9	18	壬午	11	21	10	18	壬子	12	21	11	18	壬午	1	20	12	19	壬子
8	22	7	15	辛巳	9	23	8	18	癸丑	10	23	9	19	癸未	11	22	10	19	癸丑	12	22	11	19	癸未	1	21	12	20	癸丑
8	23	7	16	壬午	9	24	8	19	甲寅	10	24	9	20	甲申	11	23	10	20	甲寅	12	23	11	20	甲申	1	22	12	21	甲寅
8	24	7	17	癸未	9	25	8	20	乙卯	10	25	9	21	乙酉	11	24	10	21	乙卯	12	24	11	21	乙酉	1	23	12	22	乙卯
8	25	7	18	甲申	9	26	8	21	丙辰	10	26	9	22	丙戌	11	25	10	22	丙辰	12	25	11	22	丙戌	1	24	12	23	丙辰
8	26	7	19	乙酉	9	27	8	22	丁巳	10	27	9	23	丁亥	11	26	10	23	丁巳	12	26	11	23	丁亥	1	25	12	24	丁巳
8	27	7	20	丙戌	9	28	8	23	戊午	10	28	9	24	戊子	11	27	10	24	戊午	12	27	11	24	戊子	1	26	12	25	戊午
8	28	7	21	丁亥	9	29	8	24	己未	10	29	9	25	己丑	11	28	10	25	己未	12	28	11	25	己丑	1	27	12	26	己未
8	29	7	22	戊子	9	30	8	25	庚申	10	30	9	26	庚寅	11	29	10	26	庚申	12	29	11	26	庚寅	1	28	12	27	庚申
8	30	7	23	己丑	10	1	8	26	辛酉	10	31	9	27	辛卯	11	30	10	27	辛酉	12	30	11	27	辛卯	1	29	12	28	辛酉
8	31	7	24	庚寅	10	2	8	27	壬戌	11	1	9	28	壬辰	12	1	10	28	壬戌	12	31	11	28	壬辰	1	30	12	29	壬戌
9	1	7	25	辛卯	10	3	8	28	癸亥	11	2	9	29	癸巳	12	2	10	29	癸亥	1	1	11	29	癸巳	1	31	12	30	癸亥
9	2	7	26	壬辰	10	4	8	29	甲子	11	3	9	30	甲午	12	3	10	30	甲子	1	2	12	1	甲午	2	1	1	1	甲子
9	3	7	27	癸巳	10	5	9	1	乙丑	11	4	10	1	乙未	12	4	11	1	乙丑	1	3	12	2	乙未	2	2	1	2	乙丑
9	4	7	28	甲午	10	6	9	2	丙寅	11	5	10	2	丙申	12	5	11	2	丙寅	1	4	12	3	丙申					
9	5	7	29	乙未																									
9	6	8	1	丙申																									
中氣	處暑 8/22 14時21分 未時					秋分 9/22 12時35分 午時					霜降 10/22 22時39分 亥時					小雪 11/21 20時52分 戌時					冬至 12/21 10時36分 巳時					大寒 1/19 21時20分 亥時			

年	戊午																													
月	甲寅					乙卯					丙辰					丁巳					戊午					己未				
節氣	立春 2/3 15時28分 申時					驚蟄 3/5 9時3分 巳時					清明 4/4 13時12分 未時					立夏 5/5 5時48分 卯時					芒種 6/5 9時22分 巳時					小暑 7/6 19時21分 戌時				
日	國曆		農曆		干支	國曆		農曆		干支	國曆		農曆		干支	國曆		農曆		干支	國曆		農曆		干支	國曆		農曆		干支
	2	3	1	3	丙寅	3	5	2	3	丙申	4	4	3	3	丙寅	5	5	4	5	丁酉	6	5	5	6	戊辰	7	6	6	8	己亥
	2	4	1	4	丁卯	3	6	2	4	丁酉	4	5	3	4	丁卯	5	6	4	6	戊戌	6	6	5	7	己巳	7	7	6	9	庚子
	2	5	1	5	戊辰	3	7	2	5	戊戌	4	6	3	5	戊辰	5	7	4	7	己亥	6	7	5	8	庚午	7	8	6	10	辛丑
	2	6	1	6	己巳	3	8	2	6	己亥	4	7	3	6	己巳	5	8	4	8	庚子	6	8	5	9	辛未	7	9	6	11	壬寅
2	2	7	1	7	庚午	3	9	2	7	庚子	4	8	3	7	庚午	5	9	4	9	辛丑	6	9	5	10	壬申	7	10	6	12	癸卯
0	2	8	1	8	辛未	3	10	2	8	辛丑	4	9	3	8	辛未	5	10	4	10	壬寅	6	10	5	11	癸酉	7	11	6	13	甲辰
9	2	9	1	9	壬申	3	11	2	9	壬寅	4	10	3	9	壬申	5	11	4	11	癸卯	6	11	5	12	甲戌	7	12	6	14	乙巳
8	2	10	1	10	癸酉	3	12	2	10	癸卯	4	11	3	10	癸酉	5	12	4	12	甲辰	6	12	5	13	乙亥	7	13	6	15	丙午
	2	11	1	11	甲戌	3	13	2	11	甲辰	4	12	3	11	甲戌	5	13	4	13	乙巳	6	13	5	14	丙子	7	14	6	16	丁未
	2	12	1	12	乙亥	3	14	2	12	乙巳	4	13	3	12	乙亥	5	14	4	14	丙午	6	14	5	15	丁丑	7	15	6	17	戊申
	2	13	1	13	丙子	3	15	2	13	丙午	4	14	3	13	丙子	5	15	4	15	丁未	6	15	5	16	戊寅	7	16	6	18	己酉
	2	14	1	14	丁丑	3	16	2	14	丁未	4	15	3	14	丁丑	5	16	4	16	戊申	6	16	5	17	己卯	7	17	6	19	庚戌
	2	15	1	15	戊寅	3	17	2	15	戊申	4	16	3	15	戊寅	5	17	4	17	己酉	6	17	5	18	庚辰	7	18	6	20	辛亥
馬	2	16	1	16	己卯	3	18	2	16	己酉	4	17	3	16	己卯	5	18	4	18	庚戌	6	18	5	19	辛巳	7	19	6	21	壬子
	2	17	1	17	庚辰	3	19	2	17	庚戌	4	18	3	17	庚辰	5	19	4	19	辛亥	6	19	5	20	壬午	7	20	6	22	癸丑
	2	18	1	18	辛巳	3	20	2	18	辛亥	4	19	3	18	辛巳	5	20	4	20	壬子	6	20	5	21	癸未	7	21	6	23	甲寅
	2	19	1	19	壬午	3	21	2	19	壬子	4	20	3	19	壬午	5	21	4	21	癸丑	6	21	5	22	甲申	7	22	6	24	乙卯
	2	20	1	20	癸未	3	22	2	20	癸丑	4	21	3	20	癸未	5	22	4	22	甲寅	6	22	5	23	乙酉	7	23	6	25	丙辰
	2	21	1	21	甲申	3	23	2	21	甲寅	4	22	3	21	甲申	5	23	4	23	乙卯	6	23	5	24	丙戌	7	24	6	26	丁巳
	2	22	1	22	乙酉	3	24	2	22	乙卯	4	23	3	22	乙酉	5	24	4	24	丙辰	6	24	5	25	丁亥	7	25	6	27	戊午
中	2	23	1	23	丙戌	3	25	2	23	丙辰	4	24	3	23	丙戌	5	25	4	25	丁巳	6	25	5	26	戊子	7	26	6	28	己未
華	2	24	1	24	丁亥	3	26	2	24	丁巳	4	25	3	24	丁亥	5	26	4	26	戊午	6	26	5	27	己丑	7	27	6	29	庚申
民	2	25	1	25	戊子	3	27	2	25	戊午	4	26	3	25	戊子	5	27	4	27	己未	6	27	5	28	庚寅	7	28	7	1	辛酉
國	2	26	1	26	己丑	3	28	2	26	己未	4	27	3	26	己丑	5	28	4	28	庚申	6	28	5	29	辛卯	7	29	7	2	壬戌
一	2	27	1	27	庚寅	3	29	2	27	庚申	4	28	3	27	庚寅	5	29	4	29	辛酉	6	29	6	1	壬辰	7	30	7	3	癸亥
百	2	28	1	28	辛卯	3	30	2	28	辛酉	4	29	3	28	辛卯	5	30	4	30	壬戌	6	30	6	2	癸巳	7	31	7	4	甲子
八	3	1	1	29	壬辰	3	31	2	29	壬戌	4	30	3	29	壬辰	5	31	5	1	癸亥	7	1	6	3	甲午	8	1	7	5	乙丑
十	3	2	1	30	癸巳	4	1	2	30	癸亥	5	1	4	1	癸巳	6	1	5	2	甲子	7	2	6	4	乙未	8	2	7	6	丙寅
七	3	3	2	1	甲午	4	2	3	1	甲子	5	2	4	2	甲午	6	2	5	3	乙丑	7	3	6	5	丙申	8	3	7	7	丁卯
年	3	4	2	2	乙未	4	3	3	2	乙丑	5	3	4	3	乙未	6	3	5	4	丙寅	7	4	6	6	丁酉	8	4	7	8	戊辰
											5	4	4	4	丙申	6	4	5	5	丁卯	7	5	6	7	戊戌	8	5	7	9	己巳
																										8	6	7	10	庚午
中氣	雨水 2/18 11時12分 午時					春分 3/20 9時39分 巳時					穀雨 4/19 20時1分 戌時					小滿 5/20 18時30分 酉時					夏至 6/21 2時2分 丑時					大暑 7/22 12時50分 午時				

戊午																		年
庚申			辛酉			壬戌			癸亥			甲子			乙丑			月
立秋 8/7 5時15分 卯時			白露 9/7 8時37分 辰時			寒露 10/8 0時57分 子時			立冬 11/7 4時49分 寅時			大雪 12/6 22時12分 亥時			小寒 1/5 9時38分 巳時			節氣
國曆	農曆	干支	國曆	農曆	干支	國曆	農曆	干支	國曆	農曆	干支	國曆	農曆	干支	國曆	農曆	干支	日
8 7	7 11	辛未	9 7	8 13	壬寅	10 8	9 14	癸酉	11 7	10 15	癸卯	12 6	11 14	壬申	1 5	12 15	壬寅	
8 8	7 12	壬申	9 8	8 14	癸卯	10 9	9 15	甲戌	11 8	10 16	甲辰	12 7	11 15	癸酉	1 6	12 16	癸卯	
8 9	7 13	癸酉	9 9	8 15	甲辰	10 10	9 16	乙亥	11 9	10 17	乙巳	12 8	11 16	甲戌	1 7	12 17	甲辰	2
8 10	7 14	甲戌	9 10	8 16	乙巳	10 11	9 17	丙子	11 10	10 18	丙午	12 9	11 17	乙亥	1 8	12 18	乙巳	0
8 11	7 15	乙亥	9 11	8 17	丙午	10 12	9 18	丁丑	11 11	10 19	丁未	12 10	11 18	丙子	1 9	12 19	丙午	9
8 12	7 16	丙子	9 12	8 18	丁未	10 13	9 19	戊寅	11 12	10 20	戊申	12 11	11 19	丁丑	1 10	12 20	丁未	8
8 13	7 17	丁丑	9 13	8 19	戊申	10 14	9 20	己卯	11 13	10 21	己酉	12 12	11 20	戊寅	1 11	12 21	戊申	・
8 14	7 18	戊寅	9 14	8 20	己酉	10 15	9 21	庚辰	11 14	10 22	庚戌	12 13	11 21	己卯	1 12	12 22	己酉	2
8 15	7 19	己卯	9 15	8 21	庚戌	10 16	9 22	辛巳	11 15	10 23	辛亥	12 14	11 22	庚辰	1 13	12 23	庚戌	0
8 16	7 20	庚辰	9 16	8 22	辛亥	10 17	9 23	壬午	11 16	10 24	壬子	12 15	11 23	辛巳	1 14	12 24	辛亥	9
8 17	7 21	辛巳	9 17	8 23	壬子	10 18	9 24	癸未	11 17	10 25	癸丑	12 16	11 24	壬午	1 15	12 25	壬子	9
8 18	7 22	壬午	9 18	8 24	癸丑	10 19	9 25	甲申	11 18	10 26	甲寅	12 17	11 25	癸未	1 16	12 26	癸丑	
8 19	7 23	癸未	9 19	8 25	甲寅	10 20	9 26	乙酉	11 19	10 27	乙卯	12 18	11 26	甲申	1 17	12 27	甲寅	
8 20	7 24	甲申	9 20	8 26	乙卯	10 21	9 27	丙戌	11 20	10 28	丙辰	12 19	11 27	乙酉	1 18	12 28	乙卯	馬
8 21	7 25	乙酉	9 21	8 27	丙辰	10 22	9 28	丁亥	11 21	10 29	丁巳	12 20	11 28	丙戌	1 19	12 29	丙辰	
8 22	7 26	丙戌	9 22	8 28	丁巳	10 23	9 29	戊子	11 22	10 30	戊午	12 21	11 29	丁亥	1 20	12 30	丁巳	
8 23	7 27	丁亥	9 23	8 29	戊午	10 24	10 1	己丑	11 23	11 1	己未	12 22	12 1	戊子	1 21	1 1	戊午	
8 24	7 28	戊子	9 24	8 30	己未	10 25	10 2	庚寅	11 24	11 2	庚申	12 23	12 2	己丑	1 22	1 2	己未	
8 25	7 29	己丑	9 25	9 1	庚申	10 26	10 3	辛卯	11 25	11 3	辛酉	12 24	12 3	庚寅	1 23	1 3	庚申	中
8 26	8 1	庚寅	9 26	9 2	辛酉	10 27	10 4	壬辰	11 26	11 4	壬戌	12 25	12 4	辛卯	1 24	1 4	辛酉	華
8 27	8 2	辛卯	9 27	9 3	壬戌	10 28	10 5	癸巳	11 27	11 5	癸亥	12 26	12 5	壬辰	1 25	1 5	壬戌	民
8 28	8 3	壬辰	9 28	9 4	癸亥	10 29	10 6	甲午	11 28	11 6	甲子	12 27	12 6	癸巳	1 26	1 6	癸亥	國
8 29	8 4	癸巳	9 29	9 5	甲子	10 30	10 7	乙未	11 29	11 7	乙丑	12 28	12 7	甲午	1 27	1 7	甲子	一
8 30	8 5	甲午	9 30	9 6	乙丑	10 31	10 8	丙申	11 30	11 8	丙寅	12 29	12 8	乙未	1 28	1 8	乙丑	百
8 31	8 6	乙未	10 1	9 7	丙寅	11 1	10 9	丁酉	12 1	11 9	丁卯	12 30	12 9	丙申	1 29	1 9	丙寅	八十七
9 1	8 7	丙申	10 2	9 8	丁卯	11 2	10 10	戊戌	12 2	11 10	戊辰	12 31	12 10	丁酉	1 30	1 10	丁卯	・
9 2	8 8	丁酉	10 3	9 9	戊辰	11 3	10 11	己亥	12 3	11 11	己巳	1 1	12 11	戊戌	1 31	1 11	戊辰	一
9 3	8 9	戊戌	10 4	9 10	己巳	11 4	10 12	庚子	12 4	11 12	庚午	1 2	12 12	己亥	2 1	1 12	己巳	百
9 4	8 10	己亥	10 5	9 11	庚午	11 5	10 13	辛丑	12 5	11 13	辛未	1 3	12 13	庚子	2 2	1 13	庚午	八
9 5	8 11	庚子	10 6	9 12	辛未	11 6	10 14	壬寅				1 4	12 14	辛丑				十八
9 6	8 12	辛丑	10 7	9 13	壬申													年
處暑 8/22 20時10分 戌時			秋分 9/22 18時23分 酉時			霜降 10/23 4時26分 寅時			小雪 11/22 2時37分 丑時			冬至 12/21 16時20分 申時			大寒 1/20 3時1分 寅時			中氣

年	己未														
月	丙寅					丁卯					戊辰				
節氣	立春 2/3 21時8分 亥時					驚蟄 3/5 14時41分 未時					清明 4/4 18時50分 酉時				
日	國曆		農曆		干支	國曆		農曆		干支	國曆		農曆		干支
2099 羊 中華民國一百八十八年	2	3	1	14	辛未	3	5	2	14	辛丑	4	4	2̲	14	辛未
	2	4	1	15	壬申	3	6	2	15	壬寅	4	5	2̲	15	壬申
	2	5	1	16	癸酉	3	7	2	16	癸卯	4	6	2̲	16	癸酉
	2	6	1	17	甲戌	3	8	2	17	甲辰	4	7	2̲	17	甲戌
	2	7	1	18	乙亥	3	9	2	18	乙巳	4	8	2̲	18	乙亥
	2	8	1	19	丙子	3	10	2	19	丙午	4	9	2̲	19	丙子
	2	9	1	20	丁丑	3	11	2	20	丁未	4	10	2̲	20	丁丑
	2	10	1	21	戊寅	3	12	2	21	戊申	4	11	2̲	21	戊寅
	2	11	1	22	己卯	3	13	2	22	己酉	4	12	2̲	22	己卯
	2	12	1	23	庚辰	3	14	2	23	庚戌	4	13	2̲	23	庚辰
	2	13	1	24	辛巳	3	15	2	24	辛亥	4	14	2̲	24	辛巳
	2	14	1	25	壬午	3	16	2	25	壬子	4	15	2̲	25	壬午
	2	15	1	26	癸未	3	17	2	26	癸丑	4	16	2̲	26	癸未
	2	16	1	27	甲申	3	18	2	27	甲寅	4	17	2̲	27	甲申
	2	17	1	28	乙酉	3	19	2	28	乙卯	4	18	2̲	28	乙酉
	2	18	1	29	丙戌	3	20	2	29	丙辰	4	19	2̲	29	丙戌
	2	19	1	30	丁亥	3	21	2	30	丁巳	4	20	3	1	丁亥
	2	20	2	1	戊子	3	22	閏2	1	戊午	4	21	3	2	戊子
	2	21	2	2	己丑	3	23	2̲	2	己未	4	22	3	3	己丑
	2	22	2	3	庚寅	3	24	2̲	3	庚申	4	23	3	4	庚寅
	2	23	2	4	辛卯	3	25	2̲	4	辛酉	4	24	3	5	辛卯
	2	24	2	5	壬辰	3	26	2̲	5	壬戌	4	25	3	6	壬辰
	2	25	2	6	癸巳	3	27	2̲	6	癸亥	4	26	3	7	癸巳
	2	26	2	7	甲午	3	28	2̲	7	甲子	4	27	3	8	甲午
	2	27	2	8	乙未	3	29	2̲	8	乙丑	4	28	3	9	乙未
	2	28	2	9	丙申	3	30	2̲	9	丙寅	4	29	3	10	丙申
	3	1	2	10	丁酉	3	31	2̲	10	丁卯	4	30	3	11	丁酉
	3	2	2	11	戊戌	4	1	2̲	11	戊辰	5	1	3	12	戊戌
	3	3	2	12	己亥	4	2	2̲	12	己巳	5	2	3	13	己亥
	3	4	2	13	庚子	4	3	2̲	13	庚午	5	3	3	14	庚子
											5	4	3	15	辛丑
中氣	雨水 2/18 16時51分 申時					春分 3/20 15時17分 申時					穀雨 4/20 1時37分 丑時				

年	己未														
月	己巳					庚午					辛未				
節氣	立夏 5/5 11時28分 午時					芒種 6/5 15時7分 申時					小暑 7/7 1時11分 丑時				
日	國曆		農曆		干支	國曆		農曆		干支	國曆		農曆		干支
2099 羊 中華民國一百八十八年	5	5	3	16	壬寅	6	5	4	17	癸酉	7	7	5	19	乙巳
	5	6	3	17	癸卯	6	6	4	18	甲戌	7	8	5	20	丙午
	5	7	3	18	甲辰	6	7	4	19	乙亥	7	9	5	21	丁未
	5	8	3	19	乙巳	6	8	4	20	丙子	7	10	5	22	戊申
	5	9	3	20	丙午	6	9	4	21	丁丑	7	11	5	23	己酉
	5	10	3	21	丁未	6	10	4	22	戊寅	7	12	5	24	庚戌
	5	11	3	22	戊申	6	11	4	23	己卯	7	13	5	25	辛亥
	5	12	3	23	己酉	6	12	4	24	庚辰	7	14	5	26	壬子
	5	13	3	24	庚戌	6	13	4	25	辛巳	7	15	5	27	癸丑
	5	14	3	25	辛亥	6	14	4	26	壬午	7	16	5	28	甲寅
	5	15	3	26	壬子	6	15	4	27	癸未	7	17	5	29	乙卯
	5	16	3	27	癸丑	6	16	4	28	甲申	7	18	6	1	丙辰
	5	17	3	28	甲寅	6	17	4	29	乙酉	7	19	6	2	丁巳
	5	18	3	29	乙卯	6	18	4	30	丙戌	7	20	6	3	戊午
	5	19	3	30	丙辰	6	19	5	1	丁亥	7	21	6	4	己未
	5	20	4	1	丁巳	6	20	5	2	戊子	7	22	6	5	庚申
	5	21	4	2	戊午	6	21	5	3	己丑	7	23	6	6	辛酉
	5	22	4	3	己未	6	22	5	4	庚寅	7	24	6	7	壬戌
	5	23	4	4	庚申	6	23	5	5	辛卯	7	25	6	8	癸亥
	5	24	4	5	辛酉	6	24	5	6	壬辰	7	26	6	9	甲子
	5	25	4	6	壬戌	6	25	5	7	癸巳	7	27	6	10	乙丑
	5	26	4	7	癸亥	6	26	5	8	甲午	7	28	6	11	丙寅
	5	27	4	8	甲子	6	27	5	9	乙未	7	29	6	12	丁卯
	5	28	4	9	乙丑	6	28	5	10	丙申	7	30	6	13	戊辰
	5	29	4	10	丙寅	6	29	5	11	丁酉	7	31	6	14	己巳
	5	30	4	11	丁卯	6	30	5	12	戊戌	8	1	6	15	庚午
	5	31	4	12	戊辰	7	1	5	13	己亥	8	2	6	16	辛未
	6	1	4	13	己巳	7	2	5	14	庚子	8	3	6	17	壬申
	6	2	4	14	庚午	7	3	5	15	辛丑	8	4	6	18	癸酉
	6	3	4	15	辛未	7	4	5	16	壬寅	8	5	6	19	甲戌
	6	4	4	16	壬申	7	5	5	17	癸卯	8	6	6	20	乙亥
						7	6	5	18	甲辰					
中氣	小滿 5/21 0時7分 子時					夏至 6/21 7時40分 辰時					大暑 7/22 18時32分 酉時				

己未																														年
壬申					癸酉					甲戌					乙亥					丙子					丁丑					月
立秋					白露					寒露					立冬					大雪					小寒					節氣
8/7 11時9分 午時					9/7 14時33分 未時					10/8 6時51分 卯時					11/7 10時41分 巳時					12/7 4時2分 寅時					1/5 15時28分 申時					
國曆		農曆		干支	國曆		農曆		干支	國曆		農曆		干支	國曆		農曆		干支	國曆		農曆		干支	國曆		農曆		干支	日
8	7	6	21	丙子	9	7	7	23	丁未	10	8	8	24	戊寅	11	7	9	25	戊申	12	7	10	26	戊寅	1	5	11	25	丁未	2099•2100 羊 中華民國一百八十八•一百八十九年
8	8	6	22	丁丑	9	8	7	24	戊申	10	9	8	25	己卯	11	8	9	26	己酉	12	8	10	27	己卯	1	6	11	26	戊申	
8	9	6	23	戊寅	9	9	7	25	己酉	10	10	8	26	庚辰	11	9	9	27	庚戌	12	9	10	28	庚辰	1	7	11	27	己酉	
8	10	6	24	己卯	9	10	7	26	庚戌	10	11	8	27	辛巳	11	10	9	28	辛亥	12	10	10	29	辛巳	1	8	11	28	庚戌	
8	11	6	25	庚辰	9	11	7	27	辛亥	10	12	8	28	壬午	11	11	9	29	壬子	12	11	10	30	壬午	1	9	11	29	辛亥	
8	12	6	26	辛巳	9	12	7	28	壬子	10	13	8	29	癸未	11	12	10	1	癸丑	12	12	11	1	癸未	1	10	12	1	壬子	
8	13	6	27	壬午	9	13	7	29	癸丑	10	14	9	1	甲申	11	13	10	2	甲寅	12	13	11	2	甲申	1	11	12	2	癸丑	
8	14	6	28	癸未	9	14	7	30	甲寅	10	15	9	2	乙酉	11	14	10	3	乙卯	12	14	11	3	乙酉	1	12	12	3	甲寅	
8	15	6	29	甲申	9	15	8	1	乙卯	10	16	9	3	丙戌	11	15	10	4	丙辰	12	15	11	4	丙戌	1	13	12	4	乙卯	
8	16	7	1	乙酉	9	16	8	2	丙辰	10	17	9	4	丁亥	11	16	10	5	丁巳	12	16	11	5	丁亥	1	14	12	5	丙辰	
8	17	7	2	丙戌	9	17	8	3	丁巳	10	18	9	5	戊子	11	17	10	6	戊午	12	17	11	6	戊子	1	15	12	6	丁巳	
8	18	7	3	丁亥	9	18	8	4	戊午	10	19	9	6	己丑	11	18	10	7	己未	12	18	11	7	己丑	1	16	12	7	戊午	
8	19	7	4	戊子	9	19	8	5	己未	10	20	9	7	庚寅	11	19	10	8	庚申	12	19	11	8	庚寅	1	17	12	8	己未	
8	20	7	5	己丑	9	20	8	6	庚申	10	21	9	8	辛卯	11	20	10	9	辛酉	12	20	11	9	辛卯	1	18	12	9	庚申	
8	21	7	6	庚寅	9	21	8	7	辛酉	10	22	9	9	壬辰	11	21	10	10	壬戌	12	21	11	10	壬辰	1	19	12	10	辛酉	
8	22	7	7	辛卯	9	22	8	8	壬戌	10	23	9	10	癸巳	11	22	10	11	癸亥	12	22	11	11	癸巳	1	20	12	11	壬戌	
8	23	7	8	壬辰	9	23	8	9	癸亥	10	24	9	11	甲午	11	23	10	12	甲子	12	23	11	12	甲午	1	21	12	12	癸亥	
8	24	7	9	癸巳	9	24	8	10	甲子	10	25	9	12	乙未	11	24	10	13	乙丑	12	24	11	13	乙未	1	22	12	13	甲子	
8	25	7	10	甲午	9	25	8	11	乙丑	10	26	9	13	丙申	11	25	10	14	丙寅	12	25	11	14	丙申	1	23	12	14	乙丑	
8	26	7	11	乙未	9	26	8	12	丙寅	10	27	9	14	丁酉	11	26	10	15	丁卯	12	26	11	15	丁酉	1	24	12	15	丙寅	
8	27	7	12	丙申	9	27	8	13	丁卯	10	28	9	15	戊戌	11	27	10	16	戊辰	12	27	11	16	戊戌	1	25	12	16	丁卯	
8	28	7	13	丁酉	9	28	8	14	戊辰	10	29	9	16	己亥	11	28	10	17	己巳	12	28	11	17	己亥	1	26	12	17	戊辰	
8	29	7	14	戊戌	9	29	8	15	己巳	10	30	9	17	庚子	11	29	10	18	庚午	12	29	11	18	庚子	1	27	12	18	己巳	
8	30	7	15	己亥	9	30	8	16	庚午	10	31	9	18	辛丑	11	30	10	19	辛未	12	30	11	19	辛丑	1	28	12	19	庚午	
8	31	7	16	庚子	10	1	8	17	辛未	11	1	9	19	壬寅	12	1	10	20	壬申	12	31	11	20	壬寅	1	29	12	20	辛未	
9	1	7	17	辛丑	10	2	8	18	壬申	11	2	9	20	癸卯	12	2	10	21	癸酉	1	1	11	21	癸卯	1	30	12	21	壬申	
9	2	7	18	壬寅	10	3	8	19	癸酉	11	3	9	21	甲辰	12	3	10	22	甲戌	1	2	11	22	甲辰	1	31	12	22	癸酉	
9	3	7	19	癸卯	10	4	8	20	甲戌	11	4	9	22	乙巳	12	4	10	23	乙亥	1	3	11	23	乙巳	2	1	12	23	甲戌	
9	4	7	20	甲辰	10	5	8	21	乙亥	11	5	9	23	丙午	12	5	10	24	丙子	1	4	11	24	丙午	2	2	12	24	乙亥	
9	5	7	21	乙巳	10	6	8	22	丙子	11	6	9	24	丁未	12	6	10	25	丁丑						2	3	12	25	丙子	
9	6	7	22	丙午	10	7	8	23	丁丑																					
處暑					秋分					霜降					小雪					冬至					大寒					中氣
8/23 1時56分 丑時					9/23 0時10分 子時					10/23 10時12分 巳時					11/22 8時21分 辰時					12/21 22時3分 亥時					1/20 8時45分 辰時					

年	庚申																													
月	戊寅					己卯					庚辰					辛巳					壬午					癸未				
節	立春					驚蟄					清明					立夏					芒種					小暑				
氣	2/4 2時59分 丑時					3/5 20時33分 戌時					4/5 0時43分 子時					5/5 17時20分 酉時					6/5 20時57分 戌時					7/7 6時58分 卯時				
日	國曆		農曆		干支	國曆		農曆		干支	國曆		農曆		干支	國曆		農曆		干支	國曆		農曆		干支	國曆		農曆		干支
2100 猴 中華民國一百八十九年	2	4	12	26	丁丑	3	5	1	25	丙午	4	5	2	26	丁丑	5	5	3	26	丁未	6	5	4	28	戊寅	7	7	6	1	庚戌
	2	5	12	27	戊寅	3	6	1	26	丁未	4	6	2	27	戊寅	5	6	3	27	戊申	6	6	4	29	己卯	7	8	6	2	辛亥
	2	6	12	28	己卯	3	7	1	27	戊申	4	7	2	28	己卯	5	7	3	28	己酉	6	7	4	30	庚辰	7	9	6	3	壬子
	2	7	12	29	庚辰	3	8	1	28	己酉	4	8	2	29	庚辰	5	8	3	29	庚戌	6	8	5	1	辛巳	7	10	6	4	癸丑
	2	8	12	30	辛巳	3	9	1	29	庚戌	4	9	2	30	辛巳	5	9	4	1	辛亥	6	9	5	2	壬午	7	11	6	5	甲寅
	2	9	1	1	壬午	3	10	1	30	辛亥	4	10	3	1	壬午	5	10	4	2	壬子	6	10	5	3	癸未	7	12	6	6	乙卯
	2	10	1	2	癸未	3	11	2	1	壬子	4	11	3	2	癸未	5	11	4	3	癸丑	6	11	5	4	甲申	7	13	6	7	丙辰
	2	11	1	3	甲申	3	12	2	2	癸丑	4	12	3	3	甲申	5	12	4	4	甲寅	6	12	5	5	乙酉	7	14	6	8	丁巳
	2	12	1	4	乙酉	3	13	2	3	甲寅	4	13	3	4	乙酉	5	13	4	5	乙卯	6	13	5	6	丙戌	7	15	6	9	戊午
	2	13	1	5	丙戌	3	14	2	4	乙卯	4	14	3	5	丙戌	5	14	4	6	丙辰	6	14	5	7	丁亥	7	16	6	10	己未
	2	14	1	6	丁亥	3	15	2	5	丙辰	4	15	3	6	丁亥	5	15	4	7	丁巳	6	15	5	8	戊子	7	17	6	11	庚申
	2	15	1	7	戊子	3	16	2	6	丁巳	4	16	3	7	戊子	5	16	4	8	戊午	6	16	5	9	己丑	7	18	6	12	辛酉
	2	16	1	8	己丑	3	17	2	7	戊午	4	17	3	8	己丑	5	17	4	9	己未	6	17	5	10	庚寅	7	19	6	13	壬戌
	2	17	1	9	庚寅	3	18	2	8	己未	4	18	3	9	庚寅	5	18	4	10	庚申	6	18	5	11	辛卯	7	20	6	14	癸亥
	2	18	1	10	辛卯	3	19	2	9	庚申	4	19	3	10	辛卯	5	19	4	11	辛酉	6	19	5	12	壬辰	7	21	6	15	甲子
	2	19	1	11	壬辰	3	20	2	10	辛酉	4	20	3	11	壬辰	5	20	4	12	壬戌	6	20	5	13	癸巳	7	22	6	16	乙丑
	2	20	1	12	癸巳	3	21	2	11	壬戌	4	21	3	12	癸巳	5	21	4	13	癸亥	6	21	5	14	甲午	7	23	6	17	丙寅
	2	21	1	13	甲午	3	22	2	12	癸亥	4	22	3	13	甲午	5	22	4	14	甲子	6	22	5	15	乙未	7	24	6	18	丁卯
	2	22	1	14	乙未	3	23	2	13	甲子	4	23	3	14	乙未	5	23	4	15	乙丑	6	23	5	16	丙申	7	25	6	19	戊辰
	2	23	1	15	丙申	3	24	2	14	乙丑	4	24	3	15	丙申	5	24	4	16	丙寅	6	24	5	17	丁酉	7	26	6	20	己巳
	2	24	1	16	丁酉	3	25	2	15	丙寅	4	25	3	16	丁酉	5	25	4	17	丁卯	6	25	5	18	戊戌	7	27	6	21	庚午
	2	25	1	17	戊戌	3	26	2	16	丁卯	4	26	3	17	戊戌	5	26	4	18	戊辰	6	26	5	19	己亥	7	28	6	22	辛未
	2	26	1	18	己亥	3	27	2	17	戊辰	4	27	3	18	己亥	5	27	4	19	己巳	6	27	5	20	庚子	7	29	6	23	壬申
	2	27	1	19	庚子	3	28	2	18	己巳	4	28	3	19	庚子	5	28	4	20	庚午	6	28	5	21	辛丑	7	30	6	24	癸酉
	2	28	1	20	辛丑	3	29	2	19	庚午	4	29	3	20	辛丑	5	29	4	21	辛未	6	29	5	22	壬寅	7	31	6	25	甲戌
	3	1	1	21	壬寅	3	30	2	20	辛未	4	30	3	21	壬寅	5	30	4	22	壬申	6	30	5	23	癸卯	8	1	6	26	乙亥
	3	2	1	22	癸卯	3	31	2	21	壬申	5	1	3	22	癸卯	5	31	4	23	癸酉	7	1	5	24	甲辰	8	2	6	27	丙子
	3	3	1	23	甲辰	4	1	2	22	癸酉	5	2	3	23	甲辰	6	1	4	24	甲戌	7	2	5	25	乙巳	8	3	6	28	丁丑
	3	4	1	24	乙巳	4	2	2	23	甲戌	5	3	3	24	乙巳	6	2	4	25	乙亥	7	3	5	26	丙午	8	4	6	29	戊寅
						4	3	2	24	乙亥	5	4	3	25	丙午	6	3	4	26	丙子	7	4	5	27	丁未	8	5	6	30	己卯
						4	4	2	25	丙子						6	4	4	27	丁丑	7	5	5	28	戊申	8	6	7	1	庚辰
																					7	6	5	29	己酉					
中	雨水					春分					穀雨					小滿					夏至					大暑				
氣	2/18 22時36分 亥時					3/20 21時3分 亥時					4/20 7時24分 辰時					5/21 5時56分 卯時					6/21 13時31分 未時					7/23 0時23分 子時				

年	庚申																													
月	甲申					乙酉					丙戌					丁亥					戊子					己丑				
節氣	立秋 8/7 16時53分 申時					白露 9/7 20時14分 戌時					寒露 10/8 12時30分 午時					立冬 11/7 16時19分 申時					大雪 12/7 9時39分 巳時					小寒 1/5 21時6分 亥時				
日	國曆		農曆		干支	國曆		農曆		干支	國曆		農曆		干支	國曆		農曆		干支	國曆		農曆		干支	國曆		農曆		干支
	8	7	7	2	辛巳	9	7	8	4	壬子	10	8	9	5	癸未	11	7	10	6	癸丑	12	7	11	7	癸未	1	5	12	6	壬子
	8	8	7	3	壬午	9	8	8	5	癸丑	10	9	9	6	甲申	11	8	10	7	甲寅	12	8	11	8	甲申	1	6	12	7	癸丑
	8	9	7	4	癸未	9	9	8	6	甲寅	10	10	9	7	乙酉	11	9	10	8	乙卯	12	9	11	9	乙酉	1	7	12	8	甲寅
	8	10	7	5	甲申	9	10	8	7	乙卯	10	11	9	8	丙戌	11	10	10	9	丙辰	12	10	11	10	丙戌	1	8	12	9	乙卯
	8	11	7	6	乙酉	9	11	8	8	丙辰	10	12	9	9	丁亥	11	11	10	10	丁巳	12	11	11	11	丁亥	1	9	12	10	丙辰
	8	12	7	7	丙戌	9	12	8	9	丁巳	10	13	9	10	戊子	11	12	10	11	戊午	12	12	11	12	戊子	1	10	12	11	丁巳
	8	13	7	8	丁亥	9	13	8	10	戊午	10	14	9	11	己丑	11	13	10	12	己未	12	13	11	13	己丑	1	11	12	12	戊午
	8	14	7	9	戊子	9	14	8	11	己未	10	15	9	12	庚寅	11	14	10	13	庚申	12	14	11	14	庚寅	1	12	12	13	己未
	8	15	7	10	己丑	9	15	8	12	庚申	10	16	9	13	辛卯	11	15	10	14	辛酉	12	15	11	15	辛卯	1	13	12	14	庚申
	8	16	7	11	庚寅	9	16	8	13	辛酉	10	17	9	14	壬辰	11	16	10	15	壬戌	12	16	11	16	壬辰	1	14	12	15	辛酉
	8	17	7	12	辛卯	9	17	8	14	壬戌	10	18	9	15	癸巳	11	17	10	16	癸亥	12	17	11	17	癸巳	1	15	12	16	壬戌
	8	18	7	13	壬辰	9	18	8	15	癸亥	10	19	9	16	甲午	11	18	10	17	甲子	12	18	11	18	甲午	1	16	12	17	癸亥
	8	19	7	14	癸巳	9	19	8	16	甲子	10	20	9	17	乙未	11	19	10	18	乙丑	12	19	11	19	乙未	1	17	12	18	甲子
	8	20	7	15	甲午	9	20	8	17	乙丑	10	21	9	18	丙申	11	20	10	19	丙寅	12	20	11	20	丙申	1	18	12	19	乙丑
	8	21	7	16	乙未	9	21	8	18	丙寅	10	22	9	19	丁酉	11	21	10	20	丁卯	12	21	11	21	丁酉	1	19	12	20	丙寅
	8	22	7	17	丙申	9	22	8	19	丁卯	10	23	9	20	戊戌	11	22	10	21	戊辰	12	22	11	22	戊戌	1	20	12	21	丁卯
	8	23	7	18	丁酉	9	23	8	20	戊辰	10	24	9	21	己亥	11	23	10	22	己巳	12	23	11	23	己亥	1	21	12	22	戊辰
	8	24	7	19	戊戌	9	24	8	21	己巳	10	25	9	22	庚子	11	24	10	23	庚午	12	24	11	24	庚子	1	22	12	23	己巳
	8	25	7	20	己亥	9	25	8	22	庚午	10	26	9	23	辛丑	11	25	10	24	辛未	12	25	11	25	辛丑	1	23	12	24	庚午
	8	26	7	21	庚子	9	26	8	23	辛未	10	27	9	24	壬寅	11	26	10	25	壬申	12	26	11	26	壬寅	1	24	12	25	辛未
	8	27	7	22	辛丑	9	27	8	24	壬申	10	28	9	25	癸卯	11	27	10	26	癸酉	12	27	11	27	癸卯	1	25	12	26	壬申
	8	28	7	23	壬寅	9	28	8	25	癸酉	10	29	9	26	甲辰	11	28	10	27	甲戌	12	28	11	28	甲辰	1	26	12	27	癸酉
	8	29	7	24	癸卯	9	29	8	26	甲戌	10	30	9	27	乙巳	11	29	10	28	乙亥	12	29	11	29	乙巳	1	27	12	28	甲戌
	8	30	7	25	甲辰	9	30	8	27	乙亥	10	31	9	28	丙午	11	30	10	29	丙子	12	30	11	30	丙午	1	28	12	29	乙亥
	8	31	7	26	乙巳	10	1	8	28	丙子	11	1	9	29	丁未	12	1	11	1	丁丑	12	31	12	1	丁未	1	29	1	1	丙子
	9	1	7	27	丙午	10	2	8	29	丁丑	11	2	10	1	戊申	12	2	11	2	戊寅	1	1	12	2	戊申	1	30	1	2	丁丑
	9	2	7	28	丁未	10	3	8	30	戊寅	11	3	10	2	己酉	12	3	11	3	己卯	1	2	12	3	己酉	1	31	1	3	戊寅
	9	3	7	29	戊申	10	4	9	1	己卯	11	4	10	3	庚戌	12	4	11	4	庚辰	1	3	12	4	庚戌	2	1	1	4	己卯
	9	4	8	1	己酉	10	5	9	2	庚辰	11	5	10	4	辛亥	12	5	11	5	辛巳	1	4	12	5	辛亥	2	2	1	5	庚辰
	9	5	8	2	庚戌	10	6	9	3	辛巳	11	6	10	5	壬子	12	6	11	6	壬午										
	9	6	8	3	辛亥	10	7	9	4	壬午																				
中氣	處暑 8/23 7時46分 辰時					秋分 9/23 5時59分 卯時					霜降 10/23 16時0分 申時					小雪 11/22 14時8分 未時					冬至 12/22 3時50分 寅時					大寒 1/20 14時33分 未時				

2100・2101

猴

中華民國一百八十九・一百九十年

農曆閏月年表

西元	中華民國	閏月	西元	中華民國	閏月
1900	前12	8	2001	90	4
1903	前9	5	2004	93	2
1906	前6	4	2006	95	7
1909	前3	2	2009	98	5
1911	前1	6	2012	101	4
1914	3	5	2014	103	9
1917	6	2	2017	106	6
1919	8	7	2020	109	4
1922	11	5	2023	112	2
1925	14	4	2025	114	6
1928	17	2	2028	117	5
1930	19	6	2031	120	3
1933	22	5	2033	122	11
1936	25	3	2036	125	6
1938	27	7	2039	128	5
1941	30	6	2042	131	2
1944	33	4	2044	133	7
1947	36	2	2047	136	5
1949	38	7	2050	139	3
1952	41	5	2052	141	8
1955	44	3	2055	144	6
1957	46	8	2058	147	4
1960	49	6	2061	150	3
1963	52	4	2063	152	7
1966	55	3	2066	155	5
1968	57	7	2069	158	4
1971	60	5	2071	160	8
1974	63	4	2074	163	6
1976	65	8	2077	166	4
1979	68	6	2080	169	3
1982	71	4	2082	171	7
1984	73	10	2085	174	5
1987	76	6	2088	177	4
1990	79	5	2090	179	8
1993	82	3	2093	182	6
1995	84	8	2096	185	4
1998	87	5	2099	188	2

國家圖書館出版品預行編目資料

命理大師桌上最常見的萬年曆 / 施賀日校正.
－－第一版－－臺北市：知青頻道出版；
紅螞蟻圖書發行，2011.11
面　公分－－(大師系列；15)
ISBN 978-986-6030-13-0（精裝）

1.萬年曆

327.47　　100022824

大師系列 15

命理大師桌上最常見的萬年曆

校　　正／施賀日
校　　對／楊安妮、施賀日
發 行 人／賴秀珍
榮譽總監／張錦基
總 編 輯／何南輝
出　　版／知青頻道出版有限公司
發　　行／紅螞蟻圖書有限公司
地　　址／台北市內湖區舊宗路二段121巷28號4F
網　　站／www.e-redant.com
郵撥帳號／1604621-1　紅螞蟻圖書有限公司
電　　話／(02)2795-3656（代表號）
傳　　真／(02)2795-4100
登 記 證／局版北市業字第796號
法律顧問／許晏賓律師
印 刷 廠／卡樂彩色製版印刷有限公司
出版日期／2011年 11 月　第一版第一刷

定價 600 元　港幣 200 元

ISBN 978-986-6030-13-0　　Printed in Taiwan